MARDER

BÄREN

WASCHBÄR

PAARHUFER

VÖGEL

AMPHIBIEN

REPTILIEN

INSEKTEN

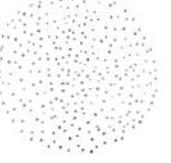

TIERSPUREN EUROPAS

Joscha Grolms

TIERSPUREN EUROPAS

Spuren und Zeichen bestimmen und interpretieren

Mit Spuren und Zeichen von Säugetieren, Vögeln, Reptilien, Amphibien, Insekten und anderen Wirbellosen

INHALT

VÖGEL » 602

„TRIDAKTYLEN“

PALMATEN

AMPHIBIEN UND REPTILIEN » 722

INSEKTEN UND ANDERE WIRBELLOSE » 742

ANHANG » 784

GELEITWORT

Wildlife tracking skills are real and can be learned by anyone with patience and persistence, especially if they hold a good guidebook to help them get started. In short, tracking is the sum skills of identifying and interpreting the physical signs animals leave in their wake. For those of you who invest the time to be able to interpret footprints and other signs, you will both become aware of and be able to find the animals that surround you. Through tracking, you will engage in real relationships with real animals in a real world.

I know of no better way than studying tracks and other signs to see and experience the relationships between wildlife species, flora and fauna, and the biotic and abiotic components of ecosystems. Tracking grounds us in the natural history of a place, while simultaneously highlighting the individual personalities and tendencies of different animals. I encourage you to find purpose to learning tracking skills, as purpose will push your skills to new levels. Hunting for meat, hunting for photographs, search and rescue, education, wildlife monitoring, wildlife research and conservation are but some of its varied applications.

Guidebooks like this one that aid us in interpreting tracks and signs, are vital contributions to human communities—they kindle love of place, of wildlife, and make us aware of ecological health. Guidebooks that unlock new worlds of experience for their readers are powerful conservation tools when placed in the right hands. Myself, I own 123 tracking books from around the world. Each teaches me something, but I'm drawn to those that provide deep and comprehensive information about the diversity of signs made by wildlife—the heavy books, filled with details the casual natural historian might find disinteresting or even intimidating.

My own inspiration came from Preben Bang and Preben Dalhstrom's landmark guide, Collin's Guide to Animal Tracks and Signs, first translated into English in 1974. At the time, it was the most comprehensive guide to animal signs ever written. Since then, numerous authors have strived to contribute something to the field, to expand to what was shared by Bang and Dahlstrom. But it was decades before another book came close to their comprehensive work. It was a full 50 years, until this very moment in fact, that a guide to the wildlife tracks and signs of Europe became available that truly surpassed them.

The paramount skill of the tracker, and indeed any field scientist is humility. Know your limits. You will always find sign you will be unable to interpret and you will always continue to make mistakes in your interpretation regardless of your level of expertise. But take solace in knowing that the best trackers in the world often make mistakes. Tracking requires deliberate concentration and an attention to detail. The act of creating guidebooks to help others reliably differentiate between similar footprints and other signs requires even more focus, intensity, and tenacity than tracking itself, and a touch of stubbornness as well. Few people can maintain the effort of will required to produce something truly comprehensive.

Let me be the first to introduce you to Joscha Grolms. Joscha is all of these things–focused, intense, and more. He is a passionate, patient and humble human being. His new guide to wildlife signs of Europe sets a new standard and one to which all books following will be compared. His illustrations are both beautiful and accurate. He reveals details born of careful observation to help you differentiate among the signs of very similar species, and a greater diversity of animal footprints and signs than any other guide to the region. He gathered the data needed to describe and illustrate the varied gaits used by wildlife. He created thoughtful keys to lead readers to relevant sections, so as to make his comprehensive work more accessible, more useful. He selected around 1000 images of wildlife tracks and other signs to provide visual aid in their interpretation. Joscha's book betrays both his obsession with and love for the subject. His work is a gift not just to Europe but the entire world interested in natural history, wildlife, animal tracking, and conservation.

In your hands you hold the most comprehensive guide to wildlife tracks and signs of Europe ever produced. Appreciate the effort that molded it. Appreciate the man. Thank you, Joscha, for your contribution to the field.

Mark Elbroch, Master Tracker USA
Autor des Buchs „Mammal Tracks and Sign: A Guide to North American Species."

Mehr über Mark Elbroch:
https://markelbroch.com

VORWORT

„Jede Berührung hinterlässt eine Spur.“

Edmond Locard, Kriminalwissenschaftler und Pionier der Forensik.

Viele Wildtiere sind scheu und schwer zu beobachten, sodass sie für uns oft verborgen bleiben. Doch auch wenn wir sie nur selten zu Gesicht bekommen, hinterlassen sie fortwährend Spuren. Spuren, die wir wie Geschichten lesen können und die uns einen Blick in das verborgene Reich der Tiere ermöglichen.

Geschichten und Tiere begeistern mich schon seit meiner frühen Kindheit und als ich Anfang 20 mit dem Fährtenlesen in Kontakt kam, war ich fasziniert von der Möglichkeit, Tiergeschichten hautnah mitzuerleben. Die Fülle an Informationen in einem einzelnen Fußabdruck und die Tatsache, dass selbst winzige Spuren die Bestimmung einer Art ermöglichen, beeindruckten mich und ich lernte, Tierfährten zu folgen. Im wörtlichen Sinne „Schritt für Schritt“ mehr über ein Tier und seine Lebensweise zu erfahren zieht mich immer wieder aufs Neue in den Bann. Viele Momente und Eindrücke sind mir auch nach Jahren noch in Erinnerung, vor allem, wenn es zu Begegnungen mit Wildtieren kam.

Für viele Naturvölker war und ist die Kunst des Fährtenlesens eine Notwendigkeit, um sich mit Nahrung, Kleidung und Werkzeug zu versorgen. Die Fährten der Tiere zeigten Wasser, sichere Reiserouten oder mögliche Gefahren an und halfen, sich in einer Landschaft zu orientieren. Heute interessieren sich neben Jägern auch Wissenschaftler, Biologen und andere Naturliebhaber für Tierspuren und die vielseitigen Möglichkeiten der Fährtenkunde. Im Monitoring von Großraubwild wie Braunbären, Luchsen und Wölfen wird das Fährtenlesen wissenschaftlich angewandt und auch privat erfreut sich die Fährtenkunde wachsender Beliebtheit. In unsere Fährtenkurse kommen jedes Jahr Menschen unterschiedlichen Alters und mit verschiedenen Hintergründen, um gemeinsam Tierspuren lesen zu lernen. Die Mehrheit dieser Menschen ist überrascht und begeistert, wie viel mehr es bei einem ganz normalen Waldspaziergang zu entdecken gibt, wenn wir lernen, worauf es zu achten gilt, und sie bleiben auch nach den Lehrgängen aktiv und begeistert bei der Sache. Doch woher kommt diese Faszination? Vielleicht sind es die Freude am Knobeln oder die wohltuend entschleunigende Naturerfahrung, die uns in den Bann ziehen. Vielleicht ist es die herausragende Ortskenntnis, die durch das Lesen von Zeichen in der Landschaft entsteht. Für mich sind es die konkreten Beziehungen zum Land und zu den Tieren sowie das vertraute Gefühl der Zugehörigkeit, das daraus entspringt. In meiner Lehrtätigkeit werde ich immer wieder Zeuge, dass erwachsene Menschen wieder wie neugierige Kinder werden, die mit Spannung und Entdeckergeist die Welt erkunden und darauf brennen, Neues zu erlernen.

Im Kern geht es beim Fährtenlesen um Naturverbindung und eine erhöhte Wahrnehmung. Wir erleben die Natur mit unseren Sinnen und werden dabei von ihr berührt. Diese Berührung hinterlässt Spuren in uns, Spuren, die unser Verhalten nachhaltig beeinflussen. So ist Fährtenlesen eine Möglichkeit, bewusst am Leben teilzuhaben und sich mit der Welt verbunden zu fühlen.

Das vorliegende Buch ist das Resultat meiner anhaltenden Begeisterung für die europäische Fauna. Ganz gleich, ob Sie Fährtenlesen professionell oder privat betreiben, es ist meine Hoffnung, dass dieses Nachschlagewerk Sie dabei unterstützt. Außerdem hoffe ich, das Buch inspiriert Sie immer wieder dazu, Zeit in der Natur zu verbringen, und trägt zu einer wachsenden Bewunderung für die Spuren und Zeichen der Tiere bei.

DANK

Dieses Buch zu schreiben wäre für mich allein unmöglich gewesen. Ihm zugrunde liegt das über Generationen gesammelte Wissen von Naturforschern und Fährtenlesern. Ich habe die Spuren ihrer Arbeit aufgenommen und weiterverfolgt und doch sind alle auftretenden Fehler meine eigenen. Das Ausmaß dieses Projektes wurde mir erst über die Jahre des Schreibens deutlich und umso dankbarer bin ich für die zahlreiche und vielfältige Unterstützung. An dieser Stelle möchte ich mich bei all denen bedanken, die zum Gelingen dieses Buches beigetragen haben: Für das Angebot, dieses Buch zu schreiben, danke ich dem Verlag Eugen Ulmer und namentlich Herrn Ulf Müller für sein Lektorat sowie Frau Ina Vetter für ihre freundschaftliche und kompetente Betreuung. Ulfs Arbeit erinnert an den kunstvollen Feinschliff eines Goldschmieds, der ein Schmuckstück fertigt, und Inas Managementfähigkeit gleicht einer Zirkusartistin, die mit 5000 Puzzleteilen jongliert. Ich danke Patrick Rösen, dem Leiter des Naturparkzentrums Uhlenkolk in Mölln, der den Kontakt zum Verlag Eugen Ulmer herstellte, sowie David Moskowitz, der mich durch seine Beispielexemplare von Exposé und Verlagsanschreiben bei den ersten Schritten unterstütze. Mein Dank gilt den Bildautoren, die durch ihre großzügigen Beiträge zu der umfangreichen Bilddarstellung der behandelten Spuren und Zeichen beitrugen. Bis auf wenige Ausnahmen sind alle Fotos hier zum ersten Mal veröffentlicht. Ich danke der Verwaltung des Biosphärenreservats Oberlausitzer Heide- und Teichlandschaft für die Betretungsrechte und Hinweise auf geeignete Plätze, um Tierspuren zu dokumentieren, außerdem Jörn Lies, der die Spurbildübersichten erstellt hat. Weiterhin danke ich Frau Stefanie Huck vom Retscheider Hof e.V. für ihre Beiträge der Tintenabdrücke von Mardern sowie Herrn Simon Capt vom Schweizerischen Zentrum für die Kartografie der Fauna (SZKF), der die Fachkorrektur dieser Tierporträts übernahm. Ich danke Moritz Krämer für seine fachkundige Begutachtung der Texte über die Feld-, Wald-, und Rötelmäuse. Für den Austausch von Daten und die Mitarbeit an den Artbeschreibungen ihrer Fachbereiche danke ich Frau Jennifer Hatlauf vom Goldschakal Projekt Österreich und der Universität für Bodenkultur in Wien, der Braunbärforscherin Frau Michaela Skuban aus der Slowakei und Frau Helene Möslinger von LUPUS, dem Institut für Wolfsmonitoring und -forschung in Deutschland. Ebenfalls danke ich Herrn Hielke Chaudron vom Moschusochsenzentrum in Tännäs, Schweden, sowie dem Insektenspezialisten Herrn Patrick

Urban von der AG Westfälischer Entomologen, Herrn Toni Romani von CyberTracker Italien, Herrn Immo Meyer für das Einbringen seiner Wildkatzenexpertise sowie Herrn Markus Schwaiger vom Luchsprojekt Bayern. Für ihre umfassenden Kleinsäuger-Recherchen und ihre hilfreichen Rückmeldungen danke ich Frau Dr. Christine und Herrn Dr. Stefan Resch vom apodemus Institut in Österreich. Ich danke dem Schäfer Herrn Raphael Fuchs für das Einbringen seiner 20-jährigen Erfahrung mit Hausschafen und Ziegen sowie deren Fußabdrücken. Mein herzlicher Dank geht an Herrn Sygmund Komancza für die Pflege der Wisentherden in Bieszczady und sein Vertrauen, mich dort Spuren aufnehmen zu lassen. Mein Dank geht an Kriminaloberkommissar Herrn Aaron Tiedemann, der beruflich für die Spurensicherung an Tatorten zuständig ist und sich in seiner Freizeit leidenschaftlich mit Tierspuren befasst. Er erstellte exakt skalierte Kollagen für Größenvergleiche und brachte sein Fachwissen über Fraßbilder von Borkenkäfern ein. Dem Team von spurenjagd.de und namentlich Ulrike Quartier, Antje Beneken und dem Leiter der Biodatenerfassung von CyberTracker Deutschland, Holger Röhle, sowie Simone Roters von Erdwissen e.V. danke ich für die Sichtung und Vorauswahl der verwendeten Datensätze. Ich danke Dr. Wolfgang Schmidt für seine umfangreiche Stellungnahme zu dem Kapitel Fußmorphologie und Gangarten, dessen Präzision seiner Gründlichkeit und Hartnäckigkeit zu verdanken ist. Mein besonderer Dank gilt Dr. Andreas Wenger, der mir als ausgezeichneter Ornithologe und guter Freund zur Seite stand. Sein großzügiger Beitrag war für die Entstehung des Vogelteils von unschätzbarem Wert.

Ich danke den Teilnehmern der Wildniswissen-Fährtenkurse, die mich durch ihre vielen interessierten Fragen immer wieder aufs Neue dazu brachten, Tierspuren genauer zu beobachten, weiter zu lernen und mein Wissen in eine strukturierte, vermittelbare Form zu bringen.

Ein besonderer Dank geht an meine Kollegen von der CyberTracker Conservation, namentlich Louis Liebenberg, Mark Elbroch, René Nauta, John Rhyder, José Galan, Casey McFarland, George Leoniak und Nate Harvey. Danke für eure Faszination und euer Engagement für Wildtiere und ihre Spuren. Ihr interessiert euch mit einem Elan für Feinheiten, die sich so detailliert nur wenige anschauen. Neben höchst kompetenter Kritik schenkt ihr mir das Gefühl, zu einem Kreis von Gleichgesinnten zu gehören. Unsere gemeinsam geteilte Begeisterung ist mir eine fortlaufende Quelle von Inspiration und Motivation.

Ulrike Quartier führte mich in die Kunst der Tusche-Punkt-Zeichnungen ein und ist damit Mutter meiner Zeichnungen. Sie begleitete mich durch jeden meiner Texte, wurde zu einer wertvollen persönlichen Unterstützung und steuerte ehrenamtlich alle Tiersilhouetten sowie die Zeichnungen der Spitzmaus- und Vogelfüße bei. Ihrer Faszination für Spitzmausfüße sind die Erkenntnisse für die Unterscheidung von Rot- und Weißzahnspitzmäusen zu verdanken. Ihre Expertise als Grafikerin, Autorin, Künstlerin und Fährtenleserin sowie ihr Blick für etwas, das ich Spurästhetik nenne, wurden zu maßgeblichen Beiträgen.
Von Herzen danke ich meiner Mutter Marlis Grolms. Sie war die Erste, die meine Schritte auf diesen Pfad lenkte und die zu mir hielt, auch wenn meine Abenteuer ihr gelegentlich Bauchschmerzen bereiteten.

Ganz besonders danke ich meinen Mentoren und Vorbildern Wolfgang Peham, Tamarack Song, Abel Bean, Tony Kemnitz und Jon Young. Euer persönliches Engagement in meiner beruflichen und privaten Entwicklung säte den Samen, von dem dieses Buch eine Frucht ist. Tonys Enkel sagte einmal über seinen Opa und in Bezug auf die Kunst des Fährtenlesens, Tony besitze einen „Reichtum nutzlosen Wissens". Wolfgang Peham zeigte mir, dass die Dinge, für die ich mich interessiere, wertvoll sind, und er war der Erste, der mich fortlaufend darin bestärkte, diese Interessen weiter zu verfolgen. Mit der Gründung der Wildnisschule Wildniswissen und den 25 Jahren seiner Pionierarbeit ebnete Wolfgang den Weg für dieses Buch. Persönlich danke ich ihm für zwei Jahrzehnte des aufrichtigen Interesses, die vielen guten und die unangenehmen Fragen, die mich immer wieder zum Nachdenken herausforderten, sowie sein anhaltendes Vertrauen in mich. Wolfgang half mir zu erkennen, dass Fährtenlesen nicht nur ein „Reichtum nutzlosen Wissens", sondern eine außerordentlich wirksame Medizin zur Behandlung des weit verbreiteten Naturdefizitsyndroms ist (Richard Louv 2005).

Unter all den Menschen, die an der Entstehung dieses Buchs mitgewirkt haben, gab es eine, die jeden Augenblick für mich da war: meine Lebensgefährtin Laura Gärtner. Unsere geteilte Begeisterung für Tierspuren, ihr kritischer Blick und ihre Wortgewandtheit wurden zu einem unschätzbaren Wert für die Qualität dieses Buches. Sie begleitete mich auf vielen meiner Reisen in Europa, kreierte einen wesentlichen Teil des Trittsiegelschlüssels, übernahm sämtliche Erstkorrekturen und steuerte wichtiges Bildmaterial bei. Vor allem jedoch hatte sie immer ein offenes Ohr, Zeit und Verständnis für mich, auch wenn das umgekehrt keinesfalls immer der Fall war. Mit der schieren Bandbreite ihrer Fähigkeiten, vom Spurenlesen über ihre Kommasetzungskunst bis hin zu dem Komfort und dem emotionalen Halt, den sie mir fortlaufend bot, hat sie dieses Buch erst möglich gemacht.

Zu guter Letzt danke ich allen Landschaften, den üppigen Flussufern und den artenreichen Teichlandschaften, den trockenen Halbwüsten, den erhabenen Gebirgen und den wohltuend friedlichen Wäldern. Ihr seid für mich Ursprung von Ruhe, Klarheit und Kraft. Ich danke allen Tieren, den Insekten und Wirbellosen, den Reptilien und Amphibien, den Vögeln und den Säugetieren. Ihr seid die Hauptakteure und euch widme ich dieses Buch.

EINFÜHRUNG

EINFÜHRUNG

„Lies alle Zeichen, die dir erzählen, was passiert ist. Betrachte nicht nur den einzelnen Fußabdruck, sondern das Universum, das ihn umgibt."

Tony Kemnitz, Special Investigations Tracker, Wisconsin.

Wisente in Bieszczady

Seit dem Jahr 2005 unternehme ich fast jedes Jahr eine Reise in und um den Bieszczady-Nationalpark im Südosten Polens. Das Dreiländereck zwischen Polen, der Slowakei und der Ukraine gilt als eine der ursprünglicheren Landschaften Europas und ist immer einen Besuch wert. Die weitgehend unberührten Buchenmischwälder des Karpatenvorlands beheimaten Tiere wie Wölfe, Luchse, Braunbären und Wisente. Dieses Mal war es Frühjahr, kurz nach der Schneeschmelze und während des Blattaustriebs der Buchen. Es war ein frischer Morgen im April, als Matthias von seinem Dämmerungsansitz zurückkehrte und aufgeregt erzählte, wie er einen weiblichen Wisent mit zwei Jungtieren am Fluss gesehen hatte. Die Begegnung war keine 20 Minuten her. Rasch packte ich das Notwendigste in meinen Tagesrucksack und machte mich auf den Weg.

Matthias hatte an einer seichten Stelle des Flusses gesessen, der aus den südlich gelegenen Bergen gespeist ins Tal hinabströmt. Die dicke, feuchte Laubschicht machte es leicht, die Spuren zu finden, und ich begann, sie zu lesen. Das Muttertier warnte, als es den Menschen gewittert hatte, woraufhin die zwei Jungtiere abrupt ihre Richtung wechselten und in zügigen Sprüngen bergauf flüchteten. Die Mutter befand sich auf der anderen Seite des Flusses und eilte parallel zu ihren Kälbern im Trab den ersten Hügel hinauf. Ich folgte der Fährte und fand schon bald die Stelle, an der die Jungtiere den Fluss überquert hatten, um anschließend gemeinsam mit ihrer Mutter und in ruhigerer Gangart weiter bergaufzuziehen.

Ich war erleichtert, dass die Tiere sich so rasch beruhigt hatten, und entschied, der Fährte mit ausreichend Abstand zu den Tieren weiter zu folgen. Die Wisente hatten ihre Gangart jetzt in einen Schritt gewechselt und immer wieder kreuzte ihr Weg ältere Wisentfährten, was das Erkennen der frischen Spuren erschwerte. Zwei Mal verlor ich den Pfad und es dauerte eine Weile, bis ich die frische Fährte zwischen den vielen älteren Spuren wieder ausfindig machen konnte. Je weiter ich ihr folgte, umso stärker nahm ich die gehäuft auftretenden und auffälligen Zeichen der Tiere wahr. Breit ausgetretene Wildwechsel mit kleinwüchsigen, durch vermehrten Verbiss deformierten Bäumchen und alte, kuhfladenartige Kothaufen erzählten von dem wiederkehrenden Besuch der Wisente, bis ich plötzlich vor einem mannshohen Baumwurzelteller stand, den die Tiere als Sandbadestelle genutzt hatten. Die charakteristische Wisent-Unterwolle lag auf der Erde verstreut und der würzige Geruch hing noch in der Luft.

Kurz darauf entdeckte ich frischen Kot, auf dem sich die Fliegen sammelten. Im nächsten Tal, auf einer kleineren Wiese, fächerte sich der Pfad flussarmartig auf. Ich ahnte, dies musste ein Zeichen für Äsungsverhalten sein, und richtig: An einer Weide entdeckte ich frische Schälspuren. Die Wisente mussten ganz in der Nähe sein! Ich schaute mich um und sah in einiger Distanz ein dichtes Jungbuchenwäldchen, dessen zartes Blattgrün Sichtschutz bot. Der Wind stand günstig und ich begann mich schleichend dem Dickicht zu nähern. Mir stieg wieder der Geruch in die Nase und plötzlich nahm ich eine Bewegung im Augenwinkel wahr. Es war das auffällige Kuhschwanzwedeln, das meine Augen zuerst bemerkten. Dann sah ich die Hörner und eine Kopfbewegung durch das Gebüsch und schlagartig begann mein Herz schneller zu schlagen. Was wusste ich wirklich über Wisente und wie gesichert waren meine Informationen? Würden die Tiere angreifen oder neigten sie zu Scheinangriffen? Sofort schaute ich mich nach einem geeigneten Baum um, an dem ich angespannt, flachatmend und leise emporkletterte. Jetzt konnte ich sie sehen: 20 Meter vor mir stand eine ganze Herde von Wisenten! Die Alttiere fraßen, während die Kälber herumtollten und sich teils unter den Bäuchen der Erwachsenen hindurchbewegten. Die großen, kräftigen Tiere strahlten eine Ruhe und Zufriedenheit aus und waren gleichzeitig wachsam. Die Jungen waren agiler, sie wirkten verspielt und lebensfroh. Für einen kurzen Moment vergaß ich, dass ich mehrere Meter über dem Boden in einem Baum hing, bis mich meine lahmenden Arme wieder daran erinnerten.
Große Säugetiere in einem für sie ungestörten Zustand zu beobachten ist etwas ganz Besonderes und hinterlässt Spuren in uns. Es sind Momente wie dieser, an die wir uns ein Leben lang gerne erinnern.

Tierspuren sind überall zu finden, wo es Tiere gibt. Nahezu jeder Spaziergänger kennt die Hufabdrücke von Pferden entlang eines Wanderwegs und wer mit seinem Hund spazieren geht, hat vermutlich bereits dessen Fußabdrücke am Rand einer Pfütze entdeckt. Viele Menschen haben eine Vorstellung davon, wie die Fährte eines Rehs oder die Spur eines Hasen aussieht, die wenigsten wissen jedoch, wie viel mehr es zu entdecken gibt! Wie sieht zum Beispiel das typische Spurbild eines Waschbären aus? Welche Spur hinterlässt ein Biber im Vergleich zu einer Nutria? Und wie zeichnet sich die Flucht einer Eidechse im Sand ab? Hat sich an diesem abgestorbenen Baum ein Dachs oder ein Specht zu schaffen gemacht? Zweifelsohne ist jedem auf einen Blick klar, ob ein Haus von Menschen bewohnt ist oder nicht. Aber wie finden wir heraus, ob in dem Wald vor unserer Haustür überwiegend Rehe, Rothirsche oder Damhirsche leben? Die meisten Menschen beziehen Spurenlesen überwiegend auf die Fußabdrücke von Säugetieren, obwohl Zeichen wie Ausscheidungen, Fraßspuren, Markierungen und Baue ebenso dazugehören und wichtige Puzzleteile eines größeren Gesamtbilds sind. Denken wir an die vielen tausend Spuren der Insekten, wird deutlich, wie umfangreich die Liste der Spuren und Zeichen unserer Fauna tatsächlich ist.

„Das Buch der Natur hat keinen Anfang und kein Ende."

Jim Corbett, berühmter britischer Jäger, Naturschützer und Schriftsteller.

Das vorliegende Buch behandelt die Spuren und Zeichen von Säugetieren, Vögeln, Amphibien, Reptilien, Insekten und anderen Wirbellosen Europas. Der Säugetierteil ist umfassend und detailliert beschrieben, er ist der Hauptteil dieses Buches. Die Teile „Vögel", „Amphibien und Reptilien" sowie „Insekten und andere Wirbeltiere" sind orientierend zu verstehen und möchten Grundkenntnisse der Spuren und Zeichen anderer Wildtiere vermitteln, die wir bei der Interpretation von Säugetierspuren hinzuziehen können. Insektenspuren helfen unter anderem dabei, Ereignisse zeitlich einzuordnen, und Vogelzeichen können zum Beispiel mit denen der Säugetiere verwechselt werden. Die beschriebenen Spuren und Zeichen weiterer Arten vermitteln Grundkenntnisse und helfen, Fehlbestimmungen zu vermeiden und komplexe Sachverhalte zu interpretieren.

Die Kunst des Tierspurenlesens führt uns Schritt für Schritt tief in das Mysterium der Natur und auch geübte Fährtenleser werden immer wieder neue, faszinierende Spuren vorfinden, die sie bisher nicht beachtet haben. War dieses Reh allein oder waren es mehrere Tiere? Wie haben sie sich bewegt? Wohin zogen sie und aus welchem Grund? Die Fülle der Informationen, die man aus Tierspuren lesen kann, scheint unerschöpflich und doch geht die Mehrheit von uns regelmäßig an diesen Geschichten vorbei, ohne sie zu bemerken. Spuren lesen bedeutet, aufmerksam zu sein und Fragen zu stellen. Eine entscheidende Frage dabei ist: Welche Spuren bemerken Sie?

„Durch die Fährtenkunde verdichtet sich für mich das Bild eines Kosmos, in dem nicht nur jedes Wesen, sondern auch jedes Ereignis von einzigartiger Bedeutung und Sinnhaftigkeit ist."

Martin Derrez, Lehrgang Fährtenlesen 2017.

ENTSTEHUNG DES BUCHES

Die erste E-Mail in meinem Archiv, die dieses Projekt erwähnt, stammt vom 13. Februar 2012. Die folgenden vier Jahre widmete ich dem Fotografieren von Tierspuren und dem Erheben von Daten. Dazu bereiste ich verschiedene Länder Europas, die meisten Fotos stammen aus Deutschland, England, den Niederlanden, Spanien, Polen und Schweden. Insgesamt entstanden mehr als 25 000 Aufnahmen, von denen etwa 950 Bilder den Weg in dieses Buch fanden. Die Daten wurden zusätzlich in der Schweiz, Dänemark, Schottland, Norwegen, Österreich, Tschechien, Slowenien, der Slowakei, Weißrussland, Italien und Frankreich aufgenommen. Die Maße beziehen sich in der Regel auf ausgewachsene Tiere. Ein Schwerpunkt lag im Vermessen von Fußabdrücken, die hier auch Trittsiegel genannt werden. Die Minimum- und Maximum-Angaben der Trittsiegelmaße wurden durch mindestens 120 Einzelmessungen (Stichproben) verschiedener Abdrücke ermittelt. Damit Daten in die Datensammlung aufgenommen werden konnten, wurden sie „getrimmt", das bedeutet, die zehn niedrigsten und die zehn höchsten Werte wurden gestrichen. Die Stichproben stammen von unterschiedlichen Individuen aus jeweils mindestens drei verschiedenen Gebieten Europas. Liegen einer Artbeschreibung weniger Daten zugrunde, ist dies an entsprechender Stelle im Text vermerkt. Bei häufigen Tierarten oder Tieren von besonderem Forschungsinteresse wurden deutlich mehr Daten gesammelt. So stützen sich zum Beispiel die Angaben zu Schrittlängen und Spurbreiten von Reh, Rothirsch und Wildschwein auf je über 1000 getrimmte Einzelmessungen verschiedener Fährten und Gangarten.

Die Trittsiegelzeichnungen sind das Herzstück dieses Buches. Sie sind handgefertigt und das Ergebnis von jahrelanger Beobachtung und Forschung und von rund 200 Tagen des Zeichnens. Wie Mark Elbroch habe ich mich für die aufwendige Tusche-Punkt-Technik entschieden. Fußabdrücken von toten Tieren in Modelliermasse fehlt die Darstellung der Bewegungsdynamik. Häufig zeigen sie vollständige Fußabdrücke, die in dieser Form im Feld selten zu sehen sind, oder die Form des Trittsiegels ist verzerrt. Gute Trittsiegelzeichnungen sollten einen perfekt abgedrückten Fuß mit allen morphologischen Merkmalen wiedergeben und gleichzeitig aufzeigen, welche Bereiche des Trittsiegels in der Regel weniger deutlich erkennbar sind, also eine Bewegungsdynamik andeuten. Es sollte aus der großen Vielzahl möglicher Erscheinungsformen die wahrscheinlichste abgebildet werden. Jede Trittsiegelzeichnung in diesem Buch zeigt eine Kombination aus den signifikanten Merkmalen, der typischen Gewichtsverlagerung und der daraus resultierenden Betonung des Fußabdrucks sowie die wahrscheinlichste Erscheinung des Trittsiegels im Feld. Die für dieses Buch gefertigten Zeichnungen werden selten exakt mit einem Fund im Feld übereinstimmen, gleichzeitig sollte man die Mehrheit der gefundenen Abdrücke in den Zeichnungen erkennen können.

Durch ein beiläufiges Gespräch mit Mark Elbroch, der mir im September 2013 auf die Schulter klopfte und sagte, jemand müsse sich mit der Erforschung der Tierspuren von Europas Mäusen und Wühlmäusen befassen, wurde die Arbeit für das Buch konkreter. Zwei Winter verbrachte ich damit, die Tintenabdrücke von Wühlmäusen (Arvicolinae) und Langschwanzmäusen (Muridae) auf ihre Unterschiede hin zu untersuchen. Ich kam zu dem Ergebnis, dass unter perfekten Spurbedingungen alle Gattungen und teilweise sogar Arten unterschieden werden können. Dies war bis dahin unveröffentlichtes Wissen, ich hatte nirgendwo Informationen dazu finden können. Als ich 2016 den Vertrag mit dem Eugen Ulmer Verlag unterzeichnete, begann das eigentliche Schreiben des Buchs.

Die Absolventen des einjährigen Wildniswissen-Fährtenlehrgangs wurden geschult, um Tierspuren im Feld aufzunehmen und fachgerecht zu dokumentieren. Um diese zu bündeln und öffentlich zugänglich zu machen, eröffnete die Wildnisschule Wildniswissen 2012 die Internetseite „spurenjagd.de", die eine Plattform für die Sammlung dieser Spurendokumentationen bietet. Im Jahr 2013 fand ein vierköpfiges Expertenteam aus dem Lehrgang zusammen, um die eingestellten Spurendokumentationen zu begutachten, bevor die Daten in eine gesicherte Datensammlung aufgenommen werden konnten. Seit 2012 sind durch spurenjagd.de auf diese Weise über 1200 Spurendokumentationen mit mehr als 10000 ehrenamtlich geprüften Datensätzen erhoben worden, die meine 15-jährige Datensammlung ergänzten.

Mehr als 2000 Teilnehmerinnen und Teilnehmer der Wildnisschule Wildniswissen, die seit 1995 Tierspuren dokumentieren, haben Daten aufgenommen und unzählige scharfsinnige Fragen formuliert. Es waren diese Fragen, die mich immer wieder dazu antrieben, weiter zu forschen und genauer zu beobachten, um schlussendlich mein bis zum heutigen Tag zusammengetragenes Wissen niederschreiben zu können.

VERWENDUNG DES BUCHES

Dieses Buch besteht aus vier Teilen, die grundlegende Angaben zur Biologie und ausführliches Wissen zu den Spuren und Zeichen europäischer Wildtiere enthalten.

Zunächst gebe ich im Kapitel „Fährtenlesen lernen" einen Einblick in die Kunst des Fährtenlesens und vermittle Tipps, wie Sie die ersten Schritte zur Erkundung dieser vielfältigen und spannenden Welt der Tierspuren meistern können.

Der darauffolgende erste Teil „Säugetiere" besteht im Wesentlichen aus Artporträts adulter Tiere. Zuvor lernen Sie wichtige Grundlagen zur Fußmorphologie der Säugetiere und den Aufbau von Trittsiegeln und ihre wichtigsten Merkmale. Es folgt eine Erklärung von Gangarten und Spurbildern sowie je eine Anleitung zum Vermessen von Trittsiegeln und von Spurbildern. Daran schließt sich eine detaillierte Bestimmungshilfe für Säugetiertrittsiegel an. Lebensgroße oder exakt skalierte Zeichnungen der Vorder- und Hinterfußabdrücke einzelner Arten ermöglichen die rasche Bestimmung oder Eingrenzung auf bestimmte Säugetierarten. Das Unterkapitel „Zeichen bestimmen und interpretieren" führt ein in die große und vielfältige Welt der Zeichen. Die dieses Unterkapitel abschließenden Bestimmungshilfen unterstützen bei der schnellen Zuordnung eines gefundenen Zeichens zu einer bestimmten Tierart oder Tiergruppe.

In den anschließenden Artporträts, dem Hauptteil des Säugetierteils, werden Körpermaße und Kennzeichen der behandelten Arten und Artengruppen, ihre Verbreitung und ihr Lebensraum sowie ihre Ernährung und Fortpflanzung beschrieben. Auf farblich hinterlegten Seiten finden sich Informationen zu den Trittsiegeln mit Beschreibungen von Vorder- und Hinterfußabdrücken und den bevorzugten Gangarten, zudem eine Übersicht der häufigsten Spurbilder sowie wichtige Maßangaben dazu. Außerdem werden arttypische Zeichen behandelt.

Der allgemeine Kenntnisstand über die europäische Fauna ist recht unterschiedlich. Dadurch müssen bei einigen Arten die Angaben zu Biologie und Spuren fragmentarisch bleiben. Arten wie die aus der Familie der Spitzmäuse (Soricidae), bei denen die aktuellen Kenntnisse von Trittsiegeln keine artgenaue Bestimmung zulassen, werden zusammen als Gattung behandelt. Andere Arten, zum Beispiel der Eisbär (*Ursus maritimus*) oder der Axishirsch (*Axis axis*), die stark vereinzelt oder lediglich in kleinen, isolierten Populationen vorkommen, werden nur am Rande erwähnt.

Die Teile 2, 3 und 4 fassen grundlegende Informationen zu Spuren und Zeichen von

Vögeln (Teil 2), Amphibien und Reptilien (Teil 3) sowie von Insekten und anderen Wirbellosen (Teil 4) zusammen. Aufgrund der Vielzahl der enthaltenen Arten und dem hier naturgemäß begrenzten Fährtenwissen musste in diesen Abschnitten eine etwas andere Darstellung gewählt werden: Während die Spuren im Großen und Ganzen weiterhin in – allerdings nun deutlich kürzeren – Artenporträts abgehandelt sind, werden die Zeichen nach Erscheinungsformen sortiert, also bei den Vögeln beispielsweise nach Nestern, Fraßspuren oder Ausscheidungen, denen dann markante Ausprägungen bei bestimmten Arten oder Artengruppen zugeordnet sind. Hinsichtlich vertiefender Details sei hier auf die Spezialliteratur verwiesen.

Die Tiersilhouetten auf der Umschlaginnenseite und die Seitenzahl daneben verweisen auf die Beschreibung der jeweiligen Tiergruppe im Text. Eine Übersicht über das Vermessen von Trittsiegeln und Spurbildern sowie ein Zentimetermaß finden sich auf der Umschlaginnenseite des Rückendeckels.

Ein Farbleitsystem erleichtert die Orientierung. Im Säugetierteil steht jede Farbe für eine der behandelten Familien. Ansonsten kennzeichnet die Farbe die jeweilige Großgruppe, also Vögel, Amphibien und Reptilien sowie Insekten und andere Wirbellose.

Aufbau der Artbeschreibungen im Säugetierteil

Deutscher und **wissenschaftlicher Name** der Art oder Artengruppe.

Kopf-Rumpf-Länge, **Schwanzlänge** und **Gewicht** » Die Körpermaße, die in der Marginalspalte angegeben sind, umfassen die gesamte Variationsbreite im behandelten Gebiet. Die Mehrzahl dieser Maße stammt von Dr. Eckhard Grimmberger (2009), bei einigen Arten kommen ergänzende Quellen hinzu. Größenunterschiede zwischen den Geschlechtern (Sexualdimorphismus) werden, wo vorhanden, ebenfalls genannt.

Kennzeichen » Typische Statur und charakteristische Erkennungsmerkmale.

Verbreitung & Lebensraum » Arten, deren Spuren und Zeichen schwer unterscheidbar sind, können gelegentlich anhand ihrer unterschiedlichen Verbreitung oder mithilfe der verschiedenen bevorzugten Lebensräume bestimmt werden. Diese Angaben sind als ergänzende Hilfen für die Artbestimmung und als Orientierung zu verstehen. Dieselbe Art kann in verschiedenen geografischen Gebieten unterschiedliche Lebensräume bewohnen.

Ernährung » Das grundlegende Wissen über die Nahrungsgewohnheiten einer Art hilft Fährtenlesern beim Erkennen ökologischer Zusammenhänge. Das Vorkommen einer bestimmten Art lässt Rückschlüsse auf das Biotop oder das Vorhandensein anderer Tierarten zu. Ein Schwerpunkt liegt darauf, Fraßspuren zu interpretieren.

Fortpflanzung » Angaben zur Fortpflanzung, um Spurenfunde im Feld zu interpretieren. Handelt es sich um die Fährte eines Muttertiers mit Jungtieren oder um die Spuren einer Junggesellengruppe?

Anmerkungen » Verschiedene sonstige Anmerkungen finden sich in der Marginalspalte.

Trittsiegel » Detaillierte Trittsiegelbeschreibungen von Vorder- und Hinterfußabdrücken, zusammen mit Trittsiegelzeichnungen, entsprechenden Fotos und Maßangaben.

Ähnliche Trittsiegel » Fußabdrücke anderer Arten, mit denen die beschriebene Art verwechselt werden kann sowie Merkmale für die Unterscheidung.

»

Aufbau der Artbeschreibungen im Säugetierteil (Fortsetzung)

Gangarten » Beschreibungen bevorzugter Gangarten, Spurbilder und Maßangaben.
Zeichen » Typische und markante Zeichen der beschriebenen Art, zum Beispiel Kot, Markierungen und Fraßspuren.

Spurenformel der Säugetiere

Die Spurenformel bietet wichtige Informationen für Fährtenleser. Auf einen Blick können daraus die taxonomische Ordnung und häufig sogar die Familienzugehörigkeit bestimmt werden.

XV × Yh + K

XV Anzahl in der Regel abgedrückter Zehen des Vorderfußes (Vorderfußtrittsiegel)
Yh Anzahl in der Regel abgedrückter Zehen des Hinterfußes (Hinterfußtrittsiegel)
K In beiden Trittsiegeln können Krallenabdrücke erkannt werden

Die Groß- oder Kleinschreibung der Buchstaben „V" und „h" zeigt die relative Größe der Vorder- und Hinterfußtrittsiegel an.

Ein Beispiel: 4V × 4h + K

Diese Spurenformel beschreibt ein Vorderfußtrittsiegel mit vier Zehenabdrücken und ein im Verhältnis dazu relativ kleines Hinterfußtrittsiegel mit ebenfalls vier Zehenabdrücken. In beiden Trittsiegeln sind Krallenabdrücke zu erkennen. Die im Beispiel genannte Anzahl der Zehenabdrücke in den Trittsiegeln und deren relative Größe findet man bei Katzen sowie bei Hunden. Da die Krallenabdrücke der Katzen selten sichtbar sind, handelt es sich hier um das Trittsiegel eines Hundes.

Verwendete Abkürzungen und Symbole

Allgemein

D Durchmesser
G Gewicht
KRL Kopf-Rumpf-Länge
Max. Maximum
Min. Minimum
Sl Schwanzlänge
sp. Spezies, Art
spp. die Arten; Beispiel „*Tringa* spp." bedeutet „mehrere Arten der Gattung *Tringa*"
♂ männlich, Männchen
♀ weiblich, Weibchen

Trittsiegel und Spurbilder

B Breite
GL Gruppenlänge
Hf Hinterfuß
L Länge
LH Links hinten
LV Links vorne
RH Rechts hinten
RV Rechts vorne
SB Spurbreite
SL Schrittlänge
Vf Vorderfuß
ZGL Zwischengruppenlänge

FÄHRTENLESEN LERNEN

„Wenn du einem Fußabdruck begegnest, den du nicht kennst, folge ihm so lange, bis du ihn kennst."

Uncheedah, Großmutter des Lakota Weisen Ohiyesa.

Jeder Mensch kann Fährten lesen. Einer meiner Lehrer betonte, genau genommen gebe es dabei nicht viel zu lernen, da wir die grundlegenden Fähigkeiten zum Fährtenlesen bereits besitzen – wir kommen mit ihnen zur Welt. Menschen nehmen mit ihren Sinnen wahr, sind fähig, zu interpretieren und Schlüsse zu ziehen. Zudem können wir jederzeit in die Natur hinausgehen und Tierspuren entdecken. Wir können unmittelbar erfahren, wie das Land durch seine Bewohner geformt und geprägt wird, indem wir Fragen stellen, genau beobachten und zuhören. Unsere Neugier, Freude und Begeisterung treiben uns an, unseren Fragen auf den Grund zu gehen und unser Wissen zu erweitern. Diese Art des Lernens ist uns angeboren und bildet eine ausgezeichnete Vorgehensweise, um unsere Verbindung zur Natur zu vertiefen.

Ein Sprichwort unter Fährtenlesern lautet: *„Wer alleine Spuren liest, hat immer Recht."* Mit anderen Fährtenlesern zu sprechen, verschiedene Meinungen zu einer Frage einzuholen und sich selbst zu hinterfragen, kann uns dabei helfen, unsere Perspektive zu erweitern und verschiedene Möglichkeiten in Betracht zu ziehen. Wir lernen oft effektiver, wenn wir uns mit Menschen umgeben, die unser Interesse teilen. Eine gemeinsame Lerngruppe kann eine Lernkultur fördern, in der das Wissen Einzelner rasant wächst. Darum empfehle ich jedem, der Fährtenlesen lernen möchte, Kontakt zu Menschen aufzunehmen, die sich ebenso dafür begeistern.

„Die Kunst des Fährtenlesens bezieht viele andere Fähigkeiten, Künste und Wissenszweige mit ein. Um erfolgreich darin zu sein, werden neben den physikalischen Aspekten des Fährtenlesens auch ein umfassendes Wissen und ein ‚Sich-Einstellen' auf nahezu jeden Aspekt der Natur benötigt."

Charles Worsham, ehemaliger FBI- und HRT-Ausbilder, USA.

Wir werden niemals alles wissen, was es über die Natur zu wissen gibt, und unsere Lebenszeit reicht nicht aus, um über Tierspuren sämtliches zu lernen. Das kann entmutigen oder beruhigen, einen anspornen oder resignieren lassen. Ich möchte Sie zu der positiven Haltung eines kindlichen Forschergeists ermutigen. Trauen Sie sich, Hypothesen aufzustellen, und lachen Sie über sich selbst, wenn diese durch neue Hinweise widerlegt werden. Seien Sie offen, statt an Ihrer Meinung festzuhalten, und ziehen Sie jede Möglichkeit in Betracht. Vermeiden Sie voreilige Schlüsse und folgen Sie Ihrem persönlichen Interesse, herauszufinden, was wirklich geschah.

Fährtenlesen erfordert genaues Betrachten, deduktiv-logisches Denken, präzises Messen und exaktes Dokumentieren. Ein weiterer wichtiger Aspekt ist das Vorstellungsvermögen eines Fährtenlesers. Mark Elbroch schreibt: *„Ein kompetenter Fährtenleser ist sowohl Wissenschaftler als auch Geschichtenerzähler. Er muss kritisch beobachten, gute Daten sammeln und voreilige Schlüsse vermeiden. Außerdem muss er sein Vorstellungsvermögen benutzen, um gefundene Zeichen interpretieren zu können."*

Umfassende Recherchen über die Biologie und das Verhalten eines Tieres helfen uns bei der Interpretation von Tierspuren. Je besser wir eine Tierart kennen, umso leichter verstehen wir ihr Verhalten. Geeignete Fachliteratur ist von großem Wert, um sich diese Grundkenntnisse anzueignen. Gleichzeitig kann man Fährtenlesen nicht allein aus Büchern lernen, sondern es erfordert Zeit und Praxis in der Natur. Um eine Spur oder einen Abdruck sicher interpretieren zu können, braucht es viel Erfahrung, besonders, um die vielen unterschiedlichen Faktoren wie Untergrund, Geschwindigkeit und Wetter mit in die Interpretation einbeziehen zu können.

„Fährtenleser müssen sich in die Lage des Tieres versetzen, um eine hypothetische Erklärung seines Verhaltens aufstellen zu können. Fährtenlesen ist nicht strikt empirisch, da es das Vorstellungsvermögen des Fährtenlesers involviert."

Louis Liebenberg, Gründer und Leiter der CyberTracker Conservation und Autor mehrerer Tierspurenbücher.

TRADITIONELLES FÄHRTENLESEN

Die San Buschmann aus dem südlichen Afrika gehören zu den besten Fährtenlesern der Welt. Sie verfügen über außergewöhnliche Kenntnisse der Flora und Fauna ihrer Region. Ein entscheidender Faktor für die herausragenden Fährtenleserfähigkeiten der Buschleute ist die Unmittelbarkeit ihres Lebens in der Natur. Sie teilen den Lebensraum mit den wildlebenden Tieren und machen folglich ähnliche Erfahrungen wie sie. Zum Beispiel erleben beide direkt die Auswirkungen von Trockenheit, Regen oder Kälte. Dieses sinnliche Erleben der natürlichen Umstände ermöglicht Antizipation von Tierverhalten.

Neben vielen Vorzügen von Zivilisation und Fortschritt ging mit der Moderne auch eine Form der Entfremdung gegenüber unserer natürlichen Umwelt einher. Heute leben die meisten von uns in Städten und Häusern und

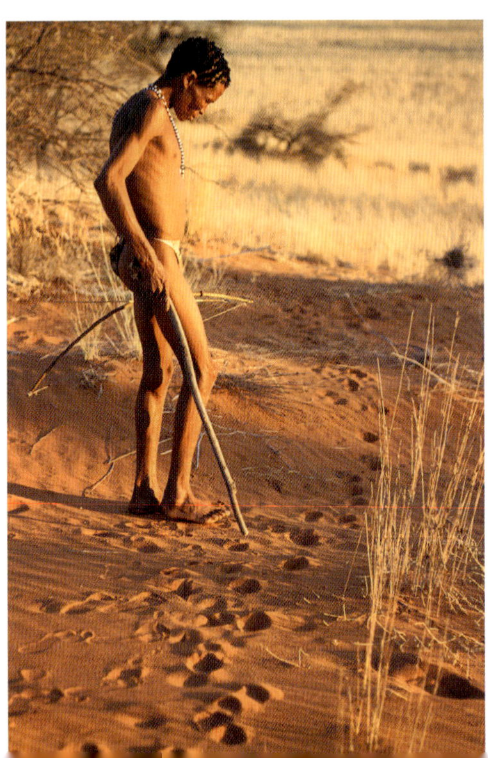

Sechs Fragen des Fährtenlesens

Der US-amerikanische Fährtenleser Jon Young hat in seinen Büchern sechs Fragen des Fährtenlesens beschrieben. Die Beantwortung jeder einzelnen dieser Fragen kann als eigene Sparte, Kunst oder Disziplin verstanden werden und alle sechs Fragen eignen sich hervorragend, um Fährtenlesen zu erlernen.

- **Welches Tier war es?** *Identifizierung* von Spuren und Zeichen, Bestimmung der Art.
- **Was ist hier passiert?** *Interpretation* von Spuren und Zeichen, die Fähigkeit, Gangarten und anderes Tierverhalten anhand von Spurbildern zu rekonstruieren.
- **Wo ist das Tier jetzt?** *Trailing*, das Aufspüren von Tieren.
- **Wann ist diese Spur entstanden?** *Altersbestimmung*, die zeitliche Einordnung von Ereignissen.
- **Warum war das Tier hier?** *Ökologische Zusammenhänge*, die Fähigkeit, Tierverhalten lesen und vorhersagen zu können.
- **Wie ging es dem Tier?** *Vorstellungsvermögen*, die Kunst, sich in das Tier hineinzuversetzen.

unser Überleben hängt selten unmittelbar von unserer Fähigkeit als Fährtenleser ab. In diesem Punkt können wir einiges von den Herangehensweisen traditioneller Fährtenleser aus Jäger-und-Sammler-Gesellschaften lernen. Der San-Jäger !Nqate Xqamxebe (1998) sagt: *„Wenn du der Fährte eines Tieres folgst, musst du selbst zu diesem Tier werden."* Viele indigene Fährtenleser können beeindruckend genau nachahmen, wie sich ein Tier bewegt, auch wenn ihnen die Theorien der Gangartenforschung unbekannt sind. Durch wiederholtes Imitieren erinnert sich ihre Muskulatur an Bewegungsabläufe, sodass ein verinnerlichtes Muskelgedächtnis entsteht. Ich möchte Sie dazu ermuntern, dies selbst auszuprobieren und zum Beispiel die Bewegungen Ihres Hundes aufmerksam nachzuahmen. Die Teilnehmer unserer Fährtenlehrgänge imitieren regelmäßig Tiere und empfinden verschiedene Gangarten im eigenen Körper nach. Auch wenn es anfangs ungewohnt erscheinen mag, der Erfolg derer, die Tiere nachahmen, spricht für sich.

„Mit wachsendem Bewusstsein dessen, was wirklich in der Natur geschieht, beginnen wir, unzählige Dinge zu erfassen und zu begreifen, die wir bisher nicht einmal wahrgenommen haben."

Hugh Falkus, der „Heinz Sielmann" des britischen Fernsehens (BBC), Naturfilmer und Autor.

Um das Fährtenlesen eingehend zu lernen, müssen Sie mit allen Sinnen wahrnehmen. Fühlen Sie die Luftfeuchtigkeit am Morgen und spüren Sie den Wind auf Ihrer Haut. Riechen Sie die Gerüche der Umgebung und lauschen Sie den Naturgeräuschen um sich herum. Das wird Ihnen helfen, umfassendere Informationen zu einer bestimmten Spurenlage zu erhalten. Je mehr Sie eine Situation sinnlich erfassen, umso leichter wird es Ihnen fallen, angemessene Schlüsse zu ziehen. Gleichzeitig entwickeln Sie durch dieses unmittelbare Vorgehen direkte Beziehungen zu einer Landschaft und ihren Bewohnern. Mit der Zeit wird sich die Wahrnehmung für Ihre Umwelt verändern, sodass Wälder, Wiesen, Wind und Wetter Ihnen bekannter und die Tiere Ihnen vertraut werden. In diesem Zusammenhang werden Sie auch sich selbst besser kennenlernen, denn: *„Wir können die Wahrnehmung für unsere Umwelt nicht erhöhen, ohne uns gleichzeitig auch über unsere eigene Rolle darin bewusst zu werden.“* (Mark Elbroch 2003.)

„Die Spuren der Natur können uns zum Anfang der Erdgeschichte führen – oder zur Autobiografie eines lebenden Tieres, indem wir seiner frischen Fährte Tag für Tag folgen.“

Ellsworth Jaeger, Naturforscher und Autor von „Wildwood Wisdom“.

FÜNF ROUTINEN FÜR FÄHRTENLESER

Die folgenden fünf Routinen haben sich als hilfreiches Handwerkszeug für Fährtenleser bewährt und sind leicht zu Hause anwendbar.

DAS EIGENE REVIER

Finden Sie ein Gebiet und machen Sie es zu Ihrem Fährtenleserrevier. Besuchen Sie es regelmäßig und beschäftigen Sie sich mit seinen Lebensräumen, Pflanzen und Tieren. Finden Sie einen Beobachtungsplatz, an dem Sie sich wohlfühlen. Verbringen Sie dort allein und ungestört Zeit und lauschen Sie der Welt um sich herum. Beobachten Sie das Wetter, die Temperatur, die Windrichtung und die Tiere an Ihrem angestammten Ort. Achten Sie auf das Verhalten der Vögel und Insekten und protokollieren Sie anschließend Ihre Beobachtungen. Verbringen Sie regelmäßig zwischen 20 und 60 Minuten an diesem Ort, sodass Sie ihn zu verschiedenen Tageszeiten, bei unterschiedlichem Wetter und zu allen Jahreszeiten kennenlernen. Mit der Zeit werden Sie so wichtige Grundkenntnisse aufbauen, die Ihnen beim Fährtenlesen helfen.

ERSTELLEN EINER ARTENLISTE

Nachdem Sie verschiedene Lebensräume in Ihrem Revier kennengelernt haben, erstellen Sie eine Artenliste. Stöbern Sie in Naturführern, studieren Sie Verbreitungskarten und bevorzugte Lebensräume von Tieren und notieren Sie anschließend, welche Tierarten in Ihrem Gebiet vorkommen sollten. Durch die Zeit an ihrem Beobachtungsplatz und durch Streifzüge in Ihrem Revier werden Sie immer häufiger Tierspuren und Zeichen entdecken und bestimmen. Vermerken Sie in Ihrer Artenliste, welches Tier Sie aufgrund welcher Hinweise nachweisen konnten. Aus Ihrer Liste möglicherweise vorkommender Tiere wird mit der Zeit eine persönlich verifizierte Artenliste. Sie werden überrascht sein, wie menschennah einige Wildtiere leben, ohne dabei vom Menschen entdeckt zu werden. Früher oder später werden Sie Hinweise von Tieren finden, die Sie in Ihrer Gegend nicht vermutet hätten, und vielleicht können Sie sogar das Vorkommen einer bedrohten Tierart oder deren Rückkehr nachweisen.

ERSTELLEN VON TIERJOURNALEN

Eine wichtige Methode, um Ihr Tierwissen zu erweitern, ist das Erstellen von Tierjournalen. Nehmen Sie eine Tierart, die Sie besonders interessiert, genauer unter die Lupe und recherchieren Sie Lebensweise, Ernährungs- und Fortpflanzungsverhalten. Verwenden Sie verschiedene Quellen und halten Sie die wichtigsten Informationen schriftlich fest. Bemühen Sie sich, das Wissen, das Ihnen besonders wichtig erscheint, eigenständig zu formulieren, und vermeiden Sie das bloße Kopieren der verwendeten Quellen. So entstehen Ihre ganz persönlichen Tierjournale, deren Umfang, Inhalt und kreative Gestaltung Sie selbst bestimmen. Sie können sich auch am Aufbau der Artbeschreibungen in diesem Buch orientieren oder andere Vorlagen als Inspiration heranziehen. Fertigen Sie Zeichnungen vom Tier und seinem Schädel an, dadurch entwickeln Sie ein grundlegendes Verständnis der physischen Merkmale verschiedener Tierarten, beispielsweise der verlängerten Fußknochen bei typischen Fluchttieren oder der vergrößerten Augenhöhlen bei Arten, die sich überwiegend auf den Sehsinn verlassen. Widmen Sie einen weiteren Teil des Tierjournals den Zeichnungen des Vorder- und Hinterfußabdrucks, nach Möglichkeit in der natürlichen Größe. Lassen Sie ausreichend Platz, um später weitere Maße zu ergänzen. Mit der Zeit entsteht auf diesem Weg Ihr eigenes, lokales Nachschlagewerk.

KARTOGRAFIEREN

Beschaffen Sie sich eine topografische Karte Ihres Reviers. Wanderkarten im Maßstab 1:25 000 sind gut geeignet. Studieren Sie den Ausschnitt Ihres Reviers und schauen Sie, wo sich Waldstücke, Gebäude oder Siedlungen, Felder und Wiesen befinden und wie Wanderwege und Straßen verlaufen. Achten Sie auch auf Gewässer, Höhenunterschiede und Exposition nach Himmelsrichtungen sowie auf Grenzbereiche. Schauen Sie nach auffälligen Landschaftskontrasten innerhalb eines Kartenabschnitts, zum Beispiel nach Heckenstreifen zwischen Äckern, einer Kiesgrube im Wald oder einem kleinen Wäldchen umgeben von Feld und Flur.

Zeichnen Sie anschließend eine persönliche Karte Ihrer Gegend und markieren Sie darin Ihre eigenen Tiersichtungen und Spurenfunde (Vorlage Seite 801). Zeichnen Sie Wildwechsel ein, die Sie bei Spaziergängen und Streifzügen finden, und kennzeichnen Sie Liegeplätze, Markierungen, Baue, Fraßspuren oder Exkremente unter Angabe der entsprechenden Tierart. Achten Sie auch auf Ausrichtung und Verlauf der Tierwechsel und schauen Sie auf der topografischen Karte, welche interessanten Punkte dadurch eventuell verbunden werden. Fragen Sie sich: *„Wieso wurde genau dort markiert? Weshalb liegt dieses Rehbett hier und nicht dort drüben?“* Auf diese Weise lenken Sie Ihre Aufmerksamkeit auf ökologische Zusammenhänge in Ihrem Revier und lernen, wie diese das Verhalten der Tiere beeinflussen. Bei fortwährender Beobachtung werden Sie früher oder später Veränderungen und Regelmäßigkeiten erkennen, die von der Witterung, der Jahreszeit oder auch von menschlichen Eingriffen in die Landschaft geprägt sind.

SPURENDOKUMENTATIONEN

Eine ausgezeichnete Methode, um eigene Erfahrungen festzuhalten und sich mit anderen Fährtenlesern auszutauschen, ist das Erstellen von Spurendokumentationen (Vorlage Seite 800). Zeichnen oder fotografieren Sie einen Vorderfuß- und einen Hinterfußabdruck, wenn Sie im Feld eine Fährte aufnehmen. Vermessen Sie die Fußabdrücke sowie das Spurbild und notieren Sie die Maße. Halten Sie sich an die Vorgaben für das Vermessen von Trittsiegeln und Spurbildern (Seiten 73–75, 92), damit Sie beim Erheben Ihrer Daten kontinuierlich vorgehen und Sie diese später mit den Daten anderer Fährtenleser austauschen und vergleichen können. Die Internetseite spurenjagd.de beschreibt detailliert, wie eine hochwertige Spurendokumentation erstellt wird. Gleichzeitig bietet sie eine Plattform, auf der Fährtenleser ihre Dokumentationen veröffentlichen können. Sie ist eine wachsende Tierspurenenzyklopädie und ein Forum für Fährtenleser.

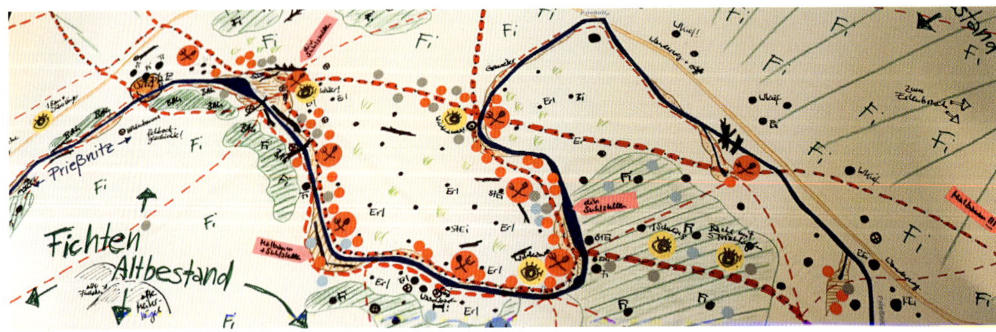

Fotografieren von Trittsiegeln

Das Fotografieren von Tierspuren ist eine erstklassige Methode, um Spurenfunde zu dokumentieren. Fährtenlesen hat zudem einen ausgeprägten ästhetischen Charakter. Mitunter entstehen beeindruckende Naturaufnahmen, wenn es Ihnen gelingt, diese Ästhetik im Foto einzufangen. Die Qualität der Bilder von modernen Smartphone-Kameras ist für den Privatgebrauch mehr als ausreichend. Wenn Sie regelmäßig Bilder veröffentlichen möchten, empfehle ich eine Kamera mit manuellen Einstellungsmöglichkeiten für Verschlusszeit und Blende sowie ein Objektiv mit einer Brennweite von 17–70 mm.

Achten Sie beim Fotografieren von Trittsiegeln darauf, dass der Fußabdruck ungefähr zwei Drittel des Gesamtbildes einnimmt, mittig positioniert ist und senkrecht von oben aufgenommen wird. Verwenden Sie eine Blende zwischen F8 und F16. Die Verschlusszeit sollte 1/60 s oder kürzer sein, da längere Verschlusszeiten leicht zu unscharfen Bildern führen. Ein Stativ ist für die Spurenfotografie, besonders bei kleinen Motiven, ein wichtiges Hilfsmittel, da es scharfe Aufnahmen mit langen Verschlusszeiten ermöglicht. Der fotografierte Bereich sollte vollständig im Schatten liegen, da Halbschatten das Aussehen des Trittsiegels verfälschen kann und Bereiche mit Licht und Schatten meist schwer zu fotografieren sind.

Steinmarder im Viersprung.

„Lange vor dem F.B.I. oder Scotland Yard nahm die Natur schon Fingerabdrücke ihrer zahlreichen Familien. Wohin sie auch gingen, die Natur nahm ihre Abdrücke im Sand, Staub, Schlamm und Schnee. Alles hinterlässt Spuren."

Ellsworth Jaeger.

AUSWIRKUNGEN DES UNTERGRUNDS AUF TRITTSIEGEL, SPURBILD UND TIERVERHALTEN

Eine häufig gestellte Frage unter Fährtenlesern ist die nach der Bodenbeschaffenheit. Diese ist von großer Bedeutung, da sie Sichtbarkeit, Qualität und Aussehen von Trittsiegeln sowie Größe, Form, Tiefe und Alterungsverhalten eines Fußabdrucks beeinflusst. Viele Menschen haben schon einmal Spuren im Schnee gesehen. Der Winter ist eine ausgezeichnete Zeit zum Fährtenlesen, da wir nach dem ersten Schneefall plötzlich Tierfährten entdecken, die zuvor unbemerkt waren. Natürlich hinterlassen Tiere das ganze Jahr über Fährten, doch der Schnee erleichtert es uns, die Spuren zu erkennen. Schnee ist allerdings nicht gleich Schnee und Fährtenlesen im Schnee ist nicht per se einfach. Die Fußabdrücke eines Rotfuchses, der einen Untergrund mit einer feinen Schicht Neuschnee überquert, sind meist deutlich und detailreich, wohingegen derselbe Rotfuchs im Tiefschnee lediglich detailarme Löcher hinterlässt.

Auch wenn das Ausgangsmaterial eines Untergrunds identisch ist, kann sich die Beschaffenheit stark unterscheiden. Die Feuchtigkeit oder Trockenheit eines Bodens, seine Tiefe und Dichte haben gravierende Auswirkungen auf die Trittsiegel. Ein toniger Lehmboden ist formstabil und ein Abdruck kann darin über Monate detailgetreu erhalten bleiben, ein Fußabdruck auf trockenem Sand hingegen verliert rasch seine Details. Auf verdichtetem Untergrund werden weniger tiefe Abdrücke als auf lockerem Untergrund hinterlassen und oft erscheinen Trittsiegel auf einem weichen Untergrund vergrößert. Die Untergrundbedingungen von Sand, Staub, Schlamm und verschiedenen Bodentypen sowie von Schnee, Laub und Gras sind zahllos und erweitern das Spektrum möglicher Erscheinungsformen von Trittsiegeln immens. Die Bodenbeschaffenheit bei der Interpretation der Spuren mit einzubeziehen ist von großer Bedeutung, da sie das Verhalten der Tiere unmittelbar beeinflusst.

⮝ Die detailreiche Fährte eines Rotfuchses. Laura Gärtner, Schweden.

⮝ Die verschneite Fährte eines Rotfuchses. Laura Gärtner, Schweden.

Untergrund und Abdrucktiefe beeinflussen die Gangart

Eine vereiste Freifläche mit 1 cm Neuschnee überquert ein Rotfuchs oft trabend. Ist jedoch dieselbe Fläche nach starkem Schneefall 80 cm tief von Schnee bedeckt, wird sich das Spurbild des Rotfuchses verändern. In der Regel verkürzt sich die Schrittlänge, während die Spurbreite zunimmt. Versetzen Sie sich in die Situation dieses Rotfuchses und stellen sich vor, Sie gehen bei 1 cm Neuschnee im Wald spazieren. Wiederholen Sie anschließend in Gedanken denselben Spaziergang bei 80 cm tiefem Schnee. Höchstwahrscheinlich würde auch Ihre Schrittlänge kürzer werden, während Ihre Spurbreite zunähme. Dies ist bei tiefem Einsinken grundsätzlich der Fall und hängt mit der Energie zusammen, die Sie für die Vorwärtsbewegung aufbringen müssen. Bei gleichem Energieaufwand legen Sie in hohem Schnee eine kleinere Strecke zurück als auf einem festen, flachen Untergrund. Sie bewegen sich langsamer.
Um Energie zu sparen, wechseln Tiere je nach Bodenbeschaffenheit ihre Gangart. Rotfüchse bewegen sich überwiegend trabend vorwärts, sinken sie jedoch tiefer ein, bevorzugen sie oft den langsameren Schritt. Tiere wechseln auf Untergründen, in die sie tief einsinken, jedoch nicht zwangsläufig in eine langsame Gangart. Häufig werden kleine Strecken, wie beispielsweise ein sumpfiger Graben, eher rasch überquert. Dafür wird meist eine Form von Sprung gewählt. Die bevorzugte Gangart hängt nicht nur von der Tierart, sondern auch von der Beschaffenheit des Bodens ab und variiert entsprechend den Untergründen.

ALTERSBESTIMMUNG VON TRITTSIEGELN

Die Altersbestimmung einer Tierspur ist vielleicht derjenige Bereich des Fährtenlesens, der am meisten Zeit und Praxis benötigt, bis man zu zuverlässigen Einschätzungen gelangt. Die Anzahl sich überschneidender Variablen ist schier endlos. Rehlosung kann nach dem Winter noch gut erhalten sein und ein darauf fallender leichter Regen kann sie im Frühjahr wieder frisch erscheinen lassen. Ein maßgeblicher Faktor bei der Alterung ist das Wetter. Zu wissen, wann vor Ort der letzte Regen fiel oder wann es aufhörte zu regnen, ist essenziell für die Altersbestimmung von Trittsiegeln. Ähnlich sieht es mit dem letzten Schneefall oder Frost aus. Zwei weitere Variablen, die das Alterungsverhalten beeinflussen, sind der Feuchtigkeitsgrad des Untergrunds und das Bodenmaterial. Sonne und Wind trocknen die Oberfläche eines Untergrunds schneller aus als den tieferliegenden Boden darunter. In der Regel erkennt man dies an einem Farbunterschied zwischen hellem, trockenem und dunklem, feuchtem Substrat. Hinterlässt ein Tier einen Fußabdruck, wird durch die Bewegung tieferliegendes, feuchtes Substrat an die Erdoberfläche befördert und der Kontrast zum Boden der Umgebung erkennbar. Je nach Witterungsbedingungen verschwindet dieser Unterschied im Laufe der Zeit wieder. Machen Sie neben der Spur, deren Alter sie bestimmen wollen, eine ähnlich tiefe Bodenmarkierung mit der Spitze Ihres Schuhs, um einen Vergleich mit einer frischen Spur zu haben. Stellen Sie die folgenden Fragen:

- Befinden sich Regentropfen, Schneeflocken oder Tautropfen im Trittsiegel?

- Wie ist die Farbe des Trittsiegels im Vergleich zum umliegenden Untergrund?
- Sind die Konturen des Trittsiegels eher scharfkantig oder eher verwaschen?
- Haben sich Sand, Laub oder andere Pflanzenreste im Trittsiegel angesammelt?
- Haben Insekten ihre Spuren im Trittsiegel hinterlassen?

Häufig ist es erst die zeitliche Einordnung von Ereignissen, die mich die Spannung einer Situation erkennen lässt. So wie vor einigen Jahren in Wisconsin, als wir eine Galoppfährte von zwei Weißwedelhirschen im Schnee entdeckten. Die beiden waren aus dem Zedernsumpf im Norden gekommen und hatten eilig eine Holzfällerstraße nach Süden überquert. Auf der anderen Seite der Straße waren sie mit hoher Geschwindigkeit wieder in den Sumpf hineingaloppiert.
Es war ein warmer, sonniger Februartag mit strahlend blauem Himmel. Die einzelnen Trittsiegel waren deutlich zu erkennen und vereist. Der Vortag war warm gewesen und die Spuren auf der Straße direkter Sonneneinstrahlung ausgesetzt. Im Februar ist die Sonne in Wisconsin bereits so stark, dass mehr als zwei Tage alte Spuren undeutlicher gewesen wären. Die Fährte musste folglich am frühen Abend des Vortages entstanden sein. Ein Zeitpunkt, an dem der Schnee feucht von der Wärme des Tages war und noch nicht durch die Kälte der Nacht vereist. Fußabdrücke können sich bei solchen Witterungsbedingungen erstaunlich lange halten. Ungefähr 50 m weiter westlich und auf Höhe der Straße hatte eine andere Kleingruppe unserer Fährtenleser Wolfsspuren entdeckt. Auch die Wölfe waren schneller als gewöhnlich unterwegs gewesen. Ich habe mich oft selbst dabei ertappt, wie ich in meiner Fantasie eine Geschichte forme, ohne dass ich dabei die Hinweise auf das Alter einer Spur beachte. Mir kamen waghalsige Verfolgungsjagden zwischen Raub- und Beutetieren in den Sinn, obwohl nur eine ähnliche Route gewählt worden war und die Ereignisse zeitlich weit auseinanderlagen. Doch dieses Mal war es anders: Auch die Wolfsfährte war deutlich zu erkennen, vereist und im Aussehen mit der Hirschfährte vergleichbar. Die Wölfe mussten tatsächlich zu einem ähnlichen Zeitpunkt an dieser Stelle gewesen sein! Gespannt begannen wir der Fährte zu folgen …

„Regen! Seine weichen, künstlerischen Hände haben die Kraft, durch Steine zu schneiden und aus Bergen Formen von erhabener Schönheit herauszumeißeln.“

Henry Ward Beecher, US-amerikanischer Theologe.

Anlegen einer Spurenbox

Streuen Sie auf einer ca. 50 × 50 cm großen Bodenfläche eine 3 cm tiefe Schicht Spielsand aus. Dieser Bereich sollte für Sie leicht erreichbar und dem Wetter ausgesetzt sein. Hinterlassen Sie dort einen etwa 1 cm tiefen Abdruck Ihrer Hand und beobachten Sie täglich, wie er sich verändert. Notieren Sie an jedem Tag das Wetter und legen Sie diese Notiz mit Datum neben den Handabdruck. Dokumentieren Sie nun den Abdruck samt Notiz mit einem Foto. Notieren Sie außerdem an jedem Tag die Veränderungen des Handabdrucks. Stellen Sie nach einer Woche Ihre Fotos chronologisch zusammen und bringen Sie mithilfe Ihrer Notizen die Veränderungen des Handabdrucks mit dem Wetter in Zusammenhang. Wiederholen Sie diese Übung bei verschiedenen Witterungsbedingungen und zu unterschiedlichen Jahreszeiten, sodass Sie die Auswirkungen des Wetters und die saisonalen Faktoren Ihrer Region kennenlernen. Mit der Zeit wird Ihre Altersbestimmung von Trittsiegeln immer präziser werden.

≈ Beobachten und notieren Sie täglich die Veränderungen Ihres Handabdrucks.

FÄHRTENLESERETIKETTE

Wenn wir einem Tier folgen, sehen wir mehr als die Beschaffenheit der Fußabdrücke und der Fährten. Wir entdecken, wo sich Tiere aufhalten, was sie gefressen und wo sie geschlafen haben. Vielleicht werden wir Zeuge, wie ein junger Rehbock in der Paarungszeit vermehrt Markierungen hinterlässt. Wir können herausfinden, ob er ein Weibchen findet, und wenn wir den Fährten des Weibchens lange genug folgen, sehen wir irgendwann auch, dass es ein Junges auf die Welt bringt. Im nun folgenden Jahr werden wir immer wieder auf die größere Fährte der Mutter und die kleineren Trittsiegel des Kitzes in ihrem Schlepptau stoßen und ebenso werden wir sehen, wie der Rehbock wieder mehr Zeit allein verbringt. Wir begreifen immer mehr von dem Netzwerk, von dem diese Rehe ein Teil sind. Wir erfahren, welche Pflanzen sie bevorzugen und an welchen Orten sie Schutz suchen. Unsere Beziehung zu den Rehen und ihrem Lebensraum verfestigt sich, wir lernen von Erfolg und Misserfolg der Tiere und wenn wir sie lange genug beobachten, werden wir früher oder später auch von ihrem Tod erfahren. Beim Fährtenlesen geht es um reale Beziehungen mit der wirklichen Welt.

Es war ein kristallklarer Wintermorgen und ich entschloss mich, das erste Tageslicht zum Fährtenlesen zu nutzen. In der Nacht hatte es leicht geschneit und eine feine Schicht Pulverschnee bedeckte den älteren, vereisten Schnee – ideale Bedingungen also. Ich überquerte eine offene Wiese und näherte mich dem Douglasienwald, in dessen Nähe ich wohnte, als plötzlich eine winzige Fährte meine Aufmerksamkeit erregte. Das trapezförmige Spurbild und dessen Maße sprachen für ein kleines Nagetier. Bei genauerem Hinsehen bemerkte ich die deutlichen Trittsiegel. Jeder Sohlenballen war abgedrückt und zeigte scharfe Konturen, sodass ich die Art bestimmen konnte: Es war die Fährte einer Waldmaus!

Die Dämmerung wich bald dem heller werdenden Morgen und das bläuliche Licht verlieh den Fußabdrücken einen besonderen Glanz. Es hatte erst vor etwa einer halben Stunde aufgehört zu schneien und die kleinen Trittsiegel waren schneefrei. Diese Fährte war keine dreißig Minuten alt. Fasziniert folgte ich der Waldmaus, während ich mir vorstellte, so klein wie sie zu sein und über diese freie Fläche zu springen. Mich überkam ein Gefühl von Gefahr, als mir bewusst wurde, wie riskant diese Überquerung für die Waldmaus war.

Wir hatten es fast unter den Schutz der Douglastannen geschafft, als ich eine größere Störung der Fährte mit einem Loch im Schnee bemerkte. Links und rechts des Loches waren zwei eindeutige Schwingenabdrücke zu erkennen. Angespannt schaute ich in die Schneevertiefung, an deren Boden ich das messerscharf wirkende Trittsiegel einer Eule erblickte und die Fährte meiner Waldmaus endete.

Verhalten Sie sich beim Fährtenlesen achtsam und rücksichtsvoll – gegenüber Ihren Mitmenschen und gegenüber der Natur. Wenn Sie einer Spur folgen, ist besondere Vorsicht geboten, um die Tiere nicht zu beunruhigen. Fährten sollten Sie eher zurück als vorwärts verfolgen. Dadurch lernen Sie über Lebensweise und Verhalten des Tieres, ohne es zu stören. Seien Sie während der Setzzeit, an einem bewohnten Erdbau oder an anderen für die Tiere wichtigen Orten, wie Fraß- und Ruheplätzen, besonders umsichtig. Achten Sie darauf, selbst nur wenig Spuren zu hinterlassen, setzen Sie sich für das Wohl unserer Fauna ein und tragen Sie zum Schutz und zum Erhalt unserer Umwelt bei. Viele der von uns ausgebildeten Fährtenleser pflegen gute Beziehungen mit dem Forstamt, den Jägern und der Naturschutzbehörde ihrer Region. Oft bekommen sie Sondergenehmigungen für das Betreten eines Gebietes und sammeln wertvolle Daten, um bei Projekten wie dem Fischotter-Monitoring zu helfen.

Dem Naturschutz verpflichtet

Beachten Sie die geltende Naturschutzverordnung sowie Brut- und Setzzeiten und informieren Sie sich über die geschützten Arten eines Gebiets. Respektieren Sie diesen Schutzstatus und halten Sie sich an ein eventuell bestehendes Wegegebot. Nehmen Sie gegebenenfalls Kontakt mit den zuständigen Behörden auf, um Ihre Vorhaben abzusprechen. Informationen zu Schutzstatus und Schutzgebieten erteilt unter anderem das Bundesamt für Naturschutz.

Durch das Lesen von Tierspuren können Sie Informationen über geschützte Arten erhalten. Gehen Sie verantwortungsvoll mit diesem Wissen um. Veröffentlichen Sie keine Aufenthaltsorte dieser Tiere und tragen Sie aktiv zum Schutz ihrer Ruhesphäre bei. Denken Sie daran: *„Der erste Fußabdruck, den Sie entdecken, ist das Ende einer Kette oder Schnur. Am anderen Ende dieser Schnur bewegt sich ein lebendiges Wesen."* (Tom Brown Jr., Autor zahlreicher Tierspurenbücher.)

„Beim Fährtenlesen geht es um echte Beziehungen mit realen Tieren der wirklichen Welt."

Mark Elbroch, Master Tracker USA und Autor preisgekrönter Tierspurenbücher.

ANGEWANDTES FÄHRTENLESEN

Fährtenlesen wird weltweit auf vielfältige Weise eingesetzt. Das Archäologieprojekt „Tracking in Caves" erregte 2013 die Aufmerksamkeit internationaler Medien und wurde vom Sender ARTE TV dokumentarisch begleitet. Drei indigene Fährtenleser der San aus Namibia besuchten die Höhle von Tuc d'Audoubert in den französischen Pyrenäen, um gemeinsam mit den Wissenschaftlern Spuren zu erforschen. Das Lesen und Verstehen der menschlichen Fußspuren in den Höhlen bildet den Schwerpunkt des Projektes und verbindet moderne wissenschaftliche Methoden der Archäologie mit den traditionellen Fähigkeiten von Fährtenlesern einer

der letzten Jäger-und-Sammler-Gesellschaften der Welt. Das erfolgreiche fortlaufende Projekt ist ein Beispiel für die Vielseitigkeit der Anwendungsgebiete, welche die Kunst des Fährtenlesens zu bieten hat.

Auch im modernen Wildtiermonitoring hat das Fährtenlesen seinen festen Platz: Das wildbiologische Büro LUPUS setzt es beispielsweise ein, um Wölfe in Deutschland nachzuweisen. LUPUS hat zu der sogenannten C-2-Tauglichkeit in der Dokumentation von Tierspuren beigetragen, wodurch diese seit 2009 als Beweis für das Vorhandensein einer Art herangezogen werden können.

« Der Spezialist für Spuren und Zeichen Casey McFarland aus den USA erklärt die Merkmale verschiedener Grabspuren. Lausitz, Deutschland.

Internationaler Standard für Fährtenleser

Louis Liebenberg, Mitbegründer und Geschäftsführer der CyberTracker Conservation aus Südafrika, initiierte 1994 ein Zertifizierungssystem für Fährtenleser. Ziel war es, das vom Aussterben bedrohte traditionelle Lesen von Tierspuren wiederzubeleben und dazu beizutragen, die Kunst des Fährtenlesens zu einem modernen Beruf zu entwickeln. Das Evaluierungssystem wurde von der FGASA (Field Guides Association of Southern Africa) als offizieller Standard anerkannt. Im Jahr 2005 übertrug Mark Elbroch dieses System auf die USA, wo es sich ebenfalls etablieren konnte. Seit 2011 gibt es diese Evaluierungen auch in Europa. Im Laufe der letzten 25 Jahre ist so ein internationaler Standard für Fährtenleser entstanden. Durch dieses Evaluierungssystem kann die Zuverlässigkeit von Fährtenlesern im Feld eingeschätzt und zertifiziert werden. In Namibia, Botswana und Südafrika führte dies sogar zu einer höheren Entlohnung professioneller Fährtenleser. Eine Zertifizierung anzustreben stellt für Einsteiger und Profis eine erstklassige Schulung dar. Bis 2018 wurden mehr als 5 000 Fährtenleserzertifikate in Afrika, Nordamerika und Europa ausgestellt.

≈ Angehende Trailing Spezialistin Antje Beneken mit der CyberTracker-Software. Dresden, Deutschland. Arvid Müller.

In Europa wird Fährtenlesen außerdem zum Nachweis bedrohter Arten eingesetzt sowie als Möglichkeit, die Populationsgröße von wildlebenden Landsäugetieren zu schätzen. So wurden zum Beispiel in einem Projekt in Norditalien Rehpopulationen auf drei verschiedene Weisen bestimmt. Während alle drei Methoden (Zählungen, Einsatz von Wildkameras und Fährtenlesen) vergleichbar effektiv waren und ähnliche Ergebnisse erbrachten, war das Fährtenlesen in bewaldeten Gebieten die deutlich kostengünstigste Methode und um etwa 28 % günstiger als der Wildkameraeinsatz (Romani, Giannone 2018).

Biokartierung mit der Software CyberTracker

Die CyberTracker-App der CyberTracker Conservation wird auf Smartphones und anderen GPS-fähigen Mobilgeräten eingesetzt, um gewünschte Daten direkt vor Ort aufzunehmen und mit einer GPS-Koordinate zu versehen. Fährtenleser können auf diesem Weg effektiv Biodiversitätsdaten sammeln und sie für weiterführende Untersuchungen bereitstellen. CyberTracker Deutschland hat basierend auf dieser Software unter anderem Anwendungen für das Monitoring von Großraubwild oder für die Vogelkartierung in Deutschland entwickelt.

Auch im Auftrag von Staaten und Bundesländern kommen Fährtenleser zum Einsatz. Im Doñana National Park in Andalusien gehen Fährtenleser gegen Wilderei vor und als Polen in die EU eintrat und nunmehr eine Außengrenze der Gemeinschaft stellte, engagierte der polnische Staat Angehörige der Navajo, um die eigenen Grenzbeamten in der Kunst des Fährtenlesens zu schulen. Und in Deutschland erstellten Fährtenleser in offiziellem Auftrag wiederholt Gutachten zur Spurenlage von Wölfen, um im Rahmen von Rechtsangelegenheiten Faktenbeweise zu liefern.

„Den möglichen Anwendungsgebieten des Fährtenlesens sind nur durch unsere Fantasie Grenzen gesetzt. Die Zählung der Kotpillen von Hirschen wird seit Jahrzehnten für die Schätzung von Populationsgrößen eingesetzt, aber das ist erst der Anfang dessen, was durch weitere Studien und Schulung erreicht werden könnte.“

Mark Elbroch.

SÄUGETIERE

SÄUGETIERE

Wilde Nachbarin

März 1996. Mit Anbruch der Dunkelheit hatte es begonnen zu schneien. Kurz nach Mitternacht hörte es wieder auf. Ein leichter Frühjahrsschnee, etwas angetaut durch die milden Temperaturen am Morgen: perfekt zum Fährtenlesen. Ich wachte auf, streckte mich und griff mir noch schnell einen Blaubeermuffin auf meinem Weg nach draußen. Im Wald wollte ich nachsehen, wie die Bedingungen zum Spurenlesen waren.

Direkt hinter meinem Grundstück stieß ich auf ihre Fährte: Ich kannte die Rotfüchsin, die sie hinterlassen hatte, sehr gut. Sie verkroch sich häufig in den Erdlöchern weiter westlich, die beim Herausreißen von Bäumen entstanden waren. Sie wirkte dort recht zufrieden und teilte ihr Zuhause mit den zahlreichen Kaninchen, die ebenfalls zwischen dem Gewirr von Wurzeln und Erdhügeln Schutz suchten.

Ich kannte ihre üblichen Streifzüge und die Grenzen ihres Reviers, und ich wusste, was und wo sie jagte. Ich folgte der Fährte dieser Füchsin mindestens an fünf Tagen in der Woche, nahm ständig an ihrem Leben teil, seit ich im vergangenen Oktober an diesen Ort gezogen war. An diesem wunderbaren Morgen war jeder einzelne Abdruck ihrer nach Osten verlaufenden Spur perfekt. Sie hatte sich in einem Fuß-in-Fuß-Trab bewegt, und ich malte mir aus, wie sie durch das Unterholz schlüpfte, vermutlich auf dem Weg zu dem kleinen Feuchtgebiet östlich meines Hauses, wo sie Feldmäuse und andere kleine Säugetiere jagte. Ich beschloss, ihr eine Weile zu folgen. Ich hatte es nicht eilig, zur Arbeit zu kommen, und ihre Spuren waren ganz frisch, als ob ich sie beim Blick aus meinem Fenster knapp verpasst hätte. Kurz nachdem ich mich ihrer Fährte angeschlossen hatte, verlangsamte sie in den Schritt. Jedes Mal, wenn sie die Gangart wechselte, frage ich mich, warum. Es waren immer nur ein paar Schritte. Die Spur der Füchsin lief auf einen Baumstumpf zu, wo sie markiert hatte. Ich konnte den beißenden Geruch ihres Urins bereits riechen, bevor ich mich bückte. Ich kniete mich hin und atmete tief ein – da spürte ich es.

Die meisten Menschen kennen das: Man merkt, dass jemand einen vom anderen Ende des Raums beobachtet, dreht sich um und ertappt denjenigen auf frischer Tat. Genau dieses Bauchgefühl hatte ich – als würde ich beobachtet. Ich blickte mich nach neugierigen Augen um – vielleicht hatten unsere Vermieter mich entdeckt oder schlimmer noch, deren Hund, der mich so gerne in den Wald begleitete. Aber ich konnte nichts und niemanden entdecken, so sehr ich mich auch umsah. So entschied ich mich, weiterzugehen.

Die Füchsin war weitergetrabt und hatte das Feuchtgebiet zügig umkreist, so wie ich es vermutet hatte. Sie hatte ein paar Jagdversuche unternommen, ich fand jedoch kein Anzeichen von erfolgreicher Beute. Die Spur wand sich bald in einer Schleife zurück in Richtung meiner Wohnung. Ich folgte ihr weiter bis in einen Tannenbestand, der so dicht war, dass ich hindurchkriechen musste. Schließlich erreichte ich eine Stelle, wo sie sich hingesetzt hatte. Dort kniete ich nieder und versuchte, mir die Rotfüchsin so gut wie möglich zu vergegenwärtigen, um herauszufinden, wohin sie geschaut hatte. Merkwürdig, dachte ich, denn es sah so aus, als hätte sie genau in die Richtung geblickt, aus der sie gekommen und wo ich gerade gewesen war.

Ihr weiter folgend, sah ich, dass sie zu meinen gerade erst 20 Minuten alten Stiefelabdrücken getrabt war. Die Füchsin war einige Meter entlang meiner Spur gelaufen und hatte schließlich einen meiner Knieabdrücke ausgewählt, um sich dort hinzuhocken und zu urinieren. Einige Schritte später hatte sie sich nochmals hingekauert, um eine braune, stinkende Masse in einem meiner Stiefelabdrücke zu hinterlassen. Danach war sie sie in den Wald davongaloppiert. Wenn auch nicht besonders schmeichelhaft für mich, konnte ich dennoch nicht verleugnen, dass zwischen meiner wilden Nachbarin und mir eine innige Beziehung entstanden war.

Mark Elbroch

VORKOMMEN, BIOLOGIE UND ÖKOLOGIE

Weltweit sind derzeit mehr als 6000 Säugetiere (Mammalia) bekannt. Im Vergleich zur gesamten Tierwelt machen sie weniger als ein halbes Prozent aller Arten aus. Dennoch sind es die Säugetiere, zu denen wir Menschen häufig die innigsten Beziehungen aufbauen. Das mag daran liegen, dass wir selbst zur Klasse der Säugetiere gehören und sie uns in vielerlei Hinsicht ähnlich sind.

Säugetiere sind eine Klasse der Wirbeltiere (Vertebrata), die sich vor mehr als 200 Millionen Jahren aus den Reptilien entwickelten. Die ersten Säugetiere waren klein und in Aussehen und Verhalten unseren Spitzmäusen ähnlich. Die damalige Fauna wurde weitestgehend von den Dinosauriern beherrscht und erst als diese ausstarben, begann vor etwa 65 Millionen Jahren die rasante Entwicklung der Säugetiere.

Größe und Aussehen der Säugetiere Europas sind sehr verschieden. Mit einem Körpergewicht von nur etwa 2 g gelten die Etruskerspitzmaus (*Suncus etruscus*) und die Schweinsnasenfledermaus (*Craseonycteris thonglongyai*) als die kleinsten Säugetiere der Welt. Das schwerste und größte Landsäugetier Europas ist der Wisent, freilebende Bullen können ein Gewicht von mehr als 800 kg erreichen.

Die lateinische Bezeichnung Mammalia stammt vom lat. *mamma:* „Brust", „Euter" oder „Zitze" und beschreibt damit ein wesentliches Merkmal der Säugetiere: Sie besitzen Milchdrüsen, mit denen sie ihre Jungen säugen. Ein weiteres Kennzeichen für Säugetiere ist die Lebendgeburt ihrer Jungen. Die einzige bekannte Ausnahme sind die in Australien und Neuguinea vorkommenden Kloakentiere.

Viele Säugetiere verfügen über ein verhältnismäßig großes Gehirn. Weitere Merkmale sind drei Gehörknöchel (Hammer, Amboss und Steigbügel) im Mittelohr sowie ein aus einem einzigen Knochenelement bestehender Unterkiefer und ein auf die artspezifische Nahrung spezialisiertes Gebiss. Kennzeichnend sind außerdem ein wärmeisolierendes Haarkleid und die dadurch begünstigte, gleichmäßigere Körpertemperatur (Homoiothermie), die ihnen eine größere Unabhängigkeit von den klimatischen Bedingungen ihres Lebensraumes erlaubt und gleichzeitig eine ständige Energiezufuhr in Form von Nahrung erfordert.

VERBREITUNG UND LEBENSRAUM

Das lernfähige Gehirn der Säugetiere sowie die Fähigkeit, ihre Körpertemperatur konstant zu halten, haben dazu beigetragen, dass sie heute alle Klimazonen der Erde bewohnen und sich an fast jeden Lebensraum anpassen konnten. Der Rotfuchs ist ein Beispiel für Generalisten, die vielfältige Lebensräume erschließen können. Er lebt sowohl im Sahara-artigen Klima Südspaniens als auch nördlich des Polarkreises und in von Menschen besiedelten Großstädten. Generalisten sind in der Lage, ihr Verhalten und ihre Sozialstruktur ihrem Lebensraum anzupassen. Demgegenüber stehen Säugetiere, die sich auf bestimmte ökologische Nischen spezialisiert haben. Ein Beispiel dafür sind Maulwürfe, die fast ausschließlich unterirdisch (subterran) leben und entsprechende Anpassungen in ihrer Physiologie und ihrem Verhalten entwickelt haben. Ebenso gibt es Spezialisten unter den Säugetieren, welche die meiste Zeit ihres Lebens im Wasser (Fischotter, Robben, Wale), auf Bäumen (Eichhörnchen) oder in der Luft (Fledermäuse) verbringen.

Das Gebiet, in dem ein einzelnes Säugetier lebt, heißt **Aktionsraum**. Der Aktionsraum umfasst alle Aufenthaltsorte, die ein Tier während des Jahres nutzt. Alle regelmäßigen Aktivitäten, wie die Suche nach Schutz und Nahrung, die Fortpflanzung und die Aufzucht der Jungen finden hier statt. Die Größe eines Aktionsraums kann stark variieren, sie ist von der Art, dem Geschlecht, dem Individuum und verschiedenen Umweltfaktoren abhängig. Manchen Wühlmäusen reichen weniger als 5 m^2 zum Leben, während ein Braunbär viele hundert Quadratkilometer in Anspruch nehmen kann. Oft werden bestimmte Gebiete innerhalb eines Aktionsraums nur zu bestimmten Zeiten im Jahr genutzt. Einige Paarhufer, wie Rothirsche, verbringen den Sommer häufig in höheren Lagen, während sie zum Winter tiefer gelegene Gebiete aufsuchen. Der Aktionsraum eines Individuums überschneidet sich meist mit mehreren anderen Angehörigen derselben Art, allerdings kommen Überschneidungen gleichgeschlechtlicher Tiere tendenziell weniger vor. Weitaus häufiger überschneiden sich bei Fleischfressern die Aktionsräume eines Männchens mit dem mehrerer Weibchen. Dadurch werden die Chancen für eine erfolgreiche Fortpflanzung erhöht und gleichzeitig der innerartliche Konkurrenzkampf um Ressourcen wie Nahrung oder geeignete Baumöglichkeiten geringer gehalten. Der Bereich, den ein Tier gegenüber anderen Artgenossen verteidigt, heißt Revier oder **Territorium** und ist in der Regel deutlich kleiner als der Aktionsraum. Ein Revier wird durch territoriales Verhalten wie Duftmarkierungen, visuelle Zeichen bis hin zu Revierkämpfen abgegrenzt und behauptet. Das Territorialverhalten gleichgeschlechtlicher Tiere nimmt vor der Paarungszeit häufig zu. Ebenso zeigen sie währenddessen weitere, typische Verhaltensweisen, um das andere Geschlecht anzulocken.

FORTPFLANZUNG UND GESCHLECHTSDIMORPHISMUS

Meist paaren sich entweder die Männchen (polygyn) oder Tiere beider Geschlechter (promiskuitiv) mit mehreren Partnern. In der Regel finden Paare lediglich während der Paarungszeit zusammen, nur wenige Säugetiere gehen feste, mehrere Jahre überdauernde Paarbindungen ein. Die Fortpflanzung findet bei den meisten Arten in einer Zeit statt, die den Weibchen die anschließende Aufzucht unter nahrungsreichen Umständen ermöglicht. Das Tragen und Aufziehen der Jungen ist verhältnismäßig energie- und zeitaufwendig und in den meisten Fällen überwiegend Aufgabe der Muttertiere. Daraus ergibt sich häufig, dass wenige Männchen sich mit vielen Weibchen paaren und viele Männchen keine Chance zur Fortpflanzung bekommen. Kämpfe um das Paarungsvorrecht sind daher häufig und viele Säugetiere haben physiologische Merkmale wie das Geweih bei den Hirschen oder andere Strategien entwickelt, um sich gegenüber Konkurrenten behaupten zu können.

Solche oder andere Geschlechtsunterschiede innerhalb einer Art werden Geschlechtsdimorphismus genannt. Ein weiteres Beispiel ist das kontrastreichere und oft farbbetontere Federkleid vieler Vogelmännchen. Bei Säugetieren fällt der Geschlechtsdimorphismus in der Regel jedoch weniger stark aus als bei Vögeln. Beispiele für den Geschlechtsdimorphismus bei Säugetieren sind die Familie der Marder (Musteliden), bei denen die Männchen etwa ein Drittel größer und kräftiger sind als die Weibchen, oder die Familie der Hirsche (Cerviden), bei denen nur die Männchen ein Geweih besitzen und die Weibchen tendenziell kleiner und feiner gebaut sind. Eine Ausnahme ist das Rentier, bei dem auch die weiblichen Tiere ein Geweih tragen, das jedoch wesentlich kleiner und feiner als bei den Männchen ausgebildet ist. In einigen

Spuren und Zeichen kann der Geschlechtsdimorphismus erkannt werden. Details dazu werden in den entsprechenden Gruppen oder Artbeschreibungen behandelt.

In Europa bringt die Mehrheit der Säugetiere ihren Nachwuchs im Frühjahr oder Frühsommer zur Welt. Damit die Geburt in diese nahrungsreiche Zeit fällt, entwickelt sich bei einigen Säugetieren die befruchtete Eizelle nicht sofort zum Embryo weiter. Dieses Phänomen der verlängerten Tragzeit wird Keimruhe oder auch Vortragezeit genannt und kommt vor allem bei Rehen, Mardern und Bären vor. Das Fortpflanzungsverhalten beginnt meist im Spätwinter oder Vorfrühling, in der Regel endet es im Herbst. Kleinere Arten, wie kleine Nagetiere und Hasen, gebären unter günstigen Lebensumständen mehrere Würfe pro Jahr. Die Zahl der Nachkommen kann je nach Art stark variieren. Wildkaninchen können mehr als zehn Junge pro Jahr bekommen, während Wisente meist nur ein Jungtier pro Jahr zur Welt bringen. Tiere mit wenig Nachkommen werden in der Regel deutlich älter.

Nachkommen sind entweder **Nesthocker** oder **Nestflüchter**. Nesthocker werden meist nackt, blind und unmittelbar nach der Geburt in ihrer Bewegungsfähigkeit stark eingeschränkt geboren. Die Nachkommen kleiner Säugetiere mit einer hohen Reproduktionsrate und mehreren Würfen pro Jahr (zum Beispiel Mäuse) sind tendenziell eher Nesthocker. Nestflüchter sind zum Zeitpunkt der Geburt weiter entwickelt als Nesthocker, sie werden meist mit Haarkleid geboren und können bereits kurz nach der Geburt selbstständig laufen. Große Säugetiere mit langsameren Reproduktionsraten bringen häufig Nestflüchter zur Welt, da die Geburt der Jungen viel Energie kostet. Alle Huftiere in Europa sind Nestflüchter.

Gewöhnlich gebären Pflanzenfresser mehr Nachkommen als Fleischfresser.

ERNÄHRUNG

Die Ernährung eines Tieres hat einen starken Einfluss auf seine Entwicklung, Verbreitung und Interaktion mit anderen Tieren. Bei Säugetieren wird grundsätzlich zwischen Pflanzen-, Fleisch- und Allesfressern unterschieden. Zu den **Pflanzenfressern** (Herbivoren) gehören alle Tiere, die sich hauptsächlich von Pflanzen ernähren. Unter ihnen gibt es reine Pflanzenfresser wie Hirsche und Hasen oder solche, die ihre Nahrung gezielt mit tierischer Kost ergänzen. Außerdem sind viele Tierarten auf das Fressen bestimmter Pflanzenteile spezialisiert, wie beispielsweise die besondere Vorliebe für Samen der Samenfresser (Granivoren). Das Gebiss eines Pflanzenfressers ist auf das Abschneiden und Zermahlen von Pflanzen spezialisiert. Breite, flache Backenzähne sind charakteristisch.

Fleischfresser (Karnivoren) ernähren sich hauptsächlich oder ausschließlich von tierischem Gewebe. Die meisten Raubtiere sind Fleischfresser, aber einige Angehörige dieser taxonomischen Ordnung, zum Beispiel der Braunbär, sind tatsächlich Allesfresser. Fleischfresser, die bei der Nahrungsaufnahme auf Kadaver, die sie nicht selbst getötet haben, spezialisiert sind, werden „Aasfresser" genannt. Das Gebiss der Fleischfresser dient als Werkzeug zum Töten, Zerschneiden und Zerreißen tierischer Nahrung. Charakteristisch sind meißelförmige Schneidezähne, dolchförmige Eckzähne und verhältnismäßig scharfe Backenzähne.

Allesfresser (Omnivoren) sind Nahrungsgeneralisten, die in der Lage sind, eine große Auswahl von Nahrung aufzunehmen. Sie sind ferner in der Lage, ihre Ernährung der durch die Jahreszeit und den Lebensraum bedingten Verfügbarkeit anzupassen. Ihre Kost ist in der Regel sehr vielseitig und kann aus Pflanzen, Pilzen und Tieren bestehen. Zu den klassischen Vertretern dieser Gruppe gehören Waschbär, Braunbär und Rotfuchs. Sie sind Beispiele für die hohe Anpassungsfähigkeit, Intelligenz und opportunistische Natur, die vielen Allesfressern zu eigen sind. Das Gebiss der Allesfresser zeigt eine Kombination aus den zuvor beschriebenen Typen. Die Schneidezähne sind denen der Fleischfresser ähnlich, gleichzeitig sind die Backenzähne weniger scharfkantig, sondern durch das Zermahlen pflanzlicher Kost eher denen der Pflanzenfresser ähnlich.

Insektenfresser wie Fledermäuse, Maulwürfe und Spitzmäuse ernähren sich überwiegend von Insekten und deren Larven. Sie gehören zur taxonomischen Ordnung der Insektenfresser (Eulipotyphla, früher Insectivora). Alle Zähne eines Gebisses dieser Kategorie sind auffallend scharf und spitz.

Der Nahrungsbedarf ist je nach Art sehr verschieden. Wölfe können wochenlang hungern, ohne ernsthafte Schäden zu erleiden, während Rotzahnspitzmäuse bereits nach etwa zwei Stunden ohne Nahrungsaufnahme sterben.

Einige Säugetierarten haben verschiedene Strategien entwickelt, um nahrungsarme Zeiten zu überstehen, zum Beispiel das Anlegen von Körperfett als Energiereserve. Dadurch kann ein Nahrungsüberangebot für Zeiten des Nahrungsmangels nutzbar gemacht werden. In vielen Gegenden halten diese Tiere Winterruhe (Bären) oder Winterschlaf (Fledermäuse). Ihre Aktivität wird dabei stark eingeschränkt, ihre Atem- und Herzfrequenz sowie die Körpertemperatur sinken und der Stoffwechsel wird teilweise um mehr als 75 % gedrosselt. Dadurch kann der Energieverbrauch in der nahrungsärmeren Zeit auf ein Minimum reduziert werden.

SINNE

Verschiedene Säugetierarten haben unterschiedlich stark entwickelte Sinne, wodurch sich ihre Sinneswahrnehmung zum Teil deutlich von der menschlichen unterscheidet. Zusammen mit den Altweltaffen gehören wir zu den einzigen Säugetieren, welche die Farbe Rot sehen können. Alle anderen Säugetiere nehmen diese Farbe nicht wahr. Viele nachtaktive Arten verfügen hingegen über ein schwarz-weißes Dämmerungssehen, das dem unseren weit überlegen ist. Ratten und Hamster können im ultravioletten Bereich sehen, während Bären und Hunde über einen Geruchssinn verfügen, der unseren an Empfindlichkeit um ein Vielfaches übersteigt. Der Tastsinn eines Waschbären ist so stark ausgeprägt, das man hier von einem „Sehen mit den Händen" spricht.

Andere Säugetiere verfügen über ein hoch entwickeltes Hörvermögen, mit dem sie Frequenzen wahrnehmen, die Menschen nicht hören, und Fledermäuse orientieren sich mithilfe von Ultraschalllauten und deren Echos, wodurch für sie eine Art „Hörbild" ihrer Umgebung entsteht. Es gibt sogar Hinweise darauf, dass Blindmäuse sich am Magnetfeld der Erde orientieren. Die Sinnesforschung erlangt immer wieder Erkenntnisse über die Wahrnehmung anderer Säugetiere, die wir uns kaum vorzustellen vermögen. Einige Sinne unserer Säugetiere sind eher lückenhaft erforscht, sodass Facetten ihrer Wahrnehmung für uns ein Rätsel bleiben.

Grundsätzlich gilt, dass der oder die „dominanten Sinne" eines Tieres einen wichtigen Teil von dessen sinnlicher Wahrnehmung ausmachen. Wir Menschen zählen zu den visuell dominanten Lebewesen und unser Verhalten hängt unter anderem stark mit der Reaktion auf optische Reize zusammen. Fährtenlesen bezieht auch in diesem Punkt die Vorstellungskraft mit ein, um sich die sinnliche Welt der verschiedenen Arten zu vergegenwärtigen.

Das Verhalten einer Art, die vorrangig über den Geruchssinn wahrnimmt, kann stark von unserem menschlichen Verhalten abweichen und diese Abweichungen lassen sich im Spurbild erkennen. Folglich bieten Kenntnisse über die Sinneswahrnehmung der verschiedenen Arten wichtige Hinweise für die Interpretation von Spurbildern. Eine Beschreibung der dominanten Sinne findet sich im jeweiligen Artporträt.

Mit wenigen Beispielen wird deutlich, wie beeindruckend reich die Welt der Säugetiere ist. Ihr faszinierendes Leben ist ebenso vielseitig wie geheimnisvoll. Oft leben andere Säugetiere mitten unter uns, ohne dass wir sie bemerken, und häufig sind die von ihnen hinterlassenen Spuren und Zeichen der einzige Hinweis auf ihr Vorkommen.

Drei Fragen

Es war ein Spätsommertag im September und ich starrte angespannt auf eine etwa 10 × 10 cm große Fläche auf dem Boden. Mark Elbroch hatte diesen Bereich mit einem Stock markiert, auf einen etwa 6 cm langen und 4,5 cm breiten Fußabdruck darin aufmerksam gemacht und mir dazu drei Fragen gestellt:
„Welches Tier war das?"
„Mit welchem Fuß trat es auf?"
„Welches Geschlecht hat das Tier?"
Bei der letzten Frage begann mein Herz schneller zu schlagen. Ich wusste, es handelte sich um den linken Vorderfußabdruck eines Steinmarders, aber wie konnte Mark das Geschlecht bestimmen? Was nahm er wahr, das ich nicht sehen konnte? Diese und viele andere Fragen schossen mir durch den Kopf, während ich weiter auf die Spur starrte. 20 Minuten vergingen, bis ich mich geschlagen gab. Ich wusste die vor mir liegenden Informationen nicht zu deuten und daran würden auch weitere 20 Minuten des Starrens nichts ändern. Ich teilte Mark meine geratene Antwort mit und wartete gespannt auf die Auflösung. Seine Erklärung sollte meinen Blick auf einen einzelnen Fußabdruck für immer verändern ...

Ein faszinierender Fußabdruck, der eine beeindruckende Fülle an Informationen beinhaltet und mir in Erinnerung bleiben wird. Lausitz, Deutschland.

FUßMORPHOLOGIE UND TRITTSIEGEL

Die Fußmorphologie ist die Lehre von der Form und Struktur der Füße. Sie beschreibt den Aufbau des Fußes und ist maßgeblich für Aufbau und Merkmale der Trittsiegel verantwortlich.

AUFBAU DES FUßES

Der Fuß eines Landsäugetiers besteht unter anderem aus Krallen, Zehen und Ballen. Die ältesten Landsäugetiere hatten an allen vier Füßen fünf Zehen mit je fünf Krallen und mehreren Ballen. Die Füße vieler Insektenfresser, zum Beispiel die der Spitzmäuse, entsprechen am ehesten dieser ursprünglichen Fußstruktur. Bis heute weisen die Füße aller landlebenden Säugetiere einen vergleichbaren Aufbau der Knochen auf: Ein Fuß besteht aus den Zehen, die sich aus mehreren Zehenknochen zusammensetzen, dem Mittelfuß, der aus mehreren Mittelfußknochen besteht und der Fußwurzel, gebildet aus mehreren Fußwurzelknochen.

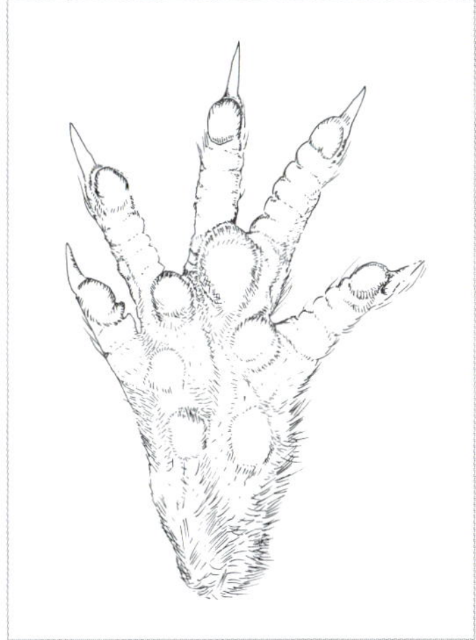

« Spitzmaus, links vorne.

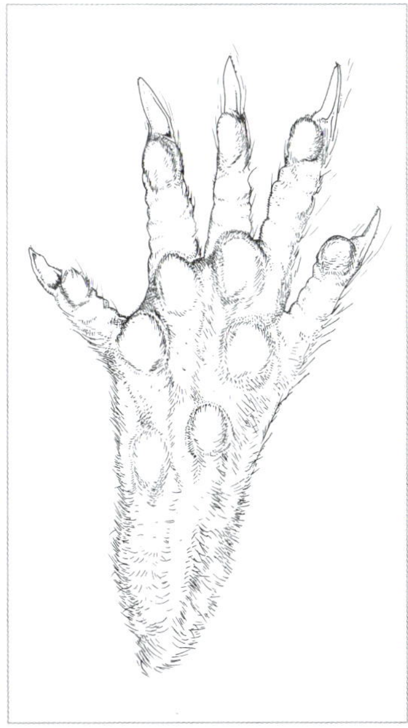

« Spitzmaus, links hinten.

Körpernah und körperfern

Um die Lage eines Körperteils zu beschreiben, werden die anatomischen Lagebezeichnungen körpernah (proximal) und körperfern (distal) verwendet. Entlang einer anatomischen Struktur, etwa eines Fußes, beziehen sich „körpernah“ und „körperfern“ auf die relative Entfernung der betrachteten Teilstruktur, etwa eines Fußknochens, zum Körperzentrum. Beide Begriffe sind dabei unabhängig von der Position des Körpers. Ein Beispiel: Der Mittelfuß ist körpernäher als die Zehen, jedoch körperferner als die Fußwurzel, egal, ob der Körper steht oder liegt.

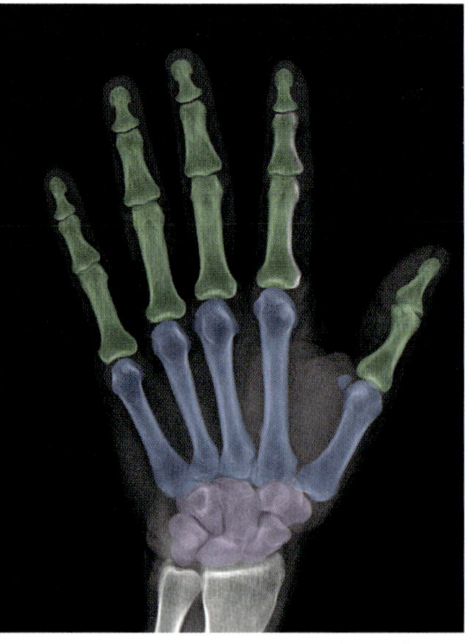

≈ Linke Hand eines Menschen, bestehend aus Fingern (grün), Mittelhand (blau) und Handwurzel (violett).

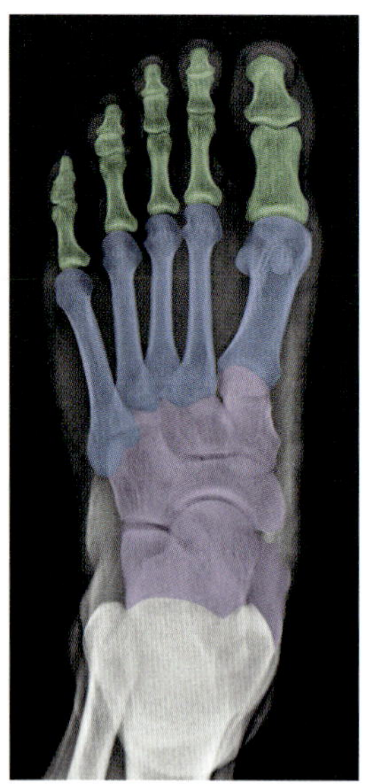

≈ Linker Fuß eines Menschen, bestehend aus Zehen (grün), Mittelfuß (blau) und Fußwurzel (violett).

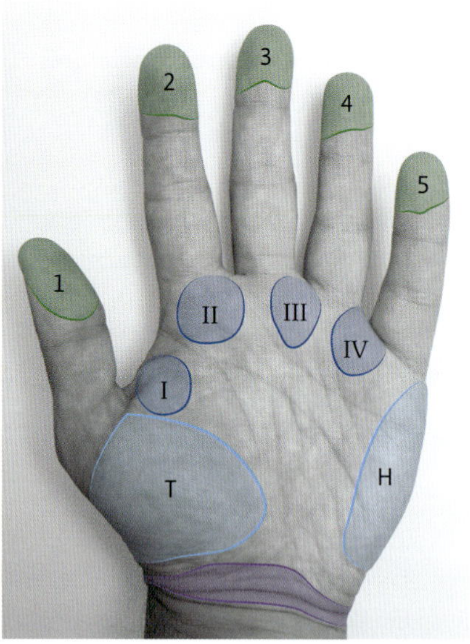

≈ Linke Hand eines Menschen. Darstellung der Ballen.

KRALLEN

Die meisten Säugetiere haben einen Hornüberzug an den Spitzen ihrer äußersten Zehenglieder. Bei der Mehrheit der heutigen Säugetiere sowie bei Vögeln und Reptilien wird dieses Horngebilde Kralle genannt. Krallen überragen die Zehenkappe, laufen spitz zu, sind relativ schmal und sichelförmig gebogen. Sie können sich aber auch zu Nägeln entwickeln, etwa bei Primaten wie uns Menschen. Nägel überragen die Zehenkappe nicht oder kaum, enden stumpf und sind flach und breit und kaum gebogen.

ZEHEN

Die Zehen sind die Endabschnitte eines Fußes und bestehen aus mehreren Zehengliedern oder Phalangen. Sie werden von der Körperinnenseite nach außen gezählt und entsprechend nummeriert.

Zehe 1 wird auch Innenzehe genannt und ist bei den meisten Säugetieren die körpernächste Zehe. Veranschaulichen lässt sich diese Nummerierung an unserer menschlichen Hand: Der Daumen ist Zehe 1. Zehe 2 entspricht dem menschlichen Zeigefinger, sie ist kürzer als Zehe 3, unser Mittelfinger, und meist auch kürzer als Zehe 4. Zehe 3 der menschlichen Hand, der Mittelfinger, ist bei uns Menschen wie bei den meisten Säugetieren die längste Zehe. Zehe 4, unser Ringfinger, ist in der Regel die zweitlängste Zehe und nur kürzer als Zehe 3. Zehe 5 ist länger als Zehe 1, jedoch kürzer als die Zehen 2–4. Sie heißt Außenzehe und im Fall der menschlichen Hand kleiner Finger.

Bei einigen Tieren ist Zehe 1 stark reduziert. Bei diesen Arten ist der erste Zehenabdruck auf der Körperinnenseite in der Regel von Zehe 2.

BALLEN

Die Enden einiger Fußknochen und andere stark belastete Stellen der Füße sind von einer verdickten und oft erhabenen, polsternden Unterhaut unterlagert. Diese wird Ballen genannt. Ballen sind formveränderlich und elastisch, dämpfen Erschütterungen bei der Fortbewegung und schützen tiefer liegende Strukturen (Biegert 1961, Brown & Yalden 1973, Schlaginhaufen 1905). Eine weitere wesentliche Aufgabe der Ballen ist die Wahrnehmung von Tastempfindungen (Ziekur 2006). Die Form und Anzahl der Ballen veränderte sich im Lauf der Evolution. Über die Anordnung der Ballen im Grundplan des ursprünglichen Säugetierfußes sind sich Wissenschaftler seit über 100 Jahren einig, die Bezeichnungen variieren jedoch gelegentlich. Wieder lässt sich diese Terminologie an unserer menschlichen Hand veranschaulichen (Abbildung Seite 62): An der Unterseite jeder Zehe befindet sich ein **Zehenballen**. Im Bereich des Mittelfußes (Metacarpus und Metatarsus) gibt es an der Fußsohle bis zu sechs weitere Ballen, vier im vorderen (distalen) und zwei im hinteren (proximalen) Bereich. Alle sechs sind Mittelfußballen oder verkürzt **Mittelballen**.

Die **vier vorderen Mittelballen** haben gemeinsam, dass sie genau zwischen zwei Zehen liegen. Daher werden sie auch Zehenzwischenballen genannt. Sie werden wie die Zehenballen von innen nach außen nummeriert und mit den römischen Ziffern I–IV versehen. Evolutionär bedingt können die vorderen Mittelballen zusammenwachsen und einen größeren vorderen Mittelfußballen bilden (Seite 66). Hier wird in diesem Fall von dem Mittelfußballen gesprochen.

Die **zwei hinteren Mittelballen** werden Thenar- und Hypothenarballen, verkürzt T- und H-Ballen, genannt. Beim Menschen heißt der T-Ballen auch Daumenballen und der H-Ballen auch Kleinfingerballen. Da der Hypothenarballen des Vorderfußes eine enge und „zähe" Verbindung zu der Handwurzel hat, wird er auch als Karpalballen bezeichnet. In der aktuellen wissenschaftlichen Literatur wird davon jedoch abgewichen (Kimura 1999).

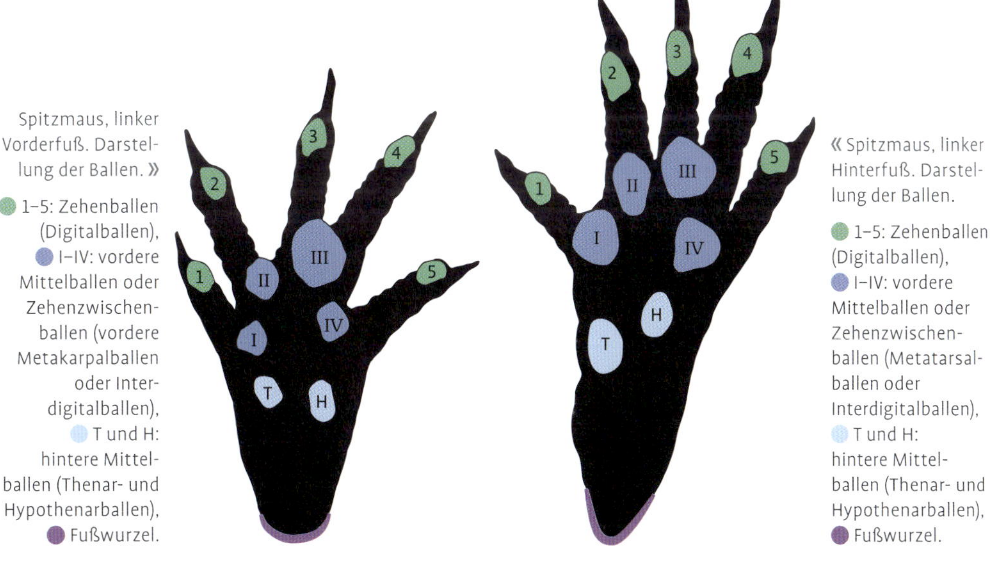

Spitzmaus, linker Vorderfuß. Darstellung der Ballen. »
1–5: Zehenballen (Digitalballen), I–IV: vordere Mittelballen oder Zehenzwischenballen (vordere Metakarpalballen oder Interdigitalballen), T und H: hintere Mittelballen (Thenar- und Hypothenarballen), Fußwurzel.

« Spitzmaus, linker Hinterfuß. Darstellung der Ballen.
1–5: Zehenballen (Digitalballen), I–IV: vordere Mittelballen oder Zehenzwischenballen (Metatarsalballen oder Interdigitalballen), T und H: hintere Mittelballen (Thenar- und Hypothenarballen), Fußwurzel.

Terminologie

Bei Menschen und anderen Primaten wird zwischen oberen Extremitäten, den Armen, und unteren Extremitäten, den Beinen, unterschieden. Der terminale Abschnitt (Autopodium) der oberen Gliedmaßen heißt Hand und den terminalen Abschnitt der unteren Gliedmaßen bezeichnen wir als Fuß. Bei anderen Landwirbeltieren sprechen wir von vorderen und hinteren Gliedmaßen, die hier Vorder- und Hinterbeine genannt werden. Den terminalen Abschnitt der vorderen Gliedmaßen bezeichnen wir als Vorderfuß, den terminalen Abschnitt der hinteren Gliedmaßen als Hinterfuß. Umgangssprachlich wird, zum Beispiel beim Eichhörnchen oder Waschbären, häufig von Händen gesprochen, da ihre Vorderfüße handähnlich aussehen oder sie ähnlich einer Hand verwendet werden können. Bei allen in diesem Buch behandelten Vierfüßern werden die entsprechenden Gliedmaßen Vorderfüße anstatt Hände genannt. Aus diesem Grund sprechen wir auch nur von Zehen, dem Mittelfuß und der Fußwurzel anstatt von Fingern, der Mittelhand und der Handwurzel.

Am Hinterfuß kann es bei einigen Arten, zum Beispiel dem Menschen, einen weiteren Ballen, den echten **Fersenballen** (Karpalballen am Vorderfuß oder Tarsalballen am Hinterfuß) geben.

Die Ausprägung spezifischer Ballenmerkmale steht im Zusammenhang mit bestimmten Fortbewegungsarten und anderen Faktoren. Daraus lassen sich Merkmalskombinationen ableiten, die charakteristisch für einen spezifischen Fortbewegungstyp oder eine besondere Lebensweise sind (Ziekur 2006). Bei Arten, die sich überwiegend am Boden fortbewegen, sind zum Beispiel häufig die Zahl ihrer vorderen Mittelballen reduziert und Arten, die sich eher kletternd fortbewegen, besitzen oft große, meist prominente Ballen für einen höheren Reibungswiderstand. Anzahl und Form der Ballen geben also Hinweise auf die ökologische Nische einer Art.

Im Lauf der Evolution entwickelte sich der beschriebene „Ursäugetierfuß“ zu den unterschiedlichen Fuß- und Beinformen der verschiedenen Säugetiergruppen. Ihr anatomischer Aufbau variiert heute stark. Einige Teile des Urfußes haben sich zurückgebildet oder sind ganz verschwunden. Andere Teile haben sich extrem umgeformt. Durch Spezialisierung entstanden Merkmale, die für eine häufig eingesetzte Funktion von Vorteil waren. Je nachdem, ob die Hauptfunktion eines Fußes das Laufen, Greifen, Schwimmen oder Graben ist, entwickelten sich zum Beispiel gegenüberstellbare Finger wie bei uns Menschen, Schwimmhäute oder Krallen. Ein Dachs, der in der Erde gräbt, braucht eine andere Fußform als ein Biber, der viel Zeit im Wasser verbringt.

Zudem funktionieren Füße als Hebelsystem für die Fortbewegung. Bei der Fortbewegung werden Fußabdrücke oder **Trittsiegel** im Boden hinterlassen. In einem Trittsiegel betrachten wir das Hohlrelief der Fußsohle, das Informationen über die Artzugehörigkeit, die Lebensweise und das Verhalten seines Verursachers enthält. Selbst kleinste Fußabdrücke können eine Vielzahl von Informationen enthalten, sodass ein Fährtenleser Aussagen über die Tierart, die relative Größe des Tiers, sein Gewicht und sein Geschlecht treffen kann. Im Prinzip kann sogar ein Individuum bestimmt werden, wenn es sich zum Beispiel auf eine charakteristische Weise fortbewegt oder es eine bestimmte andere Gewohnheit gibt, die es gegenüber anderen Individuen auszeichnet. Stander und andere prüften 1997 die Fähigkeiten von vier San Buschleuten in Namibia, die 557 von 569 Fragen zum Bestimmen von Individuen korrekt beantworten konnten (Elbroch 2012).

Einzelne Teile eines Trittsiegels dem entsprechenden Teil des Fußes zuzuordnen hilft uns, detailliert zu beobachten und genaue Suchraster anzulegen. Zu wissen nach welchen Mustern wir schauen müssen und diese Muster zu erkennen, sind zwei essenzielle Fähigkeiten des Fährtenlesens. Hierzu bedarf es eines grundlegenden Verständnisses verschiedener Fußstrukturen und der sich daraus ergebenden Art und Weise des Auftretens. Grundsätzlich lassen sich bei Säugetieren drei unterschiedliche Fußstrukturen und Arten des Auftretens unterteilen, die im Folgenden näher beschrieben werden.

Sohlengänger

Die ersten Landsäugetiere waren Sohlengänger. Bei der Fortbewegung eines Sohlengängers setzt häufig der gesamte Fuß von der Fußwurzel bis zu den Spitzen der Zehen auf den Boden auf. In diesem Fall wird von Plantigradie (lat. *planta* „Fußsohle“ und *gradi* „gehen“) gesprochen. Typische Sohlengänger sind **Menschen**, **Bären**, **Marder** und **Spitzmäuse**.

« Steinmarder, links vorne. Steinmarder treten häufig mit der gesamten Fußsohle auf.

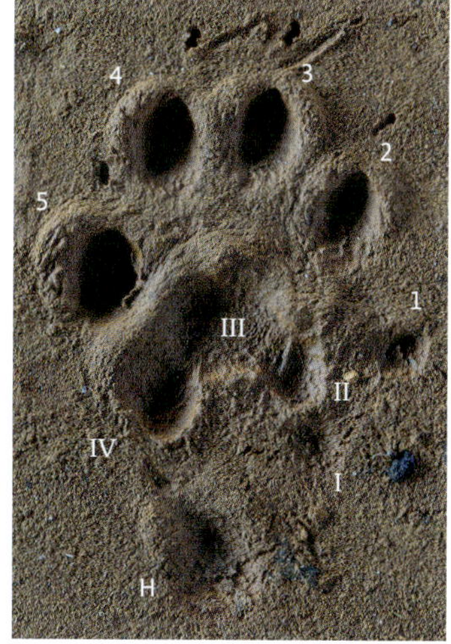

« Steinmarder, links vorne.

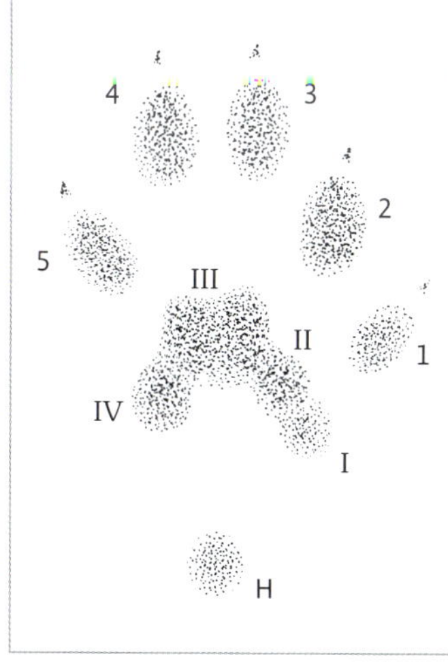

« Steinmarder, links vorne.

Zehengänger

Die Fußstruktur der Zehengänger hat sich im Lauf der Evolution aus der Anatomie der Sohlengänger entwickelt. Charakteristisch ist eine veränderte Fußstellung, bei der nur die Zehen den Boden berühren. Diese Art der Fortbewegung heißt Digitigradie (lat. *digitus* „Zehe" und *gradi* „gehen"). Hierfür haben sich einige Knochen und maßgeblich die Mittelfußknochen gestreckt, sodass es insgesamt zu einer Verlängerung der Gliedmaßen kommt. Die längeren Gliedmaßen ermöglichen größere Schrittlängen. Bei vielen Zehengängern ist Zehe 1 stark reduziert, sodass in der Regel nur vier Zehen im Kontakt mit dem Boden sind. Bang und Dahlström (1974) schreiben, dass viele Tierarten, die gut und schnell laufen können, lange Beine und relativ kleine Berührungsflächen mit dem Boden haben. Beides wird durch die Entwicklung eines digitigraden Fußes erreicht. Typische Zehengänger sind **Hunde** und **Katzen**. Achtung: Viele Säugetiere können sich sowohl plantigrad als auch digitigrad fortbewegen.

≈ Hauskatze, links vorne. Die vorderen Mittelballen sind zu einem großen Mittelfußballen zusammengewachsen, der für das Schleichen hilfreich ist.

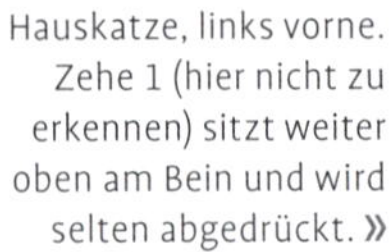

Hauskatze, links vorne. Zehe 1 (hier nicht zu erkennen) sitzt weiter oben am Bein und wird selten abgedrückt. »

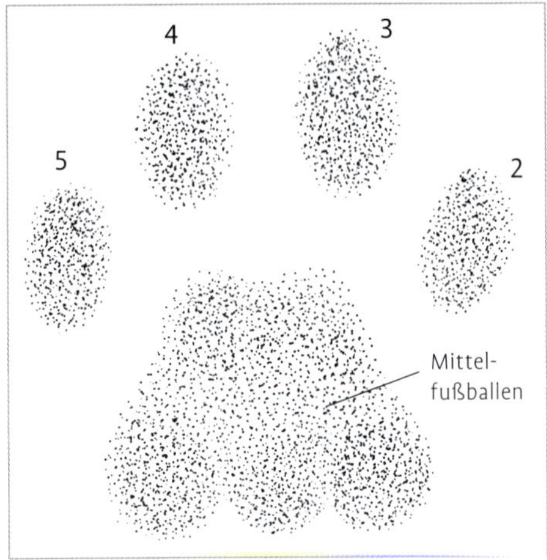

Hauskatze, links vorne. »

Zehenspitzengänger

Die Fußstruktur der Zehenspitzengänger zeichnet sich durch eine Fußstellung aus, bei der nur die Zehenspitzen den Boden berühren. Im Vergleich zu den Zehengängern ist die evolutionäre Verlängerung der Mittelfußknochen und Zehen noch stärker. Zusammen mit der veränderten Fußstellung werden längere Gliedmaßen als bei den Zehengängern erreicht und dementsprechend noch größere Schrittlängen ermöglicht. Eine Annahme ist, dass die Entwicklung fleischfressender Zehengänger, die schneller als Sohlengänger laufen konnten, zur Entwicklung der zu noch höheren Geschwindigkeiten befähigten Zehenspitzengänger beigetragen hat. Dafür könnte sprechen, dass alle lebenden Zehenspitzengänger Fluchttiere sind. Vermutlich ebenfalls der schnelleren Fortbewegung dient bei Zehenspitzengängern die starke Reduktion einiger Zehen. Bei Paarhufern (Artiodactyla) sind Zehen 2 und 5 so stark reduziert, dass lediglich die Zehen 3 und 4 als gewichtstragende Zehen verbleiben, jedoch verhältnismäßig groß sind. Die stark reduzierten Zehen 2 und 5 sitzen weiter oben am Fuß und werden Afterklauen genannt. Zehe 4 ist hier, im Gegensatz zu den meisten Tieren mit Füßen der beiden anderen Kategorien, länger als Zehe 3, und Zehe 1 fehlt komplett. Bei der extremen Spezialisierung der Pferde fehlen alle Zehen bis auf Zehe 3. Die Pferde sind Europas einzige Vertreter der Unpaarhufer (Perissodactyla).

Die Zehenendknochen der Zehenspitzengänger sind zum Schutz mit einer festen, aber flexiblen und nachwachsenden Hornkappe überzogen. Bei den Paarhufern stehen die Beine auf jeweils zwei Hornschalen, während die Pferde als Unpaarhufer auf einer einzelnen Hornschale stehen. Verglichen mit den anatomischen Verhältnissen bei uns ist das, als würden wir auf unseren Fingernägeln

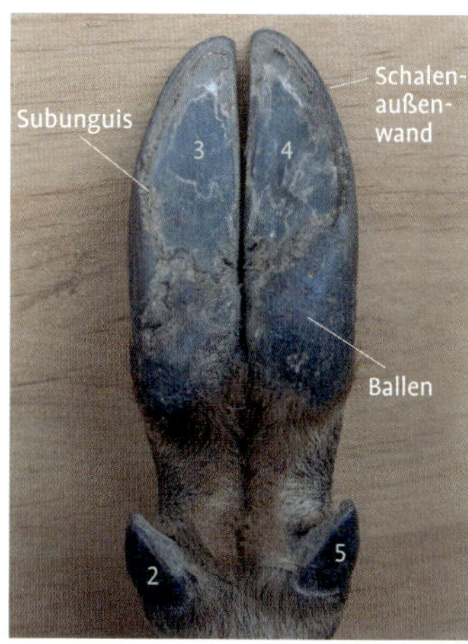

« Rothirsch, links vorne. Zehe 4 ist länger als Zehe 3.

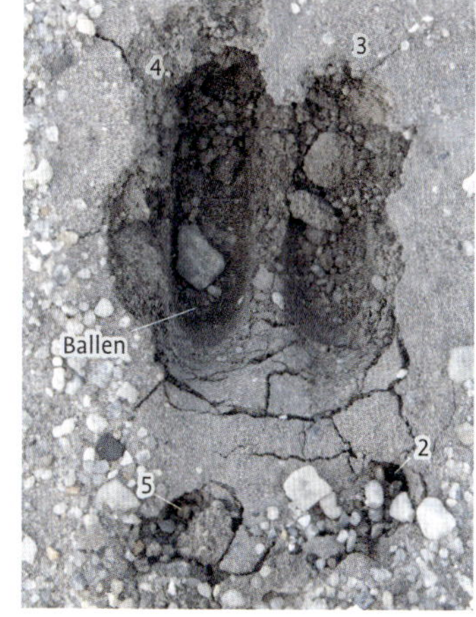

« Rothirsch, links vorne. Übertragen auf den Menschen stehen Rothirsche auf ihren Fingernägeln.

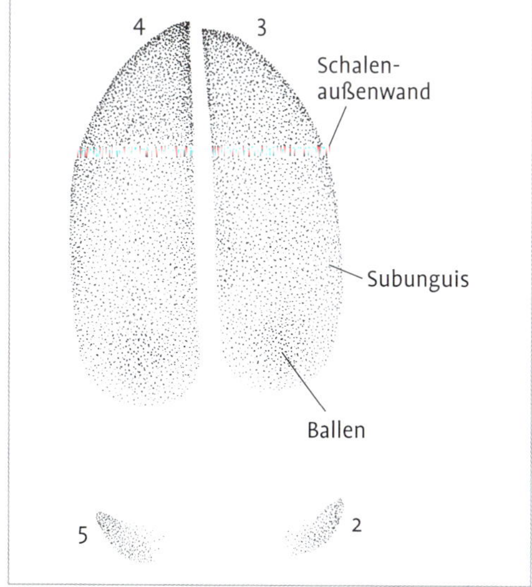

« Rothirsch, links vorne.

stehen. Bei Pferden wird die gewichtstragende Hornschale Huf genannt, während die beiden Horngebilde des „geteilten Hufs“ der Paarhufer Klauen heißen. Der synonym benutzte Begriff „Schalen“ stammt aus der Jägersprache, in der die Paarhufer deshalb auch als „Schalenwild“ bezeichnet werden. Alle lebenden Zehenspitzengänger sind Huftiere (Ungulata), weshalb diese Art der Fortbewegung auch als Unguligradie (lat. *ungula* „Huf“ und *gradi* „gehen“) bezeichnet wird. Typische Zehenspitzengänger sind alle **Paarhufer** und **Pferde**.

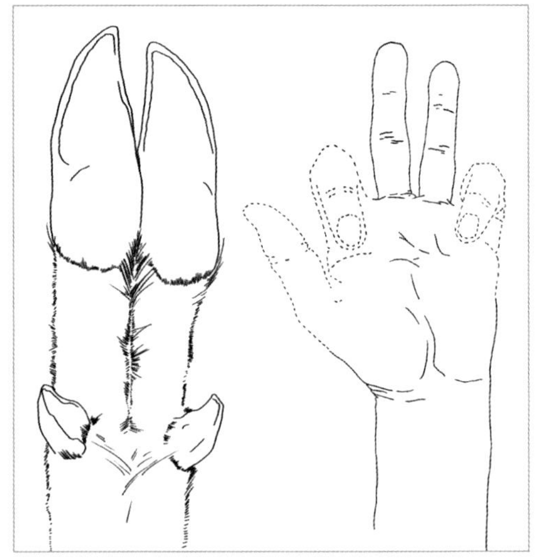

⩓ Die gewichtstragenden Zehen der Paarhufer entsprechen dem menschlichen Mittel- und Ringfinger.

Gegenüberstellung von Fußhaltung und Struktur eines Sohlengängers (links), eines Zehengängers (Mitte) und eines Zehenspitzengängers (rechts). ⩔

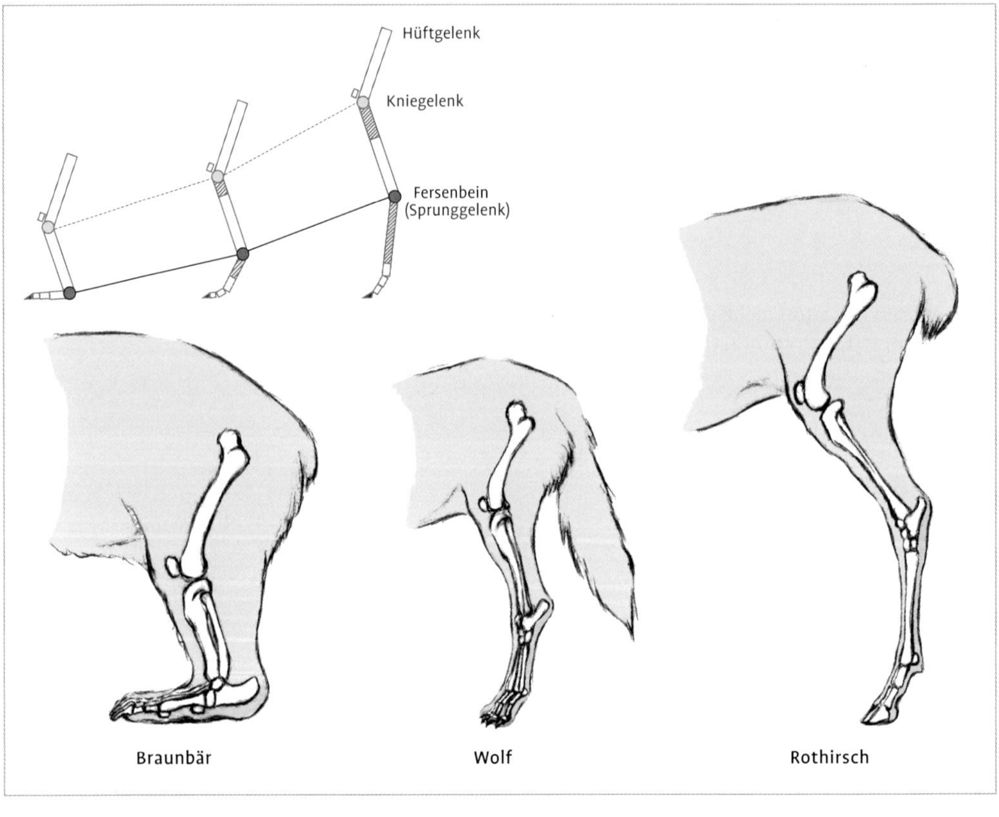

Hüftgelenk

Kniegelenk

Fersenbein (Sprunggelenk)

Braunbär

Wolf

Rothirsch

AUFBAU UND MERKMALE DER TRITTSIEGEL

Die meisten Säugetiertrittsiegel bestehen aus Abdrücken von **Krallen**, **Zehen** und **Mittelballen**. Außerdem ist die Beschaffenheit des **Negativbereichs**, der sich zwischen dem Abdruck der Zehenballen und den Mittelballen befindet, ein wichtiges Bestimmungsmerkmal. Bei Paarhufern können **Afterklauen** abgedrückt werden und bei manchen Tierarten sind gelegentlich Abdrücke von **Schwimmhäuten** zu erkennen. Weitere wichtige Merkmale sind die **Größe** und die **Symmetrie** eines Trittsiegels.

KRALLEN

Die Anwesenheit oder Abwesenheit von Krallenabdrücken im Trittsiegel und die Beschaffenheit der Krallenabdrücke sind wichtige Merkmale für die Artbestimmung. Stellen Sie sich die folgenden Fragen: Sind die Krallen eher scharf oder stumpf, kräftig oder fein, kurz oder lang und gerade oder gebogen? Einige Tiere können ihre Krallen teilweise oder vollständig einziehen, während sie bei anderen verlässlich im Fußabdruck zu erkennen sind.

Rechtes oder linkes Trittsiegel?

Besteht ein Trittsiegel aus fünf Zehenabdrücken eines Fußes und befindet sich die kürzeste, körpernächste Zehe auf der rechten Seite, dann handelt es sich um den Abdruck eines linken Fußes. Tatsächlich wird Zehe 1 jedoch häufig nicht abgedrückt und Zehe 5 dann fälschlicherweise für Zehe 1 gehalten. Grundsätzlich gilt: Können nur vier Zehenabdrücke erkannt werden, handelt es sich meistens um die Zehen 2–5. In diesem Fall kann es helfen, die Anordnung der Zehen 2–5 zu betrachten und sie mit der Anordnung der Finger unserer eigenen Hand zu vergleichen. Betrachten Sie jetzt die Außenfläche ihrer rechten Hand: Der kleine Finger liegt rechts außen und ist, abgesehen vom Daumen, am kürzesten. Der Mittelfinger ist am längsten und steht am weitesten vor. Wenn wir diese Anordnung in einem Trittsiegel erkennen können, handelt es sich um einen rechten Fußabdruck. Versuchen Sie die Seite des Trittsiegels der nebenstehenden Abbildung zu bestimmen. Die Auflösung steht auf Seite 71.

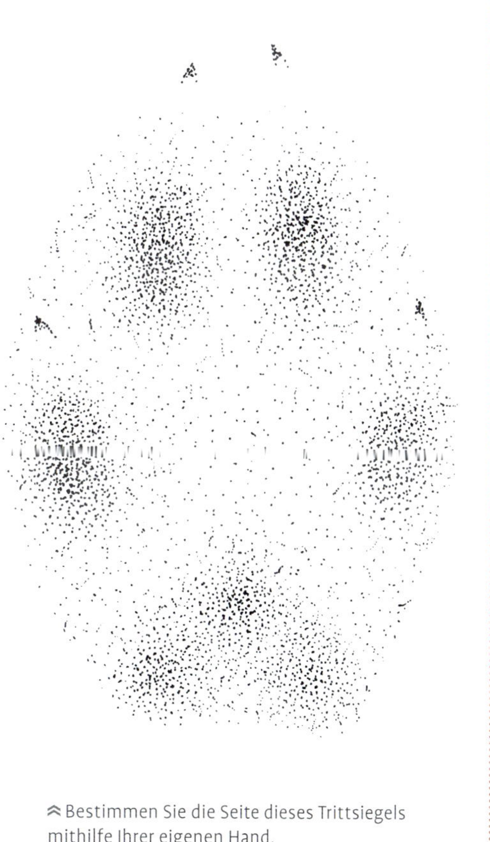

⌃ Bestimmen Sie die Seite dieses Trittsiegels mithilfe Ihrer eigenen Hand.

ZEHEN

Die Anzahl, Form, Anordnung und Länge der Zehenabdrücke sind wichtige Bestimmungskriterien. Zum Beispiel sind die Zehen von Waschbären eher lang, wirken fingerartig und erscheinen im Trittsiegel direkt mit dem zusammengewachsenen vorderen Mittelfußballen verbunden, wohingegen die des Siebenschläfers relativ kurz erscheinen und im Trittsiegel deutlich vom Abdruck des Mittelfußballens abgesetzt sind.

Trittsiegel mit relativ kleinen Zehen- und verhältnismäßig großem Mittelfußballen sind typisch für Katzen; robuste, kräftige Zehenballen mit einem relativ kleinen Mittelfußballen sind ein Merkmal für Hunde.

VORDERE MITTELBALLEN

Anordnung, Form und Anzahl der vorderen Mittelballen sind wichtige Merkmale für die Artbestimmung. Ist der Mittelfußballen vollständig und als zusammenhängende Fläche abgedrückt oder sind mehrere einzelne vordere Mittelballenabdrücke deutlich zu erkennen? Sind die einzelnen vorderen Mittelballen eher fein oder eher kräftig abgedrückt? Wie ist das Größenverhältnis zwischen den Zehenballen und dem Mittelfußballen und welchen Anteil an der Gesamtfläche des Trittsiegels nimmt der Mittelfußballen ein?

HINTERE MITTELBALLEN

Häufig werden im hinteren Bereich des Trittsiegels von Sohlengängern ein bis zwei weitere Mittelballen, die sogenannten hinteren Mittelballen, abgedrückt. Bei Zehengängern ist dieser Teil nur selten zu erkennen, es sei denn, das Tier bewegt sich schnell oder in tiefem Untergrund oder es ruht und befindet sich in der Liegeposition.

Das Vorhandensein von Abdrücken hinterer Mittelballen und deren Position in einem Trittsiegel sind wichtige Hinweise für die Bestimmung des Fußes und der Tierart. Bei Mardern ist der leicht nach außen versetzte äußere hintere Mittelballen (H-Ballen) am Vorderfuß ein charakteristisches Bestimmungsmerkmal.

Dem Geruch einer Fährte folgen

An einem Fuß befinden sich Schweiß- und Duftdrüsen, die jedem Fußabdruck den Geruch des Tiers verleihen, von dem der Abdruck stammt. Wer mit einem Hund spazieren geht, kann beobachten, wie dieser an anderen Tierfährten schnuppert. Hunde verlassen sich vor allem auf ihren ausgezeichneten Geruchssinn und können, nachdem sie eine Duftspur aufgenommen haben, eine Fährte über weite Strecken verfolgen, ohne dabei Fußabdrücke sehen zu müssen. Für feine Nasen wie die von Hunden können solche Duftspuren mehrere Wochen erhalten bleiben.

NEGATIVBEREICH

Der Negativbereich innerhalb eines Säugetiertrittsiegels ist der Bereich zwischen Zehen- und Mittelballen. Er steht für den Teil des Fußes, der sich nicht abdrückt. Der Negativbereich ist je nach Tierart charakteristisch geformt und kann helfen, eine Tiergruppe oder Art zu bestimmen. Ein Beispiel dafür ist das sogenannte „Kanidenkreuz“ bei den Hunden. Ebenso können wir bei der Betrachtung des Negativbereichs erkennen, wie die Zehenballen relativ zum Mittelfußballen angeordnet sind. So erscheint der Fußabdruck mancher Tierarten eher kompakt (geringer Negativbereich) oder „luftig“ und gestreckt (großer Negativbereich).

Feine
Krallenabdrücke
Fingerförmige
Zehen, kein
Negativbereich

Waschbär, links vorne.

Keine
Krallenabdrücke
Zehen vor
den vorderen
Mittelballen
Einzeln
abgedrückte,
vordere
Mittelballen
Hintere
Mittelballen

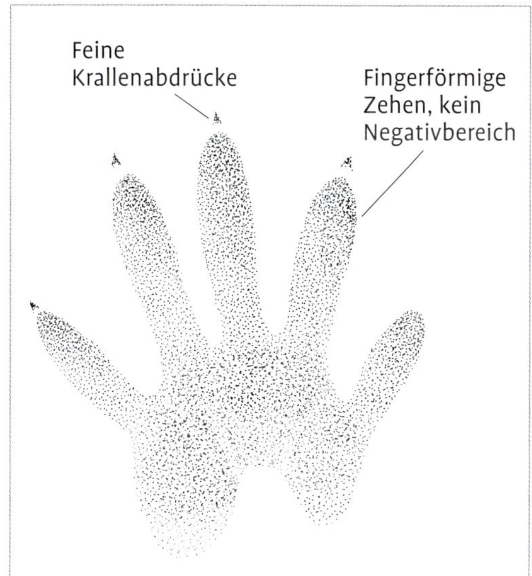

Siebenschläfer, links vorne.

Tropfenförmige
Zehenballen
Asymmetrie
C-förmiger
Negativ-
bereich
Großer, zusammen-
gewachsener Mittel-
fußballen

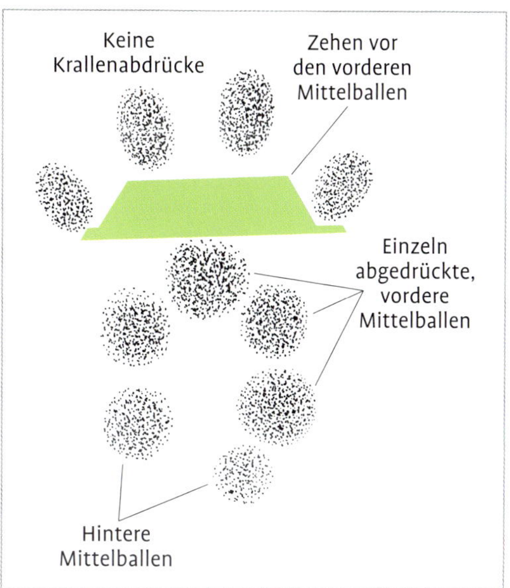

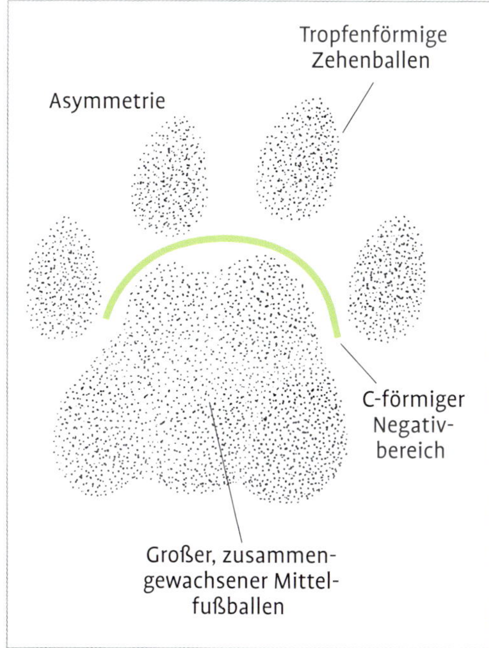

Luchs, links vorne.

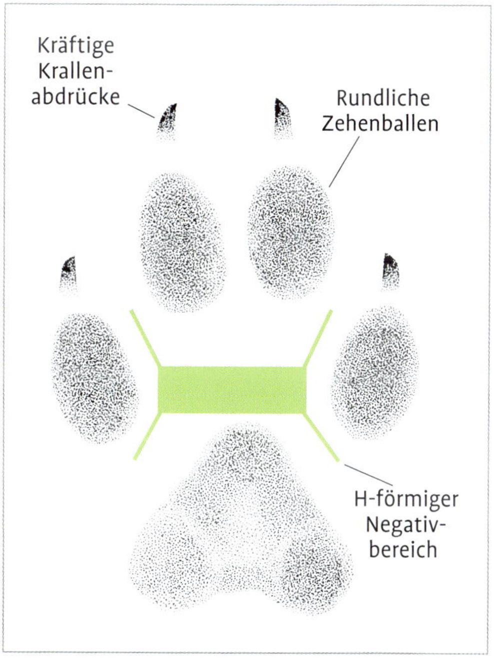

Kräftige
Krallen-
abdrücke
Rundliche
Zehenballen
H-förmiger
Negativ-
bereich

Wolf, links vorne.

Auflösung von Seite 69:
Dies ist der linke Vorderfußabdruck eines Polarfuchses. Konnten Sie die Seite richtig bestimmen?

AFTERKLAUEN

Die stark reduzierten Zehen 2 und 5 der Paarhufer sitzen weiter oben am Fuß als die Zehen 3 und 4 und werden Afterklauen genannt. Beim Wildschwein sind die Abdrücke der Afterklauen häufig erkennbar, bei den meisten anderen Paarhufern drücken sie sich in der Regel nur in tieferen Untergründen wie Schnee oder Sand oder bei hohen Geschwindigkeiten ab. Die Größe, Form und Position der Afterklauen kann etwas darüber aussagen, ob es sich um Afterklauenabdrücke eines Vorder- oder Hinterfußes handelt (Seite 495).

SCHWIMMHÄUTE

Säugetiere, die hauptsächlich im Wasser leben, können zwischen den Zehen oder seitlich daran Hautlappen, die Schwimmhäute, aufweisen. Schwimmhäute sind eine Anpassung an den Lebensraum. Sie sorgen für die effektive Fortbewegung im Wasser und können zwischen zwei oder mehreren Zehen vorkommen. Überspannen die Schwimmhäute die gesamte Zehenlänge, werden sie als körperfern oder distal bezeichnet. Schwimmhäute, die etwa bis zur Hälfte der Zehen reichen, heißen medial. Ist nur eine rudimentäre Schwimmhaut an der Basis zwischen den Zehen vorhanden, nennt man dies körpernah oder proximal. Auch bei ausgeprägten distalen Schwimmhäuten sind diese im Abdruck nicht immer erkennbar.

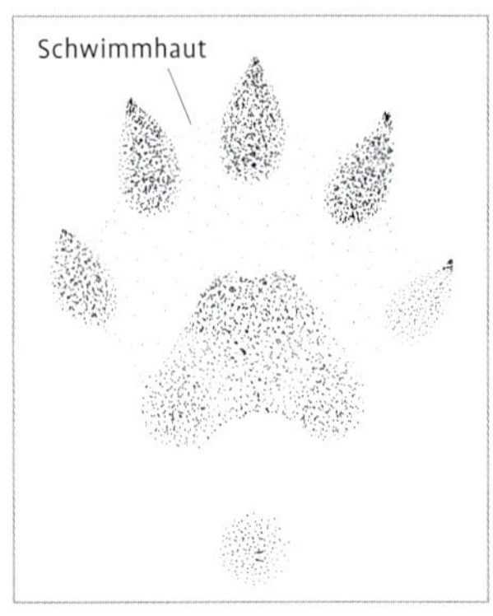

Fischotter, links vorne. »

GRÖßE

Anhand der Trittsiegelgröße lässt sich die Zahl der infrage kommenden Arten oft deutlich eingrenzen. In jedem Säugetierporträt werden zu Beginn der Trittsiegelbeschreibung Größenklassen angegeben, die eine erste Zuordnung ermöglichen. Die Klassen sind: winzig, sehr klein, klein, mittelgroß, groß und sehr groß.

TERMINOLOGIE DER TRITTSIEGEL

DEUTSCH	ENGLISCH
Afterklaue	dewclaw
Fersenballen	heel pad
Hintere Mittelballen	thenar- and hypothenar pad or proximal metacarpal/ metatarsal pads
Huf	hoove
Klaue	cleave
Kralle	claw
Negativbereich	negative space
Schwimmhaut	webbing
Trittsiegel	track
Vordere Mittelballen	interdigital pads or distal metacarpal/ metatarsal pads
Zehe	toe
Zehenballen	digital pad
Zehenzwischenballen	interdigital pad

SYMMETRIE

Ein Blick auf die Symmetrie eines Fußabdrucks kann helfen, eine Art zu bestimmen oder zumindest das Trittsiegel einer Tiergruppe zuzuordnen. Ebenso lassen sich anhand der Symmetrie oft die Vorderfüße von den Hinterfüßen unterscheiden. Wir unterteilen grob in symmetrisch, leicht asymmetrisch und asymmetrisch. Bei einigen Landsäugetieren, wie den Katzen, ist der Hinterfuß symmetrischer als der Vorderfuß.

VERMESSEN DER TRITTSIEGEL

In meinem Leben begegne ich immer wieder zwei Typen von Menschen: Die einen mögen Zahlen und Maßeinheiten und haben einen Zugang zu ihnen, die anderen ziehen einen anderen Erkenntnisweg vor. Manche Menschen messen gerne und viel, erstellen mit Leidenschaft Diagramme, werten Daten aus und fühlen sich damit rundum wohl. Andere wiederum finden Zahlen und Messungen weniger ansprechend, mitunter sogar fast unangenehm und vermeiden den Umgang mit ihnen.

Persönlich habe ich mich eher zu der zweiten Gruppe gezählt und ich hätte nicht im Traum gedacht, dass ich einmal so akribisch kleinste Abstände vermessen würde, wie ich es während meiner Recherchen für dieses Buch tat. Ich verbrachte Monate damit, die Tintenabdrücke von Wühlmäusen und Langschwanzmäusen mit einer Schieblehre auf ihre Unterschiede zu untersuchen. Überraschend war für mich, wie viel Spaß ich dabei empfand! In meiner Lehrtätigkeit als Fährtenleser stelle ich immer wieder fest, wie viel uns Maße und auch die Tätigkeit des Messens lehren können. Regelmäßiges Messen schult unseren Blick. Es zwingt uns, präzise zu schauen und ein Auge für Details zu entwickeln. Beides sind wichtige Eigenschaften eines Fährtenlesers.

Es gab für mich Zeiten ohne Messen und solche, in denen ich kaum etwas anderes tat. Jetzt messe ich, wenn eine Spur aus dem mir bekannten Raster zu fallen scheint. Das viele Maßnehmen hat dazu beigetragen, dass mir diese Besonderheiten auffallen. Ich habe so viele Schrittlängen aufgenommen, dass häufig das bloße Betrachten von Zahlenketten ausreicht, um eine Aussage über die Geschwindigkeit des Tieres treffen zu können. Auch wenn ich mich rückblickend zunächst weniger für das Vermessen von Trittsiegeln und Schrittlängen als für das Leben des Tieres interessierte, stelle ich heute fest, dass das Messen und Auswerten von Daten mich den Tieren näherbrachte und mir einen wichtigen Einblick in ihr Verhalten eröffnete.

Bei Trittsiegeln messen wir die Längen und Breiten. Diese Werte helfen bei der Identifizierung von Arten, können charakteristische Merkmale von Individuen aufzeigen und Hinweise auf das Geschlecht geben. Vielfältig aufgenommene Maße ermöglichen die Zusammenarbeit mit anderen Fährtenlesern. Ein Vergleich und Austausch der Daten sind für weitere Nachforschungen oft wegbereitend. Mithilfe der wissenschaftlichen Dokumentation dieser Daten können wir zum Beispiel Aussagen über Arten eines bestimmten Gebietes treffen. In jedem Tierporträt gebe ich statt eines Durchschnittswertes für die Maße von Trittsiegeln, Gangarten und Zeichen jeweils Minimum- und Maximumwerte an. Dies trifft die Realität besser, denn bei einzelnen Arten schwankt die Individuengröße zum Teil beträchtlich. Außerdem können die Maße einer Spur neben der Größe des Tieres auch durch seine Geschwindigkeit und die Beschaffenheit des Untergrunds stark variieren.

Um möglichst tierfußgetreue Maße beim Vermessen von Trittsiegeln zu erhalten, messen wir die minimale Außenkante eines einzelnen Fußabdrucks (Seite 74). Schleifspuren oder Auswurf, die beim Ein- oder Austreten des Fußes aus dem Siegel entstehen, sollten unberücksichtigt bleiben, da sie die Größenangaben verfälschen.

Versuchen Sie den gewichtstragenden Bereich zu messen und berücksichtigen Sie bei der Auswertung Ihrer Daten eventuelle Ungenauigkeiten Ihrer Maße bei schwierigen Untergründen.

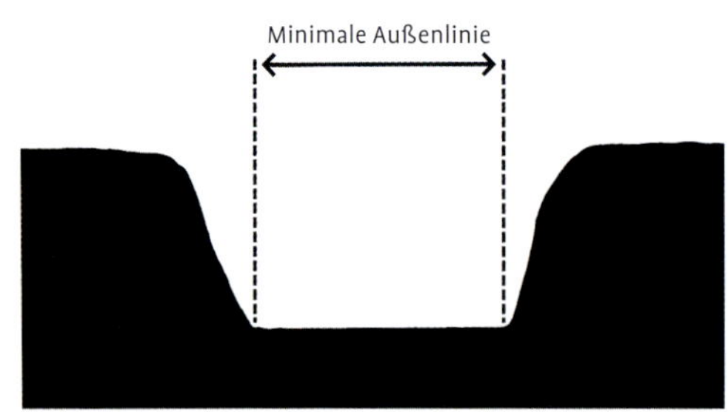

Minimale Außenlinie vermessen. »

Grenzen einer Datensammlung

Die vorliegende Datensammlung soll repräsentative Minimum-Maximum-Angaben liefern, die kleine wie auch große Individuen einer Art berücksichtigen und gleichzeitig die wahrscheinlichste Größenspanne widerspiegeln. Deshalb blieben extreme Werte von außergewöhnlich kleinen oder großen Individuen bei den Angaben unberücksichtigt.
Denken Sie beim Vergleichen Ihrer Messungen aus dem Feld stets daran: Ausnahmen können vorkommen und sollten bei einem Spurenfund nicht kategorisch ausgeschlossen werden, auch wenn sie aus dem angegebenen Datenbereich herausfallen. Individuen einer Art können sich in einem weitläufigen Gebiet wie Europa stark in ihren Körpermerkmalen unterscheiden, da diese von lokalen Bedingungen wie Klima und Nahrungsangebot beeinflusst sind. Zudem trifft man zu bestimmten Zeiten auch auf Abdrücke von Jungtieren, die in den Maßangaben in der Regel nicht berücksichtigt sind.
Zeigt also ein Trittsiegel die eindeutigen Merkmale eines Fischotter-Fußabdrucks, ist aber geringfügig kleiner als das hier angegebene Minimum, dann handelt es sich vermutlich um das Trittsiegel eines sehr kleinen Fischotters oder um ein Jungtier.

LÄNGE

Die Länge eines Trittsiegels wird von der vordersten bis zur hintersten Außenkante des Fußabdrucks und parallel zur Längsachse des Trittsiegels gemessen. Ebenso wie Rezendes (1999) und Elbroch (2003) messen wir die Länge einschließlich der Krallen. Einige Fährtenleser lassen die Krallen außer Acht, aber Messungen von Trittsiegeln, die oft ausschließlich aus Krallenabdrücken bestehen (zum Beispiel bei den Maulwürfen), wären auf diese Weise unmöglich. In diesem Buch umfassen die Längenangaben sowohl Maße mit als auch ohne Krallen. Damit die Daten vergleichbar bleiben, sollte deutlich angegeben sein, wie gemessen wurde. Wenn hintere Mittelballen regelmäßig erkennbar sind (zum Beispiel beim Vorderfuß von Eichhörnchen), werden sie mitgemessen. Bei Tieren wie Bären oder Dachsen, deren hinterer Mittelballen sich unregelmäßig abdrückt, beinhalten die minimalen und maximalen Angaben Messungen mit und ohne hinteren Mittelballen. Daraus ergibt sich bei diesen Tierarten insgesamt eine größere Bandbreite der Maßangaben: Die Minimum-Werte beschreiben die Fußabdrücke kleinerer Tiere **ohne** hintere Mittelballen und **ohne** Krallen.

Die Maximum-Werte hingegen beziehen sich auf Fußabdrücke größerer Tiere, die **mit** hinteren Mittelballen und **mit** Krallen gemessen wurden.
Anders sieht es bei Hunden und Katzen aus. Hier drückt sich der hintere Mittelballen sehr selten und dann nur in tiefem Untergrund oder bei hohen Geschwindigkeiten ab. Er ist daher in den Längenangaben der entsprechenden Artporträts nicht enthalten.
Bei Huftieren wird ohne Afterklauen gemessen, da diese sich bei vielen Arten nur unregelmäßig abdrücken und so ein Größenvergleich der Trittsiegel verschiedener Arten möglich ist.

BREITE

Die Trittsiegelbreite ermitteln wir im rechten Winkel zur Länge und an der breitesten Stelle des Trittsiegels.
Die Größe des Trittsiegels kann selbst bei einem Individuum stark variieren. Deswegen sollten immer mehrere Messungen von Vorder- und Hinterfußabdrücken erfolgen. Denn rufen wir uns in Erinnerung: Wir vermessen nicht den tatsächlichen Fuß, sondern den Abdruck eines sich bewegenden Tieres, der in seiner Form von mehreren Faktoren beeinflusst wird und daher nicht immer gleich sein kann. Für das Anlegen einer eigenen Datensammlung empfehlen wir, mindestens zwölf Messungen vorzunehmen und den niedrigsten und höchsten Wert zu streichen. Dadurch soll verhindert werden, dass die Datensammlung durch „Ausreißer" verfälscht wird.

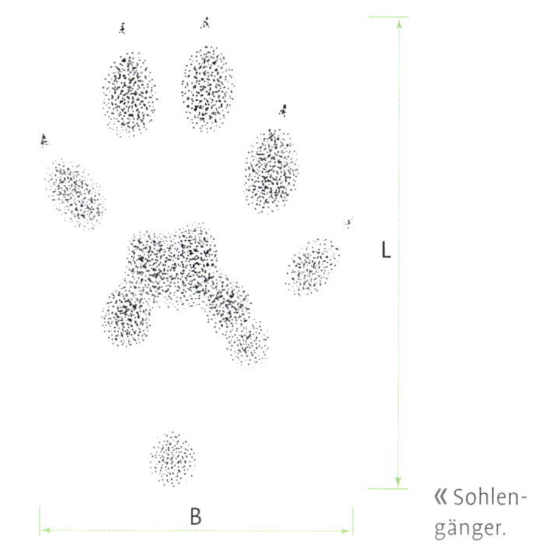

« Sohlengänger.

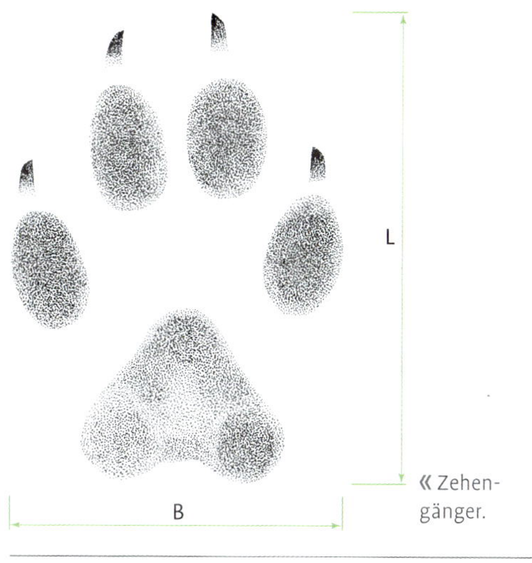

« Zehengänger.

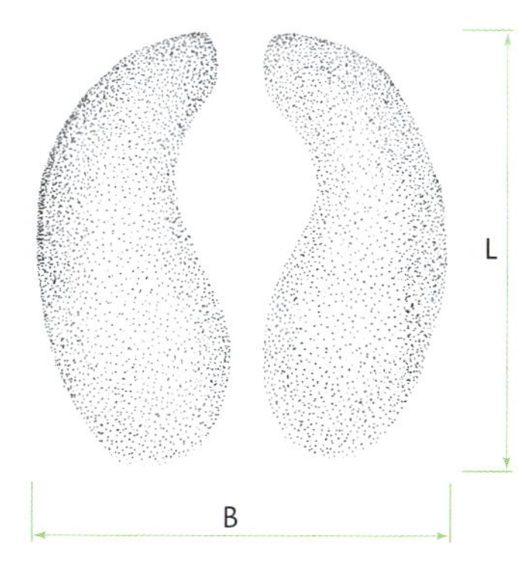

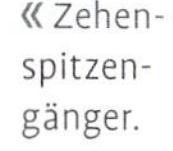

« Zehenspitzengänger.

GANGARTEN UND SPURBILDER

Säugetiere an Land können sich auf unterschiedliche Weise fortbewegen: schnell oder langsam, gehend oder rennend, gleichmäßig oder durch Stopps unterbrochen. Die regelmäßige Abfolge, mit der sie ihre Beine dabei vorwärtsbewegen, wird **Gangart** genannt. Die Wahl der Gangart steht in Verbindung mit dem Energieaufwand sowie mit der Reisegeschwindigkeit, der Wendigkeit, der Stabilität und der Größe und Gestalt des Körpers (Hildebrand 2004). Unterschiedliche Tierarten bevorzugen verschiedene Gangarten und einige Gangarten sind charakteristisch für bestimmte Tiere.

Bei der Fortbewegung entsteht ein **Spurbild**, das Rückschlüsse auf die verwendete Gangart zulässt. Allerdings kann eine bestimmte Gangart unterschiedliche Spurbilder verursachen, je nach Körperform, Geschwindigkeit und Schrittfolge des Tieres. Grundsätzlich ist ein Trab eine schnellere Gangart als ein Schritt, jedoch können beide Gangarten schnell oder langsam ausgeführt werden. Die korrekte Interpretation eines Spurbildes ermöglicht uns nicht nur Aussagen über die gewählte Gangart, sondern liefert ebenso Informationen über das konkrete Verhalten des Tieres, sein Befinden und den Kontext, in dem es sich bewegte. Lief dieses Tier eher zügig oder eher entspannt durch die Landschaft? Warum stoppte es und begann kurz darauf zu schleichen? Diese und viele andere Informationen lassen sich aus den Spurbildern herauslesen.

Die Gangartenforschung beschäftigt Menschen schon seit langer Zeit. Zwei Pioniere dieser Forschungsrichtung waren Eadweard Muybridge und Milton Hildebrand. Heute werden wissenschaftliche Untersuchungen zu Gangarten mithilfe moderner Technologien wie Superzeitlupen, Blut- und Atemgasanalysen, Kraftmessplatten und weiteren Methoden im Labor durchgeführt, die für das Fährtenlesen draußen im Feld jedoch nicht anwendbar sind. In diesem Buch werden Spurbilder beschrieben, die durch ihr Erscheinungsbild und das Maßnehmen einer Gangart zugeordnet werden können. Wir betrachten dabei ausschließlich Gangarten von Wildtieren, da im Zuge der Domestizierung und des Trainings durch den Menschen Haus- und Nutztiere Gangarten zeigen, die bei freilebenden Wildtieren in der Regel nicht vorkommen. Jagend, schleichend, erkundend und flüchtend bedienen sich die wildlebenden Säugetiere Europas überwiegend der hier vorgestellten Gangarten.

Alle beschriebenen Säugetiere haben vier Beine und vier Füße. Da wir selbst aber nur zwei Beine haben, können wir vor allem als Anfänger rasch an die Grenzen unseres Vorstellungsvermögens gelangen, wenn wir uns die komplexen Bewegungsabläufe von Vierbeinern vor Augen führen wollen. Die Kommunikation über dieses Thema wird zusätzlich erschwert, da es in den verschiedenen Sprachen unterschiedliche Bezeichnungen für Gangarten und Spurbilder gibt und auch in der Gangartenforschung bisher keine verbindliche Terminologie existiert. Seit zwei Jahrzehnten beginnt sich allerdings unter Fährtenlesern ein international einheitliches Begriffssystem durchzusetzen. Louis Liebenberg, James C. Lowery und Mark Elbroch leisteten hierfür wichtige Beiträge, die wir in diesem Buch aufgreifen und weiterentwickeln. Am Ende dieses Kapitels findet sich eine Übersicht der deutschen Bezeichnungen mit den international geltenden englischen Übersetzungen.

Gangarten zu verstehen und Spurbilder zu interpretieren, mag zunächst schwierig erscheinen. Mit etwas Übung werden wir jedoch schnell Fortschritte machen und mit einem komplexeren Verständnis der Geschehnisse in der uns umgebenden Natur belohnt. Immer mehr Geschichten des Landes werden für uns lesbar und konkret nachvollziehbar.

Bevorzugte Gangart

Die Gangart, die ein Tier unter gewöhnlichen Umständen überwiegend verwendet, ist seine „bevorzugte Gangart". Wir Menschen zum Beispiel bewegen uns normalerweise gehend im Schritt fort. Nehmen wir an einem Wettrennen teil oder haben es aus einem anderen Grund eilig, wechseln wir unsere Gangart und beginnen zu rennen. Der Schritt ist jedoch unsere bevorzugte Gangart.

Je nach Tierart und Körperbau werden unterschiedliche Gangarten bevorzugt. Die Kenntnis über diese hauptsächlich gewählte Gangart der verschiedenen Tierarten hilft uns bei der Interpretation von Spurbildern. Die Artbeschreibungen der Säugetiere enthalten Informationen zur bevorzugten Gangart und zu den entsprechenden Maßangaben.

GEHEN UND RENNEN

Wie sich Tiere mithilfe ihrer Beine fortbewegen, kann grundlegend in zwei Kategorien unterteilt werden: **Gehen** und **Rennen**. Der zentrale Unterschied zwischen Gehen und Rennen liegt in der Mechanik, die der jeweiligen Bewegung zugrunde liegt. Beim Gehen wird der Körper des Tieres mit jedem Schritt angehoben und „schwingend" über ein verhältnismäßig steifes Bein hinwegbewegt.

Mechanik des umgekehrten Pendels. ≫

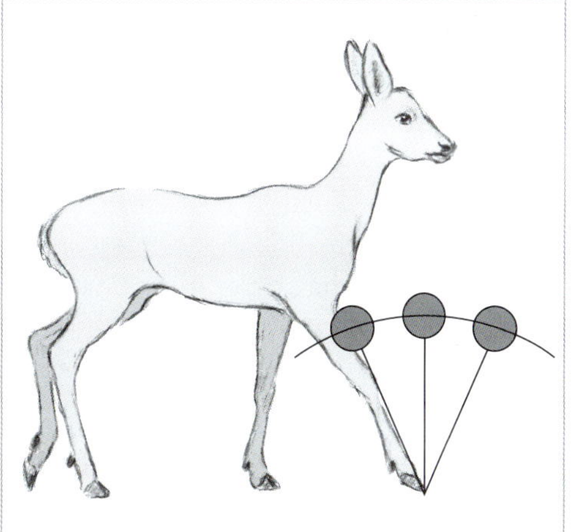

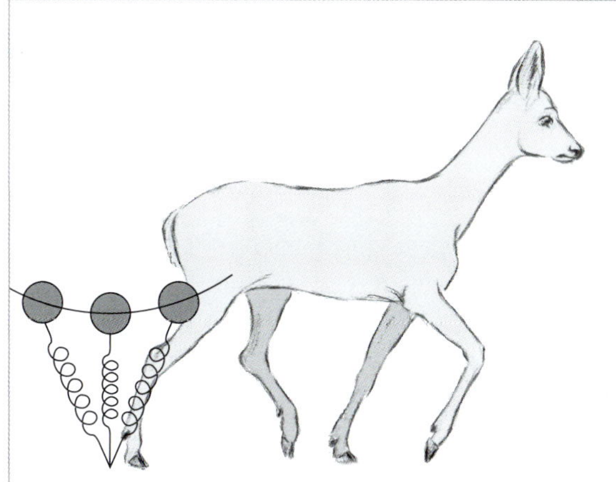

≪ Feder-Masse-Mechanik.

Diese Art der Biomechanik wird **Mechanik des umgekehrten Pendels** genannt (Abbildung Seite 77 oben) und ist das gemeinsame Merkmal aller Formen des Gehens. Beim Rennen hingegen „federn" die Beine, während der Körper über den Aufsetzpunkt des Fußes hinwegbewegt wird. Diese Art der Biomechanik wird **Feder-Masse-Mechanik** genannt (Abbildung Seite 77 unten). Sie ist das gemeinsame Merkmal aller Formen des Rennens.

Gehen und Rennen umfassen verschiedene Gangarten, die eine Vielzahl unterschiedlicher Spurbilder hinterlassen. Wir teilen Gangarten und Spurbilder in zwei weitere Kategorien ein: **symmetrische Gangarten** mit **fortlaufenden Spurbildern** und **asymmetrische Gangarten** mit **gruppenbildenden Spurbildern**. Alle Gangarten des Gehens sind symmetrisch mit fortlaufenden Spurbildern. Die Gangarten des Rennens können sowohl fortlaufende als auch gruppenbildende Spurbilder hinterlassen, da hier symmetrische und asymmetrische Bewegungsabläufe verwendet werden.

SYMMETRISCHE GANGARTEN, FORTLAUFENDE SPURBILDER

In symmetrischen Gangarten führt ein Tier mit den Beinen der linken und rechten Körperhälfte eine identische Bewegung durch. Die Bewegungsabfolge sowie der zeitliche Rhythmus sind gleich, allerdings zeitlich versetzt. Daraus resultiert das für symmetrische Gangarten charakteristische fortlaufende Spurbild. Ein fortlaufendes Spurbild besteht aus zwei gleichartigen und gleichmäßigen Reihen aufeinanderfolgender Fußabdrücke. Beide Reihen sind in Bewegungsrichtung gegeneinander verschoben und in jeder Reihe befinden sich alle Trittsiegel der beiden Füße der jeweiligen Seite. Fast immer gibt es abwechselnde Zweiergruppen von Trittsiegeln, die jeweils von einem Vorderfuß und einem Hinterfuß stammen. Dieses Grundmuster ist gangartübergreifend für alle symmetrischen Gangarten (Schmidt 2017) und weist auf eine Form von **Schritt**, **Trab**, **Pass** oder **Grounded Running**, zum Beispiel den Tölt, hin (Biknevicius & Reilly 2006).

Schritt

Der Schritt ist eine langsame und effiziente Gangart, die von vielen Tieren verwendet wird. Ungestört werden die meisten Tiere mit einem gedrungenen Körperbau, wie Igel oder Bären, den Schritt bevorzugen. Das gilt außerdem für alle Hirsche und für die meisten Katzen. Der Schritt ist eine Form des Gehens, eine symmetrische Gangart und die einzige der hier vorgestellten Gangarten, die sich der Mechanik des umgekehrten Pendels bedient. Meist berühren zu jeder Zeit zwei oder drei Füße den Boden, sodass es zu sich regelmäßig abwechselnden Zwei- und Dreibeinstützphasen kommt. In diesem Fall ist die maximale **Schrittlänge** durch die Hüft-Schulter-Länge des Tiers begrenzt. Die **Spurbreite** ist im Verhältnis zur Schrittlänge relativ groß, wodurch oft der Eindruck eines ausgeprägten Zick-Zack-Musters entsteht. Wenn wir an einer solchen Fährte entlangschauen, können die rechten und linken Fußabdrücke einer Körperseite relativ einfach zugeordnet werden, da sie deutlich rechts oder links von einer imaginären und parallel zur Bewegungsrichtung verlaufenden Mittellinie liegen.

Im Schritt gibt es verschiedene Schrittfolgen, bei denen jedes Bein in der Regel separat bewegt wird. Meist beginnt der Hinterfuß und der Vorderfuß derselben Seite folgt. Eine typische Schrittfolge beschreibt der folgende Bewegungsablauf: Der rechte Hinterfuß wird angehoben, bewegt sich vorwärts und kurz bevor er auftritt, wird der rechte Vorderfuß angehoben. Für einen kurzen Moment sind

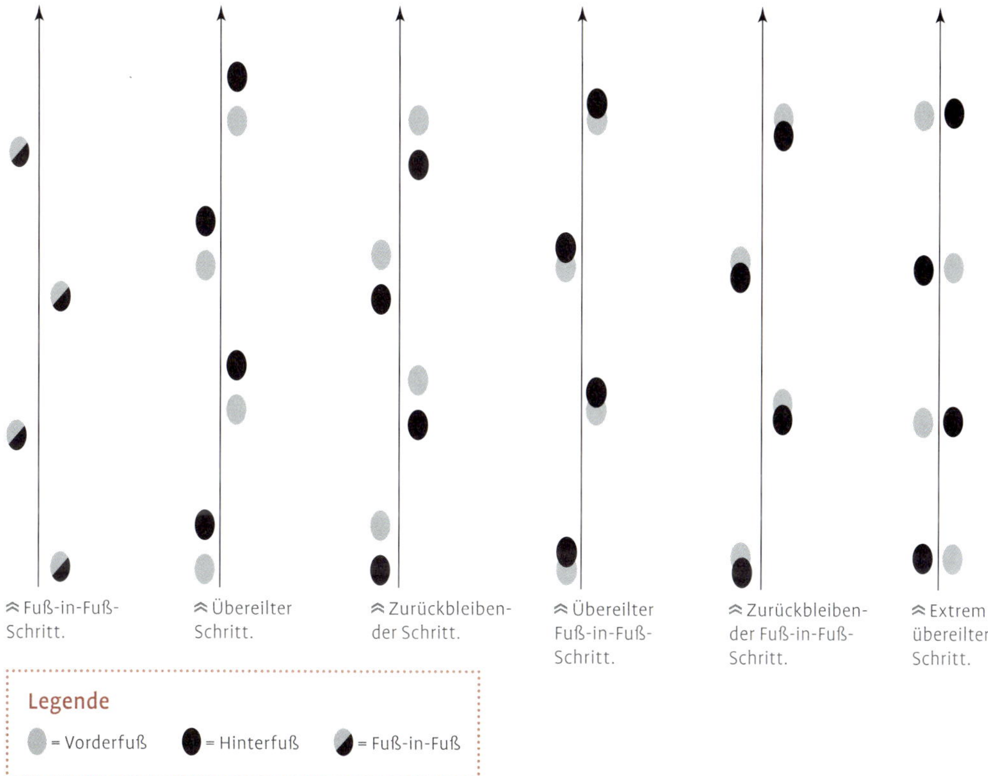

≈ Fuß-in-Fuß-Schritt.

≈ Übereilter Schritt.

≈ Zurückbleibender Schritt.

≈ Übereilter Fuß-in-Fuß-Schritt.

≈ Zurückbleibender Fuß-in-Fuß-Schritt.

≈ Extrem übereilter Schritt.

beide Füße in der Luft, es kommt zu einer Zweibeinstützphase, bevor rechts Hinten zuerst wieder aufsetzt und es zu einer Dreibeinstützphase kommt. Rechts Vorne bewegt sich weiter vorwärts und setzt anschließend auf. Kurz bevor der rechte Vorderfuß aufsetzt, wird der linke Hinterfuß angehoben und vorwärtsbewegt. Ebenso wie zuvor auf der rechten Körperseite, wird kurz vor dessen Auftreten der linke Vorderfuß angehoben. Dies ist der zweite Zeitpunkt innerhalb dieser Schrittfolge, zu dem nur zwei Füße (zu diesem Zeitpunkt die beiden rechten) den Boden berühren. Als Nächstes setzt links Hinten auf, links Vorne bewegt sich weiter vorwärts und kurz vor dessen Auftreten wird der rechte Hinterfuß angehoben. Nun ist eine komplette Schrittfolge abgeschlossen und der Bewegungszyklus hat erneut mit dem rechten Hinterfuß begonnen.

Das Aufsetzen des Hinterfußes relativ zum Vorderfuß derselben Körperseite kann unterschiedlich positioniert sein. Da der Vorderfuß angehoben wird, bevor der Hinterfuß aufsetzt, kann der Hinterfuß direkt in den Fußabdruck des Vorderfußes derselben Seite gesetzt werden. Dadurch entsteht ein Doppelabdruck und das entsprechende Spurbild wird „**Fuß-in-Fuß-Schritt**“ genannt. Den Fuß-in-Fuß-Schritt verwenden viele Tiere während der Nahrungssuche oder des Stöberns oder beim entspannten Ziehen.

Eine weitere mögliche Position in Bezug zum Vorderfußabdruck derselben Körperseite zeigt der Hinterfuß, wenn er den Abdruck des zuvor angehobenen Vorderfußes überholt und davor aufsetzt. In diesem Fall spricht man davon, dass der Hinterfuß den Vorderfuß „**übereilt**“. Das resultierende Spurbild heißt entsprechend „übereiltes Spurbild“.

Eine dritte Möglichkeit ist, dass der Hinterfuß hinter dem Vorderfuß derselben Körperseite „**zurückbleibt**“. Zurückbleiben ist ein Hinweis auf eine langsame Fortbewegung, wie es zum Beispiel beim Schleichen der Fall ist. Hier wird ein Hinterbein vorwärtsbewegt und bereits aufgesetzt, bevor das folgende Vorderbein vom Boden abgehoben wird, sodass ein „zurückbleibendes Spurbild“ hinterlassen wird.
Es kann aber auch innerhalb eines Fuß-in-Fuß-Schrittes übereilt oder zurückgeblieben werden.
Das Spurbild „**extrem übereilter Schritt**“ zeigt die besondere Gangart des **Passgangs** an. Im Passgang werden die Beinpaare jeder Seite nahezu zeitgleich bewegt, das vordere Bein hebt folglich früher als bei den zuvor beschriebenen Schrittfolgen ab. Der Hinterfuß übereilt den Vorderfußabdruck derselben Körperseite so stark, dass er mehr oder weniger neben dem Vorderfuß der gegenüberliegenden Körperseite aufsetzt. Dabei kann das Hinterfußtrittsiegel leicht hinter, parallel oder leicht vor dem Vorderfußabdruck der Gegenseite zu sehen sein. Die typische Position des Hinterfußtrittsiegels bei moderatem Tempo variiert bei verschiedenen Tierarten. Ist diese Position bekannt, kann man anhand der relativen Position des Hinterfußes eine Aussage darüber treffen, ob sich das Tier eher in einem langsamen oder einem zügigen Passgang fortbewegt hat. Der Passgang ist eine bevorzugte Gangart des Waschbären (Seite 487).
Achtung: Ein extrem übereiltes Spurbild lässt nicht zwangsläufig auf eine hohe Geschwindigkeit des Tieres schließen. So ist zum Beispiel beim Waschbär der verhältnismäßig kurze Rücken, der sich bei dieser Art der Fortbewegung deutlich zusammenkrümmt, maßgeblich für die stark übereilenden Hinterfußabdrücke verantwortlich.

Trab

Im Gegensatz zum Schritt ist der Trab eine dynamische, schnellere Art der Fortbewegung. Aufgrund ihrer federnden Biomechanik wird sie dem Rennen zugeordnet. Alle Formen des Trabs sind symmetrische Gangarten und hinterlassen ausschließlich fortlaufende Spurbilder. Während im Schritt immer wenigstens ein und meist zwei oder drei Füße den Boden berühren, kommt es beim Trab fast immer zu sogenannten Flugphasen. Der Trab ist die bevorzugte Gangart von Hunden, einigen Spitzmäusen und kleinen Wühlmäusen. Bei längeren Strecken über flachen Untergrund verwenden auch viele andere Tiere, wie Hirsche, Katzen, Dachse und Bären, häufig eine Form des Trabs. Im Unterschied zum Schritt ist die Schrittlänge beim Trab in der Regel größer als die Hüft-Schulter-Länge des Tieres. Im Verhältnis zur Schrittlänge ist die Spurbreite hier eher schmal. Meist liegen die rechten und linken Fußabdrücke einer Körperseite näher an einer imaginären, parallel zur Bewegungsrichtung verlaufenden Mittellinie als beim Schritt. Eine extreme Form zeigt der Rotfuchs, bei dem die Spurbreite so gering sein kann, dass die Trittsiegel wie „aufgeschnürt“ erscheinen.
Im Gegensatz zum Schritt gibt es im Trab nur eine Schrittfolge, in der zwei diagonal gegenüberliegende Beine nahezu zeitgleich vorwärtsbewegt werden. Ein typischer Bewegungsablauf ist: Der rechte Hinterfuß drückt sich zeitgleich mit dem linken Vorderfuß vom Boden ab, während sich das diagonal gegenüberliegende Beinpaar bereits in der Luft befindet und sich vorwärtsbewegt. In diesem Moment kommt es (außer bei langsamen Trabformen) zu einer kurzen Flugphase, bevor der linke Hinter- und der rechte Vorderfuß gleichzeitig (oder nahezu gleichzeitig) auftreten. Anschließend drücken sich der linke Hinter- und der rechte Vorderfuß

zeitgleich ab und es kommt zu einer zweiten Flugphase, bevor der rechte Hinter- und der linke Vorderfuß ebenfalls zeitgleich auftreten. Damit ist eine komplette Schrittfolge abgeschlossen und der Bewegungszyklus beginnt erneut.

Wie bereits beim Schritt beschrieben, kann der Hinterfuß direkt in den Fußabdruck des Vorderfußes derselben Seite gesetzt werden, wodurch ein Doppelabdruck entsteht. Das entsprechende Spurbild wird „**Fuß-in-Fuß-Trab**" genannt. Den Fuß-in-Fuß-Trab findet man oft bei Fährten von Wölfen und allen anderen Kaniden sowie bei kleinen Wühlmäusen, bei Dachsen, Wildschweinen und Hirschen.

Schritt von Trab unterscheiden

Im Feld unterscheiden wir Schritt- und Trabspurbilder anhand der Hüft-Schulter-Länge des Tieres. Hierfür ziehen wir je eine Linie von einem Hinterfußtrittsiegel und dem in der Schrittfolge nächstfußenden Hinterfußtrittsiegel derselben Körperseite, im rechten Winkel zur Bewegungsrichtung. Anschließend skizzieren wir grob den Rumpf des Tieres zwischen diese beiden Linien. Wenn diese Hilfszeichnung deutlich (über 10 %) länger als die tatsächliche Hüft-Schulter-Länge des Tieres ist, handelt es sich um einen Trab. Zudem gibt es arttypische Spurbreiten für Schritt und Trab, die in den Tierporträts angegeben werden. Grundsätzlich gilt, dass die Spurbreiten beim Wechsel von Schritt zu Trab abnehmen (siehe „Gangarten und Geschwindigkeit", Seite 83). Der Schräg- und der Grätschtrab sind Ausnahmen von dieser Regel, da die Spurbreite sich durch den leichten Außenversatz der Hinterfüße etwas verbreitert. Das Verhältnis von Schrittlänge zu Spurbreite ist ein weiteres wichtiges Merkmal bei der Unterscheidung zwischen Schritt und Trab. Der Schritt zeigt relativ kurze Schrittlängen und verhältnismäßig große Spurbreiten. Der Trab zeigt relativ große Schrittlängen und verhältnismäßig geringe Spurbreiten.

Im Schritt entspricht die Schrittlänge etwa der Hüft-Schulter-Länge des Tieres.

Im Trab ist die Schrittlänge deutlich größer als die Hüft-Schulter-Länge des Tieres.

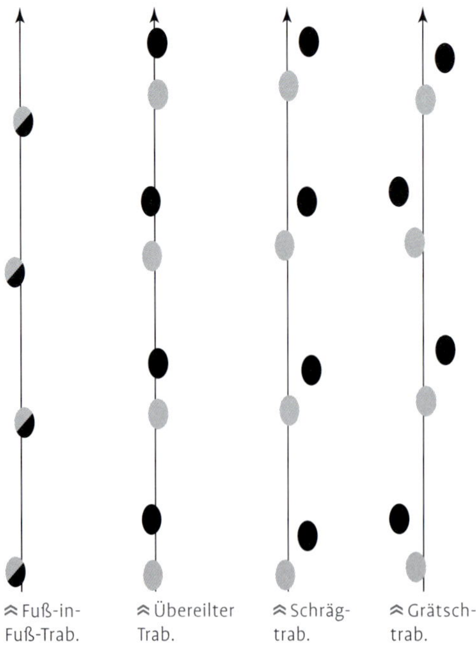

Der Hinterfuß kann im Trab ebenfalls auf verschiedene Arten übereilen oder zurückbleiben, sodass ähnliche Spurbilder wie im entsprechenden Schritt zu sehen sind. Diese lassen sich aufgrund der längeren Schrittlängen und schmaleren Spurbreiten vom Schritt unterscheiden. Ein zurückbleibender Trab kommt selten vor. Zwei Sonderformen eines übereilten Trabs sind der Schräg- und der Grätschtrab.

Beim **Schrägtrab** wird der Hinterfuß beider Seiten kontinuierlich auf derselben Seite an den Vorderfüßen vorbeigeführt. Dazu dreht das Tier seinen Körper beständig leicht schräg zur Bewegungsrichtung. Zudem übereilt immer einer der beiden Hinterfüße den Vorderfuß derselben Seite an der Körperinnenseite, während der Hinterfuß der gegenüberliegenden Körperseite den seitengleichen Vorderfuß außen übereilt. Im Spurbild liegen dadurch die Abdrücke der Vorder- und der Hinterfüße jeweils separat auf je einer Seite der Fährte. Die Hinterfußabdrücke sind übereilt und dabei seitlich versetzt abgedrückt. Der Schrägtrab ist typisch für Hunde, Wölfe, Goldschakale und Rotfüchse.

Im **Grätschtrab** werden die Hinterbeine beider Körperseiten jeweils an den gleichseitigen Vorderbeinen außen vorbeigeführt. Das Spurbild zeigt die übereilten Hinterfußabdrücke, die abwechselnd an den Seiten nach außen vorne versetzt sind. Diese Gangart wird von vielen Tieren als Übergangsgangart verwendet. Rot- und Damhirsch sowie Ren und Elch benutzen den Grätschtrab auch über längere Distanzen.

Der Schräg- und der Grätschtrab sind Ausnahmen der Regel, dass Spurbreiten beim Wechsel vom Schritt zum Trab abnehmen. Durch den leichten Außenversatz der Hinterfüße verbreitert sich die Spurbreite, sodass diese beim Wechsel vom Schritt zum Trab etwas breiter werden kann.

Pass

Wie beim Passgang können auch im Rennen die Beinpaare einer Körperseite nahezu gleichzeitig vorwärtsbewegt werden. In diesem Fall wird von einem Pass gesprochen. Im Gegensatz zum Passgang kommt es dabei fast immer zu einer Flugphase. Entsprechend kann die Schrittlänge deutlich größer als die Hüft-Schulter-Länge des Tieres sein und die Spurbreite ist gewöhnlich im Verhältnis schmaler als im Passgang. Kamele und Giraffen sind für ihren Pass bekannt. Europäische Wildtiere verwenden diese Gangart kaum, gelegentlich wird der Pass von einigen Haushund- und Hauspferdrassen verwendet.

Gangarten und Geschwindigkeit

Jede Gangart kann in unterschiedlichen Geschwindigkeiten stattfinden. Grundsätzlich ist ein Galopp schneller als ein Schritt. Allerdings sind die unterschiedlichen Körpergrößen einer Tierart zu beachten: Der zügige Fuß-in-Fuß-Trab zum Beispiel einer Rothirschkuh ist deutlich schneller als der Galopp des ihr folgenden Kalbs. Im Feld können wir oft beobachten, wie Jungtiere die „nächsthöhere" Gangart wählen müssen, um mit den Elterntieren mithalten zu können. Grundsätzlich gilt, dass bei höheren Geschwindigkeiten Schrittlängen zunehmen und Spurbreiten abnehmen.
Beobachten Sie selbst, wie sich Ihre Schrittlängen im Verhältnis zur jeweiligen Spurbreite ändern: Suchen Sie sich eine Laufstrecke mit besonders geeignetem Untergrund, wie etwa feuchtem Sand, und beschreiten Sie diese wahlweise barfuß oder mit Schuhwerk. Beginnen Sie mit einem entspannten Schritt, dann beschleunigen Sie langsam nach ein paar Metern. Wechseln Sie in eine leichte Form des Joggens und nach ein paar weiteren Metern erhöhen Sie Ihre Geschwindigkeit zu einem Sprint. Nach einigen Sprintschrittlängen verlangsamen Sie wieder und laufen ruhig aus. Verfolgen Sie anschließend Ihre eigene Fährte und achten Sie dabei auf das Verhältnis von Schrittlängen und Spurbreiten. Sie werden feststellen, dass Ihre Schrittlänge bei höherer Geschwindigkeit deutlich zunimmt, während die Spurbreite wahrscheinlich schmaler geworden ist.
Aber Achtung: Diese Faustregel sollte mit Bedacht eingesetzt werden. Ein gesichertes Indiz für Beschleunigung durch das veränderte Verhältnis von Schrittlängen zu Spurbreiten gilt nur innerhalb derselben Gangart. Bei einem Gangartenwechsel ist entscheidend, in welche Gangart gewechselt wurde. Bei einem Wechsel vom Fuß-in-Fuß-Schritt in einen Fuß-in-Fuß-Trab trifft unsere Faustregel zu – bei einem Wechsel von einem Fuß-in-Fuß-Trab zu einem Schräg- oder Grätschtrab kann sie jedoch irreführend sein. Obwohl hier die Geschwindigkeit erhöht wurde und sich die Schrittlänge verlängert hat, kann sich die Spurbreite dennoch verbreitert haben.
Ähnlich verhält es sich bei einem Galopp. Grundsätzlich ist die Spurbreite der Spurgruppe eines Galopps breiter als die eines Fuß-in-Fuß-Trabs, auch wenn der Fuß-in-Fuß-Trab die langsamere Gangart ist. Innerhalb der Gangart des Galopps können wir die Faustregel jedoch wieder anwenden. Außerdem gilt für den Galopp: Je größer die Gruppenlänge und je kleiner im Verhältnis dazu die Zwischengruppenlänge, desto höher ist die Geschwindigkeit des Tieres. Bei Sprüngen zeigt eine zunehmende Zwischengruppenlänge höhere Geschwindigkeiten an. Grundsätzlich lässt sich sagen, dass die Schrittlänge nahezu unmittelbar als Maß für die Geschwindigkeit verwendet werden kann. Im Trab kann außerdem ein zunehmendes Übereilen als Indiz für eine höhere Geschwindigkeit verwendet werden.

Grounded Running

Wie Schritt und Trab ist auch das Grounded Running eine symmetrische Gangart, in der ausschließlich fortlaufende Spurbilder hinterlassen werden. Außerdem kommt es zu der für alle Arten des Rennens typischen Feder-Masse-Mechanik, hier jedoch fast immer ohne Flugphase (namensgebend). Der **Tölt**, für den Islandpferde bekannt sind, ist eine der bekannteren Formen des Grounded Running und gilt für Reiter als besonders angenehm. Obwohl die Schrittfolge mit der des klassi-

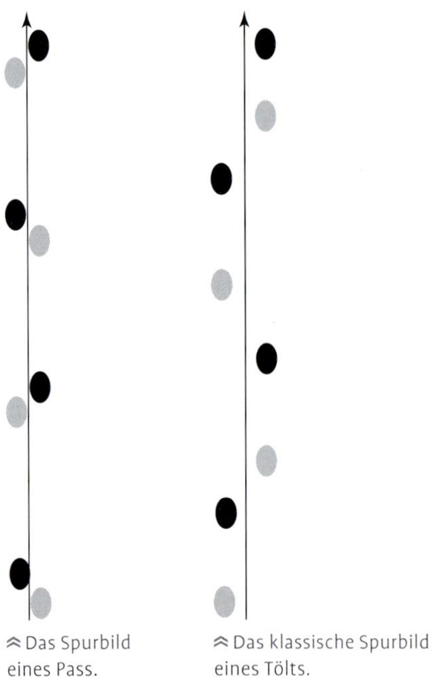

Das Spurbild eines Pass.

Das klassische Spurbild eines Tölts.

schen Schritts übereinstimmt (HR, VR, HL, VL), gibt es einen wesentlichen Unterschied in der zeitlichen Abfolge: Während sich beim Schritt regelmäßig Zwei- und Dreibeinstützen abwechseln, kommt es beim Tölt zu regelmäßig abwechselnden Ein- und Zweibeinstützen, sodass deutlich höhere Schrittlängen als im Schritt und Geschwindigkeiten wie im Trab und darüber hinaus erreicht werden. Grounded Running kommt bei größeren Vierfüßern selten vor, tritt jedoch natürlich bei Elefanten und nichtmenschlichen Primaten sowie bei einigen Hauspferdrassen auf. Bei kleinen Säugetieren ist es ein weit verbreiteter Bestandteil ihres Bewegungsrepertoires, der unter anderem in engen Gängen, zum Beispiel unter der Erde, verwendet wird (Bertram 2016).

ASYMMETRISCHE GANGARTEN, GRUPPENBILDENDE SPURBILDER

In asymmetrischen Gangarten setzen die Beine der hinteren und vorderen Beinpaare in ungleichen Intervallen nacheinander auf. Dabei werden gruppenbildende Spurbilder hinterlassen. Ein gruppenbildendes Spurbild besteht aus Vierergruppen von Trittsiegeln, die sich jeweils aus den zwei Fußabdrücken der Vorder- und der Hinterfüße zusammensetzen. Dieses Grundmuster ist gangartübergreifend für alle asymmetrischen Gangarten und weist auf eine Form von **Galopp** oder **Sprung** hin. Alle asymmetrischen Gangarten sind Formen des Rennens, da ihnen eine federnde Biomechanik zugrunde liegt.

Galopp

Der Galopp ist die schnellste Gangart, die von vielen Tieren während der Jagd oder bei der Flucht verwendet wird. Es sind keine Tiere bekannt, die einen Galopp dauerhaft bevorzugen. In der Regel wird dieser „höchste Gang“ nur so lange wie nötig verwendet und sobald es die Situation zulässt, wird wieder in eine Gangart geringerer Intensität gewechselt. Gleichzeitig ist es wichtig, sich daran zu erinnern, dass jede Gangart in unterschiedlichen Intensitäten ausgeführt werden kann und es deutliche Unterschiede zwischen einem langsamen und einem Galopp höchster Intensität gibt. Grundsätzlich gewinnt der Galopp gegenüber einem Sprung an Geschwindigkeit, verliert dafür jedoch an Flexibilität.

Im Galopp werden abwechselnd das vordere und das hintere Beinpaar vorwärtsbewegt. Dabei werden die Füße jedes Beinpaares in der Regel einzeln und schnell aufeinanderfolgend aufgesetzt. Alle vier Gliedmaßen werden in jeweils unterschiedlichen Positionen im Verhältnis zum Körperschwerpunkt aufgesetzt. Ein wesentliches Merkmal des Galopps

≈ Wolf in seiner versammelten Flugphase.
Sebastian Körner, Deutschland.

≈ Wolf in seiner gestreckten Flugphase.
Sebastian Körner, Deutschland.

sind die auch von den Vorderbeinen erzeugten Beschleunigungskräfte, welche zusätzlich zu den von den Hinterbeinen erzeugten Beschleunigungskräften wirken und die hohen Geschwindigkeiten ermöglichen. Das Tier beginnt seinen Galopp mit dem Abspringen und Beschleunigen der Hinterbeine und wird durch das darauf folgende, kräftige Abstoßen der Vorderbeine vorwärtskatapultiert, während die Hinterbeine durch das Zusammenziehen des Rumpfes weit unter den Rumpf geführt werden. Bis auf wenige Ausnahmen kommt es in diesem Moment zu einer **versammelten Flugphase**. Die Schrittfolge ist: Hinterfuß, Hinterfuß, Vorderfuß, Vorderfuß, gefolgt von der versammelten Flugphase (Abbildung oben links). Bei höheren Intensitäten kann es zu einer zweiten, **gestreckten Flugphase** (Abbildung oben rechts) kommen, nachdem sich beide Hinterbeine vom Boden abgestoßen haben. Die Schrittfolge ist in diesem Fall: Hinterfuß, Hinterfuß, kurze gestreckte Flugphase, Vorderfuß, Vorderfuß, versammelte Flugphase. Unabhängig davon, ob es sich um einen Galopp mit einer oder zwei Flugphasen handelt, ist die Hauptflugphase die versammelte Flugphase.

Mit Ausnahme von langsamen Formen des Galopps werden beide Vorderfußtrittsiegel von beiden Hinterfußabdrücken übereilt. Je nachdem, in welcher Reihenfolge die Füße aufsetzen, können unterschiedliche Spurbilder entstehen.

Das Spurbild des **C-Galopps** zeigt eine rotierende Schrittfolge an (RV, LV, LH, RH oder LV, RV, RH, LH), bei welcher der erstfußende Vorderfuß und der erstfußende Hinterfuß sich **diagonal gegenüberliegen**. Je nachdem, ob der rechte oder der linke Vorderfuß zuerst aufgesetzt wird, entsteht entweder ein C-Form-ähnliches Spurbild oder ein Spurbild mit spiegelverkehrter C-Form. Der C-Galopp ist ein wendiger Galopp, bei dem der Bauch des C in Kurven zur Außenseite zeigt.

Das Spurbild des **Z-Galopps** zeigt eine transversale Schrittfolge an (RV, LV, RH, LH oder LV, RV, LH, RH), wobei der erstfußende Vorderfuß und der erstfußende Hinterfuß auf **derselben** Seite aufsetzen. Je nachdem, ob der rechte oder der linke Vorderfuß zuerst aufgesetzt wird, entsteht entweder ein Z-Form-ähnliches Spurbild oder ein Spurbild mit spiegelverkehrter Z-Form. Der Z-Galopp ist stabiler als der C-Galopp, da es innerhalb einer Schrittfolge eine diagonale Stützlinie gibt und der Körperschwerpunkt zentral darüber liegt. Die Stabilität dieser Gangart geht jedoch auf Kosten der Flexibilität.

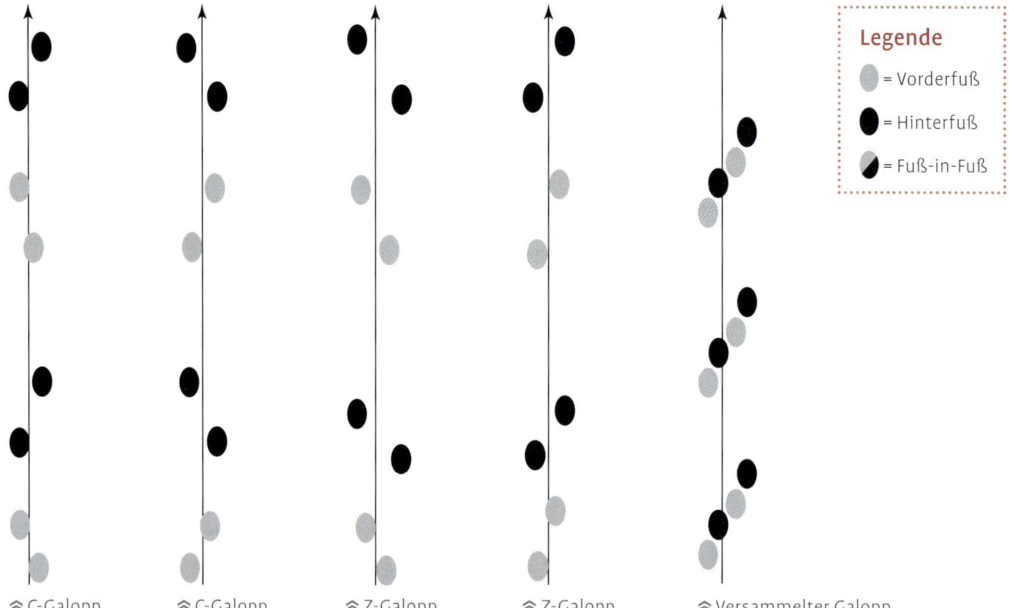

≈ C-Galopp. ≈ C-Galopp. ≈ Z-Galopp. ≈ Z-Galopp. ≈ Versammelter Galopp.

Ein locker ausgeführter Galopp niedriger bis mittlerer Intensität ist der **versammelte Galopp**. Der versammelte Galopp kann ähnliche Geschwindigkeiten wie ein zügiger Trab erreichen, zudem ist er energieeffizient und für manche Tierarten eine Alternative zum schnellen Trab. Dieser lässige und verhältnismäßig langsame Galopp hinterlässt ein Spurbild, in dem nicht beide Hinterfüße beide Vorderfüße übereilen. Stattdessen können ähnliche Spurbilder wie im Drei- und Viersprung hinterlassen werden (Unterscheidung auf Seite 89).

Sprung

Der Sprung als Gangartbezeichnung ist eine Aneinanderreihung von Einzelsprüngen und folglich eine äußerst bewegliche, wendige Gangart. Richtung, Länge und Höhe der Sprünge können schlagartig wechseln, wodurch eine höhere Flexibilität erreicht wird als beim Galopp. Marder, deren Körper lang und schlauchartig geformt sind und die relativ kurze Beine haben, sind typische Sprungläufer. Andere klassische Springer sind viele Nagetiere sowie Hasen.

Ein wesentlicher Unterschied zum Galopp besteht darin, dass der maßgebliche Antrieb vom nahezu zeitgleichen Abstoßen der Hinterbeine rührt. Es kommt zu einer **gestreckten Flugphase**, nachdem die beiden Hinterfüße den Boden verlassen haben. Im Gegensatz zum Galopp ist dies die Hauptflugphase, die dem Sprung seine bogenförmige Charakteristik verleiht. Die Schrittfolge ist: Hinterfuß, Hinterfuß, gestreckte Flugphase, Vorderfuß, Vorderfuß. Die beiden Vorderfüße übernehmen im Wesentlichen eine stabilisierende Funktion. Bei höheren Intensitäten kann es zu einer zweiten, sehr kurzen versammelten Flugphase kommen, nachdem beide Vorderfüße den Boden verlassen haben. Die Schrittfolge ist: Hinterfuß, Hinterfuß, gestreckte Flugphase, Vorderfuß, Vorderfuß, kurze versammelte Flugphase. Unabhängig davon, ob es sich um einen Sprung mit einer oder zwei Flugphasen handelt, ist die Hauptflugphase die gestreckte Flugphase.

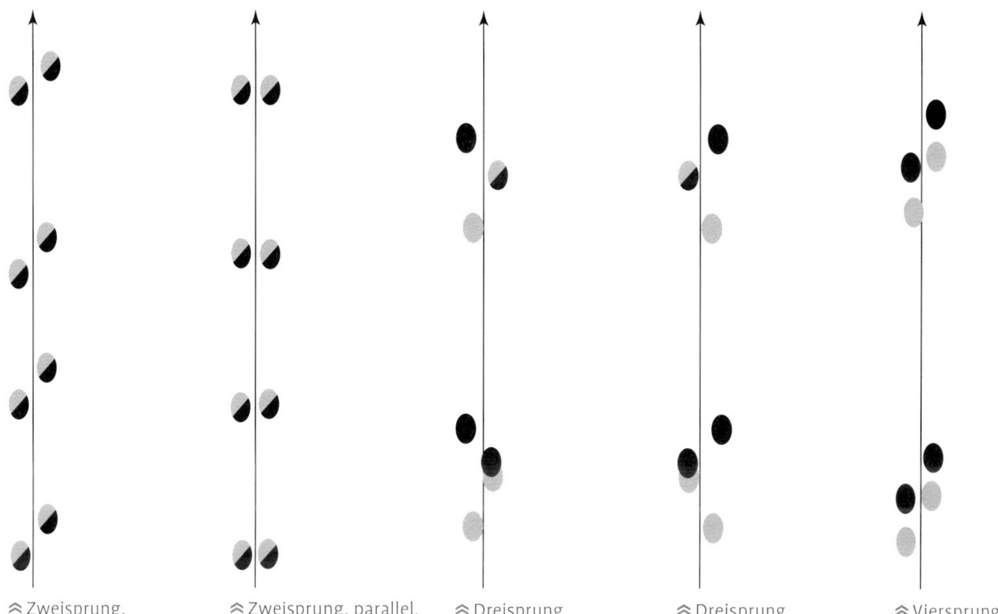

⩯ Zweisprung. ⩯ Zweisprung, parallel. ⩯ Dreisprung. ⩯ Dreisprung. ⩯ Viersprung.

Wie beim Galopp werden im Sprung gruppenbildende Spurbilder aus Vierergruppen von Trittsiegeln hinterlassen, die aus den zwei Fußabdrücken der Vorder- und Hinterfüße bestehen. Diese Vierergruppen sind durch Zwischengruppenlängen unterbrochen. Je nachdem, in welcher Reihenfolge die Füße aufsetzen, können unterschiedliche Spurbilder entstehen.

Beim **Zweisprung** treten beide Hinterfüße auf die Trittsiegel der beiden Vorderfüße. Es ist ein „Fuß-in-Fuß-Sprung". Die zwei übereinanderliegenden Doppelabdrücke eines Zweisprungs können den Anschein einer einzelnen Zweiergruppe erwecken, tatsächlich handelt es sich jedoch um eine Vierergruppe. Der parallele Zweisprung ist eine Form des Zweisprungs, bei der beide Doppelabdrücke einer Schrittfolge parallel nebeneinanderliegen. Diese Gangart ist typisch für Hermelin und Mauswiesel.

Der **Dreisprung** hat eine rotierende Schrittfolge (LV, RV, RH, LH oder RV, LV, LH, RH), wobei der erstfußende Vorderfuß und der erstfußende Hinterfuß sich diagonal gegenüberliegen. Dabei kann es passieren, dass der erstfußende Hinterfuß das Trittsiegel des zweitfußenden Vorderfußes komplett oder teilweise überdeckt, sodass ein Doppelabdruck entsteht. In diesem Fall kann das Spurbild den Anschein erwecken, es bestünde aus einer Dreiergruppe (namensgebend).

Der **Viersprung** hat eine transversale Schrittfolge (LV, RV, LH, RH oder RV, LV, RH, LH), wobei der erstfußende Vorderfuß und der erstfußende Hinterfuß auf derselben Seite aufsetzen. Im Viersprung sind vier Fußabdrücke zu erkennen.

Der **Parallelsprung** kann viele verschiedene Spurbilder hinterlassen. Wie bei allen anderen Sprüngen werden grundsätzlich die hinteren Beine (nahezu) gleichzeitig bewegt. Beide Hinterfußtrittsiegel einer Schrittfolge liegen (mehr oder weniger) parallel zueinander. Wird das vordere Beinpaar ebenfalls gleichzeitig bewegt, sprechen wir von einem kompletten Parallelsprung. Der komplette Parallelsprung ist charakteristisch für baumbewohnende Nagetiere, kann aber auch von

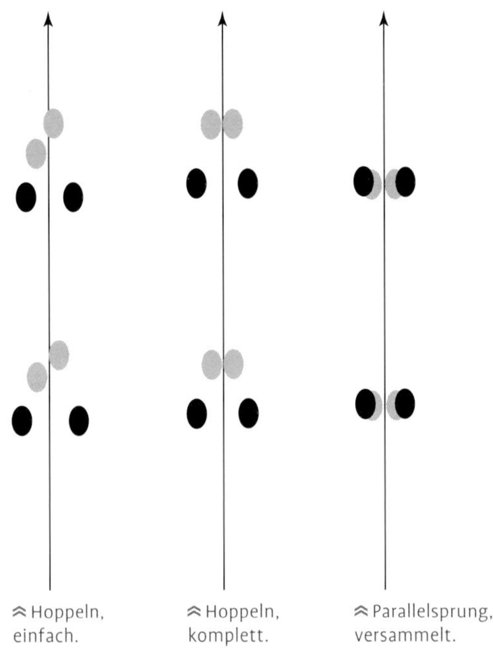

Hoppeln, einfach.

Hoppeln, komplett.

Parallelsprung, versammelt.

anderen Nagern und Hasen verwendet werden. Der Parallelsprung ist neben dem Galopp eine der wenigen Gangarten, in der beide Hinterfüße beide Vorderfüße übereilen können.

Beim **Hoppeln** verbleiben beide Hinterfußabdrücke hinter den beiden Vorderfußabdrücken. Das Hoppeln ist ein sehr langsamer Sprung, genau genommen ein „zurückbleibender Parallelsprung", wobei Hoppeln die gängigere Bezeichnung ist. Wie beim Parallelsprung werden die hinteren Beine (nahezu) gleichzeitig bewegt, sodass beide Hinterfußtrittsiegel einer Schrittfolge mehr oder weniger parallel zueinander liegen. Wird das vordere Beinpaar ebenfalls gleichzeitig bewegt, sprechen wir von einem kompletten Hoppeln. Je weiter die Hinterfüße in Bewegungsrichtung vom letzten Abdruck entfernt aufsetzen, umso näher kommen sie den Vorderfußabdrücken, bis alle vier Abdrücke fast auf einer Linie nebeneinanderliegen. Diese „Fuß-in-Fuß-Variation" ist die schnellstmögliche Form des Hoppelns oder ein langsamer, **versammelter Parallelsprung** und typisch für kleine Nagetiere im Schnee. Wenn beide Hinterfüße sogar noch weiter vorne aufsetzen, sodass sie die Vorderfußtrittsiegel übereilen, entsteht das Spurbild des Parallelsprungs. Der Parallelsprung ist typisch für Hasen und eine Gangart, in der hohe Geschwindigkeit mit extremer Wendigkeit kombiniert werden kann.

Eine besondere Form ist der **versetzte Parallelsprung**, der vom Spurbild her mit einem Galopp verwechselt werden kann, obwohl es sich um zwei eindeutig unterscheidbare Gangarten handelt. Im versetzten Parallelsprung stehen Hinterfüße und Vorderfüße vorwärts versetzt, obwohl der Hauptantrieb immer noch vom Kraftstoß der Hinterbeine herrührt. Im Spurbild sind folglich die Hinterfußtrittsiegel die betonteren Abdrücke. Außerdem sind die Trittsiegel der Hinterfüße in Bewegungsrichtung deutlich weniger versetzt als beim typischen Galopp. Die weiteren Unterschiede zu einem Galoppspurbild ähneln den Merkmalen für die Unterscheidung zwischen Drei- und Viersprung gegenüber einem versammelten Galopp (Seite 89). Es gilt zu beachten, dass der versetzte Parallelsprung ebenso in transversaler oder in rotierender Schrittfolge ausgeführt werden kann.

Eine ungewöhnliche Form von Sprung ist der **Prellsprung**. Dabei stößt sich das Tier mit allen vier Füßen gleichzeitig ab und landet auch wieder gleichzeitig mit allen vieren. Dadurch erreicht es eine verhältnismäßig große Höhe. Mögliche Erklärungen für diese Fortbewegungsart sind die gute Übersicht aufgrund der zusätzlichen Höhe und eine große Richtungsflexibilität (Leonard Lee Rue 2013). Der Prellsprung ist typisch für Damhirsche. Neben dem Hoppeln ist er der einzige Sprung, bei dem beide Hinterfüße hinter beiden Vorderfüßen bleiben.

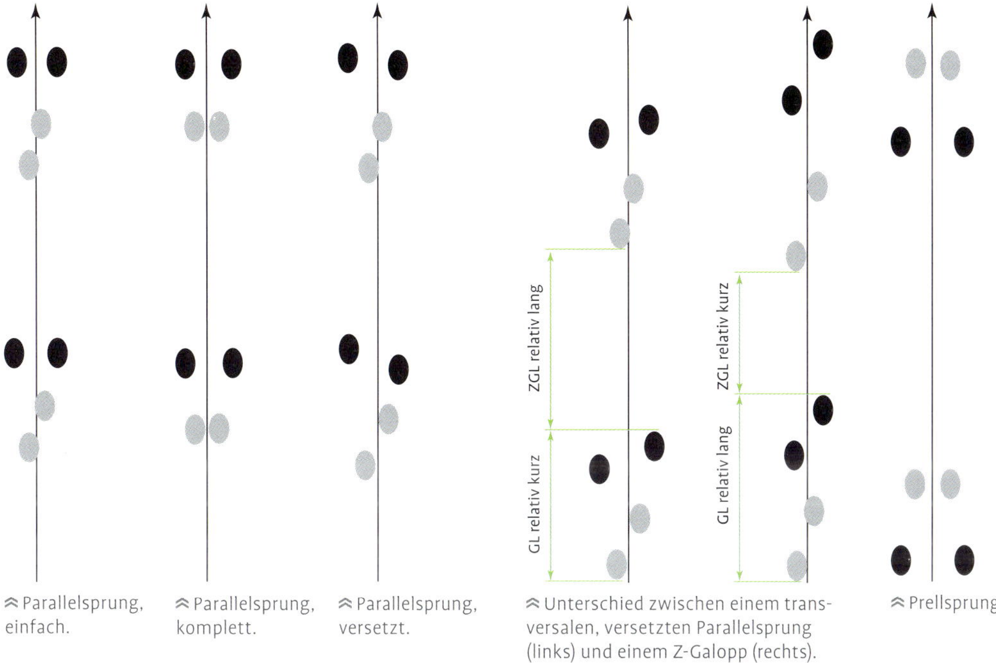

Parallelsprung, einfach.

Parallelsprung, komplett.

Parallelsprung, versetzt.

Unterschied zwischen einem transversalen, versetzten Parallelsprung (links) und einem Z-Galopp (rechts).

Prellsprung.

Drei- und Viersprung von versammeltem Galopp unterscheiden

Die Grenzen zwischen Drei- und Viersprung und versammeltem Galopp verlaufen im Spurbild fließend. Darum ist ein versammelter Galopp im Feld nicht immer eindeutig von einem Sprung zu unterscheiden. Dennoch gibt es Hinweise, die eine Einordnung ermöglichen:

- Im Gegensatz zu Sprüngen sind die Gruppenlängen im versammelten Galopp durch den zusätzlichen Kraftstoß der Vorderbeine verhältnismäßig groß.
- Aufgrund des zusätzlichen Kraftstoßes der Vorderbeine sind die Vorderfußtrittsiegel in Spurbildern eines versammelten Galopps oft stärker betont als in einem vergleichbaren Sprungspurbild. Im Spurbild eines Sprungs liegt die Betonung stärker auf den Abdrücken der Hinterfüße.
- Die Zwischengruppenlängen eines versammelten Galopps sind im Verhältnis zu den Gruppenlängen und im Vergleich zum Sprung eher kurz.

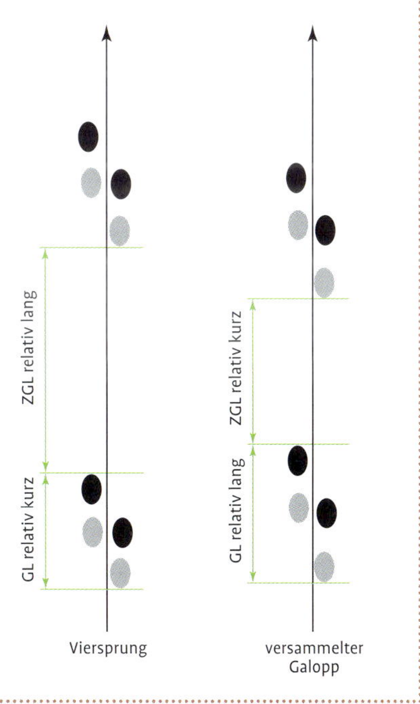

Persönliche Erfahrungen und Anmerkung

Die vielen verschiedenen Gangarten und deren Bezeichnungen können schnell zu Missverständnissen führen. In den vielen Jahren des Fährtenlesens habe ich gelernt, dass Tiere ihre Füße sehr variabel aufsetzen und menschengemachte Kategorien dabei ignorieren. So sehr ich präzise Sprache und begriffliche Ordnung schätze, die Natur lehrt mich fortlaufend, dass sie sich nicht immer in Schubladen pressen lässt. Auch bei den Gangarten der Vierbeiner muss jede schematische Einteilung mit einem Kontinuum an Erscheinungsformen umgehen (Hildebrand 2004). Es heißt, geübte Beobachter können mit dem Auge über 60 Gangarten unterscheiden und Spezialisten beschreiben noch mehr. Ich habe mich hier auf die Gangarten beschränkt, die anhand ihrer Spurbilder eindeutig erkannt und in Sprache gefasst werden können. Der vielleicht beste und bekannteste Fährtenleser Südafrikas, Oom Vet Piet († 27. März 2003), zog es sogar vor, Gangarten mit den Händen zu imitieren, anstatt sie mit Worten zu beschreiben.

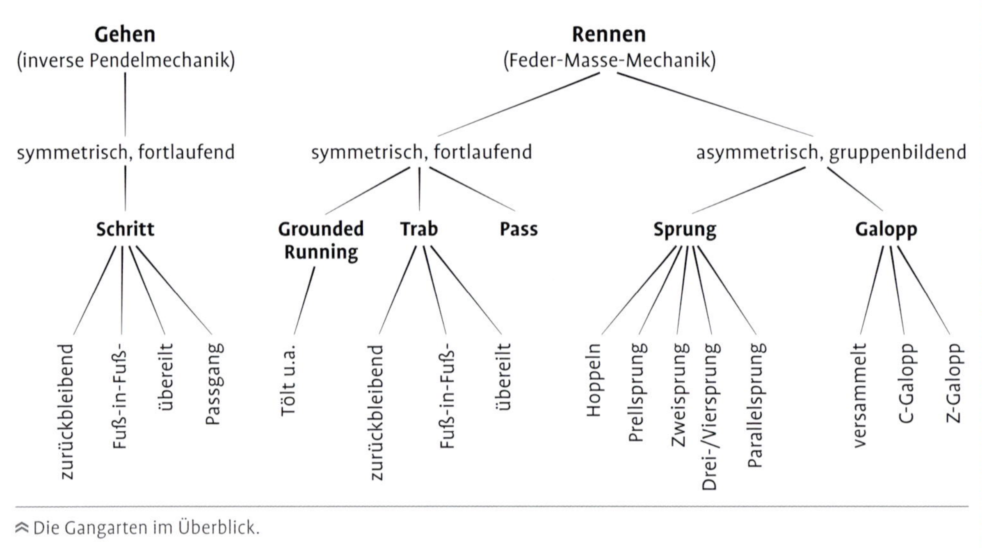

Die Gangarten im Überblick.

UNREGELMÄSSIGKEITEN IM SPURBILD

Wenn wir Fährten über längere Strecken verfolgen, werden wir häufig irgendwann eine Unregelmäßigkeit im Spurbild entdecken. Auch Tiere, die sehr weite Strecken zurücklegen, werden früher oder später aus verschiedenen Gründen stoppen. Auf den ersten Blick kann dies die Interpretation erschweren, es gibt jedoch einige charakteristische Unregelmäßigkeiten, die ein sicherer Hinweis für bestimmtes Verhalten sind.

T-Stopp

Wenn sich ein Tier im Schritt oder Trab fortbewegt, kann es zu vorübergehenden Pausen kommen, bei denen häufig ein T-förmiges Spurbild hinterlassen wird. Das Tier zögert in der Vorwärtsbewegung mit einem Vorderbein kurz und setzt es auf Höhe des anderen stehenden Vorderbeins ab, ähnlich wie wir unseren Fuß neben den anderen setzen, wenn wir stehen bleiben. Die vertikale Linie des „T" ist das gewöhnliche Spurbild, die horizontale Linie entsteht durch die zwei

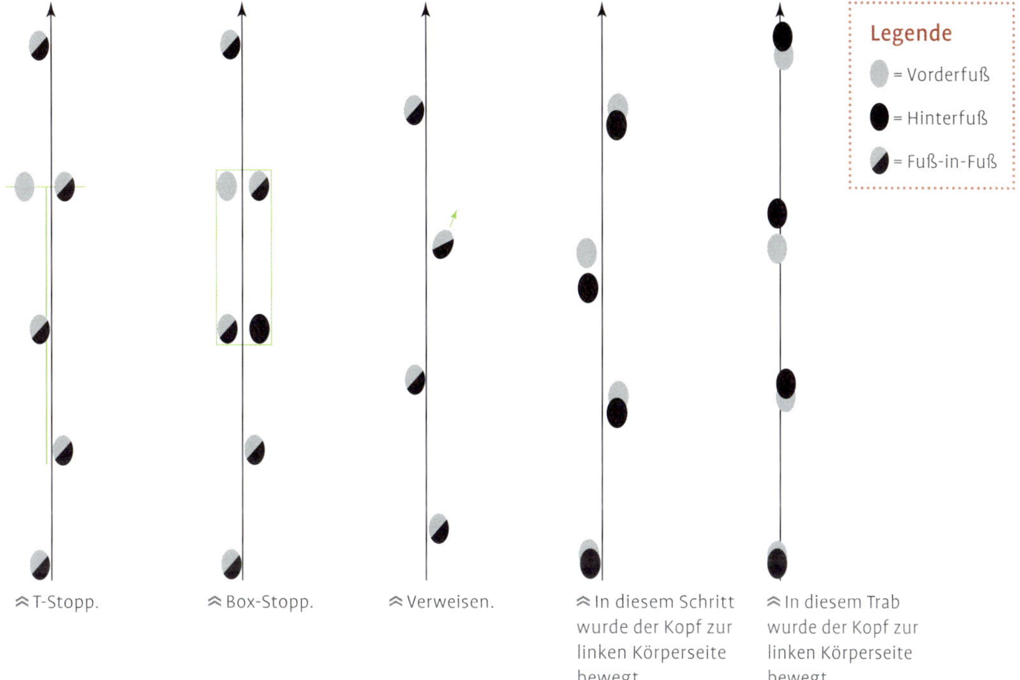

T-Stopp.

Box-Stopp.

Verweisen.

In diesem Schritt wurde der Kopf zur linken Körperseite bewegt.

In diesem Trab wurde der Kopf zur linken Körperseite bewegt.

nebeneinanderliegenden Vorderfußtrittsiegel. Häufig können wir dieses Muster vor der Überquerung eines Wegs oder einer offenen Fläche finden. Nach der kurzen Unterbrechung setzt sich das reguläre Spurbild wie gewohnt fort oder es kommt zu einem Wechsel von Gangart und/oder Richtung.

Box-Stopp

Der Box-Stopp ist eine Variation des T-Stopps. Im Gegensatz zum T-Stopp werden hier zusätzlich zu den Vorderfüßen auch die beiden Hinterfüße nebeneinander abgesetzt. Gewöhnlich sind die zwei Einzelabdrücke schwächer eingedrückt als die beiden diagonal gegenüberliegenden Doppelabdrücke. Ist der einzelne Hinterfußabdruck eher tief eingedrückt und gut sichtbar, weist dies auf einen längeren Stopp hin. Bei kurzen Stopps ist der einzelne Hinterfußabdruck eher flüchtig angedeutet.

Verweisen

Im Schritt kann ein Vorderfußtrittsiegel dadurch auffallen, dass es schräg versetzt zur Bewegungsrichtung steht. Oft „verweist" dieser Schrägversatz auf ein Objekt des Interesses, zum Beispiel genießbare Pflanzen. Wie bei einem T-Stopp kann dabei auch ein zweiter Vorderfuß abgesetzt werden. Wenn Sie einer Rehfährte im Schritt folgen, werden Sie dieses Verweisen früher oder später entdecken. Schauen Sie in die Richtung, in die das verweisende Trittsiegel zeigt, und häufig werden Sie dort, etwa in Kopfhöhe des Tieres, eine Fraßspur finden können. Verweisende Abdrücke können Einzel- oder Doppelabdrücke sein.

Bestimmen der Kopfposition

Im Fuß-in-Fuß-Schritt und -Trab können bestimmte Unregelmäßigkeiten des Spurbilds auf größere Kopfbewegungen hinweisen. Ein Tier, das im Schritt über seine Schulter schaut, hinterlässt häufig drei aufeinanderfolgende unregelmäßige Doppelabdrücke. Dabei bleibt der Hinterfuß auf der Körperseite zurück, in die der Kopf bewegt wird. Umgekehrt verhält es sich im Trab, bei dem dieselbe Kopfbewegung häufig zu einem leichten Übereilen führt. Der Vorderfuß der Körperseite, in die der Kopf bewegt wird, setzt etwas weiter hinten auf, um die entstandene Gewichtsveränderung auszugleichen, sodass der entsprechende Hinterfuß übereilt. Die Position des Kopfes lässt sich außerdem durch die tiefste Stelle eines einzelnen vorderen Trittsiegels bestimmen (Brown 1999). Denn das zusätzliche Gewicht des Kopfes bewirkt, dass sich der Vorderfußabdruck der Körperseite, auf der sich der Kopf befand, tiefer im Untergrund eindrückt. Um diese Methode auszuprobieren, eignet sich der T-Stopp besonders, da bei ihm einzelne vordere Trittsiegel leicht auszumachen sind.

VERMESSEN DER SPURBILDER

Durch das Vermessen der Spurbilder können wir diese bestimmten Gangarten zuordnen. Das wiederum ist ein wichtiger Schlüssel, um das Verhalten des Tieres nachzuvollziehen. Dafür werden **Schrittlänge**, **Spurbreite**, **Gruppenlänge** und **Zwischengruppenlänge** gemessen.

SCHRITTLÄNGE (SL)

In allen Gangarten wird die Schrittlänge aufgenommen. Bei den symmetrischen Gangarten ist dies die Strecke zwischen dem Aufsetzen eines Fußes bis zum nächsten Auftreten desselben Fußes. Um die Schrittlänge zu ermitteln, wird ein eindeutig erkennbarer Punkt eines Trittsiegels festgelegt und bis zum selben Punkt des gleichen Fußes im folgenden Trittsiegel gemessen. Dabei kann man von der vorderen Außenkante zur vorderen Außenkante oder von der hinteren Außenkante zur hinteren Außenkante eines Trittsiegels messen. Wichtig ist, kontinuierlich vorzugehen und immer die aufeinanderfolgenden Abdrücke des gleichen Fußes als Messpunkt zu verwenden. Bei allen asymmetrischen Gangarten wird die Schrittlänge über die Gruppenlänge und die Zwischengruppenlänge bestimmt. Die Gruppenlänge mit der Zwischengruppenlänge addiert ergibt die Schrittlänge. Um zwei ungleiche Werte zu vermeiden, wird die Schrittlänge nicht zusätzlich gemessen. Achtung: Im „Man-Tracking“ sowie von einigen Tierspuren-Autoren wird die halbe Schrittlänge gemessen. Die Daten bleiben vergleichbar, solange angegeben wird, wie gemessen wurde.

„Die Schrittlänge ist die Strecke zwischen dem Aufsetzen eines Fußes bis zum nächsten Auftreten desselben Fußes.“

SPURBREITE (SB)

Die Spurbreite ist die breiteste Stelle eines Spurbilds. Um sie zu messen, legen wir an fortlaufenden Spurbildern (alle symmetrischen Gangarten) ein Maßband oder einen Zollstock an den Außenkanten zweier aufeinanderfolgender Trittsiegel desselben Fußes einer Seite an. Von dort wird im rechten Winkel zur Bewegungsrichtung bis zur Außenkante des zuerst folgenden Fußabdrucks der gegenüberliegenden Seite gemessen. Bei gruppenbildenden Spurbildern (alle Formen von Sprung und Galopp) wird der Abstand zwischen den Außenkanten der am weitesten außen liegenden Trittsiegel innerhalb einer Gruppenlänge und ebenfalls im rechten Winkel zur Bewegungsrichtung gemessen.

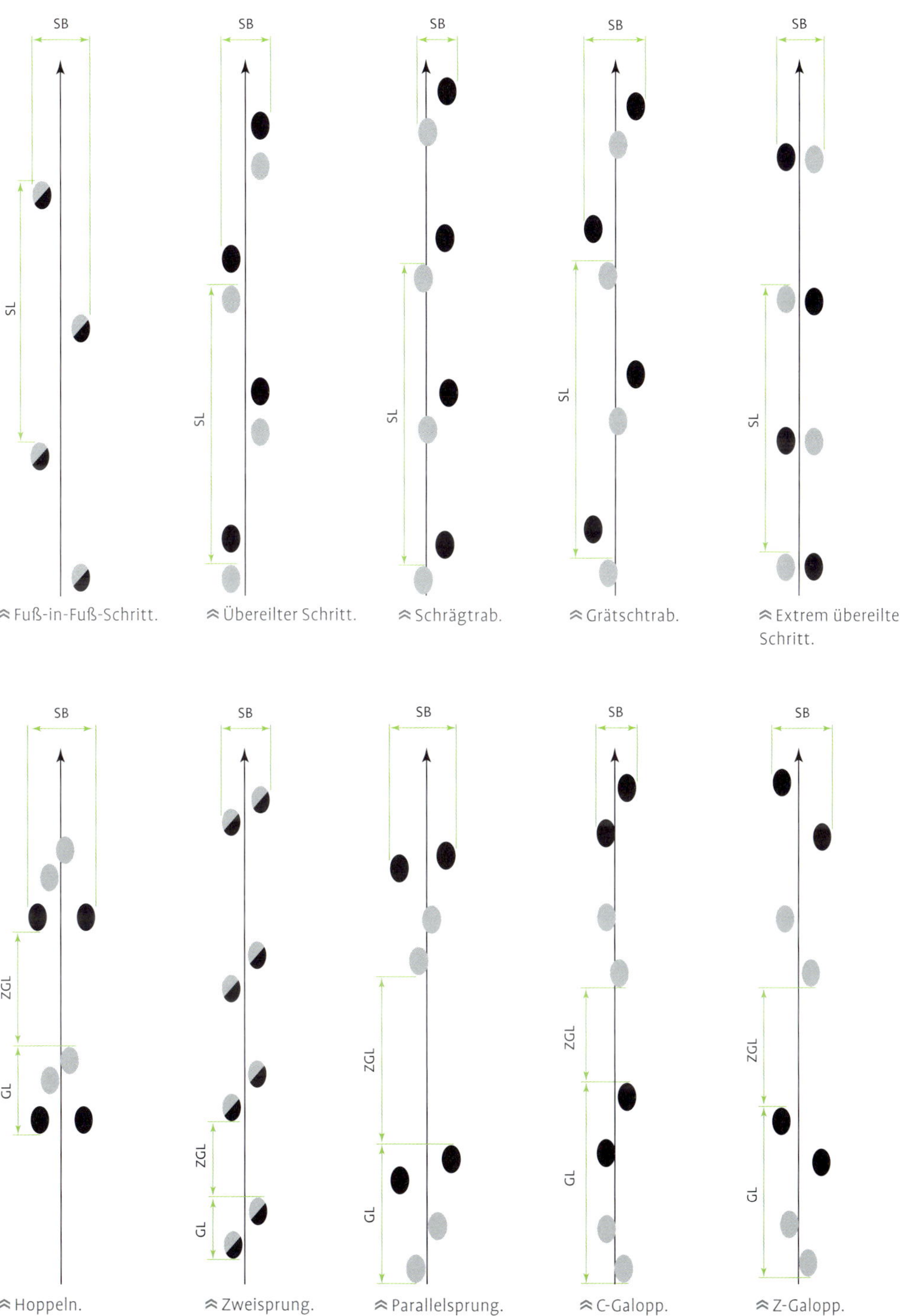

≈ Fuß-in-Fuß-Schritt.

≈ Übereilter Schritt.

≈ Schrägtrab.

≈ Grätschtrab.

≈ Extrem übereilter Schritt.

≈ Hoppeln.

≈ Zweisprung.

≈ Parallelsprung.

≈ C-Galopp.

≈ Z-Galopp.

TERMINOLOGIE DER GANGARTEN

DEUTSCH	ENGLISCH
Doppelabdruck	doubleprint
Fuß-in-Fuß	direct register
Schrittlänge	stride
halbe Schrittlänge	step
Spurbreite	straddle/trail width
Gruppenlänge	group length
Zwischengruppenlänge	inter-group length
komplette Schrittfolge	full cycle of footfalls
übereilen	overstep
zurückbleiben	understep
rotierend	rotary
transversal	transverse
versammelte Flugphase	gathered suspension
gestreckte Flugphase	extended suspension
Schritt	**Walk**
Fuß-in-Fuß-Schritt	direct register Walk
zurückbleibender Schritt	understep Walk
übereilender Schritt	overstep Walk
Trab	**Trot**
Fuß-in-Fuß-Trab	direct register Trot
übereilender Trab	overstep Trot
Schrägtrab	Sidetrot
Grätschtrab	Straddletrot
Sprung	**Bound**
einfacher Parallelsprung	half/angled Bound
kompletter Parallelsprung	full/paired Bound
einfaches Hoppeln	half/angled Hop
komplettes Hoppeln	full/paired Hop
Prellsprung	Pronk
Zweisprung	2 × 2 Bound
Dreisprung	3 × 4 Bound (Rotary)
Viersprung	4 × 4 Bound (Transverse)
Galopp	**Gallop**
C-Galopp	rotary Gallop
Z-Galopp	transverse Gallop
versammelter Galopp	**Lope**
versammelter C-Galopp	4 × 4 Lope (Rotary)
versammelter Z-Galopp	4 × 4 Lope (Transverse)

GRUPPENLÄNGE (GL)

Die Gruppenlänge einer Vierergruppe wird von der hinteren Außenkante des ersten Fußabdrucks bis zur vorderen Außenkante des letzten Fußabdrucks derselben Vierergruppe und parallel zur Bewegungsrichtung gemessen. Alle vier Trittsiegel sind folglich vollständig in der Messung eingeschlossen.

ZWISCHENGRUPPENLÄNGE (ZGL)

Die Zwischengruppenlänge beschreibt den Zwischenraum zwischen zwei Gruppenlängen aufeinanderfolgender Vierergruppen. Sie reicht von der vorderen Außenkante des zuletzt aufgesetzten Fußes einer Gruppenlänge bis zur hinteren Außenkante des zuerst aufgesetzten Fußes der nächsten Gruppenlänge. Im Gegensatz zur Gruppenlänge ist hier folglich kein Trittsiegel in der Messung eingeschlossen.

BESTIMMUNGSHILFE FÜR TRITTSIEGEL VON SÄUGETIEREN

Es folgt eine von klein nach groß sortierte Bestimmungshilfe für Trittsiegel von Säugetieren. Fast alle Trittsiegelzeichnungen sind lebensgroß abgebildet, Ausnahmen sind auf 50 % ihrer Lebensgröße verkleinert und entsprechend gekennzeichnet.

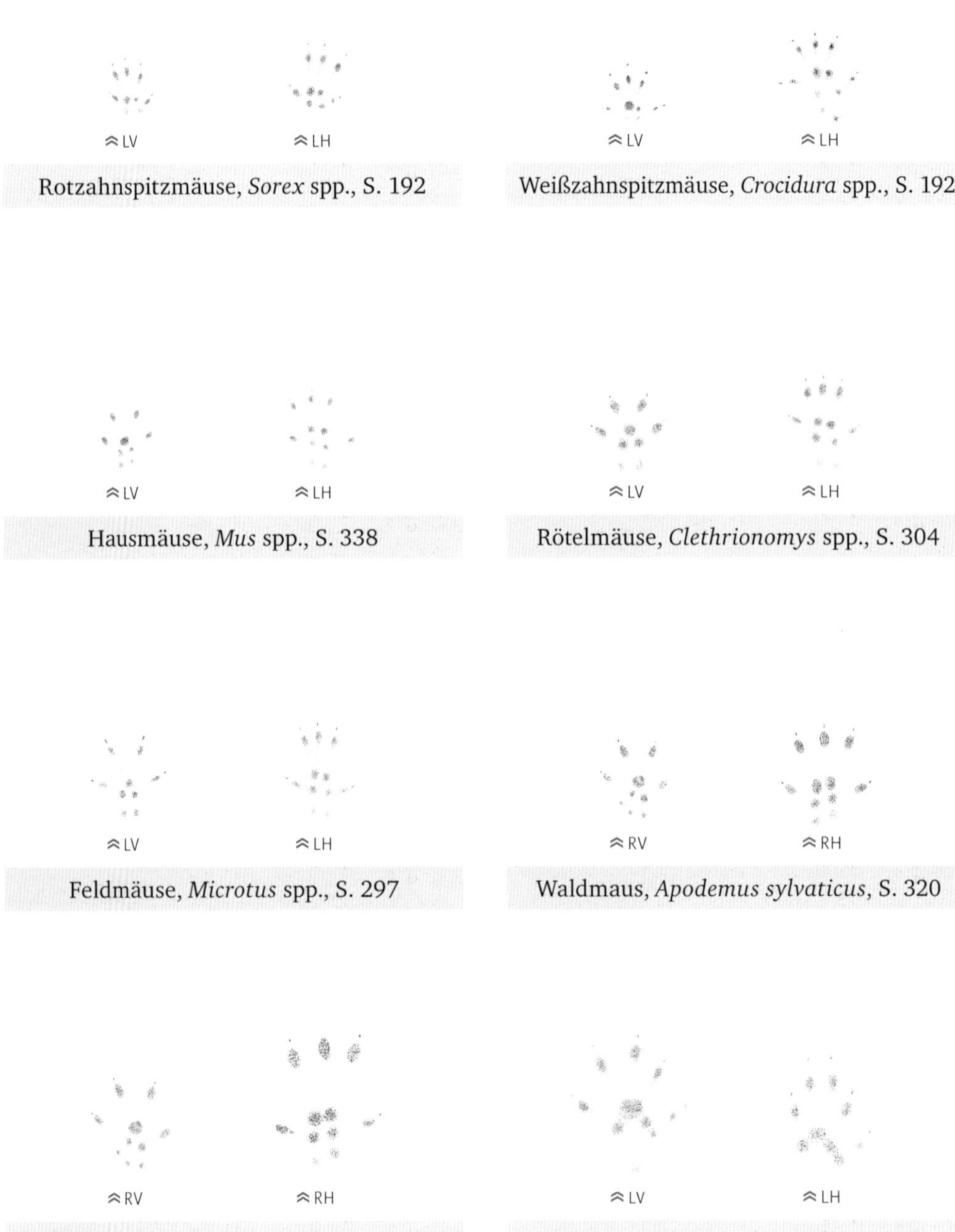

Eurasische Maulwürfe, *Talpa* spp., S. 200

Schermäuse, *Arvicola* spp., S. 286

Hausratte, *Rattus rattus*, S. 344

Wanderratte, *Rattus norvegicus*, S. 344

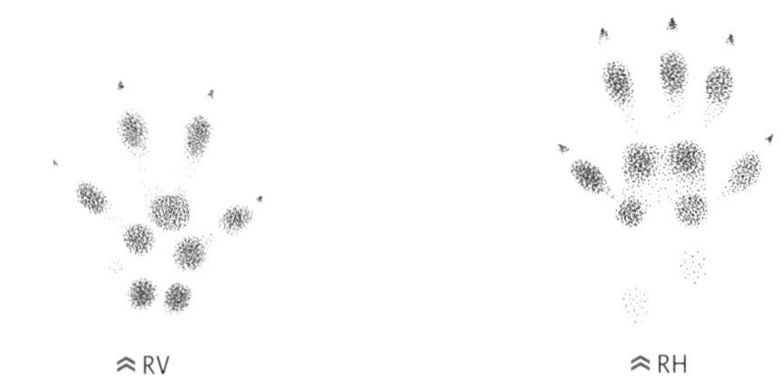

Feldhamster, *Cricetus cricetus*, S. 312

Ziesel, *Spermophilus* spp., S. 251

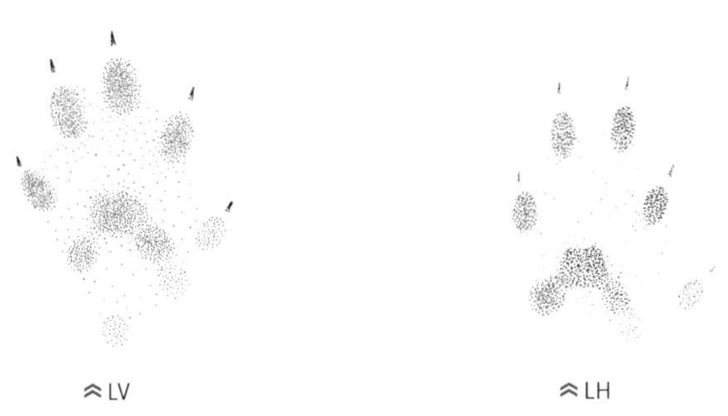

Hermelin, *Mustela erminea*, S. 469

Siebenschläfer, *Glis glis*, S. 256

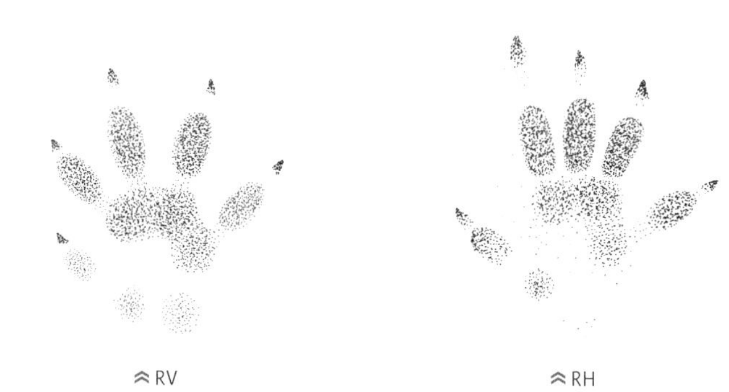

Braunbrustigel, *Erinaceus europaeus*, S. 188

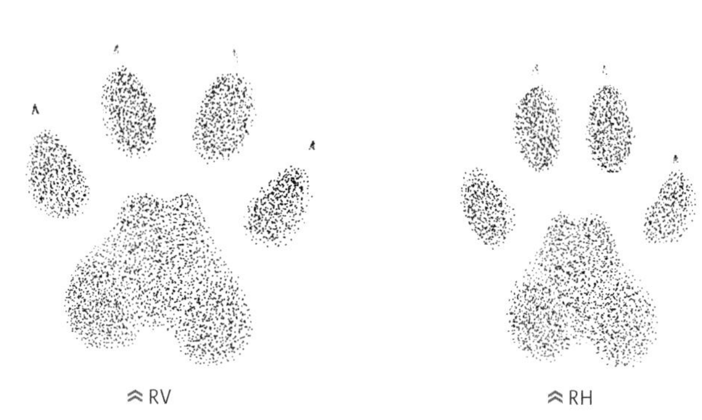

Kleinfleck-Ginsterkatze, *Genetta genetta*, S. 376

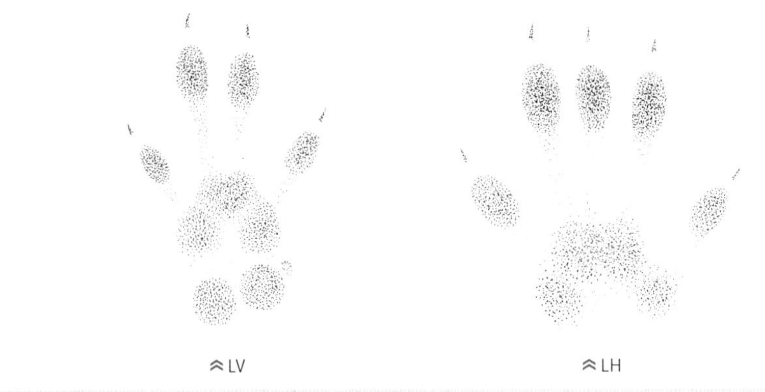

Eichhörnchen, *Sciurus* spp., S. 237

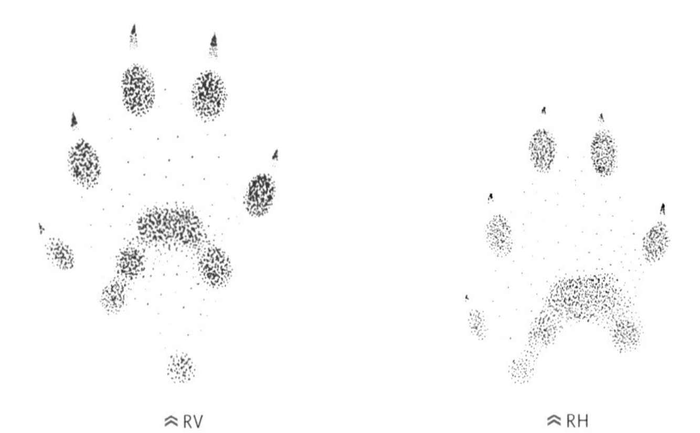

Waldiltis, *Mustela putorius*, S. 464

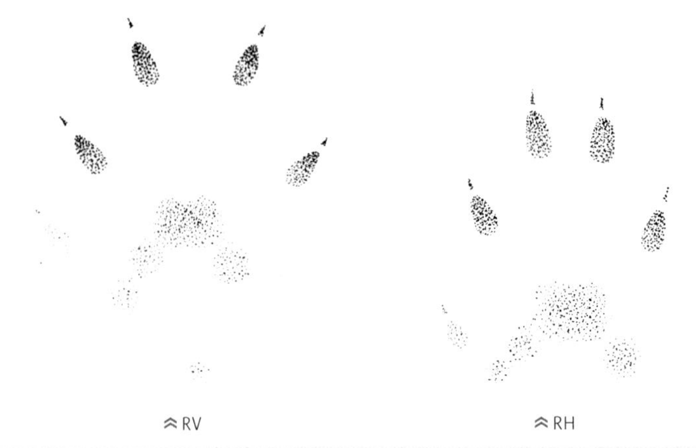

Mink, *Neovison vison*, S. 476

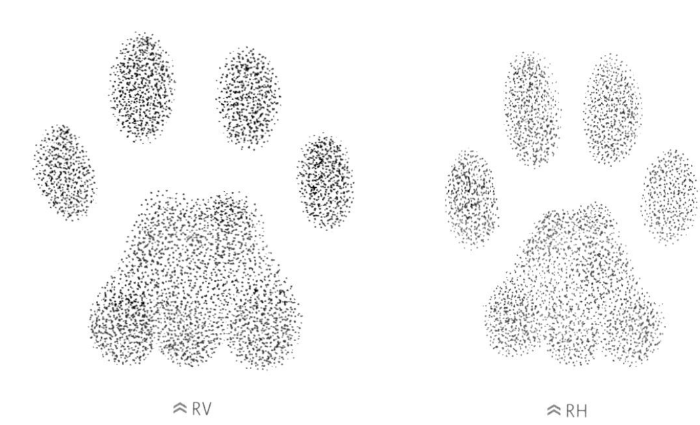

Europäische Wildkatze, *Felis silvestris*, S. 371

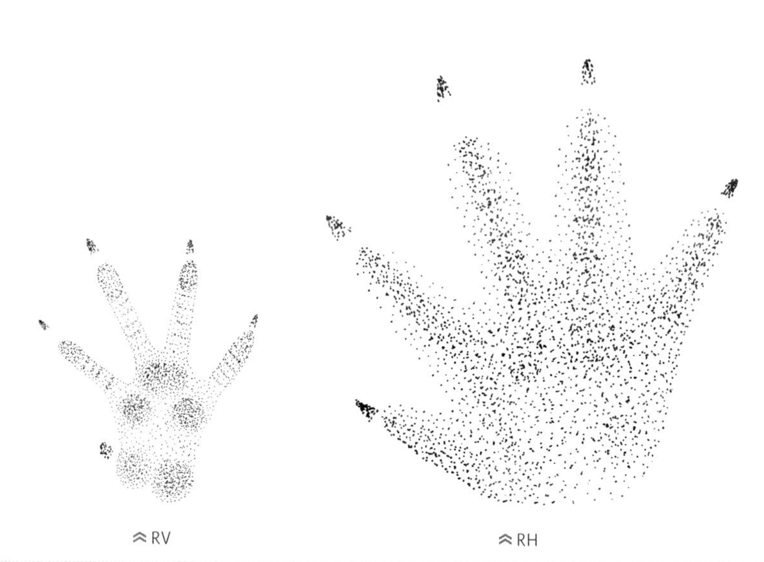

Bisam, *Ondatra zibethicus*, S. 280

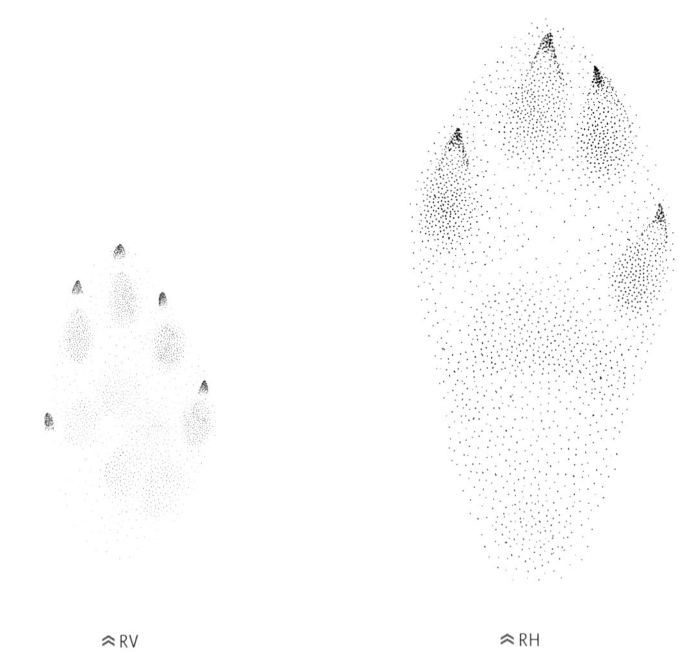

Wildkaninchen, *Oryctolagus cuniculus*, S. 226

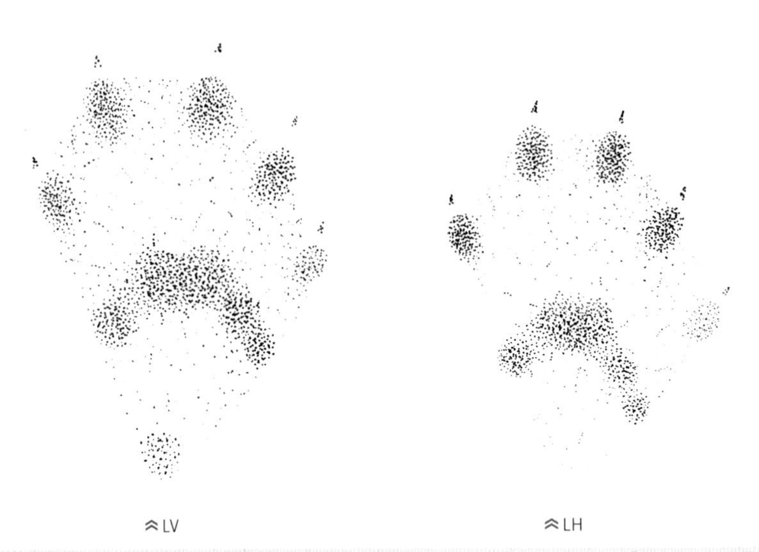

Baummarder, *Martes martes*, S. 452

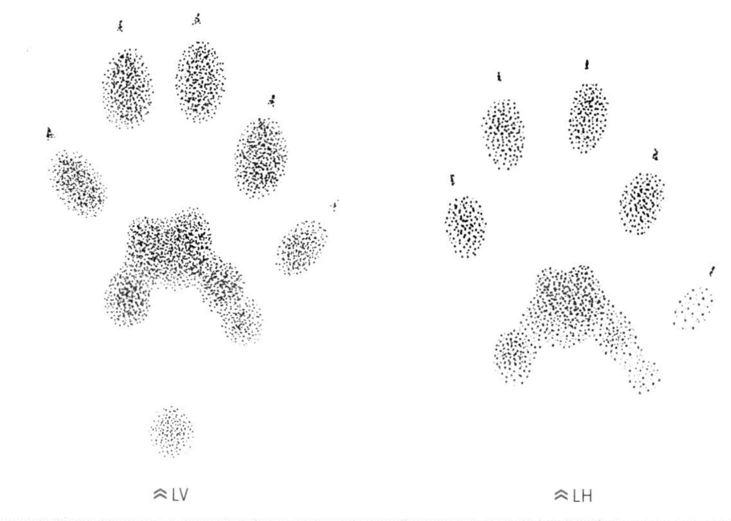

Steinmarder, *Martes foina*, S. 457

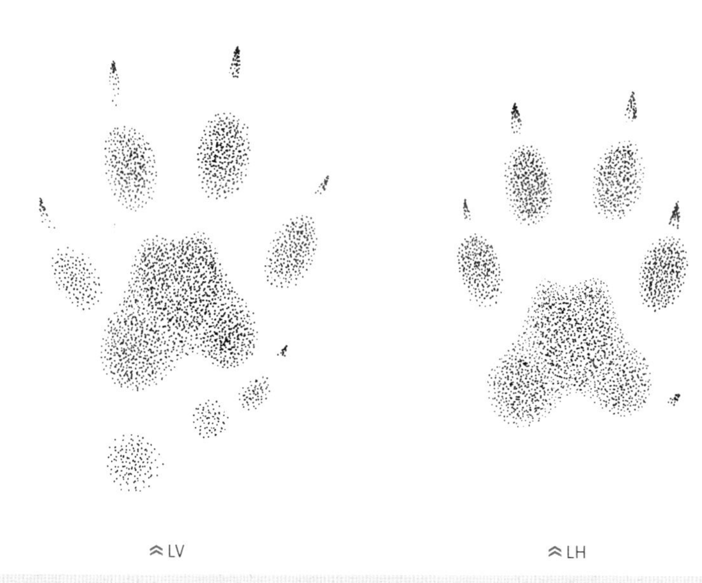

Ichneumon, *Herpestes ichneumon*, S. 380

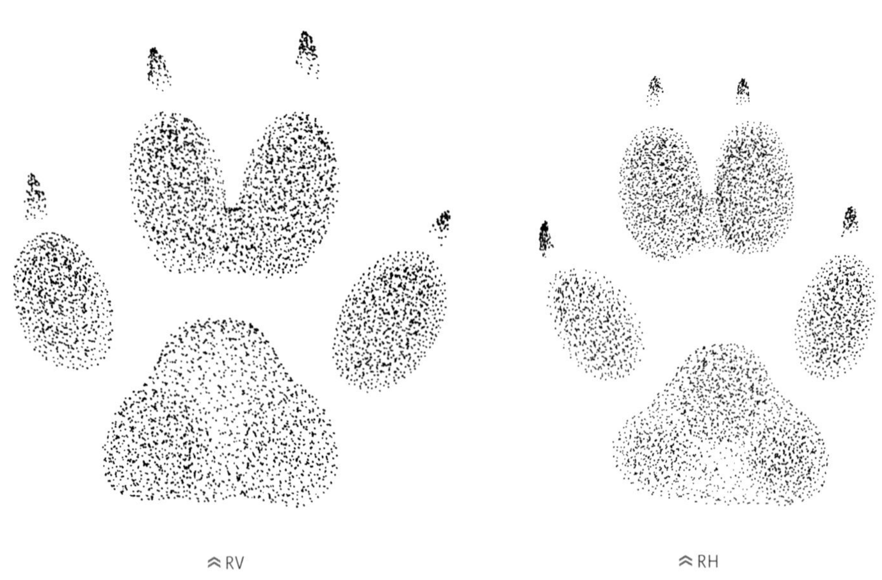

Marderhund, *Nyctereutes procyonoides*, S. 402

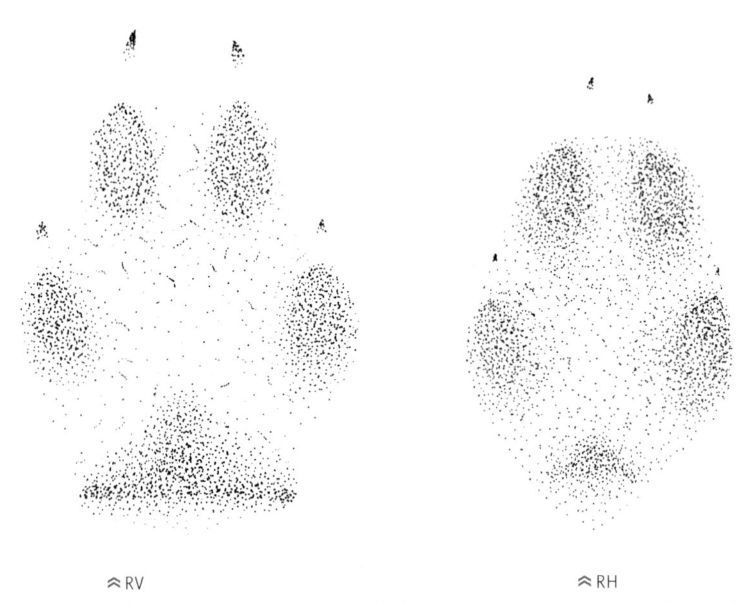

Rotfuchs, *Vulpes vulpes*, S. 411

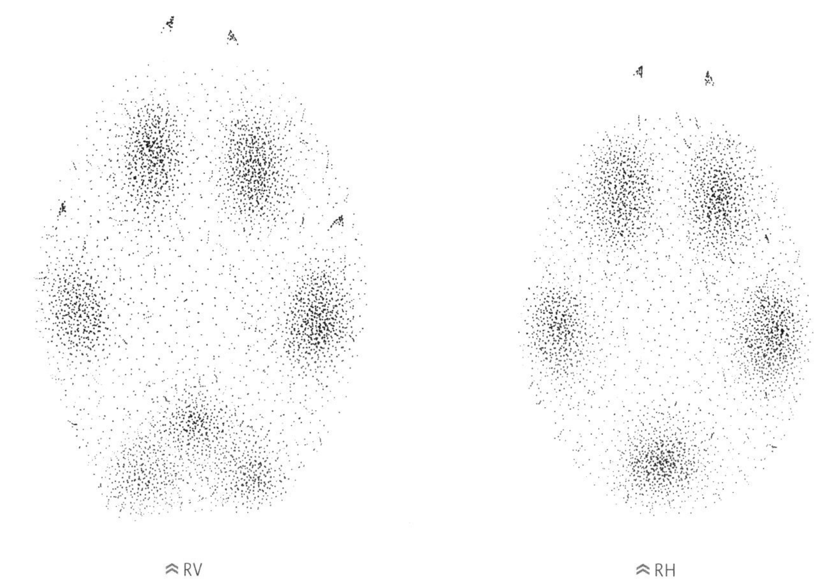

Polarfuchs, *Vulpes lagopus*, S. 406

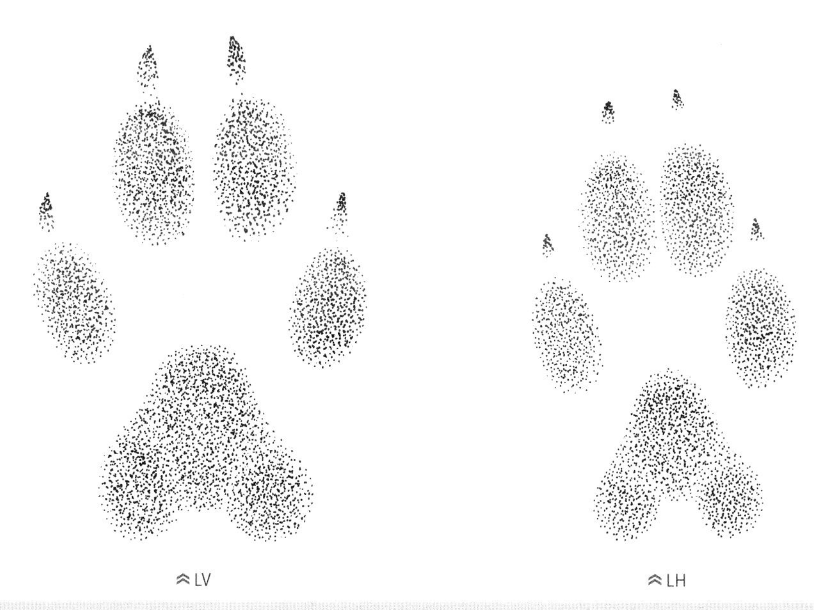

Goldschakal, *Canis aureus*, S. 386

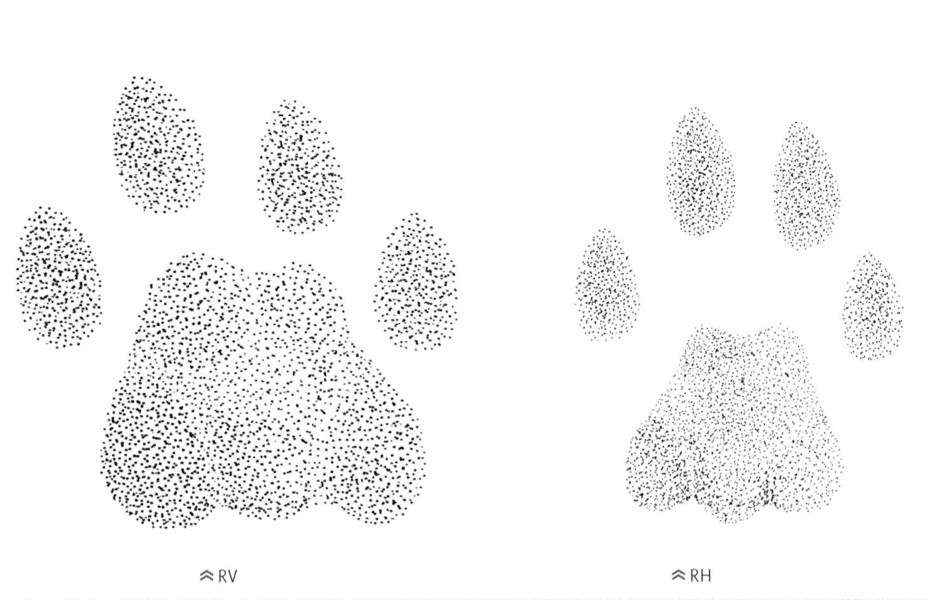

Pardelluchs, *Lynx pardinus*, S. 364

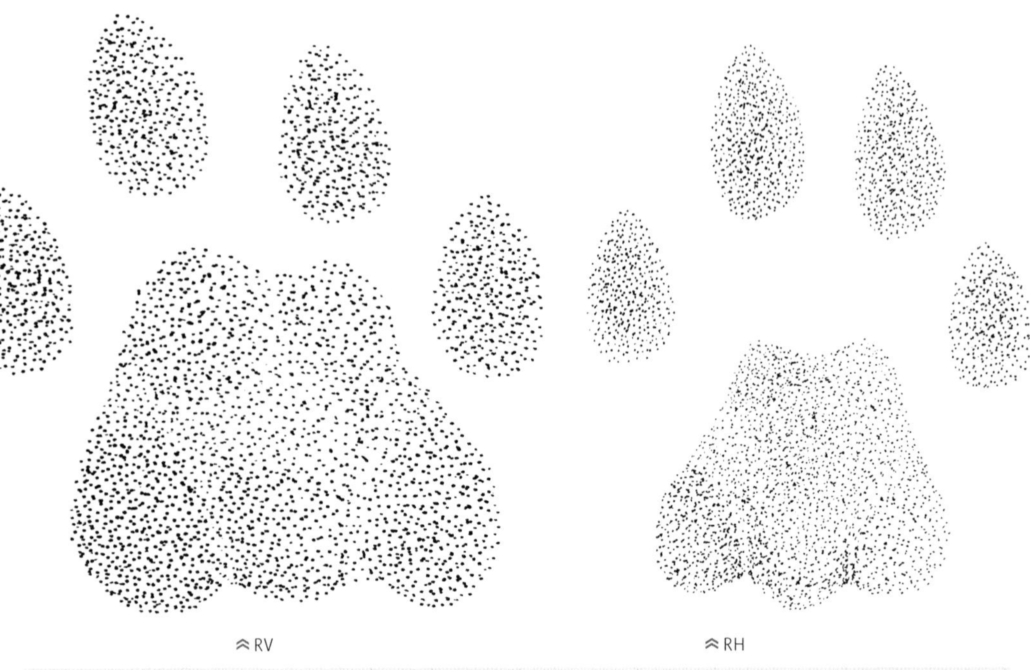

Eurasischer Luchs, *Lynx lynx*, S. 364

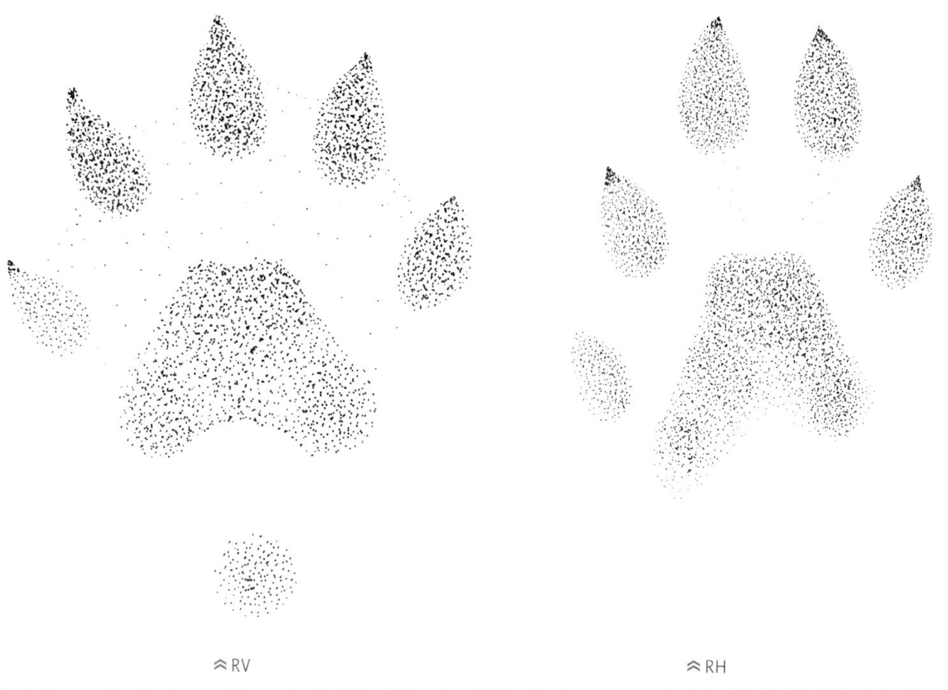

Fischotter, *Lutra lutra*, S. 430

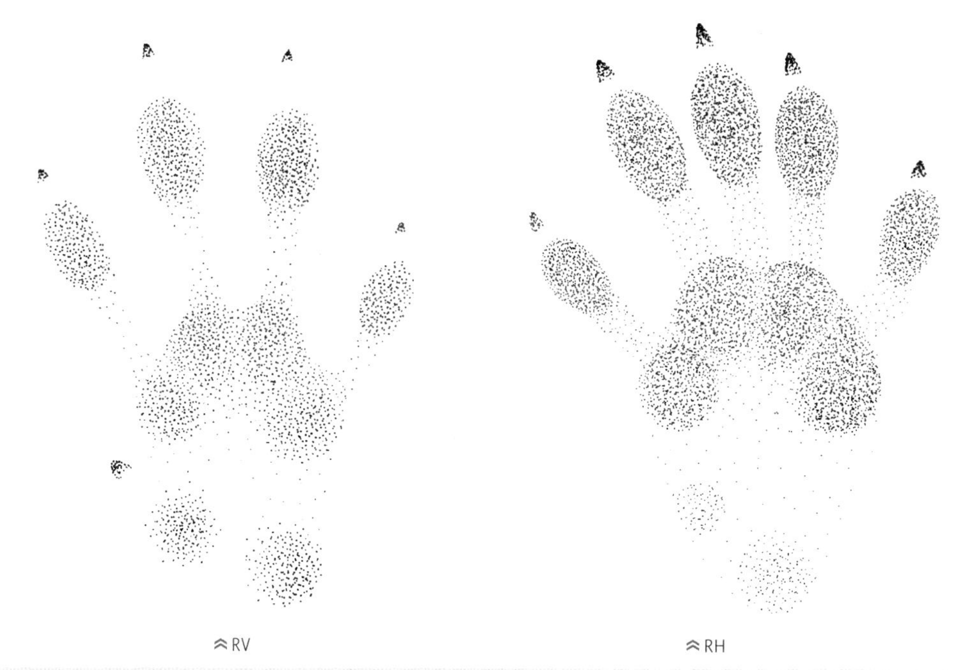

Alpenmurmeltier, *Marmota marmota*, S. 246

Gewöhnliches Stachelschwein, *Hystrix cristata*, S. 356

Europäischer Dachs, *Meles meles*, S. 444

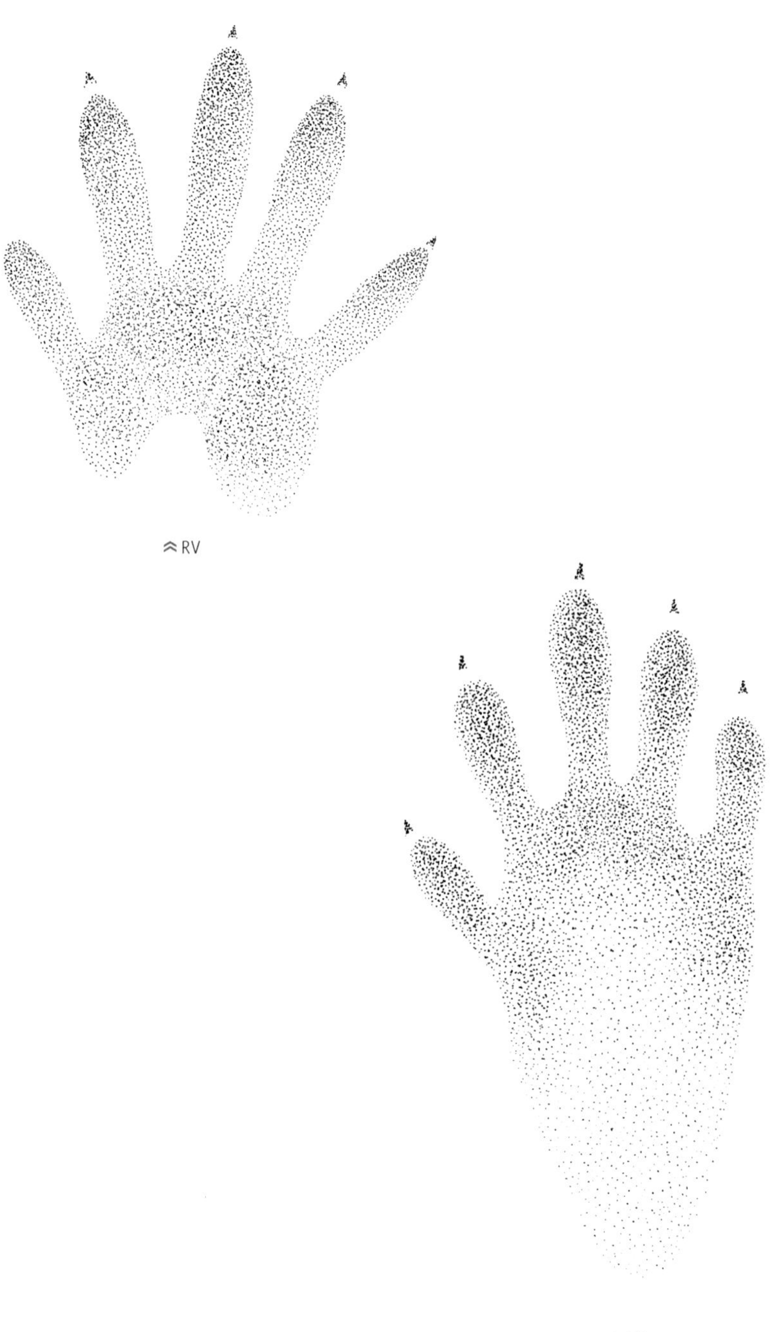

Waschbär, *Procyon lotor*, S. 484

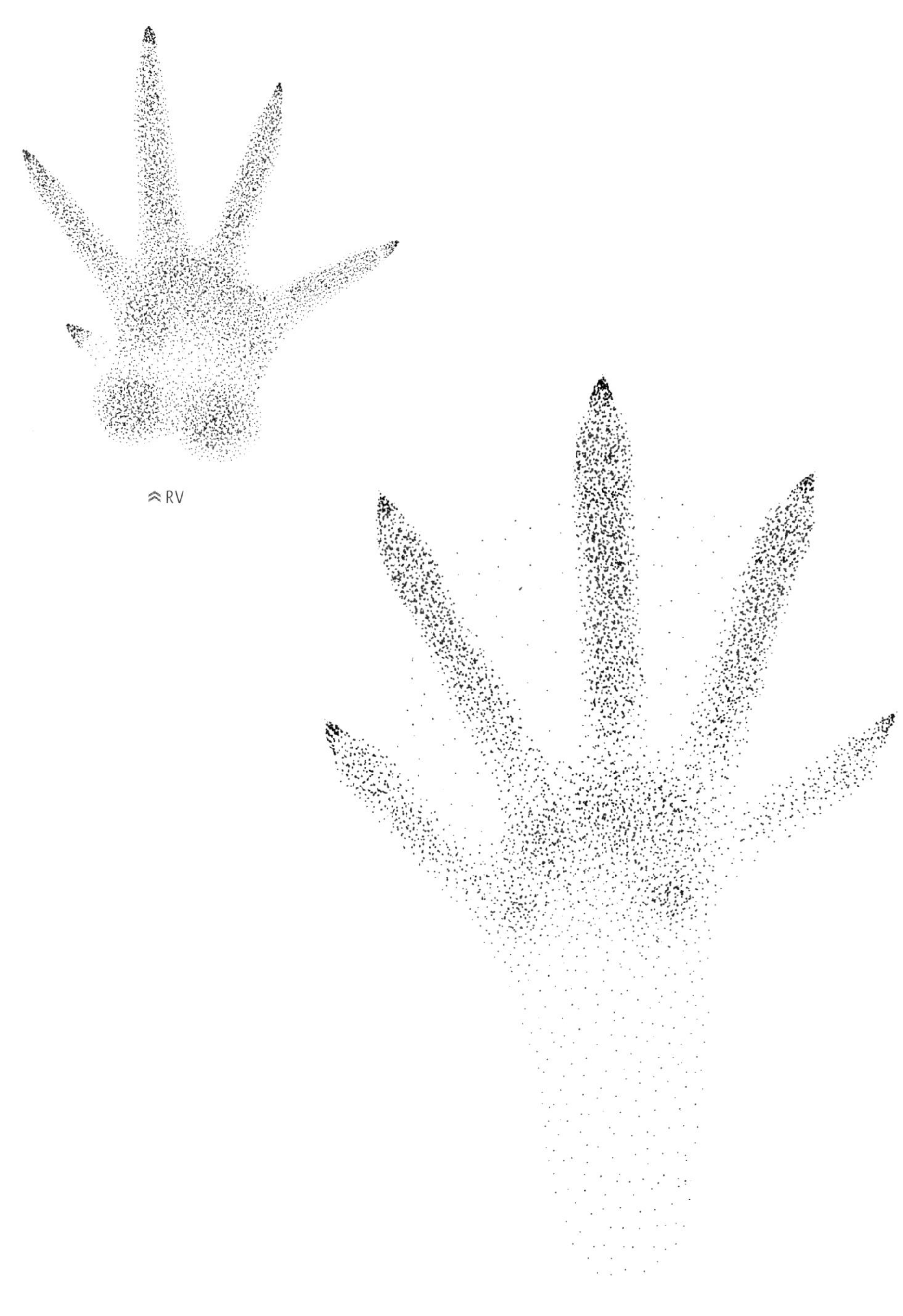

Nutria, *Myocastor coypus*, S. 270

Feldhase, *Lepus europaeus*, S. 214

Schneehase, *Lepus timidus*, S. 220

Haushund, *Canis lupus familiaris*, S. 390

Wolf, *Canis lupus*, S. 390

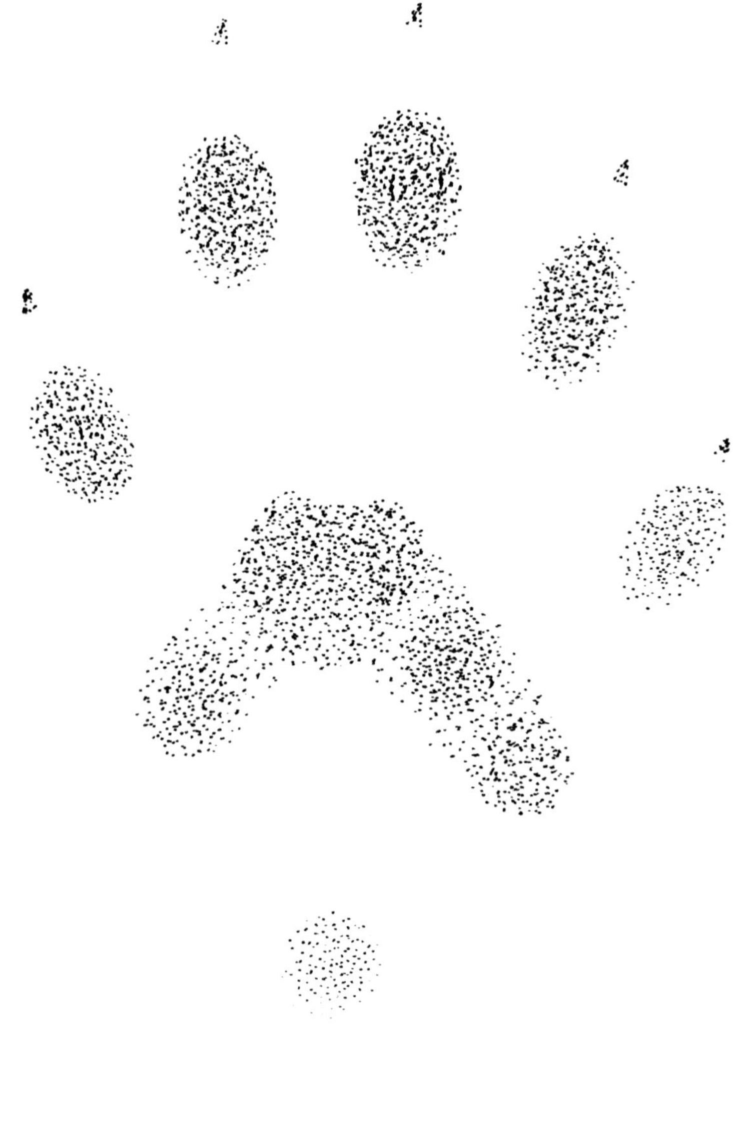

Vielfraß, *Gulo gulo*, S. 438

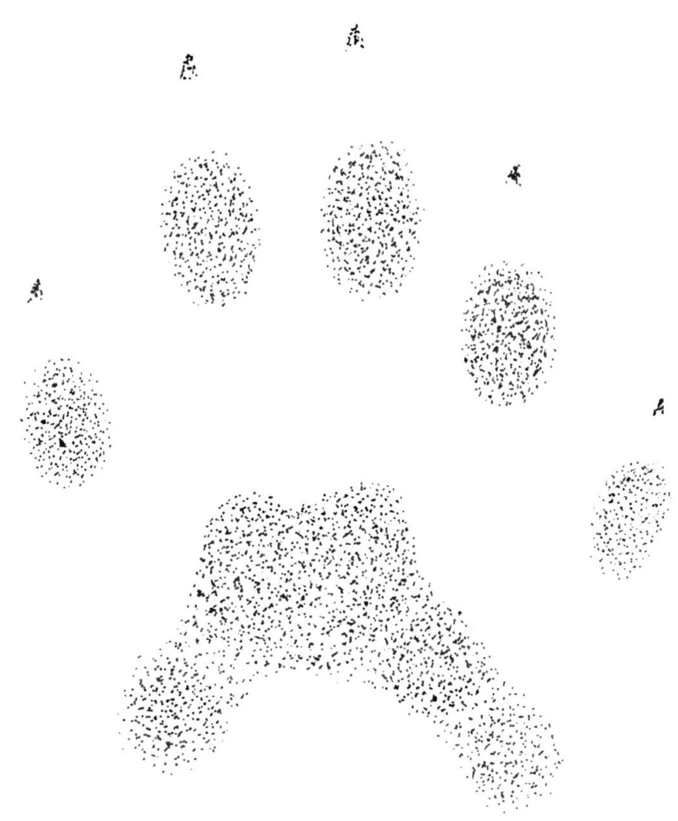

≈ LH

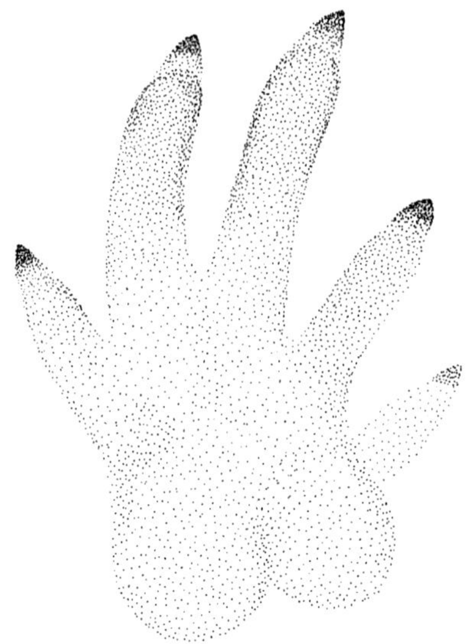

≈ LV

Eurasischer Biber, *Castor fiber*, S. 262

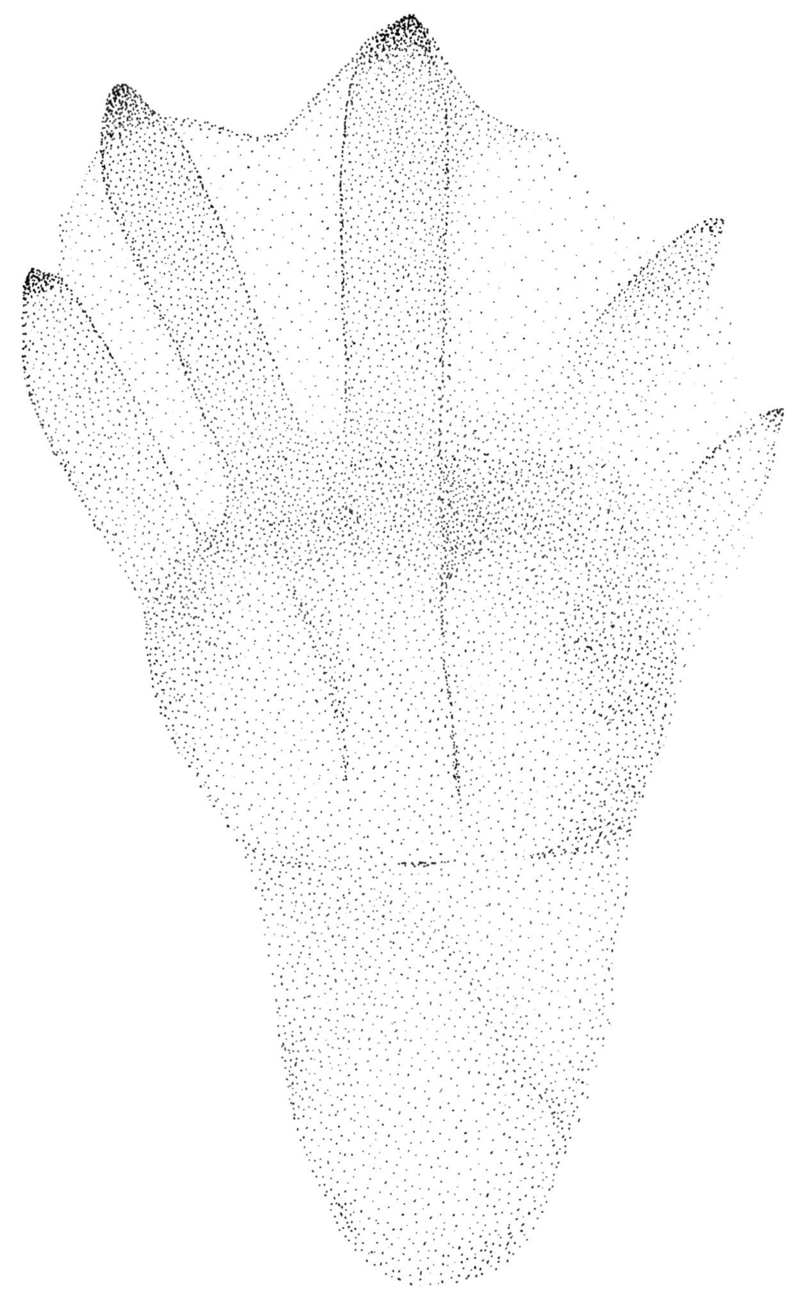

≈ LH

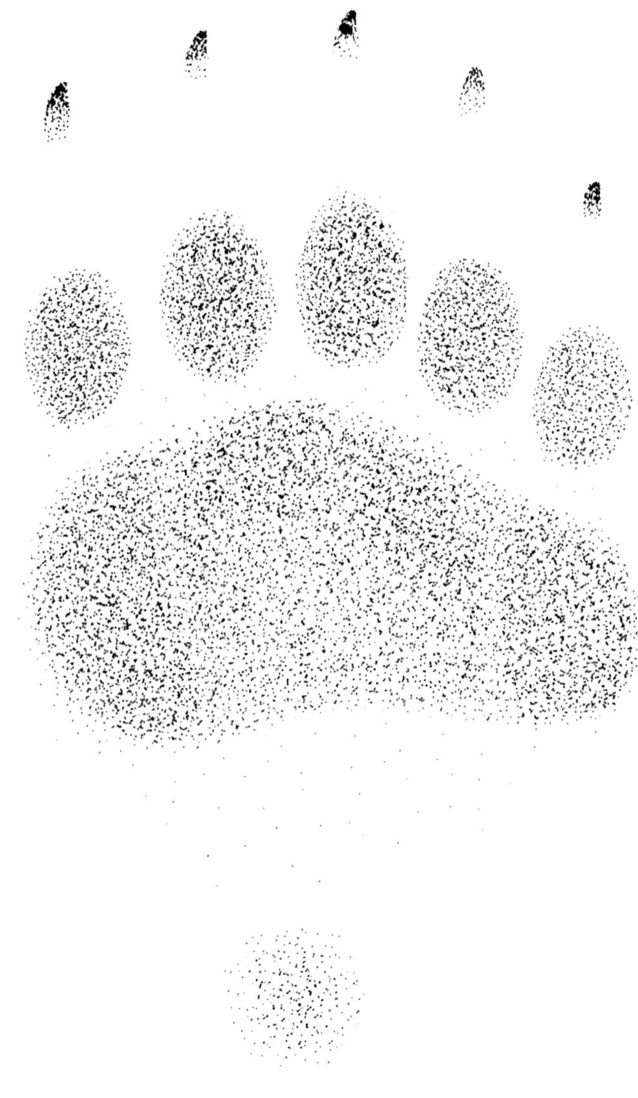

≈ LV – 50 % der Originalgröße

Braunbär, *Ursus arctos*, S. 422

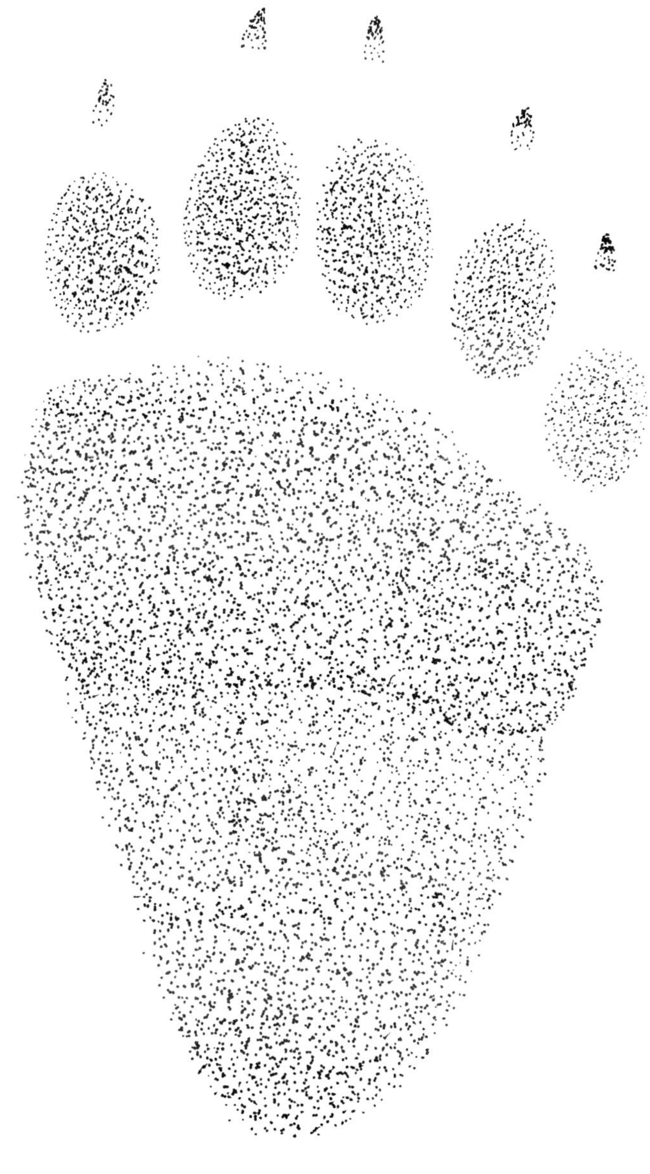

≈ LH – 50 % der Originalgröße

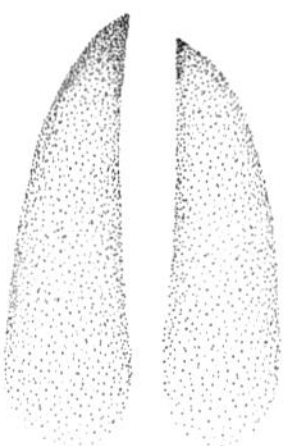

≈ LV

Chinesischer Muntjak, *Muntiacus reevesi*, S. 558

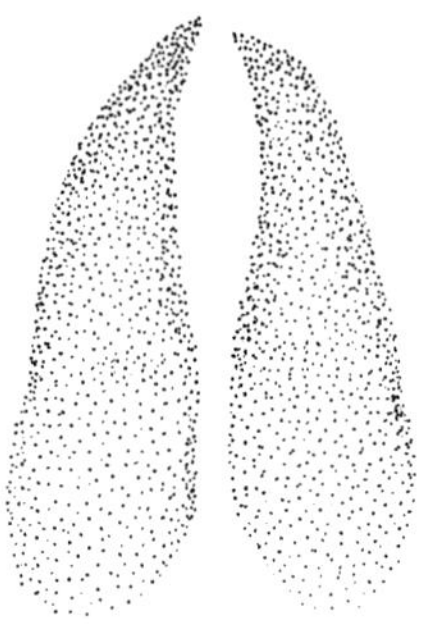

≈ LH

Wasserreh, *Hydropotes inermis*, S. 564

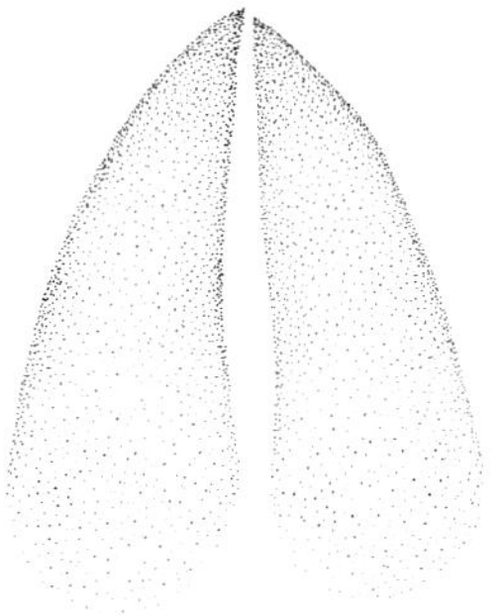

| H

Europäisches Reh, *Capreolus capreolus*, S. 518

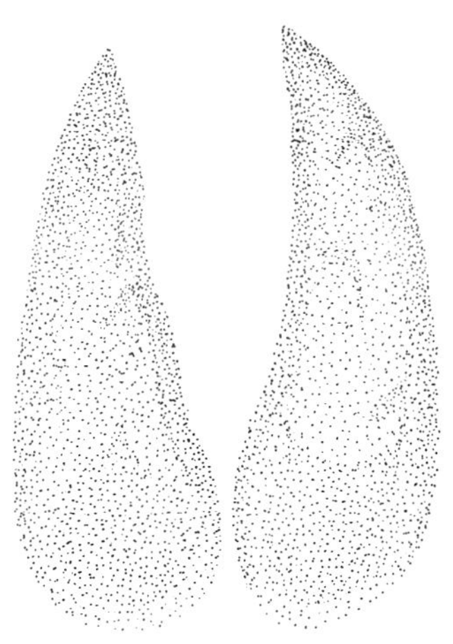

RV

Europäischer Mufflon, *Ovis gmelini musimon*, S. 592

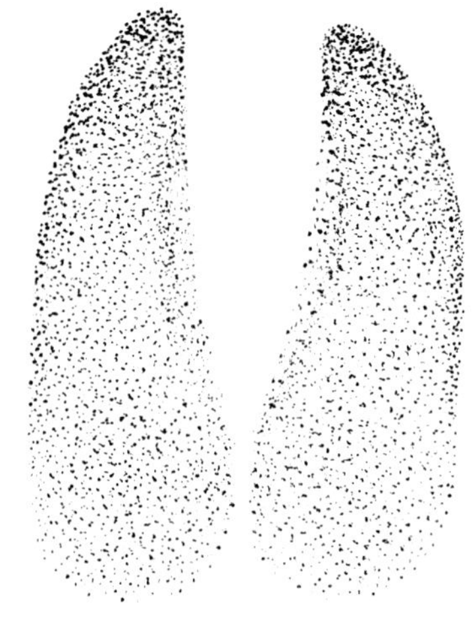

≈LV

Hausziege, *Capra aegagrus hircus*, S. 596

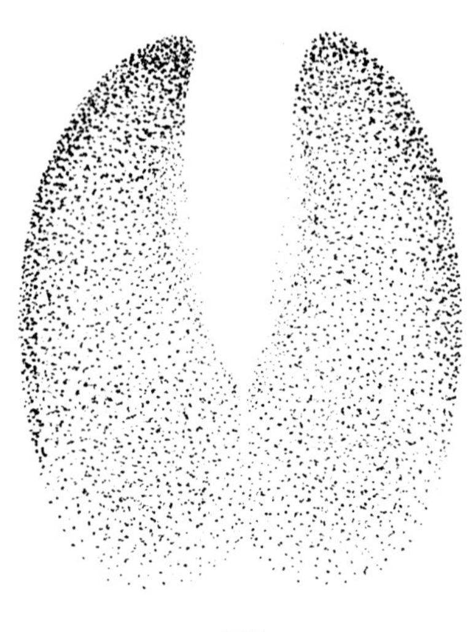

≈LV

Hausschaf, *Ovis gmelini aries*, S. 596

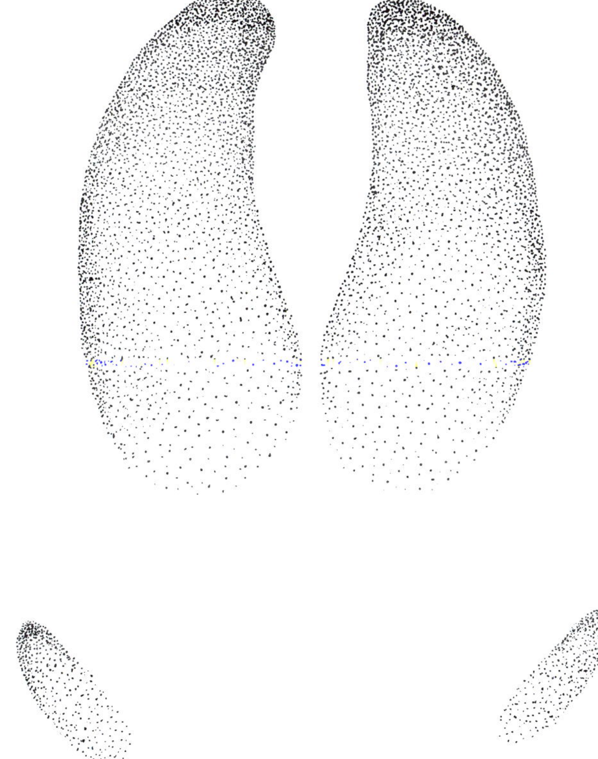

≈ LV

Wildschwein, *Sus scrofa*, S. 498

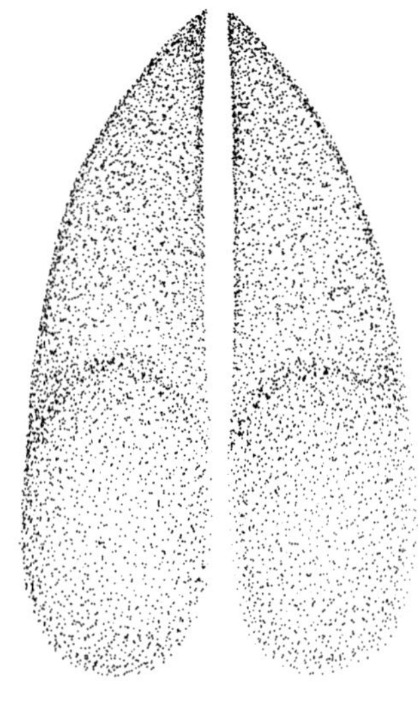

Damhirsch, *Dama dama*, S. 532

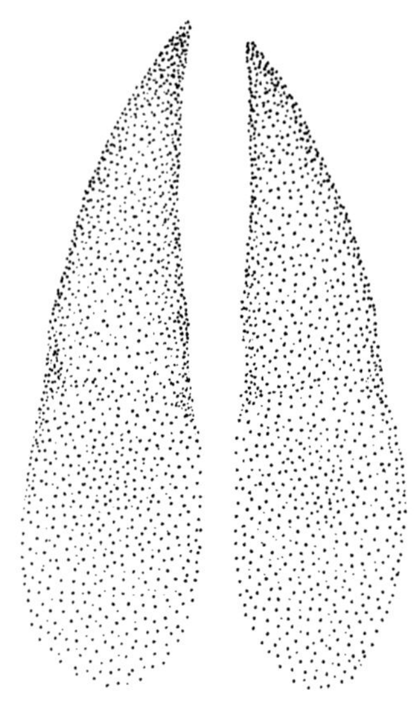

Sikahirsch, *Cervus nippon*, S. 552

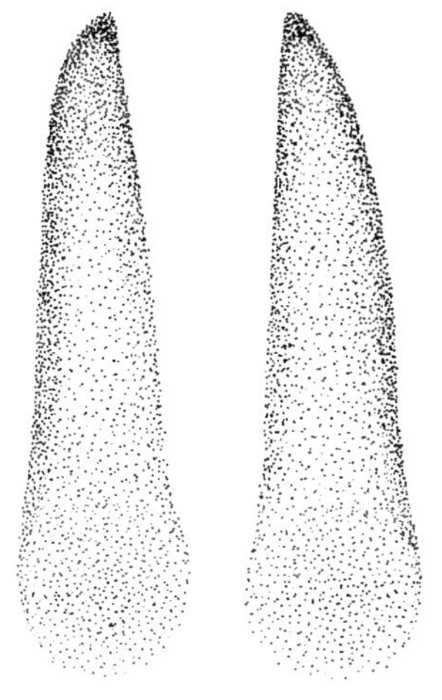

≈ LV

Gämsen, *Rupicapra* spp., S. 586

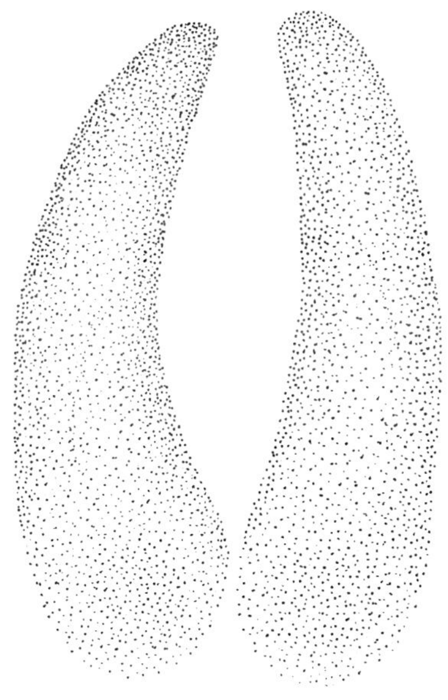

≈ RH

Alpensteinbock, *Capra ibex*, S. 581

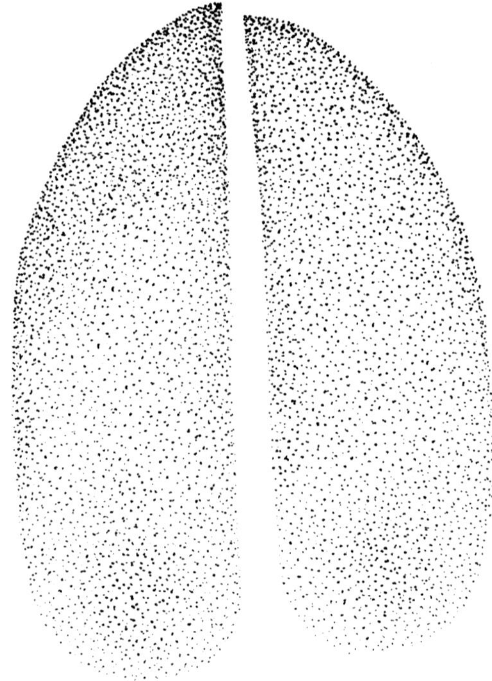

≈ LV

Rothirsch, *Cervus elaphus*, S. 542

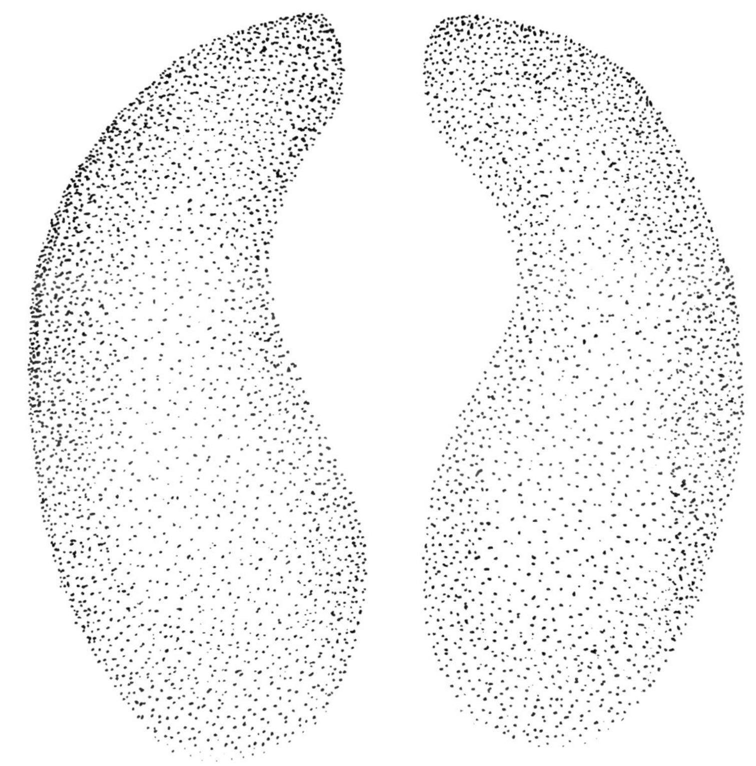

≈ LV

Rentier, *Rangifer tarandus*, S. 526

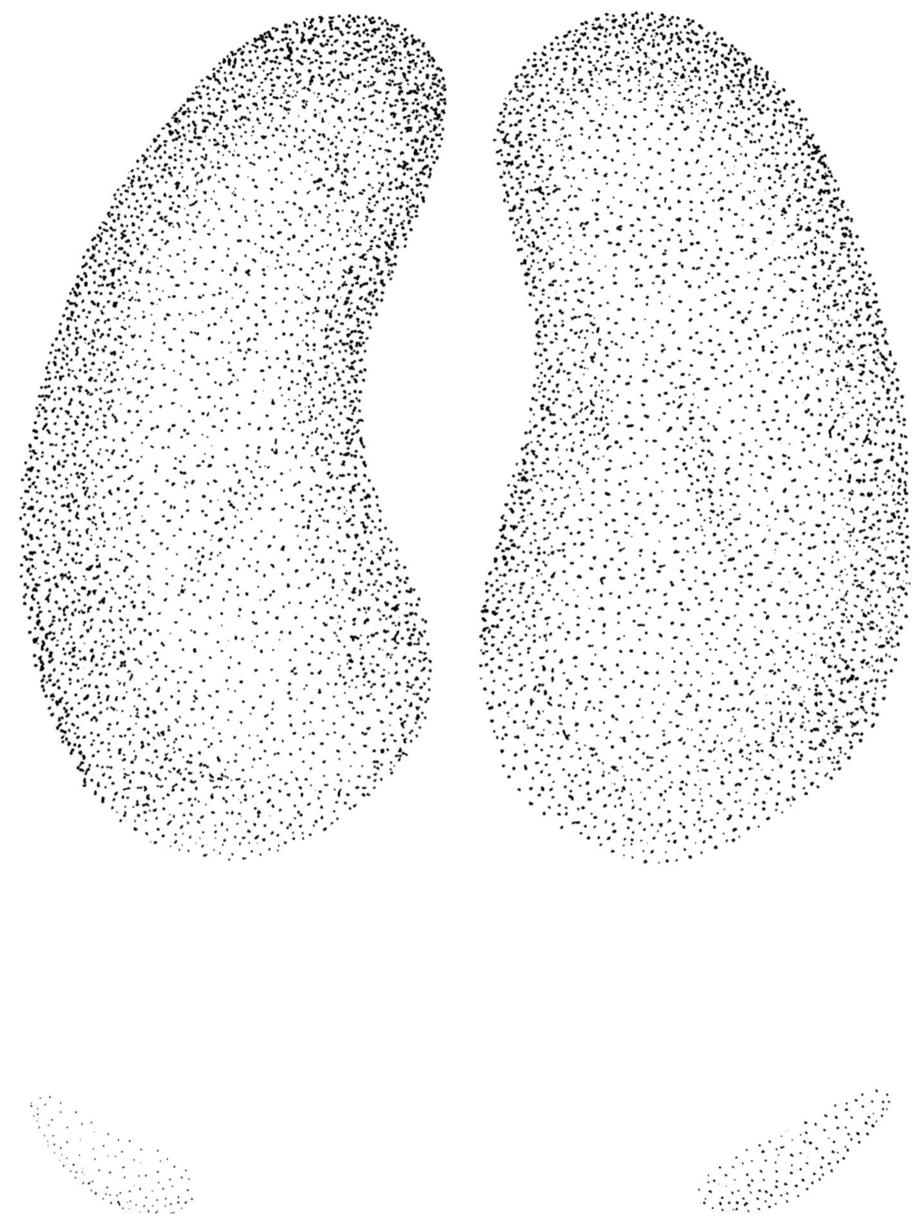

≈ RV

Moschusochse, *Ovibos moschatus*, S. 576

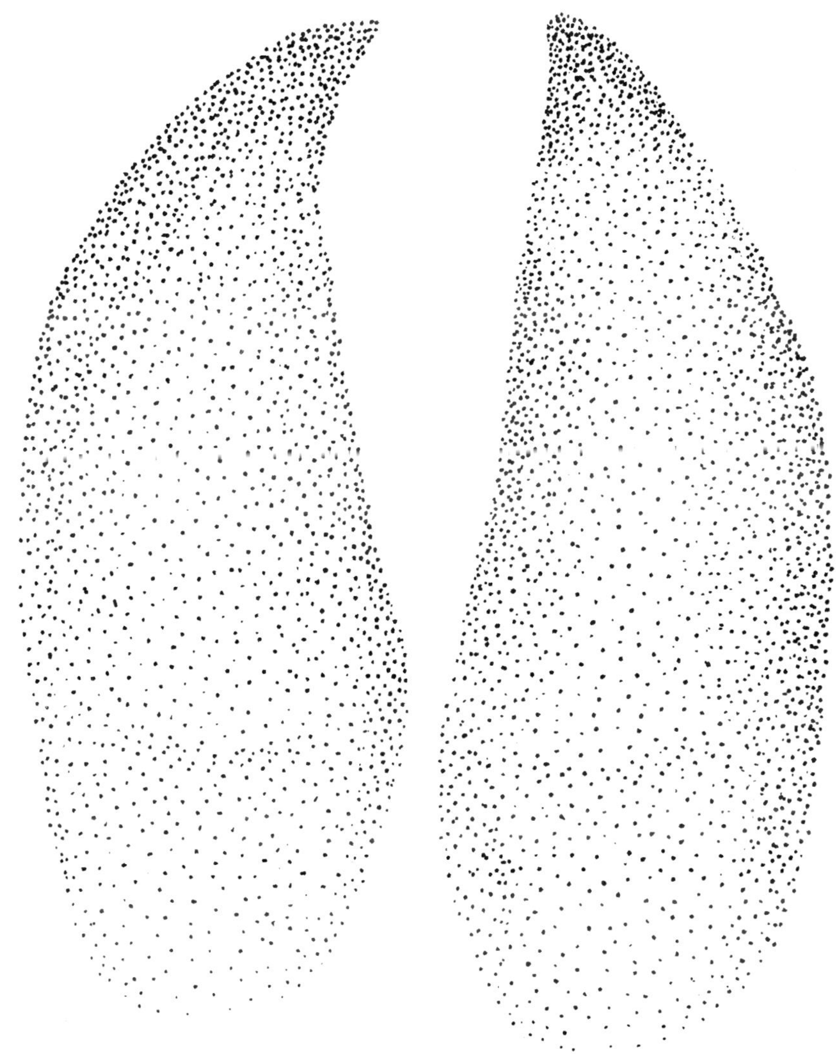

≈ RV

Elch, *Alces alces*, S. 510

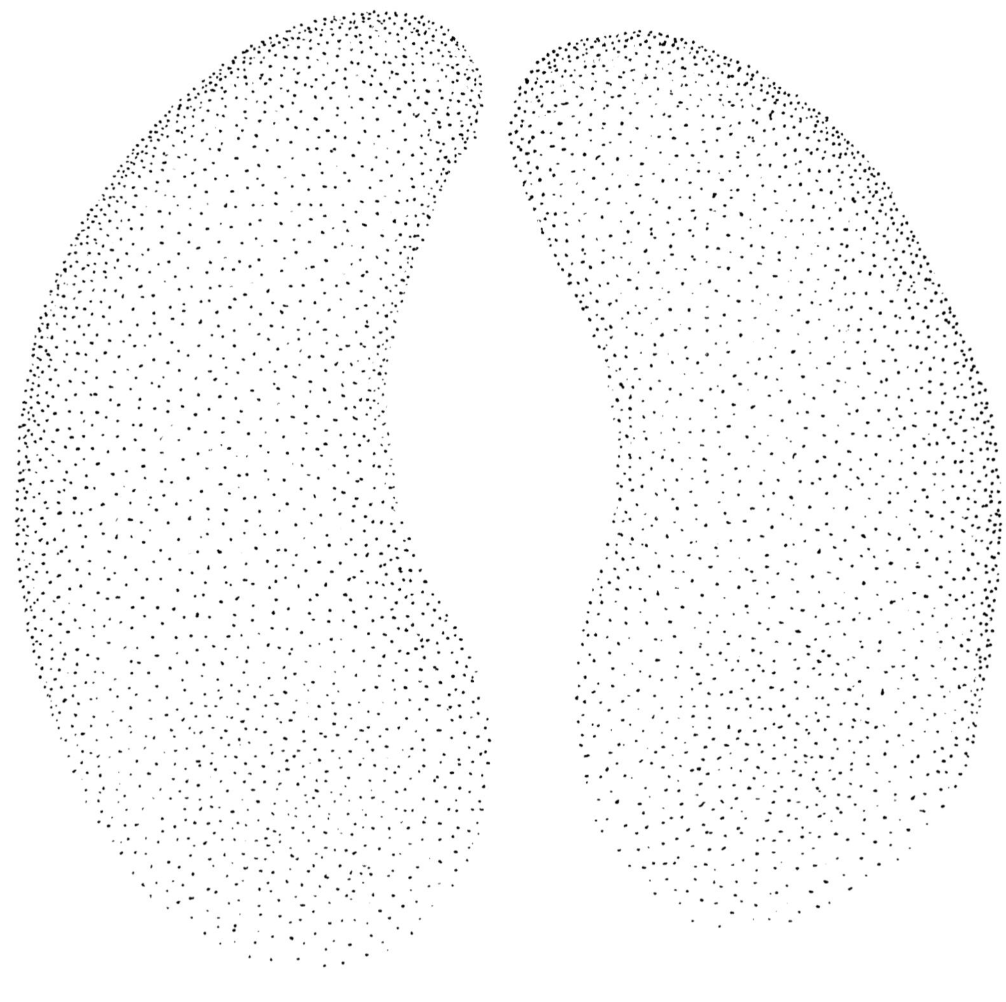

≈ LV – 80 % der Originalgröße

Wisent, *Bos bonasus*, S. 570

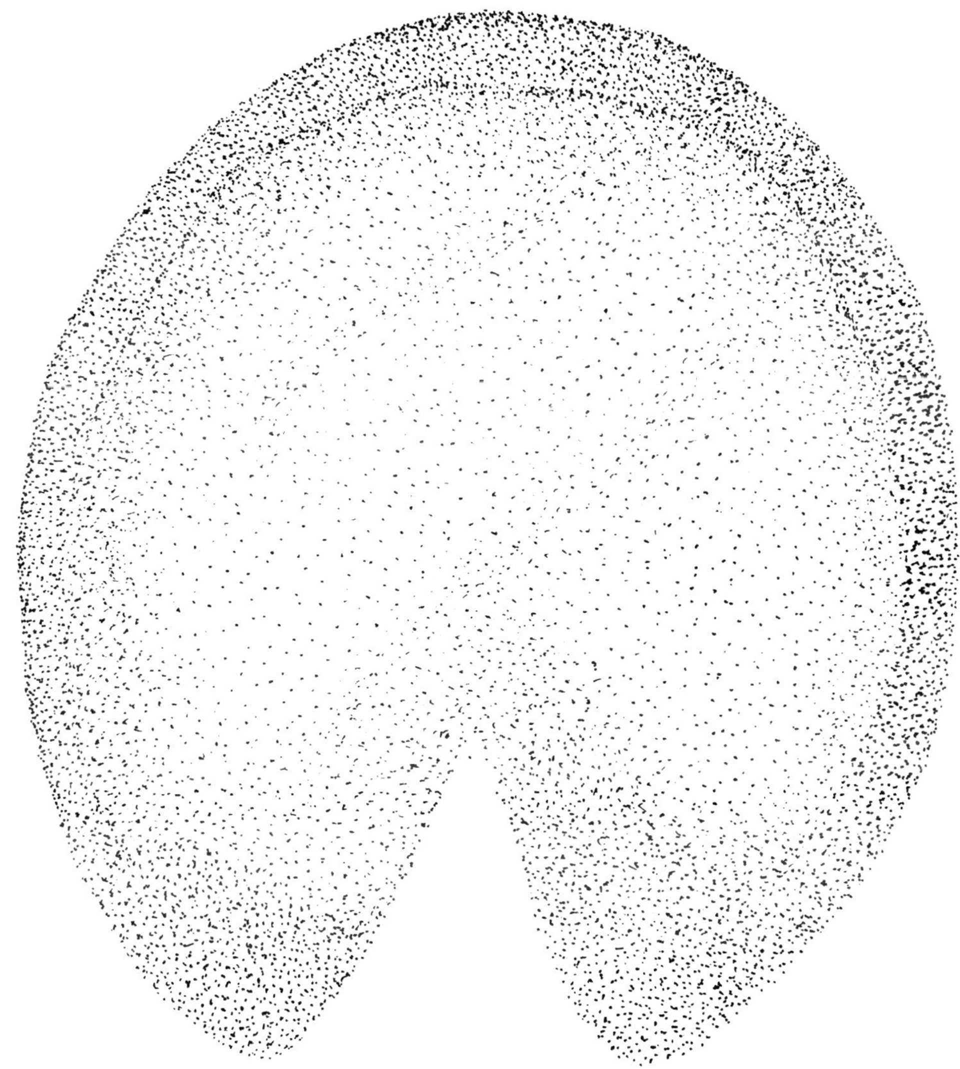

≈LV

Hauspferd, *Equus caballus*

ZEICHEN BESTIMMEN UND INTERPRETIEREN

„Die Kunst des Fährtenlesens umfasst jedes Zeichen in der Natur, das auf die Anwesenheit eines Tieres hinweist: Geruch, Fraßspuren, Urin, Kot, Speichel, Gewölle, Reviermarkierungen, Wechsel, Baue, stimmliche und andere auditive und visuelle Zeichen."

Louis Liebenberg.

Das Identifizieren und Interpretieren von Trittsiegeln ist ein wichtiger Aspekt des Fährtenlesens, doch Fährtenlesen ist nicht auf Fußabdrücke beschränkt. Mindestens genauso wichtig ist das Erkennen und Deuten von Zeichen. Der Begriff „Zeichen" steht für alle weiteren Hinweise auf ein Tier, ausgenommen seine Fußabdrücke. Trittsiegel ermöglichen uns, eine Tierart zu bestimmen, und Fährten geben Auskunft über Gangart sowie Reiseroute eines Tiers. Zeichen erweitern unser Bild um Informationen darüber, weshalb ein Tier an einem bestimmten Ort gewesen ist. Mit ihrer Hilfe können wir beantworten, was dieses Tier am Ufer eines Flusses, auf einer Lichtung oder an anderen von ihm aufgesuchten Plätzen getan hat.

Alle Tiere brauchen **Nahrung**, **Schutz** und Möglichkeiten der **Kommunikation** miteinander. Auf der Suche nach Nahrung lassen sie Fraßspuren zurück; um ihr Schutzbedürfnis zu erfüllen, legen einige Tiere Betten oder Behausungen an; und für die innerartliche Kommunikation verwenden sie unterschiedliche Markierungsformen. Beim Befriedigen ihrer Bedürfnisse hinterlassen Tiere Zeichen, die wir bestimmen und interpretieren können. Meist gehen Trittsiegel mit Zeichen einher und die sichere Bestimmung der Fußabdrücke ist manchmal erst durch die Bestimmung der umliegenden Zeichen möglich. In einem Wald mit dicker Laubschicht kann es schwer sein, deutliche Trittsiegel zu finden, Zeichen lassen sich jedoch fast immer ausmachen. Aufgewühlter Laubboden in einem Buchenwald, die Schlammspur an einer Brombeerhecke oder eine große stehende Eiche, deren Stamm zur Hälfte durchgenagt ist. All diese Zeichen erzählen eine Geschichte, auch wenn keines der Tiere einen Fußabdruck hinterlassen hat.

NAHRUNG » Tiere hinterlassen eine schier endlose Vielfalt von Fraßspuren an **krautigen Pflanzen**, an **Sträuchern und Pilzen**, an **Bäumen, Nüssen und Früchten** und an **Tierkadavern**. Das Vorkommen einer bestimmten Tierart wird maßgeblich durch das Nahrungsangebot beeinflusst. Kenntnisse über Ernährungsgewohnheiten sowie über die entsprechende Verfügbarkeit in einem Gebiet sind wichtige Anhaltspunkte, um die

Liste der vorkommenden Arten eines Reviers einzugrenzen und einen Eindruck von den Räuber-Beute-Beziehungen einer Region zu erlangen. Einige Fraßspuren sind artcharakteristisch, während andere schwer zu bestimmen sind oder mit Reviermarkierungen verwechselt werden können. Das Aussehen und der Fundort einer Fraßspur sind entscheidende Hinweise für die Artbestimmung. Die Abbildung unten zeigt einen Überblick häufiger Fraßspuren und ihrer typischen Fundorte.

Häufige Fraßspuren an ihrem typischen Fundort. ︾

SCHUTZ » Tiere brauchen Schutz zum Ruhen und Schlafen. Viele von ihnen wechseln beständig ihre Ruheplätze und nutzen nur für die Fortpflanzungsperiode einen festen Ort. Andere bevorzugen dauerhaftere Schutzbehausungen. Die Unterschlupfe einiger Tiere ähneln Vogelnestern, etwa das kugelförmige Nest der Zwergmaus, das an Gräsern befestigt wird, oder die rundlichen Kobel der Eichhörnchen, die ihre Nester aus losen Ästen und Blattwerk stammnah in Baumkronenhöhe fertigen. Viele Tiere nutzen einfache Erdlöcher oder komplexe, unterirdische Baue für ihren Schutz. Einige dieser Tiere, zum Beispiel Wildkaninchen, sind auf grabfähige Böden angewiesen. Dauerhaft bewohnte Schutzbehausungen wie ein großer Dachsbau können auffällige Fundorte für vielfältige Zeichen wie Wechsel, Kot, Fraßspuren und Knochen sein.

KOMMUNIKATION » Tiere kommunizieren ihre Anwesenheit durch arttypische Verhaltensweisen. Visuelle und olfaktorische Markierungen spielen dabei eine wichtige Rolle, indem sie beispielsweise die Grenzen eines Territoriums anzeigen und wichtige Informationen über Gesundheit, Fruchtbarkeit und Dominanz enthalten. Viele Paarhufer hinterlassen deutlich sichtbare Markierungen an der Vegetation, indem sie mit ihrem Geweih daraufschlagen. Fischotter scharren Markierungshügel zusammen, auf die sie anschließend ein stark riechendes Analsekret absondern. Durch diese Exposition wird ihr Geruch besser verteilt. Neben Kot, Urin und anderen Ausscheidungen gehören Kratz- und Bissspuren, Scheuerbäume sowie Schlamm- und Staubbäder zu den häufigsten Markierungsformen. Markierungen werden bevorzugt an auffälligen Plätzen hinterlassen, um deren Wirkung zu verstärken. Beobachten Sie in Ihrem Revier, welche Landschaftselemente von welchen Tierarten markiert werden. Dadurch werden Sie auch in anderen Gegenden in der Lage sein, Zeichen bestimmter Arten rasch zu entdecken.

Um die faszinierende und vielfältige Welt der Zeichen leichter zugänglich zu machen, verwenden wir sechs grundlegende Bestimmungshilfen:

- Bestimmungshilfe für Kot, Urin und andere Ausscheidungen,
- Bestimmungshilfe für Fraßspuren an krautigen Pflanzen, Sträuchern und Pilzen,
- Bestimmungshilfe für Fraßspuren und andere Zeichen an Bäumen,
- Bestimmungshilfe für Fraßspuren an Früchten und Nüssen,
- Bestimmungshilfe für Fraßspuren an Tierkadavern,
- Bestimmungshilfe für Zeichen am Boden: Betten und Ruheplätze, Staub- und Schlammbäder, Kratzspuren, Grabspuren, Erdhaufen, Erdlöcher und Baue.

In jeder Bestimmungshilfe finden Sie eine Einführung in das Thema sowie repräsentative Fotos für die Erstzuordnung eines gefundenen Zeichens. Artspezifische Zeichenbeschreibungen sind in den jeweiligen Artbeschreibungen zu finden und einige leicht verwechselbare Zeichen sind direkt in den Bestimmungshilfen gegenübergestellt.

BESTIMMUNGSHILFE FÜR KOT, URIN UND ANDERE AUSSCHEIDUNGEN

Biologen sammeln bereits seit Jahrzehnten Fleischfresserkot, um daran die Ökologie von Raubtieren zu studieren (Elton 1927, Litvaitis 2000, Murie 1944). Während Fleischfresser grundsätzlich schwer direkt zu beobachten sind, ist ihr Kot oft in Mengen zu finden und ein wichtiges Indiz für die Artbestimmung. Der Begriff „Losung" stammt aus der Jägersprache. Unter Fährtenlesern ist er geläufig und wird synonym verwendet. Kot enthält viele zusätzliche Informationen, zum Beispiel über die Ernährung eines Tieres und seinen gesundheitlichen Zustand, über Populationsgrößen in einem bestimmten Gebiet oder über die Größe eines Territoriums. DNA-Analysen sind kostspielig und zeitaufwendig, geschulte Fährtenleser bieten hier mit der Fähigkeit der Kotbestimmung eine zuverlässige und kostengünstige Alternative.

Eine Herausforderung beim Bestimmen von Losung liegt in der großen Vielfalt tierischer Hinterlassenschaften: Aussehen, Form und Größe werden maßgeblich von Resten unverdauter Nahrung bestimmt. Da deren Verfügbarkeit jahreszeitlichen Schwankungen unterliegt, kann der Kot einer bestimmten Art über das Jahr sehr unterschiedlich aussehen. Bei Wiederkäuern zum Beispiel führt junges, protein- und energiereiches Gras im Frühjahr zu weichem, zuweilen sogar fladenförmigem Kot, wohingegen er durch die zunehmende Verholzung der aufgenommenen Nahrung in der späteren Jahreszeit trocken und fest ist. Hier wird von Winter-

und Sommerlosung gesprochen. Die Größe der Losung steht in Zusammenhang mit der Körpergröße ihres Verursachers und lässt grobe Rückschlüsse zu. Jedoch reicht die Größenangabe allein meist nicht aus, da es oft zu Überlappungen mit dem Kot anderer Tierarten kommt und die Variationsbreite innerhalb einer Art groß ist. **Inhalt, Form, Platzierung** und **Geruch** sind weitere wichtige Indizien, um eine Artbestimmung vornehmen zu können. Als ersten Schritt zur Bestimmung bietet sich die Einteilung in den Kot von Pflanzenfressern, Fleischfressern und Allesfressern an.

Der Kot reiner **Pflanzenfresser** besteht überwiegend aus den Überresten unverdaulicher Pflanzenfasern. Die meist dicht komprimierten, zylindrischen und kurzen Kotpillen werden gewöhnlich in größeren Ansammlungen gefunden. Da pflanzliche Nahrung im Vergleich zu tierischer Kost einen geringen Nährwert hat, müssen die Tiere größere Mengen aufnehmen und scheiden folglich mehr Losung aus. Losung, die überwiegend aus pflanzlicher Nahrung besteht, riecht neutral und angenehmer als Fleischfresserkot.

Woher kommt der unangenehme Geruch bei Fleischfressern?

Zu dem für uns Menschen unangenehmen Geruch des Fleischfresserkots kommt es durch die bakterielle Zersetzung der aufgenommenen Proteine. Im Darm entstehen dabei Abbauprodukte wie beispielsweise das intensiv und unangenehm riechende Skatol oder der übelriechende gasförmige Schwefelwasserstoff. Die starke Abneigung gegenüber dem Geruch von Skatol könnte evolutionsbedingt sein, da sie uns vor gefährlichen Bakterien warnt.

Im **Fleischfresserkot** finden sich meist unverdauliche Beutereste wie Federn, Fell oder Knochen. Der Kot ist in der Regel wurstförmig geformt mit stumpfen oder spitzen Enden. Losung, die überwiegend aus fleischlichen Überresten oder Blut besteht, ist sehr dunkel bis schwarz. Aufgrund des hohen Nährstoffgehalts des Fleischs scheiden Fleischfresser deutlich geringere Kotmengen als Pflanzenfresser aus.

Im **Allesfresserkot** finden wir in der Regel viele verschiedene Bestandteile aus diversen Nahrungsquellen, die stärker variieren als bei reinen Pflanzen- oder Fleischfressern. Fell- oder Fleischreste sind im Allesfresserkot zum Beispiel oft vermengt mit Pflanzenkernen. Die Form der Losung ist tendenziell undefinierter. Neben der relativen Größe und dem Inhalt einer Losung sollte man für eine artgenaue Bestimmung auch Form und Geruch begutachten. Drei grundlegende Kotformen sind **Kotpillen**, **wurst- oder walzenförmiger Kot** sowie **Fladen oder formlose Haufen**.

Kotpillen können beinahe kugelrund bis walzenförmig sein und eine raue oder glatte Oberfläche aufweisen. Nagetiere, Paarhufer und Hasenartige hinterlassen überwiegend solche Kotpillen. Wurst- oder walzenförmiger Kot kann unterschiedlich lang und dick, in sich verdreht oder segmentiert sein. Zudem sind die Enden stumpf oder spitz geformt und lang ausgezogen oder mit kurzem Abschluss. Viele Fleischfresser sowie Entenvögel hinterlassen in der Regel wurst- oder walzenförmigen Kot. Fladen und formlose Haufen können durch den Verzehr von stark wasserhaltigen Früchten, jungen Pflanzen mit hoher Energie- und Eiweißkonzentration oder Innereien verursacht werden. Allesfresser hinterlassen häufiger diesen weichen und gelegentlich formlosen Kot, doch auch die Losung von Paarhufern und Fleischfressern kann je nach Nahrung in formlosen Haufen abgesetzt werden. Typische Beispiele für diese Kotform sind die Fladen von Wisenten (Seite 146), der Blinddarmkot von Hasen (Seite 212) oder Kot von Hühnervögeln (Seite 703).

Viele Arten haben einen einzigartigen Kotgeruch, der bei einer Bestimmung hilfreich sein kann. Geruch ist schwer zu beschreiben, bildet aber mit entsprechender Erfahrung ein wichtiges Bestimmungsmerkmal. Der Kot von Wölfen verströmt einen nahezu unverkennbaren Geruch, Fuchslosung hat in der Regel einen beißenden Charakter und Fischotterkot riecht häufig nach Fisch.

Einige Tiere koten scheinbar wahllos, andere hingegen suchen wiederholt dieselben Plätze auf. Diese Orte werden als **Latrinen** bezeichnet. Latrinen können arttypische Merkmale aufweisen. So legen Waschbären ihre Latrinen zum Beispiel bevorzugt am Fuß großer markanter Bäume in Wassernähe an und Dachse graben Erdlöcher für die Kotablage. Bestimmte Tierarten bevorzugen erhöhte Plätze, wie beispielsweise Baumstümpfe oder Steine, für ihre Kotablage. Die Höhe trägt zu einer effektiven Geruchsverteilung bei. Viele Tiere nutzen ihre Ausscheidungen als eine Form der Markierung. Latrinen können über lange Zeit genutzt werden und große Mengen Kot enthalten.

Beim **Urinieren** kann die relative Position der Urinfläche zu den Fußabdrücken einen Hinweis auf das Geschlecht des Tieres geben (Bang & Dahlström 1972). Die Hinterbeine weiblicher Paarhufer stehen meist breitbeinig, sodass sich die Urinfläche in der Regel zwischen oder hinter den beiden Hinterfußtrittsiegeln befindet. Bei männlichen Paarhufern liegt die Urinfläche gewöhnlich körpermittig zwischen den Abdrücken des vorderen und hinteren Fußpaares. Diese anatomiebezogene Methode der Geschlechtsbestimmung lässt sich auch bei vielen anderen Tieren anwenden, vorausgesetzt die Platzierung des Urins ist im Verhältnis zur Position der vier Fußabdrücke erkennbar.

Der Kot von Amphibien, Reptilien, Insekten und anderen wirbellosen Tieren ist, bis auf wenige Ausnahmen, deutlich von Säugetierlosung unterscheidbar. Allein aufgrund der geringen Größe können die meisten Säugetiere ausgeschlossen werden. Fotos und Beschreibungen ausgewählter Arten sind in den Artbeschreibungen der jeweiligen Teile aufgeführt. Zum besseren Vergleich werden in den nachfolgenden Bestimmungshilfen bereits Beispiele aus anderen Tiergruppen den Kotformen der Säugetiere gegenübergestellt. Außerdem scheiden beispielsweise viele Vögel Speiballen oder Gewölle aus, die mit Säugetierkot verwechselt werden können. In Teil II auf Seite 694 sind einige dieser Gewölle genauer beschrieben.

Achtung!

Die Losung von Fleisch- und Allesfressern enthält zuweilen Parasiten, die zu Erkrankungen beim Menschen führen können. Seien Sie vorsichtig und tragen Sie Einweghandschuhe und eine einfache Atemmaske, wenn ein Infektionsrisiko besteht.

Übersicht charakteristischer Kotformen

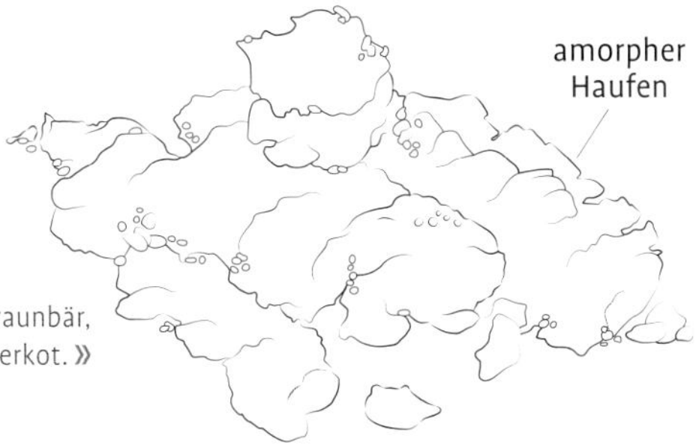

amorpher
Haufen

Braunbär,
Allesfresserkot. »

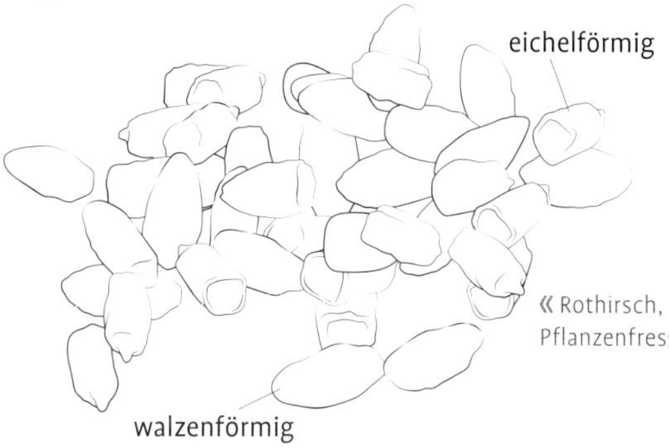

eichelförmig
walzenförmig

« Rothirsch,
Pflanzenfresserkot.

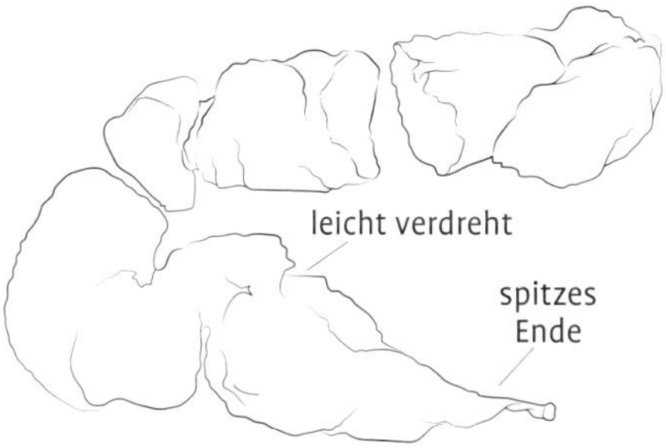

leicht verdreht
spitzes
Ende

^ Kot eines Hundes.

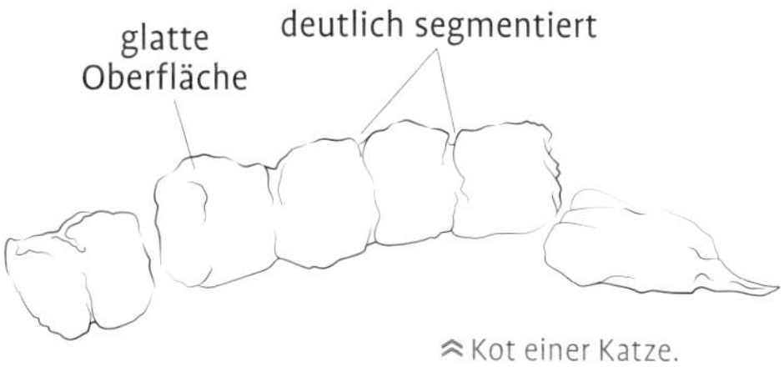

glatte
Oberfläche
deutlich segmentiert

^ Kot einer Katze.

stark verdreht
lange Verjüngung

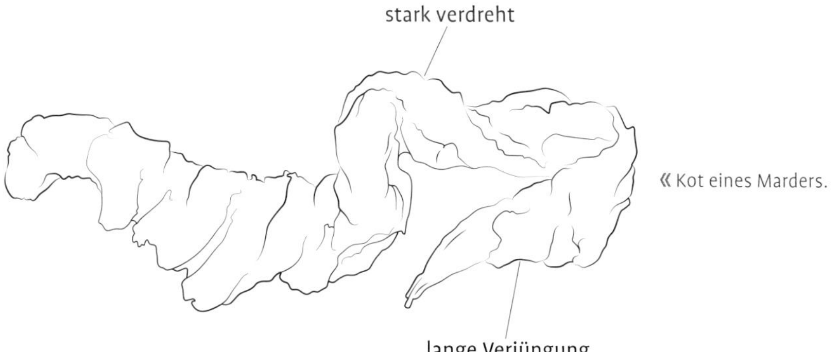

« Kot eines Marders.

Ovale bis kugelförmige Kotpillen, in der Regel leicht abgeflacht. Raufaserige Oberfläche » **Hasenartige** (Seite 210) und **Biber** (Seite 262).

≈ Die kugelförmigen Kotpillen eines Feldhasen. Die Oberfläche ist deutlich rauer als bei Wiederkäuern.

≈ Die ovalen Kotpillen eines Bibers bestehen überwiegend aus Holzresten. Vledder, Niederlande. René Nauta.

Walzenförmige, längliche Kotpillen. Spitze, abgerundete oder stumpfe Enden. Glatte oder raufaserige Oberfläche » **Nagetiere** (Seite 234).

≈ Die walzenförmigen, länglichen Kotpillen einer Nutria. Charakteristisch sind die parallel verlaufenden Längsfurchen an der Oberfläche. Hitzacker, Deutschland.

≈ Walzenförmige, längliche Kotpillen mit abgerundeten Enden sind typisch für Wühlmäuse. Extertal, Deutschland.

Verschiedenste Kotformen, meist mit weißem Urinüberzug » **Vogelkot** (Seite 702).

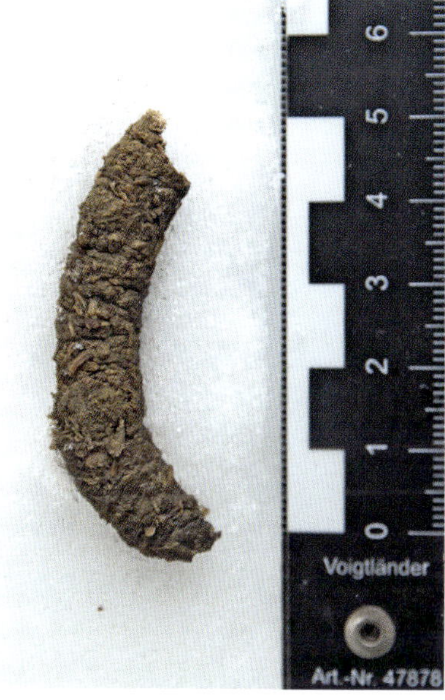

≈ Bei dieser Winterlosung eines Auerhahns ist kein weißer Urinüberzug zu erkennen. Jämtland, Schweden. Laura Gärtner.

Die Losung einer Amsel ist so vielseitig wie ihre Ernährung. Vledder, Niederlande. René Nauta. ≈

≈ Diverser Vogelkot, charakteristisch ist der weiße Urinüberzug. Biebergemünd, Deutschland.

Walzenförmige, längliche Kotpillen. Spitze, abgerundete oder stumpfe Enden. Ein Ende ist, ähnlich wie bei Vögeln, von einem weißen Urinüberzug bedeckt. Raue Oberfläche und grobe Struktur » **Eidechsen** und **Geckos** (Seite 740).

Die Kotpillen von Eidechsen und Geckos sind an einem Ende oft mit einem Urinüberzug bedeckt. Matalascañas, Spanien.

Walzenförmige, längliche Kotpillen. Spitze, abgerundete oder stumpfe Enden. Extrem raue Oberfläche und poröse Struktur » **Insektenfresser** (Seite 186), **Fledermäuse** (Seite 206).

Die porösen Kotpillen einer Fledermaus. Extertal, Deutschland.

Walzenförmige, längliche Kotpillen mit bauchiger, kompakter Form. Spitze, abgerundete oder stumpfe Enden. Raue Oberfläche und poröse Struktur » **Frösche** und **Kröten** (Seite 740).

Krötenkot ist, vor allem im Durchmesser, oft überraschend groß. Lüneburger Heide, Deutschland.

Winzige bis kleine Kotpillen. Zylindrische Form mit stumpfen Enden. In der Regel durch eine auffallend symmetrische Struktur gekennzeichnet. Glatte oder raue Oberfläche » **Raupen** (Seite 783).

Die sechs länglichen Kerben sind ein Erkennungsmerkmal für Raupenkot. Spessart, Deutschland.

Zylindrische, kurze Kotpillen. Selbst innerhalb einer Art sehr formverschieden. Häufig mit einem spitzen und einem stumpfen oder eingebuchteten Ende, jedoch auch eichelförmig mit zwei abgerundeten Enden. Selten beinahe kugelförmig. In der Regel glatte Oberfläche » **Paarhufer** (außer Wildschweine), Winterlosung (Seite 492).

In halber Originalgröße von links nach rechts sortiert: Kot von Muntjak, Reh, Damhirsch, Rothirsch und Elch. Spessart, Deutschland. »

Wurstartig zusammenklebende, kurze Kotpillen. Teilweise scheibenartig zusammengepresst. Raufaserige Oberfläche » **Wildschweine** (Seite 498).

≈ Wurstartig zusammenklebende, kurze Kotpillen eines Wildschweins. Märkische Schweiz, Deutschland.

≈ Wurstartig zusammenklebende, scheibenartige Kotpillen eines Wildschweins. Da Wildschweine Allesfresser sind, ist die Oberfläche ihrer Losung in der Regel raufaseriger als bei Wiederkäuern. Märkische Schweiz, Deutschland.

Wurstförmiger Kot mit stumpfen oder spitzen Enden. Kaum bis stark in sich verdreht mit glatter oder rauer Oberfläche » **Raubtiere** (Seite 360).

Der wurstförmige, leicht in sich verdrehte Kot eines Wolfs. Bieszczady, Polen. »

Beachten Sie den Grad der **Verdrehung**, die Stärke der **Segmentierung** und die **sich verjüngenden Enden**, um diese große, übergreifende Kategorie wurstförmigen Kots genauer zu bestimmen.

Wurstförmiger Kot mit wenigstens einem spitzen Ende. Kaum segmentiert, jedoch häufig in drei einzelne Teile zerbrochen. Gering bis deutlich in sich verdreht und mit glatter oder rauer Oberfläche » **Hunde** (Seite 384).

≈ Der wurstförmige Kot eines Rotfuchses. Spessart, Deutschland.

≈ Der Kot von Hunden besteht häufig schon beim Ausscheiden aus drei Teilen. Spessart, Deutschland.

Wurstförmiger Kot mit wenigstens einem stumpfen Ende. Stark segmentiert und gering in sich verdreht, mit relativ glatter Oberfläche » **Katzen** (Seite 361).

≈ Eurasischer Luchs. Wurstförmiger, stark segmentierter Kot mit relativ glatter Oberfläche ist typisch für Katzen. West Sussex, England.

Wurstförmiger Kot mit spitzen Enden, die sich über eine lange Strecke verjüngen. Oft stark in sich verdreht und im Verhältnis zur Länge auffallend dünn, seilartig » **Marder** (Seite 428).

≈ Baummarder. Die starke Verdrehung sowie eine lange Verjüngung der Enden sind charakteristisch für den Kot vieler Marder. Spessart, Deutschland.

Das Aussehen von Allesfresserkot wie von Steinmarder, Fuchs oder Braun- und Waschbär variiert extrem mit der aufgenommenen Nahrung, sodass die oben beschriebenen Merkmale selten sogar gegenteilig ausfallen können. Braun- und Waschbärkot ist in der Regel nicht in sich verdreht und besitzt meist stumpfe Enden.

Walzenförmiger Kot mit stumpfen Enden, oft mit weißer Harnkappe an einem Ende. Kaum in sich verdreht, überwiegend aus Pflanzenresten bestehend und meist mit raufaseriger Oberfläche. » **Pflanzenfressende Wasser- und Hühnervögel** (Seite 702).

≈ Höckerschwanlosung ist sehr groß und kann sogar mit Wolfskot verwechselt werden. Lausitz, Deutschland.

≈ Der Kot einer Kanadagans. Entenlosung sieht oft identisch aus, ist jedoch deutlich kleiner. Drehna, Deutschland.

Winzig bis sehr kleiner, dünner und länglicher, wurstförmiger Kot mit stumpfen oder spitzen Enden. Meist seilartig übereinandergeschlagen, mit glatter oder rauer Oberfläche » **Schnecken** (Seite 783).

≈ Die dünne, wurstförmige Kotschnur einer Schnirkelschnecke. Offenbach, Deutschland. Simone Roters.

Amorpher Haufen mit glatter oder rauer Oberfläche » **Raubtiere** (Seite 360).

≈ Braunbärkot. Der Inhalt von Allesfresserlosung ist in der Regel vielseitiger als der Kot von Wiederkäuern oder Fleischfressern. Bieszczady, Polen.

Fladenförmiger Kot mit glatter oder rauer Oberfläche » **Paarhufer** (außer Wildschweine), Sommerlosung (Seite 496).

≈ Die fladenförmige Losung eines Wisents. Bieszczady, Polen.

Viele verschiedene Vogelarten hinterlassen Speiballen, die mit Säugetierkot verwechselt werden können. Eine genauere Betrachtung finden Sie unter **Gewölle** (Seite 694).

≈ Eulengewölle können mit Säugetierkot verwechselt werden. Spessart, Deutschland.

BESTIMMUNGSHILFE FÜR FRAẞSPUREN AN KRAUTIGEN PFLANZEN, STRÄUCHERN UND PILZEN

Pflanzen- und Allesfresser, aber auch Insekten und andere Wirbellose hinterlassen eine Vielzahl von Fraßspuren an krautigen Pflanzen, Sträuchern und Pilzen. Oft können diese Fraßspuren nicht artgenau bestimmt werden, doch häufig ist es möglich, eine grundlegende Zuordnung vorzunehmen.

KRAUTIGE PFLANZEN UND STRÄUCHER

Hasen und Nagetiere hinterlassen meist saubere Schnittkanten mit einem Schnittwinkel von 45° zum Stängel. Hirschartige hingegen verursachen tendenziell unsaubere, abgerissene Schnittkanten, da sie anstelle der oberen Schneidezähne eine Gaumenplatte aus Knochen in ihrem Oberkiefer haben (Seite 496). Die Fraßspuren von kleinen Nagetieren wie Wühl- und Waldmäusen sind in der Regel auffallend fein. Auch Insekten und ihre Larven hinterlassen häufig charakteristische Fraßspuren an Blättern. Bei genauer Betrachtung lassen sich unzählige Zeichen dieser artenreichen Tierklasse ausmachen, hier werden sie jedoch lediglich grundlegend unterschieden. Grundsätzlich ist für das Bestimmen von Fraßspuren der Kontext entscheidend. Zum Beispiel sind fein säuberlich abgenagte Grashalme entlang einer Gewässerkante, die mit deutlich ausgetretenen Wechseln und Latrinen einhergehen, für Schermäuse charakteristisch. Fragen Sie: Wie groß muss ein Tier sein, um in dieser Höhe eine Fraßspur zu hinterlassen? Welche Tiere dieser Größe kommen in diesem Lebensraum vor? Gibt es zusätzliche Zeichen wie Kot oder Wechsel in der Nähe?

Abgerissene oder unsauber geschnittene Knospen und Triebe mit 90° Schnittwinkel zum Stängel » **Paarhufer** (Seite 496).

≈ Unregelmäßige, ausgefranste Schnitte mit 90° Schnittwinkel sind ein Indiz für Paarhufer. Hier wurden Knospen und Blätter gefressen. Coto de Doñana, Spanien.

≈ Die ungleichmäßige, ausgefranste Fraßspur eines Rothirsches. Bayerischer Wald, Deutschland.

Sauber geschnittene Knospen und Triebe mit 45° Schnittwinkel zum Stängel » **Hasenartige** (Seite 210) oder **Nagetiere** (Seite 234).

≈ Die saubere Fraßspur eines Feldhasen. Der 45°-Schnittwinkel ist charakteristisch. Vledder, Niederlande.

Fein säuberlich abgetrennte Grashalme, Blütenstände und zurückgelassene Hülsenblätter » **Wühlmäuse** (Seite 278).

≈ Die fein säuberliche Fraßspur einer Feldmaus (*Microtus* spp.). Hitzacker, Deutschland.

Grobe Fraßspuren an Blättern von krautigen Pflanzen und Sträuchern, abgerissen oder unsauber geschnitten » **Paarhufer** (Seite 492).

≈ Rehverbiss an einer Brombeere. Paarhufer hinterlassen unsauber geschnittene oder abgerissene Fraßkanten an Blättern. Vledder, Niederlande.

Feine Fraßspuren an Blättern von Sträuchern und krautigen Pflanzen, sauber geschnitten, gesägt oder geraspelt » **Insekten** wie Raupen, Käfer, Miniermotten, Blattwespen, Grillen, Laubheuschrecken, Blattschneiderbienen und Blattschneiderameisen (Seite 768).

︽ Blattfraßspuren von Insekten sind meist deutlich kleiner und feiner als Fraßspuren von Säugetieren. Spessart, Deutschland.

︽ Käfer (mittig) und Minierer (rechts) haben an diesem Blatt gefressen. Spessart, Deutschland.

Kleine bis große Zahnfurchen an Wurzeln von krautigen Pflanzen und Sträuchern unter der Erde sowie Kambiumfraß an Sträuchern in Bodennähe » **Hasenartige** (Seite 210), **Nagetiere** (Seite 234), **Paarhufer** (Seite 492).

« Im Garten hinterlassen Feldmäuse feine Zahnfurchen wie an dieser Karotte. Spessart, Deutschland.

PILZE

Insekten, kleine Nagetiere wie Wühlmäuse, Waldmäuse und Eichhörnchen sowie Hirsche Wildschweine und Vögel fressen Pilze. Die Schnabelmarken der Vögel können in der Regel leicht von den parallel verlaufenden Schneidezahnfurchen der Säugetiere unterschieden werden. Auch die Fraßspuren von Schnecken sind sehr charakteristisch. Kleine Nagetiere können gelegentlich durch zusätzliche Zeichen wie Grabspuren am Boden oder Kotausscheidungen auf dem Pilz bestimmt werden. Wildschwein- oder Hirschfraßspuren an Pilzen können meist aufgrund der fehlenden oberen Schneidezähne der Hirsche unterschieden werden.

Auffällige, oft dreieckige Schnabelmarken auf der Pilzoberseite » **Vögel** (Seite 711).

Die charakteristischen Schnabelmarken der Vögel lassen sich gewöhnlich eindeutig vom Pilzfraß anderer Tiere unterscheiden. Deutschland. Simone Roters.

Viele nebeneinanderliegende, rundliche Fraßspuren, die geraspelt wirken » **Schnecken** (Seite 782). Feine Zahnfurchen (bis 4 mm breit), die von oben in den Pilz schneiden » **Mäuse** (Seite 318).

Fraßspuren einer Maus (links) und Schnecke (rechts) im Vergleich. Spessart, Deutschland.

Kräftige Zahnfurchen (0,5–2 cm breit) großer Unterkiefer-Schneidezähne, die von unten in den Pilz schneiden » **Paarhufer** außer Wildschweine (Seite 492).

Rothirsch Pilzverbiss. Spremberg, Deutschland.

Kräftige Zahnfurchen (0,5–2 cm breit) der Schneidezähne, die von oben und unten in den Pilz schneiden (ohne Abbildung) » **Wildschweine** (Seite 498).

BESTIMMUNGSHILFE FÜR FRAẞSPUREN UND ANDERE ZEICHEN AN BÄUMEN

Eine überwältigende Vielzahl an Tieren verursacht Zeichen an Bäumen. Es werden vier Kategorien unterschieden:

- Schlagen, Scheuern und Kratzspuren,
- Zahnspuren, Kambiumfraß und Rindenschälung,
- Aushöhlungen an stehenden oder gefallenen Bäumen und
- weitere Zeichen.

SCHLAGEN, SCHEUERN UND KRATZSPUREN

Nahezu alle Hirscharten verursachen auffällige **Schlagspuren**, indem sie mit ihrem Geweih gegen Sträucher, Bäumchen und Bäume schlagen und mit Stirn und Wangen daran reiben. Dabei wird oft etwa auf Kopfhöhe der Tiere die Rinde entfernt, wodurch eine glatte, hell glänzende Fläche entsteht. Gehäuftes Schlagen an umliegender Vegetation ist eine deutlich sichtbare Form der optischen Markierung. Die Stirndrüse und andere Kopfdrüsen hinterlassen zusätzlich eine Duftmarkierung. Geweihschlagspuren von Paarhufern lassen sich meist entlang von deren Wechseln an hochfrequentierten Kreuzungen finden, wo sich ihre Wirkung verstärkt. Das Schlagen tritt vermehrt unmittelbar vor der Paarungszeit auf. Beim Reh wird dieses Verhalten in der Jägersprache auch als „Fegen“ bezeichnet.

Scheuern oder „Malen“ ist ein typisches Verhalten für Wildschweine, doch auch Rothirsche, Sikahirsche und Wisente scheuern. Dieses Verhalten dient der Fellpflege und als Markierung, bei der ein visuelles und olfaktorisches Zeichen hinterlassen wird. In der Regel werden bevorzugte Scheuer- oder Malbäume wiederholt aufgesucht, wodurch mit der Zeit Rinde großflächig entfernt wird. An den Kanten einer solchen freigescheuerten Fläche finden sich oft die Haare der Tiere. Die Höhen von Scheuerstellen können Aufschluss über die Tierart geben. Malbäume werden häufig in der Nähe von Suhlen gefunden.

Viele Säugetiere sowie einige Vögel hinterlassen **Kratzspuren** an Bäumen. Kratzspuren von Katzen, die ihre Krallen pflegen, sind eine bekannte Form von Kratzspuren an Bäumen. Braunbären und Dachse zerkratzen Bäume als Form der Reviermarkierung, bei der sowohl ein visuelles als auch ein olfaktorisches Zeichen zurückbleibt. Höhe und Größe der Kratzspuren können etwas über die Tierart und die Körpergröße des Individuums aussagen.

Hunde und Paarhufer hinterlassen beim Übersteigen gefallener Bäume Kratzspuren in Holz und Rinde, vor allem wenn sich diese Bäume auf einem beliebten Wechsel befinden. Beim Klettern verursachen Marder, Waschbären und Nagetiere Kratzspuren an Bäumen. Ähnliche Kratzspuren hinterlassen Spechte beim Festhalten an Baumrinde während der Nahrungssuche oder beim Höhlenbau.

Stellen Sie folgende Fragen, wenn Sie Kratzspuren an Bäumen bestimmen und interpretieren: Wirken diese Kratzspuren wie eine Markierung, absichtlich und an einer auffälligen Stelle angebracht, oder eher wie beiläufig entstandene Gebrauchsspuren? Stammen die Kratzspuren von Krallen oder Klauen? Handelt es sich um scharfe oder stumpfe Krallen? Verlaufen die Krallenspuren parallel zueinander oder sind vereinzelte Kratzspuren erkennbar? Verläuft die Kratzspur parallel, senkrecht oder diagonal zum Stamm? Ist die Kratzspur über den gesamten Umfang des Baumes oder nur auf einer bestimmten Seite zu sehen? Stehen weitere Zeichen wie Schlaglöcher oder Losung mit den Kratzspuren in Zusammenhang?

20 cm bis über 200 cm Höhe. Zerfaserte Rinde, die in Fäden herabhängt, keine saubere Schnittkante. Oft einhergehend mit kleineren, von einem Geweih zerbrochenen Ästen » **Schlagen** » **Paarhufer** (Seite 492).

≈ Rehbock Schlagspur. Märkische Schweiz, Deutschland.

≈ Die Geweihschlagspur eines Rothirschs. Bayerischer Wald, Deutschland.

20 cm–160 cm Höhe. Durch Reibung von Rinde befreite Fläche am Baum, oft in Verbindung mit Harzaustritt, meist mit Haaren, die beim Reiben des Tierkörpers an Baumharz oder Rinde haften geblieben sind. In der Regel glatte Übergänge zur übrigen Rinde » **Scheuern** » **Wildschweine** (Seite 498), **Elche** (Seite 510), **Rehe** (Seite 518), **Rothirsche** (Seite 542) und **Wisente** (Seite 570).

Der Malbaum eines Wildschweins. Märkische Schweiz, Deutschland.

Rothirsch-Malbaum. Midhurst, England.

Bodennähe bis 2,5 m Höhe. Mehr oder weniger parallel verlaufende Kratzspuren in Holz oder Rinde, von Krallen verursacht » **Nagetiere** (Seite 234), **Katzen** (Seite 361), **Hunde** (Seite 384), **Braunbären** (Seite 422), **Marder** (Seite 428), **Waschbären** (Seite 484) und **Spechte** (Seite 714).

« Beim Überqueren des Stammes haben die Krallen eines Dachses Spuren hinterlassen. Bieszczady, Polen.

ZAHNSPUREN, KAMBIUMFRASS UND RINDENSCHÄLUNG

Zahnspuren an Bäumen sind eine Form von Markierungen oder Fraß- oder Gebrauchsspuren. Eichhörnchen markieren beliebte Bäume durch dicht beieinanderliegende Nagespuren ihrer Schneidezähne. Kleine Nagetiere und Hasenartige hinterlassen Zahnfurchen als Fraßspur. Die Zahnspuren von Bisam, Nutria und Biber können sowohl von Fraßspuren als auch von Gebrauchsspuren stammen, wie sie etwa beim Anlegen eines Baus oder im Zuge der von ihnen betriebenen Landschaftsgestaltung entstehen. Nagetiere wie Eichhörnchen, Nutria und Biber sowie Hasenartige und viele Paarhufer ernähren sich von der verhältnismäßig nährstoffreichen Kambiumschicht eines Baumes.

Kambiumfraß und **Rindenschälung** sind verbreitete Fraßspuren, wobei die Rindenschälung eine besondere Form des Kambiumfraßes darstellt, die charakteristisch für Paarhufer ist. Hier sind meist zwei deutliche Furchen der unteren Schneidezähne zu erkennen, die einen mehr oder weniger scharfen Schnitt am unteren Ende der geschälten Fläche hinterlassen und dann von unten nach oben schaben. Den oberen Teil der geschälten Rinde reißen die Tiere durch eine Kopfbewegung ab, sodass häufig ausgefranste Rindenreste herabhängen. Der Kambiumfraß von Nagetieren und Hasen kann ähnlich umfangreich wie der von Paarhufern sein, ist jedoch meist deutlich weniger lang.

Im Gegensatz zu Markierungen, die eher gezielt und einzeln platziert werden, finden sich Rindenschälungen oft gehäuft an mehreren Bäumen, da in der Regel große Mengen Rinde aufgenommen werden. Die Breite der einzelnen Zahnfurchen sowie der Zahnfurchenabstand sind wichtige Merkmale für die Bestimmung der Tierart. Zusätzlich können die maximale Höhe einer Schälspur, die Art des Baumes, an dem sich die Zahnspur befindet, oder die Platzierung einer Zahnspur hilfreiche Hinweise sein. Wühlmäuse ernähren sich zum Beispiel vorzugsweise von der Kambiumschicht an Baumwurzeln und Hasen fressen Kambium meist auf einer arttypischen Höhe. Beachten Sie bei Ihrer Interpretation, dass jahreszeitliche Phänomene wie Hochwasser oder Schnee die Erreichbarkeit von bestimmten Pflanzenteilen durch sich ändernde Höhenverhältnisse beeinflussen können.

Schlagen von Schälen unterscheiden

Schlag- und Schälspuren können bei einem flüchtigen Blick leicht miteinander verwechselt werden. Beachten Sie die folgenden Merkmale, um eine Unterscheidung vorzunehmen:

SCHLAGEN	SCHÄLEN
Neben dem Hauptschaden sind oft viele zusätzliche, kleine Rindenschäden und zerbrochene Äste erkennbar	Eindeutiger Hauptschaden, keine oder kaum weitere kleine Schäden an Rinde und Ästen
Baumrinde am oberen und unteren Rand der Schlagspur ungleichmäßig und ausgefranst	Saubere, horizontal verlaufende Schnittkante am unteren Ende der Schälspur. Oberer Rand ungleichmäßig, mit ausgefransten Rindenresten
Gewöhnlich sind keine Zahnfurchen erkennbar	Häufig sind Zahnfurchen erkennbar

Bodennähe bis über 2 m Höhe. Furchen großer Schneidezähne, die von unten nach oben verlaufen. Glatte Schnittkante am unteren Ende, ausgefranste Rindenreste im oberen Bereich. Auch in leichter Schrägstellung möglich. Tritt meist entweder sehr lokal und vereinzelt oder häufiger großflächig und an vielen Bäumen zugleich auf » **Rindenschälung** » **Paarhufer** (Seite 492).

Rindenschälung eines Rothirschs, die Zahnfurchen sind ein wichtiges Unterscheidungsmerkmal zu Schlagspuren. Bieszczady, Polen.

Wisente haben diese Hasel geschält. Bieszczady, Polen.

In allen Höhen. Kleine bis mittelgroße Zahnfurchen, lokaler Rindenverbiss » **Markierung** oder **Kambiumfraß** » bis maximal 1,1 m Höhe » **Hasenartige** (Seite 210), alle Höhen » **Nagetiere** (Seite 234).

Eichhörnchen hinterlassen eine sichtbare Reviermarkierung mit ihren Schneidezähnen. Midhurst, England.

Bodennähe bis 1,5 m Höhe. Kleine bis mittelgroße Zahnfurchen. Kleine, im 45°-Winkel abgeschnittene Äste » **Fraßspur** » **Hasenartige** (Seite 210), **Nagetiere** (Seite 234).

Feldhasen-Fraßspur, der saubere 45°-Schnitt ist klassisch für alle Hasenartigen. Bayerischer Wald, Deutschland.

Bodennähe und unter der Erde. Kleine bis große Zahnfurchen an Wurzeln von Bäumen » **Fraßspur** » **Hasenartige** (Seite 210), **Nagetiere** (Seite 234), **Paarhufer** (Seite 492).

Rehe haben ihre Zahnfurchen an dieser Wurzel hinterlassen. Lake District, England.

Bodennähe bis etwa 80 cm Höhe. Große Schneidezahnfurchen, häufig in Verbindung mit Haufen großer Holzspäne » **Kambiumfraß**, **Bauanlage** oder **Landschaftsgestaltung** » **Biber** (Seite 262) und **Nutria** (Seite 270).

« Schneidezahnfurchen eines Bibers. Elbufer Lüchow-Dannenberg, Deutschland.

Biber-Fraßplatz. Hoher Fläming, Deutschland. »

AUSHÖHLUNGEN AN STEHENDEN ODER GEFALLENEN BÄUMEN

Aushöhlungen an Bäumen werden zwar eher selten von Säugetieren verursacht, aber häufig von ihnen genutzt. Wald- und Gelbhalsmäuse sind dafür bekannt, alte Spechtlöcher zu bewohnen, und Waschbären nutzen hohle Baumstämme für die Aufzucht ihrer Jungen. Auf der Suche nach Käferlarven und anderen Insekten können Braunbären und Dachse morsche Baumstämme mit ihren Krallen aufbrechen und aushöhlen. Die bekanntesten Aushöhlungen an Bäumen hinterlassen Spechte beim Höhlenbau oder bei der Nahrungssuche.

Aufgebrochene Bereiche an rottenden Baumstämmen und Stümpfen » **Nahrungssuche** » **Braunbären** (Seite 422) und **Dachse** (Seite 444).

⩯ Auf der Suche nach Larven hat ein Dachs diesen Baumstamm auseinandergerissen. Zuvor wurde der Stamm bereits von einem Schwarzspecht bearbeitet. Bieszczady, Polen.

Andere Aushöhlungen an stehenden oder gefallenen, lebenden oder toten Bäumen
» **Nahrungssuche** oder **Höhlenbau** » **Spechte** (Seite 715).

Hier war ein Schwarzspecht auf Nahrungssuche. Lausitz, Deutschland.

Höhle eines Buntspechts. Eingangslöcher sind in der Regel rundlicher als Löcher, die auf Nahrungssuche entstehen. Drehna, Deutschland.

Auf Nahrungssuche oder beim Schlagen von Höhlen kann der Schwarzspecht beeindruckend große Aushöhlungen in Bäumen hinterlassen. Bieszczady, Polen.

WEITERE ZEICHEN

Besondere Fraßspuren, wie das Ringeln der Spechte, die Fraßbilder von Borkenkäfern oder die durch Insekten hervorgerufenen Wachstumsdeformationen, sind weitere Zeichen, die Tiere an Bäumen hinterlassen. Ihre Zahl ist schier endlos, daher werden hier lediglich charakteristische Beispiele gegeben, um die Erstzuordnung zu erleichtern.

Rundliche Schlagmarken in Rinde, häufig dicht nebeneinander, auf einer Reihe liegend
» **Spechtringeln** » **Spechte** (Seite 715).

≈ Ringeln des Buntspechts: Die rundlichen Schlagmarken sind charakteristisch. Jämtland, Schweden. Laura Gärtner.

Gleichmäßig abgefressene, horizontal verlaufende Fraßkante an der Unterseite belaubter Bäume » **Weidelinie** » **Hirschartige** (Seite 508).

⩯ Diese wie von Menschen beschnitten wirkende, horizontal verlaufende Fraßkante an der Laubkronenunterseite ist eine Damhirsch-Fraßspur. Damhirsche sowie Rothirsche suchen Bäume wiederholt auf, um erreichbare Blätter und Knospen zu fressen. Mit der Zeit entsteht ein solches markantes Fraßbild. West Sussex, England. John Rhyder.

Grobe Fraßspuren an Blättern von Bäumen, abgerissen oder unsauber geschnitten » **Paarhufer** (Seite 492).

⩯ Paarhufer hinterlassen unsauber geschnittene oder abgerissene Fraßkanten an Blättern. Hier der Verbiss eines Rehs an einer Brombeere. Die Fraßspuren sind identisch mit denen an Blättern von Bäumen. Vledder, Niederlande.

Feine Fraßspuren an Blättern von Bäumen, sauber geschnitten, gesägt oder geraspelt » **Insekten** wie Raupen, Käfer, Miniermotten, Blattwespen, Grillen, Laubheuschrecken, Blattschneiderbienen und Blattschneiderameisen (Seite 768).

Die feinen Fraßspuren verschiedener Insekten. Eukalyptusblätter sind eine begehrte Nahrungsquelle. Nationalpark Coto de Doñana, Spanien. ⩰

Wachstumsdeformationen an Blatt oder Knospe eines Baumes » **Gallen** » **Insekten** (Seite 772).

Gallen, wie diese Buchengalle, gibt es an verschiedenen Stellen und in verschiedensten Formen und Größen. Spessart, Deutschland.

Fraßgänge unter der Rinde, häufig mit Bohrlöchern und Bohrmehl » **Insekten** wie Borkenkäfer, Bockkäfer, Prachtkäfer, Holzbohrer, Glasflügler, Rossameisen, Holzbienen und Holzwespen (Seite 757).

Das markante Fraßbild eines Borkenkäfers. Heidelberg, Deutschland. Aaron Tiedemann.

BESTIMMUNGSHILFE FÜR FRAẞSPUREN AN FRÜCHTEN UND NÜSSEN

Reich an wertvollen Fetten und Kohlenhydraten, sind die verschiedensten Früchte und Nüsse eine wichtige Nahrungsquelle für eine Vielzahl von Tieren. Aufgrund dieser zahlreichen Kombinationsmöglichkeiten folgen hier eine Einführung mit der Beschreibung häufiger oder markanter Zeichen sowie einige Leitfragen, die Ihnen beim Interpretieren dieser Fraßspuren helfen sollen. In der Regel kann leicht unterschieden werden, ob Fraßspuren an Früchten und Nüssen von einem Vogel oder einem Säugetier stammen, da sich der grundsätzliche Aufbau von Schnabel und Gebiss stark unterscheidet. Betrachten Sie die Merkmale einer Säugetierfraßspur genauer, ist oft schon die Artbestimmung möglich. Berücksichtigen Sie außerdem den Fundort der Fraßspur. Mäuse fressen Früchte und Nüsse gewöhnlich an deckungsreichen Orten, während Eichhörnchen oft erhöht auf Baumstämmen oder Stümpfen fressen, sodass sie einen guten Überblick behalten. Vögel klemmen Nüsse und Nadelbaumzapfen häufig zwischen Spalten in Baumrinde oder Holz ein, um sie besser mit ihrem Schnabel bearbeiten zu können.

KIEFERN-, TANNEN- UND FICHTENZAPFEN

Die weiblichen Blütenstände dieser Nadelbäume verholzen zu festen Zapfen mit ihren Zapfenschuppen, in deren Schutz die Samen reifen. Vögel und Säugetiere öffnen diese Zapfenschuppen auf verschiedene Arten und Weisen, um an die kalorienreichen Samen zu gelangen. Ernähren sich Vögel von Kiefern-, Tannen- oder Fichtenzapfen, zeigen diese für gewöhnlich deutliche Spuren der Bearbeitung durch Schnäbel. Meist sind zerpflückte oder gespaltene Zapfenschuppen erkennbar, die jedoch für gewöhnlich mit der Achse des Zapfens verbunden bleiben. Im Gegensatz dazu fressen Säugetiere nahezu immer die Zapfenschuppen mit ihren Zähnen ab, sodass Achse und Schuppen voneinander getrennt werden.

Gleichmäßig geöffnete Zapfen, mit der Länge nach gespaltenen Zapfenschuppen » **Kreuzschnäbel** (Seite 710).

Mittig und der Länge nach gespaltene Zapfenschuppen sind ein kennzeichnendes Merkmal der Kreuzschnäbel. Hier das Werk des Fichtenkreuzschnabels. Nationalpark Bayerischer Wald, Deutschland. ≽

Fransiges Aussehen, in verschiedene Richtungen abstehende Zapfenschuppen. Auch an grünen Zapfen » **Spechte** (Seite 709).

≼ Von einem meißelartigen Schnabel zerhackte Kiefernzapfen. Hier das Werk eines Buntspechts. Märkische Schweiz, Deutschland.

Unsauber zerfasert, ungleichmäßig abgefressene Zapfenschuppen. Basales Ende mit kurzer oder auch längerer Spitze » **Eichhörnchen** (Seite 243).

« Dieser Fichtenzapfen wurde von einem Eichhörnchen bearbeitet. Bieszczady, Polen.

Gleichmäßig abgefressene Zapfenschuppen, basales Ende abgerundet » **Mäuse** (meist Wald- und Rötelmäuse, Seite 327).

« Gleichmäßig von einer Waldmaus bearbeiteter Fichtenzapfen. Spessart, Deutschland.

HASELNÜSSE, EICHELN, BUCHECKERN, WALNÜSSE UND KIRSCHKERNE

Verschiedene Säugetiere verwenden unterschiedliche Strategien beim Öffnen dieser Früchte und Nüsse. Hinweise an der Schale können häufig die Bestimmung der Gattung oder Art ermöglichen, besonders wenn man den Fundort berücksichtigt.

Haselnüsse

Viele kranzartig angeordnete und senkrecht zum Rand des Lochs verlaufende Zahnfurchen. Unregelmäßige, furchenreiche Lochkante » **Waldmäuse** (Seite 327).

Die klassische Haselnussfraßspur einer Waldmaus. Spessart, Deutschland.

Kaum oder keine Zahnfurchen, diagonal bis nahezu parallel zum Rand des Loches verlaufende Nagespuren. Gleichmäßige, rundliche und glatte Lochkante » **Bilche** (Seite 260).

Das kreisförmig diagonale Nagen ist typisch für Bilche. Spessart, Deutschland.

Wenige Zahnfurchen, lokal an einer Stelle der Öffnung. Gleichmäßige und furchenreiche Lochkante » **Rötelmäuse** (Seite 304).

Beachten Sie den deutlichen Kontrast der benagten Stelle zu dem sonst unbeschädigten Rand! Dies ist charakteristisch für Brand- und Rötelmäuse. Spessart, Deutschland.

Gleichmäßig in zwei Hälften gespaltene Schalen » **Eichhörnchen** (Seite 244).

Zwei gleichmäßig gespaltene Schalenhälften sind charakteristisch für Eichhörnchen. Ein ungleichmäßiges Spalten kann auf Jungtiere hinweisen. Spessart, Deutschland.

Aufgehackte, teilweise mit erkennbaren Schnabelmarken versehene Nüsse und Samen » **Spechte** oder **Kleiber** (Seite 709).

Ungleichmäßige Bruchkanten und Schnabelmarken wie diese sind charakteristische Folgen des Hackens mit einem Schnabel. Spessart, Deutschland. ︾

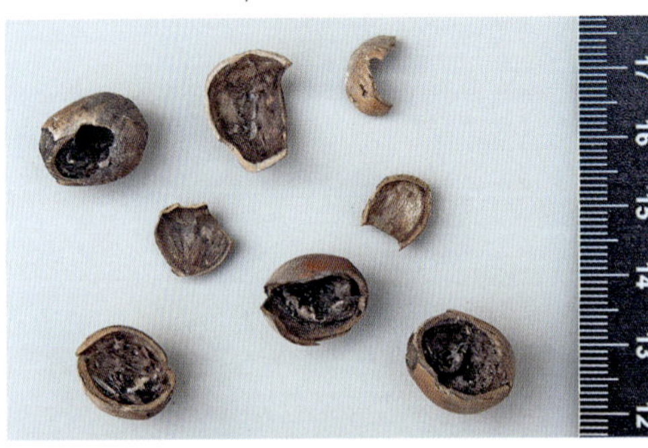

« Diese Haselnuss hat ein Buntspecht geöffnet. Märkische Schweiz, Deutschland.

« Vom Kleiber geöffnete Haselnüsse zeigen in der Regel feinere Löcher. Märkische Schweiz, Deutschland.

Kreisrunde Löcher an Haselnüssen, Eicheln und Bucheckern » **Eichel-** oder **Haselnussbohrer** (Seite 777).

« Das kreisrunde Austrittsloch eines Haselnussbohrers. Spessart, Deutschland.

Eicheln, Bucheckern, Walnüsse und Kirschkerne

Feine Zahnfurchen und Schalenschäden an Eicheln, Bucheckern, Walnüssen und Kirschkernen » **Mäuse** (Seite 318).

Die feinen Nagespuren einer Waldmaus an einer Eichel. Uhyst, Deutschland. ≽

An den Überresten dieser Bucheckernschalen ist eine Fraßkante zu erkennen. Bei genauem Hinsehen können außerdem kleine Kratzspuren auf der Außenschale erkannt werden (hier von einer Waldmaus). Spessart, Deutschland. ≽

≼ Kleine Löcher an Kirschkernen mit feinen Zahnfurchen an der Außenkante sind ein typisches Zeichen für Mäuse. Spessart, Deutschland.

≼ Auch an Walnussschalen hinterlassen Mäuse eine deutliche Fraßkante mit feinen Zahnfurchen. Spessart, Deutschland.

Sauber in zwei Hälften gespaltene Schalen » **Eichhörnchen** (Seite 244).

« Sauber in zwei Hälften gespaltene Walnüsse mit feinen Zahnfurchen an der Spitze sind ein Zeichen für Eichhörnchen.
Bielefeld, Deutschland. Ulrike Quartier.

Grobe Zahnfurchen an dem Fruchtfleisch und breite längliche Streifen der Eichelschalen » **Eichhörnchen** (Seite 244).

≈ Hier sind die im Vergleich zu Mäusen gröberen Zahnfurchen des Grauhörnchens deutlich zu erkennen.
West Sussex, England.

≈ Wenn Eichhörnchen Eicheln fressen, hinterlassen sie charakteristische Anhäufungen von länglichen Eichelschalenstreifen. Bei genauer Betrachtung können sogar die Kratzspuren der Krallen erkannt werden. Midhurst, England.

Grüne Eicheln, angefressen und liegen gelassen » **Eichhörnchen** auf der Suche nach Eichelbohrerlarven (Seite 244).

Eichhörnchen vertragen den hohen Gerbstoffgehalt grüner Eicheln. Hier waren allerdings die Larven des Eichelbohrers die eigentliche Beute. West Sussex, England. »

Aufgehackt mit deutlichen Schnabelmarken » **Vögel**, zum Beispiel Eichelhäher (Seite 708).

Diese Eicheln wurden von einem Eichelhäher bearbeitet. Kreba Teiche, Deutschland. »

BESTIMMUNGSHILFE FÜR FRAẞSPUREN AN TIERKADAVERN

Fleischfresser hinterlassen meistens charakteristische Rissmerkmale an den Kadavern ihrer Beute. Das Begutachten dieser Merkmale kann eine Bestimmung des Täters ermöglichen und spannende Hinweise für unterschiedliche Beutestrategien liefern. Todesursache oder Täter zu bestimmen kann ohne DNA-Analysen schwer bis unmöglich sein und Fehlinterpretationen sind häufig. Vermeiden Sie also voreilige Schlüsse und lassen Sie sich Zeit, den Fund zu interpretieren. Stellen Sie sich vor, Sie kommen an einen „Tatort“ und arbeiten für die Spurensicherung, selbst die kleinste Unachtsamkeit könnte wichtige Hinweise zerstören.

Viele Fährtenleser umkreisen den Fundort zuerst, bevor sie sich der Inspektion des Kadavers widmen. Überlegen Sie, ob das Tier dort gestorben ist, wo sich der Kadaver jetzt befindet, oder ob es nach seinem Tod dort hintransportiert wurde. Können Sie Schleifspuren des Körpers erkennen? Gibt es Hinweise auf eine Verfolgungsjagd oder einen Kampf? Braunbären und Luchse tragen ihre Beute häufig in ein Versteck, während Vielfraße, Wölfe oder Füchse meist Einzelteile ihrer Beute zum Fressen forttragen oder verstecken. Luchse sind außerdem dafür bekannt, dass sie ihre Beute mit umliegendem Material bedecken.

Jagende Fleischfresser sind in der Regel auch Aasfresser, sodass die Fraßspuren an einem Riss oft auch von Sekundärnutzern stammen. Vögel wie Greif- oder Rabenvögel nutzen ebenfalls die Überreste eines Risses, so können an einem Fundort die Spuren und Zeichen verschiedener Tiere gefunden werden. Achten Sie auf Fußabdrücke, Kot oder Liegeplätze von Raubtieren in der Nähe des Fundorts, bevor Sie den Kadaver genauer begutachten.

Die Vorgehensweise, mit der ein Beutetier getötet und gefressen wurde, kann ebenfalls wichtige Hinweise auf den Täter geben. Wurde vom Kadaver an mehreren Stellen gefressen oder zeigt er eine lokale Öffnung? Sind Magen und Darm unberührt oder liegen die Innereien verstreut umher? Die Positionierung der Kratz- und Bissspuren an den verschiedenen Körperregionen des Kadavers können weiterhin wichtige Hinweise zur Artbestimmung des Beutegreifers liefern. Achten Sie vor allem auf Bissspuren in Nacken, Kehle oder in der Wirbelsäule sowie auf Kratzspuren an der Rückenpartie, den Flanken und am Gesäß. Einige Verletzungen sind jedoch häufig erst nach dem Abziehen der Haut erkennbar. Durch den Eckzahnabstand einer Bisswunde kann die Zahl möglicher Täter oft erheblich eingegrenzt werden. Artspezifische Rissmerkmale finden Sie in den jeweiligen Artbeschreibungen.

Achten Sie bei Überresten von Vögeln auf den Zustand des unteren Teils des Federkiels. Abgebissene Federkiele sind ein sicheres Zeichen für fleischfressende Säugetiere. Raubvögel rupfen ihrer Beute die Federn aus und hinterlassen dabei gelegentlich Schnabelmarken im Federkiel, meist sind jedoch intakte Federkiele die Regel.

Große Kadaver, zertrennt und verteilt
» **Hunde** (Seite 384), **Braunbären** (Seite 422).

≈ Frische Wolfsbeute. Lausitz, Deutschland. LUPUS, Institut für Wolfsmonitoring und -forschung in Deutschland.

≈ Wölfe haben einen Rothirsch gerissen, alte Fraßspur. Bieszczady, Polen.

Wildkaninchen bis rehgroßer Kadaver, in einem Stück und häufig mit Laub, Gras oder Schnee bedeckt. In der Regel starke Blutungen im Drosselbereich, wenige Verletzungen » **Luchse** (Seite 364).

Häufig verscharren Luchse ihre Beute. In der Regel gibt es wenige Verletzungen und während der Nutzung werden keine Körperteile abgetrennt. Markus Schwaiger, Luchsprojekt Bayern. Bayerischer Wald, Deutschland. »

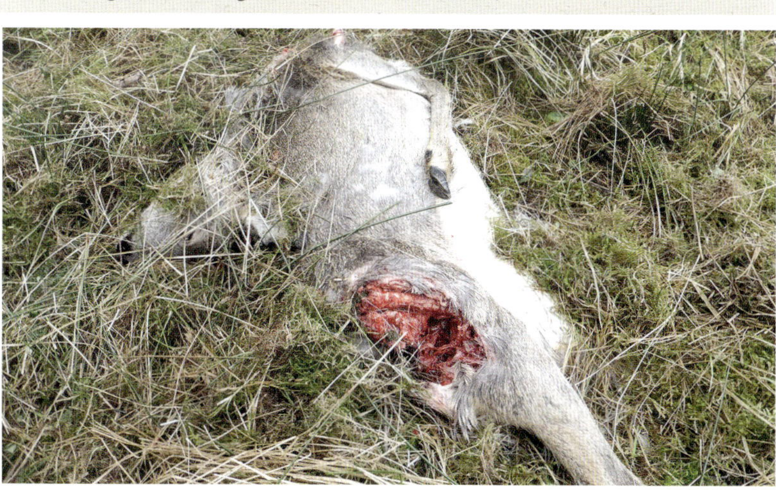

Einzelne Kadaverteile, in flachen Mulden oder versteckt » **Hunde** (Seite 384) und **Marder** (Seite 428).

≈ Vor allem kleine bis mittelgroße Raubtiere verstecken Teile ihrer Beute oft für später. In diesem Nahrungsdepot eines Rotfuchses befindet sich ein Rehbein. Vledder, Niederlande. René Nauta.

Abgebissene Federkiele, oft durch Speichel zusammenklumpende Federn » **Riss** » **Raubtiere** (Seite 360).

Hier wurde ein Buntspecht gerissen. Abgebissene Federkiele und zusammenklebende Federn sind die Zeichen eines Raubtieres, hier vermutlich eines Rotfuchses. Märkische Schweiz, Deutschland. ≈

Federkiele überwiegend unverletzt, ausgerupft und teilweise mit Schnabelmarken versehen. Brustfleisch gefressen » **Rupfung** » **Greifvögel** (Seite 716).

« Eine Ansammlung von Federn unter dem Sitzplatz eines Greifvogels. Die Federkiele sind intakt und die größeren Federn liegen überwiegend einzeln, anstatt zusammenzukleben. Märkische Schweiz, Deutschland.

Enthauptete Kadaver kleiner bis kaninchengroßer Säugetiere oder andere tierische Überreste, auf Erhöhungen wie Baumstümpfen, Zaunpfosten oder an ähnlichen Orten gefunden » **Greifvögel** (Seite 716).

« Die erhöhte Lage und das Fraßbild sind charakteristisch für Greifvögel. Diese Amsel wurde wahrscheinlich von einem Sperber geschlagen. Vledder, Niederlande. René Nauta.

⮝ Ein Habicht hat eine Taube geschlagen. Vledder, Niederlande. René Nauta.

BESTIMMUNGSHILFE FÜR ZEICHEN AM BODEN: BETTEN UND RUHEPLÄTZE, STAUB- UND SCHLAMMBÄDER, KRATZSPUREN, GRABSPUREN, ERDHAUFEN, ERDLÖCHER UND BAUE

Tiere bewegen sich über den Boden und legen sich auf ihm zur Ruhe, sie betreiben Körperpflege, setzen Markierungen oder bauen dort ihre Unterschlupfe – und dabei hinterlassen sie Zeichen, die sich interpretieren lassen. Es folgt ein Überblick über einige der wichtigsten.

BETTEN UND RUHEPLÄTZE, STAUB- UND SCHLAMMBÄDER

Tiere legen sich zum Ruhen und Schlafen nieder und hinterlassen dabei einen Abdruck ihres Körperumrisses. Bei diesem flach zusammengedrückten, häufig auch vertieften Bereich handelt es sich um ein Bett oder einen Ruheplatz. Ruheplätze werden in der Regel nur einmal genutzt und dienen dem vorübergehenden Ruhen zwischen Aktivitätsphasen. Betten werden für längere Schlafphasen und von einigen Tierarten wiederholt aufgesucht. Die Größe und Form von Betten und Ruheplätzen kann zur Artbestimmung genutzt werden.

Hirschbetten

Die Betten der Hirsche (Cervidae) besitzen in der Regel eine charakteristische Form. Da die Tiere auf einer ihrer Körperseiten rasten, hinterlässt der Rücken einen relativ langen, gebogenen Abdruck ⓐ. Die gegenüberliegende

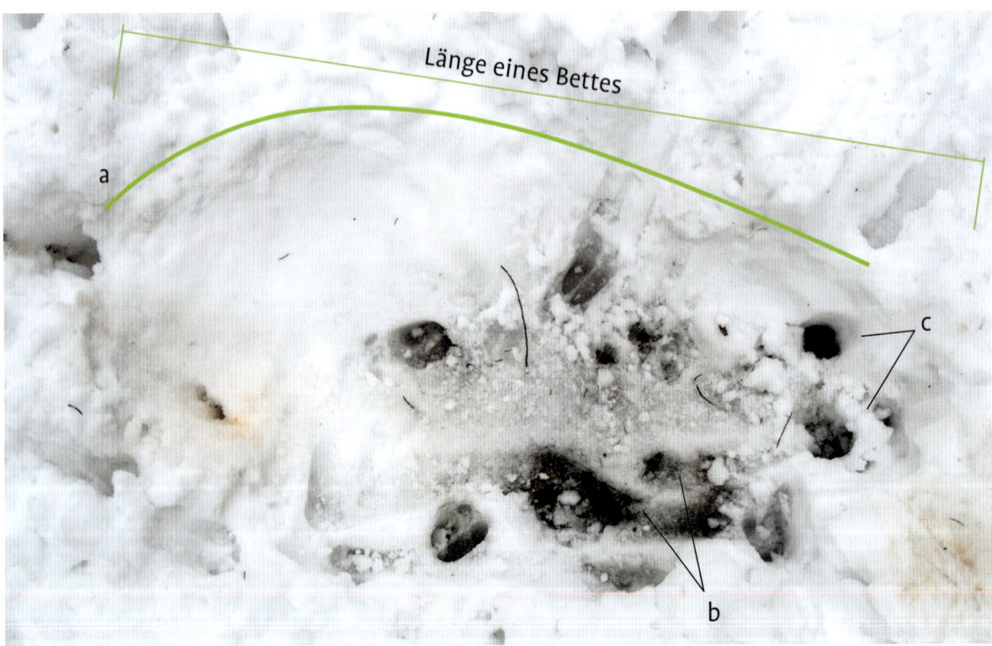

≈ Das für Hirschartige typische Bett eines Rothirschs. Die breite rundliche Seite links zeigt das Hinterteil und die schmal zulaufende Seite rechts die Vorderseite des Tieres. Die horizontal verlaufenden geraden Außenlinien im unteren Teil des Fotos stammen von den angewinkelten Beinen. Bayerischer Wald, Deutschland.

Seite des Bettes ist im Vergleich kürzer, auffallend gerade und zeigt oft horizontal verlaufende Abdrücke, die von den unter dem Rumpf zusammengefalteten Beinen stammen ⓑ. Der Umriss des Bettes ist länger als breit, mit einer schmaler werdenden Seite. Gelegentlich können an dieser beinahe zugespitzten Seite zwei markante, rundliche Abdrücke erkennbar sein, die von den Vorderfußwurzelgelenken (Karpalgelenken) stammen ⓒ. Bei Betten mit deutlichen Konturen kann durch einen Abdruck der Schnauze ebenso erkennbar sein, in welche Richtung das Tier seinen Kopf ablegte. Werden Betten mehrerer Tiere gefunden, lohnt sich der Vergleich unterschiedlicher Größen und Positionen, um Informationen über die Gruppenstruktur zu erhalten. Ein einzelnes, abseits gelegenes und relativ großes Bett könnte von einem männlichen Tier stammen, während ein deutlicher Größenunterschied von mehreren kleinen und großen Betten auf ein Rudel von Mutter- und Jungtieren hinweist. Eine Reihe ähnlich großer Betten kann von einem Junggesellenrudel herrühren. Paarhuferbetten befinden sich häufig an deckungsreichen Grenzbereichen, die Schutz und einen guten Überblick ermöglichen.

Fleischfresserbetten

Hunde und Bären rollen sich zum Schlafen häufig zusammen, sodass nahezu kreisrunde Betten entstehen. Für Katzen sind bei warmem Wetter Roll- und Streckspuren charakteristisch. Bei niedrigen Temperaturen hinterlassen auch sie nahezu kreisrunde Betten. Unter den Fleischfressern neigen Bären am häufigsten zum dauerhaften Nutzen ihrer Betten. Betten von Bär, Luchs und Wildkatze liegen in der Regel zurückgezogen und befin-

⮝ Der Ruheplatz eines Eurasischen Luchses. Katzentypisch sind die Vorderbeine nach vorne gestreckt und die Hinterbeine angewinkelt. Jämtland, Schweden. Laura Gärtner.

≈ Bei kalten Temperaturen rollen sich Wölfe gerne zusammen.

den sich in Deckung, Katzen wählen hierbei häufig einen leicht erhöhten Platz an einem Hang oder Felsvorsprung mit guter Aussicht. Auch Wölfe bevorzugen Betten, die einen guten Überblick ermöglichen. Für sie ist jedoch entscheidend, dass Witterung ideal wahrgenommen werden kann, hierzu wählen sie häufig ebenfalls leicht erhöhte Plätze wie große Steine oder andere Erhöhungen, wobei die Deckung weniger relevant zu sein scheint.

STAUB- UND SCHLAMMBÄDER

Zum Schutz vor Insekten und zur Abwehr von Parasiten nehmen viele Tiere Staub- und Schlammbäder. **Staubbäder** dienen der Fellpflege und oft auch als olfaktorische Markierung. Sie sind typisch für Vögel, Nagetiere und Hasenartige, doch auch Wisente und Rothirsche nehmen Staubbäder.

Schlammbäder, die in der Jägersprache auch Suhlen genannt werden, haben einen ähnlichen Nutzen wie Staubbäder. Sie helfen außerdem beim Abkühlen der Körpertem-

« Das Staubbad eines Fischotters. Elbauen, Deutschland.

Das Schlammbad eines Wildschweins. Spessart, Deutschland. »

peratur und schützen durch die aufgetragene Schlammschicht vor beißenden und stechenden Insekten. Beliebte Plätze für ein Schlammbad werden oft wiederkehrend besucht, die umliegende Vegetation ist in diesem Fall meist stark zertrampelt und häufig führen deutliche, breit ausgetretene Wechsel zu einer Suhle. Schlammbäder sind typisch für Wildschwein, Rot- und Sikahirsch sowie für Rentier, Elch und Wisent.

KRATZSPUREN, GRABSPUREN UND ERDHAUFEN

Kratz- und Grabspuren sind flache bis tiefe Erdlöcher, die in keinem Zusammenhang zu einem weiterführenden Tunnel oder Bau stehen. Sie können sehr schwer zu bestimmen sein, da sie von einer Vielzahl verschiedener Tiere und aus unterschiedlichsten Gründen hinterlassen werden. Hunde und viele Paarhufer kratzen und scharren am Boden, sodass ihre Duftspur und ein visuelles Zeichen als Markierung zurückbleiben. Auch viele Katzen hinterlassen Kratzspuren am Boden, unter anderem als Markierung oder um ihren Kot zu verscharren. Wildschweine, Hirsche, Bisam, Nutria, Wühlmäuse, Braunbären und Kaninchen graben nach Pflanzenknollen und Wurzeln. Wildschweine können dabei Flächen von beachtlichem Ausmaß mit ihrer Schnauze umgraben. Waschbären, Braunbären und Dachse sind dafür bekannt, dass sie Bienen-, Wespen- und Hummelnester ausgraben und plündern. Füchse und Dachse graben außerdem oft nach Wühlmäusen und anderen kleinen Säugetieren. Einzelheiten zur Unterscheidung der Grabspuren dieser Arten finden Sie an entsprechender Stelle in den Artbeschreibungen. Die folgenden Fragen können beim Bestimmen und Interpretieren von Kratz- und Grabspuren hilfreich sein:

- Sind Krallenabdrücke vorhanden und, falls ja, stammen sie von stumpfen oder scharfen Krallen?
- Weshalb wurde hier gegraben?
- Handelt es sich um eine Markierung oder eher um Nahrungssuche?
- Falls nach Nahrung gegraben wurde, wonach genau wurde gegraben?
- Welche Form hat das entstandene Erdloch?

Relativ große, flache freigescharrte Fläche mit deutlichen Kratzspuren und ohne Erdaufhäufung » **Plätzen** » **Rehe** (Seite 523).

« Plätzen ist ein Ausdruck aus der Jägersprache und eine Form von Reviermarkierung. Waldsieversdorf, Deutschland.

Kleine, flache, meist rechteckige Grabspur
» **Eichhörnchen** (Seite 244), **Mäuse** (Seite 326).

Eine Waldmaus hat eine Eichel ausgegraben. Vledder, Niederlande. Laura Gärtner »

Mittelgroße Grabspuren » **Kaninchen** (Seite 230), **Bisam**, **Biber** und **Nutria** (Seiten 285, 268, 276), **Hunde** (Seite 384), **Dachse** (Seite 450), **Steinmarder** (Seite 462) und **Waschbären** (Seite 489).

« Ein Rotfuchs hat nach Wühlmäusen gegraben. Dachse können ähnliche Grabspuren hinterlassen (Seite 417). Lausitz, Deutschland.

≈ Auf Nahrungssuche graben Nutria in Ufernähe nach Wurzeln. Elbe, Deutschland

Mittelgroße bis große Grabspuren
» **Braunbären** (Seite 422) und **Dachse** (Seite 450).

« Dachse können sehr tiefe Löcher graben. Hier war ein Erdwespennest das Ziel. Welzow, Deutschland.

Große rechteckige Grassoden oder Erdflächen, ausgehoben und umgedreht
» **Braunbären** (Seite 422).

« Auf Nahrungssuche drehen Braunbären auch Grassoden um. Vogelgebirge, Slowakei. Immo Meyer.

Länglich verlaufende, flache Wühlspuren, Erde nach vorne und zu den Seiten geschoben
» **Rüsseln** » **Wildschweine** (Seite 506).

⩓ Das sogenannte Rüsseln der Wildschweine. Märkische Schweiz, Deutschland.

Ein **Erdhaufen** ist eine Aufhäufung von Erde, die auf den ersten Blick in keinem unmittelbaren Zusammenhang zu einer Aushebung steht und keinen offensichtlichen Eingang hat. Maulwurfshügel gehören wahrscheinlich zu den bekannteren Erdanhäufungen, doch gibt es einige andere Tiere, die aus verschiedenen Gründen kleine bis sehr große Erdhaufen hinterlassen. Die Hügel von Maulwürfen und Schermäusen sind Zeichen ihrer tunnelgrabenden Lebensweise, wohingegen Biber, Bisam und Fischotter Markierungshügel anlegen. Die auffälligen Vorratshügel der Ährenmaus sind vor allem in trockeneren Gegenden Osteuropas ein bekanntes Zeichen.

Zusammengescharrte, mittelgroße bis große Aufhäufung von Erde ohne Eingangsloch, häufig mit Ausscheidungen versehen

» **Biber** (Seite 267), **Katzen** (Seite 363) und **Fischotter** (Seite 435).

︽ Markierungshügel sind eine Form der Reviermarkierung, hier von einem Fischotter. Oderbruch, Deutschland.

In der Regel verstopftes Eingangsloch in der Mitte eines gleichmäßig geformten Erdhaufens » **Maulwürfe** (Seite 204).

« Das senkrecht verlaufende Eingangsloch eines Maulwurfshügels ist meist verschlossen. Hier ausnahmsweise mit offenem Loch. Biebergemünd, Deutschland.

Eingangsloch an der Seite eines unregelmäßig geformten Erdhaufens » **Schermäuse** (Seite 290).

« Das seitlich verlaufende Eingangsloch einer Schermaus. Die Unregelmäßigkeiten in Größe und Form helfen, sie von Maulwurfshügeln zu unterscheiden. Hardegsen, Deutschland. Laura Gärtner.

ERDLÖCHER UND BAUE

In dieser Kategorie werden Öffnungen im Boden beschrieben, an die sich ein Tunnel anschließt. Davor kann ausgeworfene Erde zu finden sein. Viele Tiere nutzen Erdlöcher und unterirdische Baue für ihren Schutz. Diese können einfache Fallröhren mit nur einem Zugang sein und bis hin zu umfangreichen Kammerkomplexen mit mehreren Ein- und Ausgängen reichen. Wildkaninchen graben Baue, die ganze Kolonien von Tieren beheimaten und durch ein komplexes Tunnelsystem miteinander verbunden sind. Ungenutzte Baue, wie der verlassene Bau eines Dachses, werden häufig von anderen Tieren bewohnt. Oft macht erst der Auswurf vor einem Eingangsloch auf einen Erdbau aufmerksam. Die Größe und Form der Eingangslöcher sowie das den Bau umgebende Wegenetz, das Vorhandensein von Latrinen oder die Platzierung von Reviermarkierungen geben wichtige Hinweise über die Art und Lebensweise des Baubewohners. Ein bewohnter Erdbau zeigt frische Spuren der Nutzung wie Auswurf, Trittsiegel und Kot. Vor einem unbewohnten Erdbau sammelt sich Laub und das Eingangsloch ist rasch von Spinnenweben versperrt.

Stellen Sie beim Bestimmen und Interpretieren von Erdlöchern und Bauen folgende Fragen:

- Wie groß ist das Eingangsloch und welche Form hat es?
- Ist das Eingangsloch versteckt oder liegt es eher frei zugänglich?
- Liegt ausgeworfene Erde davor?
- Gibt es ein oder mehrere Eingangslöcher?
- Können Sie deutlich ausgetretene Wechsel erkennen und befinden sich andere Zeichen wie Latrinen oder Staubbäder in der Nähe?

Kleine Erdlöcher, bis 8 cm » **Spitzmäuse** (Seite 199), **Maulwürfe** (Seite 204), **Hörnchen** (Seite 242), **kleine Wühlmäuse** (Seite 278), **Langschwanzmäuse** (Seite 318), **Amphibien** (Seite 741), **Insekten** (Seite 777) und **Spinnen** (Seite 778).

Das oft nahezu kreisrunde Eingangsloch einer Wolfsspinne. Ein Erkennungsmerkmal ist das zu einer wandartigen Erhöhung angesammelte Material um das Loch herum. Doñana Nationalpark, Spanien.

Das etwa 3 cm große Erdloch einer Waldmaus. Wald- und Gelbhalsmäuse können einen beachtlichen Auswurf vor dem Eingangsloch zu ihrem Bau haben. Märkische Schweiz, Deutschland.

Mittelgroße Erdlöcher, bis 18 cm
» **Wildkaninchen** (Seite 230), **Bisam** (Seite 285).

« Eingang zu einem Kaninchenbau. Der Pfad zum Eingang ist, wie für Kaninchen typisch, ausgetreten und deutlich zu erkennen. Hitzacker, Deutschland.

Große Erdlöcher, größer als 18 cm » **Alpenmurmeltiere** (Seite 247), **Nutria** (Seite 271), **Hunde** (Seite 384), **Vielfraß** (Seite 442) und **Dachse** (Seite 448).

« Der Eingang zu einem Dachsbau. Dachsbaueingänge treten in den verschiedensten Größen und Formen auf. Vledder, Niederlande.

INSEKTEN-FRESSER

Zur Ordnung der Insektenfresser (Eulipotyphla) gehören in Europa 3 Familien: die Igel (Erinaceidae), die Maulwürfe (Talpidae) und die Spitzmäuse (Soricidae). Die Stellung dieser Ordnung wird anhaltend debattiert, da unter anderem die Zugehörigkeit der Igel umstritten ist.

Es gibt kein gemeinsames Merkmal, das die Insektenfresser eindeutig von ihren Nachbarordnungen unterscheidet. Insektenfresser sind relativ kleine Säugetiere, die sich überwiegend von wirbellosen Tieren ernähren. Ihr Gebiss ist an ihre räuberische Lebensweise angepasst und besteht aus fortlaufenden Zahnreihen mit scharfen spitzen Zähnen. Die visuelle Wahrnehmung spielt bei Insektenfressern eine untergeordnete Rolle. Ihre dominanten Sinne sind der Geruchs- und Tastsinn, die ausgezeichnet entwickelt sind. Viele Spitzmäuse verwenden zum Beispiel eine Form der Echoortung, um ihre Beute aufzuspüren.

SPUREN UND ZEICHEN DER INSEKTENFRESSER

Alle Insektenfresser sind Sohlengänger mit 5 Zehen und 5 Krallen an den Vorder- und

Hinterfüßen. Mit Ausnahme der zum Graben spezialisierten Vorderfüße der Maulwürfe besitzen die Insektenfresser die ursprünglichste Fußstruktur heute lebender Säugetiere.

Igel

Igel (Erinaceidae) sind für ihr Stachelkleid bekannt, mit dessen Hilfe sie sich bei Bedrohung zu einer Stachelkugel zusammenrollen können. Sie besitzen einen kompakten, rundlich wirkenden Körper, eine verlängerte Schnauze und einen kurzen Schwanz. Im Gebiet kommen zwei Gattungen mit drei Arten vor. Der Algerische Igel (*Atelerix algirus*) aus der Gattung *Atelerix* sowie aus der Gattung *Erinaceus* der Nördliche Weißbrustigel (*Erinaceus roumanicus*) und der Braunbrustigel (*Erinaceus europaeus*), die in West- und Mitteleuropa häufigste Igelart. Der Algerische Igel findet sich nur stark begrenzt in Südfrankreich, den Balearen und den Kanaren sowie an der Südostküste Spaniens. Dort kann man ebenfalls auf Spuren des Braunbrustigels treffen. Vom nördlichen Baltikum im Westen Polens erstreckt sich über Tschechien und Österreich bis zur norditalienischen Adriaküste im Süden Europas ein etwa 200 km breiter Bereich, in dem sich das Verbreitungsgebiet des Braunbrustigels mit dem des Weißbrustigels überlappt (Neumeier 2006). Der Weißbrustigel ist vor allem in Ost- und Südosteuropa verbreitet, weshalb er auch Ostigel genannt wird. Die Unterscheidung von Trittsiegeln verschiedener Igel ist nicht ausreichend erforscht. Als weit verbreiteter Vertreter in Westeuropa wird im Folgenden der Braunbrustigel näher behandelt.

SPUREN UND ZEICHEN DER IGEL

Sohlengänger. Asymmetrisch. In der Regel fünf verhältnismäßig kurze, breite, gerippte Zehenabdrücke und ein zusammengewachsener Mittelfußballen, der an eine L-Form erinnert. Im Trittsiegel sind meist lange stumpfe Krallenabdrücke zu erkennen. Trittsiegel von Igeln und Ratten können miteinander verwechselt werden.

Spurenformel: 5v × 5H + K

BRAUNBRUSTIGEL

Erinaceus europaeus

Igel gehören zu den beliebtesten Wildtieren Europas. Ihr dominanter Sinn ist der Geruchssinn. Sie hören aber auch sehr gut und können überraschend gut klettern und schwimmen. Außerdem sind sie verhältnismäßig schnelle Läufer. Ihr Sehvermögen ist eher schwach ausgeprägt und sie sind überwiegend nachtaktiv. Tagsüber ziehen sich Igel meist zurück und schlafen im Schutz ihres Tagesverstecks. Hierfür werden Laub und Reisighaufen, Hecken, hohle Bäume und Hohlräume in Stall- und Scheunengebäuden genutzt. Bevor im Oktober/November der 5–6 Monate anhaltende Winterschlaf beginnt, bauen Igel ein aus Laub- und Reisig bestehendes Winternest. Während des Winterschlafs sinkt ihre Körpertemperatur von 35 °C auf Umgebungstemperatur. Der Herzschlag verringert sich von durchschnittlich 147 auf 2–12 Schläge pro Minute. Vor dem Winterschlaf fressen sich Igel eine Fettreserve an, die während des Winters aufgebraucht wird. Sie verlieren dabei etwa 25 % ihres Körpergewichts. Natürliche Feinde sind Dachs, Fuchs, Uhu, Mink und Iltis.

KRL 18–28 cm
Sl 1–4 cm
G 450–1 200 g
Gewicht variiert stark nach Jahreszeit und Futterverfügbarkeit. Ausnahmen bis über 2 kg. Durchschnittliches Sommergewicht: 800–1 000 g.

KENNZEICHEN » Die Haare in Stachelform bilden das charakteristische Stachelkleid. Rundlich gedrungener Körper mit spitzschnäuziger Rüsselnase. Das Tier wirkt kurzbeinig, da die eher langen Beine vom seitlichen Fell verborgen werden. Kurzer Schwanz, kräftige Krallen.

VERBREITUNG & LEBENSRAUM » Igel bevorzugen unterwuchsreiche Laub- und Mischwälder. Sie sind häufig an Waldrändern mit angrenzenden Grasflächen zu finden, ebenso in Feldgehölzen, Hecken, Gärten und Parkanlagen. Igel kommen bis in Höhen über 2 000 m vor. Feuchtgebiete und Nadelwälder werden eher gemieden. Vermutlich fehlt ihnen dort vor allem Nistmaterial für ihren Winterschlaf.

ERNÄHRUNG » Beinahe ausschließlich bodenlebende Wirbellose. Ein Großteil der Nahrung besteht aus Käfern, Raupen und Regenwürmern. Hinzu kommen Insekten, Schnecken, Tausend- und Hundertfüßer sowie Spinnen. Seltener werden junge Mäuse, Kadaver, Frösche und Vogeleier gefressen. Auch Pilze, Eicheln und Fallobst werden verspeist. Oft wird Igeln der Verzehr von Schlangen nachgesagt, hierzu sind jedoch nur wenige Beobachtungen dokumentiert, wenngleich eine gewisse Immunität gegenüber Schlangengift nachgewiesen werden konnte.

FORTPFLANZUNG » Nach dem Erwachen aus dem Winterschlaf beginnt meist im März/April die Paarungszeit. Im Regelfall kommt es nur zu einem Wurf. Nach einer Tragzeit von 31–36 Tagen werden meist im Juni 2–7 (durchschnittlich 4–5) Junge geboren. Die Jungen kommen als Nesthocker zur Welt, die nach 4–6 Wochen selbstständig sind und ihr Leben als Einzelgänger beginnen. Nach einem Jahr sind die Jungen geschlechtsreif.

Früher wurden Igel als Speise im Lehmmantel gebacken. Der Volksmund nennt die fetten Igel vor dem Winterschlaf „Schweinsigel", nach dem Abbau der Fettreserven im Frühjahr heißen sie „Hundsigel".

ZEICHEN

NESTER » Igel legen Tages- und Winternester an. Die Tagesnester sind meist nur einfache Mulden in der Vegetation, während die Winternester aus großen Laub- und Reisighaufen bestehen.

Das Tagesnest eines Igels ist häufig nur eine selbst geformte Mulde in der Vegetation. Vledder, Niederlande. René Nauta. »

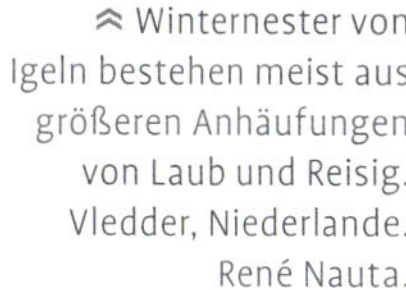

« Winternester von Igeln bestehen meist aus größeren Anhäufungen von Laub und Reisig. Vledder, Niederlande. René Nauta.

GRABSPUREN » Auf Wiesen können Grabspuren der Rüsselschnauze gefunden werden, nachdem dort nach Insektenlarven gegraben wurde.

KOT » Der walzenförmige Kot ist im Regelfall stark zusammengepresst, zeigt eher stumpfe Enden und ist gerade geformt. Er wirkt meist schwarzglänzend aufgrund der chitinhaltigen Reste gefressener Insekten. Diese führen außerdem dazu, dass die getrocknete Losung krümelig zerfallen kann. Bei Verzehr von Haaren oder Federn (Maus oder Vogel) kann es zu der sonst für Marderartige typischen Verdrehung sowie einer mattgrauen Färbung kommen. In diesem Fall kann Igelkot mit Hermelin- und Iltislosung verwechselt werden, ist jedoch im Verhältnis breiter.

» **L** 1,5–5 cm » **D** 0,8–1,2 cm

Igelkot enthält meist viele Überreste von Insekten. Biebergemünd, Deutschland. »

TRITTSIEGEL

Vorne

» L 1,6–4 cm **» B** 2,1–3,2 cm

Klein. Leicht asymmetrisch. 5 Zehen: Zehe 1 drückt sich unregelmäßig ab. Häufig ist nur die entsprechende Kralle zu erkennen. Zehen 2–5 sind kurz, kräftig, gerippt und kürzer als beim Hinterfuß. Sie zeichnen sich meist strahlenförmig und mit dem Mittelfußballen verbunden ab. Die vorderen Mittelballen sind teilweise zusammengewachsen und Mittelballen II–IV sind auffällig groß. Im hinteren Bereich des Trittsiegels kann selten ein weiterer, hinterer Mittelballen abgedrückt sein. Die kräftigen, stumpfen Krallen werden zum Graben verwendet und sind etwas kürzer als beim Hinterfuß. Das Trittsiegel wirkt kompakt, mit geringem Negativbereich. Der Vorderfuß ist geringfügig kleiner als der Hinterfuß und wirkt im Abdruck meist etwas breiter.

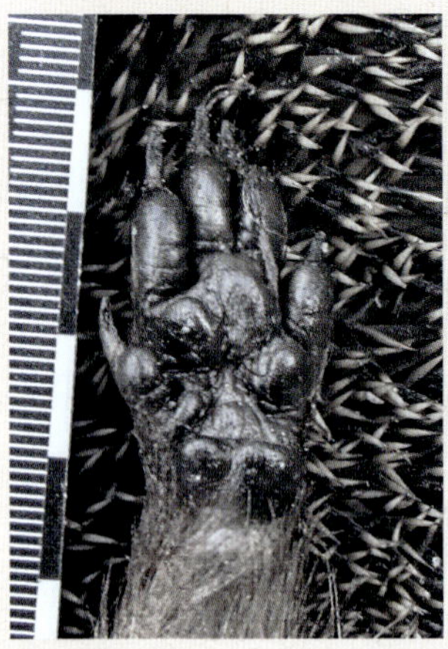

≈ Links vorne. Märkische Schweiz, Deutschland.

≈ Rechts hinten. Märkische Schweiz, Deutschland.

≈ Links vorne.

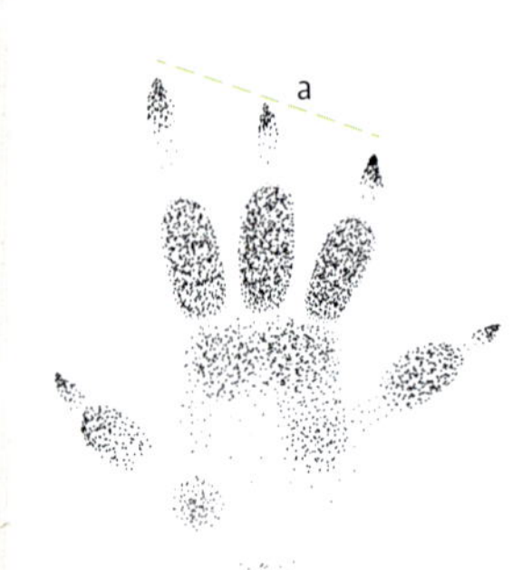

≈ Rechts hinten.

≈ Links vorne. Beachten Sie den Krallenabdruck von Zehe 1 auf der linken Seite der 2-Cent-Münze. Märkische Schweiz, Deutschland.

≈ Rechts hinten. Märkische Schweiz, Deutschland.

Hinten

» **L** 2,5–4,5 cm » **B** 2,1–4,5 cm

Klein. Asymmetrisch. 5 Zehen: Zehen 1 und 5 stehen seitlich, Zehen 2, 3 und 4 sind ähnlich groß und nach vorne gerichtet. Zehe 1 liegt deutlich weiter hinten als beim Vorderfuß. Die Zehen sind kurz, kräftig und gerippt, jedoch länger als am Vorderfuß und meist mit dem Mittelfußballen verbunden abgedrückt. Die vorderen Mittelballen sind teilweise zusammengewachsen und Mittelballen II–IV sind auffällig groß. Die langen, kräftigen Krallen zeichnen sich oft deutlich ab. Ein charakteristisches Erkennungsmerkmal ist die Länge von Kralle 2. Sie ist am längsten und etwas länger als Kralle 3. Kralle 4 ist etwas kürzer als Kralle 3, wodurch ein nach außen abfallender, oft markanter Winkel entsteht ⓐ. Im hinteren Bereich des Trittsiegels wird selten ein weiterer, hinterer Mittelballen abgedrückt. Das Trittsiegel wirkt kompakt, mit geringem Negativbereich. Der Hinterfuß ist etwas größer als der Vorderfuß und wirkt im Abdruck länglicher.

GANGARTEN

Igel bewegen sich überwiegend in einem Schritt. Dabei sind die Vorderfüße häufig nach Innen und die Hinterfüße meist nach außen gekehrt, was zu einem charakteristischen Spurbild führt.

Schritt
Schrittlänge: 7–21 cm
Spurbreite: 5,1–10 cm

Trab
Schrittlänge: 18,5–30 cm
Spurbreite: 5–7,5 cm

Eine typische Gangart für Igel ist der übereilte Schritt mit einwärtsgekehrten Vorderfußabdrücken. Vledder, Niederlande.

Fuß-in-Fuß-Schritt.

Ähnliche Trittsiegel

Haus- und Wanderratte, Eichhörnchen, Grauhörnchen, Siebenschläfer.

SPITZMÄUSE

Soricidae

KRL 3,5–9,7 cm
Sl 2,5–7,8 cm
G 1,5–23 g
Geringere Variation innerhalb einzelner Arten.

Die Familie der Spitzmäuse umfasst sehr kleine bis mausgroße, tag- und nachtaktive Insektenfresser und überwiegend Bodenbewohner, wobei Wasserspitzmäuse an das Schwimmen im Wasser angepasst sind und einige andere Arten auch auf Äste kleinerer Sträucher klettern, um an Nahrung zu gelangen. In Europa kommen 4 Gattungen mit insgesamt 19 Arten vor. Zu der Gattung der Weißzahnspitzmäuse (*Crocidura*) zählen Feld-, Haus-, Sizilien- und Gartenspitzmaus. Die Etruskerspitzmaus ist eine Vertreterin aus der Gattung der Dickschwanzmäuse (*Suncus*). Zu der Gattung der Wasserspitzmäuse (*Neomys*) zählen die Sumpf- und die Wasserspitzmaus. Die Gattung der Rotzahnspitzmäuse (*Sorex*) umfasst bei uns die meisten Arten und ist im Gebiet am weitesten verbreitet. Zu ihr zählen Alpen-, Walliser-, Wald-, Udine-, Masken-, Schabracken-, Taiga-, Knirps-, Zwerg- und Tundraspitzmaus sowie die Iberische und die Italienische Waldspitzmaus. Die meisten Arten können nur mithilfe eingehender Schädeluntersuchungen sicher bestimmt werden, was im Feld meist nicht möglich ist, und Trittsiegel werden selten gefunden.

SPUREN UND ZEICHEN DER SPITZMÄUSE

Rot- und Weißzahnspitzmäuse sind schwer am Trittsiegel zu unterscheiden. Die hier genannten Unterscheidungsmerkmale lassen sich eindeutiger auf Tintenabdrücke als im Feld anwenden. Dennoch ist es bei idealen Untergrundbedingungen und detailreichen Abdrücken möglich, beide Gattungen auch im Feld zu bestimmen. Deutliche Trittsiegel ermöglichen gelegentlich eine Abgrenzung von Wasserspitzmäusen zu anderen Spitzmäusen, denn als eine Adaptation an das Schwimmen sind ihre Hinterfüße auffallend größer als die Vorderfüße. Die Wasserspitzmaus (*Neomys fodiens*) hat steife Schwimmborsten, die ihren Hinterfuß umsäumen und bei sehr deutlichen Fußabdrücken erkannt werden können. Ein weiteres Indiz ist der Abdruck ihres Schwimmborstenkiels an der Unterseite des Schwanzes. Stellvertretend für die übrigen Spitzmausarten sind weiter unten repräsentative Trittsiegel für die Rot- und Weißzahnspitzmäuse behandelt.

Spurenformel: 5v × 5H + K

Spitzmäuse haben einen ausgezeichneten Geruchs- und Tastsinn. Sie bewegen sich beeindruckend schnell und können selbst für sie gefährliche Tiere wie Hundertfüßer oder Wespen erlegen. Der Speichel vieler Spitzmäuse ist giftig und lähmt ihre Beutetiere. Einige Spitzmäuse können gut klettern. Ihr Sehvermögen ist eher schwach entwickelt, sie unterscheiden lediglich zwischen hell und dunkel. In ihren Tunneln navigieren sie vor allem mit ihren Tasthaaren (Vibrissen) an Schnauze und Schwanz. Ein auffälliges Verhalten der Weißzahnspitzmäuse ist die Karawanenbildung bei Gefahr. Angeführt von der Mutter beißen die Jungtiere in die Schwanzwurzel des vorangehenden Tieres, um gemeinsam zu flüchten. Feinde sind Eulen und die meisten kleineren Raubtiere. Hauskatzen und andere Tiere sind dafür bekannt, dass sie Spitzmäuse töten, aber nicht fressen. Dadurch kommt es häufig zu Totfunden vollständiger Kadaver.

KENNZEICHEN » Sehr kleine bis mausgroße Tiere mit lang gestrecktem Körper, kleinen Augen und kleinen Ohren. Markant ist die fast rüsselartig verlängerte bewegliche Schnauze. Der Schwanz ist gewöhnlich kürzer als der Körper. Die Zahnspitzen der Rotzahnspitzmäuse sind durch ein eisenhaltiges Pigment rot gefärbt. Die Etruskerspitzmaus (*Suncus etruscus*) gilt, zusammen mit der Schweinsnasenfledermaus (*Craseonycteris thonglongyai*), als das kleinste Säugetier der Welt.

TRITTSIEGEL

Vorne

» **L** 0,5–1 cm » **B** 0,5–0,9 cm

Winzig bis sehr klein. Sohlengänger. Leicht asymmetrisch. 5 Zehen: Zehe 3 ist länger als Zehen 2 und 4, sodass die Zehenspitzen einen leichten Bogen bilden. Der Mittelfußballen besteht aus 4 einzelnen, vorderen Mittelballen, von denen nicht immer alle zu erkennen sind. Im hinteren Bereich des Abdrucks können 2 weitere, hintere Mittelballen sichtbar sein. Trittsiegel mit Krallenabdrücken sind etwas häufiger als Trittsiegel ohne Krallenabdrücke. Der Vorderfuß ist geringfügig kleiner als der Hinterfuß.

Hinten

» **L** 0,7–1,4 cm » **B** 0,5–1 cm

Winzig bis sehr klein. Sohlengänger. Symmetrische Zehen, asymmetrischer Mittelballen. 5 Zehen: Zehe 3 ist etwa gleichlang wie Zehen 2 und 4, sodass die Zehenspitzen auf einer Reihe liegen. Der Mittelfußballen besteht aus 4 einzelnen, vorderen Mittelballen, von denen nicht immer alle zu erkennen sind. Trittsiegel mit Krallenabdrücken sind etwas häufiger als Trittsiegel ohne Krallenabdrücke. Im hinteren Bereich des Abdrucks können 2 weitere, hintere Mittelballen sichtbar sein. Der Hinterfuß ist gewöhnlich geringfügig größer als der Vorderfuß.

Waldspitzmaus, links vorne. Märkische Schweiz, Deutschland.

Waldspitzmaus, links hinten. Märkische Schweiz, Deutschland.

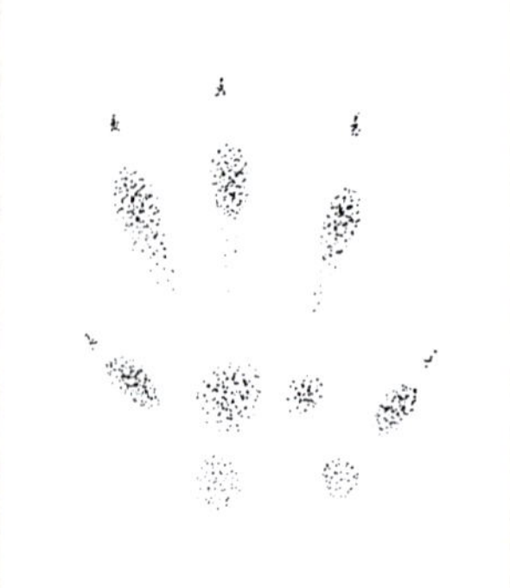

Waldspitzmaus, links vorne.

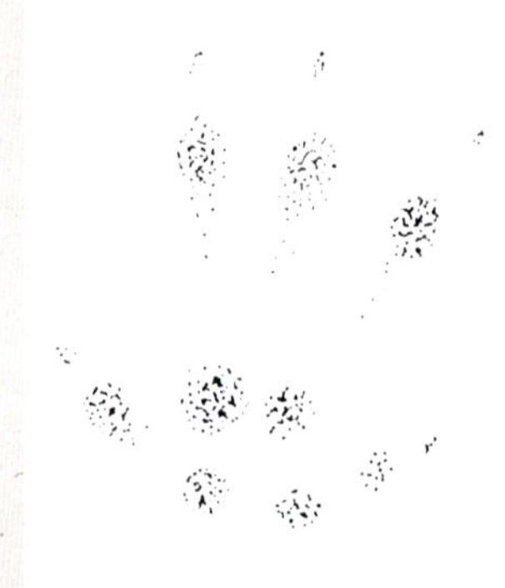

Waldspitzmaus, links hinten.

Unbekannte Spitzmausart, rechts vorne (links) neben rechts hinten (rechts). Mühlheim, Deutschland. Simone Roters.

GANGARTEN

Spitzmäuse bewegen sich überwiegend im Schritt oder Trab fort. Sie springen oder galoppieren meist nur für kurze Zeit, vor allem bei Gefahr und um offenes Gelände zu überqueren. Im Gegensatz zu Waldmäusen zeigen Spitzmäuse eine höhere Varianz an Gangarten. Wühlmäuse zeigen ein ähnliches Verhalten bei der Gangartenwahl, Spitzmauswechsel sind jedoch deutlich schmaler (meist kleiner als 2,5 cm). Im Schnee bewegen sich Spitzmäuse häufig unterhalb der Schneedecke fort. Sie bleiben gewöhnlich in der Nähe des Bodens und der Laubschicht, wo sie geschützt sind und jagen können.

Schritt und Trab
Schrittlänge: 3,5–10 cm
Spurbreite: 1–4 cm

Galopp
Gruppenlänge: 1–4 cm
Zwischengruppenlänge: 4–14 cm
Schrittlänge: 6–16,5 cm
Spurbreite: 2–4 cm

Unbekannte Spitzmausart im Fuß-in-Fuß-Schritt. Midhurst, England.

Ähnliche Trittsiegel

Die Trittsiegel kleinerer Feldmausarten können mit denen von Spitzmäusen verwechselt werden.

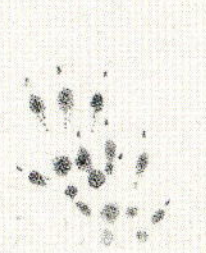

Rotzahnspitzmaus, Fuß-in-Fuß-Trab.

Weißzahnspitzmaus, Parallelsprung.

WEISSZAHNSPITZMÄUSE VON ROTZAHNSPITZMÄUSEN UNTERSCHEIDEN

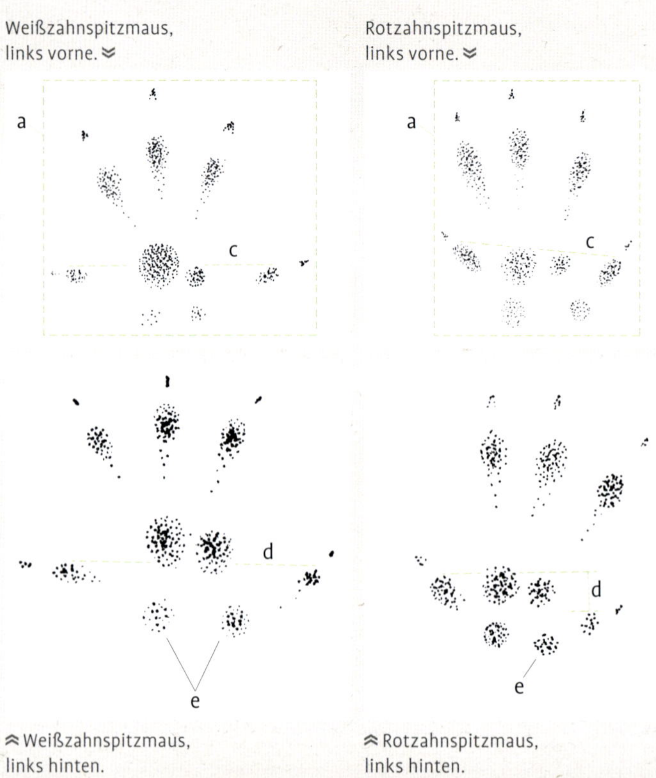

Weißzahnspitzmaus, links vorne.

Rotzahnspitzmaus, links vorne.

Weißzahnspitzmaus, links hinten.

Rotzahnspitzmaus, links hinten.

WEISSZAHNSPITZMÄUSE	ROTZAHNSPITZMÄUSE
ⓐ Trittsiegelumriss rundlich quadratisch.	ⓐ Trittsiegelumriss längsrechteckig.
ⓑ Zehen stärker gespreizt, sternförmig angeordnet.	ⓑ Zehen eher nach vorne gerichtet, Zehen 2–4 paralleler stehend.
ⓒ Vordere Kante von Zehen 1 und 5 verläuft hinter der vorderen Kante des Mittelfußballens.	ⓒ Vordere Kante von Zehen 1 und 5 verläuft etwa auf derselben Höhe wie die vordere Kante des Mittelfußballens.
ⓓ Zehe 5 sitzt relativ weit hinten, fast auf einer Linie mit Zehe 1.	ⓓ Zehe 1 sitzt weiter hinten als Zehe 5.
ⓔ Mittelballen relativ weit auseinander, Mittelballen I und IV können abgesetzt wirken.	ⓔ Mittelballen verhältnismäßig dicht beieinander, Mittelballen I kann abgesetzt wirken.

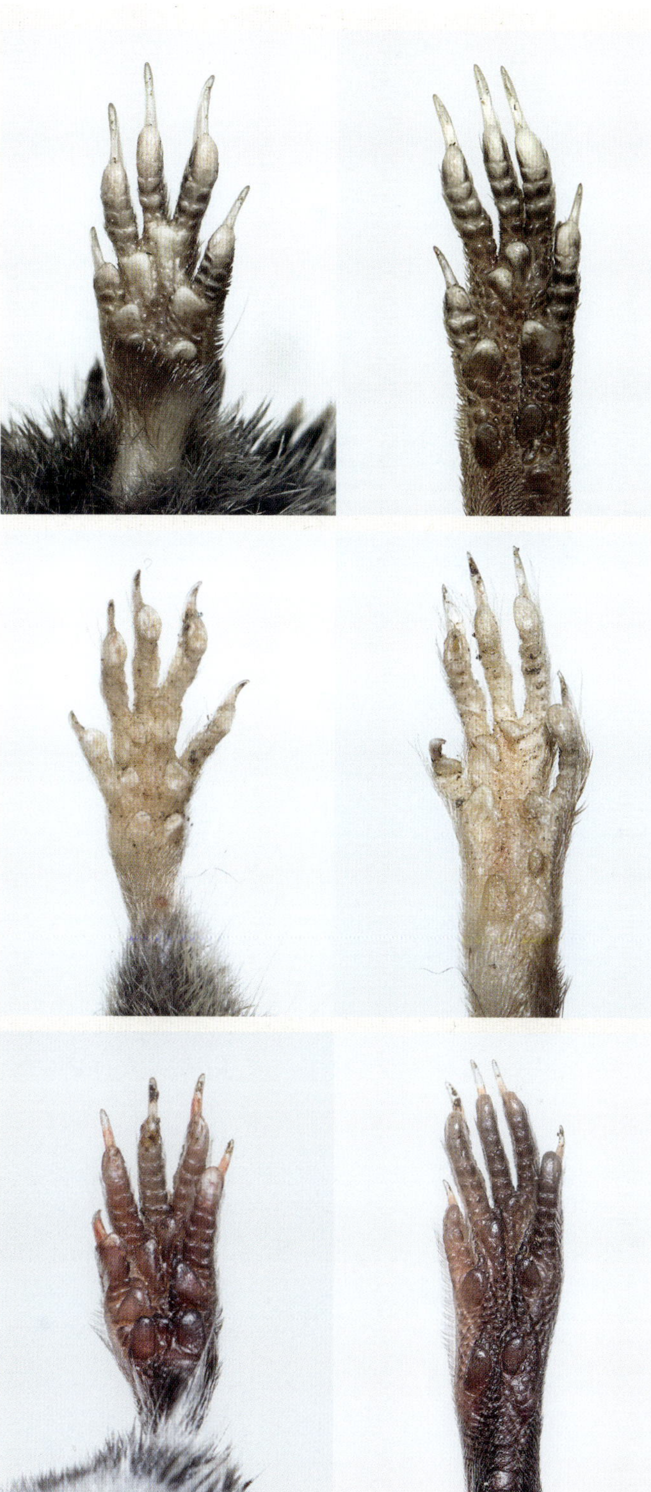

« Von oben nach unten: jeweils links der linke Vorderfuß und rechts der linke Hinterfuß von Wald- (Rotzahn-), Garten- (Weißzahn-) und Sumpf- (Wasser-) spitzmaus. Ennstal, Österreich. Stefan Resch.

LEBENSRAUM » Europaweit verbreitet kommt eine Vielzahl von Spitzmäusen vor, die vielfältigste Lebensräume bewohnen. Das Habitat kann bei der Artbestimmung helfen. Die Mehrheit der vorkommenden Spitzmäuse bevorzugt eher feuchte Lebensräume, zum Beispiel Uferbereiche von Gewässern und Mooren. Einige Arten bevorzugen die Nähe von Gebäuden, Kulturland oder Gärten, andere bevorzugen dichten Wald oder trockene Gebiete wie Steppen und Halbwüsten.

ERNÄHRUNG » Insektenfresser. Die Ernährung der verschiedenen Arten variiert, gemein ist allen die überwiegende Ernährung von Insekten, Würmern und anderen Wirbellosen wie Spinnen, Käfern, Asseln und Schnecken. Auch junge Mäuse und Aas können gefressen werden. Manche Arten nehmen gelegentlich auch pflanzliche Nahrung auf. Bei der Wasserspitzmaus kommen außerdem kleine Fische und Frösche hinzu. Alle Spitzmäuse haben einen außergewöhnlich hohen Stoffwechsel und dadurch einen großen Nahrungsbedarf. Einige Spitzmäuse müssen pro Tag das Mehrfache ihres eigenen Körpergewichts an Nahrung aufnehmen, um nicht zu verhungern. Die Knirpsspitzmaus (*Sorex minutissimus*) benötigt täglich das 2–5-Fache ihres eigenen Körpergewichts.

FORTPFLANZUNG » Die Paarungszeit reicht von Februar–Oktober mit Schwerpunkt von Mai–August. Gewöhnlich kommt es zu 1–4 Würfen mit durchschnittlich 3–5 (bis 11) Jungen. Nach einer Tragzeit von 20–30 Tagen werden die Jungen geboren. Häufig sind die Tiere noch im ersten, spätestens aber ab dem zweiten Lebensjahr geschlechtsreif.

Etruskerspitzmaus mit ihr folgendem Jungtier in ihrem unterirdischen Gang. Südeuropa. ︾

ZEICHEN

EINGANGSLÖCHER » Die Eingänge zu den Gangsystemen der Spitzmäuse sind sehr klein, gewöhnlich höchstens zeigefingerdick. Durchmesser etwa 2 cm.

NESTER » Spitzmäuse bauen einfache Nester, in der Regel häufen sie Nistmaterial wie Gras und Blätter unter Steinen und Wurzeln an. Eingänge sind meist nicht klar erkennbar.

KOT » Spitzmauskot variiert stark mit der aufgenommenen Nahrung. Werden überwiegend Regenwürmer oder Schnecken gefressen, ist die Losung gewöhnlich nur ein kleiner, breiiger Fleck. Wird festere Nahrung gefressen, entstehen sehr kleine, walzenförmige Exkremente, die entweder an beiden Enden abgerundet oder an einem Ende zu einer Spitze ausgezogen sind. Ähnlich wie bei anderen Insektenfressern ist die Oberfläche oft unregelmäßig und körnig und der Kot relativ brüchig. Seine Farbe ist bräunlich bis schwärzlich. Spitzmauskot findet sich gewöhnlich entlang der Wechsel und in größeren Ansammlungen neben den Eingangslöchern ihrer Baue. Der Kot von Wasserspitzmäusen kann von dem anderer Spitzmäuse unterschieden werden. Man findet ihn überwiegend an Ufern von Gewässern und in Feuchtgebieten und er kann V-förmig gebogen sein. Der starke, scharfe Geruch ist charakteristisch und erinnert an gegrillte Krabben. Mit einer Länge von 6–12 mm und einem Durchmesser von 3–4 mm ist er tendenziell größer als der übrige Spitzmauskot, der in der Regel weniger als 4 mm lang und 3 mm im Durchmesser ist. Die Losung der Gattungen *Suncus*, *Crocidura* und *Sorex* ist außerdem meist relativ gerade und hat einen eher süßlichen Geruch.
» **L** 3–12 mm » **D** 1,5–4 mm

« Spitzmauskot. Ennstal, Österreich. Stefan Resch.

EURASISCHE MAULWÜRFE

Talpa

KRL 9–16 cm
Sl 1,4–4,5 cm
G 30–130 g
Männchen größer als Weibchen.

Im behandelten Gebiet kommen die Maulwürfe (Talpidae) in 2 Gattungen mit insgesamt 7 Arten vor. Der stark an eine wasserbewohnende Lebensweise angepasste Pyrenäen-Desman ist der einzige Vertreter aus der Gattung der Pyrenäen-Desmane (*Galemys*) und wird aufgrund der schwachen Datenlage nicht weiter behandelt. Alle näher beschriebenen Maulwürfe gehören zur Gattung der Eurasischen Maulwürfe (*Talpa*), von denen bei uns Blindmaulwurf (*Talpa caeca*), Europäischer Maulwurf (*T. europaea*), Levantinischer Maulwurf (*T. levantis*), Iberischer Maulwurf (*T. occidentalis*), Römischer Maulwurf (*T. romana*) und Balkan-Maulwurf (*T. stankovici*) vorkommen. Die Spuren und Zeichen der Eurasischen Maulwürfe sind nahezu identisch und werden hier am Beispiel des Europäischen Maulwurfs beschrieben.

Spurenformel: 5V × 5h + K

Eurasische Maulwürfe sind sowohl tag- als auch nachtaktiv und eher ungesellig. Sie verbringen einen Großteil ihres Lebens unter der Erde und sind ausgezeichnet an die unterirdische Lebensweise angepasst. Mit ihren schaufelartigen Vorderfüßen graben sie weit verzweigte Gangsysteme sowie Nest- und Vorratskammern. Die bekannten Maulwurfshügel sind eine Folge dieser Grabtätigkeiten. Maulwürfe verfügen über einen ausgezeichnet entwickelten Geruchs- und Tastsinn, mit deren Hilfe sie sich unter der Erde orientieren. Die vielen Tasthaare (Vibrissen) an ihrem Rüssel lassen eine Art „Tastbild“ der Umgebung entstehen. Der Sehsinn ist schwach entwickelt, die Augen der meisten Maulwürfe sind von Haut überwachsen. Der Europäische Maulwurf hat als einzige Maulwurfsart offene Augen, mit denen er zwischen hell und dunkel unterscheiden kann. Maulwürfe haben keine Ohrmuscheln und können ihre Ohren durch eine Hautfalte verschließen, um das Eindringen von Erde beim Graben zu vermeiden. Tiefe Töne können sie sehr gut hören. Feinde sind Eulen wie Waldkauz, Uhu und Schleiereule sowie Hauskatze, Fuchs, Wildschwein, Marder, Greifvögel und Weißstorch.

KENNZEICHEN » Etwas größer als Mäuse. Walzenförmiger Körper mit kurzen Beinen und kräftig ausgebildeten Füßen. Die Vorderfüße sind nach außen gedreht und zu „Grabschaufeln“ entwickelt. Das Fell ist kurzhaarig, samtig glänzend und schwarz. Rüssel, Schwanz und Hals sind kurz.

VERBREITUNG & LEBENSRAUM » Der Blindmaulwurf lebt in der Schweiz, in Italien und auf dem Balkan. Er bevorzugt höhere Lagen und lehmige oder sandige Böden. Der Europäische Maulwurf ist gegenüber dem Blindmaulwurf dominant, sodass die beiden Arten nicht im selben Gebiet vorkommen. Der Europäische Maulwurf ist in ganz Europa verbreitet und bewohnt Wiesen, Felder, Gärten und Laubwälder. Der Levantinische Maulwurf kommt auf dem europäischen Kontinent lediglich in einer kleinen Population westlich des Bosporus vor und bevorzugt feuchte Böden an Gewässerkanten. Ausschließlich auf der Iberischen Halbinsel ist der Iberische Maulwurf zu finden. Er mag feuchte Böden auf Wiesen, Feldern und in Wäldern. Der Römische Maulwurf lebt in Italien und wählt ähnliche Lebensräume wie der Iberische Maulwurf. Der Balkan-Maulwurf lebt im südlichen Teil der Balkanhalbinsel, im nördlichen Griechenland, in Mazedonien, Montenegro, Serbien und Albanien. Er bevorzugt Wiesen und Wälder.

ERNÄHRUNG » Insektenfresser. Einen Großteil ihrer Beute machen Maulwürfe durch regelmäßiges Absuchen ihrer angelegten Jagdgänge. Regenwürmer und Insektenlarven, die den größten Teil der Beute darstellen, gelangen in diese tunnelartigen Röhren, wo sie der Maulwurf leicht erbeuten kann. Bei einem Nahrungsüberangebot legen Maulwürfe Nahrungsdepots aus lebendigen Regenwürmern in unterirdischen Vorratskammern an. Durch einen Biss in die Kopfregion werden die Würmer bewegungsunfähig gemacht. Außerdem gehören Schnecken, junge Mäuse und Aas zum Nahrungsspektrum.

TRITTSIEGEL

Vorne

» **L** 1–2,5 cm » **B** 1–1,9 cm

Sehr klein. Sohlengänger. Stark asymmetrisch. 5 flache, kurze Zehen mit breiten, kräftigen Krallen und einem großen, unbehaarten Mittelfußballen. Der Vorderfuß ist breiter als lang. In der Regel werden nur die großen, kräftigen Krallen der Zehen 3–5 abgedrückt, selten sind auch Abdrücke der Krallen von Zehen 1 und 2 zu erkennen. In sehr seltenen Fällen kann der Abdruck einer Art „6. Zehe" erkannt werden. Ein auf der Körperinnenseite vor Zehe 1 liegender kleiner Knochenstab, Sichelbein genannt, verbreitert den als Grabschaufel spezialisierten Fuß zusätzlich. Für die Fortbewegung richten Maulwürfe ihren Vorderfuß stark nach innen, sodass dieser nahezu parallel zur Laufrichtung steht. Zehe 1 ist in diesem Fall im hinteren und Zehe 5 im vorderen Trittsiegelbereich. Das Trittsiegel zeigt einen nach außen gerichteten länglichen Bogen von Krallenabdrücken, der an den Hinterfußabdruck von Kröten erinnern kann (Seite 727). Der Vorderfuß ist deutlich größer und breiter als der Hinterfuß.

Hinten

» **L** 0,5–2,2 cm » **B** 1,1–1,6 cm

Sehr klein. Sohlengänger. Symmetrisch. 5 Zehen mit nach vorn gerichteten Krallen, die häufig die einzigen erkennbaren Abdrücke des Hinterfußes darstellen. Die Krallen sind lang, jedoch kürzer und feiner

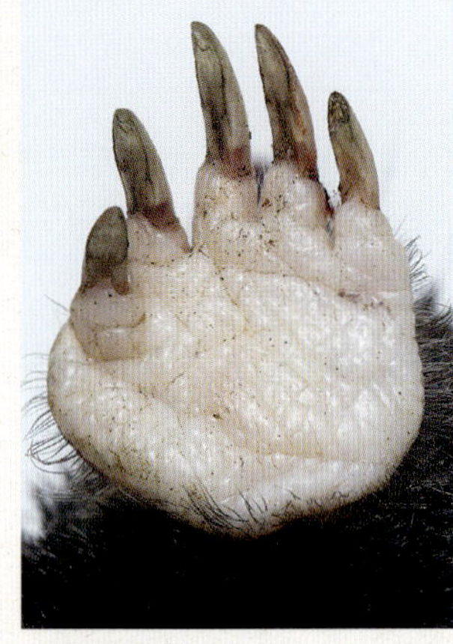

≈ Europäischer Maulwurf, LV. Ennstal, Österreich. Stefan Resch.

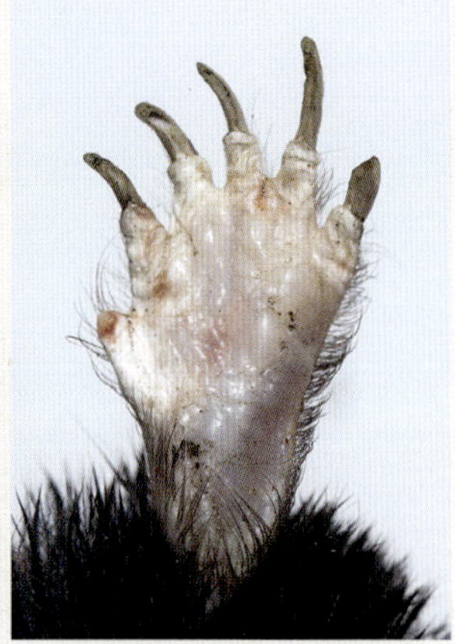

≈ Europäischer Maulwurf, LH. Ennstal, Österreich. Stefan Resch.

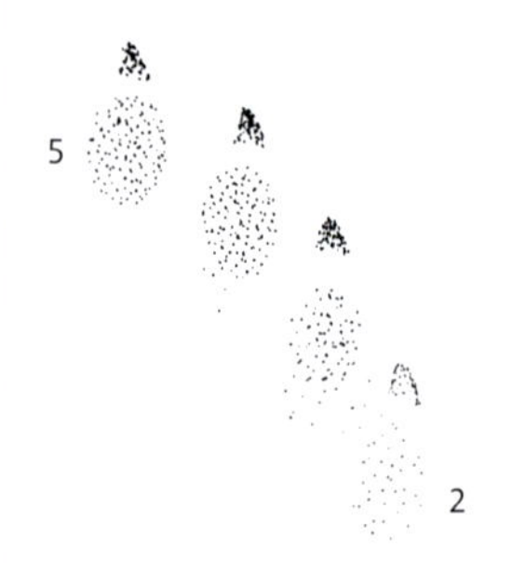

≈ Links vorne.

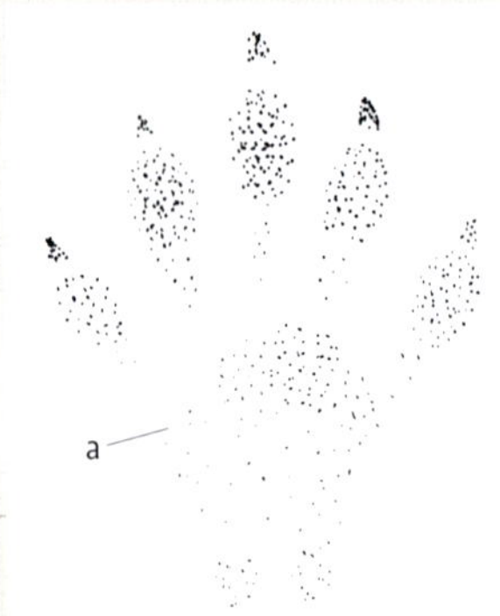

≈ Links hinten.

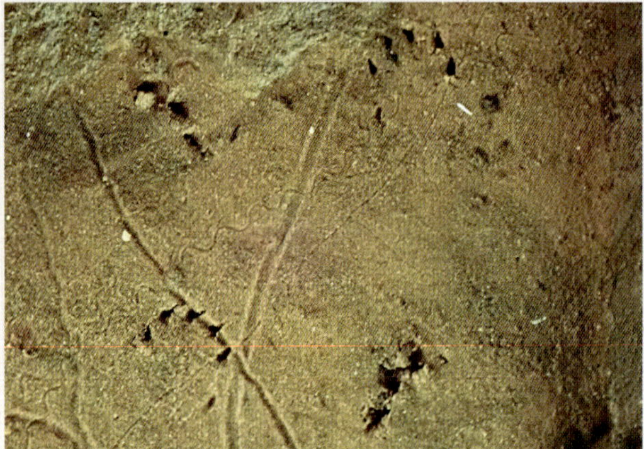

≈ Von links nach rechts und von oben nach unten: LV, RH, LH, RV. Göttingen, Deutschland. Heide Ulrich.

als am Vorderfuß und verlässlich abgedrückt. Der Mittelfußballen ist fast nie abgedrückt ⓐ und die Zehenballen sind nur sehr unregelmäßig zu erkennen. In seltenen Fällen kann der Abdruck einer Art „6. Zehe" erkannt werden. Ein kleiner Knochenstab liegt auf der Körperinnenseite und unterhalb von Zehe 1. Der Hinterfuß ist länger als breit, mit einer deutlichen Verjüngung im hinteren Bereich des Abdrucks, wenn der hinterste Mittelballen abgedrückt wird. Der Hinterfuß ist deutlich kleiner und schmaler als der Vorderfuß.

GANGARTEN

Da Maulwürfe sich selten an der Erdoberfläche bewegen, sind ihre Fährten ebenso selten zu finden. Das Spurbild entspricht am ehesten dem eines zurückbleibenden Schrittes. Tatsächlich ziehen und schieben sich die Tiere an der Erdoberfläche überraschend flink vorwärts. In weichen Böden können Fell- und Körperabdrücke gefunden werden. Maulwürfe kommen an die Erdoberfläche, um Nestmaterial zu sammeln, in der Laubschicht zu jagen oder um Latrinen anzulegen. Ihre Wechsel beginnen und enden an einem Eingangsloch.

Schritt
Schrittlänge:
7–12 cm
Spurbreite:
3,5–6 cm

Maulwürfe bewegen sich an der Erdoberfläche überraschend schnell. Ihre Pfade können unbeholfen „suchend" wirken. Bielefeld, Deutschland. Ulrike Quartier. »

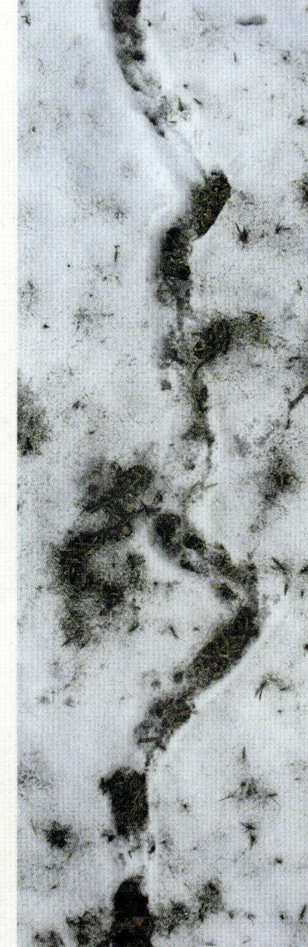

Die perfekte Maulwurfsfährte ist ein außergewöhnlich seltener Fund. Beachten Sie den Abdruck der „6. Zehe" an den Hinterfußabdrücken. Göttingen, Deutschland. Heide Ulrich.

Zurückbleibender Schritt.

Ähnliche Trittsiegel

Fährten von Maulwürfen können mit denen von Kröten verwechselt werden.

FORTPFLANZUNG » Die Paarungszeit fällt in der Regel in den Zeitraum von März–Mai. Gewöhnlich kommt es im Mai/Juni zu einem Wurf mit je 3–4 (2–8) Jungen. Die Tiere sind nach etwa 10 Monaten geschlechtsreif.

ZEICHEN

MAULWURFSHÜGEL » Die unübersehbaren Auswurfhügel haben Maulwürfe zu allgemein bekannten Wildtieren gemacht, obwohl wenige Menschen die Tiere je selbst gesehen haben. Die meist zahlreich vorkommenden Haufen sind in der Regel etwa 25 cm hoch, rundlich und annähernd symmetrisch. Sie entstehen beim Graben der Nestkammern und Gänge, wenn die gelöste Erde mit den Vorderfüßen aus den Gängen an die Erdoberfläche transportiert wird. Die feinkrümelige Erde wird aus einem senkrechten Tunnel in der Mitte des Hügels herausgestoßen. Ein zentrales Eingangsloch ist charakteristisch für Maulwurfsbaue, man sieht es jedoch selten, da die Tiere es gewöhnlich mit Erde wieder verschließen. Schermaushügel sehen ähnlich aus und können mit Maulwurfshügeln verwechselt werden. Sie sind jedoch eher länglich geformt und das Ausgangsloch befindet sich an der Seite. Außerdem ist die ausgeworfene Erde gröber und mit Wurzeln und anderen Pflanzenresten durchsetzt. Selten kann sich das Eingangsloch eines Maulwurfshügels auch seitlich befinden. Die Eingangslöcher haben einen Durchmesser von 4–6 cm.

OBERFLÄCHENTUNNEL » Verhältnismäßig flache Tunnel, bei denen es sich in der Regel um Jagdgänge und Tunnel handelt, die während der Ausbreitung der Gangsysteme entstehen. Auch eingefallene Tunnel sind ein markantes Zeichen und vor allem auf Waldwegen, Wiesen und Feldern zu finden. Häufig fallen sie durch einen deutlichen Farbkontrast zum umliegenden Boden auf.

Oberflächentunnel wie dieser geben Hinweise auf Maulwurfsvorkommen, auch wenn in unmittelbarer Nähe keine Maulwurfshügel zu sehen sind. Nahrendorf, Deutschland. »

« Maulwurfshügel treten meist mehrfach und in verschiedenen Größen auf. West Sussex, England.

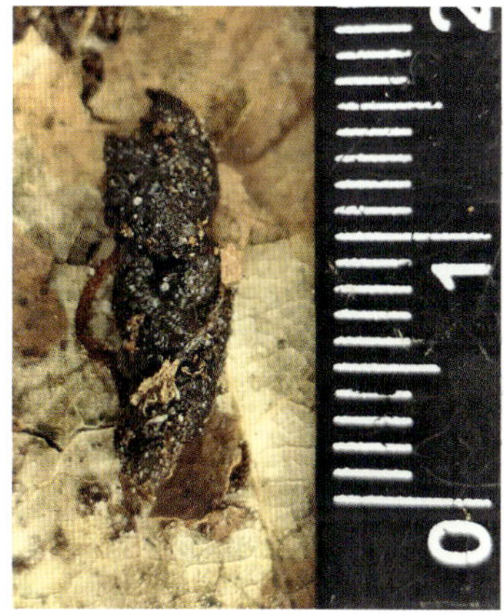

≈ Wurde festere Nahrung aufgenommen, ist Maulwurfkot wurstförmig und hat eine unregelmäßige Oberfläche. Vledder, Niederlande. René Nauta.

≈ Eine charakteristische Maulwurfslatrine. Midhurst, England. Nate Harvey.

KOT » Maulwurfkot variiert stark mit der aufgenommenen Nahrung. Werden überwiegend Regenwürmer oder Schnecken gefressen, ist die Losung gewöhnlich ein kleiner, breiiger Fleck. Ist die aufgenommene Nahrung fester, entstehen lange, wurstförmige Exkremente, die entweder an beiden Enden abgerundet oder an einem Ende spitz ausgezogen sind. Ähnlich wie bei anderen Insektenfressern ist die Oberfläche oft unregelmäßig und körnig und der Kot recht brüchig. Die Farbe ist bräunlich bis schwärzlich. Es gibt Maulwürfe, die oberirdische Latrinen anlegen. Diese befinden sich meist im Schutz heruntergefallener Äste, herumliegender Bretter oder oberirdischer Baumwurzeln.

» **L** 1–2,5 cm » **D** 0,2–0,5 cm

FLEDERMÄUSE

Fledertiere (Chiroptera) sind nach den Nagetieren die weltweit artenreichste Säugetierordnung. In Europa kommen etwa 40 Arten vor, von denen die meisten zur Familie der Glattnasen-Fledermäuse (Vespertilionidae) gehören.

Die Fledermäuse im Gebiet sind nachtaktiv und fast alle Arten halten Winterschlaf. Dafür ziehen sie sich im Regelfall in geschütztere Winterquartiere zurück. Zum Überwintern brauchen sie stabile Temperaturen über dem Gefrierpunkt, eine hohe Luftfeuchtigkeit und Ruhe. Fledermäuse sind als einzige Säugetiere aktiv flugfähig und in warmen Sommer-

nächten kann man sie oft bei ihrer fliegenden Insektenjagd beobachten. Die Insekten finden sie mithilfe der Ultraschall-Echoortung, die wie ein Radar funktioniert. Da Fledermäuse die meiste Zeit ihres Lebens in der Luft verbringen und sie sich nur äußerst selten am Boden fortbewegen, gibt es kaum Daten zu ihren Spuren. Die Unterscheidung einzelner Arten ist oft nur molekularbiologisch möglich. Deswegen wird die gesamte Ordnung hier im Format eines einzigen Porträts behandelt.

KENNZEICHEN » Braun bis grau. Große, elastische Flughaut am Vorderarm. Auffallend große Ohren.

ERNÄHRUNG » Insektenfresser. Die meisten Arten jagen fast ausschließlich Fluginsekten wie Nachtfalter, aber auch Käfer und Spinnen. Fledermäuse können in einer Nacht bis zu 50 % ihres Körpergewichts in Form von Insekten fressen.

VERBREITUNG & LEBENSRAUM » Je nach Art verschieden. Einige Arten bevorzugen die Nähe zu Siedlungen, andere zusammenhängende Waldgebiete. Fledermäuse rasten in Bäumen, Höhlen, Dachböden, Spalten an Häusern und unter Brücken.

KRL 3–9 cm
Sl 2–7 cm
G 4–45 g

FORTPFLANZUNG » Fast alle Arten versammeln sich im Herbst für ihren Winterschlaf. In dieser Zeit begatten die Männchen die Weibchen, sodass zusammen gebrütet werden kann. Das Sperma wird allerdings aufbewahrt, weshalb es erst im Frühjahr zur Befruchtung kommt. Für die Geburt im Mai–Juni versammeln sich die Weibchen in sogenannten Wochenstuben, in denen teilweise mehr als 1 000 Weibchen zusammen gebären. Es werden durchschnittlich 1–2 Junge geboren, die nackt und blind zur Welt kommen und nach 4–6 Wochen selbstständig sind.

SPUREN UND ZEICHEN DER FLEDERMÄUSE

Fledermaustrittsiegel sind selten zu finden, bisher lassen sich verschiedene Arten lediglich durch ein Ausschlussverfahren anhand ihrer Größe bestimmen. Große Hinterfußabdrücke sowie großer Kot gehören eher zu den größeren Arten, etwa dem Großen Abendsegler oder dem Großen Mausohr. Messwerte der unteren Bereiche stammen eher von kleineren Arten, wie der Mücken- oder der Zwergfledermaus. Dazwischen gibt es einen großen Überlappungsbereich, in dem die Artbestimmung anhand der Spuren und Zeichen bislang nicht möglich ist. In sehr seltenen Fällen können ihre Spuren auf staubigen Dachböden oder am Boden in der Nähe von schlammigen Waldwegen und matschigen Wasserpfützen gefunden werden.

Spurenformel: 1v × 5 H + K

VORDERFUß » Der hochspezialisierte Vorderfuß hat sich zum Flügel entwickelt. Zehen 2–5 sind Teil des Flügels geworden und helfen beim Aufspannen der Armflughaut. Zehe 1 ist frei, sehr beweglich und hat eine kräftige Kralle.

Tollwut bei Fledermäusen kann vorkommen, birgt allerdings wenig Gefahr für den Menschen, es sei denn, wir nehmen Tiere in die Hand oder werden von ihnen gebissen. Sämtliche heimische Fledermausarten stehen unter Naturschutz.

HINTERFUß » 5 Zehen mit kräftigen Krallen, kann zum Ruhen über Kopf fest arretiert werden.

GANGARTEN » Am Boden bewegen Fledermäuse sich meist im Schritt. Die Kralle von Zehe 1 des Vorderfußes, die 5 bekrallten Zehen des Hinterfußes und der meist sichtbare Schwanzabdruck hinterlassen dabei ein unverwechselbares Spurbild.

KOT » Je nach Art winzig bis klein, dunkelbraun, meist schwarz. Die länglichen, walzenförmigen Kotpillen erinnern an Mäuselosung mit leicht zugespitzten Enden. Im Gegensatz zu Mäusekot sind die Kotpillen trocken, porös, krümelig und oft mehrteilig. Sie bestehen aus winzigen Insektenresten (Chitin), welche der Losung ihre charakteristischen Eigenschaften verleihen. Fledermäuse nutzen bewährte Rast- und Schlafplätze immer wieder. Dort können sehr große Kothaufen gefunden werden.

» **L** 0,2–1,5 cm » **D** 0,2–0,4 cm

« Unter beliebten Rast- und Schlafplätzen kann es zu großen Kotansammlungen kommen. West Sussex, England.

Nahaufnahme von Fledermauskot. Extertal, Deutschland. »

HASENARTIGE

Hasenartige (Lagomorpha) wurden früher zu den Nagetieren gezählt, aktuell werden sie als eine eigenständige Ordnung angesehen, die aus der Familie der Pfeifhasen (Ochotonidae) und der Familie der Hasen (Leporidae) besteht.

In Europa kommen 3 Arten vor, die alle zur Familie der Leporidae gehören. Sie unterscheiden sich gegenüber den Nagetieren vor allem in ihrem Schädelaufbau und der mangelnden Fähigkeit, Nahrung mit ihren Vorderfüßen festzuhalten. Ein wesentlicher Unterschied zeigt sich in der Bezahnung: Hasenartigen fehlen zwar wie den Nagetieren die Eckzähne und sie haben ständig nachwachsende Nagezähne, im Oberkiefer besitzen sie jedoch hinter den Nagezähnen zusätzlich ein Paar kleine, stiftähnliche Schneidezähne. Weitere Merkmale der Hasenartigen sind die auffallend langen Hinterfüße, lange Ohren, ein kurzer, behaarter Schwanz und eine gespaltene Oberlippe. Hasenartige sind reine Pflanzenfresser.

SPUREN UND ZEICHEN DER HASENARTIGEN

Die Fußsohlen von allen Kaninchen und Hasen sind vollständig behaart, sodass die Mittelfußballen bedeckt sind und die Trittsiegel oft undeutlich erscheinen. Beim Vorder- und Hinterfuß sind die Zehen in der Regel tiefer abgedrückt als der Mittelfußballen und auf härteren Böden sind häufig nur die Krallenabdrücke zu erkennen.

Spurenformel: 5v × 4H + K

VORDERFUß » Mit deutlicher Asymmetrie, Zehe 1 stark nach hinten versetzt und häufig nur als Krallenabdruck erkennbar.

HINTERFUß » Leicht asymmetrisch, Zehen 2 und 5 sowie Zehen 3 und 4 befinden sich eher auf einer imaginären, horizontal verlaufenden Linie als bei dem asymmetrischeren Vorderfuß. Dennoch ist das Trittsiegel asymmetrischer als der Hinterfußabdruck eines Kaniden.

GANGARTEN » Meist im einfachen Parallelsprung, bei dem die Vorderfüße hintereinander aufgesetzt werden. In entspannter, ruhiger Stimmung ist das für Hasenartige typische Hoppeln häufig.

FRAßSPUREN » Die scharfen Schneidezähne der Hasenartigen hinterlassen meist saubere Schnitte an Pflanzen. Eine typische Fraßspur ist der Kambiumfraß, zum Beispiel an Sträuchern oder an durch Sturm heruntergefallenen Ästen mit dünner Rinde. Im Unterschied zum Kambiumfraß von Nagetieren und Hirschartigen reichen die von Hasenartigen verursachten Schäden tiefer in das Holz hinein. Bäume und Sträucher können bei hohen Populationsdichten auffällige, gleichmäßig abgefressene, horizontal verlaufende Fraßkanten aufweisen. Dieses markante Zeichen wird als Weidelinie (engl. *browse line*) bezeichnet und entsteht, wenn die Tiere alle Blätter, Triebe, Knospen und Zweige in ihrer Reichweite abfressen.

Das Aussehen von Hasentrittsiegeln kann je nach Boden, Laufgeschwindigkeit und Gangart stark variieren. Vergleichen Sie diese linken Hinterfußabdrücke.

KOT » Hasenartige sind kotfressend (koprophag). Ihr Blinddarm bildet weichen und vitaminreichen Blinddarmkot, den die Tiere meist unmittelbar nach dem Absetzen wieder aufnehmen. Dies ermöglicht eine bessere Verdauung und Nährstoffaufnahme. Der Blinddarmkot wird nur selten gefunden. Die zweite Art von Kot sind ovale bis kugelförmige, meist etwas abgeflachte, trockene Kotpillen verschiedener Größe. Im Gegensatz zu Paarhufern scheiden Hasen ihre Kotpillen einzeln aus.

Eine größere Ansammlung von Kotpillen bedeutet, dass sich ein Tier für längere Zeit oder wiederkehrend an einem Ort aufhielt oder der Platz von mehreren Individuen aufgesucht wurde (Gruppenfraßplätze).

RUHEPLÄTZE » Feld- und Schneehasen benutzen zum Ruhen flache Vertiefungen im Boden, unter Gras oder Gesträuch, die „Sassen“ genannt werden. Kaninchen ziehen sich eher in ihren Erdbau zurück.

FELDHASE

Lepus europaeus

Der Feldhase gehört zu den bekanntesten Wildtieren Europas und ist in ganz Europa verbreitet. Sein Gehör sowie der Geruchs-, Geschmacks- und Tastsinn sind besonders gut ausgebildet. Er ist ein Bewegungsseher und kann regungslose Körper nur schwer erkennen. Der Feldhase ist sowohl tag- als auch nachtaktiv. Er lebt weniger gesellig als das Wildkaninchen, kann jedoch nicht als reiner Einzelgänger bezeichnet werden, da er sich in Gruppen zum Fressen zusammenfindet. Der Feldhase legt keine Baue an, sondern ruht in einer selbst gescharrten flachen Mulde, der Sasse. Dort drückt er sich teilweise so lange ruhig an den Boden, bis Gefahr unmittelbar in seiner Nähe droht. Erst dann ergreift er die Flucht, auf der er bis zu 80 km/h erreichen kann und seine bekannten „Haken“ schlägt. Zu den wichtigsten Fressfeinden gehören Fuchs, Luchs, Marderarten, Braunbär, Habicht, Krähe, Uhu und Steinadler. Ausgewachsene, gesunde Feldhasen werden nur selten erbeutet. Die Jugendsterblichkeit ist hingegen sehr hoch.

KRL 49–75 cm
Sl 7–13 cm
G 2,2–6,5 (bis 8) kg
Weibchen etwas größer als Männchen.

KENNZEICHEN » Wesentlich größer als das Wildkaninchen. Körper lang gestreckt mit sehr langen Hinterbeinen. Ohren länger als beim Schneehasen und deutlich länger als beim Wildkaninchen. Die Ohren haben große, schwarze Verfärbungen an der Spitze.

VERBREITUNG & LEBENSRAUM » Der Feldhase kommt fast in ganz Europa vor und fehlt lediglich auf der südlichen Iberischen Halbinsel, in Irland sowie in Nordwest-Skandinavien. Als primärer Steppenbewohner und Kulturfolger hat der Feldhase sich erfolgreich an die menschliche Agrarsteppe angepasst. Günstige Hasenbiotope sind offene Gelände mit niedriger Vegetation und ausreichend Deckungsmöglichkeiten sowie einem eher gemäßigten, trockenen Klima. Geeignet sind Wiesen-, Brach- und Ackerflächen, Weiden und lichte Wälder. Große, zusammenhängende Wälder und reine Feldflächen sind ungeeignet. In den Alpen kommt der Feldhase bis etwa 1600 m vor. Dort überschneidet sich sein Lebensraum mit dem des Schneehasen.

ERNÄHRUNG » Reiner Pflanzenfresser, der auf eine hohe Vielfalt angewiesen ist. Im Sommer besteht die Nahrung zu 40–60 % aus Kräutern. Hinzu kommen verschiedene Feldfrüchte, Wurzeln, Pilze und Beeren. Im Winter können Gräser bis zu 90 % der Nahrung ausmachen. Außerdem werden Baumrinde und Knospen verzehrt.

FORTPFLANZUNG » In der Fortpflanzungszeit von Januar–Oktober kommt es zu einer „Gruppenbalz", bei der teilweise mehr als 50 Tiere (je 50 ha) zusammenfinden. Insgesamt 3–4 Würfe pro Jahr. Nach einer Tragzeit von 38–44 Tagen werden 1–4 (bis 6) Junge geboren. Anders als beim Wildkaninchen sind die Jungen Nestflüchter, die dicht behaart, mobil und sehend zur Welt kommen. Im Schnitt hat ein Weibchen 4–12 Jungen pro Jahr. Der tatsächliche jährliche Zuwachs liegt etwa bei 2–3 Jungen pro Häsin. Eine Superfötation (erneute Befruchtung eines bereits trächtigen Weibchens) ist möglich.

ZEICHEN

SASSEN » Mit den Vorderfüßen werden etwa 10 cm tiefe Sassen unter Grasbüscheln, an Deckungsrändern oder hinter Steinen freigescharrt. Sie können auch auf freiem Feld vorkommen. In Sassen werden häufig Haare gefunden. In die ovale Form der Sasse passt der Hasenkörper sitzend hinein.

Die Sasse eines Feldhasen. Märkische Schweiz, Deutschland.

Eine Feldhasensasse im Laubwald. Maintal, Deutschland. Simone Roters.

TRITTSIEGEL

Vorne

» **L** 4–7,5 (bis 9) cm » **B** 2,5–7 cm
Mittelgroß. Zehengänger. Stark asymmetrisch. Typische Hasenform. 5 Zehen: Zehe 1 ist stark reduziert, die entsprechende Kralle ist manchmal abgedrückt ⓐ. Der Trittsiegelumriss ist spitz, Zehe 3 führt deutlich. Zehen 2–5 bilden eine Art „1-Form“, die als charakteristisches Erkennungsmerkmal dient. Beim linken Fußabdruck ist die „1“ spiegelverkehrt. Bei deutlichen Abdrücken ist die starke Fußsohlenbehaarung erkennbar. Deutliche Krallen, die meist oder teilweise ausschließlich abgedrückt sind. Der Vorderfuß ist kleiner als der Hinterfuß.

Hinten

» **L** 4,5–9 (bis 15) » **B** 3,2–9 cm
Mittelgroß bis groß. Zehengänger. Leicht asymmetrisch. 4 große Zehen: Zehe 1 fehlt. Die Trittsiegel variieren stark im Aussehen. Je nach Bodenbeschaffenheit drückt sich ein behaarter hinterer Mittelballen häufig komplett ab. In diesem Fall ist das Hinterfußtrittsiegel deutlich größer als das des Vorderfußes. Fehlt der hintere Mittelballenabdruck, können Vorder- und Hinterfußtrittsiegel ähnlich groß wirken. In diesem Fall kann der Hinterfußabdruck mit dem eines Kaniden verwechselt werden. Gelegentlich sind nur Krallenabdrücke zu sehen.

Rechts vorne. Vledder, Niederlande. René Nauta.

Rechts hinten. Vledder, Niederlande. René Nauta.

Rechts vorne.

Rechts hinten.

Der perfekte Abdruck des rechten Vorderfußes eines Feldhasen. Die starke Fußbehaarung und die „1-Form“ sind eindeutig. Lausitz, Deutschland.

Rechts hinten, die stark behaarte Fußsohle ist für Hasen typisch. Lausitz, Deutschland.

GANGARTEN

Die bevorzugte Gangart ist der Parallelsprung. In ihrer Ruhezone bewegen sich Feldhasen meist hoppelnd fort. Anders als Kaninchen sind Feldhasen Langstreckenläufer. Bei einer Flucht kann es zu abrupten Richtungswechseln und beachtlichen Schrittlängen von über 6 m kommen.

« Feldhase im einfachen Parallelsprung. Lausitz, Deutschland.

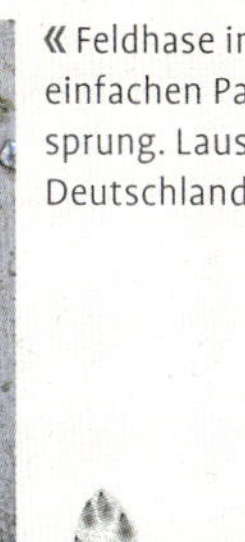

Parallelsprung und Galopp
Gruppenlänge:
19–231 cm
Zwischengruppenlänge:
36–115 cm
Schrittlänge:
42–350 cm (bis über 6 m)
Spurbreite:
8,5–25 cm

Ähnliche Trittsiegel

Schneehase und Wildkaninchen. Je nach Untergrund und Trittsiegelqualität können Hinterfußabdrücke von Feldhasen auch mit Kanidenabdrücken verwechselt werden.

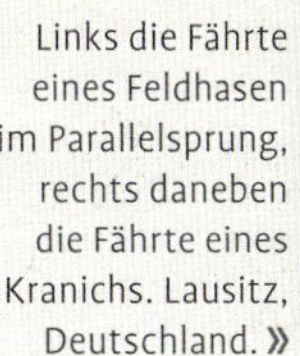

Links die Fährte eines Feldhasen im Parallelsprung, rechts daneben die Fährte eines Kranichs. Lausitz, Deutschland. »

≈ Parallelsprung.

FRAẞSPUREN » Häufig Kambiumfraß und der Verzehr von Knospen und Trieben. Beim Kambiumfraß sind verhältnismäßig tiefe Schäden im Holz charakteristisch. Anders als bei Hirschartigen hinterlassen die Schneidezähne von Unter- und Oberkiefer des Feldhasen einen sauberen 45°-Schnittwinkel zum Ast oder Stängel. Bei hohen Populationsdichten kann es, ähnlich wie bei Paarhufern zu einer deutlich horizontal verlaufenden Fraßkante an Sträuchern und Hecken kommen. Diese Weidelinie ist meist in etwa 75–95 cm Höhe zu finden.

Durch Schnee können zuvor unerreichbare Nahrungsquellen erreichbar werden. Hier die Fraßspur eines Feldhasen. Bayerischer Wald, Deutschland. ≽

Die Höhe der Fraßspur ist ein wichtiges Indiz, um den Verursacher zu bestimmen. Vledder, Niederlande. »

« Staubbäder helfen bei der Fellpflege und sind eine Form der Reinigung. Lausitz, Deutschland.

≈ Adulte Feldhasenlosung (links) und die Kotpille des Jungtiers (rechts). Jungtierlosung kann mit Wildkaninchenkot verwechselt werden! Lausitz, Deutschland.

Im Gegensatz zu Rehlosung ist Hasenkot oft nahezu kugelrund. Die Oberfläche ist grobfaseriger als bei Wiederkäuern. Lausitz, Deutschland. ≈

STAUBBÄDER » Um sich von Parasiten zu reinigen, nehmen Feldhasen Staubbäder. Dabei rollen und wälzen sie sich am Boden, wobei sie teilweise große plattgewälzte Flächen (bis 120 × 80 cm) hinterlassen. Beachten Sie aufgeworfenen Sand auf umliegender Vegetation und Körperumrisse des Hasen.

KOT » Sehr rundliche oder ellipsoide, meist hellbraune bis braune und selten dunkelgrüne bis schwarze Kotpillen. Auffallend raufaserige Oberfläche. Im Regelfall deutlich größer als Kaninchenlosung. Die Größe allein ist jedoch nicht immer ein sicheres Unterscheidungsmerkmal, da es einen Überlappungsbereich gibt. Im Regelfall ist Kaninchenlosung dunkler und ihre Oberfläche glatter. Im Gegensatz zu Kaninchen legen Hasen keine Latrinen an. Ihre Losung findet sich vereinzelt entlang ihrer Wechsel oder in Ansammlungen an ihren Fraßplätzen.

» **D** 1,2–2 cm

SCHNEEHASE

Lepus timidus

Der Schneehase verfügt über ein ausgezeichnetes Hör- und Riechvermögen und sein Geschmacks- und Tastsinn sind sehr gut ausgebildet. Wie der Feldhase ist er ein ausgeprägter Bewegungsseher und kann regungslose Lebewesen kaum erkennen. Er ist ein schneller und ausdauernder Läufer, der je nach Jahreszeit und geografischer Lage sowohl tag- als auch nachtaktiv sein kann. Er lebt geselliger als der Feldhase, im Norden seines Verbreitungsgebietes kann es vorübergehend Zusammenkünfte von bis zu 200 Tieren geben. Wie Feldhasen ruhen Schneehasen tagsüber in einer selbst gescharrten, flachen Mulde, die Sasse genannt wird. Darin lassen die Tiere sich mitunter sogar einschneien. Im Gegensatz zu Feldhasen graben Schneehasen bis zu 2 m lange, gerade Erdröhren und Schneetunnel, die als Versteckmöglichkeiten und zum Schutz verwendet werden. Gelegentlich werden auch verlassene Baue anderer Arten bewohnt. Zu den wichtigsten Fressfeinden gehören Polar- und Rotfuchs, Luchs, Wildkatze, Vielfraß, Wolf, Marderarten, Steinadler, Habicht, Kolkrabe, Schnee-Eule und Uhu.

KRL 40–68 cm
Sl 4–9 cm
G 1,6–5,8 kg
Weibchen etwas größer als Männchen.

KENNZEICHEN » Etwas kleiner als der Feldhase, wobei die Größe stark von der Region abhängig ist. In vielen Gebieten färbt sich das ansonsten bräunliche Fell im Winter ganz weiß, nur die Ohren behalten einen schwarzen Rand an der Spitze. Die Ohren sind kürzer als beim Feldhasen und länger als beim Wildkaninchen.

VERBREITUNG & LEBENSRAUM » In Europa kommen Schneehasen in Skandinavien, Schottland, Irland, dem Baltikum, Osteuropa und in den Alpen vor. Sie bewohnen schneereiche Gegenden und bevorzugen lockere Mischwälder. Gebüschreiche Flussläufe, inselartige Wäldchen in der Steppe und Schilfgürtel an Seen werden ebenfalls bewohnt. Außerdem kommen die anpassungsfähigen Tiere auch in Heidelandschaften und Mooren, im steinigen Krummholzgürtel der Alpen bis zur Schneegrenze und in der Tundra bis zur Meeresküste vor.

ERNÄHRUNG » Ähnlich wie beim Feldhasen, wobei der Schneehase in der Regel kargere Gegenden bewohnt und dementsprechend ein ärmeres Nahrungsspektrum hat. Er ist ein reiner Pflanzenfresser, der sich von Kräutern, Blättern und Gräsern ernährt. Hinzu kommen Heidekraut, Beeren, Zweige, Baumrinde, Nadeln und Knospen, in kargen Gebieten spielen Flechten und Moose eine bedeutende Rolle.

Schneehasen können mit Feldhasen Nachkommen zeugen, bislang ist jedoch ungeklärt, ob die Hybriden fortpflanzungsfähig sind.

FORTPFLANZUNG » In der Paarungszeit von Februar–Juni kommt es zu einer Gruppenbalz, an der sogar mehr Tiere teilhaben als beim Feldhasen. In der Regel kommt es zu 2–3 Würfen pro Jahr, nach einer Tragzeit von 45–55 Tagen werden 2–5 (bis 6) typische Nestflüchter-Junge geboren. Superfötation ist möglich.

ZEICHEN

SASSEN » Mit den Vorderfüßen werden etwa 10 cm tiefe Sassen im Schnee oder zwischen Steinen und Sträuchern im Boden freigescharrt. Können auch auf freiem Feld vorkommen. In Sassen kann man häufig Haare finden. In die ovale Form der Sasse passt der Hasenkörper sitzend hinein.

STAUBBÄDER » Auch Schneehasen nutzen Staubbäder, um sich zu reinigen (siehe „Feldhase“ Seite 219).

FRAẞSPUREN » Rindennagen und Knospenverbiss wie beim Feldhasen (Seite 218).

Das Staubbad eines Schneehasen. Jämtland, Schweden. Heide Ulrich. ⌄

« Kambiumfraß an einer Birke. Durch hohen Schnee können Schneehasen an Nahrung gelangen, die vorher für sie außer Reichweite lag. Jämtland, Schweden. Heide Ulrich.

TRITTSIEGEL

Vorne

» **L** 5,5–9 cm » **B** 4–7,5 cm

Mittelgroß. Zehengänger. Stark asymmetrisch. Typische Hasenform. 5 Zehen: Zehe 1 stark reduziert, die entsprechende Kralle ist gelegentlich zu sehen ⓐ. Trittsiegelumriss spitz, Zehe 3 führt deutlich. Zehen 2–5 bilden eine Art „1-Form", die als charakteristisches Erkennungsmerkmal dient. Beim linken Fußabdruck ist die „1" spiegelverkehrt. Starke Fußsohlenbehaarung bei klaren Abdrücken sichtbar. Deutliche Krallen, die meistens sichtbar und teilweise ausschließlich abgedrückt sind. Der Vorderfuß ist deutlich kleiner als der Hinterfuß und kann sich etwas stärker spreizen als beim Feldhasen.

Hinten

» **L** 5,5–9,5 (bis 18) cm

» **B** 4–10 cm

Mittelgroß bis groß. Zehengänger. Leicht asymmetrisch. 4 große Zehen. Zehe 1 fehlt. Trittsiegel variieren stark im Aussehen. Je nach Bodenbeschaffenheit drückt sich häufig der ganze behaarte hintere Bereich des Trittsiegels ab. Ohne Fersenabdruck sind die Hinterfußtrittsiegel breiter und rundlicher als die des Vorderfußes. Gelegentlich sind nur Krallenabdrücke zu sehen.

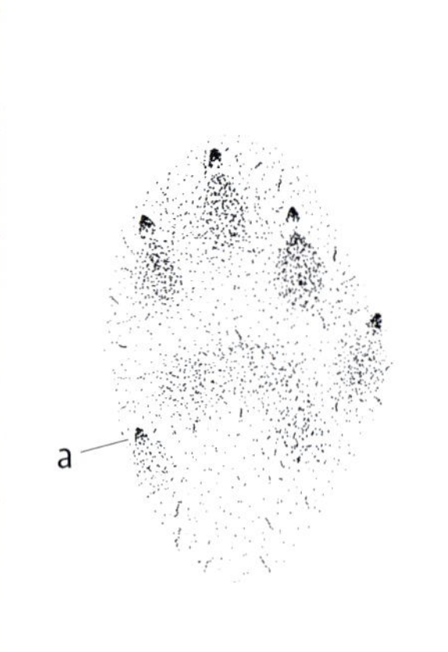

Rechts vorne.

Rechts hinten.

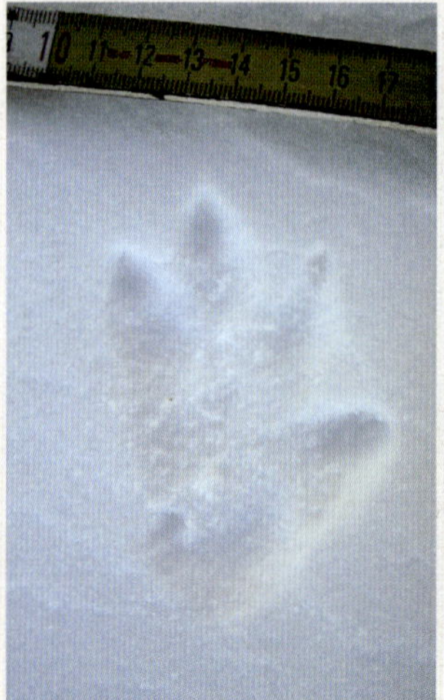

Rechts vorne. Jämtland, Schweden. Heide Ulrich.

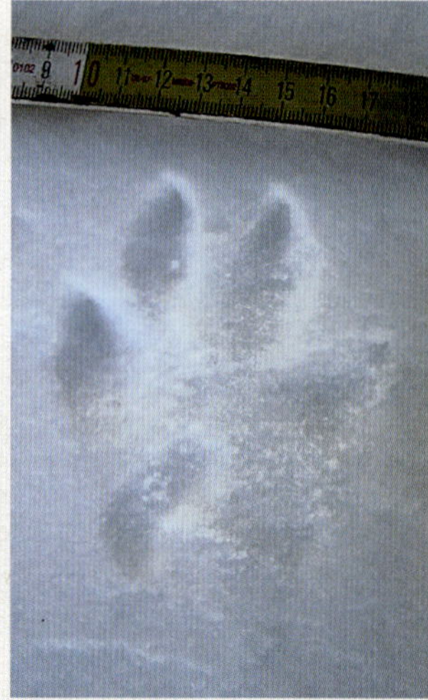

Rechts hinten. Hinterfußabdrücke von Schneehasen erscheinen meist deutlich breiter als die Abdrücke ihrer Vorderfüße oder als die Hinterfußabdrücke von Feldhasen. Jämtland, Schweden. Heide Ulrich.

Ähnliche Trittsiegel

Feldhase, Wildkaninchen. Je nach Untergrund und Trittsiegelqualität können Hinterfußabdrücke von Schneehasen auch mit Kanidenabdrücken verwechselt werden. Im Vergleich zum Feldhasen sind die Hinterfußabdrücke des Schneehasen tendenziell größer und breiter. Bei einer Spreizung kann die beachtliche Breite massiv wirken und ein hilfreiches Unterscheidungsmerkmal zum Feldhasen bieten.

GANGARTEN

Die bevorzugte Gangart ist der Parallelsprung. In ihrer Ruhezone meist hoppelnd zu sehen. In der Regel ist die Gruppenlänge kürzer und die Spurbreite breiter als beim Feldhasen. Die Pfoten des Schneehasen sind außerdem stärker behaart und stärker spreizbar. In tiefem Schnee dienen sie als eine Art „Schneeschuh“, wodurch der leichtere Schneehase weniger tief einsinkt als der Feldhase.

Parallelsprung und Galopp
Gruppenlänge:
20–166 cm
Zwischengruppenlänge:
22–98 cm
Schrittlänge:
42–262 cm (bis 6 m möglich)
Spurbreite:
10–25 cm

Parallelsprung mit zunehmender Geschwindigkeit. Jämtland, Schweden. Laura Gärtner. »

Dieser Schneehase saß beim Koten, sodass die kompletten Abdrücke der Hinterfüße und davor die Vorderfußabdrücke erkennbar sind. Jämtland, Schweden. Laura Gärtner.

Ein Schneehase auf Nahrungssuche. Am rechten Bildrand zieht ein Rotfuchs im Schrägtrab von unten nach oben. Jämtland, Schweden. Heide Ulrich.

Parallelsprung.

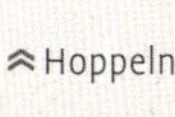

Hoppeln.

FELDHASE VON SCHNEEHASE UNTERSCHEIDEN

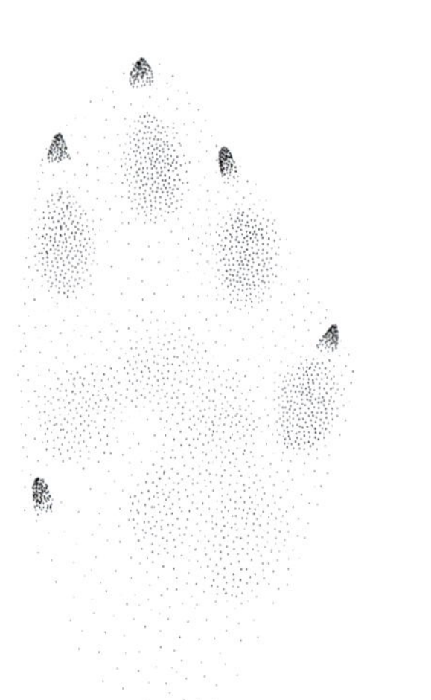

≽ Feldhase, rechts vorne.

≽ Schneehase, rechts vorne.

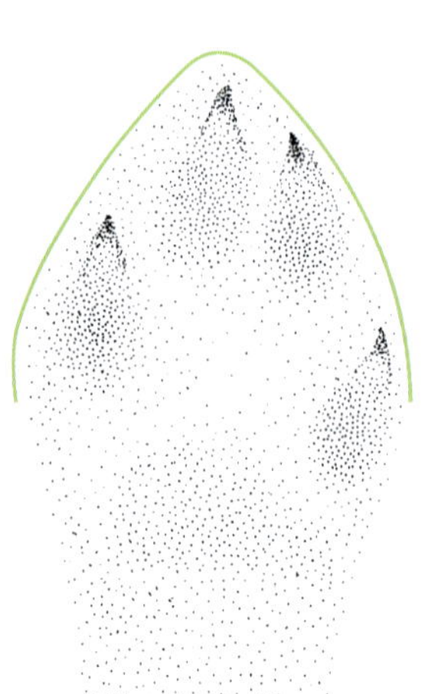

≼ Feldhase, rechts hinten.

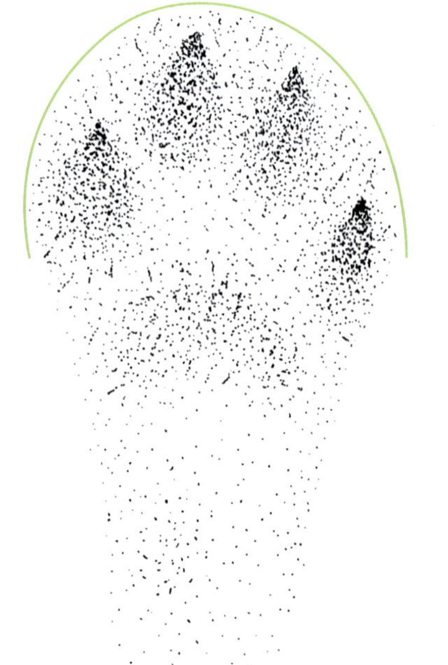

≼ Schneehase, rechts hinten.

FELDHASE	SCHNEEHASE
ⓐ Deutliche Fußabdrücke mit Fußsohlenbehaarung.	ⓐ Verwaschen wirkende Fußabdrücke mit starker Fußsohlenbehaarung.
ⓑ Hf-Trittsiegel Umriss eher länglich.	ⓑ Hf-Trittsiegel Umriss eher rundlich und breit.
ⓒ Größenunterschied zwischen Vorderfuß und Hinterfuß weniger deutlich ausgeprägt.	ⓒ Größenunterschied zwischen Vorderfuß und Hinterfuß deutlicher ausgeprägt.
ⓓ Hf-Zehen weniger spreizbar.	ⓓ Hf-Zehen stark spreizbar, Schneeschuheffekt.

« Schneehase (links), die breiteren Hinterfußtrittsiegel und der markantere Größenunterschied zwischen Vorder- und Hinterfuß sind deutliche Unterschiede zum Feldhasen (rechts). Eine kleinere Gruppenlänge und die größere Spurbreite sind ebenfalls charakteristisch.

KOT » Wie andere Hasenartige sind Schneehasen Kotfresser (Koprophagen). Schneehasenkot ist mit Feldhasenkot nahezu identisch (Seite 219).

» **D** 1,2–2 cm

Halten Schneehasen sich länger an einem Fraßplatz auf, hinterlassen sie dort meist auch die hasentypischen, fast kugelrunden Kotpillen. Jämtland, Schweden. Heide Ulrich. »

WILDKANINCHEN

Oryctolagus cuniculus

KRL 35–45 cm
Sl 4–7,5 cm
G 1,2–2 kg
Ausnahmeexemplare können über 3 kg wiegen.

Das Wildkaninchen wird gelegentlich für eine Art „kleinen Feldhasen" gehalten, obwohl sich seine Lebensweise teilweise stark von der des Feldhasen unterscheidet. Anders als der Feldhase kann das Wildkaninchen gut graben und es lebt in geselligen Kolonien in Bauen unter der Erde. Wildkaninchen sind Bewegungsseher, die über ein ausgezeichnetes Gehör und einen ausgeprägten Geruchssinn verfügen. Sie sind grundsätzlich dämmerungs- und nachtaktiv, ungestört aber auch am Tag aktiv. Waren die Tiere früher als Pelz- und Nahrungsquelle geschätzt, werden sie heute häufig eher als Schädlinge betrachtet, da sie, vor allem in der Landwirtschaft, hohe wirtschaftliche Schäden verursachen können. Drastische Bestandsverminderungen durch

Krankheiten wie Myxomatose und RHD zeigten die besondere ökologische Relevanz des Wildkaninchens. Nach Populationseinbrüchen konnten Rückgänge in der Populationsdichte von Wildkatze, Hermelin und Rotmilan beobachtet werden. In England ist der Bruterfolg von Mäusebussarden stark von der Populationsdichte des Wildkaninchens abhängig.

KENNZEICHEN » Körper deutlich kleiner und gedrungener als beim Schnee- oder Feldhasen. Ohren und Hinterbeine im Verhältnis deutlich kürzer. Statt schwarzer Ohrspitzen schwarze Ohrränder. Schwanzoberseite schwarz, Unterseite weiß.

VERBREITUNG & LEBENSRAUM » Ursprünglich auf der Iberischen Halbinsel und in Südfrankreich heimisch, konnte das Wildkaninchen sich durch den Menschen in ganz Europa ausbreiten. Als Steppenbewohner bevorzugt es ein trockenes Klima und trockene, grabfähige Böden, in denen es seine Baue anlegen kann. Der ideale Lebensraum ist deckungsreich, flach bis leicht hügelig mit Sandböden und ausreichend Nahrung. Als anpassungsfähiger Kulturfolger auch in Großstädten in Parks, Grünanlagen, an Bahndämmen, Deichen und auf Friedhöfen vorkommend. Wallhecken, Feldgehölze, Kiefernkulturen und Dünen auf den Nordseeinseln werden ebenfalls besiedelt. Dichter Wald, große Feuchtgebiete, Gebirge und Habitate oberhalb der Baumgrenze werden gemieden.

ERNÄHRUNG » Vielfältige Auswahl an Kräutern, vor allem Gräser. Nährstoffreiche Nahrung, junge Blätter, Triebe und Knospen werden bevorzugt. Auch Kulturpflanzen wie Mais und Getreide stehen auf dem Speiseplan. Vor allem im Frühjahr und Winter findet Rindenschälung statt, um an das Kambium zu gelangen. Seinen täglichen Wasserbedarf deckt das Wildkaninchen durch saftiges Futter, trinken sieht man es nur selten.

FORTPFLANZUNG » Die Fortpflanzungsparameter hängen stark von der Populationsdichte und Umweltfaktoren wie dem Bodentyp ab. In Europa reicht die Fortpflanzungszeit hauptsächlich von Januar/Februar–Juli/August. Es kommt zu 2–5 (bis 7) Würfen, mit 2–13 Jungen pro Wurf (durchschnittlich 5–6 Junge). Der durchschnittliche Jahreszuwachs pro Weibchen sind 8–12 Junge. Auf niedrige Populationszahlen kann mit einer erhöhten Geburtenrate von mehr als 30 Nachkommen pro Jahr reagiert werden. Die Tragzeit dauert 28–31 Tage. Im Gegensatz zum Feldhasen kommen die Jungen als Nesthocker zur Welt. Nach 4–5 Monaten sind sie geschlechtsreif.

TRITTSIEGEL

Vorne

» **L** 2–4,8 cm » **B** 2,1–3,2 cm

Klein. Zehengänger. Stark asymmetrisch. Typische Hasenform. 5 Zehen: Zehe 1 ist reduziert, die entsprechende Kralle ist häufig zu sehen. Im Vergleich zum Feldhasen sitzt Zehe 1 weiter vorne, ist also weniger stark nach hinten versetzt ⓐ. Trittsiegel insgesamt spitz geformt, Zehe 3 führt deutlich. Zehen 2–5 bilden eine Art „1-Form", die als charakteristisches Erkennungsmerkmal dient. Beim linken Fußabdruck ist die „1" spiegelverkehrt. Starke Fußsohlenbehaarung bei klaren Abdrücken sichtbar. Deutliche, verhältnismäßig große Krallen, die meist sichtbar, teilweise auch ausschließlich abgedrückt sind. Der Vorderfuß ist deutlich kleiner als der Hinterfuß.

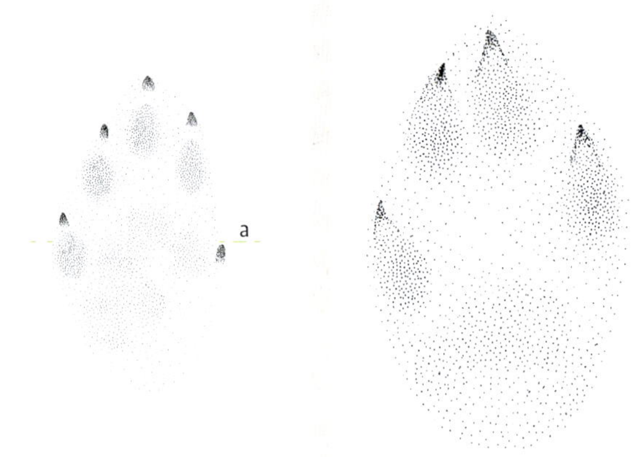

≈ Links vorne.

≈ Links hinten.

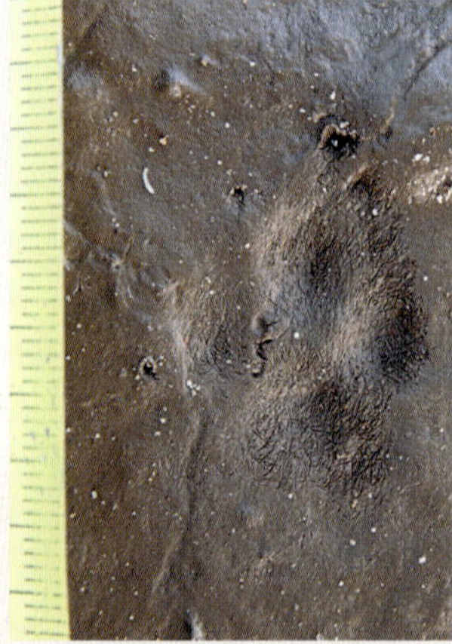

≈ Links vorne. Der Abdruck von Zehe 1 fehlt. Gelegentlich zeigen Böden kleinste Details, hier die Abdrücke einzelner Haare. Nahrendorf, Deutschland.

≈ Links hinten. Die Trittsiegel von Hasenartigen können sehr unterschiedlich aussehen. Wie hier sind gelegentlich nur 3 Zehen und Krallen zu erkennen. Midhurst, England.

Hinten

» **L** 2,5–6 (bis 9,5) cm » **B** 2,1–3,5 cm

Klein bis mittelgroß. Zehengänger. Leicht asymmetrisch. Typische Hasenform. 4 Zehen: Zehe 1 fehlt. Je nach Bodenbeschaffenheit oder sitzend kann sich die behaarte Ferse komplett abdrücken. In diesem Fall deutlich größer als das Vorderfußtrittsiegel. Gelegentlich sind nur Krallenabdrücke zu sehen. Die Krallen sind verhältnismäßig groß.

Ähnliche Trittsiegel

Feld- und Schneehase, wobei Kaninchentrittsiegel deutlich kleiner und eigentlich nur mit den Fußabdrücken junger Hasen zu verwechseln sind. Die Hinterfüße der Hasen sind deutlich größer als ihre Vorderfüße. Bei Wildkaninchen fällt dieser Größenunterschied geringer aus. Die kräftigeren Vorderfüße des Kaninchens können seiner grabenden Lebensweise zugeschrieben werden.

GANGARTEN

Die bevorzugte Gangart ist der Parallelsprung. In Baunähe sind Kaninchen meist hoppelnd zu sehen. Ihr Spurbild ähnelt stark dem des Feldhasen, ist jedoch insgesamt kleiner und besteht aus verhältnismäßig mehr Gruppenlängen und Zwischengruppenlängen pro Strecke. Kaninchen sind sehr ortstreu. Anders als Feldhasen sind sie keine Langstreckenläufer, ihre Wechsel sind entsprechend kürzer. Im Regelfall entfernen sie sich nicht weiter als 500 m von ihrem Bau, der bei einer Flucht ihr primäres Ziel ist.

Parallelsprung und Galopp
Gruppenlänge:
10–72 cm
Zwischengruppenlänge:
36–78 cm
Schrittlänge:
26–150 cm
Spurbreite:
6,3–14 cm

Parallelsprungfährte eines Wildkaninchens im Schnee. Nahrendorf, Deutschland. ≫

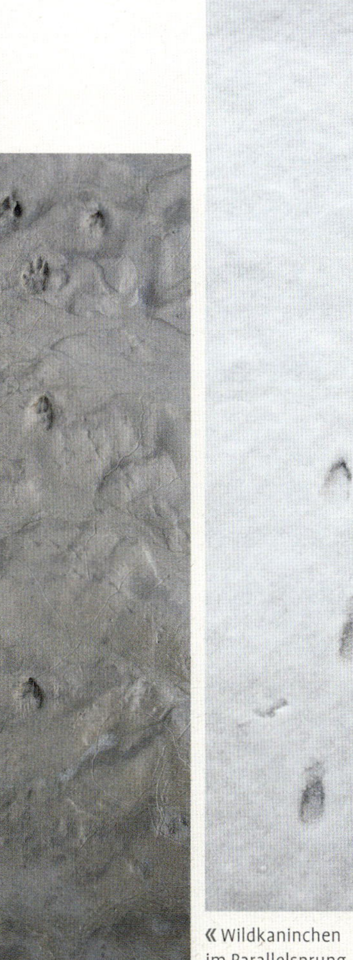

« Wildkaninchen im Parallelsprung. Midhurst, England.

≈ Parallelsprung.

ZEICHEN

ERDBAU » Eine Kaninchenkolonie verändert ihre Umgebung deutlich. Die Größe einer Bauanlage ist vom Bodentyp und dem Alter der Kolonie abhängig. Baue können bis zu 3 m tief und Gänge über 45 m lang sein. Die Eingangslöcher haben einen Durchmesser von 10–50 cm (meist 15 cm).

« Der Erdbau einer Kaninchenkolonie kann sehr umfangreich sein und eine Vielzahl Eingangslöcher in verschiedensten Größen und Formen aufweisen. Midhurst, England.

Eingang zu einem Kaninchenbau. Meist befinden sich Latrinen vor oder neben dem Eingangsloch. Nahrendorf, Deutschland. »

Diese Grabspuren dienen als Reviermarkierung. Häufig kann man sie an Bruchkanten von Feldrändern finden. Nahrendorf, Deutschland.

GRABSPUREN » Um ihr Territorium zu markieren, werden vor allem an Reviergrenzen und in Baunähe zwei parallel verlaufende Grabspuren mit den Vorderfüßen gesetzt.

WECHSEL » Achten Sie auf ausgetrampelte Wechsel, die verschiedene Eingangslöcher miteinander verbinden. Je nach Größe und Aktivität einer Kolonie kann dieses „Straßennetz“ sehr markant sein.

STAUBBÄDER » Ähnlich wie Feldhasen nutzen Wildkaninchen Staubbäder, um sich zu reinigen. Dabei rollen und wälzen sie sich am Boden und werfen mit den Hinterfüßen Sand auf. Oft ist aufgeworfener Sand auf der umliegenden Vegetation zu finden. Die vom Kaninchenkörper plattgedrückte Fläche ist deutlich kleiner als bei Hasen.

Kaninchenwechsel sind deutlich kleiner als die von Feldhasen. Nahrendorf, Deutschland.

≈ Kambiumfraß eines Wildkaninchens. Frische Fraßspuren wie diese haben eine glanzartige Erscheinung und fallen oft schon von Weitem auf. Nahrendorf, Deutschland.

Ein feiner Schnitt im 45°-Winkel ist ein Zeichen, das für Kaninchen spricht. »

FRAẞSPUREN » Abgeschnittene Knospen, Triebe und dünne Äste zeigen den für Hasenartige typischen 45°-Winkelschnitt. Wildkaninchen nagen Rinde, um an das Kambium von Bäumen zu gelangen. Durch Sturmschäden oder Schnee werden zum Beispiel Baumrinde und Knospen erreichbar, die sonst unerreichbar sind. Hier kann man oft Fraßspuren finden. Bei hohen Populationsdichten kommt es zuweilen, ähnlich wie bei Paarhufern, zu einer deutlich horizontal verlaufenden Fraßkante an Sträuchern und Hecken. Diese Weidelinie ist meist in Baunähe im Gestrüpp in etwa 50–60 cm Höhe zu finden.

KOT » Die Losung ist nicht immer von der des Feldhasen zu unterscheiden, im Regelfall aber deutlich kleiner und dunkler und zeigt eine feinere Oberflächenstruktur. Die Farbe variiert von dunkelgrün über braun bis schwarz. Im Gegensatz zu Hasen legen Wildkaninchen Latrinen an. Diese sind meist erhöht und vor allem neben Baueingängen und an Reviergrenzen zu finden. Um Kaninchenkot vom Kot junger Feldhasen zu unterscheiden, sollten zusätzliche Zeichen beachtet werden: Eine Kaninchenkolonie prägt das Landschaftsbild durch markante Reviermarkierungen, häufige Erdlöcher, Grabspuren und ein Wegenetz, das unterschiedliche Eingangslöcher miteinander verbindet. Latrinen werden entlang der Wege, auf Erhöhungen oder an markanten Plätzen angelegt. Innerhalb des Zyklus vom Kaninchenweibchen kann es bei der Urinausscheidung zu Verfärbungen kommen. Die Farbe hängt mit der Ernährung zusammen und variiert von Orange über Rot bis hin zu Blau. Feuchtblaue Flecken im Sand können von Wildkaninchen stammen.

» **D** 0,7–1 cm

Kaninchenkot ist deutlich kleiner als der Kot von Feldhasen. Die Exkremente von Feldhasenjungen lassen sich jedoch nicht immer ohne zusätzliche Zeichen vom Kot ausgewachsener Kaninchen unterscheiden. Nationalpark Coto de Doñana, Spanien. ︾

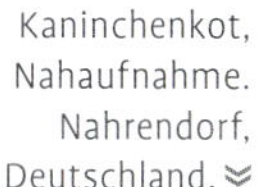

Kaninchenkot, Nahaufnahme. Nahrendorf, Deutschland. ︾

« Im Gegensatz zu Feldhasen scharren Kaninchen kleine Erdhaufen zusammen, auf die sie anschließend koten. Diese Latrinen dienen auch als Reviermarkierung. Nahrendorf, Deutschland.

︽ Die Ernährung des Kaninchens kann die Farbe des Urins beeinflussen. Nahrendorf, Deutschland.

NAGETIERE

Mit zurzeit etwa 2300 beschriebenen Arten sind die Nagetiere (Rodentia) die bei Weitem artenreichste Ordnung der Säugetiere. Im behandelten Gebiet kommen 9 Familien mit mehr als 60 Arten vor.

Eines der markantesten Kennzeichen dieser Gruppe ist ihre Bezahnung: Nagetiere besitzen ein Paar wurzellose Schneidezähne im Ober- und Unterkiefer, die fortwährend nachwachsen und in der Regel eine gelblich-rötliche Färbung aufweisen. Die Eckzähne fehlen, es folgt eine große Zahnlücke (Diastema), die bis zu den Vorbacken- und Backenzähnen reicht. Nagetiere haben verschiedenste Lebensräume erschlossen. Sie können überwiegend auf der Erdoberfläche, unterirdisch oder auch auf Bäumen leben und

sind entsprechend angepasst. Einige Arten leben sogar semiaquatisch und haben sich auf ein Leben im und am Wasser spezialisiert. Nagetiere sind überwiegend Pflanzenfresser, allerdings gibt es einige allesfressende Ausnahmen. Die Mehrheit der Nagetiere hat eine hohe Vermehrungsrate und stellt die entscheidende Nahrungsquelle für viele Greifvögel, Eulen und Raubtiere dar.

SPUREN UND ZEICHEN DER NAGETIERE

Sohlengänger. Die vielfältige Anpassung an die verschiedensten Lebensräume spiegelt sich auch in den unterschiedlich entwickelten Füßen der Nagetiere wider. Die Füße kletternder Nagetiere zeigen andere Merkmale als solche von Nagern, die viel Zeit im Wasser verbringen, sodass wir in dieser Ordnung immer wieder Ausnahmen der allgemein gültigen Eigenschaften finden. Deswegen sind die behandelten Arten in Nagetiergruppen mit einem ähnlichen Fußaufbau und ähnlichen Spuren und Zeichen zusammengefasst. In der Regel entsprechen diese Gruppierungen der taxonomischen Klassifizierung, in einigen Ausnahmen wurden jedoch Angehörige einer Familie zusammen mit Angehörigen einer anderen Familie behandelt, um die Identifizierung der Spuren im Feld zu erleichtern und einen direkteren Vergleich ähnlicher Zeichen zu ermöglichen. Gemeinsam als Nagetiergruppen behandelt werden im Folgenden die Hörnchen, die Bilche, größere semiaquatisch lebende Nagetiere, die Wühlmäuse und die Langschwanzmäuse sowie einige Sonderlinge wie die Eigentlichen Blindmäuse und die Stachelschweine.

Spurenformel: 4v × 5H + K

VORDERFUß » Asymmetrisch, allerdings oft symmetrisch wirkend, da Zehe 1 stark reduziert und häufig nicht oder nur rudimentär zu erkennen ist. Zehen 2 und 5 zeigen zu den Seiten, Zehen 3 und 4 eher nach vorne. Der Mittelfußballen besteht aus drei vorderen Mittelballen, die nicht, teilweise oder vollständig zusammengewachsen sein können. In der Regel gibt es zwei weitere, hintere Mittelballen, die aber häufig nicht zu sehen sind.

HINTERFUß » Leicht asymmetrisch, Zehen 1 und 5 zeigen zu den Seiten, Zehen 2–4 liegen auf einer für die Nagetiere charakteristischen Dreierreihe. Die Form des Mittelfußballens variiert stark, besteht jedoch meist aus vier erkennbaren vorderen Mittelballen. Ein oder zwei weitere hintere Mittelballen können zusätzlich abgedrückt sein.

GANGARTEN » Meist ein Schritt, Trab oder Parallelsprung. In jeder hier beschriebenen Nagetiergruppe werden die für sie typischen Gangarten und Spurbilder gezeigt.

FRAßSPUREN » Alle Nagetiere benutzen ihre Schneidezähne, um Nahrung oder Nestmaterial zu sammeln, Pfade anzulegen und ihr Revier zu markieren. Schneiden sie Gräser und Stauden, sind ein sauberer Schnitt sowie ein scharfer Winkel charakteristisch. Um das nahrhafte Kambium zu erreichen, wird die Rinde von Bäumen und Sträuchern gefressen. Der Kambiumfraß der Nagetiere heißt Rindennagen, die spezialisierte Form des Rindennagens an Wurzeln wird Wurzelfraß genannt. Wurzelfraß wird häufig erst durch Folgeerscheinungen wie geschwächter Blatttrieb oder fehlende Bodenhaftung erkannt. Außerdem fressen Nagetiere Wurzeln krautiger Pflanzen, Knollen, Nüsse und Früchte und hinterlassen dabei meist auffällige Zahnfurchen ihrer Schneidezähne. Auch im Feld gefundene alte Knochen oder Geweihe können Spuren von Nagezähnen aufweisen, da viele Nagetiere sie als Kalziumquelle nutzen. Die Größe und Platzierung der Nagespuren sowie die Abstände der Zahnfurchen können Aufschluss darüber geben, welche Nagerart die Spuren verursacht hat.

KOT » Nahezu alle Arten setzen mehrere längliche Kotpillen ab, deren Form und Größe je nach Art sehr unterschiedlich ausfallen. Die Größe einzelner Kotpillen korreliert mit der Größe des Tiers. Für einige Arten ist das Absetzen in Latrinen charakteristisch, dies geschieht häufig entlang ihrer Wechsel, an beliebten Futterplätzen sowie in oder an Ruheplätzen.

Hörnchen

Die Familie der Hörnchen (*Sciuridae*) umfasst in Europa die 6 Gattungen der Eichhörnchen, der Gleithörnchen, der Echten Schönhörnchen, der Murmeltiere, der Ziesel und der Streifenhörnchen. Zu den Trittsiegeln der Gleithörnchen fehlen Daten, sie werden hier nicht behandelt. Ebenso bleiben die isolierten Populationen der Echten Schön- und Streifenhörnchen unberücksichtigt. Insgesamt werden 9 verschiedene Arten vorgestellt.

EICHHÖRNCHEN

Sciurus

Im behandelten Gebiet kommen 2 Eichhörnchenarten vor, das Eurasische Eichhörnchen (*Sciurus vulgaris*) und das Grauhörnchen (*Sciurus carolinensis*). Diese ausgezeichneten Kletterer verbringen einen Großteil ihres Lebens auf Bäumen. Sie sind tagaktiv und besitzen ein gutes Gehör, einen guten Tastsinn sowie einen sehr gut ausgeprägten Geruchssinn. Mit ihrem weiten Sehfeld können sie extrem gut nach oben sehen, vermutlich um Luftfeinde zu entdecken. Bei besonders heißem Wetter beobachtet man Eichhörnchen gelegentlich dabei, wie sie auf einem Ast liegen, um sich abzukühlen. Fressfeinde sind überwiegend Habicht und Baummarder. Um diesen Angreifern zu entkommen, können Eichhörnchen aus Baumkronen zu Boden springen. Ein Aufprall aus 20 m Höhe ist für sie keine Schwierigkeit.

KENNZEICHEN » Schlanker, geschmeidiger Körper mit kräftigen Hinterbeinen und buschig behaartem Schwanz, der dem Steuern sowie dem Gleichgewicht dient. Die Fellfarbe ist kein eindeutiges Unterscheidungsmerkmal, da Eurasische Eichhörnchen einen grauen bis schwarzen Farbton und Grauhörnchen auch eine rötlich-braune Färbung zeigen können. Beim Eurasischen Eichhörnchen sind von Spätsommer bis Frühjahr Ohrpinsel sichtbar, wohingegen Grauhörnchen keine oder nur minimale Ohrpinsel haben. Außerdem kann man Grauhörnchen an ihren weißen Schwanzrändern und dem robusteren Körperbau erkennen.

Eurasisches Eichhörnchen
KRL 18–26 cm
Sl 14–21 cm
G 180–480 g

Grauhörnchen
KRL 23–30 cm
Sl 19–25 cm
G 350–800 g

VERBREITUNG & LEBENSRAUM » Das Eurasische Eichhörnchen ist in fast ganz Europa verbreitet und an Nadel- und Mischwälder gebunden, die ausreichend Nahrung bieten. Das Grauhörnchen stammt aus dem Osten der USA und wurde in England, Irland und Italien freigelassen. Es bewohnt Laub- und Mischwälder und ist sehr anpassungsfähig. Beide Hörnchen bevorzugen Wälder mit verschiedenen Baumarten, da unterschiedliche Mastintervalle eine zuverlässigere Nahrungsversorgung gewährleisten. Grau- und Eichhörnchen leben auch in städtischen Parks, Gärten und auf Friedhöfen. In Gegenden, in denen beide Arten vorkommen, können die Grauhörnchen die Eichhörnchen verdrängen.

TRITTSIEGEL

Vorne

» **L** 3–4,8 cm » **B** 1,5–3,5 cm

Klein. Sohlengänger. Asymmetrisch. 5 Zehen in klassischer Nagetierstruktur: Zehe 1 ist stark reduziert und nur selten im Trittsiegel zu erkennen ⓐ. Zehen 2 und 5 zeigen zu den Seiten, Zehen 3 und 4 sind nach vorne gerichtet. Ein besonderes Merkmal der Eichhörnchen ist, dass Zehe 4 länger als Zehe 3 ist ⓑ. Zehen 2–5 sind lang, dünn und haben eine leicht rundliche Verdickung an ihren Spitzen (Zehenballen). Die vorderen Mittelballen sind zu einem Mittelfußballen zusammengewachsen, im Trittsiegel sind jedoch meist drei deutliche Mittelballen zu erkennen; gelegentlich sind außerdem zwei weitere, hintere Mittelballen abgedrückt. Beide sind massig, wirken im Verhältnis überproportioniert und stehen im geöffneten Winkel zur Pfadmitte ⓒ. Die kräftig entwickelten hinteren Mittelballen sind eine Anpassung an die arboreale Lebensweise. Feine, scharfe Krallenabdrücke sind teilweise erkennbar.

≈ Links vorne.
Vledder, Niederlande. René Nauta.

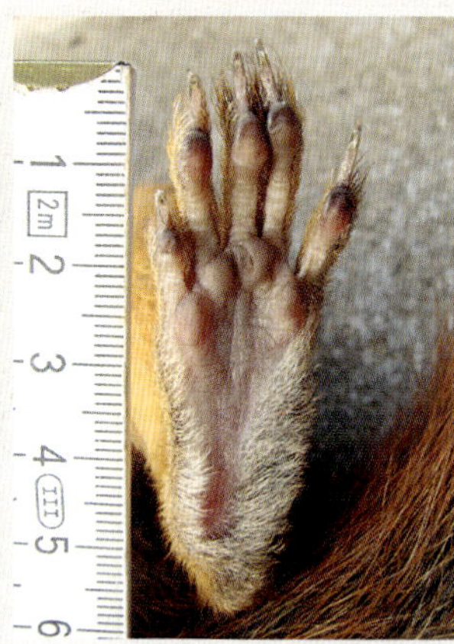

≈ Links hinten.
Vledder, Niederlande. René Nauta.

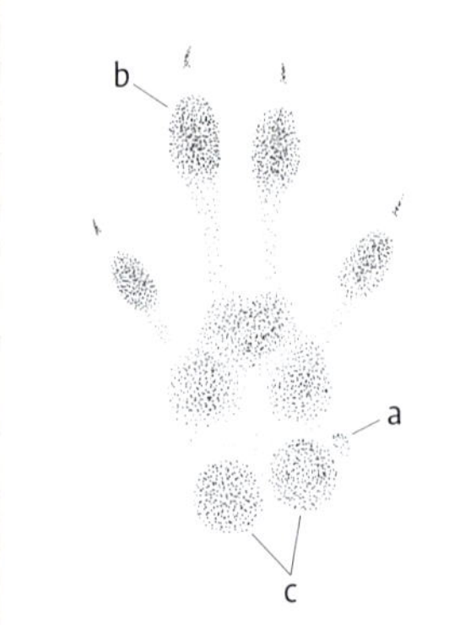

≈ Links vorne.

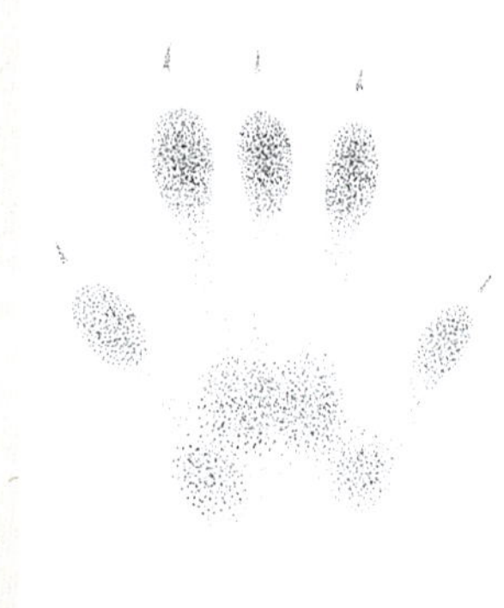
≈ Links hinten.

≈ Links vorne.
Jetzendorf, Deutschland.

≈ Links hinten.
Lausitz, Deutschland.

Hinten

» **L** 3–6 cm » **B** 2,3–4,5 cm

Klein. Sohlengänger. Leicht asymmetrisch. 5 Zehen in klassischer Nagetierstruktur: Zehen 1 und 5 zeigen zu den Seiten, wobei Zehe 1 etwas weiter hinten liegt als Zehe 5. Zehen 2–4 stehen aufgereiht, nahezu parallel zueinander und sind meist gerade nach vorne gerichtet. Zehe 4 ist länger als Zehe 3. Die vorderen Mittelballen sind zu einem

C-förmigen Mittelfußballen zusammengewachsen, im Trittsiegel sind jedoch meist vier deutliche Mittelballenabdrücke zu erkennen. Scharfe Krallenabdrücke sind teilweise erkennbar, jedoch deutlich kürzer als am Vorderfuß. Wenn sich der hintere Bereich des Fußes abdrückt, ist der Hinterfußabdruck länger, ansonsten wirken Vorderfuß- und Hinterfußabdruck ähnlich groß.

GANGARTEN

Grau- und Eichhörnchen sind am Boden grundsätzlich im Parallelsprung unterwegs, wobei sie sich auch im Schritt bewegen können. Häufig führt die Spur von Baum zu Baum, jedoch legen Grauhörnchen längere Strecken am Boden zurück. Im Winter fallen vor allem die freigegrabenen Vorratslöcher auf. Bei tiefem Schnee verkürzt sich die Gruppenlänge, die Vorderfüße landen unmittelbar zwischen oder näher an den Abdrücken der Hinterfüße. Das kann den Eindruck hinterlassen, als würde es sich eher um zwei als um vier Trittsiegel handeln. Außerdem werden im Schnee häufig Schleifspuren vom Ein- und Austritt der Füße hinterlassen, sodass eine Spurgruppe die für Nagetiere typische V-Form zeigen kann: Die oberen Enden des V stammen von den nebeneinanderliegenden Abdrücken der Hinterfüße und die basale Spitze stammt von den dichter beieinanderliegenden Vorderfußabdrücken.

Schritt
Schrittlänge:
16–27 cm
Spurbreite:
8–10 cm

Parallelsprung
Gruppenlänge:
4–20 cm
Zwischengruppenlänge:
12,5–105,5 cm
Schrittlänge:
15–120 cm
Spurbreite:
8,4–17,5 cm

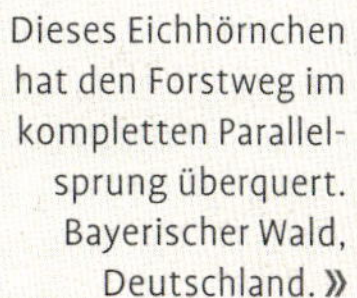

Dieses Eichhörnchen hat den Forstweg im kompletten Parallelsprung überquert. Bayerischer Wald, Deutschland. »

« Eichhörnchen, kompletter Parallelsprung.

« Grauhörnchen, kompletter Parallelsprung. West Sussex, England.

Der komplette Parallelsprung ist eine charakteristische Gangart für Säugetiere mit arborealer (baumgebundener) Lebensweise. Im Unterschied zu Hasenartigen stehen Vorder- und Hinterfußabdrücke oft nebeneinander. Bayerischer Wald, Deutschland. »

GRAUHÖRNCHEN VON EICHHÖRNCHEN UNTERSCHEIDEN

Eichhörnchen haben längere und schlankere Zehen, wohingegen die Zehenabdrücke der robusteren Grauhörnchen kürzer und kräftiger sind. Die vorderen und hinteren Mittelballen der Grauhörnchen sind robuster und häufig deutlicher abgedrückt. Grundsätzlich hinterlassen die größeren Grauhörnchen auch die größeren Trittsiegel. Sie verbringen mehr Zeit am Boden und im Schritt, sodass ihre Spuren häufiger und auch über längere Strecken gefunden werden können. Laub- und Mischwälder mit geringem Nadelbaumanteil lassen Eichhörnchen nahezu ausschließen.

ERNÄHRUNG » Für das Eurasische Eichhörnchen spielen Nadelbäume eine bedeutende Rolle, vor allem Fichte, Tanne und Kiefer. Das Grauhörnchen schätzt besonders die Knospen von Laubbäumen wie Buchen und Birken. Beide Eichhörnchen ernähren sich hauptsächlich von Samen, Knospen, Früchten und Pilzen, sind in Bezug auf Nahrung jedoch auch opportunistisch. Wenn Samen und Knospen fehlen, können sie auf ein breites Nahrungsspektrum ausweichen. Saisonale Nahrung sind Insekten und andere Wirbellose, Jungvögel, Vogeleier, Triebe, Blüten, Rinde, Beeren und andere Pflanzenteile im Sommer sowie Kambium im Winter. Beide Eichhörnchen legen Vorräte an. Baumsamen, Nüsse oder Eicheln werden gesammelt und vergraben oder in Baumhöhlen versteckt. Pilze hängen sie an Ästen oben in den Bäumen auf. Ihre Vorräte orten sie über den Geruchssinn.

FORTPFLANZUNG » Während der Paarungszeit von Dezember/Januar–August/September kann man Männchen beim Jagen der Weibchen beobachten. Tragzeit 36–44 Tage. Im Regelfall 1–2 Würfe pro Jahr. Eine Winterpaarung führt zum Frühjahrswurf, die Paarung im Frühjahr führt zum Wurf im Sommer. 1–8 und durchschnittlich 2–3 Junge pro Wurf. Die Jungen sind Nesthocker, die nach 8–12 Monaten geschlechtsreif werden.

ZEICHEN

NEST » Beide Eichhörnchen bauen Nester, sogenannte Kobel. Wir finden sie meist hoch oben in Bäumen, in Stammnähe oder zwischen Gabelungen von Hauptästen. Die Kobel sind kugelförmig und bestehen aus Zweigen und Blättern. Im Inneren werden sie mit weichem Material wie Moos und trockenem Gras ausgepolstert. Eichhörnchenkobel haben einen Durchmesser von 30–40 cm. Grauhörnchenkobel sind mit einem Durchmesser von 40–60 cm tendenziell etwas größer.

Der Kobel eines Eichhörnchens. Die stammnahe Position in der Astgabel ist charakteristisch. West Sussex, England. »

Ein heruntergefallener alter Kobel eines Grauhörnchens. West Sussex, England. ≽

Ein seltener Fund: Hier hat ein Grauhörnchen einen Pilz ausgegraben. West Sussex, England. »

≈ Markierung eines Eichhörnchens. Beachten Sie die wohlplatzierte Fläche sowie die feinen Zahnfurchen der Schneidezähne. West Sussex, England.

≈ Die Reviermarkierung eines Grauhörnchens. Je nach Alter, Stadium und Baumart kann das Aussehen dieser Markierungen variieren. West Sussex, England.

MARKIERUNGEN » An häufig verwendeten Routen, markanten Plätzen und bevorzugten Nahrungsquellen, etwa einem Walnussbaum, wird die Baumrinde verbissen. Meist ist es eine kleine, wohlplatzierte Fläche mit glatten Kanten zur Rinde und deutlich erkennbaren Zahnmarken. Hierbei handelt es sich um eine Reviermarkierung, die vom Rindennagen (Ringeln) zu unterscheiden ist.

GRABSPUREN » Gerade im Winter können frische Grabspuren in Stammnähe darauf hinweisen, dass Eichhörnchen einen Vorrat freigelegt haben. Frische Erde auf dem Schnee deutet auf dieses Verhalten hin und ist ein markantes Zeichen, insbesondere wenn neben der Grabspur Schalenreste liegen. Seltener sind kleine, rundliche Bodenlöcher, die Eichhörnchen hinterlassen, wenn sie Pilze ausgraben.

ZAPFENFRASS » Um an die kalorienreichen Samen verschiedener Nadelbaumzapfen zu gelangen, müssen Eichhörnchen zuerst die zum Schutz der Samen darüberliegenden Zapfenschuppen entfernen. Nachdem sie einen heruntergefallenen oder vom Zweig abgebissenen Zapfen ausgewählt haben, halten die Tiere ihn mit ihren Vorderfüßen fest und beginnen die Zapfenschuppen beißend und reißend mit ihren Zähnen zu entfernen. Gewöhnlich werden die loseren Zapfenschuppen des basalen Zapfenendes zuerst entfernt. Häufig entsteht dabei eine kurze oder längere ausgerissene Spitze an der Zapfenbasis. Zapfenschuppe für Zapfenschuppe arbeitet sich das Eichhörnchen zur Spitze des Zapfens vor, wobei häufig zerfranste, ungleichmäßige Schuppenreste an der Zapfenachse zurückbleiben, die dem Zapfenrest ein struppiges Aussehen verleihen. Beim Bearbeiten dreht das Tier den Zapfen mehrfach um seine eigene Achse und fixiert ihn dabei oft auch gegen eine Unterlage. In der Regel lässt es lediglich eine kurze Spitze mit wenigen unbeschädigten Zapfenschuppen stehen. In der Bestimmungshilfe für Fraßspuren an Früchten und Nüssen (Seite 164) wird der Zapfenfraß von Eichhörnchen dem von Mäusen gegenübergestellt.

ZAPFENHAUFEN » Ein markantes Zeichen sind die am Fressplatz hinterlassenen Reste von Nadelbaumzapfen, die oft zu Haufen aufgeschichtet sind. Saß ein Eichhörnchen zum Fressen im Baum, finden wir den Berg abgenagter Zapfenachsen und -schuppen an dessen Fuß. Häufig kann man diese Fraßspuren auch auf einem Baumstumpf entdecken, da Eichhörnchen ihre Zapfen gerne leicht erhöht fressen. An bevorzugten Fraßplätzen findet man zuweilen große Zapfenhaufen aus Hunderten bearbeiteter Zapfen.

Beliebte Fraßplätze werden wiederholt aufgesucht. Mit der Zeit können große Anhäufungen charakteristischer Fraßreste entstehen. Bieszczady, Polen. ≫

≈ Diese auffällige Ansammlung von Fichtentrieben ist die Fraßspur eines Eichhörnchens. Laura Gärtner, Schweden.

Hier hat ein Grauhörnchen Nestmaterial gesammelt. Dafür wird Baumrinde mit weichen, isolierenden Eigenschaften bevorzugt. West Sussex, England. »

KNOSPENVERBISS » Vor allem unter Tannen und Fichten finden sich gelegentlich Ansammlungen von kleinen grünen Zweigen. Eichhörnchen haben diese abgebissen, um an die männlichen Blütenknospen zu gelangen. Die Zweige sind zwischen 5–10 cm lang und gleichmäßig abgeschnitten. Dieses Zeichen kann man leicht für Sturmschäden halten, bei denen die Zweige aber wahlloser verstreut und unregelmäßiger abgebrochen wären.

RINDENNAGEN » Beide Eichhörnchenarten nagen Rinde ab, um an Kambium zu gelangen oder Nestmaterial zu sammeln. Dabei wird die Rinde in Spiralschleifen um den Stamm abgerissen (Ringeln). Im Unterschied zur Reviermarkierung sind hier die Flächen, an denen die Rinde samt Kambium entfernt wurde, größer. Die Ränder sind ausgefranst und Rindenreste hängen am Baum herunter. Die verschmähte Rinde häuft sich am Boden.

ANDERE FRAẞSPUREN » Grau- und Eichhörnchen hinterlassen eine Vielzahl weiterer Fraßspuren, zum Beispiel an Pilzen, an Wal- und Haselnüssen sowie an Eicheln. Wal- und Haselnüsse werden auf eine charakteristische Art und Weise mit den Schneidezähnen geöffnet. Das Eichhörnchen nagt an der Nussspitze, bis sich ein Schlitz in der Schale öffnet. Anschließend spaltet es die Nuss sauber in zwei Hälften, indem es seine unteren Schneidezähne in den geöffneten Schlitz einführt und die Nuss mit seinen handartigen Vorderfüßen dreht. Ein unregelmäßiges Spalten kann auf Jungtiere hinweisen. In der

≈ Eichhörnchen lassen zwei sauber gespaltene Haselnusshälften zurück. Spessart, Deutschland.

≈ Den Schlitz an der Spitze verwendet das Eichhörnchen zum Spalten der Haselnuss. Bielefeld, Deutschland. Ulrike Quartier.

≈ Walnüsse werden ebenfalls zuerst an der Spitze geöffnet und anschließend mit den Schneidezähnen in zwei Hälften gespalten. Bielefeld, Deutschland. Ulrike Quartier.

Bestimmungshilfe für Fraßspuren an Früchten und Nüssen werden von Eichhörnchen geöffnete Haselnüsse mit denen von Wald- und Rötelmäusen sowie Bilchen verglichen (Seite 165).

KOT » Der Kot von Grau- und Eichhörnchen kann je nach Nahrung und Jahreszeit unterschiedliche Formen annehmen. In der Regel handelt es sich um längliche bis fast runde, an einem Ende abgeflachte Kotpillen. Die längliche Variante erinnert manchmal an stark vergrößerten Mäusekot, während die Variante mit seitlich abgeflachten, rundlichen Kotpillen der Losung von Kaninchen oder Reh ähneln kann. Die Färbung reicht von grau und dunkelgrau über braun bis schwarz.

» **L** 0,5–1,7 cm » **D** 0,4–0,7 cm

Eichhörnchenkot kann in Aussehen und Größe stark variieren. Nordrhein-Westfalen, Deutschland. Ulrike Quartier. ≽

≈ Eichhörnchenkot. Nordrhein-Westfalen, Deutschland. Ulrike Quartier.

ALPENMURMELTIER

Marmota marmota

KRL 42–60 cm
Sl 13–20 cm
G 3,2–6 (bis 9) kg

Alpenmurmeltiere sind die größten Hörnchen Europas. Sie leben in Familienverbänden mit bis zu 20 Tieren und bilden Kolonien mit anderen Familien. Eine Großkolonie kann aus über 200 Tieren bestehen. Alpenmurmeltiere sind tagaktiv, sie verfügen über ein sehr gutes Sehvermögen und ihr Bewegungssehen ist ausgezeichnet. Gehör und Tastsinn sind gut entwickelt, sie können klettern und sind sehr flink. Alpenmurmeltiere halten Winterschlaf, der je nach Höhenlage und Klima 5–6 Monate von Oktober–April dauert und für den sich die Tiere in ihren Winterbau zurückziehen. Während des Winterschlafs werden Lebensfunktionen wie Körpertemperatur, Atmung und Herzschlag stark herabgesetzt, die Tiere zehren von ihren Fettreserven und verlieren 30–50 % ihres Körpergewichts. Im Sommer kann man Alpenmurmeltiere oft spielend oder fressend vor ihrem Bau beobachten. Verschiedene Abfolgen schriller Pfeiftöne dienen als Warnsignal vor Luft- oder Bodenfeinden. Natürliche Feinde sind vor allem Steinadler, seltener Fuchs, Uhu, Habicht, Kolkrabe, Bär, Luchs, Wolf und Marder, wobei aber meist unerfahrene Jungtiere erbeutet werden.

KENNZEICHEN » Etwa hasengroß mit gedrungenem, kräftigem Körper und breit gestellten Gliedmaßen. Kurzer, buschiger Schwanz mit schwarzer Spitze und kleinen, im Fell verborgenen Ohren.

VERBREITUNG & LEBENSRAUM » In den Alpen und der Hohen Tatra weit verbreitet, isolierte Vorkommen in den Pyrenäen, den Vogesen, im Schwarzwald, dem Bayerischen Wald, dem Zentralmassiv in Südfrankreich und dem Juragebirge. Murmeltiere bevorzugen Wiesen und Felsregionen im Gebirge oberhalb der Baumgrenze. Damit die Tiere ihre Erdbaue anlegen können, sind grabfähige Böden Voraussetzung. Der Bau wird in der Regel südexponiert angelegt, Plätze mit andauernder Schneedecke sind eher ungeeignet.

Früher aß man vielerorts das Fleisch der Murmeltiere, die wegen ihres Pelzes und des Fettes begehrt waren. Heute wird das Fett noch in Rheumasalben verkauft und das Fleisch lediglich in wenigen Regionen verzehrt.

ERNÄHRUNG » Reine Pflanzenfresser, die sich überwiegend von zellulosearmer, energiereicher Nahrung wie Trieben, Blüten und Wurzeln ernähren. Wurzeln und Zwiebeln werden vor allem im Frühjahr gefressen, später Gräser, Seggen und Kräuter wie Löwenzahn, Klee, Wegerich und Schafgarbe. Murmeltiere scheinen Pflanzen, die reich an ungesättigten Fettsäuren sind, zu bevorzugen, außerdem Beeren und Samen.

FORTPFLANZUNG » Die Paarungszeit beginnt nach dem Winterschlaf, gewöhnlich Mitte April. Murmeltierweibchen pflanzen sich nicht jedes Jahr fort, sondern „pausieren" zwischen zwei Schwangerschaften, teilweise bis zu 4 Jahre. Sie sind nur einen Tag begattungsbereit, währenddessen paaren sich mehrere Männchen mit einem Weibchen. Nach einer Tragzeit von 31–34 Tagen werden 2–4 (bis 7) typische Nesthockerjunge geboren. Die Jungtiere werden frühestens im 2. Lebensjahr und in der Regel erst nach der 3. Überwinterung geschlechtsreif. In einigen Gegenden werden Tiere bei weniger vorteilhaften Umweltbedingungen teils erst nach dem 4. Winterschlaf fortpflanzungsfähig. Frühestens mit dem 3. Lebensjahr verlassen die Nachkommen ihren Familienverband, um eine eigene Familie zu gründen.

ZEICHEN

BAU » Es gibt drei verschiedene Arten von Murmeltierbauen. Am auffälligsten ist der Winterbau, der in Hanglage 5–7 m unter der Erdoberfläche liegen kann. Er besteht aus einem ausgepolsterten Winterschlafkessel, einer Vielzahl von Ein- und Ausgängen, blind endenden Gängen zur Kotablage (Latrinen) und einem weitverzweigten Gangsystem. Vor den Eingangslöchern befinden sich große Mengen ausgeworfener Erde. Den Eingang zum Winterschlafkessel, in dem die eingerollten Murmeltiere gemeinsam überwintern, verschließen die Tiere mit Steinen und Erde. Als „Dauerbau" kann ein Winterbau auch das ganze Jahr über bewohnt sein.

TRITTSIEGEL

Vorne

» **L** 4,8–7,8 cm » **B** 3,5–5,1 cm

Mittelgroß. Sohlengänger. Asymmetrisch. 5 Zehen in klassischer Nagetierstruktur: Zehe 1 ist stark reduziert und nur selten zu erkennen. Zehen 2–5 können leicht nach innen gebogen erscheinen und enden in kräftigen, rundlichen Zehenballen. Zehen 2 und 5 stehen seitlich, Zehen 3 und 4 sind nach vorne gerichtet. Die vorderen Mittelballen II und III sind zusammengewachsen, sodass der Abdruck des Mittelfußballens aus drei deutlichen Mittelballenabdrücken besteht, die teilweise jedoch wie vier einzelne Ballenabdrücke wirken können. Häufig sind im hinteren Bereich des Trittsiegels 2 kräftige, hintere Mittelballen sichtbar ⓐ. Beide stehen im geöffneten Winkel zur Pfadinnenseite. Alle Ballen sind nackt und robust. Kräftige, stumpfe Krallenabdrücke sind häufig erkennbar. Vorder- und Hinterfuß sind ähnlich groß.

Hinten

» **L** 5,5–9 cm » **B** 4–5,5 cm

Mittelgroß. Sohlengänger. Leicht asymmetrisch. 5 Zehen in klassischer Nagetierstruktur: Zehen 1 und 5 zeigen zu den Seiten, Zehen 2–4 stehen meist nach vorne gerichtet, aufgereiht und nahezu parallel zueinander. Die vorderen Mittelballen sind zu einem C-förmigen Mittelfußballen zusammengewachsen, im Trittsiegel sind dennoch meist vier deutliche Mittelballenabdrücke

≈ Rechts vorne.
Vledder, Niederlande. René Nauta.

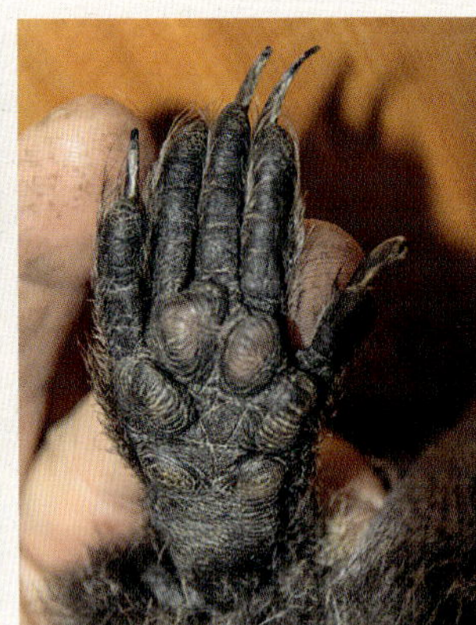

≈ Rechts hinten.
Großglocknerstraße, Österreich.

≈ Rechts vorne.

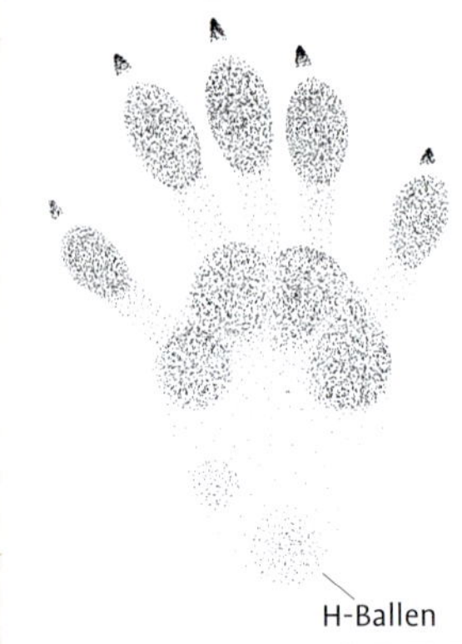

≈ Rechts hinten.

≈ Rechts vorne. Der Mittelfußballen besteht aus drei deutlichen, vorderen Mittelballen. Großglocknerstraße, Österreich.

≈ Rechts hinten. Beachten Sie die für Nagetiere typische Dreierreihe der Innenzehen. Großglocknerstraße, Österreich.

erkennbar. Gelegentlich sind zwei weitere, hintere Mittelballen zu sehen, von denen der äußere Abdruck von dem deutlich größeren H-Ballen stammt. Sind diese abgedrückt, ist das Hinterfußtrittsiegel länger als das vom Vorderfuß, ansonsten wirken Vorder- und Hinterfußtrittsiegel ähnlich groß. Die Krallenabdrücke sind häufig erkennbar und kürzer als am Vorderfuß.

GANGARTEN

Bevorzugte Gangarten sind verschiedene Schrittformen, eine nach innen gerichtete Schrägstellung der Hinterfüße ist dabei typisch. Offenes Gelände wird häufig in Sprüngen oder im Trab durchquert. Bei Bedrohung flüchten die Tiere im Galopp zum nächstgelegenen Bau.

Schritt
Schrittlänge: 23–54 cm
Spurbreite: 12–18 cm

Drei- und Viersprung
Gruppenlänge: 14–36 cm
Zwischengruppenlänge: 12–55 cm
Schrittlänge: 26–91 cm
Spurbreite: 14–20 cm

Alpenmurmeltier im Viersprung. Großglocknerstraße, Österreich. ≽

Übereilter Schritt. Fußfolge in Laufrichtung: RV, RH, LV, LH, RV, RH. Großglocknerstraße, Österreich. ≽

≈ Fuß-in-Fuß-Schritt.

≈ Parallelsprung.

Ähnliche Trittsiegel

Die Fußabdrücke von Eichhörnchen können ähnlich wirken, sie sind aber weniger robust und insgesamt kleiner.

Stark zertrampelte Pfade gehen zuweilen wie Speichen eines Rades von solch einem Bau ab oder verbinden verschiedene Eingangslöcher miteinander. Der weniger tief liegende Sommerbau hat kürzere Gänge und eine kleinere Nestkammer. Er dient vor allem der Vermeidung von Hitzestress. Als wechselwarme Tiere können Murmeltiere in eine Art Hitzestarre fallen, falls die Temperatur einen bestimmten Wert übersteigt. Murmeltiere verbringen unter anderem aus diesem Grund auch im Sommer viel Zeit in ihrem Bau, insgesamt halten sie sich 90 % ihres Lebens unter der Erde auf. Ein dritter Bautyp sind einfache Fluchtröhren, die meist nur einen Meter weit in die Erde reichen und bei Gefahr als Fluchtmöglichkeit genutzt werden. Die Eingangslöcher haben einen Durchmesser von 20–40 cm (meist 25 cm).

≈ Eingangsloch zum Erdbau eines Alpenmurmeltiers. Großglocknerstraße, Österreich.

MARKIERUNGEN » Murmeltiere hinterlassen verschiedene Formen von Markierungen. Vor allem in Baunähe reiben sie den Mund und ihre Wangen an kleinen Sträuchern und Steinen, sodass ihr Geruch daran zurückbleibt. Bei losen, sandigen Böden können außerdem Wälzstellen, die denen des Fischotters ähneln, gefunden werden (Seite 177).

KOT » Form und Farbe sind stark vom Feuchtigkeitsgehalt der Nahrung abhängig. In der Regel grünlich bis braun-schwärzlich und nach Alterung grau. Eine häufige Erscheinungsform ist eine lang gestreckte Aneinanderreihung von Kotpillen, die mit Waschbär-, Katzen-, oder Dachskot verwechselt werden können. Murmeltierkot besteht jedoch fast ausschließlich aus Pflanzenresten. Frische Losung riecht unangenehm nach pflanzlicher Gärung. Sehr feuchter Kot kann wie ein dunkelgrüner Klecks aussehen. Latrinen von Alpenmurmeltieren werden vor allem an Reviergrenzen und in Baunähe als Reviermarkierung verwendet.

» **L** 2–6 cm » **D** 0,8–2 cm

« Latrinen wie diese finden wir vor allem an Reviergrenzen und in der Nähe eines Erdbaus. Großglocknerstraße, Österreich.

ZIESEL

Spermophilus

Diese etwa eichhörnchengroßen Nager sind tagaktiv, leben gesellig in Siedlungen mit vielen Tieren und sind für ihr Aufrichten auf den Hinterbeinen („Männchen machen") bekannt. Behandelt werden hier der Europäische Ziesel (*Spermophilus citellus*) und der Perlziesel (*Spermophilus suslicus*). Während die tagaktiven Tiere außerhalb ihres Erdbaus auf Nahrungssuche sind und der Körperpflege, dem Spiel oder dem Sonnenbaden nachgehen, hält in der Regel wenigstens ein ausgewachsenes Tier Ausschau nach Fressfeinden. Mit lauten Pfeiftönen warnt es bei Gefahr die anderen Tiere, die dann sehr flink in Fluchtröhren Unterschlupf suchen. Männliche Ziesel sind territorial und vertreiben andere Männchen aus der Nähe ihres Baus. Die Weibchen leben in den durch die Männchen etablierten Territorien, ohne diese Gebiete selbst zu verteidigen. Im Gegensatz zu anderen Zieselarten und Feldhamstern, legt der Europäische Ziesel kaum Nahrungsvorräte an. Stattdessen beginnen die Tiere im Spätsommer mit einer intensiveren Nahrungsaufnahme und legen einen körpereigenen Fettvorrat an. Von September/Oktober an halten Ziesel für 6–7 Monate einen tiefen Winterschlaf. Zuvor verstopfen sie die Eingangslöcher ihres Baus mit Erde, was den Schutz vor Kälte und Raubtieren erhöht. Feinde sind fast alle Taggreifvögel (Milane, Adler und Bussarde) sowie Iltis, Wiesel, Rotfuchs, Marder und Hund.

Europäischer Ziesel
KRL 18–23 cm
Sl 3,1–9 cm
G 150–380 g

Perlziesel
KRL 18–26 cm
Sl 2,9–5,6 cm
G 200–360 g
Männchen geringfügig größer und schwerer als die Weibchen.

TRITTSIEGEL

Vorne

» **L** 1,8–3,3 cm » **B** 1,2–2,2 cm

Klein. Sohlengänger. Asymmetrisch. 5 Zehen in klassischer Nagetierstruktur: Zehe 1 ist stark reduziert und nur selten zu erkennen. Zehen 2–5 können leicht nach innen gebogen erscheinen. Zehen 2 und 5 stehen seitlich, Zehen 3 und 4 sind nach vorne gerichtet. Mittelballen II und III sind zusammengewachsen, sodass der Mittelfußballen aus drei deutlichen, im Dreieck angeordneten Mittelballenabdrücken besteht. Gelegentlich erweckt es den Anschein, als wären es vier Mittelballen. Häufig sind zwei weitere, hintere Mittelballen im hinteren Bereich des Trittsiegels erkennbar. Beide stehen im geöffneten Winkel zur Innenseite des Pfades und sind etwa so groß wie die vorderen Mittelballen. Der Gesamtumriss des Trittsiegels kann ähnlich wie bei Hasen länglich und spitz aussehen. Die Krallen sind zum Graben verhältnismäßig lang, kräftig und in der Regel erkennbar. Vorder- und Hinterfuß sind ähnlich groß, wobei der Vorderfußabdruck oft länger erscheint, da die hinteren Mittelballen häufiger erkennbar sind.

Hinten

» **L** 2–3,2 cm » **B** 1,3–2,6 cm

Klein. Sohlengänger. Leicht asymmetrisch. 5 Zehen in klassischer Nagetierstruktur: Zehen 1 und 5 zeigen zu den Seiten, Zehen 2–4 stehen meist nach vorne gerichtet, aufgereiht und nahezu parallel zueinander. Die vorderen Mittelballen sind zu einem

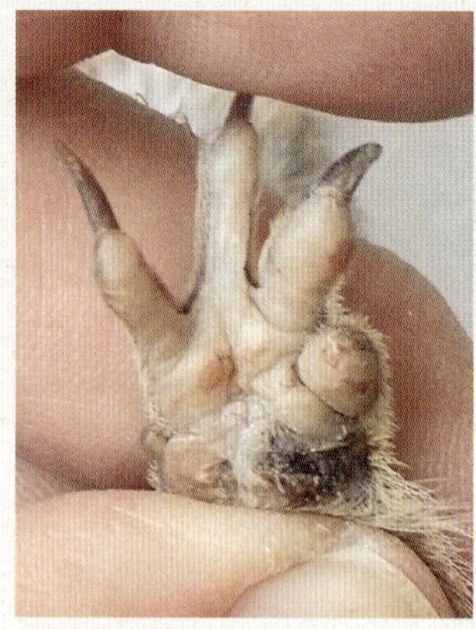

Europäischer Ziesel, links vorne. Österreich, Andreas Wenger.

Europäischer Ziesel, rechts hinten. Österreich, Andreas Wenger.

Links vorne.

Rechts hinten.

Links vorne. Wie bei Hasen kann das Trittsiegel an eine „1“ erinnern (hier spiegelverkehrt). Österreich, Andreas Wenger.

Rechts hinten. Österreich, Andreas Wenger.

C-förmigen Mittelfußballen zusammengewachsen, im Trittsiegel sind dennoch gelegentlich vier einzelne Mittelballenabdrücke erkennbar. Häufig sind allerdings nur die zwei vordersten und deutlich größeren Mittelballen abgedrückt. Selten lassen sich zwei weitere, hintere Mittelballen im hinteren Bereich des Trittsiegels erkennen. Sind beide abgedrückt, ist der Hinterfußabdruck länger als der des Vorderfußes, ansonsten wirken Vorder- und Hinterfußtrittsiegel ähnlich groß. Die Krallen sind groß und meist erkennbar, jedoch etwas kürzer und feiner als am Vorderfuß. Die Kralle von Zehe 2 ist länger als die von Zehe 3 ⓐ, sodass im Trittsiegel der Eindruck eines von Zehe 2 nach Zehe 5 hin abfallenden Winkels entstehen kann (siehe Igel Seite 190).

GANGARTEN

Bewegen sich Ziesel über Land, ist die bevorzugte Gangart ein Viersprung oder ein Parallelsprung. Sollen offene Flächen schnell überquert werden, wird in der Regel ein Galopp oder Zweisprung verwendet. Auf Nahrungssuche verlangsamen sie zuweilen in einen Schritt. Ziesel bewegen sich nur auf kurzen Strecken gleichmäßig in einer Gangart. Wechsel beginnen und enden an Eingangslöchern zu ihrem Bau oder einer Fluchtröhre. Die Trittsiegel sind häufig leicht auswärtsgekehrt.

Schritt
Schrittlänge: 7–10 cm
Spurbreite: 7–8,6 cm

Zweisprung
Gruppenlänge: 5–10 cm
Zwischengruppenlänge: 20–45 cm
Schrittlänge: 30–55 cm
Spurbreite: 8–9 cm

Viersprung & Galopp
Gruppenlänge: 5,5–13 cm
Zwischengruppenlänge: 9,3–53 cm
Schrittlänge: 15–63 cm
Spurbreite: 5–8 cm
Geringe Datenbasis, Daten überwiegend vom Europäischen Ziesel.

≈ Europäischer Ziesel im Viersprung. Laufrichtung von unten nach oben. Österreich, Andreas Wenger.

≈ Viersprung.

≈ Parallelsprung.

Ähnliche Trittsiegel

Murmeltiere sind deutlich größer, sodass es mit Ausnahme anderer Zieselarten keine Verwechslung geben sollte. Die Trittsiegel des Perlziesels sind tendenziell etwas kleiner als die des Europäischen Ziesels.

Ziesel legen die Eingänge zu ihrem Bau gerne an Hängen an. Österreich, Andreas Wenger. »

« Eingangsloch zum Erdbau eines Europäischen Ziesels. Österreich, Andreas Wenger.

KENNZEICHEN » Tendenziell etwas kleiner als Eichhörnchen, mit schlankem Körperbau, kurzen Ohren und großen Augen, die von einem hellen Augenring umrandet sind. Der Perlziesel lässt sich vom Europäischen Ziesel durch seine hellen Fellflecken und die kürzere Schwanzlänge unterscheiden.

VERBREITUNG & LEBENSRAUM » Es gibt zwei durch die Karpaten getrennte Populationen Europäischer Ziesel: ein westliches Vorkommen in Südwestpolen, Tschechien, der Slowakei, Österreich, Ungarn und Rumänien und ein südosteuropäisches Vorkommen in Bulgarien, Montenegro, Bulgarien, Griechenland, Mazedonien und der europäischen Türkei. Der Perlziesel kommt in Ost- und Südosteuropa in Polen, Moldawien und der Ukraine vor. Beide Zieselarten bevorzugen offene Landschaften mit einer vielseitigen, niedrigen Vegetation. Dazu gehören steppenartige Gelände, Brachland und trockene Graslandschaften. Feuchtgebiete und Wälder werden gemieden.

Der Europäische Ziesel gilt in Europa als streng geschützte Art. In Deutschland ist er ausgestorben. Auch der Perlziesel geht im gesamten Verbreitungsgebiet zurück.

ERNÄHRUNG » Die Ziesel bevorzugen grüne Pflanzenteile, Samen sowie Wurzeln von Luzernen, Gräsern, Klee und Löwenzahn. Auch Feldfrüchte wie Rüben, Kartoffeln und Getreide werden gefressen, ebenso Insekten wie Käfer, Raupen, Ameisen und Heuschrecken. Der Gattungsname *Spermophilus* stammt von den griechischen Worten *spermatos* (Same) und *phileo* (Liebe). *Spermophilus* bedeutet folglich „Samenliebende", was vermutlich auf ihre Ernährung verweist.

FORTPFLANZUNG » Auf den Winterschlaf folgend paaren sich Ziesel in der Regel von März bis Mai. Nach einer Tragzeit von 22–27 Tagen kommt es zum einzigen Wurf im Jahr, bei dem 4–9 (bis 13) nackte Junge zur Welt kommen. Nach etwa einem Jahr sind die Tiere geschlechtsreif. Geschlechtsreife Männchen werden vertrieben, wohingegen die weiblichen Nachkommen den Bau ihrer Mütter übernehmen.

ZEICHEN

ERDBAU » Ziesel leben in selbst gegrabenen Erdbauen, die bis zu 2 m tief sein können und mehrere Eingänge haben. Am Ende eines bis zu 4 m langen Hauptgangs befindet sich ein mit trockenem Gras ausgepolsterter Wohnkessel, in dem auch die Jungen zur Welt gebracht werden. Außerdem gibt es eine gesonderte Kammer, die als Latrine genutzt wird. Neben diesem Wurf- und Winterbau gibt es mehrere Fluchtröhren. Die Tiere suchen sie als kurzfristige Zufluchtsorte und zum Ausruhen auf. Eingangslöcher messen zwischen 5–7 cm im Durchmesser.

KOT » Ziesel legen ihre Losung in der Regel in unterirdischen Latrinen ab, aber auch verteilt um ihren Bau herum. Form und Farbe variieren mit der eingenommenen Nahrung. Typisch sind länglich wirkende Kotpillen mit einem konischen Ende. Bei einem höheren Feuchtigkeitsanteil klumpen oft mehrere Kotpillen zusammen. Die Farbe ist meist dunkelbraun bis schwarz. Insgesamt kann Zieselkot Rehlosung ähneln, wobei die Oberfläche in der Regel faseriger und rauer ist, da die pflanzliche Nahrung weniger gründlich verdaut wird.

» **L** 1–1,5 cm » **D** 0,4–0,5 cm

Eine Auswahl verschiedener Formen von Zieselkot. Österreich, Andreas Wenger. ⌄

⌃ Zieselkot im Feld. Österreich, Andreas Wenger.

BILCHE ODER SCHLÄFER

Gliridae

Haselmaus
KRL 6,5–9 cm
Sl 5,3–8,4 cm
G 15–40 g

Mausschläfer
KRL 8,5–13,5 cm
Sl 6,5–9,5 cm
G 21–70 g

Baumschläfer
KRL 8–13 cm
Sl 6–11 cm
G 17–95 g

Gartenschläfer
KRL 10–18 cm
Sl 8–18 cm
G 50–180 g

Siebenschläfer
KRL 12–21 cm
Sl 10–19 cm
G 58–200 g

Aus der Familie der Bilche oder Schläfer kommen im Gebiet 5 Arten vor: Haselmaus (*Muscardinus avellanarius*), Mausschläfer (*M. roachi*), Baumschläfer (*Dryomys nitedula*), Gartenschläfer (*Eliomys quercinus*) und Siebenschläfer (*Glis glis*). Die maus- bis eichhörnchengroßen nachtaktiven Nagetiere leben vorwiegend in Bäumen und Büschen und halten sich eher selten am Boden auf. Charakteristisch sind ihre großen schwarzen Augen, die kleinen Ohren und ein langer buschiger Schwanz, der dank einer „Sollbruchstelle" bei Gefahr abgeworfen werden kann. In kalten und gemäßigten Klimazonen halten Bilche 6–7 Monate Winterschlaf. Trittsiegel findet man sehr selten.

Alle 5 Arten können sehr gut bis ausgezeichnet klettern und springen. Außerdem verfügen sie über ein hervorragend entwickeltes Gehör. Sieben- und Gartenschläfer sind stimmfreudig, sie bedienen sich eines reichen Repertoires an Fauch-, Pfeif-, Quiek- und Fieplauten. In der Paarungszeit kann man sie außerdem Keckern, Murmeln und Grunzen hören. Der Baumschläfer faucht und pfeift bei Erregung, ansonsten gibt er deutlich leisere, lang gezogene Laute von sich. Der Winterschlaf erfolgt meist in etwa 0,5–1 m tiefen Erd- oder Felshöhlen, die Erdhöhlen werden in der Regel selbst gegraben. Die Tiere rollen sich kugelförmig zusammen, ihre Körpertemperatur kann auf 1 °C fallen. Selten werden auch Schwarzspechthöhlen zum Überwintern genutzt. In Spanien fällt der Winterschlaf des Gartenschläfers bei milden Temperaturen aus. Feinde sind vorrangig Eulen wie Wald-, und Rauhfußkauz sowie Marder, außerdem Füchse, Wiesel und Katzen.

KENNZEICHEN » Im Aussehen nur mit anderen Bilchen oder Eichhörnchen zu verwechseln. Die Haselmaus ist unser kleinster Bilch und kleiner als eine Waldmaus. Der Mausschläfer ist etwas größer und die einzige Art dieser Familie mit nahezu unbehaartem Schwanz. Der Baumschläfer ist etwa so groß wie eine Waldmaus, der Siebenschläfer ist die größte vorkommende Schläferart und etwa so groß wie ein Eichhörnchen. Gartenschläfer liegen im mittleren Größenbereich.

Siebenschläfer gelten mancherorts als Delikatesse. Früher wurden sie aufgezogen und gemästet. Der englische Name „*edible dormouse*" bedeutet so viel wie „essbarer Bilch".

VERBREITUNG & LEBENSRAUM » Die Haselmaus kommt in weiten Teilen Europas vor. Sie bevorzugt Laubmischwälder mit reichlich fruchttragenden Sträuchern wie Brombeer- und Haselsträuchern. Der Mausschläfer lebt in Bulgarien und lokal begrenzt in den westlichen Küstengebieten der Türkei. Flussufer sowie offene und halboffene Landschaften mit Maulbeer- und Feigenbäumen werden von ihm bevorzugt. Der Baumschläfer kommt lückenhaft in Mittel-, Ost-, und Südosteuropa vor. Er bevorzugt Laubmischwälder, Fichtenwälder werden jedoch auch bewohnt. Der Gartenschläfer lebt in Südwesteuropa von Portugal und Italien bis Süddeutschland und in Nordwesteuropa bis zum Ural. Die in Europa endemisch vorkommende Art bevorzugt felsige Gebiete (Karstlandschaften) sowie Nadel- und Mischwälder mit lichter Bodenvegetation und felsigen Untergründen. Im Gegensatz zu den anderen Bilchen verbringt der Gartenschläfer viel Zeit am Boden. Der Siebenschläfer kommt in fast ganz Europa vor und wurde 1902 auch in Südengland eingeführt. Er bevorzugt unterholzreiche Laub- und Mischwälder. Alle fünf Arten können als Kulturfolger in Obstgärten, Weingärten und Gebäuden vorkommen.

ERNÄHRUNG » Samen wie Nüsse und Bucheckern, Blätter, Knospen, Rinde und Früchte. An tierischer Kost fressen sie Schnecken, Insekten und deren Larven, Echsen und gelegentlich auch Mäuse, Vogeleier und Jungvögel. Beim Gartenschläfer scheint tierische Nahrung zu überwiegen, der Siebenschläfer ernährt sich stärker von Pflanzen.

FORTPFLANZUNG » Je nach Temperatur wird gewöhnlich von Oktober–April (September–Mai) Winterschlaf gehalten. In der Regel beginnt danach die Paarungszeit. Meist gibt es einen Wurf pro Jahr, bei ausreichend Nahrung und Wärme ist ein zweiter Wurf möglich. Dies geschieht vor allem in südlicheren Gegenden häufig. Bei Nahrungsmangel kommt es bei Siebenschläfern nicht zur Fortpflanzung. Nach einer Tragzeit von 21–25 Tagen kommen die ersten Jungen meist im Juni zur Welt. Die Tragzeit der Maus- und Siebenschläfer dauert etwa 30 Tage, also fast eine Woche länger. Meist werden 3–6 (bis 10) Junge geboren, die Geschlechtsreife setzt nach dem ersten Winterschlaf ein.

TRITTSIEGEL

Bilche sind ein eindrückliches Beispiel dafür, wie sich Füße an eine spezielle Lebensweise anpassen. Die Anordnung und Größe der Mittelballen sowie die Entwicklung von Krallen und selbst die Art und Ausdehnung einer eventuellen Fußsohlenbehaarung geben wertvolle Hinweise auf die Lebensweise der Tiere. Die Mittelballen der Bilche sind sehr ausgeprägt, sie wirken robust und kräftig. Diese markante Anpassung an ein baumbewohnendes Leben ist häufig bei Tieren zu finden, die viel Zeit kletternd und springend verbringen. Die kräftigen Mittelballen ermöglichen einen festen Griff und guten Halt.

≈ Siebenschläfer, rechts vorne. Spessart, Deutschland.

≈ Siebenschläfer, rechts hinten. Spessart, Deutschland.

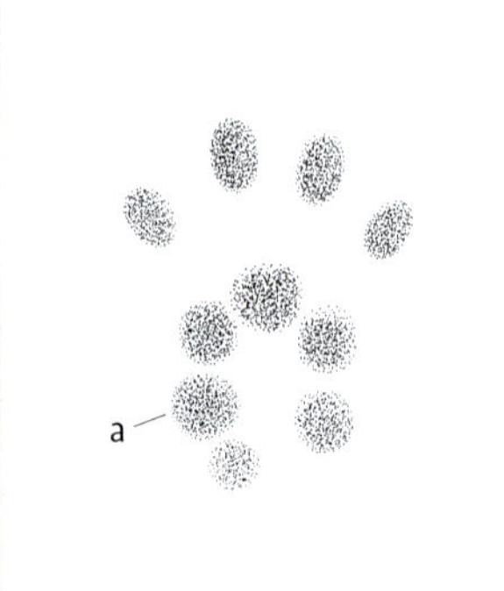

≈ Rechts vorne.

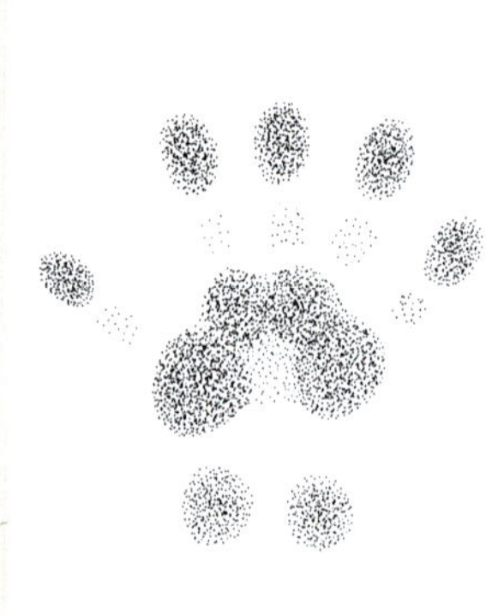
≈ Rechts hinten.

Vorne

Haselmaus

» **L** 0,7–1,3 cm » **B** 0,7–1 cm

Baumschläfer

» **L** 1–1,5 cm » **B** 0,8–1,2 cm

Gartenschläfer

» **L** 1,5–2 cm » **B** 1–2,2 cm

Siebenschläfer

» **L** 1,5–2 cm » **B** 1–2,2 cm

Sehr klein bis klein. Sohlengänger. Asymmetrisch. 4 Zehen in klassischer Nagetierstruktur, wobei Zehe 1 komplett fehlt. Zehen 2 und 5 stehen leicht nach vorne und sind deutlich zu den Seiten gerichtet. Der Abdruck der Zehenballen 2 und 5 liegt weit vor den 3 verwachsenen, vorderen Mittelballen. Zehen 3 und 4 sind nach vorne gerichtet. Zehen 2–5 sind sehr kurz und der Negativbereich zwischen Mittelballen und Zehenballen ist entsprechend gering.

≈ Siebenschläfer, rechts vorne. Spessart, Deutschland.

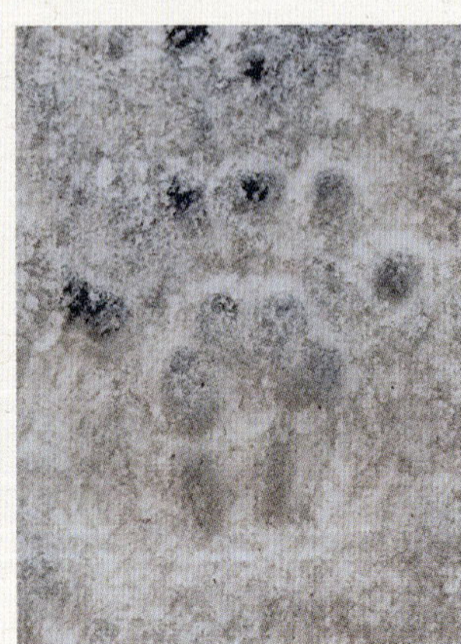
≈ Siebenschläfer, rechts hinten. Spessart, Deutschland.

Ein charakteristisches Erkennungsmerkmal sind die 6 rosettenförmig angeordneten Mittelballen, 4 vordere und 2 hintere. Mittelballen I ist deutlich nach hinten versetzt und kräftig entwickelt ⓐ. Die 2 hinteren Mittelballen sind nur unregelmäßig zu erkennen. Die Krallen sind klein und hinterlassen selten Abdrücke. Der Vorderfuß ist etwas kleiner als der Hinterfuß.

Hinten

Haselmaus » **L** 1–1,6 cm » **B** 1–1,2 cm
Baumschläfer » **L** 1,2–2 cm » **B** 1,2–1,4 cm
Gartenschläfer » **L** 2–3 cm » **B** 2–2,5 cm
Siebenschläfer » **L** 2,5–3,8 cm » **B** 2–2,5 cm

Klein. Sohlengänger. Leicht asymmetrisch. 5 Zehen in klassischer Nagetierstruktur: Zehen 1 und 5 zeigen schräg zu den Seiten, Zehen 2–4 stehen meist aufgereiht und nahezu parallel zueinander. Die vorderen Mittelballen sind zu einem Mittelfußballen zusammengewachsen, im Trittsiegel können dennoch vier kräftige, kreisförmig angeordnete Mittelballen zu erkennen sein. Außerdem können 2 weitere, nebeneinanderliegende hintere Mittelballen erkennbar sein. Der Hinterfuß ist etwas größer als der Vorderfuß. Die Krallenabdrücke sind klein und in der Regel nicht erkennbar.

GANGARTEN

Mit Ausnahme des Gartenschläfers bewegen sich die in Europa vorkommenden Bilche selten am Boden fort. Reisestrecken sind kurz und führen in der Regel von Baum zu Baum. Bevorzugte Gangarten sind der Parallelsprung für das rasche Zurücklegen größerer Strecken und der Schritt für eine langsamere Fortbewegung. Die Trittsiegel weisen häufig eine einwärts- oder auswärtsgekehrte Schrägstellung auf, welche dem Spurbild einen besonderen Charakter verleiht.

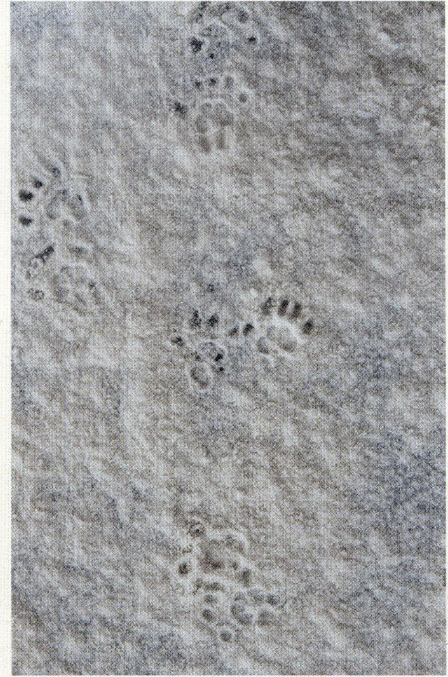

Siebenschläfer im Schritt. Spessart, Deutschland. »

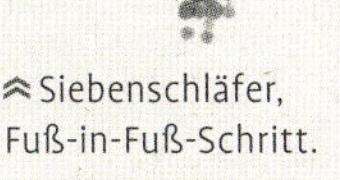

« Siebenschläfer, Fuß-in-Fuß-Schritt.

« Siebenschläfer, Parallelsprung.

ZEICHEN

NEST » Die oft kugelförmigen oder ovalen Nester bestehen in der Regel überwiegend aus Laub und dünnen Ästen, sie werden meist mit Moos und trockenem Gras ausgepolstert. Das Nest der Haselmaus ist etwa faustgroß und mit feiner zernagtem Pflanzenmaterial ausgepolstert als bei den größeren Schläfern. Baumschläfer errichten ihre oft freistehenden Nester hoch in den Bäumen, während die Nester der Garten- und Siebenschläfer in Baumhöhlen, Felsspalten und Nistkästen angelegt werden und eher selten freistehend vorkommen. Gewöhnlich befinden sich die Eingangslöcher an der Seite.

HASELNUSSFRAß » Die Tiere stützen die Haselnuss gewöhnlich ab und halten sie mit ihren Vorderfüßen fest. Durch ein rasches Nagen mit den unteren Schneidezähnen wird die erste Öffnung in die Schale der Nuss gefressen. Anschließend nagen Bilche mit ihren unteren Schneidezähnen parallel oder leicht diagonal zum Rand des Lochs, sodass entsprechend verlaufende Zahnfurchen zurückbleiben. Die Lochkante wirkt gleichmäßig, rundlich bearbeitet und glatt und ist überwiegend furchenfrei (Seite 165). Die Zahnfurchen der Haselmaus sind deutlich feiner als die des Garten- und Siebenschläfers.

Das Sommernest einer Haselmaus. Rimberg, Deutschland. Simone Roters. ≫

Das Kugelnest eines Siebenschläfers. Midhurst, England. »

« Die parallel zum Rand des Lochs verlaufenden Nagespuren sind ein Zeichen für Bilche. Hier hat ein Siebenschläfer eine Haselnuss geöffnet. Midhurst, England.

KOT » Häufig seilartig übereinandergeschlagene längliche Kotpillen mit unregelmäßiger Oberfläche und heterogenem Inhalt. Diese gewundene Form ist charakteristisch für Bilche. Ein Ende ist meist zugespitzt, das andere stumpf oder abgebrochen. Die Farbe variiert mit der Ernährung, ist in der Regel aber gelbbraun, bräunlich bis schwarz. Wurden viele Früchte gefressen, erscheint sie glänzend und gelegentlich olivgrün. Fundorte auf Bäumen in Wäldern und Obstgärten, in Steinmauern entlang von Waldrändern, auf Holzhaufen, in Hütten und Häusern (Dachböden). Im frischen Zustand können Form und Farbe der Sieben- und Gartenschläferlosung mit Rattenkot verwechselt werden. Der Geruch ist jedoch nicht so unangenehm wie bei Ratten und die unterschiedlichen Fundorte können ebenfalls ein Unterscheidungsmerkmal sein. Rattenkot überschlägt sich in der Regel selten und ist weniger gewunden als Schläferlosung. Schläferkot ist jedoch nicht immer gewunden und überschlagen. Alter Kot wirkt matt grau bis grauschwarz und ähnelt Fledermauskot, ist jedoch weniger porös. Getrockneter Bilchkot schrumpft stark zusammen und sieht dann nicht viel größer aus als Waldmauskot.

« Das gewundene Aussehen der länglichen Kotpillen ist charakteristisch für Bilche. Hier der Kot eines Siebenschläfers. Spessart, Deutschland.

EURASISCHER BIBER

Castor fiber

KRL 80–105 cm
Sl 29–38 cm
G 15–30 (bis 38) kg
Größe und Gewicht schwanken regional stark.

Der Eurasische Biber ist einer von zwei Vertretern der Gattung Biber (*Castor*) innerhalb der Familie der Biber (*Castoridae*) und neben dem eingeführten Amerikanischen Biber (*Castor canadensis*) die einzige Biberart in Europa. Hier ist er das größte und weltweit das zweitgrößte Nagetier. Biber sind vor allem für ihre auffällige Landschaftsgestaltung bekannt. Mit ihrer Bautätigkeit regulieren sie den Wasserspiegel, um die Eingänge ihrer Behausungen zum Schutz vor Eindringlingen unter Wasser zu halten, um andere Nahrungsquellen zu erreichen oder das Vorkommen bevorzugter Futterpflanzen zu erhöhen. Dadurch schaffen Biber neue Feuchtgebiete oder vergrößern bestehende und kreieren Lebensräume für viele verschiedene Pflanzenarten und Wildtiere. Durch dieses maßgebliche Umgestalten der Landschaft haben Biber eine außergewöhnliche ökologische Funktion und tragen zur Artenvielfalt bei. Sie bewegen sich an Land eher schwerfällig und sind außergewöhnlich gute Schwimmer. Ihr dominanter Sinn ist der Tastsinn. Wenn Flussuferböschungen zum Graben geeignet sind, wird ein Erdbau angelegt. Ist dies nicht möglich, wie in stehenden Gewässern häufig der Fall, werden Biberburgen aus Ästen gebaut, die mit Schlamm und Lehm abgedichtet werden. Feinde sind Wolf, Luchs, Vielfraß und Rotfuchs. Jungtiere werden auch von Marderhund, Mink, großen Greifvögeln und von Raubfischen erbeutet.

KENNZEICHEN » Rundlich kleiner Kopf, der beinahe halslos in den kräftigen Rumpf übergeht. Charakteristisch ist der breite, horizontal abgeflachte Schwanz, der unbehaart und mit lederartiger Haut überzogen ist. Große, orangefarbene Schneidezähne.

Biber sind streng geschützt und stehen in der Roten Liste auf der Vorwarnliste. Früher wurden sie wegen ihres Pelzes und des Bibergeils gejagt. Mancherorts gilt der Biber als Delikatesse.

VERBREITUNG & LEBENSRAUM » Biber sind an Fließgewässer mit wenig Hochwasser oder stehende Gewässer gebunden. Entscheidend ist, dass letztere im Winter nicht vollständig zufrieren und im Sommer nicht komplett austrocknen. Biber sind sehr anpassungsfähig und können auch Ufer mit wenigen größeren Bäumen besiedeln, wenn zum Beispiel Weidensträucher, Schilf und Rohrkolben vorhanden sind.

ERNÄHRUNG » Reine Pflanzenfresser, die sich maßgeblich vom Kambium von Bäumen, Ästen und Knospen ernähren. Bevorzugte Baumarten sind Weichhölzer wie Weide, Hasel und Pappel. Kräuter und Wasserpflanzen wie Giersch, Brennnessel, Rohrkolben, Schilf und andere spielen auch eine bedeutende Rolle. Sind Feldfrüchte wie Rüben, Mais oder Getreide nah und sicher erreichbar, können diese ebenfalls verzehrt werden.

FORTPFLANZUNG » Biber leben in monogamer Dauerehe. Die Paarungszeit reicht von Ende Dezember bis April. Nach einer Tragzeit von 103–108 Tagen werden meist im Mai/Juni 2–4 Junge geboren. Sie sind Nestflüchter, die behaart und sehend auf die Welt kommen.

ZEICHEN

Auch wenn Biber die meiste Zeit im Wasser verbringen, kann man dennoch viele der von ihnen hinterlassenen Zeichen entdecken. Kaum ein anderes Tier beeinflusst eine Landschaft so sichtbar wie der Biber. Achten Sie auf Dämme und Biberburgen, Wechsel zwischen Gewässern, Fraßspuren entlang der Ufer und Markierungshügel innerhalb des Territoriums.

Eine klassische Biberburg. Spessart, Deutschland. Udo Klein. »

TRITTSIEGEL

Vorne

» **L** 5,4–8 cm » **B** 4,5–7,5 cm

Mittelgroß. Sohlengänger. Asymmetrisch. 5 Zehen: Zehe 1 leicht zurückgebildet und unregelmäßig abgedrückt. Zehen 2 und 5 stehen zu den Seiten, Zehen 3 und 4 zeigen nach vorne und sind stark zur Pfadinnenseite gebogen. Alle Zehen sind bis zum Mittelfußballen durchgehend. Der Mittelfußballen besteht aus einigen der zusammengewachsenen vorderen Mittelballen. 2 weitere hintere Mittelballen sind gelegentlich sichtbar und können dem hinteren Bereich des Trittsiegels eine kastenförmige Erscheinung verleihen ⓐ. Lange, kräftige, stumpfe Krallen, die zum Graben verwendet werden und deren Abdrücke meist deutlich zu erkennen sind. Die Vorderfußabdrücke werden oft von Hinterfüßen oder der Schwanzspur zerstört.

Hinten

» **L** 12–18 cm » **B** 7,5–11,5 cm

Groß bis sehr groß. Sohlengänger. Asymmetrisch. 5 lange Zehen: Zehe 1 sitzt deutlich weiter hinten als die anderen Zehen und ist nur unregelmäßig abgedrückt. Zehe 2 ist als Putzkralle gespalten, allerdings kaum im Trittsiegel zu erkennen. Zehen 3–5 sind meist deutlicher und tiefer abgedrückt als Zehen 1 und 2. Häufig sind nur Zehen 3–5 erkennbar. Zehen 3 und 4 wirken oft gleich lang. Die distalen Schwimmhäute zwischen allen Zehen sind häufig sichtbar. Der abgerundete hintere Bereich des Trittsiegels wird meistens

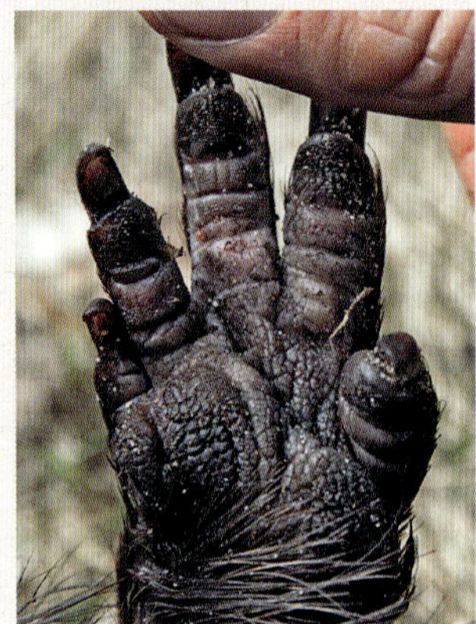

Links vorne.
Märkische Schweiz, Deutschland.

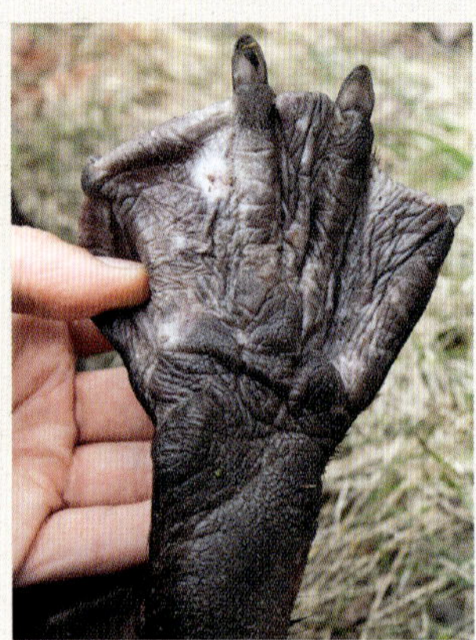

Links hinten.
Märkische Schweiz, Deutschland.

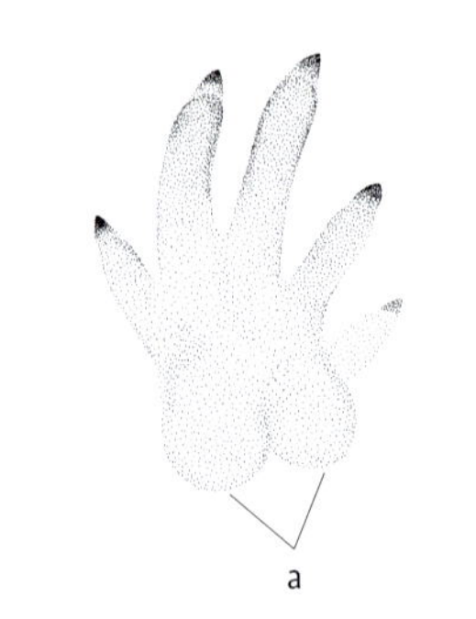

Links vorne.

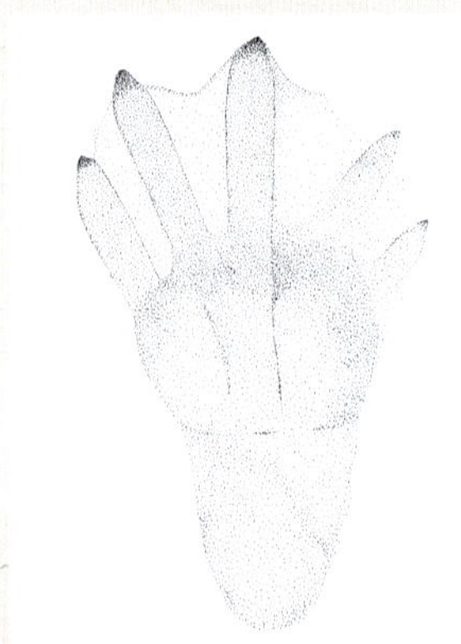

Links hinten.

Links vorne. Die zwei hinteren Mittelballen und die zurückgebildete Zehe 1 sind schwach zu erkennen. Nationalpark Elbtalaue, Deutschland.

Links hinten. Zehen 3–5 sind deutlich zu erkennen. Nationalpark Elbtalaue, Deutschland.

abgedrückt und ist ein wichtiges Bestimmungsmerkmal. Kräftige, kurze und stumpfe Krallenabdrücke sind gewöhnlich erkennbar. Im Verhältnis zur Größe des Tieres sind die Hinterfüße sehr groß und mehr als doppelt so groß wie die Vorderfüße.

GANGARTEN

Die bevorzugte Gangart ist der Schritt. Dabei werden die Hinterfüße im Regelfall kurz hinter, vor oder auf die Abdrücke der Vorderfüße gesetzt. Die Hinterfüße stehen oft einwärtsgekehrt. Pfade mit Schleifspuren von Ästen sind häufig. Bei Gefahr springen oder galoppieren Biber in Sicherheit. Die Qualität von Biberspuren hängt stark davon ab, wie sehr Trittsiegel durch die Schleifspur des Schwanzes zerstört werden. Teilweise sind Trittsiegel vollständig von der Schleifspur überdeckt.

Schritt
Schrittlänge: 24–55 cm
Spurbreite: 16–26 cm

Parallelsprung
Gruppenlänge: 15–35 cm
Zwischengruppenlänge: 22–78 cm
Schrittlänge: 37–102 cm
Spurbreite: 16–31,5 cm

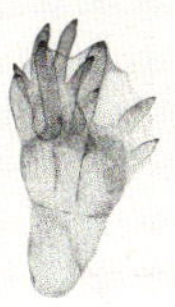

≈ Fuß-in-Fuß-Schritt.

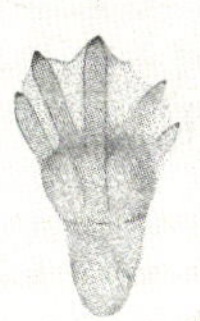

≈ Kompletter Parallelsprung.

« Hier sind die Abdrücke der Vorderfüße vor den Hinterfußabdrücken zu erkennen. Nationalpark Elbtalaue, Deutschland.

Ähnliche Trittsiegel
Bisam, Nutria.

Ein Biber, der einen kleinen Baum hinter sich hergezogen hat. Links die Fährte des Bibers und rechts daneben die Schleifspur des Baumes. Nationalpark Elbtalaue, Deutschland. ︾

Biber im Fuß-in-Fuß-Schritt. Die großen Hinterfüße überdecken die Vorderfüße vollständig. Nationalpark Elbtalaue, Deutschland. »

︽ Ein bevorzugter Lebensraum sind Flussufer, hier entlang der Oder. Frankfurt (Oder), Deutschland.

« Biberdämme können beachtliche Größen erreichen ...

... und ganze Flüsse aufstauen. Offenbach, Deutschland. Simone Roters. »

« Ein Markierungshügel am Ufer der Elbe. Nationalpark Elbtalaue, Deutschland.

DÄMME & HÜTTEN » Biber bauen Dämme und Hütten (Biberburgen) aus Baumstämmen, Ästen, Steinen und Schlamm. Biberburgen variieren zwischen 2–12 m im Durchmesser und sind bis zu 2 m hoch. Sie können von mehreren Generationen genutzt werden und mehrstöckig sein. Ein Erdbau vom Biber bleibt meistens eher unbemerkt, da sich der Eingang im Regelfall unter Wasser befindet. Bei niedrigem Wasserstand können die meist 30–60 cm großen Eingangslöcher jedoch sichtbar werden. Wenn ein alter Erdbau in sich zusammenfällt, können große Einsturzlöcher entstehen. Ein 180 m langer Biberdamm in Belgien ist der größte bekannte Biberdamm Europas. Die größten Biberdämme der Welt sind etwa 850 m lang.

MARKIERUNGSHÜGEL » Sie werden innerhalb eines Reviers als Reviermarkierung angelegt. Dafür wird Schlamm aufgehäuft, auf dem anschließend eine talgartige Substanz (Bibergeil, Castoreum) und/oder ein stark riechendes Sekret der Analdrüsen hinterlassen wird.

GRABSPUREN » Biber hinterlassen Grabspuren beim Suchen nach Wurzeln von Rohrkolben und anderen Wasserpflanzen. Ohne dazugehörige Trittsiegel oder Zeichen können sie jedoch nur schwer von den Grabspuren eines Bisams unterschieden werden.

« Diese große Eiche wurde von einem Biber angefressen und beinahe zu Fall gebracht. Naturpark Märkische Schweiz, Deutschland.

⌃ Der für Nagetiere typische 45°-Schnittwinkel und die für Biber charakteristische „Zahnfurchentreppe" sind eindeutig zu erkennen. Märkische Schweiz, Deutschland.

« Die breiten Zahnfurchen der Schneidezähne sind ein charakteristisches Zeichen. Frankfurt (Oder), Deutschland.

An Ufern von Flüssen und Seen, in denen Biber aktiv sind, sammeln sich häufig entrindete Äste. Märkische Schweiz, Deutschland. ≫

FRAẞSPUREN » Zu den offensichtlichsten Zeichen des Bibers zählen die Fraßspuren. Die Tiere beißen mit ihren Schneidezähnen junge Äste ab, um das Kambium zu erreichen. Nagetiertypisch ist dabei der 45°-Schnittwinkel. Entlang der Schnittkante bilden die Zahnfurchen eine Art „Treppe". Im Wasser und der näheren Umgebung, in der Biber aktiv sind, kann man häufig große Ansammlungen von entrindeten Ästen finden.

Biber haben die größten Schneidezähne aller Nagetiere in Europa. Die hinterlassenen Zahnfurchen sind entsprechend groß und insgesamt 6–12 mm breit. Auffällig sind ebenso die großen Holzspäne, die man an einem Biberfraßplatz finden kann. Bei den großen Bäumen, an denen Biber ihre Zahnspuren hinterlassen, handelt es sich im Regelfall nicht um Nahrungsbeschaffung, sondern um Materialgewinnung für den Damm- und Hüttenbau.

≈ Biberlosung ist ein seltener Fund. Die Eiform und der grobe Inhalt sind charakteristisch. Vledder, Niederlande. René Nauta.

KOT » Hell- bis dunkelbraun, oval mit raufaseriger Oberfläche. Besteht überwiegend aus kleinen Holzstücken, die Sägemehl ähnlich sehen. Wird im Regelfall im Wasser hinterlassen und daher selten gefunden.

» **L** 2–4 cm » **D** 1,5–2 cm

NUTRIA

Myocastor coypus

KRL 45–65 cm
Sl 30–45 cm
G 4–9 (bis 12) kg
Männchen größer als Weibchen.

Die Nutria ist die einzige Art aus der Familie der Biberratten (Myocastoridae). Sie wird hier innerhalb der taxonomischen Reihenfolge vorgezogen, um sie zusammen mit den anderen größeren, semiaquatisch lebenden Nagetieren zu behandeln. Ursprünglich in Südamerika heimisch, sind Nutrias in den 1930er-Jahren durch Pelztierfarmen nach Europa gekommen. Als Neozoen haben sie sich erfolgreich an die klimatischen Bedingungen Europas angepasst und stabile Vorkommen etabliert. Nutrias sind gute Schwimmer, verfügen über ein gutes Gehör und ein eher schwaches Sehvermögen. Die Tiere können bis zu 5 Minuten lang tauchen. Sie sind standorttreu, oft tagaktiv und leben gesellig in großen Familienverbänden. Nutrias graben in die Uferböschung einen Bau mit komplexem Tunnelsystem, in dem sie schlafen, Zuflucht suchen und ihre Jungen zur Welt bringen. In Südamerika wurde ein 6 m tiefer Erdbau beschrieben. Natürliche Feinde sind Fuchs, Wolf, Mink, Hermelin und Hund. Die Jungtiere können außerdem Eulen, Greifvögeln und Hauskatzen zur Beute fallen.

KENNZEICHEN » Schwanz lang, rund und unbehaart. Große, orangefarbene Nagezähne.

VERBREITUNG & LEBENSRAUM » Nutrias konnten sich in Europa durch aus Pelztierzuchten entflohene Tiere ausbreiten. In vielen Ländern Europas besteht eine inselartige Verbreitung in Gewässernähe, häufig können sich isolierte Populationen jedoch nicht dauerhaft etablieren. Nutrias sind an Wasser gebunden und bevorzugen Gewässer mit ufernahem Bewuchs wie Schilf, Rohrkolben und anderen Wasserpflanzen. Es werden sowohl stehende als auch Fließgewässer besiedelt.

Nutrias nutzen bei Gefahr die Flussströmung zum Fliehen. Der Name Nutria kann zu Verwirrung führen, da es im Spanischen „Otter" bedeutet. Das Fleisch ist wohlschmeckend.

ERNÄHRUNG » Bis auf den gelegentlichen Verzehr von Süßwassermuscheln rein vegetarisch. Von Wasserpflanzen wie Schilf, Seerosen und Rohrkolben werden sowohl grüne Pflanzenteile als auch Wurzeln gefressen. Wiesengräser und Kräuter machen einen Großteil der weiteren Nahrung aus. Sind Feldfrüchte wie Rüben, Mais und Getreide nah und sicher erreichbar, werden diese ebenfalls verzehrt. Im Winter graben Nutrias gezielter nach Wurzeln.

FORTPFLANZUNG » Nutrias sind das ganze Jahr über paarungsfähig. Nach einer Tragzeit von 128–135 Tagen werden 4–7 Junge geboren. Die Jungen können sofort schwimmen und laufen, haben Zähne, können Nahrung aufnehmen, sind voll behaart und sehend. Sie gelten als weit entwickelte Nestflüchter und sind nach 3–10 Monaten fortpflanzungsfähig. Weibchen können einzelne Embryos resorbieren, wodurch die Wurfgröße sinkt. Vermutlich geschieht dies, um die Versorgung des Wurfes sicherzustellen. Bei manchen Komplettverlusten eines Wurfs scheint es sich um einen Mechanismus zur Manipulation des Geschlechterverhältnisses unter den Nachkommen zu handeln.

ZEICHEN

ERDBAU & PLATTFORMEN » Ein Nutriabau kann mehrere über der Wasseroberfläche liegende Eingänge mit einem Durchmesser von 20–25 cm aufweisen. Die Eingangslöcher findet man häufig in Wassernähe unter einem Busch oder von dichter Vegetation verborgen. Während des Tages nutzen die Tiere Plattformen aus Schilf und anderen Pflanzen im Wasser zum Rasten, Putzen und Fressen. Die Plattformen sehen aus wie kleine Nester des Höckerschwans (Seite 693).

Plattform zum Rasten während des Tages. Biosphärenreservat Niedersächsische Elbtalaue, Deutschland. »

TRITTSIEGEL

Vorne

» **L** 4–7,2 cm » **B** 3,5–6 cm

Mittelgroß. Sohlengänger. Asymmetrisch. 5 Zehen in klassischer Nagetierstruktur: Zehe 1 ist reduziert, die entsprechende Kralle jedoch häufig zu erkennen ⓐ. Zehen 2 und 5 zeigen zu den Seiten, Zehen 3 und 4 sind nach vorne gerichtet. Zehen 2–5 sind lang, schlank und zeichnen sich meist mit dem Mittelfußballen verbunden ab. Die drei deutlichen, teilweise zusammengewachsenen vorderen Mittelballen bilden den Mittelfußballen. Im hinteren Bereich des Trittsiegels zeichnen sich häufig zwei weitere, hintere Mittelballen ab, die relativ nah zu den vorderen Mittelballen liegen. Lange, kräftige und scharfe Krallen, deren Abdrücke meist deutlich zu erkennen sind. Die Vorderfüße sind deutlich kleiner als die Hinterfüße. Der Größenunterschied ist jedoch weniger stark ausgeprägt als beim Biber. Ein Nutriavorderfuß sieht wie der sehr große Vorderfuß eines Bisams aus, ist aber weniger gebogen.

Hinten

» **L** 5,5–13 cm » **B** 4,3–10 cm

Mittelgroß bis groß. Sohlengänger. Asymmetrisch. 5 lange, schlanke Zehen: Zehen 1 und 5 sind nicht immer deutlich erkennbar und gelegentlich nicht abgedrückt. Zehen 1–4 sind durch distale Schwimmhäute verbunden, die häufig zu sehen sind. Zwischen Zehen 4 und 5 befindet sich keine Schwimmhaut ⓑ. Der Mittelfuß-

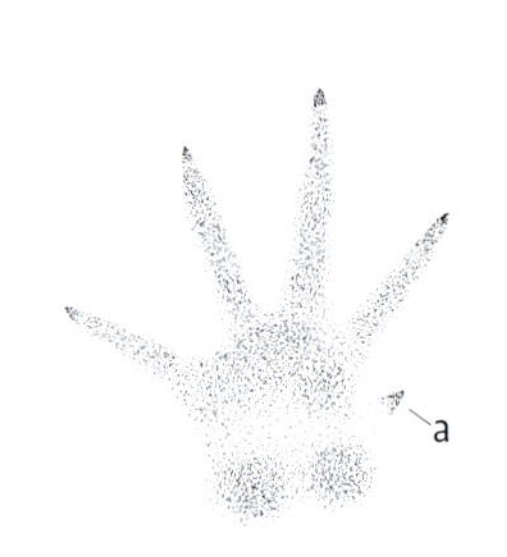

Links vorne.

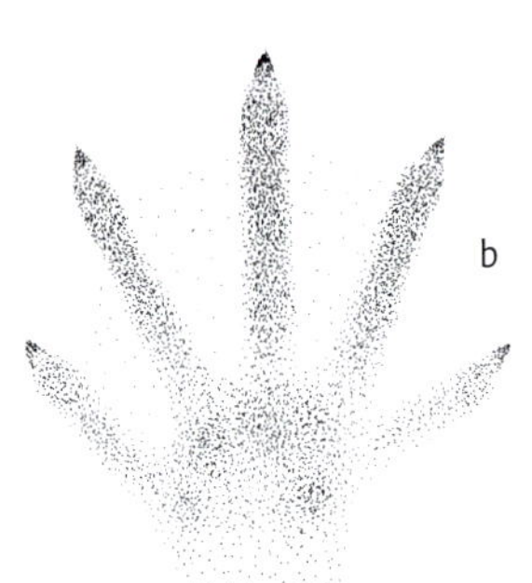

Rechts hinten.

Links vorne. Elbtalaue, Deutschland.

Rechts hinten. Der hintere Bereich fehlt, die scharfen Krallen sind klar zu erkennen. Elbtalaue, Deutschland.

Ebenfalls links vorne. Elbtalaue, Deutschland.

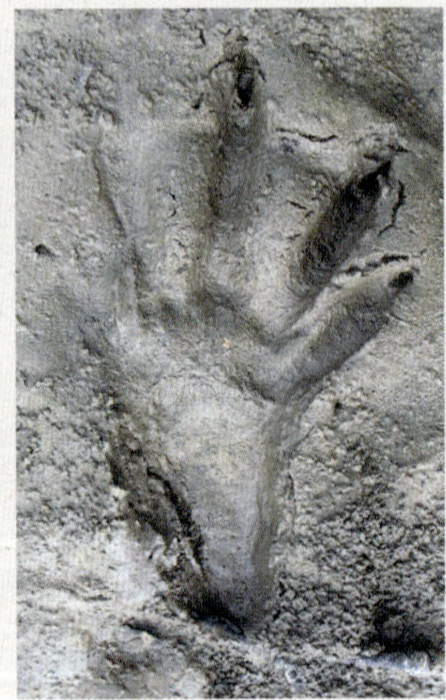

Rechts hinten. Der hintere Bereich ist selten so vollständig abgedrückt. Bielefeld, Deutschland. Ulrike Quartier.

ballen kann klar erkennbare Abdrücke der vorderen Mittelballen zeigen, die unvollständig miteinander verwachsen sind oder sich sehr undeutlich abzeichnen. Die kräftigen Krallenabdrücke sind meist klar zu erkennen und deutlich schärfer als beim Biber. Im Schritt ist der hintere Bereich des Trittsiegels bei der Nutria nur sehr selten zu sehen.

GANGARTEN

Nutrias sind überwiegend im Schritt unterwegs. Dabei bleiben die Hinterfüße im Regelfall etwas zurück oder sie werden auf die Abdrücke der Vorderfüße gesetzt. Pfade mit seichten, etwa 2 cm breiten Schleifspuren des Schwanzes sind häufig. Die Schwanzschleifspur eines Bibers ist deutlich breiter. Bei Gefahr springen oder galoppieren Nutrias in Sicherheit. Meist bevorzugen sie einen Parallelsprung.

Fuß-in-Fuß-Schritt.

Schritt
Schrittlänge: 22,5–55 cm
Spurbreite: 9,8–21,5 cm

Parallelsprung
Gruppenlänge: 15–35 cm
Zwischengruppenlänge: 22–72 cm
Schrittlänge: 37–98 cm
Spurbreite: 16–25 cm

Da Nutrias sich ganzjährig paaren, findet man oft Jungtierspuren zwischen den teils doppelt so großen Spuren ausgewachsener Tiere. In Europa stößt man öfter auf Spuren größerer Nutriagruppen von 3–6 Tieren. Bisams findet man eher in Kleinfamilien von 2–3 Tieren.

Die charakteristischen Fährten von Nutria (links) und Biber (rechts) direkt nebeneinander. Elbe, Deutschland. Frank Jermis.

Parallelsprung.

Ähnliche Trittsiegel

Die Fußabdrücke junger Nutrias können mit denen ausgewachsener Bisams verwechselt werden (Unterscheidung Seite 284). Die Trittsiegel erwachsener Nutrias können mit denen des Bibers verwechselt werden.

NUTRIA VON BIBER UNTERSCHEIDEN

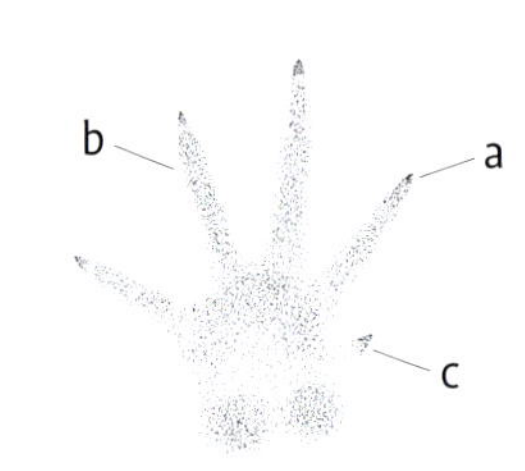

Nutria, links vorne. »

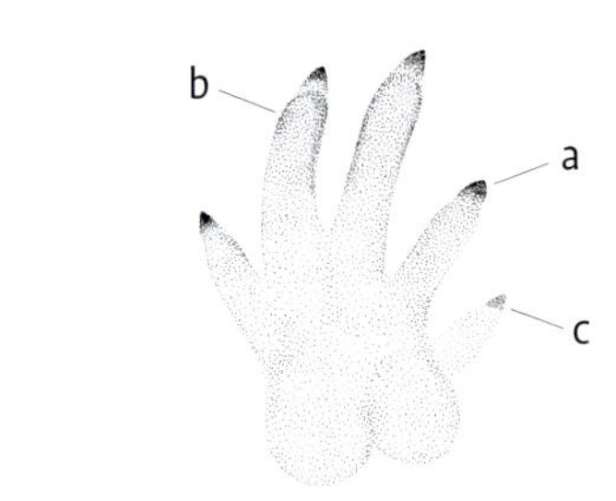

« Biber, links vorne.

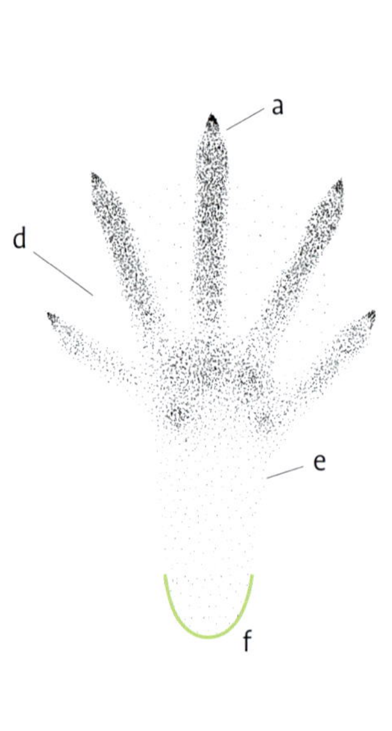

Nutria, links hinten. »

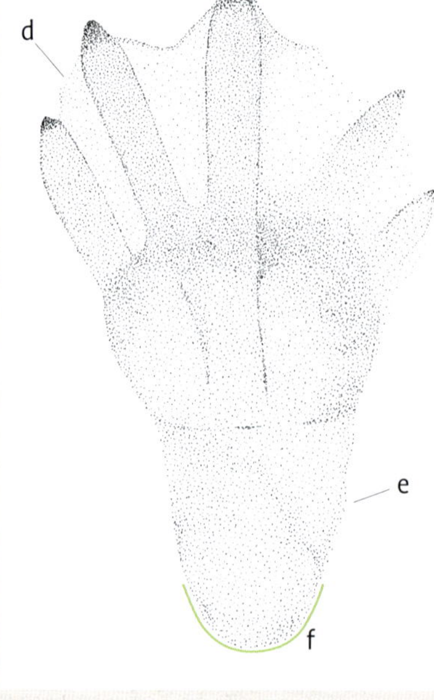

« Biber, links hinten.

NUTRIA	BIBER
ⓐ Kräftige, lange und scharfe Krallen.	ⓐ Kräftige, kurze und stumpfe Krallen.
ⓑ Zehen 2–5 sind relativ lang, schmal und gerade.	ⓑ Zehen 2–5 sind relativ kurz, breit und verlaufen nach innen gebogen.
ⓒ Die Kralle von Zehe 1 ist häufig erkennbar.	ⓒ Die Kralle von Zehe 1 ist selten erkennbar.
ⓓ Keine Schwimmhaut zwischen Zehen 4 und 5.	ⓓ Schwimmhaut zwischen Zehen 4 und 5.
ⓔ Der hintere Bereich des Trittsiegels ist im Schritt selten abgedrückt.	ⓔ Der hintere Bereich des Trittsiegels ist meist abgedrückt.
ⓕ Längliche, schmale Rundung.	ⓕ Kurze, breite Rundung.
ⓖ Der Größenunterschied zwischen Vorderfuß und Hinterfuß ist weniger deutlich ausgeprägt.	ⓖ Der Größenunterschied zwischen Vorderfuß und Hinterfuß ist deutlicher ausgeprägt.

⪻ Eingangsloch zu einem Nutriabau. Bielefeld, Deutschland. Ulrike Quartier.

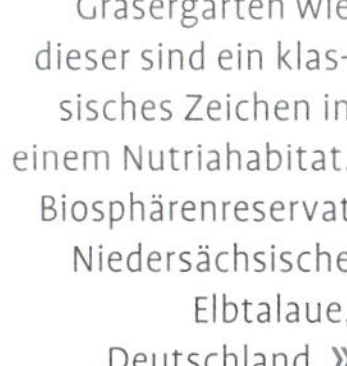

Gräsergärten wie dieser sind ein klassisches Zeichen in einem Nutriahabitat. Biosphärenreservat Niedersächsische Elbtalaue, Deutschland. »

FRAẞSPUREN » Durch die intensive Nutzung wassernaher Gräser hinterlassen Nutrias auffällige, kurzgebissene Vegetationsflächen, die Gräsergärten genannt werden. Durch das regelmäßige Abfressen der Spitzen halten die Tiere das Gras kurz und die schmackhaften nachwachsenden Pflanzenteile in Ufernähe bleiben länger verfügbar.

GRABSPUREN » Vor allem im Herbst/Winter hinterlassen die Tiere auffällige Grabspuren auf Wiesen in Ufernähe, um an Wurzeln verschiedener Ampferarten (*Rumex* spp.) zu gelangen. Meist finden sich dort außerdem zertrampelte Vegetation und Trittsiegel.

WECHSEL » Die etwa 15 cm breiten Wechsel zwischen Bau und bevorzugten Fraßplätzen sind meist stark ausgeprägt und deutlich zu erkennen.

≈ Häufig findet sich Losung entlang der auffälligen Wechsel. Biosphärenreservat Niedersächsische Elbtalaue, Deutschland.

Ufernahe Grabspuren sind vor allem im Winter ein häufiges Zeichen. Elbtalaue, Deutschland. ≽

Dabei sind oft Wurzeln das Ziel. Biosphärenreservat Niedersächsische Elbtalaue, Deutschland. ≽

≼ Die parallel verlaufenden Furchen machen Nutriakot unverwechselbar. Nahrendorf, Deutschland.

≼ An prominenten Stellen wie Erhöhungen durch Grasbüschel können Latrinen angelegt werden. Biosphärenreservat Niedersächsische Elbtalaue, Deutschland.

KOT » Wie Kaninchen und Biber sind Nutrias koprophag. Sie fressen ihren Kot, um die Nährstoffe der Pflanzen besser aufnehmen zu können. Die Losung ist lang, zylindrisch, meist leicht gebogen und sehr symmetrisch. Die klar erkennbaren, feinen, parallel verlaufenden Furchen verleihen der Losung ihr unverwechselbares Aussehen. Die Farbe variiert je nach Nahrung von dunkelgrün über braun bis hin zu schwarz.

» **L** 3–7 cm » **D** 1–1,5 cm

Wühlmäuse

Die Unterfamilie der Wühlmäuse (Arvicolinae) gehört zur artenreichen Familie der Hamster- und Wühlmausartigen (Cricetidae), die insgesamt 130 Gattungen und 681 Arten umfasst.

Im behandelten Gebiet kommen nur die Unterfamilien der Wühlmäuse mit 26 Arten und der Hamster (Cricetinae) mit 3 Arten vor. Aus der Unterfamilie der Wühlmäuse kommen 8 Gattungen mit 26 Arten vor. Die Gattung der Feldmäuse (*Microtus*) beinhaltet die meisten Arten und ist am weitesten verbreitet. Überwiegend kleine Arten mit gedrungenem Körper und kaum sichtbarem Hals. Der Schwanz ist kürzer als der Körper, die Tiere haben kleine, dunkle Augen und kurze Ohren, die teilweise im Fell verborgen sind. In Europa halten Wühlmäuse keinen Winterschlaf. Sie sind überwiegend reine Pflanzenfresser. Fast alle graben eigene Baue. Mit Ausnahme von Bisam und Schermaus sind sämtliche Arten Bodenbewohner mit wühlender Lebensweise. Im Gegensatz zu vielen Langschwanzmäusen (Muridae) klettern Wühlmäuse kaum und dann nicht hoch. Dem Menschen sind Wühlmäuse vor allem als Schädlinge in der Landwirtschaft und im Garten bekannt.

SPUREN UND ZEICHEN DER WÜHLMÄUSE

Sohlengänger. 5 Zehen am Vorderfuß und 5 Zehen am Hinterfuß. Die erste Zehe am Vorderfuß wird nur sehr selten abgedrückt. Die Zehen sind schlank und können gerippt erscheinen. Im Vergleich zu ähnlich großen Langschwanzmäusen sind die Zehenballen fein und die Krallen eher lang. Eine Ausnahme sind die Füße der Rötelmäuse (*Clethrionomys*), die frühe Zwischenstadien des Übergangs von einer terrestrischen zu einer arborealen Lebensweise darstellen. Dementsprechend zeigen ihre Trittsiegel bereits einige Anpassungen an das Klettern (Seite 306).

Spurenformel: 4v × 5H + K

VORDERFUß » Asymmetrisch. 5 Zehen in klassischer Nagetierstruktur: Zehe 1 ist stark reduziert und nur selten sichtbar. Zehen 2 und 5 stehen leicht nach vorne und sind meist stark zu den Seiten gerichtet. Der Abdruck der Zehenballen 2 und 5 liegt in der Regel vor den 3 verwachsenen vorderen Mittelballen, die im Dreieck angeordnet sind. Zehen 3 und 4 sind schräg nach vorne gerichtet und laufen am vordersten Mittelballen zusammen, sodass sie häufig eine charakteristische V-Form zeigen.

HINTERFUß » Leicht asymmetrisch. 5 Zehen in klassischer Nagetierstruktur: Zehen 1 und 5 zeigen gerade zu den Seiten. Zehen 2–4 sind schlank, oft gerippt und stehen meist nach vorne gerichtet, aufgereiht und nahezu parallel zueinander. In der Regel wirken sie durchgehend mit dem Mittelfußballen verbunden.

GANGARTEN » Wühlmäuse bewegen sich meist im Schritt oder Trab fort. Sie springen selten über längere Strecken. Wenn sie einen Sprung oder Galopp verwenden, übereilen dabei nahezu niemals beide Hinterfüße beide Vorderfüße. Dies kann beim Unterscheiden von Langschwanzmäusen helfen.

WECHSEL » Typisch für Wühlmäuse sind deutliche, meist ausgeprägte Wechsel unter Grasnarben, auf Wiesen und Feldern oder am Rand eines Gewässers. Die oft sorgfältig in Stand gehaltenen Wechsel verbinden Eingangslöcher mit Fraßplätzen und Latrinen.

FRAßSPUREN » Wühlmäuse legen charakteristische Fraßplätze an, zu denen sie die Nahrung tragen, bevor sie sie verspeisen. Achten Sie auf akkurate Haufen zerfaserter Vegetation an den meist gut etablierten Wechseln.

KOT » Gleichmäßige Kotpillen mit stumpfen, abgerundeten Enden, die fast ausschließlich aus feinen Pflanzenfasern bestehen. Die Farbe variiert von hellbraun über dunkelgrün bis schwarz. Je nach Größe kann die Kotform an ein Reiskorn oder ein großes „Tic Tac“ erinnern. Im Gegensatz zu Langschwanzmäusen legen Wühlmäuse Latrinen an.

WÜHLMÄUSE AN DER GRÖßE IHRER KOTPILLEN UNTERSCHEIDEN

Die Größe der Kotpillen ist ein nützliches Kriterium, um Wühlmausarten voneinander zu unterscheiden.

- Der Kot von **Erd- und Feldmäusen** ist maximal 0,8 cm lang und 0,3 cm dick. Form und Größe erinnern an ein Reiskorn.
- Form und Größe von **Schermauskot** erinnern an ein „Tic Tac“. Die Losung ist mindestens 0,7 cm lang und 0,2 cm dick.
- Die Losung des **Bisams** ist mindestens 1,2 cm lang und 0,4 cm dick und damit etwa doppelt so groß wie Schermauskot.

BISAM

Ondatra zibethicus

KRL 22–36 cm
Sl 20–28 cm
G 0,6–2 kg, durchschnittlich 0,8–1,1 kg (Weibchen), 1–1,3 kg (Männchen)

Der Bisam ist die größte lebende Wühlmaus und die einzige Art innerhalb der Gattung *Ondatra*. Der ehemalige Name „Bisamratte" ist irreführend, da Bisams im Gegensatz zu den Ratten (*Rattus*) nicht zur Familie der Langschwanzmäuse (Muridae) gehören. Die Tiere sind ausgezeichnete Schwimmer, die bis zu 20 Minuten lang tauchen können und ebenso an das Leben an Land wie im Wasser angepasst sind. Die Hinterfüße des Bisams tragen Schwimmborsten, die die Ruderfläche zum Schwimmen vergrößern. Außerdem sind sie durch stark ausgeprägte Krallen an allen Füßen ausgezeichnete Gräber, die in grabfähigen Uferbänken Erdbaue anlegen. Der Eingang liegt unter der Wasseroberfläche und ein schräg nach oben verlaufender Gang führt zu einem oder mehreren mit Vegetation ausgepolsterten Wohnkesseln. In Biotopen ohne grabfähige Ufer wird eine Bisamburg errichtet. Bei niedrigem Wasserstand legen Bisams Kanäle an, um einen Wasserzugang zu ihren bevorzugten Nahrungsquellen zu schaffen.

Bisams sind überwiegend dämmerungs- und nachtaktiv, man kann ihnen aber durchaus auch am Tag begegnen. Das territoriale Verhalten der Tiere ist während der Fortpflanzungszeit besonders ausgeprägt. Im Winter werden Artgenossen eher toleriert und es kann zur gemeinsamen Nutzung von Bauen kommen, um von der gegenseitigen Körperwärme zu profitieren.

Der größte Fressfeind ist der Mink. Er erreicht mit Leichtigkeit die unter Wasser liegenden Eingänge eines Bisambaus und kann so Beute machen. Es sind Fälle bekannt, in denen Minks verlassene Bisambaue bewohnten. Feinde sind außerdem Rotfuchs, Otter und andere Marderartige sowie Wildschwein, Waschbär, Luchs und Wildkatze, ferner Greifvögel und Eulen, Störche, Reiher und Schlangen. Waschbären öffnen gezielt Bisamburgen, um Jungtiere zu erbeuten.

Der Bisam befreit größere Flächen von Vegetation, die ihm als Nahrungsquelle oder Baumaterial dient. So erreicht mehr Sonnenlicht den Sumpf und es siedeln sich dort Tier- und Pflanzenarten an. Bisams tragen damit zur Regeneration und Artenvielfalt von Sumpfgebieten bei.

KENNZEICHEN » Etwa kaninchengroß, braun mit heller Unterseite. Stumpfschnäuzig und gedrungen. Seitlich zusammengedrückter, kielförmiger Schwanz, der als Ruderorgan dient. Massive Krallen.

VERBREITUNG & LEBENSRAUM » Ursprünglich in Nordamerika heimisch, wurde der Bisam 1905 in der Nähe von Prag eingeführt. Er entkam aus Pelztierfarmen und kommt heute in großen Teilen Europas sowie in ganz Deutschland vor. Als Lebensraum werden große Teiche und Seen mit starkem Wasserpflanzenbewuchs bevorzugt, sie können jedoch nahezu jedes Gewässer besiedeln.

ERNÄHRUNG » Beinahe ausschließlicher Pflanzenfresser. Triebe, Blätter und Rinde von Wasserpflanzen sowie Wiesengräser, Kräuter und Früchte machen einen Großteil der Nahrung aus. Schilf, Rohrkolben, Simse, Seggen und Schachtelhalme werden bevorzugt. Im Winter ernährt sich der Bisam von Wurzeln, wodurch teilweise schwere Vegetationsschäden in Bauumgebung und beim Uferbewuchs entstehen können. Als tierische Nahrungsquelle dienen vor allem Fluss- und Teichmuscheln sowie Krustentiere. Aufgrund des geringeren pflanzlichen Nahrungsangebots erhöht sich im Frühjahr und Winter der Verzehr tierischer Kost.

FORTPFLANZUNG » Die Fortpflanzung variiert stark nach geografischer Breite. In Deutschland kommt es nach einer Tragzeit von 28–30 Tagen Ende März bis Anfang April zum ersten Wurf mit durchschnittlich 5–7 (1–16) Jungen. Insgesamt 3–4 Würfe pro Jahr. In optimalen Lebensräumen können Bisams ganzjährig und beinahe durchgehend Junge bekommen. Die Jungen sind Nesthocker, die nach dem ersten Winter ausgewachsen sind.

In Auenlandschaften werden charakteristische Bisamburgen angelegt. Vledder, Niederlande. René Nauta.

TRITTSIEGEL

Vorne

» L 2,1–4,1 cm » B 2,2–4,3 cm

Klein. Asymmetrisch. 5 Zehen in klassischer Nagetierstruktur: Zehe 1 ist stark reduziert, der Krallenabdruck ist jedoch häufig erkennbar. Zehen 2–5 sind lang, schlank, gerippt und zeichnen sich meist durchgängig bis zum Mittelfußballen ab. Das Trittsiegel kann nach innen gebogen erscheinen und die Zehenballen können robust wirken. Die drei deutlichen und teilweise zusammengewachsenen vorderen Mittelballen bilden den Mittelfußballen. Im hinteren Bereich des Trittsiegels zeichnen sich häufig zwei weitere, hintere Mittelballen ab. Lange, kräftige, stumpfe Krallen, die zum Graben dienen und deren Abdrücke meist erkennbar sind. Die Vorderfüße sind deutlich kleiner als die Hinterfüße.

Hinten

» L 3,2–6,2 cm » B 3,7–5,9 cm

Klein bis mittelgroß. Asymmetrisch. 5 Zehen: Zehen 1 und 5 stehen zur Seite, Zehen 2–4 sind nach vorne gerichtet und zeigen einen nach innen abfallenden Winkel, da Zehe 4 länger ist als Zehe 3 ⓐ. Die Zehen sind lang, breit, gerippt und zeichnen sich meist durchgängig bis zum Mittelfußballen ab. Obwohl die vorderen Mittelballen nur unvollständig miteinander verwachsen sind, sind einzelne Mittelballenabdrücke selten erkennbar. Der Mittelfußballen ist oft schwach auszumachen und kann verwaschen wirken. Die Zehen und Sohlenränder sind mit dichten Schwimmborsten

Rechts vorne. Vledder, Niederlande. René Nauta.

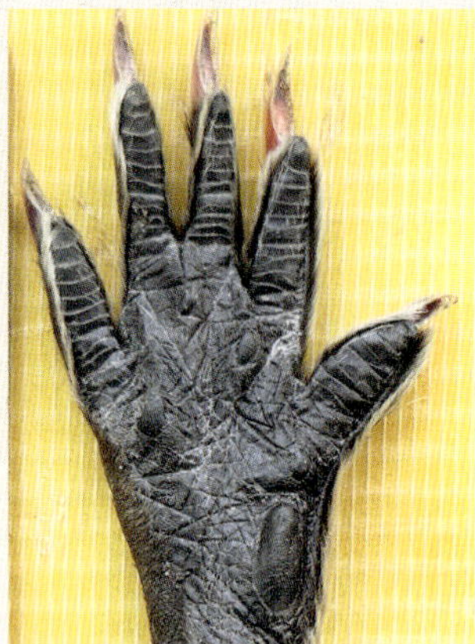

Rechts hinten. Vledder, Niederlande. René Nauta.

Rechts vorne.

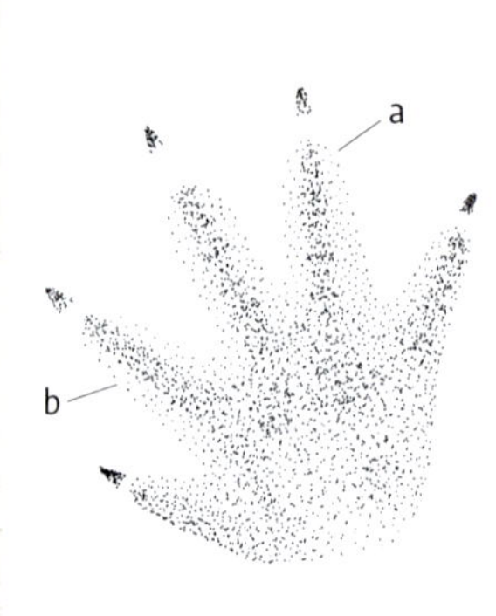

Rechts hinten.

Rechts vorne. Bielefeld, Deutschland. Ulrike Quartier.

Rechts hinten. Jetzendorf, Deutschland.

versehen, die dem Trittsiegel eine Art Umrandung verleihen ⓑ. Schwimmhäute zwischen den Zehen fehlen. Selten wird im hinteren Bereich des Trittsiegels ein weiterer, relativ großer hinterer Mittelballen abgedrückt. Die kräftigen langen Krallen zeichnen sich meistens ab. Häufig werden die Hinterfüße stark einwärtsgekehrt. Die Hinterfüße sind deutlich größer als die Vorderfüße.

GANGARTEN

An Land bewegen sich Bisams meist in einem langsamen Schritt oder einer Form von Sprung fort. Im Schritt ist häufig die schmale Schleifspur des Schwanzes zu erkennen.

Schritt
Schrittlänge: 16–29,3 cm
Spurbreite: 6,8–13,1 cm

Sprung
Gruppenlänge: 18–26 cm
Zwischengruppenlänge: 5–15 cm
Schrittlänge: 35–40,5 cm
Spurbreite: 12–14,5 cm

⮝ Fuß-in-Fuß-Schritt.

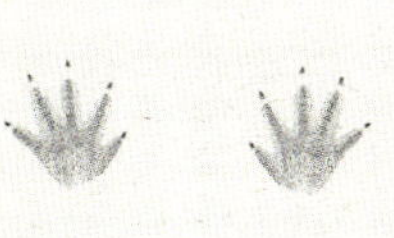

⮝ Parallelsprung.

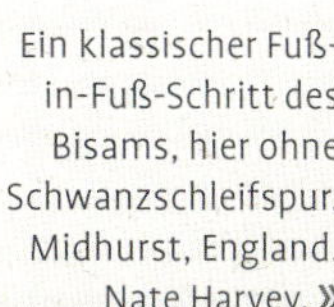

Ein klassischer Fuß-in-Fuß-Schritt des Bisams, hier ohne Schwanzschleifspur. Midhurst, England. Nate Harvey. »

« Bisamjungtier im Schritt. Die typische Schwanzschleifspur ist erkennbar. Vledder, Niederlande. René Nauta.

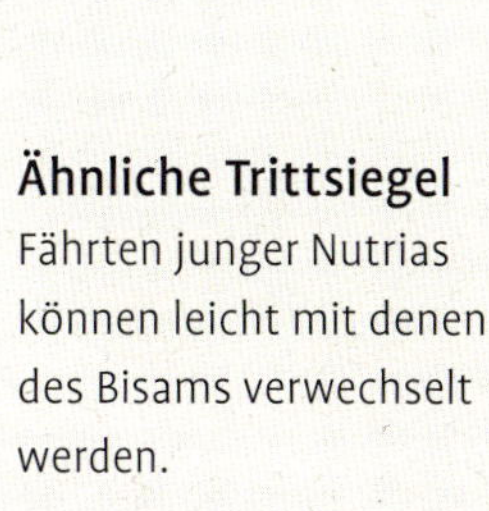

Ähnliche Trittsiegel
Fährten junger Nutrias können leicht mit denen des Bisams verwechselt werden.

NUTRIA VON BISAM UNTERSCHEIDEN

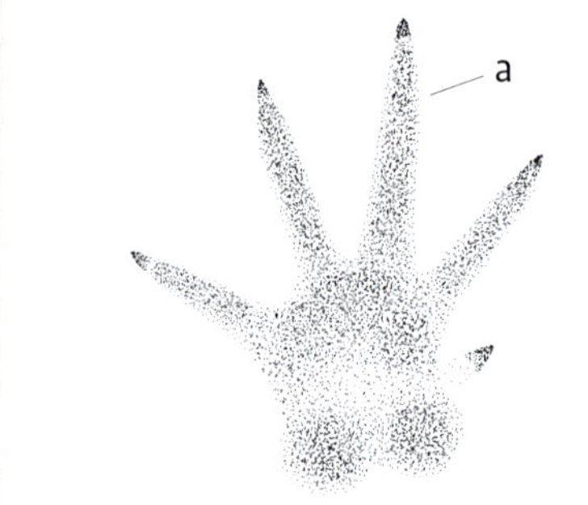

Nutria, links vorne. »

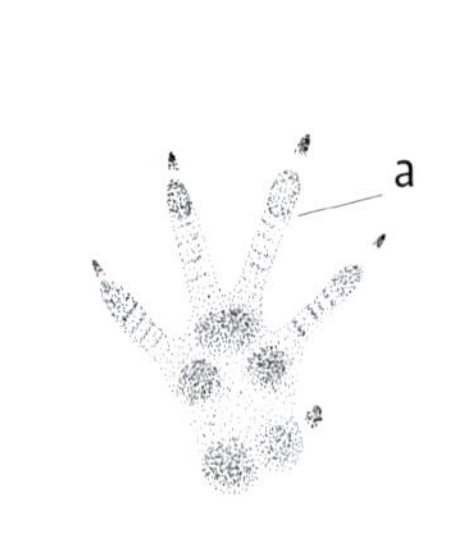

« Bisam, links vorne.

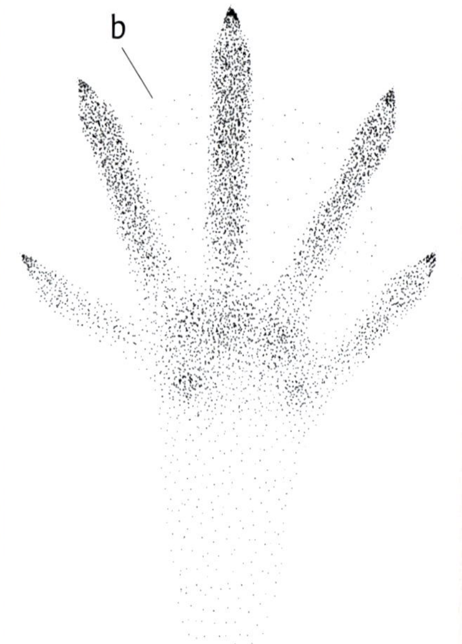

Nutria, links hinten. »

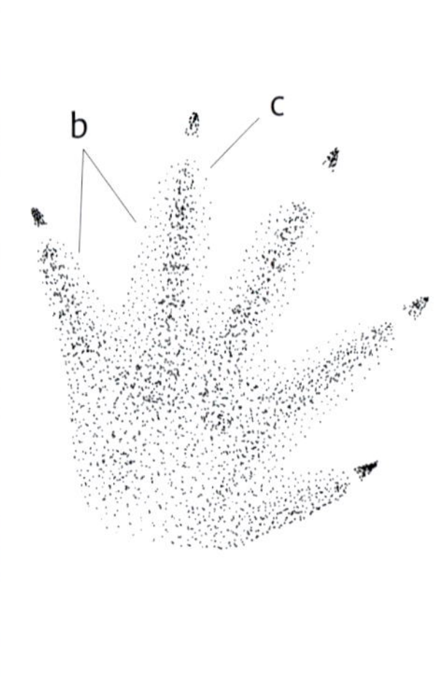

« Bisam, links hinten.

NUTRIA	BISAM
ⓐ Zehen 2–5 verlaufen gerade.	ⓐ Zehen 2–5 verlaufen nach innen gebogen.
ⓑ Schwimmhäute zwischen Zehen 1–4.	ⓑ Keine Schwimmhäute.
	ⓒ Schwimmborsten an den Sohlenrändern können dem Abdruck eine Art Umrandung verleihen.
	ⓓ Im hinteren Bereich des Trittsiegels kann ein weiterer, hinterer Mittelballen erkennbar sein.
	ⓔ Zehe 4 länger als Zehe 3, nach innen abfallender Winkel.

ZEICHEN

BISAMBURG & ERDBAU » Die Bisamburg ähnelt einer Biberburg (Seite 267), allerdings werden weichere Sumpfpflanzen wie Schilf, Rohrkolben und Seggen verbaut. Aufgrund ihres schwächeren Kiefers vermeiden Bisams holzige Äste. Die starke Nutzung der umgebenden Vegetation sowie die angelegten Kanäle prägen die Landschaft in der näheren Umgebung einer Bisamburg und sind auffällige Zeichen für seine Anwesenheit. Alternativ werden Erdbaue in Flussbänke gegraben. Die gewöhnlich etwa 15 cm unter der Wasseroberfläche versteckten Eingangslöcher können bei niedrigem Wasserstand sichtbar werden und weisen einen Durchmesser von 9–15 cm auf.

Typische Fraßspur. Vledder, Niederlande. René Nauta.

FRAẞSPUREN » Beim Fressen hinterlassen Bisams zuweilen auffällige Pflanzen- und Muschelhaufen. Eine weitere typische Fraßspur entsteht beim Graben nach Wurzeln. Im Wasser treibende Überreste von Wasserpflanzen sind ein charakteristischer Hinweis auf Bisamvorkommen. Sie ähneln den Treibholzansammlungen in einem Biberhabitat, bestehen jedoch nahezu ausschließlich aus weicheren, nicht verholzenden Pflanzen. Entlang der Wasserkanten können beschnittene Stängel, zum Beispiel von Rohrkolben oder Schilf, zu finden sein.

Im Wasser treibende Pflanzenreste sind ein typisches Zeichen für Bisams. Vledder, Niederlande. René Nauta.

KOT » Lediglich während der Fortpflanzungszeit markiert der Bisam sein Territorium mit Losungshaufen, die zum Beispiel an häufig genutzten Ein- und Ausstiegsstellen oder auf ins Wasser hineinragenden Totholzstämmen zu finden sind. Ansonsten geschieht das Koten im Wasser. Die walzenförmigen Kotpillen variieren farblich je nach Ernährung zwischen dunkelgrün und hellbraun.
» **L** 1–2,2 cm » **D** 0,4–0,7 cm

Wassernahe, walzenförmige Losung in dieser Größe stammt vom Bisam. Offenbach, Deutschland.

SCHERMÄUSE

Arvicola

Bergschermaus
KRL 12–17 cm
Sl 5,5–10 cm
G 65–130 g

Ostschermaus
KRL 12–23 cm
Sl 6,5–14,5 cm
G 70–320 g

Westschermaus
KRL 16–22 cm
Sl 9,5–15 cm
G 150–300 g

Schermäuse sind nach dem Bisam die größten europäischen Wühlmäuse. In Europa kommen die Ostschermaus (*Arvicola amphibius*), die Westschermaus (*A. sapidus*) und die Bergschermaus (*A. scherman*) vor. Der außerdem verwendete Name *Arvicola terrestris* ist ein Synonym für *A. amphibius*. Eine sichere Unterscheidung der drei Arten ist nur molekularbiologisch oder durch genaue Betrachtung der Schädelmerkmale möglich. Die Zahl der Arten ist umstritten, da es sich bei Ost- und Bergschermaus auch um verschiedene Ökotypen einer Art handeln könnte. Beide können sich miteinander paaren und fruchtbare Nachkommen gebären.

Schermäuse leben eher als Einzelgänger und sind sowohl tag- als auch nachtaktiv. Sie gelten als sehr gute Schwimmer, die ausgezeichnet tauchen können und Röhrensysteme in Uferbänke graben. Alle drei Arten sind ökologisch sehr anpassungsfähig und können sowohl im Wasser (aquatisch) als auch an Land (terrestrisch) leben. An Land ist das Vorkommen von Schermäusen meist an den Erdwällen ihrer oberflächennahen Gänge und Erdhaufen erkennbar.

Feinde sind vor allem Marderartige wie Hermelin, Mauswiesel, Mink, Iltis und Fischotter, ferner Weißstorch, Graureiher, verschiedene Eulen und der Hecht.

KENNZEICHEN » Große Wühlmäuse mit sehr kurzen Ohren, kurzen Beinen und etwa halbkörperlangem Schwanz. Stark variable Fellfärbung möglich.

VERBREITUNG & LEBENSRAUM » Die Ostschermaus kommt, mit Ausnahme der Iberischen Halbinsel, in ganz Europa vor. Die Westschermaus bewohnt die Iberische Halbinsel sowie große Teile Frankreichs, dort kann sich ihr Lebensraum mit dem der Ostschermaus überschneiden. Die Bergschermaus lebt gewöhnlich in höheren Lagen und bewohnt Gebirge in Spanien, Frankreich, der Schweiz, Deutschland, der Slowakei und Rumänien. Lebensräume sind langsam fließende oder stehende Gewässer mit vorzugsweise dichter Ufervegetation. Weiter können Felder, Wiesen und Gärten bewohnt werden. In England scheint die Ostschermaus ausschließlich aquatisch zu leben.

Wo Ost- und Westschermaus zusammen vorkommen, ist letztere meist größer und ihr Schwanz länger. Die Bergschermaus ist kleiner als die Ostschermaus, die Maße können sich überschneiden.

ERNÄHRUNG » Bei aquatisch lebenden Tieren überwiegend Wasserpflanzen. Markreiche Stängel wie Schilf und Rohrkolben werden bevorzugt. Außerdem fressen sie Kräuter, Feldfrüchte, Baumrinde und Gräser. Im Herbst werden vermehrt auch Wurzeln und Knollen aufgenommen. Tierische Kost ist selten und kann aus Insekten und Schnecken sowie kleinen Fischen, Fröschen oder Krebsen bestehen. Für den Winter werden Vorräte angelegt.

FORTPFLANZUNG » In der Paarungszeit von März–Oktober kann es zu 2–5 Würfen mit je 2–8 (bis 14) Jungen kommen. Nach einer Tragzeit von 20–22 Tagen werden die Jungen nackt und blind geboren. Im Alter von zwei Monaten sind sie geschlechtsreif.

ZEICHEN

Da die Trittsiegel der Schermäuse oft nicht sicher von denen der Wanderratten unterscheidbar sind, stellen Zeichen wie Eingangslöcher, Wechsel und Kot wichtige und oft zuverlässige Unterscheidungsmerkmale dar. Hierbei sollten jedoch unbedingt mehrere Zeichen berücksichtigt werden. Eingangslöcher können für die Identifikation hilfreich sein, sofern sie ebenso mit den anschließenden Wechseln und ihrer Position zum Gewässer in Zusammenhang gebracht werden.

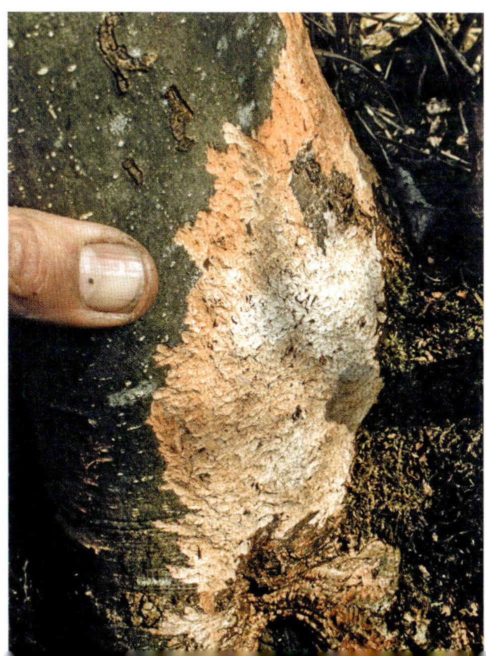

Die Zahnfurchen der Schermaus sind etwa doppelt so breit wie die der Erdmaus. Vledder, Niederlande. René Nauta. »

TRITTSIEGEL

Vorne

» **L** 1,3–2 cm » **B** 1,5–2,3 cm

Sehr klein bis klein. Sohlengänger. Asymmetrisch. 5 Zehen in klassischer Nagetierstruktur: Zehe 1 ist stark reduziert und im Abdruck sehr selten zu erkennen. Zehen 2 und 5 stehen leicht seitlich, jedoch gewöhnlich weniger gespreizt als bei der Wanderratte. Zehen 3 und 4 sind nach vorne gerichtet. Der Abdruck des Mittelfußballens besteht aus drei deutlich erkennbaren, vorderen Mittelballen, die im Dreieck angeordnet sind. Im hinteren Bereich des Trittsiegels können 2 weitere, hintere Mittelballen sichtbar sein. Diese sind verhältnismäßig deutlich kleiner als bei Eichhörnchen oder Feldhamstern. Die Krallen sind fein, spitz und lang, jedoch nicht immer zuverlässig zu erkennen. Der Vorderfuß ist kleiner als der Hinterfuß.

Hinten

» **L** 1,7–3,3 cm » **B** 1,5–3 cm

Klein. Sohlengänger. Leicht asymmetrisch. 5 lange Zehen in klassischer Nagetierstruktur: Zehen 1 und 5 zeigen gerade zu den Seiten, Zehen 2–4 stehen meist aufgereiht und nahezu parallel zueinander. Sie wirken länglich und schlank. Die vorderen Mittelballen sind zu einem Mittelfußballen zusammengewachsen, im Trittsiegel können dennoch vier vordere Mittelballenabdrücke erkennbar sein. Häufig sind allerdings nur die zwei vordersten Mittelballen zu sehen. Der vollständige Fuß berührt selten den Boden, in diesem Fall kann ein weiterer, hinterer Mittelballen im hinteren Bereich des Abdrucks sichtbar sein. Ein perfekter Abdruck zeigt insgesamt 5 Mittelballen. Dies kann bei der Unterscheidung zu Ratten helfen, die sechs Mittelballen aufweisen. Dieses Unterscheidungsmerkmal eignet sich vor allem für die Artbestimmung von Tintenabdrücken, im Feld lässt es sich selten anwenden, da die hinteren Mittelballen dieser Arten in der Regel nicht abgedrückt werden. Zusätzlich kann bei den Schermäusen vereinzelt ein zweiter, hinterer Mittelballen auftreten, der jedoch rudimentär entwickelt und dadurch deutlich kleiner als bei den Ratten ist. Die Krallen sind fein, spitz und lang, jedoch nicht immer zuverlässig zu erkennen. Der Hinterfuß ist größer als der Vorderfuß.

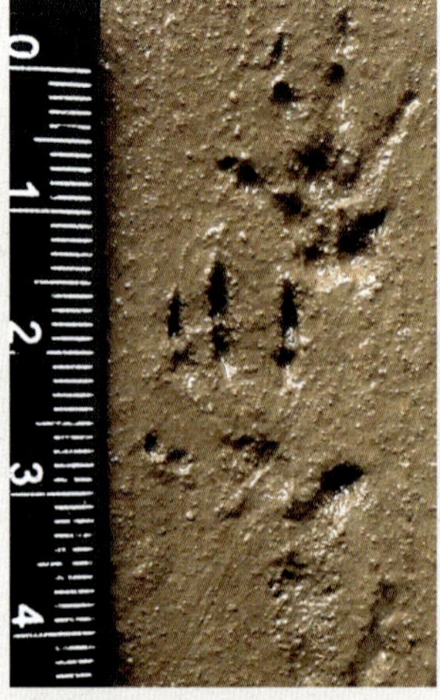

« Schermaus, links hinten (unten) und links vorne (oben). Vledder, Niederlande. René Nauta.

Ähnliche Trittsiegel

Wanderratte und Gelbhalsmaus, die Trittsiegel der Gelbhalsmaus sind jedoch kleiner. Die Unterscheidung zur Wanderratte kann schwer bis unmöglich sein, da deren Fußmorphologie sehr ähnlich ist und es auch in der Größe einen deutlichen Überlappungsbereich gibt. Tendenziell sind die Abdrücke ausgewachsener Wanderratten größer als die ausgewachsener Schermäuse. Dies trifft jedoch lediglich auf die maximalen Größenwerte der Wanderratten zu, bei denen die Schermäuse sicher ausgeschlossen werden können. Bei kleineren Maßen besteht Verwechslungsgefahr. Das häufige Vorkommen von Jungtieren und ihre große Zahl erschwert die Identifikation zusätzlich.

SCHERMÄUSE VON DER WANDERRATTE UNTERSCHEIDEN

Schermäuse gehören zu den Wühlmäusen (Arvicolinae) und Wanderratten zu den Langschwanzmäusen (Muridae). Für die Unterscheidung beider Arten können daher einige der grundsätzlichen Merkmale zur Unterscheidung von Wühl- und Langschwanzmäusen verwendet werden (Seite 330).

SCHERMÄUSE	WANDERRATTE
ⓐ Lange, feine Krallen.	ⓐ Kurze, verhältnismäßig stumpfe Krallen.
ⓑ Vorderfuß symmetrischer, Zehe 3 führt schwach.	ⓑ Vorderfuß asymmetrischer, Zehe 3 führt deutlich.
ⓒ Zehe 5 fast auf einer Höhe mit Zehe 2.	ⓒ Zehe 5 deutlich weiter hinten als Zehe 2.
ⓓ Zehen etwas länger und schmaler.	ⓓ Zehen etwas kürzer und breiter.
ⓔ Zehe 1 sehr selten erkennbar.	ⓔ Zehe 1 verhältnismäßig oft erkennbar.
ⓕ Zehe 1 deutlich weiter hinten als Zehe 5.	ⓕ Zehe 1 weiter hinten als Zehe 5.
ⓖ Zehen 2–4 etwas kürzer und schmaler.	ⓖ Zehen 2–4 etwas länger und breiter.
ⓗ 5 Mittelballen, H-Ballen fehlt in der Regel.	ⓗ 6 Mittelballen, H-Ballen in der Regel vorhanden.
	ⓘ Die vordersten zwei Mittelballen sind vergrößert und können länglich abgedrückt sein.

︾Schermaus, links vorne. ︾Wanderratte, links vorne.

︽Schermaus, links hinten. ︽Wanderratte, links hinten.

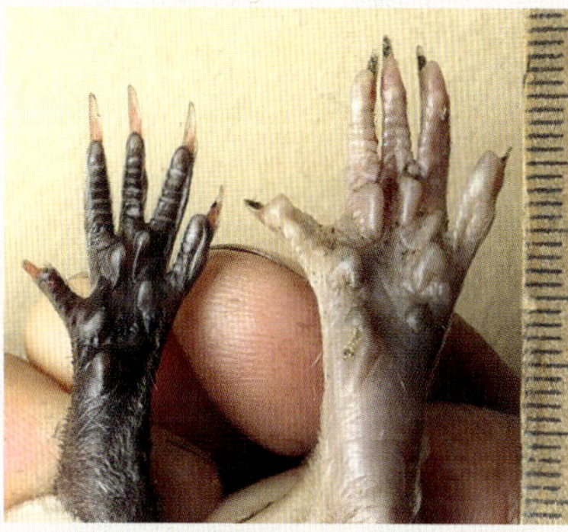

︽Schermaus, linker Hinterfuß (links), und zum Vergleich der linke Hinterfuß einer Wanderratte (rechts). Vledder, Niederlande. René Nauta.

Für die Unterscheidung dieser Merkmale braucht es nahezu perfekte Spurenbedingungen mit detailreichen Abdrücken. Zusätzlich sollten hinterlassene Zeichen wie Latrinen, Wechsel und Fraßplätze berücksichtigt werden.

GANGARTEN

Schermäuse bevorzugen eine Form von Schritt. Reisestrecken sind kurz und werden in Deckung und oft im Trab zurückgelegt. Bei Schnee und auf Böden, in die sie tief einsinken können, wechseln die Tiere häufig in einen Zweisprung. Eine Form von Galopp wird bei Gefahr oder zum raschen Überqueren von Freiflächen verwendet.

Schritt
Schrittlänge:
5–16 cm
Spurbreite:
5–9 cm

Trab
Schrittlänge:
14–25 cm
Spurbreite:
4–8 cm

Drei- und Viersprung
Gruppenlänge:
5,5–10 cm
Zwischengruppenlänge:
5–26 cm
Schrittlänge:
10,5–36 cm
Spurbreite:
5–8 cm

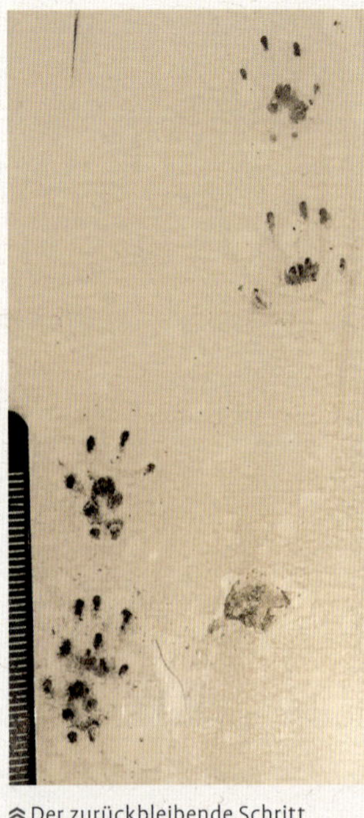

≈ Der zurückbleibende Schritt einer Schermaus. Vledder, Niederlande. René Nauta.

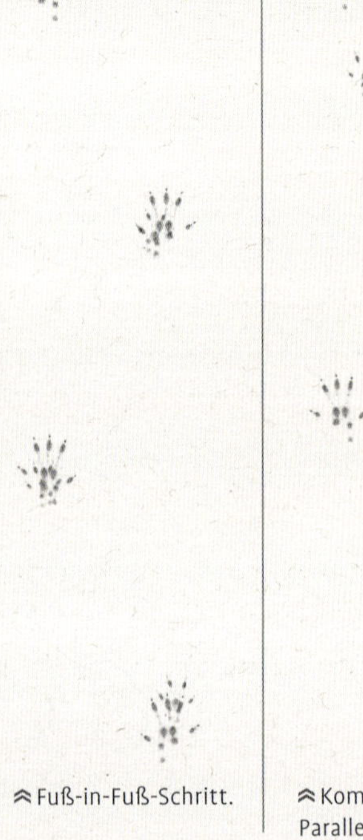

≈ Fuß-in-Fuß-Schritt.

≈ Kompletter Parallelsprung.

ERDBAU & NEST » Das kugelförmige, im Durchmesser etwa 20 cm messende Nest aus trockenen Pflanzenteilen ist meist unterirdisch, selten aber auch in dichten Schilfbeständen und Büschen zu finden. Wassernahe Baue werden häufig in Uferböschungen angelegt, Zugänge zu den Erdbauen können ober- und unterhalb des Wasserspiegels liegen. Erdbaue aquatischer und terrestrisch lebender Tiere bestehen zuweilen aus über 100 m langen Gangsystemen, ein bis zwei Nest- und mehreren Vorratskammern. Die Gänge sind 5–60 cm, die Nestkammern in der Regel 40–60 cm tief. Beim Anlegen dieser Baue entstehen Erdhaufen, die mit denen des Maulwurfs verwechselt werden können. Hier gilt es, auf die Position der Eingangslöcher zu achten. Bei Maulwürfen liegen diese gewöhnlich in der Mitte des Hügels und verlaufen vertikal nach unten. Bei Schermäusen befinden sie sich seitlicher und die Löcher fallen in einem schrägen Winkel ab. Wühlmaustypisch werden die Pflanzen und Wurzeln im Eingangsbereich meist vollständig entfernt. Im Umkreis des Eingangslochs zu einem Schermausbau sind die Pflanzen in der Regel zerfasert und abgefressen, bei Eingangslöchern zu Rattenbauen ist dies nicht der Fall. Ein zusätzlicher Unterschied ist der häufig erkennbare fächerförmige Auswurf vor Rattenlöchern, der bei Schermäusen fehlt. Schermausgänge sind im Querschnitt rund bis hochoval, die Eingangslöcher haben einen Durchmesser von 4–8 cm und sind meist breiter als hoch.

Gartenbesitzer beklagen das Tunneln in Zier- und Gemüsebeeten. Bei der Westschermaus kann es zu Massenvermehrungen und großen Schäden etwa an Obstbäumen kommen. Die Tiere fressen die Wurzeln und können ganze Obstplantagen vernichten.

WECHSEL » In dichter Vegetation werden gut etablierte Wechsel und Fraßplätze hinterlassen. Im Gegensatz zur Situation bei Ratten verlaufen die Wechsel bei Schermäusen meist verborgen unter der Vegetation und sind daher oft erst bei gezieltem Beiseiteschieben des Pflanzenbewuchses erkennbar. Darunter sind sie meist breit ausgetreten und deutlich zu erkennen. Wechsel sind 4–9 cm breit. Bei starkem Pflanzenwuchs können sie sogar im Wasser erkennbar sein. Auffallend sind die typischen Fraßplätze entlang der Wechsel.

FRAßSPUREN » Schermäuse legen charakteristische Fraßplätze an, indem sie Nahrung zu beliebten Futterstellen tragen, bevor sie sie verspeisen. Achten Sie auf plateauförmige Plätze im und am Wasser mit akkuraten Haufen zerfaserter Vegetation. Diese Pflanzenreste können bis zu 1 cm Durchmesser haben und sind in der Regel zwischen 8 und 10 cm lang. Vergleichbare Fraßspuren kleinerer Wühlmäuse sind in der Regel dünner und kürzer und bestehen aus weniger stabilen Pflanzen, wie Kräutern und Gräsern. Auch der 45°-Schnittwinkel ist typisch.

⋀ Ansammlungen etwa 10 cm langer, akkurat geschnittener Pflanzenstängel sind ein Zeichen für Schermäuse. Naturpark Hoher Fläming, Deutschland. Ingolf König-Jablonski.

KAMBIUMFRAß » Schermäuse nagen häufig an der Rinde von Wurzeln, um an das nahrhafte Kambium zu gelangen. Dabei werden Laubbäume bevorzugt, der Wurzelfraß kommt jedoch auch an Nadelbäumen vor. Seltener ist der Kambiumfraß auch über dem Boden an Baumstämmen, Ästen und Zweigen zu finden. Sichere Nachweise sind meines Wissens nach nur an Eschen (*Fraxinus*) bekannt. Im Gegensatz zu Rötelmäusen klettern Schermäuse nicht. Die von ihnen entrindeten Stellen befinden sich gewöhnlich in den unteren Bereichen des Baumes in bis zu 25 cm Höhe. Es können Bäume mit einem Durchmesser von über 30 cm benagt werden. Die von den Nagezähnen des Oberkiefers hinterlassenen Zahnfurchen sind insgesamt 3,5–5 mm breit.

KOT » Typisch walzenförmig-längliche Wühlmauskotform. Kotpillen mit stumpfen, abgerundeten Enden, die in Größe und Form an ein großes „Tic Tac" erinnern. Insgesamt dem Kot des Bisams sehr ähnlich, allerdings nur etwa halb so groß. Die Farbe variiert von Dunkelgrün bis Schwarz. Im Sommer besteht der Kot eher aus grünen Pflanzenteilen, sodass er häufig grün ist. Im Winter ernähren sich die Tiere mehr von Rinde, Wurzeln und Ähnlichem, wodurch der Kot häufig bräunlich ist. Kann mit Rattenkot verwechselt werden, der allerdings unangenehmer riecht. Außerdem ist die Losung der Schermäuse homogener und enthält insgesamt mehr Pflanzenfasern. Sie wird meist in Latrinen neben Eingängen oder an Fraßplätzen abgesetzt. Von Februar bis November dienen die Latrinen auch als Reviermarkierung.
Da der Kot geruchlos ist, zertrampeln die Tiere ihn häufig mit den Hinterfüßen, an denen sich Duftdrüsen befinden, die einen markierenden Geruch hinterlassen. Dieses charakteristische Zeichen hinterlassen Schermäuse während der Paarungszeit und dient als Indiz für ihr Vorkommen. Meist wird der Kot in Wassernähe abgesetzt, eine Ausnahme stellen die terrestrisch lebenden Schermäuse dar. Nick Baker erwähnt, dass beim Zerbrechen des Schermauskots hellgrüne konzentrische Kreise auffallen.
» **L** 0,7–1,2 cm » **D** 0,2–0,5 cm

Der Kambiumfraß einer Schermaus an Esche ist charakteristisch. Vledder, Niederlande. René Nauta.

Schermauskot kann auf Ästen oder Wurzeln an beliebten Fraßplätzen gefunden werden. Vledder, Niederlande. René Nauta.

ECHTE LEMMINGE, WALDLEMMINGE

Lemmus, Myopus

Die Tribus (Gattungsgruppe) der Lemini zählt zur Unterfamilie der Wühlmäuse und umfasst drei Gattungen, von denen hier exemplarisch der Berglemming (*Lemmus lemmus*) als häufigster Vertreter der Echten Lemminge und der Waldlemming (*Myopus schisticolor*) als einzige Art der Waldlemminge behandelt werden. Die Lemminge sind vor allem durch ihre etwa alle 3–5 Jahre auftretenden Massenvermehrungen und die darauf gelegentlich folgenden Massenwanderungen bekannt, auch wenn Waldlemminge deutlich weniger wanderfreudig sind als Berglemminge. Durch eine abrupte Populationszunahme kann es zu einer Nahrungsverknappung und in Folge dessen zu einer Massenwanderung kommen. Dabei entstehen teilweise riesige Züge von Lemmingen, bei denen die Tiere Flüsse und Seen durchschwimmen, um neue Siedlungsgebiete zu erschließen. Auch wenn es sich nicht um einen Tötungstrieb oder „Massenselbstmord" handelt, kommt es vor, dass Tiere beim Überqueren großer Seen ertrinken.

Berglemming
KRL 7–15 cm
Sl 1–2 cm
G 45–130 g

Waldlemming
KRL 8–12,5 cm
Sl 1–2 cm
G 18–45 g

Während der Wanderungen verhalten sich Berglemminge häufig auch untereinander aggressiv. Sie sind dafür bekannt, dass sie fauchend und quietschend selbst größere Gegner anspringen. Waldlemminge sind weniger aggressiv, was vermutlich mit der weniger ausgeprägten Massenvermehrung zusammenhängt. Berglemminge sind tag- und nachtaktiv, Waldlemminge nur nachtaktiv. Beide sind gute Schwimmer und sehr schnell. Zu ihren Feinden gehören Hermelin, Wolf, Braunbär, Vielfraß, Luchs, Rot- und Polarfuchs, Kolkrabe, Raubmöwen, Greifvögel und Eulen.

KENNZEICHEN » Kleine bis mittelgroße Wühlmäuse mit kurzen, teilweise von Fell verdeckten Ohren, kleinen Augen und einem sehr kurzen Stummelschwanz. Der Berglemming ist farbenprächtig, der Waldlemming aschgrau mit einer rötlichen bis rostbraunen Färbung am hinteren Rückenbereich. Der Waldlemming ist deutlich kleiner als der Berglemming. Die Geschlechter zeigen keinen Größenunterschied.

VERBREITUNG & LEBENSRAUM » Nordeuropa, Skandinavien mit Nordfinnland. Der Berglemming lebt vorwiegend in der Flechtenzone oberhalb der Baumgrenze und verbringt einen Großteil des Jahres unter der Schneedecke. Nach der Schneeschmelze werden für die recht kurze Sommerzeit Moore, Zwergstrauchheiden und bei Massenvermehrungen auch Birken- und Nadelwälder bewohnt. Der Waldlemming bevorzugt feuchte, moosreiche Fichtenwälder. Auch er wandert im Frühjahr in Moore mit Zwergsträuchern ein.

ERNÄHRUNG » Pflanzenfresser, die überwiegend Gräser und Moose, Binsen, Seggen und Baumrinde fressen, außerdem Beeren, Blüten und Pilze. Der Waldlemming legt im Herbst teils beachtliche Moosvorräte für den Winter an. Vom Berglemming ist keine Vorratshaltung bekannt.

FORTPFLANZUNG » Die Hauptpaarungszeit fällt auf den Sommer von Mai–August, es gibt jedoch auch Wintergeburten. Im Verlauf eines Jahres kommt es, nach einer Tragzeit von 20–21 Tagen, meist zu 3–5 Würfen mit jeweils 3–5 (bis 10) Jungen. Die Weibchen sind nach 3, die Männchen nach 5 Wochen geschlechtsreif. Zyklische Schwankungen in der Populationsdichte und Massenvermehrungen sind möglich, beim Waldlemming jedoch nur schwach ausgeprägt und eher selten. Die großen Populationen der Berglemminge brechen in der Regel zusammen. Einmalig beim Waldlemming ist das Vorkommen von Weibchen, die aufgrund eines speziellen Geschlechtschromosomensatzes nur Weibchen gebären können.

TRITTSIEGEL

Vorne

» **L** 0,8–1,5 cm » **B** 0,7–1,4 cm

Sehr klein. Sohlengänger. Asymmetrisch. 5 Zehen in klassischer Nagetierstruktur: Zehe 1 ist stark reduziert und nur selten sichtbar. Zehen 2 und 5 stehen leicht nach vorne und stark zu den Seiten gerichtet. Zehen 3 und 4 sind nach vorne gerichtet. Im hinteren Bereich des Trittsiegels können zwei weitere, hintere Mittelballen erkennbar sein. Die drei vorderen Mittelballen sind miteinander verwachsen und im Dreieck angeordnet. Beim Berglemming sind die Mittelballen von Haaren verdeckt, die Fußsohlen des Waldlemmings sind hingegen tendenziell weniger behaart. Die Krallen sind kräftig, spitz und unregelmäßig erkennbar. Martin Görner gibt an, dass beim Berglemming die Krallen der Vorderfüße länger als die der Hinterfüße sind, beim Waldlemming soll es sich andersherum verhalten (Görner & Hackethal 1987, Seite 199–200). Der Vorderfuß ist etwas kleiner als der Hinterfuß.

Hinten

» **L** 1,2–1,8 cm » **B** 1–1,5 cm

Klein. Sohlengänger. Leicht asymmetrisch. 5 Zehen in klassischer Nagetierstruktur: Zehen 1 und 5 zeigen gerade zu den Seiten. Zehen 2–4 stehen meist nach vorne gerichtet, aufgereiht und nahezu parallel zueinander. Die vorderen Mittelballen sind zu einem Mittelfußballen zusammengewachsen. Im Trittsiegel sind meist drei zusammenstehende, ähnlich große und ein vierter, kleinerer und leicht versetzter Mittelballen erkennbar. Selten sind im hinteren Bereich des Trittsiegels zwei weitere, hintere Mittelballen erkennbar, von denen der T-Ballen weiter hinten als der außen liegende H-Ballen sitzt. Der Hinterfuß ist etwas größer als der Vorderfuß. Die Krallen sind kräftig, spitz und unregelmäßig erkennbar.

Geringe Datenbasis.

GANGARTEN

Lemminge bewegen sich überwiegend und vor allem über längere Strecken im Schritt oder Trab fort. Dabei ist ein relativ starkes „Schlängeln“ charakteristisch. Sprung oder Galopp kommen mit Ausnahme der Flucht vor Gefahr eher selten vor. Da Lemminge die meiste Zeit des Jahres unter der Schneedecke verbringen, sind ihre Spuren selten zu finden. Ein Schwanzabdruck ist in der Regel nicht zu erkennen. Die Wechsel verbinden hauptsächlich Eingangslöcher ihrer Tunnelsysteme.

Ähnliche Trittsiegel

Die Trittsiegel der Lemminge ähneln denen der Feldmäuse, haben jedoch deutlich kräftigere Krallenabdrücke.

ZEICHEN

EINGANGSLÖCHER & TUNNELSYSTEME » Berglemminge graben ein Netz offener Laufgänge an der Erdoberfläche oder unter dem Schnee. Nach der Schneeschmelze bleiben diese Tunnelsysteme meist offen sichtbar zurück. Waldlemminge legen ihr Gangsystem in den dicken Moospolstern der Wälder an. Eingangslöcher sind in der Regel von Vegetation befreit und haben einen Durchmesser von 3–6 cm.

NESTER » Im Sommer bauen Lemminge ihre Nester aus Gras und Moos in kurze, unterirdische Gänge. Die Nester haben einen Durchmesser von etwa 15–18 cm. Im Winter werden sie an der Erdoberfläche, unter dem Schnee oder zwischen Steinen und hohlen Baumstümpfen angelegt. Die Winternester sind etwas größer und haben einen Durchmesser von 20–30 cm. Nach der Schneeschmelze können die alten Nester ein auffälliges Zeichen sein.

FRAẞSPUREN » Waldlemminge sind für das Abfressen der obersten Moosschichten bekannt, welches an hellen Flecken im Moos erkennbar ist. Häufig wird Nahrung an sichere Orte, etwas unter Baumwurzeln oder Steine, getragen und dort verspeist. An beliebten Fraßplätzen entstehen, ähnlich wie bei Schermäusen, charakteristische Ansammlungen von Stängelüberresten und der Losung der Tiere.

KAMBIUMFRAẞ » Ähnlich wie Feldmäuse hinterlassen Lemminge Fraßspuren an Rinde (Seite 302).

KOT » Die Losung ähnelt der von Feld- und Schermäusen (Seite 303). Wühlmaustypisch können gemeinsam genutzte Latrinen sowie größere Kotansammlungen in Gängen und an markanten Plätzen wie Fraßstellen gefunden werden.
» **L** 6–9 mm » **D** 3 mm

FELDMÄUSE

Microtus

Die Gattung der Feldmäuse (*Microtus*) beinhaltet die meisten Arten innerhalb der Unterfamilie der Wühlmäuse und ist am stärksten und weitesten verbreitet. Im Gebiet kommen 16 Feldmausarten vor. Beispielhaft werden die Erdmaus (*Microtus agrestis*) und die Feldmaus (*Microtus arvalis*) behandelt. Die anderen Vertreter der Feldmäuse sind in ihren Merkmalen und ihrer Lebensweise den hier behandelten Arten ähnlich, die Maße fallen meist in vergleichbare Bereiche. Die Artbestimmung ist selbst bei Sichtung eines Individuums sehr schwierig bis unmöglich und fährtenlesend gibt es selten die Möglichkeit, verschiedene Feldmausarten zu unterscheiden. Gelegentlich können die Erd- und Feldmaus anhand ihrer verschiedenen Lebensräume unterschieden werden. Die Aktivität der Feldmausarten ist oft ganztägig verteilt und wird mehrmals von ungleichmäßigen Schlafphasen unterbrochen (polyphasisch aktiv). Im Winter sind die Tiere häufig tagaktiv. Sie können gut schwimmen und verfügen über einen besonders gut ausgeprägten Tastsinn. Die meisten Arten leben gesellig in Kolonien und vorwiegend unterirdisch in komplexen Erdbauen. Die Weibchen können Nestgemeinschaften bilden. Feinde sind Hauskatze, Mauswiesel, Hermelin, Marder, Mink, Iltis, Fuchs, Wildschwein, Eulen, Greifvögel, Störche, Reiher und Kreuzotter.

KRL 8–14 cm
Sl 2–5,5 cm
(etwa ein Drittel KRL)
G 12–75 g

TRITTSIEGEL

Vorne

» **L** 0,7–1,4 cm » **B** 0,7–1,4 cm

Sehr klein. Sohlengänger. Asymmetrisch. 5 Zehen in klassischer Nagetierstruktur: Zehe 1 ist stark reduziert und nur sehr selten sichtbar. Zehen 2 und 5 stehen leicht nach vorne und meist stark zu den Seiten gerichtet. Sie können wie eine gerade, horizontal durch das Trittsiegel verlaufende Linie wirken. Der Abdruck der Zehenballen 2 und 5 liegt in der Regel vor den 3 verwachsenen vorderen Mittelballen, die im Dreieck angeordnet sind. Zehen 3 und 4 sind schräg nach vorne gerichtet und laufen an dem vordersten Mittelballen zusammen, sodass sie eine V-Form zeigen können. Zehen 2–5 sind schlank und können gerippt erscheinen. Im hinteren Bereich des Trittsiegels sind selten zwei weitere, hintere Mittelballen erkennbar, die im Vergleich zu Waldmäusen (*Apodemus* spp.) deutlicher hinter den vorderen Mittelballen liegen. Die Krallen sind lang, fein und spitz, jedoch unregelmäßig abgedrückt. Falls erkennbar, befinden sich ihre Abdrücke im Vergleich zu Waldmäusen deutlich weiter vorne. Der Vorderfuß ist nur marginal kleiner und bei einigen Arten fast gleich groß wie der Hinterfuß.

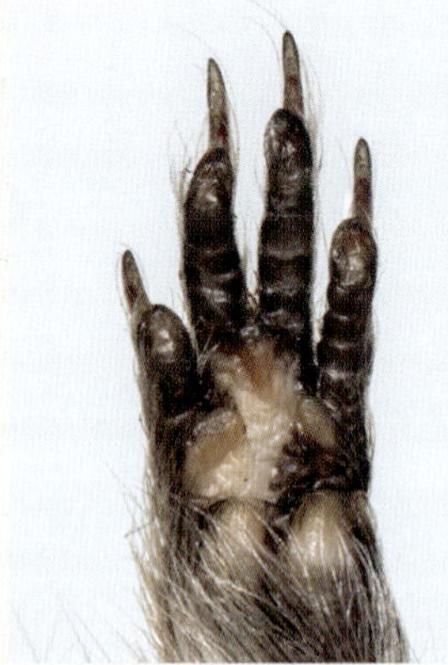

Feldmaus, rechts vorne. Ennstal, Österreich. Stefan Resch.

Feldmaus, rechts hinten. Ennstal, Österreich. Stefan Resch.

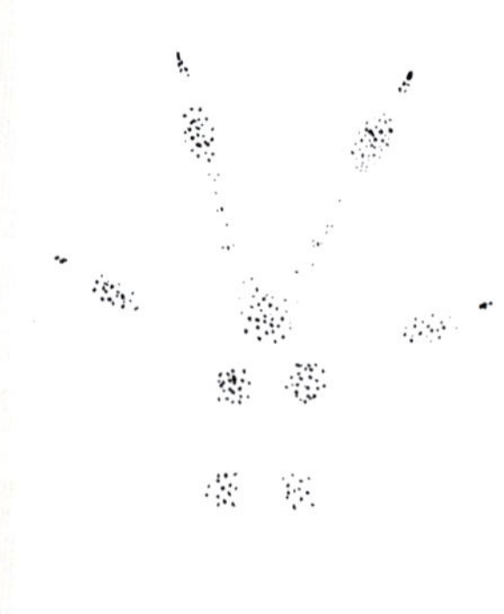

Feldmaus, rechts vorne.

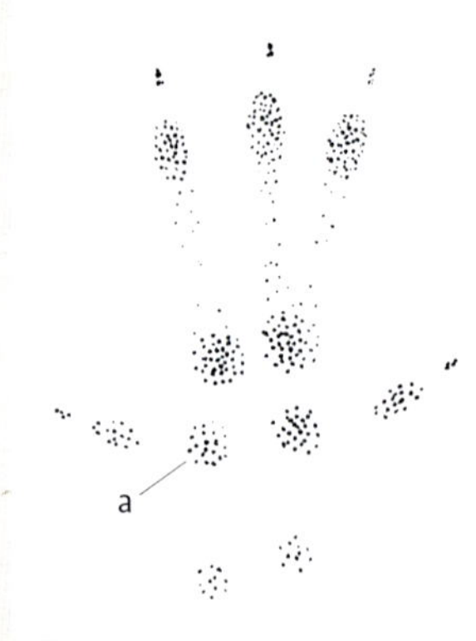

Feldmaus, rechts hinten.

Feldmaus, rechts vorne (links), und rechts hinten (rechts). Nationalpark Elbtalaue, Deutschland.

Hinten

» **L** 0,8–1,4 (bis 1,7) cm » **B** 0,7–1,5 cm

Sehr klein bis klein. Sohlengänger. Leicht asymmetrisch. 5 Zehen in klassischer Nagetierstruktur: Zehen 1 und 5 zeigen gerade zu den Seiten. Zehen 2–4 sind schlank, oft gerippt und stehen meist nach vorne gerichtet, aufgereiht und nahezu parallel zueinander. In der Regel wirken sie durchgehend mit dem Mittelfußballen verbunden. Die vorderen Mittelballen sind zu einem Mittelfußballen zusammengewachsen. Im Trittsiegel sind dennoch meist drei zusammenstehende, ähnlich große und ein vierter, kleinerer und leicht versetzter Mittelballen erkennbar ⓐ. Selten sind im hinteren Bereich des Trittsiegels zwei weitere, hintere Mittelballen erkennbar, wovon der innere T-Ballen weiter hinten sitzt als der äußere H-Ballen. Der Hinterfuß ist nur marginal größer als der Vorderfuß. Die feinen, spitzen Krallen sind etwas kürzer als am Vorderfuß und unregelmäßig erkennbar.

GANGARTEN

Im Gegensatz zu Wald- und Rötelmäusen klettern Feldmäuse kaum und dann nicht hoch. Außerdem bewegen sie sich überwiegend und oft auch über längere Strecken im Schritt oder Trab fort. Eher selten springen sie über längere Strecken. Im Schnee bewegen sie sich oft zwischen Vegetation und Schneedecke fort, wodurch charakteristische Tunnel entstehen.

Schritt und Trab
Schrittlänge: 5,2–14 cm
Spurbreite: 2,2–4,8 cm

Parallelsprung
Gruppenlänge: 3,5–5,5 cm
Zwischengruppenlänge: 8–18,5 cm
Schrittlänge: 11–24 cm
Spurbreite: 3–5 cm

Ähnliche Trittsiegel

Auf den ersten Blick können die Trittsiegel mit denen aller kleinen Mäuse verwechselt werden. Eine genauere Untersuchung und deutliche Abdrücke ermöglichen gelegentlich eine Unterscheidung zwischen den Gattungen der Feld-, Haus-, Wald- und Rötelmäuse (Seite 330). Die Abdrücke kleinerer Feldmausarten können auch mit denen von Spitzmäusen verwechselt werden.

Fuß-in-Fuß-Trab einer Feldmaus (*Microtus* spp.). Lausitz, Deutschland.

Fuß-in-Fuß-Trab.

Kompletter Parallelsprung.

KENNZEICHEN » Kleine bis mittelgroße Wühlmäuse mit kurzen, teilweise von Fell verdeckten Ohren und einem kurzen, behaarten Schwanz. Die Nordische Wühlmaus (*Microtus oeconomus*) ist die größte Feldmausart Europas. Sie kann ein Gewicht von bis zu 90 g und eine KRL von 16 cm erreichen. Die Feldmaus ist etwas kleiner als die Erdmaus.

VERBREITUNG & LEBENSRAUM » Erd- und Feldmaus leben in Nord- und Mitteleuropa, jedoch fehlt die Feldmaus in England und Skandinavien. Die Erdmaus ist in der Wahl ihres Lebensraums sehr anpassungsfähig, bevorzugt werden feuchte Wälder und Wiesen, Moore, Sümpfe, Weiden, Seggen- und Binsenbestände. Die Feldmaus, Europas häufigste Wühlmaus, meidet gewöhnlich Feuchtgebiete und dichtere Wälder. Sie bevorzugt Gärten, Felder, Wegränder und offenes Grasland.

ERNÄHRUNG » Fast ausschließliche Pflanzenfresser. Überwiegend Samen, Kräuter, Binsen, grüne Pflanzenteile, Gräser und Wurzeln. Im Winter wird vermehrt Baumrinde gefressen, wodurch es zu Schäden im Forst kommen kann. Bei der Feldmaus kommen zusätzlich Feldfrüchte wie Kartoffeln oder Getreide hinzu. Die Feldmaus legt Vorräte an. Insekten können phasenweise einen wichtigen Bestandteil der Ernährung ausmachen.

Das frisch gegrabene Eingangsloch einer Feldmaus. Lausitz, Deutschland.

FORTPFLANZUNG » Die Paarungszeit reicht in der Regel von Februar–November. Gewöhnlich kommt es zu 2–6 Würfen mit je 3–8 (bis 13) Jungen. Zyklische Schwankungen in der Populationsdichte und Massenvermehrungen sind möglich. Teilweise treten diese beinahe zyklisch alle 3–4 Jahre auf. Nach einer Tragzeit von 19–21 Tagen werden die Jungen nackt und blind geboren. Nach zwei bis sieben Wochen sind die Tiere geschlechtsreif.

ZEICHEN

EINGANGSLÖCHER & TUNNELSYSTEME » Die Eingangslöcher haben gewöhnlich einen Durchmesser von 2,5–3,5 cm. Im Gegensatz zu Wald- und Gelbhalsmäusen ist der Auswurf gering und um das Loch verstreut. Wühlmaustypisch graben Feldmausarten mit ihren Vorderfüßen und schieben die anfallende Erde unter ihrem Bauch zu den Hinterbeinen, mit denen das Material weiterbefördert wird. Dabei bewegen sich die Tiere stets in Richtung Ziel, wodurch die lose Erde zusätzlich gefestigt wird (Dieterlen 2005). Eingangslöcher sind oft mit deutlichen Wechseln verbunden, die durch das Wegfressen der vorhandenen Vegetation gekennzeichnet sind (Jenrich et al. 2010). Ausgeprägte Tunnelsysteme unter Grasnarben, auf Wiesen und Feldern sind charakteristisch und die häufigsten Zeichen dieser Gattung. Die Wechsel sind gewöhnlich unter Vegetation verborgen. Sie verbinden Eingangslöcher mit Fraßplätzen und werden sorgfältig instand gehalten. Ansammlungen abgeknipster Stängel sowie Latrinen sind oft entlang dieser Wechsel zu finden. Nach der Schneeschmelze bleiben diese Tunnelsysteme meist offen sichtbar zurück und können einen faszinierenden Einblick in den Mikrokosmos der Feldmäuse bieten.

Verfolgen wir ihre Wechsel, können wir Fraßplätze, Latrinen und Aussichtspunkte entdecken. Spessart, Deutschland. ≫

≪ Unter der Vegetation auf Wiesen sind oft Feldmaustunnel verborgen. Spessart, Deutschland.

≈ Ein großer Feldmausbau. Kleingärtnern sind die Tunnel meist bekannt. Lausitz, Deutschland.

BAUE & NESTER » Gewöhnlich graben Feldmäuse ihre eigenen, flachen Baue in 20–40 cm Tiefe. Die Baue haben mehrere Ausgänge und verfügen oft über ein weitverzweigtes Netz von Tunneln. Diese Gangsysteme verlaufen in der Regel dicht unter der Erdoberfläche. In den Tunneln werden Nester und teilweise Vorratslager angelegt.
Die kugelförmigen Nester bestehen aus trockenem, zerbissenem Gras und haben einen Durchmesser von bis zu 20 cm. Bei einer geschlossenen Schneedecke werden sie auch unter dem Schnee an der Erdoberfläche angelegt.

FRAẞSPUREN » Die Fraßspuren von Feldmäusen können denen von Waldmäusen ähneln. Samen wirken eher feinsäuberlich abgenagt, anstatt grob zerfasert wie bei Eichhörnchen oder Ratten. Häufig wird die Nahrung an sichere Orte, etwa unter Baumwurzeln oder Steine, getragen und dort verspeist. Sorgfältig abgeschnittene Gras-, Seggen und Binsenstängel sind meist in 2,5–5,5 cm lange Teile unterteilt. An beliebten Fraßplätzen entstehen, ähnlich wie bei Schermäusen, charakteristische Ansammlungen dieser Stängelüberreste und von dem Kot der Tiere.

KAMBIUMFRAẞ » Wie Rötelmäuse nagen Feldmäuse häufig und vorwiegend im Winter an der Rinde von Wurzeln, Ästen und Zweigen, um an das nahrhafte Kambium zu gelangen. Am Boden eines so benagten Baumes kann stammnah eine dicke Schicht der äußeren und von den Tieren nicht verwertbaren Rinde gefunden werden. Im Gegensatz zu Rötelmäusen klettern Feldmäuse selten und nicht hoch. Die von ihnen entrindeten Stellen befinden sich gewöhnlich in den unteren Bereichen des Baumes in bis zu 10–15 cm Höhe. Laubbäume werden bevorzugt, der Kambiumfraß kann jedoch auch an Nadelbäumen mit weicher Rinde vorkommen. Die von den Nagezähnen des Oberkiefers hinterlassenen Zahnfurchen sind insgesamt 1,4–2,3 mm breit.

KOT » Kotpillen mit stumpfen, abgerundeten Enden, die in Größe und Form an ein Reiskorn erinnern. Insgesamt dem Schermauskot sehr ähnlich, jedoch deutlich kleiner. Erdmauskot wirkt dicklich (D meist > 1,7 mm). In den Kotansammlungen werden regelmäßig auch dünnere Kotpillen gefunden, die allerdings keine Differenzierung erlauben. Die Farbe variiert von Dunkelgrün bis Schwärzlich. Im Sommer besteht die Losung tendenziell eher aus grünen Pflanzenteilen, sodass eine grüne Farbe häufig ist. Im Winter ist sie oft bräunlicher. Den Kot setzen Feldmäuse meist in Latrinen an Fraßplätzen oder in Kotkammern innerhalb ihres Gangsystems ab. Nach der Schneeschmelze führen Feldmaustunnel häufig offen sichtbar durch Wiesen. Kotkammern entlang der Wechsel sind ein eindeutiges Zeichen für die Gattung der Feldmäuse.

Feldmaus » **L** 2,2–6,2 mm » **D** 1–1,8 mm
Erdmaus » **L** 5–7,7 mm » **D** 1,5–2,4 mm
Rötelmaus » **L** 2,5–7 mm » **D** 0,8–1,8 mm

Die sorgfältig abgenagten Samen sind das Werk einer Feldmaus. Nationalpark Elbtalaue, Deutschland.

Kambiumfraß einer Erdmaus. Die Zahnfurchen sind etwa halb so breit wie die einer Schermaus. Jetzendorf, Deutschland.

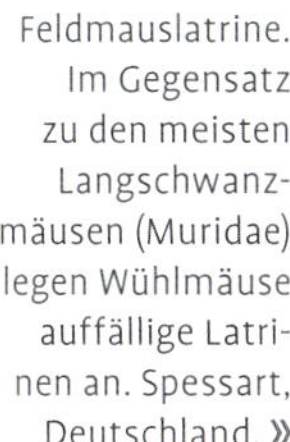

Feldmauslatrine. Im Gegensatz zu den meisten Langschwanzmäusen (Muridae) legen Wühlmäuse auffällige Latrinen an. Spessart, Deutschland.

Kot einer Nordischen Wühlmaus (*Microtus oeconomus*). Längliche Kotpillen mit abgerundeten Enden, gleichmäßiger Form und raufaseriger Oberfläche sind für Wühlmäuse typisch. Årjäng, Schweden.

RÖTELMÄUSE

Clethrionomys

KRL 5,6–13 cm
Sl 3–7 cm
(etwa 50 % KRL)
G 9,5–40 g

Zur Gattung der Rötelmäuse gehören 12 Arten, von denen 3 in Europa vorkommen: Die Rötelmaus (*Clethrionomys glareolus*), die Graurötelmaus (*C. rufocanus*) und die Polarrötelmaus (*C. rutilus*). Als repräsentativer Vertreter dieser Gattung wird hier die Rötelmaus behandelt. Ein Synonym für den Gattungsnamen ist *Myodes*. Rötelmäuse sind mittelgroße Wühlmäuse mit gut sichtbaren Ohren und relativ großen Augen. Ihr Rückenfell ist meist rötlich (namensgebend). Die Tiere sind ganzjährig sowohl am Tage als auch des Nachts aktiv, sie können gut klettern und leben fast ausschließlich in Wäldern. Gewöhnlich errichten sie keine ausgeprägten Gangsysteme wie die Feldmäuse (*Microtus* spp.). Sie ziehen es vor, sich im Schutz von Laub und heruntergefallenen Ästen zu bewegen. Ihre Orientierungsfähigkeit ist hervorragend. Sie wandern oft 600 m lange Strecken und Experimente konnten belegen, dass sie selbst aus einer Entfernung von über 700 m wieder zu ihrem Neststandort zurückfinden. Diese besondere Orientierungsfähigkeit steigt mit Alter und Erfahrung (Gipps 1985). Feinde wie bei den Feldmäusen.

KENNZEICHEN » Mittelgroße Wühlmäuse mit etwas längerem Schwanz als die Feldmausarten und meist rötlich getöntem Rückenfell. Der Erdmaus ähnlich, jedoch mit deutlicherem Farbwechsel zum Bauch sowie mit größeren Ohren. Die Graurötelmaus ist etwas größer, die Polarrötelmaus etwas kleiner als die Rötelmaus. Populationen verschiedener Regionen zeigen Größen- und Gewichtsunterschiede von bis zu 300 %.

Die Polarrötelmaus klettert häufig auch hoch oben in Bäumen, in Lappland wird sie deswegen „Eichhörnchenmaus" genannt.

VERBREITUNG & LEBENSRAUM » Die Rötelmaus ist außer auf den Mittelmeerinseln fast in ganz Europa verbreitet und gehört zu den häufigsten Säugetieren Europas. Grau- und Polarrötelmaus kommen in Skandinavien vor, die Verbreitung der Polarrötelmaus beginnt weiter nördlich. Die Rötelmaus bevorzugt feucht-nasse Laub- und Mischwälder sowie Erlenbrüche. Sie bewohnt allerdings auch Gärten, Parks und Hecken. Die Graurötelmaus bewohnt felsigere Gegenden der Taigawaldzone und subpolare Birkenwälder. Die Polarrötelmaus lebt in subarktischen Birkenwäldern und kommt auch in Nadelwäldern vor. Beide fehlen in der reinen Flechtentundra. Verglichen mit anderen Wühlmäusen graben Rötelmäuse wenig in der Erde und brauchen eine Gras-, Laub- oder Moosschicht für ihre Laufgänge. Feuchte Biotope werden gegenüber trockenen bevorzugt.

ERNÄHRUNG » Unterirdische Teile von Pilzen, Trüffeln und Wurzeln. Außerdem je nach Verfügbarkeit Gräser, Moose, Flechten, Kräuter, Blätter, Früchte und Samen wie Nüsse und Bucheckern. Häufig wird auch tierische Kost in Form von Insekten, Schnecken und Würmern gefressen. Im Herbst legt die Rötelmaus geringe Vorräte an Nüssen, Eicheln, Bucheckern und dergleichen in Erdlöchern und hohlen Bäumen an. Möglicherweise zeigen Grau- und Polarrötelmäuse ein ähnliches Verhalten. Im Winter wird verstärkt auch Baumrinde gefressen, zum Beispiel vom Holunder.

FORTPFLANZUNG » Die Paarungszeit ist regionsabhängig und fällt gewöhnlich auf den Sommer. Während der Fortpflanzungsperiode verhalten sich die Weibchen territorial. Von März–September, meist Mai–August und nur selten im Winter, kommt es zu 3–7 Würfen mit je 4–6 (bis 11) Jungen. Nach einer Tragzeit von 17–23 Tagen werden die Jungen nackt und blind geboren. Nach 4–9 Wochen sind die Tiere geschlechtsreif. Weibchen aus den ersten Würfen beteiligen sich meist noch an der Fortpflanzung desselben Jahres. Bei der Grau- und Polarrötelmaus kommt es alle 4–6 Jahre zu zyklischen Massenvermehrungen.

TRITTSIEGEL

Vorne

» **L** 0,8–1,2 cm » **B** 0,7–1,4 cm

Sehr klein. Sohlengänger. Leicht asymmetrisch. 5 Zehen in klassischer Nagetierstruktur: Zehe 1 ist stark reduziert und selten sichtbar. Ohne den Abdruck von Zehe 1 kann das Trittsiegel auffallend symmetrisch erscheinen. Zehen 2 und 5 stehen leicht nach vorne und sind meist stark zu den Seiten gerichtet. Der Abdruck der Zehenballen 2 und 5 liegt in der Regel vor den 3 verwachsenen vorderen Mittelballen, die im Dreieck angeordnet sind. Zehen 3 und 4 sind schräg nach vorne gerichtet und laufen an dem vordersten Mittelballen zusammen, sodass sie gelegentlich eine V-Form bilden. Zehen 2–5 sind eher kurz, breit und im Vergleich zu Feldmäusen (*Microtus* spp.) mit kräftigen Zehenballen versehen, die eine Adaption für das Klettern darstellen. Im hinteren Bereich des Trittsiegels sind selten zwei weitere, nahezu auf einer horizontalen Linie nebeneinander angeordnete, hintere Mittelballen erkennbar. Ohne den Abdruck der hinteren Mittelballen besitzt das Trittsiegel einen auffällig rundlichen Charakter. Die Krallen sind fein, spitz, eher kurz und unregelmäßig abgedrückt. Der Vorderfuß ist nur wenig kleiner und bei einigen Arten fast genauso groß wie der Hinterfuß.

Hinten

» **L** 1–1,4 cm » **B** 0,7–1,5 cm

Sehr klein bis klein. Sohlengänger. Leicht asymmetrisch. 5 Zehen in

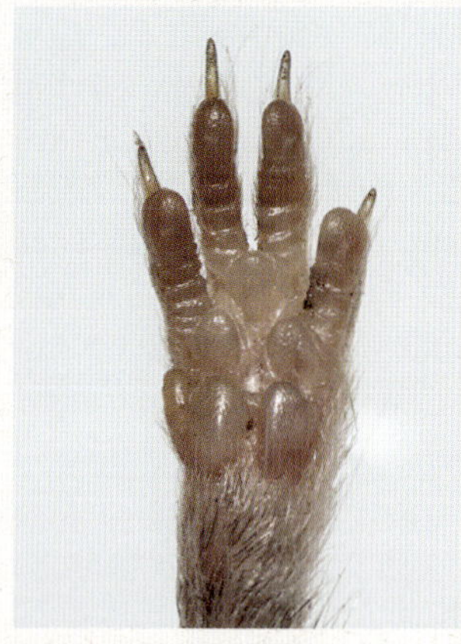

≈ Rötelmaus, links vorne. Ennstal, Österreich. Stefan Resch.

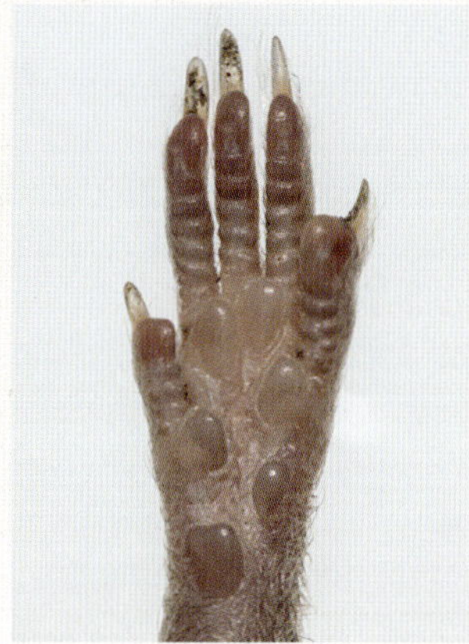

≈ Rötelmaus, links hinten. Ennstal, Österreich. Stefan Resch.

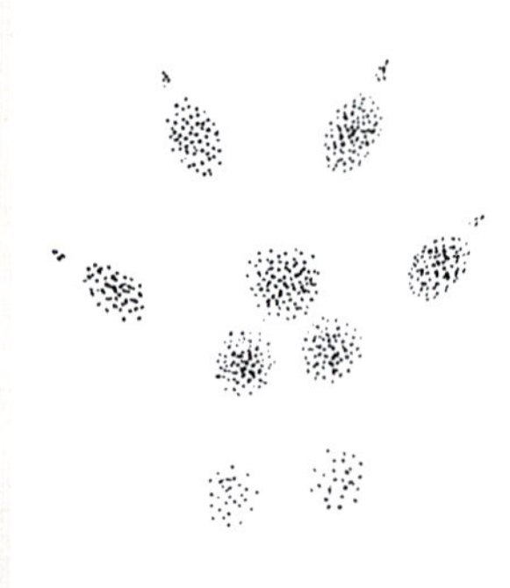

≈ Links vorne.

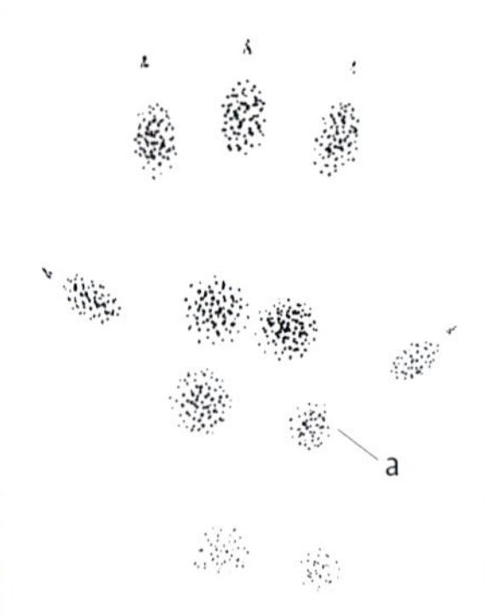

≈ Links hinten.

≈ Links vorne. Bielefeld, Deutschland. Ulrike Quartier.

≈ Links hinten. Bielefeld, Deutschland. Ulrike Quartier.

klassischer Nagetierstruktur: Zehen 1 und 5 zeigen gerade zu den Seiten. Zehen 2–4 sind nach vorne gerichtet, aufgereiht und stehen nahezu parallel zueinander. Sie sind außerdem eher kurz, relativ breit und im Vergleich zu Feldmäusen mit kräftigen Zehenballen versehen, die eine Adaptation für das Klettern darstellen. Meist erscheinen die Zehenballen vom Mittelfußballen abgesetzt. Die vorderen Mittelballen sind zu einem Mittelfußballen zusammengewachsen. Im Trittsiegel sind dennoch meist drei zusammenstehende, ähnlich große und ein vierter, kleinerer und leicht versetzter Mittelballen erkennbar ⓐ. Selten sind im hinteren Bereich des Trittsiegels zwei weitere, hintere Mittelballen zu sehen, wovon der innere T-Ballen weiter hinten sitzt als der äußere H-Ballen. Der Hinterfuß ist nur marginal größer als der Vorderfuß. Die Krallen sind fein, spitz, relativ kurz und unregelmäßig abgedrückt.

GANGARTEN

Im Gegensatz zu Waldmäusen (*Apodemus* spp.) bewegen sich Rötelmäuse oft auch über längere Strecken im Schritt oder Trab fort. Sie springen häufig im Zwei- und Dreisprung über die Laub-, Moos- oder Schneedecke. Laufgänge befinden sich in der Laub- und Moosschicht oder flach in der Erde. Liegt Schnee, bewegen sich Rötelmäuse oft darunter fort und es entstehen typische Tunnel. Die Maße sind mit denen der Feldmäuse identisch (Seite 299).

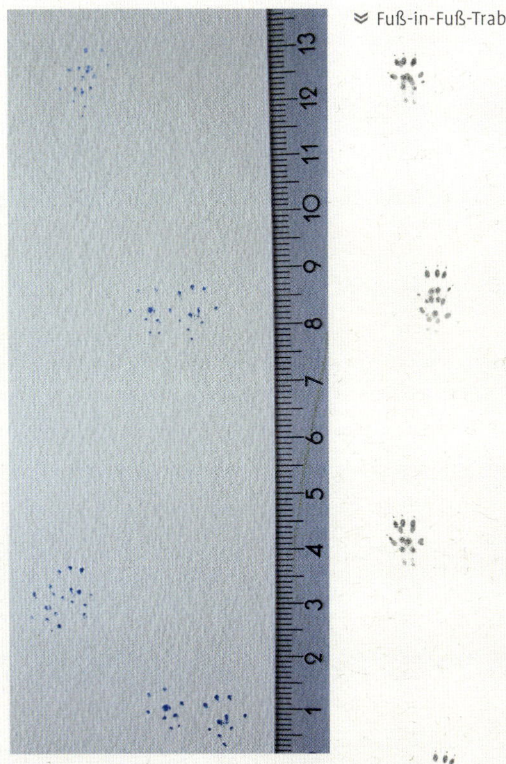

≈ Rötelmaus im Schritt.
Bielefeld, Deutschland. Ulrike Quartier.

≈ Fuß-in-Fuß-Trab.

≈ Parallelsprung.

Ähnliche Trittsiegel

Auf den ersten Blick können die Trittsiegel mit denen aller kleinen Mäuse verwechselt werden. Eine genauere Untersuchung und deutliche Abdrücke können gelegentlich eine Unterscheidung zwischen den Gattungen Feld-, Haus-, Wald-, und Rötelmäuse ermöglichen (Seite 330).

ZEICHEN

NESTER » Kugelförmige Nester aus Blättern, Moosen, Rindenfaser und Gräsern von etwa 8–15 cm Durchmesser. Das Nest wird gewöhnlich am Boden in Hohlräumen, unter Steinen und in Reisighaufen oder Baumstümpfen errichtet. Oft liegt es auch unterirdisch in einer Tiefe von bis zu 45 cm verborgen. Selten auch über dem Boden in Bäumen zu finden.

FRAẞSPUREN » Die Fraßspuren von Rötelmäusen sind denen von Wald- und Feldmäusen sehr ähnlich. Auch Samen werden feinsäuberlich abgenagt und nicht grob zerfasert wie bei Eichhörnchen oder Ratten. Der Zapfenfraß der Rötelmäuse gleicht dem der Waldmäuse (Seite 164). Im Gegensatz zu den Feldmausarten ernähren sich Rötelmäuse stärker von tierischer Kost. Sie öffnen Schneckenhäuser meist sorgfältig von oben und fressen sich dem Gewinde des Gehäuses folgend nach unten. Die untere Gehäusemündung bleibt gewöhnlich erhalten, vermutlich da die Mäuse den Rest der Schnecke herausziehen (Brown 1985).

Fraßplatz einer Rötelmaus. Hier wurden Schnecken verspeist. Lausitz, Deutschland. ︾

≈ Die sorgfältig von oben geöffneten Schneckengehäuse sind typisch für Rötelmäuse. Jetzendorf, Deutschland. Laura Gärtner.

≈ Charakteristisches Verhalten: Diesen schwarzen Baumpilz haben Rötelmäuse abgeschabt. West Sussex, England.

Dies ist ein deutlicher Unterschied zu den meist an der Mündung geöffneten Schneckenhäusern der Waldmäuse (Seite 321) oder den zertrümmerten Schneckenhäusern einer Drosselschmiede (Seite 712). Häufig wird die Artbestimmung erst zusammen mit anderen Zeichen wie Markierungen, Kot oder Trittsiegeln möglich.

KAMBIUMFRAß » Wie Feldmäuse nagen Rötelmäuse häufig und vorwiegend im Winter an der Rinde von Ästen und Zweigen, um an das nahrhafte Kambium zu gelangen. Außerhalb des Winters tritt das Rindennagen überwiegend bei begrenztem Nahrungsangebot auf, zum Beispiel in forstwirtschaftlichen Reinbeständen. Am Boden eines benagten Baums kann stammnah eine dicke Schicht der äußeren, von den Tieren nicht verwertbaren Rinde gefunden werden. Rötelmäuse beginnen das Nagen meist sitzend in den Astansätzen und fressen von dort aus das Kambium des Stamms und der umliegenden, sich verjüngenden Äste. Die so entrindeten Stellen befinden sich gewöhnlich in höheren Bereichen des Baumes und zeigen auffällige, helle Holzstellen. Holunder und andere Laubbäume werden bevorzugt, der Kambiumfraß kommt jedoch auch an Tannen, Fichten und anderen Nadelbäumen vor. Bäume mit weicher Rinde scheinen bevorzugt zu werden. Obgleich auch solche mit einem Stammdurchmesser von 20–30 cm benagt werden, sind geringere Durchmesser von 2–15 cm typisch. Die von den Nagezähnen des Oberkiefers hinterlassenen Zahnfurchen sind insgesamt 1,5–2 mm breit.

« Rindennagen einer Rötelmaus. West Sussex, England.

HASELNUSSFRASS » Die Tiere stützen die Haselnuss gewöhnlich am Boden ab und halten sie mit ihren Vorderfüßen fest. Durch ein rasches Nagen mit den unteren Schneidezähnen wird die erste Öffnung in die Schale gefressen. Anschließend steckt die Rötelmaus ihren Oberkiefer in das Nussinnere und beginnt mit den unteren Schneidezähnen auf der körperzugewandten Seite der Haselnuss von außen nach innen zu nagen. Währenddessen dreht sie die Nuss mit ihren Vorderfüßen, sodass sich das Loch allmählich vergrößert. Im Gegensatz zur Waldmaus befinden sich die Marken der oberen Schneidezähne an der Schaleninnenseite und sind selten erkennbar. Bis auf wenige lokale

⌃ Der geschützte Fraßplatz einer Rötelmaus, unter einem umgestürzten Baumstamm. West Sussex, England.

Zahnfurchen, die vom ersten Öffnen der Nuss durch die unteren Schneidezähne stammen, bleiben kaum Zahnspuren an der Schalenaußenseite zurück. Die Lochkante wirkt gleichmäßig bearbeitet und ist von feinen Furchen durchzogen (Seite 165).

≈ Die typisch gleichmäßige Walzenform sagt uns: Hier handelt es sich um Wühlmauskot. Die Position auf einem Ast in dieser Höhe spricht für eine Rötelmaus. West Sussex, England.

NAHRUNGSDEPOTS » Die Rötelmaus sammelt Vorräte für den Winter. Eicheln, Bucheckern, Nüsse und Kerne werden in kleinen Erdlöchern und hohlen Bäumen deponiert und manchmal mit Blättern zugedeckt. Eine auffällige Fraß- und Grabspur entsteht, wenn diese Nahrungsvorräte ausgegraben werden. Dabei bleiben häufig kleine, flache, meist rechteckige Bodenlöcher mit umliegenden Schalenresten zurück. Wird ein solches Nahrungsdepot nicht geleert, können die darin liegenden Samen keimen. Aus Bucheckern erwachsen besonders dicht stehende Buchen, die man Mäusebuchen nennt.

KOT » Siehe Feldmauskot (Seite 303).
» **L** 2,5–7 mm » **D** 0,8–1,8 mm

Achtung Hantavirus!
Die Rötelmaus ist Überträger des Puumalavirus (Hantavirus). Die Ansteckung erfolgt vorwiegend über den Kot der Tiere. Der Virus hält sich darin mehrere Wochen und wird häufig während des Putzens von Scheunen und Hütten oder bei Forstarbeiten mit dem Staub eingeatmet. Zwar ist der in Europa vorkommende Hantavirus weniger gefährlich als jener in den USA, er sollte aber nicht unterschätzt werden. So zeigen sich nach einer Inkubationszeit von 2–4 Wochen bei einem Drittel der Infizierten grippeähnliche Symptome mit hohem Fieber. Bei rund der Hälfte dieser Patienten treten in der Folge Nierenfunktionsstörungen auf. Diese Komplikationen gelten als potenziell gefährlich und führen in 0,2 % der Fälle zum Tod. Im Allgemeinen hinterlässt die Krankheit keine bleibenden Schäden und gilt laut Robert-Koch-Institut als gut heilbar. Treffen Sie die nötigen Schutzmaßnahmen, falls sich der Kontakt mit Rötelmauskot nicht vermeiden lässt.

FELDHAMSTER

Cricetus cricetus

KRL 17–30 cm
Sl 3–7 cm
G 150–650 (bis 1 000) g

Der Feldhamster ist die einzige Art aus der Gattung *Cricetus*. Er verbringt einen Großteil seines Lebens unter der Erde, lebt solitär und verhält sich sehr territorial. Jedes Tier hat seinen eigenen, selbst gegrabenen Bau, der auch gegen Artgenossen vehement verteidigt wird. Sechs Monate im Jahr verbringen Feldhamster darin schlafend. Aus diesem Winterschlaf erwachen sie unregelmäßig alle 1–2 Wochen, um Kot auszuscheiden und von ihren Nahrungsvorräten zu fressen. Diese Vorräte legt der Feldhamster im Spätsommer und Herbst an. Er nutzt dabei seine Hamsterbacken, in denen er große Nahrungsmengen verstauen und zu seinem Bau transportieren kann. Der deutsche Begriff „Hamstern" ist auf die ausgeprägte Vorratshaltung der Tiere zurückzuführen. In der Regel werden 2–3 kg Nahrungsvorräte angelegt, in seltenen Fällen bis zu 15 kg und mehr. Diese Vorräte werden im

Lauf des Winters aufgebraucht. Durch den Winterschlaf verliert der Feldhamster 20–30 % seines Körpergewichts. Er ist überwiegend dämmerungs- und nachtaktiv, kann aber auch am Tag angetroffen werden. Sein Tastsinn ist besonders gut ausgeprägt. Der Feldhamster ist wendig, schnell und kann gut springen und klettern. Er gilt als sehr wehrhaft und greift bei Gefahr auch größere Tiere und sogar Menschen an. Bei Auseinandersetzungen stellt er sich auf seine Hinterbeine, hebt die Vorderbeine an, wetzt die Zähne und faucht. Der Kontrast aus schwarzem Bauch und kräftigen weißen Vorderfüßen kommt dabei voll zur Geltung und soll vermutlich einschüchternd wirken. Zusätzlich werden die Backentaschen aufgeblasen. Feinde sind nahezu alle kleinen bis mittelgroßen Landraubtiere wie Steppeniltis, Marder, Wiesel, Rotfuchs und Hauskatze, aber auch Vögel wie Uhu, Krähe, Reiher, Bussard, Milan und Storch.

Früher wurden die Tiere wegen ihres hochwertigen Pelzes bejagt und in der Landwirtschaft als Schädlinge bekämpft. Heute ist der Feldhamster streng geschützt und in Deutschland vom Aussterben bedroht.

KENNZEICHEN » Etwa rattengroßer, gedrungener Körper, bunt wirkendes Fell mit auffallend schwarzem Bauch und sehr kurzem Schwanz. Die Männchen sind geringfügig größer und schwerer als die Weibchen.

VERBREITUNG & LEBENSRAUM » Von Belgien über Mittel- und Osteuropa vorkommend werden offene Landschaften mit lehmig-tonigen, grabfähigen Böden bewohnt. Selten in über 600 m Höhe anzutreffen. Der ursprünglich osteuropäische Steppenbewohner ist in Mitteleuropa zum Kulturfolger geworden und auf landwirtschaftlich genutzte Flächen ausgewichen. In Westeuropa kam es durch die zunehmende Industrialisierung in der Landwirtschaft und der damit einhergehenden Bodenverdichtung zu einem drastischen Rückgang der Feldhamsterbestände. Darüber hinaus trugen intensive Bejagung und die Zerschneidung des Lebensraums durch menschliche Infrastruktur zu diesem starken Rückgang bei.

ERNÄHRUNG » Hamster ernähren sich überwiegend von Pflanzen, vor allem von Samen und Früchten, aber auch grüne Pflanzenteile gehören zur Kost. Beinahe alle Feldfrüchte wie Getreide, Kartoffeln, Mais und Rüben werden gefressen. An tierischer Nahrung kommen Wirbellose wie Käfer, Schnecken, Regenwürmer und sogar kleine Wirbeltiere wie Feldmäuse hinzu. Sie machen jedoch nur einen geringen Teil der Ernährung aus. Bei hoher Populationsdichte wurde Kannibalismus beobachtet.

TRITTSIEGEL

Vorne

» **L** 1,4–2,2 cm » **B** 1–1,7 cm

Klein. Sohlengänger. Asymmetrisch. 5 Zehen in klassischer Nagetierstruktur: Zehe 1 ist stark reduziert und im Abdruck selten zu erkennen. Zehen 2–5 sind relativ kurz und breit, Zehen 2 und 5 stehen seitlich, Zehen 3 und 4 sind nach vorne gerichtet. Die vorderen Mittelballen sind zu einem Mittelfußballen zusammengewachsen, dennoch besteht der Abdruck des Mittelfußballens meist aus drei deutlich erkennbaren, kräftigen Mittelballenabdrücken. Häufig sind zwei kräftige, hintere Mittelballen im hinteren Bereich des Trittsiegels erkennbar. Die Krallen sind lang, kräftig und meist deutlich abgedrückt. Der Vorderfuß ist tendenziell etwas kleiner als der Hinterfuß.

Hinten

» **L** 1,8–3,5 cm » **B** 1–2 cm

Klein. Sohlengänger. Leicht asymmetrisch. 5 Zehen in klassischer Nagetierstruktur: Zehen 1 und 5 zeigen zu den Seiten, Zehen 2–4 sind verhältnismäßig kurz und breit. Sie stehen meist nach vorne gerichtet, aufgereiht und nahezu parallel zueinander. Die vorderen Mittelballen sind zu einem Mittelfußballen zusammengewachsen, im Trittsiegel sind dennoch meist vier deutliche Mittelballenabdrücke erkennbar. Gelegentlich sind im hinteren Bereich des Trittsiegels zwei hintere Mittelballen zu sehen. Mit den hinteren Mittelballen ist

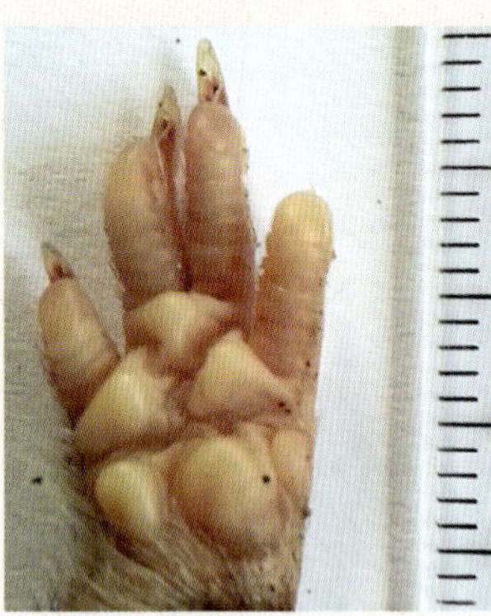

⮝ Rechts vorne. Charakteristisch sind die kräftigen Mittelballen, die kurzen und breiten Zehen und die langen Krallen. Österreich, Andreas Wenger.

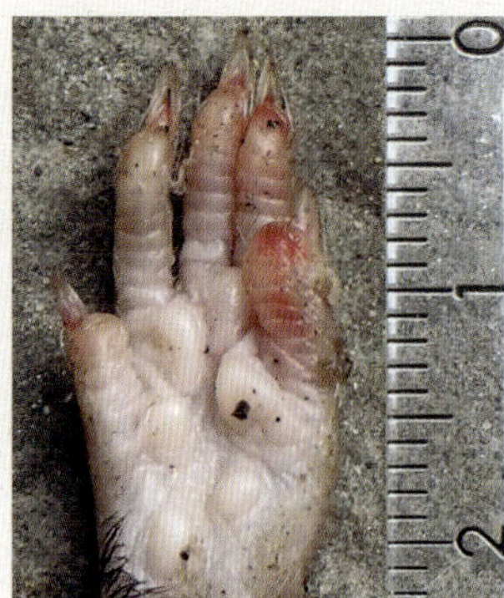

⮝ Links hinten. Österreich, Andreas Wenger.

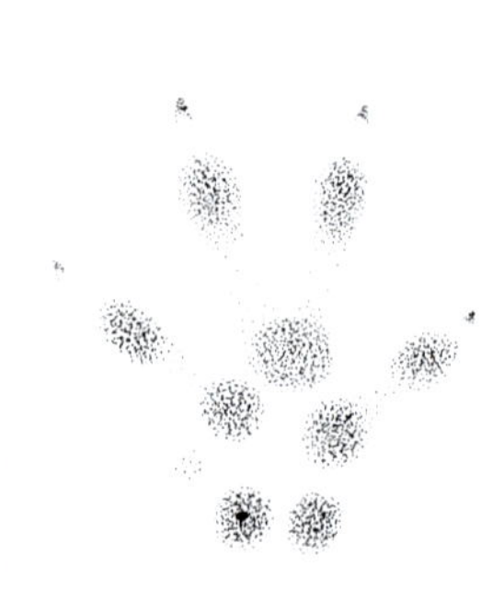

⮝ Rechts vorne.

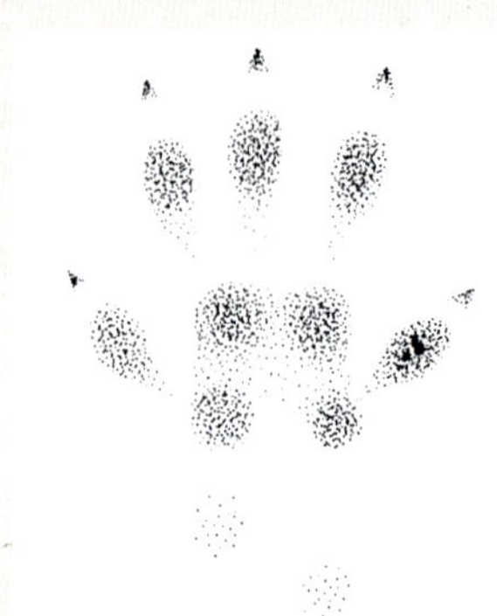

⮝ Links hinten.

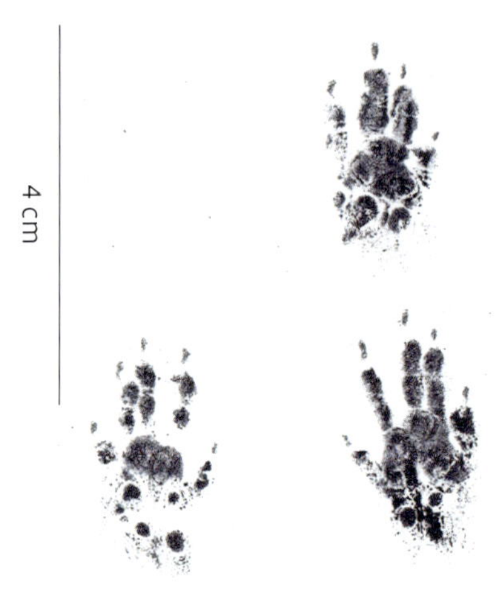

« Tintenabdrücke eines Feldhamsters. Unten beide Hinterfußabdrücke, oben der Abdruck des rechten Vorderfußes. Österreich, Andreas Wenger.

der Hinterfuß länger als der Vorderfuß, ansonsten ist er nur geringfügig größer. Die Krallen sind meist erkennbar, jedoch im Verhältnis schwächer entwickelt als beim Vorderfuß.

GANGARTEN

Weitere Strecken legt der Feldhamster in der Regel in Sprüngen zurück. Zum Sammeln von Nahrung nutzt er meist einen Schritt. Charakteristisch sind die Abdrücke der Hinterfüße, die an den Außenseiten der Vorderfußabdrücke erscheinen.

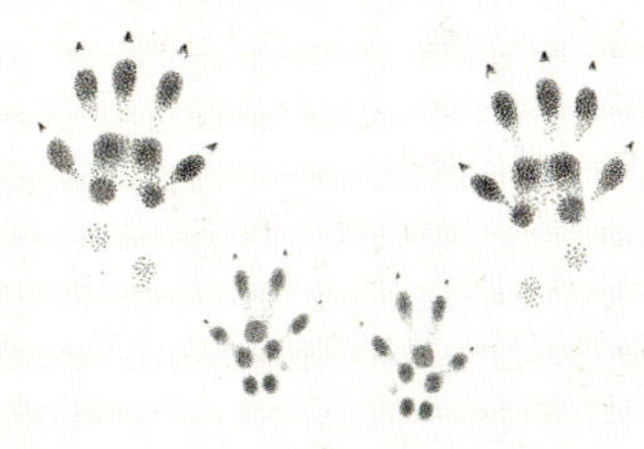

Schritt
Schrittlänge: 12–20 cm
Spurbreite: 6–9 cm

Sprünge
Gruppenlänge: 7–12 cm
Zwischengruppenlänge: 7–25 cm
Schrittlänge: 14–32 cm
Spurbreite: 5–9,5 cm

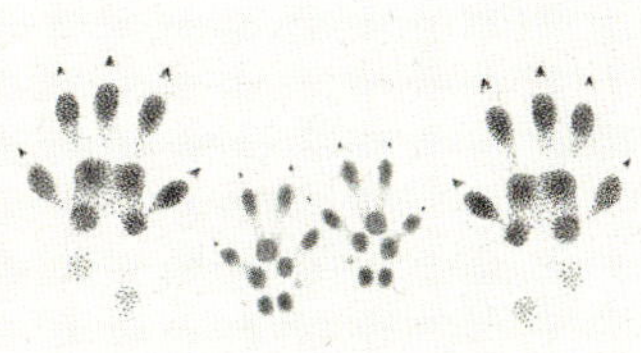

≈ Kompletter Parallelsprung.

Ähnliche Trittsiegel
Ratten sowie Zwerg- und Mittelhamster (Goldhamster). Bisher liegen keine Kenntnisse zur Unterscheidung verschiedener Hamsterarten vor.

HAMSTER VON RATTEN UNTERSCHEIDEN

Trittsiegel von Hamstern ähneln denen von Ratten in Form und Größe. Ihre Zehen erinnern an die der Hausratte, sind aber kürzer und breiter. Wanderrattenzehen wirken dagegen lang und schlank. Die Krallen und Ballen des Hamstervorderfußes sind auffallend kräftig entwickelt. Dennoch kann die Unterscheidung bei undeutlichen Spurverhältnissen schwierig sein. Weitere wichtige Hinweise geben der Lebensraum und das Verhalten. Hamster bewohnen offene Landschaften mit grabfähigen Lehmböden und sie halten einen langen Winterschlaf. Frische Spuren im Winterhalbjahr stammen deshalb kaum von ihnen. Zudem bewegen sich Hamster in einem sehr engen Radius um ihren Bau, Ratten legen teilweise weite Strecken zurück.

FORTPFLANZUNG » Direkt nach dem Winterschlaf beginnt die Paarungszeit, die etwa von April bis Anfang September dauert. Die Paarung ist der einzige Zeitpunkt im Jahreszyklus, an dem sich ein Hamster im Territorium eines Artgenossen aufhalten darf. Die Männchen besuchen die Weibchen in ihrem Bau, in dem die Paarung stattfindet. Bereits wenige Tage nach der Paarung werden die Männchen von den Weibchen wieder verjagt. Nach einer Tragzeit von 18–20 Tagen kommt es zu einem von drei möglichen Würfen pro Jahr, bei dem 4–10 (bis 18) und meist 6–8 nackte und blinde Junge geboren werden. Nach etwa einem Monat verlassen die Jungen den Mutterbau, um sich selbstständig zu machen. Frühestens nach drei Monaten und in der Regel nach dem ersten Winterschlaf sind die Tiere geschlechtsreif. Die Weibchen des ersten Wurfes können sich manchmal noch an derselben Fortpflanzungsperiode beteiligen.

Die Fallröhre eines Feldhamsters. Maintal, Deutschland. Simone Roters. ≽

ZEICHEN

ERDBAU » Feldhamster leben in komplexen, selbst gegrabenen Erdbauen, die sie bis zu 2 m tief bevorzugt in trockenen, harten Böden anlegen. Neben der mit trockenem Gras ausgepolsterten Nestkammer gibt es in der Regel ein oder mehrere Vorratskammern und mehrere Latrinen. Solch ein Bau hat etwa 4–8 schräg ansteigende Eingangsröhren sowie mindestens ein senkrecht in die Erde führendes Flucht- oder Fallrohr. Kurz vor dem Winterschlaf werden die Eingänge mit Erde verschlossen. Eingangslöcher sind zwischen 6–10 cm im Durchmesser.

FRAßKREIS » Im Radius von 5–8 m um den Bau entsteht ein markanter Fraßkreis.

KOT » Typisch walzenförmig-längliche Wühlmauskotpillen, meist mit stumpfen Enden. Die Farbe variiert von Gelbbraun über Dunkelgrün bis Schwarz und ist insgesamt dem Schermauskot ähnlich, tendenziell jedoch etwas größer. Feldhamsterkot hat in der Regel eher eine raue Oberflächenstruktur. Rattenlosung ist in der Größe unregelmäßiger und läuft häufig an einem Ende spitz zu. Da Hamster in sandigem Lehm- oder Lößboden leben, ist ihre Losung oft von einer dünnen Schicht Sand umgeben. Das kann ein weiterer Hinweis für die Unterscheidung zu Ratten und Schermäusen sein. Feldhamsterkot findet sich an Feld-, Weg- und Weidekanten, Schermauskot meist in Wassernähe. Bewohnen terrestrische Schermäuse und Hamster dasselbe Habitat, sieht man den Kot beider Arten.

» **L** 0,5–1,2 cm » **D** 0,2–0,4 cm

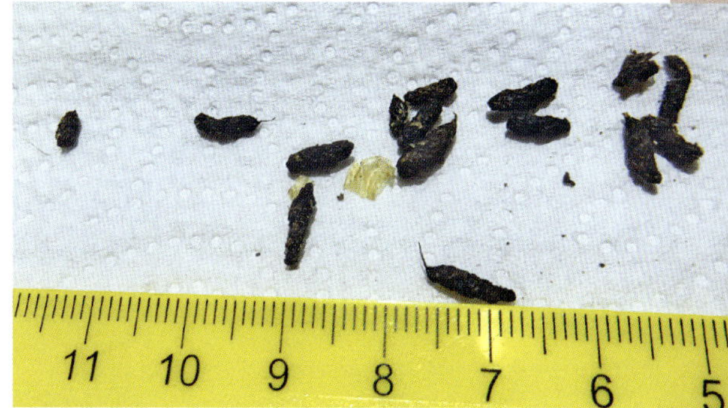

Feldhamsterkot ist ein seltener Fund. Vom Kot der Wanderratte ist er nur schwer zu unterscheiden. Maintal, Deutschland. Simone Roters. »

Langschwanzmäuse

Muridae

Eine artenreiche Familie mit 150 Gattungen und mindestens 730 Arten. Im behandelten Gebiet kommen insgesamt 4 Gattungen mit 14 Arten vor.

Alle Vertreter sind maus- bis rattengroß und haben in der Regel relativ große Augen und Ohren. Der Schwanz ist meist lang und teilweise sogar länger als die Kopf-Rumpf-Länge der Tiere. Im Gegensatz zu den Wühlmäusen (Arvicolinae) klettern viele Langschwanzmäuse häufig und während Wühlmäuse sich überwiegend pflanzlich ernähren, sind einige Langschwanzmäuse Allesfresser.

SPUREN UND ZEICHEN DER LANGSCHWANZMÄUSE

Sohlengänger. 5 Zehen am Vorder- und 5 Zehen am Hinterfuß. Die Zehenballen sind im Vergleich zu den Wühlmäusen kräftig und werden in der Regel abgesetzt vom Mittelfußballen abgedrückt. Die feinen, spitzen Krallen sind eher kurz.

Spurenformel: 4v × 5H + K

VORDERFUß » Asymmetrisch. 5 Zehen in klassischer Nagetierstruktur: Zehe 1 ist stark reduziert und dennoch bei vielen Arten häufig erkennbar. Zehen 2 und 5 stehen leicht nach vorne und leicht zu den Seiten gerichtet. Der Abdruck der Zehenballen 2 und 5 liegt in der Regel auf einer Reihe mit den 3 verwachsenen vorderen Mittelballen, die im Dreieck angeordnet sind. Zehen 3 und 4 sind nach vorne gerichtet, Zehe 3 führt meist deutlich.

HINTERFUß » Leicht asymmetrisch. 5 Zehen in klassischer Nagetierstruktur: Zehen 1 und 5 zeigen gerade zu den Seiten und können leicht nach hinten versetzt wirken. Zehen 2–4 stehen meist nach vorne gerichtet und nahezu parallel zueinander.

GANGARTEN » Die häufigste Gangart ist der Parallelsprung. Im Gegensatz zu Wühlmäusen bewegen sich Langschwanzmäuse eher selten und meist nur für kurze Strecken im Schritt oder Trab fort.

WECHSEL » Langschwanzmäuse etablieren keine festen Wechsel wie die Wühlmäuse.

KOT » Unregelmäßige Kotpillen, oft mit zugespitzten Enden und rauer Oberfläche. Die Farbe ist bräunlich bis grau-schwärzlich. Während Wühlmauskot in Latrinen oder entlang ihrer meist deutlich erkennbaren Wechsel zu finden ist, liegt Langschwanzmauskot eher verstreut.

WALDMÄUSE

Apodemus

KRL 6,5–12 cm
Sl 6,5–14 cm
G 12–50 g

Im behandelten Gebiet kommen 6 Waldmausarten vor: Brandmaus (*Apodemus agrarius*), Alpenwaldmaus (*A. alpicola*), Gelbhalsmaus (*A. flavicollis*), Waldmaus (*A. sylvaticus*), Zwergwaldmaus (*A. uralensis*) und Europäische Felsenmaus (*A. epimelas*). Die Tiere sind vorwiegend dämmerungs- und nachtaktiv, die Brandmaus aber auch am Tag. Sie können gut klettern, sind aktive Springer und schwimmen gut. Die meisten Arten graben ihre eigenen flachen Baue, in deren Tunneln sie Nester und Vorratslager anlegen. Die Nester bestehen aus trockenem Pflanzenmaterial wie Blättern und Gräsern. Die Felsenmaus lebt in Hohlräumen zwischen Steinen und Spalten, die Gelbhalsmaus kann sich auch in Baumhöhlen einnisten. Feinde sind Hauskatze, Mauswiesel, Hermelin, Mink, Iltis, Fuchs, Wildschwein, Eulen und Greifvögel.

KENNZEICHEN » Mittelgroße Mäuse mit großen, dunklen Augen, großen Ohren und einem langen, nackten Schwanz. Der Schwanz ist meist so lang wie der Körper, kann aber auch kürzer oder länger sein. Die Schwanzlänge ist im Verhältnis zur KRL je nach Art verschieden und kann bei der Bestimmung helfen. Die Brand- und die Zwergwaldmaus sind die kleinsten Waldmausarten, die Gelbhals- und die Felsenmaus gehören zu den etwas größeren Vertretern der Waldmäuse.

VERBREITUNG & LEBENSRAUM » Die Brandmaus lebt in Zentral- und Osteuropa. Die Alpenwaldmaus ist im Osten und Nordwesten der Alpen zu finden. Die Gelbhalsmaus kommt in fast ganz Europa vor, lediglich im Norden von England und Skandinavien sowie in Spanien fehlt sie. Die Waldmaus ist in West- und Südeuropa verbreitet, wobei sie in Skandinavien nur im Süden Schwedens und Norwegens vorkommt. Die Verbreitung der Zwergwaldmaus beschränkt sich auf Mittel- und Osteuropa und die Felsenmaus bewohnt die Balkanhalbinsel. Anders als der Name vermuten lässt, leben Waldmäuse nicht überwiegend oder ausschließlich im Wald. Lebensräume können Laub- und Mischwälder, Hecken, Felder, Wiesen und Feuchtbiotope sein. Oft wandern die anpassungsfähigen Tiere zum Überwintern in Gebäude ein.

ERNÄHRUNG » Samen, Früchte, Pilze, Wurzeln, Knospen und andere Pflanzenteile. In die Vorratslager werden vor allem Haselnüsse, Bucheckern und Eicheln eingetragen. Auch tierische Kost, wie Insekten, Spinnen, Würmer, Schnecken und Aas, werden aufgenommen.

FORTPFLANZUNG » Die Paarungszeit variiert mit der geografischen Lage und fällt in der Regel in den Zeitraum von März–Oktober. Die Fortpflanzungszeit der Alpenwaldmaus ist etwas kürzer (April–August). Gewöhnlich kommt es zu 2–3 Würfen mit je 2–6 (bis 11) Jungen. Nach Mastjahren, zum Beispiel in Buchenwäldern, kann es zu einem starken Anstieg der Population kommen. Nach einer Tragzeit von 20–23 Tagen werden die Jungen nackt und blind geboren. Nach 2–3 Monaten sind die Tiere geschlechtsreif.

« Typisch für Waldmäuse wurden diese Schneckengehäuse an der Mündung geöffnet. Beachten Sie außerdem die feinen Kratzspuren. Biebergemünd, Deutschland.

TRITTSIEGEL

Hier werden die Maße von Wald- und Gelbhalsmaus verwendet, die den anderen Vertretern dieser Gruppe ähneln.

Vorne

Waldmaus

» **L** 0,8–1,3 cm

» **B** 0,8–1,3 cm

Gelbhalsmaus

» **L** 0,9–1,3 cm

» **B** 0,9–1,3 cm

Sehr klein. Sohlengänger. Asymmetrisch. 5 Zehen in klassischer Nagetierstruktur: Zehe 1 ist stark reduziert und dennoch häufig erkennbar ⓐ. Zehen 2 und 5 stehen leicht nach vorne und leicht zu den Seiten gerichtet. Der Abdruck der Zehenballen 2 und 5 liegt in der Regel auf einer Reihe mit den 3 verwachsenen vorderen Mittelballen, die im Dreieck angeordnet sind. Zehen 3 und 4 sind nach vorne gerichtet, Zehe 3 führt meist deutlich. Zehenballen 2–5 sind im Vergleich zu Feldmäusen (*Microtus* spp.) kräftig entwickelt und werden in der Regel abgesetzt vom Mittelfußballen abgedrückt. Im hinteren Bereich des Trittsiegels können zwei weitere, hintere Mittelballen erkennbar sein, die sich relativ nah an den vorderen Mittelballen befinden. Die feinen, spitzen und unregelmäßig erkennbaren Krallen sind, im Vergleich zu denen der Feldmäuse, eher kurz. Der Vorderfuß ist kleiner als der Hinterfuß.

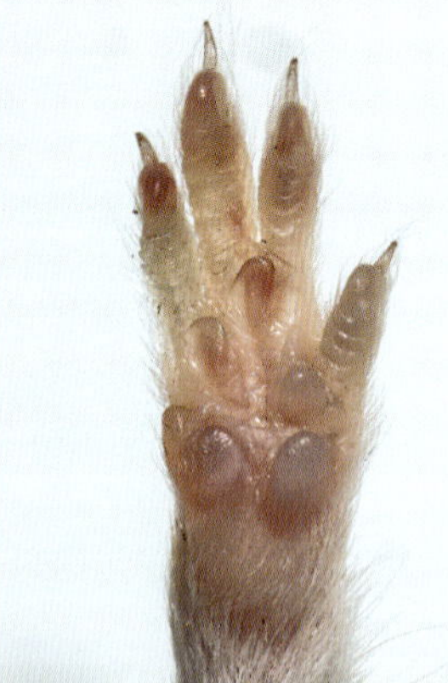

Waldmaus, links vorne. Ennstal, Österreich. Stefan Resch.

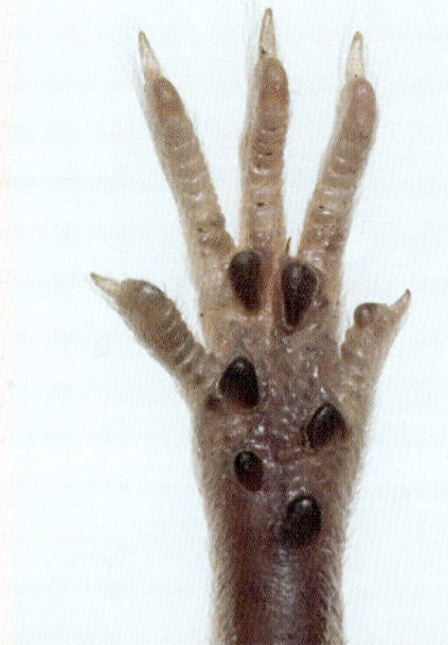

Waldmaus, rechts hinten. Ennstal, Österreich. Stefan Resch.

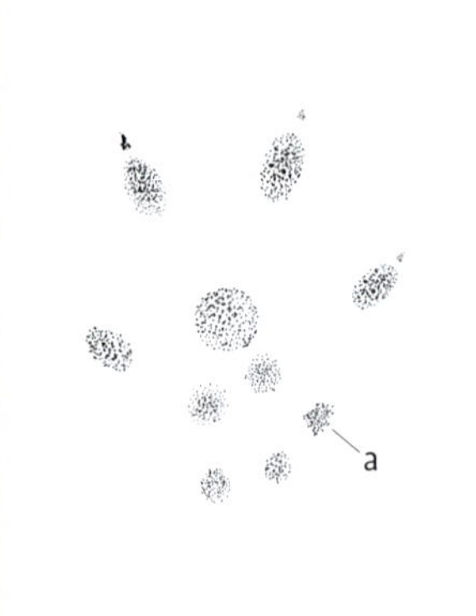

Links vorne.

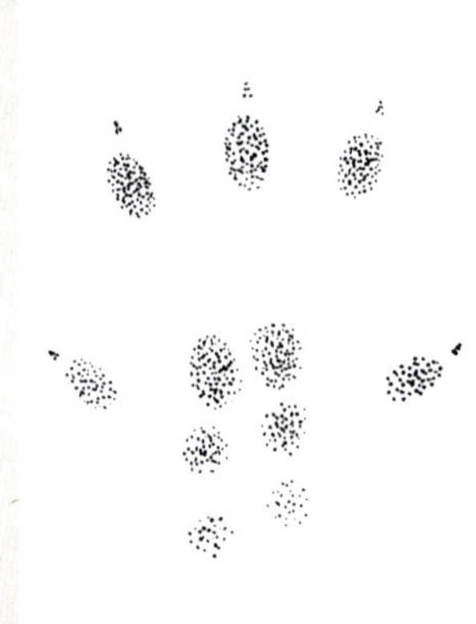

Rechts hinten.

Waldmaus, links vorne. Oderbruch, Deutschland.

Waldmaus, rechts hinten. Oderbruch, Deutschland.

Hinten

Waldmaus

» **L** 0,9–1,5 (mit Ferse bis 2) cm

» **B** 1–1,4 cm

Gelbhalsmaus

» **L** 1,1–1,7 (mit Ferse bis 2,3) cm

» **B** 1–1,7 cm

Sehr klein bis klein. Sohlengänger. Leicht asymmetrisch. 5 Zehen in klassischer Nagetierstruktur: Zehen 1 und 5 zeigen gerade zu den Seiten, sind relativ kurz und wirken leicht nach hinten versetzt. Zehen 2–4 wirken im Verhältnis zu Zehen 1 und 5 lang, stehen meist nach vorne gerichtet und nahezu parallel zueinander. Die Zehenballen sind im Vergleich zu Feldmäusen kräftig entwickelt und werden in der Regel abgesetzt vom Mittelfußballen abgedrückt. Die vorderen Mittelballen sind zu einem Mittelfußballen verwachsen. Im Trittsiegel sind meist drei zusammenstehende, ähnlich große und ein vierter, kleinerer und leicht versetzter vorderer Mittelballen erkennbar. Im hinteren Bereich des Trittsiegels können zwei weitere, hintere Mittelballen erkennbar sein, von denen sich der innere T-Ballen weiter hinten als der äußere H-Ballen befindet. Der Hinterfuß ist etwas größer als der Vorderfuß. Die Krallen sind fein, spitz und unregelmäßig erkennbar.

Ähnliche Trittsiegel

Für Waldmäuse gilt: Vorderfuß L $\geq$ 0,8 cm und B $\geq$ 0,8 cm. Hausmäuse besitzen gewöhnlich kleinere Vorderfüße (Vorderfuß L $\leq$ 1,1 cm und B $\leq$ 1 cm). Häufig werden Waldmaustrittsiegel mit denen von Ratten verwechselt, obwohl Ratten deutlich größere Fußabdrücke hinterlassen (Abbildung unten). Auf den ersten Blick können die Trittsiegel der Waldmäuse mit denen vieler kleiner Nagetiere verwechselt werden. Die Unterscheidung kleiner Nager anhand von Trittsiegeln ist schwierig und oft nicht möglich. Nur bei nahezu perfekten Spurbedingungen können die Gattungen der Haus-, Feld-, Wald- und Rötelmäuse unterschieden werden (Seite 330). Die Zahl, Anordnung und Größe der Mittelballen sowie die Form der Zehen, die Länge der Krallen und die Sohlenschwielenbehaarung können die Bestimmung dieser Gattungen ermöglichen. Eine artgenaue Unterscheidung der Waldmäuse ist nur in Ausnahmen und vor allem über die Größe möglich.

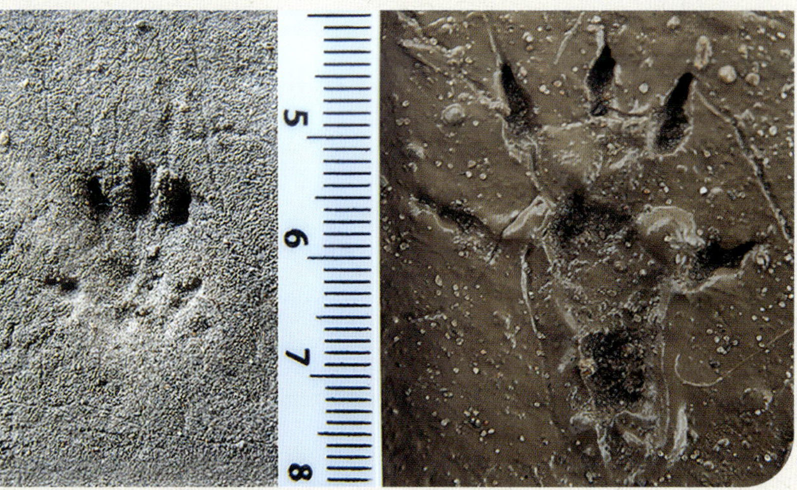

Linker Hinterfußabdruck einer Waldmaus (links) und einer Wanderratte (rechts) im Größenvergleich. Aaron Tiedemann. Deutschland. »

GELBHALSMAUS VON WALDMAUS UNTERSCHEIDEN

Ein Unterscheidungsmerkmal ist die Trittsiegelgröße: Hinterfußtrittsiegel mit L > 1,5 cm und B > 1,5 cm können der Gelbhalsmaus zugeordnet werden. In dem darunterliegenden Überlappungsbereich ist eine sichere Unterscheidung anhand der Größe allein nicht möglich. Gelegentlich können Merkmale der Fußmorphologie dennoch eine Bestimmung ermöglichen:

GELBHALSMAUS	WALDMAUS
ⓐ Zehe 3 führt deutlich.	ⓐ Zehe 3 führt.
ⓑ Stärkere Asymmetrie.	ⓑ Schwächere Asymmetrie.
ⓒ Zehen 2–4 etwas länger.	ⓒ Zehen 2–4 etwas kürzer.
ⓓ Zehen 1 und 5 deutlich nach hinten versetzt und oft stark gespreizt.	ⓓ Zehen 1 und 5 leicht nach hinten versetzt und weniger gespreizt.
ⓔ Deutlicher Größenunterschied zwischen Vf und Hf, der Hf wirkt länglicher.	ⓔ Weniger markanter Größenunterschied zwischen Vf und Hf, der Hf wirkt quadratischer.

≽ Gelbhalsmaus, links vorne. ≽ Waldmaus, links vorne.

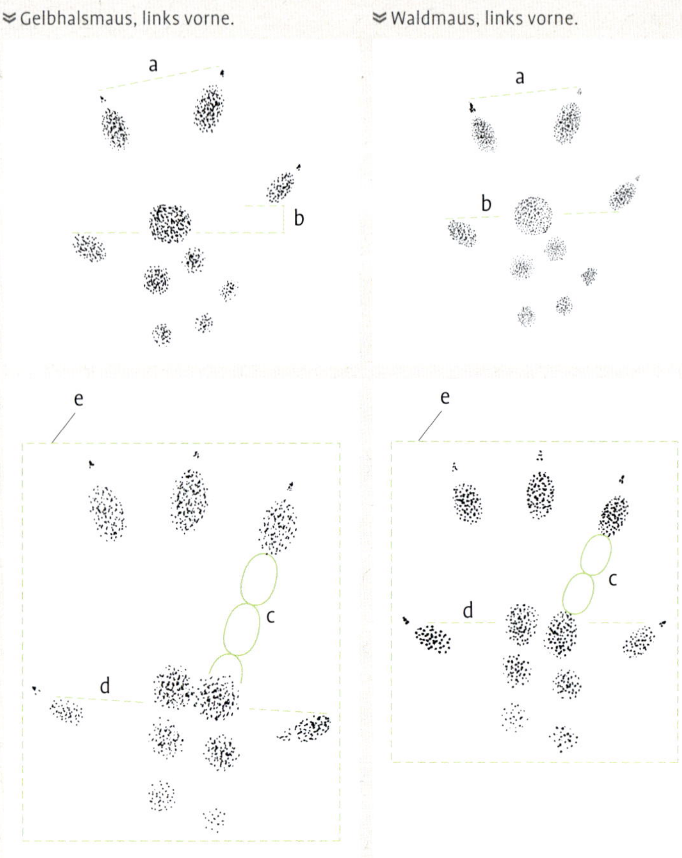

≼ Gelbhalsmaus, links hinten. ≼ Waldmaus, links hinten.

GANGARTEN

Die häufigste Gangart ist der Parallelsprung. Im Gegensatz zu Feld- und Hausmäusen bewegen sich Waldmäuse sehr selten und meist nur für kurze Zeit im Schritt oder Trab fort. Wechsel führen gewöhnlich an Deckungen wie auf dem Boden liegenden Ästen, Baumstümpfen und anderem Sichtschutz entlang. Es kann allerdings auch zum Überqueren größerer Freiflächen kommen. Im Schnee bewegen sich Waldmäuse oberhalb der Schneedecke, oft ist ein Schwanzabdruck sichtbar.

Gelbhalsmaus im Parallelsprung. Die Außenzehen der Hinterfüße liegen weiter hinten als bei der Waldmaus. Steyerberg, Deutschland. ≫

Parallelsprung
Gruppenlänge: 3–6,5 cm
Zwischengruppenlänge: 4,5–40 cm
Schrittlänge: 7,5–45 cm, Ausnahmen bis 80 cm
Spurbreite: 3,5–4,5 cm

≪ Parallelsprungspurbild derselben Gelbhalsmaus. Steyerberg, Deutschland.

≪ Waldmaus im Parallelsprung. Fußfolge von unten nach oben: LV, RV, RH, LH. Lausitz, Deutschland.

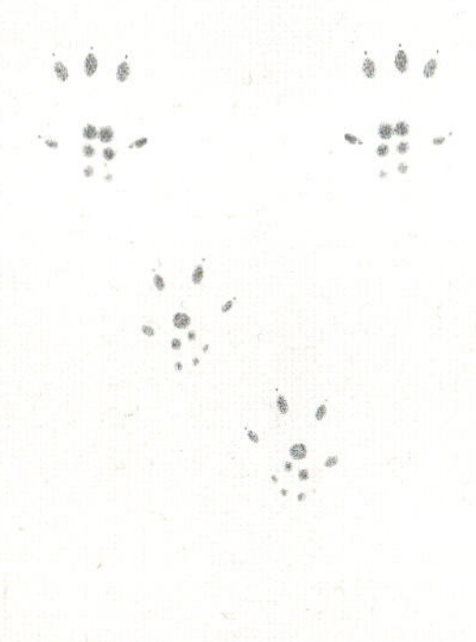

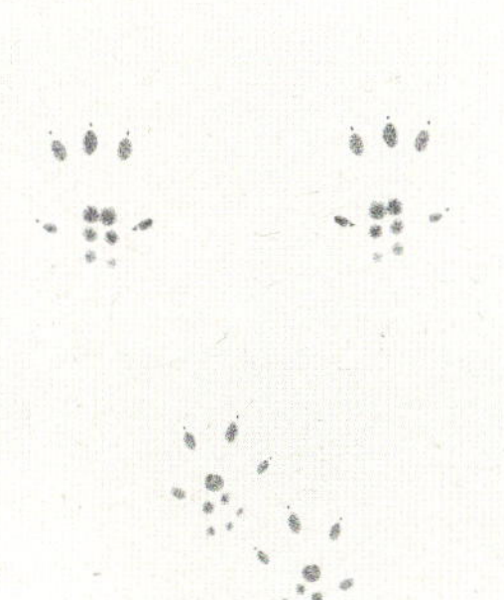

≪ Parallelsprung.

ZEICHEN

FRAẞSPUREN » Die Fraßspuren von Waldmäusen sind, entsprechend ihrer vielseitigen Nahrung, sehr verschieden. Samen wirken eher feinsäuberlich abgenagt als grob zerfasert wie bei Eichhörnchen oder Ratten. Häufig wird die Nahrung an sichere Orte, etwa unter Baumwurzeln oder Steine, getragen und dort verspeist, sodass markante kleine Fraßplätze mit feinen Resten von Mastfrüchten wie Bucheckern oder Eicheln zurückbleiben. Das ist ein weiterer deutlicher Unterschied zu Eichhörnchen, deren Fraßplätze sich oft erhöht auf einem Baumstumpf mit guter Sicht befinden. Im Gegensatz zu den Feldmausarten ernähren sich Waldmäuse stärker von tierischer Kost. Sie öffnen Schneckenhäuser meist an der Mündung und fressen sich von unten nach oben (Abbildung Seite 321). Dies ist ein deutlicher Unterschied zu den sorgfältig von oben nach unten geöffneten Schneckenhäusern der Rötelmäuse (Seite 309) oder den zertrümmerten Schneckenhäusern an einer Drosselschmiede (Brown 1985).
Werden Knochen und Geweihe als Kalziumquelle genutzt, zeigen sie meist deutliche Furchen der Schneidezähne. Der Zahnfurchenabstand misst insgesamt 1–3 mm und kann ein wichtiger Hinweis für die Artbestimmung sein, reicht aber als Unterscheidung gegenüber anderen Mäusen allein in der Regel nicht aus. Berücksichtigen Sie zusätzlich den Lebensraum und dazugehörige Zeichen wie zum Beispiel Kot.

Altes Nahrungsdepot einer Waldmaus. Einige der Eicheln haben zu keimen begonnen. Midhurst, England. ≽

Beachten Sie die Schalenreste dieser markanten Fraß- und Grabspur. Vledder, Niederlande. Laura Gärtner.

HASELNUSSFRASS » In der „Bestimmungshilfe für Fraßspuren an Früchten und Nüssen“ (Seite 165) werden von Eichhörnchen geöffnete Haselnüsse mit denen von Wald- und Rötelmäusen sowie von Bilchen verglichen.

ZAPFENFRASS » Um an die kalorienreichen Samen verschiedener Nadelbaumzapfen zu gelangen, müssen Waldmäuse zuerst die zum Schutz der Samen darüberliegenden Zapfenschuppen entfernen. Im Gegensatz zu Eichhörnchen beißen Waldmäuse Zapfen selten von den Bäumen ab, stattdessen werden überwiegend heruntergefallene genutzt. Die Tiere entfernen die Zapfenschuppen mit ihren Zähnen, die loseren Schuppen des basalen Zapfenendes gewöhnlich zuerst. Durch gleichmäßiges Abnagen bleibt keine ausgerissene Spitze wie bei Eichhörnchen, sondern eine gleichmäßig abgerundete Zapfenbasis zurück. Jede Zapfenschuppe wird einzeln abgenagt, sodass relativ gerade Nageflächen ohne abstehende Schuppenreste an der Zapfenachse zurückbleiben. Die Zapfenachse wirkt feinsäuberlich und glatt bearbeitet. Wie Eichhörnchen lassen auch Waldmäuse häufig eine kurze Spitze mit wenigen unbeschädigten Zapfenschuppen stehen. Im Vergleich werden jedoch weniger Zapfenschuppen stehen gelassen und es können auch vollständig abgefressene Zapfen gefunden werden. In der „Bestimmungshilfe für Fraßspuren an Früchten und Nüssen“ (Seite 164) wird der Zapfenfraß von Mäusen dem von Eichhörnchen gegenübergestellt.

GRABSPUR » Eine markante Fraß- und Grabspur entsteht, wenn Waldmäuse eigene Nahrungsvorräte wie im Boden vergrabene Eicheln ausgraben. Dabei bleiben kleine, flache, meist rechteckige Bodenlöcher mit umliegenden Schalenresten zurück (Abbildung Seite 327).

ERDLÖCHER & BAUE » Die Eingangslöcher von Waldmauserdbauen messen etwa 3–5 cm. Gegraben werden die Baue vorwiegend mithilfe der unteren Schneidezähne. Ihre Vorderbeine nutzen die Tiere fast ausschließlich zum Abtransport von anfallendem Erdmaterial. Dieses schieben sie unter den Bauch und schleudern es anschließend mit den Hinterfüßen weg (Turni 2005). Die Größe und Tiefe der Erdbaue variiert unter anderem mit der Bodenbeschaffenheit oder dem Wasserhaushalt. Überwiegend bei sandigen Böden können sich vor dem Baueingang große Mengen losen Auswurfs ansammeln, die meist auffällige kegelförmige Haufen bilden. Dies kann ein deutlicher Unterschied zu den Eingangslöchern der Feldmäuse (*Microtus* spp.) sein.

Das Eingangsloch zum Bau einer Gelbhalsmaus. Davor hat sich eine beachtliche Menge von Auswurf angesammelt. Märkische Schweiz, Deutschland. ≫

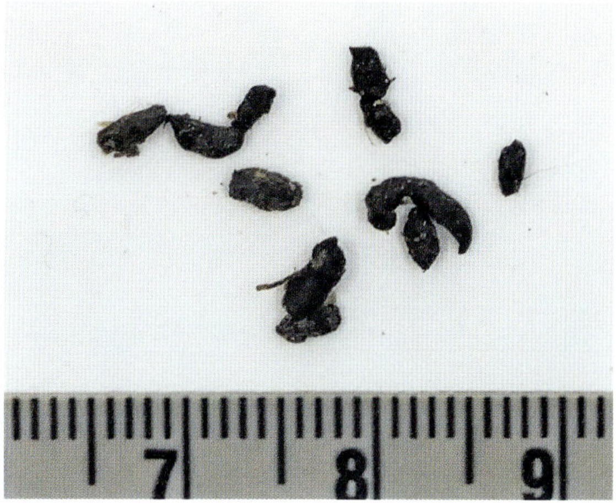

⩯ Waldmauskot. Die unregelmäßige Form und die raue Oberfläche sind Unterscheidungsmerkmale zum eher gleichmäßigen und glatten Kot von Wühlmäusen. Midhurst, England. John Rhyder.

KOT » Kleiner Kot in der für Nager typischen, länglichen Walzenform, oft mit zugespitzten Enden. Die Farbe ist bräunlich bis grau-schwärzlich. Im Vergleich zu Hausmauskot ist Waldmauskot tendenziell größer, gedrungener und von regelmäßigerer Form. Die Kotpillen kleiner Wühlmäuse sind jedoch noch deutlich regelmäßiger. Es gibt daneben eine zweite, ovale Kotform mit abgerundeten Enden, die der regelmäßigen Wühlmauskotform ähnelt, aber eine unregelmäßigere Oberfläche aufweist. Das Vorkommen beider Formen ist ein typisches Merkmal für Waldmauskot. Zudem liegt Waldmauskot eher verstreut, wohingegen Wühlmauskot in Latrinen oder entlang ihrer meist deutlich erkennbaren Wechsel zu finden ist. Typische Fundorte für Waldmauskot sind Wälder, Gärten, Parkanlagen, Dachböden und dergleichen.

» **L** 4–10 mm » **D** 1,7–3 mm, meist D > 2 mm

FELDMAUS, RÖTELMAUS UND WALDMAUS AM TRITTSIEGEL UNTERSCHEIDEN

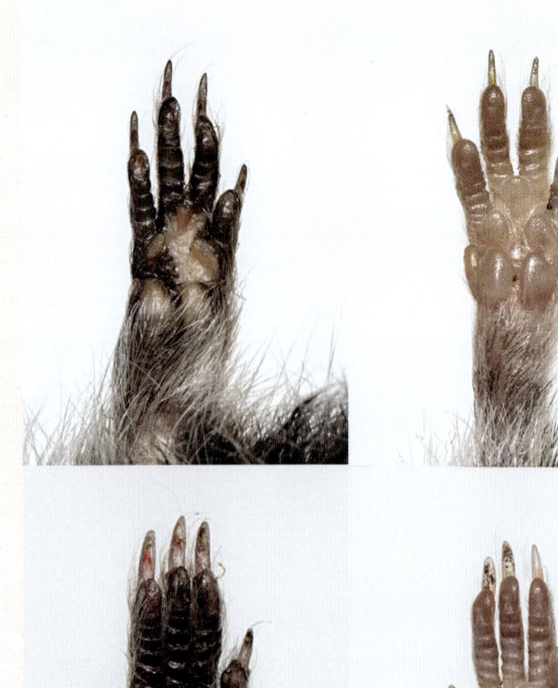

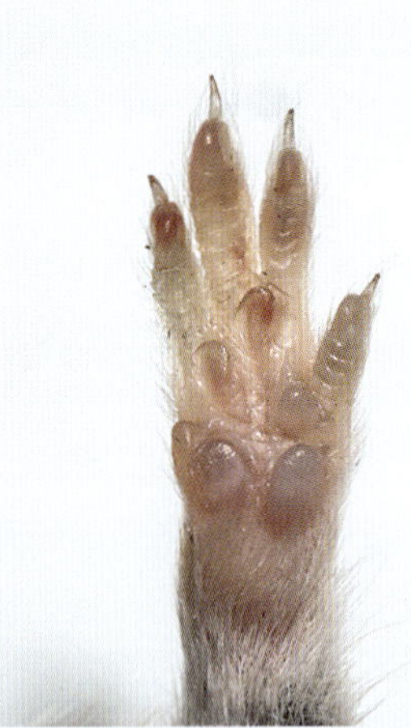

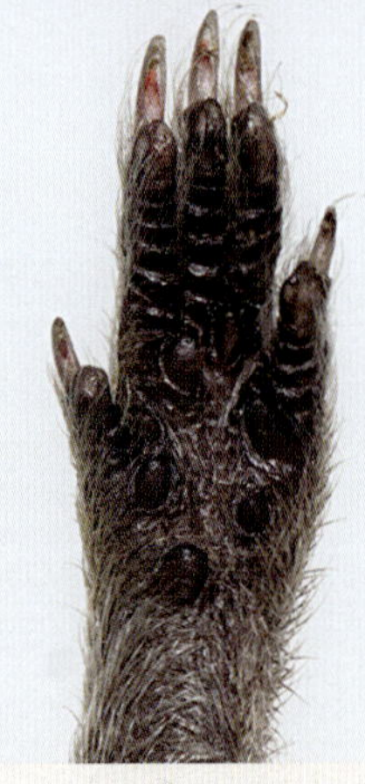

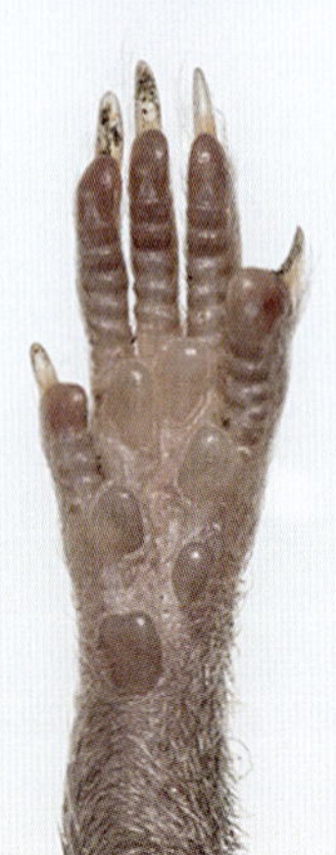

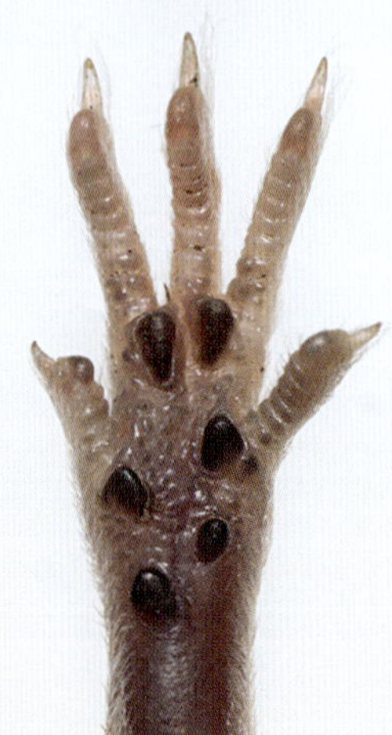

≈ Von links nach rechts: oben die linken Vorderfüße von Feld-, Rötel- und Waldmaus, unten die entsprechenden linken Hinterfüße. Offenburg, Deutschland. Stefan Resch & Aaron Tidemann.

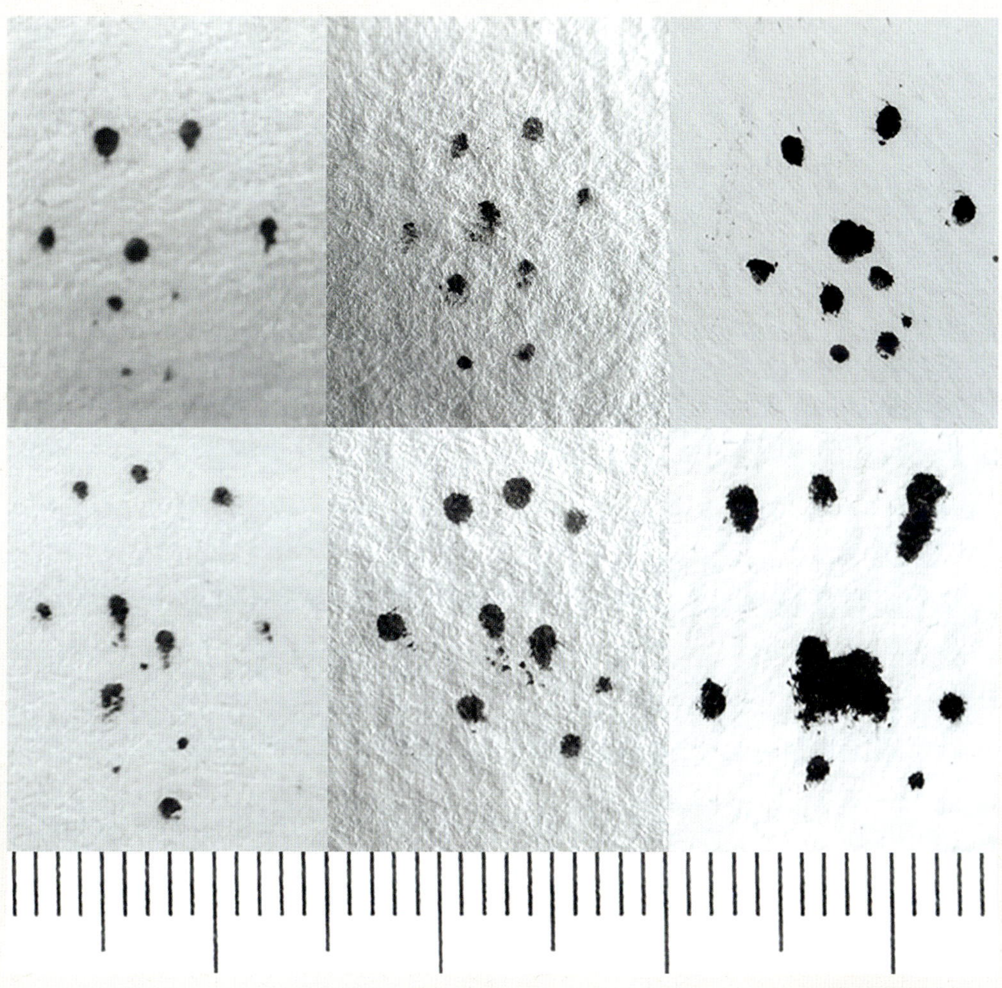

≈ Von links nach rechts: oben die Tintenabdrücke der linken Vorderfüße von Feld-, Rötel- und Waldmaus, unten die entsprechenden linken Hinterfußabdrücke.

Die Füße der Feldmausarten (*Microtus* spp.) sind an einen wühlenden Lebensstil adaptiert und unterscheiden sich dadurch von den stärker an das Klettern angepassten Füßen vieler Waldmäuse (*Apodemus* spp.). Lange Krallen helfen beim Graben und sind ein Merkmal für Feldmäuse. Längliche Zehen, eine stärkere Krallenkrümmung, kräftige Zehen- und Mittelballen sowie nach hinten versetzte, stark spreizbare Außenzehen sind typische Anpassungen an das Klettern und charakteristisch für kletternde Waldmausarten. Einige dieser Merkmale eignen sich grundsätzlich für die Unterscheidung von Wühlmäusen (Arvicolinae) und Langschwanzmäusen (Muridae) und können außerdem zur Unterscheidung von Schermaus und Wanderratte dienen (Seite 289). Das Verhalten der Rötelmäuse (*Clethrionomys* spp.) zeigt frühe Zwischenstadien des Übergangs von einer terrestrischen zu einer arborealen Lebensweise. Dementsprechend zeigen ihre Trittsiegel bereits einige Anpassungen an das Klettern und können dadurch von Wald- und Feldmaustrittsiegeln unterschieden werden. Die folgenden Merkmale beziehen sich auf die Arten Feldmaus, Rötelmaus und Waldmaus.

FELDMAUS	RÖTELMAUS	WALDMAUS
ⓐ Trittsiegel eher symmetrisch und feiner, Zehen 3 und 4 sind oft V-förmig nebeneinander angeordnet.	ⓐ Trittsiegel im Vergleich oft sehr symmetrisch und ohne die Abdrücke der hinteren Mittelballen auffallend rundlich. Zehen 3 und 4 sind oft V-förmig nebeneinander angeordnet.	ⓐ Trittsiegel eher asymmetrisch und kräftig, Zehe 3 führt.
ⓑ Zehen länglich mit feinen Ballen, die häufig mit den vorderen Mittelballen verbunden scheinen.	ⓑ Zehen auffallend kurz mit kräftigen Ballen, die gelegentlich mit den vorderen Mittelballen verbunden scheinen.	ⓑ Zehen länglich mit kräftigen Ballen, die selten mit den vorderen Mittelballen verbunden scheinen.
ⓒ Vordere Mittelballen fein, hintere Mittelballen stehen eher weiter hinten.	ⓒ Vordere Mittelballen kräftig, hintere Mittelballen stehen eher weiter hinten.	ⓒ Vordere Mittelballen kräftig, hintere Mittelballen stehen eher weiter vorne.
ⓓ Zehe 1 sehr selten abgedrückt.	ⓓ Zehe 1 selten abgedrückt.	ⓓ Zehe 1 häufig abgedrückt.
ⓔ Vorderfuß und Hinterfuß von sehr ähnlicher Größe, auch ohne die hinteren Mittelballen wirkt der Hinterfuß länglich.	ⓔ Der Vorderfuß ist etwas kleiner als der Hinterfuß, ohne die hinteren Mittelballen wirkt der Hinterfuß eher quadratisch.	ⓔ Der Vorderfuß ist etwas kleiner als der Hinterfuß, ohne die hinteren Mittelballen wirkt der Hinterfuß eher quadratisch.

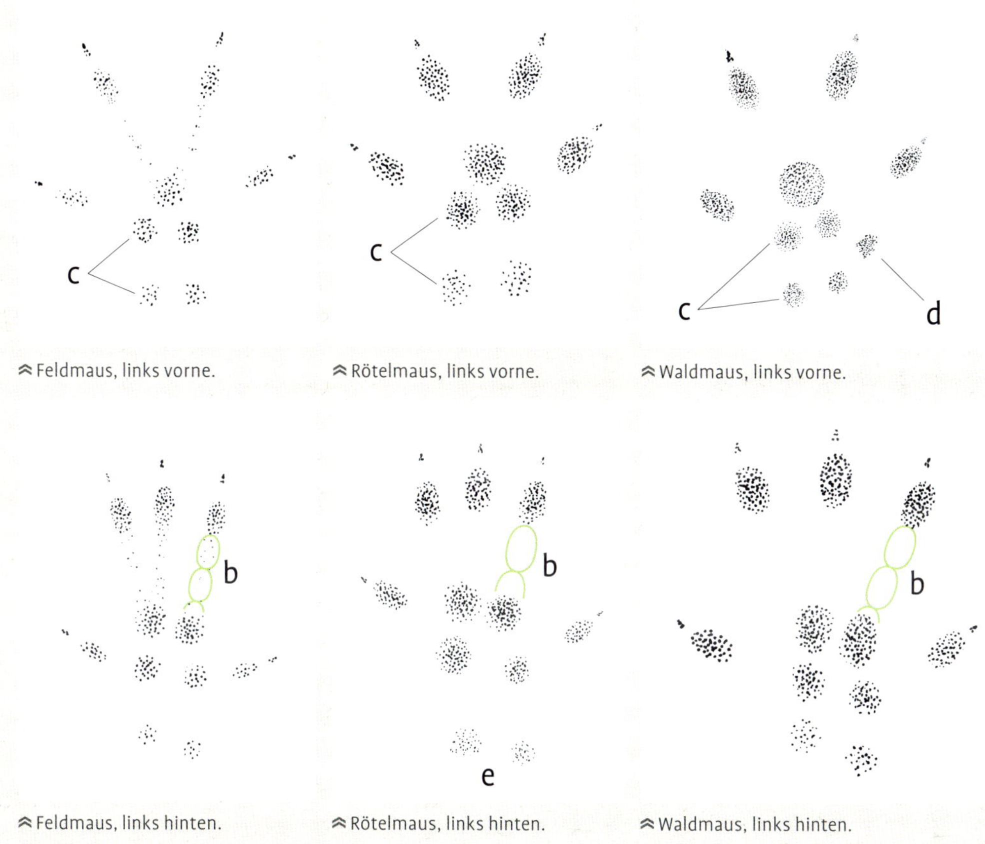

≈ Feldmaus, links vorne.

≈ Rötelmaus, links vorne.

≈ Waldmaus, links vorne.

≈ Feldmaus, links hinten.

≈ Rötelmaus, links hinten.

≈ Waldmaus, links hinten.

ZWERGMAUS

Micromys minutus

KRL 5–8 cm
Sl 4,5–7,5 cm
G 4–15 (meist 7–9) g

Die Zwergmaus lebt eher ungesellig und ist tag- und nachtaktiv, ihr Aktivitätsschwerpunkt liegt in der Dämmerung. Sie ist ein hochspezialisierter Kletterer, der Halme und Äste erklimmt und sich größtenteils oberhalb des Bodens bewegt. Dabei benutzt sie ihren langen Schwanz als Kletterhilfe, indem sie ihn um Halme wickelt und sich damit abstützt und sichert. An ihren speziell an das Klettern angepassten Pfoten befinden sich große Sohlenballen, die ihr zusätzlich Halt geben. Ähnlich wie unser Daumen kann Zehe 1 den anderen Zehen gegenüberstellt werden. Dadurch vermag die Zwergmaus außergewöhnlich gut zu greifen. Ihre Feinde sind Hermelin, Mauswiesel, Mink, Fuchs, Eulen sowie Greif- und Rabenvögel.

KENNZEICHEN » Sehr kleine und zierliche Maus mit spitzer Schnauze, kurzen, behaarten Ohren und einem langen, nackten Schwanz (Greifschwanz).

VERBREITUNG & LEBENSRAUM » Die Zwergmaus kommt in fast ganz Europa vor. Außer in Nordspanien fehlt sie auf der Iberischen Halbinsel und im Norden Englands. In Norwegen und Schweden nur im Süden vorhanden. Bevorzugt werden Feuchtgebiete mit dichter Vegetation wie Seggenbeständen, Rohrglanzgras, Schilfrohr und Rohrkolbengürteln an Gewässern. Sie ist nur selten oberhalb 800 m über NN. zu finden, Gebirge meidet sie. Wald- und Feldränder mit Hecken oder Gräben mit hohem Bewuchs können ihr ebenfalls als Lebensraum dienen. Im Winter nutzt sie auch Gebäude wie etwa Scheunen und Ställe.

ERNÄHRUNG » Überwiegend Grassamen, Getreide und Beeren, aber auch tierische Kost wie Insekten und Käfer.

FORTPFLANZUNG » In der Paarungszeit zwischen April und September kann ein Weibchen 2–6 Würfe mit je 3–9 (bis 12) Jungen zur Welt bringen. Nach einer Tragzeit von etwa 21 Tagen werden die Jungen nackt und blind geboren. Nach 1–2 Monaten sind die Tiere geschlechtsreif.

ZEICHEN

NEST » Die Zwergmaus baut Sommer- und Winternester. Das Sommernest ist meist im Pflanzenwuchs 30–60 cm über dem Boden angebracht. Es ist kugelförmig, 6–10 cm im Durchmesser und wird mit Gräsern und Stängeln der umgebenden Vegetation verwoben. Der innere Nestraum ist mit feinem Material wie Pflanzensamen und Wolle ausgepolstert. Die äußere Hülle besteht aus Grasblättern, die der Länge nach gespalten und mit dem Nest verflochten werden. Dabei werden die Grasblätter nicht von ihrem Halm getrennt, wodurch die Außenhülle des Nestes den Sommer über grün bleibt und erst mit dem Welken der Vegetation eine bräunliche Farbe annimmt. Die Nester sind sowohl im Sommer als auch im Herbst gut getarnt. Meist werden sie erst entdeckt, wenn verlassene Nester als kleine Heukugeln zu Boden fallen oder verweht werden. Zum Winter bauen Zwergmäuse geschützte Bodennester (zum Beispiel unter Wurzeln) oder graben kurze Gänge in die Erde, in denen sie anschließend die Winterwohnung einrichten.

TRITTSIEGEL

Vorne

» **L** 0,8–1 cm » **B** 0,5–0,9 cm

Winzig. Sohlengänger. Asymmetrisch. 5 Zehen in klassischer Nagetierstruktur: Zehe 1 ist stark reduziert und im Abdruck selten zu erkennen. Zehen 2 und 5 stehen leicht nach vorne und deutlich zu den Seiten gerichtet. Der Abdruck der Zehenballen 2 und 5 liegt vor den 3 vorderen verwachsenen Mittelballen, die im Dreieck angeordnet den Mittelfußballen bilden. Zehen 3 und 4 sind schräg nach vorne gerichtet. Zehen 2–5 sind kürzer und kräftiger als die verhältnismäßig langen Zehen von Waldmäusen, der Negativbereich zwischen Mittelfußballen und Zehenballen ist entsprechend klein. Im hinteren Bereich des Trittsiegels können zwei weitere Mittelballen zu sehen sein. Die Krallen sind fein, spitz und unregelmäßig erkennbar. Der Vorderfuß ist etwas kleiner als der Hinterfuß.

Hinten

» **L** 1–1,3 cm » **B** 0,9–1 cm

Winzig bis sehr klein. Sohlengänger. Leicht asymmetrisch. 5 Zehen in klassischer Nagetierstruktur: Zehen 1 und 5 zeigen gerade zu den Seiten, Zehen 2–4 stehen meist nach vorne gerichtet, aufgereiht und nahezu parallel zueinander. Verglichen mit den länglichen Zehen der Waldmäuse sind sie kürzer und kräftiger, der Negativbereich zwischen Mittelfußballen und Zehenballen ist entsprechend klein. Die vorderen Mittelballen sind zu einem Mittelfußballen verwachsen, im Trittsiegel können dennoch vier Mittelballenabdrücke erkennbar sein. Selten werden im hinteren Bereich des Trittsiegels zwei weitere, hintere Mittelballen abgedrückt. Der Hinterfuß ist etwas länger als der Vorderfuß. Die Krallen sind fein, spitz und unregelmäßig zu erkennen.

GANGARTEN

Die Zwergmaus bewegt sich selten am Boden fort. Ihre Reisestrecken sind kurz und führen in der Regel von Halm zu Halm. Die bevorzugte Gangart ist der Parallelsprung. Als langsamere Gangart wechselt sie gewöhnlich in einen Schritt.

Schritt

Schrittlänge: 3,2–5,2 cm
Spurbreite: 1,8–2,2 cm
Geringe Datenbasis.

Ähnliche Trittsiegel

Auf den ersten Blick können die Trittsiegel der Zwergmaus mit denen aller kleinen Mäuse verwechselt werden. Klare Abdrücke sind jedoch in der Regel eindeutig zu bestimmen, da es sich um kleine Trittsiegel mit verhältnismäßig kräftigen Mittelballen und geringem Negativbereich handelt. Haselmäuse zeigen außerdem die für Bilche typische rosettenförmige Anordnung der Mittelballen sowie die ein- und auswärtsgekehrten Trittsiegel im Spurbild.

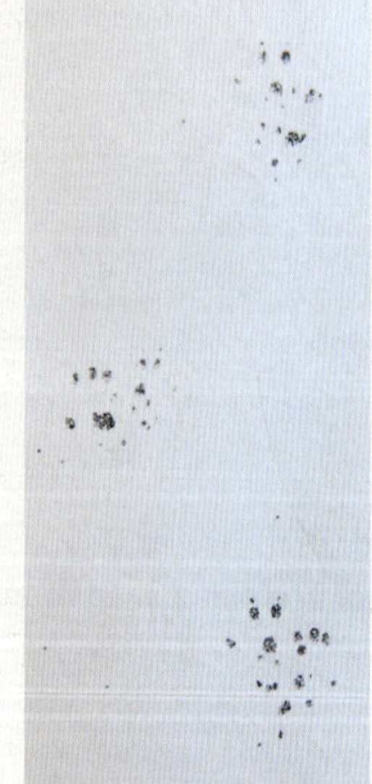

⮝ Zwergmaus im Schritt. Biebergemünd, Deutschland.

« Das charakteristische Sommernest einer Zwergmaus. Vledder, Niederlande. René Nauta.

KOT » Zwergmauskot ist winzig und wird daher selten gefunden. Geeignete Fundorte sind verlassene Nester oder Schilfbestände. Die Farbe ist bräunlich bis schwarz, die Form ungleichmäßig und leicht gebogen, mit einer körnigen Oberfläche.

» **L** 2,5–5,5 mm » **D** 0,9–1,7 mm

« Die winzige Größe ihres Kots ist ein nützliches Kriterium, um Zwergmäuse nachzuweisen. Zwergmauskot ist in der Regel weniger als 5 mm lang und weniger als 1,5 mm dick. Midhurst, England. John Rhyder.

HAUSMÄUSE

Mus

KRL 6–11 cm
Sl 5–10 cm
G 12–32 g

In den meisten Fällen meinen wir eine Art aus der Gattung der Hausmäuse, wenn wir von einer Maus sprechen. Hausmäuse entsprechen am ehesten der klassischen Gestalt zahlreicher Abbildungen, Zeichnungen und Fotos. Im Gebiet kommen vier verschiedene Hausmausarten vor, die sich im Aussehen und Verhalten sehr ähneln. Die Hausmaus (*Mus musculus*), die Algerische Hausmaus (*M. spretus*), die Ährenmaus (*M. spicilegus*) und die Balkan-Hausmaus (*M. macedonicus*). Hausmäuse sind das ganze Jahr über und vorwiegend nachts aktiv. Sie gelten als überaus anpassungsfähig, können gut klettern, graben – mit Ausnahme der Ährenmaus – flache Baue und schwimmen gut. Feinde sind der Mensch und seine Hauskatze, außerdem Mauswiesel, Hermelin, Mink, Iltis, Fuchs, Eulen und Greifvögel.

KENNZEICHEN » Mittelgroße Mäuse mit relativ großen Augen und Ohren sowie einem langen nackten Schwanz. Die Hausmaus verströmt als einzige Art dieser Gattung den typischen unangenehm muffigen Geruch.

VERBREITUNG & LEBENSRAUM » Die Hausmaus ist die am weitesten verbreitete Art der Gattung der Hausmäuse und ihr Lebensraum überschneidet sich mit denen einiger anderer Arten. Dabei kommt die Unterart der Westlichen Hausmaus (*Mus musculus domesticus)* eher in West- und Südeuropa und die Unterart der Östlichen Hausmaus (*Mus musculus musculus)* eher in Zentraleuropa und Skandinavien vor. In Gegenden, in denen beide Unterarten leben, kommt es zu Hybridpopulationen. Die sehr anpassungsfähigen Kulturfolger leben meist siedlungsnah in Gebäuden, Gärten und Einrichtungen zur Nutztierhaltung. Sie kommen sogar in Kühlhäusern vor, aber auch in Freilandpopulationen auf Feldern, in Hecken oder im Gebirge bis in 2000 m Höhe. Die Ährenmaus, die Balkan- und die Algerische Hausmaus meiden Gebäude, menschliche Siedlungsräume und dichte Wälder. Die Algerische Hausmaus lebt in Südfrankreich und auf der Iberischen Halbinsel. Die Ährenmaus kommt in Österreich, Ungarn, der Slowakei und dem Balkan vor. Beide bevorzugen trockene Lebensräume wie Steppen, Hecken, Weg- und Feldränder sowie Maquis. Die Balkan-Hausmaus ist im Balkan verbreitet und bewohnt zusätzlich noch Karstgebiete, Olivenhaine und auch feuchtere Habitate wie Bachufer und Wiesen.

ERNÄHRUNG » Allesfresser, die sich von Samen, Früchten, Pilzen, Wurzeln und anderen Pflanzenteilen ernähren. Auch menschliche Nahrungsmittel sowie tierische Kost wie Insekten und Käfer werden aufgenommen.

FORTPFLANZUNG » Paarungszeit der Ährenmaus und der Balkan-Hausmaus ist von März–Oktober. Die anderen Hausmäuse können sich ganzjährig fortpflanzen. Die Tragzeit beträgt 18–21 Tage. In der Regel kommt es zu 3–5 Würfen pro Jahr, mit 4–6 Jungen pro Wurf. Bei der Hausmaus kann eine erhöhte Geburtenrate mit 4–12 Würfen und 5–14 Jungen auftreten. Solche außergewöhnlich hohen Vermehrungsraten hängen vor allem vom Nahrungsangebot ab. Die ausgeprägte Nähe zu menschlichen Siedlungen, Gebäuden und Lebensmitteln könnte eine Erklärung für diese hohen Vermehrungszahlen der Hausmaus sein. Nach 6–8 Wochen sind die Tiere geschlechtsreif, die Ährenmaus entwickelt sich etwas langsamer und braucht 2–3 Monate.

TRITTSIEGEL

Vorne

» **L** 0,5–1,1 cm » **B** 0,6–1 cm

Winzig. Sohlengänger. Asymmetrisch. 5 Zehen in klassischer Nagetierstruktur: Zehe 1 ist stark reduziert und in optimalen Abdrücken vereinzelt erkennbar. Zehen 3 und 4 sind nach vorne, Zehen 2 und 5 leicht zu den Seiten gerichtet. Die Zehenballen 2–5 wirken im Vergleich zu Waldmäusen schlank und sind, im Gegensatz zu Feldmäusen, vom Mittelfußballen abgesetzt. Der Abdruck der Zehenballen 2 und 5 liegt in der Regel vor den drei verwachsenen vorderen Mittelballen, die im Dreieck angeordnet und schwächer entwickelt sind als bei den Waldmäusen. Im hinteren Bereich des Trittsiegels sind häufig zwei weitere, hintere Mittelballen erkennbar. Die Krallen sind kurz, fein, spitz und unregelmäßig abgedrückt. Der Vorderfuß ist deutlich kleiner als der Hinterfuß.

Hinten

» **L** 1–1,3 (bis 1,5) cm » **B** 0,8–1,2 cm

Winzig bis sehr klein. Sohlengänger. Leicht asymmetrisch. 5 Zehen in klassischer Nagetierstruktur: Zehen 1 und 5 zeigen zu den Seiten, im Gegensatz zu Feldmäusen ist Zehe 1 weniger nach hinten versetzt und befindet sich eher auf einer Linie mit Zehe 5 ⓐ. Zehen 2–4 sind meist nach vorne gerichtet, aufgereiht und stehen nahezu parallel zueinander. Die vorderen Mittelballen sind zu einem Mittelfußballen zusammengewachsen. Im Trittsiegel sind meist drei zusammenstehende, ähnlich

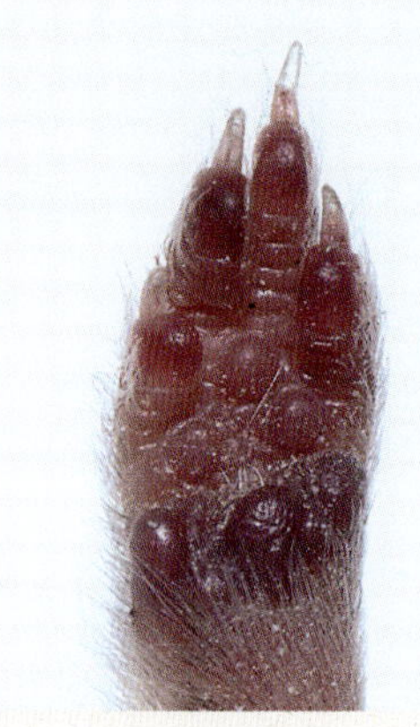

≈ Hausmaus, links vorne. Ennstal, Österreich. Stefan Resch.

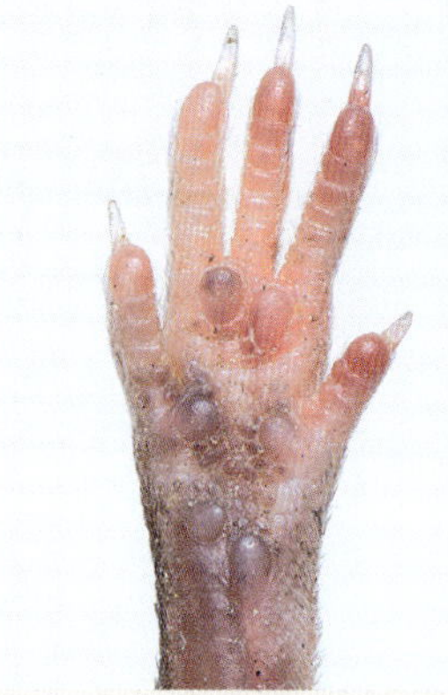

≈ Hausmaus, links hinten. Ennstal, Österreich. Stefan Resch.

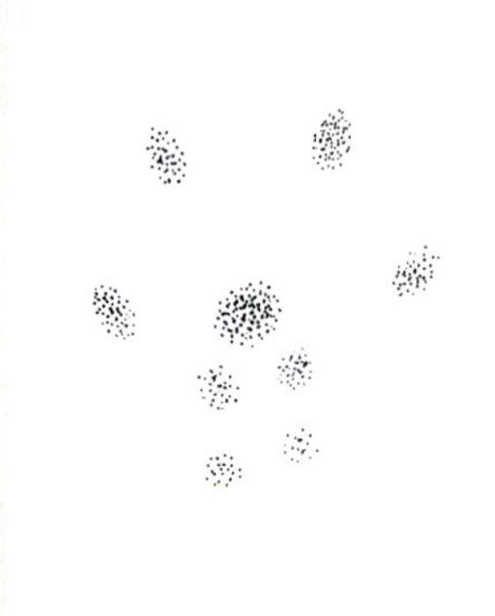

≈ Links vorne.

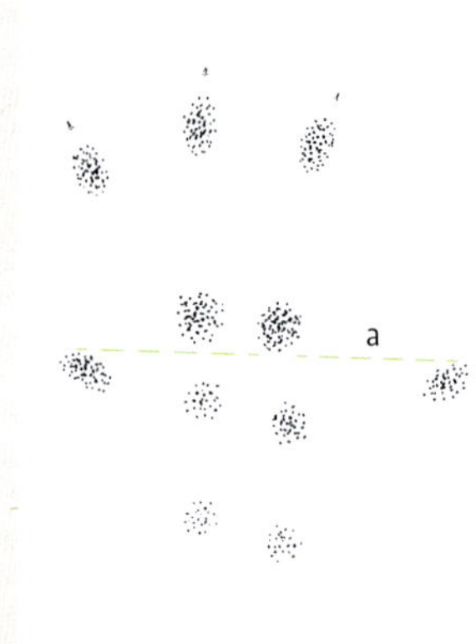

≈ Links hinten.

Ähnliche Trittsiegel

Auf den ersten Blick können die Trittsiegel mit denen aller kleinen Mäuse verwechselt werden. Deutliche Abdrücke sind in der Regel jedoch eindeutig zu bestimmen. Die Zehenballen wirken im Vergleich zu Waldmäusen eher schlank und sind, im Gegensatz zu Feldmäusen, meist vom Mittelfußballen abgesetzt.

große Mittelballen und ein weiterer, kleinerer und deutlich versetzter Mittelballen erkennbar. Im hinteren Bereich des Trittsiegels können zwei weitere, hintere Mittelballen erkennbar sein, wovon der innere T-Ballen sich weiter hinten im Trittsiegel befindet als der äußere H-Ballen. Der Hinterfuß ist deutlich größer als der Vorderfuß. Die Krallen sind kurz, fein, spitz und unregelmäßig erkennbar.

GANGARTEN

Die bevorzugte Gangart ist der Parallelsprung. Beim Erkunden oder Nahrungsammeln verwenden Hausmäuse häufiger einen Schritt als Waldmäuse. Hausmausfährten finden sich meist nahe von Siedlungen und Einrichtungen zur Nutztierhaltung. Im Freiland fernab menschlicher Siedlungen sind Trittsiegel eher selten.

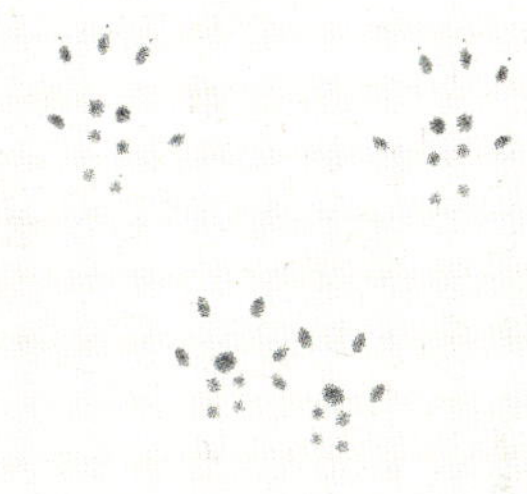

Schritt
Schrittlänge: 4,5–8,5 cm
Spurbreite: 2–3 cm

Parallelsprung
Gruppenlänge: 2,5–5,5 cm
Zwischengruppenlänge: 3,5–20 cm
Schrittlänge: 6–25 cm
Spurbreite: 3–4 cm

Geringe Datenbasis.

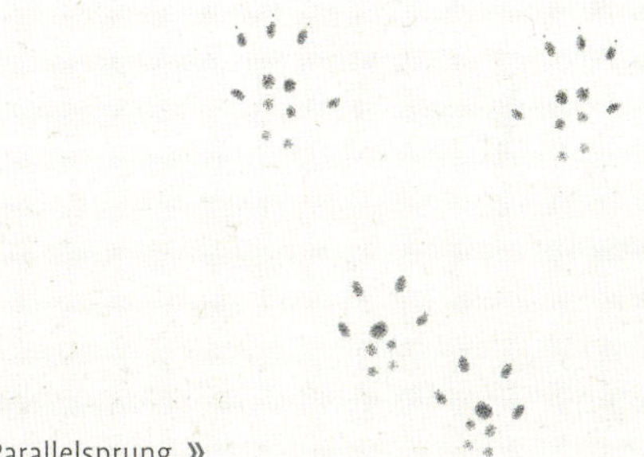

Parallelsprung. »

HAUSMÄUSE VON WALDMÄUSEN UNTERSCHEIDEN

Mithilfe des Vorderfußes lassen sich Hausmäuse von Waldmäusen unterscheiden. Eine imaginäre Linie, welche die vorderen Kanten der Zehenballen 2 und 5 der Hausmaus verbindet, verläuft meist vor der vordersten Kante des Mittelfußballens. Bei Waldmäusen befinden sich die äußeren Zehenballen oft auf einer Reihe mit oder hinter dem vordersten Mittelballen. Das eindeutigste Merkmal ist jedoch die Größe. Nur mit beiden hinteren Mittelballen und Krallen kann die Vorderfußlänge der Hausmaus größer als 0,9 cm sein. Die maximale Länge von 1,1 cm ist selbst vollständig abgedrückt selten. In der Regel ist die Vorderfußlänge kleiner als 1 cm. Wenn L größer als 1,1 cm und B größer als 1 cm sind, kann die Hausmaus gewöhnlich ausgeschlossen werden.

ZEICHEN

NESTER & ERDBAU » Die Nester der Hausmaus werden meist in oberirdischen, gut geschützten Verstecken, wie etwa Nischen sowie Hohlräumen zwischen Wänden, Decken und Polstern, gebaut. Für den Nestbau wird sämtliches geeignetes Material, etwa Textilreste, Papier, Blätter oder Stroh, verwendet, sofern es verfügbar ist, zernagt werden kann und einen gewissen Schutz bietet. Im Freiland kommen ihre Nester auch in Hecken dicht über dem Boden vor. Alle Hausmäuse können auch eigene flache Baue, zum Beispiel unter Wurzeln, Holzstämmen oder Steinen graben. Die Gangsysteme sind etwa 25 cm tief und besitzen eine Nestkammer. Eine Ausnahme ist die Ährenmaus mit ihren Vorratshügeln.

VORRATSHÜGEL » Die Ährenmaus ist (außer dem Menschen) das einzige Säugetier, das für den Winter oberirdische Vorratskammern anlegt. Diese bis zu 50 cm hohen, im Durchmesser 60–180 cm breiten Vorratshügel werden ab August gebaut und können bis zu 50 kg Samen, Getreide und dergleichen enthalten. Die Vorräte werden zuerst mit trockenem Material wie Blättern und Gras und dann mit einer 5–10 cm dicken Erdschicht bedeckt. Darunter befindet sich der Bau. Die Ährenmaus ist durch dieses Zeichen eindeutig von den anderen Hausmäusen zu unterscheiden.

Die großen Vorratshügel der Ährenmaus sind ein auffälliges Zeichen. Neusiedler See, Österreich. Apodemus – Privates Institut für Wildtierbiologie, Stefan Resch.

KOT » Sehr kleine Kotpillen. Dünne, längliche Walzenform, oft mit zugespitzten Enden. Gewöhnlich schwarz oder schwärzlich. Hausmauskot kann mit Waldmauskot verwechselt werden, dieser ist jedoch tendenziell eher bräunlich bis grau-schwärzlich, größer, gedrungener und regelmäßiger. Waldmauskot zeigt außerdem häufig eine zweite, ovale Kotform mit abgerundeten Spitzen, welche Hausmauskot eher selten aufweist. Da die Hausmaus vermehrt in der Nähe menschlicher Siedlungen auftritt, ist auch ihre Losung überwiegend in bewohnten Gebäuden, Ställen oder Zuchtgehegen zu finden. Ebenso kann sie im angrenzenden Freiland in Feldgehölzen, Gärten und Getreidefeldern hinterlassen werden. Im dichten Wald ist sie nur selten zu finden. Dies kann ein zusätzlicher Hinweis für die Unterscheidung zum Kot der Waldmaus sein.

» **L** 3,6–7,5 mm » **D** 1,2–2,5 mm, meist D < 2 mm

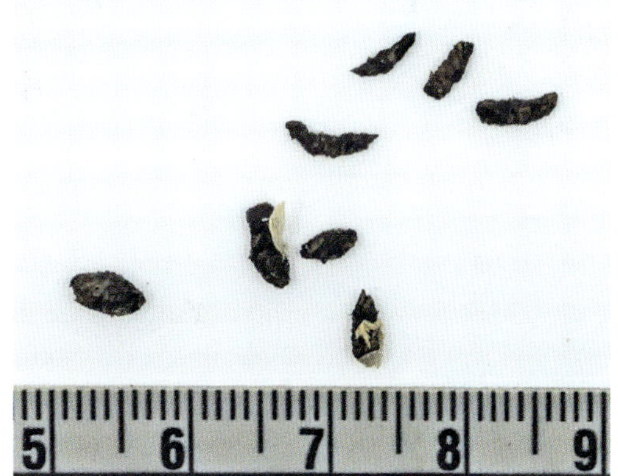

Die dünnen, länglichen Kotpillen einer Hausmaus. Midhurst, England. John Rhyder. »

RATTEN

Rattus

Hausratte
KRL 16–24 cm
Sl 18–26 cm (≥ KRL) **G** 100–280 g

Wanderratte
KRL 18–28 cm
Sl 13–23 cm (≤ KRL)
G 150–580 g
Deutlicher Geschlechtsdimorphismus bei Wanderratten, Männchen sind im Durchschnitt 20 % schwerer, die KRL ist etwa 8–10 % größer.

Hausratten (*Rattus rattus*) und Wanderratten (*R. norvegicus*) sind weltweit verbreitete Kulturfolger, die sich in Menschennähe eher dämmerungs- und nachtaktiv verhalten, ungestört jedoch auch am Tag angetroffen werden. In Gebäuden leben die Tiere in Rudeln, die in der Regel aus einer Familie hervorgehen und aus 60 und mehr Tieren bestehen. Die Rudelgröße hängt dabei unter anderem vom Nahrungsangebot ab.

Ein Rudel verteidigt sein Revier gegenüber fremden Ratten. Die Rudel der Wanderratte haben eine ausgeprägte Sozialstruktur. Die Tiere spielen miteinander und putzen sich gegenseitig. Außerdem wird eine mehr oder weniger hierarchische Rangordnung durch Kämpfe untereinander geregelt. Bei Hausratten konnte bisher keine solche Rangordnung festgestellt werden. Im Freien können Wanderratten Erdbaue anlegen, von Hausratten ist dies nicht bekannt. Beide Arten bauen Nester, die sich in Gebäuden zwischen Balkenlagen und Hohlräumen, unter Sperrgut oder in anderen geschützten Verstecken befinden. Dazu wird sämtliches geeignetes Material verwendet, zum Beispiel Textilreste, Papier, Blätter, Stroh oder dünne Äste. Gelegentlich bauen sie große Gemeinschaftsnester. In der wärmeren Mittelmeerregion Europas finden sich Hausrattennester auch in Baumhöhlen, Gebüschen und Felsspalten. Für beide Rattenarten sind Geruchs- und Tastsinn wichtig. Sie sind intelligent und flink, lernen rasch und können gut schwimmen, tauchen und springen. Beide Rattenarten können klettern, Hausratten sind darin aber überlegen. Feinde sind neben dem Menschen der Iltis sowie Marder, Hauskatze, Rotfuchs, Haushund, Waldkauz, Uhu und andere Eulen. Im Gegensatz zu Wanderratten fliehen Hausratten bei Bedrohung eher aufwärts. Wanderratten gelten als sehr wehrhaft und können sogar Menschen angreifen, wenn sie sich in die Enge getrieben fühlen.

KENNZEICHEN » Beide Arten sind deutlich größer als eine Hausmaus. Sie haben einen nackt wirkenden, relativ langen und runden Schwanz, große Ohren und große Augen. Die Wanderratte ist größer und robuster als die Hausratte. Ihre Schnauze ist stumpfer, Augen und Ohren sind verhältnismäßig kleiner. Die Ohren der Wanderratte nach vorne geklappt würden nicht bis zum Auge reichen, bei Hausratten wäre das Auge bedeckt. Die Hausratte ist von schlankerer Gestalt, was durch ihre spitze Schnauze zusätzlich betont wird.

VERBREITUNG & LEBENSRAUM » Die Wanderratte stammt ursprünglich aus Nordost-Asien und wurde im 18. Jahrhundert in Europa eingeführt. Heute ist sie weltweit verbreitet und gehört zu den häufigsten Säugetierarten der Erde. In Europa kommt sie mehr oder weniger flächendeckend vor. Auch die Hausratte ist ein Neozoon und wurde vor etwa 2000 Jahren vermutlich durch die Schifffahrt von Indien nach Europa gebracht. Inselartig sind Hausratten weltweit verbreitet, in Europa fehlen sie weitestgehend in England und Skandinavien. Die Rote Liste für Deutschland führt sie als vom Aussterben bedrohte Art, in Europa ist die Zahl der Hausratten stark rückgängig. Das hängt unter anderem mit der intensiven Schädlingsbekämpfung und der Intensivierung der Landwirtschaft zusammen. Zudem wird sie gebietsweise von der dominanteren Wanderratte verdrängt.
Wanderratten bevorzugen menschliche Siedlungen, hier leben sie nahe der Kanalisation, in Lagerhallen, Häfen, Ställen oder auf Müllhalden. Sie kommen auch in der freien Natur vor, in diesem Fall leben sie an Flüssen, Küsten und an anderen Gewässern. Die Hausratte lebt in ihrer asiatischen Heimat meist im Wald, wo sie Nester auf Bäumen baut. In Europa werden warme, trockene Lebensräume wie Felder bevorzugt. Es gibt jedoch nur wenige Freilandpopulationen, überwiegend in der Mittelmeerregion. Im übrigen Europa ist die Hausratte stark an menschliche Lebensräume gebunden und bewohnt die oberen Stockwerke und Dachböden von Gebäuden. In Getreidelagern, Futterspeichern, Ställen oder Schweinemastanlagen können sich sehr große Populationen bilden. Im Gegensatz zur Wanderratte werden Keller von der Hausratte gemieden.

TRITTSIEGEL

Die Trittsiegel von Haus- und Wanderratte sind einander ähnlich. In deutlichen Abdrücken kann eine genaue Betrachtung der Fußmorphologie eine Unterscheidung ermöglichen, andernfalls kann die Bestimmung schwierig sein. Ein wichtiges zusätzliches Indiz zur Unterscheidung ist der Lebensraum. Außer in Südeuropas Mittelmeerregion kommen Hausratten in Europa fast ausschließlich in Menschennähe und Gebäuden vor. Wanderratten nutzen einen ähnlichen Lebensraum in Menschennähe, können jedoch häufiger auch in freier Natur an Gewässern gefunden werden.

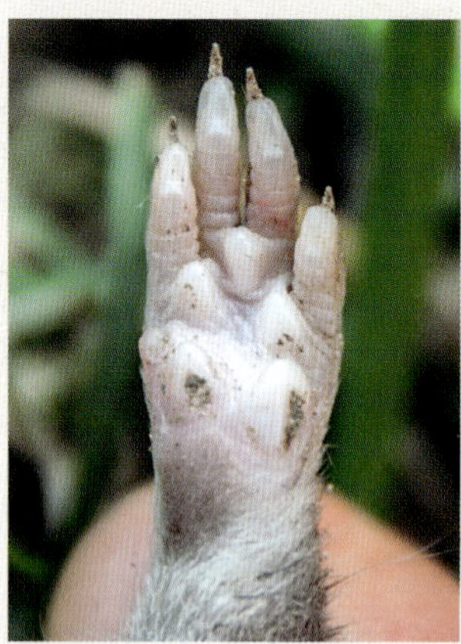

≈ Hausratte, links vorne. Märkische Schweiz, Deutschland.

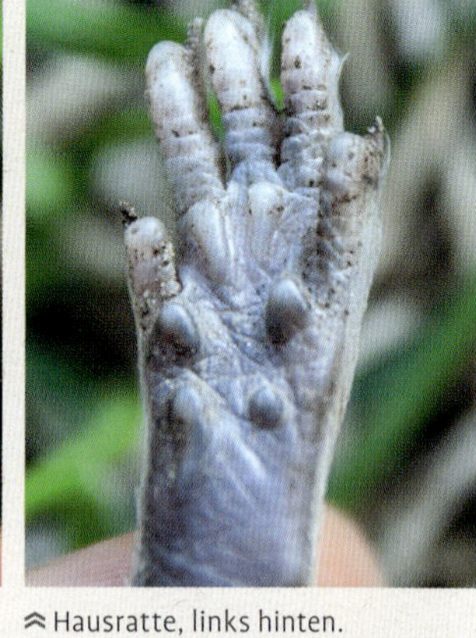

≈ Hausratte, links hinten. Märkische Schweiz, Deutschland.

≈ Hausratte, links vorne (unten) und links hinten (oben). Lausitz, Deutschland.

≈ Hausratte, links hinten. Die kräftigen Zehenballen sind ein wichtiges Unterscheidungsmerkmal zur Wanderratte. Lausitz, Deutschland.

Vorne

Hausratte

» **L** 1–1,8 cm » **B** 1,3–1,8 cm

Wanderratte

» **L** 1,3–2,4 cm » **B** 1,3–2,1 cm

Sehr klein bis klein. Sohlengänger. Asymmetrisch. 5 Zehen in klassischer Nagetierstruktur: Zehe 1 ist stark reduziert und im Abdruck selten zu erkennen. Zehen 2 und 5 stehen oft deutlich zu den Seiten und können beinahe horizontal abgedrückt werden. Zehen 3 und 4 sind schräg nach vorne gerichtet. Gespreizt kann die Zehenanordnung sternförmig erscheinen. Einige Mittelballen sind zusammengewachsen, der Abdruck des Mittelfußballens besteht aus drei deutlich erkennbaren Mittelballenabdrücken,

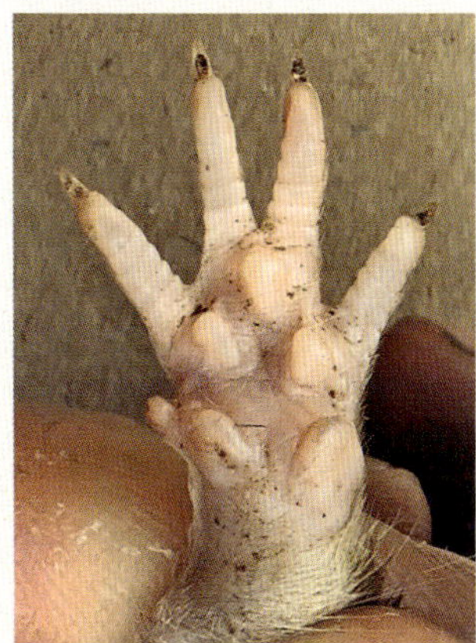

⩓ Wanderratte, links vorne. Vledder, Niederlande. René Nauta.

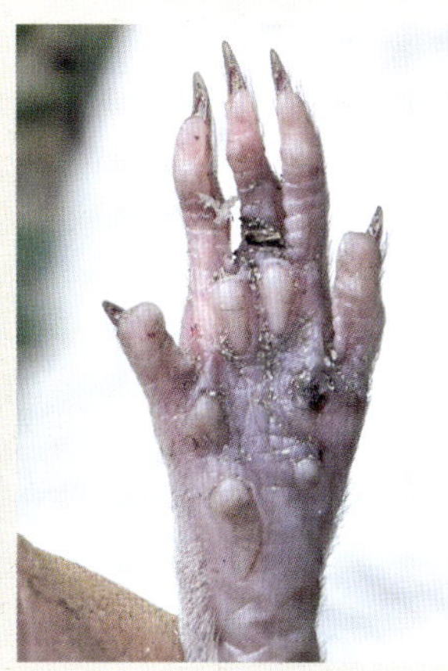

⩓ Wanderratte, links hinten. Vledder, Niederlande. René Nauta.

⩓ Wanderratte, links vorne. Vledder, Niederlande.

⩓ Wanderratte, links hinten. Der hintere Teil des Trittsiegels ist vollständig abgedrückt und die langen Zehen 2–4 sind deutlich zu erkennen. Spessart, Deutschland.

die im Dreieck angeordnet sind. Im hinteren Bereich des Abdrucks können selten zwei weitere, hintere Mittelballen erkennbar sein, die verhältnismäßig kleiner als bei Eichhörnchen oder Feldhamstern sind. Die Krallen werden eher selten abgedrückt. Sie sind fein, spitz und kürzer als bei Schermäusen. Der Vorderfuß ist kleiner als der Hinterfuß.

Hinten

Hausratte

» **L** 1,4–2,7 cm » **B** 1,6–2,6 cm

Wanderratte

» **L** 2–3,7 cm » **B** 1,8–3 cm

Klein. Sohlengänger. Leicht asymmetrisch. 5 lange Zehen in klassischer Nagetierstruktur: Zehen 1 und 5 zeigen gerade zu den Seiten. Zehen 2–4 stehen nach vorne gerichtet, aufgereiht und nahezu parallel zueinander. Die vorderen Mittelballen sind zu einem Mittelfußballen zusammengewachsen, im Trittsiegel sind dennoch gelegentlich 4 einzelne Mittelballen zu erkennen. Häufig sind aber nur die vordersten zwei Mittelballen abgedrückt. Der vollständige Fuß berührt selten den Boden, in diesem Fall können zwei weitere, hintere Mittelballen im hinteren Bereich des Trittsiegels erkennbar sein, wobei der innen liegende T-Ballen sich weiter hinten im Abdruck befindet als der äußere H-Ballen. Der Hinterfuß ist länger als der Vorderfuß. Die Krallen sind fein, spitz und selten erkennbar.

HAUS- VON WANDERRATTE UNTERSCHEIDEN

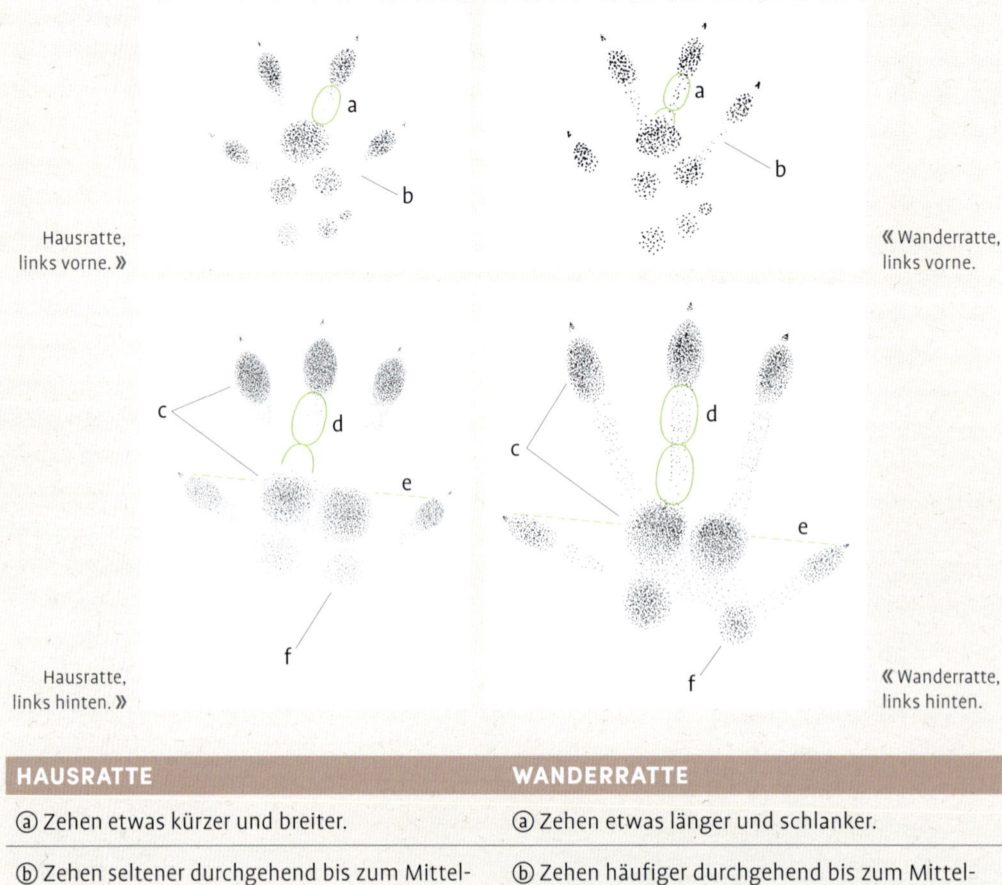

Hausratte, links vorne. »

« Wanderratte, links vorne.

Hausratte, links hinten. »

« Wanderratte, links hinten.

HAUSRATTE	WANDERRATTE
ⓐ Zehen etwas kürzer und breiter.	ⓐ Zehen etwas länger und schlanker.
ⓑ Zehen seltener durchgehend bis zum Mittelfußballen abgedrückt.	ⓑ Zehen häufiger durchgehend bis zum Mittelfußballen abgedrückt.
ⓒ Zehen- und Mittelballen kräftiger, nehmen im Verhältnis mehr Fläche des Trittsiegels ein.	ⓒ Zehen- und Mittelballen schwächer, nehmen im Verhältnis weniger Fläche des Trittsiegels ein.
ⓓ Zehen im Verhältnis kürzer und breiter, deutlich sichtbar an Zehe 2–4. Negativbereich zwischen den Zehenballen 2–4 und den vorderen zwei Mittelballen entsprechend kleiner.	ⓓ Zehen im Verhältnis länger und schlanker, deutlich sichtbar an Zehe 2–4. Negativbereich zwischen den Zehenballen 2–4 und den vorderen zwei Mittelballen entsprechend größer.
ⓔ Außenzehen 1 und 5 nur leicht nach hinten versetzt.	ⓔ Außenzehen 1 und 5 deutlich hinter der vorderen Kante des Mittelfußballens.
ⓕ Mittelballen I dicht an II und IV.	ⓕ Mittelballen I versetzt zu II und IV.
ⓖ Der Größenunterschied zwischen Vf und Hf ist weniger deutlich ausgeprägt.	ⓖ Der Größenunterschied zwischen Vf und Hf ist deutlicher ausgeprägt.

GANGARTEN

Beim Erkunden oder auf Nahrungssuche bewegen sich Ratten meist im Schritt. Reisestrecken werden in Deckung und meist im Trab zurückgelegt. Auf Schnee und auf Böden, in die sie tief einsinken können, wechseln die Tiere häufig in einen Zweisprung. Meist wird eine Form von Parallelsprung bei Gefahr oder zum raschen Überqueren von Freiflächen verwendet.

Schritt
Schrittlänge: 11–21,5 cm
Spurbreite: 4,5–8,5 cm

Trab
Schrittlänge: 17–28 cm
Spurbreite: 6,1–7,4 cm

Drei- und Viersprung
Gruppenlänge: 6,5–11 cm
Zwischengruppenlänge: 6,5–28 cm
Schrittlänge: 13–36 cm
Spurbreite: 4–8,5 cm

Parallelsprung
Gruppenlänge: 4,2–14 cm
Zwischengruppenlänge: 15–45 cm
Schrittlänge: 20–59 cm
Spurbreite: 6–9 cm

Fuß-in-Fuß-Schritt.

Parallelsprung.

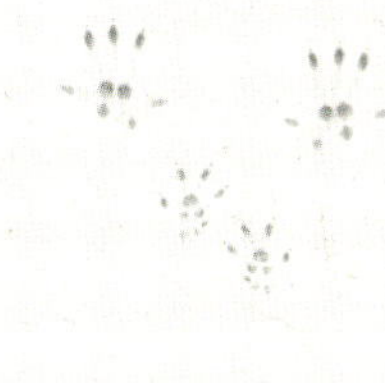

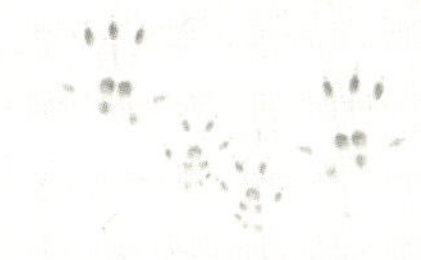

Wanderratte im Parallelsprung. Fußfolge von unten nach oben: RV, LV, LH, RH. Spessart, Deutschland.

Typisches Spurbild einer Hausratte. Fußfolge von unten nach oben: LV, LH, RH, RV. Lausitz, Deutschland.

Ähnliche Trittsiegel
Ziesel, Feldhamster, Eichhörnchen, Schermäuse.

ERNÄHRUNG » Ratten sind Allesfresser mit sehr variablen Nahrungsgewohnheiten. Ist ausreichend pflanzliche Nahrung vorhanden, ernähren sie sich überwiegend vegetarisch. Zu ihrer Kost gehören Samen, Früchte, Wurzeln, Getreide und Gräser, aber auch Mais, Sonnenblumenkerne, Kartoffeln, menschliche Lebensmittel und Abfälle. Der Anteil tierischer Nahrung ist in der Regel gering. Ratten können je nach Nahrungsangebot auch auf überwiegend tierische Kost umstellen, wenn keine oder wenig pflanzliche Kost verfügbar ist. Zur möglichen tierischen Nahrung zählen Schnecken, Eier, Mäuse und Fische. Wanderratten können sich räuberisch verhalten und Vögeln nachstellen, Fische fangen und Säugetiere wie kleine Ferkel, Lämmer oder Mäuse annagen. Sogar wehrlose Menschen und Babys wurden in Einzelfällen schon angefressen.

FORTPFLANZUNG » Beide Rattenarten sind ganzjährig fortpflanzungsfähig, die Höhepunkte ihrer Paarungszeit liegen im März–April und im September–Oktober. Nach einer Tragzeit von 20–24 Tagen werden 3–9 (bis 16) nackte und blinde Junge geboren. Meist kommt es zu 4–6 Würfen pro Jahr, auch mehr sind möglich. Nach 2–4 Monaten sind die Tiere geschlechtsreif. Die Jungenaufzucht kann gemeinsam erfolgen. Verwaiste Junge werden von anderen Weibchen gesäugt.

ANMERKUNGEN » Die Hausratte ist vor allem als Wirt des Pestflohs bekannt geworden. Wahrscheinlich hatte sie im Mittelalter entscheidenden Einfluss auf die Verbreitung der Pest. Die Wanderratte ist die Stammform der Farbratte, die als Zuchtform bis heute zu Forschungszwecken für Medizin und Biologie in Laboren verwendet wird. Für viele Menschen besetzt die Wanderratte eher die Rolle des Schädlings, da sie beträchtliche Schäden an Nahrungsmitteln verursacht und verschiedene Krankheiten übertragen kann. Außerdem ist sie in der Lage, Kunststoff, Aluminium, Kupfer und Blei zu zernagen, wodurch sie immer wieder technische Defekte verursacht. Trotz intensiver Bekämpfung durch den Menschen scheint ihre Ausrottung nicht möglich zu sein. Evolutionär betrachtet ist sie ein herausragendes Erfolgsmodell. Sie ist außergewöhnlich anpassungsfähig, sogar auf Gift können Wanderratten mit Mutationen reagieren, die resistente Wanderrattenstämme hervorbringen. Ihre unspezifische Lebensweise befähigt sie dazu, beinahe überall zu überleben und nahezu jede Nahrung zu nutzen.

ZEICHEN

NESTER & ERDBAUE » Rattennester messen meist 12–15 cm im Durchmesser. Die Erdbaue der Wanderratten reichen gewöhnlich 40–50 cm tief unter die Erde. Sie bestehen aus einem ausgepolsterten Wohnkessel mit etwa 20–30 cm Durchmesser, einer oder mehreren Vorratskammern und einem Gangsystem mit mehreren Eingängen. In den Vorratskammern werden Futtervorräte angelegt, die Eingänge sind oft durch Bretter oder andere Hindernisse versteckt. An der Oberfläche sind meist mehrere Eingangslöcher durch fest ausgetretene, deutliche Wechsel miteinander verbunden. Im Unterschied zu den eher ordentlich wirkenden Eingangslöchern von Schermausbauen findet man vor Löchern von Rattenbauen häufig fächerförmig ausgeworfene Erdhaufen. Außerdem nagen Schermäuse Pflanzenstängel und Wurzeln im Eingangsbereich ab, während sich Ratten nur vorbeidrücken. Im Umkreis des Eingangslochs einer Schermaus sind Pflanzen in der Regel zerfasert und abgefressen, bei Eingangslöchern von Ratten ist dies nicht der Fall.

Durchmesser der Eingangslöcher 6–9 cm

CyberTracker-Evaluierer George Leoniak zeigt auf das Eingangsloch des Erdbaus einer Wanderratte. West Sussex, England.

WECHSEL » Die Tiere nutzen feste Wechsel zwischen ihrem Bau/Nest und ihren Nahrungsquellen. Diese Wechsel sind etwa 5–10 cm breit und meist deutlich zu erkennen. Urin- und Duftmarkierungen kennzeichnen sie, bei Hausratten können sie dadurch sogar schwarz gefärbt erscheinen. In Gebäuden führen Wanderrattenwechsel in der Regel dicht an Mauern und Hindernissen entlang, sodass die Tiere mithilfe ihrer Schnurrhaare die Umgebung ertasten können. Im Gegensatz zu Wanderratten tragen Hausratten den Schwanz meist angehoben, eine Schleifspur ist selten erkennbar. Bei Wanderraten hinterlässt der Schwanz häufiger eine Schleifspur.

FRASSPUREN » Rattenfraßspuren lassen sich von denen anderer Nagetiere nur schwer unterscheiden, häufig ist es bisher sogar unmöglich, eine sichere Aussage zu treffen. Bang und Dahlström erwähnen einen Unterschied von Fraßspuren an Haferkernen. Hausmäuse knabbern das Getreidekorn von der Seite, während sie es an den Enden des Kornes mit den Vorderfüßen festhalten. Die Reste sind daher längliche Späne, die an geschrotetes Getreide erinnern. Ratten nagen dagegen die Körner vom Ende her an. Die Reste bestehen daher aus einem größeren oder kleineren Endstück.

KOT » Rattenkot riecht streng und für den Menschen meist unangenehm scharf und ranzig. Textur und Inhalt schwanken mit der variablen Ernährung der Tiere, typische Farben sind braun, graubraun, schwarz-grau und schwarz. Mit Erfahrung sind Haus- und Wanderratten relativ zuverlässig anhand ihrer Losung zu unterscheiden. Wanderrattenkot ist groß, zylinderförmig und hat gewöhnlich ein stumpfes und ein spitzes Ende. Die Kotpillen sind körnig und haben häufig eine unregelmäßige Oberfläche. Oberflächlich ähneln sie dem Kot großer Fledermäuse: Sie wirken trotz ihrer Festigkeit spröde, sind jedoch weniger porös als Fledermauskot. Im Gegensatz zum Kot von Schermaus und Bisam ist die Losung weniger homogen, enthält weniger Pflanzenfasern und wird an anderen Orten abgelegt.

« Die unregelmäßige Oberfläche sowie ein stumpfes und ein spitzes Ende sind typische Kennzeichen von Wanderrattenkot. West Sussex, England.

Während Bisam- und Schermauslosung in der Regel in Wassernähe zu finden sind, legen Wanderratten ihre Kotpillen oft in einer Art Latrine ab, die vor allem an Wechseln, an markanten Plätzen wie Bäumen und Steinen, an Fraßplätzen und in Nestnähe zu finden sind. Der Kot kann jedoch auch einzeln verstreut vorkommen. Die Exkremente der Hausratte sind im Vergleich zu denen der Wanderratte dünn und kürzer. Sie sind unregelmäßiger geformt, oft leicht gebogen und an beiden Enden eher stumpf.

Kommen beide Tiere in gleichen Lebensräumen vor, wie auf Dachböden, in Lagerhallen, Ställen oder Scheunen, sind die Kotpillen der Hausratte stärker verstreut und an anderen Plätzen abgelegt als die der Wanderratte. Wanderrattenkot findet sich in diesem Fall eher entlang der Wände und in Ecken, wohingegen die besser kletternde Hausratte ihren Kot eher an schrägen Balken und entlang hoher Dachleisten ablegt. Im Gegensatz zur Wanderratte findet sich die Losung der Hausratte nicht im freien Feld. Sie ist fast immer in Gebäuden oder Schiffen oder in der Nähe platziert. Ein Durchmesser von mehr als 4 mm spricht für die Wanderratte.

Hausratte

» **L** 0,6–1,5 cm » **D** 0,2–0,5 cm

Wanderratte

» **L** 1–2,4 cm » **D** 0,4–0,7 cm

Achtung!

Ratten können durch den Kontakt mit ihren Exkrementen, ihrem Urin und Blut die Infektionskrankheit Leptospirose übertragen. In Deutschland ist die Krankheit sehr selten, 2015 wurden 85 Erkrankungen nachgewiesen. Dennoch handelt es sich um ein ernstzunehmendes Risiko, die Krankheit kann in Ausnahmefällen an Leber und Niere Schäden verursachen, die zum Tod führen können.

EIGENTLICHE BLINDMÄUSE

Spalax

KRL 15–25 cm
G 140–365 g

Zu der bislang wenig erforschten Familie der Blindmäuse (Spalacidae) gehören mindestens 36 Arten, welche alle überwiegend unterirdisch und grabend leben. In Europa kommen die Bukowinische Blindmaus (*Spalax graecus*) und die Westblindmaus (*S. leucodon*) vor. Blindmäuse sind wie Maulwürfe hochspezialisiert auf ihre fast ausschließlich unterirdische Lebensform. Ihr walzenförmiger Körper mit den kurzen Beinen ist bestens dafür geeignet, sich durch Erdtunnel zu bewegen. Die Tiere haben keinen sichtbaren Schwanz, die Ohrmuscheln sind auf eine im Fell verborgene Hautfalte reduziert. Die Augen sind von Fell überwachsen und wahrscheinlich funktionslose Überreste der Evolution. Die stark vergrößerten Schneidezähne ragen gut sichtbar aus dem Maul hervor. Blindmäuse graben umfangreiche Bausysteme, in denen sie Nest- und Vorratskammern sowie Fraß- und Laufgänge anlegen. Sie verfügen über einen ausgezeichneten Tastsinn, mit dem sie feinste Erderschütterungen wahrnehmen und sich wahrscheinlich am Erdmagnetfeld orientieren können. Außerdem gut ausgeprägt ist der Geruchssinn, mit dessen Hilfe sie Duftspuren in ihren Gängen verfolgen. Die Tiere sind ganzjährig tag- und nachtaktiv. Es wurden Überreste von Blindmäusen in Eulengewöllen gefunden. Ansonsten ist über die Feinde der Tiere wenig bekannt. Da Blindmäuse eher selten an die Erdoberfläche kommen, habe ich bis heute keine Trittsiegel gesehen.

KENNZEICHEN » Aussehen nur mit anderen Blindmäusen verwechselbar, ansonsten einzigartig. Größer als ein Maulwurf. Die Bukowinische Blindmaus ist der Westblindmaus von Aussehen, Größe, Gewicht und Lebensweise sehr ähnlich.

VERBREITUNG & LEBENSRAUM » Die Bukowinische und die Westblindmaus leben in Rumänien, die Westblindmaus kommt außerdem auf der Balkanhalbinsel und in Ungarn vor. Beide Blindmäuse sind ursprünglich Steppenbewohner, die als Kulturfolger heute auch auf Wiesen, Weiden und Feldern zu finden sind.

ERNÄHRUNG » Wurzeln, Knollen und Zwiebeln von Pflanzen und Bäumen. Feldfrüchte wie Kartoffeln, Möhren und Erbsen sowie Früchte, Blätter und Pflanzenstängel. In den großen, unterirdischen Vorratskammern können Vorräte von bis zu 20 kg eingelagert sein.

FORTPFLANZUNG » Die Paarungszeit dauert von Januar–April. Nach einer Tragzeit von 29–32 Tagen werden vorwiegend im März/April 2–4 (bis 6) nackte und blinde Jungen geboren. Nach etwa einem Jahr sind die Nachkommen fortpflanzungsfähig.

ZEICHEN

BAUE » Die komplexen Erdbaue mit ihren bis zu 200 m langen Gangsystemen, mehreren Vorrats- und Nestkammern, Latrinen sowie Fraß- und Laufgängen erstrecken sich bis zu 4 m tief in die Erde. Die flacheren Fraßgänge sind nur 5–30 cm tief. Die Gänge haben Durchmesser von 6–12 cm.

HÜGEL » Ähnlich wie beim Maulwurf befördern Blindmäuse die beim Graben der Bausysteme gelöste Erde an die Erdoberfläche und werfen sie dort hügelartig auf. Die häufig in einer Linie aufgereihten Erdhügel sind ein markantes Zeichen für das Vorkommen dieser ansonsten so verborgen lebenden Tiere.

In einer Linie aufgereihte Erdhügel sind ein markantes Zeichen für das Vorkommen von Blindmäusen. »

GEWÖHNLICHES STACHELSCHWEIN

Hystrix cristata

KRL 57–68 (bis 85) cm
Sl 5–15 cm
G 10–15 (bis 18) kg

Stachelschweine (Hystricidae) sind große Nagetiere, die durch ihr zu Stacheln umgewandeltes Haarkleid und ihre Größe unverwechselbar sind. In Europa gibt es nur die hier behandelte Art. Die nahezu ausschließlich nachtaktiven Tiere leben in kleinen Familienverbänden, die gewöhnlich aus den Eltern, ihren diesjährigen Jungen sowie den Jungen des Vorjahres bestehen. Sie bewohnen Felsnischen, Wurzelhöhlen sowie Erdbaue, welche sie selbst graben oder übernehmen. Das Gehör und der Geruchssinn sind gut entwickelt, der Sehsinn scheint eher von geringer Bedeutung zu sein. Im Gegensatz zu den Neuweltstachelschweinen (Erethizontidae) klettert das Gewöhnliche Stachelschwein selten und kann gut schwimmen. Die geräuschvoll auffälligen Tiere brummen, schnauben und grunzen häufig. Oft kann man sie nachts schon hören, bevor man sie zu sehen bekommt. An ihrem Schwanzende befinden sich hohle Stacheln, „Rasselbecher" genannt, die bei Erregung ein rasselndes Warnsignal erzeugen. Bedrohte Stachelschweine knurren, rasseln, stampfen mit ihren Hinterfüßen und richten ihre Stacheln auf, sodass sie plötzlich deutlich größer erscheinen. Bei anhaltender Bedrohung bewegen sich die Tiere mit aufgestelltem Stachelkleid seitlich oder rückwärts auf ihren Gegner zu. Die spitzen Stacheln durchdringen leicht die Haut eines Angreifers und verursachen Verletzungen, die sich oft entzünden und sogar zum Tod des Raubtiers führen können. Natürliche Feinde sind wildernde Hunde und der Wolf.

KENNZEICHEN » Etwa dachsgroße Tiere mit unverwechselbarem Stachelkleid. Die umgewandelten, schwarz-weiß geringelten Haare dienen der Selbstverteidigung, sind etwa 2–5 mm stark und können bis zu 40 cm lang werden.

VERBREITUNG & LEBENSRAUM » Im Gebiet in Mittel- und Süditalien sowie auf Sizilien, in Albanien und in Nordgriechenland. Die anpassungsfähigen Tiere bevorzugen trockene und felsige Gebiete, können aber auch in Wäldern oder in der Nähe landwirtschaftlich genutzter Flächen vorkommen.

ERNÄHRUNG » Überwiegend Pflanzenfresser, die sich vor allem von Wurzeln, Knollen, Früchten und Blättern ernähren. Kambium und Feldfrüchte wie Kartoffeln und Mais werden ebenfalls aufgenommen. Auch Frösche, Insekten und andere Kleintiere sowie Aas werden gefressen. Gelegentlich können ihre Nagespuren an Knochen gefunden werden, welche die Tiere als Kalziumquelle und zum Schärfen ihrer Zähne nutzen (Grzimek 1990).

FORTPFLANZUNG » Stachelschweine leben gewöhnlich in festen Paarbindungen. Nach einer Tragzeit von etwa 93–105 Tagen werden 1–2 (bis 4) Junge geboren, die als Nestflüchter nahezu unmittelbar nach der Geburt sehen und laufen können. Ihre Stacheln sind zuerst weich und verhärten innerhalb weniger Tage. Die Jungtiere werden im 2. Lebensjahr geschlechtsreif.

ZEICHEN

ERDBAU » Der unterirdische Erdbau einer Stachelschweinfamilie kann über mehrere Generationen wiederverwendet und dann sehr groß werden. Häufig wird auch ein Erdferkelbau übernommen. Die Eingangslöcher haben einen Durchmesser von etwa 25–35 cm.

Stachelschwein an seinem Erdbau.

KAMBIUMFRAß » Ähnlich wie Biber nagen Stachelschweine an der Rinde von Ästen und Stämmen, um an das nahrhafte Kambium zu gelangen. Die von ihnen entrindeten Stellen befinden sich gewöhnlich bis zu 80 cm hoch. Laubbäume werden bevorzugt. Die starken Zahnfurchen der Nagezähne des Oberkiefers sind insgesamt etwa 6–10 mm breit.

KOT » Farbe und Form hängen stark von der Nahrung ab. In der Regel ist er braun bis schwarz. Typisch sind Ansammlungen lang gestreckter Kotpillen, die mit Hauskatzen- oder Dachskot verwechselt werden können. Der Kot des Stachelschweins besteht jedoch fast ganz aus Pflanzenresten. Gelegentlich sind auffällige Längsfurchen erkennbar.
» **L** 1,9–3,5 cm » **D** 0,7–1,4 cm

TRITTSIEGEL

Vorne

» **L** 7,2–8,5 cm » **B** 5,2–6 cm
Mittelgroß. Sohlengänger. Asymmetrisch. 5 Zehen in klassischer Nagetierstruktur: Zehe 1 ist stark reduziert und nur selten zu erkennen. Zehen 2–5 sind kurz und kräftig und können leicht nach innen gebogen erscheinen. Zehen 2 und 5 stehen leicht seitlich, Zehen 3 und 4 sind schräg nach vorne gerichtet. Die vorderen Mittelballen II und III sind zusammengewachsen, sodass der Abdruck des Mittelfußballens aus drei Mittelballenabdrücken besteht, die teilweise wie ein einzelner Ballenabdruck wirken können. Der Negativbereich zwischen Zehen- und Mittelballen ist kurz und breit. Im hinteren Bereich des Trittsiegels können zwei kräftige, hintere Mittelballen erkennbar sein. Beide stehen in geöffnetem Winkel zur Pfadinnenseite. Alle Ballen sind nackt und robust. Lange, kräftige und stumpfe Krallen sind häufig abgedrückt. Der Abdruck des Vorderfußes ist etwas größer und breiter als der des Hinterfußes.

Hinten

» **L** 6,7–7,8 cm » **B** 5–5,6 cm
Mittelgroß. Sohlengänger. Leicht asymmetrisch. 5 Zehen, die meist nach vorne gerichtet und nahezu parallel zueinander stehen. Die Zehen 2–5 können leicht nach außen gerichtet stehen, wodurch das Trittsiegel insgesamt asymmetrischer als das des Vorderfußes wirkt, auch wenn unter Berücksichtigung von

≈ Rechts vorne.

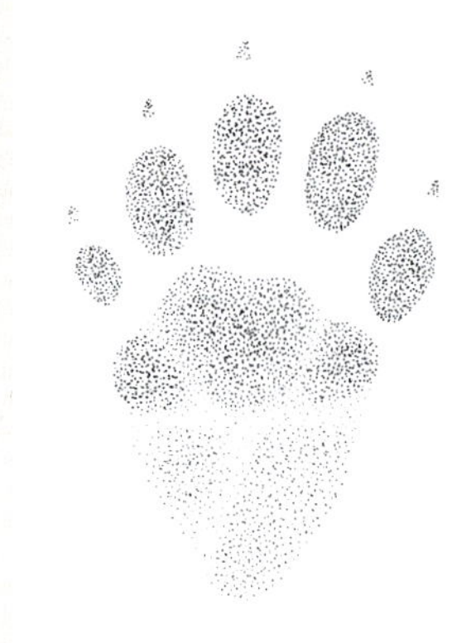

≈ Rechts hinten.

≈ Rechts vorne.
Italien, Toni Romani.

≈ Rechts hinten (oben) und rechts vorne (unten).
Italien, Toni Romani.

Zehe 1 das Vorderfußtrittsiegel eigentlich die größere Asymmetrie aufweist. Die vorderen Mittelballen II und III sind zusammengewachsen, sodass der Abdruck des Mittelfußballens aus drei Mittelballenabdrücken besteht, die teilweise wie ein einzelner Ballenabdruck wirken können. Im Vergleich zum Vorderfußabdruck ist der Negativbereich zwischen Zehen- und Mittelballen länglich und schmal. Im hinteren Bereich des Trittsiegels können zwei kräftige, hintere Mittelballen erkennbar sein. Beide stehen im geöffneten Winkel zur Pfadinnenseite. Alle Ballen sind nackt und robust. Die kräftigen Krallenabdrücke sind häufig erkennbar und kürzer als am Vorderfuß. Der Abdruck des Hinterfußes ist etwas kleiner und schmaler als der des Vorderfußes.

GANGARTEN

Die bevorzugte Gangart ist ein leicht übereilter Schritt.

Schritt

Schrittlänge: 39–65 cm
Spurbreite: 10–15 cm

Geringe Datenbasis.

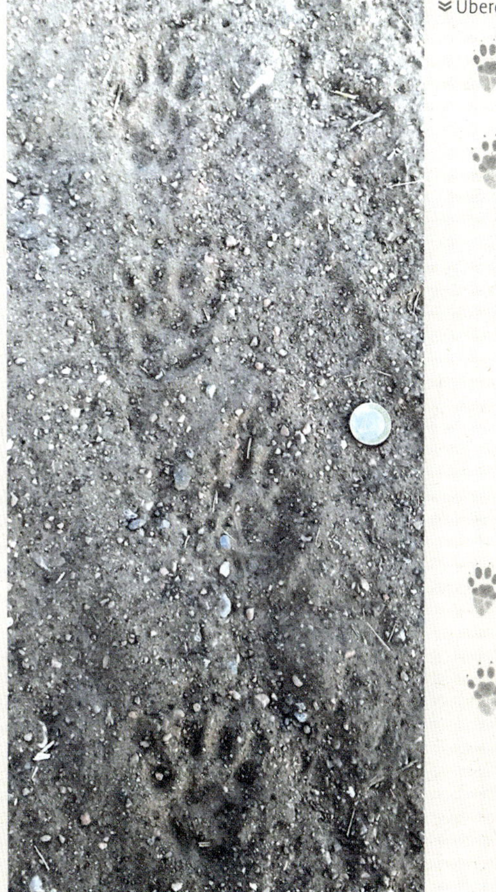

≈ Übereilter Schritt. Die Schrittfolge von unten nach oben ist: RV, RH, LV, LH. Italien, Toni Romani.

≈ Übereilter Schritt.

Ähnliche Trittsiegel

Die Trittsiegel können mit denen des Daches verwechselt werden, die Vorderfußkrallen sind jedoch deutlich kürzer.

RAUBTIERE

Die Ordnung der Raubtiere (Carnivora) umfasst im behandelten Gebiet 9 Familien: die Katzen, die Schleichkatzen, die Mangusten sowie Hunde, Bären, Marder, Kleinbären, ferner Walrosse und Hundsrobben.

Alle Angehörigen dieser Ordnung ernähren sich zumindest teilweise von Fleisch, tatsächlich sind einige Arten jedoch Allesfresser statt reine Fleischfresser und auch vegetarische Kost wird aufgenommen. Das gemeinsame Merkmal der Raubtiere sind ihre vier langen, zu Fangzähnen entwickelten Eckzähne (*Canini*) sowie die scharfen, zu Reißzähnen umgestalteten Vorbacken- und Backenzähne. Jede Familie wird einzeln behandelt, eine Ausnahme stellen die Walrosse und Hundsrobben dar, die aufgrund ihrer Gemeinsamkeiten in Spuren und Zeichen zusammengefasst werden.

Katzen

Katzen (Felidae) sind charismatische Raubtiere mit geschmeidigem Körper und kleinem, rundlichem Kopf mit kurzer Schnauze. Katzen verfügen über ein exzellentes Sehvermögen und sind vor allem visuelle Jäger, die sich an ihre Beute anschleichen und ihr auflauern. Sie haben scharfe, einziehbare Krallen, welche sie überwiegend zum Klettern oder zum Töten von Beute verwenden. Im Gebiet kommen 2 Gattungen mit 3 Arten vor. Alle hier behandelten Arten sind reine Fleischfresser, die sich im Gegensatz zu vielen Hunden nicht zusätzlich von pflanzlicher Kost ernähren. Katzen nutzen ihren Urin, Kot und andere Drüsensekrete, um Duftmarkierungen zurückzulassen. Dadurch kommunizieren sie unter anderem ihre Präsenz und ihre Paarungsbereitschaft. Ausgewachsene Männchen sind größer und kräftiger als ausgewachsene Weibchen (Geschlechtsdimorphismus).

SPUREN DER KATZEN

Zehengänger. Asymmetrisch. In der Regel vier verhältnismäßig kleine Zehen und ein großer, zusammengewachsener Mittelfußballen. Katzen, die ihre Beute ohne längere Verfolgung erlegen, können ihre Krallen einziehen. Dadurch sind im Trittsiegel meist keine Krallenabdrücke zu erkennen. Bei rutschigen Böden und hohen Geschwindigkeiten sind Ausnahmen häufig. Generell können Trittsiegel von Katzen und Hunden miteinander verwechselt werden. Die An- oder Abwesenheit von Krallenabdrücken allein reicht nicht aus, um sie voneinander zu unterscheiden.

Spurenformel: 4V × 4h

VORDERFUẞ » Asymmetrisch und rundlich. Vier asymmetrisch angeordnete Zehenballen, die zuverlässig abgedrückt werden. Zehe 1 ist stark reduziert und selten zu sehen. Der Mittelfußballen neigt sich häufig leicht zur Fußaußenseite. Ein einzelner hinterer Mittelballen kann bei tiefen Abdrücken oder hohen Geschwindigkeiten erkennbar sein.

HUNDE- VON KATZENTRITTSIEGELN UNTERSCHEIDEN

HUNDE	KATZEN
ⓐ Anordnung der Zehenballen eher symmetrisch.	ⓐ Anordnung der Zehenballen eher asymmetrisch.
ⓑ Verhältnismäßig große Zehenballen und kleiner Mittelfußballen. Hunde sind „Hetzjäger“, die ihre Beute über längere Strecken verfolgen. Die kräftigen Zehenballen geben ihnen die dafür benötigte Bodenhaftung.	ⓑ Verhältnismäßig kleine Zehenballen und großer Mittelfußballen. Katzen sind in der Regel „Ansitzjäger“, die sich an ihre Beute anschleichen, es kommt selten zu einer Verfolgung über längere Strecken. Der große Mittelfußballen, der bis zu 50 % und mehr der Gesamtfläche des Trittsiegels ausmacht, hilft ihnen, leise aufzutreten.
ⓒ Mittelfußballen an der vorderen Kante ein- und an der hinteren Kante zweilappig. Die Form wirkt eher dreieckig.	ⓒ Mittelfußballen an der vorderen Kante zwei- und an der hinteren Kante dreilappig. Die Form wirkt eher viereckig.
ⓓ Negativbereich zwischen Mittelfußballen und Zehenballen ist deutlich größer und wirkt H-förmig.	ⓓ Negativbereich zwischen dem Mittelfußballen und den Zehenballen ist schmaler und verläuft C-förmig.
ⓔ Krallenabdrücke in der Regel tief abgedrückt und eher auf einer Höhe mit den Abdrücken der Zehenballen.	ⓔ Krallenabdrücke in der Regel nicht erkennbar. Tendenziell oberflächlicher abgedrückt als die Abdrücke der Zehenballen.

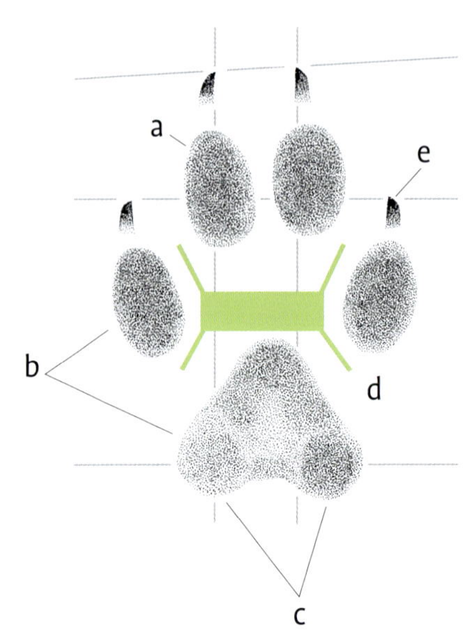

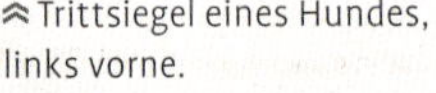
Trittsiegel eines Hundes, links vorne.

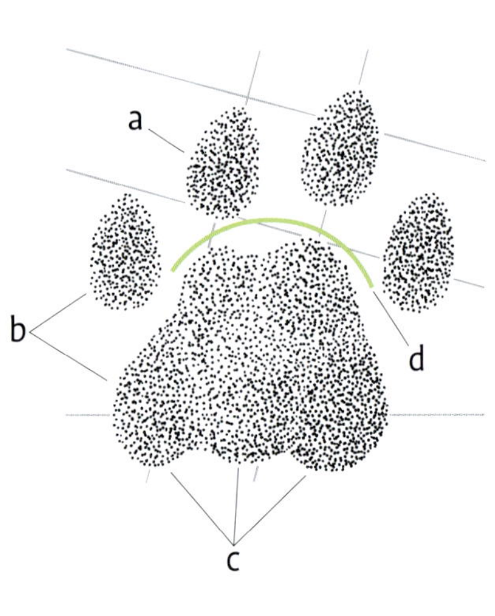

Trittsiegel einer Katze, links vorne.

≈ Haushund, links vorne. Symmetrisch angeordnete Zehenballen, kräftige Krallenabdrücke und der für Hunde charakteristische H-förmige Negativbereich sind eindeutige Merkmale eines Kaniden. Lausitz, Deutschland.

≈ Hauskatze, links vorne. Die Asymmetrie und die Dreilappigkeit des Mittelfußballens sind deutlich zu erkennen. Lausitz, Deutschland.

HINTERFUẞ » Leicht asymmetrisch und eher hochoval als rundlich. Die vier zuverlässig abgedrückten Zehen sind symmetrischer angeordnet als beim Vorderfuß. Die einzelnen Zehenballen können länglicher sein als die eher rundlich-tropfenförmigen Zehenballen des Vorderfußes. Der Mittelfußballen ist etwas kleiner und schwächer als beim Vorderfuß.

GANGARTEN » Schritt wird meist bevorzugt: zurückbleibend, Fuß in Fuß oder übereilend. Trab, Sprung und Galopp kommen ebenfalls vor.

ZEICHEN DER KATZEN

FRAẞSPUREN » Katzen legen gelegentlich Nahrungsdepots an und verscharren ihre Beute teilweise sehr sorgfältig. Ein für Katzen typisches Rissmerkmal können sauber abgeschnittene Haarbüschel in der Nähe des Kadavers sein. Das ist vor allem bei dem dickeren Winterfell gerissener Paarhufer zu beobachten.

KOT » Wurstförmig, in der Regel deutlich segmentiert und mit stumpfen Enden. Die Form ist meist kaum in sich verdreht mit einer relativ glatten Oberfläche. Der Inhalt ist oft stark zusammengepresst. Häufig wird Kot verscharrt oder es sind angrenzende Kratzspuren zu erkennen. Der strenge Geruch von Kot und Urin wilder Katzen ist mit dem Geruch bei Hauskatzen vergleichbar.

DUFTMARKIERUNGEN » Weibchen und Männchen hinterlassen Duftmarkierungen, indem sie in Böden scharren oder an Bäumen kratzen. Territoriale Männchen scheinen häufiger zu markieren.

LUCHSE

Lynx

Eurasischer Luchs
KRL 80–110 (bis 140) cm
Sl 11–25 cm
G 15–26 (bis 38) kg

Pardelluchs
KRL 84–100 (bis 110) cm
Sl 8–14 cm
G 8–15 (bis 18) kg
Die Männchen sind größer und deutlich schwerer als die Weibchen.

Die heimlich lebenden Luchse sind Europas größte Raubkatzen. Im behandelten Gebiet kommen der Eurasische Luchs (*Lynx lynx*) und der Pardelluchs (*L. pardinus*) vor. Als überwiegend dämmerungs- und nachtaktive Einzelgänger besitzen sie ein ausgezeichnetes Sehvermögen und ein sehr gutes Gehör. Das Rascheln einer Maus können sie in über 50 m Entfernung hören. Luchse sind Überraschungsjäger, die ihrer Beute entweder auflauern oder ihr anschleichend nachstellen. Ist ein Jagderfolg in Aussicht, kommt es zu einem Überraschungsangriff aus meist wenigen Sprüngen. Im Regelfall wird die Beute innerhalb von 20 m erreicht. Nur in Ausnahmefällen verfolgt ein Luchs seine Beute über längere Distanzen. Größere Tiere werden durch einen Biss in Nacken oder Kehle getötet. Als Ruheplätze werden erhöhte und geschützte Orte, wie Felsvorsprünge und umgestürzte Baumteller, bevorzugt. Natürliche Feinde sind Wolf und Vielfraß. Hauptfeind der Luchse ist bis heute der Mensch.

KENNZEICHEN » Typisch verkürztes Katzengesicht mit Backenbart und schwarzen Ohrpinseln. Hohe Beine und kurzer Stummelschwanz mit stumpfer schwarzer Spitze. Der Pardelluchs ist kleiner, schlanker und hochbeiniger als der Eurasische Luchs.

Sprichwörter wie „Pass auf wie ein Luchs" sind begründet – die Tiere können einen fliegenden Greifvogel auf 3 km Entfernung bemerken.

VERBREITUNG & LEBENSRAUM » Der Eurasische Luchs galt in weiten Teilen Europas als ausgerottet. Inzwischen kommt es in verschiedenen Regionen zu Auswilderungen und Zuwanderungen. Heute ist er in Europa wieder von Skandinavien und dem Baltikum bis zum Balkan verbreitet. In Mitteleuropa kommen überwiegend isolierte Bestände in den Alpen, dem Alpenvorland und anderen Gebirgsregionen, wie dem Harz, dem Böhmerwald oder den Vogesen, vor. Der Eurasische Luchs ist ein scheuer Kulturflüchter, der zusammenhängende, ausgedehnte und verhältnismäßig ungestörte Wald- und Felslandschaften bevorzugt. Er kann auch in Moor- und Heidegebieten sowie in unbewaldeten Gegenden vorkommen, sofern sie ausreichend Deckung und Nahrung bieten. Der Pardelluchs gehört zu den am stärksten bedrohten Katzenarten der Erde, 2016 lag der Gesamtbestand bei etwa 400 Tieren. Er kommt in Südwestspanien und Portugal vor, sein Verbreitungsgebiet ist in viele kleine isolierte Populationen zersplittert. Als Lebensraum bevorzugt er felsiges Busch- und Grasland, Heidelandschaften und mediterrane Trockenwälder.

ERNÄHRUNG » Reiner Fleischfresser, der sich überwiegend von Säugern ernährt. Bevorzugt werden mittelgroße Säuger wie Schnee- und Feldhase, Kaninchen sowie Huftiere bis Rehgröße. Bodenvögel wie Rauhfußhühner und Kleinsäuger wie Wühl- und Langschwanzmäuse, Eichhörnchen oder Murmeltiere können je nach Jahreszeit und Gegend einen Hauptteil der Nahrung ausmachen. Ergänzend werden Insekten wie Heuschrecken, Grillen und Käfer gefressen.

FORTPFLANZUNG » Während der Paarungszeit von Februar–April ist die Katze (weiblicher Luchs) bis zu 14 Tage brünstig. Wenn sie nicht befruchtet wird, kann es zu einer zweiten Brunst kommen. Nach einer Tragzeit von 67–75 Tagen werden im Schutz von Felsen- und Wurzelhöhlen oder verlassenen Dachs- und Fuchsbauen durchschnittlich 2–3 (bis 6) Nesthockerjunge geboren. Ab dem 3. Monat beginnen sie, ihre Mutter auf Streifzügen zu begleiten. Vor der nächsten Paarungszeit wandern die Jungtiere ab, um ein eigenes Revier zu finden. Die Weibchen werden im 2. und die Männchen im 3. Lebensjahr geschlechtsreif.

TRITTSIEGEL

Katzentypische Struktur. Gesamtumriss rundlich. Die tropfenförmigen Zehenballen sind asymmetrisch angeordnet und nehmen verhältnismäßig wenig Fläche des gesamten Trittsiegels ein. Der große Mittelfußballen kann bis zu 50 % des Trittsiegels ausmachen, verhältnismäßig passt beinahe die Fläche aller 4 Zehenballen in die des Mittelfußballens. Dieser ist an der vorderen Kante zwei- und an der hinteren Kante dreilappig. Meist sind keine Krallenabdrücke zu erkennen. Bei rutschigen Böden und hohen Geschwindigkeiten kann es zu Ausnahmen kommen.

≈ Eurasischer Luchs, links vorne.

≈ Eurasischer Luchs, links hinten.

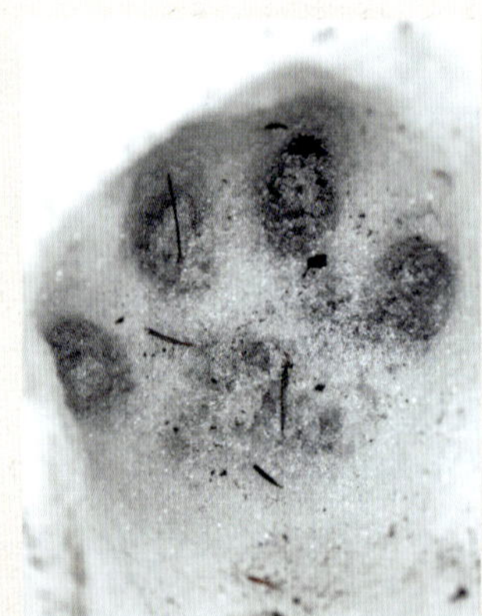

≈ Eurasischer Luchs, links vorne. Bieszczady, Polen.

≈ Pardelluchs, links hinten. Jaén, Spanien. Paloma Troya (SERAFO).

Vorne

Eurasischer Luchs

» **L** 6,5–9,5 cm » **B** 5,5–9,9 cm

Pardelluchs

» **L** 5–6,5 cm » **B** 5–5,9 cm

Mittelgroß bis groß. Zehengänger. Asymmetrisch. 5 Zehen: Zehe 1 ist stark reduziert und sitzt weit oben auf der Innenseite des Fußes. Sie ist selten zu erkennen. Zehen 2–5 werden fast immer abgedrückt. Die vorderen Mittelballen sind zu einem großen Mittelfußballen zusammengewachsen. Ein einzelner, hinterer Mittelballen kann sich bei hohen Geschwindigkeiten oder in tiefem Untergrund gelegentlich abzeichnen. Die Krallen sind einziehbar und selten abgedrückt, wirken fein, scharf und liegen höher als die Zehenballen. Der Vorderfuß ist größer und runder als der Hinterfuß, obwohl die Zehen des Hinterfußes länger sind. Der Negativbereich zwischen Mittelfuß- und Zehenballen ist im Verhältnis kurz, breit und C-förmig.

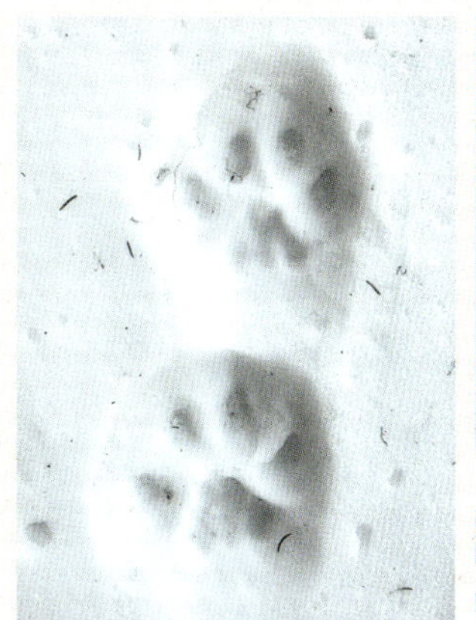

≈ Eurasischer Luchs, links vorne (unten) und links hinten (oben). Jämtland, Schweden. Laura Gärtner.

≈ Pardelluchs, links vorne (oben) und links hinten (unten). Spanien, Paloma Troya (SERAFO).

Hinten

Eurasischer Luchs

» **L** 6,4–8,5 cm » **B** 5,5–8,5 cm

Pardelluchs

» **L** 5–6 cm » **B** 4,3–5,5 cm

Mittelgroß bis groß. Zehengänger. Leicht asymmetrisch. 4 Zehenabdrücke, die oft länglicher als beim Vorderfuß wirken. Die vorderen Mittelballen sind zu einem großen Mittelfußballen zusammengewachsen. Die Krallen sind einziehbar und selten abgedrückt, wirken scharf, fein und liegen höher als die Zehenballen. Der Hinterfuß ist schmaler, länglicher und insgesamt hochovaler als der rundliche Vorderfuß. Der längliche Negativbereich zwischen Mittelfuß- und Zehenballen ist ein weiteres Merkmal, um Vorder- und Hinterfußabdrücke zu unterscheiden. Oft stehen die beiden äußeren Lappen an der Unterkante des Mittelballens weiter vorne als der innere Lappen.

Ähnliche Trittsiegel

Hauskatzen-Trittsiegel sind deutlich kleiner. Hinterfußabdrücke können mit denen von Hunden verwechselt werden.

GESCHLECHTER UNTERSCHEIDEN

Männchen haben tendenziell die breiteren, kräftigeren Trittsiegel. Diese Eigenschaft ist bei Vorderfußabdrücken auffälliger als bei Hinterfußabdrücken. Die Unterschiede zwischen Vorder- und Hinterfußtrittsiegeln sind bei Männchen offensichtlicher als bei Weibchen. Für die Geschlechtsbestimmung des Pardelluchses verwenden Pardo & Galan (2013) die Trittsiegelgröße des Hinterfußes: B $\geq$ 5 cm weist auf ein männliches Tier hin.

GANGARTEN

Beide Luchsarten bewegen sich überwiegend im Schritt. Dabei wählen sie deckungsreiche Routen, die eher am Rand einer zu überquerenden Fläche verlaufen. Werden offene Flächen überquert, bevorzugen Luchse meist den Trab. Luchse halten häufig inne, um ihre Umgebung zu beobachten. Schleichen sie sich an Beute an, nähern sie sich ihr meist im zurückbleibenden Schritt. Für Überraschungsangriffe oder zur Flucht werden Sprünge und Galopp verwendet. In tiefem Schnee können Luchse eine charakteristische Schleifspur ihrer Beine hinterlassen.

Schritt
Schrittlänge: 56–121 cm
Spurbreite: 10–25 cm

Trab
Schrittlänge: 80–160 cm
Spurbreite: 10–19 cm

Galopp
Gruppenlänge: 45–140 cm
Zwischengruppenlänge: 50–164 cm
Schrittlänge: 100–304 cm (bis 6 m)
Spurbreite: 18–35 cm

Eurasischer Luchs im C-Galopp. Jämtland, Schweden. Heide Ulrich.

Pardelluchs im übereilten Schritt. Fußfolge von unten nach oben: LV, LH, RV, RH. Coto de Doñana, Spanien.

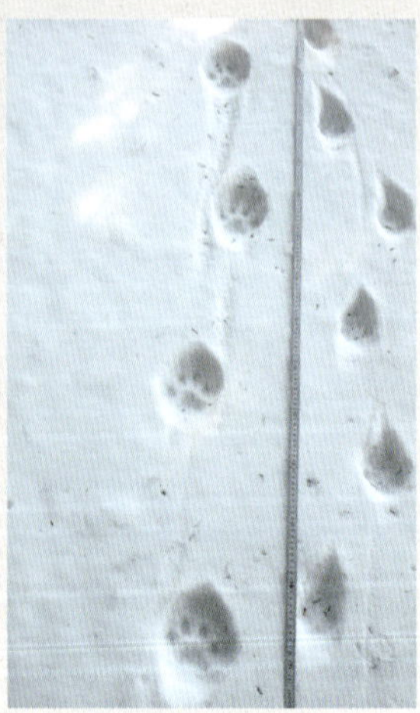

Eurasischer Luchs im übereilten Schritt (links). Jämtland, Schweden. Laura Gärtner.

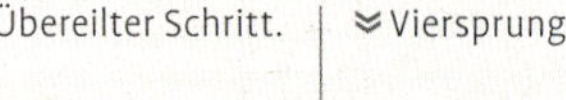

Übereilter Schritt. | Viersprung.

« Häufig verscharren Luchse ihre Beute. Bayerischer Wald, Deutschland. Markus Schwaiger, Luchsprojekt Bayern.

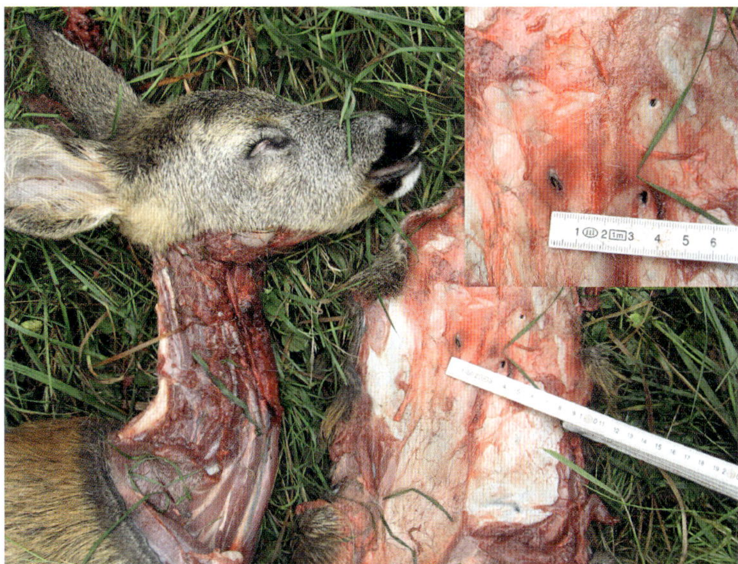

Unter der Haut sind im Drosselbereich meist starke Blutungen durch den gezielten Kehlbiss zu erkennen. 3–4 Löcher von den spitzen Eckzähnen sind charakteristisch. Bayerischer Wald, Deutschland. Markus Schwaiger, Luchsprojekt Bayern. »

ZEICHEN

KRATZSPUREN » Luchse schärfen ihre Krallen an sogenannten Kratzbäumen, außerdem markieren sie durch Scharren am Boden und Kratzspuren an Bäumen. Diese Markierungen sind relativ selten und vermehrt im Randgebiet des Reviers eines männlichen Tieres zu finden.

RISSMERKMALE » Häufig töten Luchse ihre Beute mit einem gezielten Biss in die Kehle. In der Regel können wenige (3–4) Löcher der spitzen Eckzähne erkannt werden, die einen sauberen, nicht ausgefransten Rand hinterlassen. Da die Beutetiere meist erwürgt werden, ist im Drosselbereich häufig eine deutliche Blutung zu erkennen. Bei größerer Beute setzen die Luchse ihren Tötungsbiss manchmal auch unter dem Ohr an. Bei kleineren Tieren wie Hasen oder Rehkitzen liegt der Biss im Nacken oder die Wirbelsäule wird durchgebissen. Typische Anzeichen für einen Luchsriss sind wenige Verletzungen, keine abgetrennten Körperteile und gelegentlich abgezogene Haut, die über den Kopf gestülpt wird, sodass sich dieser in einer Art „Sack" befindet. Magen und Darm bleiben unberührt. Häufig verdeckt der Luchs den Kadaver mit verfügbarem Material wie Laub, Gras, Schnee, Moos und Ästen.

» **Abstand zwischen den Eckzähnen** 2,7–3,2 cm (2,5–3,6 cm)

KOT » Katzentypisch, meist segmentiert und mit stumpfen Enden. Im Regelfall ist die Losung kompakter und beinhaltet weniger Knochenfragmente oder Haare als die Losung des Wolfs. Die Farbe variiert von braungelb, grünbraun, grau bis dunkelbraun oder schwarz. Wie Hauskatzen können auch die Luchse ihre Losung verscharren und bedecken. Häufiger ist jedoch das Scharren, welches eine Kratzspur als Markierung am Boden hinterlässt. Oft wird auf oder neben diese Kratzspur markiert. Luchslosung ist vor allem an Reviergrenzen und prominenten Wegkreuzungen zu finden und hat einen scharfen Raubtiergeruch.

» **L** 5–25 cm » **D** 1,3–2,5 cm

Kot des Pardelluchses. Coto de Doñana, Spanien. René Nauta.

Exkremente des Eurasischen Luchses. Das verjüngte Ende (links) wird zuletzt abgesetzt. Bieszczady, Polen.

EUROPÄISCHE WILDKATZE

Felis silvestris

Die Europäische Wildkatze gehört zur Gattung der Echten Katzen (*Felis*). Sie ist die einzige Art im behandelten Gebiet. Die Wildkatze ist eine hochspezialisierte, heimliche Mäusejägerin. Sie ist vorwiegend dämmerungs- und nachtaktiv, in zurückgezogen Gebieten kann man sie auch tagsüber antreffen. Sie hört und sieht ausgezeichnet, während ihr Geruchssinn eher der Wahrnehmung im Nahbereich dient. Sie ist eine bodengebundene Schleich- und Ansitzjägerin, die ihre Beute mit kurzen Fangsprüngen erreicht, mit den Krallen packt und mit einem Hals- oder Nackenbiss tötet. Das Verfolgen der Beute über lange Strecken ist nicht typisch. Fressfeinde sind Wolf und Luchs, Jungtiere fallen auch Rotfuchs, größeren Mardern, Uhu, Steinadler und Habicht zum Opfer. Viele Wildkatzen sterben im Straßenverkehr.

KRL 45–67 cm
Sl 21–35 (bis 40) cm
G 2,5–8 (bis 12) kg
Die Männchen sind größer und schwerer als die Weibchen.

KENNZEICHEN » Kurzes Katzengesicht. Verwaschen getigert, nicht gefleckt. Schmaler, fast schwarzer Aalstrich von den Schultern bis zur Schwanzwurzel. Schwanz buschig behaart, mit stumpfem, schwarzem Ende und 1–5 Ringen. Die Ausprägung der Fellfarbe ist sehr variabel.

TRITTSIEGEL

Die asymmetrisch angeordneten Zehenballen nehmen verhältnismäßig wenig Fläche des gesamten Trittsiegels ein. Der große Mittelfußballen kann bis zu 50 % der Trittsiegelfläche ausmachen, die damit in etwa der Fläche aller 4 Zehenballen entspricht. Der Mittelfußballen ist an der vorderen Kante zwei- und an der hinteren Kante dreilappig. Meist sind im Trittsiegel keine Krallenabdrücke zu erkennen. Bei rutschigen Böden und hohen Geschwindigkeiten kann es zu Ausnahmen kommen.

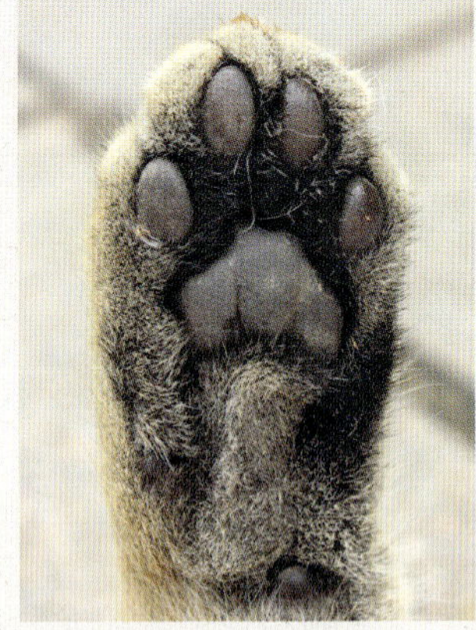

≈ Links vorne. Westerwald, Deutschland. Immo Meyer.

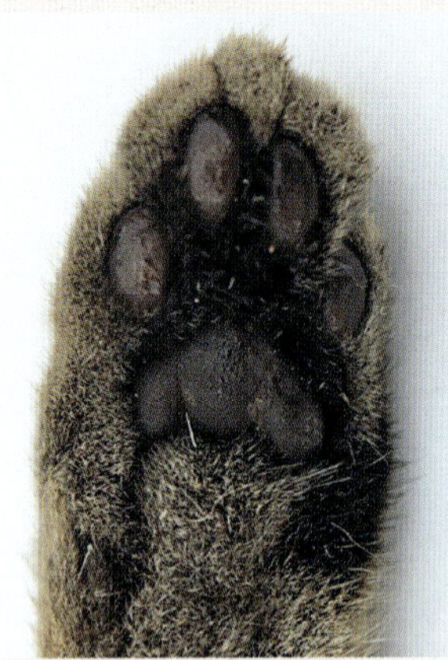

≈ Links hinten. Westerwald, Deutschland. Immo Meyer.

Vorne

» **L** 3,5–4,9 cm » **B** 3–4,2 cm

Mittelgroß. Zehengänger. Asymmetrisch. 5 Zehen: Zehe 1 ist stark reduziert und sitzt weiter oben auf der Innenseite des Fußes. Sie ist selten abgedrückt. Die Mittelballen sind zu einem großen Mittelfußballen zusammengewachsen. Ein einzelner hinterer Mittelballen kann bei hohen Geschwindigkeiten oder in tiefem Substrat abgedrückt werden. Die Krallen sind einziehbar und selten abgedrückt, wirken fein, scharf und liegen höher als die Zehenballen. Der Vorderfuß ist geringfügig größer und rundlicher als der Hinterfuß.

≈ Links vorne.

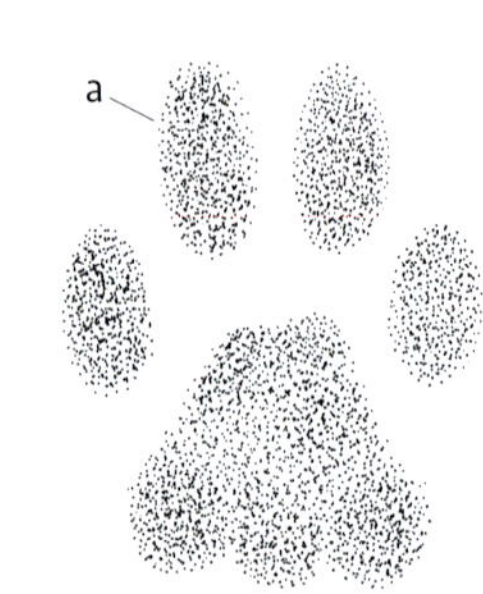

≈ Links hinten.

Hinten

» **L** 3,2–4,5 cm » **B** 3–4 cm

Mittelgroß. Zehengänger. Leicht asymmetrisch. 4 Zehenabdrücke, die oft länglicher als beim Vorderfuß wirken ⓐ. Die Mittelballen sind zu einem großen Mittelfußballen zusammengewachsen. Die Krallen sind einziehbar und selten abgedrückt, wirken scharf, fein und liegen höher als die Zehenballen. Der Hinterfuß ist in der Regel etwas schmaler als der geringfügig rundere Vorderfuß.

Rechts vorne (unten) und rechts hinten (oben). Huesca, Spanien. Paloma Troya (SERAFO).

Die seltenen Trittsiegel einer Wildkatze. Westerwald, Deutschland. Immo Meyer.

GANGARTEN

Wildkatzen bewegen sich überwiegend im Schritt. Dabei bevorzugen sie deckungsreiche Routen, die häufig entlang von Waldrändern, Heckenstreifen oder ähnlicher Deckung führen. Werden Freiflächen überquert, bevorzugen sie überwiegend den Trab. Wildkatzen halten häufig inne, um ihre Umgebung zu beobachten. Schleichen sie Beute an, nähern sie sich meist im zurückbleibenden Schritt. Für Überraschungsangriffe oder zur Flucht werden Sprünge oder Galopp gewählt.

Schritt
Schrittlänge: 32–65 cm
Spurbreite: 5–15 cm

Trab
Schrittlänge: 50–106 cm
Spurbreite: 4–11 cm

Daten überwiegend von Hauskatzen.

Wildkatze im leicht übereilten Schritt. Fußfolge von unten nach oben: RV, RH, LV, LH, RV, RH, LV, LH. Huesca, Spanien. Paloma Troya (SERAFO).

Fuß-in-Fuß-Schritt.

Zurückbleibender Schritt.

VERBREITUNG & LEBENSRAUM » Iberische Halbinsel, Frankreich, Italien, Mitteleuropa, Balkan, und Karpaten. Nördlichstes Vorkommen in Schottland, fehlt in Skandinavien. Eine Bindung an große, zusammenhängende Waldgebiete wird vermutet, allerdings ist die Wildkatze auch in unmittelbarer Nähe von Siedlungen und in Feuchtgebieten anzutreffen. Ihr historisches Verbreitungsgebiet umfasst auch die europäische Tiefebene und eine Wiedereinwanderung wird erwartet. Im Südosten des Verbreitungsgebietes werden auch Waldsteppen bewohnt. Wichtig sind wärmeexponierte, ungestörte Plätze zum Ruhen, Schlafen und für die Jungenaufzucht. Sie ist häufig an steilen, trockenen und wärmeexponierten Südhängen mit Ausblick zu finden.

ERNÄHRUNG » Die Wildkatze ist auf Mäuse und besonders auf Wühlmäuse spezialisiert, es werden aber auch sonstige kleine bis hasengroße Beutetiere gefressen. Seltener werden Vögel, Insekten, Eidechsen und Fisch aufgenommen.

FORTPFLANZUNG » Die Paarungszeit (Ranzzeit) ist von Januar–März. Nach einer Tragzeit von 63–75 Tagen werden 1–3 (bis 6) Jungtiere in einem warmen, trockenen, unzugänglichen Versteck geboren und von der Mutter aufgezogen. Nach etwa einem Monat verlassen die Jungen erstmals das Nest. Sie werden 3–4 Monate gesäugt, doch bereits nach 2 Monaten beginnen sie, mit der Mutter zu jagen. Mit etwa einem halben Jahr verlassen sie das mütterliche Revier. Die Geschlechtsreife erreichen sie mit etwa 10 Monaten.

Stammform der Hauskatze

Die Europäische Wildkatze (*Felis silvestris silvestris*) und die Hauskatze (*Felis silvestris catus*) sind keine eigenständigen Arten. Die Hauskatze wurde vermutlich vor etwa 9 000–10 000 Jahren bei der Entstehung des Ackerbaus im fruchtbaren Halbmond im Nahen Osten domestiziert. Sie stammt von der Falbkatze (*Felis silvestris lybica*) ab. Die Hauskatze wurde seitdem vom Menschen weltweit verbreitet. Die Europäische Wildkatze, die Falbkatze und somit auch die Hauskatze sind Unterarten derselben Art (*Felis silvestris*). Sie können sich untereinander paaren und fruchtbaren Nachwuchs gebären. Knapp 4 % der kontinentalen westeuropäischen Wildkatzen sind Hybride (Mischlinge), wobei die Wildkatze sich langfristig genetisch durchzusetzen scheint. In Deutschland weist auch die Hauskatzenpopulation einen gewissen Anteil an Wildkatzenerbgut auf.

ZEICHEN

KRATZSPUREN » Wildkatzen schärfen ihre Krallen an sogenannten Kratzbäumen, außerdem markieren sie durch Scharren im Boden und Kratzspuren an Bäumen.

KOT » Katzentypisch, meist segmentiert und mit stumpfen Enden. Die Farbe variiert von braungelb, grünbraun, grau bis dunkelbraun oder schwarz. Wie Hauskatzen verscharren Wildkatzen ihren Kot, wenn er nicht der Markierung dient. Häufig geht das Scharren mit dem Absetzen der Losung einher. Oft wird auf die dadurch entstandene Kratzspur oder direkt daneben markiert. Der Kot ist vor allem an Reviergrenzen und prominenten Wegkreuzungen zu finden und hat einen unangenehmen Raubtiergeruch.
» **L** 4,5–18 cm » **D** 1,2–2,2 cm

Kratzbaum einer Hauskatze. Märkische Schweiz, Deutschland. »

⌃ Haus- und Wildkatzen neigen dazu, ihren Kot zu verscharren, hier von einer Hauskatze. Märkische Schweiz, Deutschland.

⌃ Wildkatzenkot ist oft stark segmentiert mit stumpfen Enden. Lezáun, Spanien. Paloma Troya (SERAFO).

KLEINFLECK-GINSTERKATZE

Genetta genetta

KRL 40–60 cm
Sl 40–55 cm
(etwa körperlang)
G 1,2–2,5 kg

Die Kleinfleck-Ginsterkatze gehört zur Familie der Schleichkatzen (Viverridae) und ist eine von 14 Arten innerhalb der Gattung der Ginsterkatzen (*Genetta*). Im behandelten Gebiet gibt es nur die Kleinfleck-Ginsterkatze. Die überwiegend dämmerungs- und nachtaktiven Ginsterkatzen leben einzeln oder im Familienverband, in dem sie etwa ein Jahr zusammenbleiben. Sie sind sehr beweglich und verfügen über ein gut entwickeltes Hörvermögen. Im Vergleich zu den meisten Katzen ist ihr Geruchssinn stark ausgebildet. Sie können gut springen und klettern. Ihr Lager errichten sie zwischen natürlichen Felsspalten, in hohlen Bäumen, dichten Gebüschen oder verlassenen Dachs- und Kaninchenbauen. Bei Gefahr können die Tiere einen starken Moschusgeruch verbreiten. Feinde sind Luchs, Rotfuchs und Habicht.

KENNZEICHEN » Hauskatzenähnliche Gestalt, jedoch lang gestreckter, schlankerer Körper mit kurzen Beinen, großen Augen und großen Ohren. Kurzes, geflecktes Fell. Der Schwanz hat gewöhnlich 9–10 auffallende schwarze Ringe.

VERBREITUNG & LEBENSRAUM » Südwesteuropa. Von Belgien und Frankreich bis zur Iberischen Halbinsel in Spanien und Portugal vorkommend. Benötigt buschreiches Gelände, das ausreichend Deckung durch Vegetation bietet. Bevorzugt trockene Gegenden mit offenem Gelände, kommt aber auch am Waldrand vor.

ERNÄHRUNG » Die Ginsterkatze ist ein Allesfresser, ihre Ernährung besteht überwiegend aus Insekten, Spinnen, Schlangen, Eidechsen und kleinen Wirbeltieren. Gelegentlich auch Früchte, Vogeleier und Vögel. Aas wird ebenso aufgenommen.

FORTPFLANZUNG » Zwei Wurfperioden mit der Hauptzeit von April–Juni und einer Nebenzeit von September–November. In diesen Zeiträumen kommt es nach einer Tragzeit von 10–11 Wochen zu 1–2 Würfen mit 2–3 Jungen, die fast nackt und blind geboren werden. Nach dem 2. Lebensjahr sind die Tiere geschlechtsreif.

ZEICHEN

KOT » Katzenähnliche Losung, meist segmentiert und mit stumpfen Enden. Die Form ähnelt fester Fischotterlosung, jedoch sind gewöhnlich mehr kleine Knochenfragmente und Haare enthalten. Die Farbe variiert von braun über grau, dunkelgrau bis hin zu schwarz. Ginsterkatzen markieren an Reviergrenzen und prominenten Wegkreuzungen. An diesen Orten entstehen Latrinen.
» **L** 5–20 cm » **D** 0,8–1,3 cm

Je mehr Haare die Losung enthält, desto verdrehter kann sie sein. Lezáun, Spanien. Paloma Troya (SERAFO).

Fernando Gomez findet eine große Ginsterkatzenlatrine. Lezáun, Spanien. Paloma Troya (SERAFO).

« Die Kotform variiert stark mit der aufgenommenen Nahrung. Hier wurden überwiegend Krustentiere gefressen. Nationalpark Coto de Doñana, Spanien.

TRITTSIEGEL

Vorne

» **L** 3,1–4,2 cm » **B** 2,6–3,7 cm

Mittelgroß. Zehengänger. Asymmetrisch, jedoch insgesamt symmetrischer als bei Katzen. 5 Zehen: Zehe 1 ist stark reduziert und sitzt weiter oben auf der Innenseite des Fußes. Sie ist selten, jedoch deutlich öfter als bei Katzen abgedrückt. Die Zehen 2–5 wirken strahlenförmig vom Mittelfußballen abgehend, während die Zehen von Katzen eher parallel nach vorn gerichtet stehen. Der Vorderfuß ist größer und rundlicher als der Hinterfuß.

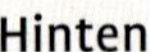

Hinten

» **L** 2,8–3,8 cm » **B** 2,3–3,2 cm

Mittelgroß. Zehengänger. Leicht asymmetrisch. 5 Zehen: Zehe 1 ist stark reduziert und sitzt weiter oben auf der Innenseite des Fußes. In seltenen Fällen ist der Abdruck erkennbar. Katzen haben nur 4 Zehen am Hinterfuß. Die Zehen erscheinen oft länglicher als beim Vorderfuß. Zehen 2 und 5 liegen weiter hinten und weiter innen als bei Katzen. Dadurch bekommt das Trittsiegel im Vergleich einen länglicheren, schmaleren und im Negativbereich zwischen den Zehen und dem Mittelfußballen kompakteren Umriss. Der Hinterfuß ist schmaler, länglicher und insgesamt hochovaler als der rundliche Vorderfuß.

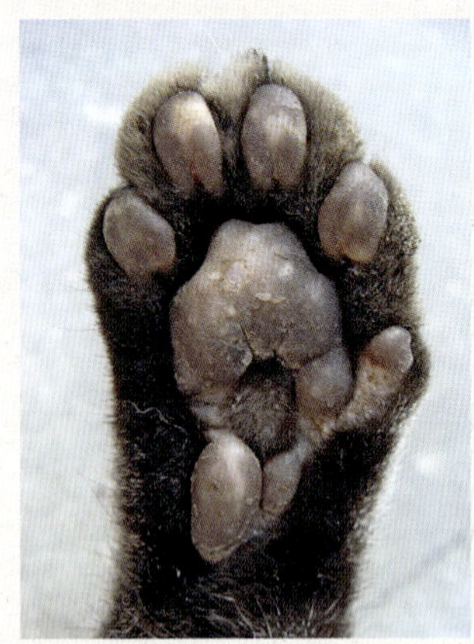

≈ Rechts vorne. Lezáun, Spanien. Paloma Troya (SERAFO).

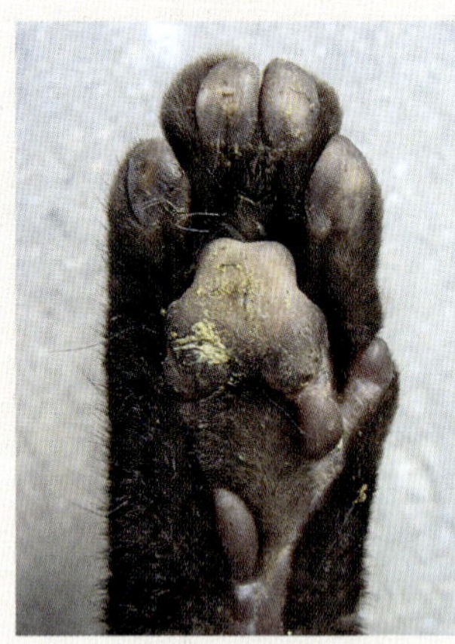

≈ Rechts hinten. Lezáun, Spanien. Paloma Troya (SERAFO).

≈ Rechts vorne.

≈ Rechts hinten.

≈ Rechts vorne, Abdruck von einem toten Exemplar. Lezáun, Spanien. Paloma Troya.

≈ Rechts hinten. Nationalpark Coto de Doñana, Spanien.

GANGARTEN

Die überwiegende Gangart ist ein zügiger Trab. Um sich an Beute anzuschleichen oder intensiver zu erkunden, wechseln die Tiere in einen Schritt. Auf der Flucht oder im Angriff werden über kurze Strecken Sprünge oder Galopp verwendet. Ginsterkatzen bewegen sich ebenso wie Katzen bevorzugt entlang von Grenzbereichen wie dem Randbereich von Gebüsch, Waldrand oder anderen deckungsreichen Zonen.

Schritt
Schrittlänge: 21–43 cm
Spurbreite: 5–8 cm

Drei- und Viersprung
Gruppenlänge: 17–22 cm
Zwischengruppenlänge: 15–60 cm
Schrittlänge: 32–82 cm
Spurbreite: 5–9 cm

Fuß-in-Fuß-Trab.

Viersprung.

Ähnliche Trittsiegel

Die Trittsiegel der Kleinfleck-Ginsterkatze können mit denen der Haus- und Wildkatze verwechselt werden. Wichtige Unterschiede sind der häufiger vorhandene Abdruck von Zehe 1 am Vorder- und Hinterfuß sowie die Beschaffenheit des Mittelfußballens: Die vorderen Mittelballen sind zu einem großen Mittelfußballen zusammengewachsen, der an der hinteren Außenkante „herauszutropfen" scheint. Die hintere Kante des Mittelballens ist mittig eingekerbt und dadurch zweilappig, während Katzen die charakteristische Dreilappigkeit aufweisen. Ein einzelner, hinterer Mittelballen kann sich gelegentlich bei hohen Geschwindigkeiten oder in tiefem Substrat abzeichnen und ist häufiger erkennbar als bei Katzen. Im Gegensatz zu Katzen sind die scharfen und gebogenen Krallen nur teilweise einziehbar und häufig erkennbar.

Ginsterkatze im übereilten Trab. Nationalpark Coto de Doñana, Spanien.

Ginsterkatze im Viersprung. Fußfolge von unten nach oben: RV, RH, LV, LH. Nationalpark Coto de Doñana, Spanien.

ICHNEUMON

Herpestes ichneumon

KRL 45–60 cm
Sl 35–55 cm
G 1,9–4 kg

Der Ichneumon gehört zu den Mangusten (Herpestidae), einer Familie marderähnlicher Fleischfresser mit schlankem Körper, spitzer Schnauze und kurzen Ohren. In unserer Region gibt es 3 Arten, von denen 2, der Kleine Mungo (*Herpestes javanicus*) und der Indische Mungo (*H. edwardsi*), nur sehr vereinzelt und lokal beschränkt als Neozoen vorkommen und hier daher nicht behandelt werden. Ichneumons werden auch Ägyptische Mungos genannt. Sie leben meist in Familienverbänden aus bis zu fünf Tieren, ältere Männchen sind stärker einzelgängerisch. Charakteristisch ist das Laufen in einer Reihe, mit dem Familien hintereinander dichte Vegetation durchqueren. Dabei berührt die Nase des hinteren Tieres das Hinterteil des vorderen Tieres. Ägyptische Mungos zeigen ein ausgeprägtes Spielverhalten, sie sind überwiegend tagaktiv, beweglich und sehr schnell. Sie sind dafür bekannt, dass sie Giftschlangen angreifen und diese durch blitzschnelles Zupacken überwältigen. Ichneumons können gut springen und schwimmen, alle ihre Sinne sind gut entwickelt. Als Bodenbewohner errichten sie ihre Lager unter dichten Gebüschen, in selbst gegrabenen Erdbauen und natürlichen Hohlräumen. Feinde sind alle größeren Raubtiere sowie Adler.

Im Alten Ägypten wurden die Tiere verehrt, ihre Beliebtheit hing vermutlich mit ihrem Ruf als Schlangenbekämpfer und Rattenvertilger zusammen.

KENNZEICHEN » Lang gestreckter Körper mit kurzen Beinen und langem Schwanz.

VERBREITUNG & LEBENSRAUM » Im Süden der Iberischen Halbinsel. Bewohnt Steppen, Grasland und mediterrane Macchie. Wichtig ist eine dichte Vegetationsschicht als Deckung. Feuchtgebiete wie Bachtäler werden bevorzugt.

ERNÄHRUNG » Insekten, Schlangen, Eidechsen, Lurche, Vögel und Vogeleier. Bis kaninchengroße Kleinsäuger, vor allem Nagetiere. Gelegentlich auch Früchte.

FORTPFLANZUNG » Die Fortpflanzung ist noch nicht ausreichend erforscht. In Europa kommt es gewöhnlich zu einer Hauptwurfzeit von Mai–Juni. Nach einer Tragzeit von etwa 60–84 Tagen werden gewöhnlich 2–4 Junge geboren, die mit dem 2. Lebensjahr geschlechtsreif sind.

ZEICHEN

KOT » Die Farbe variiert von grau bis dunkelbraun. Entlang der Reviergrenzen finden sich vermehrt Latrinen, die als Reviermarkierung dienen.
» **L** 4–12 cm » **D** 1,2–1,5 cm

Ähnliche Trittsiegel

Der Kleine Mungo kommt als Neozoon in kleinen Populationen in Kroatien und Bosnien-Herzegowina vor und ist deutlich kleiner als der Ichneumon. Sein Trittsiegel ist etwa 2 cm kürzer. Außerdem wird der Indische Mungo, ebenfalls als Neozoon in Mittelitalien, in der Liste der europäischen Säugetiere erwähnt. Er liegt von der Größe her zwischen dem Kleinen und dem Ägyptischen Mungo. Beide Arten kommen nur sehr lokal vor und werden nicht näher behandelt. Ichneumontrittsiegel können mit Marderartigen von ähnlicher Größe verwechselt werden.

TRITTSIEGEL

Vorne

» **L** 4,3–6,2 cm » **B** 3,4–4,6 cm

Mittelgroß. Sohlengänger. Asymmetrisch. 5 Zehen: Zehe 1 ist die kleinste Zehe und nicht zuverlässig erkennbar. Zehen 2–5 stehen leicht schräg nach vorne gerichtet. Die vorderen Mittelballen sind zusammengewachsen, werden jedoch mit einzeln erkennbaren Ausbuchtungen abgedrückt. Im hinteren Bereich des Trittsiegels können zwei weitere, hintere Mittelballen, die T- und H-Ballen erkennbar sein. Ist der T-Ballen abgedrückt, steht er versetzt und hinter Mittelballen IV ⓐ. Sind die T- und H-Ballen nicht erkennbar, wirkt der Mittelfußballen auf der körperabgewandten Seite nach hinten gezogen ⓑ. Wie bei Mardern ist der H-Ballen auffallend kräftig ⓒ. Im Unterschied zu Mardern erscheinen Zehen- und Mittelballenabdrücke kräftiger und es fehlt die für Marder typische deutliche Einkerbung an der unteren Kante des Mittelfußballens. Lange, spitze Krallen sind markant und zeichnen sich im Regelfall ab. Der Vorderfußabdruck ist breiter und symmetrischer als der Hinterfußabdruck.

Hinten

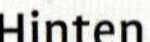

» **L** 4–5,5 cm » **B** 3,2–4 cm

Mittelgroß. Sohlengänger. Asymmetrisch. Asymmetrie deutlicher als vorne. 5 Zehen: Zehe 1 ist die kleinste Zehe und sitzt weiter hinten als beim Vorderfuß. Der Hinterfuß ist dadurch asymmetrischer. Wenn Zehe 1 nicht erkennbar ist, wirkt der

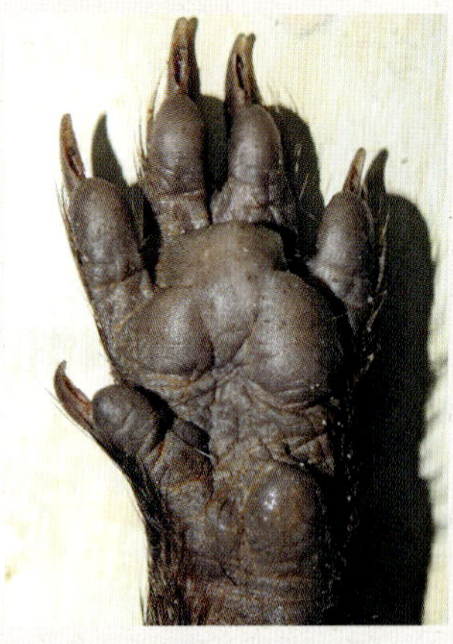

≈ Links vorne. Madrid, Spanien. Paloma Troya (SERAFO).

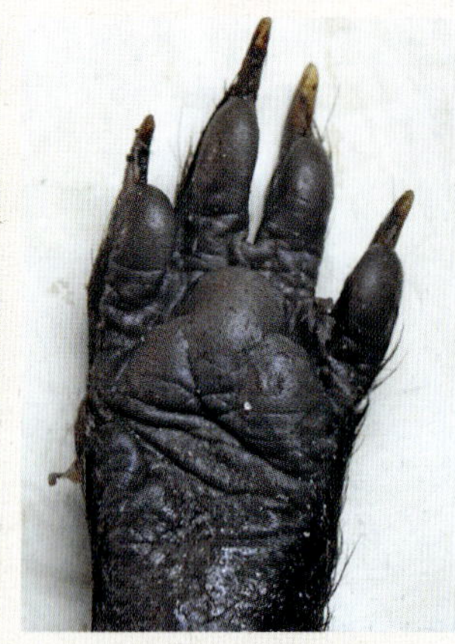

≈ Links hinten. Madrid, Spanien. Paloma Troya (SERAFO).

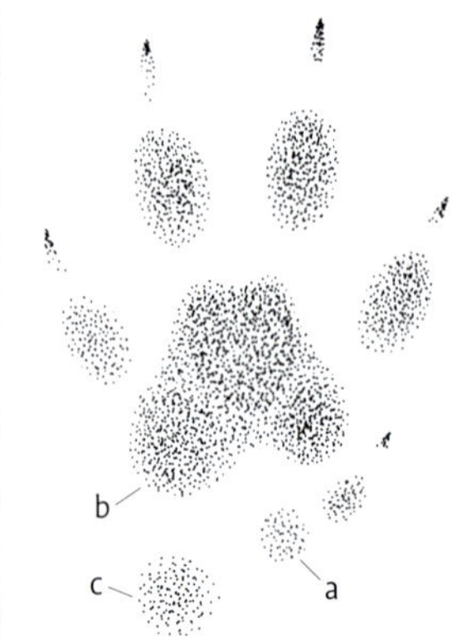

≈ Links vorne.

≈ Links hinten.

≈ Links vorne. Nationalpark Coto de Doñana, Spanien.

≈ Links hinten. Nationalpark Coto de Doñana, Spanien.

Hinterfußabdruck symmetrischer als der vom Vorderfuß und kann an den Fußabdruck eines kleinen Kaniden erinnern. Zehe 1 ist häufig nicht zu erkennen. Zehen 2–5 stehen gerader nach vorne gerichtet als am Vorderfuß. Insgesamt wirkt der Hinterfuß länglicher und schlanker. Die vorderen Mittelballen sind zusammengewachsen, werden jedoch mit einzeln erkennbaren Ausbuchtungen abgedrückt. Die langen und spitzen Krallen sind nur teilweise erkennbar.

GANGARTEN

Der übereilte Schritt sowie der übereilte Trab sind bevorzugte Gangarten. Auf entsprechendem Untergrund sind häufig die Schleifspuren des Schwanzes zu erkennen.

Schritt
Schrittlänge: 28–50 cm
Spurbreite: 7–11,5 cm

Trab
Schrittlänge: 42–86 cm
Spurbreite: 4–9 cm

Übereilter Trab. Nationalpark Coto de Doñana, Spanien. ≽

Eine Ichneumonfährte in typischer Landschaft. Häufig findet man Schleifspuren vom Schwanz oder von im Maul getragenen Schlangen entlang der Fährte. Nationalpark Coto de Doñana, Spanien. ≽

≪ Übereilter Schritt.

≪ Übereilter Trab.

Hunde

Die Familie der Hunde (Canidae) ist vor allem für ihr ausgeprägtes Sozialverhalten bekannt. Hunde kommen in festen Paaren, Familienverbänden und großen Rudeln vor.

Sie sind meistens hochbeinig, mit spitzer Schnauze und schlankem Körper. Geruch und Gehör sind besonders gut entwickelt, im Vergleich zu den Katzen ist ihr Sehvermögen schwächer ausgeprägt. Sinne und Körperbau sind für das Leben als Hetzjäger optimiert. Die meisten Hunde sind schnelle, ausdauernde Läufer, die ihre Beute häufig auch über längere Strecken verfolgen. Sie ernähren sich überwiegend von Fleisch, teilweise wird auch vegetarische Kost aufgenommen. Männchen sind größer und kräftiger als Weibchen (Geschlechtsdimorphismus).

Im Gebiet kommen 3 Gattungen mit 5 Arten vor. Gegenüberstellungen zur Unterscheidung bestimmter Arten finden sich jeweils am Ende der entsprechenden Artporträts.

SPUREN UND ZEICHEN DER HUNDE

Zehengänger. Symmetrisch. 5 Zehen am Vorder- und 4 Zehen am Hinterfuß. Die erste Zehe am Vorderfuß wird nur selten abgedrückt, da sie kein Gewicht trägt. In der Regel sind die vier gewichtstragenden Zehen verhältnismäßig groß und der zusammengewachsene Mittelfußballen wirkt eher klein. Bis auf wenige Ausnahmen können Hunde ihre Krallen nicht einziehen. Sie verwenden ihre Krallen eher für einen besseren Halt beim Laufen als zum Töten. Daher sind die Krallenabdrücke in der Regel stumpfer und im Trittsiegel verlässlicher zu erkennen als bei Katzen. Trittsiegel von Hunden und Katzen können miteinander verwechselt werden. Die An- oder Abwesenheit von Krallenabdrücken allein reicht nicht aus, um sie zu unterscheiden (Unterscheidung auf Seite 362). Rotfuchs-Trittsiegel weichen in einigen Punkten von den hundetypischen Merkmalen ab und werden im entsprechenden Porträt eingehend beschrieben.

Spurenformel: 4V × 4h + K

VORDERFUß » Symmetrisch. Vier symmetrisch angeordnete Zehen, die zuverlässig abgedrückt werden. Zehe 1 ist stark reduziert und eher selten abgedrückt. Die Vorderfüße sind größer und kräftiger als die Hinterfüße und weisen einen verhältnismäßig größeren Mittelfußballen als der Hinterfuß auf. Ein einzelner hinterer Mittelballen kann bei tiefen Abdrücken oder hohen Geschwindigkeiten erkennbar sein.

HINTERFUß » Symmetrisch. 4 symmetrisch angeordnete Zehen, die zuverlässig abgedrückt werden. Zehe 1 ist nicht vorhanden. Die Hinterfüße sind kleiner als die Vorderfüße, ihr Gesamtumriss ist stärker hochoval. Der Mittelfußballen ist tendenziell kleiner und schwächer als beim Vorderfuß und kann wie der Abdruck eines einzelnen Zehenballens wirken.

GANGARTEN » Hunde sind hervorragende Langstreckenläufer, die sich meist trabend fortbewegen. Es können alle Formen des Trabs auftreten, die Bewegung im Schrägtrab über längere Strecken ist ein Alleinstellungsmerkmal der Hunde (Seite 82). Schritt, Sprung und Galopp werden eher situativ verwendet.

DUFTMARKIERUNGEN » Alle Hunde nutzen Kot und Urin, um ihr Revier zu markieren. Kot wird meist an markanten Stellen wie Erhöhungen, Wegrändern und Wechseln abgesetzt. Der Uringeruch verschiedener Arten ist oft charakteristisch und kann eine Unterscheidung ermöglichen. Haushunde und Wölfe scharren nach dem Urinieren oder Absetzen von Kot häufig mit den Vorder- und/ oder Hinterfüßen. Dadurch wird die vorhandene Duftmarkierung über eine größere Fläche verteilt. Zusätzlich werden damit eine weitere Duftmarke durch die Schweißdrüsen an den Pfoten sowie ein meist auffälliges visuelles Zeichen hinterlassen. Die paarungsbereite Zeit der Weibchen beginnt zwischen Spätwinter und Vorfrühling, kurz davor kann Blut im Urin der Weibchen gefunden werden.

GOLDSCHAKAL

Canis aureus

KRL 60–100 cm
Sl 20–27 cm
G 6,5–13,5 (bis 16,5) kg

Der Goldschakal ist eine mittelgroße Wildhundart und überwiegend dämmerungs- und nachtaktiv. Er zählt zur Gattung der Wölfe und Schakale (*Canis*), die insgesamt 6 Arten typischer Hunde mit langen Gliedmaßen umfasst. Zusammen mit dem Eurasischen Wolf (*Canis lupus*) ist er eine von 2 Arten im Gebiet. Der Golschakal ist gesellig und strebt lebenslange Partnerschaften an. Von der Geburt bis zur Abwanderung der Jungen lebt er im kleinen Familienverband. In Europa überwiegt die Einzeljagd, vor allem bei etwas größerer Beute kann jedoch auch gemeinschaftlich gejagt werden. Er ist ein ausdauernder Sprinter und guter Schwimmer, Hör- und Riechvermögen sind ausgezeichnet entwickelt. Die Lebensweise ähnelt in vieler Hinsicht der des Wolfes. In Gegenden, in denen Füchse und Goldschakale vorkommen, wurde ein leichter Populationsrückgang unter den Rotfüchsen beobachtet. Die Konkurrenz scheint ohne direkte Angriffe stattzufinden, jedoch meiden Füchse den Goldschakal. Neben der Bejagung durch den Menschen und dem Tod durch den Straßenverkehr ist der Wolf der wichtigste Feind des Goldschakals. Die Abwesenheit von Wölfen kann begünstigend auf die Ausbreitung des Goldschakals wirken. Auch Adler können Goldschakale erbeuten.

KENNZEICHEN » Kleiner und schlanker als der Wolf, größer und langbeiniger als der Fuchs. Spitze Schnauze und kurzer, buschiger Schwanz mit schwarzer Spitze.

VERBREITUNG & LEBENSRAUM » Der ursprünglich aus dem südasiatischen Raum stammende Goldschakal bewohnt in Europa vor allem die Balkanhalbinsel. Aktuell breitet er sich nach Norden und Westen immer weiter in Mitteleuropa aus. Die Kernpopulation lebt in Bulgarien, Rumänien und Serbien, mittlerweile kommt der Goldschakal auch vermehrt in Ungarn vor. Es gibt kleine Populationen in Italien sowie erste Reproduktionen in Österreich und Tschechien. Vereinzelte Nachweise auch in Deutschland und der Schweiz. In Bezug auf seinen Lebensraum ist der Goldschakal sehr anpassungsfähig. Er bevorzugt offenes und trockenes Gelände, Felsen, Felder und karges Grasland. Kommt zuweilen auch in Siedlungsnähe vor. Dichte Wälder werden eher gemieden.

ERNÄHRUNG » Opportunistischer Allesfresser mit Schwerpunkt auf tierischer Nahrung. Kleine bis mittelgroße Säugetiere, Insekten, Vögel und Reptilien. Außerdem Aas, Beeren und Früchte. Feldfrüchte wie Mais gehören zu seinem Nahrungsspektrum und auch Nutztiere, wie Geflügel und Schafe, können gerissen werden.

FORTPFLANZUNG » Die Paarungszeit dauert von Januar–Februar. Nach einer Tragzeit von 60–63 Tagen kommt es meist im April oder Mai zu einem Wurf mit 3–6 (bis 8) Jungen. Die Tiere werden blind geboren und von beiden Eltern aufgezogen. In der Regel sind sie nach einem Jahr geschlechtsreif.

ZEICHEN

KOT » Form, Farbe und Inhalt des Kots hängen stark von der aufgenommenen Nahrung ab. Die Form ist entweder regelmäßig und wurstförmig, mit einem abgerundeten und einem spindelförmigen, zu einer Spitze ausgezogenen Ende oder in einzelne Teile zerfallen. Typische Farben sind weiß (Knochen), grün-braun, braun und schwarz. Häufig sind Haare oder Knochenreste enthalten. Die Losung lässt sich im Feld häufig nicht eindeutig von der des Rotfuchses unterscheiden.

» **L** 4,5–20 cm » **D** 1–2,5 cm

Eigene Datensammlung durch Jennifer Hatlauf und die Datenbank des Goldschakal-Projekts in Österreich erweitert.

⮝ Kot eines Goldschakals.
Jennifer Hatlauf, Goldschakal-Projekt Österreich.

TRITTSIEGEL

Vorne

» **L** 4,9–7 cm » **B** 3,4–5 cm

Klein bis mittelgroß. Zehengänger. Symmetrisch. 5 Zehen: Zehe 1 ist stark reduziert, sitzt weiter oben auf der Innenseite des Fußes und wird selten abgedrückt. Die Zehenabdrücke 2–5 sind zuverlässig erkennbar. Zehenballen 3 und 4 sind im hinteren Bereich zusammengewachsen, dies wird jedoch im Abdruck selten erkannt. Die vorderen Mittelballen sind zu einem dreieckigen Mittelfußballen zusammengewachsen. Ein einzelner hinterer Mittelballen kann sich bei hohen Geschwindigkeiten oder in tiefem Substrat abzeichnen. Scharfe, spitze Krallenabdrücke können sichtbar sein oder fehlen. Die Vorderfußabdrücke sind größer und meist rundlicher als die des Hinterfußes.

Hinten

» **L** 4,8–6,4 cm » **B** 3–4,2 cm

Klein bis mittelgroß. Zehengänger. Symmetrisch. 4 Zehen, die sich zuverlässig abdrücken. Zehenballen 3 und 4 sind im hinteren Bereich zusammengewachsen, was im Abdruck jedoch selten erkennbar ist. Die vorderen Mittelballen sind zu einem dreieckigen Mittelfußballen zusammengewachsen. Scharfe, spitze Krallenabdrücke können sichtbar sein oder fehlen. Die Hinterfußabdrücke sind länglicher und kleiner als die Abdrücke des Vorderfußes.

Rechts vorne. Blatino, Bulgarien. Paloma Troya (SERFAO).

Rechts hinten. Blatino, Bulgarien. Paloma Troya (SERFAO).

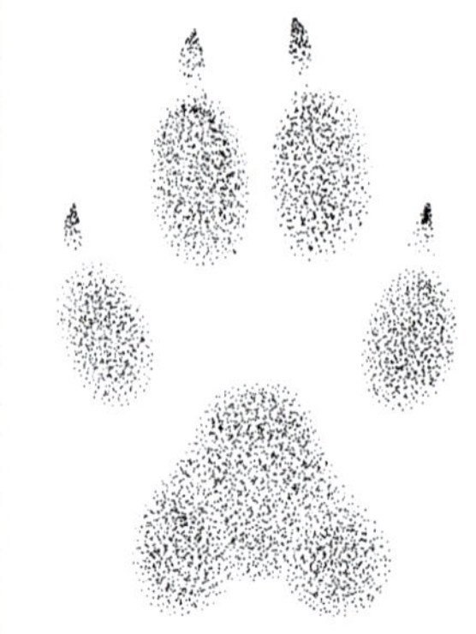

Rechts vorne.

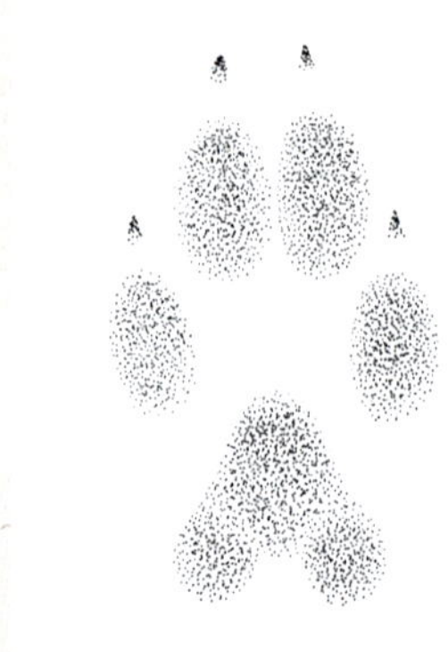

Rechts hinten.

Rechts vorne (rechts) und rechts hinten (links). Sozopol, Bulgarien. Paloma Troya (SERFAO).

GANGARTEN

Schritt
Schrittlänge: 44–62 cm
Spurbreite: 10–15 cm

Trab
Schrittlänge: 60–106 cm
Spurbreite: 5–12 cm

Geringe Datenbasis.

Ähnliche Trittsiegel
Rotfuchs, Haus- und Marderhund.

Übereilter Schritt. Fußfolge von unten nach oben: LV, LH, RV, RH, LV, LH. Sozopol, Bulgarien. Paloma Troya (SERFAO). ≽

≈ Fuß-in-Fuß-Trab.

WOLF

Canis lupus

KRL 100–170 cm
Sl 30–75 cm
G 25–60 (15–80) kg
Männchen meist größer und schwerer als Weibchen. Wölfe sind im Norden am größten, in Südeuropa eher kleiner.

Wölfe sind die größte Art aus der Familie der Kaniden und die Stammform des Haushundes. Sie leben in einem sozialen Familienverband, dem Rudel. In der Regel besteht das Rudel aus den zwei Elterntieren, den Welpen und den Jungtieren der letzten 1–3 Vorjahre. Die Größe des Rudels schwankt im Jahresverlauf, meist besteht es aus 5–10 Tieren, es können jedoch auch größere Rudel vorkommen. Mit Eintritt der Geschlechtsreife im Alter von etwa 10–22 Monaten verlassen die Jungtiere das elterliche Revier, um eine Familie zu gründen und ein eigenes Territorium zu etablieren. Gelegentlich bleiben Jungtiere auch bis ins 3. Lebensjahr und seltener bis ins 4. oder 5. Lebensjahr noch bei der Familie. Dies wird stark durch die Nahrungsverfügbarkeit beeinflusst. Die Rudelgröße hängt von verschiedenen Faktoren wie Abwanderung, Mortalität, Geburtenrate und vor allem dem Nahrungsangebot ab. Häufig bilden sich größere Rudel, um größere Beutetiere zu jagen, da so mehr Nahrung auf einmal zur Verfügung steht. Freilebende Paarhufer sind die Hauptbeutetiere der Wölfe, so kann es durch jagende Wölfe unter Umständen zu einer Reduktion ihrer Populationen kommen. Jedoch ist von einer Anpassung der Paarhufer an die Wölfe auszugehen, vor allem wenn diese in Gebiete zurückkehren. In der Regel werden überwiegend junge, alte und schwache Tiere erbeutet, sodass sich ein bejagter Bestand aus gesünderen, stärkeren Individuen zusammensetzt.

Auf der Suche nach Beute oder einem eigenen Revier können Wölfe weite Wanderungen und teilweise beachtliche Strecken in kurzer Zeit zurücklegen. Ein junger Rüde aus Deutschland legte innerhalb einer Nacht 75 km (Luftlinie) zurück. Die Ausdauer der Wölfe ist legendär, sie traben mit 8–10 km/h und können eine Höchstgeschwindigkeit von 64 km/h erreichen und diese für 20 Minuten halten. Die Größe eines Territoriums wird maßgeblich, aber nicht ausschließlich, durch die Menge und Größe der zur Verfügung stehenden Beutetiere beeinflusst. Ein weiterer Faktor ist der Breitengrad: Je weiter nördlich ein Rudel lebt, desto größer ist in der Regel sein Territorium, da die Beutetiere durch eine spärlichere Vegetation meist in geringerer Dichte vorkommen. Für Wölfe in der Kulturlandschaft spielen auch Rückzugsräume für die Welpenaufzucht und für Tageseinstände eine wichtige Rolle. So zeigen Forschungen an mit Halsbandsendern ausgestatteten Wölfen in Deutschland, dass sie Ortschaften bestmöglich umgehen und den Wald bevorzugen (Reinhardt & Kluth 2016).

Wölfe sind überwiegend dämmerungs- und nachtaktiv, wobei sie durchaus auch am Tag aktiv sind. Sie sind exzellente Schwimmer, die Flüsse und Seen überqueren, und verfügen über ein sehr gutes Gehör sowie einen ausgezeichneten Geruchssinn. Beim Wolfsgeheul handelt es sich um eine Form der Kommunikation über große Distanz. Gründe dafür können das Zusammenrufen der Familie, die Suche nach einem Partner oder das Koordinieren vor einer Jagd sein. Das Heulen spielt außerdem eine wichtige Rolle beim Markieren und Halten von Territorien und trägt zur Stärkung sozialer Bindungen bei. In der Paarungszeit und während der Welpenaufzucht heulen Wölfe am häufigsten.

Innerhalb ihres Rudels sind Wölfe sehr sozial, zum Beispiel helfen ältere Jungtiere bei der Aufzucht der Welpen mit. Wölfe spielen, lauern sich gegenseitig auf, jagen, fangen und ringen miteinander. Vor allem für Welpen ist das Spiel für die körperliche und soziale Entwicklung entscheidend. Es bietet die Möglichkeit, physische Fähigkeiten für Konflikte zu üben, ohne sich den Gefahren eines echten Kampfes auszusetzen. Wölfe haben im Grunde keine natürlichen Feinde. Todesursachen sind neben den für Kaniden typischen Krankheiten vor allem der Straßenverkehr sowie illegale und in einigen Ländern auch legale Tötungen. Bei der Verteidigung des Territoriums kann es zu Kämpfen kommen, die bisweilen auch zum Tod führen.

TRITTSIEGEL

Hundetypische Struktur. Die Abdrücke ausgewachsener männlicher Tiere sind in der Regel größer als die von Weibchen. Die Fußabdrücke der im Frühjahr geborenen Welpen erreichen häufig bereits im Oktober/November die Größe der Trittsiegel erwachsener Wölfe.

Vorne

» **L** 8,5–12 cm » **B** 6–10 cm

Groß. Zehengänger. Symmetrisch. 5 Zehen: Zehe 1 ist stark reduziert, sitzt weiter oben auf der Innenseite des Fußes und wird selbst bei hohen Geschwindigkeiten selten abgedrückt. Die Zehenabdrücke 2–5 sind zuverlässig erkennbar und nach vorne gerichtet. Die vorderen Mittelballen sind zu einem dreieckigen Mittelfußballen zusammengewachsen. Der Negativbereich zwischen dem Mittelfußballen und den Zehenballen zeigt häufig eine Art X- oder H-Form, wobei die H-Form charakteristisch für den Vorderfuß ist. Bei hohen Geschwindigkeiten oder in tiefem Substrat wird selten ein einzelner hinterer Mittelballen abgedrückt. Die Abdrücke der kräftigen, scharfen Krallen sind nach vorne gerichtet und zuverlässig erkennbar. Die Vorderfußabdrücke sind größer und rundlicher als die des Hinterfußes.

Hinten

» **L** 7,5–10,5 cm » **B** 5–8 cm

Groß. Zehengänger. Symmetrisch. 4 Zehen, die sich zuverlässig abdrücken und nach vorne gerichtet

Rechts vorne. Lausitz, Deutschland. Helene Möslinger (LUPUS).

Rechts hinten. Lausitz, Deutschland. Helene Möslinger (LUPUS).

Rechts vorne.

Rechts hinten.

Rechts vorne (unten) und rechts hinten (oben) im Vergleich. Lausitz, Deutschland.

Rechts hinten. Lausitz, Deutschland. Helene Möslinger (LUPUS).

sind. Die vorderen Mittelballen sind zu einem dreieckigen Mittelfußballen zusammengewachsen, der sich häufig unvollständig abdrückt. Der vordere Bereich wird in diesem Fall tiefer abgedrückt als die äußeren „Lappen", die teilweise nur schwach erkennbar sind. Der Negativbereich zwischen dem Mittelfußballen und den Zehenballen zeigt eine Art X-Form. Die Abdrücke der kräftigen, scharfen Krallen sind zuverlässig erkennbar und nach vorne gerichtet. Die Hinterfußabdrücke sind länglicher und schmaler als die Abdrücke des Vorderfußes.

GANGARTEN

Um Energie zu sparen, wählen Wölfe einfache Routen wie Trampelpfade, Waldwege, Stromtrassen, Seeufer und Gebirgspässe. Im Winter werden zusätzlich zugefrorene Flüsse und Seen, Skiwanderwege sowie geräumte und verschneite Straßen benutzt. Die Tiere bewegen sich überwiegend im Trab, wobei ein gleichmäßig registrierender Fuß-in-Fuß-Trab mit verhältnismäßig geringer Spurbreite (geschnürter Trab genannt) und über lange Strecken charakteristisch ist. Außergewöhnlich und beeindruckend ist die Fähigkeit der Wölfe, sich als Rudel in einer Reihe hintereinander zu bewegen, sodass die hinterlassene Fährte wie die Fuß-in-Fuß-Fährte eines einzelnen Tieres aussieht. Jedes Tier tritt exakt in die Fußabdrücke seines Vorgängers! Der Schrägtrab ist ebenfalls eine häufige Gangart, die in der Regel eine etwas höhere Geschwindigkeit als der Fuß-in-Fuß-Trab anzeigt. Im Schritt bewegen sich Wölfe meist übereilend.

Schritt
Fuß in Fuß:
» **SL** 60–118 cm » **SB** 12–23 cm
übereilt:
» **SL** 74–122 cm » **SB** 14–25 cm

Trab
Fuß in Fuß:
» **SL** 105–158 cm » **SB** 9–19 cm
Schrägtrab:
» **SL** 120–174 cm » **SB** 14–24 cm

Galopp
Gruppenlänge: 135–240 cm
Zwischengruppenlänge: 15–160 cm
Schrittlänge: 150–400 cm
(größere Ausnahmen möglich)
Spurbreite: 16–22 cm

Ein Wolf in seiner bevorzugten Gangart, dem geschnürten Trab. Lausitz, Deutschland. Helene Möslinger (LUPUS).

Der Schrägtrab ist ebenfalls eine häufige Gangart. Lausitz, Deutschland. Helene Möslinger (LUPUS)

≚ Fuß-in-Fuß-Trab.

≚ Schrägtrab.

≚ Übereilter Schritt.

≚ Wolfsfährte im Schnee. Slowakei. Immo Meyer.

Ähnliche Trittsiegel

Aufgrund der hohen Vielfalt an Hunderassen und der nahen Verwandtschaft zum Wolf können einige Hundespuren leicht mit denen des Wolfs verwechselt werden. Die Unterscheidung anhand eines einzelnen Trittsiegels ist selten möglich und Darstellungen, die dies behaupten, sind oft stark vereinfachend und unzuverlässig. Für eine sichere Bestimmung anhand der Fußabdrücke sind ideale Trittsiegel, eine differenzierte Betrachtung der Fußmorphologie, ausreichend Daten und viel Erfahrung nötig. Nach Möglichkeit sollten zusätzlich Fährten und Verhalten betrachtet werden (Seite 396).

≙ Wolfsfährte im Sand. Lausitz, Deutschland. Helene Möslinger (LUPUS).

HAUSHUND UND WOLF AM TRITTSIEGEL UNTERSCHEIDEN

Fußabdrücke von Haushunden gibt es in den verschiedensten Formen und Größen. Die hohe Varianz ihrer Trittsiegel ist ein geeignetes Merkmal, um Hunde von Wölfen zu unterscheiden. Wer mit den charakteristischen Merkmalen der Wölfe vertraut ist, kann nach davon abweichenden Merkmalen schauen, um Hunde zu erkennen. In einzelnen Abdrücken können die folgenden Hinweise bei der Unterscheidung helfen:

HAUSHUND	WOLF
ⓐ Grundumriss kompakter und breiter.	ⓐ Grundumriss länglicher.
ⓑ Krallen häufig in verschiedene Richtungen zeigend.	ⓑ Krallen eher gerade nach vorne gerichtet.
ⓒ Abstand zwischen Mittelfußballen und Innenzehen kleiner.	ⓒ Abstand zwischen Mittelfußballen und Innenzehen größer.
ⓓ Zehen- und Mittelballen gleichmäßig tief abgedrückt (platt).	ⓓ Zehenballen gewöhnlich tiefer abgedrückt als der Mittelballen.
ⓔ Zehenballen oft unterschiedlich geformt und in verschiedene Richtungen gerichtet.	ⓔ Zehenballen gleichmäßig geformt und parallel nach vorne gerichtet.
ⓕ Außenzehen umschließen die Innenzehen meist deutlich.	ⓕ Außenzehen umschließen die Innenzehen eher schwach.
ⓖ Hintere Kante des Mittelballens verläuft gerade.	ⓖ Hintere Kante des Mittelballens verläuft eingekerbt.

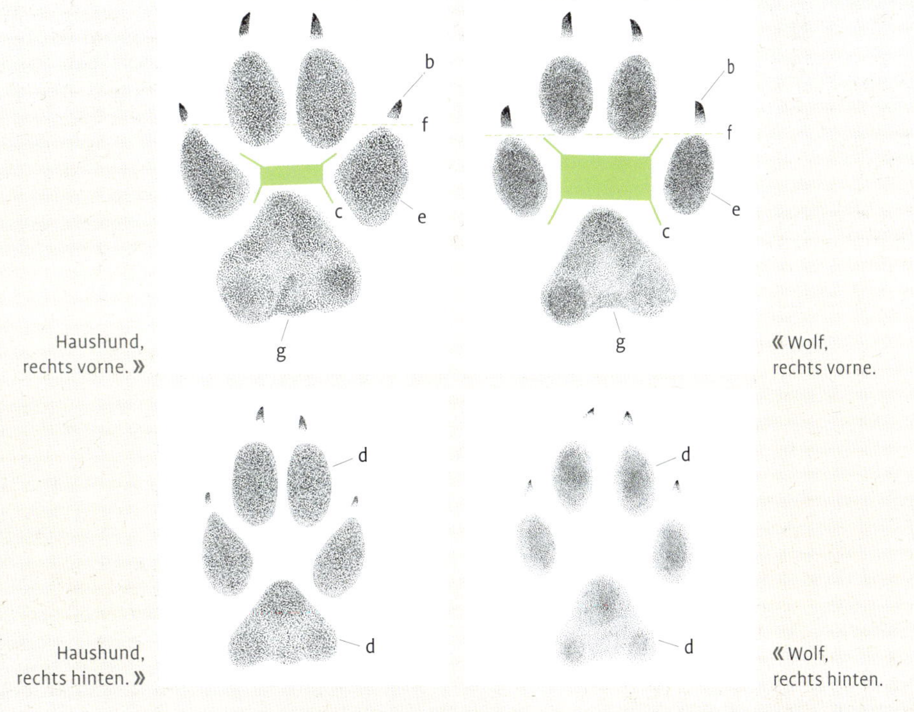

Haushund, rechts vorne. »

« Wolf, rechts vorne.

Haushund, rechts hinten. »

« Wolf, rechts hinten.

HAUSHUND UND WOLF AN DER FÄHRTE UNTERSCHEIDEN

Haushunde und Wölfe verwenden dieselben Gangarten, dennoch kann man sie zuweilen an ihrer Fährte unterscheiden. Ausschlaggebend dafür ist das unterschiedliche Verhalten, welches das Leben als Haus- oder Wildtier mit sich bringt. Wölfe verhalten sich in der Regel energiesparend, sind absichtsvoll, wachsam und hinterlassen ein entsprechend gleichmäßiges Spurbild. Sie bewegen sich über längere Strecken eher zielgerichtet und konstant in einer Gangart. Charakteristisch ist der Fuß-in-Fuß-Trab.

Haushunde verwenden ebenfalls den Fuß-in-Fuß-Trab, sind dabei jedoch ungenauer. Ihr Hinterfuß landet wiederholt an verschiedenen Stellen, während der Wolf seinen Hinterfuß präzise und auch über längere Strecken exakt in den Vorderfußabdruck setzt. Insgesamt ist das Spurbild von Haushunden eher unregelmäßig: Es zeigt häufige Richtungs- und Gangartenwechsel und selbst kontinuierliche Gangarten werden immer wieder von kurzen Sprüngen unterbrochen. Im Gegensatz zu Wolfsfährten können Hundefährten eher verspielt und sorglos wirken.

Es gibt auch Hunde, deren Verhalten dem von Wölfen ähnlich ist. Das Bundesamt für Naturschutz empfiehlt daher, ja nach Bodenbeschaffenheit und Abdrucktiefe eine Strecke von 100–2 000 m zu begutachten, um eine Kontinuität der Merkmale feststellen zu können. Zusätzlich komplizieren Jungtiere den Sachverhalt. Das spielerische Verhalten junger Wölfe ähnelt dem Verhalten vieler Haushunde, sodass ihre Fährten die typischen Merkmale von Hundefährten zeigen können. In diesem Fall kann der Kontext helfen. Junge Wölfe bewegen sich meist in kleinen Gruppen und in der Nähe ihres Rendezvousplatzes. Häufig finden sich in diesem Bereich auch Fährten der Elterntiere. Verläuft die Fährte von Hunden stattdessen über längere Distanz neben einer zeitgleich entstandenen Menschenspur, handelt es sich wahrscheinlich um Haushunde.

KENNZEICHEN » Gestalt wie ein großer Hund mit gerade verlaufender Rückenlinie, schmalem Brustkorb, relativ langen, kräftigen Beinen, breitem Kopf und Nacken und einem buschigen Schwanz mit schwarzer Schwanzspitze.

VERBREITUNG & LEBENSRAUM » Einst fast die gesamte nördliche Hemisphäre besiedelnd, wurde der Wolf in vielen Gegenden Europas ausgerottet. Er ist anpassungsfähig und bewohnt offene Landschaften wie Steppe, Tundra und Wüstenränder als auch Waldgebiete. Selbst in der Kulturlandschaft kommt er zurecht. In Europa kommen Wölfe in allen Ländern außer den Inselstaaten Irland, Island, Großbritannien, Zypern und Malta vor. Aktuell werden 9 Populationen unterschieden (LCIE 2020). Einige dieser Populationen befinden sich in Ausbreitung, sodass davon auszugehen ist, dass sich der Wolf in den nächsten Jahren weiter verbreitet und es in Zukunft wieder häufiger zu Genaustausch zwischen den Populationen kommen wird.

ERNÄHRUNG » Wölfe sind Fleischfresser und ernähren sich überwiegend von Paarhufern wie Rehen, Wildschweinen, Rentieren und Hirschen. Außerdem werden gelegentlich Kleinsäuger, Aas, Vögel, Insekten und Frösche gefressen. Wölfe können bei einer Mahlzeit 1–3 (bis 10) kg Fleisch verzehren, aber auch bis zu zwei Wochen lang hungern. Überwiegend im Sommer legen sie bei Überangebot von Nahrung Depots an, die sie bei Nahrungsmangel nutzen.

FORTPFLANZUNG » Die Paarbildung von Wölfen ist mehr oder weniger beständig, Paare bleiben häufig ihr Leben lang zusammen. Die Paarungszeit ist Dezember–März mit der Hochranz meist im Februar/März. Nach einer Tragzeit von 61–64 Tagen werden meist 4–6 Welpen geboren. Wurfgrößen von 8 Welpen sind durchaus möglich. Gewöhnlich erreichen Wölfe mit 1–2 Jahren die Geschlechtsreife.

ZEICHEN

ERDBAU » Wölfe graben ihren eigenen Bau, renovieren und erweitern Fuchs- und Dachsbaue oder bewohnen natürliche Aushöhlungen unter Felsen und Baumwurzeln. Gewöhnlich wird ein Wolfsbau in sandigen oder lockeren Böden gut versteckt und weniger als 1 km von der nächsten Wasserquelle entfernt angelegt. In der unmittelbaren Umgebung befinden sich oft Ansammlungen von Knochen und Kot. Am Ende der 1,5–4,5 m langen Tunnel befindet sich ein vergrößerter Wohnkessel, in welchem die Welpen geboren werden. Ein Wolfsbau kann mehrere Eingänge haben, die Eingangslöcher können verschiedene Formen zeigen und haben Durchmesser von etwa 35–55 cm.

Eingang zu einem Wolfsbau. Lausitz, Deutschland. Helene Möslinger (LUPUS). »

RENDEZVOUSPLÄTZE » Solange die Welpen klein sind, verbringen sie den Tag überwiegend am sogenannten Rendezvousplatz. Die Elterntiere kehren, vor allem vor und nach der Jagd, immer wieder dorthin zurück. Der Rendezvousplatz dient vermutlich vor allem dem sozialen Austausch sowie als Spiel- und Ruheplatz. Bis die Welpen im Hochsommer mobiler geworden sind, ist der Rendezvousplatz in Baunähe. Häufig befinden sich dort viele Spuren, Kot, Knochenreste und Beißspielzeug für die Welpen, zum Beispiel Hirschgeweihe.

Der Abstand zwischen den Eckzähnen ist ein wichtiger erster Hinweis, um den Verursacher zu bestimmen. Lausitz, Deutschland. LUPUS Institut. »

MARKIERUNGEN » Urin und Kot werden als Reviermarkierungen und für den Informationsaustausch untereinander verwendet. Vor allem in der Nähe des Rendezvousplatzes, um einen Riss herum, in Baunähe, entlang beliebter Routen, Wegkreuzungen und den Grenzen eines Territoriums häufen sich Kot und Urinmarkierungen. Gelegentlich werden diese von schmalen, kurzen Kratzspuren mit meist deutlichem Auswurf begleitet. Oft werden nur die Hinterbeine zum Kratzen gebraucht, selten kommen auch die Vorderbeine zum Einsatz. In einem Rudel markiert in der Regel das Alttierpaar, wobei gewöhnlich ein Bein gehoben wird. Die anderen Tiere urinieren hockend oder ohne ein Bein zu heben. Der Urin des Weibchens kann während der Östrus durch austretendes Östrusblut orangerötlich aussehen.

Die Bissstelle ist meist erst nach Abziehen des Felles eindeutig zu bestimmen. Lausitz, Deutschland. LUPUS Institut. »

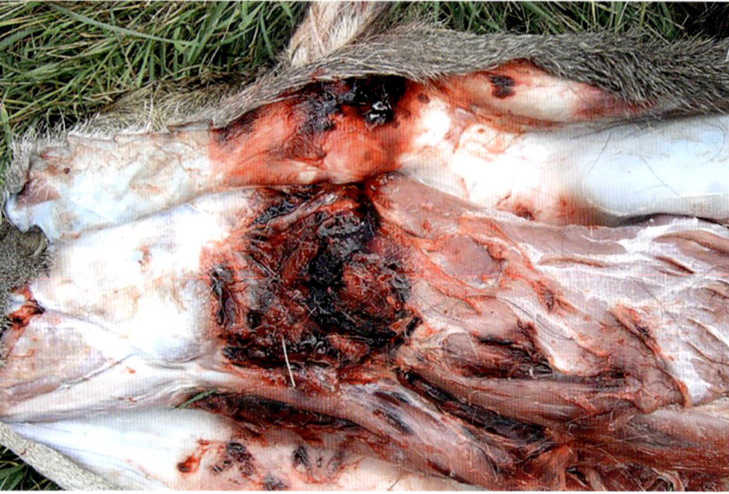

Drosselbiss, von außen sind die Eckzahnbisse oft gut verborgen und schwer zu erkennen. Lausitz, Deutschland. LUPUS Institut.

RISSMERKMALE » Wölfe sind Hetzjäger, die ihre Beute auch über einige hundert Meter verfolgen, bis sich die Gelegenheit bietet, ein einzelnes, in der Regel schwächeres Tier zu erbeuten. Nur etwa 10 % aller begonnenen Jagden enden erfolgreich. In der Regel töten Wölfe durch einen Biss in die Kehle, der Drosselbiss genannt wird. Größere, wehrhafte Tiere wie Rothirsche, Wildschweine, Rentiere und Elche werden zuerst häufig an den Hinterläufen gepackt und zu Fall gebracht, bevor der Drosselbiss angesetzt wird. Dabei entstehen meist starke Schäden an der entsprechenden Muskulatur, selbst größere Knochen können zertrümmert werden. Körperpartien wie Brust, Schulter und Flanken können ebenfalls schwere Verletzungen aufweisen. Gelegentlich wird auch in die Nase gebissen, wodurch das Tier ebenso erstickt. Der Drosselbiss und andere Bissverletzungen werden oft erst erkannt, nachdem die Haut des toten Tieres abgezogen wurde.

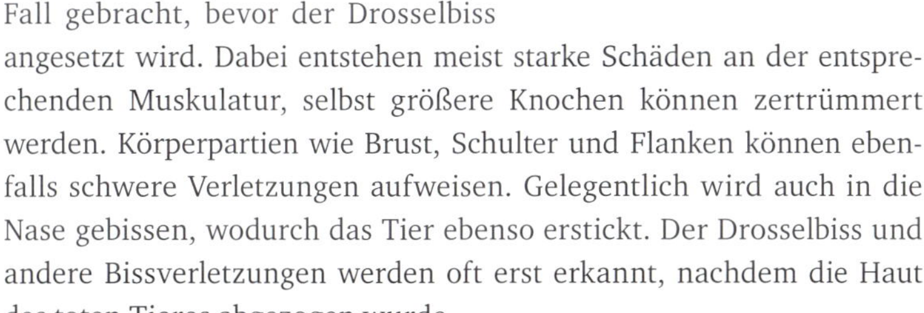

Der Kadaver wird in der Regel am Bauch und gelegentlich auch an anderen Stellen geöffnet, vor allem wenn mehrere Tiere am Riss waren. Die nährstoffreichen Innereien werden zuerst gefressen, die großen Keulenmuskeln und das zarte Rückenfleisch folgen. Sind mehrere Tiere an einem größeren Riss beteiligt, werden oft Einzelteile des Kadavers abgetrennt und in einiger Entfernung gefressen, sodass verteilte Beutereste in der Umgebung zurückgelassen werden.

Außer bei Nahrungsüberangebot fressen Wölfe beinahe das gesamte Tier, wobei die verschiedensten Bestandteile und Nährstoffe für ihre ausgewogene Ernährung wichtig sind. Selbst die Haare liefern Nährstoffe und umhüllen größere Knochensplitter wie ein Polster, während sie den Verdauungstrakt passieren. Von kleineren Beutetieren bleiben meist nur Hautfetzen, der Mageninhalt und einige Knochen übrig. Bei größeren Beutetieren bleiben das fast vollständige Skelett und das Fell zurück. Im Gegensatz zu Braunbären brechen Wölfe die Schädel größerer Beutetiere gewöhnlich nicht auf, um das Gehirn zu verzehren. Bei Nahrungsüberschuss können Körperteile abtrennt, verschleppt und in Nahrungsdepots gebracht werden. Nahrungsdepots sind in den Boden gegrabene Löcher, in denen die Beute abgelegt, bedeckt und versteckt wird. Gelegentlich werden kleinere Beutetiere auch im Ganzen versteckt.

» **Abstand zwischen den Eckzähnen** 4–4,5 cm (3,2–5,2 cm)

Bei größeren Beutetieren bleiben oft das fast vollständige Gerippe und das Fell zurück. Lausitz, Deutschland. LUPUS Institut. »

≈ Diese charakteristische Wolfslosung ist etwa 40 cm lang. Im linken Bildbereich sind Haare als Bestandteile der Losung zu erkennen. Lausitz, Deutschland.

≈ Die nährstoffreichen Innereien werden zuerst gefressen, die großen Keulenmuskeln und das Rückenfleisch folgen. Lausitz, Deutschland. LUPUS Institut.

KOT » Wolfskot ist entweder regelmäßig geformt und wurstförmig mit einem abgerundeten und einem spindelförmigen, zu einer Spitze ausgezogenen Ende oder in einzelne Teile zerfallen. Typische Farben sind weiß (Knochen), braun und schwarz. Schwarze Farbe spricht für nährstoffreiche Kost wie Fleisch oder Organe. Wenn Innereien gefressen werden, kann der Kot ein dunkler, amorpher Haufen sein. Charakteristische Merkmale von Wolfslosung sind ihr markanter Geruch sowie der häufig hohe Anteil an Knochensplittern, Haaren und Schalenüberresten von Huftieren (vor allem die kleinen Schalen von Wildschweinfrischlingen).

Form, Geruch und Inhalt der Losung hängen stark von der aufgenommenen Nahrung ab. Bei Hunden ist der Kot stark von der Größe des Tieres und vom Futter abhängig. Form, Farbe, Größe und Geruch sind viel variabler als beim Wolf. Handelsübliches Hundefutter ergibt leicht auseinanderfallenden Kot mit scharfem Gestank und breiigem Inhalt. Es finden sich selten und eher vereinzelt Haare oder Knochenreste darin. Haushunde ernähren sich nur selten zu einem so großen Teil von Wild, dass ihre Losung dem Kot von Wölfen in Form, Farbe, Geruch und Inhalt ähnelt. Dennoch kann die Losung von Hund und Wolf, bei identischer Ernährung, zum Verwechseln ähnlich aussehen. Im Zweifelsfall ist eine Genanalyse nötig, um die Artzugehörigkeit sicher bestimmen zu können.

» **L** 15–65 cm, mit Ausnahmen 10–85 cm (n = 5 085 Losungen)
» **D** 1,3–4,8 cm, mit Ausnahmen 1–5,1 cm (n = 4 147 Losungen)
Eigene Datensammlung durch Paul Lippitsch und die Datenbank des Senckenberg Museums für Naturkunde Görlitz erweitert.

ANMERKUNGEN » Auch wenn der Wolf vor seiner Ausrottung im 19. Jahrhundert einst heimisch in unseren Wäldern lebte, ist seine Wiederkehr eine neue Situation, die Konfliktpotenzial birgt. In der Gesellschaft treffen extreme Meinungen seiner Befürworter und Gegner aufeinander. Der Wolf ist ein Raubtier und es entspricht seiner Art, Jagd auf Beutetiere zu machen. Menschen gehören nicht zu seinem klassischen Beuteschema. Auch in Gegenden, in denen der Wolf nicht bejagt wird, haben Wolfsangriffe auf Menschen nicht zugenommen.
Um Wolfsverhalten fundiert einschätzen zu können, ist es wichtig, möglichst viele Informationen zu sammeln, fachliche Quellen zu recherchieren und sich mit dem Thema vertraut zu machen. Häufig ist das Fremde und Unvertraute etwas, das uns Angst macht. Eckhardt Grimmberger schreibt dazu: „Obwohl jeden Tag auf Deutschlands Straßen etwa 12 Menschen durch Verkehrsunfälle sterben, haben wir uns an diese Gefahr gewöhnt und steigen immer wieder ins Auto. Die Wahrscheinlichkeit, einmal in seinem Leben einem Wolf zu begegnen und die Gefahr, dann auch noch von diesem angegriffen zu werden, ist unendlich geringer, die Angst davor jedoch vielfach größer als die vor der nächsten Autofahrt."
Persönlich befürworte ich die friedliche Koexistenz von Mensch und Wolf und finde eine sich regenerierende Population heimischer Wildtiere erstrebenswert. In diesem Zusammenhang möchte ich den Wert der sachlich geführten Debatte betonen. Die bestmögliche Vorgehensweise für alle Beteiligten sollte gemeinsam mit qualifizierten Experten, wie Wildtierbiologen, Politikern und weiteren Wissenschaftlern, beschlossen und fortlaufend überprüft werden.

MARDERHUND

Nyctereutes procyonoides

Der Marderhund ist die einzige Art aus der Gattung der Maderhunde (*Nyctereutes*) im Gebiet. Marderhunde leben sehr heimlich und werden eher selten bemerkt. Sie sind überwiegend dämmerungs- und nachtaktiv, in ungestörten Gegenden aber durchaus auch am Tag anzutreffen. Ihr Geruchssinn ist für sie wichtig, sie hören gut und können schwimmen und tauchen. Sie graben selten eigene Erdbaue und bewohnen häufig verlassene Dachs- und Fuchsbaue, gelegentlich auch Höhlen, oder errichten sich ein Lager im dichten Schilf. Marderhunde sind die einzigen Hunde, die Winterruhe halten und sich zuvor entsprechende Fettreserven anfressen. Die Länge der Winterruhe hängt stark von den Temperaturen und der Dauer des Winters ab – in Finnland zum Beispiel von November–März. In kurzen, gemäßigten Wintern ist die Winterruhe entsprechend kürzer oder findet sogar nur in Intervallen statt. Im Gegensatz zu den meisten anderen Hunden bellen Marderhunde nicht. Fressfeinde sind Wolf und Luchs. Oft lassen vor allem verunglückte Tiere an Straßenrändern und durch die Jagd getötete Marderhunde Rückschlüsse auf die Bestände zu.

KRL 50–85 cm
Sl 13–25 cm
G 3,5–6 kg im Sommer
6–12 kg im Winter
Kein Geschlechtsdimorphismus.

KENNZEICHEN » Etwa fuchsgroß mit kürzerer Schnauze, kurzen Beinen, kleinem Kopf und gedrungenem Körperbau. Im Winter auffällig langes Haar, mit dachsähnlicher Färbung und waschbärähnlicher Gesichtsmaske.

VERBREITUNG & LEBENSRAUM » Ursprünglich aus Ostasien stammend kam es von 1928–1955 zu Ansiedlungen und Zuwanderungen im osteuropäischen Raum. Heute von Osteuropa bis Frankreich und von Finnland bis Bulgarien vorkommend. Sehr anpassungsfähiges Neozoon, das sich weiter ausbreitet. Die Tiere bevorzugen Feuchtgebiete wie Moore, Flussauen und feuchte, unterholzreiche Wälder, sie können aber auch Kulturlandschaft besiedeln und auf Nahrungssuche in die Nähe menschlicher Siedlungen vordringen.

ERNÄHRUNG » Allesfresser, der wie der Dachs eher stöbert und sammelt, als aktiv zu jagen wie etwa der Rotfuchs. Er ernährt sich im Durchschnitt zu 50 % von Pflanzenteilen wie Eicheln, Kastanien, Blättern, Beeren, Früchten und Feldfrüchten wie Mais und Kartoffeln. Im Sommer und Herbst ist der Anteil an pflanzlicher Nahrung besonders hoch. Zur tierischen Nahrung gehören vor allem Insekten, Aas und Kleinsäuger. Einen geringeren Teil machen Amphibien, Reptilien, Regenwürmer, Schnecken, Fische, Vögel und Eier aus. Je nach Erreichbarkeit variieren Nahrungsquellen in ihrer Bedeutung.

Marderhunde sind einer der Hauptüberträger der Tollwut in Europa.

FORTPFLANZUNG » Marderhunde leben überwiegend in fester Paarbindung. Das Paar zieht die Jungen gemeinsam auf, sammelt Nahrung und verteidigt das Revier zusammen. Die Paarungszeit ist von Mitte Februar bis Ende April. Nach einer Tragzeit von 59–64 Tagen werden etwa 7–9 (bis 16) Junge geboren. Sie sind Nesthocker, die gegen Ende des ersten Lebensjahres geschlechtsreif werden. Auf eine starke Bejagung können die Tiere mit einer erhöhten Geburtenrate reagieren.

ZEICHEN

VERBISSSPUREN » In unmittelbarer Nähe des Quartiers für die Winterruhe werden junge Bäume und Zweige von Sträuchern verbissen. Dabei handelt es sich vermutlich um eine Form der Reviermarkierung.

KOT » Da Marderhunde Allesfresser sind, variiert das Aussehen der Losung stark. Die Farbe kann weißgrau (Knochen und Haarreste), dunkelgrün, braun und schwarz (Innereien und Blut) sein. Im Regelfall ist sie zigarrenförmig mit dickerem Mittelteil, einem stumpfen und einem zu einer kurzen Spitze ausgezogenen Ende. Die Losung kann leicht in sich verdreht sein. Winterlosung ist stärker verdreht, mehrfach und kleiner segmentiert und dünner. Sind Beeren und Früchte reif, kann der Kot fast ganz aus deren Kernen bestehen und eine fruchtige Farbe annehmen. Die Losung wird einzeln oder in gegrabene Bodenvertiefungen abgesetzt. Solche Latrinen dienen als Markierung, häufen sich in Baunähe und werden von mehreren Tieren benutzt. Im Gegensatz zum Dachs oder Rotfuchs ernährt sich der Marderhund mehr von pflanzlicher Kost. Daher ist der Geruch seiner Losung oft gemüseartig und weniger streng. Davon abgesehen kann der Kot wie der eines kleinen Dachses aussehen und nicht immer sicher unterschieden werden.

Die Latrine eines Marderhundes. Vledder, Niederlande. René Nauta.

» **L** 2–11 cm » **D** 1,7–3 cm

TRITTSIEGEL

Klassische Kanidenstruktur. Symmetrisch. Zehengänger, der den Mittelfußballen durchschnittlich stärker belastet als der Rotfuchs. Kräftige Zehenballen. Ein besonderes Merkmal ist, dass Zehe 4 häufig länger ist als Zehe 3. Der Negativbereich zwischen den Zehen- und dem Mittelfußballen zeigt ein in die Breite ausgezogenes X oder eine H-Form. Im Gegensatz zum Rotfuchs ist Fußsohlenbehaarung ausschließlich zwischen den Ballen vorhanden.

≈ Rechts vorne.
Deutschland. Kerstin Krahwinkel.

≈ Rechts hinten.
Deutschland. Kerstin Krahwinkel.

Vorne

» **L** 4,3–6,9 cm » **B** 4,3–7,2 cm

Klein bis mittelgroß. 5 Zehen: Zehe 1 ist reduziert, sitzt etwas weiter oben am Fuß und drückt sich nur bei besonders hohen Geschwindigkeiten oder auf rutschigem Boden ab. Zehen 3 und 4 liegen fast auf einer Linie und sind an ihrer Basis zusammengewachsen ⓐ. Zehen 2 und 5 umschließen Zehen 3 und 4 deutlich ⓑ. Die vorderen Mittelballen sind zu einem dreieckigen Mittelfußballen zusammengewachsen. Selten kann sich ein einzelner hinterer Mittelballen bei hohen Geschwindigkeiten oder in tiefem Substrat abzeichnen. Der Negativbereich zwischen Zehen- und Mittelfußballen ist deutlich kleiner als beim Rotfuchs. Zehen 2–4 wirken gespreizt und sind fächerförmig vom Mittelballen abgehend angeordnet. Insgesamt breiter und asymmetrischer als der Hinterfußabdruck. Der Umriss kann queroval aussehen. Scharfe, kräftige Krallen drücken sich zuverlässig ab.

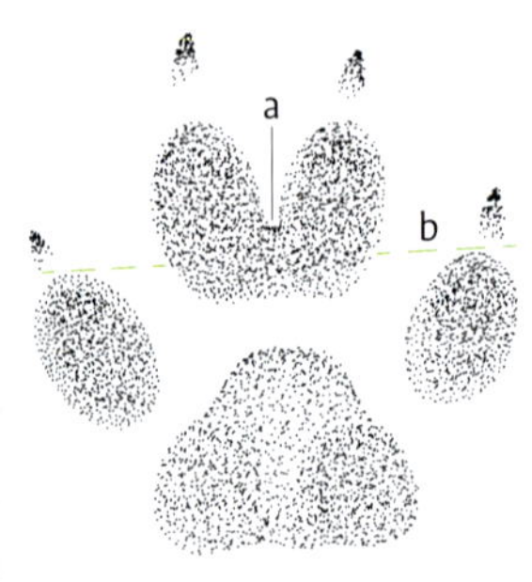

≈ Rechts vorne.

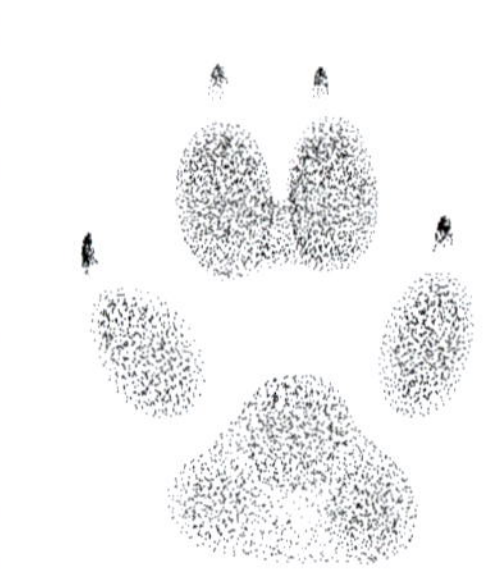

≈ Rechts hinten.

≈ Rechts vorne. Beachten Sie die Länge von Zehe 4. Lausitz, Deutschland.

≈ Rechts hinten.

Hinten

» **L** 4,2–6 cm » **B** 3,8–5,8 cm

Klein bis mittelgroß. 4 Zehen: Zehen 3 und 4 liegen fast auf einer Linie und werden von Zehen 2 und 5 leicht umschlossen. Beide Zehen liegen weiter hinten als beim Vorderfuß, sodass der Negativbereich zwischen Zehenballen und Mittelballen größer als beim Vorderfuß ist. Zehen 2–4 sind weniger gespreizt als beim Vorderfuß, aber stärker als beim Rotfuchs. Die vorderen Mittelballen sind zu einem dreieckigen Mittelfußballen zusammengewachsen. Der Abdruck ist insgesamt schmaler (hochovaler) und symmetrischer als der Vorderfußabdruck, jedoch breiter und gröber als beim Rotfuchs. Der Mittelballen drückt sich im Vergleich zum Rotfuchs deutlich stärker ab. Die scharfen und kräftigen Krallen sind zuverlässig erkennbar.

GANGARTEN

Wie der Rotfuchs erkundet der Marderhund im Fuß-in-Fuß-Schritt und wechselt in den Trab, wenn er Strecke machen möchte. Aufgrund seiner kurzen Beine und seines gedrungenen Körperbaus hinterlässt er auffällig geringe Schrittlängen und verhältnismäßig hohe Spurbreiten. Im Schritt und Trab misst die Schrittlänge durchschnittlich nur etwa die Hälfte von der eines Rotfuchses. Die Spurbreite ist im Durchschnitt doppelt so breit. Dieses markante Spurbild lässt sich mit etwas Erfahrung leicht von dem des Rotfuchses unterscheiden. Vor allem in tiefem Schnee hinterlassen die Tiere eine breite Furche. Da Marderhunde meist als Paar unterwegs sind, finden sich häufig die Fährten gemeinsam jagender oder gemeinsam ruhender Tiere. Alarmiert fliehen sie mit Sprüngen oder im Galopp.

Schritt

Schrittlänge: 35–54 cm

Spurbreite: 11–29 cm

Trab

Schrittlänge: 52–75 cm

Spurbreite: 7–15 cm

Ähnliche Trittsiegel

Haushund, Rotfuchs und Goldschakal.

Im Schritt balancierte hier ein Marderhund über diesen schneebedeckten Baumstamm. Verglichen mit dem Rotfuchs ist die Schrittlänge gering und die Spurbreite groß. Märkische Schweiz, Deutschland. »

Fuß-in-Fuß-Schritt.

Fuß-in-Fuß-Trab.

POLARFUCHS

Vulpes lagopus

KRL 45–73 cm
Sl 25–50 cm
G 3–8,5 kg

Die Gattung Füchse (*Vulpes*) umfasst 12 Arten, wovon 2 im Gebiet vorkommen. Es handelt sich um spitzschnäuzige Hunde mit relativ kurzen Gliedmaßen, großen Ohren und langem, buschigem Schwanz. Der Polar- oder Eisfuchs ist tag- und nachtaktiv, verfügt über einen sehr gut ausgeprägten Geruchssinn und ein gutes Gehör. Er ist der einzige Wildhund, dessen Fellfarbe mit den Jahreszeiten wechselt. Im Sommer ist das Fell vorwiegend bräunlich, im Winter wird es in der Regel schneeweiß. Polarfüchse wohnen in Felsspalten zwischen Felsbrocken oder in einem selbst angelegten Bau. Für ihren Bau suchen die Tiere Böden an Flussufern, Seen und erhöhten Gebieten, die nicht vom Dauerfrost betroffen sind. Geeignete Plätze können schwer zu finden sein, sodass einmal etablierte Baue oft über viele Generationen hinweg genutzt werden und so ein komplexes, beeindruckend großes Tunnelsystem mit einer Vielzahl von Ein- und Ausgängen entstehen kann.

Die Sozialstruktur der Polarfüchse ist komplex, die Tiere leben ein halbes Jahr als Einzelgänger, bis sie im Frühjahr mit ihrem Partner zusammenkommen. Gemeinsam etablieren und verteidigen sie für etwa 6 Monate ein Revier, bis sie mit dem Vertreiben der Jungen vorübergehend auch ihren Paarverbund wieder auflösen. Polarfüchse sind in der Regel monogam und ein Paar kommt über mehrere Jahre hinweg im Frühjahr immer wieder zusammen. Es gibt Ausnahmen, in denen sich ein Männchen mit zwei Weibchen paart. In diesem Fall säugen beide Weibchen gemeinsam die Jungen. Es wurde auch beobachtet, dass zwei Paare einen gemeinsamen Bau teilen und zusammen ihre Jungen aufziehen. Familienverbände mit bis zu 6 Tieren können vorkommen, vor allem bei idealem Nahrungsangebot. Natürliche Feinde sind Wolf, Vielfraß und Rotfuchs.

Das Fell des Polarfuchses weist im Vergleich aller Säugetiere beste Isolationseigenschaften auf.

KENNZEICHEN » Kleiner als ein Rotfuchs. Die kürzeren Beine, die gedrungenere Schnauze und die kurzen, abgerundeten Ohren verringern den Wärmeverlust und das Risiko von Erfrierungen an den Extremitäten. Bis zum Herbst bauen die Tiere Fettreserven auf, wodurch ihr Gewicht um bis zu 50 % zunehmen kann. Das Fett dient sowohl der Energiereserve als auch zur Isolation.

VERBREITUNG & LEBENSRAUM » Der Polarfuchs kommt überwiegend nördlich des Polarkreises in Skandinavien, Island und Grönland vor. Er bewohnt offene Tundren und Gebirge, bevorzugt in Küstennähe.

ERNÄHRUNG » Der Polarfuchs ist ein Allesfresser. Er ernährt sich vorwiegend von Kleinsäugern wie Wühlmäusen und besonders von Lemmingen. Sind diese reichlich verfügbar, wird kaum andere Nahrung aufgenommen. Ansonsten werden auch Schneehasen, bodenbrütende Vögel, Eier, Muscheln, Insekten, Aas, Abfälle und Beeren gefressen. In Küstennähe spielen Wasservögel und Gänsekolonien eine bedeutende Rolle bei der Nahrungswahl. Es werden mehr Eier als Vögel erbeutet, die Zahl erbeuteter Eier kann mitunter sehr hoch ausfallen. Die Auswirkung auf die Bestände von Wasservogelkolonien während der Brutzeit wurde eingehend untersucht und zeitweise als dramatisch eingestuft. Polarfüchse folgen Eisbären, um von den Resten ihrer Beute zu profitieren. Bei Nahrungsüberschuss legen die Tiere Vorräte an. Eisfüchse können sich totstellen, um potenzielle Beute zu überlisten.

TRITTSIEGEL

Hundetypische Struktur. Im Vergleich mit anderen Hunden und im Verhältnis zur Körpergröße sehr große Trittsiegel. Der wissenschaftliche Name bedeutet „hasenfüßiger Fuchs" und bezieht sich auf die starke Fußsohlenbehaarung, die für Hasen charakteristisch ist. Die starke Behaarung lässt die Abdrücke der Zehen- und des Mittelfußballens oft verwaschen erscheinen, im Winter können einzelne Ballen aufgrund der starken Fußsohlenbehaarung schwer zu erkennen sein. Der Negativbereich zwischen den Zehen und dem Mittelfußballen wirkt meist sehr groß.

Vorne

» **L** 5,7–7 cm » **B** 4,4–5,4 cm

Mittelgroß. Zehengänger. Symmetrisch. 5 Zehen: Zehe 1 ist stark reduziert und sitzt weiter oben auf der Innenseite des Fußes. Die vorderen Mittelballen sind zu einem dreieckigen Mittelfußballen zusammengewachsen. Der Negativbereich zwischen dem Mittelfußballen und den Zehenballen formt ein „X". Selten kann ein weiterer, hinterer Mittelballen im hinteren Bereich des Trittsiegels abgedrückt sein. Die scharfen, spitzen Krallenabdrücke können sichtbar sein oder fehlen. Die Vorderfußabdrücke sind größer und oft rundlicher als die des Hinterfußes.

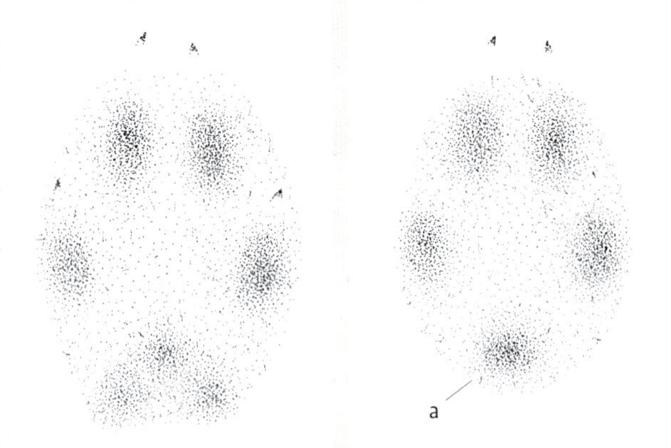

︽ Rechts vorne. ︽ Rechts hinten.

︽ Vorderfußabdruck (oben) und Hinterfußabdruck (unten). Island. Heide Ulrich.

Ähnliche Trittsiegel

Rotfuchs und Marderhund.

Hinten

» **L** 4–6,3 cm » **B** 3–4,7 cm

Mittelgroß. Zehengänger. Symmetrisch. 4 Zehen, die sich zuverlässig abdrücken. Die vorderen Mittelballen sind zu einem dreieckigen Mittelfußballen zusammengewachsen, der sich häufig unvollständig abdrückt und oft nur wie ein weiterer, fehlplatzierter Zehenballen aussieht ⓐ. Die scharfen, spitzen Krallenabdrücke können sichtbar sein oder fehlen. Die Hinterfußabdrücke sind kleiner und schmaler als die Abdrücke des Vorderfußes.

GANGARTEN

Polarfüchse sind überwiegend in Sprüngen unterwegs. Über kürzere Distanzen wird auch gerne der hundetypische Schrägtrab oder ein Fuß-in-Fuß-Trab verwendet. Wenn sie sich für etwas besonders interessieren, wechseln sie in einen Schritt.

Schritt

Fuß in Fuß: » **SL** 30–40 cm » **SB** 9,5–11,5 cm

Trab

Fuß in Fuß: » **SL** 46–73cm » **SB** 5,5–10 cm

Drei- und Viersprung

Gruppenlänge: 66–80 cm

Zwischengruppenlänge: 15–25,5 cm

Schrittlänge: 81–105,5 cm

Fuß-in-Fuß-Trab eines Polarfuchses in seinem bevorzugten Lebensraum. »

≈ Fuß-in-Fuß-Trab.

≈ Schrägtrab.

FORTPFLANZUNG » Die Paarungszeit liegt im Frühjahr (März/April). Nach einer Tragzeit von 49–57 Tagen werden in einem ausgepolsterten Wohnkessel unter der Erde 3–9 Junge geboren. Das Männchen versorgt die Mutter nach der Geburt mit Nahrung und beteiligt sich auch später an der Fütterung der Jungen. Nach etwa 10 Monaten sind die Jungtiere geschlechtsreif. Bei guten Nahrungsbedingungen bleiben sie auch nach der Geschlechtsreife bei ihren Eltern und bilden Familienverbände.

ZEICHEN

ERDBAU » Die fortlaufende Ansammlung von verwesenden Beuteresten, Kot und Urin um den Bau herum führt zu nährstoffreichem Boden und üppiger Vegetation. Gerade in offener Tundra kann ein Polarfuchsbau dadurch bereits von Weitem erkannt werden. Die Eingangslöcher sind gewöhnlich 10–20 cm hoch und 15–25 cm breit.

GRABSPUREN » Der Polarfuchs gräbt Nagetiernester und -tunnel auf, um an seine Beute zu gelangen. Die Grabspuren ähneln denen des Rotfuchses (Seite 417).

MARKIERUNGEN » Polarfüchse markieren vor allem an ihren Reviergrenzen durch Kot und Urin. Dafür werden auffällige Bäume, Zaunpfosten, Erhöhungen und Ähnliches verwendet. Markierungsstellen werden regelmäßig besucht, wodurch teilweise größere Kotansammlungen entstehen.

RISSMERKMALE » Siehe Rotfuchs (Seite 418).
» **Abstand zwischen den Eckzähnen** 1,9–2,2 cm (1,7–2,4 cm)

KOT » Der Kot des Polarfuchses ähnelt dem des Rotfuchses, ist jedoch etwas kleiner und zeigt aufgrund der niedrigeren Nahrungsvielfalt eine geringere Varianz in Farbe und Form.
» **L** 5–11 cm » **D** 0,8–1,6 cm

« Polarfuchskot ist oft deutlich kleiner als die Losung des Rotfuchses. Helagsfjäll, Schweden. Heide Ulrich.

ROTFUCHS

Vulpes vulpes

Der Rotfuchs zählt zu den bekanntesten Wildtieren Europas. Viele Geschichten berichten von seinem Einfallsreichtum. Redewendungen wie „schlauer Fuchs“ sind wohl begründet, denn die Tiere verhalten sich sehr vorsichtig, lernen schnell und entwickeln bemerkenswerte Strategien zur Problemlösung. Beispiel dafür ist die clevere Beutestrategie, zusammengerollte Igel ins Wasser zu befördern, die sich dort wieder öffnen. Ebenso beeindruckend ist das Sich-Totstellen, um Krähen anzulocken, die dann überrascht und erlegt werden. Rotfüchse sind überwiegend dämmerungs- und nachtaktiv, können jedoch durchaus auch am Tag beobachtet werden. Sie verfügen über einen ausgezeichneten Geruchssinn, ein exzellentes Gehör und einen sehr guten Tastsinn. Rotfüchse sind als Einzelgänger oder zur Saison als Paare unterwegs. Sie können einen eigenen Erdbau anlegen oder verlassene Teile eines Dachsbaus beziehen. Fressfeinde sind Wolf und Hund sowie Luchs, Vielfraß, Stein- und Seeadler. Die meisten Todesfälle gehen jedoch auf Unfälle im Straßenverkehr, Krankheiten und Parasiten zurück.

KRL 50–90 cm
Sl 30–50 cm
G 4–10 (bis 14,5) kg
Die Körpermaße schwanken jahreszeitlich und geografisch stark.

TRITTSIEGEL

Teils markante Abweichungen von der hundetypischen Struktur. Im Verhältnis zur Körpergröße große, stark behaarte Füße. Durch die starke Behaarung erscheinen die Abdrücke der Zehenballen und des Mittelfußballens oft verwaschen und der Negativbereich zwischen den Zehen und dem Mittelfußballen wirkt sehr groß. Eine imaginäre, horizontale Linie verläuft zwischen den Innen- und Außenzehen. Im Gegensatz zu den meisten anderen Hunden verläuft diese imaginäre Linie, welche die vorderen Kanten der Außenzehen verbindet, deutlich hinter den Innenzehen ⓐ.

Vorne

» **L** 4,8–7,3 cm » **B** 3,5–5,7 cm

Klein bis mittelgroß. Zehengänger. Symmetrisch. 5 Zehen: Zehe 1 ist stark reduziert und sitzt weiter oben auf der Innenseite des Fußes. Die vorderen Mittelballen sind zu einem dreieckigen Mittelfußballen zusammengewachsen. Der Mittelfußballen erscheint oft winkelförmig oder wie eine schmale, horizontale Linie ⓑ. Dies ist ein eindeutiges Bestimmungsmerkmal der Art. Der Negativbereich zwischen dem Mittelfußballen und den Zehenballen formt ein „X". Selten kann sich ein einzelner, hinterer Mittelballen im hinteren Bereich des Trittsiegels abdrücken. Die scharfen, spitzen Krallenabdrücke können sichtbar sein oder fehlen. Die Vorderfußabdrücke sind größer und meist rundlicher als die des Hinterfußes.

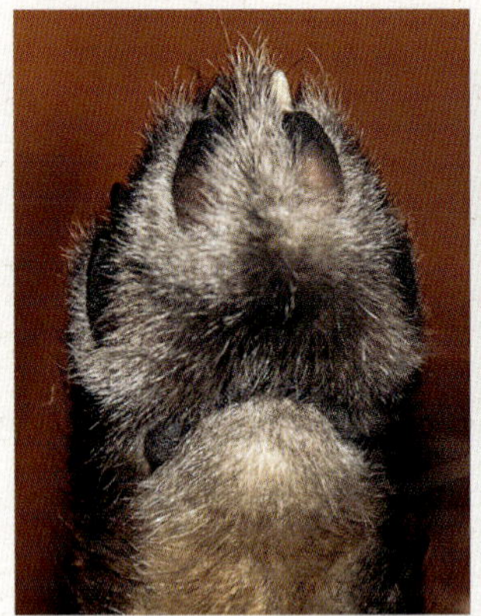

Rechts vorne. Großglockner, Österreich.

Rechts hinten. Großglockner, Österreich.

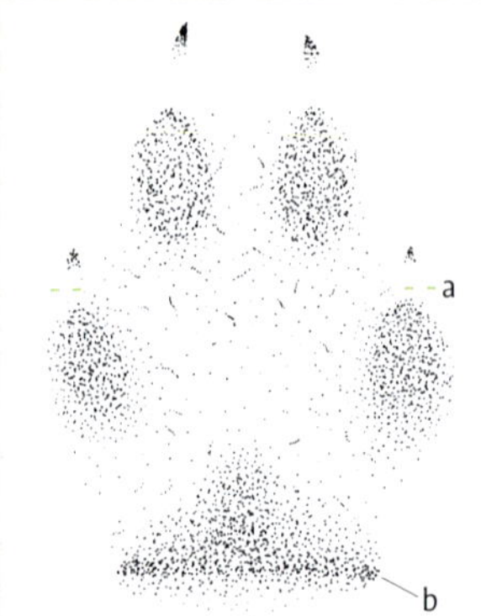

Rechts vorne.

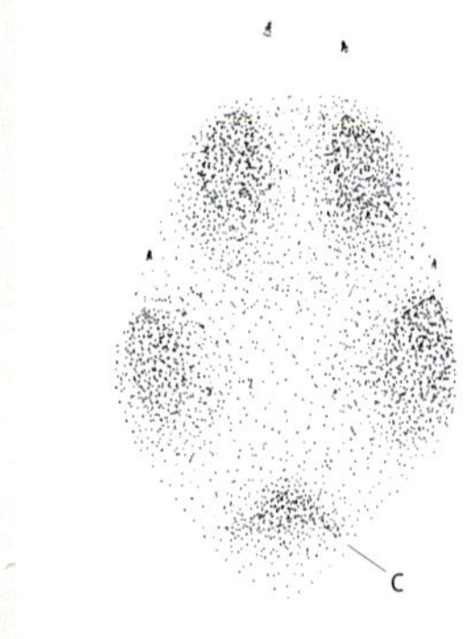

Rechts hinten.

Rechts vorne. Ein perfekter Abdruck, der selbst die selten erkennbare Zehe 1 zeigt. Märkische Schweiz, Deutschland.

Rechts hinten. Der Mittelfußballen kann wie ein weiterer Zehenballen wirken. Märkische Schweiz, Deutschland.

Hinten

» **L** 4–6,3 cm » **B** 3–4,7 cm

Klein bis mittelgroß. Zehengänger. Symmetrisch. 4 Zehen, die sich zuverlässig abdrücken. Die vorderen Mittelballen sind zu einem dreieckigen Mittelfußballen zusammengewachsen, der sich häufig unvollständig abdrückt und oft nur wie ein weiterer, fehlplatzierter Zehenballen aussieht ©. Die scharfen, spitzen Krallen können sichtbar oder nicht abgedrückt sein. Die Hinterfußabdrücke sind länglicher und kleiner als die Abdrücke des Vorderfußes.

GANGARTEN

Rotfüchse sind für ihren „schnürenden" Fuß-in-Fuß-Trab bekannt. Schnüren bedeutet, dass die Doppelabdrücke aufgrund der geringen Spurbreite auf einer fast perfekten Geraden liegen und „wie an einer Schnur aufgereiht" erscheinen. Der geschnürte Trab ist die am häufigsten benutzte Gangart, für längere Distanzen wird jedoch auch oft der kanidentypische Schrägtrab verwendet. Über kurze Strecken und vor allem während eines Gangartenwechsels wird häufig der Grätschtrab benutzt (Seite 82). Um hohe Geschwindigkeiten zu erreichen, nutzt der Rotfuchs Sprünge und Galopp. Um etwas eingehender zu untersuchen oder sich anzuschleichen, wechselt der Fuchs in einen Schritt. Im Tiefschnee wird der Fuß-in-Fuß-Schritt bevorzugt. Rotfüchse balancieren mit Leichtigkeit über umgefallene Baumstämme sowie auf Mauern und anderen erhöhten, schmalen Oberflächen. Ihre geschmeidige Beweglichkeit kann an Katzen erinnern.

Schritt

Fuß in Fuß: » **SL** 42–61 cm » **SB** 7–15 cm

übereilt: » **SL** 45–66,5 cm » **SB** 8,3–12,9 cm

Trab

Fuß in Fuß: » **SL** 58–99 cm » **SB** 5–11,5 cm

Schrägtrab: » **SL** 70–124 cm » **SB** 6,5–16 cm

Grätschtrab: » **SL** 92–100 cm » **SB** 10–16 cm

Drei- und Viersprung

Gruppenlänge: 46–65 cm

Zwischengruppenlänge: 23–46 cm

Schrittlänge: 74–111 cm

Spurbreite: 8–19 cm

Galopp

Gruppenlänge: 61,5–188 cm

Zwischengruppenlänge: 25–117 cm

Schrittlänge: 74,5–295 cm

Spurbreite: 8,5–26 cm

In tiefem Schnee wechselt der Rotfuchs vom Fuß-in-Fuß-Trab in einen Fuß-in-Fuß-Schritt. Hier wird über einen Baumstamm geschnürt. Märkische Schweiz, Deutschland. »

« Rotfuchs, der von einem Grätsch- in einen Schrägtrab wechselt. Nationalpark Coto de Doñana, Spanien.

« Rotfuchs im Viersprung. Fußfolge von unten nach oben: LV, RV, LH, RH. Märkische Schweiz, Deutschland.

« Eine markante Gangart ist der Schrägtrab, bei dem beide Hinterfüße auf derselben Seite an den Vorderfüßen vorbeigeführt werden. Märkische Schweiz, Deutschland.

Ähnliche Trittsiegel

Haus- und Marderhund, Polarfuchs, Goldschakal.

ROTFUCHS VON POLARFUCHS UNTERSCHEIDEN

ROTFUCHS	POLARFUCHS
ⓐ Deutliche Fußabdrücke mit Fußsohlenbehaarung.	ⓐ Aufgrund der starken Fußsohlenbehaarung häufiger verwaschen wirkende Fußabdrücke.
ⓑ Trittsiegelumriss tendenziell etwas länglicher.	ⓑ Trittsiegelumriss tendenziell etwas rundlicher.
ⓒ Winkelförmiger Mittelfußballen.	ⓒ Kein winkelförmiger Mittelfußballen, jedoch können Abdrücke der hinteren Außenkante des Mittelfußballens als kurze, horizontale Linie erscheinen.
ⓓ Großer Negativbereich, im Verhältnis können die Zehenballen klein wirken.	ⓓ Großer Negativbereich, im Verhältnis können die Zehenballen, vor allem im Winter und aufgrund der starken Fußsohlenbehaarung, sehr klein wirken oder nicht erkennbar sein.

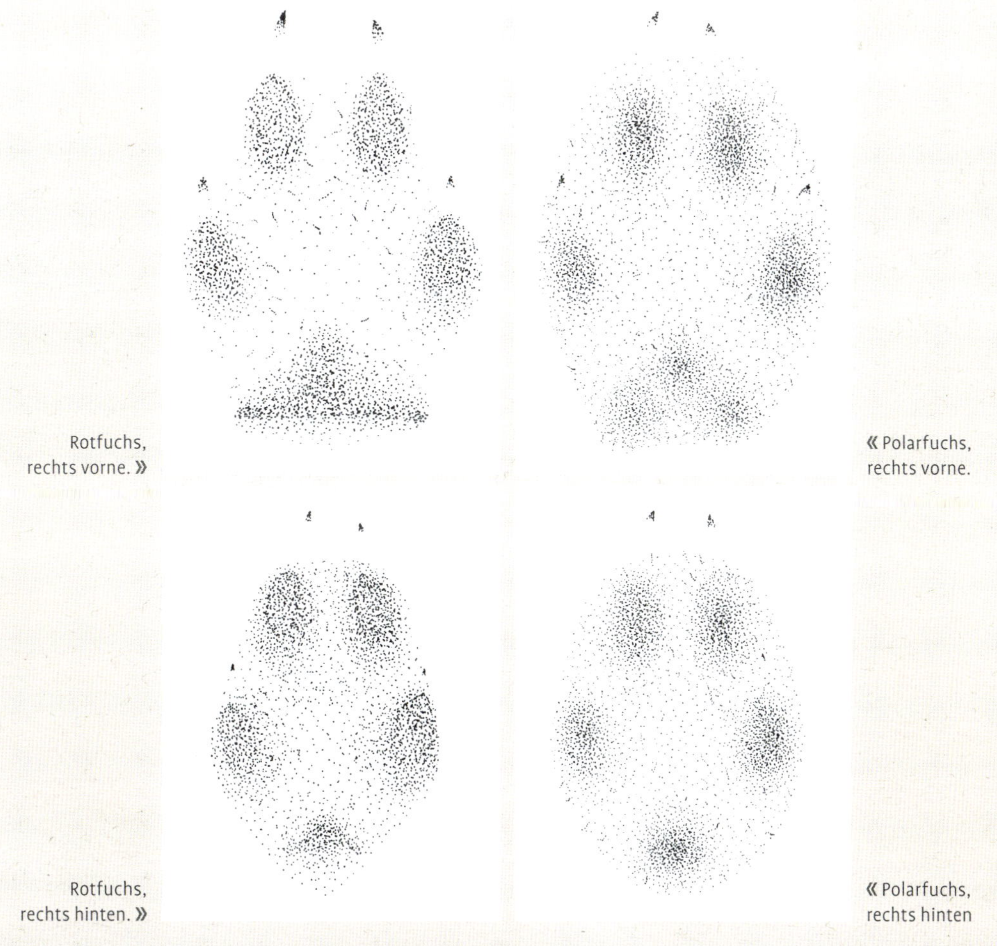

Rotfuchs, rechts vorne. »

« Polarfuchs, rechts vorne.

Rotfuchs, rechts hinten. »

« Polarfuchs, rechts hinten

KENNZEICHEN » Langer, buschiger Schwanz. Spitze, auffällige Ohren mit dunkler Ohrrückseite.

VERBREITUNG & LEBENSRAUM » Der Rotfuchs ist von allen Raubtieren geografisch am weitesten verbreitet und kommt mit Ausnahme von Island in ganz Europa vor. Er ist ein extrem anpassungsfähiger Kulturfolger und bewohnt Wälder, Wiesen, die Tundra, Moore, Kulturlandschaften und Städte. In Städten werden Gärten, Parkanlagen, Friedhöfe und Bahndämme bevorzugt.

ERNÄHRUNG » Der Rotfuchs ist ein opportunistischer Allesfresser mit einem Schwerpunkt auf tierischer Nahrung. In vielen Gegenden ist er auf den Fang von Wühlmäusen spezialisiert. Mäuse machen häufig mehr als 50 % seiner Nahrung aus. Dazu kommen saison- und angebotsabhängig Insekten, Regenwürmer, Käfer, Schnecken, Bodenbrüter, Jungvögel, Eier, Beeren, Früchte, Pilze, Gras und Kartoffeln. Füchse erbeuten auch Rehkitze und Hausgeflügel, ausgewachsene Hasen auf der Flucht können sie nicht erbeuten. Bei Nahrungsüberschuss legen die Tiere Vorräte an.

FORTPFLANZUNG » Zur Paarungszeit im Januar–Februar ist vom Rüden ein heiser klingendes, lautes Bellen zu hören. Die 4–5 (bis 13) Jungen werden nach einer Tragzeit von 51–54 Tagen, in der Regel im April–Mai, in einem ausgepolsterten Wohnkessel unter der Erde geboren und von beiden Eltern aufgezogen. Nach etwa 10 Monaten sind die Tiere geschlechtsreif. Bei hohem Jagddruck nehmen mehr weibliche Tiere an der Fortpflanzung teil, sodass es häufig zu erhöhter Reproduktion kommt.

ZEICHEN

ERDBAU » Der Bau eines Fuchses befindet sich in der Regel am Waldrand, an Südhängen oder anderen sonnenexponierten Plätzen. Er hat meist mehrere Ein- und Ausgänge und einen ausgepolsterten Wohnkessel und ist erkennbar an den vielen Knochenresten, die außerhalb des Baus angesammelt wurden. Anders als der Dachs können Füchse ihre Pfoten zum Graben nicht seitwärts drehen, wodurch horizontale Krallenspuren beim Ausgraben des Eingangs fehlen. Weiterhin unterscheidet sich der Fuchsbau von dem des Dachses durch das 18–28 cm große, hochovale Eingangsloch, das beim Dachs eher queroval geformt ist. Auch fehlt die „Rinne“ im Eingangsbereich, die für Dachse typisch ist.

Die leichte Hangplatzierung und die hochovale Form des Eingangslochs sind charakteristisch für den Rotfuchs. Offenbach, Deutschland. Simone Roters. »

Im Gegensatz zum Fuchs kann der Dachs seine Pfoten zum Graben nach Außen drehen und seitwärts graben. Hier die geradlinig verlaufende Grabspur eines Rotfuchses. Lausitz, Deutschland. ︾

︽ Das Eingangsloch eines Rotfuchsbaus auf einem Acker. Maintal, Deutschland. Simone Roters.

︽ Eine besondere Form von Grabspur sind Eier, die als Nahrungsdepot vergraben werden. West Sussex, England.

GRABSPUREN » Um an Nahrung wie die Nester kleiner Nagetiere zu gelangen, graben Füchse hundetypisch durch schnell abwechselndes Scharren ihrer Vorderfüße. Aufgrund der parallelen Fußstellung ihrer Vorderbeine befindet sich der überwiegend geradlinig verlaufende Auswurf mittig unter dem Körper des Tieres. Das hinterlassene Zeichen zeigt aufgehäuftes Substrat in Verlängerung eines etwa 10–15 cm tiefen Lochs. Im Vergleich zur Dachsgrabspur sind Erdloch und Auswurf verhältnismäßig lang und schmal. Die präzise Vorgehensweise, mit der der Rotfuchs gezielt nach Beute gräbt, spiegelt sich im Gesamteindruck der Grabspur wider, die kleinflächig und tendenziell ordentlich platziert wirkt.

≈ Ein klassisches Zeichen: die Markierung eines Rotfuchses. Der kurze „Schlenker" auf dem ansonsten geradlinig verlaufenden Pfad ist oft ein Hinweis auf eine Markierung. Märkische Schweiz, Deutschland.

MARKIERUNGEN » Der Fuchs markiert vor allem an Reviergrenzen durch Kot und Urin. Dafür werden auffällige Bäume, Zaunpfosten, Erhöhungen und Ähnliches bevorzugt, die er regelmäßig aufsucht, um die Markierungen zu erneuern. Das hinterlassene Spurbild mit einer kurvenförmigen Unregelmäßigkeit ist markant und lässt oft schon aus der Ferne eine Markierungsstelle erahnen. Achtung: Männchen heben nicht immer ein Bein und Weibchen müssen sich nicht zwingend hocken, um zu urinieren. Der Fuchsforscher J. David Henry (1993) beschreibt, dass Füchse zwölf verschiedene Positionen zum Urinieren einnehmen können, abhängig davon, wo die Duftmarkierung hinterlassen werden soll. In der Regel urinieren Männchen deutlich vor den Hinterfüßen in Richtung Körpermitte. Weibchen hingegen hinterlassen ihren Urin fast genau zwischen ihren Hinterfußabdrücken.

RISSMERKMALE » Rotfüchse schleichen sich an ihre Beute an und erlegen sie nach wenigen, bis zu 5 m weiten Sprüngen. Eine Hetzjagd findet nicht statt. Um größere Tiere zu Boden zu bringen, beißt der Fuchs wiederholt an einer für ihn gut erreichbaren Stelle zu. Meist werden Beine, Flanken und der Bauch getroffen. Am Boden tötet der Fuchs durch zahlreiche Bisse im Halsbereich. Es werden viele kleine, siebartig verteilte Einstichlöcher in der Haut hinterlassen, die einem

Schrotschuss ähneln. Geöffnet wird der Kadaver meist am Bauch, der Verdauungstrakt und die Innereien werden zuerst gefressen. Dies ist ein wichtiges Unterscheidungsmerkmal zu Katzen, die in der Regel Innereien verschmähen. Typisch für den Fuchs ist außerdem, dass er Körperteile, wie Kopf und Beine, abtrennt, verschleppt und in Nahrungsdepots versteckt. Nahrungsdepots sind in den Boden gegrabene Löcher, in denen die Beute abgelegt, bedeckt und versteckt wird.
» **Abstand zwischen den Eckzähnen** 1,9–2,2 cm (1,6–2,7 cm)

Achtung!
Rotfuchskot kann den auch für Menschen gefährlichen Fuchsbandwurm (*Echinococcus*) enthalten. Infektionen sind selten und das Infektionsrisiko ist gering. In Europa vor allem in Süddeutschland, dem Norden der Schweiz, dem Westen Österreichs sowie dem Osten Frankreichs zu finden.

KOT » Fuchskot ist entweder wurstförmig mit einem abgerundeten und einem spindelförmigen, zu einer Spitze ausgezogenen Ende oder in einzelne Teile zerfallen. Form und Farbe variieren stark mit dem Inhalt. Typische Farben sind weiß (Knochen), rötlich bis braun und schwarz. Eine schwarze Farbe spricht für nährstoffreiche Kost wie Fleisch oder Innereien. Werden Innereien gefressen, gleicht der Kot einem dunklen, amorphen Haufen. Im Sommer und Herbst kann Fuchskot Obstreste und zahlreiche Fruchtkerne enthalten. Auch Überreste von Insekten, Käferdeckflügeln und Abfällen sind nicht selten. Frische Fuchslosung riecht sehr streng und für Menschen unangenehm penetrant (siehe „Skatol" auf Seite 137). Fuchskot kann immer wieder in atypischen Formen und Größen auftreten, bei nicht eindeutiger Zuordnung sollten zur sicheren Bestimmung umliegende Hinweise hinzugezogen werden, zum Beispiel die typische Platzierung von Kot oder Trittsiegeln. Der Fuchs legt seinen Kot oft als Duftmarkierung auf exponierten Stellen ab. Dies können Baumstümpfe und andere Erhöhungen sein, jedoch kotet er auch mitten auf einem Weg oder Wechsel.
» **L** 3–12 cm (bis 20 cm) » **D** 1–2 cm (bis 3 cm)

Rotfuchskot variiert stark mit seinen vielen verschiedenen Bestandteilen. Hier sind Knochen, Haare, Insektenreste und Kerne zu erkennen. Spessart, Deutschland.

Rotfuchskot ist für Mistkäfer ein gefundenes Fressen. Die markante Platzierung neben diesem Grasbüschel ist charakteristisch. Märkische Schweiz, Deutschland.

Bären

Die Familie der Bären (Ursidae) besteht aus 5 Gattungen mit 8 Arten, wovon im Gebiet nur die Gattung der Eigentlichen Bären (*Ursus*) mit 2 Arten vorkommt, dem Braunbären (*Ursus arctos*) und dem Eisbären (*Ursus maritimus*).

Der Eisbär wird aufgrund seines geringen Vorkommens in Europa hier nicht weiter behandelt. Die Bären oder Großbären sind die größten Landraubtiere Europas. Sie haben einen kompakten Körperbau mit kräftigen Gliedmaßen, einem dichten Fell, kleinen rundlichen Ohren, kleinen Augen und einem kaum sichtbaren Stummelschwanz. Bären verfügen über ein exzellentes Riech- und Hörvermögen, ihr Sehsinn hingegen ist verhältnismäßig schwach entwickelt. Bären sind Allesfresser. Ausgewachsene Männchen sind deutlich größer und kräftiger als ausgewachsene Weibchen, ein Ausdruck des Geschlechtsdimorphismus. Aufgrund ihrer Essgewohnheiten, der großen Körpermasse und des arttypischen Territorialverhaltens können Bären eine Vielzahl beeindruckender und unverwechselbarer Spuren und Zeichen hinterlassen.

Spurenformel: 5V × 5h + K

VORDERFUẞ » Asymmetrisch. Zehen 2–4 sind symmetrisch angeordnet und werden zuverlässig abgedrückt. Zehe 1 ist unzuverlässig zu erkennen. Die Vorderfüße sind im Verhältnis breiter und wirken insgesamt kräftiger als die Hinterfüße. Ein einzelner hinterer Mittelballen kann bei tiefen Abdrücken oder hohen Geschwindigkeiten erkennbar sein.

HINTERFUẞ » Asymmetrisch. Bei vollständig abgedrücktem Fuß ist der Hinterfußabdruck deutlich länger als der des Vorderfußes.

GANGARTEN » Die häufigste Gangart ist ein schwerfällig wirkender, übereilter Schritt. Andere Gangarten werden situativ eingesetzt.

ZEICHEN » Bären hinterlassen in der Regel eine Vielzahl meist auffälliger Zeichen. Sie fressen Seggen, Gräser, Stauden sowie Insekten, Larven und Fleisch. Dadurch entstehen verschiedene, mit der Nahrungsbeschaffung zusammenhängende Zeichen wie Grabspuren, aufgebrochene Totholzstämme oder Überreste geplünderter Wespennester. Auffällig breite Bärenwechsel sind häufig und die Vegetation ist oft von dem verhältnismäßig niedrigen Bauch heruntergedrückt.

SPUREN UND ZEICHEN DER BÄREN

Sohlengänger. Asymmetrisch. 5 Zehen am Vorder- und Hinterfuß, Bärentrittsiegel sind in der Regel auffallend groß und gleichmäßig flach abgedrückt. Im Vergleich sind die Trittsiegel von Zehengängern tendenziell stärker zu den Zehen hin geneigt, sodass die Zehenabdrücke tiefer liegen. Trittsiegel von Bären können den Abdrücken eines menschlichen Fußes ähneln. Bei Bären ist die kleinste Zehe die innen liegende Zehe 1, wohingegen beim Menschen die außen liegende Zehe 5 am kleinsten ist. Krallenabdrücke sind meist erkennbar.

BRAUNBÄR

Ursus arctos

KRL 150–300 cm
Sl 8–14 cm
G 100–250 (bis 340) kg
Je nach Verbreitungsgebiet variiert das Gewicht stark, ebenfalls vor und nach der Winterruhe. Männchen sind deutlich größer und schwerer als Weibchen.

Braunbären verfügen über einen exzellenten Geruchssinn und ein gutes Gehör. Sie können gut schwimmen und über kurze Distanzen bis zu 50 km/h schnell laufen. Ihr Sehvermögen spielt eine untergeordnete Rolle und ist eher schwach ausgebildet. Die scheuen Einzelgänger verhalten sich überwiegend dämmerungs- und nachtaktiv, in ungestörten Gebieten können sie auch am Tag angetroffen werden. Bevor sich die Braunbären im Zeitraum zwischen Oktober und März für eine 2–6-monatige Winterruhe in Erd- oder Felshöhlen zurückziehen, fressen sie sich beachtliche Fettreserven an. Die genaue Länge der Winterruhe wird vor allem durch die Umgebungstemperatur bestimmt. Anders als bei einem echten Winterschlaf sinkt die Körpertemperatur nur geringfügig und es kann zu häufigen Unterbrechungen kommen. Bis zum Ende der Winterruhe im Frühjahr können Bären bis zu 40 % ihres Körpergewichts verlieren. Braunbären haben keine Fressfeinde.

KENNZEICHEN » Unverwechselbar kräftiger Körperbau mit auffälligem Nackenbuckel sowie breitem Kopf mit langer Schnauze, kurzen Ohren und kleinen Augen.

VERBREITUNG & LEBENSRAUM » Ursprünglich fast in ganz Europa verbreitet. Europäische Braunbären sind Kulturflüchter, die heute überwiegend zurückgezogen in dicht bewaldeten Mittelgebirgsregionen und in vereinzelten, isolierten Populationen vorkommen.

ERNÄHRUNG » Opportunistischer Allesfresser, der sich überwiegend von pflanzlicher Kost ernährt. Die Ernährung ist stark abhängig von Jahreszeit und Nahrungsangebot. Beeren, Früchte, Wurzeln, Samen, Nüsse, Pilze und Getreide sowie Insekten, Wirbellose, Nagetiere, Vögel und deren Eier können einen Großteil der Nahrung ausmachen. Braunbären fischen gerne, auch Honig ist begehrt. Um Ameisen und Insektenlarven zu erbeuten, drehen sie große Steine und Baumstämme um. Wie der Dachs graben Braunbären Nester von Hummeln oder Wespen aus. Im Frühjahr fressen sie verstärkt Gräser, Laub und Kräuter. Bietet sich eine Gelegenheit, werden aber auch die Jungtiere von Hirschen und anderen größeren Säugetieren gerissen. Haustiere wie Schafe können ebenfalls vom Braunbär erbeutet werden.

FORTPFLANZUNG » Die Paarungszeit dauert in der Regel von April–Juli. Nach der Befruchtung setzt eine Keimruhe von 4–5 Monaten ein. Die aktive Schwangerschaft dauert etwa 6–8 Wochen. Die Geburt fällt in die Zeit der Winterruhe, meist werden im Januar–März 2 (sehr selten 1–5) Jungtiere geboren. Als extreme Nesthocker kommen sie blind und fast nackt in der ausgepolsterten Überwinterungshöhle der Bärin zur Welt. Es dauert 3–4 Jahre, bis die Jungen geschlechtsreif sind.

Braunbären stehen unter strengem Schutz. In Menschennähe, kann es zu Konflikten kommen, die unter anderem auf mangelnder Erfahrung im Umgang miteinander beruhen. In europäischen Ländern, in denen Bären und Menschen seit Langem nebeneinander leben, kommt es selten zu Übergriffen von Bären auf Menschen.

ZEICHEN

MARKIEREN » Braunbären markieren, indem sie an Bäumen scheuern, mit ihren langen Krallen die Baumrinde zerkratzen und in die Rinde sowie in dünnere Äste beißen. Alternativ werden auch hölzerne Telefonmasten, Zaunpfähle oder Ähnliches verwendet. Oft finden sich dort auch die charakteristischen welligen Haare mit einer silbernen Spitze. Die Markierungsstellen finden sich meist in der Nähe von Ruheplätzen, entlang beliebter Reiserouten oder nahe bevorzugter Futterplätze. Bären benutzen diese Markierungen unter anderem, um Informationen über die körperliche Verfassung, Reviergrenzen und das Geschlecht zu kommunizieren.

TRITTSIEGEL

Vorne

» **L** 13–31 cm » **B** 10–21 cm

Sehr groß. Sohlengänger. Asymmetrisch. Fußsohle nackt. Der Umriss ist in der Regel kurz und breit. 5 Zehen, deren Abdrücke sehr dicht beieinander und in einem leichten Bogen vor dem Mittelfußballen stehen. Der Negativbereich zwischen Mittelfußballen und Zehenballen kann wie ein scharf markierter Wall wirken ⓐ. Zehe 1 ist die kleinste Zehe und nicht zuverlässig erkennbar. Die vorderen Mittelballen sind zu einem großen Mittelfußballen zusammengewachsen, der deutlich breiter als lang ist. Im hinteren Bereich des Trittsiegels kann ein rundlicher, hinterer Mittelballen erkennbar sein. Die großen, meistens durch Grabtätigkeiten stumpf gewordenen Krallen sind fast immer abgedrückt und teilweise sehr lang. Die Krallenlänge ist individuell verschieden.

Rechts vorne. Hohe Tatra, Slowakei. Michaela Skuban.

Braunbär, links hinten. Hohe Tatra, Slowakei. Michaela Skuban.

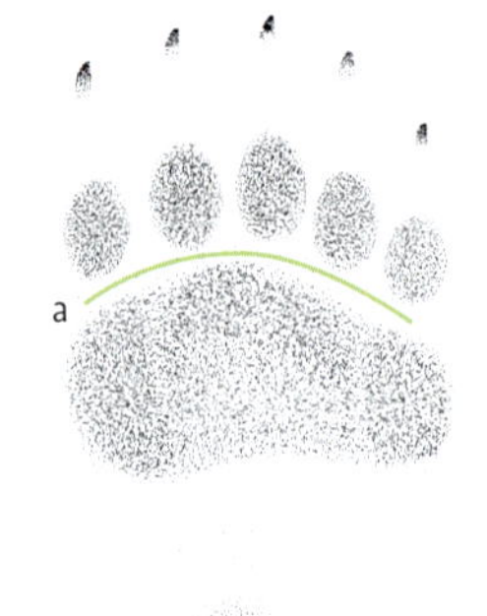

Links vorne.

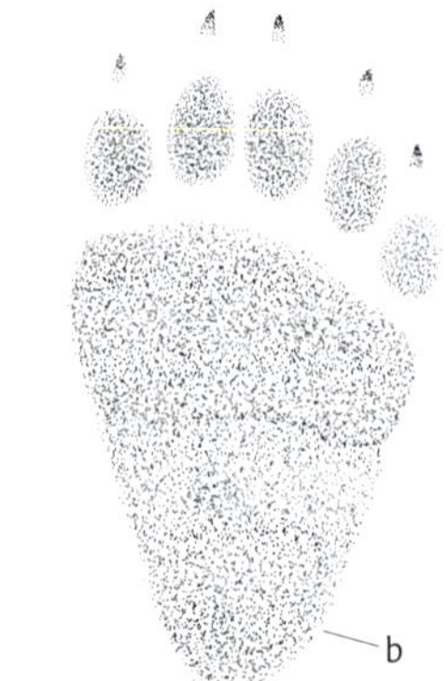

Links hinten.

Hinten

» **L** 18–35 cm » **B** 11,8–19 cm

Sehr groß. Sohlengänger. Asymmetrisch. Fußsohle nackt. 5 Zehen, deren Abdrücke sehr dicht beieinander und in einem leichten Bogen vor dem Mittelfußballen stehen. Zehe 1 ist die kleinste Zehe. Die vorderen Mittelballen sind zu einem großen Mittelfußballen zusammengewachsen. Dieser ist durch eine dicke Hautschicht mit einem hinteren Mittelballen verbunden ⓑ. Kräftige, in der Regel sichtbare Krallenabdrücke, die jedoch deutlich kürzer als beim Vorderfuß sind.

Links vorne. Bieszczady, Polen.

Linker Hinterfußabdruck, der darunterliegende Vorderfuß ist etwas überdeckt. Bieszczady, Polen.

Ohne Krallenabdrücke erinnert die Spur an den Fußabdruck eines großen Menschen. Beim Menschen ist allerdings Zehe 5 die kleinste und Zehe 1 der „große Zeh“.

GANGARTEN

Bären verwenden einen gemächlichen Schritt, bei dem sie beide Beine einer Seite fast zeitgleich bewegen (Passgang). Dabei übereilen sie häufig und eine nach innen gerichtete Schrägstellung der Füße ist typisch. Bei tiefem Schnee wird der energieeffizientere Fuß-in-Fuß-Schritt bevorzugt. Sind die Tiere alarmiert oder verfolgen Beute, bewegen sie sich in schnellen Sprüngen oder im Galopp.

Schritt
Fuß in Fuß:
» **SL** 90–140 cm
» **SB** 35–50 cm
übereilt:
» **SL** 128–195 cm
» **SB** 22–45 cm

Galopp
Gruppenlänge:
200–232 cm
Zwischengruppenlänge:
72–90 cm
Schrittlänge:
271–322 cm
Spurbreite:
30–50 cm

Ähnliche Trittsiegel

Die Fußspuren des Braunbären sind in Europa unverwechselbar. Die Spuren von Jungtieren können mit denen von Dachs oder Vielfraß verwechselt werden.

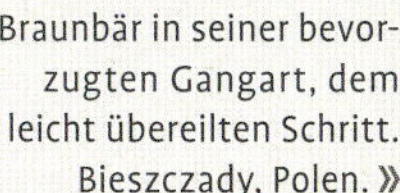

Braunbär in seiner bevorzugten Gangart, dem leicht übereilten Schritt. Bieszczady, Polen. »

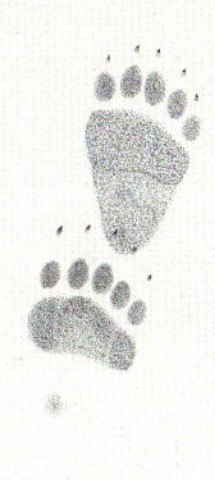

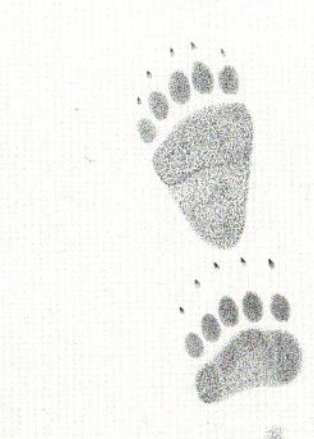

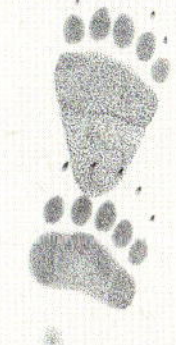

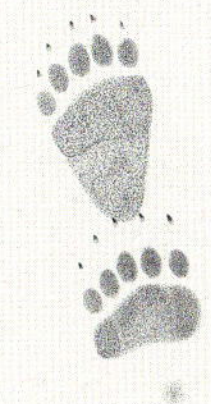

« Übereilter Schritt.

An einem beliebten Futterplatz wurde diese Fichte mit deutlichen Kratzspuren markiert. Bieszczady, Polen. »

« Ähnlich dem Dachs gräbt der Braunbär Erdwespennester aus und plündert sie. Hohe Tatra, Slowakei. Michaela Skuban.

GRABSPUREN & NAHRUNGSSUCHE » Bären benutzen ihre langen Krallen, um nach Wurzeln, Knollen, kleinen Nagetieren oder Insekten zu graben. Die Grabspuren finden sich häufig auf Wiesen, dort werden etwa vorderfußgroße Klumpen der Grasnarbe angehoben und umgegraben. Eine bevorzugte Grabstelle wird über Jahre hinweg immer wieder aufgesucht, wodurch die Graslandschaft aufgewühlt und uneben aussieht. Im Unterschied zum Brechen von Wildschweinen werden größere Grasnarben umgegraben.

Auf der Suche nach Käferlarven und anderen Insekten können Braunbären morsche Baumstämme mit ihren Krallen aufbrechen und aushöhlen. Gewöhnlich ist dabei ein fächerförmiger Auswurf in Richtung des Bären zu erkennen. Schwarzspechte auf Nahrungssuche hinterlassen Zeichen, die mit denen des Braunbären verwechselt werden können (Seite 713), und auch der Dachs kann ein ähnliches Verhalten zeigen (Seite 158). Im Gegensatz zu Dachs und Schwarzspecht können Bären selbst massive Stämme rollen oder umwälzen, um an interessante Futterstellen zu gelangen. Zeigt der Fundort Zeichen eines derartigen Kraftaufwandes, können der Schwarzspecht und je nach Gewicht des Baumstamms auch der Dachs ausgeschlossen werden.

RISSMERKMALE » Braunbären töten ihre Beute auf für sie typische Art, durch scheinbar ungezielte Prankenhiebe im Nasen-, Hals- und Rückenbereich oder durch Bisse in den Nacken und am Rücken. Massive Verletzungen und die Spuren der großen Krallen sind in der Regel

gut sichtbar. Wenn Braunbären größere Pflanzenfresser gerissen oder einen Kadaver erbeutet haben, beginnen sie meist an der Bauchinnenseite, die Innereien und Mageninhalte der Wiederkäuer zu fressen. Eine Erklärung für dieses für Fleischfresser ansonsten eher untypische Verhalten ist das Aufnehmen von Bakterien, die den Bären bei der Verdauung der faserreichen pflanzlichen Nahrung helfen.
Gelegentlich wird der Kadaver auseinandergerissen, wobei Einzelteile über eine größere Fläche verteilt werden können. Haut und Knochen werden gemieden, das Fell bleibt meist fast vollständig und von innen nach außen gestülpt neben dem Skelett oder mit der Nase verbunden liegen. Bei Nahrungsüberschuss im Herbst kann es vorkommen, dass ausschließlich nährstoffreiche Körperteile wie das Gehirn und die Innereien gefressen und der Rest der Beute zurückgelassen werden. Wollen Braunbären einen Kadaver als Vorrat bewahren, wird dieser mit Laub und umliegendem Material verdeckt. Auch eine Lagerung in fließendem Wasser wurde beobachtet.
» **Abstand zwischen den Eckzähnen** 5,7–7 cm (5–8,5 cm)

KOT » Wie für Allesfresser typisch hängt das Aussehen der Losung stark von der verzehrten Nahrung ab. In der Regel besitzt Braunbärkot stumpfe Enden und bricht leicht auseinander. Kot, der überwiegend aus Innereien und Fleisch besteht, ist meist ein amorpher, dunkler Haufen, der schnell zerfällt. Zur Reifezeit von Früchten und Beeren kann der Kot fast ausschließlich aus deren Resten bestehen. In diesem Fall handelt es sich in der Regel entweder um einen amorphen Haufen schlecht verdauter Früchte oder eine wurstförmige Losung dicht zusammengepresster Kerne. Außerdem werden große Kotfladen mit Resten von Pflanzen wie Bucheckern, Samen und Blättern hinterlassen. Tierische Reste wie Fell und Knochen sind seltener, in diesem Fall zerfallen die einzelnen Kotsegmente deutlich langsamer. Bären koten häufig und scheinbar wahllos. Ansammlungen von Kot finden sich in der Nähe von Ruheplätzen und bevorzugten Futterstellen.
» **L** 15–50 cm » **D** 3–7 cm

Die Kirschkerne im Braunbärkot sind deutlich zu erkennen. Bieszczady, Polen. »

Marder

Die Familie der Marder (Mustelidae) umfasst 22 Gattungen mit 59 Arten, wovon 12 Arten im Gebiet vorkommen. Sehr kleine bis mittelgroße Raubtiere, die meist einen schlanken, lang gestreckten Körper mit kurzen Beinen sowie einen Kopf mit kurzer Schnauze und kleinen Ohren haben.

Der Dachs und der Vielfraß sind die eher stämmig gebauten Ausnahmen, deren Schnauze etwas länger geformt ist. Die meisten Marder besitzen „Stinkdrüsen" im Analbereich, die sie zur Reviermarkierung, Kommunikation und teilweise auch zur Verteidigung einsetzen. Marder gelten als tatkräftig und neugierig. Ihr Riech- und Hörvermögen ist gut entwickelt, ihr Sehsinn eher schwach. Marder sind überwiegend Fleischfresser, je nach Art und Jahreszeit kann aber auch pflanzliche Nahrung aufgenommen werden. Ausgewachsene Männchen können bis zu 60 % größer als ausgewachsene Weibchen sein (ausgeprägter Geschlechtsdimorphismus).

SPUREN UND ZEICHEN DER MARDER

Sohlengänger. Asymmetrisch. 5 Zehen am Vorder- und Hinterfuß, die Krallen können nicht eingezogen werden, sodass Krallenabdrücke meistens erkennbar sind. Die Zehen stehen asymmetrisch von einem bogenförmigen, an der körpernahen Seite eingekerbten Mittelfußballen ab. Der Abdruck des Mittelfußballens erinnert in der Form an ein Croissant und besteht in der Regel aus vier deutlich voneinander getrennten vorderen Mittelballen. Der äußere Mittelballen (IV) ist kräftiger als der sich verjüngende, nach innen gebogene Teil des Mittelfußballens (Mittelballen I). Dieser liegt etwas weiter hinten im Trittsiegel und ist oft schwach oder nicht abgedrückt. Die beiden hochspezialisierten Arten Fischotter (Schwimmen) und Dachs (Graben) zeigen deutliche Abweichungen der hier beschriebenen typischen Fußmorphologie. Aufgrund des ausgeprägten Geschlechtsdimorphismus kommt es außerdem zu einer hohen Varianz an Maßen. Maximalwerte einer Art weisen auf ein Männchen hin. Um eine Verwechslung mit der nächstgrößeren Art auszuschließen, bedarf es einer genauen Betrachtung der Fußmorphologie. Eine eindeutige Bestimmung kann schwer sein.

Spurenformel: 5V + 5h + K

VORDERFUß » Die Vorderfüße sind im Verhältnis breiter und wirken insgesamt kräftiger als die Hinterfüße. Im hinteren Bereich des Trittsiegels kann ein weiterer, hinterer Mittelballen (H-Ballen) abgedrückt sein. Zehe 1 ist unzuverlässig, in der Regel jedoch häufiger als beim Hinterfuß abgedrückt.

HINTERFUß » Der Hinterfuß ist asymmetrischer als der Vorderfuß. Zehe 1 und Mittelballen I sind häufig nicht zu erkennen, in diesem Fall wirkt der Hinterfuß symmetrischer als der Vorderfuß. Hinterfußabdrücke ohne Zehe 1 können an den Hinterfußabdruck eines kleinen Kaniden erinnern.

GANGARTEN » Die meisten Marder bewegen sich überwiegend in verschiedenen Formen von Sprüngen fort. Dabei ist die bevorzugte Gangart stark von Situation und Tierart abhängig. Grundsätzlich können alle Marder alle Gangarten nutzen. Die Verwendung einer gleichbleibenden Gangart oder häufige Gangartenwechsel können wichtige Hinweise für die Artbestimmung geben. Beim Erkunden verwenden viele Marder einen Schritt. Der Dachs bewegt sich häufig in einem Trab. Mit Ausnahme vom Dachs ist der Zweisprung für Marder charakteristisch. Dabei wird ein Spurbild hinterlassen, das wie eine Aneinanderreihung leicht versetzter Trittsiegelpaare wirkt. Tatsächlich handelt es sich jedoch um Doppelabdrücke des vorderen und hinteren Beinpaars, die übereinanderliegen (siehe „Zweisprung“ Seite 87). Die Spurbreite einer Zweisprungfährte kann einen weiteren Hinweis auf die Marderart geben.

KOT » Marderkot ist wurstförmig, meist in sich verdreht und spitz zulaufend. Die Form hängt jedoch stark von der jeweiligen Ernährung ab. Bei Aufnahme von viel Flüssigkeit und wenig Ballaststoffen (zum Beispiel Innereien oder Regenwürmern) oder viel Obst ist der Kot oft eher locker oder amorph. Viele kleine Obstkerne sind ein typisches Merkmal für Baum- und Steinmarder (Seiten 456 und 463), die als einzige Marderarten größere Mengen an Obst verzehren.

FISCHOTTER

Lutra lutra

KRL 50–95 cm
Sl 28–55 cm
G 5,5–15 kg
Geschlechtsdimorphismus viel schwächer ausgeprägt als bei anderen Musteliden. Männchen etwas größer als Weibchen.

Die Gattung der Fischotter (*Lutra*) umfasst 3 Arten, wovon 1 im Gebiet vorkommt. Fischotter sind exzellente, agile Schwimmer. In klaren Gewässern jagen sie unter Wasser mithilfe ihres sehr guten Sehvermögens. Bei schlechten Sichtverhältnissen wird die Beute mit ihren vielen langen und steifen Schnurrhaaren (Vibrissen) aufgespürt. Fischotter sind sowohl tag- als auch nachtaktiv. In menschennahen Gegenden verlagern sie ihre Aktivität auf die Zeit vom Sonnenuntergang bis zum Morgen. Ungestört sind die Tiere eher tagaktiv. Otter ruhen in oberirdischen Tagesverstecken unter dichter Vegetation, in Felshöhlen und unter Baumwurzeln. Für die Geburt ihrer Jungen und die Kinderstube ziehen sie sich in Wurfhöhlen zurück, die sie selbst graben oder von Fuchs, Bisam und Biber übernehmen. Der Eingang zu diesem Bau liegt gewöhnlich oberhalb der Wasseroberfläche, der Wohnkessel wird mit pflanzlichem Material ausgepolstert. Fischotter leben meist als Einzelgänger, allerdings kann es an Meeresküsten mit hohem Nahrungsangebot auch zu Gemeinschaftsterritorien kommen. Die Mutterfamilie kann bis etwas über ein Jahr zusammenbleiben.

Fischotter haben so gut wie keine Fressfeinde. Selten werden sie von Wolf, Luchs, Seeadler oder Vielfraß erbeutet. Die Sterblichkeit geht größtenteils auf die Biotopzerstörung durch den Menschen zurück.

KENNZEICHEN » Schlanker, lang gestreckter Körper und kurze Beine, flacher, breiter Kopf. An der Wurzel dicker Schwanz, der sich zur Spitze hin gleichmäßig verjüngt.

VERBREITUNG & LEBENSRAUM » Abgesehen von ein paar Ausnahmen, wie den Mittelmeerinseln oder Island, kommen Fischotter in ganz Europa vor, allerdings meist nur vereinzelt. Fischotter brauchen saubere Gewässer mit natürlich bewachsenen, bewaldeten und ungestörten Uferzonen. Sie ziehen schnelle Fließgewässer stehenden Gewässern vor, sind allerdings auch an still gelegenen Seen im Wald, in Sumpfgebieten oder an der Meeresküste zu finden. Sie können lange Strecken über Land zurücklegen, um ein geeignetes Habitat zu erreichen. Ihre Wasserabhängigkeit macht Otter anfällig gegen Flussregulierungen, Wassersport und landwirtschaftliche Verschmutzung.

ERNÄHRUNG » Fischotter sind überwiegend opportunistische Fleischfresser, die sich saisonabhängig ernähren. Wenn verfügbar, fressen sie fast ausschließlich Fisch. Im Winter, wenn Gewässer zufrieren und Fisch nur schwer erreichbar ist, können Frösche, Kröten, Krebse und Muscheln einen Großteil der Nahrung ausmachen. Eher selten werden kleinere Säugetiere wie Schermäuse, Spitzmäuse oder Bisams sowie bodenbrütende Vögel (meist Wasservögel) und ihre Eier verzehrt.

FORTPFLANZUNG » Fischotter sind an keine feste Paarungszeit gebunden, in Europa paaren sie sich jedoch meist von Februar–April. Das Paarungsverhalten wirkt verspielt. Die Tragzeit beträgt 58–66 Tage. Im Regelfall werden im März/April 2–3 (bis 5) Junge geboren. Weibchen bekommen einmal im Jahr oder nur jedes zweite Jahr Junge. Diese werden im ausgepolsterten Bau geboren und sind Nesthocker, die erst nach 2–3 Monaten das erste Mal schwimmen und frühestens nach 17–22 Monaten geschlechtsreif sind.

ANMERKUNGEN » Fischotter stehen mit dem Amerikanischen Nerz (Mink, *Neovison vison*) in Nahrungskonkurrenz. Sie zerstören oder überdecken dessen Duftmarkierungen und jagen, töten und fressen diesen kleineren Verwandten. Wegen seines äußerst robusten, wärmenden Pelzes und den von ihm verursachten Schäden in der Fischzucht wurde der Fischotter bis zur Ausrottung bejagt. In der Roten Liste wird er als potenziell gefährdete Art geführt.

TRITTSIEGEL

Vorne

» **L** 4,9–9,5 cm » **B** 5–8,2 cm (bei B < 4,5 cm handelt es sich um Jungtiere)

Mittelgroß. Sohlengänger. Asymmetrisch. 5 Zehen, die im Abdruck meist kräftig, oval und tropfenförmig wirken. Zehe 1, die kleinste, ist nicht immer sicher zu erkennen und liegt beinahe gegenüber von Zehe 5 ⓐ. Die Schwimmhäute sind nur gelegentlich abgedrückt. Die vorderen Mittelballen sind zu einem großen Mittelfußballen zusammengewachsen. Im hinteren Bereich kann sich ein weiterer, leicht nach außen versetzter hinterer Mittelballen abdrücken. Im Gegensatz zu anderen Marderartigen ist der Vorderfuß kleiner als der Hinterfuß, dennoch wirkt er meist kräftiger und breiter. Die Krallen drücken sich unregelmäßig ab.

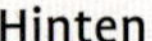

Hinten

» **L** 4,8–11 cm » **B** 5–8,5 cm

Mittelgroß. Sohlengänger. Asymmetrisch. 5 Zehen, die im Abdruck meist kräftig, oval und tropfenförmig wirken. Zehe 1 ist gut entwickelt und sitzt deutlich weiter hinten als beim Vorderfuß ⓑ. Der Hinterfuß ist dadurch asymmetrischer. Die Schwimmhäute sind nur selten abgedrückt. Ist Zehe 1 nicht erkennbar, wirkt der Hinterfußabdruck symmetrischer als der des Vorderfußes und kann an den Fußabdruck eines Kaniden erinnern. Die vorderen Mittelballen sind zu einem großen Mittelfußballen zusammengewachsen, der auf der Innenseite des Trittsiegels, sofern

Links vorne. Heide Ulrich, Deutschland.

Links hinten. Heide Ulrich, Deutschland.

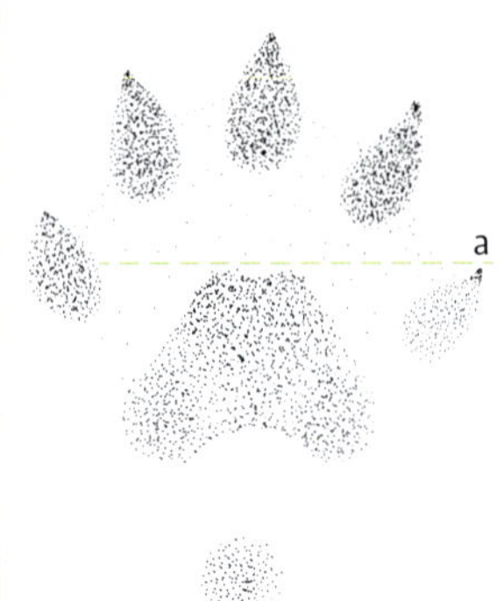

Links vorne.

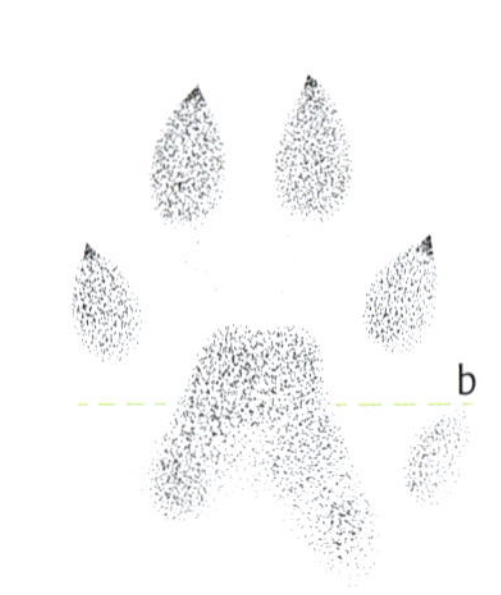

Links hinten.

Links vorne. Lausitz, Deutschland.

Links hinten, Zehe 1 ist deutlich nach hinten versetzt. Lausitz, Deutschland.

vollständig abgedrückt, weiter nach hinten reicht. Kein hinterer Mittelballen. Ist der hintere Mittelballen vom Vorderfuß nicht erkennbar, ist der Hinterfußabdruck größer als der des Vorderfußes. Dennoch wirkt der Hinterfußabdruck meist länglicher und schmaler. Die Krallen drücken sich unregelmäßig ab.

GANGARTEN

Erkundend bewegen sich Fischotter im Schritt. Reisend werden die Gangarten Zwei-, Drei-, und Viersprung oder ein versammelter Galopp bevorzugt. Der Fischotter ist eines der wenigen Säugetiere, die sich über lange Distanzen hinweg im Dreisprung fortbewegen können. Werden höhere Geschwindigkeiten benötigt, verwenden sie einen Galopp.

Schritt
Schrittlänge: 31–66 cm
Spurbreite: 12–21 cm

Zweisprung
Gruppenlänge: 11–24 cm
Zwischengruppenlänge: 27–94 cm
Schrittlänge: 39–115 cm
Spurbreite: 12–18 cm

Drei- und Viersprung
Gruppenlänge: 22–55 cm
Zwischengruppenlänge: 27–65 cm
Schrittlänge: 51–120 cm
Spurbreite: 10–26 cm

Galopp
Gruppenlänge: 23–65 cm
Zwischengruppenlänge: 37–66 cm
Schrittlänge: 71–133 cm
Spurbreite: 15–25 cm

Ähnliche Trittsiegel

Große Steinmardertrittsiegel und Fußabdrücke von Waschbären, bei denen die Zehenballen nicht durchgängig zum Mittelfußballen abgedrückt sind.

« Ein Fischotter im Fuß-in-Fuß-Schritt. Kreba-Neudorf, Deutschland.

« Ein klassisches Fischotterspurbild ist der Viersprung. Fußfolge von unten nach oben: RV, RH, LV, LH. Kreba-Neudorf, Deutschland.

Parallelsprung. Fußfolge von unten nach oben: LV, RV, LH, RH. Kreba-Neudorf, Deutschland. ︾

︾Versammelter Galopp.

︾Fuß-in-Fuß-Schritt.

︾Dreisprung.

︽Dieses auffällige Spurbild ist typisch für Fischotter und weist auf einen versammelten Galopp oder Viersprung hin. Märkische Schweiz, Deutschland.

︽Fischotter bewegen sich oft über lange Strecken in einer Mischung aus Drei- und Viersprung fort. Die Schrägstellung der Vierergruppen ist auffällig und charakteristisch. Märkische Schweiz, Deutschland.

ZEICHEN

STAUBBÄDER » Zur Fellpflege wälzen Otter sich am Boden (siehe Seite 177). Das säubert und trocknet das Fell und hilft dabei, seine wärmenden Eigenschaften zu erhalten. Oft setzen sie beim Wälzen Duftmarkierungen und Kratzspuren.

DUFTMARKIERUNGEN » Fischotter nutzen ein gallertartiges, stark riechendes Analsekret sowie Losung zur Duftmarkierung markanter Plätze. Duftmarkierungen werden vor allem im Aktivitätszentrum, auf Erhöhungen wie großen Steinen oder Baumstümpfen, neben Ein- und Ausstiegen an Ufern sowie an Kreuzungen wichtiger Wechsel und unter Brücken hinterlassen.

Fischotter wälzen sich und kratzen am Boden, um Fellpflege zu betreiben und eine Duftmarkierung zu hinterlassen. Oderbruch, Deutschland. ︾

Als Duftmarkierung verwendet der Fischotter eine Mischung aus Kot und Analsekret. Spreetal, Deutschland. ︾

An prominenten Stellen scharren Fischotter Erdhaufen zur Duftmarkierung zusammen. Dann platzieren sie Kotreste, Urin und Analsekret auf dem Hügel und heben so den Geruch hervor. Kreba-Neudorf, Deutschland. »

Mit etwas Übung kann man Fischotterwechsel von den Wechseln anderer Tiere unterscheiden. Lausitz, Deutschland. ︾

Ein- und Ausstiegsstelle eines Fischotters. Märkische Schweiz, Deutschland. ︾

Fraßplätze wie dieser sind typisch für den Fischotter. Hier wurde der Kopf eines Fisches verspeist. Lausitz, Deutschland. Heide Ulrich. »

MARKIERUNGSHÜGEL » Erde und umliegendes Material werden zu Markierungshügeln zusammengescharrt. Losung, Urin und/oder Analsekret werden als Reviermarkierung hinterlassen.

WECHSEL » Zwischen Gewässern können auffällige Wechsel entstehen. Fischotter tunneln durch höhere Vegetation, wohingegen Gänse und Enten die Pflanzen zertrampeln. Die Pfadbreite misst etwa 15–25 cm. Außerdem hinterlassen Fischotter auffällige Ein- und Ausstiegsstellen an Uferrändern, an denen sie häufig Reviermarkierungen platzieren.

FRAẞSPUREN » In der Regel fressen Fischotter Fische vollständig, sodass selten Fraßspuren gefunden werden. Am Ufer entlang eines Fischotterreviers kann man jedoch gelegentlich Ansammlungen von Muscheln und Fischresten entdecken. Diese Fraßplätze sind ohne zusätzliche Zeichen nur schwer von den Fraßplätzen anderer Tierarten zu unterscheiden.

GLEITBAHN/RUTSCHBAHN » An steilen, grasbewachsenen Hängen oder bei Schnee rutschen Otter hangabwärts und hinterlassen dabei tiefe Furchen (Otterrutsche). Auf diese Art legen die Tiere mitunter Strecken von mehreren Dutzenden Metern zurück. Das Rutschen ist eine effiziente Fortbewegungsmethode und möglicherweise auch eine Form des Spiels.

KOT » Fischotterlosung kann als amorpher, schwarz bis grauer Haufen mit Schuppen und Gräten oder in fester, wurstförmiger, an einem Ende stumpf und zum anderen Ende spitz zulaufender Form vorkommen. Unabhängig von der Ausgangsform zersetzt sich Fischotterlosung fortschreitend zu einem Haufen von Schuppen und Gräten. Wurden mehr Säugetiere und Haare verzehrt, ist die Losung fester und wurstförmiger. Gelegentlich ist die Losung mit der Ausscheidung des gelblichen, braunen oder grünen Analsekrets versehen.
» **L** 7–16 cm » **D** 1,2–2,2 cm

Fischotterkot variiert stark in Größe und Form. Längerer, wurstförmiger Kot kann auf den ersten Blick mit der Losung von Fuchs oder Hund verwechselt werden. Schuppen und Gräten können wichtige Hinweise für die Unterscheidung sein. Märkische Schweiz, Deutschland. ︾

« Otter markieren für sie wichtige Punkte wie Ein- und Ausstiegsstellen oder Wegkreuzungen, indem sie dort Latrinen anlegen. Aufgrund der wiederkehrenden Urinsäurebelastung verfärbt sich an diesen Stellen die Vegetation bräunlich (engl. *brown-out*). Lausitz, Deutschland.

VIELFRAẞ

Gulo gulo

KRL 70–95 (bis 112) cm
Sl 18–25 cm
G 10–26 kg
Männchen größer als Weibchen.

Europas größter Marder ist die einzige Art der Gattung Vielfraße (*Gulo*). Er hat den Ruf eines energiegeladenen, furchtlosen und wilden Kämpfers. Dieser Ruf ist vermutlich übertrieben, aber nicht ganz unbegründet. Gemessen an seiner Körpergröße zeigt der Vielfraß das überraschende Verhalten, andere, teils viel größere Raubtiere in die Flucht zu schlagen. Mit einer raschen Folge von Angriffen vertreibt er Polarfüchse, Luchse und sogar Braunbären von ihrem Riss. Nicht immer lassen sich die größeren Raubtiere jedoch verjagen, sodass es über einen längeren Zeitraum immer wieder zu Phasen des versuchten Angriffs und des Zurückziehens kommen kann.

Die außerordentliche Hartnäckigkeit, mit welcher der Vielfraß seine körperlich zuweilen weit überlegenen Kontrahenten immer wieder zu vertreiben versucht, verschafft ihm häufig einen Beuteerfolg. Als Opportunist lebt er im Regelfall als Einzelgänger, der auf seinen langen Strecken durch weite Gebiete sich ihm bietende Gelegenheiten zum Beutemachen nutzt. Er ist tag- und nachtaktiv, besitzt einen ausgezeichneten Geruchssinn und kann gut klettern und schwimmen. Er kann beim Spielen mit Gegenständen und anderen Familienmitgliedern beobachtet werden und rutscht wie Fischotter hangabwärts. Neben den Menschen sind Wölfe die Hauptfeinde des Vielfraßes. Sie graben flach gelegene Baue aus und fressen die Jungtiere.

Wo Wölfe häufig sind, zieht sich der Vielfraß zum Ausruhen auf Bäume zurück. Sein vor Frost schützendes Haarkleid zählt zu den kostbarsten Pelzen. Aufgrund starker Bejagung gehen die Bestände zurück.

KENNZEICHEN » Gedrungener, kräftiger Körperbau mit kurzen Beinen und breitem Schädel. Etwas größer als der Europäische Dachs mit bärenhaftem Aussehen.

VERBREITUNG & LEBENSRAUM » Zirkumpolar, von Skandinavien ostwärts weit verbreitet, allerdings stets mit geringer Populationsdichte. Der Vielfraß lebt scheu und zurückgezogen in hochgelegenen Gebirgen und felsigen Waldgebieten der Tundra und nördlichen Taiga. Er meidet Siedlungsgebiete und beansprucht ein außergewöhnlich großes Revier von bis zu 2000 km^2.

ERNÄHRUNG » Vielfraße sind opportunistische Allesfresser, die sich überwiegend von Paarhufern, Kleinnagern und Hasen ernähren. Entweder jagt er selbst oder es werden Kadaver erbeutet, die von anderen Raubtieren gerissen wurden. Man hat beobachtet, dass der Vielfraß Wölfen und Luchsen folgt, um an Überreste ihrer Beute zu gelangen. Teilweise legt er dabei enorme Strecken zurück. Mit seinem kräftigen Gebiss kann er massive Knochen zerbeißen, um an das Knochenmark zu gelangen. Vor allem im Winter ist Aas eine wichtige Nahrungsquelle. Liegt der Schnee tief genug, jagt er selbst große Paarhufer wie Rentiere und Elchkälber. In Norwegen sind Rentiere die wichtigste Winternahrungsquelle. Im Sommer frisst er außerdem Insekten, Beeren, Vögel und deren Eier. Ähnlich wie beim Steinmarder kann der Tötungsinstinkt des Vielfraßes ausgelöst werden, wenn er zum Beispiel in eine Herde von Schafen gelangt. Bei einem Überangebot an Nahrung legt der Vielfraß Nahrungsdepots an. Diese sind vor allem im Winter von großer Bedeutung.

FORTPFLANZUNG » Die Paarungszeit erstreckt sich von April–Juli. Nach einer verlängerten Tragzeit von 7–9 Monaten werden im Frühjahr 2–3 (bis 5) Junge geboren. Sie sind Nesthocker, die ihren Bau das erste Mal verlassen, sobald die Außentemperatur mehrere Tage über dem Gefrierpunkt liegt. Die Jungen verlassen ihre Mutter frühestens im November, meist jedoch erst nach dem ersten Winter.

TRITTSIEGEL

Im Vergleich zur Körpergröße sind die Pfoten außergewöhnlich groß und breit. Spannhäute zwischen den Zehenballen ermöglichen ihm, auf Schnee zu laufen, ohne tief einzusinken, und lassen das Trittsiegel größer erscheinen. Vor allem im Winter ist die Fußsohlenbehaarung stark ausgeprägt, wodurch der Fußabdruck verwaschen wirken kann.

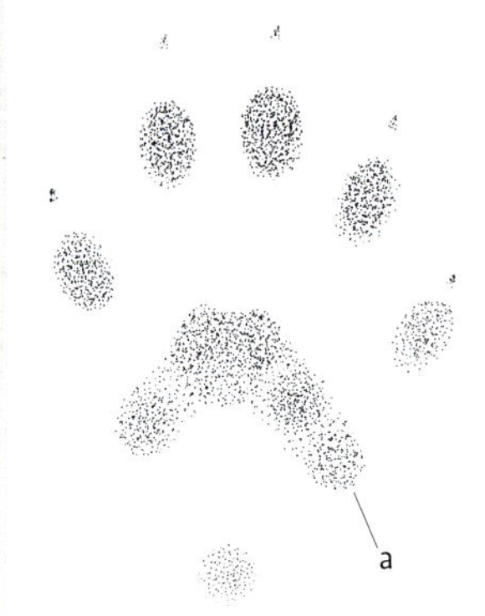

Links vorne.

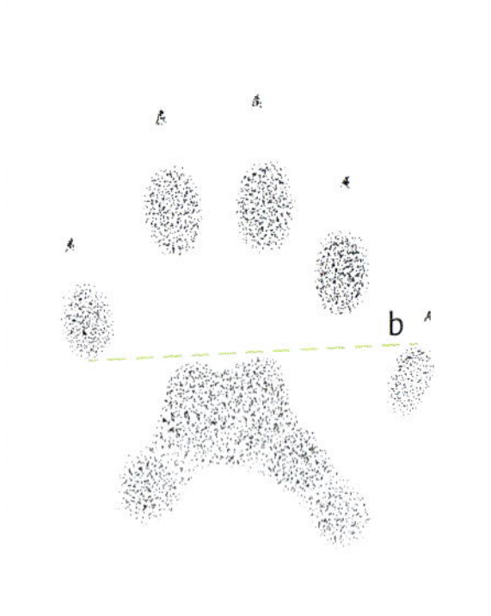

Links hinten.

Vorne

» **L** 9,5–16,5 cm » **B** 9,5–15 cm

Mittelgroß bis groß. Sohlengänger. Asymmetrisch. 5 Zehen: Zehe 1 ist die kleinste Zehe und nicht zuverlässig erkennbar. Die vorderen Mittelballen sind zusammengewachsen, jedoch mit kräftigen, einzeln erkennbaren Ausbuchtungen. Ist Mittelballen I zu sehen, wirkt der Mittelfußballen auf der körperzugewandten Seite nach hinten gezogen ⓐ. Im hinteren Bereich des Trittsiegels kann ein nach außen versetzter, hinterer Mittelballen erkennbar sein. Große, kräftige Krallenabdrücke sind teils erkennbar, teils nicht. Der Vorderfuß wirkt symmetrischer als der Hinterfuß, da Zehe 1 weniger nach hinten versetzt ist.

Links vorne. Jämtland, Schweden. Laura Gärtner.

Links hinten (oben) neben links vorne (unten). Jämtland, Schweden. Laura Gärtner.

Hinten

» **L** 9,5–13,5 cm » **B** 9–15 cm

Mittelgroß bis groß. Sohlengänger. Asymmetrisch. 5 Zehen: Zehe 1 ist die kleinste Zehe und nicht zuverlässig erkennbar. Sie sitzt weiter hinten als Zehe 5, allerdings weniger deutlich als bei anderen Musteliden ⓑ. Fehlt Zehe 1 im Abdruck, wirkt der

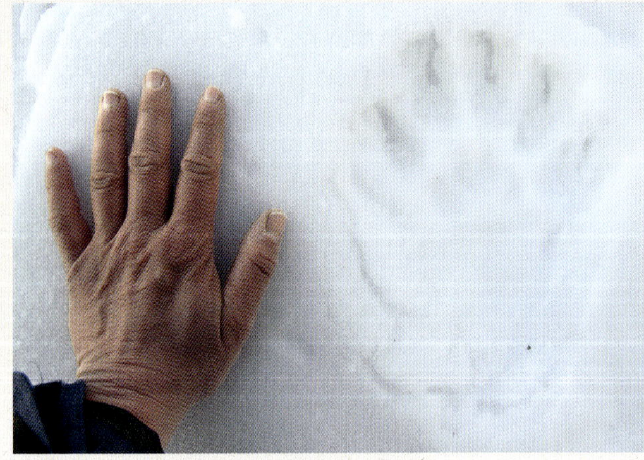

Linker Vorderfußabdruck eines großen Männchens. Jämtland, Schweden. Laura Gärtner.

Abdruck symmetrischer und kann an das Trittsiegel eines Luchses oder Kaniden von ähnlicher Größe erinnern. Die vorderen Mittelballen sind zusammengewachsen, jedoch mit kräftigen, einzeln erkennbaren Ausbuchtungen. Ist der Mittelfußballen vollständig zu sehen, wirkt er auf der körperzugewandten Seite nach hinten gezogen. Große, kräftige Krallenabdrücke sind teils erkennbar, teils nicht.

GANGARTEN

Der Vielfraß bewegt sich überwiegend in Sprungformen. Sein klassischer Jagd- und Reisemodus ist ein Drei- oder Viersprung, wobei in sehr tiefem Schnee der Zweisprung bevorzugt wird. Nähern sich die Tiere einem Nahrungsdepot oder einer Markierungsstelle, wechseln sie meist in den Fuß-in-Fuß-Schritt. Dabei können ihre Spuren leicht mit einer Luchsfährte verwechselt werden, vor allem bei detailarmen Trittsiegeln. Im Gegensatz zum Luchs verwendet der Vielfraß den Schritt jedoch nicht über längere Strecken. Ein weiterer Unterschied zum Luchs sind Rutschbahnen, die entstehen, wenn die Tiere schneebedeckte Hänge hinunterrutschen. Diese Rutschbahnen sehen denen des Fischotters ähnlich. Eher selten ist ein Fuß-in-Fuß-Trab zu sehen.

Zweisprung
Schrittlänge: 25–125 cm
Spurbreite: 15–24 cm

Dreisprung. Jämtland, Schweden. Laura Gärtner.

Ähnliche Trittsiegel

Ist Zehe 1 nicht erkennbar, können Vielfraßtrittsiegel mit denen von Luchs, Wolf und großen Haushunden verwechselt werden. Ansonsten unverwechselbar.

Drei- und Viersprung
Gruppenlänge: 55–98 cm
Zwischengruppenlänge: 17,5–114,3 cm
Schrittlänge: 88–185 cm

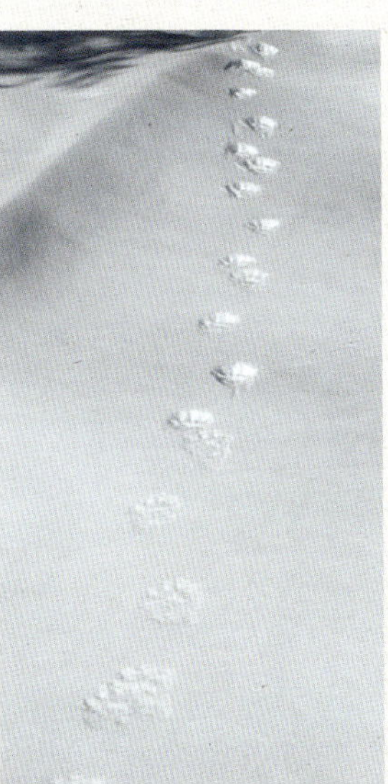

Ein Vielfraß wechselt vom Dreisprung in den Viersprung. Jämtland, Schweden. Laura Gärtner.

Galopp
Gruppenlänge: 70–111 cm
Zwischengruppenlänge: 20–115 cm
Schrittlänge: 118–225 cm

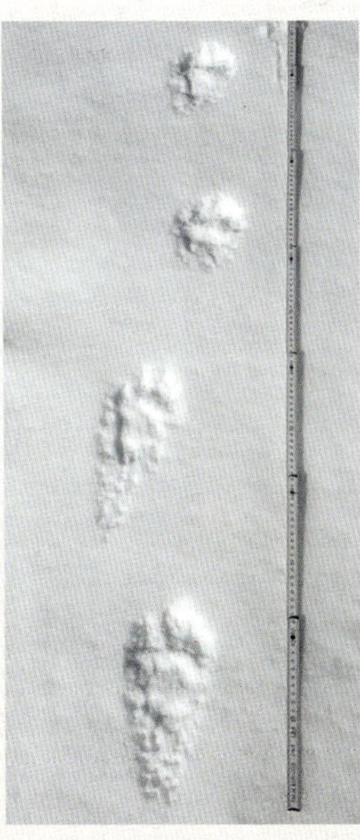

Vielfraß im Galopp. Fußfolge von unten nach oben: RV, LV, RH, LH. Jämtland, Schweden. Laura Gärtner.

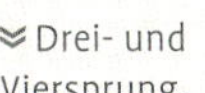

Drei- und Viersprung.

Speziell platzierte Kratzspuren dienen als Reviermarkierung. Schweden. Frank Jermis.

Auf der Suche nach Larven hat ein Vielfraß diesen Birkenstamm zerkratzt. Ljungdalen, Schweden. Heide Ulrich.

ZEICHEN

BAU » Der Vielfraßbau ist zum Ausruhen sowie für die Geburt und Aufzucht der Jungen wichtig. Dafür nutzen die Tiere vorhandene, schwer zugängliche Nischen zwischen Felsen und gefallenen Baumstämmen. Sind keine geeigneten Strukturen vorhanden, graben sie ihren Bau selbst. In höher gelegenen Gegenden mit viel Schnee wird teilweise ein komplexes Tunnelsystem angelegt. In Gegenden mit weniger Schnee nutzen Vielfraße natürliche Zwischenräume. Plätze, an denen überdurchschnittlich viel Schnee liegt und die Schneeschicht länger bestehen bleibt, werden bevorzugt. Der Bau hat einen oder mehrere Eingänge, die Eingangslöcher sind durchschnittlich 25–35 cm breit.

REVIERMARKIERUNGEN » Entlang der Wanderroute seines Reviers markiert der Vielfraß häufig Sprösslinge sowie große, allein stehende und markante Bäume. Dafür klettert er am unteren Bereich der Baumstämme und hinterlässt Kratz- und Bissspuren in der Rinde und an den Ästen. Gelegentlich klettert er sogar mit dem Kopf nach unten, um den Baumstamm und den umliegenden Boden markieren zu können. Dabei sondert er meist ein Analsekret als Duftmarke ab, das der innerartlichen Kommunikation und als Reviermarkierung dient.

FRAßSPUREN » Der Vielfraß legt kleine bis große Nahrungsdepots an, indem er erbeutete Nahrung teilweise weit vom Riss forträgt und sie anschließend im Schnee vergräbt. Kleine Nahrungsdepots werden in der Regel nur ein Mal aufgesucht, die größeren Vorräte für den Winter wiederkehrend. In diesem Fall können Vielfraßwechsel wie Speichen eines Rades zu dem Depot führen. Der Vielfraß ist dafür bekannt, dass er im Sommer, wie der Braunbär und der Dachs, Steine umdreht und verrottende Baumstämme aufreißt, um an Insekten oder deren Larven zu kommen.

» **Abstand zwischen den Eckzähnen** 2,6–3,3 cm (2,4–3,5 cm)

KOT » Der Kot des Vielfraßes enthält häufig viele Haare und Knochenreste und ist in diesem Fall mardertypisch verdreht sowie an den Enden zu einer langen Spitze ausgezogen. Wird nährstoffreichere Nahrung wie Innereien gefressen, bekommt die Losung eine dunklere Farbe und eine amorphe Struktur. Häufig wird auf Steinen, Baumstämmen und anderen exponierten Plätzen gekotet, was auch zur Reviermarkierung dient. Im Gegensatz zu einigen anderen Marderarten legt der Vielfraß keine Latrinen an.

» **L** 7,5–20 cm » **D** 1–2,5 cm

Teilweise von Schnee bedeckter Vielfraßkot. Jämtland, Schweden. Laura Gärtner. »

EUROPÄISCHER DACHS

Meles meles

KRL 64–90 cm
Sl 11–20 cm
G 7–18 kg
Vor der Winterruhe kann das Körpergewicht um bis zu 6 kg zunehmen.

Die Gattung der Dachse (*Meles*) umfasst 3 Arten, von denen der Europäische Dachs als einzige im Gebiet vorkommt. Mit seinen schaufelartigen Vorderfüßen und den langen Krallen ist der Europäische Dachs ein hervorragender, effektiver Gräber. Er errichtet eigene Baue aus Tunneln und Kesseln, die er mit trockenen Gräsern, Moos, Laub und Farn auspolstert. Das dafür nötige Nestmaterial klemmt er zwischen Kinn und Vorderfüßen ein und bringt es im Rückwärtsgang in den Bau. Ein Dachsbau kann über mehrere Generationen für mehr als 100 Jahre genutzt und ständig erweitert werden. Zuweilen ist er mehrstöckig angelegt und von außerordentlicher Größe. Ein besonders großer Bau in England (Cotswolds) maß über 35 × 15 m und hatte 12 Eingänge, eine Gesamttunnellänge von 310 m sowie ein Volumen von 15 m^3.

Der Dachs ist überwiegend dämmerungs- und nachtaktiv, seine dominanten Sinne sind Geruch und Gehör, sein Sehvermögen ist schwach. Er lebt gesellig in Familien, die im Schnitt aus 6 (2–20) Erwachsenen bestehen. Gelegentlich besuchen sich Dachsfamilien untereinander und übernachten im Bau der anderen Familie. In kälteren Gegenden kann Winterruhe gehalten werden. Feinde sind in Europa nur Wölfe, Hunde und Menschen.

KENNZEICHEN » Massige Statur mit kurzen, stämmigen Beinen und verhältnismäßig kleinem Kopf mit langer, spitzer Schnauze. Deutliches Erkennungsmerkmal ist die schwarz-weiße, längs gestreifte Gesichtsmaske. Kräftiger, kurzer Nacken und kurzer Schwanz.

VERBREITUNG & LEBENSRAUM » Der Dachs ist in ganz Europa außer Nordskandinavien, Island und einigen Mittelmeerinseln weit verbreitet und kommt in verschiedenen Lebensräumen vor. Optimal für ihn sind Laubmischwälder mit hoher Regenwurmdichte und mildfeuchtem Klima. Er fehlt meist nur in tiefer gelegenen Gegenden wie Sümpfen, Feuchtgebieten mit hoher Überschwemmungsgefahr oder in großer Höhe.

ERNÄHRUNG » Als anpassungsfähiger, opportunistischer Allesfresser gehört das Nahrungsspektrum des Dachses zu dem breitesten und pflanzenreichsten der europäischen Raubtiere. Regenwürmer sind oft ein wichtiger Bestandteil seiner Nahrung. Daneben gehören große Insekten, kleine Säugetiere, Aas (vor allem im Winter), Getreide, Früchte und Wurzeln zu den wichtigsten Nahrungsquellen. Zu seinen Beutetieren (überwiegend Jungtiere) zählen Kaninchen, Ratten, Mäuse, Wühl- und Spitzmäuse, Maulwürfe und Igel. An Insekten frisst er vorzugsweise Käfer und Raupen sowie Bienen-, Wespen- und Hummelnester. Gelegentliche Nahrungsquellen sind Frösche, Kröten, Schlangen, Eidechsen, Schnecken, Pilze, Wurzeln, Beeren, Obst und Eicheln. Auch umliegende Ackerflächen mit Getreideanbau sucht der Dachs saisonal als Nahrungsquelle auf. Bemerkenswert ist die stark von Jahreszeit und Verfügbarkeit abhängige spezifische Ernährungsweise des Dachses. Vorübergehend kann seine Ernährung fast ausschließlich aus Regenwürmern, Fröschen oder jungen Mäusen bestehen.

FORTPFLANZUNG » Dachse können sich ganzjährig paaren, mit Höhepunkt von Februar–Mai. Die Tragzeit wird durch eine Keimruhe verlängert. Meist kommt es im Dezember zur Einnistung und schnellen Entwicklung des Embryos. Die aktive Schwangerschaft dauert 42–49 Tage. Überwiegend im Februar/März werden die durchschnittlich 2–3 (1–5) Jungen im Dachsbau unter der Erde geboren. Sie sind Nesthocker, die nach etwa 8 Wochen, meist im April, das erste Mal aus ihrem Bau kommen. Verwandte Tiere helfen einander bei der Jungenaufzucht. Im Regelfall sind die Jungen nach 12–18, in Ausnahmen bereits nach 8–9 Monaten geschlechtsreif.

Manchmal bewohnen Kaninchen, Füchse und kleine Nagetiere, toleriert vom Dachs, eigene Bereiche eines Dachsbaus. Aus Dachsfleisch wurde früher Schinken hergestellt.

TRITTSIEGEL

Vorne

» **L** 5,3–11,5 cm » **B** 4,4–7 cm

Mittelgroß. Sohlengänger. Asymmetrisch. 5 Zehen: Zehe 1 ist die kleinste Zehe, sitzt weiter hinten und drückt sich nur unzuverlässig ab. Zehen 2–5 formen einen gleichmäßigen, breiten Bogen, der zusammen mit dem kurzen und breiten Negativbereich zwischen Zehen- und Mittelfußballen ein charakteristisches Erkennungsmerkmal ist ⓐ. Eine Spreizung der mehr oder weniger parallel verlaufenden Zehenballen ist selten zu sehen. Die vorderen Mittelballen sind zu einem großen und kräftigen Mittelfußballen zusammengewachsen, der breiter ist als lang. Ein gelegentlich abgedrückter und nach außen versetzter hinterer Mittelballen kann das Trittsiegel länger wirken lassen. Lange, kräftige Krallen, die zum Graben verwendet werden, sind meist deutlich abgedrückt und charakteristisch.

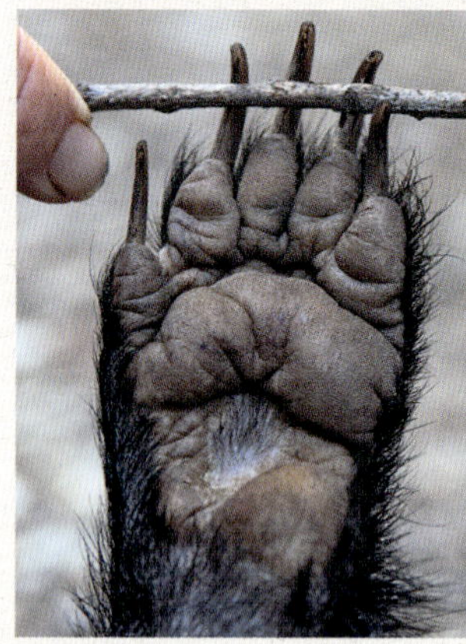
Links vorne.
Märkische Schweiz, Deutschland.

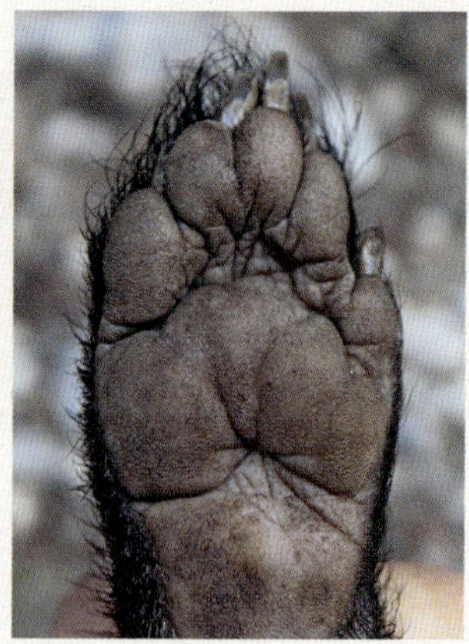
Rechts hinten.
Märkische Schweiz, Deutschland.

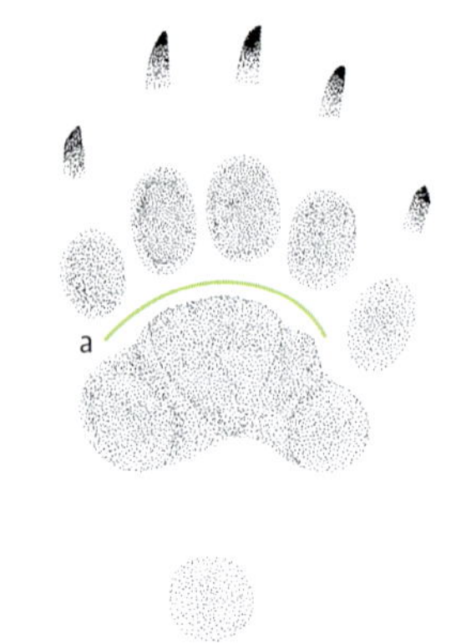

Links vorne.

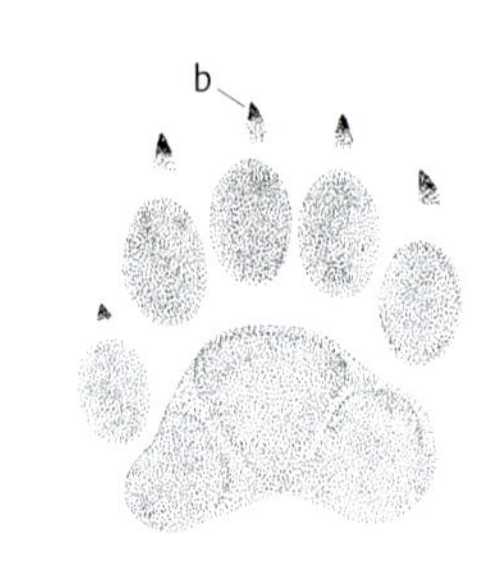

Rechts hinten.

Hinten

» **L** 4,5–9 cm » **B** 3,5–5,7 cm

Klein bis mittelgroß. Sohlengänger. Asymmetrisch. 5 Zehen: Zehe 1 ist die kleinste Zehe und nur unregelmäßig abgedrückt. Die vorderen Mittelballen sind zu einem großen Mittelfußballen zusammengewachsen, der schmaler und länglicher als beim Vorderfuß ist. Die kräftigen Krallen sind wesentlich kürzer als vorne und nicht immer zu erkennen ⓑ. Der Hinterfußabdruck ist kleiner und schmaler als der des Vorderfußes.

Links vorne.
Märkische Schweiz, Deutschland.

Rechts hinten.
Märkische Schweiz, Deutschland.

GANGARTEN

Reisend ist der Dachs meist im zügigen Trab und auf Nahrungssuche im langsamen Schritt unterwegs. Dabei ist oft eine einwärtsgekehrte Schrägstellung der Hinterfüße auffällig. Bei Alarm oder Bedrohung kann er über kurze Distanz in einem extremen Galopp eine Geschwindigkeit von bis zu 30 km/h erreichen. Regelmäßig verwendete Wechsel sind deutlich ausgeprägt und gut erkennbar. Im Verhältnis zu ihrer geringen Höhe sind sie auffallend breit und verbinden verschiedene Baue, bevorzugte Futterstellen und Latrinen miteinander. Häufig werden Straßenränder und Waldwege genutzt.

Schritt
Schrittlänge: 42–70 cm
Spurbreite: 11,5–17,5 cm

Trab
Schrittlänge: 56–115 cm
Spurbreite: 6–15 cm

Drei- und Viersprung
Gruppenlänge: 38–72 cm
Zwischengruppenlänge: 17–34 cm
Schrittlänge: 55–103 cm
Spurbreite: 10–16 cm

Galopp
Gruppenlänge: 43–110 cm
Zwischengruppenlänge: 31–68 cm
Schrittlänge: 78–156 cm
Spurbreite: 10–18 cm

Ähnliche Trittsiegel

Bei deutlichen Abdrücken unverwechselbar. Kann mit den Trittsiegeln des Gewöhnlichen Stachelschweins verwechselt werden, dessen Vorderfußkrallen jedoch deutlich kürzer sind.

Das klassische Spurbild eines Dachses im Galopp. Märkische Schweiz, Deutschland. ≫

Versammelter Galopp. ≫

Fuß-in-Fuß-Trab. ≫

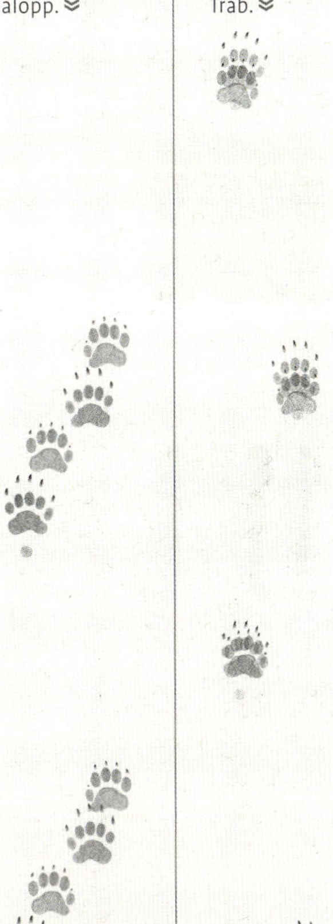

« Auf den ersten Blick ein Fuß-in-Fuß-Trab. Bei aufmerksamer Betrachtung fallen jedoch die hinteren Mittelballen der zwei unteren Trittsiegel auf, die der Dachs nur an den Vorderfüßen hat. Fußfolge von unten nach oben: RV, LV, RH, LH. Es handelt sich um einen Diagonalgalopp! Märkische Schweiz, Deutschland.

ZEICHEN

ERDBAU » Bevorzugte Standorte für einen Dachsbau sind südexponierte Hänge, meist nicht mehr als 500 m vom Waldrand entfernt. Im Schnitt hat ein Dachsbau 3–10 große Eingänge mit mitunter meterweiten, fächerförmigen Sandauswürfen davor. Im Gegensatz zum Fuchsbau hat das Eingangsloch eines Dachsbaus meist eine deutlich erkennbare „Rinne" und eine querovale Form. Zwischen den einzelnen Eingängen ist oft ein stark ausgetretenes Netz von Wechseln zu erkennen, das beim Fuchsbau fehlt. In kühleren oder feuchteren Gegenden Europas richten Dachse die Eingangslöcher ihres Baus bevorzugt nach Süden aus. Eingangslöcher haben einen Durchmesser von über 25 cm, oft sind sie deutlich größer.

« Eingang zu einem Dachsbau. Charakteristisch ist die breit ausgetretene Rinne, die bei einem Fuchsbau fehlt. Märkische Schweiz, Deutschland.

≈ Dachsbau mit frischem Sandauswurf vor dem Eingang. Märkische Schweiz, Deutschland.

« Dachskratzbäume sind auffällige Markierungen und können die Nähe zum Bau anzeigen. West Sussex, England.

︽ Nestmaterial des Dachses. Dachse machen eine Art Frühjahrsputz. Märkische Schweiz, Deutschland.

KRATZBÄUME » Vor allem in der Nähe eines Erdbaus dienen Kratzbäume, häufig Holunder, als Reviermarkierung. Daran können Krallen- und Schlammspuren in einer Höhe von bis zu 1 m gefunden werden.

NESTMATERIAL » Überwiegend im Frühjahr und Herbst wird frisches Nestmaterial gesammelt und das alte aussortiert. In diesem Fall können Überreste, wie trockenes Gras, Moos, Laub und Farn, sowie die dazugehörigen Schleifspuren um den Bau herum gefunden werden. An sonnigen Wintertagen wird Nestmaterial aus dem Bau gebracht, in der Nähe des Eingangs zum Trocknen ausgelegt und später wieder in den Bau zurückgeholt.

Hier hat ein Dachs ein Erdwespennest ausgegraben und geplündert. Häufig lassen sich in den Erdlöchern Überreste finden, die Hinweise auf die Beute geben. Vledder, Niederlande. René Nauta. »

« Ein vom Dachs auf Nahrungssuche gegrabenes Bodenloch. Schauen sie genau, um die Krallenabdrücke an der Wand und das Trittsiegel im frischen Auswurf zu erkennen. Lausitz, Deutschland.

GRABSPUREN & NAHRUNGSSUCHE » Auf der Suche nach Regenwürmern, Insektenlarven und Wurzeln hinterlässt der Dachs auffällige Bodenlöcher. Dabei ist zu unterscheiden, ob das Loch mit den Vorderfüßen gegraben oder mit der spitzen Schnauze „gestochen" wurde. Gegrabene Löcher können sehr tief sein, haben meist einen kegelförmigen Auswurf und zeigen Krallenspuren an den Seitenwänden. Diese verlaufen tendenziell horizontal, da der Dachs, ähnlich wie der Steinmarder und im Gegensatz zum Fuchs, seine Vorderfüße seitwärts drehen kann. Gestochene Löcher sind im Vergleich zu den gegrabenen deutlich kleiner, sie haben Durchmesser von 5–20 cm, sind maximal 15 cm tief und die Erde ist geschoben statt ausgegraben. Diese gestochenen Löcher können auf Wiesen zahlreich sein.

Um an Käferlarven und andere Insekten zu gelangen, kann der Dachs morsche Baumstämme mit seinen Krallen aufbrechen und aushöhlen. Dabei ist meist ein fächerförmiger Auswurf zu erkennen. Schwarzspechte auf Nahrungssuche hinterlassen Zeichen, die man mit denen des Dachses verwechseln kann (Seite 158), und auch der Braunbär zeigt ein ähnliches Verhalten (Seite 426).

KOT » Dachskot ist oft locker bis breiig und kann schlammig erscheinen, wenn viele Regenwürmer gefressen wurden. Die Konsistenz hängt stark von der Ernährung ab. Manchmal wird ein geruchsintensives, orangefarbenes Analdrüsensekret mit der Losung hinterlassen. Dachse graben vorzugsweise kleine Erdmulden, in die wiederkehrend gekotet wird. Diese Latrinen werden vor allem in Baunähe, bei bevorzugten Futterplätzen oder entlang von Reviergrenzen etabliert. Mitunter entstehen große Latrinen, die man manchmal schon riechen kann, bevor man auf sie stößt. Neben angelegten Latrinen können Dachse ihre Losung ebenso unterwegs hinterlassen; in diesem Fall koten sie meist nur ein Mal auf oder in der Nähe des Pfades.

» **L** 4,2–12,5 cm » **D** 1,2–2,2 cm

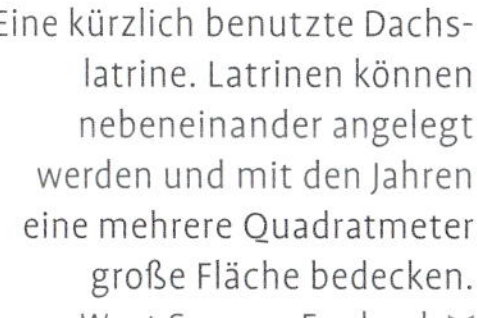

Eine kürzlich benutzte Dachslatrine. Latrinen können nebeneinander angelegt werden und mit den Jahren eine mehrere Quadratmeter große Fläche bedecken. West Sussex, England ≚

≙ Dachskot nach Plünderung eines Erdbienennestes. Neustadt, Deutschland.

BAUMMARDER

Martes martes

KRL 36–56 cm
Sl 17–28 cm
G 0,8–2,2 kg

Der Baummarder zählt zur Gattung der Echten Marder (*Martes*) mit insgesamt 8 Arten, wovon 2 im Gebiet vorkommen. Echte Marder haben die typische Mardergestalt mit buschigem Schwanz und kurzen Beinen und ein sehr gutes Klettervermögen.

Baummarder sind überwiegend dämmerungs- und nachtaktive Einzelgänger, im Sommer kann man sie aber auch am Tag antreffen. Sie können ausgezeichnet klettern, laufen Baumstämme kopfüber hinunter, springen bis zu 4 m von Ast zu Ast und sind dabei meist so flink, dass man nur die Bewegung der Äste wahrnimmt. Es gibt Berichte, in denen Baummarder, ähnlich wie ein Gleithörnchen, aus 20 m Höhe mit ausgebreiteten Armen aus Bäumen springen und sicher auf allen vieren landen. Sie hausen am liebsten in Bäumen, in Spechthöhlen, in Vogel- und Eichhörnchennestern oder in buschigen Verwachsungen von Baumkronen. Am Boden dienen ihnen Höhlen zwischen Baumwurzeln sowie Asthaufen oder verlassene Fuchsbaue als Unterschlupf. Feinde sind Fuchs, Wolf und Luchs sowie Adler und Uhu.

KENNZEICHEN » Langer, schlanker Körper mit langem, buschigem Schwanz. Im Vergleich zum Steinmarder sind die Beine länger und der Körperbau ist schlanker. Der im Regelfall gelbliche Kehlfleck variiert stark in Farbe und Form, bei manchen Individuen ist er nicht von dem des Steinmarders zu unterscheiden. Die Ohren sind im Vergleich zum Steinmarder länger und mit gelblich-weißer Umrandung.

VERBREITUNG & LEBENSRAUM » Der Baummarder ist bis auf die südliche Iberische Halbinsel beinahe überall in Europa verbreitet. Im Vergleich zum Steinmarder ist er eher ein Kulturflüchter. Er zieht große, zusammenhängende Laub- und Mischwälder reinen Nadelwäldern vor, da sie ihm ein reicheres Nahrungsangebot bieten. Selten können die Tiere auch in menschlichen Behausungen vorkommen. Im Gegensatz zum Steinmarder sind beim Baummarder aufgrund des Infrastrukturausbaus und der damit einhergehenden Zerteilung zusammenhängender Waldstücke durch stark befahrene Straßen in einigen Gegenden Europas Bestandsrückgänge zu verzeichnen.

ERNÄHRUNG » Opportunistischer Generalist mit breitem Nahrungsspektrum, ähnlich dem Steinmarder, wobei Beute aus dem Wald überwiegt. Dazu gehören Säuger (Langschwanz-, Wühl- und Spitzmäuse, Eichhörnchen und Kaninchen), Vögel und Vogeleier (Zaunkönig, Drossel, Eichelhäher und Eulen), Beeren und Früchte (Waldbeeren, Kirschen, Ebereschenfrüchte) sowie Insekten, ferner Frösche, Kröten, Pilze, Nüsse und Honig. Im Hühnerstall kann die Bewegung der Tiere einen Tötungsinstinkt auslösen, durch den gelegentlich ganze Bestände ausgelöscht werden.

FORTPFLANZUNG » Fortpflanzung und Entwicklung der Jungen sind mit der des Steinmarders identisch (Seite 461).

ANMERKUNGEN » Baummarder sind laut Roter Liste im Bestand gefährdet. Paul Marchesi et al. (2010) schreiben dazu: „Die Kenntnis der Wildtier-Wanderachsen zwischen Waldgebieten und ihre Erhaltung, wo nötig Verbesserung und Wiederherstellung (Wildtierbrücken), ist für den Baummarder und für viele andere waldbewohnende Arten wichtig." Als geringinvasive Methode des Wildtiermonitorings vermag Fährtenlesen diese Wanderachsen ausfindig zu machen.

TRITTSIEGEL

Typische Mustelidenanordnung. Im Verhältnis zur Körpergröße auffallend große Füße. Baummarder haben stark behaarte Fußsohlen, wodurch Zehen- und Mittelballen verdeckt sind und Trittsiegel je nach Stärke der Fußsohlenbehaarung verwaschen wirken. Die Stärke der Behaarung hängt wiederum von der Jahreszeit und von individuellen Faktoren ab, bei einzelnen Baummardern kann sie sogar weitgehend fehlen. Zeigt das Trittsiegel eine ausgeprägte Behaarung, kann der Steinmarder ausgeschlossen werden. Deutliche Fußabdrücke sind selten.

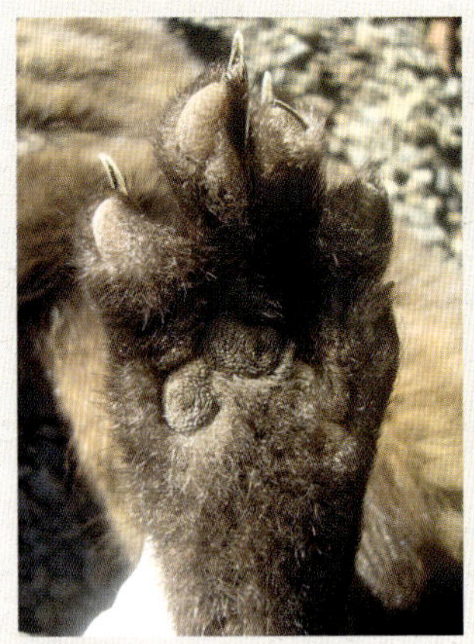

Rechts vorne. Göttingen, Deutschland. Heide Ulrich.

Links hinten. Göttingen, Deutschland. Heide Ulrich.

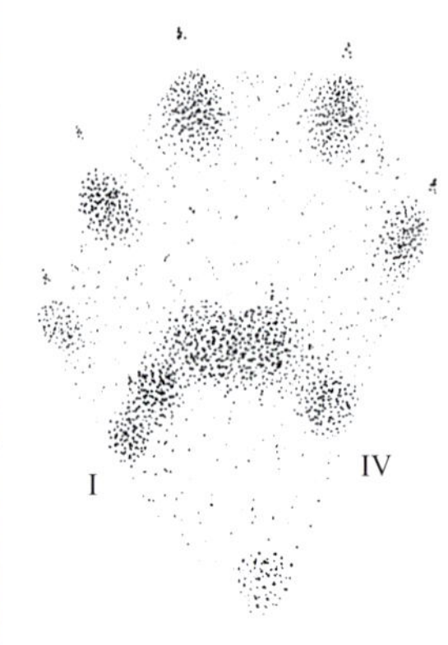

Rechts vorne.

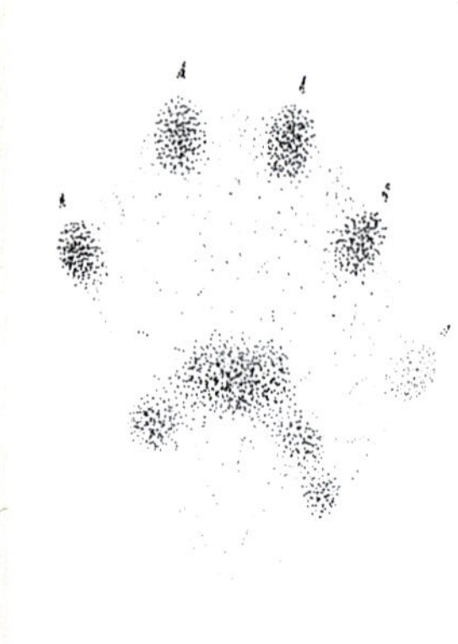

Links hinten.

Vorne

» **L** 4–6,5 cm » **B** 4,5–6,5 cm

Klein bis mittelgroß. Sohlengänger. Asymmetrisch. Insgesamt breiter und symmetrischer als der Hinterfußabdruck. 5 Zehen: Zehe 1 ist die kleinste Zehe und nicht zuverlässig erkennbar. Die vorderen Mittelballen sind zusammengewachsen, jedoch mit einzeln erkennbaren, deutlichen Ausbuchtungen. Ist Mittelballen I erkennbar, drückt er sich einzeln ab und liegt weiter hinten als Mittelballen IV. Der Mittelfußballen ist selten vollständig zu sehen; an der hinteren Außenkante des Trittsiegels kann ein einzelner, hinterer Mittelballen erkennbar sein. Die feinen, spitzen Krallen sind nicht immer abgedrückt.

Hinten

» **L** 4,2–6,4 cm » **B** 4,2–5,5 cm

Klein bis mittelgroß. Sohlengänger. Asymmetrisch. 5 Zehen: Zehe 1 ist die kleinste Zehe und sitzt weiter hinten als beim Vorderfuß. Der Hinterfuß ist dadurch asymmetrischer. Zehe 1 ist jedoch häufig nicht zu erkennen, wodurch der Hinterfußabdruck symmetrischer als der des Vorderfußes wirken kann. Die vorderen Mittelballen sind zu einem Mittelfußballen zusammengewachsen, jedoch mit deutlich erkennbaren einzelnen Ausbuchtungen. Ist Mittelballen I zu sehen, drückt er sich einzeln ab und liegt deutlich weiter hinten als Mittelballen IV. Die feinen, spitzen Krallen sind teils erkennbar, teils nicht.

GANGARTEN

Baummarder erkunden und jagen im Zwei-, Drei- und Viersprung. Wollen sie etwas genauer inspizieren, wechseln sie in den langsameren Schritt. Bei Flucht oder starker Bedrohung können sie einen Galopp verwenden. Bei tiefem Schnee bevorzugen sie meist den Zweisprung.

Zweisprung
Gruppenlänge: 6–19 cm
Zwischengruppenlänge: 16–107 cm
Schrittlänge: 22–132 cm
Spurbreite: 6–12 cm

Drei- und Viersprung
Gruppenlänge: 14–45 cm
Zwischengruppenlänge: 15–38 cm
Schrittlänge: 38–85 cm
Spurbreite: 8–16 cm

Ähnliche Trittsiegel

Durchschnittlich größer als Iltis, Mink oder Hermelin, kann jedoch leicht mit dem Steinmarder verwechselt werden. Insgesamt sind die Zehenballen des Baummarders im Verhältnis zur Größe des Fußabdrucks etwas filigraner als beim Steinmarder. Sie verlaufen mehr oder weniger parallel zur Ausrichtung des Fußes und machen einen geringeren Anteil der Trittsiegelfläche aus. Die Zehenballen sind dennoch deutlich größer und kräftiger als bei Hermelin oder Iltis. Im Vergleich zum Mink sind Zehenballen und Mittelballen gleichmäßiger abgedrückt und die Spreizung der Zehenballen ist schwächer. Die Mittelballen des Baummarders sind rundlich und aufgrund der ausgeprägten Fußsohlenbehaarung meistens schwer zu erkennen.

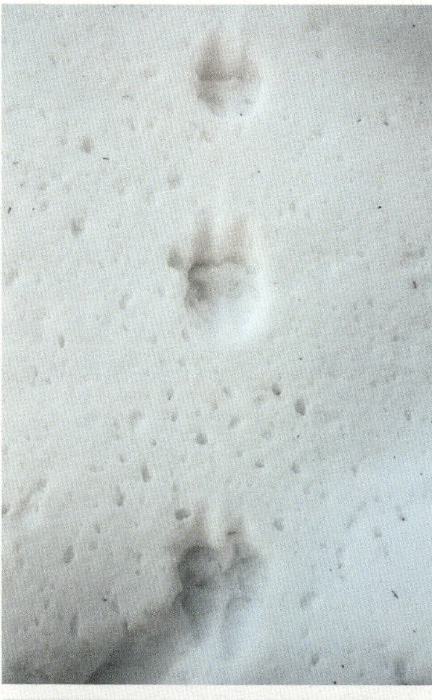

« Ein klassisches Spurbild, der Baummarder im Zweisprung. Bayerischer Wald, Deutschland.

⌃ Parallelsprung eines Baummarders im Schnee. Fußfolge von unten nach oben: LV, RV, RH, LH. Ljungdalen, Schweden. Heide Ulrich.

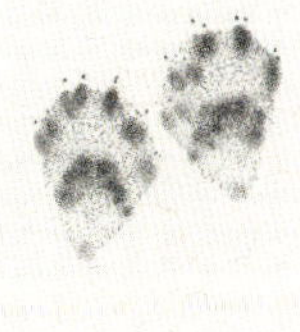

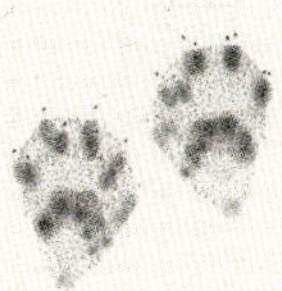

⌃ Zweisprung.

ZEICHEN

NAHRUNGSDEPOTS » Wie viele Marderartige legen Baummarder Vorräte in Form von Nahrungsdepots an. Diese werden selten gefunden, da sie meist in Hohlräumen von Bäumen oder verlassenen Vogelnestern versteckt sind.

KOT » Der Kot ist meist lang, in sich verdreht und an einem Ende zugespitzt. Die mardertypische Verdrehung und Form wird durch einen hohen Anteil an Kleinsäugerhaaren begünstigt. Die Spitze ist gewöhnlich weniger deutlich als beim Hermelin oder Mauswiesel, die sich fast ausschließlich von kleinen Säugetieren ernähren. In der Regel ist die Losung grau oder grauschwarz und tendenziell etwas heller als beim Steinmarder. Je nach Jahreszeit und Nahrungsangebot können Aussehen und Inhalt stark variieren. Gegen Ende des Sommers und im Herbst kann die Losung zweitweise fast ausschließlich aus Obstkernen bestehen. In Unterschlupfnähe findet sich gewöhnlich eine Ansammlung von Kot. Wie die meisten Marderartigen legt der Baummarder seine Losung bevorzugt an erhöhten Stellen ab. Der Geruch von Baummarderkot wird mit einem eher angenehm fruchtigen Moschusgeruch assoziiert, während der des Steinmarders unangenehm faulig riecht. Rein optisch kann nicht sicher zwischen beiden Losungen unterschieden werden.

» **L** 5,1–12,7 cm » **D** 0,5–1,6 cm

« Baummarderkot. Bei genauer Betrachtung sind Kleinsäugerknochen zu erkennen. Märkische Schweiz, Deutschland.

STEINMARDER

Martes foina

Steinmarder sind überwiegend dämmerungs- und nachtaktiv. Sie verfügen über einen ausgezeichneten Geruchssinn, ein sehr gutes Hörvermögen und können gut sehen. Die Tiere klettern sogar mit Beute im Maul an scheinbar glatten Wänden senkrecht empor. Die Tasthaare im Gesicht ermöglichen ihnen, sich sowohl bei Dunkelheit als auch durch enge, begrenzte Passagen sicher fortzubewegen. Sie nisten oft im Innenraum von Gebäuden, vorzugsweise auf Dachböden, wo sie gelegentlich die Isolierung schädigen. Im Gegensatz zum Steinmarder bevorzugt der Iltis Erdgeschosse. Steinmarder können ebenso im Keller oder in Gartenhäusern vorkommen und sind so bekannt wie gefürchtet für ihre Vorliebe für Autos. In freier Natur dienen Erdhöhlen, Steinhaufen und ähnlich geschützte Bereiche als Unterschlupf. Feinde sind vor allem Füchse und Hunde, aber auch Adler, Uhu und Luchs. Die Verfolgung durch den Menschen hat die größte Auswirkung auf den Bestand.

KRL 38–55 cm
Sl 19–30 cm
G 1–2,3 kg

TRITTSIEGEL

Typische Mustelidenanordnung. Im Verhältnis zur Körpergröße auffallend große Füße. Steinmarder haben nackte, kräftige Zehenballen, die mehr oder weniger parallel zur Ausrichtung des Fußes verlaufen und einen verhältnismäßig hohen Anteil der Trittsiegelfläche ausmachen. Dies ist ein deutlicher Unterschied zu Hermelin oder Iltis. Im Vergleich zum Mink sind Zehenballen und Mittelfußballen gleichmäßiger abgedrückt und die Spreizung der Zehenballen ist schwächer. Die vorderen Mittelballen des Steinmarders sind rundlich, wirken robust und sind, aufgrund der im Vergleich zum Baummarder geringen Fußsohlenbehaarung, meist klar erkennbar. Im Winter kann dies ein sicheres Unterscheidungsmerkmal sein. Im Sommer ist dieser Unterschied schwächer und nur bei sehr klaren Abdrücken zuverlässig zu erkennen.

Vorne

» **L** 4–6,9 cm » **B** 3–6,5 cm

Klein bis mittelgroß. Sohlengänger. Asymmetrisch. Insgesamt breiter und symmetrischer als der Hinterfußabdruck. 5 Zehen: Zehe 1 ist die kleinste Zehe und nicht zuverlässig erkennbar. Die vorderen Mittelballen sind zusammengewachsen, jedoch mit einzeln erkennbaren Ausbuchtungen. Ist Mittelballen I erkennbar, drückt er sich meist einzeln ab und liegt weiter hinten als Mittelballen IV. Ist der Mittelfußballen ganz zu sehen, wirkt er auf der körperzugewandten Seite nach hinten verlängert ⓐ.

Links vorne.

Links hinten.

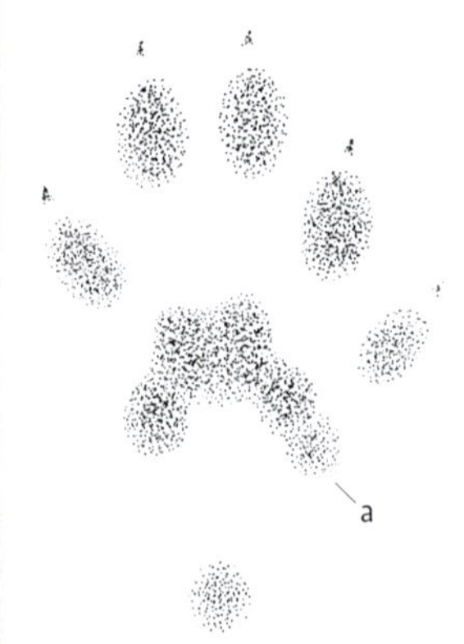

Links vorne.

Links hinten.

Links vorne. Lausitz, Deutschland.

Links hinten. Lausitz, Deutschland.

Im hinteren Bereich des Trittsiegels kann ein einzelner, hinterer Mittelballen erkennbar sein. Die scharfen und spitzen Krallenabdrücke sind teilweise erkennbar. Im Regelfall ist der Vorderfußabdruck größer als der des Hinterfußes, gelegentlich drückt sich jedoch der Hinterfuß größer ab. Dies ist vor allem der Fall, wenn der Vorderfuß ohne den hinteren Mittelballen und der Hinterfuß vollständig abgedrückt ist.

Hinten

L 3,2–6,5 cm B 3–5,6 cm

Klein bis mittelgroß. Sohlengänger. Asymmetrisch. Asymmetrie deutlicher als vorne. 5 Zehen: Zehe 1 ist die kleinste Zehe und sitzt weiter hinten als beim Vorderfuß. Der Hinterfuß ist dadurch asymmetrischer. Ist Zehe 1 nicht erkennbar, wirkt der Hinterfußabdruck symmetrischer als der des Vorderfußes und erinnert an den Fußabdruck eines kleinen Kaniden. Zehe 1 ist häufig nicht zu erkennen. Insgesamt wirkt der Hinterfuß länglicher. Die vorderen Mittelballen sind zusammengewachsen, jedoch mit einzeln erkennbaren Ausbuchtungen. Ist Mittelballen I erkennbar, drückt er sich einzeln ab und liegt weiter hinten als Mittelballen IV. Ist der Mittelfußballen vollständig zu sehen, wirkt dieser auf der körperzugewandten Seite nach hinten verlängert. Die scharfen und spitzen Krallenabdrücke sind teilweise erkennbar.

GANGARTEN

Steinmarder erkunden und jagen im Zwei-, Drei- und Viersprung. Soll etwas genauer inspiziert werden, wechseln sie in den langsameren Schritt. Bei Flucht oder starker Bedrohung verwenden sie einen Galopp.

Zweisprung

Gruppenlänge: 8,5–21 cm
Zwischengruppenlänge: 8–95 cm
Schrittlänge: 15–116 cm
Spurbreite: 9,5–13,5 cm

Drei- und Viersprung

Gruppenlänge: 12–41 cm
Zwischengruppenlänge: 17–34 cm
Schrittlänge: 42–83 cm
Spurbreite: 6–17 cm

Galopp

Gruppenlänge: 10–81 cm
Zwischengruppenlänge: 16–91 cm
Schrittlänge: 25–135 cm
Spurbreite: 7–17,5 cm

« Im Schnee bevorzugen Steinmarder oft den Zweisprung. Bayerischer Wald, Deutschland.

Ähnliche Trittsiegel

Baummarder, Iltis.

« Steinmarder im Drei- und Viersprung. Fußfolge von unten nach oben: LV, RV, LH, RH. Lausitz, Deutschland.

^ Drei- und Viersprung.

^ Parallelsprung.

KENNZEICHEN » Langer, schlanker Körper mit einem Schwanz, der etwa halb so lang ist wie die Kopf-Rumpf-Länge. Im Vergleich zum Baummarder kürzere Beine und ein eher gedrungener Körperbau. Ein Kehlfleck, der in Form und Farbe individuell stark variiert. Im Regelfall ist der Fleck weißlich, gelegentlich aber auch gelblich und dann vom Baummarderkehlfleck nicht zu unterscheiden. Ohrränder sind beim Steinmarder weiß, beim Baummarder gelb.

Steinmarder profitieren vom Menschen durch Verfügbarkeit von Nahrung, Schutz und Wärme. Unbeliebt macht sie ihr Kabelfraß an Automotoren. Mittlerweile gibt es dafür jedoch sichere Abwehrmethoden. Das Fangen und Töten hilft nur kurzfristig, da freigewordene Reviere schnell wieder besetzt werden.

VERBREITUNG & LEBENSRAUM » Steinmarder sind in Europa weit verbreitet. Sie fehlen in Großbritannien, Irland, Island und Skandinavien. Die Tiere sind sehr anpassungsfähige Kulturfolger, die Dörfer, Großstädte und bewaldete Gebiete besiedeln. Steinmarder können weit ab von menschlichen Behausungen vorkommen und ihre Lebensräume wechseln. Im Wald kommen sie oft gemeinsam mit dem Baummarder vor. Im Gegensatz zu Baummarder, Iltis, Hermelin und Mauswiesel nehmen vielerorts in Europa die Steinmarderbestände zu. Dies liegt vermutlich an der ausgeprägten Fähigkeit der Tiere, sich an Ressourcen in menschlicher Siedlungsnähe anzupassen.

ERNÄHRUNG » Der Steinmarder ist ein allesfressender Generalist mit auffällig breitem Nahrungsspektrum. Angebotsabhängig ernährt sich der Steinmarder, zeitweilig zu wesentlichen Teilen, von Säugern (kleine Nagetiere bis hin zu jungen Hasen), Beeren und Früchten (Kirschen, Äpfel, Hagebutten, Ebereschenfrüchte, Waldbeeren und dergleichen) sowie von Vögeln und Vogeleiern, ferner von Insekten (Käfer, Bienen- und Wespenbrut), Amphibien und Regenwürmern. Im Hühnerstall kann die Bewegung der Tiere einen Tötungsinstinkt auslösen, dem gelegentlich ganze Bestände zum Opfer fallen. Weitere Nahrungsquellen werden je nach Angebot ebenso genutzt.

FORTPFLANZUNG » Die Paarungszeit reicht von Mitte Juni bis Ende August. Das Weibchen ist in dieser Zeit für etwa 10 Tage brünstig. Durch eine verzögerte Implantation kommt es zu einer verlängerten Tragzeit von 9 Monaten. Die aktive Schwangerschaft dauert 4 Wochen. Im März/April werden durchschnittlich 3–5 Junge geboren. Die Jungen sind Nesthocker, die erst nach etwa einem Monat ihre Augen öffnen. Dies ist verglichen mit anderen Säugetieren sehr lang.

ZEICHEN

NAHRUNGSDEPOTS » Steinmarder sind besonders bekannt dafür, größere erbeutete Eier fortzutragen und bei Nahrungsüberschuss in ein Nahrungsdepot zu bringen. Dort können viele Überreste von Eierschalen und andere Beutereste wie etwa einzelne Kadaverteile gefunden werden.

GRABSPUREN » Bei der Jagd nach Wühlmäusen oder Bienenbrut können Steinmarder Löcher graben. Sie sind nahezu kreisrund und tief und entsprechen dem langen, schlanken Körperbau des Tieres. Ebenso tiefe Grablöcher von Dachs und Fuchs wären breiter, da deren Schädel breiter geformt sind.

Hier hat ein Steinmarder ein Wespennest geplündert. Vledder, Niederlande. René Nauta. »

≈ In dieses fast kreisrunde, tiefe Loch passt nur der schlauchartige Körper eines Marders. Hier die Grabspur eines Steinmarders auf der Jagd nach Wühlmäusen. Lausitz, Deutschland.

KOT » Im Regelfall ist der Kot lang, hat einen relativ großen Durchmesser, ist in sich verdreht und an einem Ende zugespitzt. Diese mardertypische Verdrehung und Form wird durch einen hohen Anteil an Kleinsäugerhaaren begünstigt. Die Spitze ist meist weniger deutlich als beim Hermelin oder Mauswiesel, die sich ausschließlicher von kleinen Säugetieren ernähren. Die Losung ist gewöhnlich grau, braun oder schwarz und oft dunkler gefärbt als beim Baummarder. Je nach Jahreszeit und Nahrungsangebot können Aussehen und Inhalt stark variieren. Gegen Ende des Sommers und im Herbst, wenn zum Beispiel die Kirschen reif sind, kann die Losung zeitweise fast ausschließlich aus deren Kernen bestehen. Wie die meisten Marderartigen legt der Steinmarder seinen Kot bevorzugt an erhöhten Stellen ab. In der Nähe des Unterschlupfs werden übelriechende Latrinen angelegt. Der Geruch von Baummarderlosung wird mit einem eher angenehmen Moschusgeruch assoziiert. Rein optisch kann nicht sicher zwischen beiden Losungen unterschieden werden.

» **L** 4–12 cm » **D** 1–1,5 cm

Aufgrund des breiten Nahrungsspektrums besteht der Kot des Steinmarders oft aus verschiedenen Inhalten. Hier sind Kirschkerne und Mäusehaare zu sehen. Hoyerswerda, Deutschland. ≈

WALDILTIS

Mustela putorius

KRL 30–50 cm
Sl 8–19 cm
G 0,65–2 kg
Stark ausgeprägter Geschlechtsdimorphismus. Männchen deutlich (bis zu einem Drittel) größer als Weibchen. Gemessen an der Körpergröße außergewöhnlich kleine Füße.

Der Iltis gehört zur Gattung der Wiesel (*Mustela*). Wiesel sind sehr kleine bis kleine Raubtiere mit lang gestrecktem, sehr beweglichem Körper und kurzen Beinen. Es gibt 17 Arten, von denen 6 im Gebiet vorkommen. Nicht behandelt werden hier der Steppeniltis (*Mustela eversmannii*) und der Europäische Nerz (*Mustela lutreola*), bei denen die Datenlage zu schwach oder die Verbreitung zu begrenzt ist. Der Iltis ist ein dämmerungs- und nachtaktiver Einzelgänger mit ausgezeichnetem Geruchssinn und sehr gutem Hörvermögen. Er bewohnt die Erdbaue seiner Beutetiere, zum Beispiel von Kaninchen und Feldhamstern, auch alte Fuchsbaue werden genutzt. Fehlt ein geeigneter Erdbau, gräbt der Iltis seinen unterirdischen, meist einfachen Bau selbst. Natürliche Feinde sind – eher selten – Füchse und Greifvögel. Die meisten Verluste werden von Menschen und deren Hunden verursacht.

KENNZEICHEN » Wieseltypisch langer Körper mit verhältnismäßig kurzen Beinen. Dunkle Gesichtsmaske, weiße Ohrränder. Beides fehlt dem Mink (Seite 476).

Der Iltis war früher wegen seines Pelzes begehrt. Er ist die Stammform des Frettchens, wobei der genetische Einfluss des Steppeniltis ungeklärt ist.

VERBREITUNG & LEBENSRAUM » Einer der häufigsten einheimischen Marder, der nahezu in ganz Europa verbreitet ist und lediglich in Nordskandinavien und Irland fehlt. Der Iltis ist eng, jedoch nicht ausschließlich an Feuchtgebiete gebunden. Meist lebt er in Wäldern und Gehölzen an Sumpf- und Röhrichträndern, in strukturreichen Feuchtlandschaften und in der Nähe von Häusern. Er kann sogar in Städten vorkommen. Höhenverbreitung in den Bergen bis etwa 2000 m. In manchen Regionen Europas sind Nachweise für Iltisvorkommen rückläufig, was vermutlich mit dem Rückgang von Feuchtgebieten zusammenhängt. In Osteuropa ersetzt der Steppeniltis den Waldiltis.

ERNÄHRUNG » Hauptsächlich Kleinsäuger, wie kleinere Nagetiere, selten bis hasengroß, sowie Amphibien. Regenwürmer, Fische, Vogeleier und Insekten stellen einen kleinen Teil der Nahrung. Im Vergleich zu anderen Musteliden ist der Iltis in seiner Ernährung zwischen den auf Kleinsäuger spezialisierten Wieseln (Hermelin und Mauswiesel) und den Generalisten wie Baum- und Steinmarder einzuordnen. Er ist ein Generalist, der sich jedoch auch auf bestimmte Nahrungsgruppen, insbesondere Amphibien, Ratten und Kaninchen spezialisieren kann, wenn das Nahrungsangebot es zulässt. Häufiger als andere Musteliden frisst er Ratten, Bisams und Kaninchen, die er bis in ihre Wohnröhren hinein verfolgt. Eine kontrollierende Auswirkung auf Kaninchen und Nagetierpopulationen ist nachgewiesen. Bei Nahrungsüberschuss legt er Vorräte an. In solchen Nahrungsdepots wurden schon mehrere Kaninchen und teilweise über 100 Frösche und Kröten gefunden.

FORTPFLANZUNG » Paarungszeit Ende Februar bis Ende Juni. Nach einer Tragzeit von 35–43 Tagen werden im Schnitt 4–8 (bis 12) Junge überwiegend im Mai und Juni geboren. Ausnahmsweise sind Geburten früh im März und spät im Oktober möglich. Auch wenn es im Regelfall nur zu einem Wurf im Jahr kommt, besteht die Möglichkeit für einen zweiten Wurf, sofern der erste verloren wurde. Dies könnte eine Erklärung für späte Geburten sein. Die Jungen sind Nesthocker und gegen Ende des 1. Lebensjahres geschlechtsreif.

TRITTSIEGEL

Typische Mustelidenanordnung. Die Fußsohlen sind behaart, die verhältnismäßig kräftigen, rundlichen Zehenballen und die eher feinen vorderen Mittelballen aber meist deutlich erkennbar.

Vorne

» **L** 2,5–4,7 cm » **B** 2,2–4 cm

Klein. Sohlengänger. Asymmetrisch. 5 Zehen: Zehe 1 ist die kleinste Zehe und nicht immer sicher zu erkennen. Die Zehenballen sind vom Mittelfußballen aus überwiegend nach vorne gerichtet. Der Abstand zwischen Zehen 3 und 4 ist meist kleiner als 4 mm. Die eher feinen vorderen Mittelballen sind zusammengewachsen, jedoch meist mit einzeln erkennbaren Ausbuchtungen abgedrückt. Mittelballen III bildet ein horizontal verlaufendes Rechteck, das als Unterscheidungsmerkmal zum Hermelin und Mink dienen kann ⓐ. Ist Mittelballen I erkennbar, drückt er sich einzeln ab; im hinteren Bereich des Trittsiegels kann ein nach außen versetzter, hinterer Mittelballen erkennbar sein. Die langen, scharfen und kräftigen Grabkrallen sind charakteristisch und meist deutlich abgedrückt.

Hinten

» **L** 2,5–3,9 cm » **B** 2–3,4 cm

Klein. Sohlengänger. Asymmetrisch. 5 Zehen: Zehe 1 ist die kleinste und häufig nicht zu erkennen. Ist Zehe 1 nicht abgedrückt, sind die übrigen vier Zehen ähnlich wie bei einem kleinen Kaniden angeordnet. Die

≈ Rechts vorne. Nahrendorf, Deutschland.

≈ Rechts hinten. Nahrendorf, Deutschland.

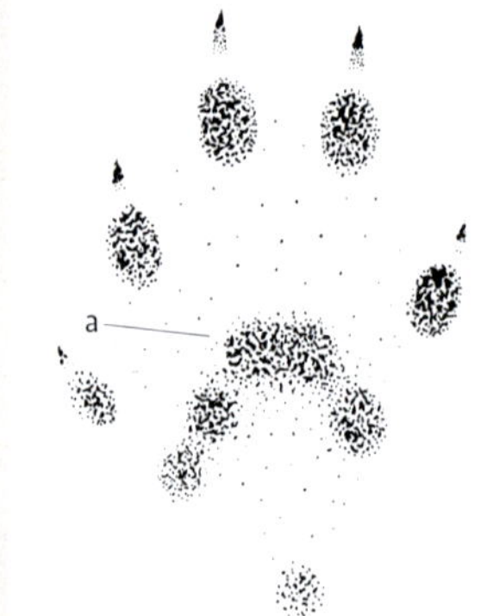

≈ Rechts vorne.

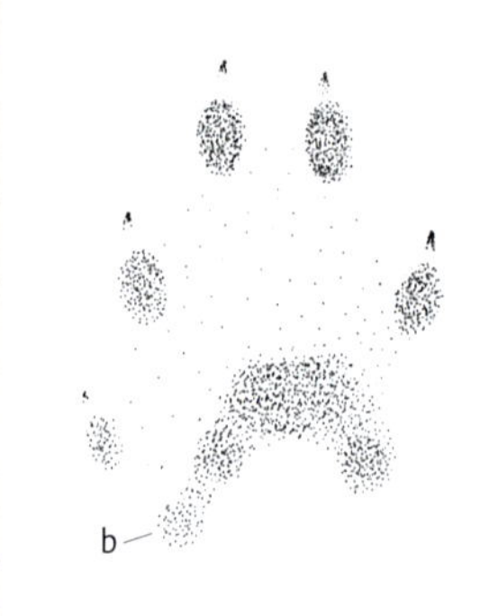

≈ Rechts hinten.

≈ Rechts vorne. Der rechteckige Mittelballen ist ein charakteristisches Merkmal. Spessart, Deutschland.

≈ Rechts vorne. Vledder, Niederlande. René Nauta.

vorderen Mittelballen sind zusammengewachsen, jedoch mit einzeln erkennbaren Ausbuchtungen. Ist Mittelballen I erkennbar, drückt er sich einzeln ab ⓑ. Die scharfen Krallenabdrücke sind häufig erkennbar.

GANGARTEN

Die bevorzugten Gangarten sind Zwei-, Drei- und Viersprung. Iltiswechsel verlaufen oft entlang strukturreicher Feld- und Waldrandgebiete, die nach Nahrung abgesucht werden.

Zwei-, Drei- und Viersprung
Gruppenlänge: 5–30 cm
Zwischengruppenlänge: 15–75 cm
Schrittlänge: 30–105 cm
Spurbreite: 4,5–11cm

Der Viersprung eines Iltis. Bieszczady, Polen.

Drei- und Viersprung.

Zweisprung.

Ähnliche Trittsiegel

Stein- und Baummarderfußabdrücke sind größer. Die Trittsiegel des Minks sind ähnlich groß, können jedoch durch ihre charakteristische fischotterähnliche Erscheinung meist eindeutig bestimmt werden. Teilweise überlappen sich die Maße mit dem Hermelin. Zwar kann mithilfe der Fußmorphologie gelegentlich eine eindeutige Aussage getroffen werden, jedoch bedarf es dafür nahezu perfekter Fußabdrücke (siehe „Hermelin, Iltis und Mink unterscheiden" Seite 481).

ZEICHEN

AMPHIBIENRESTE » Im Frühjahr jagt der Iltis Frösche und Kröten, die zur Eiablage in ihre Laichgewässer ziehen. Den Kopf oder die vordere Körperhälfte verschmäht er, wodurch er die giftigen Hinterohrdrüsen von Kröten vermeidet. Die Laichpakete der Weibchen bleiben ebenfalls unberührt. Ohne weitere Indizien sind solche Amphibienüberreste nur schwer von den Überresten zu unterscheiden, die Mink, Fischotter oder Bussard hinterlassen.

NAHRUNGSDEPOTS » Wie viele andere Marder versteckt der Iltis Beuteüberschuss als Nahrungsdepots in natürlichen Kammern zwischen Steinen, in hohlen Baumstämmen oder in Erdlöchern.

Die zylindrische, in sich verdrehte und an einem Ende spitz zulaufende Losung des Iltis. Midhurst, England. John Rhyder. ︾

KOT » Lang, zylindrisch, in sich verdreht und an einem Ende spitz zulaufend. Wurden Amphibien oder Regenwürmer gefressen, ist der Kot entsprechend loser. Im Regelfall dunkel bis schwarz und von einem leichten Schleim überzogen, jedoch hängt die Färbung stark von der Ernährung ab. Häufig sind Knochenreste von Fröschen sowie Knochen und Haare kleiner Nager und von Spitzmäusen enthalten. In Baunähe werden Latrinen verwendet. Teilweise schwer von Minklosung zu unterscheiden, es sei denn, dieser hat größtenteils Fisch gefressen. Im Regelfall deutlich größer als der Kot von Mauswiesel und Hermelin.

» **L** 3–7 cm » **D** 0,5–0,9 cm

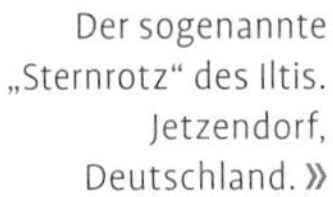

Der sogenannte „Sternrotz" des Iltis. Jetzendorf, Deutschland. »

MAUSWIESEL, HERMELIN

Mustela nivalis, Mustela erminea

Hermelin und Mauswiesel sind energische, kleine Raubtiere. Ihre Bewegungs- und Reaktionsgeschwindigkeit ist außergewöhnlich, das Gehör und der Tastsinn sind sehr gut entwickelt, sie können gut klettern und schwimmen. Aufgrund ihrer vergleichbaren Lebensweise und der ähnlichen Spuren und Zeichen werden sie hier zusammen behandelt. Beide Arten haben lange, schlanke Körper, die ideal dafür geeignet sind, auf beengtem Raum, etwa in hohlen Baumstämmen oder zwischen Steinen, zu jagen. Vor allem die kleineren Weibchen verfolgen und jagen Nagetiere bis tief in ihre Erdlöcher und Tunnel. In Gegenden, die im Winter dauerhaft mit Schnee bedeckt sind, wird auch ausgiebig unter der Schneedecke gejagt. Beide Wiesel graben selbst keine Baue, sondern übernehmen die Baue ihrer Beute. Insbesondere Mauswiesel halten sich häufig unterirdisch oder unterhalb der Schneedecke auf. Da Hermelin und Mauswiesel relativ klein sind, kommen sie für eine Vielzahl anderer Raubtiere als Beute infrage. Greifvögel können teilweise starke Auswirkungen auf Hermelin- und Mauswieselpopulationen haben.

Mauswiesel
KRL 12–25 cm
Sl 3–8 cm
G 40–210 g

Hermelin
KRL 17–33 cm
Sl 7–14 cm
G 110–470 g

GRÖßE » Je nach Verbreitungsgebiet gibt es erhebliche Unterschiede in der Körpergröße. In europäischen Vorkommen sind die Tiere im Nordosten am kleinsten und werden nach Süden und Westen hin größer. In Gegenden wie der Mittelmeerregion, wo das Hermelin fehlt, können Mauswiesel dessen Größe erreichen. Durch den ausgeprägten Geschlechtsdimorphismus (Männchen erreichen das 1,5- bis 2-fache

Das Mauswiesel ist das kleinste Raubtier der Erde. Der Pelz des Hermelins wurde seit dem Spätmittelalter als Fell für Königsmäntel verwendet.

Gewicht der Weibchen) kommt es in Gegenden, in denen beide Arten vorkommen, zu einem Überlappungsbereich zwischen kleinen Hermelinweibchen und großen Mauswieselmännchen. Die Trittsiegel sind deswegen meist nur außerhalb dieses Bereichs sicher zu unterscheiden.

KENNZEICHEN » Langer, schlanker Körper, kurze Beine und langer Schwanz mit schwarzer Spitze. Das Mauswiesel ist im Regelfall kleiner, mit kürzerem Schwanz ohne schwarze Spitze. Das bräunliche Fell färbt sich im Winter weiß, in Großbritannien und in milden Klimagebieten bleiben die Tiere jedoch das ganze Jahr braun. Die schwarze Schwanzspitze des Hermelins bleibt auch im Winterfell schwarz, wohingegen das Mauswiesel im Winterfell vollständig weiß gefärbt ist.

VERBREITUNG & LEBENSRAUM » Fast in ganz Europa vorkommend. Das Hermelin fehlt in der Mittelmeerregion und im Balkan. Das Mauswiesel ist nach dem Dachs die am weitesten verbreitete Mustelidenart und fehlt lediglich in Irland und Island. Der Lebensraum beider Arten umfasst eine hohe Varianz verschiedener Ökosysteme, sie können beinahe in jedem Biotop und jeder Höhe vorkommen, solange ausreichend Beutetiere und Deckungsmöglichkeiten vorhanden sind. Abwechslungsreiche, strukturreiche Landschaften mit Hecken, dichtem Gestrüpp und Trockenmauern werden bevorzugt. Offenes Gelände wird eher gemieden. Im Gegensatz zum Mauswiesel kommt das Hermelin seltener in Kernzonen größerer Wälder vor.

ERNÄHRUNG » Extreme Nahrungsspezialisten, die vor allem auf die verschiedenen Wühlmausarten Feldmaus, Erdmaus, Schermaus und Rötelmaus sowie andere Kleinsäuger ausgerichtet sind. Zu den Beutetieren gehören Langschwanzmäuse, Lemminge, Eichhörnchen, Hamster, Ziesel, Kaninchen und Spitzmäuse. Von geringerer Bedeutung sind Kleinvögel und deren Gelege. Amphibien, Insekten und Regenwürmer machen einen äußerst geringen Teil der Ernährung aus. Der tägliche Nahrungsbedarf entspricht 25–40 % des Eigengewichts, was etwa zwei Mäusen am Tag entspricht. Bei Nahrungsüberschuss kann es zu einem Tötungsinstinkt und zum Anlegen von Nahrungsvorräten kommen.

FORTPFLANZUNG » Die Paarungszeit reicht von April–Juli. Beim Hermelin kommt es durch die verzögerte Implantation zu einer verlängerten Tragzeit von 9–10 Monaten. Die aktive Schwangerschaft dauert 4 Wochen. Mit dem Höhepunkt im April werden im Frühjahr durchschnittlich 4–9 Junge als Nesthocker geboren. Bemerkenswert ist die sehr frühe Befruchtung von Hermelinweibchen, die bereits im Alter von 3–6 Wochen möglich ist (Säuglingsträchtigkeit). Die

Embryonalentwicklung wird durch die Keimruhe verzögert, sodass die Tiere zur Geburt voll entwickelt sind. Das Mauswiesel hat eine Tragzeit von 34–37 Tagen und keine Keimruhe. Geburten können fast das ganze Jahr über erfolgen. Bei einem hohen Nahrungsangebot sind zwei Würfe möglich. Weibchen und Männchen sind nach 3–4 Monaten geschlechtsreif.

ANMERKUNG » Eine ausgefallene Jagdstrategie des Hermelins ist das „Hypnotisieren" von Kaninchen. Durch scheinbar wahlloses Hin- und Herlaufen, Hakenschlagen und abrupte Luftsprünge wird das Kaninchen verwirrt und bleibt stehen, anstatt zu flüchten. Systematisch nähert sich das Hermelin in einer Aneinanderreihung ziellos wirkender Kapriolen, bis es dem Kaninchen nah genug ist, um es zu überwältigen.

ZEICHEN

NAHRUNGSDEPOTS » Bei einem Nahrungsüberschuss können Hermelin und Mauswiesel umfangreiche Nahrungsdepots zum Beispiel unter Baumstämmen anlegen. In Baunähe sind sorgfältig aufgehäufte Kadaver von Wald- und Wühlmäusen ein charakteristisches Zeichen.

KOT » Der Kot ist lang, dünn, in sich verdreht und an einem Ende zu einer langen Spitze ausgezogen. Verdrehung und Form sind mardertypisch und werden durch einen hohen Anteil an Kleinsäugerhaaren begünstigt. Knochenreste sind selten zu finden. Mauswieselkot ist etwa 50 % dünner und im Regelfall kürzer. Um beide Arten ausschließlich mithilfe der Losung unterscheiden zu können, sind Erfahrung und Kenntnis der vorkommenden Individuen nötig. Bei L > 6 cm und/oder D > 0,3 cm können Mauswiesel im Regelfall ausgeschlossen werden. Der Kot ist meist graubraun bis schwarz gefärbt und wird bevorzugt gut sichtbar an erhöhten Plätzen wie etwa auf Baumstümpfen oder Steinen abgelegt.

Mauswiesel

» **L** 2,5– 6 cm » **D** 0,2–0,3 cm

Hermelin

» **L** 4– 8 cm » **D** 0,5 cm

Mauswieselkot. Außer anhand der Größe können beide Arten nicht sicher am Kot unterschieden werden. John Rhyder, England. ︾

Hermelinkot (unten) und Mauswieselkot (oben rechts) im Vergleich. Lausitz, Deutschland. Heide Ulrich. »

TRITTSIEGEL

Typische Mustelidenanordnung. Die Fußsohlen sind behaart, wodurch die Trittsiegel größer und verwaschen erscheinen können. Die Fußmorphologie von Hermelin und Mauswiesel ist nahezu identisch. Beide Arten sind bis auf die Größe kaum voneinander zu unterscheiden. In Gegenden, in denen Hermelin und Mauswiesel vorkommen, ist das Hermelin stets die größere Art. In Gegenden, in denen das Hermelin fehlt, können für Mauswiesel jedoch die Maße des Hermelins zutreffen. Hier sind ausschließlich Maße aus Gegenden verwendet, in denen beide Arten vorkommen und das Mauswiesel dementsprechend kleiner als das Hermelin ist.

Vorne

Mauswiesel

» **L** 0,8–2 cm » **B** 0,7–1,7 cm

Hermelin

» **L** 1,6–3,8 cm » **B** 1,2–3 cm

Vollständige Trittsiegel mit L < 1,4 cm = Mauswiesel

Vollständige Trittsiegel mit L > 2,4 cm = Hermelin

Winzig bis sehr klein (Mauswiesel). Sehr klein bis klein (Hermelin). Sohlengänger. Asymmetrisch. 5 Zehen: Zehe 1 ist die kleinste Zehe und nicht zuverlässig erkennbar. Die vorderen Mittelballen sind zusammengewachsen, jedoch mit einzeln erkennbaren Ausbuchtungen. Ist Mittelballen I erkennbar, drückt er sich einzeln ab. Im hinteren Bereich des Trittsiegels kann ein weiterer, hinterer Mittelballen erkennbar

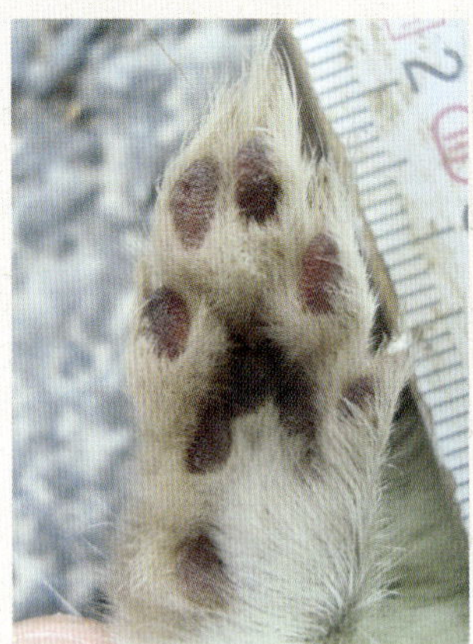

≈ Hermelin, rechts vorne. Göttingen, Deutschland. Heide Ulrich.

≈ Mauswiesel, rechts hinten. Deutschland. Heide Ulrich.

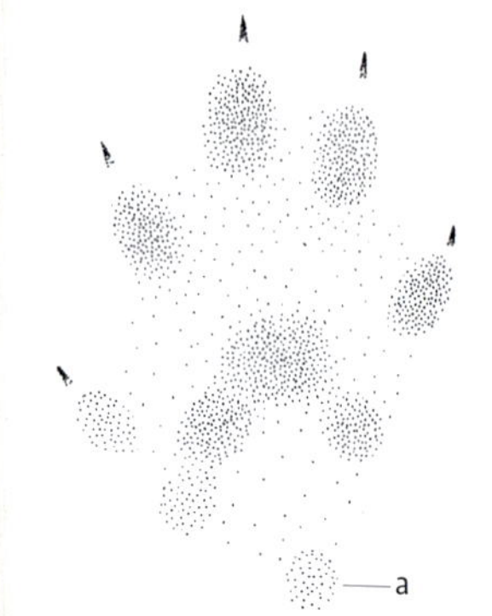

≈ Hermelin, rechts vorne.

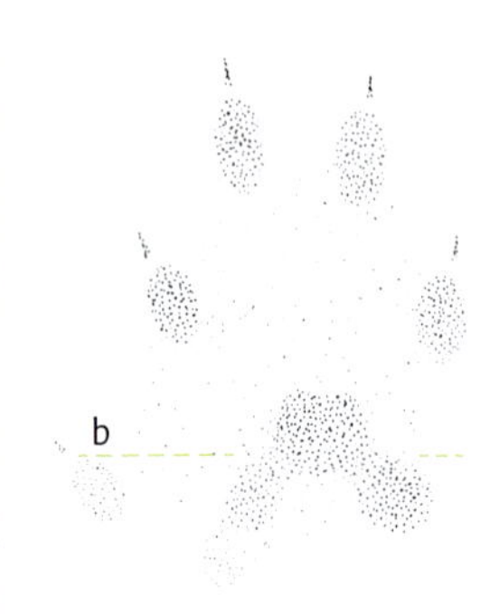

≈ Hermelin, rechts hinten.

≈ Hermelin, rechts vorne. Ein vollständiger Abdruck ist ein seltener Fund. Nahrendorf, Deutschland.

≈ Hermelin, rechts hinten. Unteres Odertal, Deutschland.

sein ⓐ. Die feinen, scharfen und relativ kurzen Krallenabdrücke sind teilweise erkennbar. Im Regelfall wirkt der Vorderfußabdruck größer und vor allem breiter und kräftiger als der des Hinterfußes. Gelegentlich kann jedoch auch der Hinterfußabdruck größer wirken. Das ist vor allem der Fall, wenn der Vorderfuß ohne den hinteren Mittelballen und der Hinterfuß vollständig abgedrückt ist.

Hinten

Mauswiesel

» **L** 0,8–1,9 cm » **B** 0,6–1,4 cm

Hermelin

» **L** 1,6–3,2 cm » **B** 1,3–2,5 cm

Winzig bis sehr klein (Mauswiesel). Sehr klein bis klein (Hermelin). Sohlengänger. Asymmetrisch. Asymmetrie deutlicher als vorne. 5 Zehen: Zehe 1 ist die kleinste Zehe und sitzt deutlich weiter hinten als beim Vorderfuß ⓑ. Der Hinterfuß ist dadurch asymmetrischer. Ist Zehe 1 nicht erkennbar, wirkt der Hinterfußabdruck symmetrischer als der des Vorderfußes und kann an den Fußabdruck eines kleinen Kaniden erinnern. Zehe 1 ist häufig nicht zu erkennen. Die vorderen Mittelballen sind zusammengewachsen, jedoch mit einzeln erkennbaren Ausbuchtungen. Ist Mittelballen I erkennbar, drückt er sich einzeln ab. Grundsätzlich wirkt der Hinterfußabdruck schmaler und länglicher als der des Vorderfußes. Die feinen, scharfen und relativ kurzen Krallenabdrücke sind teilweise erkennbar.

Links vorne (oben) und links hinten (unten). Eindeutige Mauswieseltrittsiegel sind ein seltener Fund. Hier konnte das Trittsiegel sogar als Andenken mit nach Hause genommen werden. Welzow, Deutschland. ≽

GANGARTEN

Hermelin und Mauswiesel erkunden und jagen in Sprüngen. Möchten sie etwas genauer inspizieren, wechseln sie in den deutlich langsameren Schritt. Bei Flucht oder starker Bedrohung können sie einen Galopp verwenden. Wieselsprünge wirken oft unregelmäßig. Die Maße der Schrittlängen können von Sprung zu Sprung stark variieren. Wiesel können sehr scharfe Kurven einschlagen, eine 360°-Drehung von einer Vierergruppe zur folgenden ist möglich. Auf der Suche nach Beute bewegen sich Mauswiesel und Hermelin bevorzugt entlang deckungsreicher Grenzbereiche wie Hecken, Trockenmauern und Ufern kleiner Bäche. Paul Marchesi nannte diese Wege in seinem Untersuchungsgebiet „Hermelin-Autobahnen", da sie so häufig begangen wurden (Marchesi et al. 2010, Seite 54). Die deckungsreichen Grenzbereiche bieten den kleinen Wieseln Schutz vor Raubtieren und Nahrung zugleich. Vor allem in tiefem Schnee wird der Zweisprung bevorzugt. In weichem Schnee tunneln die Tiere häufig.

Zweisprung

Gruppenlänge: 1,2–3,8 cm
Zwischengruppenlänge: 6–70 cm
Schrittlänge: 7,5–72 cm
(Mauswiesel gewöhnlich unter 50 cm)
Spurbreite: 2–5,5 cm

Drei- und Viersprung

Gruppenlänge: 3,5–18 cm
Zwischengruppenlänge: 5–65 cm
Schrittlänge: 8,5–84 cm
Spurbreite: 2,5–7,5 cm
Schrittlänge des Mauswiesels gewöhnlich unter 50 cm. Spurbreite des Mauswiesels gewöhnlich zwischen 2–4 cm, nicht größer als 4,5 cm. Spurbreite des Hermelins gewöhnlich zwischen 2,8–5 cm, selten größer als 5,5 cm.

Hermelin, Viersprung. Fußfolge von unten nach oben: LV, RV, LH, RH. Bieszczady Polen. ︾

︽ Hermelin, Viersprung. Lausitz, Deutschland.

Hermelin, Zweisprung.

Hermelin, Viersprung.

Ähnliche Trittsiegel

Die Trittsiegel des Mauswiesels sind gewöhnlich kleiner als die des Hermelins. Die Unterscheidung ist in diesem Fall allein durch die Trittsiegelgröße eindeutig. Große Mauswieseltrittsiegel können jedoch nur schwer bis gar nicht von denen kleiner Hermeline unterschieden werden.

Stein- und Baummarderfußabdrücke sind deutlich größer und die Trittsiegel des Minks sind durch ihre charakteristische fischotterähnliche Erscheinung meist klar zu bestimmen. Hermelin- und Iltistrittsiegel können einander stark ähneln. Im Falle einer ähnlichen Trittsiegelgröße sind sie schwer zu unterscheiden. Zwar kann mithilfe der Fußmorphologie gelegentlich eine eindeutige Aussage getroffen werden, jedoch bedarf es dafür nahezu perfekter Fußabdrücke (siehe „Hermelin, Iltis und Mink unterscheiden" Seite 481).

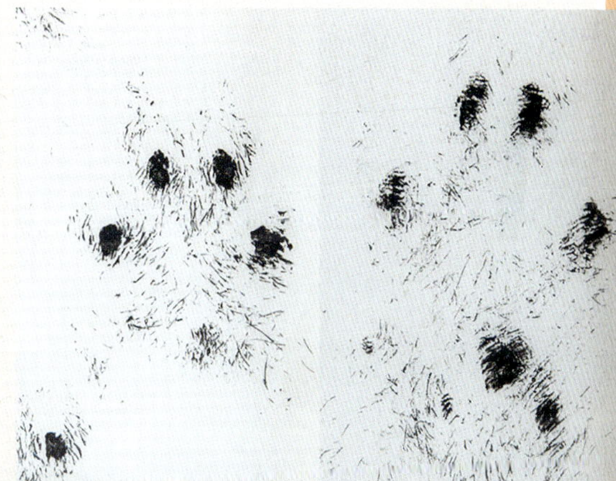

Tintenabdrücke des Mauswiesels (links) im Vergleich zu denen des Hermelins (rechts). Während beim Hermelin häufig die Mittelballen II–IV zu erkennen sind, wird beim Mauswiesel oft nur Mittelballen III abgedrückt.

Linker Vorderfußabdruck eines Mauswiesels (links) und eines Hermelins (rechts) im Größenvergleich. Deutschland. Aaron Tiedemann.

MINK ODER AMERIKANISCHER NERZ

Neovison vison

KRL 30–55 cm
Sl 13–23 cm
G 0,45–2,3 kg

Der Mink oder Amerikanische Nerz ist die einzige Art aus der Gattung der Amerikanischen Nerze, die im Gebiet vorkommt. Er ist ein territorialer Einzelgänger und überwiegend dämmerungs- und nachtaktiv. Man kann ihn aber auch tagsüber sehen. Sicht, Gehör- und Tastsinn spielen für ihn eine wichtige Rolle. Er kann gut schwimmen, tauchen und klettern. Natürliche Feinde sind beinahe alle Beutegreifer, die größer als er selbst sind. Der Mensch und wildernde Hunde verursachen die größten Verluste.

KENNZEICHEN » Ähnliche Größe wie der Waldiltis, jedoch einheitlicher gefärbt (keine Gesichtsmaske) und im Regelfall dunkler. Dichtes, glänzendes Fell. Im Vergleich zum Iltis fehlen außerdem die weißen Ohrränder. Deutlich kleiner als ein Fischotter.

VERBREITUNG & LEBENSRAUM » Sein dichter und schöner Pelz war sehr begehrt, daher verbreiteten sich Minkpelzfarmen in der ganzen Welt. Immer wieder entkamen Farmtiere, sodass sich seit den 1950er-Jahren feste wildlebende Vorkommen in Europa etablieren konnten. Der Mink ist stark ans Wasser gebunden. Ausnahmen bieten Lebensräume mit ausreichend vorhandener Beute wie beispielsweise starken Kaninchenpopulationen. In der Regel lebt der Mink in der Nähe von Bächen, Flüssen und Seen, an denen es ausreichend buschige Vegetation, Uferüberhänge, Baumwurzeln und ähnliche Strukturen gibt. Diese dienen als Deckungsmöglichkeit und tragen zu einem erhöhten Nahrungsangebot bei. In Küstenregionen werden steinige, deckungsreiche Lebensräume bevorzugt.

ERNÄHRUNG » Der Mink ist ein opportunistischer Fleischfresser, der sich beinahe ausschließlich von tierischer Nahrung ernährt. Zu seinem breiten Nahrungsspektrum gehören Säugetiere, Fische, Krebse, Amphibien, Reptilien, Vögel und Wirbellose. Seine Hauptnahrungsquellen variieren stark mit der Jahreszeit und der Verfügbarkeit von Beute. Besonders wichtig sind kleine bis mittelgroße Säugetiere wie Bisam, Kaninchen, Eichhörnchen sowie Wühl- und Langschwanzmäuse. An Flüssen und Seen erbeutet er Wasservögel wie Enten, Teich- und Blässhühner sowie Fisch. Der Amerikanische Nerz dringt in Bisamburgen ein, um Jungtiere zu erbeuten. Er fängt, tötet und frisst ausgewachsene Enten und Seeschwalben, deren Jungvögel und gelegentlich auch ihre Eier. Dadurch kann es zu deutlichen Bestandseinbußen kommen. Fischt der Mink, fängt er überwiegend kleine, langsam schwimmende Fische, zum Beispiel Barsche (*Perca*). Amphibien, Schlangen, Käfer und Regenwürmer frisst er eher selten. Bei Nahrungsüberschuss können Vorräte angelegt werden. Teilen sich Fischotter und Mink einen Lebensraum, ändert sich die Nahrungszusammenstellung vom Mink: Die terrestrische Ernährung nimmt zu und die aquatische ab. Es wird vermutet, dass Minks weniger Zeit in Gewässernähe verbringen, wenn Otter im Gebiet vorkommen.

FORTPFLANZUNG » Die Fortpflanzungszeit fällt in den Zeitraum von Februar–April und hält 3–4 Wochen an. Die Implantation des befruchteten Eis kann um 11–48 Tage verzögert werden, wodurch es zu einer verlängerten Tragzeit von 39–76 Tagen kommt. Die aktive Schwangerschaft dauert 28–30 Tage. In der Zeit von April–Juni, überwiegend im Mai, kommt es zu einem Wurf von durchschnittlich 3–6 Jungen. Diese sind Nesthocker, die mit etwa einem Jahr geschlechtsreif werden.

TRITTSIEGEL

Typische Mustelidenanordnung. Proximale Schwimmhäute sind vor allem bei tiefen Abdrücken gelegentlich sichtbar. Die Krallen verschmelzen im Abdruck oft mit den Zehenballen, wodurch ein spitzer Eindruck entsteht. Die feinen Zehenballen wirken tropfenförmig ⓐ. Insbesondere auf weichen Böden erscheinen die Trittsiegel im Bereich der Zehenballen häufig tief abgedrückt und gespreizt. Der Mittelfußballen ist verhältnismäßig kräftig, jedoch meist eher schwach abgedrückt. Die Fußsohlen sind schwächer behaart als bei den übrigen Mardern.

Vorne

» **L** 3,2–4,9 cm » **B** 2,4–4,3 cm

Klein. Sohlengänger. Asymmetrisch. Insgesamt symmetrischer als der Hinterfuß. 5 Zehen: Zehe 1 ist die kleinste Zehe und nicht zuverlässig erkennbar. Die relativ feinen Zehenballen gehen fächerförmig vom Mittelfußballen aus, wodurch häufig eine charakteristische Spreizung entsteht. Der Abstand zwischen Zehen 3 und 4 ist meist größer als 4 mm. Die eher kräftigen, vorderen Mittelballen sind zusammengewachsen, jedoch meist mit einzeln erkennbaren Ausbuchtungen abgedrückt. Ist Mittelballen I erkennbar, drückt er sich einzeln ab. Im hinteren Bereich des Trittsiegels kann ein weiterer, nach außen versetzter, hinterer Mittelballen erkennbar sein. Die feinen, spitzen Krallenabdrücke sind häufig erkennbar.

≈ Mink, rechts vorne.
Märkische Schweiz, Deutschland.

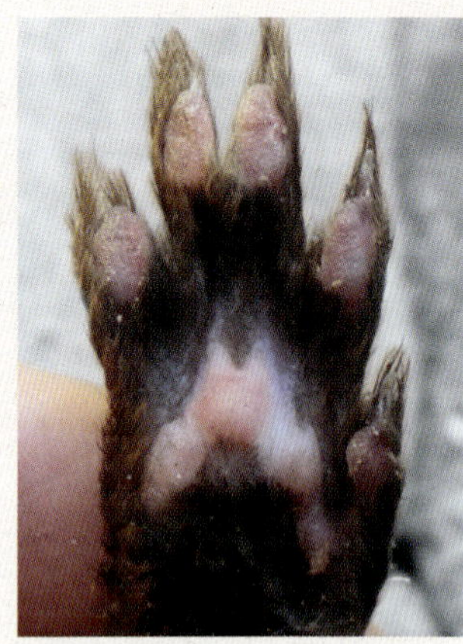

≈ Rechts hinten.
Vledder, Niederlande. René Nauta.

≈ Rechts vorne.

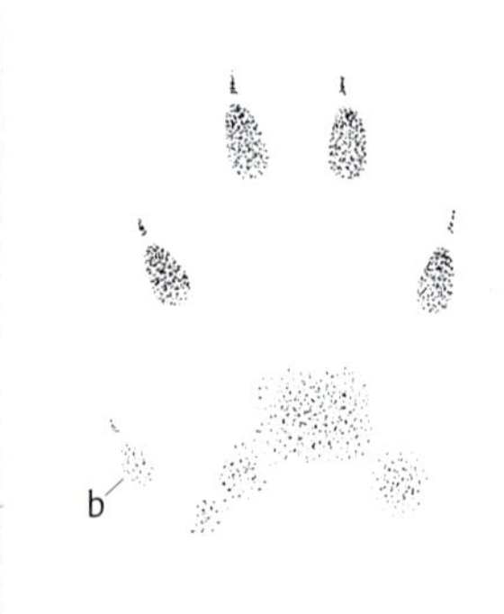

≈ Rechts hinten.

≈ Rechts vorne.
Lausitz, Deutschland.

≈ Rechts hinten.
Lausitz, Deutschland.

Der Vorderfußabdruck wirkt meist breiter und kräftiger als der des Hinterfußes.

Hinten

» **L** 2,5–4,2 cm » **B** 2,1–3,8 cm

Klein. Sohlengänger. Asymmetrisch. Asymmetrie deutlicher als vorne. 5 Zehen: Zehe 1 ist die kleinste Zehe und sitzt deutlich weiter hinten als beim Vorderfuß ⓑ. Ist Zehe 1 nicht erkennbar, kann das Trittsiegel symmetrischer erscheinen. Die vorderen Mittelballen sind zusammengewachsen, jedoch mit einzeln erkennbaren Ausbuchtungen. Ist Mittelballen I erkennbar, drückt er sich einzeln ab. Die Zehenballen spreizen sich weniger deutlich als beim Vorderfuß. Die feinen, spitzen Krallenabdrücke sind häufig erkennbar. Der Hinterfußabdruck wirkt meist schmaler und länglicher als der des Vorderfußes.

GANGARTEN

Der Mink erkundet und jagt überwiegend im Zwei- und Dreisprung. Will er etwas genauer inspizieren, wechselt er in den langsameren Schritt. Bei Flucht oder starker Bedrohung verwendet er einen Galopp. In tiefem Schnee wird der Zweisprung bevorzugt. Im Zweisprung hat der Mink, im Vergleich zu Hermelin und Mauswiesel, eine konstantere und verhältnismäßig kürzere Schrittlänge. Ähnlich wie beim Fischotter liegen die Spurgruppen des Drei- und Viersprungs oft diagonal zur Laufrichtung. Dies kann ein Unterscheidungsmerkmal gegenüber Hermelin und Iltis sein, bei denen die Spurgruppen eher parallel zur Reiserichtung liegen.

Schritt

Schrittlänge: 23–36 cm

Spurbreite: 8–13 cm

Zweisprung

Gruppenlänge: 6–18,5 cm

Zwischengruppenlänge: 19–79 cm

Schrittlänge: 25–97,5 cm

Spurbreite: 5–11,5 cm

Drei- und Viersprung

Gruppenlänge: 13–35 cm

Zwischengruppenlänge: 16–85 cm

Schrittlänge: 29–110 cm

Spurbreite: 5–11 cm

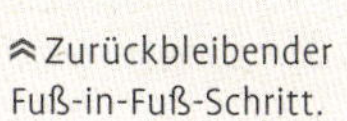

≈ Zurückbleibender Fuß-in-Fuß-Schritt.

≈ Dreisprung.

« Mink im Schritt. Den Schritt verwendet er vor allem dann, wenn er etwas genauer inspizieren will. Lausitz, Deutschland.

︽ Bei dem für Marder typischen Zweisprung treten beide Hinterfüße in die Abdrücke der Vorderfüße. Hier ist der linke Hinterfußabdruck nach innen versetzt. Lausitz, Deutschland.

︽ Mink im Viersprung. Fußfolge von unten nach oben: LV, RV, LH, RH. Kreba-Neudorf, Deutschland.

Ähnliche Trittsiegel

Baum- und Steinmardertrittsiegel sind größer. Die Trittsiegel des Waldiltis sind ähnlich groß. Die Unterscheidung kann schwer sein, ist jedoch bei geeigneten Fußabdrücken im Regelfall möglich.

Tintenabdrücke von Hermelin (links) und Iltis (rechts) im Vergleich. Lützel, Deutschland. ︾

HERMELIN, ILTIS UND MINK UNTERSCHEIDEN

HERMELIN	ILTIS	MINK
ⓐ Rundliche Zehenballen, meist wenig gespreizt und gerade vom Mittelfußballen abgehend.	ⓐ Relativ kräftige, rundliche Zehenballen, meist wenig gespreizt und gerade vom Mittelfußballen abgehend. Der Abstand zwischen Zehen 3 und 4 ist meist kleiner als 4 mm.	ⓐ Relativ feine, tropfenförmige Zehenballen, meist deutlich gespreizt und fächerförmig vom Mittelfußballen abgehend. Der Abstand zwischen Zehen 3 und 4 ist meist größer als 4 mm.
ⓑ Verhältnismäßig kurze, feine Krallenabdrücke.	ⓑ Verhältnismäßig lange, kräftige Krallenabdrücke, die sich in der Regel mehr als 6 mm vor dem jeweiligen Zehenballen befinden (Harrington 2008).	ⓑ Verhältnismäßig kurze, feine Krallenabdrücke, die sich in der Regel weniger als 6 mm vor dem jeweiligen Zehenballen befinden (Harrington 2008).
ⓒ Mittelballen III rundlich geformt.	ⓒ Vordere Mittelballen im Vergleich zu denen des Minks eher fein, Mittelballen III auffallend rechteckig geformt.	ⓒ Vordere Mittelballen eher kräftig, Mittelballen III rundlich geformt.
ⓓ Trittsiegel tendenziell kleiner und schlanker als die des Iltis.	ⓓ Trittsiegel im Verhältnis zur Körpergröße eher klein und tendenziell kleiner und länglicher als die des Minks.	ⓓ Trittsiegel im Verhältnis zur Körpergröße eher groß und tendenziell größer und rundlicher als die des Iltis.
ⓔ Starke Fußsohlenbehaarung, oft wirken Abdrücke vorderer Mittelballen verwaschen oder fehlen komplett.	ⓔ Fußsohlen behaart, die Zehen- und Mittelballen sind jedoch meist deutlich erkennbar.	ⓔ Fußsohlen vergleichsweise schwach behaart, die Zehen- und Mittelballen sind eher deutlich erkennbar.

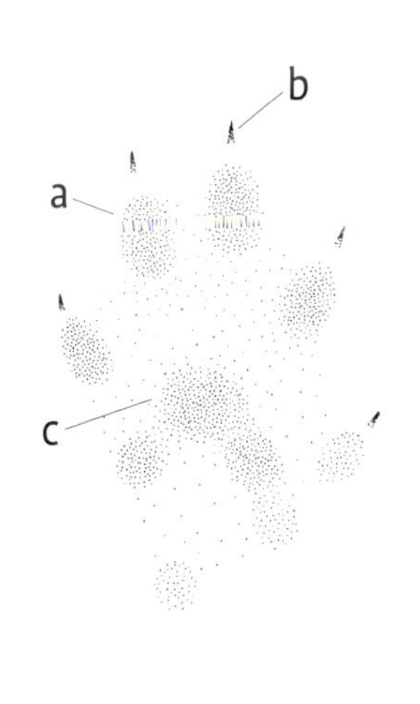

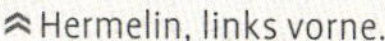
≈ Hermelin, links vorne.

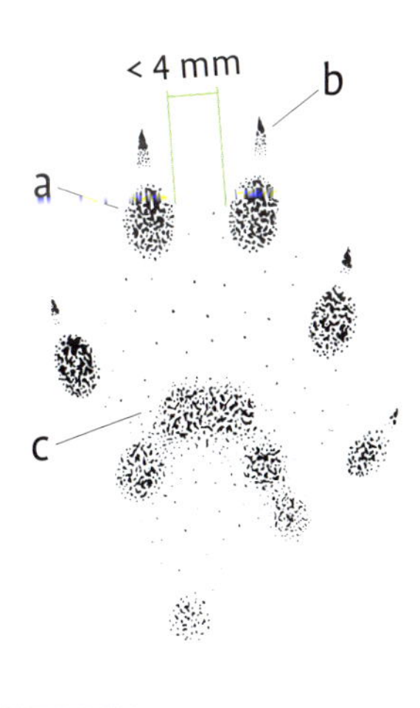

≈ Iltis, links vorne.

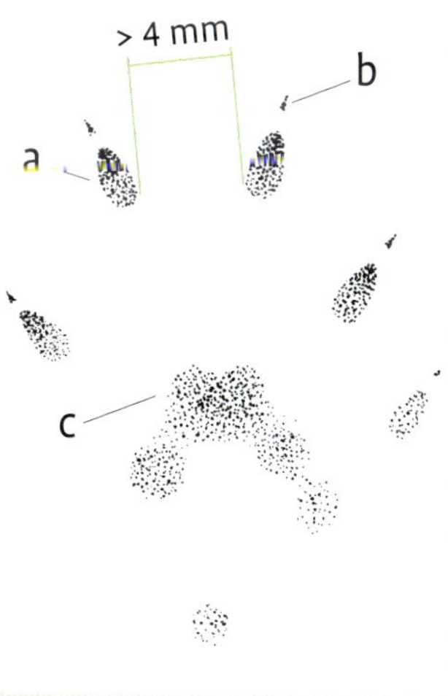

≈ Mink, links vorne.

ANMERKUNGEN » Konkurriert mit dem Fischotter und dem Europäischen Nerz. Kommen beide Nerze zusammen vor, verdrängt der Amerikanische den Europäischen Nerz. Als Neozoon nicht geschützt, Bestand nach Roter Liste ungefährdet.

ZEICHEN

NAHRUNGSDEPOTS » Überwiegend im Herbst und frühen Winter legt der Mink Nahrungsvorräte an. Eine solche „Speisekammer" kann Frösche, Fische, Enten und kleinere Säugetiere bis zu einer Größe von Kaninchen oder Bisam beinhalten. Der Mink versteckt seine Nahrungsvorräte in natürlichen Kammern zwischen Steinen sowie in hohlen Baumstämmen oder Erdlöchern. Ein besonders großes Nahrungsdepot bestand aus 13 Bisams, 2 Stockenten und einem Blässhuhn.

Der Erdbau eines Minks. Witzenhausen, Deutschland. Heide Ulrich. ≽

≼ Dieses Nahrungsdepot vom Mink bestand aus über einem Dutzend kleiner Fische. Lausitz, Deutschland.

ERDBAU » Hohle Baumstämme und vorhandene Höhlen sowie Baue von Bisam und Biber werden vom Mink übernommen und gegebenenfalls erweitert. Ihr Gangsystem mit mehreren Kammern sowie Ein- und Ausgängen umfasst etwa 1–3 m². Meist sind die Baue weniger als 2 m vom Gewässer entfernt. Die Eingangslöcher besitzen einen Durchmesser von 5–9 cm.

WECHSEL » Ähnlich wie beim Fischotter können auffällige Wechsel entlang von Gewässern entstehen. Die Pfade sind etwa 10–15 cm breit und somit deutlich kleiner als die eines Fischotterwechsels. Es kann jedoch bei maximaler Breite eines Minkwechsels zu einem Überlappungsbereich mit der minimalen Breite eines Fischotterwechsels kommen.

RISSMERKMALE » Ähnlich wie Fischotter frisst der Mink Fische meist vollständig, sodass selten Fraßspuren zurückbleiben.
» **Abstand zwischen den Eckzähnen** 0,8–1 cm (0,6–1,2 cm)

KOT » Lang, zylindrisch, in sich verdreht und an einem Ende spitz zulaufend. Wurde viel Fisch gefressen, weist der Kot entsprechend viele Schuppen und Gräten auf. Im Regelfall ist die Färbung dunkelgrün, braun oder schwarz, je nach Ernährung. Mit der Losung werden der Eingang zum Bau, erhobene Plätze (etwa Steine, Baumwurzeln) sowie Ein- und Ausstiegsstellen, Wasserbrücken und Wegkreuzungen markiert. Die Losung wird vermehrt an Reviergrenzen abgelegt. Durch die wiederholte Benutzung dieser markanten Plätze können größere Latrinen entstehen. Fischotterlosung findet sich an ähnlichen Stellen. Sie riecht etwas angenehmer (süßlich), ist im Regelfall deutlich größer und oft weicher. Iltislosung ist der des Minks sehr ähnlich, allerdings ist es unwahrscheinlicher, dass sie größtenteils Fischreste enthält.
» **L** 4–9,2 cm » **D** 0,5–1,1 cm

Exkremente vom Mink. Die Losung ähnelt Fischotterkot, ist jedoch in der Regel kleiner und enthält feinere Fischreste. Lausitz, Deutschland. »

WASCHBÄR

Procyon lotor

Die Waschbären gehören zur Familie der Kleinbären (Procyonidae). Ihrer Gestalt nach ähneln diese einer Zwischenform von Mardern und Bären. Sie haben einen gedrungenen Körperbau mit tendenziell eher kurzem, breitem Kopf und meist längerem Schwanz. Kleinbären sind überwiegend nachtaktive Allesfresser, die gut klettern können. In Europa gibt es nur den Waschbär, der sich als Neozoon erfolgreich etablieren konnte.

Waschbären gelten als schlau und geschickt. Sie verfügen über einen besonders gut ausgebildeten Tastsinn, weshalb man ihnen das „Sehen mit den Händen" zuschreibt. Sie sind gute Schwimmer und Kletterer, die ihre Hinterfüße um 180° drehen und dadurch sogar kopfabwärts klettern können. Den Tag verbringen Waschbären meist geschützt auf Bäumen oder in ihrem Unterschlupf. Hauptsächlich nachts begeben sie sich zur Nahrungssuche auf den Boden. Waschbären verhalten sich territorial, allerdings können weibliche Tiere Kleingruppen mit ihren Töchtern bilden und auch männliche Tiere schließen sich bisweilen zu Gruppen von 3–4 Tieren zusammen. Je nach Klima kann es zur Winterruhe kommen. Natürliche Feinde sind Wolf und Hund.

KRL 41–70 cm
Sl 19–30 cm
G 4–15 kg

KENNZEICHEN » Knapp fuchsgroß, mit gedrungener, bärähnlicher Gestalt und schwarzer Gesichtsmaske. Kurze, zugespitzte Schnauze und geringelter Schwanz.

VERBREITUNG & LEBENSRAUM » Ursprünglich in Nord- und Mittelamerika heimisch, sind die Tiere zur Zeit des Zweiten Weltkrieges in verschiedenen Gebieten Europas aus Pelztierfarmen entkommen oder ausgesetzt worden. Waschbären konnten sich in vielen Gegenden Europas als Neozoon behaupten und breiten sich weiterhin aus. Heute kommen sie in Österreich, Polen, Deutschland, den Niederlanden, Frankreich und Luxemburg vor. Waschbären bevorzugen Laubmischwälder mit hohem Totholzanteil und zahlreichen Feuchtgebieten. Als Behausung dienen oft hohle Baumstämme oder auch verlassene Dachs- oder Fuchsbaue sowie alte Gebäude und Dachböden. Die Tiere sind sehr anpassungsfähig und können sogar für sie ungeeignete Lebensräume, wie Steppen, besiedeln. Als Kulturfolger werden sie auch in Großstädten angetroffen. Lediglich sehr trockene Gebiete sowie Gebirge über 2500 m werden von ihnen gemieden.

ERNÄHRUNG » Opportunistische Allesfresser, die sich häufiger von Pflanzen als von Tieren ernähren. Obst, Beeren, Gras, Mais, Eicheln und Bucheckern machen den Großteil der pflanzlichen Nahrung aus. Als tierische Nahrungsquelle spielen Insekten, Würmer und Schnecken sowie Flusskrebse, Fische und Mäuse eine große Rolle. Werden Kröten gefressen, ziehen Waschbären ihnen die Haut ab. Sie fressen menschlichen Abfall und erbeuten Vögel und Vogeleier.

FORTPFLANZUNG » Die Paarungszeit reicht von Januar–März und ist die einzige Zeit, zu der Männchen und Weibchen zusammenleben. Verlieren Weibchen ihren ersten Wurf oder werden nicht trächtig, kann es von Mai–Juli zu einer zweiten Ovulation kommen. Nach einer Tragzeit von 60–73 Tagen werden von März–September die 2–4 (bis 7) Jungen geboren. Die Jungtiere sind am Ende des Herbstes beinahe unabhängig, sie überwintern jedoch häufig mit der Mutter und sind nach 1–2 Jahren geschlechtsreif.

ZEICHEN

SCHLAFPLÄTZE » Waschbären bevorzugen Baumhöhlen alter stehender Bäume, häufig Eichen. In der Regel befinden sich diese Schlafplätze in 3–12 m Höhe und nicht weiter als 100 m vom nächsten Gewässer entfernt (Gehrt 2003). Es können auch verlassene Fuchs- und Dachsbaue oder Dachböden bezogen werden. Haare, Latrinen oder die Laute der Jungen im Frühjahr können auf die Hauptschlafstätten aufmerksam machen.

In der Nähe von Tageslagern und Hauptschlafstätten können Waschbärhaare wie diese gefunden werden. Märkische Schweiz, Deutschland. »

TRITTSIEGEL

Vorne

» **L** 4,1–8 cm » **B** 4–7 cm

Klein bis mittelgroß. Sohlengänger. Symmetrisch. 5 fingerähnliche Zehen, die einen Abdruck ähnlich einer kleinen menschlichen Hand hinterlassen können. Die Zehen sind meist bis zum Mittelfußballen durchgehend abgedrückt und fächerförmig angeordnet. Dies lässt die Zehen meist stärker gespreizt als beim Hinterfuß wirken. Die vorderen Mittelballen sind zu einem größeren Mittelfußballen zusammengewachsen, der eine deutlich gebogene C-Form zeigen kann ⓐ. Der größte vordere Mittelballen ist Mittelballen IV und befindet sich auf der Außenseite des Fußes ⓑ. Gelegentlich kann ein weiterer, hinterer Mittelballen im Abdruck erkennbar sein. Kleine, spitze Krallen können abgedrückt sein. Der Vorderfußabdruck wirkt im Vergleich zu dem des Hinterfußes meist kürzer und rundlicher.

Links vorne.
Märkische Schweiz, Deutschland.

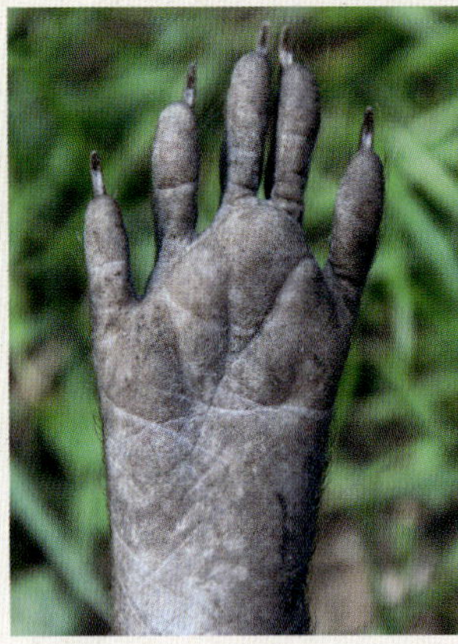

Links hinten.
Märkische Schweiz, Deutschland.

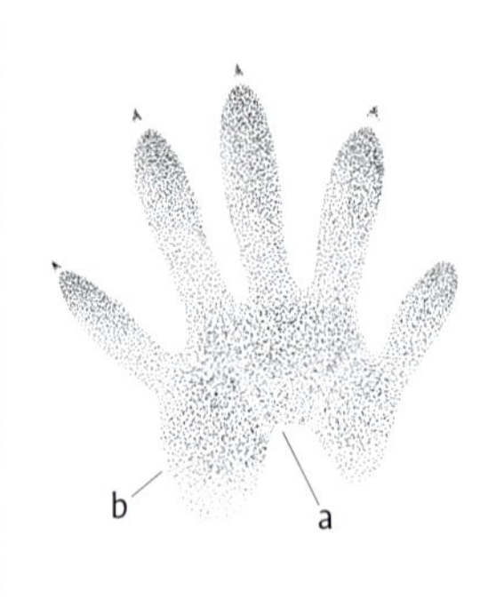

Links vorne.

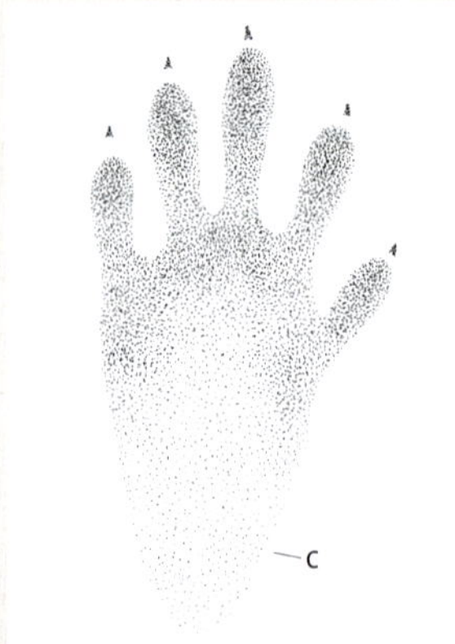

Links hinten.

Hinten

» **L** 4,8–10 cm » **B** 3,6–6,8 cm

Mittelgroß bis groß. Sohlengänger. Asymmetrisch. 5 Zehen, wobei Zehe 1 die kleinste Zehe ist und sich deutlich weiter hinten im Abdruck befindet. Die Zehen sind etwas kürzer und verlaufen paralleler als am Vorderfuß. Sie werden in der Regel durchgehend bis zum Mittelfußballen abgedrückt. Die vorderen Mittelballen sind zu einem großen Mittelfußballen zusammengewachsen, der um einiges länger als breit

Links vorne.
Witzenhausen, Deutschland.

Links hinten.
Witzenhausen, Deutschland.

ist. Der dreieckig geformte hintere Bereich des Mittelfußballens ist meist schwächer abgedrückt und kann komplett fehlen ©. Kleine, spitze Krallen können abgedrückt werden. Der Hinterfußabdruck ist meist größer und vor allem länglicher als der des Vorderfußes.

GANGARTEN

Waschbären hinterlassen eines der charakteristischsten Spurbilder unter Europas Säugetieren: den extrem übereilten Schritt. Dieses Spurbild weist auf den Passgang als bevorzugte Gangart der Waschbären hin. Dabei wird der Hinterfuß einer Körperseite neben dem Vorderfuß der anderen Körperseite abgesetzt. Die Stärke, mit der die Hinterfüße übereilen, ist ein Indiz für die Geschwindigkeit des Passgangs (Seite 80). In tiefem Schnee bevorzugen Waschbären einen Fuß-in-Fuß-Schritt. Sprünge und Galopp werden verwendet, wenn die Tiere alarmiert sind oder sich bedroht fühlen.

Passgang
Schrittlänge: 30–113 cm
Spurbreite: 7,5–18 cm

Fuß-in-Fuß-Schritt
Schrittlänge: 42–65 cm
Spurbreite: 9–16 cm

Drei- und Viersprung
Gruppenlänge: 25–67 cm
Zwischengruppenlänge: 30–54 cm
Schrittlänge: 55–106 cm
Spurbreite: 11–16 cm

Parallelsprung
Gruppenlänge: 31–68 cm
Zwischengruppenlänge: 28–75 cm
Schrittlänge: 59–135 cm
Spurbreite: 15–25 cm

Ähnliche Trittsiegel
Sind die Zehen nicht durchgängig bis zum Mittelfußballen abgedrückt, können Waschbärtrittsiegel mit Fußabdrücken des Fischotters verwechselt werden.

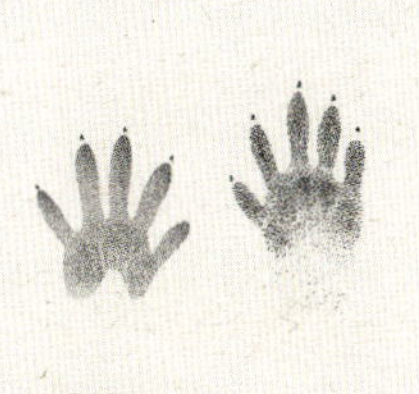

≈ Passgang.

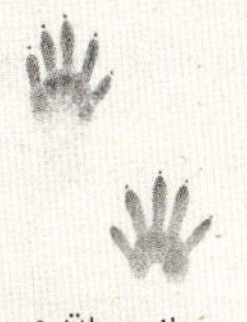

≈ Übereilter Passgang.

≈ Parallelsprung und Galopp.

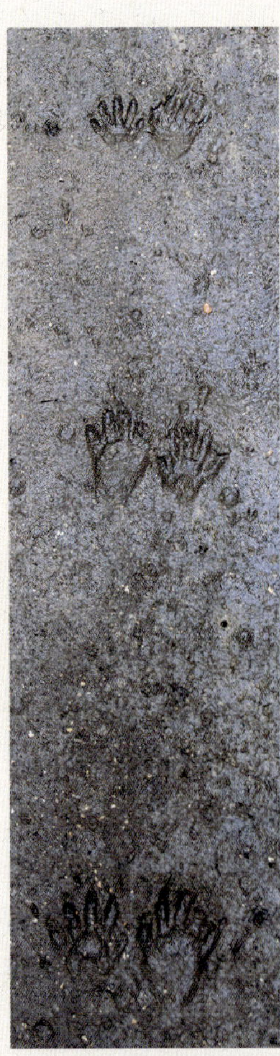

Waschbär im versetzten Parallelsprung, von unten nach oben: RV, LV, LH, RH. Oderbruch, Deutschland. »

« In diesem charakteristischen Spurbild liegen abwechselnd der Vorderfußabdruck einer Körperseite und der Hinterfußabdruck der gegenüberliegenden Körperseite nebeneinander. Witzenhausen, Deutschland.

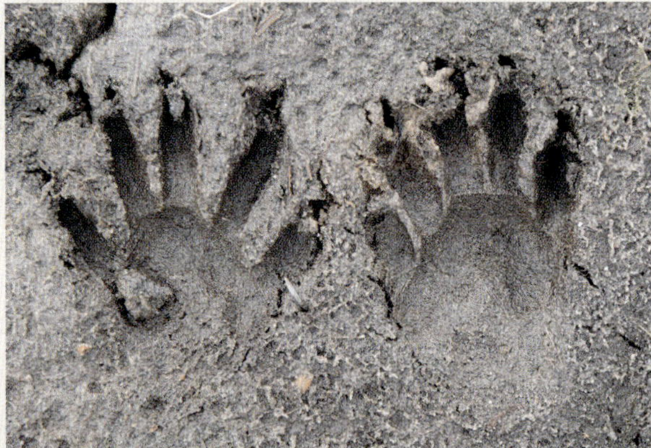

« Links vorne (links) und rechts hinten (rechts). Oderbruch, Deutschland.

^ Selbst wenn Details fehlen, lässt sich der Waschbär häufig allein durch sein markantes Spurbild bestimmen: Die rundlichen Trittsiegel stammen vom Vorderfuß, die länglichen vom Hinterfuß. Märkische Schweiz, Deutschland.

GRAB- UND KRATZSPUREN » Um an Nahrung wie Flusskrebse oder Insektenlarven zu gelangen, graben Waschbären überwiegend in weicherem Untergrund und in Gewässernähe. Im Vergleich zu Rotfuchsgrabspuren sind ihre relativ kurz und kastenförmig. Der Auswurf von Dachsgrabspuren ist im Vergleich kegelförmiger und großflächiger verteilt. Auf der Suche nach Nestern von Erdhummeln, Bienen oder Wespen graben Waschbären auch in härteren Böden. Dabei entstehen tunnelartige Zugänge, die schmaler als die gröberen Grabspuren des Dachses sind und das Nest gewöhnlich nicht freilegen. Außerdem hinterlassen kletternde Waschbären Kratzspuren an der Rinde von Bäumen. Häufig wird dieselbe Route immer wieder benutzt und mit der Zeit können auffällig gleichmäßige, nahezu parallel verlaufende Bahnen von Kratzspuren entstehen. Im Vergleich wirken Marderkratzspuren feiner, unregelmäßiger und sprunghafter.

Die Baumhöhle dieser alten Eiche im Sumpfland der märkischen Schweiz wurde über ein Jahrzehnt von Waschbären bewohnt. Märkische Schweiz, Deutschland.

RISSMERKMALE

» **Abstand zwischen den Eckzähnen**

2–2,4 cm (1,7–2,8 cm)

KOT » Im Regelfall ist der Kot wurstförmig und stumpfendig, er bricht schnell und ähnelt dem Kot kleiner Bären. Aufgrund der großen Nahrungsvielfalt variiert seine Erscheinung stark mit Ernährung und Jahreszeit. Kot kann als amorpher Haufen und seltener auch in sich verdreht auftreten. Waschbären legen große Gemeinschaftslatrinen am Fuße markanter Bäume in Gewässernähe oder unter Felsvorsprüngen an. In der Regel befinden sie sich auf der vom Wasser abgewandten Seite.

» **L** 5,5–15,2 cm » **D** 0,8–2,4 cm

Achtung!

Beim Inspizieren von Waschbärkot kann der für Menschen gefährliche Waschbärspulwurm (*Baylisascaris procyonis*) übertragen werden! Die Wahrscheinlichkeit einer Infektion ist äußerst gering, in jedem Fall sollte nicht an trockenem Waschbärkot gerochen werden.

Waschbärlatrine. Spessart, Deutschland.

Typischer Waschbärkot im Herbst, hier mit Kirschkernen. Lausitz, Deutschland.

WALROSSE, HUNDSROBBEN

Odobenidae, Phocidae

An Europas Küsten können Spuren von 1 Walross- sowie 4 verschiedenen Hundsrobbenarten gefunden werden. Die Beine beider Familien haben sich im Laufe der Evolution zu Flossen umgewandelt, von denen vor allem die Fußknochen kräftig ausgebildet und somit optimal an das Leben im Wasser angepasst sind. Bei Walrossen haben sich die oberen Eckzähne zu langen Stoßzähnen entwickelt, die den Hundsrobben fehlen. Walrosse können ihre Vorder- und Hinterflossen zur Fortbewegung unter ihren Körper stellen. Hundsrobben bewegen sich „robbend" auf der Rumpfunterseite fort. Eine Unterscheidung zwischen Walrossen, Hundsrobben oder verschiedenen Hundsrobbenarten anhand ihrer Spuren und Zeichen ist hier nicht angestrebt.

SPUREN UND ZEICHEN DER WALROSSE UND HUNDSROBBEN

Sohlengänger. Asymmetrisch. 5 Zehen am Vorder- und Hinterfuß.

Spurenformel: 5V × 5h + K

VORDERFLOSSE » Die Vorderflossen hinterlassen breitere und kräftigere Abdrücke als die Hinterflossen. Große, kräftige Krallenabdrücke sind in der Regel sichtbar.

HINTERFLOSSE » Die Krallenabdrücke sind kleiner als bei den Vorderflossen, gewöhnlich ist jedoch kein Abdruck erkennbar.

SPURBILD » Die Vorderflossen stützen den Rumpf bei der rutschenden Vorwärtsbewegung auf dem Bauch. Dabei hinterlässt der Körper eine deutliche Schleppspur mit regelmäßig aufeinanderfolgenden, seitlich positionierten Abdrücken der Vorderflossen. Die 5 Krallenabdrücke verlaufen fast parallel zum Abdruck des Körpers, jedoch werden nicht immer alle 5 Krallen abgedrückt. Das Spurbild ist sehr charakteristisch und mit keiner anderen Tierart zu verwechseln.

Die charakteristische Spur einer Kegelrobbe. Die zum Wasser hin abnehmende Schrittlänge weist auf ein Verlangsamen hin.

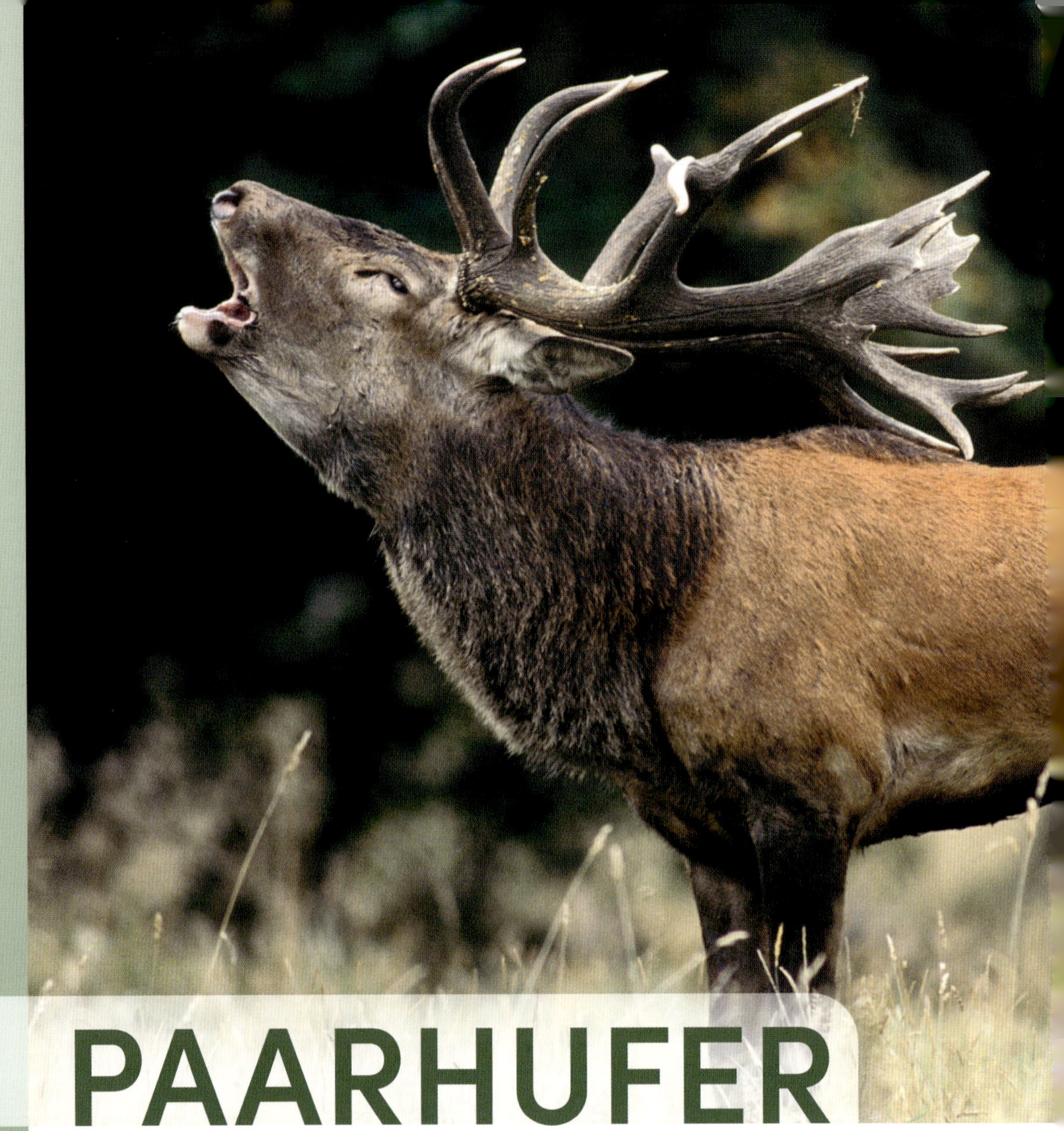

PAARHUFER

Fast alle in Europa vorkommenden Paarhufer (Artiodactyla) sind reine Pflanzenfresser und Wiederkäuer (Ruminantia), die über einen mehrteiligen Wiederkäuermagen verfügen.

Dieser ermöglicht ihnen schwer verdauliche pflanzliche Nahrung wie Zellulose aufzuschließen, indem sie aufgenommene, vorverdaute Nahrung in Ruhephasen hochwürgen, um sie noch einmal zu zerkauen und anschließend die feinere Pflanzenmasse wieder herunterzuschlucken. Durch das Wiederkäuen vermehren sich die im Magen vorkommenden Bakterien, welche die harten Pflanzenfasern aufschließen können, und gleichzeitig wird die raue Oberfläche etwa von Gräsern durch das Kauen aufgeweicht. Eine Ausnahme bildet die Familie der Schweine (Suidae), die Allesfresser und Nichtwiederkäuer (Nonruminantia) sind.

Nichtwiederkäuer haben ein vollständiges Gebiss, Wiederkäuer dagegen besitzen im Oberkiefer anstelle von Schneidezähnen eine knöcherne Gaumenplatte. Bei vielen Arten dieser Ordnung haben vor allem männliche Tiere Stirnwaffen ausgebildet, die überwiegend für Brunftverhalten wie Reviermarkierungen und Rivalenkämpfe oder zur Verteidigung eingesetzt werden. Die Stirnwaffen der Hirsche (Cervidae) heißen Geweih. Sie bestehen aus Knochensubstanz und werden jährlich neu gebildet. Die Stirnwaffen der Hornträger (Bovidae) bestehen aus Hornsubstanz, werden Hörner genannt und wachsen in der Regel ein Leben lang. Der Gebrauch dieser Stirnwaffen kann markante Zeichen wie das sogenannte Schlagen mit dem Geweih oder das vergleichbare Hornen an Bäumen und Sträuchern hinterlassen.

Alle Paarhufer verfügen über ein ausgeprägtes Gehör und einen gut entwickelten Geruchssinn. Der Sehsinn ist auf das Erkennen von Bewegungen spezialisiert, reglose Objekte werden eher nicht oder nur schemenhaft wahrgenommen. Die seitlich am Kopf angebrachten Augen ermöglichen ein breites Sichtfeld, das dem frühestmöglichen Erkennen von Bedrohungen dient und typisch für Fluchttiere ist. Das räumliche Sehen ist eingeschränkt, da die Überlappung der Sichtfelder beider Augen gering ausfällt. In Europa kommen 3 Familien mit insgesamt 19 Arten vor. Die Spuren und Zeichen dieser Familien werden aufgrund ihrer Ähnlichkeiten gemeinsam behandelt.

SPUREN UND ZEICHEN DER PAARHUFER

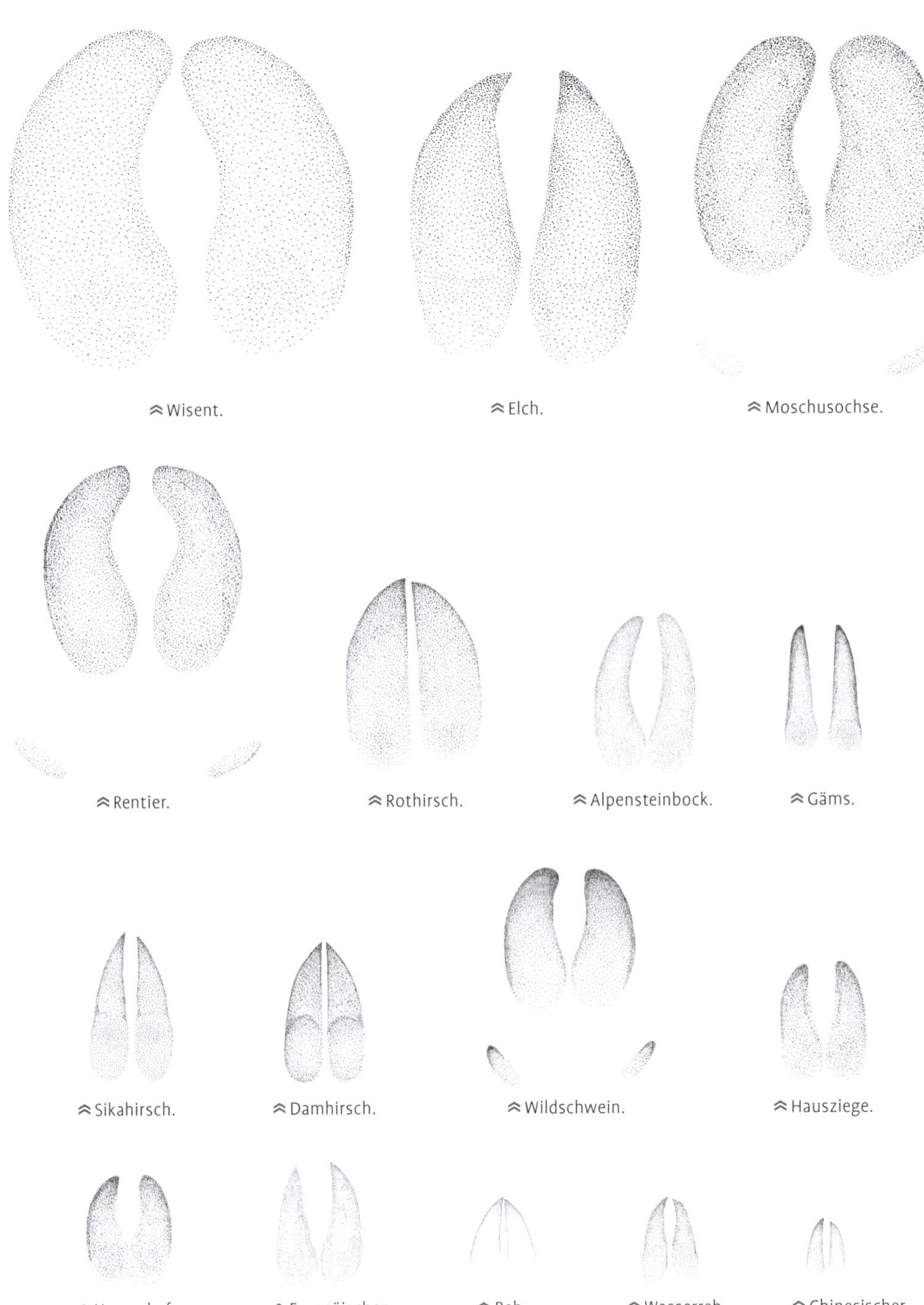

≈ Wisent.

≈ Elch.

≈ Moschusochse.

≈ Rentier.

≈ Rothirsch.

≈ Alpensteinbock.

≈ Gäms.

≈ Sikahirsch.

≈ Damhirsch.

≈ Wildschwein.

≈ Hausziege.

≈ Hausschaf.

≈ Europäischer Mufflon.

≈ Reh.

≈ Wasserreh.

≈ Chinesischer Muntjak.

Deutlich abgedrückte Trittsiegel von Paarhufern sind in der Regel eindeutig als solche erkennbar. Entgegen dem Namen Paarhufer ist die Bezeichnung Huf für das Zehenendorgan den Pferden vorbehalten, im Falle der Paarhufer spricht man von Klauen (Henrichs 2004). Diese Klauen sind stark keratinhaltige Strukturen, welche die Gliedmaßenspitzen umgeben. Zehen 3 und 4 sind zu paarigen Klauen mit Hornschalen ausgebildet, die gewichtstragend und immer abgedrückt sind. Die Spitze, die vorderen und lateralen Teile bilden die Unguis und sind härter als die Unterseite, die Subunguis (Hildebrand 2004). Im Gegensatz zu den meisten anderen Landsäugetieren ist Zehe 3 meist etwas kleiner als Zehe 4. Zehen 2 und 5 sind stark reduzierte Zehen aus Horn, die man Afterklauen nennt. Sie sitzen höher an der Rückseite des Fußes und zeichnen sich in der Regel nur in tieferen Abdrücken oder bei hohen Geschwindigkeiten ab. Ausnahmen sind Wildschwein und Rentier, bei denen sich die Afterklauen weiter unten am Fuß befinden und entsprechend häufig abgedrückt werden. Zehe 1 fehlt komplett. Die Unterscheidung verschiedener Paarhufer kann schwierig sein, da sich die Fußstruktur und folglich der Fußabdruck vieler Arten stark ähneln. Hier gilt es vor allem, auf die Form der Klauen, den Abstand zwischen den Schalen und die Größe des Subunguis zu achten. Zudem können Spurbild, Sozialverhalten und Lebensraum wichtige Hinweise für die Artbestimmung liefern.

≈ Vorderfuß (links) und Hinterfuß (rechts) eines Rothirschs. Beachten Sie die unterschiedliche Position der Afterklauen. Märkische Schweiz, Deutschland.

Spurenformel: 2V × 2h

VORDERFUß » Leicht asymmetrisch, größer, breiter und kräftiger als der Hinterfuß. Die Afterklauen stehen dichter an Zehen 3 und 4 und sind größer als am Hinterfuß. Sie können nahezu waagerecht zur Reiserichtung abgedrückt werden. Durch hohe Geschwindigkeiten wird dies häufig noch verstärkt.

HINTERFUß » Leicht asymmetrisch, schlanker und kleiner als der Vorderfuß. Die Afterklauen sind weiter entfernt von Zehen 3 und 4 und schmaler als am Vorderfuß. Sie drücken sich meist eher parallel zur Reiserichtung ab. Bei hohen Geschwindigkeiten können sich die Afterklauen stärker spreizen, was die Unterscheidung zu den Vorderfuß afterklauen erschwert. Jedoch ist der Grad der Spreizung anatomisch begrenzt und in der Regel schwächer als beim Vorderfuß.

GANGARTEN » Die häufigste Gangart ist ein Schritt. Mit Ausnahme des Wildschweins haben alle Arten lange Beine und entsprechend große Schrittlängen. Das Verhältnis zwischen Schrittlänge und Spurbreite kann ein hilfreiches Indiz zur Unterscheidung zwischen Wildschweinen und anderen Paarhufern sein. Bei höheren Geschwindigkeiten wird meist eine Form von Trab verwendet, Sprünge und Galopp dienen überwiegend der Flucht.

FRAßSPUREN » Mit Ausnahme des Wildschweins haben Paarhufer keine Schneidezähne im Oberkiefer. Dadurch hinterlassen sie eine charakteristische Fraßspur an Pflanzen und Pilzen. Vegetation wie Gräser, Sträucher oder holzige Pflanzen, die von Paarhufern abgefressen wurde, weist in der Regel eine ungleichmäßige, ausgefranste Schnittkante auf, da die Tiere das Pflanzenmaterial zwischen ihren unteren Schneidezähnen und ihrer Gaumenplatte im Oberkiefer einklemmen und dann eher abreißen als abschneiden. Nagetiere und Hasen dagegen hinterlassen aufgrund ihrer scharfen Schneidezähne in Ober- und Unterkiefer auffallend saubere Schnitte. Starker Verbiss an Sträuchern und jungen Bäumen hat auffällig deformiertes, kleinwüchsiges Aussehen zur Folge. Größere ausgewachsene Bäume können bei starkem Paarhuferverbiss eine auffällige und gleichmäßig abgefressene, horizontal verlaufende Fraßkante an der Unterseite der Baumkrone aufweisen. Dieses auffällige Zeichen wird auch als **Weidelinie** (engl. *browse line*) bezeichnet und entsteht, wenn die Tiere alle Blätter, Triebe, Knospen und Zweige in ihrer Reichweite abfressen. Viele Paarhufer benutzen ihre unteren Schneidezähne, um die Rinde von Bäumen zu schälen. Dies wird **Rindenschälen** genannt und ist eine Form von Kambiumfraß (Seite 154).

KOT » Mit Ausnahme des Wildschweins produzieren alle Paarhufer große Mengen an Kot, da sie viel unverdauliches Pflanzenmaterial aufnehmen. Die Farbe der Kotpillen variiert in der Regel zwischen gelbbraun, grün und schwarz. Wiederkäuer entledigen sich einer größeren Menge von Kotpillen auf einmal, wohingegen Hasen jede Kotpille einzeln ablegen. Dadurch kommt es zu auffälligen, oftmals rundlichen Anhäufungen dieser Kotpillen. Bei allen Arten ist die Form der Kotpillen bei trockener Nahrung kurz zylindrisch bis walzenförmig. Eine typische Form zeigt ein spitzes und ein stumpfes oder eingebuchtetes Ende. Eine weitere mögliche Erscheinungsform ist eichelförmig mit zwei abgerundeten Enden. Im Frühjahr wird feuchtere Nahrung oft fladenförmig abgesetzt. Aufgrund der saftigeren, reicheren Kost besteht die Sommerlosung häufig aus vollständig oder unvollständig geformten Kotpillen, die klumpen- oder wurstartig zusammenkleben. Einige Arten können anhand ihres Kots identifiziert werden, in anderen Fällen ist der Überlappungsbereich zu groß.

GESCHLECHTSBESTIMMUNG ANHAND VON SPUREN UND ZEICHEN

Es existieren verschiedene Theorien, wie sich mithilfe von Trittsiegeln das Geschlecht von Paarhufern bestimmen lässt. In der Praxis sind sie aber selten zuverlässig anwendbar. Im Folgenden sind Informationen zusammengefasst, die der Geschlechtsbestimmung dienen können, sie sind eher als Leitlinien denn als allgemeingültige Regeln zu verstehen.

TRITTSIEGEL » Bei allen Paarhufern sind die Trittsiegel ausgewachsener Männchen größer als die ausgewachsener Weibchen. Trittsiegel im Maximalbereich der Maßangaben stammen demnach wahrscheinlich von männlichen Tieren. Die Maße eines jüngeren Männchens können sich mit denen eines ausgewachsenen Weibchens überschneiden. Bei männlichen Rothirschen ist der Größenunterschied zwischen Vorder- und Hinterfuß vor allem in der Breite markanter als bei Weibchen und Jungtieren (Halfpenny 1999). Eigene Messungen an 50 Rothirschen konnten dies bestätigen. Louis Liebenberg schreibt von ähnlichen Beobachtungen bei Paarhufern in Afrika (Liebenberg 1990). Hypothetisch kommt es zu diesem Größenunterschied, um das zusätzliche Gewicht von Kopf, Nacken, Brustkorb und Hörnern oder Geweih zu tragen. Mark Elbroch, Brian McConnell und David Moskowitz beschreiben, dass dieser Größenunterschied auch bei anderen Cerviden im Nordwesten der USA sowie beim Dickhornschaf auftritt (Elbroch 2003, Moskowitz 2010). Er bezieht sich jedoch eher auf die Länge von Trittsiegel oder Fuß als auf deren Breite. Für Arten wie Rot- und Damhirsche lässt sich dieses Kriterium anwenden, bei anderen Arten wie dem Reh trifft diese Unterscheidungsmöglichkeit nicht zu.

Trittsiegelmessung im Feld
Im Feld vergleichen wir die Größe von Vorder- und Hinterfuß durch Umfangmessung beider Trittsiegel. Dafür ist zum Beispiel eine Schnur ein geeignetes Hilfsmittel. Ein deutlicher Größenunterschied spricht für ein männliches Tier.

SOZIALSTRUKTUR » Eine weitere Möglichkeit, Trittsiegel männlicher und weiblicher Tiere zu unterscheiden, liegt in der Kenntnis der artspezifischen Sozialstrukturen. Viele Paarhufer bewegen sich in Gruppen, die aus Weibchen, den diesjährigen Kälbern und den Jungtieren vom Vorjahr bestehen. Die meiste Zeit des Jahres ziehen die ausgewachsenen Männchen nicht zusammen mit den Mutter- und Jungtieren. Zeigen Gruppen eine hohe Varianz an Trittsiegelgrößen von ausgewachsenen und jungen Tieren, handelt es sich wahrscheinlich um Weibchen mit Jungtieren beider Geschlechter. Junge Männchen bilden sogenannte „Junggesellenherden", in denen sich die Jungtiere zusammenfinden, die ihre Mutter bereits verlassen haben, aber noch keine eigene Herde in eigenem Territorium etablieren konnten. Trittsiegel einer Gruppe ausgewachsener Tiere, die wenige Größenunterschiede aufweisen, stammen wahrscheinlich von männlichen Tieren. Ältere Männchen leben oft als Einzelgänger, ihre meist auffallend großen Trittsiegel werden auch über längere Strecken häufig isoliert gefunden, da sich adulte Männchen in der Regel nur zur Brunft mit anderen Tieren zusammenschließen.

DUFTMARKIERUNGEN & BRUNFTVERHALTEN » Viele Männchen der hier behandelten Arten hinterlassen auffällige Zeichen durch Duftmarkierungen und Brunftverhalten. Markant sind Schäden an Bäumen durch Schlagen mit dem Geweih und Scheuern des Körpers an der Baumrinde (Malen). Ebenso auffällig sind Scharrspuren am Boden sowie Suhlen und Brunftkuhlen (Seite 176).

WILDSCHWEIN

Sus scrofa

KRL 120–185 cm
Sl 15–30 cm
G 50–200 (bis 350) kg
Männchen deutlich kräftiger und schwerer als Weibchen. Das Gewicht schwankt zudem stark nach Region und Jahreszeit. Masse und Größe nehmen von Südwesten nach Nordosten zu.

In Europa ist das Wildschwein der einzige wildlebende Vertreter der Familie der echten Schweine (Suidae). Im Gegensatz zu den Wiederkäuern sind die oberen Schneidezähne vorhanden, die Eckzähne beider Kiefer sind verlängert.

Wildschweine leben gesellig in Familienverbänden, die aus einem führenden Weibchen, der Bache, sowie ihren erwachsenen Töchtern und Jungtieren bestehen. Alte Männchen, Keiler genannt, leben allein, während junge Keiler sich im 2. Lebensjahr in sogenannten Junggesellenverbänden zusammenschließen. Wildschweine sind tag- und nachtaktiv, bei starker Bejagung verlagern sie ihre Aktivitätszyklen in Dämmerung und Nacht. Sie verfügen über ein ausgeprägtes Geruchs- und Hörvermögen, können über lange Strecken sehr schnell laufen und gut schwimmen. Ihr Sehvermögen ist verhältnismäßig schwach entwickelt. Natürliche Feinde sind vor allem Wolf und Bär. Jungtiere werden auch von Luchs und Uhu gerissen.

KENNZEICHEN » Massiv wirkender, gedrungener Körperbau mit relativ kurzen Beinen und kurzem Schwanz. Der keilförmige Schädel ist zu einer rüsselartigen Schnauze ausgezogen, vorne sitzt eine verbreiterte Rüsselscheibe aus hartem Knorpel, mit der die Tiere selbst gefrorene Böden aufbrechen können. Insbesondere ausgewachsene Männchen zeigen ausgeprägte Eckzähne, welche seitlich nach oben gebogen abstehen und „Hauer" heißen. Das Fell ist borstig und meist an den Spitzen gespalten.

Das Wildschwein ist die Stammform der Hausschweinrassen.

VERBREITUNG & LEBENSRAUM » Mit Ausnahme von Westskandinavien sind Wildschweine in ganz Eurasien verbreitet. Sie bevorzugen deckungsreiche Laub- und Mischwälder mit Rückzugsgebieten in Mooren, dichtem Fichtendickicht oder Schilf- und Sumpfgebieten. Als anpassungsreiche Kulturfolger kommen sie auch in Kulturlandschaften und vermehrt in Städten vor.

ERNÄHRUNG » Allesfresser, die sich überwiegend von Pflanzen ernähren. Wichtige pflanzliche Nahrungsquellen sind Früchte und Samen von Bäumen wie Bucheckern, Eicheln und Nüsse. In Mastjahren können Eicheln oder Bucheckern fast den gesamten Mageninhalt ausmachen. Weitere wichtige pflanzliche Nahrung sind Wurzeln und Kräuter sowie Getreide, Kartoffeln, Mais und Rüben. Auch Pilze werden gefressen. Zur tierischen Kost gehören überwiegend Engerlinge, Regenwürmer, Wühlmäuse und Schnecken. Eher zufällig werden auch Frösche, Eidechsen, Jungtiere von Säugetieren, etwa Rehkitze, sowie Jungvögel und Eier erbeutet. Auch Aas und Abfall werden aufgenommen.

FORTPFLANZUNG » Wildschweine sind polyöstrisch und können innerhalb eines Jahres immer wieder fruchtbar sein. In Europa reicht die Paarungszeit überwiegend von November–Februar, mit einem Höhepunkt im Dezember. Nach einer Tragzeit von 112–121 Tagen werden meist von März–April, 4–8 (bis 13) Junge geboren, die behaart und sehend zur Welt kommen. Verlieren Weibchen ihren Wurf, kann es zu einem zweiten Wurf kommen, weshalb auch im Januar Frischlinge zu sehen sind. Die jungen Weibchen werden nach 7–12 Monaten und die Männchen nach 18 Monaten geschlechtsreif. Auf eine intensive Bejagung reagieren die Tiere offenbar mit erhöhter Vermehrungsrate.

TRITTSIEGEL

Vorne

» **L** 5,1–6,5 cm » **B** 4–7,5 cm

Hinten

» **L** 4,9–6,2 cm » **B** 4,2–7 cm

Mittelgroß. Zehenspitzengänger. Leicht asymmetrisch. 4 Zehen: Zehen 2 und 5 sind stark reduziert, befinden sich etwas weiter oben auf der Rückseite des Fußes und werden Afterklauen genannt. Die kräftigen Afterklauenabdrücke sind meist erkennbar und liegen weiter auseinander als die Schalenabdrücke der Zehen 3 und 4 ⓐ, wodurch der Gesamtumriss des Trittsiegels triangulär erscheint. Die Zehen 3 und 4 sind breit, die Schalenspitzen sind auch ohne Spreizung vorn leicht geöffnet und im Vergleich zu anderen Paarhufern abgerundet. Der Negativbereich kann groß sein und keilförmig wirken. Bei Jungtieren sind die Schalen vorne spitzer. Die Schalenaußenwände sind breit und oft massiv abgedrückt ⓑ. Die Schaleninnenwände sind leicht konkav. Der Klauenumriss erscheint of quadratisch. Der Vorderfuß ist größer und breiter als der Hinterfuß.

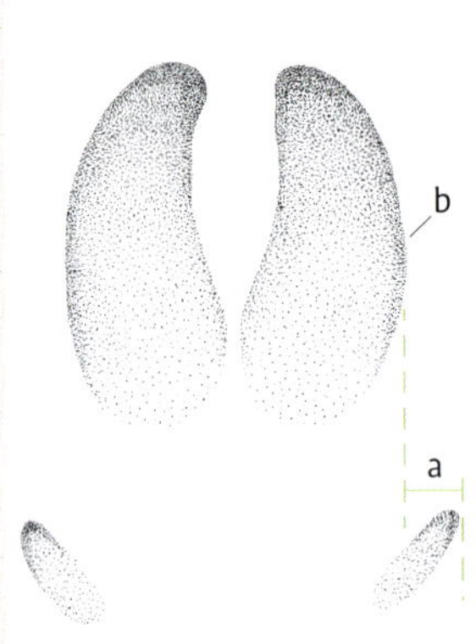

≈ Links vorne.

≈ Doppelabdruck. Der Hinterfußabdruck liegt teilweise über dem Abdruck des Vorderfußes. Die Unterschiede der Afterklauen sind klar erkennbar: Am Hinterfuß sind sie deutlich feiner und stehen eher parallel zur Reiserichtung.
Märkische Schweiz, Deutschland.

GANGARTEN

Wildschweine bewegen sich vorwiegend im Schritt. Sie fressen unterwegs und hinterlassen dabei auffällige Wühlspuren ihrer Schnauze. Um gezielt längere Strecken zurückzulegen, wird ein Trab verwendet. Sind die Tiere alarmiert, flüchten sie in Sprüngen oder im Galopp.

Schritt
Schrittlänge: 59–96 cm
Spurbreite: 14–22 cm

Trab
Schrittlänge: 102–163 cm
Spurbreite: 7–15 cm
Grätschtrab SL: 155–165 cm
Grätschtrab SB: 18–22 cm

Sprung/Galopp
Gruppenlänge: 82–130 cm
Zwischengruppenlänge: 51–175 cm
Schrittlänge: 160–303 cm
Spurbreite: 16–24 cm

Wildschwein im Galopp. Fußfolge von unten nach oben: LV, RV, RH, LH. Welzow, Deutschland. »

Fuß-in-Fuß-Schritt. ︾

Fuß-in-Fuß-Trab. ︾

« Charakteristisch sind die breit ausgetretenen Pfade und die Routenwahl, bei der Wildschweine häufig durchs Unterholz brechen. Coto de Doñana, Spanien.

Ähnliche Trittsiegel

Deutliche Fußabdrücke sind aufgrund der Afterklauenabdrücke unverwechselbar. Frischlingstrittsiegel können mit den Fußabdrücken des Rehs verwechselt werden, sind jedoch deutlich kleiner und quadratischer. Ohne die Abdrücke der Afterklauen können Wildschwein- und Rothirschtrittsiegel verwechselt werden. Selbst geschulte Fährtenleser oder Jäger können sich bei dieser Unterscheidung irren. Vermeiden Sie voreilige Schlüsse und achten Sie auf die folgenden Merkmale der Fußmorphologie:

WILDSCHWEIN VON ROTHIRSCH UNTERSCHEIDEN

WILDSCHWEIN	ROTHIRSCH
ⓐ Gebogene Schalen mit abgerundeten Spitzen.	ⓐ Gerade Schalen mit kantigen Spitzen.
ⓑ Großer, meist keilförmiger Negativbereich.	ⓑ Relativ kleiner Negativbereich.
ⓒ Breite, kräftige Schalenaußenwände.	ⓒ Schmale, feine Schalenaußenwände.
ⓓ Quadratischer Klauenumriss.	ⓓ Länglicher Klauenumriss.
ⓔ Afterklauenabdrücke breiter als die Schalenabdrücke der Zehen 3 und 4.	ⓔ Afterklauenabdrücke auf einer Linie hinter den Zehen 3 und 4.

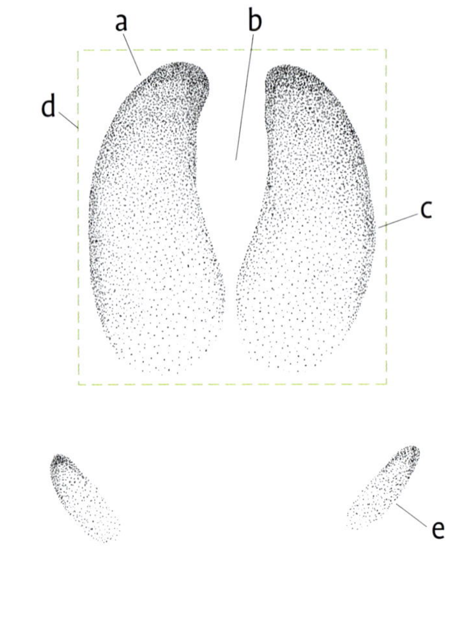

≈ Wildschwein, links vorne.

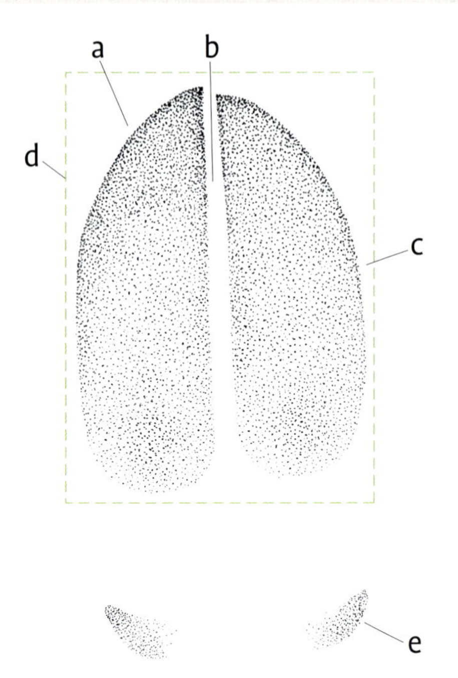

≈ Rothirsch, links vorne.

≈ Doppelabdrücke von Wildschwein (links) und Rothirsch (rechts) im Vergleich. Ohne die Afterklauen sind Wildschweintrittsiegel deutlich kürzer. Aaron Tiedemann.

≈ Die gebogene Form der Schalen und die dicke Schalenaußenwand sind eindeutige Unterscheidungsmerkmale zum Rothirsch. Lausitz, Deutschland.

Diese Spur ist eigentlich zu klein für ein Wildschwein, doch die seitlich abstehenden Afterklauen helfen, das Rätsel zu lösen: Es handelt sich um das Trittsiegel eines Frischlings. Welzow, Deutschland. »

ZEICHEN

SCHLAMMBÄDER » Zum Schutz vor Insekten und zur Abwehr von Parasiten sind Wildschweine auf regelmäßige Schlammbäder (Suhlen) angewiesen. Beliebte Plätze für das Schlammbad werden wiederkehrend besucht, die umliegende Vegetation ist dann meist stark zertrampelt und oft führen deutliche, breit ausgetretene Wechsel zu der Suhle. In der Nähe einer Wildschweinsuhle befinden sich häufig Scheuerbäume.

« Wildschweinsuhle, Nahaufnahme. Spessart, Deutschland.

^ Wildschweinsuhle, das „Badezimmer" einer Wildschweinrotte. Spessart, Deutschland.

≈ Ein klassischer Wildschweinwechsel, der durch eine morastige Sumpfgegend führt. Märkische Schweiz, Deutschland.

≈ Der Malbaum eines Wildschweins. Am oberen Rand sind die tiefen Furchen von den Hauern eines Keilers zu erkennen. Märkische Schweiz, Deutschland.

SCHEUERBÄUME » Nach dem Suhlen scheuern sich Wildschweine an Scheuer- oder Malbäumen, wodurch ein Teil des Schlamms abgerieben wird und Schlammspuren an dem Baum zurückbleiben. Malbäume werden gerne wiederkehrend benutzt, sodass über die Jahre die Rinde großflächig entfernt wird. Am Rand einer so freigescheuerten Stelle finden sich oft die borstenartigen Haare der Tiere. Scheuerstellen reichen im Regelfall vom Boden bis zu einer Höhe von 60–100 cm (bis 120 cm). Die Scheuerstellen des Rothirschs reichen nicht so tief und können bis 150 cm hoch sein. Gerade bei männlichen Tieren geht mit dem Scheuern oft das Beißen und Beschädigen der Rinde mit den Hauern einher.

BETT/WURFKESSEL » Wildschweinbetten sind meist zurückgezogen, beispielsweise in Fichtendickicht oder dichtem Schilf verborgen. Als einziger Paarhufer polstern Wildschweine ihre Betten gelegentlich mit grünen Nadelzweigen oder Gräsern aus, die sie mit dem Maul abknipsen. Auf humusreichen Böden scharren sie wie das Reh eine Erdmulde frei. Diese ist im Regelfall deutlich größer als die der anderen Paarhufer und kann mit den Brunftgruben von Damhirschen verwechselt werden.

Das markante Bett eines Wildschweins. Der zurückgezogene Platz unter einem Überhang aus Ästen ist charakteristisch. Offenbach, Deutschland. Simone Roters. ≽

Die mit Knorpel versteifte Rüsselplatte ermöglicht tiefes Wühlen. Offenbach, Deutschland. Simone Roters. ≽

≼ Auf Nahrungssuche können Wildschweine großflächig Erde umbrechen und dadurch auffällige Zeichen hinterlassen. Offenbach, Deutschland. Simone Roters.

FRAß- & GRABSPUREN » Auf der Suche nach Wühlmäusen, Wurzeln, Insektenlarven, Eicheln und Würmern graben Wildschweine mit ihrer rüsselartigen Schnauze im Boden und hinterlassen dadurch länglich verlaufende, flache Wühlspuren. Bei diesem Umbrechen wird die Erde mit der Schnauze aufgewühlt und nach vorne sowie zu den Seiten geschoben. Dieses Verhalten wird in der Jägersprache „Rüsseln" genannt. Eine Rotte Wildschweine kann dadurch Schäden auf Feldern verursachen und zum Beispiel einen Garten in einer Nacht vollkommen verwüsten. Seltener können auch Fraßspuren an Pilzen gefunden werden, hier beißt das Wildschwein ganze Teile des Pilzes ab. Im Gegensatz zum Pilzfraß anderer Paarhufer können die Zahnfurchen der oberen und unteren Schneidezähne erkennbar sein.

KOT » Da Wildschweine Allesfresser sind, variiert das Aussehen der Losung stark in Abhängigkeit von Nahrung und Jahreszeit. Die Losung des einzigen allesfressenden Paarhufers unterscheidet sich deutlich vom Kot wiederkäuender Paarhufer. Die Farbe ist meist schwarz, gelegentlich braun bis gelblich. Im Regelfall besteht sie aus zusammengepressten, kurzen, flachen Kotpillen, die eine dicke, wurstförmige Walze bilden können. Mit zunehmender Zersetzung zerfällt diese zusammengepresste Walze in einzelne Segmente und einzelne Kotpillen können mit Rothirschkot verwechselt werden. Wildschweinkotpillen sind im Regelfall jedoch deutlich flacher und ihre Oberfläche ist durch einen höheren Anteil grobfaseriger Bestandteile rauer.
» **L** 10–28 cm » **D** 3–7 cm

Wildschweinkot kann an die Losung von Rothirschen erinnern, ist aber häufiger wurstförmig zusammengepresst und grobfaseriger. Märkische Schweiz, Deutschland.

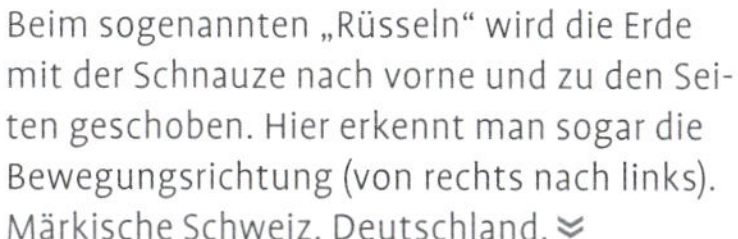

Beim sogenannten „Rüsseln“ wird die Erde mit der Schnauze nach vorne und zu den Seiten geschoben. Hier erkennt man sogar die Bewegungsrichtung (von rechts nach links). Märkische Schweiz, Deutschland.

Hirsche

Zur Familie der Hirsche (Cervidae) gehören Dam-, Rot- und Sikahirsch sowie Elch, Rentier, Reh, Muntjak und Wasserreh. Der ebenfalls im Gebiet vorkommende Axishirsch (*Axis axis*) wird aufgrund seines nur vereinzelten Auftretens hier nicht behandelt.

Charakteristisch für die Hirsche ist ein mehr oder weniger verästeltes Geweih, das jährlich zur Paarungszeit gebildet und anschließend wieder abgeworfen wird. Es besteht aus Knochen und sitzt auf einem Knochenzapfen des Stirnbeins. In der Regel wächst nur männlichen Tieren ein Geweih, eine Ausnahme sind die Rentiere, bei denen auch die Weibchen ein – wenn auch deutlich kleineres – Geweih tragen. Während der Neubildung ist das Geweih von einer Geweihhaut, „Bast" genannt, überzogen. Über den Bast wird die Knochensubstanz des Geweihs in der Wachstumsphase mit Blut versorgt. Nach dem Geweihwachstum wird der Bast an kleinen Bäumen und Sträuchern abgestreift oder abgeschlagen. In der

Jägersprache heißt dieser Vorgang „Fegen". Ihr Geweih setzen die Hirschartigen überwiegend für Brunftverhalten wie Markierungen und Rivalenkämpfe während der Paarungszeit ein. Gelegentlich findet man ein abgeworfenes Geweih im Feld. Wasserrehe haben kein Geweih, dafür sind die oberen Eckzähne der Männchen stark vergrößert.

SPUREN UND ZEICHEN DER HIRSCHE

Die Spuren und Zeichen der Hirsche zeigen grundsätzlich die charakteristischen Merkmale der Paarhufer (Seite 494) und können mit denen der Hornträger verwechselt werden.

SCHLAGEN » Ein auffälliges und häufiges Zeichen ist das Schlagen, bei dem meist Bäume mit dem Geweih geschlagen und dadurch visuell und geruchlich markiert werden. Solche Schlagstellen finden sich oft an Wegkreuzungen und entlang der Reviergrenzen männlicher Tiere, sie kommen jedoch auch im Revierzentrum vor. Unmittelbar vor und während der Brunft können die Territorien der Männchen dadurch zuweilen genau bestimmt werden.

Die Begriffe des Fegens und Schlagens werden, vor allem im Bezug auf das Reh, häufig synonym verwendet. In beiden Fällen hinterlassen die Tiere mit dem Geweih deutliche Zeichen an Bäumen und Sträuchern, die oft nicht unterscheidbar sind. In seltenen Fällen kann eine Fegestelle durch die Überreste des Bastes eindeutig bestimmt werden. In der Regel ist dieser jedoch aufgrund seiner Beliebtheit als nährstoffreiche Nahrungsquelle selten zu finden.

ELCH

Alces alces

KRL 250–280 cm
Sl 5–13 cm
G 240–550 (bis 850) kg
Die Männchen (Bullen) sind deutlich schwerer als die Weibchen (Kühe).

Innerhalb der Gattung der Elche (*Alces*) gibt es nur eine Art. Elche sind überwiegend tag- und dämmerungsaktive Einzelgänger. Sie kommen nur zur Brunft und im Winter zu kleinen Gruppen von 3–5 Tieren zusammen, den Rest des Jahres verbringen sie in der Regel allein. Die Tiere haben ein gut entwickeltes Gehör und einen ausgezeichneten Geruchssinn und sind gute Schwimmer. Sie sind die einzigen Hirsche, die unter Wasser fressen können. Eine weitere Besonderheit ist die etwa 7 cm lange Haut zwischen den großen Schalen ihrer Klauen. Spreizen sich die Schalen, wird diese Haut aufgespannt und wirkt dann wie eine Schwimmhaut, die es ihnen ermöglicht, morastige Böden ohne starkes Einsinken zu überqueren. Dies verschafft den Tieren in sumpfigen Gegenden einen entscheidenden Vorteil. Ausgewachsene Tiere haben aufgrund ihrer Größe keine Fressfeinde. Kälber werden von Wolf, Vielfraß, Bär und Luchs gerissen.

KENNZEICHEN » Größer als ein Pferd. Langer Kopf mit nach außen gewölbter Nase und breiter, überhängender Oberlippe. Im Verhältnis zum Körper sehr lange Beine, große Ohren und kleine Augen. Die männlichen Elchbullen tragen in der Regel ein Schaufelgeweih (ähnlich dem Damhirsch), vor allem in Skandinavien kommen aber öfter auch Stangengeweihe vor.

VERBREITUNG & LEBENSRAUM » Größere Populationen in Schweden, Finnland, Norwegen und dem Baltikum. Außerdem in Polen, Tschechien und Weißrussland. Gelegentlich wandern einzelne Elche aus Polen nach Deutschland ein. Die Tiere bevorzugen große, feuchte Laub- und Mischwälder mit Sümpfen, Mooren und Gewässern.

ERNÄHRUNG » Elche ernähren sich überwiegend von nährstoffreicher Nahrung wie Knospen, Trieben und Wasserpflanzen. Um letztere zu erreichen, können die Tiere über 60 Sekunden lang und bis zu 5 m tief tauchen. Weitere Nahrungsquellen sind Blätter, Baumrinde, Pilze, Flechten, dünne Zweige von Laub- und Nadelbäumen sowie Kräuter und Gräser. Für die nährstoffärmere Zeit des Winters fressen Elche sich in Sommer und Herbst einen Fettvorrat an.

FORTPFLANZUNG » Die Brunft dauert von September–November. Vor und während der Paarungszeit kann es zwischen Männchen zu heftigen Kämpfen kommen. Nach einer Tragzeit von etwa 8 Monaten (224–266 Tagen) werden 1–3 (häufig 2) Junge geboren, die nach 1–2 Jahren geschlechtsreif sind. Die Männchen nehmen oft erst im 3. oder 4. Lebensjahr an der Fortpflanzung teil.

ZEICHEN

BETTEN » Form wie beim Rothirsch, nur größer (Seite 546).
» **Länge** 130–190 cm

SCHLAMMBÄDER & SCHEUERBÄUME » So wie der Rothirsch (Seite 547) suhlt auch der Elch. Scheuerstellen werden unter anderem als Markierung verwendet und ähneln ebenfalls denen des Rothirschs. Sie befinden sich in der Regel jedoch etwas höher (bis 2,5 m hoch) am Baum.
» **Länge Schlammbad** 90–300 cm

TRITTSIEGEL

Vorne

» **L** 11–17,5 cm » **B** 10–15 cm

Hinten

» **L** 10–16,5 cm » **B** 8–14 cm

Groß bis sehr groß. Zehenspitzengänger. Leicht asymmetrisch. 4 Zehen: Zehen 2 und 5 sind stark reduziert, befinden sich weiter oben auf der Rückseite des Fußes und werden Afterklauen genannt. Sie liegen weiter unten am Fuß als beim Rothirsch und werden häufig abgedrückt, ihre Abdrücke sind ebenso breit wie die Außenkanten der Zehen 3 und 4. Diese sind immer abgedrückt, wobei Zehe 3 etwas kleiner ist als Zehe 4. Die vordere Hälfte der innenliegenden Schalenwände ist leicht konkav. Die Ballen heben sich deutlich vom harten Schalenrand und dem verhältnismäßig schmalen Subunguis ab. Der Vorderfuß ist größer und rundlicher als der Hinterfuß. Gerade bei rutschigem Boden und hoher Geschwindigkeit spreizen sich die Klauen stark. Auch ohne Spreizung liegen die einzelnen Schalen im Vergleich zu anderen Hirschen relativ weit auseinander ⓐ. Der Klauenumriss des Hinterfußabdrucks kann herzförmig erscheinen.

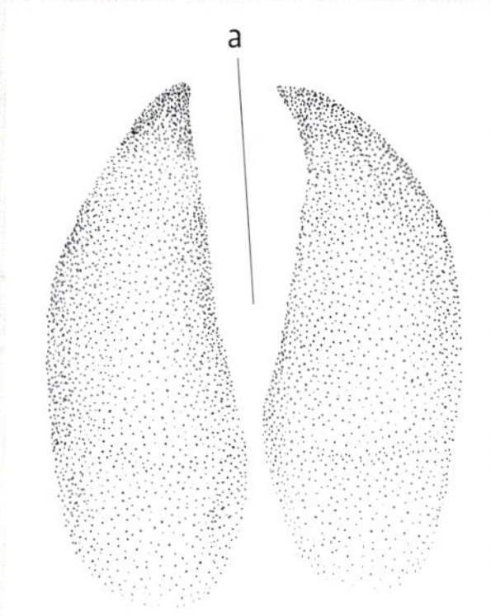

≈ Links vorne.

≈ Links vorne.
Värmland, Schweden. Heide Ulrich.

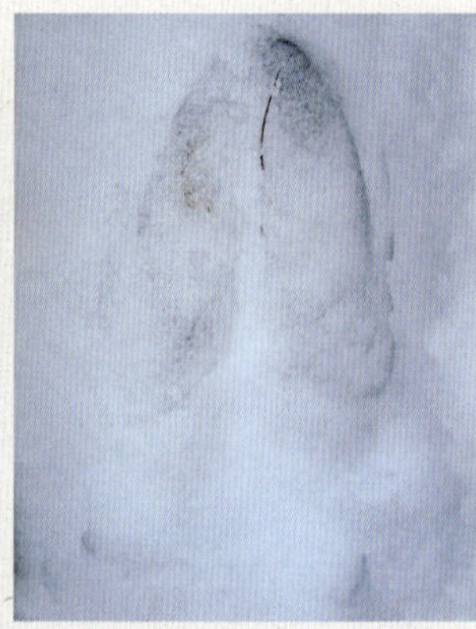

≈ Links hinten.
Värmland, Schweden. Heide Ulrich.

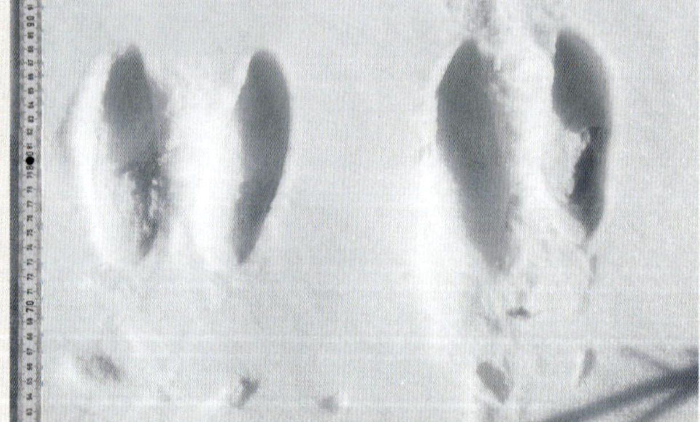

≈ Vorderfußabdruck (links) und Hinterfußabdruck (rechts) im Vergleich. Die Afterklauen des Vorderfußes befinden sich weiter vorne und stehen eher zu den Seiten gerichtet. Beim Hinterfuß befinden sich die Afterklauen weiter hinten und stehen eher nach vorne gerichtet.
Värmland, Schweden. Laura Gärtner.

Ähnliche Trittsiegel

Wisent, Moschusochse, Hausrind.

GANGARTEN

Elche bewegen sich überwiegend im Schritt und flüchten in Sprüngen und im Galopp, wenn sie alarmiert sind oder sich bedroht fühlen. Sie benutzen ihre eigenen festen Wechsel, die im Laufe der Zeit stark zertrampelt und sehr auffällig sein können. Der Fuß-in-Fuß-Trab ist die häufigste, schnellere Gangart. Tiefer Schnee behindert Elche weniger als andere Paarhufer, in der Regel bleiben sie im Fuß-in-Fuß-Schritt oder Trab.

Schritt

Fuß in Fuß: » **SL** 119–198 cm » **SB** 23–52 cm

Trab

Fuß in Fuß: » **SL** 180–298 cm » **SB** 8–31 cm
Grätschtrab: » **SL** 250–370 cm » **SB** 30–62 cm

Galopp

Gruppenlänge: 145–300 cm
Zwischengruppenlänge: 120–432 cm
Schrittlänge: 265–703 cm

Fuß-in-Fuß-Schritt.

Grätschtrab.

« Mehrere Elchpfade durchziehen diese Winterlandschaft. Jämtland, Schweden. Heide Ulrich.

⌃ Elchbetten ähneln den Betten des Rothirschs, sind aber deutlich größer. Jämtland, Schweden. Laura Gärtner.

BRUNFTGRUBEN » Zur Paarungszeit scharren die Männchen Erdmulden mit ihren Vorderbeinen zu sogenannten Brunftgruben auf. Sie urinieren in die Gruben und legen sich anschließend hinein. Eine frische Brunftgrube verströmt einen strengen Geruch (siehe „Damhirsch“ Seite 538).

SCHLAGEN » Eine weitere Methode der Markierung während der Brunft ist das Schlagen von Büschen und Sträuchern mit dem Geweih. Zerschlagene Sträucher weisen eine Vielzahl gebrochener Äste sowie zerkratzte Rinde auf.

FEGEN » Von Juli–August fegen die männlichen Elche und befreien dadurch ihr frisch geschobenes Geweih vom Bast. Diese Geweihhaut findet man nur selten, da sie aufgrund ihres hohen Nährstoffgehalts Nahrungsquelle für andere Tiere ist.

RINDENSCHÄLUNG » Elche schälen Rinde und hinterlassen dabei zwei breite Furchen ihrer Schneidezähne im Baum. Aufgrund der beachtlichen Größe der Tiere können erhebliche Schäden im Wirtschaftsforst entstehen, gelegentlich werden ganze Bäume von den Tieren umgestoßen.

» **Maximale Schälhöhe** 2,5 m

» **Einfache Zahnfurchenbreite** 0,8–1,3 cm

⮝ Die unverwechselbar breiten Zahnfurchen. Jämtland, Schweden. Laura Gärtner.

Schält ein Elch einen Baum, kann dies zum Absterben des Baumes führen. Jämtland, Schweden. Heide Ulrich. ⮟

VERBISS » Mit ihrem Maul ziehen Elche Blätterwerk und Knospen zu sich, wodurch die Äste häufig brechen. Die Bruchstellen befinden sich auf oder etwas unterhalb der Kopfhöhe der Tiere. Elchfraßspuren sind massiv und leicht erkennbar, selbst kräftige Terminaltriebe werden abgebrochen und prägen das Landschaftsbild. Eine weitere Methode, an Nahrung oberhalb der Kopfreichweite zu gelangen, besteht im Herunterdrücken ganzer Bäume, indem die Tiere sich über den Stamm stellen und durch schrittweises Vorwärtsgehen kleinere Bäume so stark herunterbiegen, dass sie brechen.

Elchverbiss. Fraßspuren von Elchen können die Landschaft, in der die Tiere leben, langfristig prägen. Jämtland, Schweden. Heide Ulrich. »

≈ Sommerlosung. Im Sommer enthält die Elchlosung mehr Wasser und die Zellulose kann sorgfältig verdaut werden. Jämtland, Schweden. Heide Ulrich.

Winterlosung. Im Winter sind die Kotpillen trockener und faseriger. Värmland, Schweden. Heide Ulrich. ≈

≈ Einzelne Elchkotpillen sind deutlich größer als die des Rothirschs. Jämtland, Schweden. Laura Gärtner.

KOT » Elchkot kommt in zwei verschiedenen Hauptformen vor. Kuhfladenähnliche Haufen entstehen vor allem im Frühjahr oder nach übermäßigem Verzehr von Wasserpflanzen. Kotpillen sind eher wintertypisch und ähneln denen des Rothirschs, sie sind jedoch deutlich größer. Zwischen diesen beiden Hauptformen sind viele Formvarianzen möglich. Frischer Kot ist in der Regel dunkelgrün bis schwarz. Alte getrocknete Kotpillen nehmen eine bräunliche Färbung an.

» **L** 2,2–4,5 cm » **D** 1,2–2,2 cm

Bestimmen des Geschlechts anhand der Losung

Wie beim Rothirsch ist die Unterscheidung zwischen walzenförmigem und eichelförmigem Kot kein sicheres Merkmal zur Geschlechtsbestimmung. MacCraken und Van Bellenberghe (1987) erforschten, ob es möglich sei, das Geschlecht von Elchen anhand ihrer Losung zu bestimmen. Sie kamen zu dem Ergebnis, dass ein Durchmesser von weniger als 1,63 cm nicht von einem Männchen und ein Durchmesser über 1,64 cm nicht von einem Weibchen oder Kalb stammen kann. Die beiden Forscher beobachteten außerdem, dass getrocknete Kotpillen, die mehr als 2 g wiegen, von Männchen stammen. Weiter wurde behauptet, Kotpillen von Männchen seien quadratisch, Kotpillen von Weibchen kastenförmig und rundlich. Mark Elbroch weist darauf hin, dass auch Rothirsch- und Moschusochsenkot quadratischer oder rundlicher sein kann. Ob hier ein Zusammenhang zum Geschlecht besteht, bleibt nachzuweisen.

EUROPÄISCHES REH

Capreolus capreolus

KRL 90–135 cm
Sl 2–5 cm
G 15–35 kg
Das Gewicht hängt stark von Nahrungsangebot, Höhenlage und Klima ab. Tendenziell steigt es von Südwesten nach Nordosten und von tiefen in höhere Lagen.

Das Europäische Reh ist Europas häufigste Hirschart und die einizige im Gebiet vorkommende Art innerhalb der Gattung der Rehe (*Capreolus*). Rehe sind sowohl tagsüber als auch nachts aktiv. Sie orientieren sich vor allem über ihren ausgezeichneten Geruchssinn, hören gut und sind Bewegungsseher, die über ein weites Sehfeld verfügen und Bewegungen sehr gut wahrnehmen. Verharrt ein Mensch vollkommen regungslos, nehmen die Tiere ihn visuell nicht wahr. Im Sommer leben Rehe einzeln oder in kleinen Gruppen, die aus einer Mutter mit ihren Kindern bestehen. Im Winter können sich die Tiere zu größeren Rudeln zusammenschließen. Vor allem bei „Feldrehen" sind dann Rudelgrößen mit bis zu 100 Tieren möglich. Fressfeinde sind vor allem Wolf, Luchs und Rotfuchs. Rotfüchse erbeuten überwiegend Kitze, wobei sie auch in der Lage sind, ausgewachsene Rehe zu reißen, wenn eine hohe Schneelage die Tiere bei der Flucht behindert. Seltener werden Rehe von Steinadler, Vielfraß, Wildschwein, Wildkatze und Haushund erbeutet. Unfälle an Straßen und mit Mähmaschinen sind in manchen Gegenden eine häufige Todesursache.

KENNZEICHEN » Etwa ziegengroßer, schlanker Körper, langer Hals, hohe Beine sowie ein sehr kleiner, kurzer Schwanz. Die Fellfarbe wechselt vom rotbraunen Sommerfell zum graubräunlichen Winterfell, bei dem die weiße Färbung am Hinterteil besonders auffällt. Männchen tragen ein eher kleines Geweih, das in der Jägersprache auch Gehörn heißt.

VERBREITUNG & LEBENSRAUM » Die Rehe sind, außer auf einigen Inseln wie Korsika, Sardinien und Sizilien, in ganz Europa verbreitet. Sie kommen in allen geeigneten Lebensräumen vor. Dazu zählen vor allem deckungsreiche Laub- und Nadelwälder mit Zugang zu Feldern und offenem Kulturland. Mosaiklandschaften mit einem hohen Anteil an Waldrändern bieten ideale Bedingungen für die Nahrungsbedürfnisse des Rehs. Als sehr anpassungsfähiger Kulturfolger kommt das Reh auch in Grenzbereichen zu Siedlungen, Gärten und Parkanlagen oder auf Friedhöfen vor. Es gibt sogar „Feldrehe“, die sich beinahe ausschließlich von ackerbaulich angebauten Kulturpflanzen ernähren und ganzjährig auf den Feldern bleiben.

ERNÄHRUNG » Rehe sind Nahrungsspezialisten, die man als Selektierer bezeichnet. Anders als zum Beispiel Rothirsche suchen sie gezielt ausgewählte Nahrungsquellen auf, anstatt große Mengen einer Nahrungsquelle auf einmal zu fressen. Energie- und eiweißreiche Nahrung, die leicht verdaulich ist, wird bevorzugt. Triebe, Knospen und Blätter von Bäumen und Sträuchern, zum Beispiel Brombeere, Himbeere, Hasel, Holunder, Tanne, Esche, Ahorn, Eiche und Buche sowie Früchte, Bucheckern, Eicheln und Kastanien machen einen Großteil der Nahrung aus. Kräuter wie Löwenzahn, Wegerich, Kerbel oder Gräser sowie Pilze stellen den geringeren Teil der Nahrung dar.

FORTPFLANZUNG » Für Hirschartige ungewöhnlich sind die Paarungszeit im Sommer (Juli/August) und die bis zu 150 Tage andauernde Keimruhe. Die Tragzeit kann sich somit auf 273–294 Tage verlängern. Im November/Dezember kann es zu einer Nebenbrunft kommen, in diesem Fall entfällt die Keimruhe, sodass die 1–2 (bis 4) Kälber im Mai/Juni geboren werden. Die Mutter legt sie versteckt ab und hält sich selbst durchschnittlich 50–150 m entfernt auf. Die Kälber sind mit 7–8 Monaten geschlechtsreif.

TRITTSIEGEL

Vorne

» **L** 3,1–6,2 cm » **B** 2,5–5,5 cm

Hinten

» **L** 3–6 cm » **B** 2,4–5,2 cm

Mittelgroß. Zehenspitzengänger. Leicht asymmetrisch. 4 Zehen: Zehen 2 und 5 sind stark reduziert, befinden sich weiter oben auf der Rückseite des Fußes und werden Afterklauen genannt. Die Afterklauen sind selten erkennbar, drücken sich hinter den Schalen ab und sind ebenso breit wie die Außenkanten der Zehen 3 und 4. Zehen 3 und 4 sind immer abgedrückt, wobei Zehe 3 etwas kleiner ist als Zehe 4. Der Klauenumriss kann herzförmig erscheinen, die einzelnen Schalen sind schmal, mit spitz zulaufenden Enden. Die vordere Hälfte der Schaleninnenwände ist leicht konkav. Der Ballen macht 25 % bis ein Drittel der Gesamtlänge des Trittsiegels aus. Der Vorderfußabdruck ist etwas größer und breiter als der Hinterfußabdruck. Bei hohen Geschwindigkeiten und rutschigem Boden können sich die Schalen am vorderen Ende auseinanderspreizen.

Rechts vorne.
Vledder, Niederlande. René Nauta.

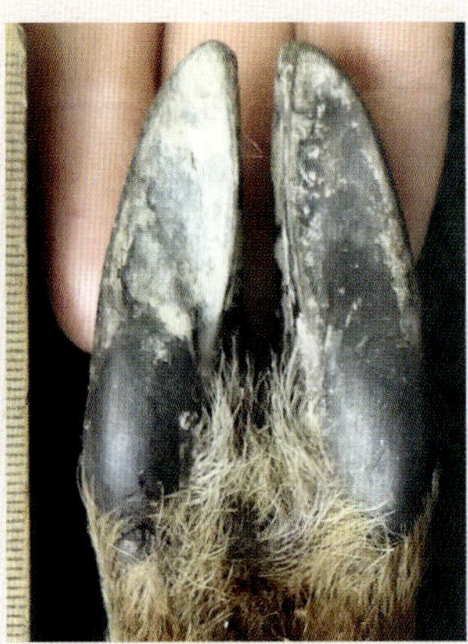

Rechts hinten.
Vledder, Niederlande. René Nauta.

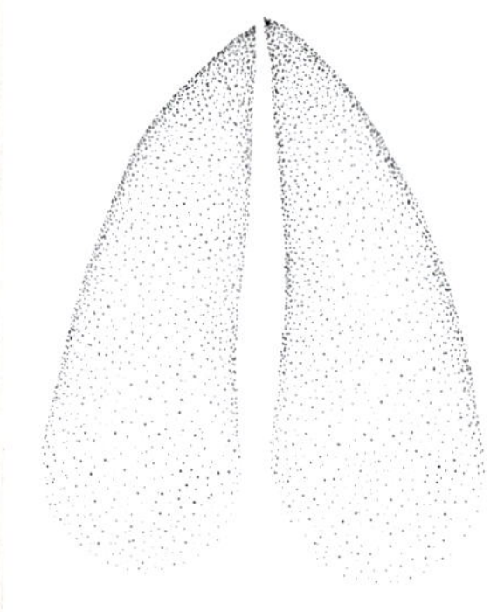

Rechts hinten.

Rechts hinten. Bielefeld, Deutschland. Ulrike Quartier.

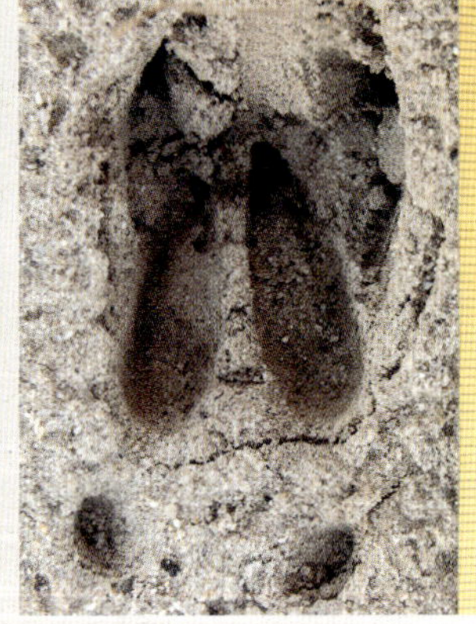

Doppelabdruck eines Rehs. Die charakteristische Herzform ist deutlich erkennbar.
Märkische Schweiz, Deutschland.

Ähnliche Trittsiegel

Muntjak, Wasserreh, Dam- und Sikahirsch, Wildschweinfrischlinge.

GANGARTEN

Rehe bewegen sich überwiegend im Schritt. Ihre Trittsiegel sind dabei häufig leicht nach außen gekehrt. Ein zurückbleibender Schritt kann auf ein älteres Tier hindeuten, während Übereilen oft ein Anzeichen für das temperamentvollere Verhalten von Jungtieren ist. Hier können jedoch auch weitere Gründe, wie der Übergang von Trab in Galopp, die Ursache für das Übereilen sein. Rehe benutzen Wege und kleine Straßen, bevorzugen jedoch ihre eigenen Wechsel. Der Fuß-in-Fuß-Trab ist die häufigste schnellere Gangart. Alarmiert flüchten Rehe in Sprüngen sowie im Galopp. Dabei sind beachtliche Sprünge von bis zu 7 m möglich.

Schritt
Fuß in Fuß:
» **SL** 53–98 cm » **SB** 7–23,5 cm
zurückbleibend:
» **SL** 67–76 cm » **SB** 12–16 cm

Trab
Fuß in Fuß:
» **SL** 89–136cm » **SB** 6,3–13 cm
übereilt:
» **SL** 104–160 cm » **SB** 8–20 cm
Grätschtrab:
» **SL** 138–143 cm » **SB** 22 cm

Drei- und Viersprung
Gruppenlänge: 48–128 cm
Zwischengruppenlänge: 84–120 cm
Schrittlänge: 115–248 cm
Spurbreite: 11–20 cm

Galopp
Gruppenlänge: 58–257 cm
Zwischengruppenlänge: 50–323 cm
Schrittlänge: 150–440 cm
Spurbreite: 10–25 cm

Der Fuß-in-Fuß-Schritt ist die bevorzugte Gangart des Rehs. Von links nach rechts kreuzt ein Waschbär den Pfad. Märkische Schweiz, Deutschland. ≫

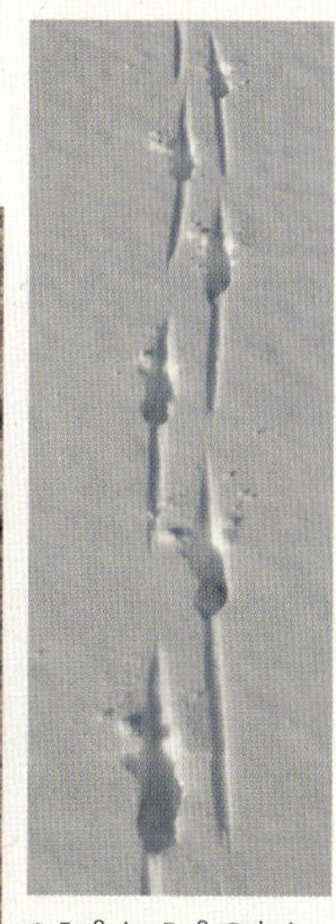

≪ Fuß-in-Fuß-Schritt. Im Schnee werden häufig Schleifspuren hinterlassen. Jämtland, Schweden. Laura Gärtner.

≪ Reh im Grätschtrab. Märkische Schweiz, Deutschland.

≪ C-Galopp. Die Schrittfolge von unten nach oben ist: LV, RV, RH, LH. Märkische Schweiz, Deutschland.

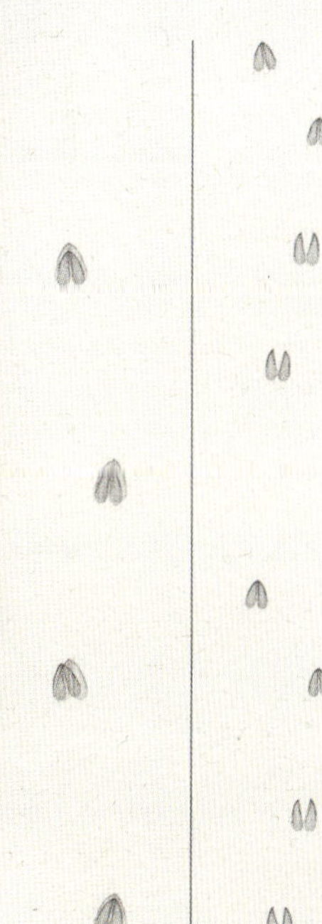

≪ Fuß-in-Fuß-Schritt.

≪ C-Galopp.

ZEICHEN

BETT » Im Gegensatz zu den anderen Hirschen scharrt das Reh sein Bett von Laub frei, bevor es sich niederlegt. Rehbetten zeigen eine für alle wiederkäuenden Paarhufer typische Form (Seite 174).

» **Länge** 50–65 cm

Links der breite, rundliche Hinterleib und rechts die spitz zulaufende Vorderseite eines Rehbetts. Spessart, Deutschland. ︾

FEGEN » Von März–Juni wächst das frische Geweih, das von weichem Bast überzogen ist. Rehböcke streifen diesen Bast an Bäumchen und Sträuchern durch sogenanntes „Fegen" ab. Dabei hinterlassen sie an der Vegetation geringe bis deutliche Schäden und außerdem die Überreste der Geweihhaut, die jedoch selten gefunden wird, da die Tiere sie selbst wieder aufnehmen oder Vögel sie fressen. Tendenziell fegen ausgewachsene Männchen früher im Jahr als junge Männchen.

︽ Rehbett im Schnee. Der Kopf war nach links gerichtet. Jämtland, Schweden. Laura Gärtner.

≈ Die klassische Kombination aus Plätz- und Schlagstelle ist typisch für Rehe. Bayerischer Wald, Deutschland.

Die auffällige Schlagspur eines Rehbocks. Oft finden wir diese Zeichen zusammen mit einer Plätzstelle davor. Lausitz, Deutschland. ≈

≈ An markanten Plätzen wie Wegkreuzungen finden sich häufig Markierungen wie diese Schlag- oder Fegestelle. Märkische Schweiz, Deutschland.

SCHLAGEN » Die Rehböcke markieren, indem sie mit ihrem Geweih gegen Bäumchen und Bäume schlagen und mit der Stirn und ihren Wangen daran reiben („Stirnlockenreiben"). Dabei wird in etwa 80 cm Höhe auf Kopfhöhe der Tiere die Rinde entfernt, wodurch eine glatte, hellglänzende Fläche entsteht. Gehäuftes Schlagen an umliegender Vegetation ist eine deutlich sichtbare Form der optischen Markierung. Die Stirndrüse und andere Kopfdrüsen hinterlassen zusätzlich eine Duftmarkierung. Schlagen und Plätzen (siehe unten) werden häufig kombiniert. Mit dieser Form des Markierens beginnen die Rehböcke bereits im Februar. Sie markieren den gesamten Sommer hindurch, besonders intensiv in den Zeiten unmittelbar vor und während der Brunft. In der Jägersprache heißt das Schlagen des Rehbocks auch „Fegen".

PLÄTZEN » Eine weitere Form der Markierung ist das Plätzen. Die Tiere scharren mit den Vorderhufen den Bodenbewuchs sowie Laub und Nadeln unter ihrem Körper hindurch nach hinten. Dabei werden parallel verlaufende Scharrspuren der Schalen und das Duftsekret der Zwischenzehendrüsen hinterlassen. Plätzstellen finden sich meist am Fuß eines Baumes. Oft gehen sie mit dem Schlagen einher. Selbstverständlich kann ein Rehbock auch plätzen, ohne dabei Schlagspuren zu hinterlassen. Rehe plätzen etwa von Anfang März bis Ende September.

⩯ Hexenring. Hier hat ein Rehbock eine Ricke längere Zeit im Kreis herum gejagt. West Sussex, England.

⩯ Im Gegensatz zu Schlagspuren sind bei Rindenschälungen meist deutliche Zahnmarken zu erkennen. West Sussex, England.

HEXENRING » Zur Paarungszeit treibt der Rehbock das Weibchen vor sich her. Manchmal werden die Weibchen so lange im Kreis getrieben, bis ein Ring aus zertrampelter Vegetation entstanden ist. Diese Ringe werden „Hexenringe“ genannt.

RINDENSCHÄLUNG » Rehe reißen Rindenstücke ab, um sich von dem darunterliegenden Kambium zu ernähren. Bei der Rindenschälung sind zwei Furchen der Schneidezähne zu erkennen, die wie Schnitzwerkzeuge von unten nach oben schaben. Die Zahnfurchen sind schmaler als beim Damhirsch. Am unteren Ende der geschälten Fläche findet sich ein mehr oder weniger gerader Schnitt, während die obere Kante stark ausgefranst ist. Die Tiere ziehen die Rindenstreifen von unten nach oben ab. Verglichen mit Rothirschen schälen Rehe selten und vor allem bei höheren Schneelagen bzw. geringer Nahrungsverfügbarkeit.

» **Maximale Schälhöhe** 1,2 m

» **Einfache Zahnfurchenbreite** 0,2–0,4 cm

KNOSPENVERBISS » Hirschartige haben statt Schneidezähnen eine Dentalplatte (Gaumenplatte) im Oberkiefer. Sie klemmen ihr Futter zwischen den Schneidezähnen des Unterkiefers und der Gaumenplatte fest und reißen es ab. Dabei entsteht ein ausgefranstes Ende, das sich deutlich von dem sauberen Schnitt der Hasen- und Nagetiere unterscheidet.

WEIDELINIE » Die typische Höhe der Fraßkante an Sträuchern, Bäumen und Büschen liegt etwa bei 120–150 cm.

KOT » Die Farbe variiert zwischen gelbbraun, schwarzgrün und schwarz. Die Kotpillen sind entweder an beiden Enden abgerundet oder haben an einem Ende eine Vertiefung (Näpfchen) und am anderen Ende eine kleine Spitze (Zäpfchen). Als Wiederkäuer entledigen sich Rehe jeweils einer größeren Menge Kotpillen auf einmal. Die Sommerlosung klebt aufgrund der saftigeren, reicheren Kost häufig zusammen. Täglich entstehen 17–23 Kothaufen.

» **L** 1–1,7 cm » **D** 0,7–1,1 cm

Rehkot. Die einzelnen Kotpillen können in der Größe variieren. Ausschlaggebend zur Bestimmung ist die durchschnittliche Größe. Märkische Schweiz, Deutschland.

Das ausgefranste, unsaubere Aussehen von Rehverbiss ist charakteristisch für alle Hirsche. Märkische Schweiz, Deutschland.

RENTIER

Rangifer tarandus

KRL 120–220 cm
Sl 7–18 cm
G 60–220 (bis 300) kg
Die Weibchen sind kleiner als die Männchen.

Rentiere sind die einzige Hirschart Europas, bei der auch die Weibchen ein Geweih tragen. Die Männchen werfen ihr Geweih nach der Brunft im Winter ab, die Weibchen erst nach der Geburt ihrer Jungen im Frühjahr. Rentiere verfügen über einen sehr gut ausgeprägten Geruchssinn und können UV-Licht sehen. Sie sind gesellige Tiere, die je nach Verbreitungsgebiet Herden von mehreren hundert Tieren bilden. Weibchen und junge Männchen leben zusammen in großen Herden, während ältere Männchen kleinere Herden bilden oder als Einzelgänger umherziehen. Tiere, die in der Tundra leben, finden sich zu jahreszeitlichen Wanderungen von beachtlichem Ausmaß zusammen, gebietsweise ziehen Tausende Rentiere gemeinsam in die südlichere Taiga. Nach den Wanderungen verteilen sie sich wieder auf kleinere Verbände von zehn bis hundert Individuen. In Gebirgen lebende Tiere unternehmen solche Wanderungen nicht, sie streifen regional umher.

Rentiere sind überwiegend tagaktiv, sie verfügen über einen gut entwickelten Geruchssinn, sind gute Schwimmer und ausdauernde Läufer. Ihre dichte Behaarung schützt sie vor Temperaturen bis zu −50 °C. Auffallend sind ihre sehr großen, breiten Hufe, die eine sichere Fortbewegung auf Eis und Schnee ermöglichen. Beim Gehen ist ein Knackgeräusch in den Zehengelenken zu hören. Fressfeinde sind Wolf, Vielfraß und Bär. Jungtiere können auch von Luchs, Fuchs und Steinadler erbeutet werden.

Für viele Menschen des nördlichen Europas, vor allem die indigenen Völker wie die Samen, stellen Rentiere die Existenzgrundlage dar.

KENNZEICHEN » Kräftig gebauter mittelgroßer Hirsch. Die einzige Hirschart, bei der die Weibchen ein Geweih tragen.

VERBREITUNG & LEBENSRAUM » Norwegen, Finnland, Spitzbergen, Grönland, Schottland und Island. Wilde Bestände sind auf eine kleine Population in Norwegen begrenzt. Die großen Rentierherden in Lappland sind geringfügig domestiziert. Rentiere bewohnen die arktische und subarktische Tundra, die Taiga, nordische Gebirgslagen und dichte, feuchte Nadelwälder.

ERNÄHRUNG » Im Sommer fressen Rentiere überwiegend Gräser und Kräuter, außerdem andere Pflanzenkost wie Knospen, Zweige, Blätter, Baumrinde und Pilze. Im Winter zählen Moose und Flechten zu wichtigen Nahrungsquellen, zum Beispiel die Echte Rentierflechte (*Cladonia rangiferina*).

Fünf Rentiere ziehen in Richtung Horizont. Helagsfjäll, Schweden. Heide Ulrich.

TRITTSIEGEL

Vorne

» **L** 8–11,5 cm » **B** 9,5–14,5 cm

Hinten

» **L** 7,5–10 cm » **B** 9–13 cm

Mittelgroß bis groß. Zehenspitzengänger. Leicht asymmetrisch.
4 Zehen: Zehen 2 und 5 sind stark reduziert, befinden sich weiter oben auf der Rückseite des Fußes und werden Afterklauen genannt. Die Afterklauen liegen weiter unten am Fuß als beim Rothirsch und sind entsprechend häufig zu sehen. Sie stehen am Vorderfuß waagerecht und beim Hinterfuß senkrecht zur Reiserichtung, bei höheren Geschwindigkeiten kommt es zu einer Spreizung, wodurch die senkrecht angeordneten Afterklauen des Hinterfußes beinahe waagerecht zur Reiserichtung abgedrückt werden können. Die Afterklauen des Vorderfußes sind in der Regel abgedrückt und stehen, ähnlich wie beim Wildschwein, seitlich über die Schalenaußenwände hinaus ⓐ, wodurch das Trittsiegel triangulär erscheinen kann. Die Afterklauen des Hinterfußes sind unzuverlässig erkennbar.
Ohne die Afterklauen ist das Trittsiegel auffallend rundlich. Die Zehen 3 und 4 sind immer abgedrückt, wobei Zehe 3 etwas kleiner ist als Zehe 4. Die äußeren Schalenwände sind stark konvex, die inneren deutlich konkav gebogen. Der Negativbereich zwischen den einzelnen Schalen ist groß. Die Schalenspitzen sind gewölbt und werden mit zunehmender Abnutzung rundlicher.

Die Vorderfüße eines Rentiers. Jämtland, Schweden. Heide Ulrich.

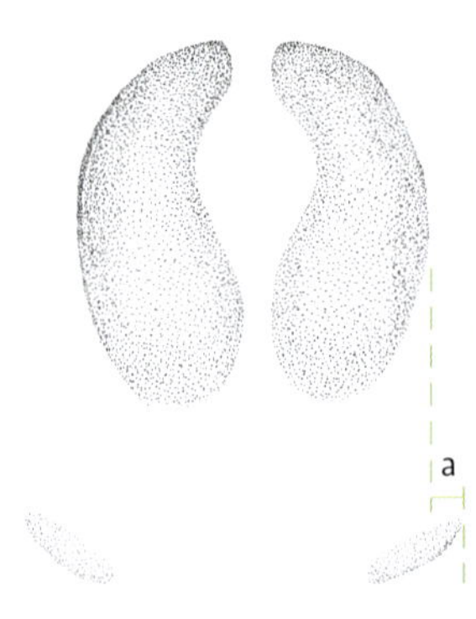

Links vorne.

Links vorne.
Jämtland, Schweden. Laura Gärtner.

Links vorne (links) und links hinten (rechts). Im Vergleich fällt auf, wie viel schmaler und länglicher der Hinterfußabdruck ist. Beachten Sie auch die unterschiedliche Positionierung der Afterklauen. Jämtland, Schweden. Heide Ulrich.

Der Vorderfuß ist größer, breiter und rundlicher als der Hinterfuß. Die konkave Einbuchtung der Schaleninnenwände ist beim Vorderfuß stärker ausgeprägt als beim Hinterfuß. Bei rutschigem Boden und hoher Geschwindigkeit spreizen sich die Schalen.

GANGARTEN

Rentiere bewegen sich überwiegend im Schritt, häufig im übereilten Schritt fort. Im Schnee sind Schleifspuren der Klauen charakteristisch. Sind sie alarmiert oder fühlen sich bedroht, flüchten sie in Sprüngen und im Galopp. Die Tiere sind meist in Gruppen unterwegs, bevorzugte Wechsel sind mit der Zeit stark zertrampelt und ihre Wanderwege können als ausgeprägte Pfade sehr auffällig sein.

Schritt
Schrittlänge: 88–172 cm
Spurbreite: 18–40 cm

Trab
Schrittlänge: 200–306 cm
Spurbreite: 15–29 cm

Galopp
Gruppenlänge: 149–350 cm
Zwischengruppenlänge: 91–166 cm
Schrittlänge: 250–469 cm
Spurbreite: 21– 43 cm

« Rentier im C-Galopp. Jämtland, Schweden. Laura Gärtner.

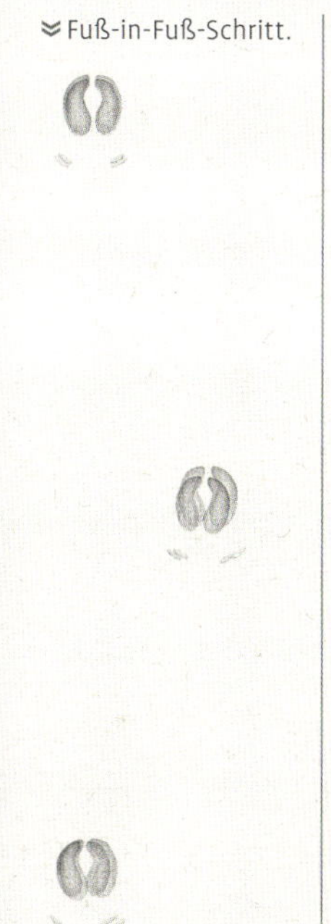

︽ Der Fuß-in-Fuß-Schritt eines Rentiers. Helagsfjäll, Schweden. Laura Gärtner.

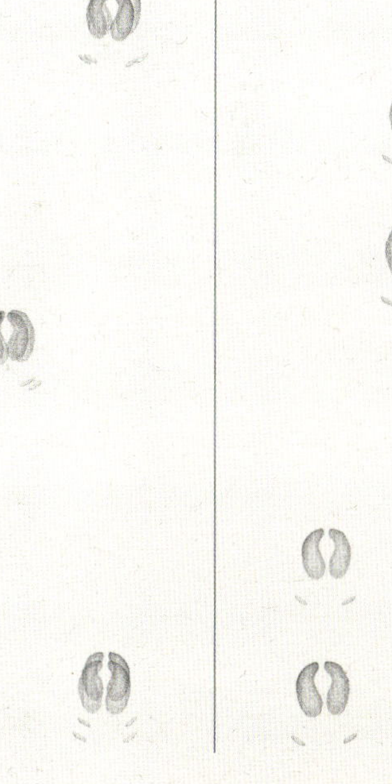

︾ Fuß-in-Fuß-Schritt. ︾ Übereilter Schritt.

Ähnliche Trittsiegel
Unverwechselbar.

FORTPFLANZUNG » Die Paarungszeit reicht von Mitte September bis Ende Oktober. Männchen versammeln einen Harem und paaren sich mit so vielen Weibchen wie möglich. Oft finden Kämpfe zwischen rivalisierenden Männchen statt. In der Regel wird nach einer Tragzeit von 7–8 Monaten im Mai/Juni 1 Kalb geboren, das nach 1,5–2,5 Jahren geschlechtsreif ist.

ZEICHEN

BETTEN » Form ähnlich wie ein Rothirschbett, jedoch etwas kleiner (Seite 546).

» **Länge** 60–115 cm

SCHLAMMBÄDER & SCHEUERBÄUME » So wie der Rothirsch suhlt auch das Rentier. Die Scheuerstellen dienen unter anderem als Markierung und ähneln ebenfalls denen des Rothirschs (Seite 547).

» **Länge** 90–230 cm

SCHLAGEN » Eine weitere Form der Markierung während der Brunft ist das Schlagen von Büschen und Sträuchern mit dem Geweih. Zerschlagene Sträucher weisen eine Vielzahl gebrochener Äste und zerkratzte Rinde auf. Die höchsten Geweihschlagspuren eines männlichen Tieres befinden sich etwa 2 m über dem Boden, der Großteil des Schadens ist in etwa 90–120 cm Höhe zu finden.

FEGEN » Von August–September fegen die männlichen Rentiere und befreien dadurch ihr neu geschobenes Geweih vom Bast.

Bett eines Rentiers. Helagsfjäll, Schweden. Laura Gärtner.

≈ Eine typische Winterfraßspur sind großflächig abgefressene Bereiche von Flechten und Moosen, die zuvor mit den Hufen freigeschaufelt wurden. Jämtland, Schweden. Laura Gärtner.

FRASSPUREN » In Gegenden, in denen Rentiere sich länger aufgehalten haben, findet man gelegentlich Bereiche großflächig abgefressener Flechten und Moose. Bei diesem auffälligen Zeichen handelt es sich um die Winteräsung einer Rentierherde.

Rentierkot. Helagsfjäll, Schweden. Laura Gärtner. ≈

KOT » Rentierkot ähnelt den Exkrementen von Damhirsch und Reh; er ist etwas kleiner als Schafskot und besteht aus unregelmäßig geformten, kurzen Kotpillen, die wie beim Wildschwein auch wurstförmig zusammenklebend vorkommen können. Wenn die Nahrung im Winter zu großen Teilen aus Flechten und Moos besteht, kann es vorkommen, dass die Winterlosung aus teerartigen kleinen Kotklecksen besteht.

» **L** 0,9–2 cm » **D** 0,8–1,5 cm

In einer Studie im norwegischen Spitzbergen konnten Morden et al. (2011) zuverlässig verschiedene Altersgruppen weiblicher Rentiere anhand der Größe ihrer Kotpillen bestimmen:

Ausgewachsene Tiere:

» **L** > 8 mm » **D** > 7,5 mm

Einjährige Tiere:

» **L** = 7,3–7,7 mm » **D** = 6,8–7,2 mm

Kälber:

» **L** < 7,2 mm » **D** < 6,8 mm

≈ Rentierkot, Nahaufnahme. Helagsfjäll, Schweden. Laura Gärtner.

DAMHIRSCH

Dama dama

KRL 120–150 cm
Sl 12–24 cm
G 35–90 (bis 110) kg
Die Männchen sind größer und deutlich schwerer als die Weibchen. Vor allem Erstere setzen im Sommer Fett an, das sie bei der Brunft wieder verlieren.

Damhirsche sind anpassungsfähige Hirsche, die weniger empfindlich auf Störungen reagieren als die Rot- und Sikahirsche. Selbst in der Nähe befahrener Straßen lassen sich die Tiere auf offenen Flächen beim Ruhen und Äsen beobachten. Sie können tag- und nachtaktiv sein, ihre Aktivitätszyklen werden anscheinend nicht durch Bejagung und andere Störungen beeinflusst. Ihr Sehvermögen ist stärker ausgeprägt als bei anderen Hirschen. Sie hören, riechen, springen und schwimmen gut. Wie Rothirsche leben Damhirsche im Sommer vorwiegend in kleinen bis mittelgroßen Gruppen. Im Winter schließen sich die Tiere teilweise zu geschlechterübergreifenden Rudeln von beachtlicher Größe zusammen (über 100 Tiere). Natürliche Feinde sind vor allem Wölfe, selten Luchse und wildernde Hunde.

KENNZEICHEN » Kleiner als der Rothirsch und größer als das Reh. Männchen mit auffallendem Schaufelgeweih, im Sommerhaarkleid charakteristische helle Fellflecken und ein schwarzer Aalstrich auf der Rückenmitte.

Seit den frühen 1980er-Jahren werden Damhirsche für die Fleischproduktion in Gattern und Farmen gehalten.

VERBREITUNG & LEBENSRAUM » Ursprünglich aus dem Mittelmeerraum stammend, kamen die Tiere durch die Römer nach Mitteleuropa. Sie kommen heute, mit Ausnahme einiger Inseln, in ganz Europa vor. Damhirsche bevorzugen ebenes Gelände und bleiben in der Regel unter 1000 m Höhe. Beliebt sind Gebiete, in denen sich Deckung mit Freiflächen abwechselt. Typische Lebensräume sind ebenfalls lichte Laub- und Mischwälder, die an Felder, Wiesen oder parkähnliche Landschaften grenzen. Während der Wald vom Damhirsch als Deckung genutzt wird, nimmt er seine Nahrung eher auf offenen Flächen auf. Dichter, reiner Nadelwald wird in der Regel gemieden.

ERNÄHRUNG » Gräser, Kräuter, Blätter, Knospen, Triebe, Baumrinde und Feldfrüchte wie Mais, Raps, Getreide und Rüben. Von März–September kann die Nahrung zu über 60 % aus Gräsern bestehen. Im Herbst, wenn die Mast reif ist, werden Eicheln, Bucheckern und Kastanien zu bevorzugten Nahrungsquellen. Im Gegensatz zum Reh sind Damhirsche bei der Wahl ihres Futters weniger anspruchsvoll.

FORTPFLANZUNG » Höhepunkt der Fortpflanzung ist von Oktober–November. Die Männchen schlagen mit ihrem Geweih Erdgruben (Brunftgruben), in die sie sich hineinlegen und die Weibchen durch Geruch und Lautäußerungen anlocken. Mit ihrem Brunftruf zeigen die männlichen Tiere ihre Paarungsbereitschaft an. Platzhirsche schreien in 24 Stunden 25000- bis 30000 Mal (Petrak 1987). Im Gegensatz zum Rothirsch, der den brunftigen Weibchen folgt, versammelt das Damhirschmännchen einen Harem um sich. Die weiblichen Tiere ziehen zu den Brunftplätzen, die das Männchen gegen andere Hirsche verteidigt. Brunftgruben mehrerer Hirsche können dicht beieinanderliegen und ein Platzhirsch kann sein Brunftrevier über mehrere Jahre immer wieder aufsuchen. Nach einer Tragzeit von 31–33 Wochen werden überwiegend von Mai–Juli 1 (bis 2) Kälber geboren. Die Tiere sind nach 18 Monaten geschlechtsreif, die Männchen beteiligen sich in der Regel jedoch erst ab dem 3. Lebensjahr an der Fortpflanzung. Während der Brunft fressen die männlichen Tiere nicht, sie verlieren dabei bis zu 27 % ihres Körpergewichts.

TRITTSIEGEL

Vorne

» **L** 5,5–7,5 cm » **B** 3,5–6,6 cm

Für ausgewachsene Tiere gilt die Faustregel L < 5,5 cm = Weibchen und L > 6,5 cm = Männchen. Um einjährige männliche von ausgewachsenen weiblichen Tieren zu unterscheiden, bedarf es zusätzlicher Hinweise zu Fußmorphologie oder Sozialverhalten.

Hinten

» **L** 5–7 cm » **B** 3–6 cm

Mittelgroß. Zehenspitzengänger. Leicht asymmetrisch. 4 Zehen: Zehen 2 und 5 sind stark reduziert, befinden sich weiter oben auf der Rückseite des Fußes und werden Afterklauen genannt. Die Abdrücke der Afterklauen sind selten zu sehen, sie befinden sich hinter den Schalenabdrücken und sind ebenso breit wie die Außenkanten der Zehen 3 und 4. Diese sind immer abgedrückt, wobei Zehe 3 etwas kleiner ist als Zehe 4. Die Schaleninnenwände sind leicht konkav. Der abgedrückte Ballen macht etwa 50 % der Gesamtlänge des Trittsiegels aus ⓐ. Häufig ist eine Erhöhung zwischen dem harten Unguis und dem weichen Subunguis zu erkennen. Ballen und Schalen liegen unterschiedlich hoch und wirken abgesetzt ⓑ. Der Vorderfuß ist größer und breiter als der Hinterfuß. Bei hohen Geschwindigkeiten und rutschigem Boden können sich die Schalen am vorderen Ende auseinanderspreizen.

≈ Links vorne.
Vledder, Niederlande. René Nauta.

≈ Links hinten.
Vledder, Niederlande. René Nauta.

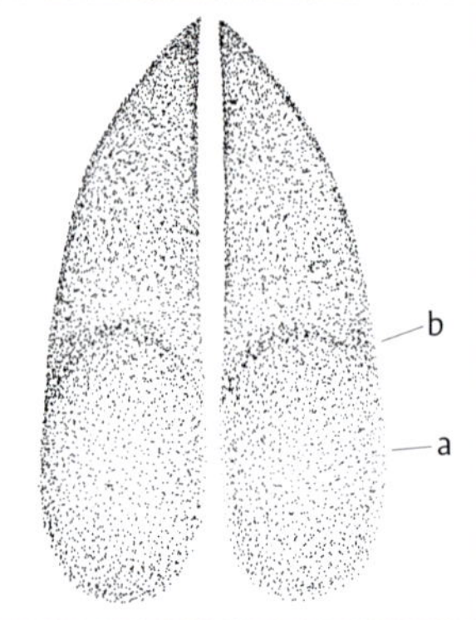

≈ Links vorne.

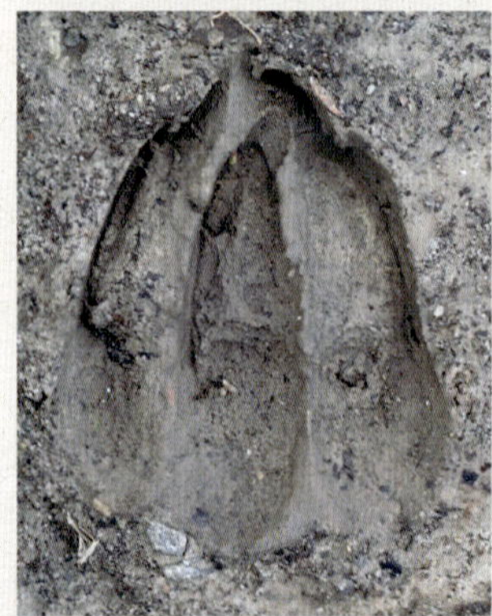

≈ Links hinten. Marianka, Slovakei.
Heide Ulrich.

≈ Links hinten (links) und links vorne (rechts). Der charakteristische Höhenunterschied zwischen Ballen und Schalen ist deutlich zu erkennen. Steyerberg, Deutschland.

GANGARTEN

Damhirsche bewegen sich überwiegend im Schritt. Der Fuß-in-Fuß-Trab ist ihre häufigste schnelle Gangart. Alarmiert flüchten die Tiere in Sprüngen sowie im Galopp. Eine besondere Auffälligkeit der Damhirsche ist die relativ häufige Verwendung des Prellspungs, der den Tieren auf offener Fläche hilft, sich schnell Überblick zu verschaffen.

Fuß-in-Fuß-Schritt
Schrittlänge: 60–114 cm
Spurbreite: 8,5–22 cm

Fuß-in-Fuß-Trab
Schrittlänge: 96–189 cm
Spurbreite: 6–16,5 cm

Grätschtrab
Schrittlänge: 145–195 cm
Spurbreite: 13–29 cm

Drei- und Viersprung
Gruppenlänge: 77–158 cm
Zwischengruppenlänge: 108–185 cm
Schrittlänge: 166–294 cm
Spurbreite: 10–30 cm

Galopp
Gruppenlänge: 121–195 cm
Zwischengruppenlänge: 95–345 cm
Schrittlänge: 186–534 cm
Spurbreite: 10–30 cm

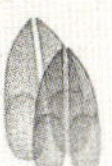

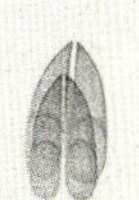

≈ Fuß-in-Fuß-Schritt.

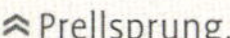

≈ Prellsprung.

Damhirsch in seiner bevorzugten Gangart, dem Fuß-in-Fuß-Schritt. Hainburg, Deutschland. Simone Roters. »

≈ Damhirsch im Viersprung. Fußfolge von unten nach oben: LV, LH, RV, RH. Lebensgarten Steyerberg, Deutschland.

DAMHIRSCH VON ROTHIRSCH UNTERSCHEIDEN

DAMHIRSCH	ROTHIRSCH
ⓐ Schlanke Schalen, die spitz zulaufen.	ⓐ Kräftige Schalen, die zur Spitze hin abgeflacht verlaufen.
ⓑ Ballen macht etwa 50 % der Trittsiegelfläche aus.	ⓑ Ballen macht etwa 25–30 % der Trittsiegelfläche aus.
ⓒ Länglicher Klauenumriss.	ⓒ Im Verhältnis breiter Klauenumriss.

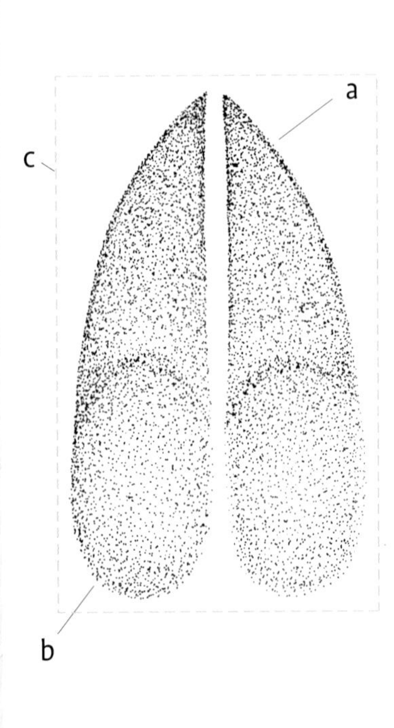

≈ Damhirsch, links vorne.

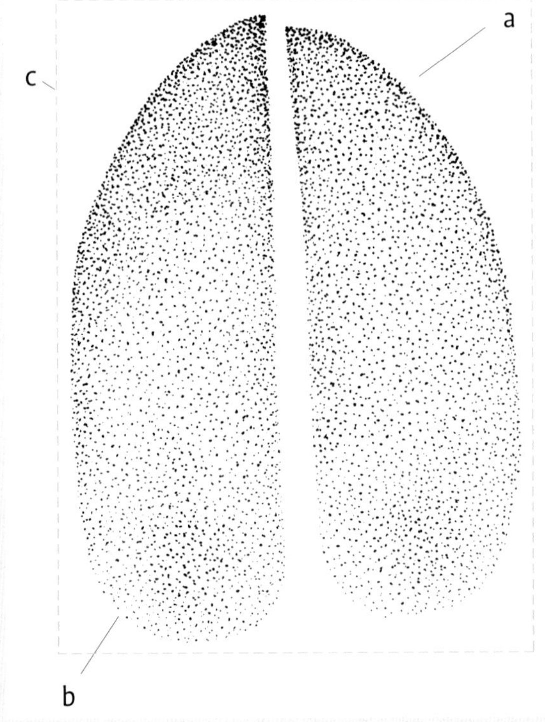

≈ Rothirsch, links vorne.

Ähnliche Trittsiegel

Die Trittsiegel von Damhirschkälbern können leicht mit denen von Rehen verwechselt werden. Sind die Ballenabdrücke nicht erkennbar, können selbst die Trittsiegel erwachsener Tiere verwechselt werden. Die Schalen des Damhirschs verlaufen jedoch paralleler als die des Rehs und der Trittsiegelumriss ist weniger herzförmig. Rothirschtrittsiegel sind deutlich größer, dennoch können die Trittsiegel kleiner Rothirsche mit denen großer, kräftiger Damhirsche verwechselt werden. Die Fußabdrücke des Sikahirschs können schwer von Damhirschabdrücken zu unterscheiden sein (Unterscheidung Seite 556).

Damhirsch (links) und Rothirsch (rechts) im Vergleich. Aaron Tiedemann.

ZEICHEN

Anders als Rothirsche suhlen und malen Damhirsche nicht. Ansonsten ähneln ihre Zeichen denen des Rothirschs teilweise so stark, dass es schwierig sein kann, sie zu unterscheiden.

WECHSEL » Ähnlich wie Rothirsche benutzen Damhirsche innerhalb ihrer Reviere feste, oft deutlich erkennbare Wechsel. Meist verbinden diese Wechsel Äsungs- und Ruheplätze.

BETTEN » Im Gegensatz zum Rothirsch legen sich Damhirsche häufig in unmittelbarer Nähe zu Wanderwegen und Feldstraßen direkt ins Gras. Oft können die Betten ganzer Rudel im hohen Gras an Feldrändern gefunden werden. Die Vegetation bietet dabei einen ausreichenden Sichtschutz. Das Bett hat eine für alle wiederkäuenden Paarhufer typische Form (Seite 174) und ist kleiner als dasjenige eines Rothirschs.
» **Länge** 65–90 cm

≈ Damhirschbett. Häufig ist Damhirschkot darin zu finden. Midhurst, England. John Rhyder.

BRUNFTGRUBEN » Zur Paarungszeit scharren die Männchen Erdmulden mit ihren Vorderbeinen zu sogenannten Brunftgruben auf. Sie urinieren in die Gruben und schlagen mit ihrem Schaufelgeweih auf den umliegenden Boden, der dadurch noch stärker aufgewühlt wird. Anschließend legen sie sich hinein und schmieren ihre öligen Sekrete als Duftmarkierung in die Grube. Eine frische Brunftgrube verströmt einen strengen Geruch, der typisch für Damhirsche während dieser Zeit ist.

SCHLAGEN » Wie Rothirsche zeigen Männchen Imponier- und Markierungsverhalten. Mit dem Geweih schlagen sie auf kleine Bäume und Sträucher ein, wodurch viele gebrochene Äste sowie zerkratzte Rinde zurückbleiben. Schlagstellen häufen sich vor der Brunft.

FEGEN » Von August–September fegen die männlichen Damhirsche und befreien dadurch ihr neu geschobenes Geweih vom Bast. Tendenziell fegen junge Männchen etwas früher als ausgewachsene Männchen.

RINDENSCHÄLUNG » Auch Damhirsche reißen Rindenstücke ab, um sich von dem darunterliegenden Kambium zu ernähren. Bei der Rindenschälung sind zwei Furchen der Schneidezähne zu erkennen, die wie Schnitzwerkzeuge von unten nach oben schaben. Die Zahnfurchen sind schmaler als beim Rothirsch. Das untere Ende der geschälten Fläche ist mehr oder weniger sauber abgeschnitten, während die obere Kante ausgefranst ist. Die Tiere ziehen die Rindenstreifen von unten nach oben ab. Die Schälspuren können nicht immer sicher von denen des Sikahirschs unterschieden werden.

» **Maximale Schälhöhe** 1,8 m

» **Einfache Zahnfurchenbreite** 0,3–0,7 cm

MARKIERUNGEN » Als eine Form der Markierung beißt der Damhirsch in die Rinde und scheuert mit seinem Körper, meist mit dem Kopf- und Nackenbereich, eine kleine, isolierte Fläche frei. Häufig sind umliegende Schnittwunden in der Rinde vom Schlagen mit dem Geweih auffällige visuelle Markierungen.

Ausgefranste Übergänge am oberen und unteren Ende der Rinde sowie die Zahnfurchen der unteren Schneidezähne sind wichtige Kriterien, um Schälungen von Markierungen zu unterscheiden. West Sussex, England. »

≈ Visuelle Markierungen wie diese sind markante Zeichen, die wir in einem Gebiet mit Rot- oder Damhirschen häufig finden können. West Sussex, England.

⩯ Weidelinie beim Damhirsch. Die horizontalen Fraßkanten können wie von Gartenwerkzeug bearbeitet wirken. West Sussex, England. John Rhyder.

KNOSPENVERBISS » Damhirsche klemmen ihr Futter zwischen den Schneidezähnen des Unterkiefers und der Gaumenplatte im Oberkiefer fest und reißen es ab. Dabei bleibt ein ausgefranster Pflanzenrest zurück. Diese Fraßspur ist ohne weitere Hinweise nicht von denen des Rehs oder Rothirschs zu unterscheiden. Wie Rothirsche können Damhirsche eine auffällige Fraßspur hinterlassen, indem sie Äste junger Bäume abknicken, um an die Terminalknospen zu gelangen. Sie beißen in den Ast und brechen ihn anschließend durch eine Drehbewegung mit dem Kopf ab. Der herunterhängende Ast formt zusammen mit dem stehenden Teil eine Art auf den Kopf gestelltes „V". Die Bruchstellen befinden sich etwa auf Kopfhöhe der Tiere, was ein Indiz für die Unterscheidung zum Terminalknospenverbiss durch Rothirsche ist.

WEIDELINIE » Die typische Höhe der Fraßkante an Bäumen liegt etwa bei 140–160 cm.

KOT » Damhirschkot ähnelt dem Kot der Rothirsche, ist jedoch in der Regel deutlich kleiner. Die Farbe variiert zwischen gelbbraun, grün und schwarz. Die walzen- und eichelförmigen Kotpillen sind entweder an beiden Enden abgerundet oder haben an einem Ende eine Vertiefung (Näpfchen) und am anderen Ende eine kleine Spitze (Zäpfchen). Als Wiederkäuer entledigen sich Damhirsche jeweils einer größeren Menge Kotpillen auf einmal. Die Sommerlosung klebt aufgrund der saftigeren, reicheren Kost häufig zusammen. Täglich werden 22–28 Kothaufen abgesetzt. Im Winter nehmen die Tiere in der Regel trockenere Nahrung auf und defäkieren seltener (14–18 Kothaufen).
» **L** 1–2 cm » **D** 0,8–1,5 cm

Damhirschkot ähnelt der Losung des Rothirschs, ist jedoch in der Regel deutlich kleiner. Klein Auheim, Deutschland. Simone Roters. »

« An einem Ende kann eine kleine Spitze erkennbar sein. Klein Auheim, Deutschland. Simone Roters.

ROTHIRSCH

Cervus elaphus

KRL 160–250 cm
Sl 10–15 cm
G 70–350 kg
Die Männchen entwickeln ein starkes Stangengeweih, die Weibchen sind geweihlos. Männchen deutlich größer als Weibchen.

Rothirsche sind die größte Art innerhalb der Gattung der Edelhirsche (*Cervus*) – es gibt 5 Arten, von denen aber nur 2 im Gebiet vorkommen. Der Geruchssinn der Rothirsche ist ausgezeichnet, sie sehen und hören gut, können hoch und weit springen und gut schwimmen. Die ursprünglich tag- und nachtaktiven Tiere sind aufgrund menschlicher Aktivitäten vielerorts eher in der Dämmerung und nachts aktiv. Weibchen leben in Rudeln, die aus den Alttieren und ihren Kälbern bestehen und sich vor allem für den Winter auch mit anderen Rudeln zusammenschließen. Rudel mit mehr als 50 Tieren sind möglich. Die jungen Männchen bilden Junggesellenverbände gleichen Alters, wohingegen Althirsche oft einzelgängerisch leben. Natürliche Feinde sind für gesunde, ausgewachsene Rothirsche eher selten Wolf und Bär. Junge, kranke oder geschwächte Tiere können auch für Vielfraß oder Luchs zur Beute werden.

KENNZEICHEN » Größte Hirschart in Europa. Lange, schlanke Beine und große Ohren.

Rothirsche sind aufgrund ihres beachtlichen Geweihs als Trophäe unter Jägern sehr beliebt. In Europa kommen wenigstens 12 Unterarten vor.

VERBREITUNG & LEBENSRAUM » Nahezu in ganz Europa, fehlt in Island und Nordskandinavien. Als ursprünglicher Steppenbewohner mit hoher Anpassungsfähigkeit kommen Rothirsche in vielen Lebensräumen vom Meeresniveau bis über die Baumgrenze vor. In vielen Gegenden Europas haben sie sich aufgrund menschlicher Einflüsse in Wälder zurückgezogen (Kulturflüchter), wobei Laub- und Mischwälder mit angrenzenden Freiflächen wie Wiesen und Weiden bevorzugt werden. Es werden auch Feuchtgebiete mit Schilf und Röhricht sowie Heiden (Schottland) und offenes Grasland besiedelt.

ERNÄHRUNG » Kräuter, Gräser, Blätter, Triebe, Knospen, Baumrinde, Pilze, Eicheln, Bucheckern und Kastanien sowie Flechten, Wald- und Feldfrüchte. Als Wiederkäuer bestimmen die Wechsel zwischen aktiver Futteraufnahme und zurückgezogenem Wiederkäuen den Tagesrhythmus der Tiere. Es kommt zu Tageswanderungen zwischen Ruheplätzen in Dickungen und Äsungsplätzen.

FORTPFLANZUNG » Zur Paarungszeit (Brunft) von September–Oktober versammeln starke Hirsche ein Hirschrudel mit bis zu 20 Hirschkühen auf dem Brunftplatz. Sie verteidigen das Rudel gegen andere Hirsche, mit denen es zu heftigen Kämpfen kommen kann. Der Platzhirsch zeigt seinen Revierbesitz durch weit hörbares Röhren an und versucht, sich mit allen Weibchen des Brunftrudels zu paaren. Während dieser Zeit frisst er kaum, sodass er am Ende der Brunft stark geschwächt ist. In sehr kalten Wintern kann dies seinen Tod bedeuten. Nach einer Tragzeit von 230–240 Tagen werden 1 (bis 2) Kälber geboren. Die Hirschkuh legt ihr Kalb versteckt ab und sucht es anfangs nur zum Säugen auf. Nach 1,5–2,5 Jahren sind die Tiere geschlechtsreif, allerdings nehmen männliche Hirsche meist erst im Alter von 4–6 Jahren an der Paarung teil.

ZEICHEN

WECHSEL » Innerhalb ihrer Reviere halten Rothirsche feste, oft deutlich erkennbare Wechsel ein. Meist verbinden diese Wechsel Äsungs- und Ruheplätze. Den Wechseln können Menschen meist ohne größere Schwierigkeiten folgen, da Passagen durch Vegetation verhältnismäßig frei sind.

TRITTSIEGEL

Vorne

» **L** 7,5–10,5 cm » **B** 5,2–8 cm

Hinten

» **L** 7–9,5 cm » **B** 5–7,5 cm

Mittelgroß bis groß. Zehenspitzengänger. Leicht asymmetrisch.
4 Zehen: Zehen 2 und 5 sind stark reduziert, befinden sich weiter oben auf der Rückseite des Fußes und werden Afterklauen genannt. Die Afterklauen sind selten zu sehen und ihre Außenkanten ragen nicht über die seitlichen Außenkanten der Schalen hinaus. Die Zehen 3 und 4 sind immer abgedrückt, wobei Zehe 3 etwas kleiner ist als Zehe 4. Der Klauenumriss ist hochkant rechteckig, die einzelnen Schalen sind breit und mit abgerundeten, breiten Spitzen. Die Schaleninnenwände sind leicht konkav. Beim Vorderfuß macht der abgedrückte Ballen etwa 25 % ⓐ, beim Hinterfuß etwa 30 % der Gesamtlänge des Trittsiegels aus. Der Vorderfuß ist größer und breiter als der Hinterfuß. Bei hohen Geschwindigkeiten und rutschigem Boden können sich die Schalen am vorderen Ende auseinanderspreizen.

Links vorne.
Märkische Schweiz, Deutschland.

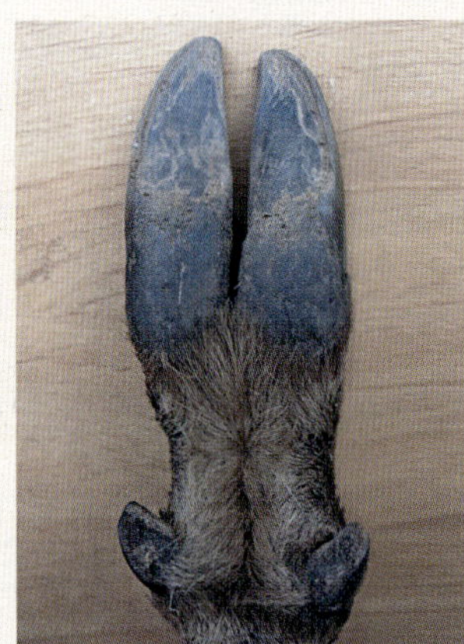

Rechts hinten.
Märkische Schweiz, Deutschland.

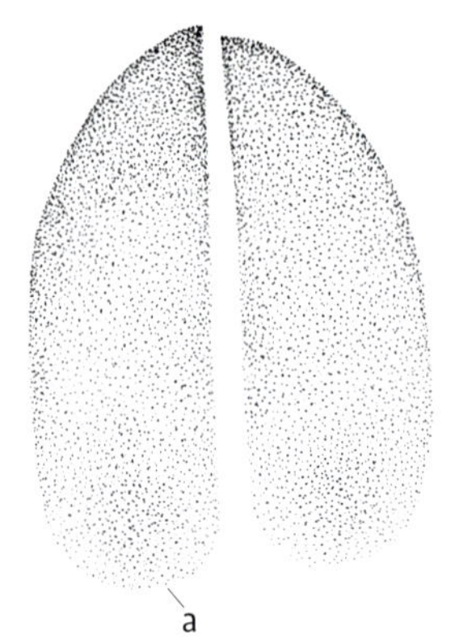

Links vorne.

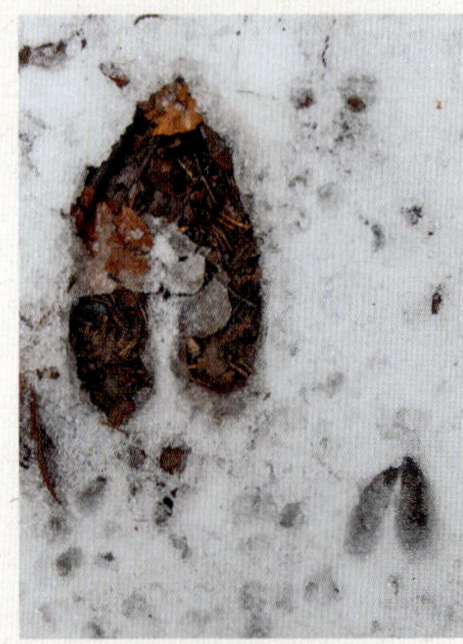

Rothirsch- und Rehtrittsiegel.

Links hinten über links vorne.
Kreba-Neudorf, Deutschland.

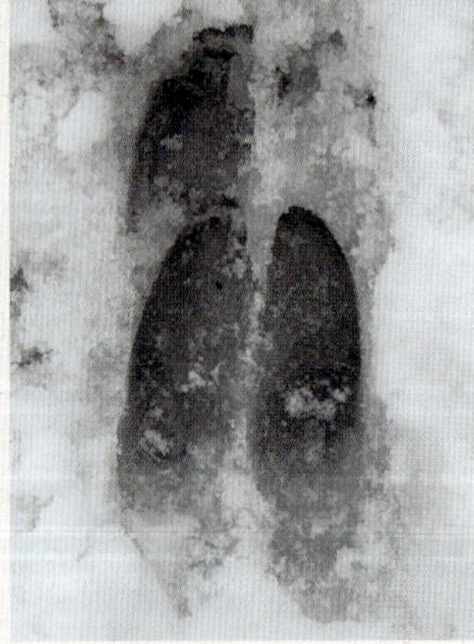

Links hinten und links vorne.
Bayerischer Wald, Deutschland.

GANGARTEN

Rothirsche bewegen sich überwiegend im Schritt. Der Fuß-in-Fuß-Trab ist ihre häufigste schnelle Gangart. Alarmiert flüchten die Tiere in Sprüngen sowie im Galopp. Wenn sie vom Trab in den Galopp oder vom Galopp in den Trab wechseln, ist über kurze Distanz der Grätschtrab rothirschtypisch.

Schritt
» **SL** 72–173 cm » **SB** 15–35 cm

Trab
Fuß in Fuß: » **SL** 122–240 cm
übereilt:
» **SL** 218–258 cm » **SB** 8–24 cm
Grätschtrab:
» **SL** 192–266 cm » **SB** 34–42 cm

Drei- und Viersprung
Gruppenlänge: 135–230 cm
Zwischengruppenlänge: 33–55 cm
» **SL** 245–272 cm » **SB** 21–35 cm

Galopp
Gruppenlänge: 166–325 cm
Zwischengruppenlänge: 55–117 cm
» **SL** 186–347 cm » **SB** 19–33 cm

Ähnliche Trittsiegel

Die Fußabdrücke erwachsener Wildschweine können mit denen des Rothirschs verwechselt werden, wenn keine Afterklauenabdrücke erkennbar sind. Eine Unterscheidung ist jedoch auch dann unter Berücksichtigung der Fußmorphologie im Regelfall eindeutig möglich (Seite 502). Kleinere Rothirschtrittsiegel werden manchmal mit den Trittsiegeln großer, kräftiger Damhirsche verwechselt (Unterscheidung Seite 536).

C-Galopp, die beiden kleineren Hinterfüße übereilen die beiden größeren Vorderfüße. Märkische Schweiz, Deutschland. ≫

« Rothirsch in seiner häufigsten Gangart, dem Fuß-in-Fuß-Schritt. Märkische Schweiz, Deutschland.

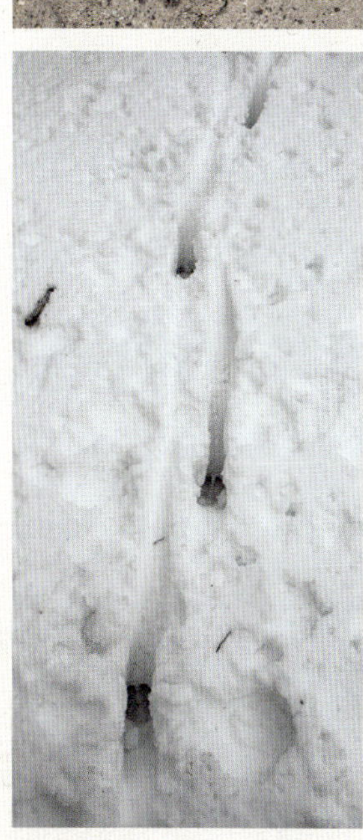

≈ Fuß-in-Fuß-Schritt. In tiefem Schnee werden oft Schleifspuren der Schalen hinterlassen. Bayerischer Wald, Deutschland.

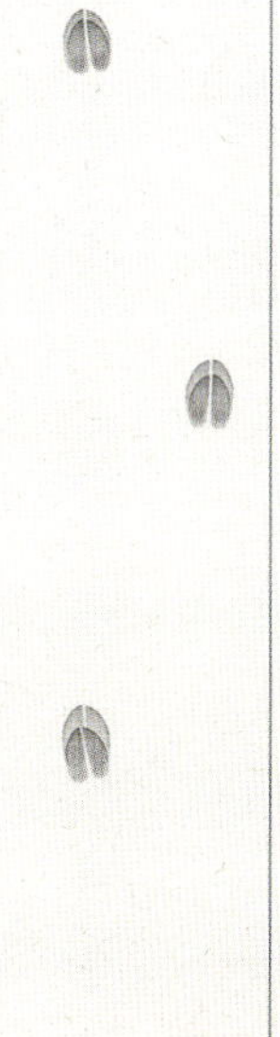

≈ Fuß-in-Fuß-Schritt.

≈ Fuß-in-Fuß-Trab.

Selbst auf trockenem Laub kann man Trittsiegel finden. Erkennen Sie den Fußabdruck? Märkische Schweiz, Deutschland. ≫

≪ Das nahezu perfekt abgedrückte Bett eines Rothirschs. Die geraden Kanten am unteren Rand sind die Abdrücke der Vorder- und Hinterbeine. Die ausgeprägte Rundung links oben ist der Abdruck von Hinterteil und Rücken. Der Kopf war nach rechts gerichtet. Bayerischer Wald, Deutschland.

≪ Ein stark ausgetretener Rothirschwechsel in der Nähe des Großglockners. Großglocknerstraße, Österreich.

BETTEN » Im Gegensatz zum Reh, das zum Rasten flache Erdmulden scharrt, legen Rothirsche sich ohne Vorarbeit nieder. Ihr Bett zeigt die für alle wiederkäuenden Paarhufer typische Form (Seite 174). Werden Betten mehrerer Tiere gefunden, lohnt sich der Vergleich von Größen und Positionen, um Informationen über die Sozialstruktur zu erhalten. Betten befinden sich häufig an deckungsreichen Grenzbereichen, die Schutz und einen guten Überblick ermöglichen. In einem Bett können häufig Haare gefunden werden.
» **Länge** 100–135 cm

SCHLAMMBÄDER » Zum Schutz vor Insekten und zur Abwehr von Parasiten sind Rothirsche auf regelmäßige Schlammbäder (Suhlen) angewiesen. Beliebte Plätze für das Schlammbad werden wiederkehrend besucht, die umliegende Vegetation ist dann meist stark zertrampelt und häufig führen deutliche, breit ausgetretene Wechsel zu der Suhle.
» **Länge** 90–250 cm

SCHEUERBÄUME » Rothirsche scheuern sich an Scheuer- oder Malbäumen, wodurch mit der Zeit große Flächen vollständig von Rinde befreit werden. An den Kanten einer solchen freigescheuerten Stelle finden sich oft die Haare der Tiere. Die Scheuerstellen vom Rothirsch beginnen mindestens 40 cm über dem Boden und können bis 150 cm hoch sein. Scheuerstellen vom Wildschwein reichen in der Regel bis zum Boden und maximal 120 cm in die Höhe.

Malbaum eines Rothirschs. Wildschweine malen in der Regel eine bis zum Erdboden reichende Fläche. Lake District National Park, England. »

« Diese Rothirschsuhle wurde über Jahre immer wieder aufgesucht. Bieszczady, Polen.

≈ Im Gegensatz zu Rindenschälungen bleibt beim Scheuern einer Reviermarkierung eine glatte Fläche ohne Zahnfurchen zurück. Lausitz, Deutschland.

≈ Schlagbäume, wie diese Tanne, zeigen meist eine Kombination unterschiedlicher Schäden, zum Beispiel Schlag- oder Scheuerspuren des Geweihs. Bieszczady, Polen.

MARKIERUNG » Als Markierung beißt der Rothirsch in die Rinde und scheuert mit seinem Körper, meist dem Kopf- und Nackenbereich, eine kleine, isolierte Fläche frei. Häufig sind Schnittwunden in der Rinde vom Schlagen mit dem Geweih zu erkennen.

SCHLAGEN » Das Schlagen ist eine Form von Imponier- und Markierungsverhalten während der Brunft. Männchen schlagen mit ihrem Geweih auf kleine Bäume und Sträucher und hinterlassen dadurch sowohl gut sichtbare Schlagspuren als auch eine olfaktorische Form der Reviermarkierung. Durch Schlagen verursachte Rindenschäden können schwer von Fraßspuren wie der Rindenschälung zu unterscheiden sein.

FEGEN » Etwa von Juli–August fegen die männlichen Rothirsche, um ihr neu geschobenes Geweih vom Bast zu befreien.

RINDENSCHÄLUNG » Rothirsche reißen Rindenstücke ab, um sich von dem darunterliegenden Kambium zu ernähren. Bei der Rindenschälung sind zwei deutliche Furchen der Schneidezähne zu erkennen, die wie Schnitzwerkzeuge von unten nach oben schaben. Häufig befindet sich am unteren Ende der geschälten Fläche ein mehr oder weniger gerader Schnitt, während die obere Kante stark ausgefranst ist. Im Gegensatz zu Reviermarkierungen, die eher gezielt und einzeln platziert sind, finden sich Rindenschälungen meist gehäuft an mehreren Bäumen, da in der Regel größere Mengen aufgenommen werden. Dadurch können im Wirtschaftsforst erhebliche Schäden entstehen.

» **Maximale Schälhöhe** 2 m

» **Einfache Zahnfurchenbreite** 0,6–1,1 cm

Die Rindenschälung eines Rothirschs beginnt in der Regel in Kopfhöhe des Tieres. Hier wurde nur gekostet, Bäume können großflächig entrindet werden. Bayerischer Wald, Deutschland. »

« Nahaufnahme. Bayerischer Wald, Deutschland.

Ein Rothirsch hat den Ast von diesem jungen Baum abgeknickt, um an die Terminalknospe zu gelangen. Bayerischer Wald, Deutschland. »

Nahaufnahme. Elche hinterlassen ähnliche Zeichen. Bayerischer Wald, Deutschland. ︾

︽ Knospenverbiss kann oft nur im Zusammenhang mit anderen Spuren und Zeichen artgenau bestimmt werden. Nationalpark Coto de Doñana, Spanien.

︽ Deutliche Zahnfurchen der unteren Schneidezähne helfen, diese Fraßspur von der eines Wildschweins zu unterscheiden. Lausitz, Deutschland.

KNOSPENVERBISS » Rothirsche klemmen ihr Futter zwischen den Unterkieferschneidezähnen und der Gaumenplatte im Oberkiefer fest und reißen es ab. Dabei bleibt ein ausgefranster Pflanzenrest zurück. Diese Fraßspur ist lediglich anhand der Höhe von denen des Rehs oder Damhirschs zu unterscheiden. Eine für Rothirsche typische Fraßspur wird hinterlassen, indem die Tiere Äste junger Bäume abknicken, um an die Terminalknospen zu gelangen. Sie beißen in den Ast und brechen ihn anschließend durch eine Drehbewegung mit dem Kopf ab. Der herunterhängende Ast formt zusammen mit dem stehenden Teil eine Art auf den Kopf gestelltes „V". Die Bruchstellen befinden sich etwa auf Kopfhöhe der Tiere.

WEIDELINIE » Die typische Höhe der Fraßkante an Bäumen liegt bei etwa 160–200 cm.

FRAẞSPUREN AN PILZEN » Auch an Pilzen gibt die Breite der unteren Schneidezähne Aufschluss darüber, wer am Pilz gefressen hat. Die Zahnfurchen von Rothirschen sind deutlich breiter als die des Rehs. Wildschweine haben auch im Oberkiefer Schneidezähne, wodurch der Pilz von beiden Seiten beschädigt wird.

Die saftigere Sommerlosung klebt oft zusammen. Märkische Schweiz, Deutschland. ︾

KOT » Die Farbe variiert zwischen gelbbraun, grün und schwarz. Die Walzen- oder eichelförmigen Kotpillen sind entweder an beiden Enden abgerundet oder haben an einem Ende eine Vertiefung (Näpfchen) und am anderen Ende eine kleine Spitze (Zäpfchen). Die Vermutung, dieser Unterschied sei auf das Geschlecht zurückzuführen, kann hier nicht bestätigt werden. Rothirsche entledigen sich einer größeren Menge Kotpillen auf einmal, wohingegen Hasen jede Kotpille einzeln ablegen. Aufgrund der saftigeren, reicheren Kost klebt die Sommerlosung häufig zusammen. Täglich setzen die Tiere 24–29 Kothaufen ab. Im Winter nehmen sie in der Regel trockenere Nahrung auf und koten seltener (19–25 Kothaufen).

» **L** 1,3–3,1 cm » **D** 0,9–1,9 cm

Die Kotpillen der Winterlosung sind deutlich voneinander abgegrenzt. Bayerischer Wald, Deutschland. »

SIKAHIRSCH

Cervus nippon

KRL 95–160 cm
Sl 7,5–20 cm
G 30–65 (bis 100) kg
Ausgeprägter Geschlechtsdimorphismus, die Männchen werden 30–40 % größer und schwerer als die Weibchen.

Diese etwa damhirschgroße Hirschart ist überwiegend dämmerungs- und nachtaktiv. Ihr Geruchs- und Gehörsinn sind besonders gut ausgeprägt. Sikahirsche sind gute Schwimmer und flüchten ähnlich wie das Wasserreh bei Bedrohung ins Wasser. Die Tiere leben überwiegend allein oder in kleinen Mutter-Kind-Gruppen. Während der Brunft und der darauffolgenden Winterzeit können häufiger Gruppen beider Geschlechter beobachtet werden. Sie bestehen jedoch selten aus mehr als fünf Tieren. Größere Gruppen bilden sich meist nur in einem offeneren Lebensraum. Fressfeinde sind in Europa Wolf, Luchs und wildernde Hunde.

KENNZEICHEN » Etwa so groß wie ein Damhirsch. Sommerfell wie beim Damhirsch hell gefleckt. Charakteristisch sind dunkle Gesichtsstreifen über den Augen.

Sikahirsche können sich mit Rothirschen paaren und reproduktionsfähige Nachkommen gebären.

VERBREITUNG & LEBENSRAUM » Im 19. und 20. Jahrhundert in Europa eingeführt, kommen die Tiere heute vereinzelt in großen Teilen Europas vor. Sie sind sehr anpassungsfähig und bevorzugen Laub- und Nadelwälder mit dichtem Unterwuchs, verhältnismäßig saurem Boden und Wassernähe. Sikahirsche scheinen abhängiger von einer deckungsreichen Landschaft zu sein als Rothirsche.

ERNÄHRUNG » Gräser, Kräuter, Wasserpflanzen, Laub, Nadeln, Triebe, Knospen und Rinde. Sikas schälen Laub- und Nadelbäume. Bei hoher Bestandsdichte können erhebliche Schäden in Wäldern entstehen. In der Nähe landwirtschaftlicher Anbauflächen werden auch Feldfrüchte gefressen, wodurch es zu großen Schäden, zum Beispiel an Raps und Rüben, kommen kann.

FORTPFLANZUNG » Die Paarungszeit reicht von Ende September bis Ende Dezember, der Höhepunkt liegt im November. Ähnlich wie Damhirsche versammeln männliche Tiere einen Harem um sich und verteidigen ihr Revier gegenüber anderen Männchen. Nach einer Tragzeit von 210–223 Tagen wird im Mai–Juni in der Regel 1 Kalb geboren. Selten kommt es zu Zwillingsgeburten. Die Jungen sind nach 18–24 Monaten geschlechtsreif, die Männchen beteiligen sich jedoch oft erst später an der Brunft.

TRITTSIEGEL

Vorne

» **L** 5,5–7,9 cm » **B** 3,5–6,5 cm

Hinten

» **L** 5,4–6,8 cm » **B** 3–6 cm

Mittelgroß. Zehenspitzengänger. Die Trittsiegel ähneln denen des Damhirschs, sind jedoch asymmetrischer. 4 Zehen: Zehen 2 und 5 sind stark reduziert, befinden sich weiter oben auf der Rückseite des Fußes und werden Afterklauen genannt. Die Abdrücke der Afterklauen sind selten zu sehen, sie befinden sich hinter den Schalen und sind ebenso breit wie die Außenkanten der Zehen 3 und 4. Diese sind immer abgedrückt, wobei Zehe 3 etwas kleiner ist als Zehe 4. Der Klauenumriss ist länglich, die einzelnen Schalen sind schlank und laufen spitz zu. Die Schaleninnenwände sind deutlich konkav, die Schalenaußenseiten zwischen dem vorderen Ballenende und dem Schalenansatz leicht tailliert ⓐ. Der abgedrückte Ballen macht etwa 50 % der Gesamtlänge des Trittsiegels aus ⓑ. Häufig ist eine Erhöhung zwischen dem harten Unguis und dem weichen Subunguis zu erkennen. Ballen und Schalen liegen unterschiedlich hoch und wirken abgesetzt. Der Vorderfußabdruck ist größer und breiter als der des Hinterfußes. Der Hinterfuß kann ähnlich wie beim Reh herzförmig wirken. Bei hohen Geschwindigkeiten und rutschigem Boden können die Schalen sich am vorderen Ende weit auseinanderspreizen.

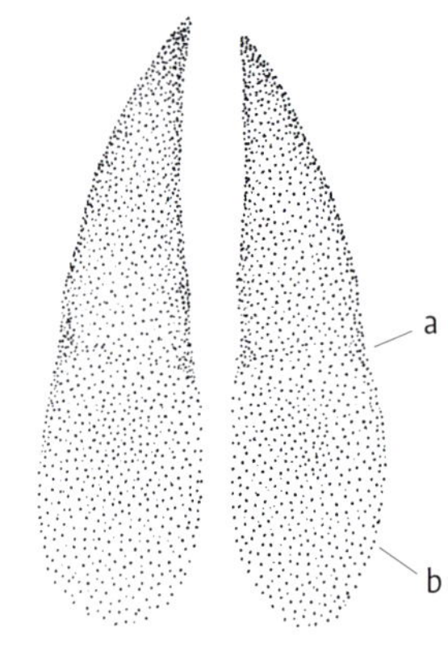

⩓ Links hinten.

⩓ Doppelabdruck, links hinten überdeckt links vorne. Beachten Sie den großen Ballen, der nahezu 50 % der Abdruckfläche ausmacht. Donauauen, Österreich. Andreas Wenger.

⩓ Sikahirsch, links hinten. Donauauen, Österreich. Andreas Wenger.

GANGARTEN

Sikahirsche bewegen sich überwiegend im Schritt. Der Fuß-in-Fuß-Trab ist ihre häufigste schnelle Gangart. Alarmiert flüchten die Tiere in Sprüngen sowie im Galopp.

Schritt

Schrittlänge: 75–115 cm

Spurbreite: 10–25 cm

Geringe Datenbasis.

Die bevorzugte Gangart des Sikahirschs, der Fuß-in-Fuß-Schritt. Donauauen, Österreich. Andreas Wenger.

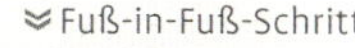

Fuß-in-Fuß-Schritt.

Fuß-in-Fuß-Trab.

Ähnliche Trittsiegel

Rothirsche sind größer. Die Trittsiegel von Sikahirschkälbern können leicht mit denen von Rehen verwechselt werden, vor allem wenn der Ballen nicht erkennbar ist. Die Unterscheidung zum Damhirsch kann schwer sein.

SIKAHIRSCH VON DAMHIRSCH UNTERSCHEIDEN

SIKAHIRSCH	DAMHIRSCH
ⓐ Relativ schlanke Schalen, die im Verhältnis spitzer zulaufen.	ⓐ Relativ breite Schalen, die im Verhältnis weniger spitz zulaufen.
ⓑ Schaleninnenwände im Vergleich eher konkav, mit breitem Negativbereich zwischen den Schalen.	ⓑ Schaleninnenwände eher parallel, mit schmalem Negativbereich zwischen den Schalen.
ⓒ Klauenumriss länglicher und asymmetrischer.	ⓒ Klauenumriss breiter und symmetrischer.
ⓓ Deutlich taillierter Bereich.	ⓓ Schwach taillierter Bereich.

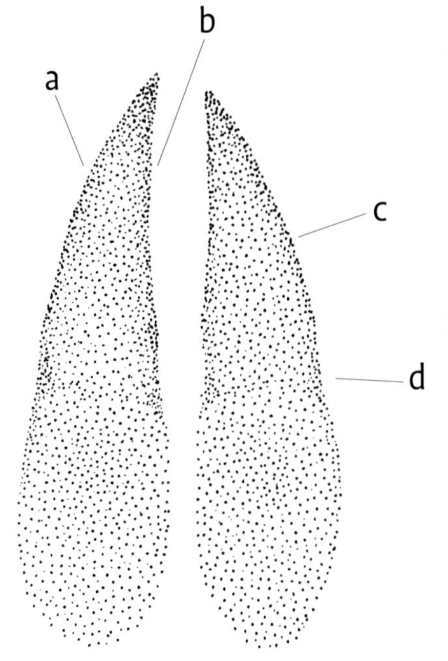

≈ Sikahirsch, links vorne.

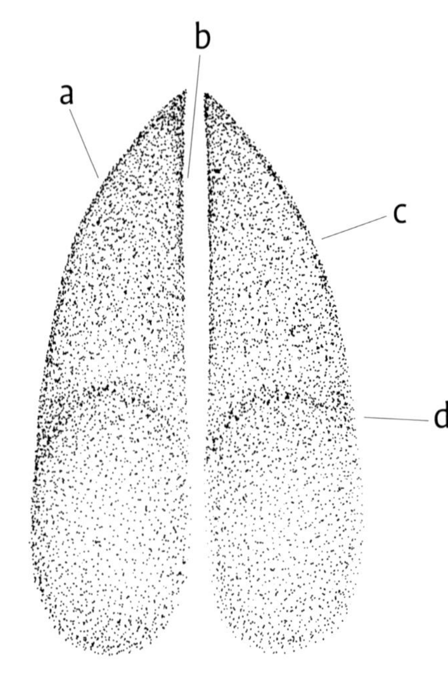

≈ Damhirsch, links vorne.

ZEICHEN

Viele Zeichen sind denen der Damhirsche sehr ähnlich, sodass die eindeutige Zuordnung nicht immer möglich ist.

BETT » Wie beim Damhirsch (Seite 537).

BRUNFTGRUBEN » Ähnlich wie Damhirsche scharren Sikamännchen zur Paarungszeit Erdmulden mit ihren Vorderbeinen zu sogenannten Brunftgruben aus (Seite 538).

SCHLAMMBÄDER » Im Gegensatz zum Damhirsch „suhlen" Sikahirsche, etwa so wie der Rothirsch (Seite 547).

FEGEN » Wenn im August–September das neue Geweih geschoben wurde, ist es von weichem Bast bedeckt, von dem sich die Tiere befreien. Das Abstreifen des Basts an Bäumchen und Sträuchern nennt man „Fegen".

Sikakot.
Donauauen, Österreich.
Andreas Wenger.

SCHLAGEN » Männliche Sikahirsche markieren ihr Revier, vor allem zur Brunft, indem sie mit ihrem Geweih tiefe, vertikal verlaufende Furchen in die Baumrinde reißen (engl. *bole-scoring*). Dieses Zeichen ähnelt den tiefen Furchen, die männliche Wildschweine mit ihren Hauern als Markierung an Bäumen hinterlassen (Seite 505), die Furchen sind jedoch länger und weiter oben am Baum zu finden. Das Verhalten gilt als charakteristisch für diese Art.

RINDENSCHÄLUNG » Sikahirsche können massive Schälschäden verursachen.

KNOSPENVERBISS » Nicht sicher vom Damhirsch (Seite 540) zu unterscheiden.

KOT » Der Kot ähnelt dem des Damhirschs.
» **L** 1,1–1,8 cm » **D** 0,8–1,4 cm

Nahaufnahme.
Donauauen, Österreich.
Andreas Wenger. »

CHINESISCHER MUNTJAK

Muntiacus reevesi

KRL 70–100 cm
Sl 10–16 cm
G 9–16 (bis 22) kg

Innerhalb der Gattung der Muntjaks (*Muntiacus*) gibt es 11 Arten, wovon eine im behandelten Gebiet vorkommt. Chinesische Muntjaks sind Europas kleinste Hirsche und sowohl tag- als auch nachtaktiv. Ihr Aktivitätsschwerpunkt fällt auf die Dämmerungsstunden. Die Tiere haben einen gut ausgebildeten Geruchssinn und können gut hören und schwimmen. Sie leben als heimliche Einzelgänger oder in kleinen Gruppen, die aus einer Mutter und ihren Kindern bestehen. Gelegentlich kann man mehrere Tiere gemeinsam beim Fressen beobachten, davon abgesehen bilden sich nur selten Gruppen von vier oder mehr Tieren. Eine Rudelbildung wie bei anderen Hirschen kommt nicht vor. Ähnlich wie beim Reh wechseln kurze Äsungsperioden mehrmals täglich mit Ruheperioden, in denen sich die Tiere zum Wiederkäuen niederlegen. Rotfüchse töten und fressen Kitze, seltener auch ausgewachsene Tiere, wenn sie diese erbeuten können. Neben langen, schneereichen Wintern sind der Mensch und wildernde Hunde für die größten Verluste verantwortlich.

KENNZEICHEN » Etwa fuchsgroß und deutlich kleiner als das Reh. Die Männchen haben hauerartige Eckzähne im Oberkiefer, die bis zu 2,5 cm lang werden können. Sehr kurzes Geweih (< 15 cm) und V-förmige, dunkle Gesichtszeichnung.

In Gegenden mit hoher Muntjakdichte können ernsthafte Schäden an Laubbäumen entstehen. Nadelbäume werden kaum bis gar nicht geschädigt. Im asiatischen Raum gilt Muntjakfleisch als Delikatesse.

VERBREITUNG & LEBENSRAUM » Die Tiere wurden in Südengland und Frankreich freigelassen oder eingebürgert. Seitdem etablierten sich dort stabile Bestände. Die Muntjaks bevorzugen unterholzreiche Laub- und Nadelwälder mit vielfältiger Vegetation. Sie leben auch in Parks und auf Friedhöfen.

ERNÄHRUNG » Ähnlich wie Rehe sind Muntjaks Konzentratselektierer. Sie suchen gezielt energiereiche, leicht verdauliche Nahrungsquellen aus, anstatt größere Mengen Raufutter auf einmal zu fressen. Triebe, Knospen und Blätter verschiedener Laubbäume und Sträucher sowie Früchte, Bucheckern und Eicheln machen einen Großteil ihrer Nahrung aus. Auch Blumen wie Primeln, Orchideen und Glockenblumen sowie Eier, Kleintiere und Aas werden gefressen. Gräser sind nur für kurze Zeit im Frühling oder Winter von Bedeutung, wenn bevorzugte Nahrungsquellen selten oder schwer erreichbar sind.

FORTPFLANZUNG » Muntjaks sind ganzjährig fortpflanzungsfähig und Weibchen können direkt nach der Geburt wieder schwanger werden (postpartum estrus). Weibchen können über viele Jahre hinweg nahezu durchgängig schwanger sein. Nach einer Tragzeit von etwa 210 Tagen werden 1–2 Jungtiere geboren, die nach 6–12 Monaten geschlechtsreif sind. Die durchschnittliche Reproduktionsrate liegt bei etwa 1,6 Jungtieren pro Weibchen und Jahr.

ZEICHEN

Häufig können Muntjakzeichen nur anhand der Größe oder Höhe von Rehzeichen unterschieden werden. Selbst wenn die Maße auf den Muntjak hinweisen, sollte auch ein junges Reh in Erwägung gezogen werden. Wissen über Verhaltensunterschiede und regionale Fachkenntnisse sind für die Bestimmung oft unerlässlich.

BETT » Betten des Muntjaks ähneln Rehbetten, sind aber etwas kleiner.

FEGEN » Wenn im August–Oktober das frische Geweih geschoben wurde, ist es von weichem Bast bedeckt. Die Muntjakmännchen befreien es vom Bast durch Abstreifen an Bäumchen und Sträuchern.

TRITTSIEGEL

Vorne

» **L** 2,5–3 cm » **B** 2–2,4 cm

Hinten

» **L** 2,3–2,5 cm » **B** 1,9–2,2 cm

Klein. Zehenspitzengänger. Leicht asymmetrisch. 4 Zehen: Zehen 2 und 5 sind stark reduziert, befinden sich weiter oben auf der Rückseite des Fußes und werden Afterklauen genannt. Die Abdrücke der Afterklauen sind selten zu sehen, sie befinden sich hinter den Abdrücken der Schalen und sind ebenso breit wie die seitlichen Außenkanten der Zehen 3 und 4. Diese sind immer abgedrückt, wobei Zehe 3 kleiner als Zehe 4 ist. Die einzelnen Schalen sind schmal, die äußeren Schalenwände schwach konvex. Die vordere Hälfte der Schaleninnenwände ist leicht konkav. Der Ballen macht 25 % bis ein Drittel der Gesamtlänge des Trittsiegels aus und ist selten deutlich zu erkennen. Der Vorderfußabdruck ist größer und breiter als der des Hinterfußes. Bei hohen Geschwindigkeiten und rutschigem Boden können sich die Schalen am vorderen Ende auseinanderspreizen.

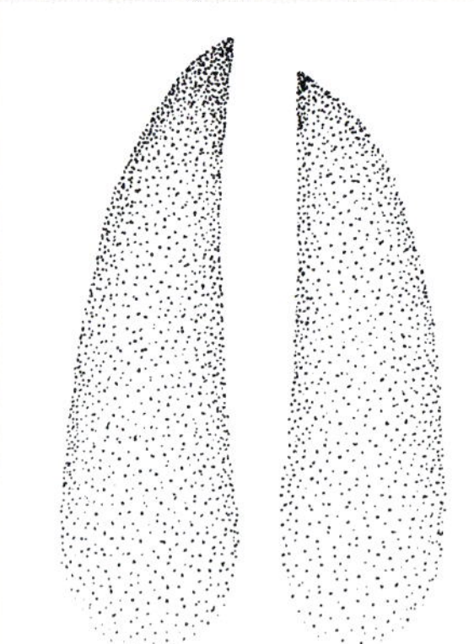

⌃ Links vorne.

⌃ Vorderfußabdruck, teilweise vom Hinterfußabdruck überdeckt. West Sussex, England. John Rhyder.

Ähnliche Trittsiegel

Reh und Wasserreh.

GANGARTEN

Muntjaks bewegen sich ungestört überwiegend im Schritt. Die Wechsel der Tiere führen meistens durch dichten Unterbewuchs und sind für Menschen schwer zu verfolgen. Der Trab ist die häufigste, schnellere Gangart und wird vor allem verwendet, um zügig ans Ziel zu gelangen. Alarmiert flüchten Muntjaks kurze Distanzen in Sprüngen oder Galopp, bevor sie stehen bleiben, um die Ursache der Störung zu erkunden.

Schritt
Schrittlänge: 22–68 cm
Spurbreite: 8–12 cm

Trab
Schrittlänge: 60–105 cm
Spurbreite: 6–10 cm

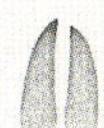

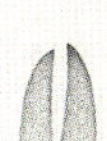

Ein Muntjak im Schritt. Die halbe Schrittlänge ist kürzer als die Breite einer ausgewachsenen menschlichen Hand. West Sussex, England. John Rhyder. »

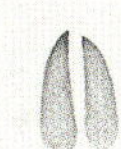

« Fuß-in-Fuß-Schritt.

MUNTJAK VOM REH UNTERSCHEIDEN

Der Größenunterschied zwischen Zehen 3 und 4 ist stärker betont als beim Reh. Im Vergleich zum Reh sind die einzelnen Schalen des Muntjaks länglicher und schmaler. Die Trittsiegel sind selten herzförmig und kleiner als die eines ausgewachsenen Rehs.

⩓ Schlagstellen an einer Kiefer, etwa 10–20 cm über dem Boden. Die Höhe deutet auf einen Muntjak hin. West Sussex, England.

SCHLAGEN » Das Schlagen der Muntjaks ähnelt dem der Rehe. Die markierten Stellen befinden sich etwa 10–40 cm vom Boden entfernt und liegen damit meistens niedriger als die Schlagstellen des Rehs. Ein weiteres wichtiges Merkmal zur Unterscheidung sind Stoßzahnspuren des Muntjaks. Ähnlich wie Wildschweine beschädigen ihre vergrößerten Eckzähne die Rinde und hinterlassen teilweise deutliche Schäden im Holz.

PLÄTZEN » Muntjaks scharren mit den vorderen Klauen den Bodenbewuchs sowie Laub und Nadeln unter ihrem Körper hindurch nach hinten. Wie Rehe auch hinterlassen sie dadurch das Duftsekret der Zwischenzehendrüsen sowie eine deutliche optische Markierung. Plätzstellen sind seltener als beim Reh und finden sich überwiegend in Gegenden mit hoher Muntjakdichte, in denen Revierstreitigkeiten häufiger vorkommen. Da Rehe gelegentlich nur sehr kleine Plätzstellen freischarren und Muntjaks eine Plätzstelle nach und nach vergrößern können, lassen sie sich nicht sicher voneinander unterscheiden (siehe „Rehplätzen“ Seite 523).

RINDENSCHÄLUNG » Die kleinen Muntjaks schälen in der Regel bodennah bis zu einer Höhe von etwa 50 cm. Sie schälen mit ihren vergrößerten Eckzähnen (Stoßzähne), wodurch teilweise tiefe Risse im Holz entstehen. Muntjaks schälen das ganze Jahr über, in der Regel aber nur sehr dünne Triebe.

KNOSPENVERBISS » Typisch für Muntjaks ist der Verbiss von Brombeersträuchern sowie Sämlingen und frischen Pflanzentrieben in Bodennähe. Ähnlich wie Rothirsche können Muntjaks die Äste kleiner Bäumchen abknicken, um an die Terminalknospen zu gelangen. Sie beißen in den Ast und brechen ihn anschließend durch eine Drehbewegung mit dem Kopf ab. Die Bruchstellen befinden sich in einer Höhe zwischen 50–70 cm. Das herunterhängende Stämmchen formt zusammen mit dem stehenden Teil eine Art auf den Kopf gestelltes „V“. Andere Spuren von Verbiss sind nicht vom Rehverbiss zu unterscheiden (siehe „Knospenverbiss“ beim Reh, Seite 525).

WEIDELINIE » Die gewöhnliche Höhe der Fraßkante an Sträuchern, Bäumen und Büschen liegt bei etwa 60–115 cm.

KOT » Fast rundliche, im Regelfall glänzend schwarze Kotpillen, die entweder an beiden Enden abgerundet sind oder an einem Ende eine flache bis konkave Kante und am anderen Ende eine kleine Spitze haben. Als Wiederkäuer entledigen sich Muntjaks jeweils einer größeren Menge Kotpillen zugleich (20–120 Stück). In Gegenden mit hohem Populationsdruck legen die Tiere Latrinen an, um ihr Revier zu markieren.
» **L** 0,5–1,5 cm » **D** 0,5–1,3 cm

Muntjakkot. West Sussex, England. »

≈ CyberTracker-Evaluierer John Rhyder demonstriert den Feldtest zur Unterscheidung von Muntjak-, Reh- und Damhirschkot: Kleiner als der Fingernagel des kleinen Fingers spricht für Muntjak, etwa fingernagelgroß weist auf Reh hin und größer als der Fingernagel ist ein Hinweis auf Damhirsch. West Sussex, England.

WASSERREH

Hydropotes inermis

Wasserrehe sind die einzige Art der Gattung im Gebiet und zudem die einzige Hirschart Europas ohne Geweih. Die Tiere sind scheu, leben als Einzelgänger und sind aufgrund der Bejagung überwiegend dämmerungsaktiv, obwohl sie natürlicherweise tag- und nachtaktiv sind. Sie haben ein gutes Gehör, können gut riechen und sehr gut schwimmen. Bei Bedrohung flüchten die Wasserrehe zum Wasser, sie sind in der Lage, auch größere Gewässer zu durchqueren. Rotfüchse fressen Kitze. Kalte, nasse Winter können insbesondere nach der Brunft für die erschöpften Männchen tödlich enden.

KRL 70–100 cm
Sl 4–9 cm
G 9–16 kg

KENNZEICHEN » Etwas größer als das Muntjak und kleiner als ein Reh. Die Männchen besitzen hauerartige Eckzähne im Oberkiefer, die bis zu 8 cm lang werden können. Auffallend große Ohren.

VERBREITUNG & LEBENSRAUM » Wasserrehe wurden 1929 durch den Herzog von Bedford zusammen mit dem Chinesischen Muntjak in England eingeführt. Heute findet man sie in Bedfordshire, Cambridgeshire Fens und Norfolk Broads (Hickling-Broad-Naturschutzgebiet). Eine weitere 1954 eingeführte, verwilderte Population lebt in Frankreich. Die Tiere bevorzugen Sümpfe, offene, hohe Graslandschaften und Kulturflächen in Gewässernähe.

ERNÄHRUNG » Ähnlich wie Rehe sind die Wasserrehe Konzentratselektierer, jedoch weniger stark ausgeprägt. Zur Nahrung gehören Wasserpflanzen, Knospen, Bucheckern, Eicheln, Seggen und Gräser. Feldfrüchte wie Karotten, Erntereste von Kartoffeln und Winterweizen werden ebenfalls gefressen. Anders als die meisten anderen Hirscharten in Europa schält das Wasserreh nicht.

FORTPFLANZUNG » Die Paarungszeit dauert von November–Januar, mit einem Höhepunkt im Dezember. Die Männchen benutzen ihre Eckzähne im Kampf mit Rivalen. Viele männliche Tiere haben von früheren Auseinandersetzungen Narben im Nacken- und Ohrbereich. In England werden, nach einer Tragzeit von 165–210 Tagen, in der Regel im Mai–Juni 1–2 Junge geboren, die nach 5–7 Monaten geschlechtsreif sind.

ZEICHEN

Im Gegensatz zu vielen anderen Hirscharten schälen Wasserrehe nicht. Da auch die Männchen kein Geweih haben, existieren keine hirschtypischen Fege- oder Schlagspuren.

BETT » Siehe Rehbett Seite 522.

WECHSEL » Die Wechsel des Wasserehs verlaufen oft durch dichte Ufervegetation und führen meist zu einem Sumpf oder Gewässer.

KOT » Im Regelfall dunkelbraune oder schwarze Kotpillen, die an einem Ende abgerundet sind und am anderen Ende eine kleine Spitze haben. An Reviergrenzen legen die Tiere Latrinen an, um während der Brunftzeit ihr Revier zu markieren.
» **L** 1–1,7 cm » **D** 0,5–1 cm

Kot des Wasserrehs findet sich an feuchten Stellen, die Rehe eher meiden. Norfolk Hickling Broad, England. ︾

︽ Hier wechseln Wasserrehe zwischen Gewässer und Land. Norfolk Hickling Broad, England.

︽ Nahaufnahme. Norfolk Hickling Broad, England.

TRITTSIEGEL

Vorne
» **L** 4–5 cm » **B** 3–4 cm

Hinten
» **L** 3,5–4,2 cm » **B** 2,3–3,2 cm
Klein. Zehenspitzengänger. Leicht asymmetrisch. 4 Zehen: Zehen 2 und 5 sind stark reduziert, befinden sich weiter oben auf der Rückseite des Fußes und werden Afterklauen genannt. Die Abdrücke der Afterklauen sind selten zu sehen, sie befinden sich hinter den Abdrücken der Schalen und ihre Außenkanten drücken sich ebenso breit wie die seitlichen Außenkanten der Zehen 3 und 4 ab. Diese sind immer abgedrückt, wobei Zehe 3 etwas kleiner ist als Zehe 4. Der Ballen ist vergrößert und nimmt etwa 35–40 % der Gesamtfläche im Trittsiegel ein ⓐ. Am Übergang von Ballen zu Schalen kann ein taillierter Bereich erkennbar sein ⓑ. Der Vorderfußabdruck ist größer und breiter als der des Hinterfußes. Bei hohen Geschwindigkeiten und rutschigem Boden können sich die Schalen am vorderen Ende auseinanderspreizen.

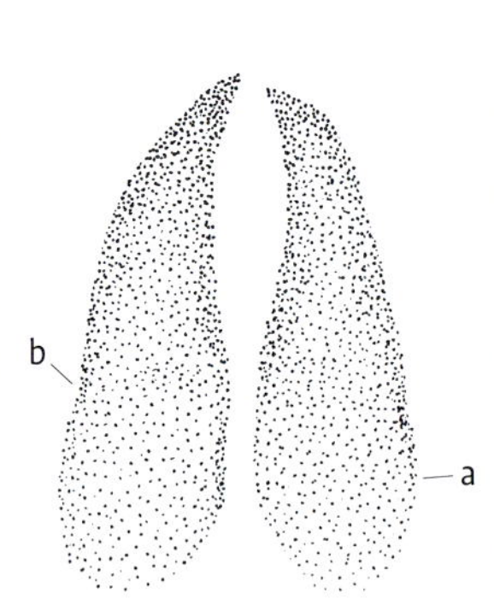

≈ Links hinten.

≈ Links hinten. Beachten Sie den verengt wirkenden Bereich zwischen dem großen Ballen und der linken Schale. Norfolk Hickling Broad, England.

Ähnliche Trittsiegel
Reh, Chinesischer Muntjak.

GANGARTEN

Wasserrehe bewegen sich überwiegend im Schritt. Alarmiert flüchten sie über kurze Distanzen in Sprüngen oder im Galopp. Ähnlich wie das Reh ist das Wasserreh physisch nicht in der Lage, auf der Flucht größere Distanzen zu überwinden, und sucht dann in der Regel mit wenigen Sprüngen die Deckung auf.

Schritt
Schrittlänge: 50–80 cm
Spurbreite: 8–15 cm

Trab
Schrittlänge: 60–100 cm
Spurbreite: 5–12 cm

Geringe Datenbasis.

Wasserreh im Grätschtrab. Norfolk Hickling Broad, England. John Rhyder. »

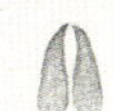

⌃ Fuß-in-Fuß-Schritt.

« Bevorzugte Lebensräume des Wasserrehs sind offene Grasflächen mit Sumpflandschaften und verschiedenen Gewässern. Norfolk Hickling Broad, England.

Hornträger

Zur Familie der Hornträger (Bovidae) gehören insgesamt 50 Gattungen mit 143 Arten. Sie sind die artenreichste Gruppe der Paarhufer, zu der auch wichtige Nutztiere wie Ziegen und Schafe gehören. Im behandelten Gebiet kommen 9 Arten vor.

Ein markanter Unterschied zu den Hirschen sind die aus Hornmasse bestehenden, hohlen und nichtverästelten Hörner, die ein Leben lang wachsen, durchblutet sind und nicht abgeworfen werden. Gestalt und Struktur der Hörner sind arttypisch. In der Regel werden sie von beiden Geschlechtern getragen, wobei die Hörner der Männchen meist größer als die der Weibchen sind. Die Hörner werden überwiegend während der Paarungszeit, für Rivalenkämpfe und für Reviermarkierungen eingesetzt.

SPUREN UND ZEICHEN DER HORNTRÄGER

Die Spuren und Zeichen der Hornträger zeigen grundsätzlich die charakteristischen Merkmale der Paarhufer (Seite 494) und können mit denen der Hirsche verwechselt werden.

WECHSEL » Viele Hornträger halten innerhalb ihres Aktionsraums feste, gut ausgetretene und deutlich erkennbare Wechsel ein. Im Vergleich zu den Hirschen können diese verhältnismäßig etwas breiter wirken.

HORNSCHÄDEN » Ein auffälliges und häufiges Zeichen ist das Hornen, bei dem meist kleinere Bäume durch Reiben und Schlagen mit den Hörnern visuell und geruchlich markiert werden. Das Hornen hinterlässt oft tiefe Furchen im Holz und kann ein beachtliches Ausmaß annehmen. Einige Hausziegenrassen werden daher gezielt in der Landschaftspflege eingesetzt, um starke Verbuschung einzudämmen.

WISENT

Bos bonasus

KRL 210–350 cm
Sl 30–80 cm
G 400–1000 kg
Bullen sind deutlich größer und schwerer als Kühe, der starke Geschlechtsdimorphismus wird erst ab dem 3. Lebensjahr auffällig.

Das Wisent ist der einzige Vertreter der Gattung Echte Rinder (*Bos*) im Gebiet. Wisente oder Europäische Büffel sind die größten Landsäuger Europas. Erwachsene Weibchen leben in Herden von 8–20 Tieren, die von einer erfahrenen Leitkuh angeführt werden. In der Regel bestehen diese Gruppen aus mehreren erwachsenen Kühen, ihren Kälbern und zum Teil auch jungen Bullen. Die Bullen leben in kleinen Gruppen zusammen, mit fortschreitendem Alter verhalten sie sich eher einzelgängerisch. Bullen suchen die Herde der Weibchen meist nur zur Brunft auf. Europäische Büffel sind überwiegend tagaktiv und standorttreu, auf Futtersuche unternehmen sie auch Wanderungen. Pro Tag verbringen sie etwa 18 Stunden mit Wiederkäuen und Ruhen und etwa 6 Stunden mit Nahrungssuche. Ihr Geruchssinn und ihr Gehör sind besonders gut entwickelt, ihr Sehvermögen ist schwach. Sie können gut schwimmen und bis zu 3 m weit springen. Ausgewachsene Wisente haben keine Feinde. Kälber oder geschwächte Tiere können zur Beute des Wolfes werden.

KENNZEICHEN » Größtes Huftier Europas. Massiges, schweres Rind mit kurzem Kopf, kleinen Augen und kräftigen Beinen. Auffälliger Buckel in der Schulterregion und kurze, bogenförmig nach oben gerichtete Hörner. Dichtes Fell, mähnenartig an der Vorderbrust.

VERBREITUNG & LEBENSRAUM » Wisente waren ursprünglich in großen Teilen Europas verbreitet. Ihre Bestandsabnahmen begannen bereits vor etwa 6000 Jahren, zu Beginn des 20. Jahrhunderts waren sie in freier Wildbahn ausgestorben. Durch Erhaltungszucht in Tiergärten und Wildgattern gelang die Wiederaussiedlung, inzwischen gibt es kleine, stabile Populationen in Polen, Litauen, Deutschland und der Slowakei. Der Gesamtbestand umfasst mehr als 3000 Tiere, die erste erfolgreiche Aussiedlung gelang 1952 im Nationalpark von Białowieża. Als Lebensraum benötigen Wisente ungestörte, große Laub- und Mischwälder mit gut ausgebildetem Unterholz, sumpfigen Plätzen und grasigen Lichtungen.

ERNÄHRUNG » Kräuter, Gräser, Blätter und Knospen, Baumrinde von Weichhölzern und dünnen Ästen. Außerdem Moose und Flechten sowie Samen wie Eicheln und Bucheckern. Der tägliche Nahrungsbedarf beträgt zwischen 30–60 kg.

FORTPFLANZUNG » Zur Paarungszeit (Brunft) im August–Oktober suchen Bullen die Herde auf, es kommt jedoch verglichen mit anderen Paarhufern eher selten zu Kämpfen zwischen Bullen. Die während der Brunft stark erregten Männchen zerwühlen den Boden mit ihren Klauen, verwüsten junge Bäume mit ihren Hörnern und wälzen sich am Boden, den sie zuvor mit Urin markiert haben. Trächtige Kühe sondern sich vor der Geburt von der Herde ab, suchen einen geschützten Ort auf und stoßen nach der Geburt wieder zur Herde. Die Tragzeit beträgt 254–279 Tage, in der Regel wird 1 Jungtier pro Jahr geboren, selten sind es 2. Bereits wenige Stunden nach der Geburt können die Jungen stehen und laufen (Nestflüchter). Weibchen werden mit 3 Jahren geschlechtsreif, Männchen mit 2–4 Jahren, aufgrund der Konkurrenz mit älteren, kräftigeren Bullen beteiligen sie sich jedoch oft erst im 6.–12. Lebensjahr an der Fortpflanzung.

Staubbad. Die lockere Erde um exponierte Wurzelteller umgefallener Bäume ist beliebt für Staubbäder. Nalibozkaja Puschtscha, Belarus. René Nauta.

TRITTSIEGEL

Vorne

» **L** 11–18 cm » **B** 10,5–15 cm

Hinten

» **L** 10–15 cm » **B** 10–13 cm

Groß bis sehr groß. Zehenspitzengänger. Leicht asymmetrisch. 4 Zehen: Zehen 2 und 5 sind stark reduziert, befinden sich weiter oben auf der Rückseite des Fußes und werden Afterklauen genannt. Die Abdrücke der Afterklauen sind selten zu sehen, sie befinden sich hinter den Abdrücken der Schalen und ihre Außenkanten drücken sich ebenso breit wie die seitlichen Außenkanten der Zehen 3 und 4 ab. Diese sind immer abgedrückt, wobei Zehe 3 etwas kleiner ist als Zehe 4. Der Vorderfußumriss ist rundlich, der Umriss des Hinterfußes hochoval und runder als beim Rothirsch. Die Schalenaußenwände des Vorderfußes sind über die gesamte Länge hinweg konvex, die Schaleninnenwände über die gesamte Länge hinweg konkav geformt. Dadurch entsteht der rundliche Eindruck. Der Negativbereich zwischen den Schalen ist in der Mitte und beim Vorderfuß am stärksten ⓐ, beim Hinterfuß ist nur wenig Platz zwischen den Schalen. Die einzelnen Schalen sind breit, mit abgerundeten, breiten Spitzen. Der abgedrückte Ballen macht etwa 20 % der Gesamtlänge des Trittsiegels aus. Der Negativbereich zwischen dem hinteren Bereich der Ballen ist wie ein umgekehrtes V geformt. Der Vorderfußabdruck ist größer und breiter als der des Hinterfußes. Die Abdrücke der Weibchen sind tendenziell schlanker, kleiner und spitzer als die massigeren, abgerundeten Klauenabdrücke der Bullen. Bei hohen Geschwindigkeiten und rutschigem Boden können sich die Schalen am vorderen Ende auseinanderspreizen.

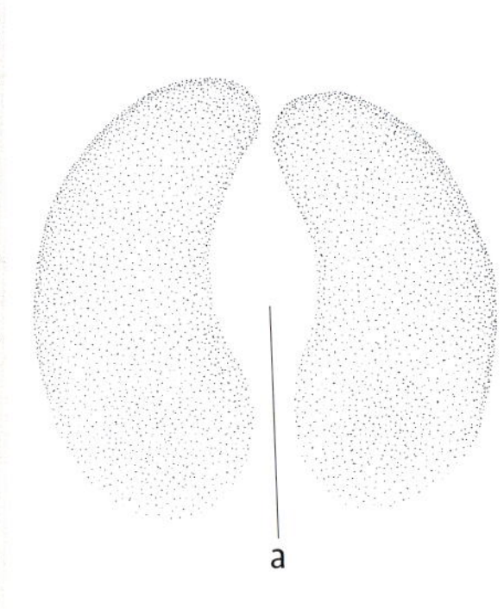

Links vorne.

Links hinten. Bieszczady, Polen.

Links vorne. Bieszczady, Polen.

Links hinten. Bieszczady, Polen.

GANGARTEN

Wisente bewegen sich überwiegend in einem ruhigen Schritt fort. Alarmiert flüchten die Tiere in Sprüngen sowie im Galopp, über kurze Distanzen (etwa 100 m) können sie Geschwindigkeiten von bis zu 60 km/h erreichen.

Schritt

Schrittlänge: 75–165 cm
Spurbreite: 30–49 cm

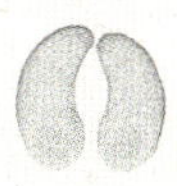

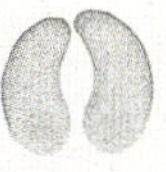

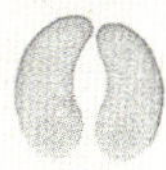

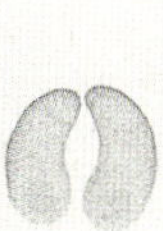

≈ Fuß-in-Fuß-Schritt.

Die breit ausgetretenen Wechsel der Wisente sind auffällig und erinnern an die Wechsel von Kühen in den Bergen. Bieszczady, Polen. ≚

Ähnliche Trittsiegel

Die Fußabdrücke können mit denen des Elches und domestizierter Rinder verwechselt werden. Eine Unterscheidung ist unter Berücksichtigung der Fußmorphologie im Regelfall eindeutig möglich.

≈ Ein Wisentstaubbad kann eine beeindruckend große Fläche einnehmen. Nalibozkaja Puschtscha, Belarus. René Nauta.

ZEICHEN

WECHSEL » Innerhalb ihres Reviers halten Wisente feste, oft deutlich erkennbare Wechsel ein. Meist verbinden diese Wechsel Äsungs- und Ruheplätze. Menschen können den Wechseln meist ohne größere Schwierigkeiten folgen, da Passagen durch Vegetation verhältnismäßig frei sind. Entlang solcher Wechsel ermöglichen die auffälligen Kuhfladen oft eine eindeutige Zuordnung. Ihre stark ausgetretenen Wechsel sind eindeutige und offensichtliche Zeichen.

SCHLAMMBÄDER » Ähnlich wie die Rothirsche nehmen Wisente Schlammbäder, die entsprechend groß und auffällig sind (Seite 546).

STAUBBÄDER » Wisente nehmen gerne Staub- und Sonnenbäder. Die Vegetation ist an solchen Stellen oft großflächig verändert. Die Staubbäder haben einen Durchmesser von 1,5–4 m.

HORNSCHÄDEN & SCHEUERBÄUME » Die Männchen schlagen mit ihren Hörnern auf kleine Bäume und hinterlassen dadurch charakteristische Spuren. Bevorzugt werden Bäumchen mit einem Durchmesser von 12–25 cm. Die Rinde wird in einer Höhe von 15–170 cm über dem Boden in Streifen vom Baum entfernt und findet sich oft in auffälligen Haufen am Fuß des Baumes. Die Hörner hinterlassen meist tiefe Furchen in dessen Holz. Das sogenannte Hornen tritt vor allem während der Paarungszeit von August–Oktober auf und wird oft vom

≈ Typische Rindenschälung eines Wisents, häufig sind die kleineren Weichhölzer fast vollständig entrindet. Bieszczady, Polen.

≈ Wisentkot kann an einen Kuhfladen erinnern. Die Insektenaktivität zeigt an, dass die Losung frisch ist. Bieszczady, Polen.

Scheuern an Malbäumen mit Nacken und Schultern begleitet. Am Harz der Scheuerbäume bleibt häufig Büffelwolle kleben.

RINDENSCHÄLUNG » Die Wisente reißen Rindenstücke ab, um sich von dem darunterliegenden Kambium zu ernähren. Bei der Rindenschälung sind zwei deutliche Furchen der unteren Schneidezähne zu erkennen, die wie Schnitzwerkzeuge von unten nach oben schaben. Häufig befindet sich am unteren Ende der geschälten Fläche ein mehr oder weniger gerader Schnitt, während die obere Kante stark ausgefranst ist. Die Tiere ziehen die Rindenstreifen von unten nach oben ab. Meist finden sich viele Rindenschälungen gehäuft an umliegenden Bäumen nebeneinander. Fressen die Tiere Kambium, werden in der Regel größere Mengen aufgenommen. Anders als die Rindenschälungen der Hirsche wählen Wisente bevorzugt kleinere Weichhölzer.

KOT » Die Farbe variiert zwischen dunkelgrün und schwarz, insgesamt der Losung von Hausrindern sehr ähnlich. Oft kann zwischen Sommer- und Winterlosung unterschieden werden. Im Sommer besteht Wisentkot überwiegend aus krautigen Pflanzen und hat dadurch eine dünnere Konsistenz. Es entsteht eine haufenartige Form. Im Winter wird in der Regel trockenere Nahrung aufgenommen, wodurch kompakter, fester Kot entsteht. Die Form erinnert an die wurstförmig zusammenklebenden Kotpillen von Wildschweinen.

» **D** 25–40 cm

MOSCHUSOCHSE

Ovibos moschatus

KRL 180–245 cm
Sl 6–14 cm
G 180–200 kg / 265–400 kg
Die Bullen sind größer und schwerer als die Kühe.

Die weitestgehend standorttreuen und überwiegend tagaktiven Tiere können gut sehen und schnell laufen. Im Sommer leben sie in kleinen Gruppen, im Winter bilden sie große Herden mit bis zu über 100 Tieren. Ältere Männchen sind oft Einzelgänger. Moschusochsen sind sehr gut an extreme Kälte angepasst. Die Tiere fressen sich Fettreserven an, von denen sie während der langen arktischen Winter zehren. Die häufigsten Todesursachen sind Verhungern und Erfrieren, wenn vor dem Winter nicht genug Fettreserven aufgebaut werden konnten. Bei Bedrohung durch Schneestürme oder bei Angriffen etwa von Wölfen schließt die Herde sich ringförmig zusammen. Dabei richten die Tiere ihre Hörner nach außen und nehmen ihre Kälber in die Mitte. Moschusochsen fliehen so gut wie nie. Feinde sind Wolf und Eisbär.

KENNZEICHEN » Massiger Körper und ein langes, zottiges, braunes Fell. Spitze Hörner, die zunächst abwärts- und dann wieder nach oben gebogen sind. Die Hörner der Bullen sind stärker als die der Kühe und können bis zu 70 cm lang werden.

VERBREITUNG & LEBENSRAUM » Kleinere Herden in Schweden und Norwegen. Niederschlagsarme Tundren mit niedriger Schneedecke werden bevorzugt.

ERNÄHRUNG » Vor allem Kräuter und Gräser, zum Beispiel Seggen. Außerdem Blütenpflanzen und Blätter von Zwergsträuchern sowie Flechten, Farne und Moose.

FORTPFLANZUNG » Die Paarungszeit dauert von Juli–Oktober, Juli und August stellen den Höhepunkt dar. In dieser Zeit kommt es zu ritualisierten Kämpfen zwischen den Bullen, in denen diese mit der Stirnseite immer wieder frontal gegeneinanderprallen, bis einer der beiden Kontrahenten aufgibt. Dominante Bullen versammeln einen Harem zur Paarung um sich. Nach einer Tragzeit von etwa 9 Monaten wird in der Regel 1 Kalb geboren. Selten kommt es zu Zwillingsgeburten. Die männlichen Tiere sind nach 5–6 Jahren, die weiblichen Tiere nach 3–4 Jahren geschlechtsreif.

Rindenschälung. Tännäs, Schweden. Laura Gärtner.

TRITTSIEGEL

Vorne

» **L** 10,8–14,5 cm » **B** 11,1–15,2 cm

Hinten

» **L** 9,5–11,4 cm » **B** 10,2–11,4 cm

Groß. Zehenspitzengänger. Leicht asymmetrisch. 4 Zehen: Zehen 2 und 5 sind stark reduziert, befinden sich weiter oben auf der Rückseite des Fußes und werden Afterklauen genannt. Die Afterklauen sind unregelmäßig erkennbar, sie drücken sich nahezu waagerecht zur Reiserichtung hinter den Schalen und ebenso breit wie die Außenkanten der Zehen 3 und 4 ab. Sind Afterklauen abgedrückt, stehen sie dichter an den Schalen als beim Rentier. Ohne die Afterklauen ist das Trittsiegel auffallend rundlich. Zehen 3 und 4 sind immer abgedrückt, wobei Zehe 3 etwas kleiner ist als Zehe 4. Die äußeren Schalenwände sind stark konvex, die inneren über die gesamte Länge deutlich konkav gebogen. Der einzelne Schalenabdruck wirkt nierenförmig. Der Vorderfußabdruck ist größer und breiter als der Hinterfußabdruck.

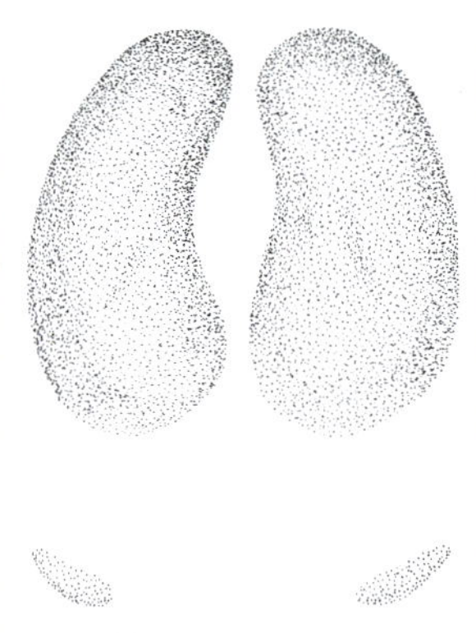

≈ Links vorne.

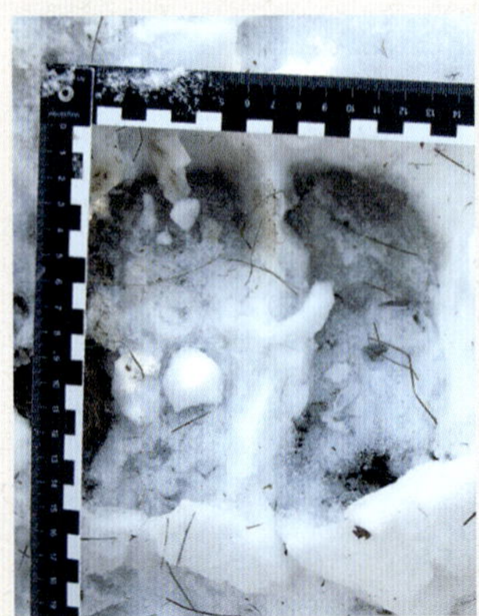

≈ Moschusochse, links vorne. Tännäs, Schweden. Laura Gärtner.

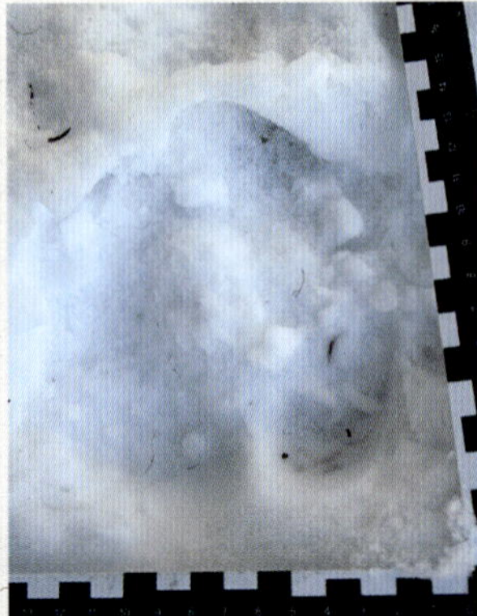

≈ Rechts hinten. Tännäs, Schweden. Laura Gärtner.

Ähnliche Trittsiegel

Die Abdrücke können mit denen des Rentiers verwechselt werden, allerdings ist der Negativbereich zwischen den Schalen beim Moschusochsen deutlich geringer.

GANGARTEN

Moschusochsen bewegen sich überwiegend im Schritt fort. Die Schrittlängen sind im Verhältnis zur Spurbreite eher kurz. Für weitere Strecken in höherer Geschwindigkeit wird gewöhnlich ein Trab verwendet. Alarmiert flüchten die Tiere in Sprüngen und im Galopp.

Schritt
Schrittlänge: 80–130 cm
Spurbreite: 25–40 cm

Geringe Datenbasis.

Ein Moschusochse bewegt sich im Schritt auf die Kamera zu. Tännäs, Schweden. Laura Gärtner. »

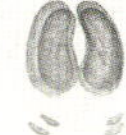

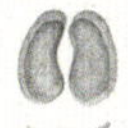

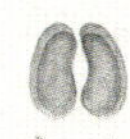

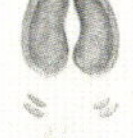

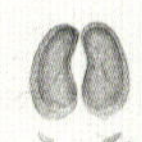

⮝ Fuß-in-Fuß-Schritt.

« In tiefem Schnee hinterlassen Moschusochsen auffällig breite, ausgetretene Wechsel. Tännäs, Schweden. Laura Gärtner.

ZEICHEN

FRAẞSPUREN » Wie bei anderen Hornträgern.

RINDENSCHÄLUNG » Wie bei anderen Hornträgern.

« Moschusochsenkot. Tännäs, Schweden. Laura Gärtner.

BETTEN » Wie bei anderen Hornträgern. Zum Ruhen und Schlafen liegen Moschusochsen häufig nah beieinander.

KOT » Der Kot von Moschusochsen ähnelt den Exkrementen von Rentieren; er ist etwas größer und besteht aus ovaleren Kotpillen. Ist die Nahrung im Sommer sehr wasserhaltig, klumpt der Kot oft zusammen oder bildet eine heller gefärbte, breiige Masse. Häufig werden mit dem Kot auch lange Haarbüschel des zottigen Fells gefunden.
» **L** 1,1–2,1 cm » **D** 0,8–1,3 cm

« Ruheplätze. Tännäs, Schweden. Laura Gärtner.

ALPENSTEINBOCK, IBERISCHER STEINBOCK

Capra ibex, Capra pyrenaica

Steinböcke gehören zu den Ziegen (*Capra*) – es gibt 9 Arten innerhalb dieser Gattung, von denen 2 im Gebiet vorkommen. Aufgrund der Ähnlichkeit ihrer Spuren und Zeichen werden sie hier zusammen besprochen. Steinböcke sind ausgezeichnete Felskletterer, die sehr gut springen, hören, sehen und riechen können. Alte und junge Weibchen (Geißen) und Männchen (Böcke), die noch nicht geschlechtsreif sind, leben in Geißenrudeln mit bis zu 30 und mehr Tieren. Ab dem 2.–3. Lebensjahr bilden die Böcke eigene Bockrudel. Sehr alte Böcke können solitär leben. Steinböcke sind vorwiegend tagaktiv und gelten als nicht besonders scheu. Bei Gefahr ziehen sie sich in unzugängliche, steile Gebiete zurück. Sie haben eigentlich keine Feinde. Jungtiere können von Steinadlern angegriffen werden.

TRITTSIEGEL

Vorne
» **L** 6,2–10 cm » **B** 4,2–6,4 cm

Hinten
» **L** 5,5–8 cm » **B** 3,8–5 cm

Mittelgroß bis groß. Zehenspitzengänger. Leicht asymmetrisch. 4 Zehen: Zehen 2 und 5 sind stark reduziert, befinden sich weiter oben auf der Rückseite des Fußes und werden Afterklauen genannt. Die Afterklauen sind gelegentlich erkennbar, sie drücken sich hinter den Schalen und ebenso breit wie die Außenkante der Zehen 3 und 4 ab. Diese sind immer abgedrückt, wobei Zehe 3 etwas kleiner ist als Zehe 4. Der Schalenumriss ist länglich und auffallend unregelmäßig. Bei den Männchen sind die Schalenaußenränder leicht konvex, wodurch ein massig-rundlicher Umriss entsteht. Die Schalenaußenränder bei den Weibchen verlaufen gerade oder leicht konkav, ihre Klauen sind deutlich kleiner. Die Schaleninnenwände zeigen eine auffällige, leicht konkave Einbuchtung in der Mitte, wodurch der Negativbereich an dieser Stelle eher breit ist. Diese Ausbuchtung zwischen den Schalen ist beim männlichen Vorderfuß am deutlichsten und beim weiblichen Hinterfuß kaum zu erkennen.
Im Ballenbereich verbreitert sich die Klaue, wodurch der Abstand zwischen den beiden Schalen (Fädlein) wieder schmaler wird. Die einzelnen Schalen sind spitz zulaufend, im vorderen Teil des Abdrucks

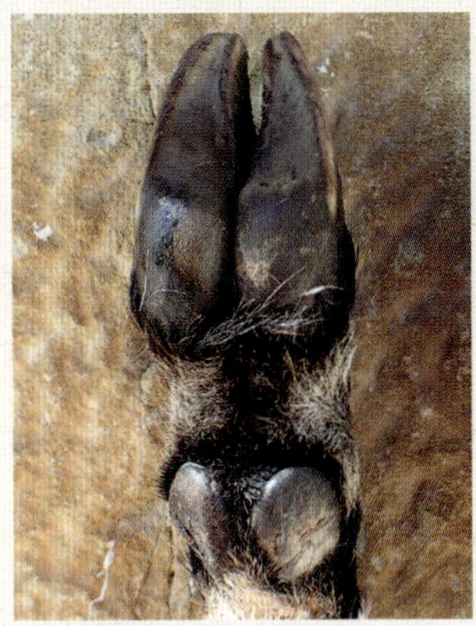

Iberischer Steinbock, rechts vorne. SERAFO, Spanien. Paloma Troya & Fernando Gómez.

Iberischer Steinbock, rechts hinten. SERAFO, Spanien. Paloma Troya & Fernando Gómez.

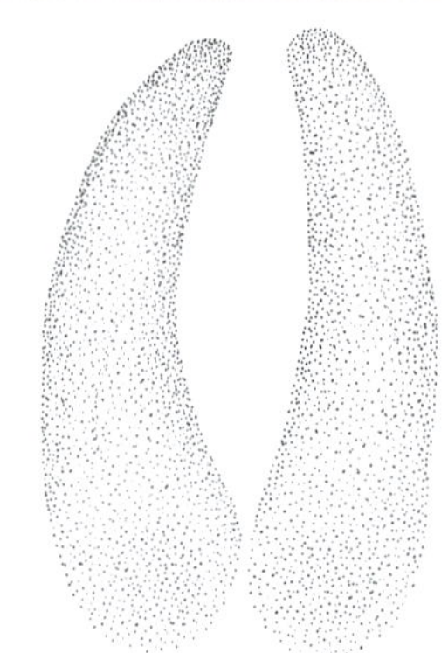

Rechts hinten.

Iberischer Steinbock, rechts hinten. SERAFO, Spanien. Paloma Troya & Fernando Gómez.

ist gewöhnlich eine leichte Spreizung zwischen den Schalen erkennbar. Die Form der Trittsiegel kann stark variieren, da Steinböcke eine elastische Klaue haben, die sich dem Untergrund anpasst. Der Vorderfußabdruck ist größer und breiter als der Hinterfußabdruck.

GANGARTEN

Steinböcke bewegen sich meist im Schritt fort. Größere Distanzen legen sie überwiegend im Trab zurück. Alarmiert flüchten sie in Sprüngen und im Galopp. Gangarten lassen sich nur selten erkennen, da sich die Tiere meist in felsigem Terrain bewegen.

Schritt
Schrittlänge: 60–128 cm
Spurbreite: 13–25 cm
Geringe Datenbasis.

≈ Fuß-in-Fuß-Schritt.

« Auf den harten Böden im Lebensraum der Steinböcke sind Gangarten nur selten zu erkennen. Unten Kot vom Iberischen Steinbock. SERAFO, Spanien. Paloma Troya & Fernando Gómez.

Ähnliche Trittsiegel

Gamstrittsiegel sind ähnlich, jedoch kleiner, schlanker und stärker parallel verlaufend. Die Abdrücke können mit denen von Hausziegen verwechselt werden. Diese sind jedoch verhältnismäßig breiter, unregelmäßiger und insgesamt meist kleiner (L ≤ 6,5 cm, B ≤ 4,5 cm). Wie bei den meisten Haus- und Nutztieren können Größe und Form des Abdrucks stark mit der Rasse variieren.

Alpensteinbock
♀ **KRL** 75–115 cm
♂ **KRL** 140–170 cm
♀ **Sl** 10–20 cm
♂ **Sl** 10–20 cm
♀ **G** 40–50 kg
♂ **G** 70–120 (bis 150) kg

Iberischer Steinbock
♀ **KRL** 105–120 cm
♂ **KRL** 130–150 cm
♀ **Sl** 10–15 cm
♂ **Sl** 10–15 cm
♀ **G** 25–35 kg
♂ **G** 60–80 kg

Starker Geschlechtsdimorphismus. Männchen deutlich größer und schwerer als Weibchen. Hörner der Böcke bis etwas mehr als 1 m, Hörner der Geißen bis zu 30 cm.

KENNZEICHEN » Ziegenähnliche Gestalt mit massig-kräftigem Körperbau und verhältnismäßig kurzen Beinen. Charakteristisch sind die säbelförmig rückwärtsgebogenen Hörner, die bei den Böcken starke Querwülste an der Vorderseite haben. Die Zahl der Einkerbungen an der Hornrückseite entspricht bei den Böcken dem Lebensalter.

VERBREITUNG & LEBENSRAUM » Der Alpensteinbock lebt im Alpengebiet. Früher war er dort überall stark verbreitet, bis nach intensiver Bejagung um 1820 nur noch etwa 100 Tiere verblieben waren, die in den italienischen Alpen überlebten. Unter Schutz gestellt konnten diese Tiere sich allmählich wieder vermehren, später folgten Aussiedlungen in andere Alpenregionen. Alle heute lebenden Alpensteinböcke stammen von dieser Population ab. Der Iberische Steinbock lebt auf der Iberischen Halbinsel. Sein ursprüngliches Verbreitungsgebiet waren die Pyrenäen sowie verschiedene Bergketten in Portugal und Spanien. Es werden 4 Unterarten des Iberischen Steinbocks unterschieden, von denen 2 bereits ausgestorben sind.
Die Steinböcke bewohnen Fels- und Geröllregionen oberhalb der Baumgrenze in 2100–3500 m Höhe. Typisch ist der jahreszeitliche Einstandswechsel: Im Winter werden schneeärmere Gegenden, zum Beispiel Süd- und Südwesthänge, oder tiefer liegende Gebiete aufgesucht, da hier Nahrung eher verfügbar ist. Anders als Gämsen bleiben Steinböcke auch im Winter oberhalb der Baumgrenze.

ERNÄHRUNG » Vor allem Kräuter und Gräser, aber auch Blätter, Knospen und seltener Triebe von Holzgewächsen. Außerdem Moose, Flechten und Rinde.

FORTPFLANZUNG » In der Paarungszeit (Brunft) von Dezember–Januar kommt es zu Kämpfen zwischen den älteren Böcken. Der Streit um das Paarungsvorrecht folgt dabei einem bestimmten Ritual. Die kämpfenden Böcke richten sich auf den Hinterbeinen auf und stoßen ihre Hörner mit großer Wucht zusammen. Nur die überlegenen Männchen paaren sich mit den Weibchen. Nach einer Tragzeit von 161–175 Tagen wird in der Regel 1 Jungtier (Kitz) geboren. Ein 2. Kitz ist selten. Das typische Nestflüchter-Kitz kommt voll behaart auf die Welt und kann sofort sehen und laufen. Nach dem 2.–3. Lebensjahr sind die Tiere geschlechtsreif.

ZEICHEN

HORNSCHÄDEN » Männchen reiben und schlagen mit ihren Hörnern gegen kleine Bäumchen wie Tannen, Fichten und Kiefern (Hornen). Sie hinterlassen dabei ein Duftsekret sowie ein visuelles Zeichen, die als Reviermarkierung dienen. Das charakteristische Zeichen ähnelt den Fege- oder Schlagstellen der Rehe, umfasst jedoch stärkere Schäden an der Vegetation. Das Hornen tritt vor allem unmittelbar vor und während der Paarungszeit auf.

Kot des Alpensteinbocks. Heiligenblut, Österreich. ︾

KOT » Zylinderförmige bis runde, meist unregelmäßig geformte Kotpillen, die in Anhäufungen abgesetzt werden. Ein Ende kann eine leicht ausgezogene Spitze zeigen. In der Regel ist die einzelne Kotpille gefurcht und oft sind eine oder mehrere Seiten abgeflacht oder eingedellt. Die Farbe variiert von bräunlich über grünschwarz bis schwarz. Kleinere Kotpillen können mit Gamslosung verwechselt werden, sind jedoch tendenziell etwas größer und unregelmäßiger geformt.
» **L** 1,1–2 cm » **D** 0,8–1,5 cm (meist ≤ 1,1)

︽ Iberischer Steinbock, Reviermarkierung.
SERAFO, Spanien. Paloma Troya & Fernando Gómez.

GÄMSE, PYRENÄEN-GÄMSE

Rupicapra rupicapra, Rupicapra pyrenaica

KRL 90–140 cm
Sl 3–10 cm
G 14–60 kg
Die Männchen sind größer und schwerer als die Weibchen.

Es gibt 6 Arten innerhalb der Gattung der Gämsen (*Rupicapra*), von denen 2 im Gebiet vorkommen. Gämsen sind tagaktiv und gewöhnlich scheu. In Gebieten, in denen sie nicht bejagt werden, verlieren sie jedoch häufig diese Scheu. Sie sind ausgezeichnete Felskletterer und können sehr gut springen und laufen. Sie sehen und riechen gut. Im Herbst und Winter schließen Gämse sich zu großen Rudeln mit bis zu 100 Tieren zusammen. Wie bei Hornträgern üblich, werden die Hörner (Krucken) der Gämse nicht abgeworfen, sondern wachsen das ganze Jahr über. Die wenig auffälligen Jahresringe auf der Rückseite der Krucken geben Hinweise auf das Alter der Tiere. Bei Bedrohung stampfen Gämsen als Warnsignal mit den Vorderfüßen auf den Boden. Martin Görner schreibt, dass sie auch die von Murmeltieren abgegebenen Pfeiftöne als Warnhinweis beachten (Görner & Hackethal 1987, Seite 346). Wenn Gämsen die Flucht ergreifen, flüchten sie meist hangaufwärts in schwer zugängliche Felsgebiete und Geröllhänge. Feinde sind Wolf, Luchs und Bär. Jungtiere können auch von Kolkraben und Steinadlern getötet werden.

KENNZEICHEN » Ziegenähnliche Gestalt. Auffällig und typisch sind zwei breite, dunkle Streifen im Gesicht, die von der Schnauze bis zum Ohransatz verlaufen. Beide Geschlechter haben relativ dünne, hakenförmig nach hinten gebogene Hörner, die eine Länge von 20–32 cm erreichen können.

VERBREITUNG & LEBENSRAUM » Verschiedene Mittel- und Hochgebirge in Mittel-, Südost- und Südeuropa. Bevorzugt werden felsige Gebiete im Bereich der Baumgrenze. Halten sich Gämsen in tiefer gelegenen Habitaten auf, ist dies häufig witterungsbedingt, vor allem durch hohe Schneelagen. Gämsen können jedoch auch ganzjährig in Wäldern vorkommen, sehr dichte Wälder werden gemieden.

ERNÄHRUNG » Kräuter, Gräser, Blätter, Triebe von Laub- und Nadelbäumen (zum Beispiel Fichten), Baumrinde, Moose und Flechten.

FORTPFLANZUNG » In der Paarungszeit (Brunft) von Oktober–Januar kommt es häufig zu Kämpfen zwischen den älteren Böcken. Der Streit um das Vorrecht zur Paarung in felsigen Höhen und an steilen Felswänden ist gefährlich. Die Böcke liefern sich energische Verfolgungsjagden, bei denen es immer wieder zu tödlichen Abstürzen kommt. Nach einer Tragzeit von 170–190 Tagen werden in der Regel 1 (bis 3) Jungtiere geboren. Bereits wenige Stunden nach der Geburt können die Jungen stehen und laufen. Die Jungtiere bleiben bis zur Geburt der Jungen des nächsten Jahres bei der Mutter. Jungtiere formen eigene Kleingruppen innerhalb der Herde, in der intensiv untereinander gespielt wird. Die Männchen werden mit 3–4 Jahren, die Weibchen schon mit 1–3 Jahren geschlechtsreif.

TRITTSIEGEL

Vorne
» **L** 5,5–7,5 cm » **B** 3,8–5,5 cm

Hinten
» **L** 5–6,8 cm » **B** 3,2–5,1 cm

Mittelgroß. Zehenspitzengänger. Leicht asymmetrisch. 4 Zehen: Zehen 2 und 5 sind stark reduziert, befinden sich sehr weit oben auf der Rückseite des Fußes und werden Afterklauen genannt. Die Afterklauenabdrücke sind selten und meist nur in tiefem Schnee zu sehen, sie drücken sich hinter den Schalen und ebenso breit wie die Außenkanten der Zehen 3 und 4 ab. Diese sind immer abgedrückt, wobei Zehe 3 etwas kleiner ist als Zehe 4. Der Schalenumriss ist länglich und die Schalen sind überall gleichmäßig breit, die einzelnen Schalen sind schlank mit abgerundeten, schmalen Spitzen. Der Gesamtumriss ist weniger spitz als beim Reh. Die äußeren Ränder des Hinterfußes verlaufen leicht konkav, mit einer konvexen Ausbuchtung im hinteren Bereich, wo der auffallend kurze Ballen liegt ⓐ. Die äußeren Ränder des Vorderfußes verlaufen bis zum Ballenbeginn fast parallel, dann ebenfalls ausgebuchtet. Die Ballen sind am Vorder- wie am Hinterfuß auffällig schwach ausgeprägt ⓑ. Die Schaleninnenwände verlaufen fast über die gesamte Länge hinweg parallel. Der Negativbereich zwischen den Schalen (Fädlein) ist dementsprechend gerade und vor allem beim Vorderfuß sehr breit. Dadurch kann der Eindruck entstehen, die

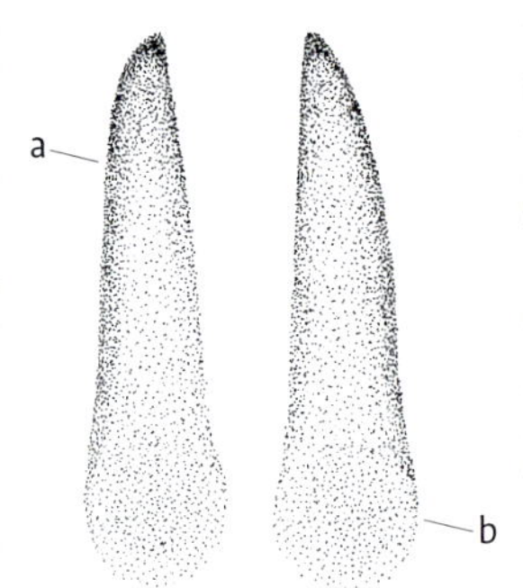

Rechts vorne.

Rechts vorne. Monte Baldo, Italien. Andreas Wenger.

Rechts hinten. Monte Baldo, Italien. Andreas Wenger.

Gämse, rechts vorne (rechts) und rechts hinten (links). Beachten Sie die deutlich konkaveren Schalenaußenwände beim Hinterfuß und den relativ kurzen Ballen des Vorderfußes. Monte Baldo, Italien. Andreas Wenger.

Schalen seien stets leicht gespreizt. Die Schalen sind weit spreizbar, was den Tieren besseren Halt in felsigem Gelände verschafft und zudem beim Einsinken im Schnee für eine Art „Schneeschuheffekt" sorgt. Der Vorderfußabdruck ist größer und geringfügig breiter als der Hinterfußabdruck.

GANGARTEN

Gämsen bewegen sich überwiegend im Schritt fort. Alarmiert flüchten sie in Sprüngen und im Galopp.

Schritt
Schrittlänge: 52–115 cm
Spurbreite: 8–19 cm

⪢ Fuß-in-Fuß-Schritt.

⪡ Fuß-in-Fuß-Schritt. Rechts unten steht der erste Doppelabdruck der rechten Seite. Von unten nach oben folgen der linke Doppelabdruck und ein weiterer Doppelabdruck rechts. Monte Baldo, Italien. Andreas Wenger.

Ähnliche Trittsiegel

Die Trittsiegel können mit denen von Steinböcken, Schafen und Ziegen verwechselt werden. Eine Unterscheidung ist bei Berücksichtigung der Fußmorphologie meist eindeutig möglich.

ZEICHEN

WECHSEL » Innerhalb ihres Reviers entstehen oft deutlich erkennbare Wechsel. Meist verbinden diese Wechsel Äsungs- und Ruheplätze. Gamsfährten verlaufen häufig oberhalb der Baumgrenze, Geröllfelder überqueren die Tiere mit Leichtigkeit, Steilhänge und große Tiefen sind ihr natürlicher Lebensraum.

≈ Gamswechsel sind oft ausgetreten und deutlich erkennbar. Monte Baldo, Italien. Andreas Wenger.

HORNSCHÄDEN » Männchen reiben und schlagen mit ihren Hörnern (Krucken) gegen kleine Tannen, Fichten, Kiefern oder Erlenstauden (Hornen). Sie hinterlassen so ein Duftsekret und ein visuelles Zeichen als Reviermarkierung. Das charakteristische Hornen ähnelt den Schlagstellen der Rehe (Seite 523) und tritt vor allem unmittelbar vor und während der Brunft auf.

KOT » Die eichelförmigen bis rundlichen Kotpillen variieren in der Farbe von bräunlich bis schwarz und sind entweder an beiden Enden abgerundet oder zeigen ein abgerundetes und ein spitzes Ende. Gamstypisch finden sich häufig sowohl eichelförmige als auch abgeflachte Kotpillen mit einem stumpfen und einem spitzen Ende in einem Kothaufen. Die Losung erinnert an Rehlosung, ist jedoch tendenziell etwas schlanker. Oft kann zwischen Sommer- und Winterlosung unterschieden werden. Die Sommerlosung klebt aufgrund der saftigeren, reicheren Kost häufig zusammen. Im Winter wird in der Regel trockenere Nahrung aufgenommen, wodurch kompakterer, festerer und tendenziell größerer Kot entsteht, der weniger klebt.
» **L** 0,9–2 cm (meist ≤ 1,5 cm) » **D** 0,6–1,5 cm (meist ≤ 1 cm)

Der Winterkot der Gämse ist meist etwas größer und hat eine rauere Oberfläche als der Sommerkot. Monte Baldo, Italien. Andreas Wenger. ≫

≪ Sommerlosung klebt durch die saftigere Nahrung häufig zusammen. Monte Baldo, Italien. Andreas Wenger.

EUROPÄISCHER MUFFLON

Ovis gmelini musimon

KRL 105–130 cm
Sl 7–11 cm
G 20–55 kg
Widder etwa 35–55 kg
Schafe etwa 20–35 kg
Ausgeprägter Geschlechtsdimorphismus, Widder sind größer und schwerer als Schafe.

Die standorttreuen und überwiegend tagaktiven Tiere können ausgezeichnet sehen und hören. Sie sind schnelle Läufer, die außerdem gut springen und klettern können. Im Sommer leben die weiblichen Tiere (Schafe) in Herden mit ihren Jungen. Die Männchen (Widder) bilden während dieser Zeit eigene Rudel, ältere Widder können auch Einzelgänger sein. Im Winter bilden sich große, gemischte Rudel mit bis zu 300 und mehr Tieren. Feinde sind vor allem Wölfe, Luchse und wildernde Hunde.

KENNZEICHEN » Gestalt wie kurzhaariges Hausschaf. Charakteristisch sind schneckenförmig gewundene Hörner, die bei den Widdern bis über 1 m lang werden können. Die Schafe haben nur selten Hörner, sie sind dann maximal 20 cm lang.

VERBREITUNG & LEBENSRAUM » Wildlebende Populationen auf Korsika, Sardinien und Zypern. Von dort haben sich die Tiere in fast ganz Europa verbreitet. Häufig war die Jagd ein wichtiger Grund für die gezielte Auswilderung der Mufflons. Bevorzugt werden trockene, felsige Gebirgslandschaften, die Tiere sind jedoch sehr anpassungsfähig. Es kommen auch Populationen in Laub- und Mischwäldern mit Wiesen und anderen Freiflächen sowie solche im Flachland vor. In Feuchtgebieten kommt es häufiger zu Hufkrankheiten, weshalb sie als Lebensraum eher ungeeignet sind.

Die Domestizierung von Wildschafen liegt mindestens 11 000 Jahre zurück. Fleisch, Milch und Wolle machen Schafe zu wichtigen Nutztieren des Menschen. Mufflons können sich mit allen Hausschafen fortpflanzen.

ERNÄHRUNG » Vor allem Kräuter, Gräser und Blätter. Außerdem Knospen, Farn, Moos und Baumrinde. Wenn verfügbar, werden auch Feldfrüchte gefressen.

FORTPFLANZUNG » In der Paarungszeit (Brunft) von Oktober–Dezember kann es zu ritualisierten Kämpfen zwischen den älteren Widdern kommen. Die streitenden Männchen stoßen ihre Hörner mit großer Wucht zusammen. Im Gegensatz zu Steinböcken richten sie sich dabei jedoch nicht auf die Hinterbeine auf. Nach einer Tragzeit von etwa 5 Monaten werden in der Regel 1 (bis 2) Jungtiere geboren. Nach 1–1,5 Jahren sind die Tiere geschlechtsreif. Da sie den älteren und dominanteren Widdern jedoch noch nicht gewachsen sind, beteiligen sie sich erst ab dem 4. Lebensjahr an der Fortpflanzung.

ZEICHEN

FRAẞSPUREN » Knospenverbiss wie beim Reh (Seite 525).

RINDENSCHÄLUNG » Wie Rehe und Hirsche können Mufflons das Kambium unter der Baumrinde fressen. Vor allem im Winter werden Bäume teilweise fast vollständig entrindet. Die Rindenschälungen sind von denen des Rehs nicht zu unterscheiden (Seite 524).

KOT » Ei- oder kugelförmige Kotpillen. Häufig sind die einzelnen Kotpillen wurstförmig oder in Klumpen zusammengedrückt, wodurch sie ihre rundliche Form verlieren und kantiger wirken können. Die Farbe variiert von bräunlich über grünschwarz bis schwarz. Wurde junges Gras gefressen, klumpt der Kot oft zusammen oder bildet eine heller gefärbte, breiige Masse. Gamslosung ist ähnlich, aber deutlich größer. Nicht eindeutig von Hausschafkot zu unterscheiden.
» **L** 0,9–1,2 cm » **D** 0,6–1,2 cm (meist ≤ 0,9 cm)

TRITTSIEGEL

Vorne
» **L** 4,5–6,5 cm » **B** 3,2–5,5 cm

Hinten
» **L** 4,2–6 cm » **B** 3–5 cm

Mittelgroß bis groß. Zehenspitzengänger. Leicht asymmetrisch. 4 Zehen: Zehen 2 und 5 sind stark reduziert, befinden sich weiter oben auf der Rückseite des Fußes und werden Afterklauen genannt. Die Afterklauen sind eher selten erkennbar. Sie drücken sich hinter den Schalen und ebenso breit wie die Außenkanten der Zehen 3 und 4 ab. Diese sind immer abgedrückt, wobei Zehe 3 etwas kleiner ist als Zehe 4. Der Klauenumriss ist länglich, jedoch im Verhältnis breiter als der des Alpensteinbocks. Die Schalenaußenränder sind deutlich konvex. Die Schaleninnenwände verlaufen meist parallel. Die kräftig entwickelten Ballen verbreitern die Klauen; dieser Bereich zwischen den beiden Schalen (Fädlein) wird hier deutlich schmaler ⓐ. Die einzelnen Schalen verschmälern sich nach vorne hin; sie sind lang gestreckt und spitz. Die äußeren Schalenkanten drücken sich meist deutlich ab. Im vorderen Teil des Trittsiegels ist gewöhnlich eine für Mufflons charakteristische Schalenspreizung erkennbar, die sich auch in ruhigen Gangarten zeigt ⓑ. Der Vorderfußabdruck ist größer und breiter als der des Hinterfußes. Die Ballen des Hinterfußes sind meist weniger kräftig entwickelt. Widder und Schafe sind nicht eindeutig zu unterscheiden.

Rechts vorne.
Vledder, Niederlande. René Nauta.

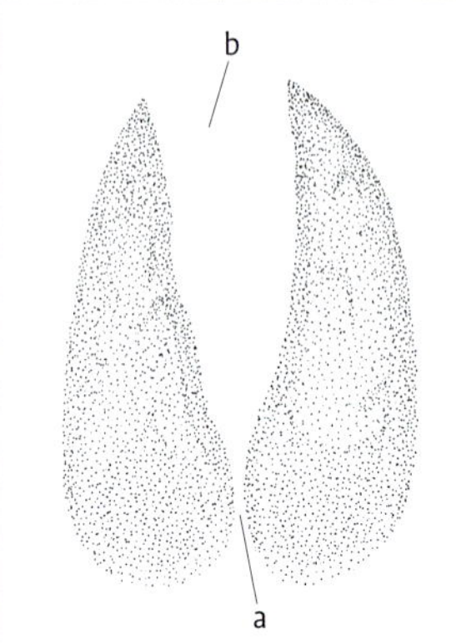

Rechts vorne.

Rechts vorne.
Österreich. Andreas Wenger.

Rechts vorne.
Vledder, Niederlande. René Nauta.

Rechts hinten.
Vledder, Niederlande. René Nauta.

GANGARTEN

Mufflons bewegen sich überwiegend im Schritt fort. Für weitere Strecken in höherer Geschwindigkeit wird gewöhnlich ein Trab verwendet. Charakteristisch ist eine relativ hohe Spurbreite im Verhältnis zur Schrittlänge. Alarmiert flüchten sie in Sprüngen sowie im Galopp. Die Sprungkraft der Mufflons ist außergewöhnlich.

Schritt
Schrittlänge: 60–120 cm
Spurbreite: 10–15 cm

Geringe Datenbasis.

Übereilter Schritt. Fußfolge von unten nach oben: RV, RH, LV, LH, RV, RH. Am linken Bildrand sind die Trittsiegel eines Rotfuchses im Schrägtrab zu erkennen. Vledder, Niederlande. René Nauta. ≽

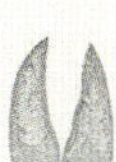

≼ Fuß-in-Fuß-Schritt.

Ähnliche Trittsiegel
Hausziegen. Die Abdrücke können zudem leicht mit denen von Hausschafen verwechselt werden.

HAUSSCHAF, HAUSZIEGE

Ovis gmelini aries, Capra aegagrus hircus

Moorschnucke
♀ G etwa 40–50 kg
♂ G etwa 60–70 kg

Merinolandschaf
♀ G etwa 70–100 kg
♂ G etwa 120–160 kg

Zwergziege
♀ G etwa 40–50 kg
♂ G etwa 60–70 kg

Weiße Deutsche Edelziege
♀ G etwa 55–75 kg
♂ G etwa 70–100 kg

Ausgeprägter Geschlechtsdimorphismus, Böcke größer und schwerer als weibliche Tiere.

Hausschafe und -ziegen gehören zu den ältesten Haustierrassen, deren Domestizierung vermutlich vor 11000–13000 Jahren im Fruchtbaren Halbmond begann. Umstritten ist die Abstammung des Hausschafs von der Wildform des Mufflons (*Ovis gmelini*), da ebenso die Theorie besteht, dass das Mufflon eine verwilderte Form des Anatolischen Hausschafs ist. Die Stammform der Hausziege ist die Wildziege (*Capra aegagrus*), die große Teile des westlichen Asiens bewohnt. Hausschaf und Hausziege werden hier aufgrund ihrer Domestikationsgeschichte, ihrer ähnlichen Spuren und Zeichen sowie ihrer Gemeinsamkeiten als Nutztiere zusammen behandelt.
Heute werden Hausschafe und Hausziegen weltweit als landwirtschaftliche Nutztiere gehalten, die als Fleisch- und Milchlieferanten dienen. Die Gewinnung von Wolle spielt in der modernen Schafhaltung Europas wirtschaftlich eine untergeordnete Rolle. Beide Tierarten werden außerdem auch in der Landschaftspflege zur Beweidung extensiver Grünflächen eingesetzt. Ziegen können durch ihre Kletterkünste auch steile und felsige Hanglagen beweiden. In Europa werden die meisten Schafe in Großbritannien gehalten, die Ziegenhaltung spielt in der europäischen Landwirtschaft eine eher untergeordnete Rolle.
Durch Verbreitung und Handel durch den Menschen und die damit einhergehende lokale Zucht konnte sich eine Vielzahl verschiedener Schaf- und Ziegenrassen entwickeln. Aktuell sind zahlreiche regionale

Zuchtrassen jedoch durch die Dominanz der wirtschaftlicheren Rassen, wie des Merinolandschafs oder der Fleischschafe, vom Aussterben bedroht. Aufgrund der hohen Variation in Aussehen, Gewicht und Größe und den ebenso unterschiedlichen Haltungsformen, werden im Folgenden lediglich ausgewählte, repräsentative Zuchtrassen näher beschrieben. Der Schwerpunkt liegt auf den Spuren und Zeichen, da es bei diesen Funden zu Verwechslungen mit den Spuren und Zeichen anderer Wildtierarten kommen kann.

ZEICHEN

KNOSPENVERBISS » Ähnlich wie beim Reh (Seite 525).

HORNSCHÄDEN » Sowohl männliche als auch weibliche Ziegen schlagen mit ihren Hörnern auf kleine Bäume und hinterlassen dadurch charakteristische Spuren. Bevorzugt werden Bäumchen mit einem Durchmesser von 5–25 cm. Die Rinde wird in einer Höhe von 15–150 cm über dem Boden entfernt. Die in Streifen vom Baum entfernte Rinde findet sich häufig in auffälligen Haufen am Fuß des Baumes, die Hörner hinterlassen meist tiefe Furchen in dessen Holz. Das sogenannte Hornen kann bei Hausziegenrassen ein beachtliches Ausmaß annehmen, sodass die Tiere teilweise gezielt in der Landschaftspflege eingesetzt werden, um starke Verbuschung einzudämmen. Nur wenige Hausschafrassen besitzen Hörner und das Hornen ist auch bei gehörnten Schafen schwächer ausgeprägt.

TRITTSIEGEL

Aufgrund der hohen Vielfalt an Hausschaf- und Hausziegenrassen kommen deren Trittsiegel in verschiedensten Größen vor. Große Schafe, wie die Merinoschafe oder das Schwarzköpfige Fleischschaf, können in der Regel von kleineren Schafen, wie Moor- und Heidschnucken oder Alpinem Steinschaf, unterschieden werden. Durch den ausgeprägten Geschlechtsdimorphismus stammen große Trittsiegel innerhalb einer Rasse in der Regel von Böcken, relativ kleine Trittsiegel eher von Weibchen. Beachten Sie jedoch: Die Trittsiegelgrößen eines kräftigen Bocks einer kleinen Rasse und die Trittsiegelgrößen eines kleinen Weibchens einer größeren Rasse können sich überschneiden. Tendenziell wirken die Trittsiegel der feingliedrigen Landschafrassen jedoch selbst bei ähnlicher Größe feiner. Große Ziegenrassen, wie Burenziege oder Weiße Deutsche Edelziege, können gewöhnlich von kleineren Ziegen, etwa Zwergziegen, unterschieden werden. Der Geschlechtsdimorphismus der Hausziegen ist jedoch weniger deutlich zu erkennen.

Mittelgroß bis groß. Zehenspitzengänger. Leicht asymmetrisch. 4 Zehen: Zehen 2 und 5 sind stark reduziert, befinden sich weiter oben auf der Rückseite des Fußes und werden Afterklauen genannt. Die Afterklauen sind eher selten erkennbar. Sie drücken sich hinter den Schalen und ebenso breit wie

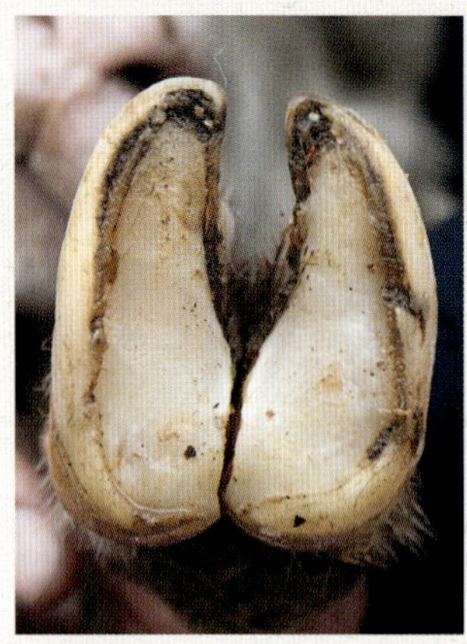

≈ Hausschaf, rechts vorne. Wissing, Deutschland. Raphael Fuchs.

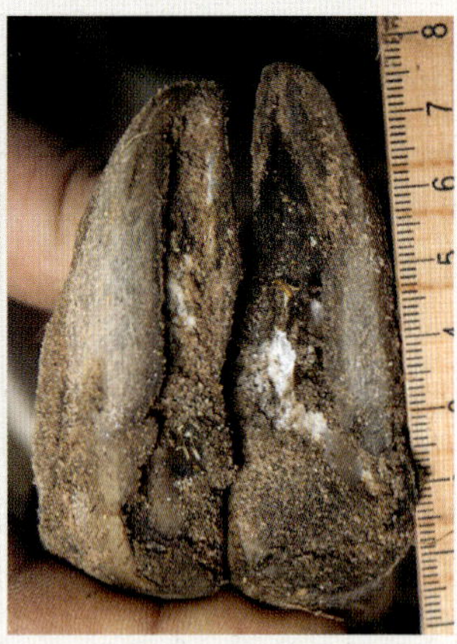

≈ Hausschaf, links hinten. Wissing, Deutschland. Raphael Fuchs.

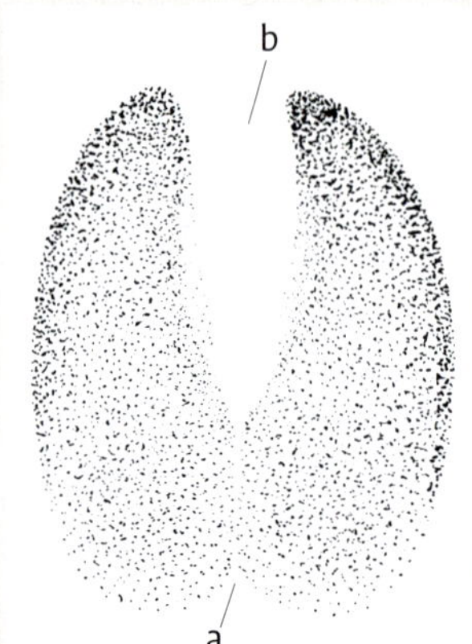

≈ Hausschaf, rechts vorne.

≈ Hausschaf, rechts vorne. Wissing, Deutschland. Raphael Fuchs.

≈ Hausschaf, links hinten. Wissing, Deutschland. Raphael Fuchs.

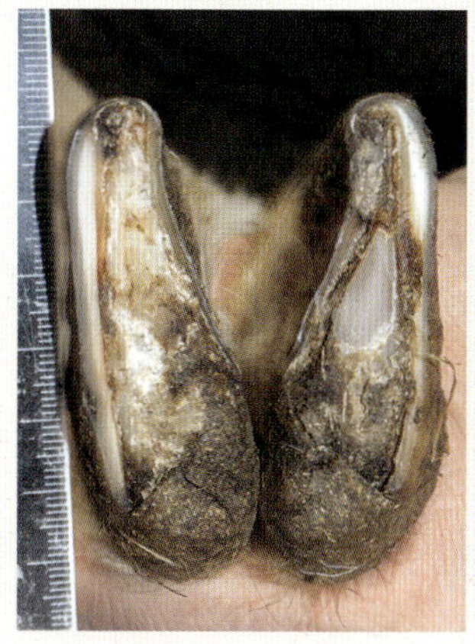

Hausziege, rechts vorne. Hemau, Deutschland. Raphael Fuchs.

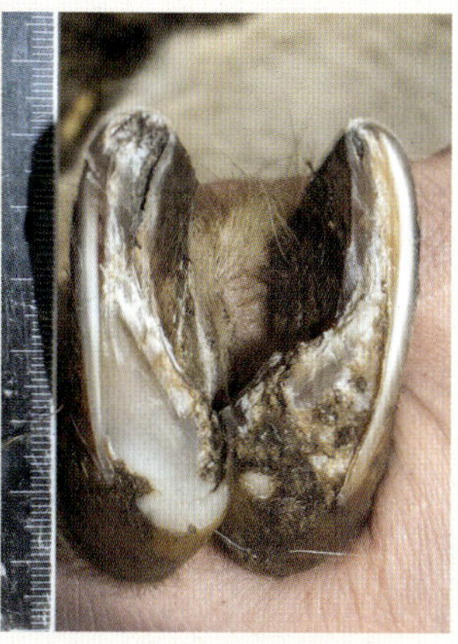

Hausziege, rechts hinten. Hemau, Deutschland. Raphael Fuchs.

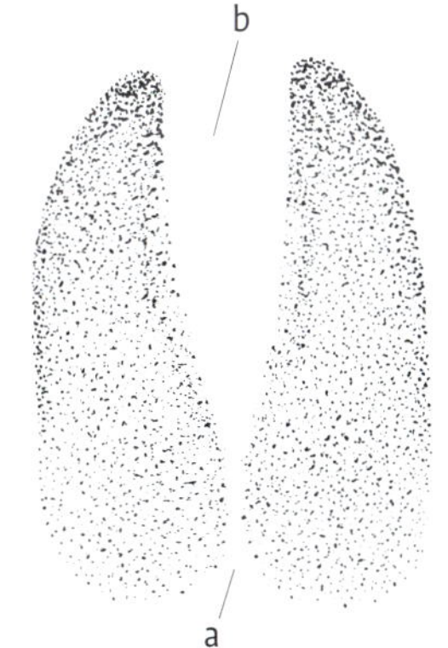

Hausziege, rechts vorne.

Hausziege, rechts vorne. Hemau, Deutschland. Raphael Fuchs.

Hausziege, rechts hinten. Hemau, Deutschland. Raphael Fuchs.

die Außenkanten der Zehen 3 und 4 ab. Diese sind immer abgedrückt, wobei Zehe 3 etwas kleiner ist als Zehe 4. Der Trittsiegelumriss ist längsrechteckig und wirkt vor allem beim Vorderfußabdruck auffällig kastenförmig. Dies ist ein geeignetes Unterscheidungsmerkmal gegenüber den oft ähnlich großen, jedoch eher herzförmigen Trittsiegeln des Rehs. Die Schalenaußenränder des Vorderfußes sind deutlich konvex, die des Hinterfußes leicht konkav. Die Schaleninnenwände verlaufen eher gerade bis leicht konkav. Die kräftig entwickelten Ballen verbreitern die Klauen, der Bereich zwischen den beiden Schalen (Fädlein) wird hier deutlich schmaler ⓐ. Die einzelnen Schalen verschmälern sich nach vorne hin, wirken jedoch weniger lang gestreckt und meist abgerundeter als bei Mufflon oder Gams. Die äußeren Schalenkanten drücken sich gewöhnlich deutlich ab. Im vorderen Teil des Vorderfußabdrucks ist meist eine charakteristische keilförmige Schalenspreizung erkennbar, die sich auch in ruhigen Gangarten zeigt ⓑ. Der Vorderfußabdruck ist größer und breiter als der des Hinterfußes. Die Ballen des Hinterfußes sind weniger kräftig entwickelt.

	VORNE		HINTEN	
Moorschnucke				
Mutterschaf	» **L** 4,9–5,7 cm	» **B** 4–4,6 cm	» **L** 4,4–5,3 cm	» **B** 3,5–4,1 cm
Bock	» **L** 5,5–6,4 cm	» **B** 4,5–5 cm	» **L** 4,9–5,8 cm	» **B** 4–4,5 cm
Merinolandschaf				
Mutterschaf	» **L** 6–6,5 cm	» **B** 5,3–5,8 cm	» **L** 5,5–6,8 cm	» **B** 4,6–5,5 cm
Bock	» **L** 7,5–8,5 cm	» **B** 5,8–6,5 cm	» **L** 8,4–9,1 cm	» **B** 5,5–6,1 cm
Zwergziege	» **L** 4,5–5,2 cm	» **B** 4,1–4,5 cm	» **L** 4–4,5 cm	» **B** 3–4,2 cm
Dt. Weiße Edelziege	» **L** 4,8–6,5 cm	» **B** 4,4–5,2 cm	» **L** 4,9–6,2 cm	» **B** 3,5–4,5 cm

GANGARTEN

Die bevorzugte Gangart der Hausschafe und Hausziegen ist der Schritt. Da sich beide Tierarten gewöhnlich in Herden fortbewegen, kann die Vielzahl ähnlicher Trittsiegel ein hilfreiches Indiz bei der Unterscheidung gegenüber Wildtieren sein. Für weitere Strecken in höherer Geschwindigkeit wird gewöhnlich ein Trab verwendet. Für Hausschafe ist eine relativ hohe Spurbreite im Verhältnis zur Schrittlänge charakteristisch. Alarmiert flüchten die Tiere in Sprüngen und im Galopp.

MOORSCHNUCKE

Schritt

Schrittlänge: 59–82 cm

Spurbreite: 20–30 cm

MERINOLANDSCHAF

Schritt

Schrittlänge: 72–105 cm

Spurbreite: 25–35 cm

ZWERGZIEGE

Schritt

Schrittlänge: 56–78 cm

Spurbreite: 20–25 cm

Trab

Schrittlänge: 76–91 cm

Spurbreite: 14–19 cm

Bei vergleichbaren Schrittlängen zeigen Ziegen tendenziell geringere Spurbreiten.

Ähnliche Trittsiegel

Mufflon und Gämse.

« Hausziege, übereilter Schritt. Ittelhofen, Deutschland. Raphael Fuchs.

Nahaufnahme Rindenschälung. Offenbach, Deutschland. Simone Roters. »

≈ Hausziege, Rindenschälung. Offenbach, Deutschland. Simone Roters.

≈ Kot einer mittelgroßen Ziegenrasse. Ittelhofen, Deutschland. Raphael Fuchs.

RINDENSCHÄLUNG » Wie Rehe und Hirsche können Hausziegen und Schafe das Kambium unter der Baumrinde fressen. Vor allem im Winter und auf extensiv genutzten Flächen werden Bäume teilweise fast vollständig entrindet.

» **Maximale Schälhöhe** 1,8 m

» **Einfache Zahnfurchenbreite** 0,2–0,4 cm

KOT » Ei- oder kugelförmige Kotpillen. Häufig sind die einzelnen Kotpillen wurstförmig oder in Klumpen zusammengedrückt, wodurch sie ihre rundliche Form verlieren und kantiger wirken können. Die Farbe variiert von bräunlich über grünschwarz bis schwarz. Wurde junges Gras gefressen, klumpt der Kot oft zusammen oder bildet eine heller gefärbte, breiige Masse. Gamslosung ist ähnlich, aber deutlich größer. Nicht eindeutig von Mufflonkot zu unterscheiden.

» **L** 0,9–1,9 cm » **D** 0,6–1 cm (meist ≤ 0,9 cm)

VÖGEL

VÖGEL

Begeisterung für Vogelspuren

Es war ein kühler Novembermorgen, als ich mit einer Gruppe von Fährtenlesern eine stillgelegte Tongrube in der Nähe des Naturparks Hoher Fläming erreichte. Paul, ein begeisterter Spurenleser mit einer besonderen Leidenschaft für Vögel, hatte mich als Prüfer für die CyberTracker Conservation eingeladen, um ihn und neun weitere Fährtenleser nach allen Regeln der Kunst auf die Probe zu stellen. Wie üblich bat ich zu Beginn der Prüfung alle Teilnehmer, an den Prüfungsstationen nicht zu sprechen, damit niemand durch die Kommentare anderer beeinflusst wird. Nach und nach zeigten wir allen die Stationen und stellten dabei verschiedene Fragen wie „Von welchem Tier stammt diese Spur?“, oder „In welcher Gangart hat sich dieses Tier bewegt?“. Alles verlief wie gewohnt, bis wir die Station mit dem Trittsiegel erreichten, das Laura am Tag zuvor beim Kundschaften entdeckt hatte: ein außergewöhnlich großer, K-förmiger Fußabdruck. Als Paul den Abdruck erkannte, rötete sich sein Gesicht vor Aufregung. Er warf einen zweiten Blick darauf, schaute ungläubig zu mir und dann wieder auf den Fußabdruck. Unruhig begann er auf der Stelle zu hüpfen und war sichtbar um Beherrschung bemüht. Doch dann platzte es aus ihm heraus: „Das ist der Hammer! Mann, ist das cool! Leute, ich muss mal kurz hier weg, sonst verrate ich noch alles.“ Paul entfernte sich von uns und versuchte sich zu beruhigen. Er hatte die Trittsiegel der weltgrößten Eulenart gesehen und ich wurde Zeuge, wie sehr Vogelspuren Menschen in Begeisterung versetzen können.

Vögel (Aves) zu beobachten und zu studieren ist der naturkundliche Bereich, der Menschen weltweit vielleicht am meisten begeistert. Viele Vögel machen mit ihrem Gesang oder einem prächtigen Federkleid auf sich aufmerksam, andere sind eher unauffällig; sie führen ein heimlicheres Leben und sind weniger bekannt. Die von Vögeln hinterlassenen Spuren und Zeichen ermöglichen uns Einblicke in ihre vielfältige Welt, oft sogar, bevor wir sie zum ersten Mal hören oder sehen. Mit einem Grundwissen über Fußabdrücke und Zeichen der Vögel Europas erfahren wir mehr über deren Lebensräume und Lebensweise und die ökologischen Zusammenhänge, ohne dafür die Tiere sehen zu müssen. Während meiner Recherchen für dieses Buch konnte ich Zugvögel wie den Rotschenkel in der Lausitz zuerst über ihre Trittsiegel nachweisen. Einige von Vögeln stammende Zeichen lassen sich mit denen von Säugetieren verwechseln. Andere sind eindeutig zuzuordnen, zum Beispiel die der Spechte, die über Jahre hinweg erkennbar bleiben.

FUßMORPHOLOGIE

Durch die genaue Betrachtung der Füße und Fußspuren können wir etwas über Lebensweise und Entwicklungsgeschichte der Vögel erfahren. Wie bei den Säugetieren haben sich Vogelfüße den an sie gestellten Anforderungen angepasst. Alle Vögel sind Zehengänger, deren Vorderfüße sich zum Flügel entwickelt haben. Die Hinterfüße werden neben dem Gehen noch für viele andere Aufgaben benutzt und sind entsprechend ausgebildet. Ein Schnepfenvogel im Watt benötigt andere Hinterfüße als eine Schwalbe, die einen Großteil ihres Lebens in der Luft verbringt, oder als eine Ente, die ihre Füße zum Schwimmen benutzt. Grundsätzlich gilt, dass für verschiedene Hauptfunktionen wie Schwimmen, Sitzen, Laufen, Greifen und Waten unterschiedliche Fußstrukturen entwickelt wurden, die entsprechend unterscheidbare Trittsiegel hinterlassen. Außerdem kann man sagen, dass nah verwandte Arten mit ähnlicher Lebensweise auch ähnliche Trittsiegel hinterlassen. In der Regel besteht innerhalb einer bestimmten taxonomischen Gruppe ein verlässlicher Zusammenhang zwischen der Größe eines Vogels und der seines Fußabdrucks. Dies bedeutet, ein relativ großes, entenartiges Trittsiegel stammt eher von einer größeren Ente, zum Beispiel der Stockente, während ein relativ kleines Ententrittsiegel wahrscheinlich von einer der kleineren Entenarten stammt. Dieses Verhältnis kann helfen, Arten zu unterscheiden, auch wenn hier nicht auf jede einzeln eingegangen wird. Dieser Teil des Buches soll einen Überblick geben und eine Grundlage für die Unterscheidung verschiedener Vogelarten anhand ihrer Fußspuren schaffen. Dabei werden überwiegend Vogeltrittsiegel beschrieben, die charakteristisch oder häufig zu finden sind. Trittsiegel von Vögeln wie zum Beispiel Seglern, die fast nie den Boden berühren, sowie von extrem seltenen Arten, die nur ausnahmsweise im Gebiet erscheinen, werden nicht behandelt.

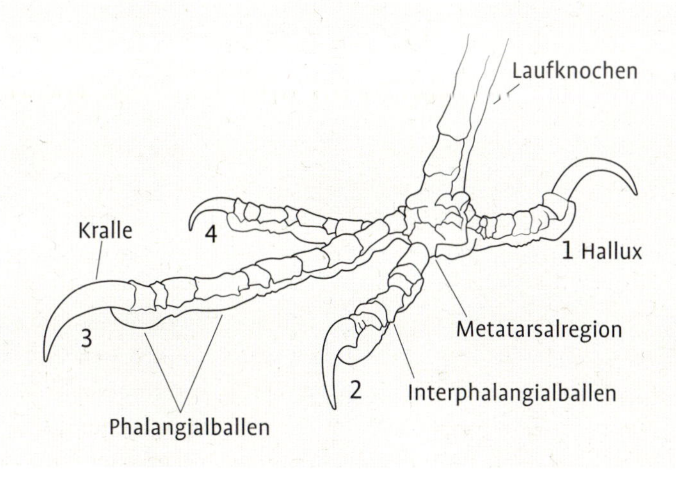

Ein klassischer Vogelfuß. »

AUFBAU UND MERKMALE DER TRITTSIEGEL

Die meisten Vogeltrittsiegel bestehen aus Abdrücken von Zehen, der Metatarsalregion und von Krallen. Bei Wasservögeln lassen sich außerdem oft Abdrücke von Schwimmhäuten erkennen. Weitere wichtige Merkmale sind Größe und Symmetrie eines Trittsiegels.

ZEHEN

Wichtige Kriterien zur Bestimmung einer Art sind die Anordnung, Länge und Form der Zehen. Die Zehen von Schnepfenvögeln sind eher lang und meist feingliedrig, wohingegen Rabenvögel eher kräftige Zehen aufweisen. Eine Zehe besteht aus mehreren Zehengliedern, den Phalangen, deren Unterseite mit unterschiedlich ausgeprägten Ballen versehen ist. Diese werden Phalangialballen genannt. In der Regel sind die einzelnen Phalangialballen durch sogenannte Interphalangialballen voneinander getrennt. In deutlichen Trittsiegeln sind Phalangial- und Interphalangialballen manchmal zu erkennen. Die Stärke dieser Ballen oder ihr Fehlen im Abdruck können ein wichtiges Merkmal für die Artbestimmung sein. Alle hier behandelten Vögel besitzen vier Zehen, die wie bei den Säugetieren über die Körperinnenseite nach außen gezählt werden. Die Zehe 1 heißt Hinterzehe oder Hallux. Sie ist nach hinten gerichtet und hat zwei Zehenglieder. Die meisten Singvögel besitzen eine relativ lange Zehe 1, die länger als Zehe 3 sein kann und vor allem für das Sitzen auf Ästen gebraucht wird. Bei einigen Arten, zum Beispiel den Regenpfeifern, fehlt der Hallux komplett. Bei manchen Arten, die viel Zeit am Boden verbringen, ist er so stark zurückgebildet und am Lauf erhöht, dass er im Trittsiegel oft nur sehr leicht, undeutlich oder gar nicht abgedrückt wird. Zehe 2 heißt Innenzehe. Sie hat drei Zehenglieder und ist in der Regel die zweitkürzeste Zehe. Zehe 3 wird Mittelzehe genannt, hat vier Zehenglieder und ist meist am längsten. Zehe 4 heißt Außenzehe. Sie ist am weitesten vom Körper entfernt und trotz ihrer fünf Zehenglieder gewöhnlich nur die zweitlängste Zehe.

METATARSALREGION

Im Gegensatz zu den Säugetieren gehen die Zehen eines Vogelfußes von dem vom Körperzentrum entfernten Ende des Laufknochens (Tarsometatarsus) ab. Dieser besteht aus verwachsenen Fußwurzel- und Mittelfußknochen. Das untere Ende des Laufknochens ist mit einer ballenartigen, polsternden Haut überzogen, die je nach Art unterschiedlich stark ausgeprägt ist und sich im Trittsiegel abzeichnen kann. Dieser Bereich wird Metatarsalregion genannt. Die An- oder Abwesenheit des Ballenabdrucks kann ein wichtiger Hinweis für die Artbestimmung sein.

KRALLEN

Am äußersten Glied einer Zehe befindet sich meist ein spitzer Hornüberzug, die Kralle. Form und Größe der Krallen hängen von der Art des Vogels ab. Bei manchen Vögeln wachsen sie direkt flach aus dem äußersten Zehenglied, bei anderen sind die Krallen gebogen, sodass sie sich abgesetzt davor abdrücken. Anders als bei Säugetieren kann es bei Vogelfußabdrücken manchmal schwerfallen, Krallen von Zehenspitzen zu unterscheiden. Alle Vogeltrittsiegel werden mit Krallen vermessen.

SCHWIMMHÄUTE

Bei Wasservögeln können zwischen den Zehen Hautlappen ausgebildet sein. Diese Schwimmhäute stellen eine Anpassung zur effektiven Fortbewegung im Wasser dar. Die Schwimmhäute können zwischen zwei oder mehreren Zehen vorkommen, in der Regel befinden sie sich zwischen Zehen 2–4. Wie bei Säugetieren können sie körperfern (distal), mittig (medial) und körpernah (proximal) zum Laufknochen vorkommen. Enten und Gänse sind Beispiele für Vögel mit distalen Schwimmhäuten zwischen Zehen 2–4, wohingegen einige Watvögel, wie die Uferläufer, lediglich eine proximale Schwimmhaut zwischen Zehen 3 und 4 besitzen. Nur sehr wenige Vögel Europas haben mediale Schwimmhäute, zum Beispiel der Säbelschnäbler. Eine besondere Ausprägung sind Schwimmlappen, die sich an jedem einzelnen Zehenrand befinden können. Sie vergrößern die Oberfläche des Fußes, begünstigen dadurch die Fortbewegung im Wasser und ermöglichen das Gehen über sehr weiche, schlammige Böden, ohne einzusinken. Schwimmlappen sind je nach Vogelart unterschiedlich geformt. So besitzen Lappentaucher Schwimmlappen als durchgehenden Zehenrandsaum, Blässhühner haben „eingeschnürte“ Zehenlappen und Wassertreter verbinden eingeschnürte Zehenlappen mit proximalen Schwimmhäuten. Auch das Fehlen von Schwimmhäuten kann ein wichtiger Hinweis sein.

TRITTSIEGELGRÖẞE UND SYMMETRIE

Wie bei Säugetieren lässt sich die Artbestimmung auch bei Vögeln oft allein durch die Trittsiegelgröße erheblich eingrenzen. Bei gleich großen Füßen von Tieren ähnlicher Gruppen ist zudem die Symmetrie der Trittsiegel für die Artbestimmung hilfreich.

FÜNF GRUNDFORMEN VON VOGELTRITTSIEGELN

Die Zehenanordnung und Abdrücke der Schwimmhäute beeinflussen das Aussehen eines Vogeltrittsiegels maßgeblich. Aus diesem Grund sind die hier beschriebenen Vogelarten fünf Grundformen von Trittsiegeln zugeordnet. Diese Grundformen helfen bei der Ersteinordnung.

KLASSISCHER VOGELFUẞABDRUCK, ANISODAKTYLEN

Fußabdrücke dieser Grundform sind am häufigsten und stammen von der Fußform, an die die meisten von uns denken, wenn sie sich einen klassischen Vogelfußabdruck vorstellen. Zehen 2–4 sind nach vorne, Zehe 1 ist nach hinten gerichtet. Diese Anordnung der Zehen wird „anisodaktyl“ genannt und ist beispielsweise zum Sitzen und Greifen geeignet. Zur großen Gruppe der klassischen Vogelfußabdrücke gehören alle Singvögel (Passeriformes) sowie die Familien der Reiher (Ardeidae), Störche (Ciconiidae), Habichtartigen (Accipitridae), Falken (Falconidae), Tauben (Columbidae), Nachtschwalben (Caprimulgidae),

Bienenfresser (Meropidae) und Wiedehopfe (Upupidae). Obwohl bei Eisvögeln (Alcedinidae) die Zehen 2 und 3 zusammengewachsen sind (Syndaktylie), gehören sie ebenfalls in diese Kategorie, da sie Abdrücke dieser prägnanten Form hinterlassen.

KLASSISCHER VOGELFUẞABDRUCK MIT REDUZIERTER ODER FEHLENDER HINTERZEHE, TRIDAKTYLEN

Vögel, die viel Zeit am Boden verbringen, können eine daran angepasste Fußform aufweisen, bei der die Zehe 1 stark reduziert ist oder fehlt. Technisch betrachtet sind auch Vogelfüße mit stark reduzierter Hinterzehe noch anisodaktyl und erst wenn sie vollständig fehlt, spricht man von „Tridaktylie". Die Trittsiegel beider Fußformen können jedoch eindeutig von den klassischen Vogelfußabdrücken unterschieden werden, da Zehe 1 nur einen reduzierten oder gar keinen Abdruck hinterlässt. Zu dieser Grundform gehören die Ordnung der Regenpfeiferartigen (Charadriformes) sowie die Familien Fasanenartige (Phasianidae), Kraniche (Gruidae), Rallen (Rallidae) und Trappen (Otididae).

VOGELFUẞABDRUCK MIT SCHWIMMHÄUTEN ZWISCHEN ZEHEN 2–4, PALMATEN

Vögel, die viel Zeit im Wasser verbringen, haben häufig Schwimmhäute zwischen den Zehen. Die entsprechenden Trittsiegel ähneln dem klassischen Vogelfußabdruck mit reduzierter oder fehlender Hinterzehe, unterscheiden sich jedoch deutlich durch die gut ausgeprägten Schwimmhäute. Zur Grundform dieser anisodaktylen Füße mit distalen Schwimmhäuten zwischen Zehen 2–4 gehören die Familien Entenvögel (Anatidae), Möwen (Laridae), Seeschwalben (Sternidae) und Flamingos (Phoenicopteridae).

VOGELFUẞABDRUCK MIT SCHWIMMHÄUTEN ZWISCHEN ZEHEN 1–4, TOTIPALMATEN

Diese seltenere Grundform unterscheidet sich von der vorherigen durch eine weitere Schwimmhaut zwischen Zehen 1 und 2. In der Regel werden in einem solchen Tritt-

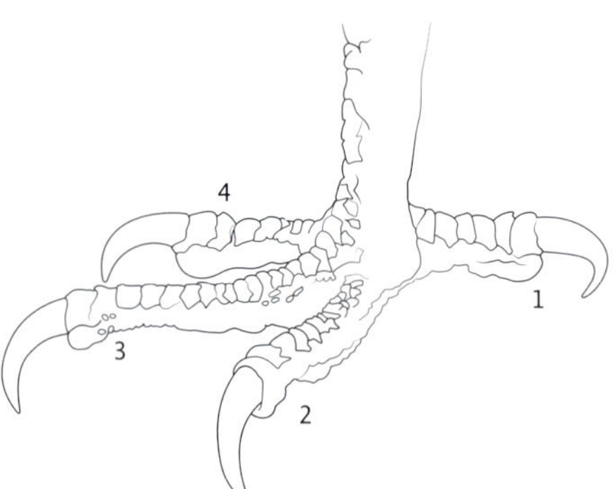

≈ Fuß eines Anisodaktylen.

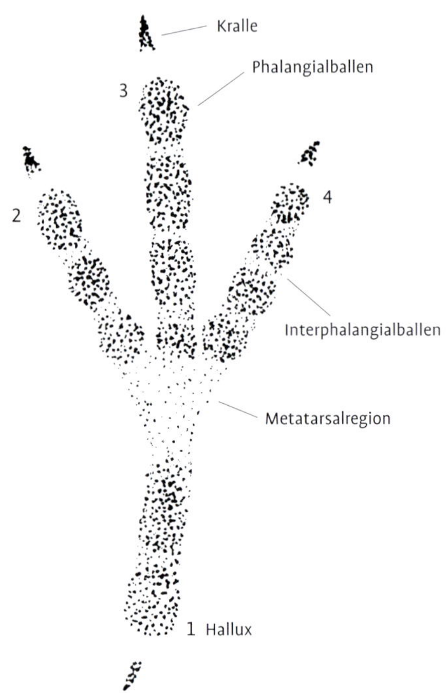

≈ Trittsiegel eines Anisodaktylen: Zehen 2–4 sind nach vorne, Zehe 1 ist nach hinten gerichtet.

siegel Schwimmhäute zwischen Zehen 1 und 2, Zehen 2 und 3 sowie zwischen Zehen 3 und 4 abgedrückt. Sind die Abdrücke der Schwimmhäute undeutlich oder schwer zu erkennen, ist ein weiteres Unterscheidungsmerkmal die deutlich verlängerte Zehe 4, die länger als die Zehen 2 und 3 ist. Bei Trittsiegeln mit Schwimmhäuten zwischen den Zehen 2–4 ist die Zehe 3 am längsten. Familien mit Schwimmhäuten zwischen den Zehen 1–4 sind Pelikane (Pelecanidae) und Kormorane (Phalacrocoracidae).

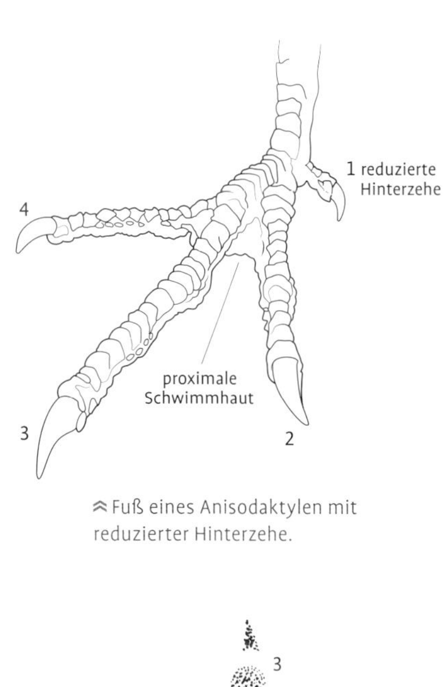

Fuß eines Anisodaktylen mit reduzierter Hinterzehe.

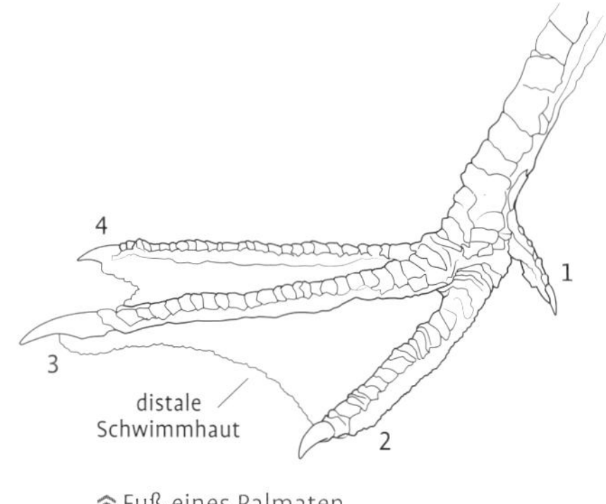

Fuß eines Palmaten.

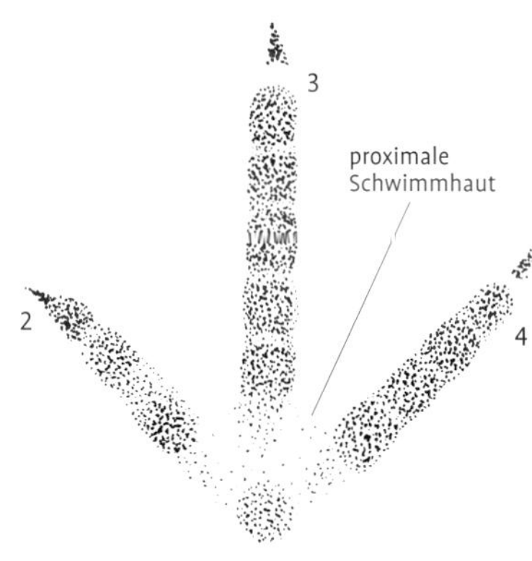

Trittsiegel mit reduzierter Hinterzehe.

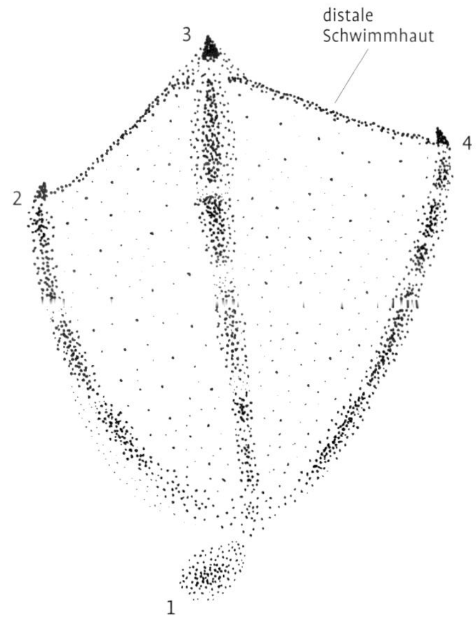

Trittsiegel eines Palmaten: Zwischen Zehen 2–4 sind deutliche Abdrücke von Schwimmhäuten zu erkennen.

ZYGODAKTYLER VOGELFUẞ-ABDRUCK, ZYGODAKTYLEN

Ein Vogelfuß wird als zygodaktyl bezeichnet, wenn zwei Zehen nach vorne und zwei nach hinten zeigen. Dadurch entsteht ein charakteristisches X- oder K-förmiges Trittsiegel. Die nach vorne gerichteten Zehen sind hier die Zehen 2 und 3, entsprechend nach hinten gerichtet sind Zehen 1 und 4. Diese Form der Zehenanordnung ist die zweithäufigste bei Vogelfüßen. Da die meisten Arten dieser Kategorie wenig Zeit am Boden verbringen, sind Trittsiegelfunde eher selten. Familien mit zygodaktylen Trittsiegeln sind Fischadler (Pandionidae), Schleiereulen (Tytonidae), Eigentliche Eulen (Strigidae), Kuckucke (Cuculidae) und Spechte (Picidae). Fischadler und Eulen können Zehe 4 drehen, sodass diese nach hinten oder auch seitlich gerichtet sein kann.

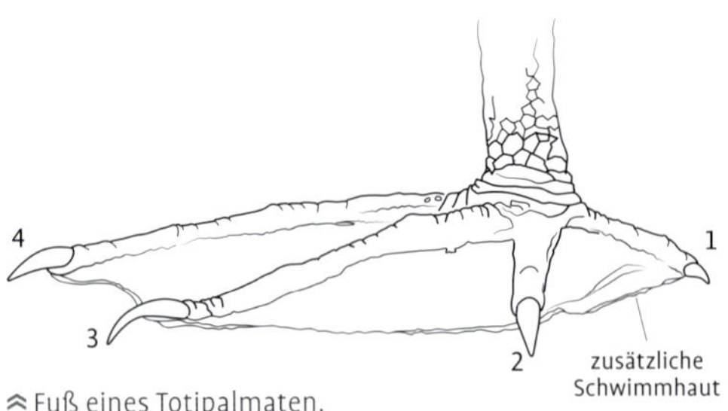

Fuß eines Totipalmaten.

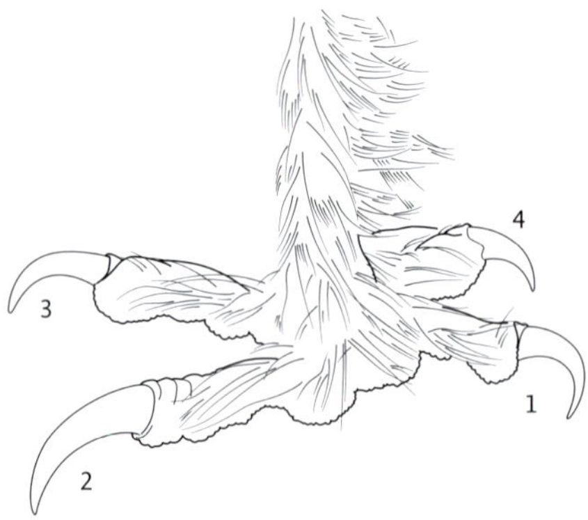

Fuß eines Zygodaktylen.

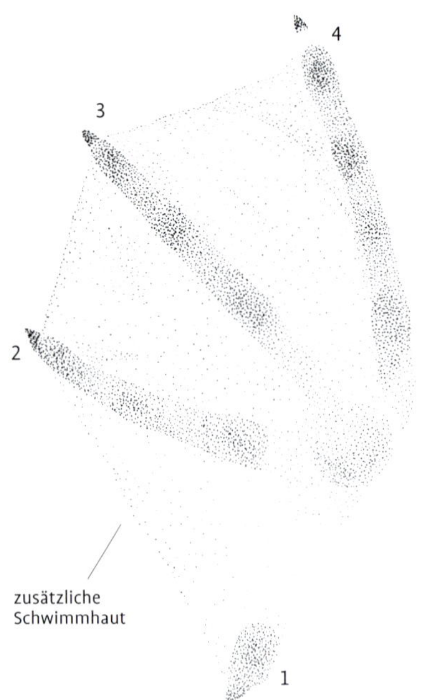

Trittsiegel eines Totipalmaten: Zwischen Zehen 1–4 sind deutliche Abdrücke von Schwimmhäuten zu erkennen.

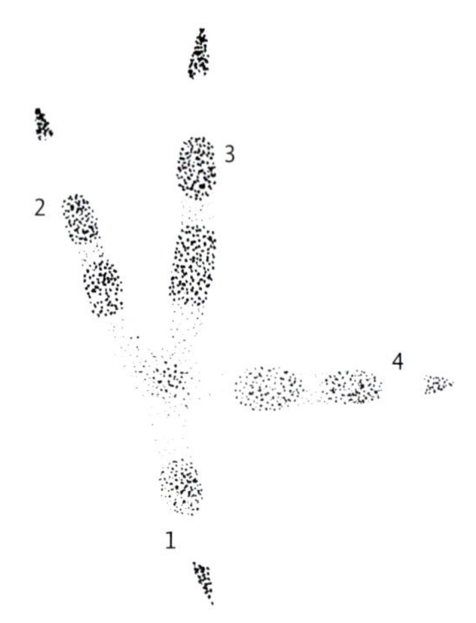

Trittsiegel eines Zygodaktylen: Zehen 1 und 4 sind nach hinten und Zehen 2 und 3 nach vorne gerichtet.

GANGARTEN UND SPURBILDER

Die Gangarten beschreiben, wie sich Tiere fortbewegen, und die Spurbilder sind die sichtbare Form, in der sich die Gangarten im Untergrund als Trittsiegelfolgen abzeichnen. Durch den besonderen Körperbau der Vögel unterscheiden sich deren Gangarten und Spurbilder in ihrer Ausprägung in mancher Hinsicht von denen der Säugetiere.

GANGARTEN

Da sich Vögel ebenso wie Menschen nur auf zwei Füßen am Boden fortbewegen, verstehen wir die Gangarten von Vögeln oft schneller als die von Vierbeinern. Wie bei den Säugetieren werden die Gangarten der Vögel in zwei Gruppen eingeteilt: symmetrische Gangarten mit fortlaufenden Spurbildern und asymmetrische Gangarten mit gruppenbildenden Spurbildern.

SYMMETRISCHE GANGARTEN MIT FORTLAUFENDEN SPURBILDERN

Ein fortlaufendes Spurbild besteht aus zwei gleichartigen und gleichmäßigen Reihen aufeinanderfolgender Fußabdrücke. Die beiden Reihen sind in Bewegungsrichtung gegeneinander verschoben.

Gehen und Laufen

Beim Gehen oder Laufen werden beide Beine unabhängig voneinander bewegt. Im Wechsel wird zunächst der Fuß der einen und nachfolgend der Fuß der anderen Körperseite auf den Boden gesetzt. Die Länge der Zeit, in der sich jeder Fuß in der Luft befindet, ist dabei identisch, was zu gleichmäßigen Abständen zwischen den einzelnen Fußabdrücken führt. Während beim Gehen immerzu wenigstens ein Fuß Bodenkontakt behält, verlieren beim Laufen beide Füße vorübergehend den Kontakt zum Boden, sodass es zu einer Flugphase kommt. Die Schrittlänge nimmt in diesem Fall zu und die Spurbreite ab. Das Verhältnis zwischen Schrittlänge und Spurbreite sagt

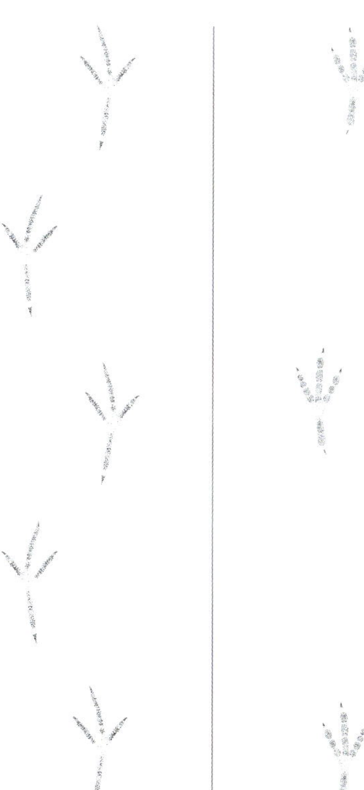

⌃ Im Gehen sind Schrittlängen eher kurz und Spurbreiten relativ hoch.

⌃ Im Laufen gibt es eine Flugphase, wodurch höhere Schrittlängen und schmalere Spurbreiten entstehen.

etwas über die Geschwindigkeit innerhalb einer Gangart, die Gangart selbst (Gehen oder Laufen) und über die Vogelart aus. Kurze Schrittlängen mit verhältnismäßig großen Spurbreiten stammen in der Regel von Vögeln mit kürzeren Beinen und gedrungenem Körperbau (zum Beispiel Tauben). Große Schrittlängen mit verhältnismäßig geringen Spurbreiten stammen eher von Vögeln mit langen Beinen und schlankem Körper (zum Beispiel Kraniche). Sowohl Gehen als auch Laufen sind Gangarten, die häufig von Vögeln benutzt werden, die viel Zeit am Boden verbringen (zum Beispiel die Hühnervögel).

ASYMMETRISCHE GANGARTEN MIT GRUPPENBILDENDEN SPURBILDERN

Ein gruppenbildendes Spurbild besteht aus Zweiergruppen von Trittsiegeln, die sich aus den jeweiligen Fußabdrücken beider Körperseiten zusammensetzen.

Hüpfen

Beim Hüpfen stößt sich der Vogel mit beiden Beinen gleichzeitig vom Boden ab. Es kommt zu einer kurzen Flugphase, bevor er mit beiden Füßen gleichzeitig wieder auf dem Boden landet. Dadurch entsteht ein Spurbild, das sowohl aus nebeneinanderstehenden Fußpaaren eines linken und eines rechten Fußabdrucks als auch aus größeren Lücken zwischen aufeinanderfolgenden Fußpaaren in Bewegungsrichtung besteht. Bei schnellerem Hüpfen nimmt lediglich die Schrittlänge zu, die Spurbreite bleibt mehr oder weniger unverändert. Sperlingsvögel, die wenig Zeit am Boden verbringen, hüpfen für gewöhnlich.

Hüpf-Laufen

Im Unterschied zum Hüpfen bewegen sich beim Hüpf-Laufen die Beine zwischen den Flugphasen unabhängig voneinander und die Füße kommen zeitversetzt auf dem Boden auf. Das Spurbild zeigt aufeinanderfolgende Trittsiegelpaare mit je einem linken und rechten Fußabdruck, die hier vorwärts versetzt angeordnet sind. Zwischen aufeinanderfolgenden Trittsiegelpaaren ist ebenfalls eine größere Lücke sichtbar. Diese stammt von der Flugphase, die beginnt, nachdem der zuletzt aufgesetzte Fuß den Boden verlassen hat.

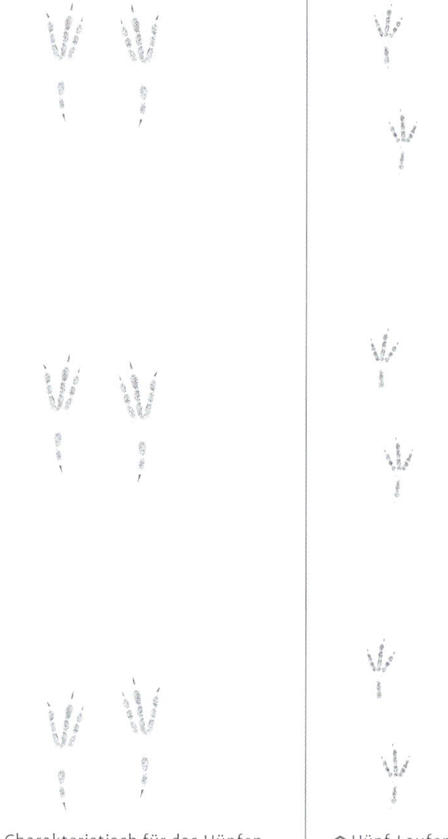

Charakteristisch für das Hüpfen sind die nebeneinanderstehenden Abdrücke beider Füße, gefolgt von einer Lücke und anschließend einem weiteren Paar Fußabdrücke.

Hüpf-Laufen.

SPURBILDER

Wie bei Säugetieren können die Ausrichtung einzelner Trittsiegel sowie das Aussehen und der Verlauf eines Spurbildes bei der Artbestimmung helfen. Die Fußabdrücke beispielsweise von Sperlingsvögeln stehen meist parallel zur Reiserichtung oder sind nur leicht einwärtsgekehrt. Die Trittsiegel von Enten, Gänsen und Tauben sind hingegen in der Regel deutlich nach innen gerichtet. Manche Schreitvogelarten können leicht nach außen gekehrte Fußabdrücke hinterlassen. Für Hühnervögel ist eine eher geradlinige Fortbewegung charakteristisch, während sich Bachstelzen oft in unregelmäßigen Zickzacklinien fortbewegen. Das Verhältnis zwischen Schrittlänge und Spurbreite kann ebenfalls ein wichtiger Hinweis für die Artbestimmung sein. Enten hinterlassen häufig ein charakteristisches Spurbild mit relativ kurzen Schrittlängen und hohen Spurbreiten. Bei Abflug und Landung können Marken der Schwingen und/oder des Schwanzes im Spurbild zu sehen sein. Die meisten Arten beginnen ihren Flug aus dem Stand heraus, eher selten wird ein Anlauf für den Abflug benötigt, wie wir es bei Kolkraben beobachten können.

VERMESSEN DER TRITTSIEGEL UND SPURBILDER

TRITTSIEGEL » Bei Trittsiegeln mit zuverlässig abgedrückter Hinterzehe wird die gesamte Länge des hintersten Punktes von Zehe 1 bis zum vordersten Punkt von Zehe 3 gemessen. Sichtbare Krallenabdrücke werden immer mitgemessen, da der Übergang von Zehen zu Krallen oft undeutlich oder überhaupt nicht zu erkennen ist. Bei Trittsiegeln mit einer reduzierten Hinterzehe, die sich unregelmäßig oder gar nicht abdrückt, wird die Länge ohne Zehe 1 gemessen. Die Breite messen wir an der breitesten Stelle eines Trittsiegels und im rechten Winkel zur Länge.

SPURBILDER » Eine Schrittlänge wird von einem beliebigen Punkt eines Trittsiegels bis zum selben Punkt des nächsten Abdrucks desselben Fußes gemessen. Das Maß kann dabei von Krallenspitze zu Krallenspitze oder auch von Metatarsalballen zu Metatarsalballen genommen werden. Entscheidend sind die deutliche Erkennbarkeit und ein konstantes Vorgehen. Die Spurbreite wird an der breitesten Stelle von der Außenkante des Trittsiegels einer Körperseite zu der Außenkante des Trittsiegels der anderen Körperseite und im rechten Winkel zur Schrittlänge gemessen.

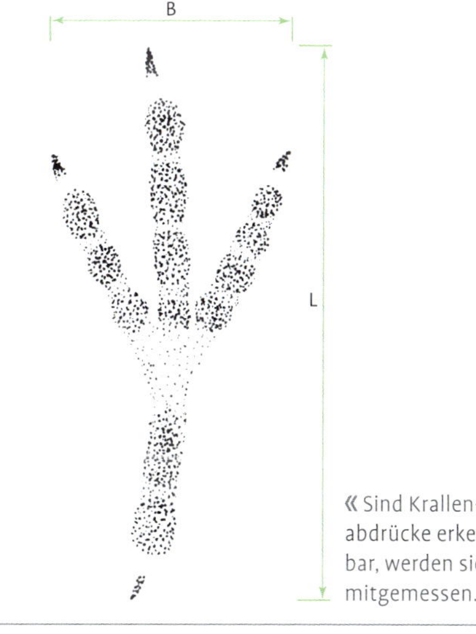

« Sind Krallenabdrücke erkennbar, werden sie mitgemessen.

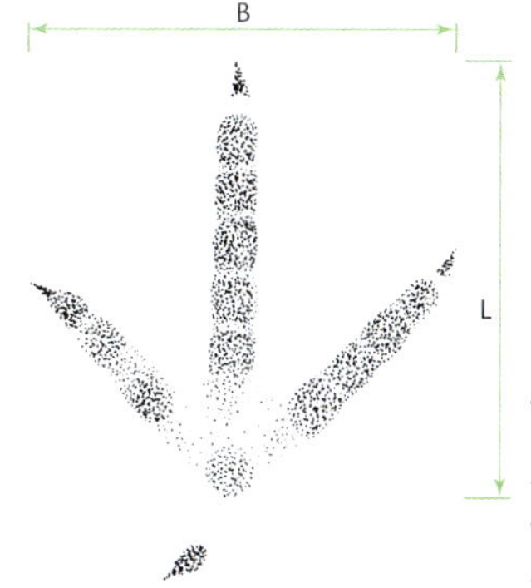

« Bei unregelmäßig abgedrückter oder fehlender Hinterzehe wird die Länge ohne Zehe 1 gemessen.

BESTIMMUNGSHILFE FÜR TRITTSIEGEL VON VÖGELN

Die vorgestellten Vogelfußabdrücke sind nach den oben beschriebenen fünf Grundformen geordnet. Innerhalb dieser Kategorien sind die beschriebenen Arten in ihren Familien zusammengefasst und von klein nach groß sortiert. Alle Trittsiegelzeichnungen sind lebensgroß abgebildet.

KLASSISCHER VOGELFUßABDRUCK, ANISODAKTYLEN

Zaunkönig, *Troglodytes troglodytes*, S. 647

Haussperling, *Passer domesticus*, S. 649

Amsel, *Turdus merula*, S. 648

Türkentaube, *Streptopelia decaocto*, S. 641

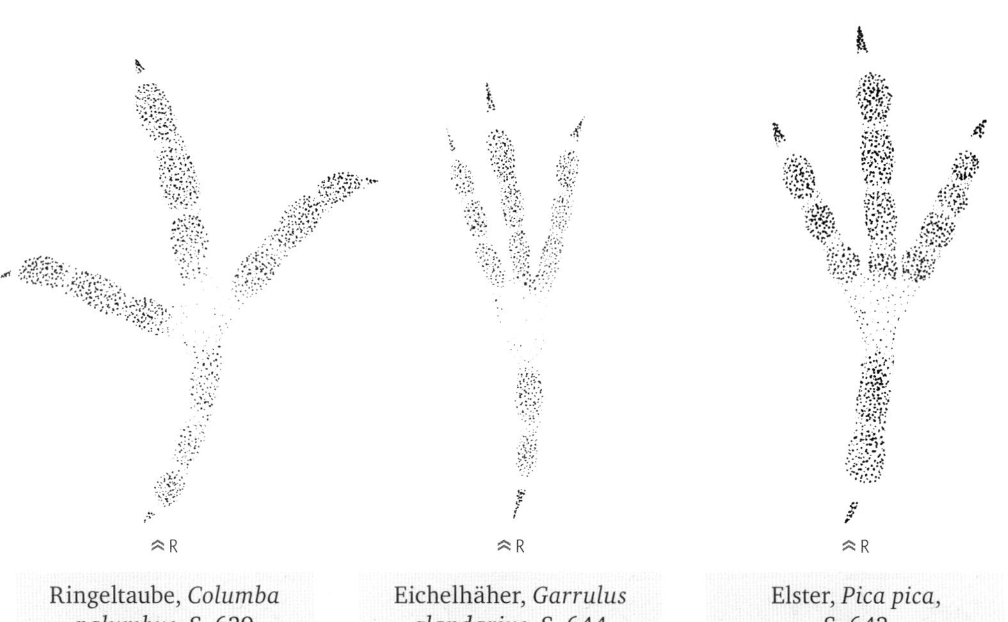

Ringeltaube, *Columba palumbus*, S. 639

Eichelhäher, *Garrulus glandarius*, S. 644

Elster, *Pica pica*, S. 643

R

Saatkrähe, *Corvus frugilegus*, S. 645

R

Kolkrabe, *Corvus corax*, S. 646

≈R

Löffler, *Platalea leucorodia*, S. 635

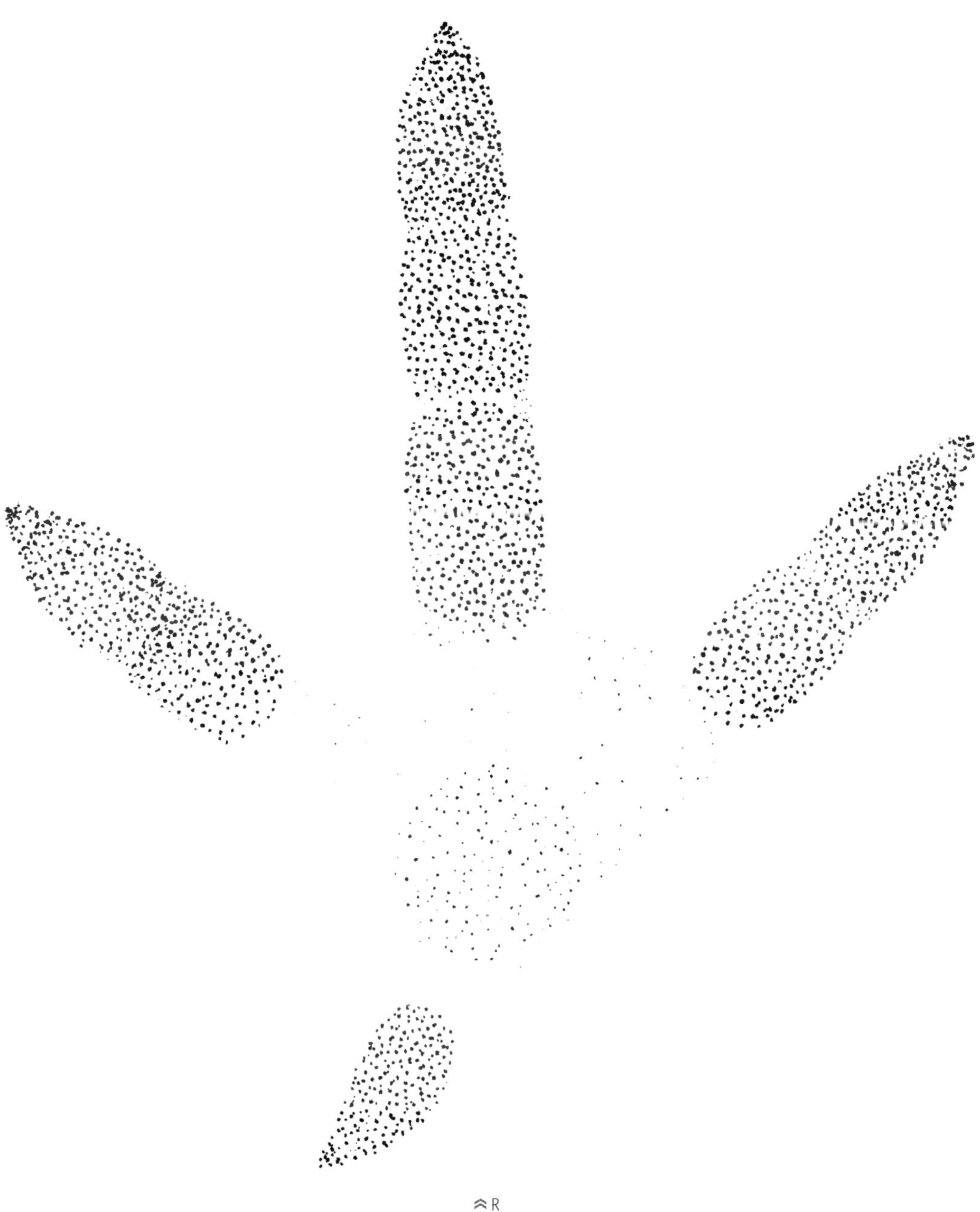

Weißstorch, *Ciconia ciconia*, S. 634

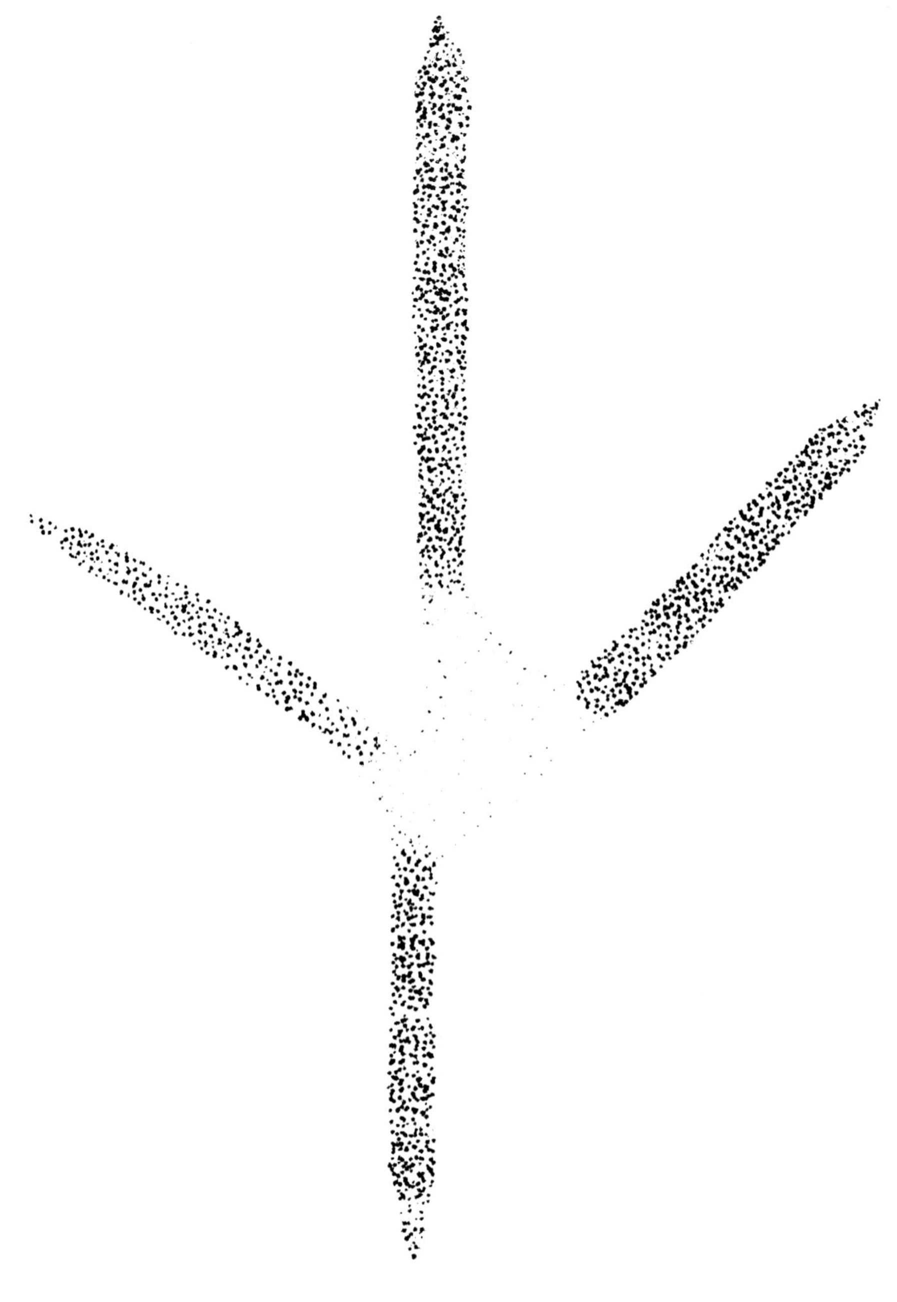

≈ R

Graureiher, *Ardea cinerea*, S. 633

Mäusebussard, *Buteo buteo,* S. 637

Seeadler, *Haliaeetus albicilla,* S. 638

KLASSISCHER VOGELFUßABDRUCK MIT REDUZIERTER ODER FEHLENDER HINTERZEHE, TRIDAKTYLEN

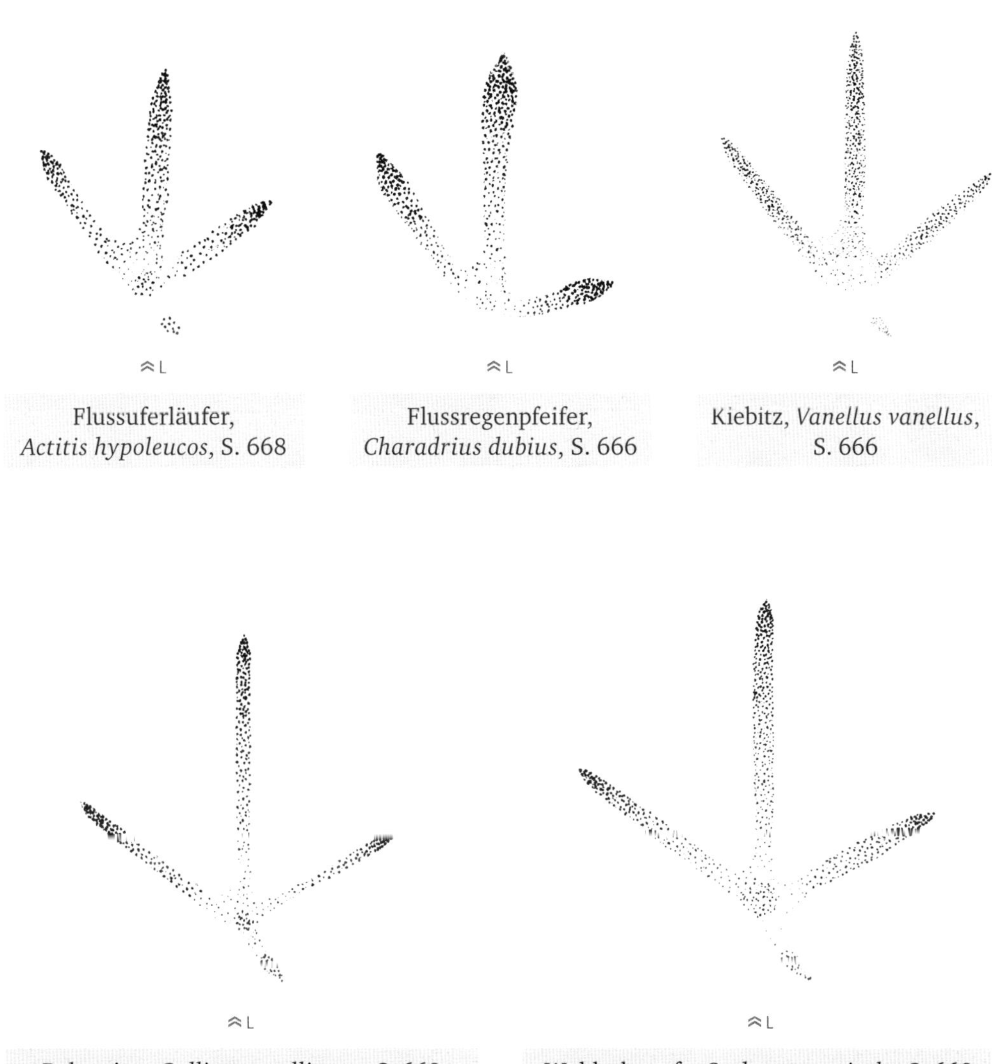

Flussuferläufer, *Actitis hypoleucos*, S. 668

Flussregenpfeifer, *Charadrius dubius*, S. 666

Kiebitz, *Vanellus vanellus*, S. 666

Bekassine, *Gallinago gallinago*, S. 669

Waldschnepfe, *Scolopax rusticola*, S. 668

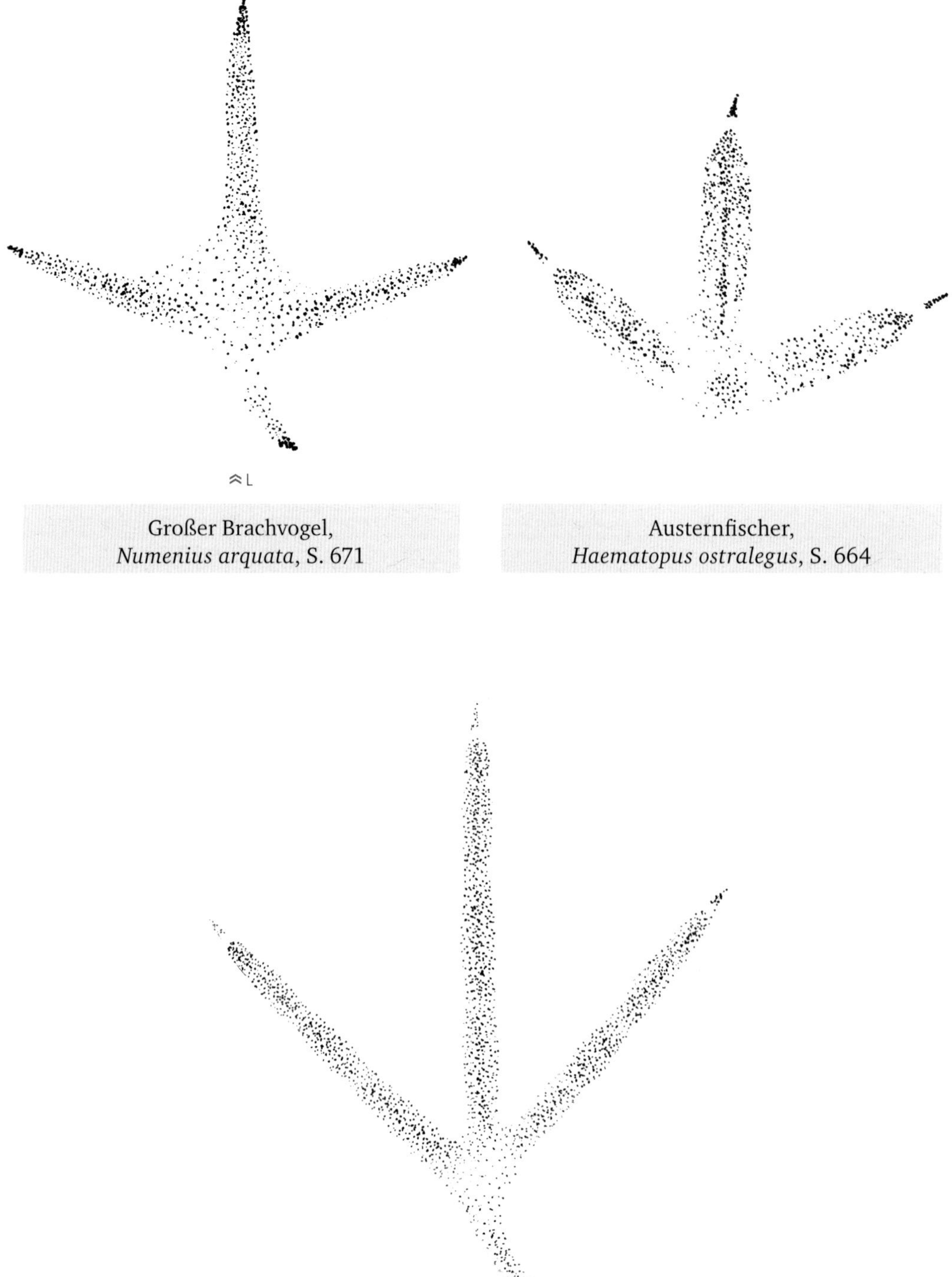

Großer Brachvogel, *Numenius arquata*, S. 671

Austernfischer, *Haematopus ostralegus*, S. 664

Teichhuhn, *Gallinula chloropus*, S. 659

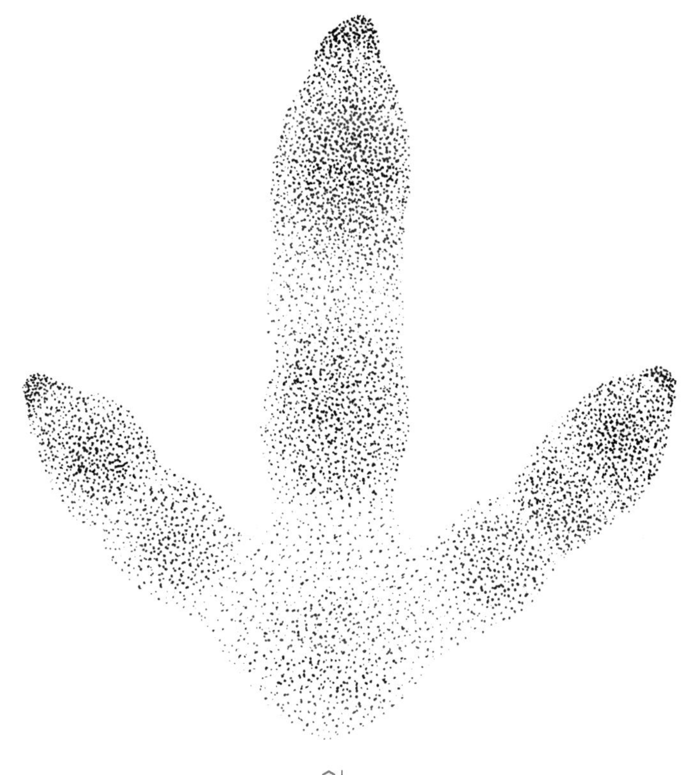

Großtrappe, *Otis tarda*, S. 662

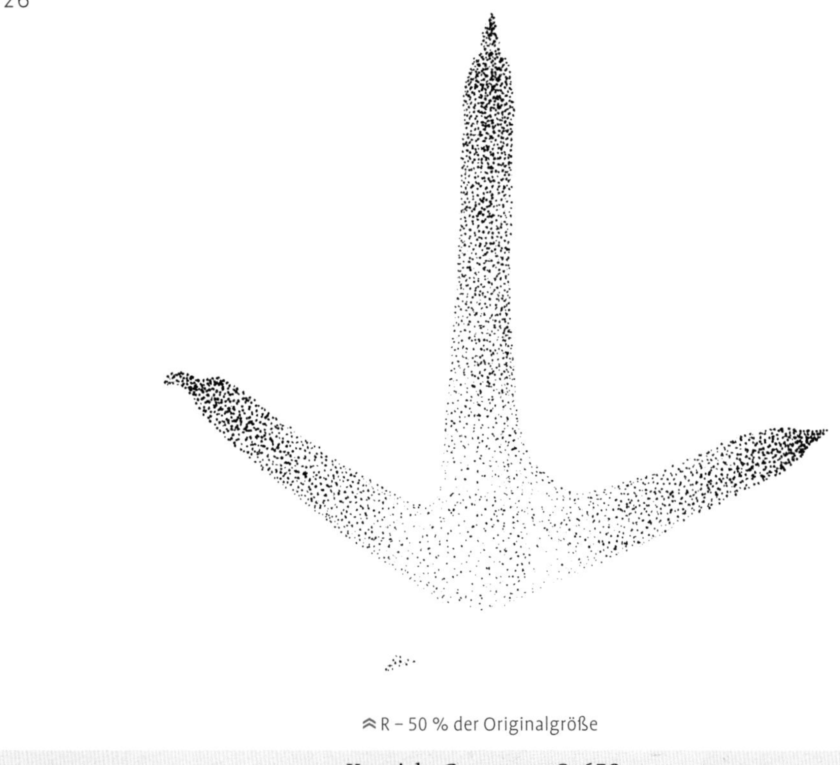

≈R – 50 % der Originalgröße

Kranich, *Grus grus*, S. 658

VOGELFUẞABDRUCK MIT SCHWIMMHÄUTEN ZWISCHEN ZEHEN 2–4, PALMATEN

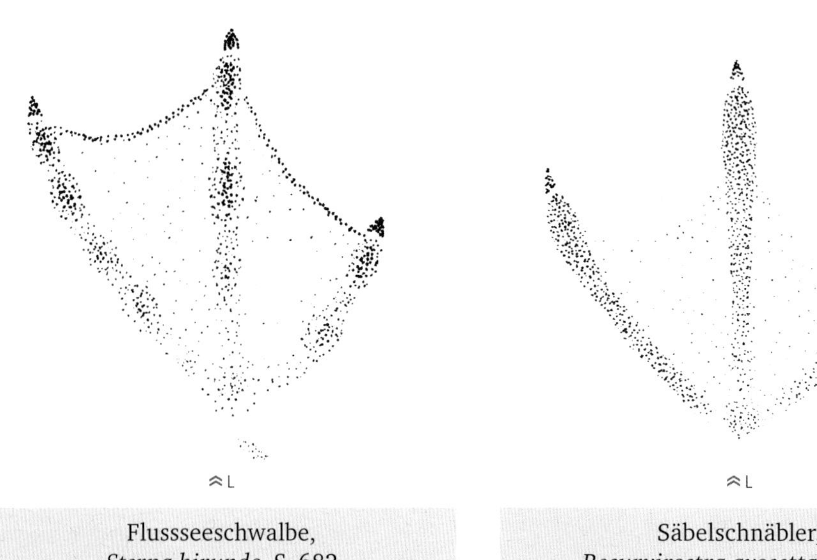

≈L

Flussseeschwalbe, *Sterna hirundo*, S. 682

≈L

Säbelschnäbler, *Recurvirostra avosetta*, S. 665

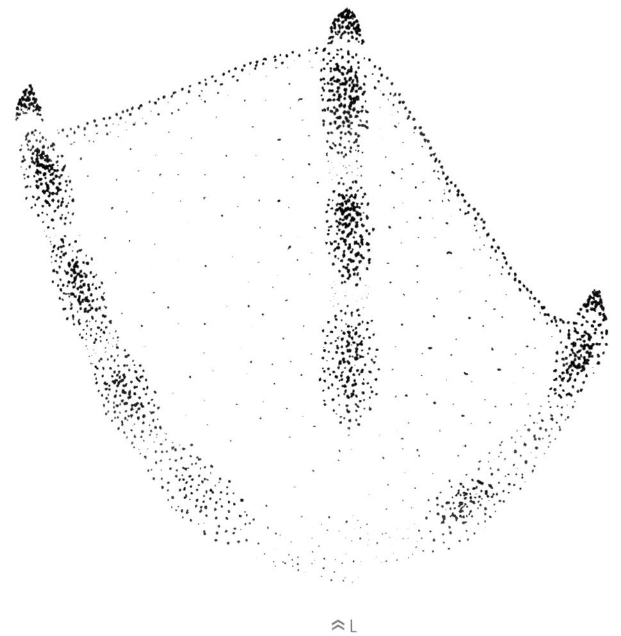

Mantelmöwe, *Larus marinus*, S. 680

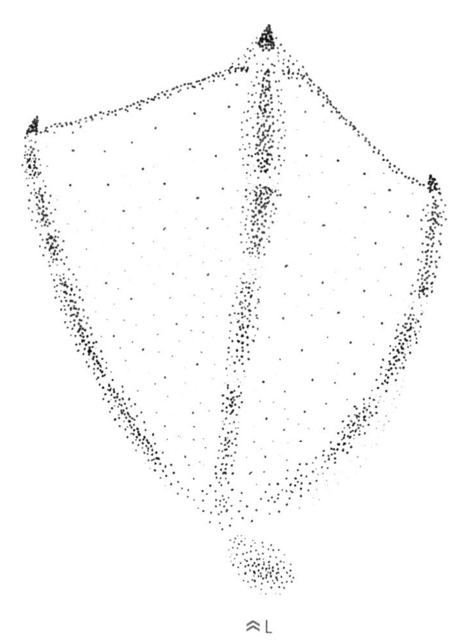

Gänsesäger, *Mergus merganser*, S. 679

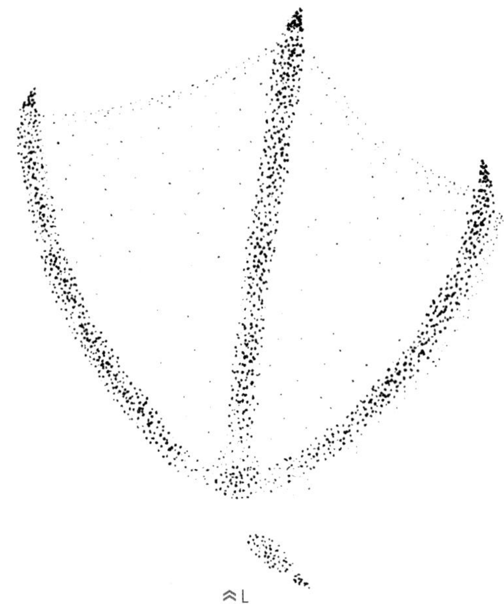

Stockente, *Anas platyrhynchos*, S. 674

Graugans, *Anser anser*, S. 676

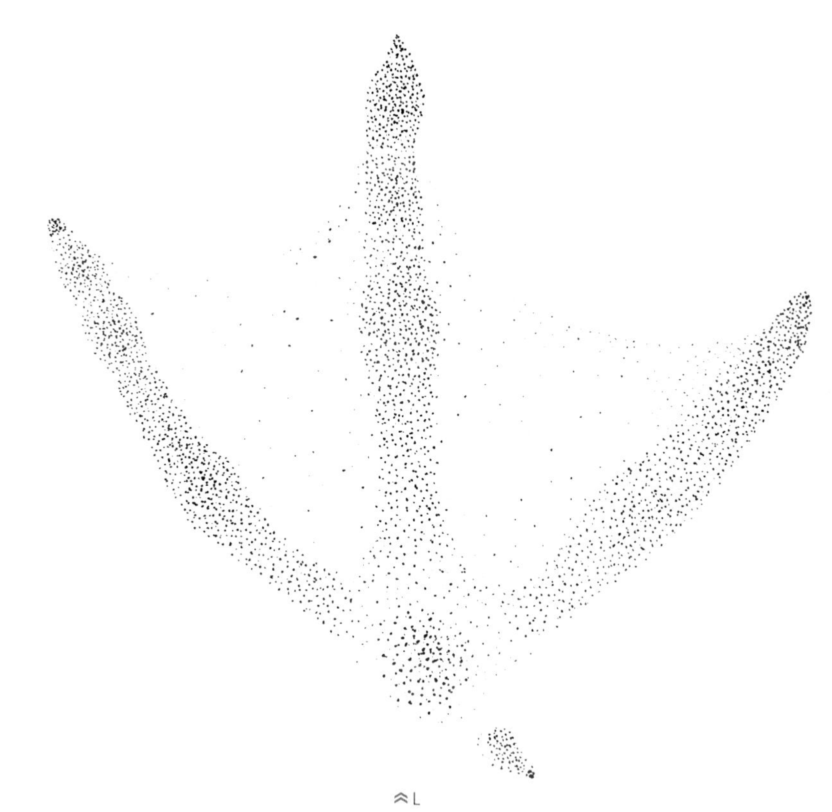

Rosaflamingo, *Phoenicopterus roseus*, S. 672

VOGELFUẞABDRUCK MIT SCHWIMMHÄUTEN ZWISCHEN ZEHEN 1–4, TOTIPALMATEN

≈L

Kormoran, *Phalacrocorax carbo*, S. 683

ZYGODAKTYLER VOGELFUẞABDRUCK, ZYGODAKTYLEN

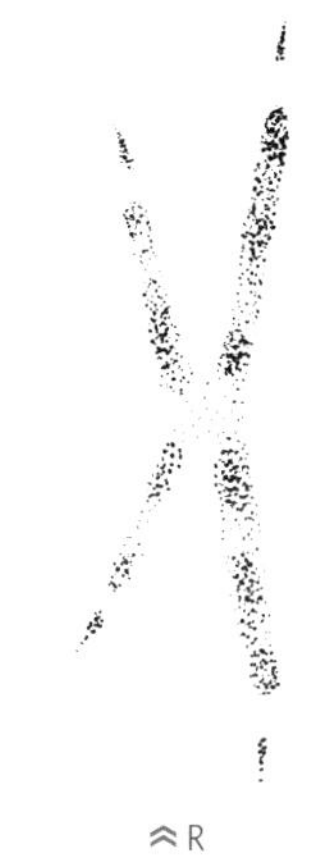

Buntspecht, *Dendrocopos major*, S. 687

Waldkauz, *Strix aluco*, S. 685

ANISODAKTYLEN

KLASSISCHER VOGELFUßABDRUCK

Die hier behandelten Familien umfassen Reiher, Störche, Ibisse und Löffler, Habichtartige, Tauben, Rabenvögel, Zaunkönige, Drosseln, Sperlinge und Finken.

Reiher

TRITTSIEGEL DER REIHER

Asymmetrisch. Schlanke, längliche Zehen, die gleichmäßig breit bleiben. Reiher (Ardeidae) haben eine lange, gerade Hinterzehe, die fast immer erkennbar und nach innen versetzt ist. Zehe 1 dient bei Reihertrittsiegeln als wichtiges Bestimmungskriterium und verleiht ihnen das charakteristische Aussehen. In deutlichen Abdrücken kann eine kleine, proximale Schwimmhaut zwischen Zehen 3 und 4 erkannt werden. Die Metatarsalregion ist relativ klein. Sehr kurze, stumpfe Krallen direkt vor den Zehen. Die Größe ist das einzige verlässliche, bekannte Unterscheidungsmerkmal, um verschiedene Arten wie Grau-, Seiden-, und Silberreiher voneinander zu unterscheiden. Der Seidenreiher ist deutlich kleiner als seine beiden Verwandten. Obwohl der Silberreiher ein schmaleres Trittsiegel mit schlankeren Zehen hinterlässt, kann er daran nicht immer vom Graureiher unterschieden werden. Da Reiher sich gerne auf feuchten, schlammigen Böden aufhalten, können diese Details verloren gehen oder eine schlanke Zehe kann kräftiger wirken.

GRAUREIHER

Ardea cinerea

TRITTSIEGEL

» **L** 13–18,5 cm » **B** 8–9,5 cm

GANGARTEN

Gehen und Laufen mit sehr geringer Spurbreite.

Gehen
Schrittlänge: 40–65 cm

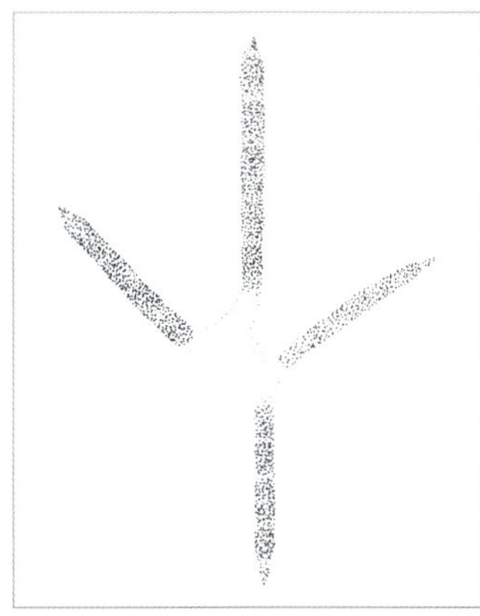

« Links.

Fährte eines Graureihers. Biosphärenregion Elbtalaue-Wendland, Deutschland. »

Fußabdruck eines Graureihers. Die nach innen versetzte Hinterzehe verrät, um welchen Fuß es sich handelt. Kreba-Neudorf, Deutschland.

Im Gegensatz dazu der feinere Fußabdruck eines Silberreihers. Lausitz, Deutschland.

Störche

Stellvertretend für die Familie der Störche (Ciconiidae) werden hier der Weiß- und der Schwarzstorch beschrieben. Ihre Spuren finden wir in der Nähe von Binnengewässern, an Ufern von Stauseen oder auf Mülldeponien, wo die Tiere nach Nahrung suchen.

WEIẞSTORCH

Ciconia ciconia

TRITTSIEGEL

» **L** 13–15,5 cm » **B** 11–13 cm

Asymmetrisch. Kräftige Zehen mit kurzen, stumpfen Krallen direkt vor den Zehen. Zehe 2 erscheint im Trittsiegel oft etwas kürzer als Zehe 4. In deutlichen Abdrücken kann eine proximale Schwimmhaut zwischen Zehen 3 und 4 erkennbar sein, die Schwimmhaut zwischen Zehen 2 und 3 ist schwach entwickelt und in der Regel im Abdruck nicht zu erkennen. Der Schwarzstorch verbringt mehr Zeit im Wasser, seine proximalen Schwimmhäute zwischen Zehen 3 und 4 sind etwas stärker ausgeprägt, außerdem kann die schwach entwickelte, proximale Schwimmhaut zwischen Zehen 2 und 3 gelegentlich erkennbar sein. Der kräftige Metatarsalballen ist nur bei tiefen Abdrücken zu erkennen. Die Krallen sind kurz, breit und in der Regel nicht abgedrückt. Zehe 1 ist reduziert, stumpf und nur unzuverlässig erkennbar. Die Trittsiegel können mit denen der Reiher verwechselt werden. Deren Hinterzehe ist jedoch länger und die Zehen der Störche sind deutlich breiter.

Rechts

Rechts. Nationalpark Coto de Doñana, Spanien.

GANGARTEN

Gehen und Laufen. Bewegt sich vertraut am Boden.

Gehen
Schrittlänge: 18–48 cm

Laufen
Schrittlänge: über 150 cm

Daten überwiegend vom Weißstorch, Schwarzstorchmaße sind vergleichbar.

Ibisse und Löffler

Europas bekanntester Vertreter dieser Familie (Threskiornithidae) ist der Löffler. Seine Spuren sind in der Nähe von Flachgewässern wie Sümpfen und an schlammigen Ufern mit Schilfbestand zu finden.

LÖFFLER
Platalea leucorodia

TRITTSIEGEL

» **L** 12,5–15 cm » **B** 10–11,5 cm
Asymmetrisch. Schlanke, längliche Zehen, die sich gleichmäßig breit abdrücken. Löffler haben eine nahezu gerade Hinterzehe, die fast immer erkennbar ist und auf einer Linie mit Zehe 3 steht. In deutlichen Abdrücken können eine proximale Schwimmhaut zwischen Zehen 2 und 3 sowie eine mediale Schwimmhaut zwischen Zehen 3 und 4 erkannt werden. Zehe 4 ist länger als Zehe 2. Die Metatarsalregion ist relativ klein. Scharfe Krallen direkt vor den Zehen, die im Verhältnis deutlich länger als die Krallen der Störche sind.

GANGARTEN

Gehen und Laufen mit geringer Spurbreite.

Gehen
Schrittlänge: 42–56 cm

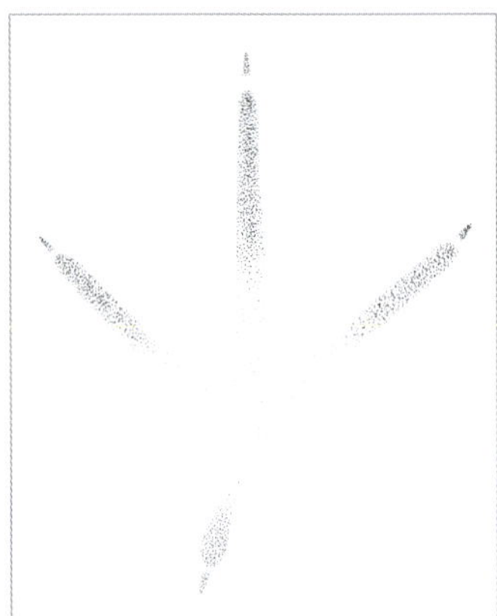

≈ Löffler, rechts.

≈ Rechts. Die beiden Schwimmhäute zwischen den vorwärts gerichteten Zehen sind ein deutlicher Unterschied zu Reihertrittsiegeln.
Vledder, Niederlande. René Nauta.

Habichtartige

TRITTSIEGEL DER HABICHTARTIGEN

Leicht asymmetrisch. Die Habichtartigen (Accipitridae) haben kräftige Zehen mit deutlich erkennbaren Phalangial- und Interphalangialballen. Reiherzehen sind im Vergleich deutlich schlanker und die Phalangialballen weniger robust. Im Gegensatz zu Reihern fehlen Schwimmhäute und alle Zehen laufen am Metatarsalballen zusammen. Die Metatarsalregion kann abgedrückt oder gar nicht zu erkennen sein. Lange, kräftige, scharfe Krallen, die abgesetzt und in der Regel deutlich zu erkennen sind.

GANGARTEN DER HABICHTARTIGEN

Im Gehen ist die Schrittlänge deutlich kürzer als bei vergleichbar großen Reihern. Zudem verbringen Habichtartige weniger Zeit am Boden, sodass lange, zusammenhängende Schrittfolgen eine Seltenheit sind. Wenn sich Habichtartige am Boden aufhalten, dann meist aufgrund eines Tierkadavers oder einer anderen Nahrungsquelle.

MÄUSEBUSSARD

Buteo buteo

TRITTSIEGEL

» **L** 7,5–9,2 cm » **B** 4,8–7 cm

Leicht asymmetrisch. Kräftige Zehenballen. Zehe 1 ist meist deutlich abgedrückt. Zehe 2 und 4 sind gleich lang, Zehe 2 ist jedoch breiter als Zehe 4. Die Winkel der Außenzehen sind gewöhnlich kleiner als bei Milanen (*Milvus*) oder Weihen (*Circus*), können jedoch stark spreizen und dann selbst mit Kolkrabentrittsiegeln verwechselt werden. Die kräftigen Krallen sind oft unterschiedlich lang, in der Regel deutlich zu erkennen und können sowohl abgesetzt als auch durchgehend erscheinen. Die Metatarsalregion ist meist schwach oder gar nicht zu erkennen.

GANGARTEN

Gehen

Schrittlänge: 23–29 cm

≈ Rechts. Vledder, Niederlande. René Nauta.

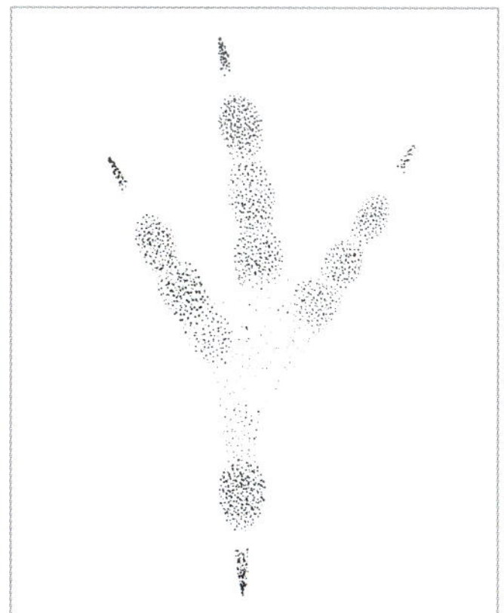

≈ Rechts.

≈ Rechts. Welzow, Deutschland. Markus von Hacht.

SEEADLER

Haliaeetus albicilla

TRITTSIEGEL

» **L** 15–18,5 cm
» **B** 9–13 cm

GANGARTEN

Gehen
Schrittlänge: 35–50 cm

Rechts. ≫

≪ Rechter Fußabdruck eines Seeadlers. Ein beeindruckender und seltener Fund. Drehna Teichlandschaft, Deutschland.

Tauben

Tauben (Columbidae) hinterlassen viele Fußspuren, die aufgrund ihrer charakteristischen Erscheinung leicht zu erkennen sind.

TRITTSIEGEL DER TAUBEN

Asymmetrisch. Die Phalangial- und Interphalangialballen sind meist deutlich erkennbar. Ein markantes Merkmal von Taubentrittsiegeln ist ihre geschwungen wirkende Form. Zehe 1 ist nach innen gerichtet. Zehen 2 und 4 stehen weit auseinander und sind leicht nach hinten gekrümmt. Die Metatarsalregion ist in der Regel abgedrückt. Die Krallen sind abgesetzt und eher kräftig.

⮝ Haustaube, links.
Vledder, Niederlande. René Nauta.

GANGARTEN DER TAUBEN

Überwiegend Gehen oder Hüpfen. Gehend ist die Schrittlänge relativ kurz und die Spurbreite verhältnismäßig groß. Die Trittsiegel stehen oft leicht einwärtsgekehrt, sodass ein charakteristisches Spurbild entsteht.

RINGELTAUBE

Columba palumbus

TRITTSIEGEL

» **L** 5,8–7,4 cm » **B** 3,9–5 cm
Asymmetrisch. Kräftigstes Taubentrittsiegel mit breiten Zehen und kräftigen Zehenballen. Zehe 1 ist nach innen gerichtet. Zehen 2 und 4 stehen weit auseinander und sind leicht nach hinten gekrümmt. Die Metatarsalregion ist kräftig und in der Regel abgedrückt. Ist sie nicht erkennbar, kann das Trittsiegel an das eines Bodenvogels erinnern. Stumpfe, abgesetzte Krallen.

GANGARTEN

Überwiegend Gehen, meist mit auffallend großer Spurbreite und einwärtsgekehrten Trittsiegeln.

Gehen

Schrittlänge: 6–13 cm

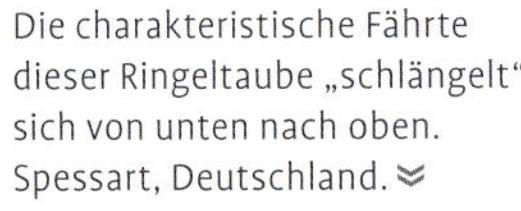

Die charakteristische Fährte dieser Ringeltaube „schlängelt" sich von unten nach oben. Spessart, Deutschland.

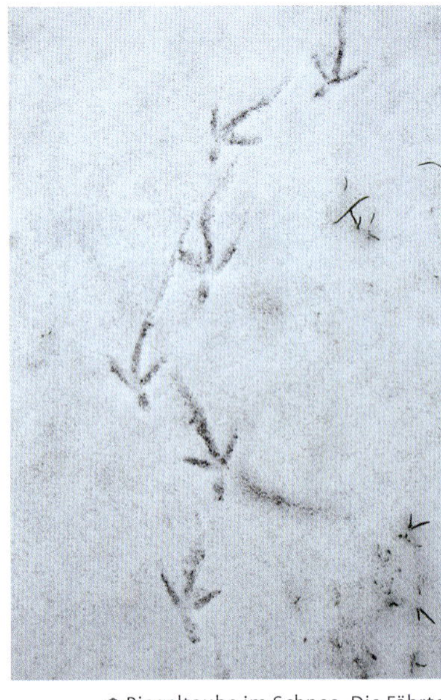

Ringeltaube im Schnee. Die Fährte verläuft von unten nach oben. Märkische Schweiz, Deutschland.

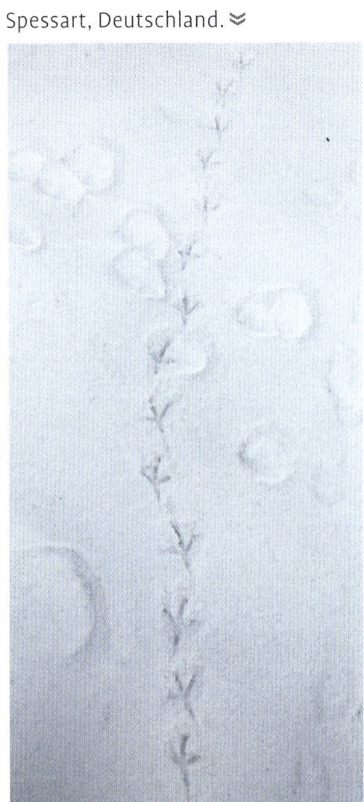

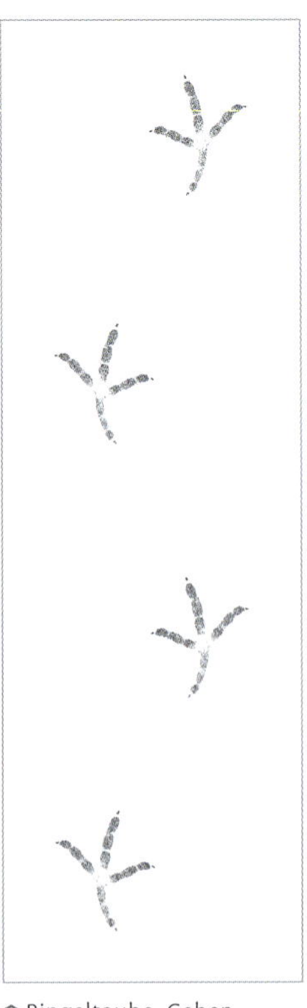

Ringeltaube, Gehen.

TAUBENARTEN AM TRITTSIEGEL UNTERSCHEIDEN

Die Ringeltaube ist unsere größte Taube. Die Trittsiegel der Hohltaube sind etwas kleiner. In beiden Trittsiegeln wirken die Zehen robust und die Zehenballen kräftig. Die Zehen der Türken- und der Turteltaube sind im Vergleich dazu deutlich feiner und gerader. Am kleinsten sind die Trittsiegel der Turteltaube, die auch die schlanksten, geradesten Zehen aufweist. Das Trittsiegel der Türkentaube wirkt ebenfalls feiner als das der Ringeltaube, ist aber kräftiger und größer als das der Turteltaube.

	TRITTSIEGEL	SCHRITTLÄNGE
Ringeltaube	» **L** 5,8–7,4 cm » **B** 3,9–5 cm	Gehen: 6–13 cm
Hohltaube	» **L** 4,5–5,8 cm » **B** 3,5–4,2 cm	
Türkentaube	» **L** 4,4–5,4 cm » **B** 3–3,8 cm	
Turteltaube	» **L** 3,5–4,7 cm » **B** 2,4–2,8 cm	

Ringeltaube,
links. ≽

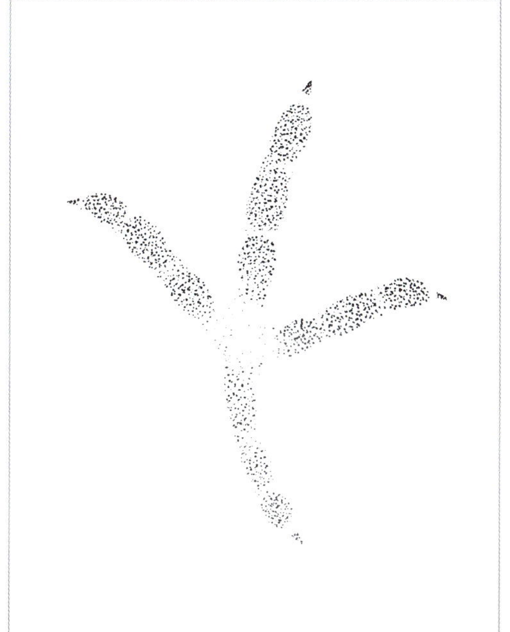

Türkentaube,
links. ≽

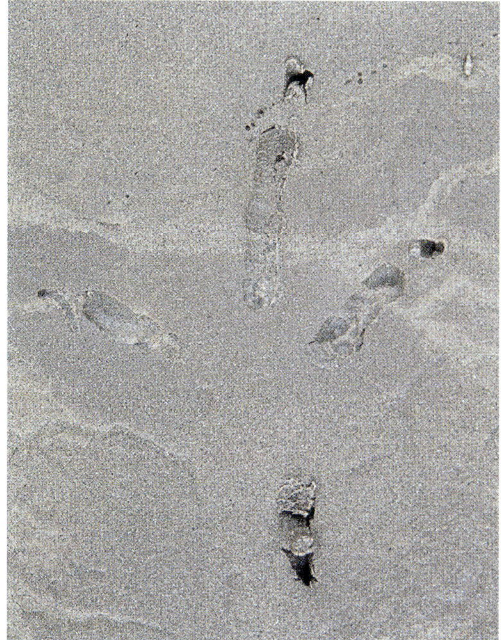

≼ Ringeltaube, links. Taubenfüße hinterlassen in der Regel sehr charakteristische Trittsiegel. Spessart, Deutschland.

≼ Die Zehenabdrücke der Türkentaube sind deutlich schmaler und feiner als die der größeren Ringeltaube. Nationalpark Coto de Doñana, Spanien.

Rabenvögel

Die auffälligen Rabenvögel (Corvidae) hinterlassen viele Fußspuren. Ihre charakteristischen Trittsiegel sind in der Regel leicht dieser Familie zuzuordnen.

TRITTSIEGEL DER RABENVÖGEL

Fast symmetrisch. Kräftige Zehenballen, die Phalangial- und Interphalangialballen sind meistens deutlich erkennbar. Ein markantes Bestimmungskriterium für Rabenvögel ist der geringe Zehenwinkelabstand zwischen Zehen 2 und 3. Sie stehen deutlich näher zusammen als Zehen 3 und 4, sodass ein charakteristisches Erscheinungsbild entsteht (englisch *hugging toe*), bei dem der Abdruck nicht eindeutig symmetrisch erscheint. Die Metatarsalregion ist klein und eher undeutlich zu erkennen. Kleine, spitze, abgesetzte Krallen. Die Kralle der Hinterzehe ist deutlich länger. Die kleinsten Rabenvogeltrittsiegel stammen von der Dohle, die größten vom Kolkraben.

Von links nach rechts jeweils der rechte Fußabdruck von Kolkrabe, Saatkrähe, Elster und Eichelhäher im Größenvergleich. Aaron Tiedemann, Deutschland. ≫

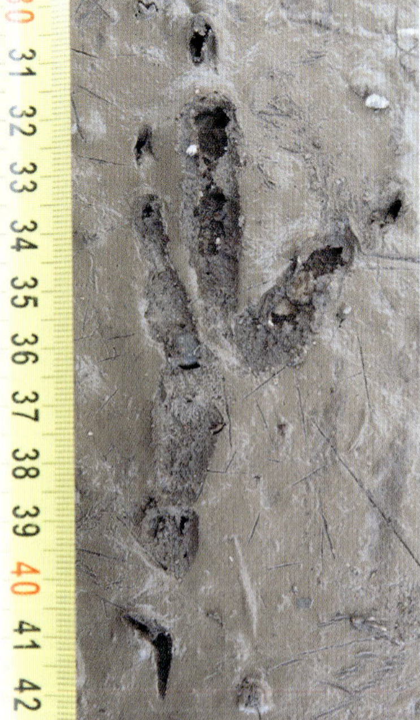

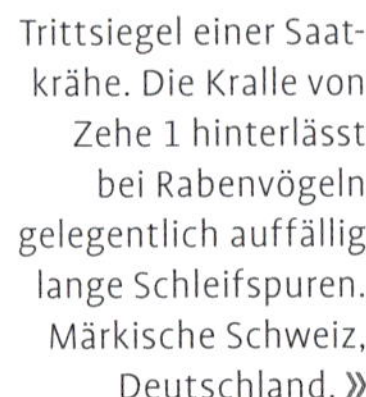

Trittsiegel einer Saatkrähe. Die Kralle von Zehe 1 hinterlässt bei Rabenvögeln gelegentlich auffällig lange Schleifspuren. Märkische Schweiz, Deutschland. »

GANGARTEN DER RABENVÖGEL

Überwiegend Gehen oder Hüpfen, häufig auch im Hüpf-Lauf. Bei tiefen, weichen Böden ist oft ein Abdruck der langen Kralle am Hallux erkennbar. Diese kann über den Boden streifen und dadurch eine auffällig lange Schleifspur hinterlassen.

ELSTER

Pica pica

TRITTSIEGEL

» **L** 5,8–7,5 cm
» **B** 2,6–3,5 cm

Typischer Rabenvogelfußabdruck. Für die Größe des Vogels ein verhältnismäßig kleiner Fuß mit auffällig kräftigen Zehen. Diese stellen ein wesentliches Unterscheidungsmerkmal zum Eichelhäher dar. Der Zehenwinkelabstand zwischen Zehen 2 und 3 ist tendenziell etwas größer als bei Hähern oder Dohlen ⓐ.

GANGARTEN

Halten sich viel am Boden auf und sind damit vertraut. Gehen, Laufen und Hüpf-Laufen sind häufig.

Gehen
Schrittlänge: 15–23 cm

Hüpf-Lauf. »

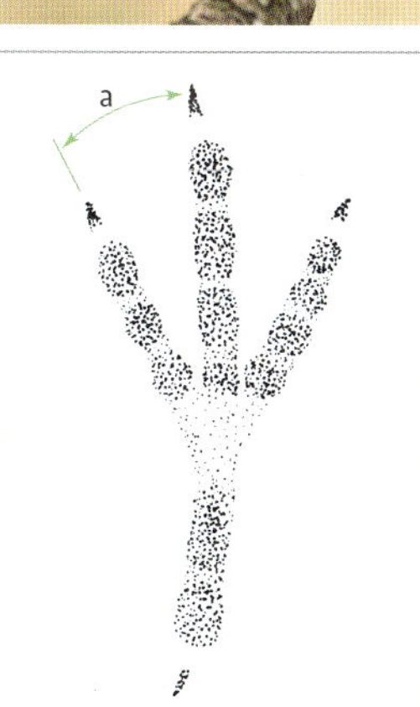

« Rechtes Trittsiegel einer Elster.

EICHELHÄHER

Garrulus glandarius

TRITTSIEGEL

» **L** 4,3–6,2 cm » **B** 1,5–2,5 cm
Typischer Rabenvogelfußabdruck, jedoch mit verhältnismäßig feinen Zehen. Trittsiegel insgesamt eher klein im Verhältnis zur Größe des Vogels. Der Winkel zwischen Zehen 2 und 4 ist gering, wodurch das Trittsiegel im Vergleich zu dem der Elster auffallend schmal ist ⓐ. Kann bisher nicht von anderen Hähern unterschieden werden.

GANGARTEN

Überwiegend hüpfend.

Hüpfen.

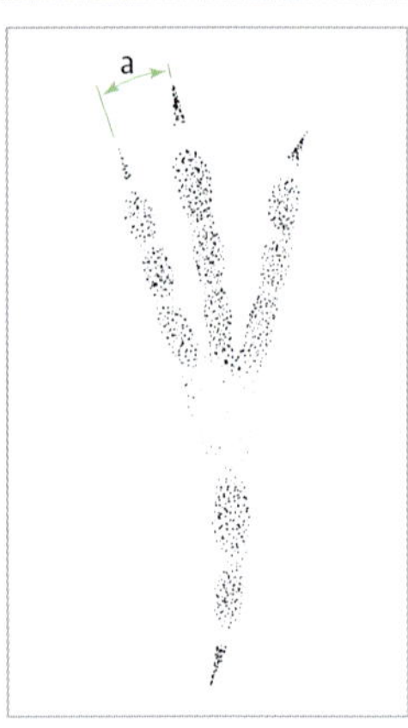

Rechts.

DOHLE, AASKRÄHE (RABEN- UND NEBELKRÄHE), SAATKRÄHE

Coloeus monedula, Corvus corone, Corvus frugilegus

TRITTSIEGEL

Aaskrähe, Saatkrähe
» **L** 6,8–8,9 cm » **B** 2,9–4,1 cm

Dohle
Maße mit denen des Eichelhähers vergleichbar.

Typischer Rabenvogelfußabdruck. Mit Ausnahme der Dohle größer als Elstern und kleiner als Kolkraben. Untereinander ist nur die deutlich kleinere Dohle unterscheidbar.

GANGARTEN

Überwiegend Gehen, Hüpfen und Hüpf-Laufen.

Gehen Aaskrähe, Saatkrähe
Schrittlänge: 21–41 cm

Hüpfen Aaskrähe, Saatkrähe
Schrittlänge: 30–55 cm

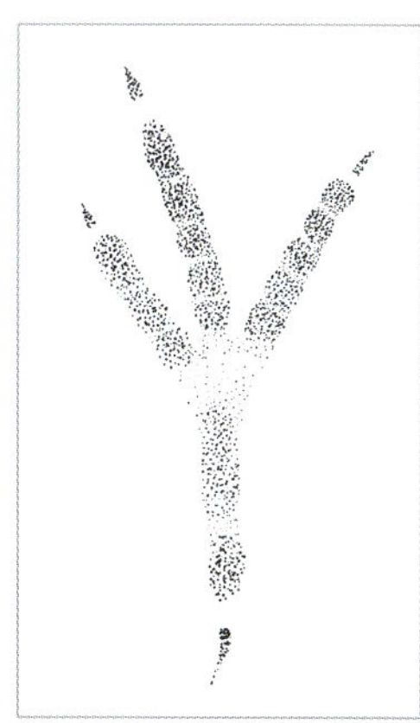

Saatkrähe, rechts. »

« Krähenfährte in Ufernähe. West Sussex, England.

KOLKRABE

Corvus corax

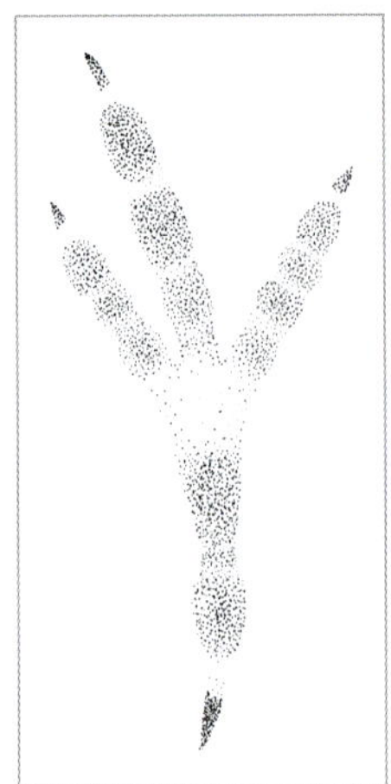

≈ Rechts.

TRITTSIEGEL

» **L** 9,4–13,5 cm » **B** 4,5–6,2 cm

Typischer Rabenvogelfußabdruck. Sehr groß mit kräftigen Zehen, die bei weichen Böden in der Regel tief abgedrückt werden. Die kräftigen Phalangial- und Interphalangialballen sind bei deutlichen Abdrücken klar zu erkennen. Als Unterscheidungsmerkmal zu Krähen ist die Größe eindeutig, da es keinen Überlappungsbereich gibt: Der kleinste Fußabdruck eines ausgewachsenen Kolkraben ist größer als der größte Fußabdruck einer ausgewachsenen Krähe. Selbst wenn die Länge nahezu gleich sein sollte, wirken die Trittsiegel des Kolkraben im Vergleich deutlich kräftiger.

GANGARTEN

Überwiegend Gehen, Hüpfen und Hüpf-Laufen.

Gehen
Schrittlänge: 27–50 cm

Hüpfen
Schrittlänge: etwa 50–70 cm

SPERLINGSVÖGEL

Die Mehrheit der kleinen Singvögel (Sperlingsvögel oder Passeriformes) wie Meisen (Paridae), Schnäpper (Petroicidae), Pieper und Stelzen (Motacillidae) lassen sich schwer oder gar nicht anhand ihrer Trittsiegel unterscheiden. Im Folgenden werden nur Arten vorgestellt, die zuverlässig zu bestimmen sind.

ZAUNKÖNIG

Troglodytes troglodytes

TRITTSIEGEL

» **L** 2–3,1 cm » **B** 0,9–1,1 cm
Symmetrisch. Fuß zierlich, jedoch im Verhältnis zur Körpergröße eher groß. Lange, schlanke Zehen. Zehe 1 wirkt im Vergleich mit ähnlich großen Vögeln überproportioniert. Zehen 1 und 3 sind leicht nach innen gebogen, wodurch eine Sichelform angedeutet wird. Die Metatarsalregion ist meist nur schwach abgedrückt oder nicht zu erkennen. Kurze, scharfe Krallenabdrücke direkt an den Zehen. Trittsiegel sind an Gewässerrändern mit bewaldeter Strauchschicht und unter Baumstämmen zu finden.

GANGARTEN

Hüpft normalerweise.

Hüpfen
Schrittlänge: 3,5–6 cm

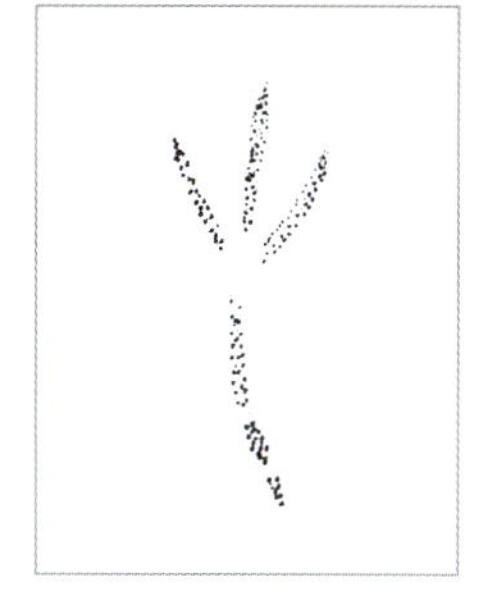

≈ Links.

AMSEL

Turdus merula

Die Amsel zählt zu den Drosseln (Turdidae) und hinterlässt eines der häufigsten Singvogeltrittsiegel Europas.

TRITTSIEGEL

» **L** 4,7–5,6 cm » **B** 2,2–2,9 cm

Fast symmetrisch. Schlanke, längliche Zehen. Zehe 1 ist gerade nach hinten gerichtet mit einem verhältnismäßig kräftigen, hinteren Phalangialballen, der meist deutlich abgedrückt wird. Zehe 1 und Zehe 3 sind an den Zehenspitzen etwas nach innen gebogen. Zusammen betrachtet kann eine leicht nach innen gekrümmte, schmale Sichel angedeutet sein. Zehen 2 und 4 sind an den Spitzen leicht nach hinten gebogen. Die Metatarsalregion ist in der Regel nur schwach abgedrückt. Sehr kleine Krallen, die sich direkt an den Zehen befinden. Die Kralle der Hinterzehe ist abgesetzt und länger.

Laufen. ≫

Rechts. ≫

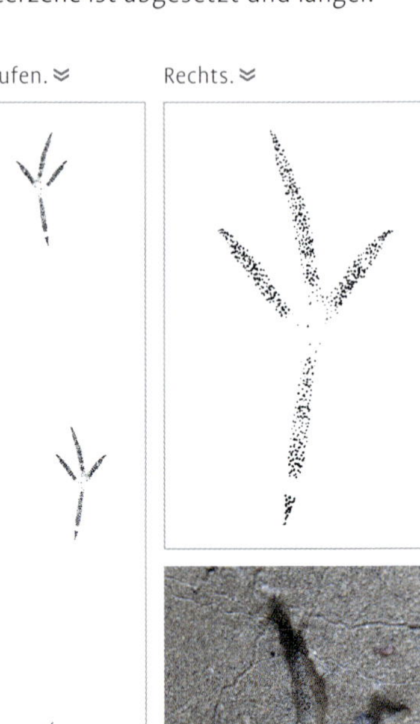

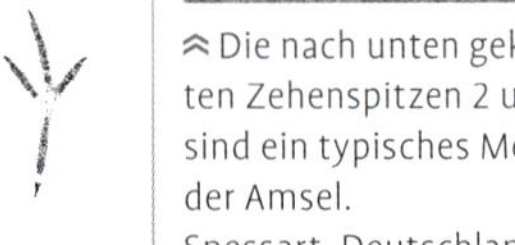

≪ Die nach unten gekehrten Zehenspitzen 2 und 4 sind ein typisches Merkmal der Amsel.
Spessart, Deutschland.

GANGARTEN

Überwiegend Laufen.

Schrittlänge: 6–10 cm

STAR

Sturnus vulgaris

TRITTSIEGEL

» **L** 4,9–5,1 cm » **B** 2,5 cm
Symmetrisch. Etwa amselgroß. Zehe 3 ist an der Metatarsalregion etwas zu Zehe 4 hin versetzt, statt mittig zu stehen. Nach der Brutzeit ziehen oft riesige Schwärme zur Nahrungssuche auf Felder und Wiesen. Viele Trittsiegel derselben Art können deswegen ein weiterer Hinweis auf Stare sein.

« Rechts. Zehe 3 ist an der Metatarsalregion leicht zu Zehe 4 versetzt, was ein Unterscheidungskriterium zu Drosseln ist. Lausitz, Deutschland.

GANGARTEN

Überwiegend Gehen.

HAUSSPERLING

Passer domesticus

Die Fußabdrücke des Haussperlings finden wir vor allem an Rändern von Pfützen und Schlammflächen in Siedlungsnähe.

TRITTSIEGEL

» **L** 2,5–3,5 cm » **B** 1,2–1,5 cm
Symmetrisch. Schlanke, lange Zehen mit kurzen, unscheinbaren Krallen direkt vor den Zehen. Sehr schwer bis kaum von anderen Sperlingsvögeln ähnlicher Größe zu unterscheiden. Die Maße dienen eher als Anhaltspunkt für den Vergleich mit anderen Arten, die größer oder kleiner sind, als zur Unterscheidung von Sperlingsvögeln ähnlicher Größe (zum Beispiel Meisen).

GANGARTEN

Überwiegend Hüpfen. Obwohl Sperlinge viel Zeit am Boden verbringen, finden wir nur selten eine Fährte, da die Vögel sehr leicht sind.

Hüpfen
Schrittlänge: 5–11 cm

Haussperlinge bewegen sich überwiegend hüpfend fort. Nationalpark Coto de Doñana, Spanien. »

Haussperling rechts. ≽

Links und rechts. Nationalpark Coto de Doñana, Spanien. ≽

BUCHFINK

Fringilla coelebs

Da der Buchfink seine Nahrung überwiegend am Boden sucht, können wir seine Fußabdrücke auf geeigneten Böden recht häufig finden.

TRITTSIEGEL

» **L** 2,5–3,5 cm » **B** 1,2–1,5 cm
Symmetrisch. Schlanke, lange Zehen mit relativ langen, abgesetzten Krallen, die meist deutlich zu erkennen sind. Die Metatarsalregion ist in der Regel schwach bis kaum abgedrückt.

GANGARTEN

Überwiegend schnelles Gehen mit vereinzeltem Hüpfen.

Gehen

Schrittlänge: 3,5–6,5 cm

In Mittel- und Südeuropa können sich zuweilen Millionen von Bergfinken an ihren Schlafplätzen treffen. Hilscheid, Deutschland. Immo Meyer. ︾

« Ein Winterschwarm Bergfinken. Hilscheid, Deutschland. Immo Meyer.

„TRIDAKTYLEN“ KLASSISCHER VOGELFUẞABDRUCK MIT REDUZIERTER ODER FEHLENDER HINTERZEHE

Das klassische Trittsiegelgrundmuster mit ganz oder teilweise reduzierter Hinterzehe („Tridaktylen“ siehe Seite 608) zeigen Angehörige aus den Familien Fasanenartige (Glatt- und Raufußhühner), Kraniche, Rallen, Trappen, Austernfischer, Säbelschnäbler, Regenpfeifer, Schnepfenvögel, Möwen und Seeschwalben.

Fasanenartige

Zur großen Familie der Fasanenartigen (Phansianidae) gehören die Unterfamilie der Glattfußhühner mit den hier behandelten Arten Wachtel, Rebhuhn, Rothun und Fasan, und die der Raufußhühner, von denen hier aufgrund der repräsentativen Fußmorphologie das Auerhuhn eingehender beschrieben wird.

TRITTSIEGEL DER FASANENARTIGEN

Die Zehen der Fasanenartigen sind robust und kräftig, die Form ähnelt den Trittsiegeln der Schnepfenvögel. Die Hinterzehe sitzt erhöht am Bein und muss nicht immer abgedrückt sein. Bei einigen Arten können proximale Schwimmhäute zwischen den Zehen 2, 3 und 4 abgedrückt sein. Die Metatarsalregion ist kräftig und dementsprechend meist deutlich zu erkennen.

WACHTEL

Coturnix coturnix

Kleinster Hühnervogel Europas. Trittsiegel sind ein seltener Fund.

TRITTSIEGEL

» **L** 3–4,2 cm » **B** 3,2–3,8 cm
Asymmetrisch. Abdruck der Hinterzehe nach innen gewinkelt, schmal und manchmal nicht zu erkennen. Zehen im Vergleich zu anderen Hühnervögeln feingliedrig. Die Metatarsalregion ist kräftig und meist deutlich zu erkennen. Kleine, schmale Krallenabdrücke. Kleiner als das Rebhuhn.

Haushuhn, rechter Fußabdruck. Die Trittsiegel der Hühnervögel sind sich in ihrer Form grundsätzlich ähnlich, sodass der Fußabdruck eines Haushuhns eine geeignete Grundlage darstellt. Extertal, Deutschland. ≽

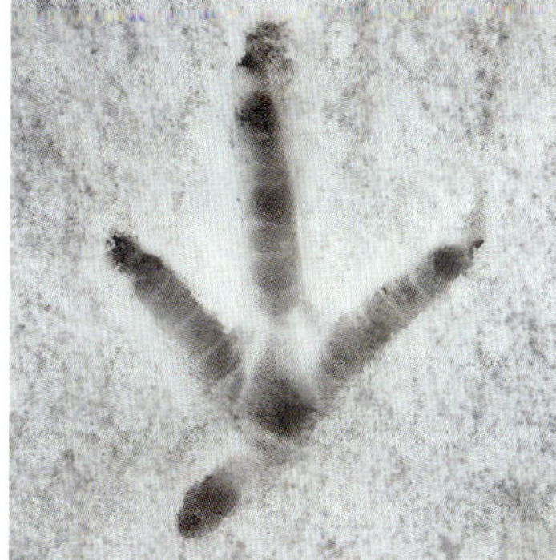

GANGARTEN

Gehen und Laufen.

REBHUHN, ROTHUHN

Perdix perdix, Alectoris rufa

TRITTSIEGEL

» **L** 4,2–5,5 cm » **B** 3–4,8 cm
Asymmetrisch. Abdruck der Hinterzehe nach innen gewinkelt, schmal und manchmal nicht zu erkennen. Bei deutlichen Abdrücken kann ein kleiner, proximaler Hautlappen zwischen den Zehen 2–4 erkannt werden. Die Metatarsalregion ist kräftig und meist deutlich zu sehen. Kleine, schmale Krallenabdrücke. Die Zehen sind im Verhältnis zu denen des Fasans kräftig.

Ähnliche Trittsiegel

Die Abdrücke des vor allem auf der Iberischen Halbinsel vorkommenden Rothuhns ähneln denen des Rebhuhns.

GANGARTEN

Gehen und Laufen. Auffallend sind die oft dicht beieinanderstehenden Trittsiegel. Im Schnee können Rebhühner tiefe Furchen in der Schneedecke hinterlassen.

Die dicht aufeinanderfolgenden Fußabdrücke sind für Rebhuhn und Rothuhn typisch (hier Rothuhn). Nationalpark Coto de Doñana, Spanien. »

≈ Rechter Fußabdruck eines Rebhuhns. Hoher Fläming, Deutschland.

FASAN

Phasianus colchicus

TRITTSIEGEL

» **L** 5,5–7,5 cm » **B** 5–7,2 cm

Asymmetrisch. Der Abdruck der Hinterzehe ist nach innen gewinkelt und meist zu erkennen. Bei deutlichen Abdrücken ist ein kleiner, proximaler Hautlappen zwischen den Zehen 2–4 zu erkennen. Die Metatarsalregion ist groß und meist deutlich zu sehen. Große, spitze Krallenabdrücke, welche in der Regel deutlicher als beim Rebhuhn zu erkennen sind. Das Trittsiegel ist größer als das des Rebhuhns, wobei die Zehen im Verhältnis schlanker sind.

GANGARTEN

Gehen und Laufen. Die Schrittlänge ist deutlich größer als die des Rebhuhns, die Spurbreite ist eher gering.

Gehen
Schrittlänge: 12–45 cm

Laufen
Schrittlänge: 40–95 cm

« Links. Vledder, Niederlande. René Nauta.

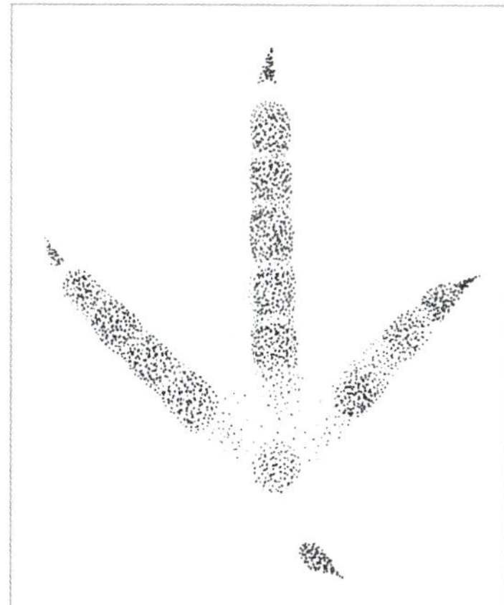

Links.

Links. Vledder, Niederlande. René Nauta.

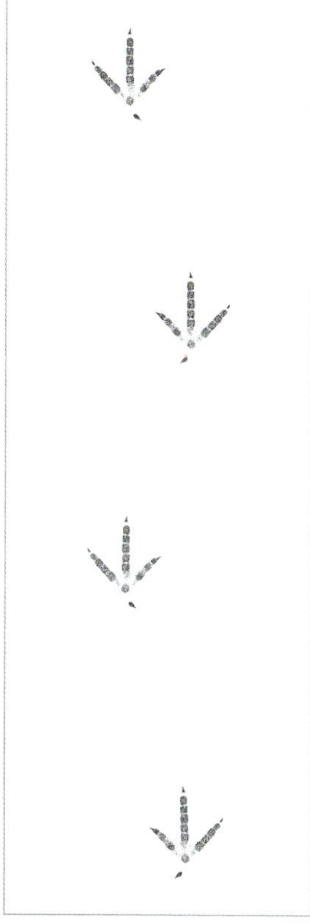

Gehen.

Raufußhühner

Zu den Raufußhühnern (Tetraoninae) zählen bei uns Haselhuhn, Alpenschneehuhn, Birkhuhn und Auerhuhn. Ein charakteristisches Merkmal der Raufußhühner ist die vor allem im Winter vorkommende Befiederung bis zu den Zehen. Im Gegensatz zu den Glattfußhühnern können bei deutlichen Abdrücken der Raufußhühner dadurch seitlich abstehende Zehenstifte erkennbar sein. Da sich die Fußabdrücke der verschiedenen Raufußhühner sehr stark ähneln, können sie durch die bloße Fußmorphologie nicht unterschieden werden. Dennoch lassen sich Raufußhühner anhand der Trittsiegelgröße, des Vorkommens und des Lebensraums oft eindeutig bestimmen.

RAUFUẞHÜHNER AN TRITTSIEGELGRÖẞE UND LEBENSRAUM UNTERSCHEIDEN

	TRITTSIEGEL		LEBENSRAUM
Haselhuhn	» **L** 4,2–5,2 cm	» **B** 4,3–5,1 cm	vor allem deckungsreiche Wälder
Alpenschneehuhn	» **L** 5,2–6,3 cm	» **B** 4,5–5,6 cm	überwiegend in alpinen, nivalen Zonen
Birkhuhn	» **L** 5,8–7,5 cm	» **B** 5,5–7 cm	lichte Wälder mit offenen Flächen
Auerhuhn	» **L** 6–11,7 cm	» **B** 7–13 cm	eher lichte, ungestörte Waldgebiete

AUERHUHN

Tetrao urogallus

Größter Hühnervogel Europas.

TRITTSIEGEL

» **L** 6–11,7 cm » **B** 7–13 cm

Die Abdrücke des Hahns sind deutlich größer und kräftiger als die der Henne. Trittsiegel mit einer Länge über 10,5 cm können einem Hahn zugeordnet werden. Trittsiegel unter 7,5 cm Länge stammen von einer Henne oder von Jungvögeln.

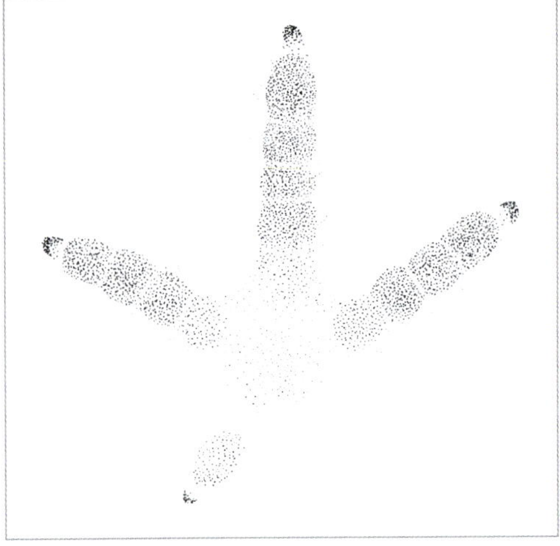

≈ Rechts.

≈ Rechts. Jämtland, Schweden. Laura Gärtner.

Asymmetrisch. Typisches Trittsiegel eines Raufußhuhns. Der Abdruck von Zehe 1 ist sehr kurz, nach innen gewinkelt und meist deutlich zu erkennen. Zehen 2–4 sind robust, breit und im Verhältnis zur Gesamtgröße des Trittsiegels eher kurz. Im Winter verhärten sich die für Raufußhühner typischen Federn am Fuß und es werden Zehenstifte gebildet. Dadurch vergrößert sich die Trittfläche und das Einsinken im Schnee verringert sich. Diese seitlich abstehenden Hornstifte werden auch Balzstifte genannt und können in sehr guten Abdrücken gelegentlich erkannt werden. Die Metatarsalregion ist kräftig und meist deutlich zu sehen. Abgesetzte, rundliche Krallenabdrücke.

≈ Linker Fußabdruck von Auerhuhn und Alpenschneehuhn im Größenvergleich. Deutschland. Aaron Tiedemann.

« Die auffallend kurze Schrittlänge im Verhältnis zur Größe der Fußabdrücke ist typisch für das Auerhuhn. Bayerischer Wald, Deutschland. Lisa Moser.

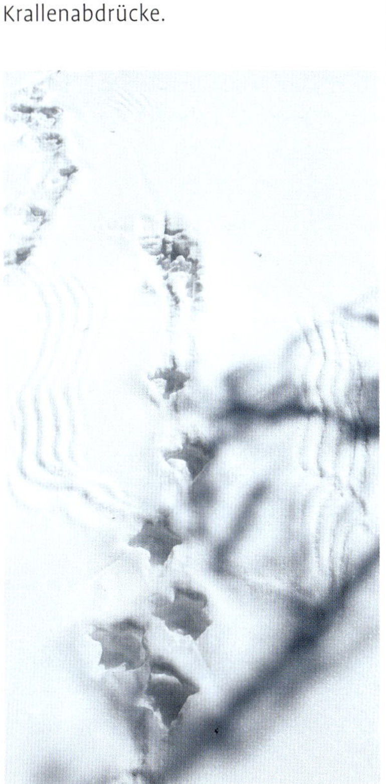

« Ein charakteristisches Spurbild: In der Balz läuft der Auerhahn mit schleifenden Schwingen über den Balzplatz. Jämtland, Schweden. Laura Gärtner.

GANGARTEN

Gehen und Laufen. Die Schrittlänge im Gehen ist mit etwa 20–30 cm eher kurz. Die einzelnen Trittsiegel innerhalb einer Fährte sind meist leicht einwärtsgekehrt.

Gehen

Schrittlänge: 18–35 cm

Kraniche

Als weitgehend einziger Vertreter der Familie der Kraniche (Gruidae) in Europa wird hier der Kranich behandelt. Seine großen Trittsiegel finden wir häufig in der Nähe von Feuchtgebieten sowie auf Wiesen und Feldern.

KRANICH

Grus grus

Zusammen mit dem Schwan, dem Storch und dem Graureiher hinterlässt der Kranich eines der größten häufigeren Vogeltrittsiegel Europas.

TRITTSIEGEL

» **L** 11–15,5 cm » **B** 15–18 cm

Asymmetrisch. Lange, kräftige Zehen. Zehe 1 selten und dann nur leicht erkennbar. Bei deutlichen Abdrücken kann eine proximale Schwimmhaut zwischen den Zehen 3–4 erkannt werden. Die Metatarsalregion ist groß, kräftig entwickelt und mit Ausnahme des Hallux in der Regel deutlich zu erkennen. Rundliche, meist sichtbare Krallenabdrücke. In perfekten Trittsiegeln kann eine nach hinten gebogene Form von Kralle 2 erkennbar sein.

« Die Schwimmhaut zwischen Zehen 3 und 4 verrät: Es handelt sich um einen rechten Fußabdruck. Lausitz, Deutschland.

⮝ Rechts.

GANGARTEN

Gehen und Laufen, Vogel mit langen Beinen und relativ großer Schrittlänge. Die Trittsiegel sind oft als auffällig gerade Linie hintereinander abgedrückt.

Gehen / Laufen
Schrittlänge: 25–78 cm

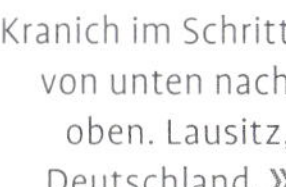

Kranich im Schritt von unten nach oben. Lausitz, Deutschland. »

« Gehen.

Rallen

Die Familie der Rallen (Rallidae) wird hier durch Teich- und Blässhuhn vertreten. Ihre Spuren finden sich an schlammigen Gewässerufern.

TEICHHUHN

Gallinula chloropus

TRITTSIEGEL

» **L** 8,9–10,5 cm » **B** 8–10 cm
Asymmetrisch. Sehr schlanke, lange und gerade Zehen. Zehe 1 ist sehr lang, fast immer erkennbar und kann gerade nach hinten oder zur Pfadinnenseite gerichtet sein. Bei deutlichen Abdrücken sind manchmal kleine Schwimmlappen an den Zehen 2–4 zu erkennen. Diese sind jedoch deutlich schmaler als beim Blässhuhn, da sie weniger an das Schwimmen angepasst sind. Die Metatarsalregion ist sehr klein. Schmale, spitze und meist abgesetzte Krallenabdrücke. Auffällig großes Trittsiegel im Verhältnis zur Körpergröße.

≈ Teichhuhn links.
Vledder, Niederlande. Aaldrik Pot.

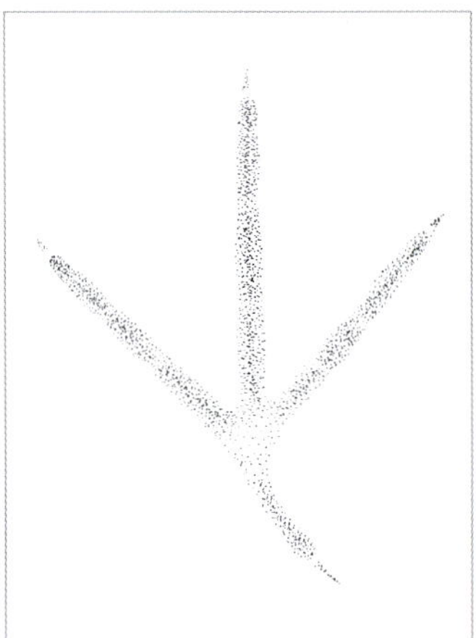

≈ Links.

≈ Links. Beachten Sie die kleinen Schwimmlappen am Rand der Zehen 2–4. Mühlheim, Deutschland. Simone Roters.

GANGARTEN

Gehen und Laufen, überwiegend Gehen.

Gehen
Schrittlänge: 25–30 cm

BLÄSSHUHN

Fulica atra

TRITTSIEGEL

» **L** 10–13,5 cm » **B** 8–11 cm
Asymmetrisch. Sehr schlanke, lange Zehen. Die fast immer erkennbare Zehe 1 ist zur Pfadinnenseite gekrümmt und mit einer verhältnismäßig großen Kralle versehen. Bei deutlichen Abdrücken sind die Schwimmlappen (keine Schwimmhäute wie bei Enten) an den Zehen 2–4 zu sehen. Zehe 2 hat zwei und Zehe 3 drei deutliche Schwimmlappen. Die Schwimmlappen an Zehe 4 sind nicht deutlich unterteilt. Die Metatarsalregion ist sehr klein. Feine, lange und spitze Krallenabdrücke. Auffällig großes Trittsiegel im Verhältnis zur Körpergröße.

Rechts. Auf festen Böden sind die Schwimmlappen kaum zu erkennen. ︾

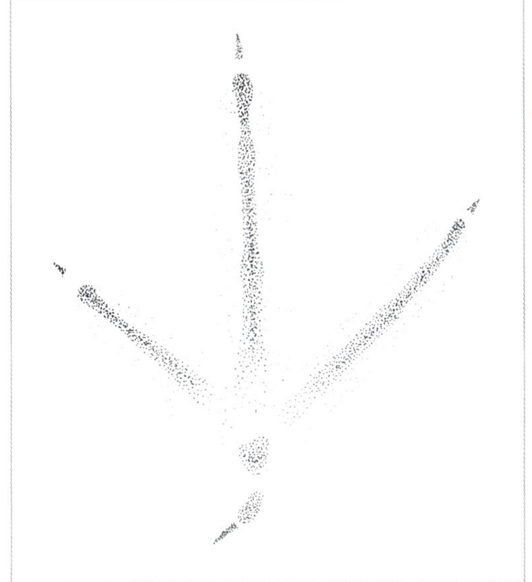

Rechts. Auf weichen Böden können die Schwimmlappen den Zehen ein breites Aussehen verleihen. ︾

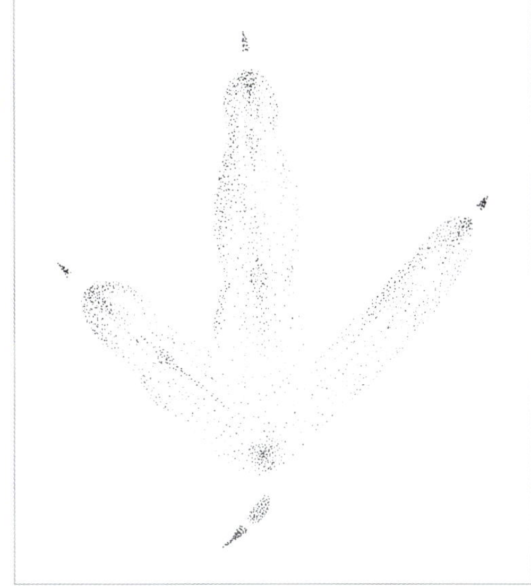

︽ Ohne die Abdrücke der Schwimmlappen können die Zehenabdrücke des Blässhuhns sehr schmal wirken. Vledder, Niederlande. René Nauta.

︽ Im Schnee, hier mit deutlichen Abdrücken der Schwimmlappen. Vledder, Niederlande. René Nauta.

GANGARTEN

Gehen und Laufen, überwiegend Gehen. Schlangenlinien mit geringen Schrittlängen sind charakteristisch.

Trappen

In Europa kommen zwei Arten aus der Familie der Trappen (Otididae) vor. Da beide Arten viel Zeit am Boden, auf Feldern und auf anderen sandigen Freiflächen verbringen, können ihre Spuren gewöhnlich leicht gefunden werden.

GROßTRAPPE

Otis tarda

Stark ausgeprägter Geschlechtsdimorphismus. Die bis zu 15 kg schweren Männchen zählen zu den schwersten Vögeln Europas. Die Weibchen sind etwa halb so groß wie die Männchen und wiegen in der Regel unter 5,3 kg.

TRITTSIEGEL

♂ » **L** 6,3–7,6 cm
♀ » **L** 7,4–9,5 cm
♂ » **B** 5,7–6,9 cm
♀ » **B** 8,5–9,4 cm

Leicht asymmetrisch. Zehe 1 fehlt. Kräftiger Fußabdruck, mit robusten, breiten Zehen, die sich zur Zehenspitze verjüngen. Die Metatarsalregion ist groß und meist deutlich zu erkennen. Auf harten Böden und bei hohen Geschwindigkeiten werden oft nur die Zehen abgedrückt. Breite, abgesetzte Krallenabdrücke, die meist erkennbar sind.

GANGARTEN

Gehen und Laufen. Die Schrittlänge ist im Verhältnis zur Größe des Vogels eher gering, die Spurbreite ist groß. Die Füße werden beim Gehen etwas nach innen gedreht.

Gehen / Laufen
Schrittlänge: 10–95 cm

Linkes Trittsiegel einer Großtrappe. »

Gehen. »

ZWERGTRAPPE

Tetrax tetrax

Kleinste Trappe, in der Größe zwischen Rebhuhn und weiblichem Fasan.

TRITTSIEGEL

L 3,7–4,5 cm B 3–3,9 cm
Leicht asymmetrisch. Zehe 1 fehlt. Kurzer, kräftiger Fußabdruck mit breiten, meist tief eingedrückten Zehen. Kurze, stumpfe Krallenabdrücke, die oft direkt an den Zehen stehen.

REGENPFEIFER-ARTIGE

Zur großen Ordnung der Regenpfeiferartigen (Charadriiformes) gehören Vögel, die viel Zeit an Ufern, Küsten und in verschiedensten Feuchtgebieten verbringen. Es sind mehr oder weniger langbeinige Vögel, die sich oft in Gegenden am Boden bewegen, in denen wir exzellente Spurenbedingungen vorfinden. In vielen dieser Lebensräume kommen unterschiedliche Arten der auch als Limikolen bezeichneten Vögel vor. Ein gutes Vogelbestimmungsbuch kann mit Verbreitungskarten und Größenangaben helfen, die Bestimmung gefundener Trittsiegel einzugrenzen.

TRITTSIEGEL DER REGENPFEIFERARTIGEN

Zehe 1 ist in der Regel stark reduziert, sitzt erhöht am Bein oder fehlt vollständig. Zehen 2–4 sind schlank und Zehe 2 ist kürzer als Zehe 4. Bei einigen Arten können proximale Schwimmhäute zwischen Zehen 3 und 4 abgedrückt sein. Je nach Art ist die Metatarsalregion häufig, selten oder gar nicht abgedrückt.

AUSTERNFISCHER

Haematopus ostralegus

TRITTSIEGEL

» **L** 4,2–5,1 cm » **B** 5–6 cm

Fast symmetrisch. Durch die leicht gelappte Zehenform wirken die Zehenabdrücke der Regenpfeiferartigen verhältnismäßig breit und kurz. Auf festen Böden sehen die Zehen zuweilen jedoch sehr schmal aus, wenn der gelappte Bereich nicht zu erkennen ist. Zehe 1 fehlt komplett, Zehe 2 und Zehe 4 sind fast gleich lang. Die Metatarsalregion ist sehr klein und auf festen Böden oft nur schwach oder gar nicht zu erkennen. Eine kleine, proximale Schwimmhaut zwischen Zehen 3 und 4 ist gelegentlich im Abdruck zu sehen. Feine, lang ausgezogene und abgesetzte Krallenabdrücke können erkennbar sein.

≈ Rechts. Die für Regenpfeiferartige eher breiten, kurzen Zehen sind deutlich zu erkennen.
Vledder, Niederlande. René Nauta.

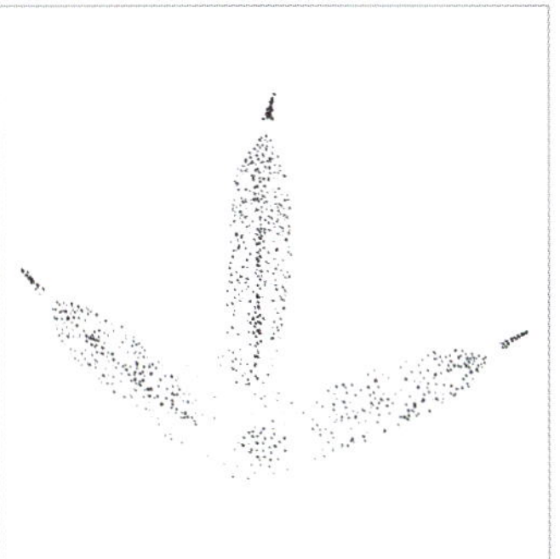

≈ Rechts.

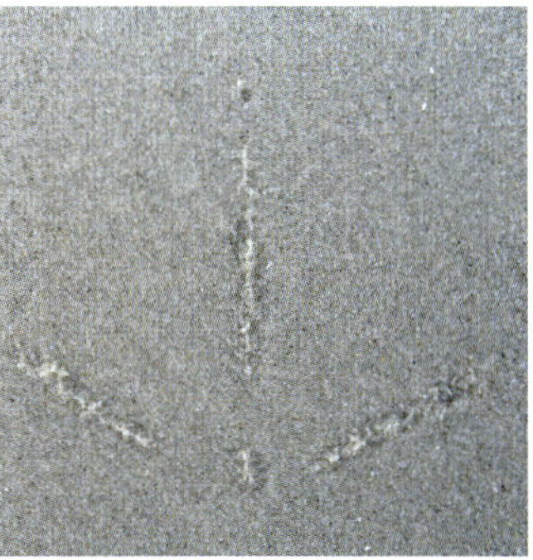

≈ Auf härteren Böden können die sonst eher breiten Zehen des Austernfischers lang und schlank erscheinen. Auf weicheren Böden sind die Abdrücke verhältnismäßig kurz und breit. Spiekeroog, Deutschland. Ulrike Quartier.

GANGARTEN

Gehen
Schrittlänge: 8–20 cm

SÄBELSCHNÄBLER

Recurvirostra avosetta

TRITTSIEGEL

» **L** 4,5–5,9 cm » **B** 5–6,8 cm
Symmetrisch. Der Abdruck von Zehe 1 ist in der Regel nicht zu erkennen. Charakteristisch sind die gut ausgeprägten medialen Schwimmhäute zwischen Zehen 2–4.

Links. ≈

REGENPFEIFER

Charadriidae

An Europas Strand- und Uferbereichen kommen viele verschiedene Regenpfeifer vor. Zu den häufigsten und hier behandelten Vertretern dieser artenreichen Familie gehören, aufsteigend nach Körpergröße sortiert, Fluss-, Sand- und Seeregenpfeifer, Kiebitz- und Goldregenpfeifer sowie der taubengroße, kräftige Kiebitz. Der Flussregenpfeifer ist der häufigste Regenpfeifer Europas. Lediglich die Größe ist ein zuverlässiges Merkmal, um die einzelnen Arten anhand der Trittsiegel voneinander zu unterscheiden.

TRITTSIEGEL

Fluss-, Sand- und Seeregenpfeifer

» **L** 1,9–2,5 cm » **B** 2,3–2,8 cm

Kiebitz- und Goldregenpfeifer

» **L** 2,6–3,6 cm » **B** 2,7–3,8 cm

Kiebitz

» **L** 3,5–4,2 cm » **B** 3,5–4,1 cm

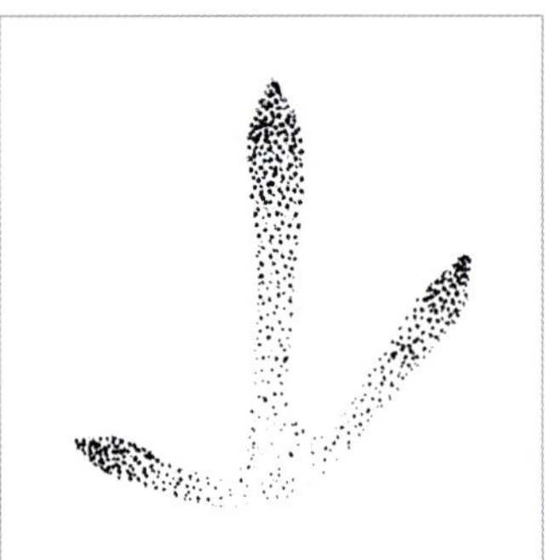

Flussregenpfeifer, rechts.

Kiebitz, rechts.

Flussregenpfeifer, rechts. Das asymmetrische Trittsiegel ist ein Unterscheidungsmerkmal zu den symmetrischeren Abdrücken des Flussuferläufers. Lausitz, Deutschland.

Leicht asymmetrisch. Zehe 1 ist stark reduziert und am Bein erhöht oder vollständig fehlend. In der Regel nicht im Trittsiegel zu erkennen. Die Zehenabdrücke können zigarrenförmig und relativ breit erscheinen. Der Winkelabstand zwischen Zehen 3 und 4 ist geringer als der zwischen Zehen 2 und 3. Proximale Schwimmhäute können zwischen den Zehen 3 und 4 abgedrückt sein. Die Metatarsalregion ist sehr klein, eher selten und dann nur leicht abgedrückt. Die Krallenabdrücke sind sehr kurz und stumpf und schließen direkt an die Zehen an.

GANGARTEN

Gehen und Laufen mit relativ geringer Spurbreite. Die Trittsiegel sind meist leicht nach innen gekehrt.

Fluss-, Sand- und Seeregenpfeifer
Schrittlänge Gehen / Laufen: 5–9 cm

Kiebitz- und Goldregenpfeifer
Schrittlänge Gehen / Laufen: 7–20 cm

≈ Trittsiegel des Flussregenpfeifers finden sich oft dicht beieinander, wie an diesem Teich im ehemaligen Tagebaugebiet von Welzow, Deutschland.

Schnepfenvögel

Die Schnepfenvögel (Scolopacidae) sind eine sehr große und vielgestaltige Familie innerhalb der Limikolen. Behandelt werden im Folgenden beispielhaft Flussuferläufer, Waldschnepfe, Bekassine, einige Vertreter aus der Gattung der Wasserläufer und der Große Brachvogel.

TRITTSIEGEL

Fast symmetrisch bis symmetrisch. Zehe 1 ist reduziert und am Bein erhöht, dennoch wird der Hallux relativ häufig abgedrückt (ⓐ auf Seite 668). Selbst ein schwacher Abdruck der Hinterzehe ist ein geeignetes Merkmal, um Trittsiegel der Schnepfenverwandten von denen der Regenpfeifer zu unterscheiden. Die Zehen 2–4 erscheinen bei den Schnepfenverwandten relativ schlank und in ihrer gesamten Länge eher gleichbleibend breit im Vergleich zu den zigarrenförmigen Zehenabdrücken der Regenpfeifer. Die Winkelabstände sind gleichmäßiger als bei Regenpfeifern. Proximale Schwimmhäute können zwischen den Zehen 3 und 4 abgedrückt werden. Die Trittsiegelmaße des Sanderlings (*Calidris alba*) sind etwas kleiner als die des Flussregenpfeifers. Als einziger Schnepfenvogel besitzt der Sanderling keine Hinterzehe und kann dadurch leichter mit den kleinen Regenpfeifern verwechselt werden. In diesem Fall gilt es, die Symmetrie und Zehenform zu beachten.

GANGARTEN

Gehen und Laufen.

FLUSSUFERLÄUFER

Actitis hypoleucos

Häufigster Uferläufer Europas, dessen Spuren vor allem an steinigen Bächen und Flüssen, Seen und Küsten zu finden sind. Nur geringfügig größer als der Flussregenpfeifer, jedoch über die Fußmorphologie von den Regenpfeifern unterscheidbar.

TRITTSIEGEL

» **L** 2,3–3,1 cm » **B** 2,4–3,3 cm
Klassisches Trittsiegel der Schnepfenverwandten.

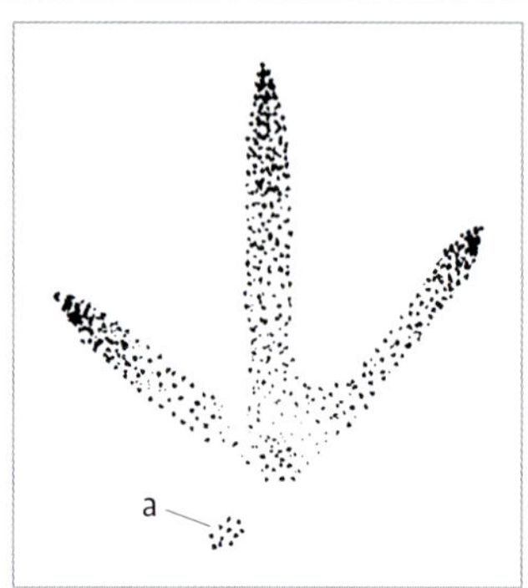

≈ Rechts.

« Rechts. Beachten Sie die schmaleren, gleichmäßiger angeordneten Zehen im Vergleich zum Flussregenpfeifer. Nationalpark Coto de Doñana, Spanien.

GANGARTEN

Gehen / Laufen
Schrittlänge:
6–17 cm

WALDSCHNEPFE

Scolopax rusticola

Trittsiegel sind ein geeigneter Nachweis für diese eher heimlich lebende Schnepfe. Die Fußabdrücke können jedoch nicht immer eindeutig von denen der Bekassine unterschieden werden. Die Waldschnepfe ist mit ihrem fast taubengroßen Körper der kräftigere der beiden Vögel, was sich meist auch im Trittsiegel zeigt. Neben der Größe liefert der Lebensraum einen wichtigen Hinweis für die Unterscheidung.

TRITTSIEGEL

» **L** 4,2–5,1 cm » **B** 4,5–5,3 cm
Symmetrisch. Außergewöhnlich lange, schlanke Zehen, die im Vergleich zur Bekassine jedoch etwas kräftiger geformt sind. Zehe 1 wird häufig abgedrückt. Zehen 2 und 4 sind fast gleich lang, dies kann einen weiteren Hinweis für die Unterscheidung zur Bekassine liefern. Die Metatarsalregion ist schmal. Keine Schwimmhäute. Feine, deutliche Krallenabdrücke sind die Regel.

Waldschnepfe, rechts.

BEKASSINE

Gallinago gallinago

TRITTSIEGEL

» **L** 3,7–4,8 cm » **B** 4,1–5,2 cm
Symmetrisch. Außergewöhnliche lange, schlanke Zehen. Zehe 1 wird häufig abgedrückt. Zehe 2 ist kürzer als Zehe 4 ⓐ, dies kann einen Hinweis für die Unterscheidung von der Waldschnepfe liefern. Die Metatarsalregion ist schmal und etwas hervorstehend. Keine Schwimmhäute. In der Regel feine, deutliche Krallenabdrücke. Nicht immer eindeutig vom Trittsiegel der Waldschnepfe unterscheidbar, jedoch tendenziell kleiner und zarter.

GANGARTEN

Gehen / Laufen
Schrittlänge: 8,5–21 cm

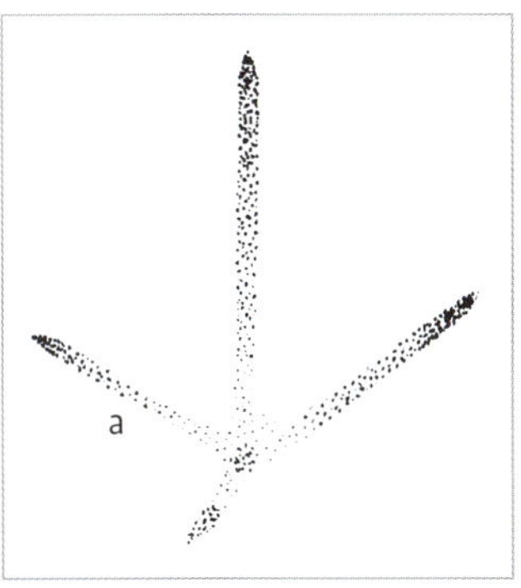

Rechts.

Rechts.
Lausitz, Deutschland.

WASSERLÄUFER

Tringa

In Europa kommen etwa 6 Arten häufiger vor. Der Bruchwasserläufer ist der kleinste Vertreter und seine Trittsiegelmaße sind mit denen des Flussuferläufers nahezu identisch und können leicht verwechselt werden. Einzelne Trittsiegel sind tendenziell etwas breiter und durch die längeren Beine ist die Schrittlänge des Bruchwasserläufers im Regelfall deutlich größer. Der Grünschenkel ist unser größter Wasserläufer und eher im oberen Bereich der Trittsiegelmaße einzuordnen. Abgesehen von der Größe lassen sich die Trittsiegel nicht unterscheiden.

TRITTSIEGEL

Bruchwasserläufer
» **L** 2,5–3,5 cm » **B** 2,7–4,2 cm

Rotschenkel, Dunkler Wasserläufer, Grünschenkel
» **L** 3,8–5 cm » **B** 3,5–4,5 cm

Symmetrisch. Lange, für Schnepfenvögel verhältnismäßig breite Zehen, die zur Spitze hin breiter und meist tiefer abgedrückt werden. Zehe 1 wird weniger häufig abgedrückt. Die Metatarsalregion ist unauffällig und abgerundet. Gelegentlich ist eine proximale Schwimmhaut zwischen Zehen 3 und 4 zu erkennen. Kleine Krallenabdrücke direkt an den Zehen.

GANGARTEN

Überwiegend Gehen und Laufen. Die Schrittlängen dieser langbeinigen Vögel sind meist deutlich länger als die des Flussuferläufers.

Gehen / Laufen
Schrittlänge: 8–22 cm

GROẞER BRACHVOGEL

Numenius arquata

Der Große Brachvogel ist mit seinem langen, gebogenen Schnabel ein besonders charakteristischer Schnepfenvogel und unsere größte Limikole.

TRITTSIEGEL

» **L** 4,8–5,5 cm » **B** 4,5–6,7 cm

Fast symmetrisch. Schlanke Zehen, die sich zur Spitze hin nur leicht verjüngen. Bei deutlichen Abdrücken in weichen Böden kann die leicht gelappte Form der Zehen erkennbar sein. Zehe 1 kann abgedrückt werden. Zehen 2 und 4 sind fast gleich lang. Die Metatarsalregion ist klein und auf festen Böden oft nur schwach oder gar nicht zu erkennen. Gut ausgebildete, proximale Schwimmhäute zwischen Zehen 2 und 3 sowie zwischen Zehen 3 und 4, Letztere ist häufiger deutlich zu erkennen. Meist lang ausgezogene, schmale Krallenabdrücke direkt an den Zehen.

GANGARTEN

Gehen

Schrittlänge: 24–37 cm

Links. Vledder, Niederlande. René Nauta. ≫

« Links.

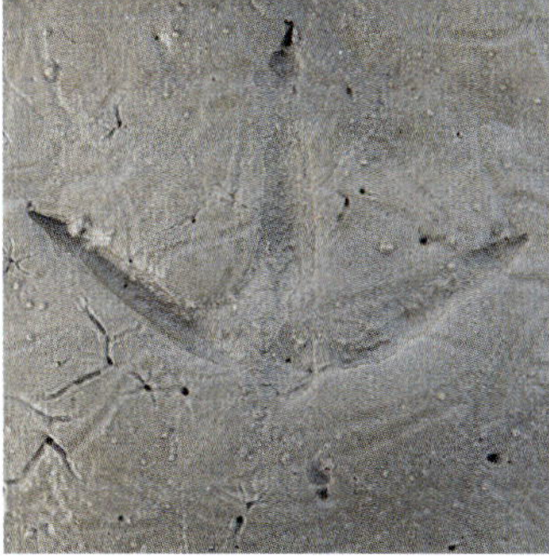

Links. Der Abdruck von Zehe 1 ist ein eindeutiges Unterscheidungsmerkmal zum Austernfischer. West Sussex, England. »

≈ Großer Brachvogel im Gehen. Die langen Beine ermöglichen eine große Schrittlänge, was ein Unterscheidungsmerkmal zum Austernfischer sein kann. West Sussex, England.

PALMATEN

VOGELFUẞABDRUCK MIT SCHWIMMHÄUTEN ZWISCHEN ZEHEN 2–4

Die stark entwickelten Schwimmhäute sind eine Adaptation an das Leben auf dem Wasser und ausgezeichnet zum Schwimmen und Tauchen geeignet. Trittsiegel dieser Grundform finden wir gewöhnlich in Gewässernähe, zum Beispiel an Uferbänken oder Sandstränden. Viele Arten können jedoch auch im Landesinneren vorkommen. Familien mit einem solchen Vogelfußabdruck sind Flamingos mit dem hier behandelten Rosaflamingo, Entenvögel (Schwäne, Gänse, Schwimmenten, Tauchenten), Möwen und Seeschwalben.

ROSAFLAMINGO

Phoenicopterus roseus

TRITTSIEGEL

» **L** 8,5–10,2 cm » **B** 9,5–11 cm
Asymmetrisch. Zehe 1 ist reduziert, nach innen gebogen und nur unzuverlässig zu erkennen. Zehen 2 und 4 sind deutlich zu Zehe 3 gebogen, zeigen aber nicht zu ihr hin. Der Metatarsalballen wird häufig abgedrückt. Die Krallen ragen über die Schwimmhäute hinaus. Charakteristisch ist die Position der Schwimmhäute an Zehe 3. Während sich die Schwimmhäute der Enten und Gänse an Zehe 3 distal und bei den Seeschwalben medial befinden, zeigen Flamingos eine Zwischenform.

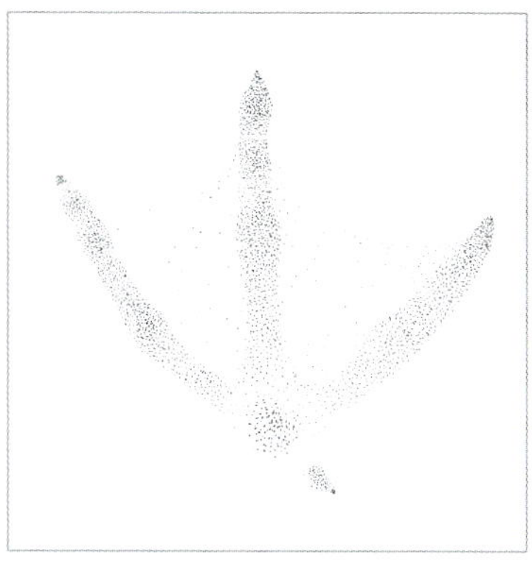

≈ Links.

Entenvögel

An fast jedem europäischen Gewässer lassen sich Trittsiegel verschiedener Entenvögel (Anatidae) finden. Anhand ihrer Größe kann man kleine, mittelgroße, große und sehr große Entenvögel eindeutig unterscheiden. Für diese vier Größen werden hier repräsentativ die Krickente, die Stockente, die Graugans und der Höckerschwan vorgestellt. Kleine bis große Entenvögel können mit Möwen (Laridae) ähnlicher Größe verwechselt werden (Unterscheidung Seite 681).

TRITTSIEGEL DER ENTENVÖGEL

Asymmetrisch. Zehe 1 ist reduziert und nach innen gebogen. Entlang der Außenseite von Zehe 2 kann auf weichen Untergründen der Abdruck eines schmalen Hautlappens zu erkennen sein (ⓐ in der Abbildung links unten auf Seite 681). Dies ist charakteristisch für diese Familie und ein eindeutiges Unterscheidungsmerkmal gegenüber den Möwen. Zehen 2 und 4 sind deutlich zu Zehe 3 hingebogen. Zehe 2 ist kürzer und breiter als Zehe 4. Der Metatarsalballen sowie der Hallux werden häufig abgedrückt. Die Krallen ragen über die distalen Schwimmhäute hinaus.

GANGARTEN DER ENTENVÖGEL

Überwiegend Gehen und Laufen. Kurze Schrittlängen mit verhältnismäßig großen Spurbreiten und meist einwärtsgekehrten Fußabdrücken (umgangssprachlich „Entenwatscheln“).

STOCKENTE

Anas platyrhynchos

TRITTSIEGEL

» **L** 5,8–7,5 cm
» **B** 5,7–7,5 cm

Die Trittsiegel der Stockente gehören zu den größten Trittsiegeln unserer Schwimmenten. Von anderen Schwimmenten ähnlicher Größe können sie nicht unterschieden werden. Kleine, deutlich erkennbare Krallen.

GANGARTEN

Gehen
Schrittlänge: 18–36 cm

≈ Links. Beachten Sie den schmalen Hautlappen an der Außenseite von Zehe 2. Vledder, Niederlande. René Nauta.

≈ Links.

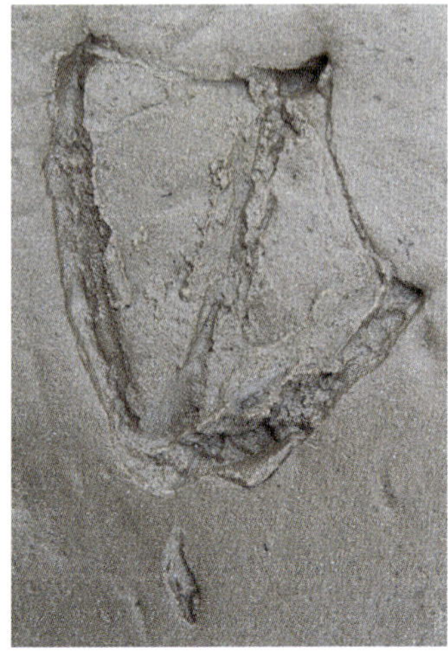

≈ Links. Beachten Sie die nach innen gebogenen Zehen 2 und 4. Elbe bei Dresden, Deutschland.

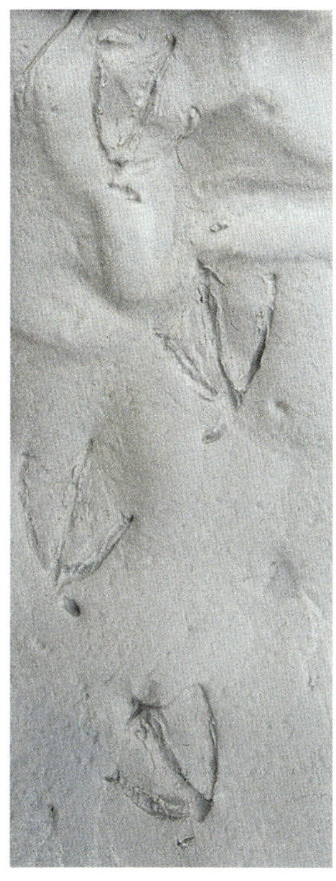

« Stockente im Schritt. Die kurzen Schrittlängen und hohen Spurbreiten hinterlassen zusammen mit den einwärtsgekehrten Trittsiegeln ein charakteristisches Spurbild. Elbe bei Dresden, Deutschland.

︽ Die Landung einer Stockente. Im Winter können oft wunderschöne Spuren auf frisch zugeschneiten Seen zu finden sein. Märkische Schweiz, Deutschland.

KRICKENTE

Anas crecca

TRITTSIEGEL

» **L** 3,5–4,4 cm » **B** 3,5–4,7 cm

Die Krickente zählt wie die Stockente zu den Schwimmenten (Anatini) und ist die kleinste Ente Europas. Dadurch kann sie von größeren Enten wie der Stockente unterschieden werden. Auffällig sind die schlanken Zehen sowie die sehr kleine Metatarsalregion. Kleine, rundliche Krallen an den Zehenspitzen.

GANGARTEN

Gehen

Schrittlänge: 15–24 cm

GRAUGANS

Anser anser

TRITTSIEGEL

» **L** 7,5–11,5 cm » **B** 7,5–11 cm

Die Trittsiegel sind länger und breiter als die von Enten. Die verhältnismäßig kleine Metatarsalregion sowie Zehe 3 werden meist tiefer als der Rest des Fußes abgedrückt, so kann das Trittsiegel eher plump erscheinen. Relativ kräftige, rundliche Krallenabdrücke direkt an den Zehenspitzen.

⩯ Links.

« Links. Die Metatarsalregion und Zehe 3 sind charakteristisch tiefer abgedrückt als der Rest. Lausitz, Deutschland.

GANGARTEN

Gehen

Schrittlänge: 16–51 cm

HÖCKERSCHWAN

Cygnus olor

Der Höckerschwan gehört zur Familie der Entenvögel (Anatidae) und ist schon durch seine Größe eindeutig von den anderen Enten und Gänsen zu unterscheiden.

TRITTSIEGEL

» **L** 17–20 cm
» **B** 14–16 cm

GANGARTEN

Gehen
Schrittlänge: 26–56 cm

Der Abdruck eines Höckerschwans ist größer als die Hand eines Erwachsenen und zu groß, um ihn mit Abdrücken von Enten und Gänsen zu verwechseln. Lausitz, Deutschland. »

Typisches Spurbild im Schritt. Drehna, Deutschland. »

SCHWÄNE, GÄNSE UND ENTEN AN DER TRITTSIEGELGRÖßE UNTERSCHEIDEN

In der Regel können Schwäne, Gänse und Enten eindeutig durch die Größe ihrer Trittsiegel unterschieden werden. Im Überlappungsbereich zwischen großen Entenarten, wie der Stockente, und kleinen Gänsearten, wie der Ringelgans, sind Verwechslungen möglich, wenn beide Arten ein gemeinsames Habitat bewohnen. Neben der Größe ist mir kein verlässliches Unterscheidungsmerkmal bekannt. Ich erlebe jedes Jahr, wie Einsteiger in unseren Spurenkursen Schwierigkeiten mit der Unterscheidung haben, auch wenn die Trittsiegel an sich eindeutig sind. Oft fällt der Größenvergleich leichter, wenn man die verschiedenen Trittsiegel nebeneinander sieht. Die folgende Collage gibt einen Überblick der Größenunterschiede.

Linker Fuß der Stockente und rechter Fuß des Höckerschwans. Vledder, Niederlande. René Nauta. »

≈ Höckerschwan, links. Deutschland. Aaron Tiedemann.

Stockente, links. Deutschland. Aaron Tiedemann. »

≈ Graugans, links. Deutschland. Aaron Tiedemann.

Tauchenten, Meerenten und Säger

Aythyini, Mergini

Im Gegensatz zu Schwimmenten verbringen Tauchenten (Aythyini) sowie Meerenten und Säger (Mergini) viel Zeit mit der Nahrungssuche unter Wasser. Beide Gruppen besitzen dafür an das Tauchen angepasste Füße, die schmaler als die verhältnismäßig breiten Füße der Schwimmenten sind. Zehe 1 ist gelappt, was die Oberfläche vergrößert und einen stärkeren Antrieb ermöglicht. Das kann als Unterscheidungsmerkmal zu Schwimmenten wie der Stockente dienen, wenn das Trittsiegel deutlich genug abgedrückt ist. Außerdem setzen die Füße der tauchenden Enten weiter hinten am Körper an, was zu relativ kurzen Schrittlängen führt. Während sich Tauchenten überwiegend von Pflanzenteilen ernähren, haben sich Säger (*Mergus*) auf den Fischfang spezialisiert. Mit den schmalsten Füßen unter den behandelten Entenvögeln können sie besonders schnell tauchen.

Tafelente, links. ≽

≼ Der schmale Winkel zwischen Zehen 2 und 4 ist ein Unterschied zu den Schwimmenten (zum Beispiel der Stockente Seite 678). Verbreitung, Lebensraum und Maße weisen hier auf eine Tafelente hin. West Sussex, England. René Nauta.

ENTEN AM WINKEL ZWISCHEN ZEHEN 2 UND 4 UNTERSCHEIDEN

Brown/Ferguson 1987 benutzen den Winkel zwischen Zehen 2 und 4, um Schwimmenten, Tauchenten und Säger zu unterscheiden. Dafür geben sie die folgenden Richtwerte an: Großer Säger 25–35°, Tauchenten 35–45°, Schwimmenten 65–75°. Aus unserer Praxis können wir diese Werte lediglich als richtungsweisend bestätigen. Grundsätzlich sollten allein aufgrund des Winkels zwischen den Zehen keine Aussagen gemacht werden, da der Winkelabstand je nach Bodenbeschaffenheit, Auftrittswinkel und Geschwindigkeit eine hohe Variation zeigen kann.

MÖWEN

In Europa kommen verschieden große Möwen (Larinae) vor, die überwiegend anhand ihrer Trittsiegelgröße unterschieden werden. Stellvertretend für kleine, mittelgroße und große Möwenarten werden die Lachmöwe, die Heringsmöwe und die Mantelmöwe beschrieben.

TRITTSIEGEL

Lachmöwe
» **L** 3,5–4 cm » **B** 4–4,5 cm

Heringsmöwe
» **L** 6–6,5 cm » **B** 7–7,5 cm

Mantelmöwe
» **L** 7–8,5 cm » **B** 8–11 cm

« Große Möwenart (*Larus* spp.), links. Beachten Sie die tief abgedrückten Zehen und die schwächer abgedrückte Metatarsalregion. Ein Abdruck der Hinterzehe fehlt komplett. Nationalpark Coto de Doñana, Spanien.

≈ Mantelmöwe, links. Vledder, Niederlande. René Nauta.

Leicht asymmetrisch bis asymmetrisch. Zehe 1 ist bei den Möwen reduziert und sitzt weiter oben am Bein. Zehen 2 und 4 biegen sich zu Zehe 3, bleiben aber an ihren Spitzen nach vorne gerichtet. Zehen 2–4 werden in der Regel tief eingedrückt. Zehe 2 ist kürzer und breiter als Zehe 4. Der Metatarsalballen sowie der Hallux werden häufig nicht abgedrückt. Die Krallen ragen über die Schwimmhäute hinaus und sind im Vergleich zu Enten eher kräftig. Die Trittsiegel größerer Möwenarten fallen im Verhältnis größer aus als die von kleineren Möwen. Abgesehen von der Größe sind die verschiedenen Arten nicht anhand weiterer Trittsiegelmerkmale zu unterscheiden. Die Größe ermöglicht bestenfalls eine Unterteilung in kleine, mittelgroße oder große Möwen. Als Referenzpunkte dienen die Maße der Lach-, der Herings- und der Mantelmöwe.

GANGARTEN

Überwiegend Gehen und Laufen. Die Fußabdrücke stehen oft leicht nach innen.

Lachmöwe
Schrittlänge Gehen: 6–13 cm

Heringsmöwe
Schrittlänge Gehen: 17–45 cm

ENTEN VON MÖWEN UNTERSCHEIDEN

Enten und Möwen nutzen ähnliche Lebensräume und zeigen eine grundsätzlich ähnliche Fußmorphologie. Wichtige Merkmale für die Unterscheidung sind:

ENTEN	MÖWEN
ⓐ Abdruck eines schmalen Hautlappens an Zehe 2.	ⓐ Kein Hautlappen an Zehe 2.
ⓑ Zehen 2 und 4 deutlich zu Zehe 3 gebogen.	ⓑ Zehen 2 und 4 weniger deutlich zu Zehe 3 gebogen.
ⓒ Zehe 1 kräftiger, länger und oft abgedrückt.	ⓒ Zehe 1 feiner, kürzer und selten abgedrückt.
ⓓ Krallen im Vergleich oft eher scharf und fein.	ⓓ Krallen im Vergleich oft eher stumpf und kräftig.
ⓔ Enten zeigen eher kürzere Schrittlängen mit stark einwärtsgekehrten Trittsiegeln.	ⓔ Möwen zeigen eher längere Schrittlängen und weniger stark einwärtsgekehrte Trittsiegel.

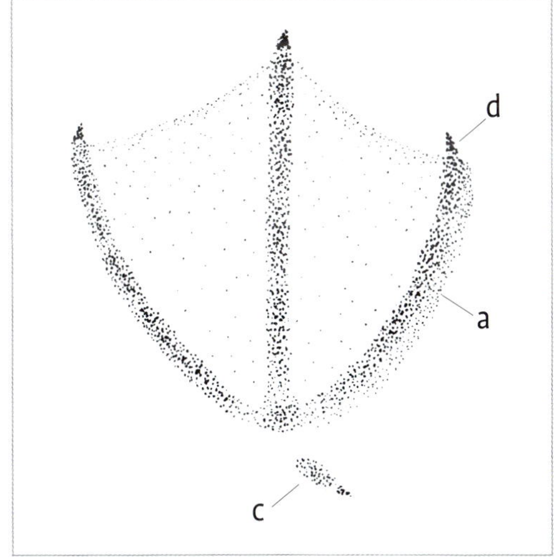

Stockente.

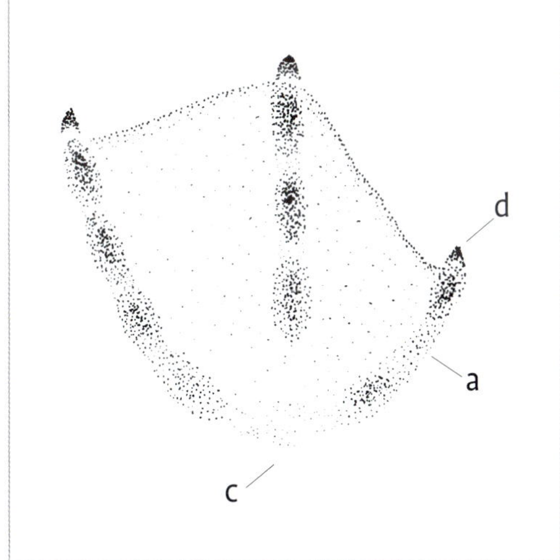

Mantelmöwe.

SEESCHWALBEN

Sternidae

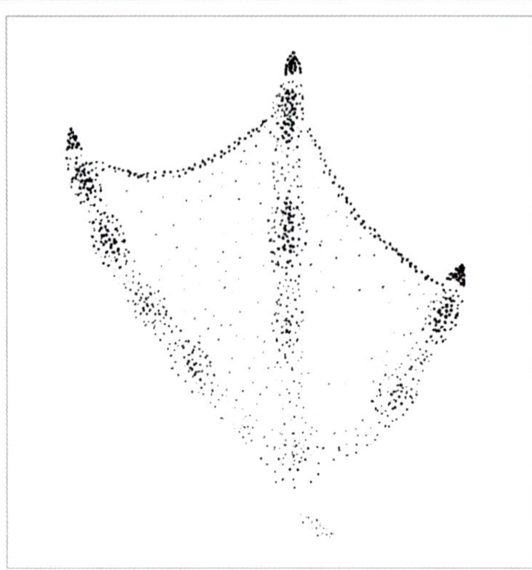

≈ Seeschwalbe, links.

TRITTSIEGEL

» **L** 3–4,8 cm » **B** 3,2–4,8 cm

Der Fuß ist im Gegensatz zu Möwen nur leicht asymmetrisch. Die Schwimmhäute verbinden sich distal mit den Spitzen der Zehen 2 und 4 sowie medial mit Zehe 3. In deutlichen Abdrücken kann man sehen, dass die vorderen 1–1,5 cm von Zehe 3 „schwimmhautfrei" hervorstehen. Die Krallen wirken relativ lang. Außer wenigen Möwenarten, wie Lach- und Zwergmöwe, sind alle in Europa vorkommenden Möwentrittsiegel größer als die Fußabdrücke unserer größten Seeschwalben.

TOTIPALMATEN

VOGELFUẞABDRUCK MIT SCHWIMMHÄUTEN ZWISCHEN ZEHEN 1–4

PELIKANE, KORMORANE

Pelicanidae, Phalacrocoracidae

Die Angehörigen dieser Familien (hier behandelt werden Rosapelikan und Kormoran) hinterlassen charakteristische Trittsiegel, die jedoch nur ausnahmsweise gefunden werden. Der Rosapelikan kommt in Europa eher selten vor und der Kormoran hält sich selten außerhalb des Wassers am Boden auf.

︽ Kormoran, links.
Vledder, Niederlande. René Nauta.

︽ Kormoran, links.

︽ Kormoran, links.
Vledder, Niederlande. René Nauta.

TRITTSIEGEL

Rosapelikan
» **L** 14–17,5 cm » **B** 9,5–11,5 cm

Kormoran
» **L** 10–14 cm » **B** 6–8,5 cm

Stark asymmetrisch. Ruderfuß: Zehen 1–4 sind mit distalen Schwimmhäuten verbunden sowie relativ lang und schmal geformt. Zehe 4 ist länger als Zehe 3. Lange, spitze Krallen überragen die Schwimmhäute. Die Trittsiegel der Krähen- und Zwergscharbe sind ähnlich, jedoch kleiner bis deutlich kleiner. Kormorane und Pelikane sind selten zu Fuß unterwegs und hinterlassen eher wenig Fußabdrücke am Boden.

GANGARTEN

Ferguson und andere beschreiben kurze Schrittlängen (selten größer als 25 cm) und eine leicht einwärtsgekehrte Fußstellung (Ferguson et al. 2005, Seite 67).

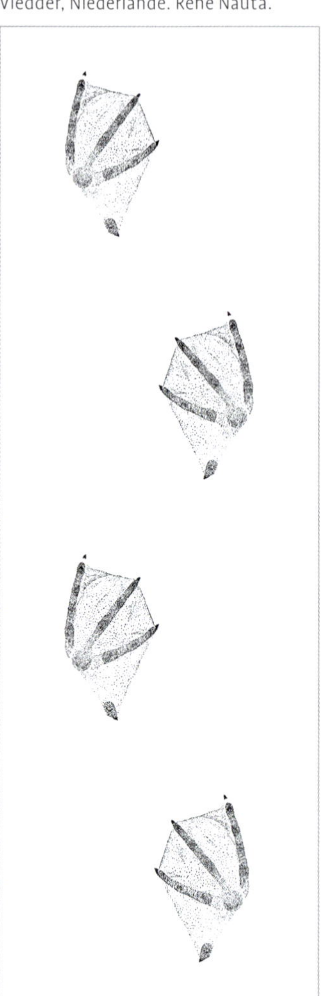

Gehen. »

ZYGODAKTYLEN
ZYGODAKTYLER VOGELFUẞABDRUCK

Zu den Vogelfamilien mit zygodaktilen Fußabdrücken zählen Fischadler, Schleiereulen, Eigentliche Eulen, Kuckucke und Spechte. Aufgrund der Datenlage werden im Folgenden nur die Schleiereulen und die Eigentlichen Eulen sowie die Familie der Spechte behandelt.

EULEN

Tytonidae und Strigidae

Eulen trinken und baden an Pfützen. Deren Ränder stellen daher vielversprechende Fundorte für diese ansonsten seltenen Trittsiegel dar. Stellvertretend werden hier Trittsiegel von Steinkauz (*Athene noctua*), Waldohreule (*Asio otus*), Waldkauz (*Strix aluco*) und Uhu (*Bubo bubo*) behandelt.

TRITTSIEGEL

Steinkauz
» **L** 4,2–5,3 cm » **B** 3–3,6 cm

Waldohreule
» **L** 5,5–6,2 cm » **B** 2,7–3,5 cm

Waldkauz
» **L** 5,9–7,4 cm » **B** 3,4–4,2 cm

Uhu
» **L** 11–13,7 cm » **B** 8–10 cm

Schleiereule, rechts.
Vledder, Niederlande. René Nauta. ︾

Waldkauz, rechts. ︾

Ein beeindruckender und äußerst seltener Fund: der massive rechte Fußabdruck eines Uhus.
Hoher Fläming, Deutschland. ︾

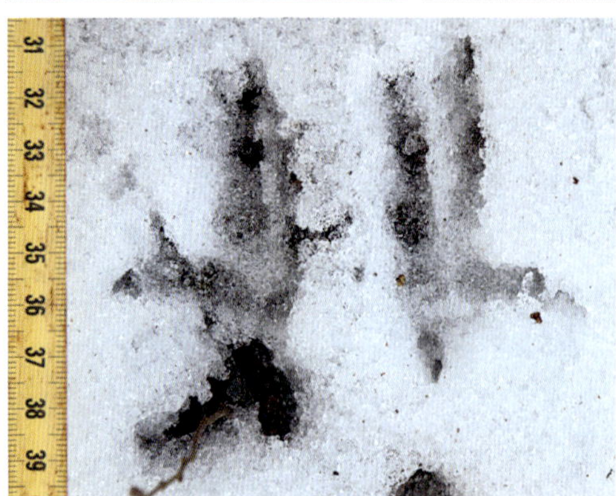

︽ Hier saß eine Eule, die K-Form der Trittsiegel ist deutlich zu erkennen. Märkische Schweiz, Deutschland.

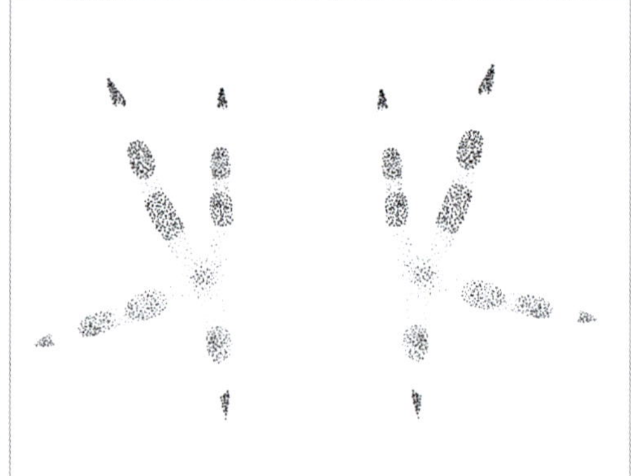

︽ Waldkauz, stehend.

Asymmetrisch. Zehen 1 und 4 nach hinten gerichtet, dadurch ein markantes X- oder K-förmiges Trittsiegel. Zehen 1 und 2 bilden oft eine gerade Linie auf der Innenseite des Fußabdrucks. Zehe 3 ist in der Regel deutlich länger als Zehe 2. Zehe 4 ist beweglich und kann fast gerade nach hinten oder im 90°-Winkel nach außen gerichtet stehen. Sie ist gewöhnlich länger als Zehe 1. Die Metatarsalregion ist ausgeprägt, jedoch in der Regel nur schwach abgedrückt. Lange, kräftige Krallenabdrücke, die meist klar zu erkennen und deutlich abgesetzt sind. Trittsiegel der Schleiereule sind tendenziell etwas kleiner (L bis 6,5 cm) als die des Waldkauzes. Sie zeigen verhältnismäßig schlanke Zehen und markante Ballen.

GANGARTEN

Überwiegend Gehen. Verbringen wenig Zeit am Boden, weshalb zusammenhängende Trittsiegelfolgen selten sind. Die Schrittlängen wirken im Verhältnis zur Größe des Tieres kurz und die Spurbreiten eher groß. Die Trittsiegel sind oft leicht nach außen gekehrt.

SPECHTE

Picidae

Trittsiegel der Spechte sind äußerst selten. Dennoch können diese Vögel oft durch eine Vielzahl auffälliger Zeichen, wie Spechthöhlen, Fraßspuren und Exkremente, nachgewiesen werden (Seiten 692, 702 und 710). Als beispielhafte Art wird der Buntspecht (*Dendrocopos major*) behandelt.

TRITTSIEGEL

Buntspecht

» **L** 4,4–6,5 cm » **B** 1,8–2,5 cm

Asymmetrisch. Zehen 1 und 4 sind nach hinten gerichtet, sodass ein markantes X- oder K-förmiges Trittsiegel abgedrückt wird. Zehen 1 und 2 sind deutlich kürzer als Zehen 3 und 4. Dies ist typisch für alle Spechte. Die Zehen sind feingliedriger als die der Eulen, der Fußabdruck wirkt im Vergleich länglich und schlank. Grünspechte landen zur Nahrungsaufnahme auf dem Boden, da sie Ameisenhügel bevorzugen, die sie vom Boden aus zerstochern. Hier bestehen Chancen, Trittsiegel zu finden. Fußabdrücke des Schwarzspechts können neben umgefallenen rottenden Baumstämmen gefunden werden, welche der Specht nach Nahrung absucht.

GANGARTEN

Da Spechte sich äußerst selten am Boden aufhalten, sind nur vereinzelt Abdrücke zu finden. Ein vollständiges Spurbild habe ich bisher nicht gesehen.

≈ Grünspecht, rechts. Offenbach, Deutschland. Simone Roters.

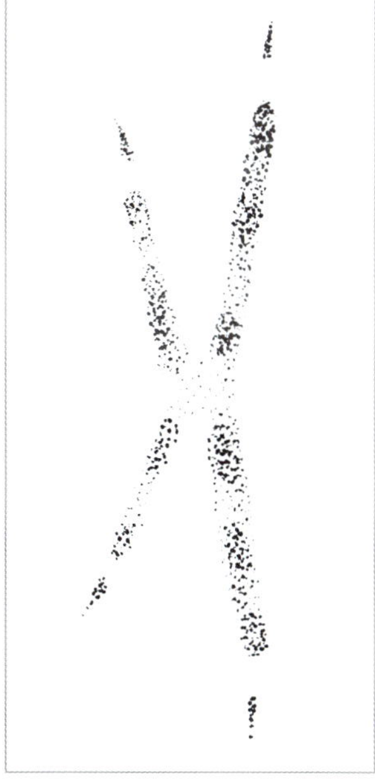

≈ Buntspecht, rechts.

ZEICHEN DER VÖGEL

Vögel hinterlassen eine Vielzahl unterschiedlichster Zeichen, von denen viele eher schwer zu bestimmen sind, während andere eindeutige Arthinweise liefern. Vogelzeichen können den Nachweis einer bestimmten Vogelart ermöglichen, selbst wenn keine Fußabdrücke zu finden sind, und häufig sagen sie auch etwas über die Lebensweise unserer Vögel aus.

Eine abgestorbene stehende Kiefer mit dem Fraßloch eines Buntspechts im Stamm, die Schnabelmarken im Holz und die am Fuß des Baumes kreisförmig angehäufte Rinde: Dies alles sind wichtige Zeichen, die eine Geschichte erzählen. Im Folgenden werden **Nester**, **Gewölle**, **Kot**, **Fraßspuren** und **andere Zeichen** behandelt. Für eine Bestimmung von Federn und Eiern bedarf es spezieller Fachliteratur.

NESTER

Viele Vögel bauen Nester, um ihre Eier warm zu halten und ihren Nachwuchs vor Räubern zu schützen. Durch unterschiedliche Bauweisen und die Verwendung nahezu aller geeigneten Materialien ist die Vielfalt an Nestern groß. Dennoch lässt sich eine überschaubare Anzahl verschiedener Nesttypen ausmachen. Im Folgenden werden neun häufige Nesttypen mit charakteristischen Beispielen beschrieben.

EINFACHE, FLACHE PLATTFORMEN AUS ZWEIGEN UND REISIG

Tauben (Columbidae)

Taubennester sind in der Regel einfach wirkende, flache Plattformen aus lose zusammengesteckten Zweigen und Reisig, die überwiegend in Bäumen, Sträuchern oder auf Felsen zu finden sind.

⩓ Das provisorisch wirkende Nest einer Ringeltaube. Midhurst, England.

Achtung!

Vögel sind während ihrer Brutzeit besonders geschützt. Laut Europäischer Vogelschutzrichtlinie gilt: „Nester und Eier dürfen nicht zerstört, beschädigt oder entfernt werden, auch die Vögel selbst dürfen, besonders während ihrer Brut- und Aufzuchtzeit, weder gestört noch beunruhigt werden." Bei allen hier abgebildeten Fotos wurde streng darauf geachtet, diese Vorgaben einzuhalten und die Vögel nicht zu stören. Bitte beachten auch Sie diese Richtlinien.

ÜBERDACHTE NESTER MIT SEITLICHEM EINGANG

Zaunkönig (*Troglodytes troglodytes*)
Das charakteristische Kugelnest des Zaunkönigs befindet sich meist bodennah bis etwa 2 m über dem Boden in dichtem Buschwerk, in Nischen innerhalb des Wurzeltellers von entwurzelten Bäumen oder in anderen überdachten Spalten, zum Beispiel an Böschungen oder alten Gebäuden. Das Nest hat eine ovale Kugelform mit seitlichem Eingang, ist ausgesprochen dickwandig und überdacht. Für den Bau werden Moos, trockenes Laub und kleinere Äste verwendet. Das Innere ist mit Federn ausgepolstert. Der Durchmesser beträgt etwa 13–18 cm, das Einflugloch misst ungefähr 2,5 cm im Durchmesser.

NAPFFÖRMIGE NESTER IN BUSCH ODER BAUM

Amsel (*Turdus merula*)
Die Amsel baut ein napfförmiges Nest in Hecken, Sträuchern und Bäumen, meist etwa 2 m über dem Boden. Als Baumaterial verwendet sie dünne Zweige, Wurzeln, Gräser, Halme, trockenes Laub und Moos. Im Inneren werden feuchte Erde und Pflanzenteilchen zum Verfestigen benutzt. Der Durchmesser beträgt ungefähr 15–18 cm.

Singdrossel (*Turdus philomelos*)
Das Nest der Singdrossel ähnelt dem der Amsel, die Nestmulde ist jedoch innen gründlich mit Holzmulm ausgestrichen. Insgesamt kann ein Singdrosselnest dadurch ordentlicher wirken. Das meist stammnahe Nest findet sich häufig zwischen Astgabeln in einer Höhe von etwa 1,5–4 m über dem Boden. Der Durchmesser beträgt ungefähr 15–18 cm.

≈ Ein kugelförmiges Nest mit seitlichem Eingang ist typisch für den Zaunkönig. Vledder, Niederlande. René Nauta.

≈ Die Nester von Amsel und Singdrossel können am Holzmulm unterschieden werden, mit dem die Singdrossel ihr Nest innen ausstreicht. Bielefeld, Deutschland. Ulrike Quartier.

≈ Amselnest ohne Holzmulm. Spessart, Deutschland.

« Krähen nisten bevorzugt hoch oben in Laubbäumen. Gelnhausen, Deutschland.

Brutkolonien wie diese sind für Krähen charakteristisch. Gelnhausen, Deutschland. ︾

Saatkrähe (*Corvus frugilegus*)
Krähen legen massige, napfförmige Nester aus Ästen und Zweigen an. Das Nestinnere polstern sie mit Moos, Haar, Wolle oder Gras aus. Da Krähen Koloniebrüter sind, finden sich meist mehrere Nester, oft in Baumkronen hoher Laubbäume.

NAPFFÖRMIGE NESTER IN BAUMHÖHLEN ODER SPALTEN

Kleiber (*Sitta* spp.)
Kleiber nutzen meist vorhandene Baumhöhlen, Astlöcher oder Nistkästen zum Brüten. Die Höhleneingänge werden mit Lehm auf ein gewünschtes Maß verkleinert. Die Bezeichnung „Kleiber" leitet sich vermutlich von dem gleichnamigen mittelhochdeutschen Wort ab, das einen mit Lehm arbeitenden Maurer bezeichnete. Selbst Schwarzspechthöhlen können von diesen Vögeln übernommen werden. Im Mauerwerk des Kleibers kann man seine feinen Schnabelspuren erkennen.

Das Einflugloch dieser Kleiberhöhle wurde für Kleiber typisch mit Lehm auf die passende Größe verkleinert. Märkische Schweiz, Deutschland. »

NAPFFÖRMIGER BAU AUS LEHMKÜGELCHEN

Schwalben (Hirundinidae)
Die Familie der Schwalben ist für ihre charakteristischen Nester bekannt. Die häufig rundlichen Halbschalen aus Lehmkügelchen werden geschützt hoch oben an Wänden und unter Vorsprüngen gebaut. Der Eingang befindet sich gewöhnlich am oberen Rand. Klassische Fundorte sind unter Brücken, in Stall- und Kirchendächern sowie an allen geeigneten Wänden mit Vorsprüngen, die Schutz vor Niederschlag bieten.

Eine Ausnahme ist die **Uferschwalbe**. Sie legt zur Brutzeit Brutröhren in Abbruchkanten und Steilufern an. Klassische Fundorte sind Küstengebiete oder Kiesgruben mit festsandigen Wänden.

NISTHÖHLEN IN ERDHÄNGEN

Bienenfresser (*Merops apiaster*)
Bienenfresser legen ihre Nisthöhlen in trockenen Erdhängen an. Dafür graben sie 1–3 m tiefe, meist horizontale Röhren in das Erdreich. Oft sind Bienenfresser in Kolonien anzutreffen.

Dieses ehemalige Rötelschwalbennest wurde von einem Fahlsegler übernommen. Das große Einflugloch stammt vom Nachnutzer, der Einflugkamin links ist charakteristisch für Rötelschwalben. Nationalpark Coto de Doñana, Spanien. ︾

︽ Die Brutröhreneingänge von Uferschwalben in der Steilwand einer Kiesgrube. Märkische Schweiz, Deutschland.

Ein Teilnehmer einer Track&Sign-Evaluierung hat das Einflugloch zu dieser Brutröhre eines Bienenfressers entdeckt. Nationalpark Coto de Doñana, Spanien. ︾

Im Inneren eines solchen Tunnels finden sich oft ausgeworfene Insektenreste. Nationalpark Coto de Doñana, Spanien. ︾

Das leicht querovale Flugloch eines Buntspechts. »

BAUMHÖHLEN ÜBER DEM BODEN

Spechte (Picidae)

Angehörige der Spechte meißeln ihre Brut- und Schlafhöhlen in Baumstämme oder dicke Äste. Die Einfluglöcher können aufgrund ihrer Form und Größe gelegentlich zur Artbestimmung dienen. Die Einfluglöcher zu den Nisthöhlen des **Klein-** und **Mittelspechts** messen 3–3,5 cm im Durchmesser. Die Einfluglöcher des **Blutspechts** haben Durchmesser von etwa 3,5–5 cm. Der **Buntspecht** baut seine Nisthöhlen gewöhnlich in Baumstämmen ab 2,5 m Höhe mit Fluglochdurchmessern von etwa 4–6 cm. Beim **Grünspecht** misst der Fluglochdurchmesser etwa 6–7,5 cm und der Eingang zur Grünspechthöhle ist nahezu kreisrund. Der **Schwarzspecht** legt deutlich größere, hochovale Höhleneingänge an, die etwa 9–13 cm × 7,5–10 cm messen.

Graugansnest. Vledder, Niederlande. René Nauta. »

Ein Höckerschwan und sein Nest. Wissing, Deutschland. Raphael Fuchs. ≚

FLACHE MULDEN UND FORMLOSE NESTHAUFEN IN GEWÄSSERNÄHE

Graugans (*Anser anser*)
Gänse scharren flache Mulden in offener Lage oder nutzen vorhandene Mulden, die mit Daunen und kleinen Federn ausgepolstert werden. Außerdem können Halme und anderes Nistmaterial aus der Umgebung zum Einsatz kommen.

Höckerschwan (*Cygnus olor*)
Große, wassernahe Anhäufung des unmittelbar verfügbaren Pflanzenmaterials, oft werden Schilf, Reiser und Röhricht verwendet. Die Nestmulde ist in geringem Maße mit Daunen ausgepolstert.

GROSSE TELLERFÖRMIGE UND SCHWER ZUGÄNGLICHE NESTER

Als Horst werden die großen tellerförmigen, meist schwer erreichbaren, hoch in Bäumen oder auf Felsvorsprüngen und eher selten am Boden gebauten Nester von Greif- und Schreitvögeln bezeichnet. Sie bestehen aus Ästen, Zweigen und Stängeln. Während der Brutzeit werden häufig belaubte Zweige hinzugefügt.

Über Jahre verwendete Horste werden oft durch eingetragene, aufgehende Samen verfestigt und können dadurch sehr stabil werden. Nicht selten ist das Innere mit Tierhaaren oder Ähnlichem ausgepolstert.

Störche (Ciconiidae)
Störche bauen ihre großen flachen Nester aus Zweigen, Gräsern und Erde. Dabei werden bevorzugt erhöhte Plätze in Siedlungsähe wie etwa alte Schornsteine, Strommasten, Bäume und Felsen genutzt. Nester werden oft wiederverwendet und können sich zu umfangreichen Bauten mit mehreren Generationen von Störchen entwickeln.

≈ Geeignete Nistplätze werden oft von mehreren Generationen benutzt. Nationalpark Coto de Doñana, Spanien.

≈ Der Horst eines Habichts. Offenbach, Deutschland. Simone Roters.

AUSSCHEIDUNGEN

Bei Vögeln unterscheidet man zwischen zwei Arten von Ausscheidungen: Gewölle und Kot. Die Gewölle können aus verschiedenen unverdaulichen Beuteresten wie Chitinteilen, Fischschuppen, Haaren oder Knochen bestehen. Sie werden über den Schnabel ausgewürgt und deshalb auch „Speiballen" genannt. Vogellosung wird durch die Kloake ausgeschieden und besteht aus einer Mischung von Urin und Kot.

GEWÖLLE

Die Gewölle von Eulen sind für viele Naturforscher ein geläufiges Zeichen. Weniger bekannt ist, dass auch Vögel wie Raben, Krähen, Möwen, Reiher, Seeschwalben, Eisvögel, Ziegenmelker und Störche Gewölle ausscheiden. Selbst Kleinvögel wie Drosseln, Fliegenschnäpper, Rotkehlchen und Zaunkönige hinterlassen Gewölle, die mitunter nur die Größe eines Maiskorns haben. Viele Gewölle sind zerbrechlich und zerfallen schnell in ihre Bestandteile. Das sorgfältige Untersuchen eines Gewölles lässt in der Regel Rückschlüsse über seinen Verursacher zu und kann zum Beispiel etwas über die Zusammensetzung der Beute verraten. So können uns Gewölle wertvolle Informationen zu weiteren Arten in einem Lebensraum liefern, beispielsweise zur Größe lokaler Mäusepopulationen.

Eulengewölle eignen sich ausgezeichnet, um den Verursacher und die Zusammensetzung seiner Nahrung zu bestimmen, da die Magensäure im Verhältnis zu den Verdauungssäften anderer Greifvögel weniger scharf ist. Beutereste wie Knochen bleiben überwiegend intakt, sodass oft die Art und sogar die Anzahl erbeuteter Tiere bestimmt werden können. Aus diesem Grund werden Eulengewölle im Folgenden ausführlich behandelt. Die meisten anderen Gewölle lassen sich oft weniger genau bestimmen und werden lediglich mit den für verschiedene Vogelgruppen charakteristischen Merkmalen aufgeführt.

Eulengewölle

Gewöhnlich werden Gewölle vor der Nahrungsaufnahme ausgeschieden, um Platz für neue Nahrung zu schaffen. Abhängig von der aufgenommenen Nahrungsmenge werden in der Regel 1–2 Gewölle pro Tag ausgewürgt. Für die genaue Bestimmung sollte man auf Größe, Form, Farbe, Inhalt und seinen Zustand sowie den Fundort achten. Die aufgeführten Eulengewölle sind nach relativer Größe aufsteigend sortiert.

Eulengewölle von Säugetierkot unterscheiden

Die Eulengewölle können mit Säugetierkot verwechselt werden. Im Gegensatz zu diesem enthalten sie jedoch keine Obstreste und bestehen oft überwiegend aus Fell und Knochenresten. Fleischfresserkot hat in der Regel eine tonige, erdige Konsistenz und im Gegensatz zu den geruchsarmen Speiballen der Eulen einen unangenehmen Geruch.

Gewölle. Von links oben nach rechts unten: Sperlingskauz, Steinkauz, Sperbereule, Raufußkauz, Waldkauz, Habichtskauz, Schleiereule, Schneeeule, Bartkauz, Uhu. Spessart, Deutschland. »

GRÖSSE » Der ausgeprägte Geschlechtsdimorphismus sowie die Art und die Menge aufgenommener Nahrung beeinflussen die Größe eines Gewölles. Die Variationsbreite ist dementsprechend hoch und die Größe allein reicht nicht immer für eine eindeutige Bestimmung aus. Im Folgenden werden durchschnittliche Maße für die Länge angegeben. In der Regel liegt die Größe des Gewölles einer bestimmten Art innerhalb dieser Werte. Extreme Größenvariationen sind in Klammern dahinter angegeben und verdeutlichen den Überlappungsbereich mit den Gewöllen anderer Arten. Der Durchmesser ist zuerst als Variationsbreite aufgeführt, der Mittelwert des Durchmessers folgt in Klammern. Die meisten der hier abgebildeten Eulengewölle stammen aus dem Wildpark Eekholt in Deutschland, in dem alle Tiere die gleiche Nahrung erhalten haben. In freier Wildbahn variieren die Bestandteile nach Art, Jahreszeit und Habitat. Die Größenverhältnisse und die Formen der Gewölle sind beispielhaft und sollen eine Grundlage für die Unterscheidung von Eulengewöllen liefern.

Sperlingskauz (*Glaucidium passerinum*)
Klein. Selten. Lebt zurückgezogen in ruhigen, älteren Wäldern mit hohem Nadelwaldanteil, Alt- und Totholzbestand. Ist auf das Vorhandensein von Bruthöhlen angewiesen. Die Gewölle können hauptsächlich in Nisthöhlen gefunden werden. Häufig sind Knochen von drosselgroßen und kleineren Vögeln im Gewölle enthalten, zudem Überreste von Insekten, Fischen und kleinen Säugetieren. Charakteristisch sind die stark zerbissenen Knochen der Beutetiere (März 2007).
» **L** 2–2,8 cm (1,5–4,5 cm)
» **D** 1–1,5 cm (Ø 1,2 cm)

Steinkauz (*Athene noctua*)
Klein. Weit verbreitet. Der Steinkauz hat sich an die Kulturlandschaft angepasst, sodass seine Gewölle in Dorfnähe zu finden sind. Er nistet in geeigneten Hohlräumen von Bäumen, Mauern und Felsen und bevorzugt offene Regionen. Schlanke Gewölle, die zu Zeiten des Insektenflugs viele Käferreste wie Beine, Panzer und Flügel enthalten.
» **L** 2,5–3,8 cm (1,5–6 cm)
» **D** 1–1,8 cm (Ø 1,3 cm)

Raufußkauz (*Aegolius funereus*)
Klein. Selten. Der Raufußkauz ist auf Altholzbestände mit Bruthöhlen und angrenzenden offenen Flächen zum Jagen angewiesen. Die Gewölle sind bauchiger als beim Steinkauz und enthalten zu einem Großteil Überreste von Kleinsäugern, insbesondere von Mäusen. Insekten werden kaum aufgenommen, was einen weiteren wichtigen Unterschied zum Steinkauz darstellt.
» **L** 2,5–3,8 cm (1,8–6 cm)
» **D** 1–2 cm (Ø 1,5 cm)

Sperbereule (*Surnia ulula*)
Mittel. Selten. Die Sperbereule kommt überwiegend in der nördlichen Taiga und in Gebirgswäldern vor und ist auf Bruthöhlen und umliegende offene Flächen zum Jagen angewiesen. Im Sommer werden fast ausschließlich Wühlmäuse gefressen. Im Winter geht der Anteil an Kleinsäugern zurück und die Zahl der erbeuteten Vögel, wie beispielsweise Hasel- und Schneehühner, steigt deutlich an.
» **L** 3,5–4,8 cm (3–7,5 cm)
» **D** 1,5–3,5 cm (Ø 2,2 cm)

Schleiereule (*Tyto alba*)
Mittel. Weit verbreitet. Die Schleiereule meidet kältere Regionen und Gebirgsgegenden. An den Menschen angepasst wohnt sie in Gebäuden von Bauernhöfen, auf Dachböden

Sperlingskauz. Die Gewölle sind oft auffällig klein und verhältnismäßig fein. Spessart, Deutschland. ︾

Steinkauz. Die Gewölle des Steinkauzes sind oft relativ schlank. Spessart, Deutschland. ︾

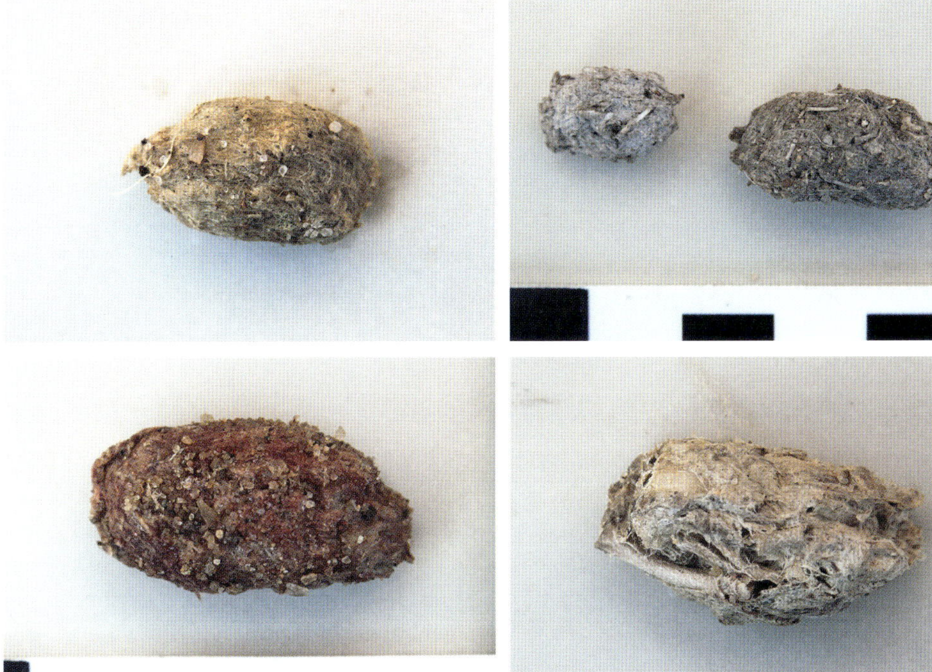

︽ Raufußkauz. Im Gegensatz zum Steinkauz sind die Gewölle in der Regel bauchiger. Spessart, Deutschland.

︽ Das seltene Gewölle der Sperbereule. Spessart, Deutschland.

und in Kirchtürmen, die sie als Tagesruhesitz oder Brutplatz nutzt. Dort sind ihre Gewölle relativ häufig zu finden. Sie unterscheiden sich durch einen Speichelüberzug von anderen Eulengewöllen. Frische Gewölle haben eine glatte, schwarze Oberfläche und wirken beinahe wie lackiert. Ältere Gewölle haben eine graue Farbe. Die Speiballen sind fest zusammengepresst, rundlich mit abgerundeten, stumpfen Enden. Schleiereulen erbeuten hauptsächlich Wühl- und Spitzmäuse, andere Eulenarten verschmähen Spitzmäuse in der Regel oder sie machen nur einen sehr geringen Teil ihrer Nahrung aus. Vögel und Lurche stellen nur einen geringen Teil des Speisezettels. Bei Beuteüberschuss legt die Schleiereule Nahrungsdepots an, die neben den Gewöllen ebenfalls am Brutplatz gefunden werden und mehr als 60 erbeutete Mäuse enthalten können.

» **L** 3,5–4,5 cm (2,5–8 cm)

» **D** 1,8–3,5 cm (Ø 2,6 cm)

Typischer Fundort: Kirchen, Bauernhöfe, in Dorfnähe

Sumpfohreule (*Asio flammeus*)
Mittel. Selten. Außer im Norden Großbritanniens sowie in Norwegen, Schweden und Finnland gibt es lediglich kleine Bestände in Europa. Die Sumpfohreule ist stark von Wühlmauspopulationen abhängig und lebt in tieferliegenden, feuchten und offenen, jedoch deckungsreichen Gegenden. Dazu gehören feuchte Wiesen- und Auenlandschaften,

Moore und küstennahe Dünenlandschaften. Die Gewölle sind meist etwas länger und wesentlich schlanker als die Gewölle der Schleiereule. Sie können im entsprechenden Lebensraum unter geeigneten Ansitzen, zum Beispiel Zaunpfosten, gefunden werden.

» **L** 3,5–5,5 cm (3–8,5 cm)

» **D** 1,5–3,5 cm (Ø 2,2 cm)

Waldkauz (*Strix aluco*)

Mittel. Weit verbreitet. Häufigste Eulenart Europas. Durch seine hohe Anpassungsfähigkeit finden wir den Waldkauz in einer Vielzahl von Lebensräumen. Bevorzugt werden Laub- und Mischwälder, er kommt jedoch auch in Gärten und sogar in städtischen Parkanlangen vor. Dennoch sind die Gewölle schwieriger zu finden als zum Beispiel die Speiballen der Schleiereule, da Waldkäuze oft die Tagesruheplätze wechseln und ihre Speiballen meist einzeln und verstreut im Gelände liegen. Die Gewölle enthalten in der Regel Reste von Kleinsäugern, Vögeln, Fröschen und Kröten sowie kleine Ästchen, Grashalme und Nadeln, sodass sie häufig unregelmäßig geformt sind. Sind Mäuse als Nahrungsquelle kaum verfügbar, kann der Waldkauz dies durch einen gesteigerten Vogelverzehr kompensieren.

» **L** 3,5–5,5 cm (3–8 cm)

» **D** 1,5–3 cm (Ø 2,4 cm)

Typischer Fundort: Wald und Park

Bei genauem Hinsehen kann man den für Schleiereulen charakteristischen Speichelüberzug erkennen. Spessart, Deutschland. ︾

Das Gewölle der Sumpfohreule ist meist länglicher als das der Schleiereule. Spessart, Deutschland. ︾

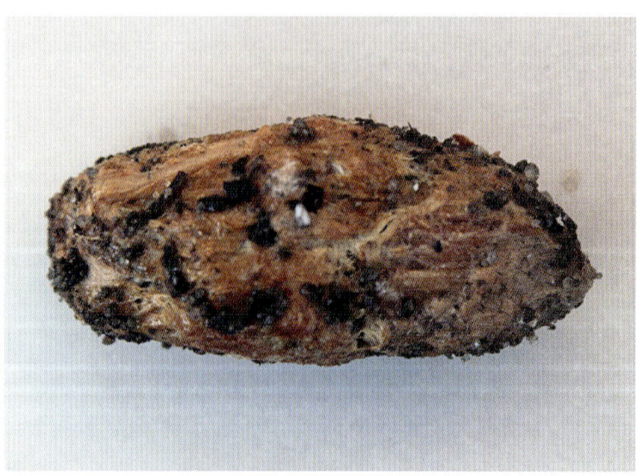

︽ Der Waldkauz wechselt häufig seine Tagesruheplätze, wodurch seine Gewölle meist einzeln und verstreut im Gelände zu finden sind. Spessart, Deutschland.

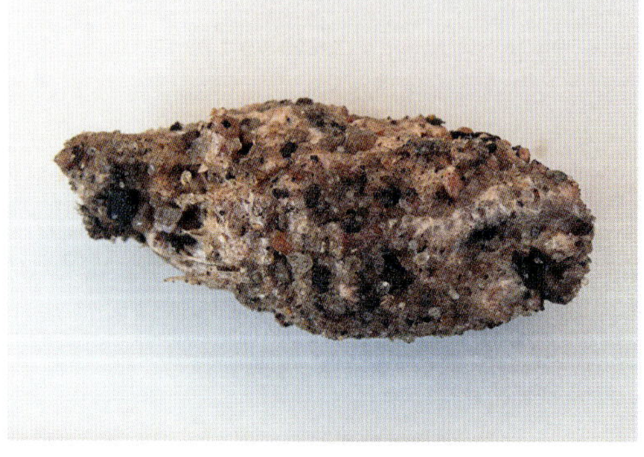

︽ Die Gewölle des Habichtskauzes sind gewöhnlich etwas größer als die des Waldkauzes. Spessart, Deutschland.

≈ Bartkauzgewölle enthalten hauptsächlich Überreste von Kleinsäugern. Spessart, Deutschland.

≈ Um das Gelege einer Schneeeule herum sind Massenfunde solcher Speiballen charakteristisch. Spessart, Deutschland.

Habichtskauz (*Strix uralensis*)
Groß. Selten. Das Hauptverbreitungsgebiet beschränkt sich auf den Nordosten Europas. Wie beim Waldkauz sind Massenfunde von Gewöllen eher selten, da auch der Habichtskauz keine festen Tagesruheplätze hat. Seine Speiballen sind tendenziell etwas größer als die des Waldkauzes. Große Waldkauzgewölle sind von denen des Habichtskauzes nicht zu unterscheiden.

» **L** 5,5–6,5 cm (3,5–10 cm)
» **D** 1,8–3 cm (Ø 2,5 cm)

Bartkauz (*Strix nebulosa*)
Groß. Selten. Das Hauptverbreitungsgebiet beschränkt sich auf die Nadelwald-Taiga im Nordosten Europas. In den Gewöllen finden sich vorwiegend Überreste von Kleinsäugern. Trotz seiner Größe fängt und frisst der Bartkauz lediglich etwa wühlmausgroße Beute. Vögel machen nur einen sehr geringen Teil seiner Beute aus. Außerhalb der Brutzeit kann ein deutlicher Anstieg der verzehrten Spitzmäuse vermerkt werden, ein ähnliches Verhalten zeigt auch die Schleiereule.

» **L** 6–7 cm (3,5–11 cm)
» **D** 2–3,8 cm (Ø 2,9 cm)

Schneeeule (*Bubo scandiacus*)
Sehr groß. Selten. Vorkommen lediglich in Schweden, Norwegen und dem Norden Finnlands. Lebensräume sind Berge oder Hochflächen (Fjell) oberhalb der Nadelbaumgrenze und die arktische Tundra. Die Hauptbeute der Schneeeule sind Lemminge, ihr Brutvorkommen ist deswegen eng mit den Bestandsschwankungen der Lemminge verknüpft. Das Gelege der Schneeeule ist eine einfache ausgehobene Mulde am Boden, um die herum sich oft große Mengen Kot und Gewölle finden. Durch diese Form der Düngung bildet sich eine markante, üppigere Vegetation um die Nestmulde herum. Zum Zerlegen ihrer Beute sucht die Schneeeule bevorzugte Plätze am Boden wiederholt auf. Massenfunde der Speiballen an solchen Stellen sind charakteristisch.

» **L** 7–8 cm (4,5–15 cm)
» **D** 2–4 cm (Ø 2,7 cm)

Uhu (*Bubo bubo*)
Sehr groß. Selten. Bewohnt verschiedenste Lebensräume, bevorzugt strukturierte Landschaften und felsiges Gelände für seine Bruthöhle. Der Uhu brütet auch in Steinbrüchen oder menschlichen Siedlungen. Er ist die größte Eulenart der Welt und vollständige

Gewölle sind durch ihre Größe in der Regel kaum mit anderen Eulengewöllen zu verwechseln. Die Speiballen des Seeadlers sind ähnlich groß, im Unterschied zu ihnen enthalten die Gewölle des Uhus jedoch oft verhältnismäßig große Knochen. Da der Uhu ein Nahrungsopportunist ist, finden sich in seinem Gewölle Überreste der Beutetiere, die in seinem Gebiet häufig sind. Grundsätzlich besteht ein wesentlicher Teil der Beute aus Mäusen und Ratten. Ebenso werden Wühlmäuse, Wildkaninchen, Feldhasen und Rebhühner erbeutet. In Küstengegenden gehören auch Fische und Meeresvögel zu seiner Nahrung. Auch Greifvögel und andere Eulen werden geschlagen. In Ausnahmefällen können die vollständigen Ober- und Unterschenkel von Feldhasen in einem Uhugewölle gefunden werden. Außerhalb der Brutzeit besteht der Großteil der Nahrung aus kleinerer Beute, vor allem aus Mäusen und Wühlmäusen.

» **L** 7–8,5 cm (4,5–16 cm)

» **D** 2–4,5 cm (Ø 3,4 cm)

Typischer Fundort: Steilwände.

Greifvogelgewölle

Im Unterschied zu den Eulen arbeiten die Verdauungssysteme der Greifvögel mit stärkeren Säuren, wodurch Knochen meist ganz aufgelöst oder wenigstens halb verdaut sind. In der Regel sind die Nahrungsreste schwer oder nicht bestimmbar. Oft kann nur eine

Vollständige Uhugewölle sind wegen ihrer Größe kaum mit anderen Eulengewöllen zu verwechseln. Dieses Gewölle ist frisch. Spessart, Deutschland. ≚

Uhugewölle sind eine ausgezeichnete Quelle für Kleinsäugerschädel. Hier ein altes Gewölle. Märkische Schweiz, Deutschland. ≚

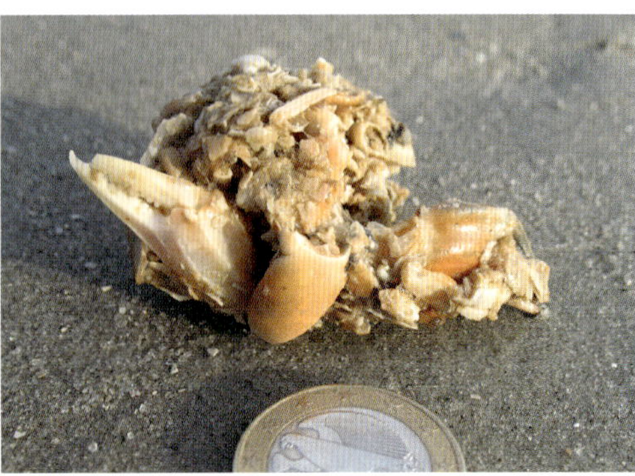

≙ Das Gewölle einer Möwe. Wangerooge, Deutschland. Ulrike Quartier.

≙ Gewölle eines Kolkraben. Die lockere Eiform ist typisch für Rabenvögel. Midhurst, England.

Das Gewölle eines Graureihers. Große, dicht zusammengepresste Gewölle aus Kleinsäugerfellresten und Federn sind typisch für Reiher. Maintal, Deutschland. Simone Roters. ≽

Eisvogel beim Auswürgen eines Speiballens. Niederlande. Jeroen Kloppenburg. »

fest verfilzte Masse aus Mäusehaaren und Federresten erkannt werden. Der Fundort und die relative Größe können gelegentlich ausreichend Hinweise für eine Artbestimmung liefern.

Möwengewölle

Durch die opportunistische Ernährungsweise vieler Möwen variieren Inhalt, Form und Farbe ihrer Gewölle stark. Wenn die Speiballen hauptsächlich aus tierischen Überresten von Insekten, Muscheln, Fischen, Krabben und Schnecken bestehen, sind sie in der Regel locker und fallen leicht auseinander. Setzen sie sich überwiegend aus pflanzlicher Nahrung wie beispielsweise Spelzen und Körnern zusammen, sind die Gewölle gewöhnlich fester. Die Form ist oft kurz zylindrisch oder fast kugelig. Typische Farben sind gelblich, gelbbraun, weiß-grau und grau.

Rabenvogelgewölle

Die meist gelblichen oder gelblich-braunen Gewölle enthalten eine Vielzahl an Bestandteilen. Typisch sind Samen, Grasspelzen, Insektenreste, Federn und Knochen. Charakteristisch sind der hohe Anteil an Pflanzenresten und eine lockere Eiform. Die Gewölle verschiedener Rabenvögel können nicht immer sicher voneinander unterschieden werden. Der Fundort und die relative Größe können aussagekräftig sein.

Reihergewölle

Die in der Regel fest zusammengepressten Gewölle bestehen überwiegend aus Kleinsäuger- oder Vogelresten. Fischreste werden meist vollständig verdaut. Selten sind kleine Knochenstücke enthalten, in der Regel bestehen Reihergewölle überwiegend aus Fell und Federn. Typische Fundorte sind Uferbereiche, Äcker und unter Horstbäumen.

Eisvogelgewölle

Die weißlichen Gewölle bestehen fast ausschließlich aus winzigen Fischresten. Sie sind zwischen 1–2 cm lang und etwa 1 cm breit. Da sie nach dem Ausscheiden gewöhnlich ins Wasser fallen und schnell in ihre Bestandteile zerfallen, findet man sie selten. Typischer Fundort sind Uferbereiche, auf etwas erhöhten Stellen wie Steinen.

KOT

Vögel scheiden Urin und Kot zusammen über ihre Kloake aus. Aus diesem Grund ist in der Regel ein weißer Urinüberzug oder eine krustige weiße Kappe auf dem Kot zu erkennen. Dieses Merkmal haben die Losung von Vögeln und die Exkremente von Reptilien gemeinsam. Im Folgenden werden fünf Hauptgruppen von Vogelkot unterschieden und Durchschnittsmaße für die häufigsten Arten angegeben.

Insektenfressende Vögel wie Spechte, Schwalben und Bachstelzen

Spechtkot allgemein besteht überwiegend aus den unverdaulichen Chitinresten von Insekten. Er ist walzen- oder J-förmig, von einem weißen Häutchen überzogen und markant.

Grünspechtlosung im Besonderen beinhaltet fast ausschließlich Ameisenreste und kann gewöhnlich in der Nähe von Ameisenkolonien gefunden werden. Morsche, tote und liegende Baumstämme mit verstreuten Holzresten und Spechtschlagspuren sind ein klassisches Zeichen für einen Grünspecht auf Nahrungssuche. Bei genauerem Betrachten lässt sich an solchen Stellen häufig auch der entsprechende Kot finden. Andere insektenfressende Vögel wie **Mehlschwalben** oder **Bachstelzen** hinterlassen kleinere, rundliche und harte Exkrementballen, die oft in größeren Mengen um das Nest herum gefunden werden können. Die Farbe variiert gewöhnlich zwischen grau, grau-schwarz und schwarz.

Pflanzenfressende Wasser- und Hühnervögel

Diese länglichen Exkremente bestehen fast ausschließlich aus Pflanzenfasern und haben oft eine entsprechend unregelmäßige, grobe Oberfläche. An einem der beiden Enden befindet sich meist eine weiße Harnkappe, die zur Unterscheidung vom Kot der Säugetiere dienen kann.

STOCKENTEN, GÄNSE UND SCHWÄNE » hinterlassen verhältnismäßig dicke, lange und an den Enden stumpfe Kotwalzen, die überwiegend aus Pflanzenresten bestehen, jedoch auch Überreste von Wirbellosen enthalten können. Gelegentlich werden auch formlose, breiige Fladen ausgeschieden. In beiden Fällen variiert die Farbe von grün, über grün-grau und braun bis dunkelgrau.

Grünspechtlosung ist oft J-förmig und von einem weißen Häutchen überzogen. Märkische Schweiz, Deutschland.

Nach Öffnung sehen wir, dass Grünspechtlosung fast ausschließlich aus Ameisenresten besteht. Mecklenburgische Seenplatte, Deutschland.

« Familie von Kanadagänsen, Jetzendorf, Deutschland.

≈ Kot von Stockente (oben), Graugans (Mitte) und Höckerschwan (unten). Durch die Größe eigentlich unverwechselbar, kann es ohne direkten Vergleich aber zu Unsicherheiten kommen. Deutschland. Aaron Tiedemann.

≈ Gänse kehren wiederholt an ihre bevorzugten Rastplätze zurück. Dadurch kann es zu auffällig ausgetretenen Stellen mit Ansammlungen von Kot und Federn kommen. Lausitz, Deutschland.

Stockente

» **L** 4–6 cm » **D** 0,7–1,2 cm

Graugans

» **L** 4–8,5 cm » **D** 0,8–1,7 cm

Höckerschwan

» **L** bis 18 cm » **D** 1,6–2,4 cm

HÜHNERVÖGEL » hinterlassen zwei Arten von Kot: Die erste ist die weich-zähflüssige, breiartige Blinddarmlosung, die relativ selten gefunden wird. Sie wird meist morgens und oft nur einmal am Tag ausgeschieden. Die Farbe variiert von oliv über dunkelbraun bis hin zu schwarz. Die zweite Art von Kot ist in der Regel leicht gekrümmt (C-förmig), walzenförmig und geruchsarm. Sie besteht gewöhnlich aus fest zusammengepresstem Pflanzenmaterial und wird in der Jägersprache „Gestüber“ genannt. Bei frischer Losung ist an einem Ende oft die weiße Urinkappe zu sehen. Die Farbe variiert von gelblich, gelbbraun bis braun. Werden Beeren gefressen, nimmt der Kot meist deren Farbe an. Bei größeren Mengen krautiger Bodenpflanzen in der Nahrung wird auch der walzenförmige Kot bisweilen breiartig und formlos. Während der Brutzeit können Hennen größere, meist faserige, feste und knollenförmige Brutlosung ausscheiden. Die Brutlosung ist eindeutig erkennbar und kann als Brutnachweiß gewertet werden. An den Nist- und Ruheplätzen sowie unter Schlafbäumen, können sich große Mengen der festeren, C-förmigen Losung ansammeln. Je nach Art kann die Kotmenge etwas über die Aufenthaltsdauer dort aussagen. Im Winter wird beim Birkhuhn etwa alle 10, beim Auerhuhn etwa alle 12 Minuten eine Kotwalze ausgeschieden.

Raufußhühner: Im Winter und Frühling besteht der Inhalt von **Haselhuhnkot** häufig aus Kätzchen von Birken, Erlen und Haseln. Der Kot ist in diesem Fall verhältnismäßig gelblich, dicht und fein. Der Kot des **Birkhuhns** besteht im Frühjahr überwiegend aus Birkenknospen. **Auerhuhnkot** sieht dem Birkhuhnkot ähnlich, ist jedoch deutlich größer. Im Winter bestehen die Kotwalzen des Auerhuhns fast ausschließlich aus Kiefernnadeln.

Haselhuhn

» **L** 1,2–2,6 cm » **D** 0,5–0,7 cm

Die Losung des Alpen- und Moorschneehuhns ist vergleichbar groß, tendenziell jedoch eher größer.

Birkhuhn

» **L** 2–3,8 cm » **D** 0,6–1 cm

Auerhuhn

» **L** 4–7,5 cm » **D** 0,7–1,4 cm

Bei ausgewachsenen Auerhühnern kann durch den ausgeprägten Größenunterschied des walzenförmigen Kots oft das Geschlecht bestimmt werden. Ein Durchmesser von 0,9 cm und kleiner kann der Henne zugeordnet werden. Ein Durchmesser über 1 cm stammt von einem Hahn (Gjerde 1990).

« Kot des Alpenschneehuhns (oben) und des Auerhuhns (unten). Aaron Tiedemann.

Die breiige Blinddarmlosung eines Fasans. Midhurst, England. John Rhyder. »

Der aus mehreren Kotwalzen bestehende knollige Kot eines Haushuhns. Extertal, Deutschland. »

« Fasanenkot kann C-förmig oder in dickeren Klumpen abgelegt werden, ist aber in der Regel ungleichmäßiger geformt als die Losung der Raufußhühner. Midhurst, England. John Rhyder.

Die Winterlosung des Auerhuhns besteht meist zu großen Teilen aus Kiefernnadeln. Sie ist sehr groß und hat eine grobe Oberfläche. Värmland, Schweden. »

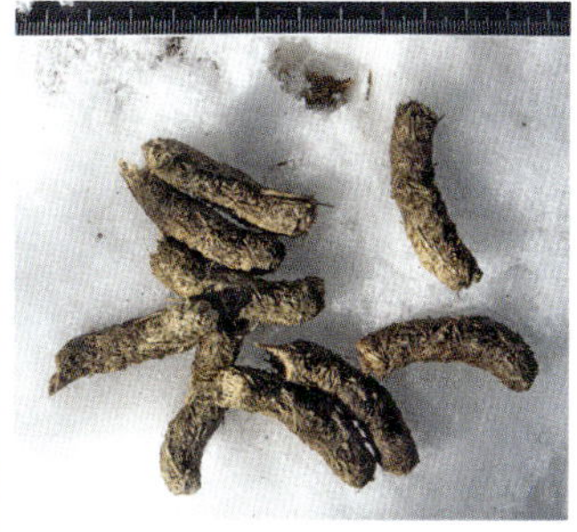

« Unter Schlafbäumen können sich große Ansammlungen der C-förmigen Auerhuhnkotwalzen finden. Jämtland, Schweden. Laura Gärtner.

Der Kot des Rothuhns besteht aus einer dickeren Ansammlung mehrerer dünner Kotwalzen und zeigt an einem Ende die weiße Harnkappe. Nationalpark Coto de Doñana, Spanien. »

Glattfußhühner: Typisch für die Losung von Glattfußhühnern ist **Rebhuhnkot**. Im Gegensatz zur C-Form der Raufußhuhnlosung besteht der Kot des Rebhuhns aus einer kugelförmigen Ansammlung mehrerer dünner Kotwalzen mit je einem spitzen Ende.

Der zuerst ausgeschiedene Teil mit eher abgerundetem Ende zeigt in der Regel eine weiße Harnkappe, während der Rest der Losung eher dunkel gefärbt ist. Rebhuhnkot ähnelt der Losung von Haushühnern, ist jedoch deutlich kleiner. **Fasanenkot** ist formähnlich, jedoch etwa doppelt so groß wie der Kot von Rebhühnern. Im Unterschied zum Kot der Raufußhühner besteht der Glattfußhühnerkot zu größeren Teilen aus Samen- und Grasresten. Nadelreste sind vergleichsweise selten. Ihr Kot ist ungleichmäßig zusammengesetzt und geformt. Zusätzlich ist der Fundort und somit ein bestimmter Lebensraum ein wichtiges Unterscheidungsmerkmal.

Fasan

» **L** 1,5–2 cm » **D** 0,4–0,5 cm

Der Kot von Wachtel, Steinhuhn, Rothuhn und Rebhuhn ähnelt dem des Fasans, ist jedoch nur etwa halb so lang und etwas dünner.

Samenfressende Vögel wie Drosseln, Finken und Tauben

Die Losung der Samenfresser besteht in der Regel aus Samen und Früchten. Sie ist meist halbfest, relativ klein und enthält viele unverdaute Samen. Die Farbe hängt vom Inhalt ab und ist häufig hellgrau, grau-blau, lila, rot oder schwarz. Werden Beeren und Wildfrüchte wie Hagebutten oder Holunder gefressen, ist der Kot oft vollständig in der entsprechenden Farbe gefärbt. **Amseln**, die sich zeitweise überwiegend von Holunderbeeren ernähren, hinterlassen einen typischen schwarz-lila-farbigen Kotklecks mit teilweise festen Bestandteilen. **Taubenkot** kann ein charakteristisches Aussehen haben, bei dem sich dünne Kotröhrchen zu einem rundlichen Haufen zusammenkringeln. Oft ist der weiße Harnfleck dabei mittig zu sehen.

Der „wahre" Grund für den Namen der Ringeltaube, so könnte man meinen, liegt in der Form ihres Kots. Hoher Fläming, Deutschland. Paul Wernicke. »

Unter Ruhebäumen können sich große Mengen Taubenkot ansammeln. Midhurst, England. ︾

Amselkot variiert stark mit der aufgenommenen Nahrung. Vledder, Niederlande. René Nauta. »

Amselkot, hier wurden überwiegend Samen gefressen. Vledder, Niederlande. René Nauta. ︾

︽ Eichelhäherkot variiert stark mit der aufgenommenen Nahrung. Hier wurden überwiegend Samen gefressen. Spessart, Deutschland.

Weißstorchkot ist überwiegend flüssig und formlos. Nationalpark Coto de Doñana, Spanien. »

Kot, Trittsiegel und Gewölle einer Möwe. Wangerooge, Deutschland. Ulrike Quartier. ≽

« Dieses Geschmeiß eines Mäusebussards wurde von links nach rechts gespritzt. Spessart, Deutschland. Laura Gärtner.

Reiher, Kormorane und andere fischfressende Vögel

Wenn sich Vögel hauptsächlich von Fisch ernähren, hinterlassen sie formlose, weiß-gräuliche Kleckse, die nach Fisch riechen. Die Brut- und Schlafbäume von Reihern und Kormoranen sind häufig von Kot weiß gefleckt. Der hohe Nährstoffeintrag aus den Exkrementen einer Kormorankolonie kann zum Absterben dieser Bäume führen.

Greifvögel und Aasfresser

Greifvogelkot ist flüssig und wird strahlartig vom Horst oder Ruheplatz zu Boden gespritzt. In der Jägersprache wird er deswegen auch „Geschmeiß“ genannt. Häufig sammeln sich in den Ästen und am Boden unter dem Horst auffällige weiße Kotkleckse. An beliebten Sitzplätzen können sich auffällige Ansammlungen der Kotkleckse von Eulen bilden. Im Gegensatz zu Greifvogelkot wird dieser nicht als kräftiger Strahl ausgeschieden, sodass eine Unterscheidung oft möglich ist.

FRAẞSPUREN

Vögel hinterlassen die verschiedensten Fraßspuren an Früchten und Beeren, Nüssen und Samen sowie an Zapfen, Pilzen, Muscheln, Schnecken und anderen Schalentieren, ferner an Bäumen, Federn, Kadavern und Knochen. Das wichtigste Werkzeug für die Nahrungsaufnahme ist ihr Schnabel, mit dem die Vögel hacken, stochern, bohren und kratzen. Die hierbei hinterlassenen Schnabelspuren sind häufig zu erkennen. Für die genaue Bestimmung einer Fraßspur gilt es zu unterscheiden, ob der vorliegende Nahrungsrest Zahnspuren von einem Säugetier oder Schnabelmarken eines Vogels aufweist, da Verwechslungen möglich sind. Einige Zeichen, wie beispielsweise die Fraßspuren der Spechte, sind sehr charakteristisch und eindeutig bestimmbar. Im Folgenden werden Beispiele von häufigen, markanten oder gut zur Bestimmung geeigneten Fraßspurtypen gezeigt und mögliche Fundorte aufgeführt.

SPUREN AN FRÜCHTEN UND BEEREN

Zum Nahrungsspektrum von kleinen und größeren Vögeln gehören die zahlreichen Beeren und Früchte wie Schlehen und Hagebutten, Äpfel, Birnen und Pflaumen. Selten ist eine artgenaue Bestimmung allein anhand der Fraßspur an den Früchten möglich. Grundsätzlich fressen Vögel wie Drosseln, Häher und Tauben das Fruchtfleisch größerer Früchte und lassen oft nur die Schale oder eine von dem Schnabel ausgehöhlte „Hülle“ zurück. Samenfresser wie Finken oder Kreuzschnäbel picken Öffnungen in das Fruchtfleisch, um an ihre eigentliche Beute, die Samen, zu gelangen.

Ein Eichelhäher hat an diesen Falläpfeln gefressen. Spessart, Deutschland.

Die vielen, kräftigen Schnabelmarken lassen das Werk eines Eichelhähers vermuten. Lausitz, Deutschland.

SPUREN AN NÜSSEN UND SAMEN

Vogelarten wie Kleiber, Elster, Dohle, Häher, Spechte, Kernbeißer, Kohlmeise oder Finken ernähren sich vor allem im Herbst und Winter von Samen und Nüssen. Eine Artbestimmung ist bei den hinterlassenen Fraßspuren häufig nicht möglich, allerdings können die Größe der Schnabelmarken sowie die Art der Bearbeitung gelegentlich einen Hinweis geben. Kräftige dreieckige Schnabelmarken an Haselnüssen, Walnüssen und Eicheln sind ein Zeichen für größere Vögel, zum Beispiel Eichelhäher, wohingegen sauber angelegte kleine Löcher eher auf kleinere Vögel, etwa Meisen, schließen lassen.

« Ein Specht oder Kleiber hat die tiefen Borkenspalten dieser Eiche wiederholt als Widerlager zum Öffnen von Haselnüssen verwendet. Märkische Schweiz, Deutschland.

Spechte und Kleiber klemmen Haselnüsse in Borkenspalten ein, um sie mit ihrem Schnabel bearbeiten zu können. Tendenziell sind die Löcher der Kleiber mit kleineren Schnabelmarken versehen als die Löcher, die ein Specht hinterlässt.

Kleinere Nüsse und Samen, wie Bucheckern oder Sonnenblumenkerne, sind für die Artbestimmung ungeeignet. Die Schalenreste finden sich teilweise in großen Ansammlungen und zusammen mit vielen kleinen weißen Kotklecksen in und unter beliebten Sitz- und Ruheplätzen sowie an Bäumen und Sträuchern.

SPUREN AN ZAPFEN

Buntspechte

Buntspechte (*Dendrocopos*) klemmen Zapfen in Spalten zwischen Borke, Felsen oder Baumstümpfen ein, um die Nadelbaumsamen zu fressen. Dieses Zeichen ist als „Spechtschmiede" bekannt und kann sehr auffällig sein. Die Zapfen werden mit der Spitze nach oben in einem geeigneten Widerlager verkeilt und dann die Zapfenschuppen mit dem Schnabel auseinandergehackt. Nachdem die Samen auf einer Seite gefressen sind, wird

« Meisen haben diese Sonnenblumensamen mit ihrem Schnabel geöffnet, um den Samen zu fressen. Spessart, Deutschland.

der Zapfen gelockert, gedreht, erneut befestigt und weiter bearbeitet. Dieses Vorgehen wiederholt der Buntspecht, bis ein Großteil der Samen verspeist ist. Auf diese Weise bearbeitete Zapfen haben ein charakteristisch zerzaustes Aussehen, die Zapfenschuppen stehen zu verschiedenen Seiten ab, sind intakt und der untere Bereich der Zapfen ist kaum bearbeitet. Die Mehrheit der Zapfenschuppen wird nicht von der Zapfenachse getrennt. Das unterscheidet sie von den von Mäusen und Eichhörnchen bearbeiteten Zapfen (Seite 164). Unter Spechtschmieden kann es zu beachtlichen Anhäufungen derart bearbeiteter Zapfen kommen.

Kreuzschnäbel

Im Gegensatz zu Spechten sehen die von Kreuzschnäbeln (*Loxia* spp.) bearbeiteten Zapfen weniger zerzaust aus. Während Spechte mit ihrem meißelartigen Schnabel auf den Zapfen hacken, reißen die Kreuzschnäbel der Länge nach einzelne Zapfenschuppen auf. Dadurch entsteht ein sorgfältig wirkender Längsschnitt, der die einzelnen Zapfenschuppen oft mittig teilt. Die namensgebende spezialisierte Schnabelform der Kreuzschnäbel macht dies möglich. Im vorderen Bereich

Ein gebrochener Kiefernstamm wird als Spechtschmiede verwendet. Am Boden häufen sich die bearbeiteten Zapfen. Bieszczady, Polen.

Auch Kiefernzapfen bekommen nach der Bearbeitung durch einen Buntspecht ein charakteristisch zerzaustes Aussehen. Spessart, Deutschland.

Nahaufnahme einer Spechtschmiede. Bieszczady, Polen.

kreuzen sich die langen, dünnen Ober- und Unterschnäbel. Dieses besondere Werkzeug wird bei seitlich geneigtem Kopf keilartig zwischen die Zapfenschuppen geschoben. Daraufhin wird der Unterkiefer kräftig seitwärts bewegt, sodass die Deckschuppe angehoben und der darunterklemmende Samen mit der Zunge ergattert werden kann. Beim Schließen oder Zurückziehen des Schnabels entsteht der charakteristische mittige Längsschnitt. Eine Ausnahme sind die besonders dicken Zapfenschuppen der Kiefernzapfen, die gewöhnlich intakt bleiben.

Von einem Buntspecht bearbeiteter Fichtenzapfen. Spessart, Deutschland. ︾

Von einem Fichtenkreuzschnabel bearbeiteter Fichtenzapfen. Spessart, Deutschland. ︾

« Beachten Sie die auffälligen Schnabelmarken auf der Pilzoberseite. Hunsrück, Deutschland. Simone Roters.

SPUREN AN PILZEN

Verschiedene Vogelarten wie **Häher**, **Stare** und **Drosseln** nehmen Pilzfleisch als Nahrung auf. Dabei werden häufig auch im Pilz lebende wirbellose Tiere gefressen. Ein deutliches Unterscheidungsmerkmal zum Pilzfraß der Säugetiere oder Schnecken sind die auffallenden dreieckigen Schnabelmarken auf der Pilzoberseite.

SPUREN AN MUSCHELN, SCHNECKEN UND ANDEREN SCHALENTIEREN

Austernfischer ernähren sich überwiegend von Herz- und Miesmuscheln, von Krebsen sowie von Napf-, Strand- und Wellhornschnecken. Weichere Muscheln werden mit den Füßen fest verkeilt und an der dünnsten Stelle mit dem Schnabel aufgeschlagen. Härtere Muscheln lassen die Vögel zum Öffnen wiederholt aus mehreren Metern Höhe auf harten Untergrund fallen. Eine weitere Technik besteht darin, ihre Schnabelspitze in leicht geöffnete Muschelschalen hineinzuschieben, um anschließend den hinteren Schließmuskel zu durchtrennen. Durch eine leichte Drehung und Öffnung des Schnabels kann die Muschel daraufhin geöffnet werden. Zurück bleiben auffällige Ansammlungen von Schalenresten. **Eiderenten** und **Brandgänse** ernähren sich ebenfalls von Muscheln und anderen Schalentieren, in ihrem Habitat können Bruchstücke von Schalen gefunden werden. Klassischer Fundort sind das Wattenmeer und andere Küstengebiete.

︽ Eine klassische Drosselschmiede. Lausitz, Deutschland.

︽ Teilnehmer des einjährigen Wildniswissen-Fährtenlesen-Lehrgangs untersuchen Schalenbruchstücke dieser Drosselschmiede. Märkische Schweiz, Deutschland.

Drosseln öffnen die Gehäuse von Schnirkelschnecken (Helicidae), um an das Schneckenfleisch zu gelangen. Sie nutzen dafür eine harte, meist leicht erhöhte Fläche, die sogenannte „Drosselschmiede", wie eine Art Amboss. In der Regel ist dies ein geeigneter Stein, aber auch Schienen von Bahngleisen oder Ähnliches kommen infrage. Die Drosseln halten das Schneckengehäuse am Schalenrand im Schnabel und schlagen es auf den Amboss. Um den Amboss verteilt finden sich oft größere Mengen von Schalenbruchstücken. Klassischer Fundort sind Wald- und Wegesränder mit geeignetem Amboss.

SPUREN AN BÄUMEN

Im Winter ernähren sich **Auerhühner** überwiegend von Nadeln und Knospen von Kiefern, Tannen und Fichten. Häufig werden bestimmte Bäume immer wieder genutzt, die dann deutliche Verbissspuren zeigen. Charakteristisch sind Bäume, die durch den Verbiss stark gelichtet erscheinen.

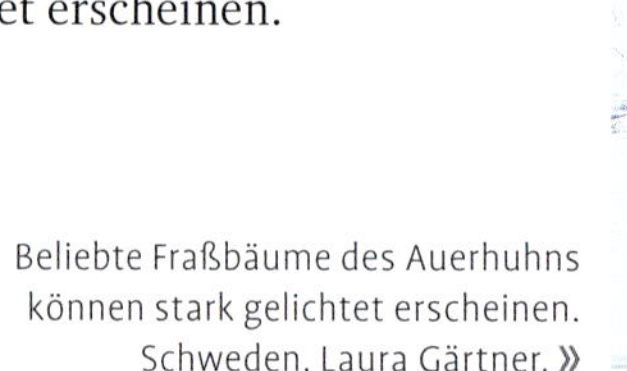

Beliebte Fraßbäume des Auerhuhns können stark gelichtet erscheinen. Schweden. Laura Gärtner. »

≈ Knospen und Äste bricht das Auerhuhn mit seinem kräftigen Schnabel ab. Schweden. Laura Gärtner

Auf der Suche nach Insektenlarven wurde dieser verrottende Baumstamm von einem Specht bearbeitet. Spessart, Deutschland. »

Buntspechte hinterlassen bekannte und markante, jedoch auch weniger bekannte, subtile Zeichen an Bäumen. Zu den auffälligen und häufigen Spuren gehören von der Rinde befreite, stehende abgestorbene Nadelbäume, meist Kiefern. Der Specht sucht nach darunter lebenden Insektenlarven. Die Rinde wird mit dem Schnabel und einer Kombination aus Schlagen, Hacken und Hebeln entfernt. Oft ist eine kreisförmige Ansammlung der Rinde am Boden und um den Stamm verteilt zu erkennen. Die Holzspäne sind in der Regel deutlich feiner als die des Schwarzspechts.

Die häufig im Holz zu erkennenden Löcher schlägt der Buntspecht mit seinem meißelartigen Schnabel, um verborgene Insektenlarven herauszuholen. Dazu benutzt er seine lange, mit kurzen Widerhaken versehene klebrige Zunge.

« Entrindete, tot stehende Nadelbäume wie diese Kiefer sind ein markantes Zeichen für die Arbeit eines Buntspechts. Spessart, Deutschland.

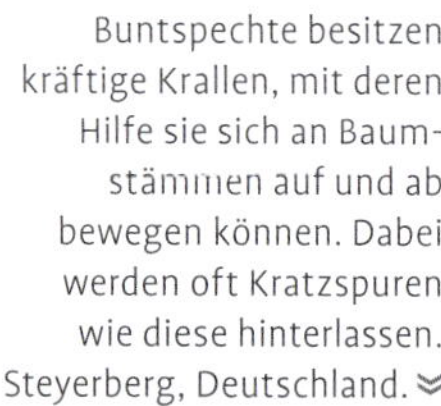

Buntspechte besitzen kräftige Krallen, mit deren Hilfe sie sich an Baumstämmen auf und ab bewegen können. Dabei werden oft Kratzspuren wie diese hinterlassen. Steyerberg, Deutschland. ≫

≪ Die Schlaglöcher des Großen Buntspechts sind deutlich kleiner als die großen Schlaglöcher des Schwarzspechts. Märkische Schweiz, Deutschland.

« Bei diesen quer zur Faser verlaufenden geraden und parallelen Doppellinien handelt es sich um die Schnabelmarken eines Buntspechts. Steyerberg, Deutschland.

Untersuchen wir das freigelegte Totholz eingehender, entdecken wir weitere Zeichen. Eine besondere Form von Schnabelmarke entsteht beim seitwärts gerichteten Hacken zwischen Rinde und Holz: Es wird eine feine, auffällig gerade und parallele Doppellinie im Totholz erkennbar, die quer zur Faserrichtung verläuft. Diese beiden Linien sind Spuren des Ober- und Unterschnabels.

Weiter können wir an solchen Bäumen auch Krallenkratzspuren vom Klettern finden. Im Gegensatz zu den Schnabelmarken hinter-

lassen die Krallen einfache und meist weniger gerade verlaufende Kratzspuren.
Auch verrottende, liegende Bäume stellen für Spechte eine wahre Speisekammer dar. Die Kombination aus Schlaglöchern und in viele Richtungen verteilten Holzspänen ermöglicht die Unterscheidung zu Baumstämmen, die ein Dachs oder ein Braunbär mit seinen Krallen aufgerissen hat (Seite 158). Häufig findet sich an solchen Futterplätzen auch Spechtkot, der als weiteres Indiz für die Artbestimmung hinzugezogen werden kann.

Von einem Schwarzspecht bearbeitete Kiefern können zu auffälligen Merkmalen in der Landschaft werden. Spessart, Deutschland. ︾

Rundliche, meist dicht nebeneinanderliegende Schlagmarken wie diese stammen von einem Buntspecht. Midhurst, England. ︾

︽ Ein Schwarzspecht hat das Nestkammersystem dieser holzbewohnenden Ameisen freigelegt. Bieszczady, Polen.

« John Rhyder erklärt das Buntspechtringeln während einer Cybertracker-Evaluierung. Midhurst, England.

Der größte Specht Europas, der **Schwarzspecht** (*Dryocopus martius*), ernährt sich im Sommerhalbjahr überwiegend von holzbewohnenden Ameisen, zum Beispiel den Rossameisen (*Camponotus*), die ihre Nestkammersysteme in abgestorbenen oder lebenden Bäumen anlegen. Der Schwarzspecht kann die Ameisen akustisch orten und mit seinem meißelartigen, kräftigen Schnabel tiefe, sehr große, rechteckige Löcher hacken, um an seine Beute zu gelangen. Diese Löcher können bis zu 50 cm lang und 10–20 cm breit sein. Auf dem Boden unter diesen Bäumen sammeln sich meist große, mehrere Zentimeter breite Späne.

Das sogenannte **Ringeln** ist eine vorwiegend im Frühjahr von **Buntspecht**, **Mittelspecht** und **Dreizehenspecht** verwendete Methode, um an die nahrhaften Baumsäfte zu gelangen. Dafür hackt der Specht Löcher in die Rinde, die sich anschließend mit Baumsaft füllen. Auf Ästen liegen diese Löcher meist in einer Reihe, während sie am Stamm oft horizontal und ringartig um den Stamm verlaufen.

FEDERN AUS RISS ODER RUPFUNG

Finden wir eine Feder, stellt sich oft die Frage, woher sie stammt und wie sie dorthin gelangte. Wurde sie erbeutet oder verloren? Einzelne unbeschädigte Federn verlieren Vögel aus verschiedenen Gründen, zum Beispiel in der Mauser. Funde größerer Federmengen sind in der Regel ein Hinweis auf

Überreste eines von einem Rotfuchs gerissenen Buntspechts. Märkische Schweiz, Deutschland. ≽

« Federn verschiedener Vogelarten. Beachten Sie die Schnabelmarken etwa in der Mitte des Federkiels. Offenbach, Deutschland. Simone Roters.

≈ Abgebissene Federkiele und vom Speichel zusammenklebende Federbüschel sind eindeutige Hinweise für einen Riss. Märkische Schweiz, Deutschland.

einen Riss oder eine Rupfung. Reißt ein Raubsäuger einen Vogel, werden kleinere Federn an den Federkielen abgebissen und größere Federn mit den Zähnen herausgezogen, dabei werden sie meist stark beschädigt. Oft können durch den Speichel zusammenklebende Federbüschel gefunden werden; bei fuchsgroßen und größeren Raubtieren sind häufig auch die Fahnen beschädigt.

Bei der Rupfung durch einen Greifvogel werden der Beute die Federn mit dem Schnabel herausgerupft. Oft ist eine Schnabelmarke, eine Kerbe, ein Knick oder sogar ein Bruch im Federkiel zu erkennen.

KADAVER UND KNOCHEN

Beim Fund von Kadavern und Knochen ist eine artgenaue Bestimmung des Verursachers nicht einfach und kann häufig erst mithilfe zusätzlicher Hinweise, wie der Art der Beute und des Lebensraums, vorgenommen werden. **Eulen** verschlucken ihre Beute meist ganz oder zerteilen größere Tiere in wenige Stücke. Sie rupfen nur wenige Federn aus und es bleiben kaum Überreste zurück. Für **Greifvögel** sind das Ausrupfen von Federn und das Köpfen ihrer Beute typisch, jedoch ist auch der Rotfuchs dafür bekannt. Vom übrigen Körper wird in der Regel zuerst das Brustfleisch gefressen.

Für das Rupfen wird die Beute meist an erhöhte Plätze, wie Baumstümpfe oder Zaunpfähle gebracht. Neben den gerupften Federn bleiben häufig Schnabel, Beine und Flügel zurück. Beutereste, die von einem Raubtier hinterlassen wurden, sind in der Regel stärker verteilt und zeigen meist zerbissene Knochen mit Zahnspuren.

Sperber und **Habichte** halten sich überwiegend im Wald auf. Der Sperber jagt vor allem baumbewohnende, kleinere bis drosselgroße Vögel, während der Habicht desöfteren auch Tauben und Enten schlägt. Die Rupfplätze sind sich sehr ähnlich, gewöhnlich in Deckung und erhöht wie auf einem Baumstumpf oder einem Erdhügel. Knochen werden zerbrochen und liegen gelassen. Vereinzelt können Spuren von Schnabelmarken an Knochenresten erkennbar sein.

^ Greifvögel fressen häufig zuerst den Kopf und das Brustfleisch ihrer Beute. Vledder, Niederlande. René Nauta.

^ Ein Mäusebussard hat diesen Maulwurf geschlagen und auf den Strohballen gelegt. Kurz darauf wurde der Bussard aufgescheucht. Offenbach, Deutschland. Simone Roters.

Mäusebussarde jagen vermehrt an Waldrändern und offenen Flächen wie Feldern und Wiesen. Ihre Beute besteht in der Regel überwiegend aus Nagetieren wie Mäusen und Eichhörnchen, aber auch Kaninchen, Hasen, Vögel, Amphibien und Reptilien können erbeutet werden. Grundsätzlich ist es wichtig, regionale und saisonale Besonderheiten zu berücksichtigen. So können jahreszeitliche Schwankungen auftreten und Mäusebussarde ernähren sich dann eher von Vögeln als von Kleinsäugern. Kleineren bis eichhörnchengroßen Säugetieren zieht der Mäusebussard das Fell ab, bei Kaninchen und Hasen wird es in Fetzen zerrissen. Knochen werden ganz gefressen oder in Stücke zerbrochen. Erbeutete Kröten öffnen Bussarde bauchseitig mit dem Schnabel, um sie dann von innen heraus zu fressen. Die Krötenhaut und Innereien bleiben zurück.

⮝ Die aufgespießte Beute eines Neuntöters. Lausitz, Deutschland.

Manche der **Würger** (Laniidae) legen Vorräte in Nahrungsdepots an. Sie fixieren ihre Beutetiere, etwa Mäuse und kleine Vögel, zu diesem Zweck zwischen Astgabeln oder spießen Insekten, Amphibien und Reptilien auf Dornen oder Stacheldraht. Klassischer Fundort sind Wald- und Wegesränder mit Dornenbüschen oder Stacheldraht.

Die als **Tintenfischschulp** oder auch Sepiaschalen bekannten „Rückenknochen“ verendeter Echter Tintenfische (Sepien) sind für viele Vögel beliebte Schnabelwetzsteine und eine Kalziumquelle. Die dreieckigen Schnabelmarken der Vögel unterscheiden sich deutlich von den Zahnfurchen kleiner Nagetiere. Klassischer Fundort sind Meeresstrände.

⮝ Tintenfischschulp. Beachten Sie die dreieckigen Schnabelmarken.

ANDERE ZEICHEN

SCHNABELMARKEN IM BODEN

Viele Watvögel besitzen lange Schnäbel, mit denen sie in lockeren Böden nach Nahrung suchen. Je nach Art und Schnabelform hinterlassen sie dabei charakteristische Bohrspuren. **Strandläufer** bewegen sich bei der Nahrungssuche schnell über den Boden. Dadurch entstehen verhältnismäßig flache und häufig in Zickzacklinien angeordnete Bohrspuren, welche die Fährte eines laufenden Vogels begleiten. Der **Große Brachvogel** hat einen über 10 cm langen und kräftigen Schnabel, mit dem er nach tief im Sand lebender Beute sucht. Der Vogel steht meist einige Zeit lang still, sodass sich eine Ansammlung tiefer Bohrlöcher zusammen mit einigen Fußabdrücken oder auf der Stelle tretenden Trittsiegeln finden lässt. Im Inland stammen die vielleicht bekanntesten Bohrspuren dieser Art von der **Waldschnepfe** und der **Bekassine**. Beide besitzen einen hochspezialisierten Sondierschnabel, der sich pinzettenartig öffnen lässt, sodass Beutetiere damit unter der Erde gepackt und herausgezogen werden können. Ergiebige Schlammflächen werden so gründlich abgesucht, dass sie anschließend an ein

Schnabelmarken wie diese sind charakteristisch für Bekassinen und Waldschnepfen. Die Vögel benutzen ihren langen Schnabel, um nach Nahrung zu bohren. Lausitz, Deutschland.

Eine Waldschnepfe hat hier den weichen Boden eines abgelassenen Fischteichs nach Nahrung sondiert und dabei markante Spuren hinterlassen. Lausitz, Deutschland.

Sieb erinnern können; dabei sind mehr als 20 Einstiche auf 5 cm² möglich. Diese auffälligen Sondierbohrungen können Hinweise auf das Vorkommen von Waldschnepfe und Bekassine liefern, auch wenn keine Trittsiegel vorhanden sind. Ihre Bohrlöcher sind feiner und kürzer als die des Brachvogels. Klassischer Fundort sind lockere, weiche Böden, zum Beispiel Strand- und Uferbereiche oder abgelassene Fischteiche.

Schwalben und andere Vögel wie **Kleiber** hinterlassen auch beim Sammeln von Baumaterial Schnabelmarken im Boden. Die Vögel picken Schlamm bevorzugt an lehmigen Pfützen auf, aus welchem sie die Ton- und Lehmklümpchen für den Nestbau formen. Im Gegensatz zu Sondierbohrungen sind diese Schnabelmarken im Boden deutlich flacher.

Eine Rauchschwalbe sammelt Lehmklümpchen für den Nestbau. Lausitz, Deutschland. Markus von Hacht. ︾

« Flache Schnabelmarken wie diese entstehen beim Sammeln von Baumaterial. Lausitz, Deutschland. Markus von Hacht.

STAUBBADEPLÄTZE

Staubbadeplätze werden in der Jägersprache auch „Huderpfannen" genannt. Hühnervögel sind für ihr Staubbaden bekannt, es kommt jedoch ebenfalls bei vielen anderen Vögeln vor. Um ein Staubbad zu nehmen, legen die Vögel durch Scharren mit den Läufen oder Picken mit dem Schnabel flache Mulden in trockenen, sandigen Böden an. Den Sand werfen sie, wie das Wasser beim Wasserbaden, mit den Flügeln auf- und über ihren Körper. Dies bewirkt eine mechanische Reinigung, die von Schmutz und Ektoparasiten befreit und den Fettgehalt des Gefieders reguliert.

Um eine solche Mulde herum lassen sich oft aufgeworfene Sandkörner auf der Vegetation finden. Das kann dabei helfen, Staubbadeplätze von Grabspuren zu unterscheiden. Vor allem im Sommer und Herbst finden sich zudem häufig Federn am Staubbadeplatz. In Gegenden mit wenig geeignetem Sand werden aufwärtsgerichtete Baumteller entwurzelter Bäume, Kies oder sogar Asche ehemaliger Feuerstellen genutzt. Staubbadeplätze sind meist rundlich und ihre Größe spiegelt etwa die Größe des Vogels wider.

VOGELGRÖẞE AM STAUBBADDURCHMESSER ABLESEN

STAUBBAD-DURCHMESSER	VOGELGRÖẞE
etwa 6–9 cm	etwa Haussperling
etwa 8–12 cm	etwa Amsel
etwa 13–17 cm	etwa Haselhuhn
etwa 10–20 cm	etwa Rebhuhn
etwa 20–30 cm	etwa Fasan
etwa 25–60 cm	etwa Auerhuhn (D > 50 cm weist dabei auf einen Hahn hin)

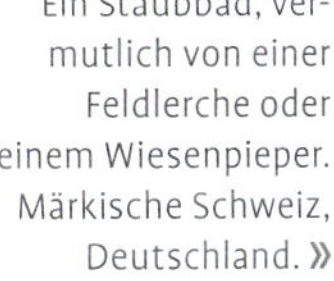

Ein Staubbad, vermutlich von einer Feldlerche oder einem Wiesenpieper. Märkische Schweiz, Deutschland. »

AMPHIBIEN UND REPTILIEN

AMPHIBIEN UND REPTILIEN

Krötenkot

Ich erinnere mich, wie überrascht ich war, als man mir zum ersten Mal Krötenlosung zeigte. Bis zu diesem Zeitpunkt hatte ich nicht darüber nachgedacht, dass auch Kröten Kot ausscheiden. Sofort war mein Interesse für die Spuren und Zeichen von Amphibien und Reptilien geweckt. Je mehr ich darüber lerne, desto häufiger finde ich Hinweise auf die Anwesenheit dieser faszinierenden Tiere, die mir zuvor weitestgehend verborgen blieben. Auch wenn ich manche Spuren oder Zeichen schon gesehen hatte, konnte ich sie nicht einordnen und ließ sie daher unbeachtet. Wie so oft nahm ich bestimmte Dinge erst wahr, nachdem ich wusste, worauf zu achten ist. Krötenlosung finde ich mittlerweile häufig, vor allem auch an Orten, an denen ich nicht damit gerechnet hätte. Wenn wir unser Verständnis vom Fährtenlesen erweitern, können wir einiges von dem Artenreichtum, den ökologischen Zusammenhängen und von den Geschichten der Bewohner eines Lebensraums erfahren, die uns sonst verborgen bleiben.

Mit etwa 250 verschiedenen Arten in Europa sind die Amphibien und Reptilien eine artenreiche Gruppe. Viele dieser Tiere reagieren besonders sensibel auf Umwelteinflüsse und können, als sogenannte Bioindikatoren, über sich verändernde Umweltzustände Auskunft geben. In diesem Teil werden Erkennungsmuster vorgestellt, um im Feld gefundene Spuren und Zeichen grob einordnen zu können. Eine artgenaue Bestimmung ist oft nicht möglich oder erfordert spezielle Fachliteratur. Der US-amerikanische Spuren- und Zeichenspezialist Filip Tkaczyk hat ein umfangreiches Buch über die Spuren und Zeichen der Amphibien und Reptilien Nordamerikas geschrieben. Ein vergleichbares Werk für Europa wurde meines Wissens bisher nicht veröffentlicht. Einige Spuren von Amphibien oder Reptilien können mit Säugetierspuren verwechselt werden, etwa die Trittsiegel von Kröten, die zum Beispiel den Fußabdrücken von Maulwürfen ähneln.

SPUREN

SALAMANDER UND MOLCHE

Salamandridae

Die Salamander und Molche oder Echten Salamander (Salamandridae) sind eine Famile der Schwanzlurche (Caudata), deren Vertreter aquatische bis terrestrische Lebensräume bewohnen.

TRITTSIEGEL

Angehörige der Echten Salamander haben in der Regel am Vorderfuß 4 und am Hinterfuß 5 Zehen, jeweils ohne Krallen. Die Hinterfüße sind etwas größer als die Vorderfüße, die Zehen verlaufen gerade und sind an den Zehenspitzen schmaler als an ihrem Ansatz. Da sich die Fußmorphologie vieler Salamander ähnelt, sollte man Verbreitungskarten, Lebensraum und Körpergröße als weitere Kriterien für eine genaue Bestimmung berücksichtigen. Salamander und Molche wiegen wenig und hinterlassen selten deutlich erkennbare Spuren.

Feuersalamander.

GANGARTEN

Salamander bewegen sich überwiegend in einem zurückbleibenden Schritt, indem die Hinterfüße hinter den Vorderfüßen derselben Körperseite aufsetzen. Ein Fuß-in-Fuß-Schritt ist ebenfalls möglich. Eine Studie aus den USA zeigte, dass Salamander nur symmetrische Gangarten wie Schritt und Trab und keinen Galopp oder Sprung verwenden (Petranka 1998). In seltenen Fällen können einige Salamander in einen übereilten Trab wechseln. Dies ist energieaufwendig und kommt nur in Notsituationen über kurze Strecken vor. Im Gegensatz zu den nach innen gewinkelten Fußabdrücken von Fröschen und Kröten zeigen die Abdrücke der Vorder- und Hinterfüße meist parallel zur Bewegungsrichtung. Charakteristisch für das Spurbild ist die Kombination von kleinen Fußabdrücken im Schritt mit einer hohen Spurbreite und einer meist deutlichen, wellenförmigen Schwanzschleifspur.

Spurenformel: 4v × 5H

Ein Bergmolch. Von unten betrachtet können wir die besondere Form der Zehen deutlich erkennen. Bielefeld, Deutschland. Ulrike Quartier. ︾

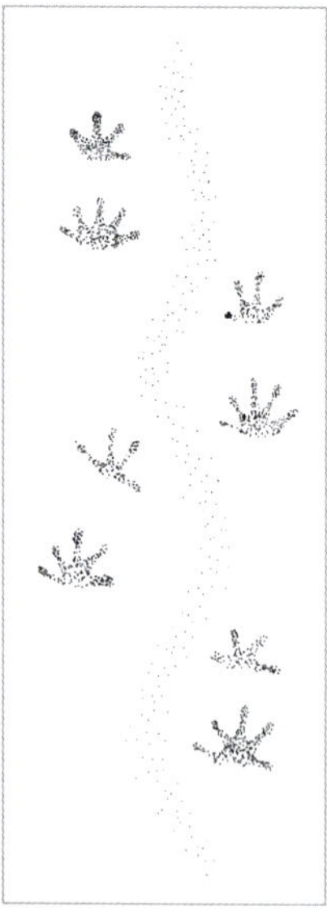

︽ Salamander in seiner bevorzugten Gangart, dem zurückbleibenden Schritt.

« Feuersalamander im zurückbleibenden Schritt. Die an der Basis breiter werdenden Zehen und die hohe Spurbreite sind charakteristisch für Salamander. Hainburg, Deutschland. Simone Roters.

FRÖSCHE UND KRÖTEN

Frösche und Kröten zählen zusammen mit den Unken zur Ordnung der Froschlurche (Anura), wenngleich sie taxonomisch nicht klar voneinander abgrenzbar sind.

« Wechselkröte.

TRITTSIEGEL

Frösche und Kröten haben am Vorderfuß 4 und am Hinterfuß 5 Zehen, jeweils ohne Krallen. Die meisten Arten besitzen mediale oder distale Schwimmhäute am Hinterfuß, die man jedoch nur bei geeigneten Bodenverhältnissen im Trittiegel erkennen kann. Die Hinterfüße sind deutlich größer als die Vorderfüße, da sie die Hauptantriebskraft für die Fortbewegung liefern.

Sitzender Frosch. Die unteren Trittsiegel stammen von den Hinterfüßen und sind im Feld häufig nur als schräg stehende Reihe von vier Punkten zu erkennen. ≫

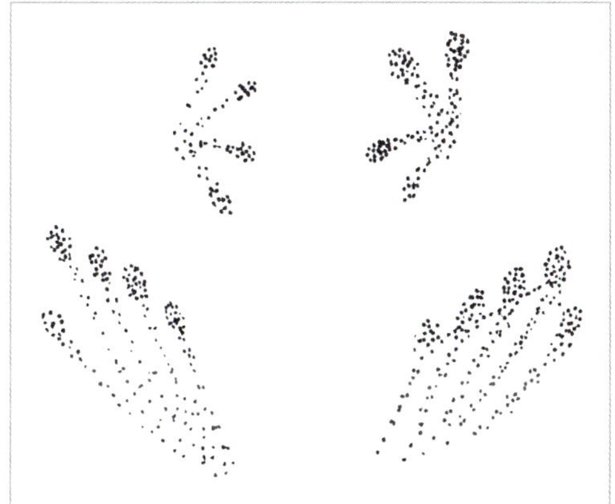

≪ Der nahezu vollständige Körperabdruck eines Frosches. Lausitz, Deutschland.

≪ Linker Hinterfußabdruck (unten) und linker Vorderfußabdruck (oben) einer Wechselkröte. Der nach innen gerichtete Vorderfußabdruck kann an ein „K“ erinnern. Lausitz, Deutschland.

Im Gegensatz zu anderen Froschlurchen hat die Familie der **Laubfrösche** (Hylidae) etwa gleich große Vorder- und Hinterfüße. Diese sind mit saugnapfartig vergrößerten Zehen ausgestattet, die ihnen beim Klettern helfen. Beide Merkmale sind wichtige Hinweise, um Laubfroschtrittsiegel zu bestimmen.

Angehörige der Familie der **Schaufelfußkröten** (Pelobatidae) besitzen glatte Vorder- und Hinterfüße mit stark ausgeprägten Schwimmhäuten an den Hinterfüßen.

Ihren Namen verdanken sie einem unmittelbar unter dem Ansatz der innersten Zehe (Zehe 1) sitzenden kräftigen und verhornten Fersenhöcker (*Callus internus*), der ihnen als „Grabschaufel“ dient. Der Abdruck dieser Grabschaufel kann wie der Abdruck einer sechsten Zehe wirken und ist ein eindeutiges Erkennungsmerkmal für Schaufelfußkröten.

Die Familie der **Echten Frösche** (Ranidae) besitzt lange, spitz zulaufende Zehen an den Vorderfüßen sowie dünne, lange Zehen an den Hinterfüßen.

Viele männliche Froschlurche haben während ihrer Fortpflanzungsperiode auffällige Brunstschwielen an den Innenseiten von Zehe 1, die ihnen einen festeren Halt bei der Paarungsumklammerung (Amplexus) ermöglichen. In perfekten Abdrücken kann man diese Brunstschwielen der Männchen zumindest saisonal erkennen und so das Geschlecht des Tieres bestimmen.

GANGARTEN

Frösche und Kröten bewegen sich entweder im Schritt oder hüpfend fort. Dabei sind die Vorderfüße nach innen gerichtet, sodass sie zueinanderzeigen. Die Hinterfüße stehen breiter auseinander und zeigen in der Regel nach vorne. Im Schritt werden, ebenso wie beim Schritt der Säugetiere, die diagonal gegenüberliegenden Vorder- und Hinterbeine entweder gleichzeitig oder einzeln bewegt. Die Hinterfüße bleiben in der Regel zurück, sodass sie hinter den Vorderfüßen aufsetzen.

Hüpfend drücken sich die Tiere so stark mit den Hinterbeinen ab, dass sie nach einer Flugphase zuerst mit den Vorderbeinen landen und die Hinterbeine dicht hinter den Vorderbeinen nachsetzen. Je nach Bodenbeschaffenheit kann beim Hüpfen auch der Abdruck des Bauches erkennbar sein. Frösche bevorzugen das Hüpfen, wohingegen Kröten sich überwiegend im Schritt fortbewegen. Das kann bei einer Unterscheidung zwischen Fröschen und Kröten helfen, allerdings können Kröten auch hüpfend und Frösche im Schritt eine Strecke zurücklegen. In der Regel sind die Sprünge einer Kröte kürzer als die eines Frosches. Außerordentlich weite Sprünge stammen von Fröschen. Im Gegensatz zu Molchen und Salamandern fehlen Schwanzschleifspuren.

Spurenformel: 4v × 5H

Eine Kröte im zurückbleibenden Schritt. Die nach innen gestellte K-Form der Vorderfüße in Kombination mit den diagonal zur Reiserichtung verlaufenden vier Punkten dahinter ist für Kröten charakteristisch.

Eine Kröte in ihrer bevorzugten Gangart, dem zurückbleibenden Schritt. Die Bewegungsrichtung verläuft von unten nach oben, die Fußfolge ist: RH, RV, LH, LV, RH, RV, LH, LV. Lausitz, Deutschland.

Die Schwimmspur eines Frosches. Die linken und rechten Hinterbeine stoßen sich abwechselnd ab. Lausitz, Deutschland.

ECHTE EIDECHSEN

Lacertidae

Die Echten Eidechsen sind in der Regel Bodenbewohner meist trockener Lebensräume und zählen zusammen mit den hier ebenfalls behandelten Gekkos und Schlangen zur Ordnung der Schuppenkriechtiere (Squamata).

Algerischer Sandläufer (*Psammodromus algirus*). Beachten Sie die tiefer sitzende Außenzehe (Zehe 5) am Hinterfuß. Nationalpark Coto de Doñana, Spanien.

TRITTSIEGEL

Eidechsen haben am Vorderfuß und am Hinterfuß 5 Zehen, jeweils mit Krallen. Alle vier Füße sind länger als breit, jedoch sind die Hinterfüße größer als die Vorderfüße. Die Zehen sind lang, schlank und häufig in sich gebogen. Die Zehen des Vorderfußes sind mehr oder weniger gleich lang, die beiden Außenzehen zeigen meist zu den Seiten und die Zehen 2–4 sind nach vorne gerichtet. Am Hinterfuß ist Zehe 4 am längsten. Auffallend ist die Position von Zehe 5 des Hinterfußes. Sie sitzt weiter hinten als alle anderen Zehen und steht um etwa 90° nach außen gerichtet. Eidechsen hinterlassen aufgrund ihres geringen Gewichts selten deutliche Spuren, am ehesten können sie in feinem, trockenem Sand gefunden werden.

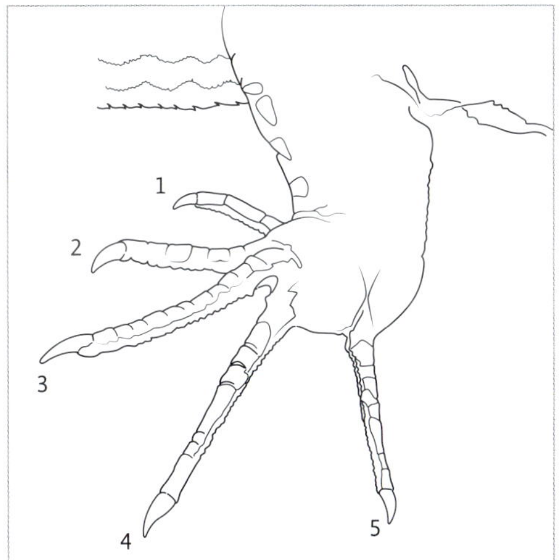

Eidechse, links hinten.

GANGARTEN

Eidechsen bewegen sich in denselben Gangarten wie Säugetiere mit grundsätzlich ähnlichem Körperbau und ähnlicher Größe. Einer der Unterschiede ist jedoch, dass sich ihre Wirbelsäule seitwärts, bei vierbeinigen Säugetieren hingegen auf und ab bewegt.

In der Regel bewegen sich Eidechsen in einem Schritt oder Trab fort. Je nach Geschwindigkeit bleiben sie dabei zurück, gehen Fuß in Fuß oder übereilen. Der zurückbleibende Schritt ist für Eidechsen eine seltene Gangart, die vor allem bei kühleren Temperaturen, im Zustand der Entspannung oder bei der Absicht, unbemerkt zu bleiben, vorkommt. Der Fuß-in-Fuß-Schritt ist die typische und bevorzugte Gangart für Eidechsen, es sei denn, größere Distanzen sollen rascher zurückgelegt werden. Als Übergang in einen Trab kommt für gewöhnlich der übereilte Schritt vor. Ob es einen zurückbleibenden Trab in dieser Tiergruppe überhaupt gibt, ist unklar, vermutlich traben Eidechsen zu schnell, als dass ihre Hinterfüße hinter den Vorderfüßen aufsetzen könnten. Ich habe bisher keine Eidechse im zurückbleibenden Trab gesehen. Der Fuß-in-Fuß-Trab und der übereilte Trab sind die häufigsten Gangarten unserer Eidechsen.

Aufgrund ihres Körperbaus galoppieren die Eidechsen nicht. Stattdessen gibt es eine besondere Form der Fortbewegung, das „zweibeinige Rennen". Dabei katapultieren die Hinterfüße das Tier so schnell und kraftvoll vorwärts, dass die Vorderfüße den Boden nicht mehr berühren. Dies ist die für Eidechsen schnellstmögliche Form der Fortbewegung, die meist nur über kurze Strecken verwendet wird. Da die Tiere oft in trockenen Landschaften vorkommen, sind Spuren mit hohem Detailreichtum ein seltener Fund. Oft bieten lediglich das Spurbild und die Gangart Hinweise, um den Verursacher zu bestimmen. Charakteristisch ist ein schnelles, teilweise ruckartiges Laufen, häufig mit Schleifspuren von Körper und/oder Schwanz.

Spurenformel: 5v × 5H + K

Eine Eidechse in ihrer häufigsten Gangart, dem übereilten Trab. ≫

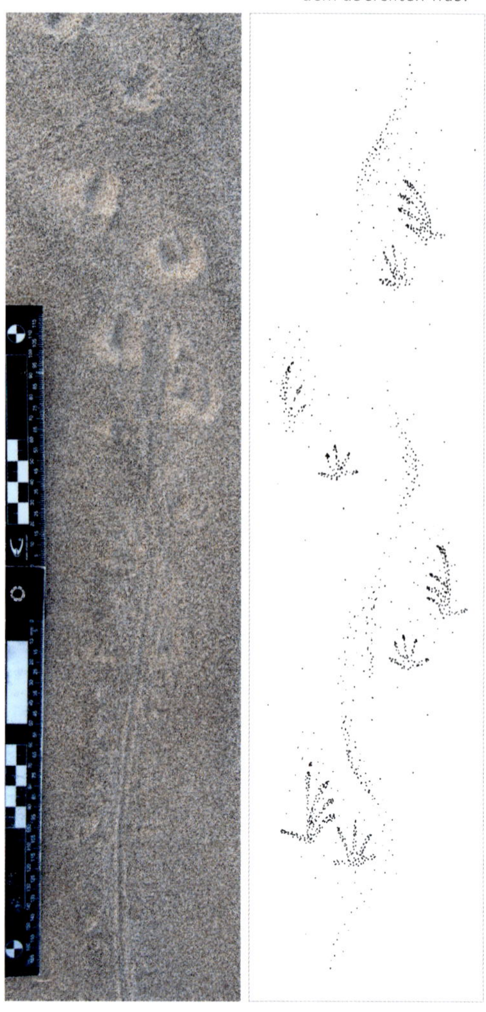

Eine Eidechse bewegt sich von unten nach oben und beschleunigt dabei vom Fuß-in-Fuß-Schritt in einen Fuß-in-Fuß-Trab. In der unteren Hälfte des Bildes ist die Schleifspur des Schwanzes zu erkennen. Nationalpark Coto de Doñana, Spanien. »

GECKOS

Gekkonidae

Mauergecko.

TRITTSIEGEL

Geckos haben am Vorderfuß und am Hinterfuß je 5 Zehen mit Krallen. Die Krallen sind zu klein und kurz, um sich im Trittsiegel abzudrücken. Zehe 4 ist länger als Zehe 3, die Zehenspitzen verbreitern sich und sind mit klebrigen Lamellen bedeckt, welche dem Gecko ermöglichen, selbst an glatten Glasflächen Halt zu finden. In deutlichen Trittsiegeln können diese Haftscheiben als kleine, kreisförmige Abdrücke an den Zehenballen zu erkennen sein. Im Vergleich mit anderen Eidechsen wirken die Zehenabdrücke eines Geckos verhältnismäßig kurz und breit. Der Mittelfußballen ist klein und meist nicht sichtbar, selten ist er als ein kleiner Bereich zwischen den Zehen zu erkennen. Der Vorderfuß ist mehr oder weniger symmetrisch und die 5 Zehen sind fächerförmig angeordnet. Der Hinterfuß ist etwas größer als der Vorderfuß, eher asymmetrisch und Zehe 5 ist beinahe um 200° nach hinten gerichtet.

GANGARTEN

Geckos bedienen sich derselben Gangarten wie andere Eidechsen. Im Regelfall landen die Hinterfüße weiter außen als die Vorderfüße. Die Schwanzschleifspur ist tendenziell seltener zu erkennen, da die Tiere ihren Schwanz beim Gehen vom Boden abheben. Schleifspuren des Schwanzes können überwiegend bei einem vollständigen Halt oder bei abrupten Richtungswechseln zu sehen sein.

Spurenformel: 5v × 5H + K

SCHLANGEN

Serpentes

Die im Gebiet vorkommenden Schlangenfamilien umfassen Blindschlangen (Typhlopidae), Boas (Boidae), Nattern (Colubridae) und Vipern (Viperidae).

« Kreuzotter.

FORTBEWEGUNG UND SPURBILDER

Schlangen sind die einzigen hier behandelten Tiere, die keine Beine und keine Füße besitzen. Dadurch ist ihre Fortbewegung außergewöhnlich und interessant. Grundsätzlich können Europas Schlangen vier verschiedene Formen der Fortbewegung verwenden.

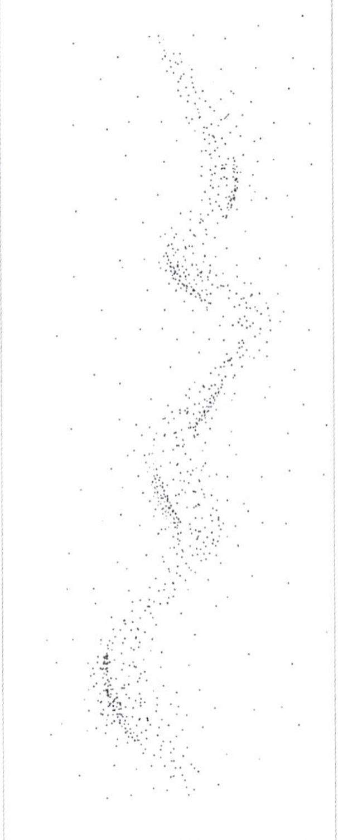

« Schlängeln.

« Beachten Sie den Außenrand dieser schlängelnden Fährte. Die höheren Aufschübe geben einen Hinweis auf die Bewegungsrichtung der Schlange. Nationalpark Coto de Doñana, Spanien.

Das **Schlängeln** in einer S-Form (horizontale Wellen-Fortbewegung) ist die häufigste Fortbewegungsart. Dabei drückt sich die Schlange von beiden Seiten schräg nach vorne, die Seitenkräfte werden kompensiert und die Schlange bewegt sich vorwärts. Am Boden bleibt eine Art Sinuskurve zurück. Der Außenrand einzelner Schlingen kann einen erhöhten Aufschub von Substrat zeigen. Werden mehrere dieser Aufschübe zusammen betrachtet, kann dies dabei helfen die Richtung der Fortbewegung zu bestimmen.

Beim **geraden Kriechen** bewegt sich die Schlange durch periodische Wellen von Muskelkontraktionen und mithilfe ihrer großen Bauchschuppen, indem sie deren Ränder in den Boden stemmt und ihren Körper in einer überwiegend geraden Linie nachzieht. Dabei wird nur wenig auffälliges Substrat hinterlassen, an dessen Platzierung eine Bewegungsrichtung erkannt werden kann. Richtungsanzeigende Aufschübe können vor allem an Stellen beobachtet werden, an denen die Schlange ihre Fortbewegungsrichtung ändert. Das gerade Kriechen ist eine vergleichbar langsame Form der Fortbewegung und vor allem für größere Schlangen mit schwerem Körperbau typisch. Auch lange, schlanke Schlangen können gerade kriechen, vor allem wenn sie langsamer werden oder kurz vor einem Halt. Das gerade Kriechen wird überwiegend verwendet, um langsam und unbemerkt in Deckung zu gelangen. Schlangen, die sich bedroht fühlen oder erregt sind, wechseln gewöhnlich zu einer schnelleren Fortbewegungsart.

Das **Seitenwinden** (sinuös-laterale Fortbewegung) ist eine ungewöhnliche Fortbewegungsart, bei der die Schlange den vorderen Teil ihres Körpers vom Boden abhebt und ihn ein Stück weiter seitlich wieder absetzt. Gleichzeitig kommt es zu einer S-kurvigen Bewegung vom Kopf in Richtung Schwanz, wodurch sich der Körper diagonal vorwärtsbewegt. Nur ein geringer Teil der Körperoberfläche berührt dabei den Boden. Dies hinterlässt ein auffälliges Spurbild, das wie eine Aneinanderreihung diagonal zur Reiserichtung und mehr oder weniger parallel zueinander verlaufender Linien aussieht. Die einzelnen Linien können an eine J-Form erinnern, wobei die Spitze der unteren Schlinge des J in Reiserichtung zeigt.

Eine Schlange hinterlässt beim Seitenwinden eine charakteristische Spur im Sand. »

Im Seitenwinden zeigt die Spitze der unteren Schlinge des J in Reiserichtung. Die feinen Linien am anderen Ende sind Schwanzschleifspuren und nur gelegentlich zu erkennen. »

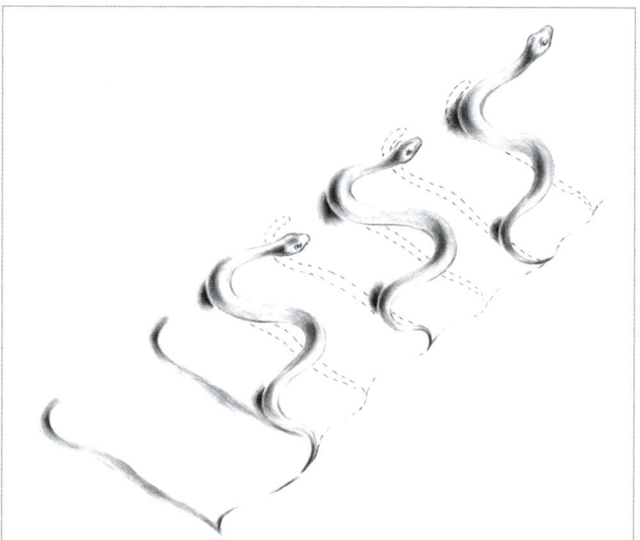

Vor allem lange, dünne Schlangen bewegen sich seitenwindend, wenn sie schnell vorwärtskommen wollen. Dabei kann eine feine, schmale Linie zwischen den ansonsten klar voneinander getrennten, diagonal verlaufenden Linien erkennbar sein. Vor allem wüstenbewohnende Schlangen scheinen diese Gangart zu nutzen, um sich rasch über heißen, losen Sand zu bewegen. Ein klassisches Beispiel dafür ist die giftige Stülpnasenotter (*Vipera latastei*), die auf der Iberischen Halbinsel vorkommt. Es ist unwahrscheinlich, dass große Schlangen mit schwerem Körperbau sich seitenwindend fortbewegen, da sie dafür immer wieder große Teile ihres Körpers vom Boden heben müssten. Dadurch können zum Beispiel in Teilen Andalusiens giftige von ungiftigen Schlangen unterschieden werden. Die ungiftige Treppennatter (*Zamenis scalaris*) ist größer und behäbiger als die Stülpnasenotter. Zwar können sich beide schlängelnd fortbewegen, die Stülpnasenotter würde für höhere Geschwindigkeiten jedoch das Seitenwinden bevorzugen. Da in dieser Region keine ungiftige Schlange vorkommt, die sich seitenwindend fortbewegen würde, kann die Art der Fortbewegung einen Hinweis darauf geben, ob es sich um die Fährte einer giftigen oder ungiftigen Schlange handelt.

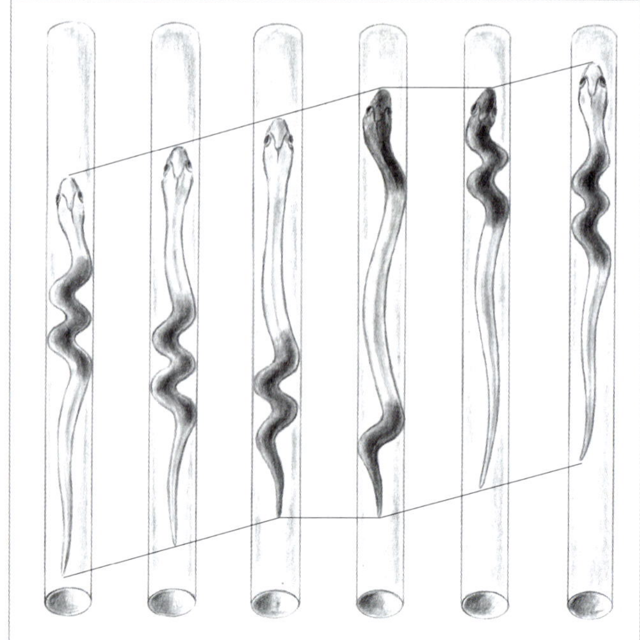

« Ziehharmonikabewegung einer Schlange.

Die **Ziehharmonikabewegung** ist eine Kombination aus horizontaler und geradliniger Bewegung, der wir im Feld äußerst selten begegnen. Dabei richtet die Schlange den hinteren Teil ihres Körpers nach vorne, sodass er fast parallel zum Vorderteil steht. Dieser schnellt daraufhin nach vorne und der Körper streckt sich. Anschließend sucht die Schlange mit ihrem Hinterteil Halt und der Vorgang beginnt erneut. Dies ist eine langsame Form der Fortbewegung, die zum Beispiel für das Klettern geeignet ist. Grundsätzlich gilt, dass Schlangen entsprechend ihres Körperbaus bestimmte Formen der Fortbewegung bevorzugen. Zusätzlich beeinflussen vor allem der Untergrund und die jeweilige Situation die Art ihrer Fortbewegung. Das Wissen darüber, welche Arten in einer Gegend vorkommen und welche „Gangarten“ diese Arten in welcher Situation bevorzugen, kann die artgenaue Bestimmung ermöglichen.

SCHILDKRÖTEN

Testudinata

Im Gebiet kommen Vertreter der folgenden Schildkrötenfamilien vor: Meeresschildkröten (Cheloniidae), Landschildkröten (Testudinidae), Altwelt-Sumpfschildkröten (Geoemydidae) und Neuwelt-Sumpfschildkröten (Emydidae).

Maurische Landschildkröte. »

TRITTSIEGEL

Schildkröten haben am Vorderfuß und am Hinterfuß 5 Zehen, meist mit kräftigen Krallen. Im Trittsiegel sind häufig nur 4 Zehen zu erkennen. Hinterfußtrittsiegel können quadratisch wirken. Meeresschildkröten verbringen nahezu ihr gesamtes Leben im Wasser und kommen lediglich zur Eiablage an Land. Ihre Füße haben sich zu paddelähnlichen Flossenarmen entwickelt. Landschildkröten halten sich fast ausschließlich an Land auf. Sie sind an ihre terrestrische Lebensweise angepasst, ihre Beine sind breit, säulenförmig und mit kräftigen, stumpfen Krallen versehen. Die Beine und Füße der Sumpfschildkröten haben sich für die Fortbewegung an Land und im Wasser entwickelt. Sie besitzen Schwimmhäute zwischen den Zehen und deutliche Krallen.

GANGARTEN

Grundsätzlich bewegen sich Schildkröten an Land ausschließlich im zurückbleibenden Schritt. Dabei ist eine hohe Spurbreite charakteristisch. Es können drei verschiedene Formen des zurückbleibenden Schritts unterschieden werden. Bei den ersten beiden handelt es sich um extrem zurückbleibende Schrittformen.

Der **vollständig zurückbleibende Schritt** kann vom Spurbild her an eine Fuß-in-Fuß-Gangart erinnern, da die Hinterfüße auf den Abdrücken der Vorderfüße landen. Im Gegensatz zu Fuß-in-Fuß-Gangarten wird hierbei jedoch nicht in den letzten, sondern in den vorletzten Vorderfußabdruck getreten. Die Hinterbeine bleiben so weit zurück, dass sie in die Vorderfußabdrücke der vorherigen Fußfolge treten. Dies ist die langsamste Gangart. Eine Schildkröte, die sich in dieser Weise fortbewegt, ist wahrscheinlich entspannt oder vorsichtig.

Der **halb zurückbleibende Schritt** ist etwas schneller und kann wie ein übereilter Schritt aussehen. Das täuscht jedoch, da die Hinterbeine lediglich die vorletzten Vorderfußabdrücke übereilen und stets hinter den zuletzt aufgesetzten Vorderfußabdrücken zurückbleiben.

Der **zurückbleibende Schritt** ist die am häufigsten verwendete Gangart der Schildkröten und mit dem zurückbleibenden Schritt vergleichbar, den viele Säugetiere oder auch Salamander verwenden. Dabei wird der Hinterfuß direkt hinter den kurz zuvor abgesetzten Vorderfuß platziert. Ein schneller zurückbleibender Schritt kann auf eine Flucht zum Wasser oder zur nächsten Deckung hinweisen.

In der Regel sind die Vorderfüße leicht einwärtsgekehrt, während die Hinterfußabdrücke eher parallel zur Reiserichtung verlaufen. Die an den Fußspitzen erkennbaren Krallenabdrücke können dabei helfen, die Reiserichtung zu bestimmen und Richtungsänderungen zu erkennen. Schleifspuren des Schwanzes und des Bauchpanzers (Plastron) sind oft sichtbar und können wichtige Hinweise für eine artgenaue Bestimmung liefern.

Spurenformel: 5v × 5H + K

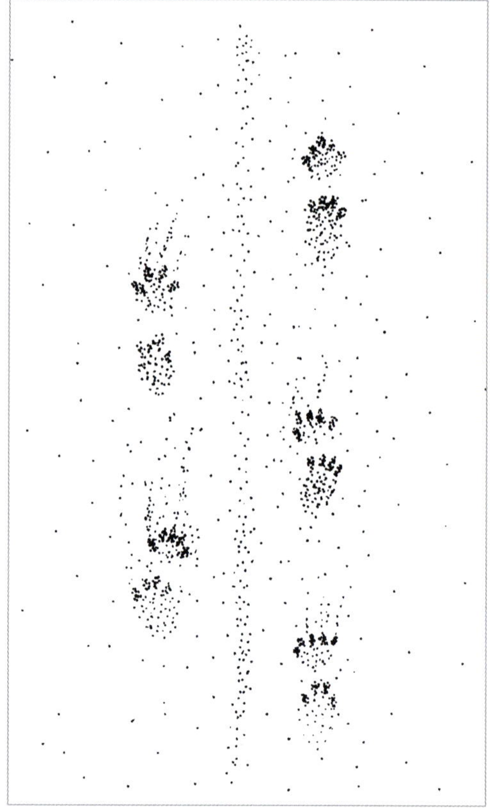

Schildkröte, zurückbleibender Schritt. »

ZEICHEN

Auch wenn keine Fußabdrücke zu finden sind, können Zeichen von Amphibien und Reptilien den Nachweis einer Art ermöglichen. Im Folgenden werden **Laich**, **Kot** und **Erdlöcher** ausgewählter Arten beschrieben. Für eine Bestimmung von Eiern bedarf es spezieller Fachliteratur.

LAICH

KRÖTENLAICH

Die Weibchen der Echten Kröten (Bufonidae) legen gallertige Laichschnüre ab. Als Laichgewässer dienen vor allem seichte, ruhige Gewässer wie Regenpfützen, Weiher, Teiche, Uferbereiche von Seen und langsame Fließgewässer. Die Eier sind in der Regel bräunlich oder schwarz und werden in Einzel- oder Doppelreihen abgelegt. Platzierung, Farbe, Größe der Eier, Länge der Laichschnüre und Jahreszeit können teilweise eine artgenaue Bestimmung ermöglichen.

Die Laichschnüre der **Erdkröte** (*Bufo bufo*) finden wir vor allem von Februar–April. Sie werden um Äste oder Wasserpflanzen gewickelt, sind 3–5 m lang und 5–8 mm dick. Darin befinden sich etwa 3000–8000 meist in einer Doppelreihe angeordnete schwarze Eier.

» **Eidurchmesser** 1,5–2 mm

Die in Doppelreihen abgelegten Laichschnüre einer Erdkröte. Hunsrück, Deutschland. Simone Roters. »

Die Laichschnüre der **Wechselkröte** (*Bufo viridis*) finden wir zwischen April und Juni. Sie sind meist 2–4 m lang und enthalten eine ähnliche Anzahl Eier wie die Laichschnüre der Erdkröte. Die Eier sind etwas kleiner als bei der Erdkröte und in der Regel bräunlich-schwarz.

» **Eidurchmesser** 1–1,5 mm

Kreuzkröten (*Bufo calamita*) legen ihre 1–2 m langen Laichschnüre aus 2800–4000 Eiern in einfachen Reihen von April–August und meist direkt auf dem Gewässergrund ab.

» **Eidurchmesser** 1–1,7 mm

Die Weibchen der **Schaufelfußkröten** (Pelobatidae) legen verhältnismäßig kurze und fast 1 cm dicke Laichschnüre ab, die sie zwischen Pflanzenstängeln unter Wasser befestigen.

Unken (*Bombina*) legen einzelne Eier oder bis zu 10 kleine Laichballen ab, welche aus maximal 30 Eiern bestehen. Sie können unter Wasser befestigt sein oder auf dem Gewässergrund liegen.

FROSCHLAICH

Von Februar–Mai können die klumpigen Laichballen von Echten Fröschen (Ranidae) gefunden werden. Im Gegensatz zu Krötenlaich besteht Froschlaich aus einer ballenförmigen Anhäufung von durchsichtigen Gallertkugeln, in deren Mitte je ein dunkles, meist schwarzes Ei zu erkennen ist. Als Laichgewässer werden seichte Stellen in Regenpfützen, Weihern, Teichen, Tümpeln und Gräben bevorzugt. Platzierung, Farbe, Größe der Eier und Laichballen sowie die Jahreszeit können teilweise eine artgenaue Bestimmung ermöglichen. In Europa sind die Eier der früh laichenden Arten eher dunkel und die der spät laichenden Arten eher hell gefärbt.

Der Laich des **Grasfrosches** (*Rana temporaria*) ist eine etwa faustgroße Masse, die aus etwa 1 cm großen Gallertkugeln besteht. In der Mitte jeder Gallertkugel befindet sich ein schwarzes Ei, an dessen Unterseite ein deutlich abgesetzter weißer Fleck erkennbar ist. Kurz nach der Ablage beginnen diese Laichballen aufzuquellen und an die Wasseroberfläche zu steigen. Der Laich der meisten anderen Arten bleibt hingegen in der Regel unter Wasser. Grasfrösche bilden Laichgesellschaften, wodurch oft große Bereiche der Wasseroberfläche mit Laichballen bedeckt sein können.

» **Eidurchmesser** 1,7–2,8 mm

Die Laichballen des **Moorfrosches** (*Rana arvalis*) ähneln denen des Grasfrosches. Die Eier sind allerdings eher bräunlich gefärbt und der helle Fleck an ihrer Unterseite ist weniger deutlich abgesetzt als beim Grasfrosch. Laichballen, Eidurchmesser und Gallertschichtdicke sind im Durchschnitt kleiner als beim Grasfrosch.

» **Eidurchmesser** 1,5–2 mm

Froschlaich. Frösche legen Laichballen ab, während Kröten Laichschnüre hinterlassen. Lehmkaute, Deutschland. Simone Roters.

⮝ Aufgequollene Laichballen von Grasfröschen steigen an die Wasseroberfläche und bedecken oft große Bereiche. Offenbach, Deutschland. Simone Roters.

Die Laichballen der **Laubfrösche** (Hylidae) sind nur etwa pflaumengroß und werden an Wasserpflanzen geheftet, sodass sie in der Regel unter Wasser bleiben.

STERNENROTZ

In Feuchtgebieten wie Sümpfen, Bruchwäldern und in der Nähe von Gewässern können wir überwiegend im Frühjahr Ansammlungen kugeliger kleiner Gebilde mit weißlichen Schleimklumpen finden. Dabei handelt es sich um die von einem Tier ausgewürgten Eier und den aufgequollenen Eileiter eines Frosches oder einer Kröte. Beutegreifer suchen im Frühjahr die Laichplätze der Amphibien auf, um leichte Beute zu machen, und speien die ungenießbaren Fortpflanzungsorgane wieder aus. In der Regel stammt dieses Zeichen von Mäusebussarden, es kann aber auch von anderen Beutegreifern wie Fischotter, Mink oder Iltis stammen. Der Name Sternenrotz (Sternschnuppe) kommt aus dem Volksmund und bezieht sich darauf, dass die Überreste „aus dem Himmel gefallen" zu sein scheinen. Das ist tatsächlich der Fall, wenn sie von einem Greifvogel stammen.

≈ Sternenrotz findet sich vor allem im Frühjahr nahe der Laichgewässer von Fröschen und Kröten. Jetzendorf, Deutschland.

KOT

KOT VON KRÖTEN

Krötenkot besteht überwiegend aus Insektenresten wie Ameisen oder Käfern und zeigt gewöhnlich eine entsprechend poröse Struktur mit rauer Oberfläche. Die kompakten und relativ dicken Kotpillen sind oft überraschend groß und können mit Igelkot verwechselt werden. Im Verhältnis ist Igelkot jedoch länger und dünner. Ein weiterer Hinweis auf Igelkot kann der unangenehme Geruch sein. Krötenlosung riecht milder oder ist geruchlos. In der Regel ist Krötenkot sehr leicht und zerfällt bei Druck in viele kleine Teile aus Insektenüberresten. Im Gegensatz zu Froschkot, der meist im Wasser abgesetzt wird, finden wir Krötenlosung auch weit entfernt von Gewässern, da Kröten trockene Umgebungen besser tolerieren können. Hat sich eine Kröte überwiegend von Ameisen ernährt, kann der Inhalt an Spechtlosung erinnern, Krötenkot ist jedoch deutlich dicker und der weiße Urinüberzug fehlt. Zudem ist die Losung einer Kröte weniger kompakt als Spechtlosung.

» **L** 2–4,5 cm » **D** 0,5–1,2 cm

KOT VON EIDECHSEN UND GECKOS

Eidechsen- und Geckokot besteht überwiegend aus den Exoskeletten von Insekten und zeigt gewöhnlich eine entsprechend grobe Struktur mit rauer Oberfläche. Ähnlich wie bei Vögeln sind die walzenförmigen Kotpillen an einem Ende von einem weißen Urinüberzug bedeckt. Die Urinausscheidung findet in der Regel zu Beginn der Kotabsonderung statt. Oft hängen beide Teile zusammen, sie können jedoch auch unabhängig voneinander gefunden werden. Im Vergleich ist Eidechsenkot eher länglich, während Geckokot relativ kurz, dick und an einem Ende leicht zugespitzt ist. Die Urinausscheidung ist meist sehr gering und mit der Losung verbunden. Geckokot findet sich oft an Hauswänden haftend, während Eidechsenlosung am Boden platziert wird. Die Größe des Kots hängt stark von der Körpergröße der Tiere ab. Typische Maße für Zauneidechsen (*Lacerta agilis*), Waldeidechsen (*Zootoca vivipara*), Fransenfinger (*Acanthodactylus erythrurus*) und Mauergeckos (*Tarentola mauritanica*) liegen zwischen:

» **L** 1–1,9 cm

Krötenlosung ist verhältnismäßig dick und besteht aus vielen kleinen Insektenteilen. Märkische Schweiz, Deutschland.

Eidechsenkot hat oft an einem Ende den charakteristischen weißen Urinüberzug. Spanien. Paloma Troya (SERAFO).

ERDLÖCHER

Kröten graben kleine Erdlöcher, um darin Schutz vor starker Sonneneinstrahlung zu finden. Diese Tagesverstecke sind in der Regel nur geringfügig größer als die Kröte selbst und liegen meist erhöht an Böschungen und Uferkanten sowie in Gewässernähe. Sie können jedoch auch in sandigen, grabfähigen Böden wie in Kiesgruben und vergleichbaren Brachflächen vorkommen. Das Eingangsloch ist oft halbkreisförmig.

Tagesversteck einer Kröte. Charakteristisch ist das halbkreisförmige Eingangsloch. Drehna, Deutschland. »

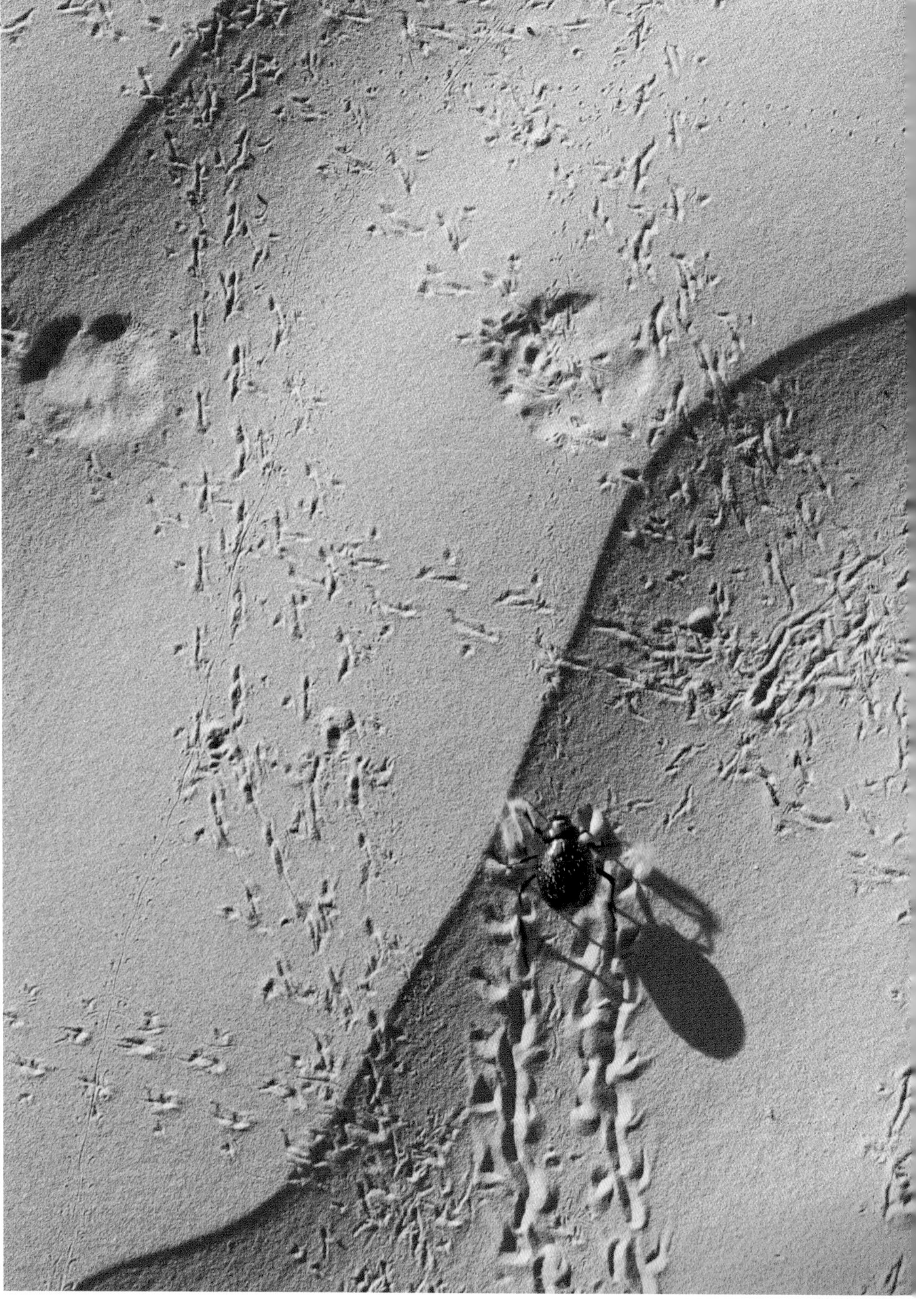

INSEKTEN UND
ANDERE WIRBELLOSE

INSEKTEN UND ANDERE WIRBELLOSE

„Nichts ist so unbedeutend, dass es keine Spuren hinterlässt oder ignoriert werden sollte.“

Mark Elbroch.

Die Welt der Insekten und anderen wirbellosen Tiere ist artenreich und vielseitig. Zusammengenommen stellen die Insekten den Großteil der Biomasse tierischen Lebens auf dem Festland. Dennoch wissen wir wenig über ihre Lebensweisen und entdecken immer wieder unbekannte Arten. Insekten und Wirbellose gehören zu den Tieren, die häufig übersehen oder sogar als lästig empfunden werden. Oft bleiben sie unbeachtet, obwohl sie eine entscheidende Rolle übernehmen, um Lebensräume im Gleichgewicht zu halten. Ein grundlegendes Wissen über ihre Spuren und Zeichen kann uns helfen, ökologische Zusammenhänge zu erkennen und Veränderungen innerhalb eines Ökosystems frühzeitig zu bemerken. In diesem Teil des Buches werden auffällige und häufige Spuren von Insekten und anderen Wirbellosen beschrieben. Außerdem werden Zeichen von Arten erwähnt, die eine wichtige Bedeutung für den Umweltschutz haben.

SPUREN

KÄFER
Coleoptera

Mistkäfer bei der Arbeit hinterlassen ein auffälliges Spurbild. Die gedrehte Kugel wird als Fraßpille zum eigenen Verzehr oder als Brutpille für die Eiablage verwendet. Daher kommt der Name „Pillendreher". Nationalpark Coto de Doñana, Spanien. »

Schwarzkäfer (Tenebrionidae) und **Blatthornkäfer** (Scarabaeidae) hinterlassen markante Spuren, die wir in trockenen, sandigen Gebieten Europas recht häufig entdecken können. Ihr Spurbild zeigt eine kontinuierliche Kette seitenwechselnder Dreiergruppen, welche aus den drei Beinen der jeweiligen Körperseiten bestehen. Die Abdrücke der Hinterbeine liegen in der Dreiergruppe am weitesten zurück. Sie sind meist lang und geradlinig und zeigen in der Regel gerade nach hinten. Die Abdrücke der mittleren Beine sehen ähnlich aus, sind jedoch stärker seitlich versetzt und befinden sich in der Dreiergruppe am weitesten außen. Die Abdrücke der Vorderbeine sind am kürzesten und können in verschiedene Richtungen zeigen, oft stehen sie leicht nach vorne gewinkelt und bilden den vordersten Abdruck innerhalb einer Dreiergruppe. In feinem, trockenem Sand können sich die Abdrücke der Vorder- und Hinterbeine einer Seite zu einer langen Linie verbinden, sodass die kürzeren Vorderbeinabdrücke teilweise schwer erkennbar sind. Manchmal besitzen die einzelnen Dreiergruppen eine Pfeilform, in diesem Fall zeigt der Pfeil in Reiserichtung.

» **Breite** Ø 1,5–3,5 cm

Ein besonderes Spurbild hinterlassen **Pillendreher** (*Scarabaeus*), wenn sie eine Mistkugel mit ihren Hinterbeinen rollen. In diesem Fall bewegen sich die Käfer rückwärts und die Abdrücke der vorderen Beinpaare stehen im Inneren des Spurbildes, das von zwei parallel verlaufenden Außenlinien begrenzt wird.

« Die Pfeilform einer Dreiergruppe von Beinabdrücken kann ein Indiz für die Reiserichtung sein. Hier lief ein Schwarzkäfer von rechts nach links. Nationalpark Coto de Doñana, Spanien.

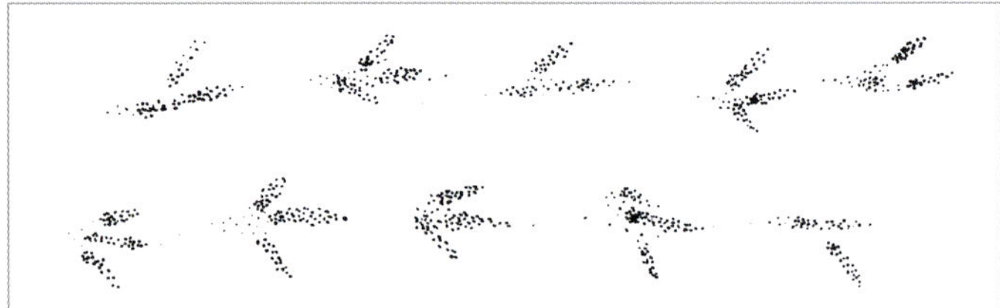

Käferfährten gibt es in den verschiedensten Größen. Die Bewegungsrichtung ist von rechts nach links. »

SCHMETTERLINGSRAUPEN UND ANDERE INSEKTENLARVEN

Lepidoptera und andere Insektenordnungen

Großer Frostspanner.

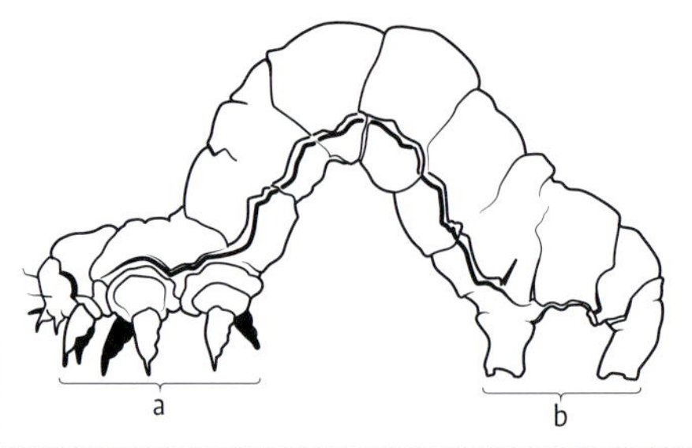

Beim Nachschieben der Bauchfüße werden die Abdrücke der echten Beine gewöhnlich zerstört. »

Raupen sind die Larven von Tag- und Nachtfaltern. In der Regel besitzen Raupen drei Beinpaare im Brustbereich ihres Körpers ⓐ. Je nach Art kommt zudem eine variierende Anzahl sogenannter „Bauchfüße" im hinteren Teil des Körpers hinzu ⓑ. Diese Hautausstülpungen sind nach unten saugnapfartig verbreitert und keine echten Beine, da sie keine Segmentierung aufweisen. Sie kommen in Bauchfußpaaren meist an Segment 6–9 vor und dienen der Fortbewegung. Das Nachschieben der hinteren Bauchfüße verleiht Raupen ihr typisches Fortbewegungsmuster. Die Abdrücke der echten Beine werden dabei von den Abdrücken der Bauchfüße zerstört.

Dadurch entsteht ein Spurbild, das aus einer Aneinanderreihung von Abdrücken der Bauchfußpaare besteht. Die Schrittlänge ist kurz und der Negativbereich zwischen den einzelnen Abdrücken ist gering. Die stark behaarten Larven der Bärenspinner (Arctiidae) hinterlassen zusätzlich feine Schleifspuren ihrer Haare an den Seiten des Pfades.

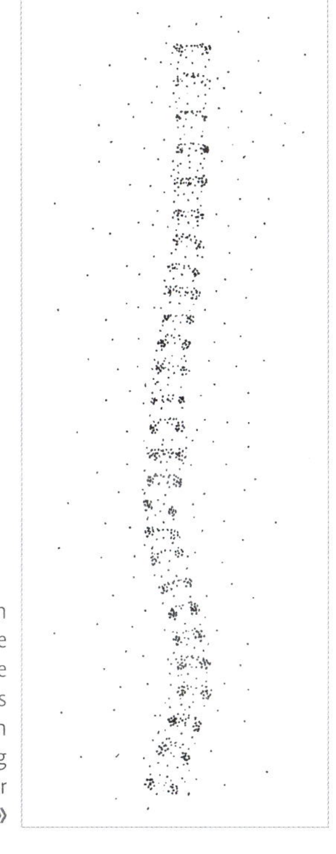

In perfekten Abdrücken ist gelegentlich eine Kante am vorderen Ende des vorderen Beinpaares zu sehen. Dadurch kann die Bewegungsrichtung bestimmt werden (hier von unten nach oben). »

« Beachten Sie den geringen Negativbereich zwischen den Abdrücken der Bauchfußpaare. Die Fährte einer Raupe kann an Bahngleise erinnern. Nationalpark Coto de Doñana, Spanien.

HEUSCHRECKEN

Orthoptera

Die Fährten der Heuschrecken wie Feldheuschrecken, Laubheuschrecken und Grillen ähneln denen der Schwarzkäfer (Seite 746). Allerdings stehen die Abdrücke der mittleren Beine häufig rechtwinklig oder fast im rechten Winkel zu den Abdrücken der Hinterbeine und sind aufgrund der höheren Beinlänge verhältnismäßig weit von der Pfadmitte entfernt.

Gemeiner Grashüpfer. »

Dieses charakteristische Merkmal kann bei der Unterscheidung zu Schwarzkäfern helfen, außer die mittleren Beine werden beim Aufsetzen weiter zurückgedreht und zeigen dadurch ebenfalls schräg nach hinten. Die Abdrücke der Hinterbeine liegen in der Regel am weitesten innen und stehen meist parallel zum Pfadverlauf. Sie können leicht nach außen gestellt werden und sind deutlich länger als die übrigen Fußabdrücke. Häufig können Abdrücke des Abdomens erkannt werden oder Schleifspuren der Hinterbeine zu sehen sein.

Feldheuschrecken hinterlassen tendenziell kräftige Fußabdrücke und eine schmale Schleifspur des Abdomens in der Pfadmitte. Diese Schleifspur kann durchgehend, unterbrochen oder nicht erkennbar sein. Der Negativbereich zwischen der zentralen Schleifspur und den Fußabdrücken ist verhältnismäßig groß. Die Schrittlänge fällt im Verhältnis zur Spurbreite kurz aus, ist jedoch in der Regel länger als bei Schwarzkäfern.

Im Gegensatz zu Käfern machen Angehörige dieser Gruppe immer wieder kurze oder lange Sprünge. Im Sprung besteht das Spurbild aus zwei tiefen Abdrücken der Hinterbeine sowie den vier schwächeren Abdrücken der anderen Beinpaare. Auf festem Untergrund oder in losen Sandböden ist häufig nur eine einzelne Vertiefung der beiden Hinterbeine zu erkennen.

≈ Landung mit der charakteristischen Fährte einer Feldheuschrecke. Bei tief eingedrückten Abdrücken sind die einzelnen Fußabdrücke nur schwer zu erkennen. Nationalpark Coto de Doñana, Spanien.

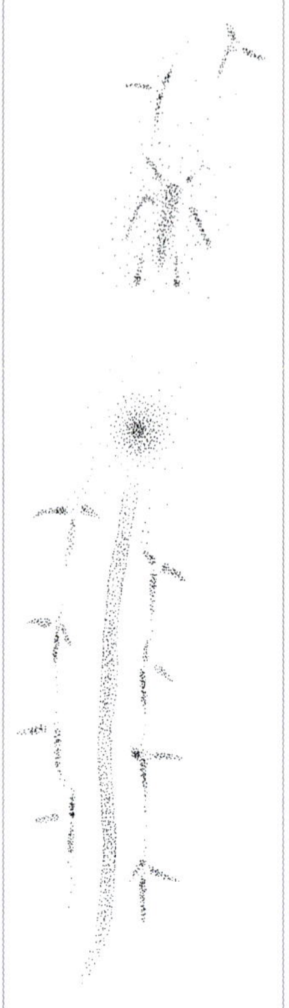

Ohne die Abdomenschleifspur können Heuschreckenfährten mit Käferfährten verwechselt werden. Ein Unterscheidungsmerkmal kann die fast rechtwinkelige Stellung des mittleren Beinpaares sein. »

≈ Eine unbekannte Heuschreckenart im Sprung, die Abdrücke der Beine sind vom Wind verweht. Nationalpark Coto de Doñana, Spanien.

STEINFLIEGEN

Plecoptera

In Europa kommen weniger als 150 der etwa 3 000 bekannten Arten vor. Die Spuren dieser flugunfähigen oder nur schlecht fliegenden Insekten können wir in Gewässernähe finden. Die meisten Steinfliegenlarven haben einen aus zwei Schwanzfäden (Cerci) bestehenden Gabelschwanz, der bei der Fortbewegung am Boden schleift und dadurch eine charakteristische Spur hinterlässt. Links und rechts außerhalb dieser Schleifspuren sind häufig leicht geschwungene, feine Abdrücke der drei Beinpaare zu erkennen. An Flussufern können häufig auch die zurückgelassenen Exoskelette der Tiere gefunden werden.

Steinfliege.

TAUSENDFÜẞER

Diplopoda

Tausendfüßerfährten bestehen aus zwei auffallend parallel verlaufenden Linien, die aus einer konstanten Aneinanderreihung kleiner Punkte bestehen. In trockenem Sand können diese Details jedoch rasch verschwinden. Vledder, Niederlande. René Nauta.

Die Körpersegmente der Tausendfüßer sind im Querschnitt fast kreisrund. Tausendfüßer sind Pflanzenfresser, die im Unterschied zu Hundertfüßern zwei Beinpaare pro sichtbarem Körpersegment besitzen. Sie bewegen sich sehr langsam fort und verfügen oft über ein körpereigenes Gift, das sie als Beute für viele Tiere ungenießbar macht. Tausendfüßerspuren können an den Rändern von Matschpfützen oder in feinem, feuchtem Sand gefunden werden.

Ihre Fährte besteht aus zwei parallel verlaufenden Linien. Diese Linien bestehen aus einer auffallend konstanten Aneinanderreihung kleiner Punkte, jeder Punkt zeigt den Abdruck eines der vielen kleinen Beine. Der Negativbereich zwischen den Linien ist groß. Unsere größten Tausendfüßer können bis zu 1,5 cm breite Pfade hinterlassen.

Tausendfüßerfährte.

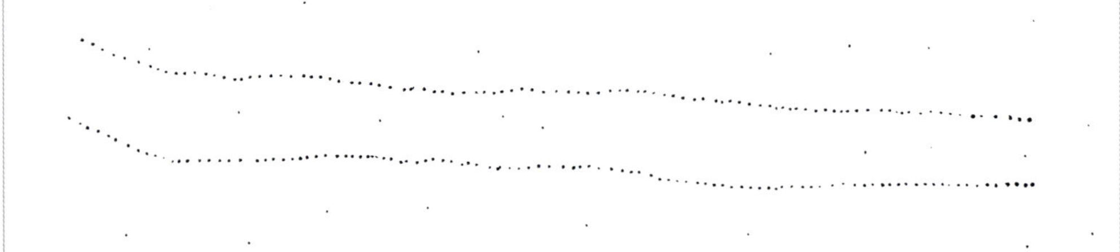

HUNDERTFÜßER

Chilopoda

« Aufgrund der langen Beine der Hundertfüßer ist die Spurbreite meist relativ groß. Einzelne Beinabdrücke können länglich wellenförmig wirken. Vledder, Niederlande. René Nauta.

Hundertfüßer haben einen langen, flachen Körper. Sie sind nachtaktive, räuberische Arthropoden, die Gift einsetzen, um ihre Beute zu lähmen. Alle in Europa vorkommenden Arten sind für den Menschen ungefährlich. Im Gegensatz zu Tausendfüßern haben Hundertfüßer nur ein Beinpaar pro Körpersegment. Die Beine stehen seitlich vom Körper ab und hinterlassen eine entsprechende Fährte.

SKORPIONE

Scorpiones

Obwohl Skorpione acht Beine haben, sind häufig nur drei Fußabdrücke pro Seite erkennbar, wodurch ihr Spurbild bei flüchtiger Betrachtung mit dem eines Käfers verwechselt werden kann. Einer der Unterschiede ist die gleichbleibende Länge der einzelnen Abdrücke, die sich eher oval anstelle von geradlinig geformten Linien abzeichnen. Schleifen die Füße, erscheinen sie als drei oder vier kurze, parallele Linien dicht nebeneinander. Alle Abdrücke einer Dreier- oder Vierergruppe zeichnen sich mehr oder weniger parallel zum Pfadverlauf ab, während Käfer oder Heuschrecken mehr seitlich abstehende Abdrücke hinterlassen.

Das Spurbild eines Skorpions zeigt eine große Spurbreite bei geringer Schrittlänge. Gruppen von Fußabdrücken wirken regelmäßig und haben gleichmäßige Abstände zueinander. Eine Schleifspur des Schwanzabdrucks kann durchgehend, teilweise oder nicht erkennbar sein. Murie und Elbroch (2005) schlagen vor, dass eine fehlende Schwanzschleifspur für Bedrohung beziehungsweise eine eingenommene Verteidigungshaltung sprechen könnte. Eisemann und Charney (2010) stellen das infrage, da die Mehrheit der Skorpione, denen sie gefolgt sind, teilweise über lange Strecken keine Schleifspur hinterlassen hat. Sie schlagen einen Zusammenhang mit der jeweiligen Skorpionart vor. Ich habe Skorpione mit und ohne Schwanzschleifspur über Strecken von 50–100 m verfolgt. Vermutlich kann das Fehlen der Schleifspur im Zusammenhang mit anderen Daten wie Spurbreite, Schrittlänge, Habitat usw. etwas über die Art sowie den Zustand eines Skorpions aussagen. Momentan fehlen jedoch die Daten, um eindeutige Aussagen treffen zu können.

≈ Feldskorpion.

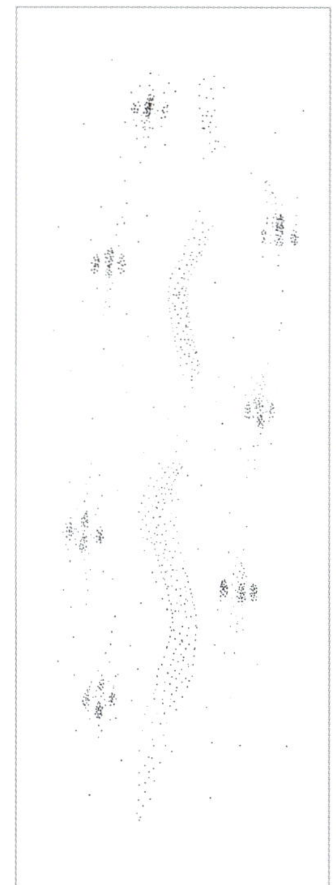

≈ Drei kurze Linien, die dicht nebeneinanderstehen und parallel verlaufen, sind das charakteristische Spurbild eines Skorpions.

≈ Beachten Sie die große Spurbreite im Verhältnis zur geringen Schrittlänge. Skorpione sind für ein gleichmäßiges Spurbild bekannt. Nationalpark Coto de Doñana, Spanien.

WEBSPINNEN

Araneae

Spinnenfährten können aus vielen kleinen Strichen und Punkten bestehen. Im Feld kann es schwer sein die zusammengehörenden Vierergruppen der Beinpaare einer Seite auszumachen. »

Spinnenfährten können auf den ersten Blick wie eine chaotische Ansammlung kleiner Punkte und Striche am Boden wirken. Weil Spinnen vier Laufbeinpaare besitzen, kann es unübersichtlich und mühselig sein, diese vielen kleinen Abdrücke den einzelnen Beinen zuzuordnen. Mit etwas Erfahrung und ausreichend Zeit für die genaue Betrachtung kann man dennoch häufig ein Muster erkennen. In der Regel besteht dieses aus sich abwechselnd wiederholenden Vierergruppen. Im Gegensatz zum Skorpion kann jeder Abdruck eine eigene Form und Ausrichtung haben. Bei den Fährten von Trichterspinnen (Agelenidae) drücken sich die vier vorderen Beine als kleine Punkte und die hinteren vier Beine eher als länglich gebogene Linien ab. Die Fährten von Vogelspinnen (Theraphosidae) zeigen in der Regel alle acht Beinabdrücke, die aus kurzen, breiten Strichen oder einfachen Punkten bestehen. Außerdem zeichnen sich bei ihnen oft zwei weitere, rundliche Abdrücke ab. Diese stehen enger zur Pfadmitte und stammen von den Pedipalpen.

FLUSSKREBSE

Astacoidea

Flusskrebsfährten sind leicht an den markanten, feinen Schleifspuren der Außenkanten ihres Schwanzes zu erkennen. Die Fährte besteht aus zwei parallel verlaufenden Linien, zu deren äußeren Seiten die vielen Abdrücke der vier Laufbeinpaare abgedrückt sind. Je nach Bodenqualität können die einzelnen Abdrücke von vier oder nur drei Beinpaaren als einzelne Punkte, Striche oder als Punkt-Strich-Kombination erkennbar sein. Das Gesamtbild kann an die Fährte eines Skorpions erinnern, da der Körperbau beider Arten ähnlich geformt ist. Bei guten Bodenverhältnissen können Abdrücke der Scheren des vordersten Beinpaars erkennbar sein, die als zwei deutliche kleine Löcher abgedrückt werden und meist etwas weiter innen und nah beieinanderstehen.

Flusskrebs.

Bei genauer Betrachtung können hier die zwei etwas weiter innen stehenden Abdrücke der Scheren erkannt werden. Lausitz, Deutschland.

Fährtenleser entwickeln die Fähigkeit, in Ihrer Vorstellung ein Tier aus dessen Fährte entstehen zu lassen. Nationalpark Coto de Doñana, Spanien.

Viele Punkte an den Seiten von zwei parallel verlaufenden Linien verraten die Fährte eines Flusskrebses. Lausitz, Deutschland.

GEMEINE STRANDKRABBE

Carcinus maenas

Eine durch den Menschen weltweit verbreitete Krabbenart, die wir fast an allen Stränden und häufig entlang der Atlantikküste Europas und an der Nordseeküste finden können. Sie ist das einzige hier beschriebene Tier, das sich ebenso wie alle anderen Krabben seitlich fortbewegt. Auf den ersten Blick fällt das fortlaufende Muster von vielen kleinen bis größeren Strichen und Punkten auf. Krabben haben fünf Laufbeinpaare, von denen das vorderste Beinpaar zu Scherenbeinen umgewandelt ist. Alle acht Beine sowie die zwei Scherenbeine können Abdrücke und/

Strandkrabben bewegen sich seitlich vorwärts. Ihre Fährten bestehen aus Punkten und Strichen, bei denen meist kein eindeutiges Muster erkannt werden kann. Portsmouth, England.

≈ Spuren erzählen die Geschichten des Landes, hier hat eine Krähe eine Strandkrabbe gefressen. Portsmouth, England.

oder Schleifspuren hinterlassen. Im Spurbild stehen Trittsiegel und Schleifspuren meist sehr nah beieinander, häufig sind viele verschiedene Abdrücke zu sehen, sodass es schwer sein kann, einen einzelnen Fußabdruck auszumachen. Das kontinuierliche Muster aus Strichen und Punkten ist das charakteristischste Merkmal einer Krabbenfährte. Häufig beginnt oder endet die Fährte an einem Loch im Sand, in welches die Krabbe eingegraben war oder noch eingegraben ist. In diesen Verstecken warten die Tiere auf die nächste Flut.

WEGSCHNECKEN, GEHÄUSE-TRAGENDE LANDSCHNECKEN

Arionidae, Helicidae und andere

Alle Schnecken hinterlassen eine auffällige Schleimspur, die oft noch nach dem Vorbeiziehen des Tieres erkennbar ist. Da Weg- und Gehäuseschnecken sich unterschiedlich vorwärtsbewegen, bleiben demzufolge unterschiedliche Schleimspuren zurück, wodurch beide Gruppen unterschieden werden können. Wegschnecken hinterlassen eine mehr oder weniger durchgängige Schleimspur, während Gehäuseschnecken eine Art Punkt-Strich-Muster zurücklassen.

≈ Rote Wegschnecke.

Schneckenschleim kann in Verbindung mit Sand und Trockenheit ein wurmähnliches Aussehen annehmen. Die Außenseiten der Schleimspur wölben sich nach innen, sodass ein beinahe geschlossener Tunnel entsteht. Lausitz, Deutschland. »

≈ Durchgängige Schleimspur einer Wegschnecke. Rodenbach, Deutschland. Simone Roters.

≈ Unregelmäßigere Schleimspur einer Weinbergschnecke. Vledder, Niederlande. René Nauta.

REGENWÜRMER

Lumbricidae

« Regenwurmpfade gibt es in den verschiedensten Größen, hier ein größeres Exemplar. Märkische Schweiz, Deutschland.

Vor allem nach Regenfällen oder früh am Morgen können auf schlammigen, matschigen Böden die Pfade von Regenwürmern zu sehen sein. Für gewöhnlich sind diese Pfade weniger als 5 mm breit und am Boden abgerundet und verlaufen mehr oder weniger geradlinig.

ZEICHEN

AN BÄUMEN UND BAUMRINDE

Einige der häufigsten Zeichen holzlebender Insekten stammen von Käfern (Coleoptera). **Borkenkäfer** (Scolytinae), **Bockkäfer** (Cerambycidae) und **Prachtkäfer** (Buprestidae) bohren sich durch die Rinde eines lebendigen oder toten Baumes, um ihre Eier im Kambium oder tiefer im Splint- und Kernholz abzulegen.

Die Käfer lassen sich in holz- und rindenbrütende Arten unterscheiden. Nachdem die Larven geschlüpft sind, fressen sie Tunnel durch die innere Rinde, das Kambium oder das Holz ihres Wirtes. Das Gesamtbild aus Mutter- und Larvengängen wird Fraßbild genannt. Bewohnen sehr viele Larven einen Baum, kann das vor allem bei geschwächten Bäumen zum Absterben führen. Einige Arten können enorme forstwirtschaftliche

Fraßbild eines Prachtkäfers. Lausitz, Deutschland. ≫

≪ Der Schrotbock (*Rhagium inquisitor*) ist ein in Europa weit verbreiteter Bockkäfer. Hier zu sehen in seiner Puppenwiege in einer Kiefer. Heidelberg, Deutschland. Aaron Tidemann.

Schäden verursachen. Wärmere, trockenere Sommer schaffen günstige Bedingungen für die Käfer.

In den letzten Jahren häufen sich die Hinweise, dass der globale Klimawandel und damit einhergehende Extreme wie lange Trockenheit oder starke Stürme sowie forstwirtschaftliche Eingriffe, wie die Aufforstung durch Fichtenreinbestände, den Befall durch Borkenkäfer begünstigen. Dies kann zu Massenvermehrungen führen, die solche Monokulturen befallen und absterben lassen können. Ein frühzeitiges Erkennen des Käferbefalls kann helfen, Massenvermehrungen vorzubeugen und forstwirtschaftliche Schäden zu begrenzen.

Bohrlöcher und Anhäufungen von Bohrmehl am Fuße des Baumes können einen Befall anzeigen. Für eine artgenaue Bestimmung sollte der Wirtsbaum im Zusammenhang mit dem Fraßbild betrachtet werden. Die Art des Wirtsbaumes allein lässt meist keine eindeutige Bestimmung zu, da er von verschiedenen Käferarten befallen werden kann.

Neben den holz- und rindenbrütenden Käfern gibt es noch eine Vielzahl anderer Insekten, die Bäume bewohnen und dort ihre Fraßbilder hinterlassen, etwa **Holzbohrer** (Cossidae), **Glasflügler** (Sesiidae), **Rossameisen** (*Camponotus*), **Holzbienen** (*Xylocopa*) und **Holzwespen** (Siricidae). Für eine Bestimmung sind zusätzlich zu der Wirtsspezies vor allem der Ort, das Befallbild und eventuell vorhandene Exkremente oder Bohrmehl entscheidend.

Zur besseren Übersicht werden die Käfer hier gemeinsam mit den Zeichen anderer Insekten behandelt und nicht ihrer Systematik entsprechend zusammengefasst. Stattdessen wurden sie unterteilt in Fraßbilder unmittelbar unter der Rinde, Fraßbilder unter der Rinde und im Splintholz und im Holz verborgene Fraßbilder.

FRAßBILDER UNMITTELBAR UNTER DER RINDE

RINDENBRÜTENDE BORKENKÄFER

Scolytinae

Bast- und Splintkäfer gehören zu den rindenbrütenden Borkenkäfern, da sie sich in einer sogenannten Rammelkammer unmittelbar unter der Rinde ihres Wirtsbaumes paaren. Nach der Paarung legt das Weibchen die Eier in einem oder mehreren Muttergängen ab. Die Larven ernähren sich vom Kambium ihres Wirtes, wobei jede einzelne Larve ihren eigenen Larvengang anlegt, der in einer Puppenkammer endet. Das Splintholz wird von den Bastkäfern nicht oder nur wenig gefressen, Splintkäfer fressen sich – wie der Name bereits verrät – deutlicher, aber oft nur wenige Millimeter tief in das Splintholz. Larven- und Muttergänge sind selten breiter als 3 mm und werden parallel oder quer zur Faserrichtung des Holzes angelegt. Geschlüpfte Käfer verlassen ihre Puppenkammer durch kleine Löcher in der Rinde. Die entstandenen Fraßbilder sind häufig artcharakteristisch, sodass in Kombination mit dem Wirtsbaum die einzelnen Arten meist genau bestimmt werden können.

KUPFERSTECHER

Pityogenes chalcographus

WIRTSBAUM » Überwiegend Fichten, aber auch andere Nadelbäume wie Lärchen, Kiefern, Douglasien und Tannen.

FRAßBILD » Von der Rammelkammer ausgehend legt das Weibchen sternförmig drei bis sechs Muttergänge für die Eiablage an. Ein Muttergang ist etwa 6 cm lang und 1 mm breit. Die Larven fressen sich rechtwinklig von ihrem Muttergang fort und hinterlassen dabei etwa 2–4 mm lange, dicht beieinander liegende Larvengänge. Das Fraßbild kann entfernt an einen Kupferstich erinnern, daher der deutsche Name.

BUCHDRUCKER

Ips typographus

WIRTSBAUM » Vor allem Fichten, aber auch andere Nadelbäume wie Lärchen, Kiefern, Douglasien und Tannen. In seltenen Fällen werden auch Laubbäume, zum Beispiel die Rotbuche, befallen.

FRAẞBILD » Zwei Weibchen paaren sich mit einem Männchen, das die Rammelkammer anlegt. Von dort ausgehend legen die Weibchen ihre Muttergänge für die Eiablage in entgegengesetzter Richtung an. Es entsteht ein doppelarmiger Längsgang in Faserrichtung, von dem die Larvengänge seitlich abgehen. Der Buchdrucker bekam seinen deutschen Namen aufgrund seines Fraßbildes, das an ein aufgeschlagenes Buch mit bedruckten Zeilen erinnern kann.

≈ Fraßbild des Kupferstechers an einer Fichte. Drei bis sechs sternförmig von der Rammelkammer abgehende Muttergänge sind charakteristisch. Heidelberg, Deutschland. Aaron Tidemann.

« Oben das klassische Fraßbild des Kupferstechers in der Rinde. Heidelberg, Deutschland. Aaron Tidemann.

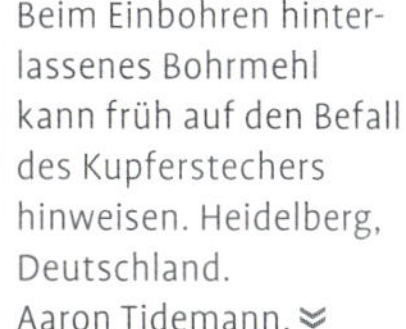

Beim Einbohren hinterlassenes Bohrmehl kann früh auf den Befall des Kupferstechers hinweisen. Heidelberg, Deutschland. Aaron Tidemann. ≈

Jungtiere des Buchdruckers im September. Heidelberg, Deutschland. Aaron Tidemann. ︾

︽ Der doppelarmige Längsgang mit seitlich abgehenden Larvengängen ist typisch für den Buchdrucker. Heidelberg, Deutschland. Aaron Tidemann.

GROẞER UND KLEINER WALDGÄRTNER

Tomicus piniperda, Tomicus minor

WIRTSBAUM » Fast ausschließlich Kiefern, seltener auch Fichten und Lärchen.

FRAẞBILD » Einarmiger, etwa 10 cm langer und leicht gekrümmter Längsgang mit rammelkammerartigen Vergrößerungen an den Enden. Der Muttergang zeigt meist eine feine Harzkruste und verläuft fast ausschließlich im Bast. Im Splintholz werden nur leichte Furchen hinterlassen. Die Larvengänge sind dicht aneinandergedrängt und lang. Beim Reifungsfraß kommt es außerdem zu ausgehöhlten Kieferntrieben, die zur Triebbasis hin ein Einbohrloch mit Harztrichter aufweisen. Sie sind bis zum Ausbohrloch hohlgefressen. Dabei wechseln die Käfer mehrmals die Fraßstelle. Die ausgehöhlten Triebe bleiben grün, brechen aber meist bei Stürmen im Herbst ab und bedecken dann auffällig den Boden.

︽ Das Fraßbild des Großen Waldgärtners mit Blick auf den Stamm. Heidelberg, Deutschland. Aaron Tidemann.

≈ Fraßbild des Großen Waldgärtners. Der Muttergang mit feiner Harzkruste und die rammelkammerartigen Vergrößerungen an den Enden sind charakteristisch. Heidelberg, Deutschland. Aaron Tidemann.

Mittig das Fraßbild des Kleinen Waldgärtners mit den vielen runden, charakteristischen Ausbohrlöchern. An den Seiten die Larvengänge eines unbestimmten Prachtkäfers im Vergleich. Heidelberg, Deutschland. Aaron Tidemann. ≈

« Durch den Reifungsfraß der Jungkäfer des Kleinen Waldgärtners werden Kieferntriebe ausgehöhlt. Heidelberg, Deutschland. Aaron Tidemann.

KLEINER BUNTER ESCHENBASTKÄFER

Hylesinus fraxini

WIRTSBAUM » Überwiegend Eschen, selten werden andere Laubbäume wie Haseln, Buchen, Ahorne, Robinien, Walnüsse und Obstbäume aufgesucht.

FRAẞBILD » Relativ kurze Rammelkammer, von der ein waagerecht verlaufender doppelarmiger Quergang abgeht, der aus zwei etwa gleich großen Muttergängen besteht. Die Gänge der Larven verlaufen, fast rechtwinkelig zu den Muttergängen, mehr oder weniger senkrecht. Sie sind meist dicht aneinandergedrängt und mit etwa 4 cm Länge relativ kurz.

« Unten: die kurze Rammelkammer des Kleinen Bunten Eschenbastkäfers zeigt nach links. Von dort gehen die zwei etwa gleich großen Muttergänge ab. Heidelberg, Deutschland. Aaron Tidemann.

GROßER BIRKENSPLINTKÄFER

Scolytus ratzeburgii

WIRTSBAUM » Vor allem kranke, ältere oder geschwächte Birken.

FRAßBILD » Schon von außen sind die meist in einer senkrechten Linie verlaufenden, regelmäßig angelegten Luftlöcher des Birkensplintkäfers zu erkennen. Diese kreisrunden Löcher haben einen Durchmesser von 2–3 mm und verlaufen direkt über dem Muttergang. Der Muttergang ist ein einarmiger Längsgang, der bis zu 10 cm tief in das Splintholz reichen kann. Die strahlenförmig davon abgehenden Larvengänge liegen dicht nebeneinander, können 15–25 cm lang sein und enden in einer Puppenkammer, von der aus ein großes Flugloch nach außen führt.

Hier sind Fraßbild und Muttergang des Birkensplintkäfers genauer zu sehen. Lausitz, Deutschland. ≫

≪ Diese regelmäßig verlaufende Reihe von Löchern ist ein auffälliges und charakteristisches Merkmal des Birkensplintkäfers. Neustadt, Deutschland.

≪ Der kurze Quergang mit den senkrecht abzweigenden Larvengängen ist typisch für das Fraßbild des Eichensplintkäfers. Quitzdorf, Deutschland. Aaron Tiedemann.

EICHENSPLINTKÄFER

Scolytus intricatus

WIRTSBAUM » Überwiegend Eichen, seltener andere Laubbäume wie Haseln, Buchen, Pappeln, Weiden, Kastanien und Ulmen.

FRAßBILD » Ein relativ kurzer, 1–3 cm langer, waagerecht verlaufender, einarmiger Muttergang, von dem die Larvengänge senkrecht abzweigen. Larven- sowie Muttergänge hinterlassen meist verhältnismäßig tiefe Furchen im Splintholz, welche die Astoberfläche nahezu vollständig bedecken können.

⌃ Fraßbild des Großen Ulmensplintkäfers. Ladenburg, Deutschland. Aaron Tiedemann.

GROßER ULMENSPLINTKÄFER

Scolytus scolytus

WIRTSBAUM » Meist Ulmen, selten andere Laubbäume wie Hainbuchen, Walnüsse, Korkeichen, Pappeln und Eschen. Ulmensplintkäfer sind die Auslöser des Ulmensterbens, das vor allem den Bestand der Bergulme bedroht.

FRAßBILD » Relativ kurzer, senkrecht verlaufender und meist 2–5 cm langer Muttergang (einarmiger Längsgang). Die unregelmäßigen Larvengänge zweigen zu den Seiten ab.

MINIERFLIEGEN

Agromyzidae, Phytobia

Zu dieser artenreichen Familie gehören in Europa etwa 900 Arten. Fast alle erreichen lediglich eine Länge von wenigen Millimetern. Die adulten Minierfliegen ernähren sich in der Regel von Pflanzensäften grüner Blätter. Einige Larven minieren auch in Rindenschichten und hinterlassen dabei charakteristische Fraßgänge in der obersten Holzschicht unmittelbar unter dem Kambium. Diese Gangminen beginnen als feine, fadenähnliche und schwer erkennbare Minen, die in die Äste ziehen. Von dort kehren die Minierfliegen um und fressen sich parallel zur Faser des Stamms senkrecht oder leicht mäandernd nach unten. Sind sie unten angelangt, kehren sie erneut um und fressen sich senkrecht nach oben. Dies kann sich einige Male wiederholen, bevor die ausgewachsene Larve das Holz verlässt, um sich zu verpuppen. Am Holz der befallenen Baumarten, vorzugsweise Birke, Erle, Pappel und Weide, sind im Längsschnitt braune Längsstränge erkennbar, die „Braunketten“ oder „Zellgänge“ genannt werden. Die Braunfärbung wird durch den Kot der Larven verursacht.

FRAẞBILDER UNTER DER RINDE UND IM SPLINTHOLZ

BOCKKÄFER, PRACHTKÄFER

Cerambycidae, Buprestidae

Im Gegensatz zu den Rindenbrütern, die sich ausschließlich von der Kambiumschicht ihres Wirtsbaumes ernähren, können sich Bock- und Prachtkäferlarven tiefer in das Splintholz ihres Wirtes fressen, wodurch dort entsprechende Galerien entstehen. Die Form der Gänge und Ausgangslöcher sowie der ausgestoßene Bohrstaub können die Unterscheidung der beiden Gruppen ermöglichen. Prachtkäferlarvengänge sind breit, abgeflacht, oval und meist mit feinem, dicht gepacktem Bohrstaub gefüllt. Sie verlaufen in der Regel mäandernd oder in Zickzackmustern auf der Oberfläche des Splintholzes direkt unter der Rinde. Die genauen Fraßbilder hängen von der Art ab und können auch innerhalb dieser variieren. Es fällt wenig oder kein Bohrstaub aus dem Wirtsbaum heraus. Die Ausgangslöcher sind abgeflacht oder haben die Form eines D. Bockkäfer hingegen produzieren in der Regel rundere Larvengänge, die mit gröberem und loser gepacktem Bohrstaub gefüllt sind. Ihre Ausgangslöcher sind oft kreisrund. Einige Arten produzieren allerdings Galerien und Ausgangslöcher, die ebenso abgeflacht wie die der Prachtkäfer sein können, während andere Bockkäferlarven artcharakteristische Bohrgänge hinterlassen.

Die abgeflachten, breiten Larvengänge der Prachtkäfer verlaufen meist mäandernd und sind mit feinem Bohrstaub gefüllt. Heidelberg, Deutschland. Aaron Tidemann. »

« Die Spanpolsterwiege eines Bockkäfers. Der gröbere Bohrstaub ist ein Unterscheidungsmerkmal zu Prachtkäfern. Heidelberg, Deutschland. Aaron Tidemann.

« Unbestimmte Bockkäferlarve in einer Eiche. Heidelberg, Deutschland. Aaron Tidemann.

HOLZBOHRER, GLASFLÜGLER
Cossidae, Sesiidae

Auch die Raupen der zu den Schmetterlingen (Lepidoptera) gehörenden Holzbohrer und Glasflügler hinterlassen Fraßgänge im Holz. Oft beginnen sie unter der Rinde und fressen sich von dort tiefer in das Holz. Dort verbringen sie in der Regel mehrere Jahre als Raupen, bevor sie schlüpfen. An der Oberfläche ihres Wirtsbaums entstehen auffällige Ansammlungen winziger Raupenexkremente (Seite 783). Anfallende Holzspäne sind gröber als das Bohrmehl der meisten anderen holzbohrenden Insekten. Gelegentlich verraten feine Seidenfäden zwischen Exkrementen und Holzspänen, dass es sich bei dem Verursacher um eine Schmetterlingsraupe handelt.

IM HOLZ VERBORGENE FRAẞBILDER

HOLZBRÜTENDE BORKENKÄFER
Scolytinae

Im Gegensatz zu den rindenbrütenden Borkenkäfern, ernähren sich die Larven der holzbrütenden Arten nicht vom Kambium ihres Wirtes, sondern von Ambrosiapilzen, die das Weibchen in seinem Verdauungstrakt mitbringt und im Wirtsbaum ansiedelt. Die Gänge der sogenannten Ambrosiakäfer sind durch Pilzbefall im Laufe der Zeit schwarz gefärbt. Das Fraßbild der Holzbrüter zeigt eine tief in das Holz reichende Eingangsröhre und davon abgehende Muttergänge. Von den Eltern angelegte Gänge sind lang, rund und gleichmäßig breit. Je nach Art variiert der Durchmesser zwischen 0,5–3 mm. Im Gegensatz zu den Bast- und Splintkäfern entstehen keine Galerien zwischen Holz und Rinde. Die Larvengänge sind meist 5 mm kurz und können an die Sprossen einer einbaumigen Leiter erinnern. Die Eltern verstopfen die Eingangsröhre mit Bohrmehl und legen kleine Öffnungen an, um die richtige Luftfeuchtigkeit zu gewährleisten und Larvenexkremente sowie Bohrmehl zu entsorgen. Beim Anlegen der Eingangsröhre produzieren die Käfer helles, feines Bohrmehl, das aus dem Baum gestoßen wird. Später können sich auffällige, fest komprimierte Holzstäbchen aus Larvenfraß unter dem Baum sammeln. Die Larven der Holzbrüter bauen keine Puppenkammern, sondern verlassen als Jungkäfer ihren Wirtsbaum durch die vom Mutterkäfer angelegte Eingangsröhre. Ambrosiakäfer befallen in der Regel Laubbäume. Zu den häufigsten Arten in Europa gehören der Ungleiche Holzbohrer (*Xyleborus dispar*), der Kleine Holzbohrer (*Xyleborus saxeseni*) und der Gestreifte Nutzholzborkenkäfer (*Trypodendron lineatum*), der als Ausnahme von der Regel ausschließlich Nadelbäume befällt. Die Spuren der einzelnen Arten von Ambrosiakäfern werden hier nicht weiter unterschieden.

≈ Von einem Holzbohrer (*Xyleborus*) befallener Buchenstamm. Heidelberg, Deutschland. Aaron Tidemann.

ROSSAMEISEN
Camponotus

Rossameisen sind dafür bekannt, dass sie ihre Nester im Holz von Bäumen anlegen. Die Nester bestehen aus einem Gang- und Kammersystem, das tief im Holz und im Erdboden unter dem Wirt verläuft. Große Nestareale können sich über mehrere Dutzend Bäume erstrecken und durch ein unterirdisches Gangsystem miteinander verbunden sein. Das befallene Holz hat ein charakteristisches schwammartiges Aussehen. Wie bei einem Ameisennest im Boden transportieren viele Arbeiter die anfallenden Holzspäne Span für Span nach außen. Da das Holz als Nestmaterial und nicht als Nahrung dient, können sich große Haufen Holzspäne am Fuß des Baumes sammeln. Der auf Rossameisen spezialisierte Schwarzspecht legt diese Nester oft bei seiner Nahrungssuche frei. Rossameisen können ihre Nester in gesunden sowie in morschen, teilweise verrottenden Bäumen oder in Totholz anlegen. Der Zustand des befallenen Wirts sowie die Höhe des Nestes können dabei Hinweise auf die Rossameisenart geben. Die Schwarze Rossameise (*Camponotus herculeanus*) bewohnt überwiegend gesunde Bäume und bevorzugt Fichten, gelegentlich besiedelt sie auch Kiefern. In Laubbäumen und Totholz kommt sie selten vor. Ihre Nester können im Stamm bis in eine Höhe von 6–10 m angelegt sein. Die Braunschwarze Rossameise (*Camponotus ligniperda*) bevorzugt Nadelbäume und legt ihre Nester ausschließlich in Totholz an. Sie bewohnt in der Regel einen größeren unterirdischen Teil, ihre Nester ragen höchstens 3 m in die Höhe.

Rossameise.

Das markante Kartonnest der Glänzendschwarzen Holzameise (*Lasius fuliginosus*). Heidelberg, Deutschland. Aaron Tidemann.

HOLZBIENEN
Xylocopa

Holzbienen wie die Blauschwarze Holzbiene (*Xylocopa violacea*) nagen sich Höhlen in totes Holz. Sie bevorzugen dabei vom Menschen bearbeitetes Holz, wie Dachbalken oder Zaunpfosten. Stehen keine dieser Strukturen zur Verfügung, werden die Höhlen meist an der Unterseite gefallener Baumstämme oder in abgestorbenen Ästen angelegt. Die Eingangslöcher können auch an der vertikalen Seite eines geeigneten Substrats auftauchen. Sie sind kreisrund und haben einen Durchmesser von etwa 1–1,2 cm. Im Unterschied zu Holzwespen und Bockkäfern sind die Ränder der Eingangslöcher schräg „gefräst" und mit gleichmäßigen Bissspuren versehen. Insekten, die sich aus einem Loch herausbohren, hinterlassen im Gegensatz dazu Ausgangslöcher mit geraden Rändern. Beim Nagen der Eingangslöcher sammelt sich darunter ein kleines Häufchen Sägespäne an, das an den Austrittslöchern von Holzwespen und Bockkäfern ebenfalls fehlt.

HOLZWESPEN
Siricidae

Holzwespen nutzen in der Regel geschwächte und rindenverletzte Bäume, um mit ihrem langen Legebohrer ihre Eier abzulegen. Gleichzeitig wird ein Pilz in den Wirt injiziert, der das Holz zersetzt und der heranwachsenden Larve später als Nahrung dient. Die Larvengänge beginnen im Splintholz nahe der Oberfläche und dringen erst nach einiger Zeit tiefer in das Kernholz ein. Es gibt keine sichtbaren Galerien unmittelbar unter der Rinde. Da die Larve allmählich wächst, nehmen auch die Larvengänge im Durchmesser zu (etwa 0,5–0,8 cm). Die Larvengänge sind mit feinem, fest zusammengepresstem Bohrmehl verstopft und kreisrund. Nach einer zwei- bis vierjährigen Entwicklung verlässt die adulte Wespe den Wirt durch ein ebenfalls kreisrundes Ausgangsloch, das mit denen der Bockkäfer und Holzbienen verwechselt werden kann. Gewöhnlich treten die Ausgangslöcher mehrerer ausgewachsener Tiere gehäuft an einer bestimmten Stelle des Baumstamms auf.

Holzbiene.

Holzwespe.

FRAẞSPUREN AN BLÄTTERN

Wenn Säugetiere oder Vögel Fraßspuren an Blättern hinterlassen, sind diese in der Regel abgebissen, abgezupft oder abgerissen. Die hier behandelten Schnecken und Insekten raspeln oder schneiden die Blätter mit ihren deutlich feineren Mundwerkzeugen, sodass sie charakteristische Zeichen zurücklassen. Raupen, Käfer, Miniermotten, Blattwespen, Grillen, Laubheuschrecken, Blattschneiderbienen und Blattschneiderameisen hinterlassen verschiedenste Spuren an Blättern, da sie diese als Lebensraum, Nahrungsquelle oder für die Eiablage nutzen. Durch die große Artenvielfalt innerhalb der Klasse der Insekten ist eine artgenaue Bestimmung oft nicht oder nur mithilfe entsprechender Fachliteratur möglich. Mit etwas Hintergrundwissen und Praxis können jedoch grundlegende Unterscheidungen vorgenommen werden. Dafür ist es wichtig, den Spurenfund detailliert zu beobachten.

Fraßspuren an Blättern sind ein häufiges Zeichen. Für eine erste Bestimmung unterscheiden wir Löcher, die vom Blattinneren und Löcher, die vom Blattrand ausgehen. Hier sind beide Formen zu sehen. Spessart, Deutschland.

LOCHFRAẞ, VOM BLATTINNEREN AUSGEHEND

Winzige oder sehr feine Mundwerkzeuge ermöglichen es, den Blattfraß von der Blattmitte aus zu beginnen. Mögliche Verursacher können kleine Blattkäfer (Chrysomelidae), Rüssel käfer (Curculionidae), verschiedenste Käfer- und Blattwespenlarven (Tenthre dinidae), kleine Raupen, Ohrwürmer (Dermaptera), Fransenflügler (Thysanoptera) sowie Schnecken (Gastropoda) sein.

Löcher wie diese werden mit feinen Mundwerkzeugen vom Blattinneren ausgehend gefressen. Spessart, Deutschland.

Unregelmäßige, vom Blattrand ausgehende Fraßspuren wie diese sind typisch für Käfer und Raupen, deren Mundwerkzeuge zu groß sind, um von der Blattmitte aus zu beginnen. El Rocío, Spanien.

LOCHFRAß, VOM BLATTRAND AUSGEHEND

Die Mundwerkzeuge größerer Raupen von Tag- und Nachtschmetterlingen, von großen Blatthornkäfern sowie von Grillen, Laubheuschrecken, Blattwespen, Blattschneiderbienen und Blattschneiderameisen sind zu groß, um ihren Fraß von der Blattmitte aus zu beginnen. Sie schneiden oder fressen ihre Löcher daher vom äußeren Blattrand in Richtung Blattinneres. Die Fraßspuren von Käfern und Raupen sind eher unregelmäßig, wohingegen die Schnitte der Blattschneiderbienen und Blattschneiderameisen auffällig sauber und abgerundet sind.

Blattschneiderbienen

In Europa kommen verschiedene Arten von Blattschneiderbienen (*Megachile*) vor. Diese bauen ihre Nester in geeignete Hohlräume von Mauerspalten, Erdhöhlen und Totholz oder graben entsprechende Hohlräume in markhaltige Pflanzenstängel. In diesen Hohlräumen legen die Weibchen Brutzellen an, die sie mit geschnittenen Blattstückchen auskleiden. Jede Zelle wird mit einem Ei sowie einem Nahrungsvorrat an Pollen versehen und anschließend mit weiterem Blattmaterial verschlossen. Die Schnitte der Blattschneiderbienen sind charakteristisch rund und sorgfältig.

Beachten Sie, wie sorgfältig und abgerundet der Blattschnitt dieser Blattschneiderbiene ist. Im unteren Bereich der Blätter sind angefangene Schnitte erkennbar. Welzow, Deutschland. ≫

Eine Blattschneiderbiene bei der Arbeit. ≫

≪ Eine Blattschneiderameise bei der Arbeit.

Blattschneiderameisen

Ursprünglich in den Tropen und Subtropen heimisch, können die Blattschneiderameisen (*Atta* und *Acromyrmex*) als Exoten gelegentlich auch in europäischen Gärten und auf landwirtschaftlich genutzten Flächen vorkommen. Die Tiere ernähren sich von einem Pilz, den sie in ihrem Ameisenbau züchten. Als Nährboden für diesen Pilz dienen Blattstücke, welche die Ameisen in höchst koordinierter Zusammenarbeit schneiden, transportieren und in ihrem Nest weiterverarbeiten. Die Schnitte von Blattschneiderameisen sind weniger rundlich als die von Blattschneiderbienen. Sie schneiden eher einen breiten Bogen, sodass ein halbovaler Teil des Blattrandes entfernt wird.

BLATTMINEN

Die von Minierern gefertigten Fraßgänge werden Minen oder Blattminen genannt. Dabei handelt es sich um Gänge, die zwischen der oberen und der unteren Epidermis eines Blattes verlaufen. Zu dem Sammelbegriff der Minierer gehören überwiegend die Larven von kleinen Nachtfaltern, zum Beispiel von Miniermotten (Gracillariidae) oder von Minierfliegen (Agromyzidae), aber auch die Blattwespen- (Tenthredinidae) und Käferlarven können Blattminen anlegen. Die Wirtsspezies und die Anordnung der Blattminen ermöglicht häufig eine artgenaue Bestimmung. Die Wirte und Minen der über 900 bekannten Arten von Minierfliegen in Europa beschreiben zu wollen, geht jedoch weit über den Rahmen dieses Buches hinaus. Zudem gibt es zahlreiche Arten von Miniermotten, Blattwespen und Käfern, deren Wirt unbekannt oder deren Minierverhalten noch nicht beschrieben ist. Aus diesen Gründen beschränken wir uns an dieser Stelle auf die Unterteilung in zwei grundlegende Kategorien: **Gangminen** und **Fleckenminen**. Es kann viele verschiedene Variationen und Kombinationen dieser beiden Kategorien geben. Hier wird lediglich ein Einstieg in das Thema geboten.

Gangminen

Viele linienförmig verlaufende Blattminen haben ein schmales und ein breites Ende. Wenn wir solch ein miniertes Blatt gegen eine Lichtquelle halten, werden die Minen deutlich sichtbar. Das schmale Ende einer linienförmigen Mine ist der Ort, an dem die Larve mit ihrer Entwicklung im Blattgewebe begonnen hat. In ihrem Verlauf können wir sehen, wie die Mine mit dem Wachstum der Larve breiter wird. Bei genauer Betrachtung werden häufig sogar winzige schwarze Punkte auf einer Mittellinie im Mineninneren entdeckt. Dabei handelt es sich um die Ausscheidungen der Larve, die sie bei ihrem Fraß durch das Blattgewebe zurücklässt.

≈ Blattminen gibt es in verschiedenen Formen. Hier können wir die Ästhetik der Natur bewundern. Spessart, Deutschland.

Eine typische Gangmine. Spessart, Deutschland ≈

≈ Bei den dunklen Punkten innerhalb der Mine handelt es sich um Kotablagerungen der Larve. Spessart, Deutschland.

≈ Die typische Braunfärbung am Blattrand und die Fleckenminen der Rosskastanienminiermotte. Lausitz, Deutschland.

Fleckenminen

Fleckenförmige Minen, oder „Platzminen", scheinen auf den ersten Blick undefiniert und dadurch schwer zu bestimmen. Bei genauerem Hinsehen können jedoch Unterschiede wie dunklere Stellen innerhalb der Fleckenmine sowie Austrittslöcher oder Muster innerhalb der Mine bemerkt werden.

Rosskastanienminiermotte

Von 1990 bis heute kam es in verschiedenen Teilen Europas immer wieder zu Massenvermehrungen der Rosskastanienminiermotte (*Cameraria ohridella*), die sich inzwischen in den meisten Gebieten Europas durchsetzen konnte. Sie besiedelt überwiegend die Gewöhnliche Rosskastanie (*Aesculus hippocastanum*), gelegentlich werden auch Spitz- und Bergahorn (*Acer platanoides* und *A. pseudoplatanus*) befallen. Die Weibchen legen ihre Eier an der Oberseite der Blätter ab und direkt nach dem Schlüpfen beginnen sich die Larven unter der Eihülle in die obere Epidermis des Blattes zu fressen. Von dort aus bilden sie im Laufe mehrerer Larvenstadien ständig weiterwachsende Fleckenminen. Die Puppen können mehrere Winter überdauern und Extremen wie starker Kälte oder der Vertrocknung der Blätter standhalten, bevor sie im Frühjahr schlüpfen. Ein durch die Motte verursachter Schaden ist das frühzeitige Welken der Blätter, bisher wurde jedoch noch kein Absterben der Bäume festgestellt. In Deutschland, Frankreich, den Niederlanden, Österreich und der Schweiz sind die Blattminen der Rosskastanienminiermotte ein häufiges Zeichen an Rosskastanienbäumen.

ANDERE ZEICHEN AN BLÄTTERN

BLATTROLLEN

Blattroller (Attelabidae) heißen die Käfer, deren Weibchen ihre Larve in kunstvoll geformten Blattrollen ablegen. Die meist zigarrenförmigen Gebilde werden vor der Eiablage an einem Ende verklebt. Die Larve entwickelt sich im Inneren und ist dort einerseits vor Fressfeinden geschützt und ebenso mit Nahrung versorgt. Da der Blattstiel angenagt oder angebohrt wird, beginnt die Blattrolle kurz nach der Eiablage zu welken und fällt anschließend zu Boden. Dieses charakteristische Zeichen finden wir vor allem von Mai–August.

≈ Typische Blattrolle an einer Erle. Bielefeld, Deutschland. Simone Roters.

« Verschiedene Blattrollen der Birkenblattrollerlarve (*Deporaus betulae*). Märkische Schweiz, Deutschland.

GALLEN

Gallen sind Wachstumsdeformationen an Pflanzen, die durch einen anderen Organismus hervorgerufen werden. Die Verursacher können Insekten wie Fliegen, Käfer oder Wespen, aber auch Pilze, Milben, Bakterien oder Viren sein. Insekten und Milben verursachen Gallenwachstum, indem sie in das Gewebe einer Pflanze eindringen und ihre Eier unter der Rinde oder im Blattgewebe ablegen. Als Wachstumsreaktion wird von der betroffenen Pflanze eine Galle produziert.

≈ Die tropfenförmige Buchengalle einer Buchengallmücke (*Mikiola fagi*). Spessart, Deutschland.

Oft sind Gallen sehr nährstoffreich, sodass sie den Insektenlarven zugleich als Schutzbehausung und als Nahrungsvorrat dienen. Nur in seltenen Fällen erleiden die Pflanzen durch die Galle einen ernsteren Schaden, häufig fördern die kleinen Wucherungen sogar das Wachstum der Pflanze.

Gallen kommen in den verschiedensten Formen, Farben und Größen vor, wobei das Aussehen einer Galle oft arttypisch ist. Zur Bestimmung ist außerdem die Wirtspflanze entscheidend, da die meisten Organismen, die Gallenwuchs verursachen, auf einen Wirt spezialisiert sind. Ein weiteres Indiz ist die genaue Platzierung der Galle an ihrem Wirt. Befindet sich die Galle an einem Blatt, am Stängel, an der Wurzel oder einer Knospe der Pflanze? Finden wir sie an einem Blatt, befindet sie sich dort auf der Ober- oder Unterseite, am Blattrand, in der Blattmitte oder direkt auf einer Blattader? In Europa kommen mehr als 1500 Tierarten vor, die Gallenwachstum hervorrufen können. An dieser Stelle werden häufige oder besonders auffällige Gallen vorgestellt. Darüber hinaus gibt es ausgezeichnete Fachliteratur, die eine genaue Bestimmung oft möglich macht und es einem erlaubt, das Thema zu vertiefen.

Diese auffällig rot gefärbten, hörnchenförmigen Auswüchse werden durch die Hörnchengallmilbe (*Aceria macrorhyncha*) verursacht. Sie befinden sich auf der Blattoberseite von Ahornblättern und treten gehäuft auf. Offenbach, Deutschland. Simone Roters. ≫

Die charakteristischen Seidenknopf- oder Münzengallen stammen von der Gallwespenart *Neuroterus numismalis*. Offenbach, Deutschland. Simone Roters. ≫

≪ Die markante Brombeerspross-Galle wird durch die Gallwespe *Diastrophus rubi* verursacht. Offenbach, Deutschland. Simone Roters.

≪ Der rundliche Eichengallapfel der Gemeinen Eichengallwespe (*Cynips quercusfolii*) sitzt an Blattadern auf der Unterseite von Eichenblättern. Bielefeld, Deutschland. Ulrike Quartier.

ANDERE ZEICHEN

Im Folgenden werden häufige, leicht erkennbare, spannende, kuriose oder seltene Zeichen beschrieben. Es handelt sich um ein Sammelsurium verschiedener Fachbereiche, das keinen anderen Platz fand und von dem ich hoffe, dass es Ihren Fährtenleserhorizont bereichert.

EIER

FLORFLIEGEN

Nach einer erfolgreichen Paarung im Frühjahr legen die Weibchen der Florfliegen (Chrysopidae) ihre **Eier mit langen dünnen Stielen** an Baumrinde, Planzenstängeln oder Blättern ab. Die Eier werden je nach Art einzeln nebeneinander aufgereiht oder als haufenförmige Ansammlung an einem Stiel abgelegt.

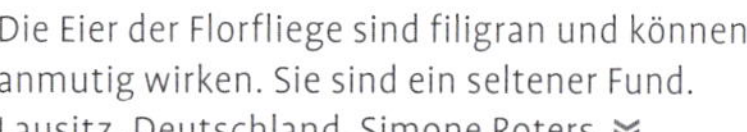

Die Eier der Florfliege sind filigran und können anmutig wirken. Sie sind ein seltener Fund. Lausitz, Deutschland. Simone Roters.

GESPINSTE UND KOKONS

SACKTRÄGER

Die Raupen der Schmetterlingsfamilie der Sackträgermotten (Psychidae) tragen einen auffälligen, charakteristischen **Gespinstsack** auf ihrem Rücken. Dieses Gespinst kann mit verschiedensten Materialien belegt sein. Zur Verpuppung wird der Sack an Baumstämmen, Ästen oder Hauswänden festgesponnen.

Weibchen der Sackträgermotten locken Männchen zu ihrem Gespinstsack. Lausitz, Deutschland.

Das Aussehen des Raupensacks kann je nach Art stark variieren. Nationalpark Coto de Doñana, Spanien.

Der Puppenkokon einer Brackwespe. Offenbach, Deutschland. Simone Roters.

Feenlämpchen, der namensgebende Eikokon der Feenlampenspinne, ist selten und sehr schön. Lausitz, Deutschland. Simone Roters.

BRACKWESPEN

Die parasitären Brackwespen (Braconidae) legen ihre Eier zum Beispiel in Schmetterlingsraupen ab, die sie mit ihrem Legestachel lähmen. Im Körper des Wirts schlüpfen die Wespenlarven, die sich von dem Wirt ernähren und ihn anschließend töten. Zur Verpuppung spinnen die Larven einen markanten Kokon. Häufig ist der Wirt von außen vollständig mit diesen **Puppenkokons** bedeckt. Der Kokon ist gewöhnlich zuerst weißlich und verfärbt sich nach dem Schlüpfen gelblich.

FEENLÄMPCHENSPINNE

Die weit verbreitete Feenlämpchenspinne (*Agroeca brunnea*) ist für ihren **formschönen Eikokon** bekannt, der an eine mittelalterliche Lampe oder Laterne erinnert und „Feenlämpchen" genannt wird. Leider ist dieses ganzjährig vorkommende Zeichen schwer zu finden.

Der korbähnliche Kokon einer Wespenspinne. Deutschland. Simone Roters.

WESPENSPINNE

Die markant gezeichnete Wespenspinne (*Argiope bruennichi*) ist in weiten Teilen Europas verbreitet. Sie bevorzugt sonnige Lebensräume mit großen Heuschreckenpopulationen. Typische Standorte sind Sandheiden und Trockenrasen, doch auch Feuchtwiesen mit niedriger Vegetation werden bewohnt. Fährtenlesern ist die Wespenspinne wegen ihres **korbähnlichen Kokons** zur Eiablage bekannt. Das auffällige Gebilde ist in der Regel ein Stück weit über dem Boden an Gräsern befestigt und kann bis zu 400 Eier enthalten. Der Kokon ist gut isoliert, sodass die enthaltenen Eier den Winter überstehen.

≈ Das Nest des Kiefernprozessionsspinners besteht überwiegend aus Kiefernnadeln, Gespinstresten und Raupenkot. Nationalpark Coto de Doñana, Spanien.

KIEFERNPROZESSIONSSPINNER

Im Sommer, meist im Juni und Juli, können wir vor allem in trockenen, sandigen Kiefernwäldern Reste der Gespinste des Kiefernprozessionsspinners (*Thaumetopoea pinivora*) finden. Die Gespinstreste enthalten teilweise große Ansammlungen von Raupenkot und Brennhaaren.

Achtung!
Wie bei anderen Prozessionsspinnern kann der Kontakt mit den Brennhaaren der Raupen eine allergische Hautreaktion hervorrufen (Raupendermatitis).

NESTER UND VERSCHLÜSSE

KÖCHERFLIEGEN

Die Larven der Köcherfliegen (Trichoptera) besitzen Spinndrüsen, mit deren Spinnseide sie diverse umliegende Kleinstbauteile zu einem schützenden **Köcher** um ihren Hinterleib verweben. Köcher können aus den unterschiedlichsten Materialien wie Flusskieseln, Wasserlinsen, Holz- oder Falllaubstücken oder sogar aus kleinen lebenden Wasserschnecken bestehen. Köcherfliegen gelten als ein Indikator für eine gute Wasserqualität.

Das Aussehen des Köchers einer Köcherfliegenlarve kann unterschiedlich ausfallen und hängt von dem verwendeten Material ab. Bieszczady, Polen. ≈

≈ Kuckucksspeichel ist eine umgangssprachliche Bezeichnung für das Nest der Schaumzikade. Nationalpark Coto de Doñana, Spanien.

SCHAUMZIKADEN

Die Nymphen der meisten Schaumzikaden (Cercopidae) leben in einem etwa 1–2 cm großen **Schaumballen an Pflanzenstängeln**. Den Schaum, der als Schutz vor Austrocknung und Fressfeinden dient, produziert die Larve, indem sie Luft in ein Gemisch aus körpereigenen Stoffen und Pflanzensäften „pumpt". In einem Schaumballen können eine oder mehrere Nymphen leben. Dieses Zeichen finden wir fast überall in Europa von Anfang Juni bis Ende September.

MAUERBIENEN

Mauerbienen der Gattungen *Megachile* und *Osmia* sind Spurenlesern vor allem durch ihre faszinierenden **Nester** bekannt. Aus einem Drüsensekret und Teilen von Blättern oder Erde stellen sie ein Baumaterial her, mit dem sie Zellen für ihre Brut fertigen. Die Nester bestehen meist aus mehreren, hintereinander angelegten Zellen und werden am Ende durch einen spezifisch gearbeiteten **Nestverschluss** verschlossen. Die Nester und ihre Verschlüsse sind oft artspezifisch und können in leeren Schneckenhäusern, hohlen Pflanzenstängeln, im Totholz hohler Äste, in Mauerspalten oder im Boden gefunden werden. Das Weibchen legt je Zelle ein Ei ab und verschließt sie dann zusammen mit einem Pollenvorrat. Die Larve frisst teilweise über mehrere Wochen von dem Nahrungsvorrat, bevor sie sich zum Verpuppen in einen Kokon einspinnt.

Mauerbienennest. Deutschland. Simone Roters. ⮟

WEINBERGSCHNECKE

Manche Gehäuseschnecken wie die Weinbergschnecke (*Helix pomatia*) können ihr Gehäuse durch eine aufgesetzte Trennwand, **Epiphragma** genannt, verschließen. Dieser luftdurchlässige Deckel schützt vor Kälte oder Austrocknung und wird mithilfe eines körpereigenen Sekrets und durch Kalkeinlagerung gebildet. Der Verschluss kann abgeworfen werden, sobald er nicht mehr benötigt wird.

BOHRUNGEN UND LÖCHER

EICHEL- UND HASELNUSSBOHRER

Die Weibchen der sehr ähnlich aussehenden Käferarten Eichelnussbohrer (*Curculio venosus*) und Haselnussbohrer (*Curculio nucum*) legen ihre Eier durch ihren langen Rüssel in unreife Eicheln oder Haselnüsse ab. Bis die Nüsse im Herbst zu Boden fallen, ernähren sich die Larven von der Nuss. Anschließend bohren sie sich ins Freie. Das oft **kreisrunde Loch**, das wir mit bloßem Auge sehen können, ist das Austrittsloch der Larven.

⮝ Das Epiphragma einer Weinbergschnecke. Deutschland. Simone Roters.

⮝ Beachten Sie das nahezu kreisrunde Austrittsloch der Eichelbohrerlarve. Spessart, Deutschland.

Mistkäferlöcher sind in Europa weit verbreitet. Der mittige, kreisrunde Eingang ist charakteristisch. Märkische Schweiz, Deutschland. ≚

Das Eingangsloch einer Feldgrille. Bei genauer Betrachtung fallen die kleinen schwarzen Pünktchen auf, bei denen es sich um Feldgrillenkot handelt. Lausitz, Deutschland. ≚

≙ Käferloch. Der Auswurf ist eine Art selbst angelegte Spurenfalle, in der häufig deutliche Abdrücke zu sehen sind. Nationalpark Coto de Doñana, Spanien.

« Exkremente einer Feldgrille in Nahaufnahme. Lausitz, Deutschland.

KÄFER

Mistkäfer legen ihre Brutkammern häufig in der Nähe von tierischen Exkrementen an. Das **kreisrunde Eingangsloch** liegt markant in der Mitte eines Erdhaufens.

Wenn Käfer ein seitliches Eingangsloch ins Erdreich graben, entsteht oft ein deutlicher Wechsel, der durch den frischen Auswurf klar zu erkennen ist.

FELDGRILLEN

Auf Wiesen können wir kleine **Eingangslöcher** mit etwa 1 cm Durchmesser entdecken. Wer lange genug wartet, kann vielleicht sogar beobachten, wie eine Feldgrille (*Gryllus campestris*) rückwärts „einparkt", um sich im Schutz ihres Lochs auszuruhen. Häufig findet sich Grillenkot latrinenartig vor dem Eingangsloch abgesetzt.

WOLFSSPINNEN

Im Gegensatz zu vielen anderen Spinnen fangen Wolfsspinnen (Lycosidae) ihre Beute nicht in Fangnetzen. Stattdessen lauern sie in selbst gegrabenen Erdhöhlen, die sie von innen mit Spinnenseide auskleiden. Sobald sich ein Beutetier nähert, schnellen sie hervor, um es zu ergreifen. Die Erdhöhlen erkennt man durch eine nahezu **kreisrunde Öffnung** im Boden, die häufig von einem Wall aus dem umliegenden Bodenmaterial umgeben ist. Dieser ist ebenfalls von Spinnenseide durchzogen, wodurch Bewegungen in der nahen Umgebung über Vibration in die Erdhöhle übertragen werden und der Wolfsspinne so eventuelle Beute angekündigt wird. Die Größe der Öffnung sowie die des Walls variiert und hängt von der Größe der Spinne ab. Mitunter können beeindruckend große Fallen gefunden werden, alle in Europa vorkommenden Wolfsspinnen sind für den Menschen ungefährlich.

Der oberirdische Teil der Erdhöhle ist von Spinnenseide durchzogen. Das hilft der Wolfsspinne, potenzielle Beute zu bemerken. Nationalpark Coto de Doñana, Spanien. »

Erdhöhle einer Wolfsspinne mit dem entsprechenden Erdauswurf davor. Nationalpark Coto de Doñana, Spanien. ≽

≈ Eine neugierige Wolfsspinne. Nationalpark Coto de Doñana, Spanien.

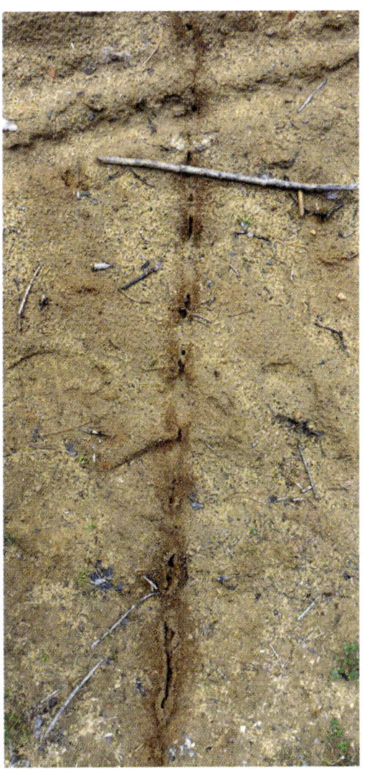
« Ameisenstraßen können sowohl schmal und tief, wie hier, als auch flach und breit sein. Hainburg, Deutschland. Simone Roters.

STRAßEN, TRICHTER UND TUNNEL

AMEISEN

Gerade in den trockenen Gebieten Europas finden wir immer wieder **Ameisenstraßen**, die breit ausgetreten wirken. Tatsächlich sind diese „Straßen" jedoch das Resultat der kollektiven Arbeit unzähliger Ameisen (Formicidae), die den Weg Stück für Stück freigeräumt haben. Das Sauberhalten ihrer Straßen ermöglicht einen effizienten Transport von Rohstoffen, ähnlich wie gut instandgehaltene Autobahnnetze. Ameisenstraßen sind meist schwach erkennbare Pfade, die sich durch eine andere Bodenfarbe von ihrer Umgebung abheben. Die meisten Ameisenstraßen sind bis 1 cm breit, je nach Art können sie aber auch 5, 10 oder sogar 20 cm breit werden.

AMEISENLÖWEN

Die bekannten Larven der Ameisenjungfern (Myrmeleontidae) leben unterirdisch und legen **trichterförmige Fallgruben** in lockeren Sandböden an. Sobald eine Ameise oder ein vergleichbar kleines Insekt den Trichter betritt, rutscht es auf den Trichtergrund, wo der Ameisenlöwe Sandfontänen aufwirft und mit seinen Saugzangen nach der Beute greift.

In der Regel gibt es für die Beute kein Entkommen. Um eine neue Fallgrube anzulegen, bewegen sich die Larven rückwärts. Dabei hinterlassen sie markante Schleifspuren im Sand, die sich von denen des Regenwurmes durch die häufigen Richtungsänderungen auf kurzen Strecken unterscheiden. Die Größe der Fallgruben variiert mit der Ameisenjungfernspezies, in Europa gibt es etwa 11 verschiedene Arten. Der Durchmesser der Fallgruben beträgt 2–5 cm.

Der Fallgrubentrichter einer Ameisenlöwennymphe. Der mäandernde Pfadcharakter ist typisch für die Nymphe des Ameisenlöwen. Lausitz, Deutschland. ︾

Die oberflächennah verlaufenden Gänge der Maulwurfsgrille erinnern an die vom Maulwurf, doch sie sind deutlich kleiner. Lausitz, Deutschland. »

EUROPÄISCHE MAULWURFSGRILLE

Die **Grabtunnel** der Maulwurfsgrille (*Gryllotalpa gryllotalpa*) ähneln einem an der Oberfläche verlaufenden Maulwurfstunnel, sie sind nur viel kleiner. Maulwurfsgrillen leben fast ausschließlich in lockeren, gut grabfähigen und feuchten Sand- oder Lehmböden und häufig in der Nähe von Gewässern. Ihr Aussehen erinnert an eine Grille, die mit den Grabschaufeln eines Maulwurfs ausgestattet ist (namensgebend). Die von ihnen angelegten Gangsysteme haben einen Durchmesser von 0,7–1,5 cm.

ERDHAUFEN UND ERDWÄLLE

REGENWÜRMER

Kleine Haufen aus Erdwürsten sind ein Zeichen für das Vorkommen von Regenwürmern (Lumbricidae). Diese fressen sich durch das Erdreich, verdauen organisches Material und scheiden die Reste wieder aus. Die Größe der **Erdhaufen** variiert je nach Größe des Wurms. Die Erdhaufen können einen Durchmesser von mehreren Zentimetern haben. Schiebt man einen der Haufen vorsichtig zur Seite, wird mittig darunter meist der Eingang zum Erdbau sichtbar.

︽ Der Durchmesser des Eingangslochs ist etwa fingerdick. Lausitz, Deutschland.

Die Erdhaufen der Regenwürmer bestehen aus ausgeschiedenem Bodenmaterial. Wir finden sie nach Regenschauern oder früh am Morgen. Värmland, Schweden. »

« Ameisenhügel sind wohlüberlegte Bauten, die als Klimaanlage funktionieren und eine beachtliche Größe erreichen können. Värmland, Schweden

Die Käferlarve schiebt diese Erdwürste rückwärts durch ihren Gang nach oben. Der Durchmesser einer Erdwurst entspricht in etwa der Larvengröße. Nationalpark Coto de Doñana, Spanien. »

≈ Vollständig von Gras überwachsener Ameisenhügel der Gelben Wiesenameise. West Sussex, England.

KÄFER

Verschiedene Käferlarven können auffällige **Erdhaufen** errichten, wenn sie ihre Gänge ausbauen. Die ausgeworfene Erde entspricht etwa der Größe der Larve. Vor allem in trockenen Sandgebieten sind sie ein markantes Zeichen. Studien haben ergeben, dass Mistkäfer das Sternenlicht nutzen, um von der Nahrungssuche zu ihrer Brutkammer zurückzufinden. Sie legen eine Art Schnappschuss des Nachthimmels an, indem sie auf die Mistkugel klettern, sich um ihre eigene Hochachse drehen und sich an den Positionen der Himmelskörper orientieren. Dieses Verhalten wird auch „Tanz" genannt. In klimatisch heißen Gegenden schützt dies gleichzeitig vor Überhitzung, da die Mistkugel kühler als die Bodentemperatur ist (Byrne 2012). Mistkäfer sind dafür bekannt, dass sie sich durch diese Art der Navigation exakt geradlinig auf ihre Brutkammer zubewegen, obwohl sie sich in der Regel rückwärts fortbewegen.

AMEISEN

Die großen **Ameisenhügel** der Roten Waldameise (*Formica rufa*) gehören zu einem der bekanntesten Insektenzeichen Europas. Die meist aus Nadeln, kleinen Steinen und anderem umliegendem Bodenmaterial gebauten Hügel dienen den Ameisen als eine Art Klimaanlage, die es ihnen ermöglicht, die Temperatur im unterirdischen Nest konstant zu halten. Eine weniger bekannte Form der Ameisenhügel errichtet die Gelbe Wiesenameise (*Lasius flavus*). Sie ist eine der häufigsten Ameisenarten Europas und lebt meist in unauffälligen Erdnestern, zum Beispiel unter Steinen und Wurzeln. Auf naturnahen, ungestörten Wiesen erschafft sie auffällige **Erdhügel**, die vollständig mit Gras und anderen Pflanzen überwachsen und nicht immer sofort als Ameisenhügel erkennbar sind. Diese Ameisenhaufen können an bewachsene Maulwurfshügel erinnern und kommen oft in Gruppen vor.

FRAßSPUREN

KIEFERNTRIEBWICKLER

Der Kieferntriebwickler (*Rhyacionia buoliana*) ist ein Kleinschmetterling, dessen Raupen auffällige Zeichen hinterlassen. Der adulte Falter schwärmt etwa ab Mitte Juni. Anschließend werden die Eier einzeln oder gruppenweise an Nadelscheiden, Nadeln oder den Trieben von Kiefern abgelegt. Die Raupen überwintern in den Knospen und höhlen im Frühjahr Knospen und junge austreibende Triebe von der Basis zur Spitze aus. Je nach Intensität des Fraßes sterben die austreibenden Knospen ab oder die Jungtriebe knicken zunächst um und wachsen verkrüppelt weiter. Dadurch kann es zu einer charakteristischen **Stammverkrümmung** kommen, die „Posthorn" genannt wird. Der Kieferntriebwickler bevorzugt lichte Kulturen, Dickungen und Stangenhölzer, insbesondere auf trockenen Standorten.

Für dieses markante „Posthorn" ist die Raupe des Kieferntriebwicklers verantwortlich. Drehna, Deutschland. Jonathan Schüppel. »

Schneckenfraß (rechts im Bild) im Vergleich zur Fraßspur einer Maus (links im Bild). Spessart, Deutschland. ︾

SCHNECKENFRAß AN RINDE UND PILZEN

Schnecken besitzen eine Raspelzunge als Mundwerkzeug, Radula (lat. „Raspel" oder „Kratzeisen") genannt. Die Radula ist eine zungenartige Lamelle mit vielen kleinen, in Reihen angeordneten Zähnen aus Chitin. Schnecken fressen organisches Material wie Blattgewebe oder Pilze und raspeln ebenso Algen von Steinen, Baumrinde und verschiedensten anderen Oberflächen. Die Fraßspur einer Schnecke ist ein auffälliges Muster, das aus den vielen einzelnen **Schabspuren** der kleinen Zähne besteht.

Bei Fraßspuren kleiner Nagetiere sehen wir stattdessen meist klar erkennbare Furchen der Schneidezähne. Auf Pilzen hinterlassen Schnecken tiefe Fraßlöcher, die von oben herab geraspelt wurden, Säugetiere fressen in der Regel vom Rand des Pilzes.

Oft sind Spuren vom Schneckenschleim erkennbar, wenn eine Schnecke auf einem Pilz gefressen hat. Die winzigen Zähne der Napfschnecken (Patellidae) sind das härteste uns bekannte Biomaterial der Erde.

︽ Hier hat eine Nacktschnecke mit ihrer Raspelzunge (Radula) Algen von einer Birke gefressen. Lausitz, Deutschland.

KOT UND ÜBERRESTE

SCHMETTERLINGE

Raupenexkremente sind meist leicht an ihrer auffallend symmetrischen Struktur zu erkennen. Die kleinen Kotpillen haben oft eine zylindrische Form und sind von sechs länglichen Kerben und mehreren weniger ausgeprägten Querkerben durchzogen. Die Form kann an Teile einer Pflanze erinnern. Die Farbe variiert von Graugrün und Grün über verschiedene Brauntöne bis hin zu Schwarz. Das enthaltene Pflanzenmaterial ist fein und fest zusammengepresst. Verschiedene Raupenarten zeigen teilweise charakteristische Variationen dieses Aussehens. Je nach Größe der Raupe können die Kotpillen 2–8 mm lang sein.

Raupenkot. Jetzendorf, Deutschland. Laura Gärtner. »

« Beachten Sie die symmetrische Struktur, die Längs- und Querkerben sind typisch für Raupenkot. Lausitz, Deutschland.

SCHNECKEN

Schneckenkot besteht aus dünnen wurstförmigen Exkrementen, die sich seilartig mehrfach übereinanderschlagen und gewunden aussehen. Dieses Zeichen können wir auf Blättern, an Hauswänden und Bäumen und auf allen anderen Oberflächen finden, auf denen Schnecken gekrochen sind. Der glänzende Schneckenschleim ist ein weiteres Indiz, das meist zusammen mit den Exkrementen auftritt. Je nach Größe der Schnecke kann der Kot winzig bis mehrere Zentimeter lang und bis 4 mm dick sein.

ECHTE TINTENFISCHE

An Meeresküsten finden sich häufig angeschwemmte „Rückenknochen“, die von verendeten Echten Tintenfischen (Sepiida) stammen und **Schulp** genannt werden. Schulpe sind weiß, bestehen überwiegend aus Argonit und können in ihrer Form an kleine Surfbretter erinnern. Lebenden Tieren dienen sie als druckstabiler Auftriebskörper, der je nach Bedarf mit Gas und Flüssigkeit befüllt werden kann. Im Tierhandel werden Schulpe als Kalziumquelle für Reptilien oder als Schnabelwetzsteine für Käfigvögel angeboten. Auch in freier Natur nutzen viele Vogelarten die Schulpe, die dadurch häufig Schnabelmarken aufweisen (siehe Seite 718).

« Schneckenexkremente überschlagen sich seilartig und sind oft an Hauswänden zu entdecken. Märkische Schweiz, Deutschland.

ANHANG

ANHANG

LITERATUR (AUSWAHL)

BÜCHER

Abenza, L. (2018): **Aves que dejan Huella.** España, MADbird.

Altum, B. (2016): **Forstzoologie, Insekten.** Nikosia, TP Verone Publishing.

Amman, G. (2006): **Säugetiere und Kaltblüter des Waldes.** Melsungen, Neumann-Neudamm.

Baker, N. (2014): **Fährten lesen und Spuren suchen.** Bern, Haupt Verlag.

Bang, P./Dahlström, P. (2009): **Tierspuren.** München, BLV Verlagsgesellschaft mbH.

Bellmann, H./Spohn, M./Spohn, R. (2018): **Faszinierende Pflanzengallen.** Wiebelsheim, Quelle & Meyer.

Bergmann, H.-H. (2015): **Die Federn der Vögel Mitteleuropas.** Wiebelsheim, AULA-Verlag.

Bergmann, H.-H./Klaus, S. (2016): **Spuren und Zeichen der Vögel Mitteleuropas.** Wiebelsheim, AULA-Verlag.

Bertram, J. E. A. (2016): **Understanding Mammalian Locomotion: Concepts and Applications.** New Jersey, Wiley-Blackwell.

Bezzel, E. (2014): **Vogelfedern.** München, BLV.

Beutel, R. G./Leschen, R. A. G. (2016). **Coleoptera, Beetles. Morphology and Systematics.** Berlin, De Gruyter.

Boback, A. W. (1970): **Unsere Wildenten.** Wittenberg Lutherstadt, Ziemsen Verlag.

Boitani, L./Mech, D. (2003): **Wolves: Ecology, Behavior and Conservation.** Chicago/London, University of Chicago Press.

Bouchner, M. (1990): **Der große Spurenführer.** Bindlach, Kosmos Verlags-GmbH.

Brauns, A. (1991): **Taschenbuch der Waldinsekten.** Jena/Stuttgart, Gustav Fischer Verlag.

Brown Jr., T (1999): **The Science and Art of Tracking.** New York, Berkley.

Brown, R./Ferguson, J./Lawrence, M./Lees, D. (2005): **Federn, Spuren und Zeichen der Vögel Europas.** Wiebelsheim, AULA-Verlag.

Brown, R./Ferguson, J./Lawrence, M./Lees, D. (2009): **Tracks & Signs of the birds of Britain & Europe.** London, Bloomsbury Publishing PLC.

Brown, R./Lawrence, M./Pope, J. (1985): **Welches Tier ist das?** Stuttgart, Kosmos Verlags-GmbH.

Busching, W.-D. (2005): **Einführung in die Gefieder- und Rupfungskunde.** Wiebelsheim, AULA-Verlag.

Chinery, M. (2012): **Pareys Buch der Insekten.** Stuttgart, Frankh Kosmos Verlag.

Cummins, H. (1929): **the topografic history of the volar pads (walking pads; Tastballen) in the human embryo.** Washington, Elsevier.

Cummins, H./Midlow, C. (1961): **Finger prints, palms, and soles: an introduction to dermatoglyphics.** New York, Dover Publications.

Curry-Lindahl, K. (1995): **Der Berglemming.** Magdeburg, Ziemsen Verlag.

Davis, A. (2007): **Fährten- und Spurenkunde.** Stuttgart, Frankh Kosmos Verlag.

Diepenbeek, A. (2015): **Veldgids Diersporen.** Zeist, Knnv Uitgeverij.

Dieterlen, F. (2005): **Die Säugetiere Baden-Württembergs.** In: Braun, M./Dieterlen, F.: Die Säugetiere Baden-Württembergs. Band 2, 297-311. Stuttgart, Verlag Eugen Ulmer.

Eiseman, C./Charney, N. (2010): **Tracks & Sign of Insects.** Mechanicsburg, Stackpole Books.

Elbroch, M. (2003): **Mammals Tracks & Signs.** Mechanicsburg, Stackpole Books.

Elbroch, M. (2006): **Animal Skulls.** Mechanicsburg, Stackpole Books.

Elbroch, M./Kresky, M./Evans, J. (2012): **Field Guide to Animal Tracks and Scat of California.** Berkeley and Los Angeles, Universtity of California Press.

Elbroch, M./Marks, E. (2001): **Bird Tracks & Sign.** Mechanicsburg, Stackpole Books.

Elbroch, M./McFarland, C. (2019): **Mammal Track and Sign Second Edition.** Guilford, Stackpole Books.

Elbroch, M./Rinehart, K. (2011): **Behavior of North American Mammals.** New York, Houghton Mifflin Harcourt.

Engelmann, W.- E./Obst, F. J. (1981): **Mit gespaltener Zunge. Aus der Biologie und Kulturgeschichte der Schlangen.** Freiburg, Herder Verlag GmbH.

Falkus, H. (1980): **Die Sprache der Tierspuren.** Rüschlikon-Zürich, Verlag Müller Rüschlikon.

Fischer, M./Lilje. K. E. (2017): **Hunde in Bewegung.** Stuttgart, Frankh Kosmos Verlag.

Fischer, M./Schumann, H.-G. (2008): **Fährten, Spuren und Geläufe.** Melsungen, Neumann-Neudamm.

Galán, J. M. (2012): **Huellas y rastros de la fauna de Doñana.** El, Rocío.

Gibbons, D. (2008): **Stories in Tracks & Sign.** Mechanicsburg, Stackpole Books.

Görner, M./Hackethal, Dr. sc. H. (1987): **Säugetiere Europas.** Leipzig, Radebeul, Neumann Verlag.

Gotch, A. F. (1997): **Mammals – their latin names explained.** Dorset, Sterling Pub Co Inc.

Graf, Dr. J./Wehner, M. (1971): **Der Waldwanderer.** München, J. F. Lehmanns.

Grimmberger, E. (2014): **Die Säugetiere Deutschlands.** Wiebelsheim, Quelle & Meyer.

Grimmberger, E. (2017): **Die Säugetiere Mitteleuropas.** Wiebelsheim, Quelle & Meyer.

Grimmberger, E./Rudolff, K. (2009): **Atlas der Säugetiere Europas, Nordafrikas und Vorderasiens.** Münster, NTV Natur und Tier- Verlag.

Harris, S./Yalden, D. W. (2008): **Mammals of the British Isles Handbook 4th Edition.** Southampton, Mammal Society.

Harrison, C./Castell, P. (2004): **Jungvögel, Eier und Nester der Vögel Europas.** Wiebelsheim, AULA-Verlag.

Hecker, F. (2010): **Welche Tierspur ist das?** Stuttgart, Frankh Kosmos Verlag.

Hering, E. M. (1957): **Bestimmungstabellen der Blattminen von Europa: Einschließlich des Mittelmeerbeckens und der Kanarischen Inseln.** Berlin/Heidelberg, Springer Verlag.

Hildebrand, M./Golsow, G. E. (2004): **Vergleichende und funktionelle Anatomie der Wirbeltiere**. Berlin/Heidelberg, Springer Verlag.

Hohmann, M. (2018): **Bewegungsapparat Hund: Funktionelle Anatomie, Biomechanik und Pathophysiologie.** Stuttgart, Sonntag Verlag.

Jedrezejewski. W./Sidorovich, V. (2010): **The art of tracking animals.** Bialowieza, Mammal Research Institute Polish Academiy of Sciences.

Jenrich, J./Löhr, P.-W./Müller, F. (2012): **Bildbestimmungsschlüssel für Kleinsäugerschädel aus Gewöllen.** Wiebelsheim, Quelle & Meyer.

Jenrich, J./Löhr, P.-W./Müller, F./ Vierhaus, H. (2016): **Mittel- und Großsäuger: Bildbestimmungsschlüssel anhand von Schädelmerkmalen.** Fulda, Michael Imhof Verlag.

Jenrich, J./Löhr, P.-W./Müller, F. (2010): **Kleinsäuger: Körper- und Schädelmerkmale, Ökologie.** Beiträge zur Naturkunde in Osthessen (Hrsg. Verein für Naturkunde in Osthessen e.V.). Fulda, Michael Imhof Verlag.

Kemp, T. S. (2005): **The Origin and Evolution of Mammals.** Oxford, Oxford University Press.

Klinz, E. (1955): **Die Wildtauben Mitteleuropas.** Wittenberg Lutherstadt, Ziemsen Verlag.

Lang, A. (2004): **Spuren und Fährten unserer Tiere.** München, BLV Verlagsgesellschaft mbH.

Laußer, K. (2013): **Tierspuren.** München, Gräfe und Unzer Verlag.

Liebenberg, L. (2000): **Tracks and Tracking in Southern Africa.** Cape Town, Photographic Guides.

Liebenberg, L. (1990): **A Field Guide to the Animal Tracks of Southern Africa.** Cape Town/Johannesburg, David Philip Publishers.

Liebenberg, L. (2000): **Tracks and Tracking in Southern Africa.** Cape Town, Photographic Guides.

Lowery, J. (2013): **Walk with the Animal. A Tracking Metholdology.** Frazier Park.

Marchesi, P./Blant, M./Capt, S. (Hrsg.) (2008): **Fauna Helvetica. Säugetiere. Bestimmung.** Neuchatel, CSCF.

Marchesi, P./Mermod, C./ Salzmann, H. C. (2010): **Marder, Iltis, Nerz und Wiesel.** Bern, Haupt Verlag.

März, R. (2007): **Gewöll- und Rupfungskunde.** Wiebelsheim, AULA-Verlag.

McAllister, I (2009): **Wilde Wölfe: die letzten ihrer Art in Kanada.** München, Frederking & Thaler.

Mitchell-Jones, A. J. et al. (1999): **The Atlas of European Mammals.** London, Bloomsbury Specialist.

Molinari, P./Breitenmoser, U./ Molinari-Jobin, A./Giacometti, M. (2000): **Raubtiere am Werk.** Limena, Rotografica Verlag.

Moskowitz, D. (2010): **Wildlife of the Pacific Northwest.** Portland, Timber Press Inc.

Moskowitz, D. (2013): **Wolves in the Land of Salmon.** Portland, Timber Press Inc.

Müller, F./Müller D. G. (Hrsg.) (2004): **Wildbiologische Informationen für den Jäger, Band 1 Haarwild.** Remagen, Verlag Kessel.

Müller, F./Müller D. G. (Hrsg.) (2006): **Wildbiologische Informationen für den Jäger, Band 2 Federwild.** Remagen, Verlag Kessel.

Müller, J. P./Jenny, H./ Lutz, M./Mühlenthaler, E./ Briner, T. (2010): **Die Säugetiere Graubündens – eine Übersicht.** Chur, Verlag Desertina.

Müller, P. (2011): **Gelbhalsmaus (*Apodemus flavicollis*).** In: Broggi, M. F./ Camenisch, D./Fasel, M./ Güttinger, R./Hoch, S./Müller, J. P./ Niederklopfer, P./Staub, R. Regierung des Fürstentums Liechtenstein (Hrsg.) (2011): Die Säugetiere des Fürstentums Lichtenstein. Vaduz, Amtlicher Lehrmittelverlag.

Nöth, W. (2011): **Origins of Semiosis: Sign Evolution in Nature and Culture.** Berlin, De Gruyter.

Ohnesorge, G./Scheiba, B. (2012): **Tierspuren und Fährten.** München, Bassermann Verlag.

Okarma, H./Langwald, D. (2002): **Der Wolf: Ökologie, Verhalten, Schutz.** Berlin/Wien, Parey Buchverlag.

Olberg, G. (1957): **Tierfährten.** Wittenberg, Ziemsen Verlag.

Olsen, L.-H. (2012): **Tierspuren.** München, BLV Buchverlag.

Ophoven, E. (2012): **Deutschlands wilde Tiere.** Stuttgart, Frankh Kosmos Verlag.

Pearce, G. (2011): **Badger Behavior Conservation & Rehabilitation.** Exeter, Pelagic Publishing.

Polly, P. (2007): Fins into Limbs: **Evolution, Development, and Transformation.** Chicago, University of Chicago Press.

Radinger, E. H. (2004): **Wolfsangriffe – Fakt oder Fiktion?** Worpswede, Peter von Döllen Verlag.

Rezendes, P. (1999): **Tracking and the Art of seeing.** New York, Collins Reference.

Richarz, K. (2006): **Tierspuren.** Stuttgart, Verlag Eugen Ulmer.

Ringleben, H. (1957): **Die Wildgänse Europas.** Wittenberg Lutherstadt, Ziemsen Verlag.

Rohe, W. (2020): **Die Brutbilder der wichtigsten Forstinsekten.** Wiebelsheim, Quelle & Meyer.

Rue, L. L. (1978): **The Deer of North America.** Barrington, Crown Publishers.

Rue, L. L. (2013): Whitetail Savvy: **New Research and Observations about America's Most Popular Big Game Animal.** New York, Skyhorse Publishing.

Schaefer, M. (2017): **Brohmer – Fauna von Deutschland. Ein Bestimmungsbuch unserer heimischen Tierwelt.** Wiebelsheim, Quelle & Meyer.

Schmidt, H.-M./Lanz, U. (2003): **Chirurgische Anatomie der Hand.** Stuttgart/New York, Springer Verlag.

Sidorovich, V./Vorobej, N. (2013): **Mammal activity signs: Atlas, identification keys and research methods.** Moskau, Veche.

Spitzenberger, F. (2001): **Die Säugetierfauna Österreichs, Band 13.** Graz, Bundesministeriums für Land- und Forstwirtschaft, Umwelt und Wasserwirtschaft.

Stefen C. (2009): **Gelbhalsmaus *Apodemus flavicollis*.** In: Atlas der Säugetiere Thüringens. (Hrsg.: M. Görner) Jena, Verlag AAT.

Svensson, L./Mullarney K./ Grant, P. J./Zetterström, D. (1999): **Der neue Kosmos Vogelführer.** Stuttgart, Frankh Kosmos Verlag.

Tkaczyk, F. (2015): **Tracks & Sign of Reptiles & Amphibians.** Mechanicsburg, Stackpole Books.

Turni, H. (2005): **Gelbhalsmaus *Apodemus flavicollis*.** In: Braun, M./Dieterlen, F. (Hrsg.): Die Säugetiere Baden-Württembergs. Band 2. Stuttgart, Verlag Eugen Ulmer.

Velasco, F. G./Santamaría, P. T. (2016): **Guía de Huellas y rastros.** Madrid, Ediciones la Libreria.

Vogel, P. (1995): **Die Säugetiere der Schweiz.** Basel, Birkhäuser Verlag.

Weinberger, I./Baumgartner, H. (2018): **Der Fischotter.** Bern, Haupt Verlag.

Westheide, W. (2010): **Spezielle Zoologie. Teil 2: Wirbel- oder Schädeltiere.** Berlin/Heidelberg, Springer Verlag.

Wilson, D. E./Mittermeier, R. A. (2009): **Handbook of the Mammals of the World, Vol. 1: Carnivores.** Barcelona, Lynx Edicions.

Wilson, D. E./Mittermeier, R. A. (2011): **Handbook of the Mammals of the World, Volume 2: Hoofed Mammals.** Barcelona, Lynx Edicions.

Wilson, D. E./Lacher, T.E./ Mittermeier, R. A. (2016): **Handbook of the Mammals of the World, Vol. 6: Lagomorphs and Rodents I.** Barcelona, Lynx Edicions.

Wilson, D. E./Lacher, T.E./ Mittermeier, R. A. (2017): **Handbook of the Mammals of the World, Vol. 7: Rodents II.** Barcelona, Lynx Edicions.

Wilson, D. E./Mittermeier, R. A. (2018): **Handbook of the Mammals of the World, Vol. 8: Insectivores, Sloths and Colugos.** Barcelona. Lynx Edicions.

Wilson, D. E./Mittermeier, R. A. (2019): **Handbook of the Mammals of the World, Vol. 9: Bats.** Barcelona, Lynx Edicions.

Witt, R. (1994): **Tierspuren, Beobachtungen durch das Jahr.** München, Orbis Verlag.

Young, J./Morgan, T. (2007): **Animal Tracking Basics.** Mechanicsburg, Stackpole Books.

ZEITSCHRIFTENARTIKEL UND INTERNETQUELLEN

Afelt, T. et al. (1983): **Speed control in animal locomotion: Transitions between symmetrical and asymmetrical gaits in the dog.** Acta Neurobiologiae Experemantalis, 43(4–5), S. 235–250.

Alexander, R. (1984): **The Gaits of Bipedal and Quadrupedal Animals.** The International Journal of Robotics Research, 3(b), S. 49–59.

Alkon, P. U./Saltz, D. (1985): **Potatoes and the nutritional ecology of crested porcupines in a desert biome.** The Journal of Applied Ecology, 22(c), S. 727–737.

Alonso, J. C. et al. (2009): **The Most Extreme Sexual Size Dimorphism Among Birds: Allometry, Selection, and Early Juvenile Development in the Great Bustard (Otis tarda).** The Auk, 126 (c), S. 657–665.

Andrzejewski, R./Babinska-Werka, J./Owadowska, E./Szacki, J. (2000): **Homing and space activity in bank voles Clethrionomys glareolus.** Acta Theriologica, 35(b), S. 155–166.

Arbeitskreis Luchs Nordbayern: Risse. Einsehbar unter: https://ak-luchs.de/files/risserkennung.pdf (März 2019)

Barthelmess, E. (2006): ***Hystrix africaeaustralis*, Mammalian Species.** American Society of Mammalogy, 788, S. 1–7.

Bertolino, S. et al. (2015): **Good for management, not for conservation: An overview of research, conservation and management of Italian small mammals.** Hystrix, the Italian Journal of Mammalogy, 26(a), S. 25–35.

Bicnevicius, A. R./Reilly, S. M. (2006): **Correlation of Symmetrical Gaits and Whole Body Mechanics: Debunking Myths in Locomotor Biodynamics.** Journal of Experimental Zoology Part A, 305(11), S. 923–934.

Blick, T. (2004): **Checkliste der Spinnen Mitteleuropas – Checklist of the spiders of Central Europe.** Arachnologische Gesellschaft e.V. https://arages.de/fileadmin/Pdf/checklist2004_araneae.pdf (zuletzt abgerufen Januar 2021).

Brown, J. C./Yalden, D. W. (1973): **The description of mammals-2 Limbs and locomotion of terrestrial mammals.** Mammal Review, 3(d), S. 107–134.

Bruno, E./Riccardi, C. (1995): **The diet of the crested porcupine *Hystrix cristata L.*.** Mammalian Biology, 60, S. 226–236.

Burgin, C. J./Colella, J. P./Kahn, P. L./Upham, N. S. (2018): **How many species of mammals are there?** Journal of Mammalogy, 99(a), S. 1–14.

Deer Initiative (2008): **Species Ecology Sika Deer.** England and Wales best practice guides, www.thedeerinitiative.co.uk (Januar 2021).

Downing, S. et al. (o. J.): **Chinese water deer.** NNSS, GB non-native species secretariat, www.nonnativespecies.org/index.cfm?sectionid=47

Gipps, J. H. W. (1985): **The behavior of bank voles.** Symposia of the Zoological Society of London, 55, S. 61–87.

Gjerde, I. (1990): **Determination of sex in capercaillie Tetrao urogallus by means of dropping size.** Fauna norvegica, Series C, Cinclus 13, S. 91–92.

Griffin, T. G./Main, R. P./Farley, C. T. (2004): **Biomechanics of quadrupedal walking: how do four-legged animals achieve inverted pendulum-like movements?** The Journal of Experimental Biology, 207, S. 3545–3558.

Harrington, L. A./Harrington, A. L./Macdonald, D. W. (2008): **Distinguishing tracks of mink *Mustela vison* and polecat *M. putorius*.** European Journal of Wildlife Research, 54, S. 367–371.

Hildebrand, M. (1965): **Symmetrical gaits of horses.** Science, 150 (3697), S. 701–708.

Hildebrand, M. (1968): **Symmetrical gaits of dogs in relation to body build.** Journal of Morphology, 124, S. 353–360.

Hildebrand, M. (1980): **Analysis of asymmetrical Gaits. The adaptive significance of tetrapod gait selection.** American Zoologist, 20(a), S. 255–267.

Hildebrand, M. (1989): **The quadrupedal gaits of vertebrates.** Bioscience 39, S. 766–774.

Horner, A. M. (2011): **Crouched Locomotion in Small Mammals: The Effects of Habitat and Aging.** Dissertation, College of Arts and Sciences of Ohio University, 121 S. www.semanticscholar.org/paper/Crouched-Locomotion-in-Small-Mammals%3A-The-Effects-Horner/d22896fb1de443aeace4e2f-632c39968ae3c882f (zuletzt abgerufen Januar 2021).

Ibe, S. C./Salami, S.O./Ajayi, I. E. (2017): **Trunk and paw pad skin morphology of the African giant pouched rat.** European Journal of Anatomy, 18(c), S. 175–182.

Jahrl, J. (1995): **Historische und aktuelle Situation des Fischotters (*Lutra lutra*) und seines Lebensraumes in der Nationalparkregion Hohe Tauern.** Nationalparkinstitut des Hauses der Natur. www.zobodat.at/pdf/HdN_12_0029-0077.pdf (Januar 2019)

Kaczensky, P. et al. (2011): **Wer war es? Spuren und Risse von großen Beutegreifern erkennen und dokumentieren.** Hrsg.: Wildland-Stiftung Bayern.

Kaczensky, P. et al. (2013): **Status, management and distribution of large carnivores – bear, lynx, wolf and wolverine – in Europe.** Hrsg.: European Comission. www.researchgate.net/publication/259590863_Status_Management_and_Distribution_of_Large_Carnivores_-_Bear_Lynx_Wolf_and_Wolverine_in_Europe_Part_1 (Februar 2020)

Kauhala, K./Winter, M. (2006): **Nyctereutes procyonoides, Delivering Alien Invasive Species Inventories for Europe (DAISIE).** www.europe-aliens.org/pdf/Nyctereutes_procyonoides.pdf (abgerufen Januar 2020).

Kimura, S. et al. (1999): **Palmar and plantar pads and flexion creases of genetic polydactyly mice (Pdn).** Journal of Morphology, 239(a), S. 87–96.

Kimura, S./Kitagara, T. (1986): **Embrylogical developement of human palmar, plantar, and digital flexion creases.** The Anatomical Record, 2016(b), S. 191–197.

Lapini, L./Ganlsoßer U. (2012): **Der europäische Goldschakal.** www.researchgate.net/profile/Luca_Lapini2/publication/272505706_Der_europaische_Goldschakal/links/54e76d2c0cf277664ffa871c/Der-europaeische-Goldschakal.pdf (zuletzt abgerufen Januar 2021).

Larivière, S./Calzada, J. (2001): ***Genetta genetta.*** the American Society of Mammalogists, 680, S. 1–6.

Layne, J. L. (1970): **Climbing Behavior of *Peromyscus floridanus* and *Peromyscus gossypinus*.** Journal of Mammalogy 51(c): S. 580–591.

Maier, G. (1971): **Assessment of the proportion of heavy stem deformation through post-horn pine-shoot borer in Baden.** [Rhyacionia], in Agris 2013, S. 188–195. Allgemeine Forst- und Jagdzeitung Band 142 (7).

Michel, F. (1970): **Beiträge zur Osteologie der Murmeltiere.** Mitteilungen der Naturforschenden Gesellschaft in Bern, Band 27. S. 26–37.

Pasitschniak-Arts, M./Larivière, S. (1995): **Gulo gulo.** The American Society of Mammalogists, 499, S. 1–10.

People's Trust for Endangered Species: your guide to looking for signs of water voles and other riverband species. https://ptes.org/wp-content/uploads/2015/03/Your-guide-to-looking-for-signs-of-water-voles-and-other-riverbank-species.pdf (März 2020)

Prugh, L.R./Ritland, C. E. (2005): **Molecular testing of observer identification of carnivore feces in the field.** Wildlife Society Bulletin, 33(a), S. 189–194.

Purser, P./Wilson, F. W./Carden, R. (2009): **Deer and forestry in Ireland: a review of current status and management requirements.** Woodlands of Ireland. www.woodlandsofireland.com/sites/default/files/DeerStrategy.pdf (November 2019)

Reinhardt, I./Kluth, G. (2015): **Untersuchungen zum Raum-Zeitverhalten und zur Abwanderung von Wölfen in Sachsen-Projekt „Wanderwolf".** LUPUS Institut Deutschland. www.gzsdw.de/files/endbericht_projekt_wanderwolf_2012_2014.pdf (März 2020)

Reinhardt, I./Kluth, G. (2016): **Abwanderungs- und Raumnutzungsverhalten von Wölfen (*Canis lupus*) in Deutschland.** Natur und Landschaft, 6, S. 262–271.

Resch, C./Resch, S. (2020): **Waldmaus – *Apodemus sylvaticus*.** In: kleinsaeuger.at – Internethandbuch über Kleinsäugerarten im mitteleuropäischen Raum: Körpermerkmale, Ökologie und Verbreitung.
Apodemus – Priv. Institut f. Wildtierbiologie, Haus im Ennstal.
https://kleinsaeuger.at/apodemus-sylvaticus.html (Februar 2020)

Robert Koch-Institut (2019): **Informationen zur Vermeidung von Hantavirus-Infektionen.** Berlin, www.rki.de > Infektionskrankheiten A–Z > Hantavirus.
www.rki.de/DE/Content/Infekt/EpidBull/Merkblaetter/Ratgeber_Hantaviren.html (Dezember 2019)

Romani, T./Giannone, C./Mori, E./Filacorda, S. (2018): **Use of track counts and camera traps to estimate the abundance of roe deer in North-Eastern Italy: are they effective methods?** Mammal Research, 63(a). S. 477–484.

Schellhorn, R. (2009): **Eine Methode zur Bestimmung fossiler Habitate mittels Huftierlangknochen.** Dissertation, Tübingen. https://publikationen.uni-tuebingen.de/xmlui/bitstream/handle/10900/49294/pdf/Dissertation_Schellhorn_2009.pdf?sequence=1&isAllowed=y (Januar 2019)

Stier, N. et al. (2010): **Untersuchung zur Raumnutzung von Damwild.** Abschlussbericht 1999–2000, Oberste Jagdbehörde Mecklenburg-Vorpommern. https://refubium.fu-berlin.de/bitstream/handle/fub188/6832/Diss_E_Gleich_Damwild_UM.pdf?sequence=1 (Oktober 2019)

Tansley, D (o. J.): **Water for wildlife: a guide to water vole ecology and field signs.** Essex Wildlife Trust.

Usherwood, J. R. (2010): **Inverted pendular running: a novel gait predicted by computer optimization is found between walk and run in birds.** Biology Letters, 6, S. 765–768.

Wörner, F. G. (2014): **Der Luchs. Heimkehrer auf leisen Pfoten.** Tierpark Niederfischbach e.V./Ebertseifen Lebensräume e.V. https://docplayer.org/21739457-Tierpark-niederfischbach-e-v-ebertseifen-lebensraeume-e-v-dr-frank-g-woerner-der-luchs-heimkehrer-auf-leisen-pfoten.html (Januar 2019)

Ziekur, I. (2006): **Adaptive Differenzierungen bei afrikanischen Muroidea (Rodentia).** Stuttgarter Beiträge zur Naturkunde Serie A, Ausgabe 689. S. 1–72. www.zobodat.at/pdf/Stuttgarter-Beitraege-Naturkunde_689_A_0001-0070.pdf (Januar 2019)

Zschille, J./Heidecke, D./Stubbe, M. (2004): **Verbreitung und Ökologie des Minks – *Mustela vison*. Schreber 1777 (Carnivora, Mustelidae) – in Sachsen-Anhalt**. Hercynia N.F. 37, S. 103–126.

Zosia, W./Nel, J. A. J. (1976): **Climbing Behaviour in Three African Rodent Species.** Zoologica Africana 11(a): S. 183–192.

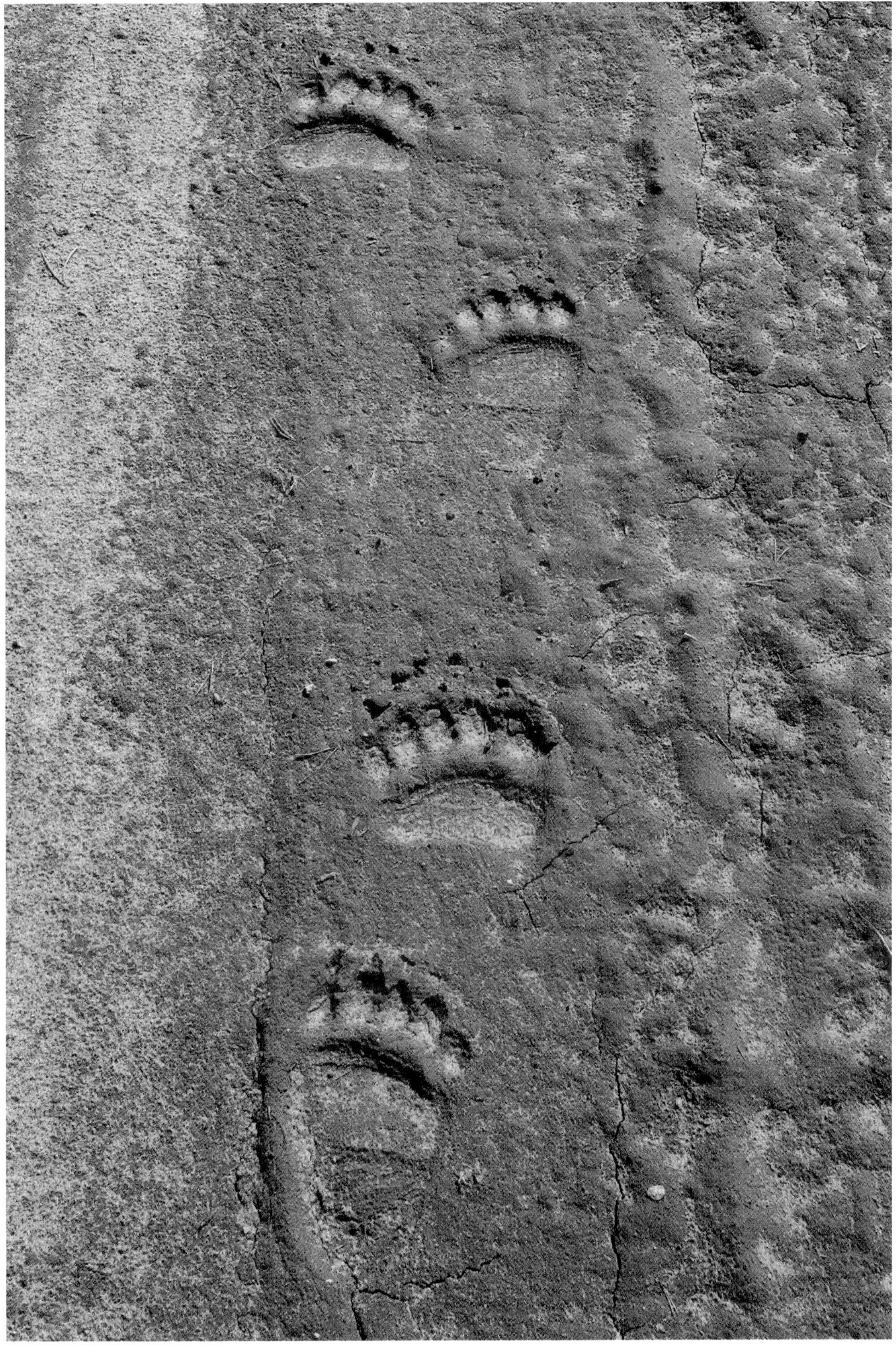

ERKLÄRUNG VON FACHAUSDRÜCKEN

Adult
Erwachsen; ausgewachsenes, geschlechtsreifes Tier.

Aktionsraum
Gebiet, das ein Tier nutzt, um wesentliche Bedürfnisse zu befriedigen wie beispielsweise Futtersuche, Aufsuchen von Ruheplätzen, Paarung, Aufzucht der Jungen. Der Aktionsraum ist meist in verschiedene Bereiche unterteilt, die das Tier zu verschiedenen Zeiten für unterschiedliche Zwecke aufsucht. Im Gegensatz zum Revier wird der Aktionsraum nicht gegen Artgenossen verteidigt.

Amorph
Formlos, ohne feste Gestalt.

Ansitzjäger, Ansitzjagd
Jagdstrategie, bei welcher der Jäger an einem taktisch vorteilhaften Standort lauert und verharrt, um eine vorbeikommende Beute im plötzlichen Jagdangriff zu überwältigen.

Arboreal
Auf Bäumen lebend, baumbewohnend.

Basal
Unten, an der Basis gelegen.

Bast
Durchblutete Geweihhaut, die bei Hirschen nach Ende des Geweihwachstums an Bäumen abgerieben wird. » Fegen.

Bibergeil
Stark riechendes Duftsekret des Bibers, das dieser zur Fellpflege und Reviermarkierung nutzt. Wird bis heute in der Homöopathie als Heilmittel verwendet.

Biotop
Gemeinsam genutzter Lebensraum verschiedener Arten.

Brunft, Brunst
Synonyme für Paarungszeit. Je nach Sprachregion und vor allem auch in der Jägersprache haben sich verschiedene Ausdrücke für die Paarungszeit etabliert, die für eine spezifische Tierart verwendet werden. Beispiele sind Ranz beim Raubwild, Balz bei Wildvögeln oder Brunft beim Schalenwild.

Castoreum
Lateinisch für » Bibergeil.

Coecotrophie, Coecotroph
Spezielle Form der oralen Wiederaufnahme des ausgeschiedenen Blinddarmkots. Unter anderem typisch für Hasenartige. Blinddarmkot enthält wichtige Nährstoffe und Vitamine, die durch die erneute Verdauung verwertet werden können.

Dentale
Bezahnter Unterkieferknochen der Wirbeltiere.

Distal
Anatomische Lagebezeichnung. Vom Körperzentrum entfernt.

Domestikation
Durch Menschen selektierte Wildtiere oder Wildpflanzen, die über einen längeren Zeitraum zu Haustieren oder Kulturpflanzen gezüchtet wurden.

Dorsal
Zum Rücken hin gelegen.

Endemisch
Pflanzen oder Tiere, die nur in einem bestimmten, klar abgegrenzten Gebiet vorkommen.

Fauna
Tierwelt. Beschreibt alle vorkommenden Tierarten in einem definierten Gebiet.

Fegen
Bei Hirschartigen das Abstreifen des Bastes durch Reiben an Bäumen oder Sträuchern. Wird insbesondere beim Reh häufig auch als Synonym für das Markieren durch Schlagen des Geweihs an Bäumen verwendet.

Geschlechtsdimorphismus
Unterschiedlich ausgeprägte Merkmale im Erscheinungsbild von geschlechtsreifen weiblichen und männlichen Tieren, beispielsweise in Körpergröße oder Färbung.

Granivoren
Samen- oder auch Körnerfresser. Vor allem bei Vögeln, aber auch kleinen Nagetieren verbreitete Spezialisierung auf die Nahrungsaufnahme von Samen und Körnern.

Habitat
Lebensraum. Aufenthaltsbereich einer Tier- oder Pflanzenart innerhalb eines bestimmten Biotops.

Hitzestress
Zustand, in dem Tiere extremer Wärme oder Sonneneinstrahlung ausgesetzt sind und sie Ausgleichsstrategien finden müssen, um die maximal tolerierte Erwärmung des Körpers nicht zu überschreiten. Strategien zur Vermeidung von Hitzestress können Verhaltensweisen wie Hecheln, herabgesetzte Bewegungsaktivität oder das Aufsuchen von Schattenplätzen sein.

Herbivoren
Pflanzenfresser. Tiere, die sich hauptsächlich von pflanzlicher Kost ernähren. Ihr Gebiss hat häufig eher breite Schneidezähne (mit Ausnahme der Nagetiere) und eher flache Backenzähne zum Zermahlen der pflanzlichen Fasern. Die Eckzähne fehlen.

Hetzjagd, Hetzjäger
Jagdstrategie, die häufig in Gruppen oder Rudeln durchgeführt wird und bei der die Beute so lange verfolgt wird, bis sie durch Erschöpfung ermüdet und vom Jäger eingeholt werden kann.

Homoiothermie
Gleichbleibende Körpertemperatur unabhängig von der Umwelt. Um den Körper durch Stoffwechsel gleichbleibend warm zu halten, wird Energiezufuhr in Form von Nahrung benötigt.

Incisivi
Schneidezähne.

Insektivoren
Insektenfresser. Ordnung der Säugetiere, die sich vorwiegend von Insekten und deren Larven sowie Würmern ernähren. Sie haben ein Gebiss mit vielen kleinen, spitzen Zähnen, das an ihre räuberische Lebensweise angepasst ist.

Juvenil
Jugendlich, Jungtier; häufig noch nicht geschlechtsreifes Tier.

Kambium
Wachstumsschicht, vor allem bei Bäumen, zwischen Splintholz und Rinde, kommt auch an weiteren Pflanzensprossen und Wurzeln vor und ist primär für das Dickenwachstum verantwortlich.

Karnivoren
Fleischfresser. Tiere, die fast ausschließlich tierische Nahrung zu sich nehmen. Ihr Gebiss besitzt häufig stark ausgeprägte Eckzähne zum Festhalten der Beute und Reißzähne, mit denen sie tierisches Gewebe mithilfe der stark ausgeprägten Kiefermuskulatur zerbeißen können.

Keimruhe
Phänomen, bei dem befruchtete Eizellen nicht direkt zu einem Embryo heranwachsen, sondern sich in der Gebärmutter einnisten und erst nach einem gewissen Zeitpunkt mit der Zellteilung beginnen. Günstige Strategie, um einen vorteilhaften Zeitpunkt für Geburt und Aufzucht von Jungtieren zu nutzen.

Konkav
Beschreibung der Oberfläche eines dreidimensionalen Körpers, die einwärtsgewölbt oder ausgehöhlt ist.

Konvex
Beschreibung der Oberfläche eines dreidimensionalen Körpers, die auswärts gewölbt oder nach außen gerundet ist.

Mammalia
Säugetiere. Beschreibt die Klasse der Tiere, die ihre Jungen bei der Aufzucht mit Milch säugen. Siehe Teil Säugetiere.

Maquis
Auch Macchia oder Macchie, beschreibt eine mediterrane Landschaft, für die dicht stehende, immergrüne Gebüschformationen charakteristisch sind.

Medial
Anatomische Lagebezeichnung. Zur Mitte hin gelegen.

Molar
Backenzahn.

Myxomatose
Infektionskrankheit durch Pockenviren, die durch Stechmücken auf Kaninchen übertragen wird. Befall führt zu starker Bestandsdezimierung in ganz Europa durch eine Sterblichkeitsrate von 40–60 %.

Nekrophagen
Aasfresser. Vertreter dieser Gruppe ernähren sich vorwiegend von bereits toter organischer Substanz, also häufig von Kadavern, die sie nicht selbst getötet haben.

Neozoon
Tierarten, welche sich neu in einem Gebiet angesiedelt und etabliert haben, in dem sie ursprünglich nicht heimisch waren.

Nestflüchter
Jungtiere, die schon zum Zeitpunkt ihrer Geburt relativ weit entwickelt sind und deren Sinne sowie andere physiologische Eigenschaften wie Fell oder Muskulatur sie dazu befähigen, schon sehr bald nach der Geburt Nest oder Bau zu verlassen und ihren Eltern zu folgen.

Nesthocker
Jungtiere, deren Sinne und physiologische Eigenschaften wie Fell oder Haarkleid sich in der ersten Zeit nach der Geburt noch entwickeln müssen (oft werden die Jungen blind oder auch nackt geboren) und die auf Pflege und Zuwendung durch die Eltern in Nest oder Bau angewiesen sind.

Omnivoren
Allesfresser. Tiere, die sowohl pflanzliche als auch tierische Nahrung zu sich nehmen und daher ein sehr breites, vielfältiges Nahrungsspektrum haben. Das Gebiss der Omnivoren ist mit Schneidezähnen, Eckzähnen und Backenzähnen ausgestattet, die alle relativ gleichmäßig ausgeprägt sind, wie beispielsweise beim menschlichen Gebiss.

Ökologische Nische
Beschreibt die Wechselbeziehungen zwischen einer Art und den für sie relevanten Umweltfaktoren. Oft als „Beruf“ oder „Planstelle“ innerhalb der Lebensgemeinschaft verschiedener Organismen in einem Biotop umschrieben.

Ökotypen
Populationen von Lebewesen, die durch Selektion genetisch und physiologisch auf bestimmte Umweltbedingungen angepasst sind, sich jedoch nicht als eigene Art klassifizieren lassen.

Östrus
Phase des Sexualzyklus weiblicher Säugetiere, in der diese paarungsbereit und fruchtbar sind. Vergleichbar mit dem Eisprung beim Menschen. » Brunst.

Opportunistisch
Eigenschaft von Tieren, die sich an unterschiedliche Gegebenheiten und Veränderungen ihrer Umwelt schnell anpassen können. Im Gegensatz zum Spezialisten können Opportunisten flexibel die vorhandenen Ressourcen nutzen und sich beispielsweise unterschiedlichem Nahrungsangebot, Habitaten oder auch Witterungsbedingungen anpassen.

Paarungszeit
Ein bestimmter, zeitlich begrenzter Abschnitt im Jahreszyklus einer Tierart, in der das Weibchen fruchtbar ist und von männlichen Tieren befruchtet werden kann. Je nach Tierart ein- oder mehrmals pro Jahr vorkommend. Häufig gehen mit der Paarungszeit spezielle Verhaltensweisen und Sozialgefüge innerhalb einer Art einher, die für diese Zeit charakteristisch sind. Häufig im Spätsommer/Herbst.

Pedipalpen
Tastorgan von Spinnentieren an deren Kopfsegment, das unter anderem zum Halten und Wenden der Beute benutzt wird. Je nach Art verschiedene weitere Funktionen.

Perpendikulär
Im 90°-Winkel zu etwas angeordnet, senkrecht. Afterklauen können sich bei schneller Fortbewegung perpendikulär, bis zu einem Winkel von 90° spreizen.

Phylogenetisch
Stammesgeschichtlich.

Polygynie
Fortpflanzungsstrategie, bei der sich das Männchen mit mehreren Weibchen paart.

Population
Gesamtheit aller Tiere einer Art in einem bestimmten Gebiet, das sie dauerhaft bewohnen und in dem sie sich fortpflanzen.

Prädator
Beutegreifer, Räuber, Raubtier.

Promiskuität, promiskuitiv
Sexualverhalten, bei dem sich beide Geschlechter mit mehreren Partnern paaren. Das heißt, auch Weibchen lassen sich von mehreren Männchen begatten. Gründe hierfür können erhöhte Fruchtbarkeit, aber auch Vermeidung von Inzucht sein.

Proximal
Anatomische Lagebezeichnung. Zum Körperzentrum hin gelegen.

Revier
Gebiet, das ein Tier gegenüber seinen Artgenossen verteidigt. Hierzu werden häufig visuelle oder olfaktorische Markierungen gesetzt, um Nahrungs- oder auch Paarungskonkurrenten auf Distanz zu halten. Die Größe des Reviers hängt stark von der jeweiligen Art ab.

Rotierend
Sich um eine Achse drehend, sich im Kreis bewegend.

Schwanzautonomie
Fähigkeit, den Schwanz abzuwerfen. Strategie, um sich des Zugriffs eines Beutegreifers zu entziehen. Kommt bei vielen Echsenarten und Schläfern vor.

Setzzeit
Jägersprache für die Zeit, in der Elterntiere ihre Jungen zur Welt bringen.

Spezies
Art. Grundeinheit der Biologie, die miteinander fortpflanzungsfähige Gruppen von Individuen beschreibt, welche sich zudem in bestimmten Merkmalen von anderen Arten unterscheiden.

Subterran
Unterirdisch, unter der Erde lebend.

Superfötation
Doppelträchtigkeit oder Überbefruchtung. Einige Arten können bereits während einer bestehenden Trächtigkeit erneut befruchtet werden. Dies führt zu einer hohen Zahl an Nachkommen pro Jahr.

Taiga
Borealer Nadelwald. Bezeichnet einen nur auf der Nordhalbkugel vorkommenden geografischen Landschaftstyp mit charakteristischem Klima und Vegetation. In der Taiga kommen vor allem Nadelbäume vor, die Winter sind lang und kühl, die Vegetationsperiode im Sommer ist kurz.

Taxonomie
Ordnungsmodell der Biologie, in dem zum Beispiel Tierarten nach bestimmten Kriterien klassifiziert werden.

Territorialverhalten, territorial
Verhalten von Tieren, die ihr Revier/Territorium gegenüber Artgenossen verteidigen. Einige Zeichen, die Tiere hinterlassen, zum Beispiel das Fegen an Bäumen oder auch das Urinieren an markanten Plätzen, dienen als Markierung, die von Artgenossen als solche erkannt werden.

Tragzeit
Zeitspanne, in der im Mutterleib eines Tieres eine befruchtete Eizelle zu einem Embryo heranwächst. Sie reicht bis zur tatsächlichen Geburt und entspricht der menschlichen Schwangerschaft. Je nach Tierart sehr unterschiedlich lang, tendenziell bei kleinen Tieren eher kurz, bei größeren eher lang. Nicht zwingend mit dem zeitlichen Abstand zwischen Paarung und Geburt identisch, siehe auch » Keimruhe.

Transversal
Quer, schräg gegenüber.

Tuberkel
Unbehaarte, knöcherne Schwielen, Knoten oder Höcker, die an den Fußsohlen, zum Beispiel bei Kröten, zu finden sind. Außerhalb der Amphibien hier als Ballen bezeichnet.

Tundra
Geografischer Landschaftstyp. Charakteristisch sind die baumfreie, karge Landschaft und das kalte, subpolare Klima. Die Tundra befindet sich weit im Norden und im Süden bis an die polaren Zonen angrenzend und ist aufgrund ihrer extremen Bedingungen kaum von Menschen bewohnt.

Überraschungsjagd
Jagdmethode, bei der ein Beutegreifer über einen längeren Zeitraum ein großes Territorium durchquert oder überfliegt, um dann plötzlich, den Überraschungseffekt nutzend, anzugreifen. Hier wechselt der Beutegreifer im Gegensatz zur Ansitzjagd häufig seinen Ausgangspunkt für den Zugriff.

Vertebrata
Wirbeltiere. Fasst alle Tiere mit Wirbelsäule zusammen im Gegensatz zu den Wirbellosen. Zu dem Unterstamm der Wirbeltiere gehören die Großgruppen der Säugetiere, Vögel, Amphibien, Reptilien sowie die Knochen- und Knorpelfische.

Verzögerte Implantation
Verzögerte Einnistung des Embryos. » Keimruhe.

Vibrissen
Tasthaare. Feste, häufig lange Haare im Gesicht, die Tiere zum Abtasten ihrer Umwelt nutzen oder mit deren Hilfe sie auch andere Reize aus ihrer Umwelt wahrnehmen können.

Zirkumpolar
Um den Pol herum gelegen.

SPURENDOKUMENTATION

Auf der Spur gefundene Hinweise: ....

Losung: ....

Urinmarkierung: ....

Anderes: ....

Vorderfuß: Zeichnung und Maße	**Hinterfuß:** Zeichnung und Maße
Spurbild: Zeichnung und Maße (Schrittlänge, Spurbreite, Gangart): Länge der Fährte:	Tageszeit: .... Temperatur: .... Windrichtung: .... Windstärke: .... Niederschlag: .... Bewölkung (1/8): .... Mondphase: .... Bodenbeschaffenheit: .... Alter der Spur: ....

KARTOGRAFIEREN

Einzeichnen: Bäume, Sträucher, Wald, Wiese, Hügel, Fluss, Bach, See, Meer, Wege, Häuser …

Nächste Ortschaft: .... Bundesland: ....

Landkreis: ....

Topografische Karte Nr.: .... Koordinaten: ....

Spurenformel der Säugetiere

Die Spurenformel bietet wichtige Informationen für Fährtenleser. Auf einen Blick können daraus die taxonomische Ordnung und häufig sogar die Familienzugehörigkeit bestimmt werden.

XV × Yh + K

XV Anzahl in der Regel abgedrückter Zehen des Vorderfußes (Vorderfußtrittsiegel)
Yh Anzahl in der Regel abgedrückter Zehen des Hinterfußes (Hinterfußtrittsiegel)
K In beiden Trittsiegeln können Krallenabdrücke erkannt werden

Die Groß- oder Kleinschreibung der Buchstaben „V“ und „h“ zeigt die relative Größe der Vorder- und Hinterfußtrittsiegel an.

Verwendete Abkürzungen und Symbole

Allgemein

D Durchmesser
G Gewicht
KRL Kopf-Rumpf-Länge
Max. Maximum
Min. Minimum
Sl Schwanzlänge
sp. Spezies, Art
spp. die Arten; Beispiel „*Tringa* spp.“ bedeutet „mehrere Arten der Gattung *Tringa*“
♂ männlich, Männchen
♀ weiblich, Weibchen

Trittsiegel und Spurbilder

B Breite
GL Gruppenlänge
Hf Hinterfuß
L Länge
LH Links hinten
LV Links vorne
RH Rechts hinten
RV Rechts vorne
SB Spurbreite
SL Schrittlänge
Vf Vorderfuß
ZGL Zwischengruppenlänge

Vermessen von Trittsiegeln und Spurbildern

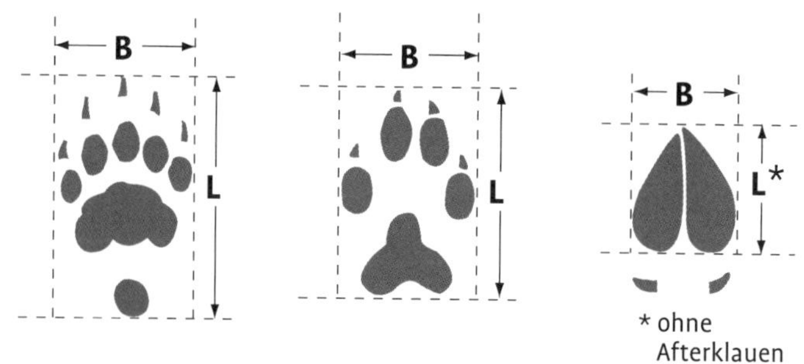

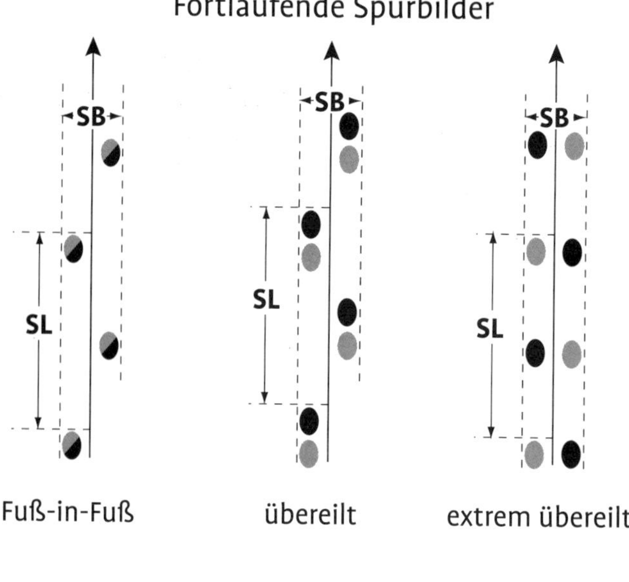

= Vorderfuß

= Hinterfuß

= Fuß-in-Fuß

L = Länge

B = Breite

SL = Schrittlänge

SB = Spurbreite